SECOND EDITION PART II

An introduction to Modern Astrophysics

현대천체물리학

PART II
항성 천문학

저자 | Bradly W. Carroll · Dale A. Ostlie
역자 | 강영운, 김용기, 이희원

PEARSON
청범출판사
Always in my heart

서 론

현대 천체물리학서론과 이 책의 일부을 함축한 현대 항성 천체물리학의 초판이 1996년 출판되었다. 그 이후 하늘에 대한 우리의 지식은 폭발적으로 증가하였다. 초판을 인쇄하기 두 달 전에 메이어(Michel Mayor)와 케로즈(Didier Queloz)는 페가수스 51(51 Pegasi) 주위를 공전하는 외계행성을 발견하였다. 이 행성은 주계열 별을 공전하는 최초의 외계행성이다. 그 후 11년 동안 발견된 외계행성의 수는 193개로 증가하였다. 이러한 발견들은 별과 행성들이 어떻게 형성 되는가 뿐만 아니라, 우리 태양계에서 행성이 어떻게 형성하고 진화하는가에 대해서도 매우 유익한 정보를 제공한다.

추가로 지난 10년 동안에 이루어진 중요 발견은 명왕성보다는 멀지만 태양계 안에 있는 명왕성 크기의 물체를 발견한 것이다. 사실 새로 발견된 이 천체는 카이퍼벨트 천체 중의 하나이며, 현재 2003UB313로 명명되었다 (세계천문연맹이 공식으로 결정하기 까지는). 이제는 행성의 정의를 다시 한 번 생각할 때가 되었고, 우리 태양계에는 몇 개의 행성을 가지고 있는가에 대한 정의를 새롭게 할 수도 있다.

로봇으로 움직이는 우주선과 착륙선을 이동하여 수행하는 태양계 탐사도 우리 주변의 천체에 대한 방대한 양의 새로운 지식을 제공하고 있다. 궤도에 남아있는 모함과 행성에 착륙한 탐사선 Spirit와 Opportunity는 과거에 화성의 표면에는 물이 존재했었다는 것을 확인하였다. 우리가 목성과 토성으로 보낸 로봇 특사들은 타이탄과 소행성 표면에 착륙하였고, 혜성의 핵과 심지어는 지구로 향하는 혜성의 꼬리 먼지 부분에 충돌시키기도 하였다.

Swift와 같은 인공위성 관측으로, 감마선 폭발에 대한 해답은 이제 상당히 근접해졌다. 감마선 폭발은 현대 천체물리학서론 초판이 출판된 당시에는 수수께끼였다. 우리는 현재 감마선 폭발의 한 종류는 핵이 붕괴하는 초신성과 연관이 있고, 또 다른 종류는 아마도 2개의 중성자별 혹은 중성자별과 블랙홀의 쌍성계에서 두 별의 합병과 연관 있다고 생각한다.

초판이 출판된 이후, 우리 은하와 다른 은하들의 중심부에 대한 관측이 매우 정밀하게 수행된 결과, 대부분의 나선은하와 거대타원은하들은 그 중심부에 하나 혹은 그 이상의 초대형의 블랙홀이 존재한다는 사실을 밝혔다. 은하들의 합병으로 은하 중심에 이러한 거대한 괴물들이 존재하게된다. 더욱이 이러한 거대한 블랙홀들은 중심 엔진 역할을 하여 전파은하, 시퍼트(Seyfert)은하, 블레이자(blazar) 그리고 퀘이사에서 색다르고, 가공할 만큼 강한 현상이 나타난다.

지난 10년 동안에 발견된 것 중에서 더욱 깜짝 놀랄 일은 우주의 팽창이 서서히 감소하지 않고 오히려 가속되고 있다는 것이다. 이 놀랄만한 관측으로 우리는 현재 암흑에너지(dark energy)가 더 많은 우주에 살고 있는 사실을 알았다. 그러므로 아인슈타인의 우주상수(한때는 아인슈타인의 최대 실수로 생각되었던 것)가 우주론을 이해하는데 매우 중요한 역할을 한다. 초판을 출판할 당시 암흑에너지는 우주론 모델에서 고려의 대상이 아니었다.

초판의 출판 이후 우주론은 정밀 관측에 기초하는 이론으로 거듭났다. WMAP (Wilkinson Microwave Anistropy Probe)천문위성이 관측한 방대한 자료가 공개되면서 이전에는 큰 오차 범위로 산출되던 우주의 나이가 2%의 오차 범위인 13.7±0.2Gyr로 산출되었다. 같은 시기에 항성진화이론과 관측을 이용하여 가장 오래된 구상성단의 나이와 이 값은 우주 나이의 상한 값과 잘 일치하는 것이다.

초판의 서문을 보니 아래와 같은 문장이 있다. “현대 천체물리학을 연구하는데 지금과 같이 흥분된 시기는 없었다.” 이 말은 분명히 지난 10년간 이룩한 발전은 대단하다는 것이다. 그러나 지난 10년간의 대단한 업적들은 단지 앞으로 다가 올 발전의 서곡에 불과하다는 것이다. 허블 우주망원경을 이용하여 천체에 대한 고분해능 연구가 수행되고, 그 뒤를 따라서 찬드라 X-선 천문대와 스피처 적외선 우주 망원경 등이 등장하였다. 지상에서는 8-m 망원경과 그 이상의 망원경을 이용하여 우리의 신비한 우주에 대한 새로운 탐사 관측들이 수행되고 있다. 거대하고 야심찬 탐사들이 수행되어 전에는 상상할 수 없는 값진 자료를 발표하여 아주 중요한 통계자료를 제공하고 있다. 탐사 연구로는 Sloan Digital 전천탐사, 2-Micron 전천탐사, 2 dF 적색이동탐사, Hubble Deep Field와 Ultradeep Fields 등이며, 이러한 탐사 관측들은 연구에 없어서는 안 될 중요한 도구가 되었다. 우리는 또한 새로 건설될 천문대와 우주선들의 최초 관측에도 기대를 많이 한다. 즉 고도가 높은 (5000 m) 곳에 위치한 Large Millimeter

Array와 고정밀 위치측정 우주선, 즉 Gaia와 SIM PlanetQuest 등의 역할을 기대한다. 물론 우리 태양계에 대한 연구는 계속되고 있다. 이 서문을 쓰기 전날에 Mars Reconnaissance Orbiter가 붉은 행성인 화성의 궤도에 진입하였다.

이 책의 초판이 출판되었을 때는 심지어 World Wide Web도 초창기 수준이었다. 오늘날 우리가 이용하는 대부분의 정보를 탐사엔진을 이용하거나 단순히 클릭만으로 얻을 수 있다는 것을 그 당시에는 상상하기 힘들었다. 대부분의 데이터가 온라인상에서 접속 가능하고, 모든 전문잡지와 출판된 논문들도 온라인에서 볼 수 있는 등 정보 교환은 가히 혁명적이다.

제 2판 (학생들은 제 2판을 BOB이라고 부른다. BOB는 Big Orange Book 이라는 것을 칭하며, An Introduction to Modern Astrophysics를 뜻한다.) 과 이와 연관된 2권의 책이 더 출판되었다. 즉 항성 천문학에 초점을 맞춘 An Introduction to Modern Stellar Astrophysics와 은하와 우주론에 초점을 맞춘 An Introduction to Modern Galactic Astrophysics and Cosmology가 출판되었다. 이 두 책은 BOB에서 필요한 부분을 발췌하여 출판한 것이다. BOB과 그와 연관된 2권의 책은 천체물리 과목에 필요한 대부분의 주제를 다루고, 특히 저자와 천문학자들이 중요하다고 느낀 주제에 대하여 쉽게 설명하였다고 자부한다.

제 2판에서는 cgs 단위를 SI 단위로 바꿨다. 개인적으로 저자는 광도를 Watt 보다는 erg s^{-1}로 표시하는 것이 더 익숙하지만 우리 학생들은 그렇지 않다. 우리는 학생들이 현대 천체물리의 개념을 처음 접할 때 단위 때문에 어려움을 격는 것을 원하지 않는다. 그러나 parsec나 태양 단위 ($M_\odot$ 과 $L_\odot$) 등 자연적인 단위는 그대로 사용하였다. 왜냐하면 parsec와 태양 단위 등은 값을 쉽게 비교할 수 있기 때문이다. 단위 환산을 위한 부록에 SI를 cgs 단위로 환산하는 표를 수록하였다.

이 교재를 집필하는 목적은 현대천체물리학의 전 영역을 물리학의 기본원리를 사용하여 독자에게 소개하는 것이다. 기본적인 물리 원칙을 이해하면서 우주의 드라마를 감상하는 것보다 좋은 것은 없을 것이다. 하늘의 장관을 설명하기 위하여 수학적 방법을 이용하면 아래와 같이 플라톤이 제시하였듯이 보다 명확한 이해를 할 수 있을 것이다.

너는 아느냐 진정한 천문학자는 위대한 지혜의 소유자여야 한다는 사실을? 천문학자는 또한 여러 가지 과학을 알아야만 한다. 그 중에서도 가장 중요한 것은 숫자를 잘 다룰 줄 알아야한다. 이러한 연구를 올바르게 추구하는 사람들에게는 기하학적인 도형, 아름다운 규칙을 따라 정렬하여 만든 수열, 하나의 질서로 움직이는 천체의 회전과 같은 진리들이 밝혀져야만 한다. 그러므로 아무도 우주의 찬란한 경관을 그들이 연구하여 기술한 내용 없이는 이해할 수 없을 것이며 결코 쉽고 편한 길을 따라 이룩한 업적이 아님을 알게 될 것이다.

이 책을 집필하게 된 동기는 우리가 대학에서 학부 고학년을 상대로 천체물리를 강의할 때 경험한 어려움 때문 이었다. 대부분의 천문학 교재는 수학적 표현보다는 주로 서술적인 설명으로 구성되어있다. 슈레딩거 방정식, 분배 함수, 그리고 다극자 전개 등을 강의에서 배우는 학생들은 어려움이 많다. 왜냐하면 학생들이 공부하는 천체물리 교과서는 학생들의 물리지식을 활용하지 않았기 때문이다. 더 부끄러운 일은 천체물리는 그들이 배운 물리 지식을 천문학의 매혹적인 현상을 이해하는데 활용할 수 있는 기회를 제공함에도 불구하고 물리 지식을 사용하지 않고, 단지 서술적으로만 설명하기 때문이다. 더욱이 학문의 한 분야로서 천체물리는 가상적으로 물리의 거의 모든 관점을 다룬다. 그러므로 천체물리는 학생들에게 그들의 물리 지식을 확인하고 확대할 기회를 준다.

물리를 기초로 하는 기초 미적분학을 수강한 사람은 누구나 현대 천체물리의 주요 개념을 거의 이해할 수 있다. 그런 강의에서 배운 현대 물리의 양은 많을 수도 있고 부족할 수도 있다. 그래서 이 책에서는 특수 상대성 이론과 양자 역학의 필요한 부분을 각 각 한 장에서 다루었다. 또 하나 특이할만한 것은 주어진 현상을 자체적으로 설명하고 또한 연관이 있는 다른 현상과 함께 설명하여 서로 인용하였다. 그러므로 학생들은 여러 가지 현상을 과학적으로 설명하고 기발한 아이디어를 제공하는 물리 원리를 지속적으로 접할 수 있다.

우리는 모든 현상을 매우 공정하게 대함에도 불구하고, 우리가 연구 대상으로 하는 한 시스템의 모델에 대하여 대충 어림식으로 계산하려는 경향이 있다. 노력 대 지불의 비율이 매우 높다. 즉 이해하는데 80%, 노력에는 단지 20%만 투자한다. 이 경우 대충 어림식 계산은 각 천체물리학자의 도구의 일부분이 된다. 사실상 이 책을 쓰는 동안, 우리는 많은 수의 현상들이 이러한 방법으로 묘사되고 있는 사실에 놀랐다. 항성내부, 항성대기, 일반상대성이론 그리고 우주론, 이 모든 것은 단순히 손으로 간단히 계산하는 것보다는 더 심도 있는 연구를 통하여 만족스럽게 기술되었다. 오늘날 계산 천체물리는 관측과 전통적인 이론을 바탕으로 천문학을 이해하는데 기본이 되고 있다. 그러므로 우리는 수많은 컴퓨터 문제를 개발하였고 여러 가지 완벽한 컴퓨터 코드를 개발하였다. 이 코드들은 교재에 수록되어있다. 학생들은 행성 궤도를 계산할 수 있고, 쌍성계의 관측 현상도 계산할 수 있고, 별의 모형을 제작할 수 있고, 은하와 은하 사이의 중력 작용도 재현할 수 있다. 이 코드들은 교육학적인 이유로 억지 이론으로 단순화되어있다. 그러므로 우리가 제공한 개념으로 투명한 코드를 쉽게 확장할 수 있다. 천체물리학자들은 전통적으로 대규모 계산과 시각화를 주도하고 있으며 우리는 이러한 과학과 예술이 혼합된 것을 알기 쉽게 설명하려 한다. 강사들은 이 책을 사용하여 천체물리학의 필요한 분야를 심화하여 새로운 강의 과목을 디자인할 수도 있다.

적절한 판단으로 주제를 선정하여 우리는 BOB를 사용하여 항성천문학을 한 학기 강의로 사용할 수 있다. (물론 처음부터 18장까지 많은 것이 생략되었지만 이 책은 적당히 취사선택하도록 디자인되어있다.) 관심 있는 학생들은 추가적으로 우주론 강의를 수강할 수 있다. 반면에 1년 동안 이 책 전체를 다루는 강의를 하면, 현대 천체물리를 전부 취급하므로 매우 유익할 것이다. 주제의 선택을 쉽게 하기 위하여 2판에서는 각장의 절 밑에 소제목을 추가하였다. 그러므로 강사들은 본인이 설정한 강의주제 혹은 학생들의 관심도에 따라 필요 없는 부분은 생략하기가 쉽게 구성하였다.

이 책과 관계된 website는 http://www.aw-bc.com이다. 이곳에서 다양한 컴퓨터 코드를 다운로드 할 수 있다. 코드들은 다양한 언어, 즉 Fortran, C++, 그리고 어떤 경우에는 Java 등으로 되어있다. 또한 천문학과 관련된 여러 중요한 웹사이트와 연결되어있다. 또한 이 책에서 사용한 영상들을 공개된 웹사이트에서 구하여 강의에서 사용할 수도 있다. 강사들은 또한 자세한 문제 풀이 집을 출판사에서 얻을 수도 있다. 전반적으로 확대된 2판을 제작하면서, 편집진은 긍정적이고 협력적인 사고를 일관되게 가지고 있다. 이 책의 출판을 위하여 수고하여 주신 수많은 분들에게 감사드린다. (원문에서는 수많은 사람들의 이름을 거명하였음)

지난 10년 동안 우리는 초판을 사용한 독자들로부터 귀중한 의견을 청취하였다. 그 내용을 2판에 반영하기 위하여 수정하고, 새롭게 구성하였다. 몇 세대에 걸친 학생들의 조언은 서로 상반되는 경우도 있지만 매우 귀중한 조언이었다. 불행하게도 아무리 완벽을 추구하여도 항상 실수는 따르게 마련인 것 같다. 그러므로 이 책에 아직도 잘못이나 틀린 것이 존재한다면 그것은 전적으로 우리들의 책임이다. 우리는 여러분들이 조언, 정정 등을 moastro@weber.edu로 보내주면 아주 귀중한 자료로 감사하게 사용할 것이다.

불행하게도 집필이라는 무거운 짐은 저자에게만 제한되지 않고 필연적으로 가족과 친구들에게도 그 짐이 주어진다. 우리는 우리의 부모님 Wayne and Marjorie Carroll과 Dean and Dorothy Ostlie에게 우리로 하여금 찬란한 우주를 지적으로 탐험할 수 있도록 격려하여 주심에 감사드린다. 마지막으로 우리의(저자들) 우주를 아름답게 만든 사람들에게 이 책을 바친다. 즉 우리들의 부인들, Lynn Carroll과 Cany Ostlie 그리고 Dale의 귀여운 어린이들 Michael과 Megan에게 바친다. 그들의 사랑, 인내, 용기 그리고 지속적인 도움 없이는 이 책의 출간은 불가능했을 것이다.

자, 이제는 가족들과 함께 유타의 아름다운 산으로 가서 스키, 등산, 산악자전거, 낚시, 그리고 캠핑을 할 시간이다.

브레들리 캐롤

데일 오스틀리

유타주 오그덴

modastro@weber.edu

역자 서문

우주 공간을 실험실로 사용하는 천문학자들에게는 우주 실험실에서 진행되고 있는 실험들을 감지할 때마다 그 실험들의 원리와 의미, 그리고 앞으로의 진행 과정들을 예측할 수 있는 이론적인 도구가 필요하다. 과학, 특히 우주개발에 대한 엄청난 진척이 이루어지면서 우주 실험실에서는 지금까지 알려지지 않았던 새로운 과정들이 점차적으로 자세하게 그 베일을 벗게 되었다. 이와 발맞추어 인간은 그것들을 이해하려는 도구들도 새롭게 정비해야 되었다. 각각의 세부분야에서 지금까지 많은 연구들이 수행되어 혁혁한 결과들이 도출되어 우주의 신비를 이해하는 데 큰 기여를 하고 있다.

이렇게 우주의 신비에 대한 베일이 벗겨지기 시작하면서, 서서히 대학에서 학문의 후속세대들에게 이런 우주의 신비를 전수할만한 교과서들이 필요하게 되었고, 그래서 각 분야별로 많은 전공 교과서들이 집필되어 왔다. 특히 우주의 현상들을 설명하는 도구 즉 천체물리 전반에 대한 교과서의 출현이 기대되고 있는 실정이다. 국내에 소개된 대표적인 대학수준의 교과서로는 자일릭, 그레고리 그리고 스미스의 천문학 및 천체물리학 서론 (Introductory Astronomy and Astrophysics)을 들 수 있다. 그런데 이 교과서는 개정판이 나오기는 하였지만 최근의 연구결과들을 포함하고 있지 않아 많은 아쉬움 속에서 대학교 전공학생들의 교과서로 선택되어 왔다.

그런데 1997년에 캐롤과 오스틀리가 현대천체물리학 개론(An Introduction to Modern Astrophysics)이란 훌륭한 이론 교과서를 출간하였다. 이 교과서는 이론 뿐 만아니라 최근의 관측적인 사실들의 해석과 의미 그리고 이론적인 접근을 포함한 아주 좋은 교과서이다. 국내에서도 많은 대학에서 천문학 및 물리학을 전공하는 학생들에게 교재로 사용되어 왔다. 2007년에는 이 교과서의 개정판이 출간되어 더욱 새로운 관측 및 이론 연구의 결과들이 포함되게 되었다.

본 역자들은 이 교과서를 교재로 대학생들에게 현대천체물리학을 소개하는 강의를 수년간 해오던 중 학문의 후속 세대들에게 우리말로 현대천체물리학을 공부할 수 있도록 하기위해 일부를 번역해서 강의에 사용해 보기도 하였다. 이런 여러 번의 노력이 결실을 맺어 이번 역서를 출간하게 이르렀다. 내용이 방대하여 본 역서에서는 3권으로 분권을 하기로 하였다. 1권은 "천문학 입문과 태양계"라는 제목으로, 원본의 1장에서 6장과 19장에서 23장, 2권은 "항성 천문학"이라는 제목으로, 원본의 7장에서 18장까지, 3권은 "은하와 우주"라는 제목으로, 원본의 24장에서 30장의 내용을 포함하였다. 그래서 대학에서 3학기에 강의를 할 수 있도록 나누어 보았다.

이번에 시도한 번역은 완전한 번역이 아님을 밝힌다. 본 번역서는 앞으로 꾸준히 업데이트 될 예정이다. 우리말 용어도 꾸준하게 올바른 용어를 선택하여 수정해나갈 예정이다. 독자들이 본 번역서를 읽다가 오타나 번역 상 제안사항이 있으면 역자들이 직접 의견을 개진하기도 하고, 오타 등의 지적을 할 수 있도록 다음에 카페를 개설해 놓았다. 카페주소는 http://cafe.daum.net/astrobooks 이니, 많은 독자들이 더욱 더 나은 개정 번역서를 위해 활용해 주기를 부탁한다. 이런 피드백을 통해 앞으로 더욱 좋은 번역서들이 출간되고, 그래서 우리말로 된 천문학 서적들을 가지고 충분히 천문학을 공부할 수 있게 되길 기대해 본다.

본 번역서의 출판을 맡아주신 청범출판사의 연규산 사장님, 그리고 빠른 시일 내에 번역본의 편집에 힘써주신 관련 직원 여러분께 감사드린다. 세종대학교 천문우주학과 학생들과 충북대학교 천문우주학과 학생들은 본 번역서를 읽고 오타를 수정하고 수식을 입력하는 작업에 많은 도움을 주었다. 이들에게도 고마움을 전한다. 아무쪼록 이번 현대천체물리학 교과서가 이제 학부에서 천체물리를 공부하는 학생들과, 대학에서 물리학을 전공하는 학생들 중 천체물리학에 관심이 있는 학생들 모두들에게 우리말로 접해보는 천체물리학 교과서로 귀하게 쓰임받기를 기대하여 본다.

2009년 1월

우리말로 표현되는 더 좋은 번역서들을 기대하면서

강영운 kangyw@sejong.ac.kr

김용기 ykkim153@chungbuk.ac.kr

이희원 hwlee@sejong.ac.kr

차 례

4장 항성의 내부 / 131

5장 태양 / 216

6장 성간 물질과 항성 형성 / 274

10장 별의 좁든 시체 / 471

11장 일반 상대성 이론과 블랙홀 / 537

12장 근접 쌍성계 / 594

부록 / 669

1장

쌍성과 별의 기본 성질

1.1 쌍성의 분류

별의 구조와 진화를 상세히 이해하려면(이 책의 주제이다) 별의 물리적 성질들을 알아야한다. 흑체 복사의 모양, 스펙트럼, 연주시차를 알면, 별의 유효 온도, 광도, 반지름, 화학 조성과 그 외 다른 물리량들을 결정할 수 있다. 그러나, 별의 질량을 결정할 수 있는 유일한 직접적인 방법은 다른 천체와 중력적인 상호 작용을 연구하는 것이다.

2장(1권)에서 케플러 법칙을 써서 우리 태양계를 구성하는 천체들의 질량을 계산하였다. 그러나, 중력은 만유인력이므로, 케플러의 법칙을 더 넓게 적용하면 서로 공전하는 별의 궤도, 은하들 사이의 궤도 운동을 기술할 수 있으며, 이 때에 궤도는 질량 중심에 대한 것임을 조심해야 하겠다.

다행히, 자연은 천문학자들에게 쌍성계를 관측할 수 있도록 풍부한 기회를 제공한다. 적어도 하늘에 있는 모든 "별"의 절반 이상이 다중성계이며, 공통 질량 중심을 중심으로 둘 또는 그 이상의 별들이 궤도 운동을 하고 있다. 이러한 계의 공전 궤도 요소를 분석하면 질량을 비롯한 별의 많은 중요한 물리적 성질을 구할 수 있다.

궤도 운동 자료를 분석하는 방법은 계의 기하학적 배치, 관측자로부터 거리, 상대적인 질량과 밝기에 따라 약간씩 달라진다. 따라서, 쌍성계는 구체적인 관측적 특징에 따라 분류한다.

- **광학 이중성(Optical double)** – 이들은 진정한 쌍성계가 아니며, 단지 같은 시선에 놓여 있는 것이다(즉, 비슷한 적경, 적위를 갖고 있다). 실제로는 이 두 별이 아주 멀리 떨어져 있고, 중력으로 묶여 있지 않아, 별의 질량을 결정하는 데에 큰 도움을 주지 않는다.
- **안시 쌍성(Visual binary)** – 쌍성계를 이루는 두 별을 각각 분해해낼 수 있으며, 궤도 운동 주기가 지나치게 길지만 않다면 각각의 운동을 지속적으로 감시할 수 있다. 안시 쌍성(Visual binary)은 공통 질량 중심으로부터 각 별들의 각거리에 대한 중요한 정보를 얻을 수 있다. 이 쌍성계까지 거리를 알 수 있다면, 별들 사이의 실제 거리를 계산할 수 있다.
- **측성학적 쌍성(Astrometric binary)** – 이 쌍성계에서 한 별이 다른 별에 비하여 지나치게 밝아서, 두 별 모두를 직접 관측할 수는 없다. 그러나, 보이는 별의 왕복운동이 관측되기 때문에, 보이지 않는 별이 존재한다는 사실을 추정할 수 있다. 뉴턴의 운동 제1법칙에 따르면, 힘이 작용하지 않으면 등속운동을 하여야 하므로, 왕복운동을 한다는 뜻은 질량을 가진 다른 물체가 있어서 중력을 작용한다는 뜻이다.

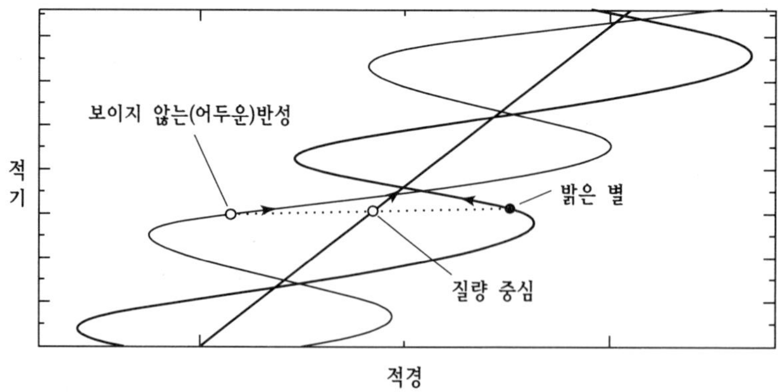

그림 1.1 보이는 별이 한 개인 측성학적 쌍성. 이 계에서 보이는 별의 왕복 운동 때문에 보이지 않는 별이 존재함을 알 수 있다. 전체 쌍성계의 고유 운동은 직선 운동을 하는 질량 중심에 반영되어 있다.

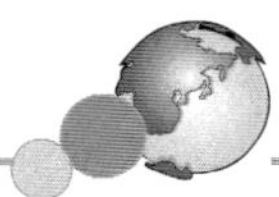

- **식쌍성(Eclipsing binary)** – 궤도 평면이 시선에 매우 가까이 놓여 있으며, 한 별이 주기적으로 다른 별의 앞으로 지나가면서, 이 별을 가린다(그림 1.2). 이러한 계는 망원경에 도달하는 빛의 양이 주기적으로 변한다는 사실로부터 알아낼 수 있다. 이러한 *광도 곡선*을 관측적으로 구하면, 두 별이 있다는 사실 뿐만 아니라, 가려진 빛의 양과 식이 지속되는 시간을 측정하여 각 별의 상대적인 유효 온도와 반지름을 구할 수 있다. 상세한 방법은 1.3절에서 논의할 것이다.
- **스펙트럼 쌍성(Spectrum binary)** – 이 쌍성계는 독립적이고 구별되는 두 개의 스펙트럼이 중첩된 스펙트럼을 갖는다. 이 별의 시선 속도가 0이 아니라면, 도플러 효과(식 (4.35)(1권))로부터 별의 분광선이 원래 파장에서 어긋나 있게 된다. 이 쌍성계를 구성하는 별은 공통 질량 중심을 중심으로 항상 궤도 운동을 하고 있으므로, (궤도면이 시선에 수직일 때를 제외한다면)각 별의 분광선 파장은 주기적으로 이동량이 바뀌게 된다. 두 별의 질량 중심이 일정한 속도로 움직인다고 가정할 때에 나타날 파장에 대하여, 한 별의 분광선이 청색이동을 보이면, 다른 별의 분광선은 반드시 적색이동을 보인다. 그러나, 궤도 주기가 지나치게 길어서 분광선 파장의 시간에 따른 변화를 보기 어려울 수도 있다. 어느 경우더라도, 한 별이 동반성에 비하여 압도적으로 밝고, 각 별을 분해할 수 없을 때라도, 중첩된 스펙트럼에서 서로 반대 방향으로 도플러 이동된 분광선을 찾을 수 있으면 쌍성계임을 확인할 수 있을 것이다.

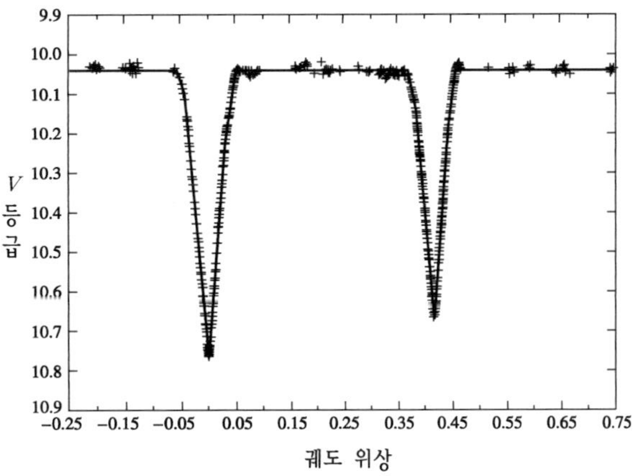

그림 1.2 식쌍성 YY Sagittarii의 V등급 광도 곡선. 여러 주기에 걸쳐 획득한 관측 자료를 위상의 함수로 그렸으며, 위상 0은 최소 광도일 때로 정의한다. 이 쌍성계는 궤도 주기 $P=2.6284734$ 일이고, 이심률이 $e=0.1573$, 궤도면 경사가 $i=88.89°$이다(1.2절을 참조하라). (그림 출처 : Lacy, C. H. S., AJ, 105, 637, 1993)

도플러 효과가 뚜렷하지 않더라도(예를 들면, 궤도면이 시선에 수직일 때에) 두 별의 분광 분류가 다를 경우에는 두 별의 중첩된 스펙트럼을 검출할 수 있을 것이다 (2.1절의 분광 분류에 대한 논의를 읽어라).

- **분광학적 쌍성**(Spectroscopic binary) – 쌍성계 주기가 도저히 측정할 수 없을 정도로 길지 않다면, 궤도 운동의 시선 성분이 있는 경우, 주기적인 분광선의 이동을 관측할 수 있을 것이다. 각 별의 밝기가 어느 정도 비슷하다면, 두 별의 스펙트럼을 얻을 수 있다. 그러나, 한 별이 동반성보다 아주 밝으면, 어두운 동반성의 스펙트럼을 압도하여, 밝은 별의 분광선만 보일 것이다. 어느 경우라도, 쌍성계가 있다는 점을 확인할 수 있다. 그림 1.3에서 분광학적 쌍성계의 스펙트럼과 궤도 위상 사이의 관계를 볼 수 있다.

여기에 소개된 쌍성계 분류는 서로 배타적인 것만은 아니다. 예를 들면, 분해되지 않은 항성계가 식을 일으키면서 동시에 분광학적 쌍성계가 될 수 있다. 또한, 어떤 쌍성계는 분명하게 다른 항성계에 비하여 별의 성질을 이해하는 데에 더 많은 정보를 제공하는 것이 사실이다. 다음의 세 가지 쌍성계에서는 별의 질량들을 결정할 수 있다. 이들은 연주 시차를 알고 있는 안시 쌍성계, 전 궤도에 걸친 시선 속도를 잴 수 있는 안시 쌍성계, 식을 일으키는 이중선 분광학적 쌍성계이다.

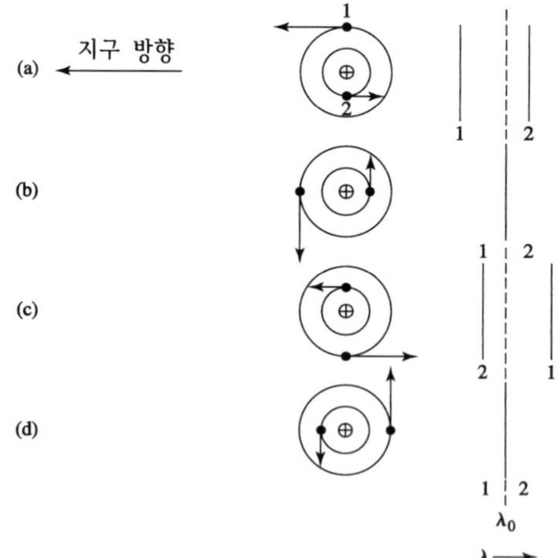

그림 1.3 이중선 분광학적 쌍성계에서 주기적인 분광선의 이동. 별1과 별2의 상대적인 파장을 전체 궤도 운동에서 4개의 위상에 대하여 나타냈다. (a) 별 1이 관측자를 향해 오고, 별 2가 관측자로부터 멀어지는 경우 (b) 두 별이 시선에 대하여 모두 수직 방향으로 움직이는 경우. (c) 별 1이 관측자로부터 후퇴하고, 별 2가 관측자를 향해 다가오는 경우. (d) 다시 두 별이 시선에 대하여 수직 방향으로 운동하는 경우. λ_0가 쌍성계의 질량 중심이 갖는 속도만큼 도플러 이동되어 관측되는 파장이다.

1.2 안시 쌍성계를 이용한 질량 결정법

쌍성계를 이루는 두 별의 각거리가 시상 때문에 나타나는 분해 한계나 레일리 기준을 만족하는 회절 한계보다 더 크면, 두 별 궤도의 성질을 분석할 수 있다. 궤도 관측 자료로부터, 궤도의 방향이나 공통 질량 중심을 구할 수 있으며, 두 별의 질량비를 알 수 있게 된다. 이 쌍성계까지 거리를 알 수 있다면, 쌍성계를 구성하는 두 별의 질량을 구할 수 있다.

안시 쌍성을 써서 질량을 구하는 방법을 공부하기 위해서, 공통 질량 중심을 중심으로 궤도 운동을 하고 있는 쌍성계를 고려해 보자. 궤도면이 관측자 시선 방향에 수직이라고 가정하면, 2.3절(1권)에서 배웠듯이 질량비는 공통 질량 중심으로부터 각 별까지 각거리의 비율로 주어진다. 식 (2.19)을 쓰고 변위 벡터 r_1, r_2의 크기만을 고려하면

$$\frac{m_1}{m_2} = \frac{r_2}{r_1} = \frac{a_2}{a_1} \tag{1.1}$$

이고, 이 때에 a_1, a_2는 두 별이 그리는 타원 궤도의 장반경들이다. 이 쌍성계까지 거리가 d라면, 장반경이 만드는 각 크기는

$$\alpha_1 = \frac{a_1}{d} \quad 과 \quad \alpha_2 = \frac{a_2}{d}$$

이다. 여기에서 α_1과 α_2는 각각 호도법으로 주어진 각크기이다. 이 결과를 대입하면, 질량비는 단순하게

$$\boxed{\frac{m_1}{m_2} = \frac{\alpha_2}{\alpha_1}} \tag{1.2}$$

으로 나타난다. 항성계까지 거리를 알 수 없더라도, 질량비는 여전히 결정할 수 있다. 각거리의 비율만이 필요하므로, 천문학에서 흔히 쓰는 각 단위인 각초를 써서 α_1, α_2를 적을 수 있다.

환산 질량 궤도의 장축 반지름(a)를 알면, 일반적 형태의 케플러 제3법칙으로부터(식 (2.37)(1권)),

$$P^2 = \frac{4\pi^2}{G(m_1 + m_2)} a^3$$

별들의 질량 합을 알 수 있다. $a = a_1 + a_2$이므로(증명은 연습문제), 쌍성계까지 거리를 알면, 장축반지름을 구할 수 있다. d를 구했다고 가정하면, $m_1 + m_2$와 m_1/m_2의 값으로부터 두 별의 질량을 각각 구할 수 있다.

쌍성계의 질량 중심이 고유 운동을 하고, 궤도가 관측자 시선에 수직한 평면에 편리하게 투영되지는 않기 때문에 질량을 구하는 과정은 상당히 복잡해진다(그림 1.1). 관측에서 질량 중심의 고유 운동을 제거하는 것은 비교적 쉬우며, 이것은 질량 중심이 등속 운동을 하기 때문이다. 다행히, 궤도면의 방향을 어림하는 것이 가능하며, 이것을 계산에서 고려할 수 있게 된다.

i가 **궤도 기울기**로서 궤도 면 과 천구 면이 이루는 각이라고 하자(그림 1.4). 두 별의 궤도는 항상 같은 평면에 있다는 점에 주의하자. 특별한 경우로, 궤도면과(시선에 수직한 평면으로 정의되는) 천구 면이 단축 방향으로 만나서 **마디선(line of nodes)**를 형성한다고 하자. 관측자는 각 별 궤도의 장축이 만드는 실제 각 α_1과 α_2를 직접 측정하는 것이 아니고, 천구에 투영된 값들인 $\widetilde{\alpha_1} = \alpha_1 \cos i$와 $\widetilde{\alpha_2} = \alpha_2 \cos i$를 측정하게 된다. 이러한 기하학적 효과는 질량비를 계산하는 데에는 영향을 주지 않으며, 그 이유는 식 1.2에서 $\cos i$항이 약분되어 사라지기 때문이다.

$$\frac{m_1}{m_2} = \frac{\alpha_2}{\alpha_1} = \frac{\alpha_2 \cos i}{\alpha_1 \cos i} = \frac{\tilde{\alpha}_2}{\tilde{\alpha}_1}$$

이다. 그러나, 투영 효과는 케플러 제3법칙을 사용할 때에는 매우 큰 영향을 끼친다. $\alpha = a/d$이므로[α는 호도법으로 잰 각이며 호도(rad)이다],
케플러 제3법칙에서 두 별 질량의 합은

$$m_1 + m_2 = \frac{4\pi^2}{G}\frac{(\alpha d)^3}{P^2} = \frac{4\pi^2}{G}\left(\frac{d}{\cos i}\right)^3 \frac{\tilde{\alpha}^3}{P^2} \tag{1.3}$$

이고, 이 때에 $\tilde{\alpha} = \widetilde{\alpha_1} + \widetilde{\alpha_2}$이다.

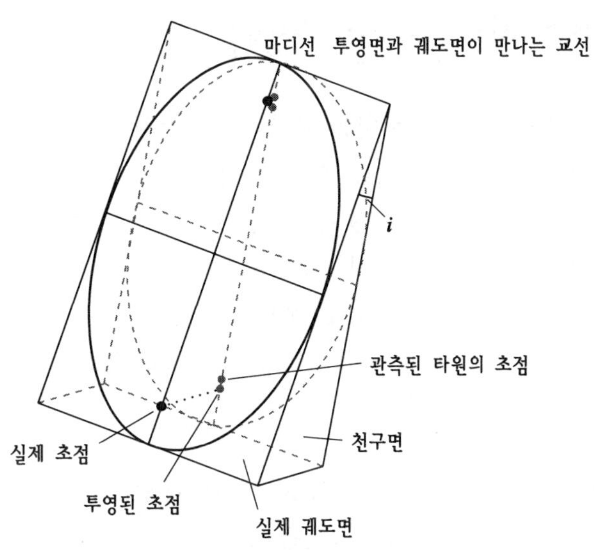

▮ **그림 1.4** 천구 면에 투영된 타원 궤도 역시 타원 궤도로 관측된다. 그러나, 원래 타원의 초점들은 관측된 타원의 초점들로 투영되지는 않는다.

질량의 합을 옳게 계산하려면, 궤도 기울기를 알아야 한다. 이를 위해서 쌍성계 질량 중심의 겉보기 위치를 주의 깊게 고려해야 한다. 그림 1.4에 나타낸 바와 같이, 천구 면에 각 i로 기울어진 타원의 투영된 상은 역시 타원이며, 관측자가 보는 궤도이다. 이와 같이 투영된 타원은 원래 타원과는 전혀 다른 이심률을 갖게 된다. 그러므로, 질량 중심이 투영된 곳은 투영된 타원의 초점과 다를 수 있으며, 이것은 케플러의 제1법칙과 어긋난다. 여러 타원을 천구 면에 투영해 보고 관측 자료를 비교하면, 참된 타원 궤도를 결정할 수 있을 것이다.

물론, 투영 문제를 실제보다는 많이 간단하게 취급하였다. 궤도 기울기 i가 0이 아닐 수 있을 뿐만 아니라, 타원이 장축으로도 기울어질 수 있으며, 시선에 대하여 회전되어 임의의 방향으로 틀어져 있을 수 있다. 그러나, 앞에서 언급한 일반적 원리를 적용할 수 있으며, 질량뿐만 아니라 별 타원 궤도의 참된 모습을 알아낼 수 있을 것이다.

거리를 모르더라도, 안시 쌍성계인 경우에는 두 별 질량을 각각 구할 수 있다. 이런 경우에 구체적인 시선 방향 속도를 알 수 있어야한다. 시선 방향에 대하여 투영된 속도 벡터 성분과 별의 위치와 궤도 방향에 대한 정보를 결합하면, 타원의 장축을 결정할 수 있으며, 케플러 제3법칙을 사용할 수 있게 된다.

1.3 식을 일으키는 분광 쌍성

쌍성계를 이루는 두 별을 광학적으로 분해해내지 못하더라도 쌍성계에 대한 풍부한 정보를 얻을 수 있다. 이러한 예는 특히 이중 분광선이 보이며 식을 일으키는 분광 쌍성에서 잘 찾아 볼 수 있다. 이러한 쌍성계에서는 두 별의 질량을 각각 알아낼 수 있을 뿐만 아니라, 다른 물리량 예를 들면 별의 반지름이나 밝기의 비 그리고, 이 둘을 결합해서 유효 온도의 비율까지 알아낼 수 있다(물론 식을 일으키는 쌍성계가 굳이 분광 쌍성계에 국한될 이유는 없으며, 안시 쌍성계와 같은 다른 쌍성계에서도 존재한다).

이심률이 시선 속도 측정에 주는 효과

두 별 모두로부터 스펙트럼을 얻을 수 있는(이중분광선이 존재하는) 분광 쌍성을 고려해 보자. 쌍성계를 이루는 각각의 별을 분해할 수는 없기 때문에, 안시쌍성계를 분석할 때에 사용하였던 궤도의 방향이나 이심률을 결정하는 방법을 쓸 수는 없다. 또한, 궤도 기울기 i가 시선 속도의 측정값에 직접적인 영향을 끼치기 때문에 별의 질량을 주는 해에서 궤도 기울기를 잘 고려해야 한다. 주어진 시각에서 v_1이 질량 m_1인 별의 속도이고, v_2가 질량 m_2인 별의 속도라면, 그림 1.4에서 보듯이, 관측되는 시선 속도는 각각 $v_{1r}^{\max} = v_1 \sin i$와 $v_{2r}^{\max} = v_2 \sin i$를 넘지 못한다.

사실, 실제로 측정되는 시선 속도는 그 시각에 존재하는 별의 위치에 따라서 달라진다. 즉, 별의 운동 방향이 우연히 시선에 수직이라면, 관측되는 시선 속도는 0일 것이다.

원궤도 운동을 하는 항성계에 대하여, 각 별의 속력은 일정하다. 궤도면이 관측자 시선을 포함하면(즉, $i=90°$), 측정되는 시선 속도는 사인 파형인 *속도 곡선*을 보이며 그림 1.5와 같이 나타난다. 궤도기울기를 바꾸더라도 속도 곡선의 모양은 바뀌지 않는다. 다만, $\sin i$의 인수만큼 곡선의 진폭만이 바뀔 뿐이다. i를 어림하여 실제 궤도 운동 속도를 구하려면, 쌍성계에 대한 추가적인 정보가 필요하다.

궤도 이심률 e가 0이 아니면, 관측되는 속도 곡선은 그림 1.6에서 보인 바와 같이 한쪽으로 치우친다. 곡선의 정확한 모양은 궤도 기울기가 주어졌더라도 관측자에 대한 궤도의 방향에 따라 크게 달라진다.

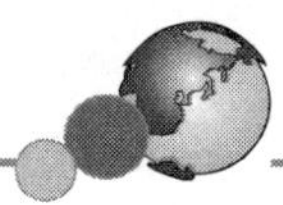

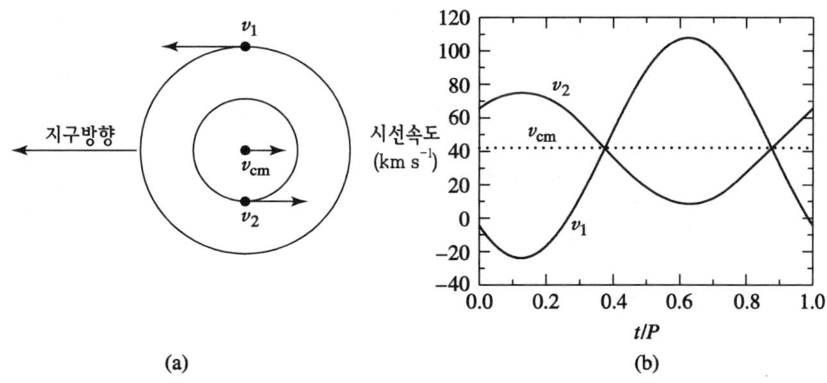

▮ **그림 1.5** 원궤도 운동을($e=0$) 하는 두 별의 궤도 경로와 시선 속도. 여기에서 $M_1=1\,M_\odot$, $M_2=2\,M_\odot$이고, 궤도 주기는 $P=30$일이며, 질량 중심의 시선 속도는 $v_{cm}=42$ km s^{-1}이다. v_1, v_2, v_{cm}은 각각 별1, 별2, 질량 중심의 속도이다. (a) 원궤도면은 관측자 시선에 놓여 있다. (b) 관측된 시선 속도 곡선

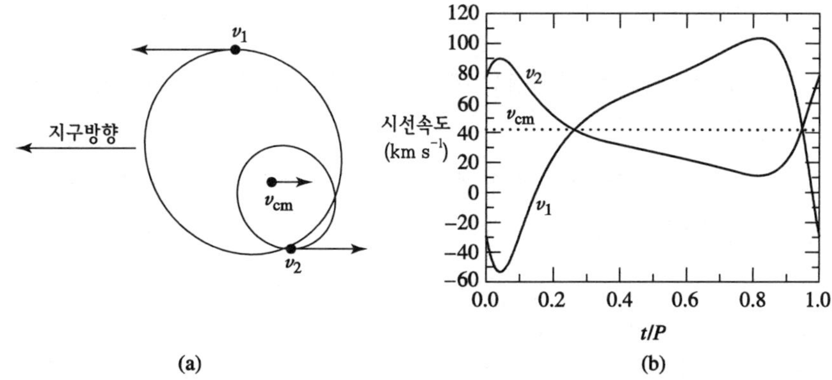

▮ **그림 1.6** 타원 궤도($e=0.4$)를 도는 두 별의 궤도 경로와 시선 속도. 그림 1.5와 같이 $M_1=1\,M_\odot$, $M_2=2\,M_\odot$이고, 궤도 주기는 $P=30$일이며, 질량 중심의 시선 속도는 $v_{cm}=42$ km s^{-1}이다. 추가적으로, 근성점의 방향은 45°이다. v_1, v_2, v_{cm}은 각각 별1, 별2, 질량 중심의 속도이다. (a) 궤도면은 관측자 시선에 놓여 있다. (b) 관측된 시선 속도 곡선

실제로, 다수의 분광 쌍성계가 거의 원궤도를 그리기 때문에 쌍성계를 분석하는 일이 어느 정도는 단순해진다. 이것은 근접 쌍성계에서 두 별이 서로의 조석력으로 궤도를 원형으로 만드는 경향이 각 별의 진화 시간 규모보다 훨씬 짧은 시간 규모에서 일어나기 때문이다.

질량 함수와 질량–광도 관계

궤도 이심률이 매우 작다고 가정하면($e \ll 1$), 두 별의 속력은 실질적으로 일정하고, 질량이 m_1, m_2인 별들이 장반경 a_1과 a_2를 그릴 때에 각각 $v_1 = 2\pi a_1/P$, $v_2 = 2\pi a_2/P$로 주어지며, 이 때에 P는 궤도 주기이다. 식 (1.1)에 대입하여 a_1과 a_2에 대하여 풀면, 질량비가

$$\frac{m_1}{m_2} = \frac{v_2}{v_1} \tag{1.4}$$

으로 주어진다. $v_{1r} = v_1 \sin i$, $v_{2r} = v_2 \sin i$임을 기억하면, 식 (1.4)를 실제 궤도 속도 대신 관측되는 시선속도를 써서 표현할 수 있다. 즉,

$$\boxed{\frac{m_1}{m_2} = \frac{v_{2r}/\sin i}{v_{1r}/\sin i} = \frac{v_{2r}}{v_{1r}}} \tag{1.5}$$

과 같다. 안시 쌍성계에서 본 바와 비슷하게, 궤도 기울기를 구할 필요 없이 별의 질량비를 구할 수 있다.

그러나, 역시 안시 쌍성에서와 마찬가지로, 질량의 합을 구하려면, 궤도 기울기를 알아야 한다. a를

$$a = a_1 + a_2 = \frac{P}{2\pi}(v_1 + v_2)$$

로 쓰고, 케플러 제3법칙(식 (2.37))을 써서 질량 합에 대하여 풀면

$$m_1 + m_2 = \frac{P}{2\pi G}(v_1 + v_2)^3$$

을 얻는다. 실제 궤도 속도 대신에 관측되는 시선 속도로 다시 쓰면

$$\boxed{m_1 + m_2 = \frac{P}{2\pi G}\frac{(v_{1r} + v_{2r})^3}{\sin^3 i}} \tag{1.6}$$

과 같이 쓸 수 있다.

식 (1.6)을 보면 질량의 합은 v_{1r}, v_{2r} 둘 다 측정할 수 있어야만 구할 수 있다. 실제에서는 이 두 값을 모두 구할 수 없는 경우가 허다하다. 한 별이 동반성에 비하여 훨씬 더 밝으면, 어두운 동반성의 스펙트럼을 압도하여 동반성만의 스펙트럼을 꺼내기 어렵다. 이러한 쌍성계를 *단일 분광선 쌍성계*라고 부른다. 별1의 스펙트럼을 얻을 수 있고, 별2의 스펙트럼을 얻을 수 없을 때에, 식 (1.5)에서 v_{2r}을 별의 질량비를 써서 대치할 수 있으며, 이로부터 쌍성계의 질량과 궤도 기울기에 의존하는 물리량을 얻을 수 있다. 즉, 식 (1.6)에 대입하면

$$m_1 + m_2 = \frac{P}{2\pi G}\frac{v_{1r}^3}{\sin^3 i}\left(1 + \frac{m_1}{m_2}\right)^3$$

이다. 이 식을 다시 정리하면

$$\boxed{\frac{m_2^3}{(m_1 + m_2)^2}\sin^3 i = \frac{P}{2\pi G}v_{1r}^3} \tag{1.7}$$

을 얻는다. 이 식의 우변을 **질량 함수**라고 부르며, 쉽게 관측으로부터 얻을 수 있는 양인 주기와 시선 속도로 이루어진다. 한 별의 스펙트럼만 얻을 수 있는 경우에 식 (1.5)로부터는 두 별의 질량비를 구할 수 없다. 그러므로, 질량 함수는 통계적인 연구에서 혹은 다른 간접적인 방법으로 한 별의 질량을 어림할 수 있는 경우에 유용하다. 예를 들면, m_1이나, $\sin i$를 알 수 없을 때에, 식 (1.7)의 좌변이 언제나 m_2보다 작기 때문에 m_2의 하한 값을 준다.

두 별의 시선 속도를 모두 구할 수 있을 때라도, 궤도 기울기 i를 모르면 m_1과 m_2를 정확히 구할 수 없다. 그러나, 별은 유효 온도와 광도로 분류할 수 있으므로 (2.2절 참조), 이러한 양들과 질량 사이에 관계가 있다면, 궤도 기울기 항 $\sin^3 i$의 적당한 평균을 잡아서 각 부류에 속한 별들의 질량을 통계적으로 어림할 수 있다. 0°에서 90°까지 $\sin^3 i$의 적분 평균($<\sin^3 i>$)은 $3\pi/16 \simeq 0.589$이다.[1)]

그러나, 궤도 기울기가 아주 작을 때에는 도플러 효과를 측정하기 어려우므로, i가 0°에서 많이 벗어나야 분광 쌍성을 발견할 수 있을 것이다. 이러한 *선택 효과*

1) 증명은 연습 문제로 남긴다.

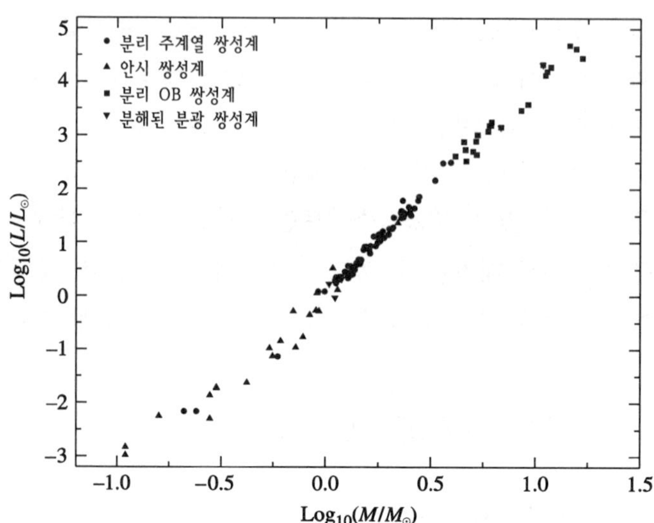

▮ 그림 1.7 질량–광도 관계. (자료 출처 : Popper, *Annu. Rev. Astron. Astrophys. 18*, 115, 1980)

때문에 $\sin^3 i$의 평균값은 이보다 더 큰 $<\sin^3 i> \simeq 2/3$ 정도가 더 타당할 것이다.

쌍성계의 질량을 어림해 보면 하늘에 보이는 대부분의 별들에 대하여 잘 정의된 **질량–광도 관계**가 나타남을 알 수 있다(그림 1.7). 이 교재에서 이어지는 다음 몇 장의 학습 목표 가운데 하나는 기본적인 물리 법칙을 써서 이 관계를 이해하는 것이다.

식 현상을 이용한 반지름과 온도 비의 결정

궤도 기울기 i를 잘 계산할 수 있는 특별한 경우가 분광 쌍성계가 동시에 식을 일으키는 식쌍성계일 때이다. 쌍성계를 구성하는 별 사이의 거리가 별의 반지름에 비하여 상당히 크다면, 식이 일어나려면 i가 거의 90°이어야 한다. 그림 1.8을 보면 쉽게 이 사실이 보인다. 궤도 기울기의 참값이 $i=75°$일 때에도 단순히 $i=90°$로 가정하고 계산을 하여도 $\sin^3 i$의 값에서 또는 결국 m_1+m_2를 구해도 오차가 10퍼센트 정도에 불과하다.

식쌍성의 광도 곡선으로부터, i의 어림값을 더욱 개선할 수 있다. 그림 1.9를 보면, 큰 별이 작은 별을 완전히 가리며, 식이 일어나는 동안 측정된 광도 곡선에서 최소 광도가 거의 상수로 나타난다. 비슷한 이유로, 작은 별이 큰 별 앞을 지나는 동안 큰 별을 다 가리지는 않지만, 작은 별이 가리는 면적이 거의 일정하므로, 이

시간 동안 광도는 극소값을 띠며 거의 상수값을 갖는다. 그러나, 동반성이 완전히 가리지 않을 경우에는(그림 1.10), 최소값이 상수값을 갖지 않게 되며, 이로부터 i 가 90°보다 작아야한다는 사실을 알 수 있다.

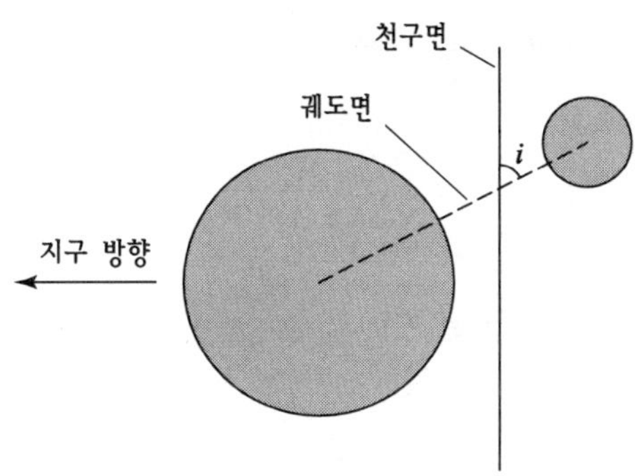

▌**그림 1.8** 분광 쌍성이 식을 일으키기 위해서 궤도 기울기 i가 90°에 가까워야 한다.

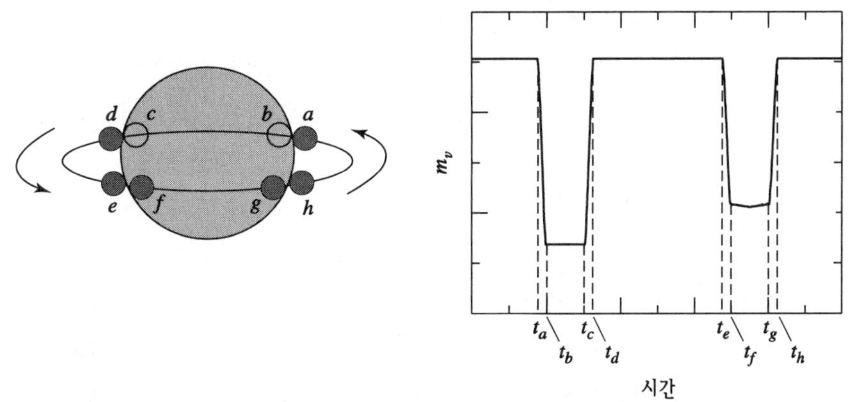

▌**그림 1.9** i=90°인 경우 식쌍성의 광도 곡선. 광도 곡선에 나타낸 시각들은 큰 반성에 대하여 작은 주성의 위치에 대응한다. 이 예에서 작은 별이 큰 별보다 더 뜨겁다고 가정한다.

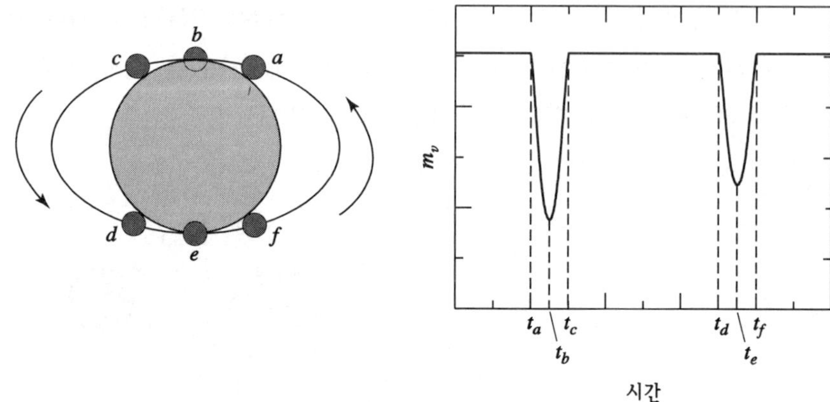

▌**그림 1.10** 부분적으로 식을 일으키는 쌍성계의 광도 곡선. 이 예에서 작은 별이 동반성보다 더 뜨겁다.

식이 일어나는 시간을 측정하면, 분광 식쌍성을 이루는 두 별의 반지름을 구할 수 있다. 그림 1.9에서 $i \simeq 90°$를 가정하면, *식의 시작점*(t_a)와 최소 광도의 시점 t_b를 측정하고, 궤도 속도와 결합하면, 작은 별의 반지름이 직접 손쉽게 계산된다. 예를 들면, 작은 별 궤도의 장반경이 두 별의 반지름들보다 충분히 크고, 궤도가 거의 원궤도이면, 작은 별이 식을 일으키는 동안 관측자 시선에 대하여 거의 수직으로 운동한다고 가정해도 좋다. 이 경우에 작은 별의 반지름은

$$r_s = \frac{v}{2}(t_b - t_a) \tag{1.8}$$

으로 단순히 얻을 수 있으며, 이 때에 $v = v_s + v_l$은 작은 별과 큰 별의 *상대* 속도이다(v_s와 v_l은 각각 작은 별과 큰 별의 속도이다). 마찬가지로, t_b와 t_c 사이의 시간 경과를 생각하면, 큰 별의 크기도 결정할 수 있다. 큰 별의 크기는 간단하게

$$r_\ell = \frac{v}{2}(t_c - t_a) = r_s + \frac{v}{2}(t_c - t_b) \tag{1.9}$$

이 됨을 보일 수 있다.

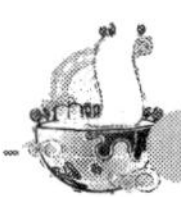
예제 1.3.1

주기가 $P=8.6$ yr인 이중 분광선을 보이는 식분광쌍성을 분석하여, 작은 별에서 나오는 수소 발머 Hα(656.281 nm) 방출선의 최대 도플러 이동이 $\Delta\lambda_s=0.0072$ nm이고, 동반성에서는 그 값이 $\Delta\lambda_\ell=0.0068$ nm이다. 속도 곡선이 사인파 모양을 한다는 사실로부터 궤도가 거의 원궤도일 것이다. 식 (4.39)(1권)와 식 (1.5)를 쓰면 두 별의 질량비는

$$\frac{m_\ell}{m_s}=\frac{v_{rs}}{v_{r\ell}}=\frac{\Delta\lambda_s}{\Delta\lambda_\ell}=10.6$$

이다. 궤도 기울기 $i=90°$라면 작은 별의 도플러 이동으로부터 최대 시선 속도는

$$v_{rs}=\frac{\Delta\lambda_s}{\lambda}c=33\ \mathrm{km\ s^{-1}}$$

이며, 궤도 반지름은

$$a_s=\frac{v_{rs}P}{2\pi}=1.42\times10^{12}\ \mathrm{m}=9.5\ \mathrm{AU}$$

가 된다. 비슷한 방법으로, 동반성의 궤도 속도와 반지름은 $v_{rl}=3.1\ \mathrm{km\ s^{-1}}$과 $a_\ell=0.90$ AU를 각각 얻는다. 따라서, 환산 질량 운동의 장축 반지름은 $a=a_s+a_\ell=10.4$ AU이다. 두 별 질량의 합은 케플러의 제3법칙을 사용해서 얻을 수 있다. 식 (2.37)(1권)을 태양 질량, 천문단위, 년을 단위로 쓰면

$$m_s+m_\ell=a^3/P^2=15.2\ \mathrm{M_\odot}$$

을 얻는다. 각각의 질량에 대하여 풀면 $m_s=1.3\ \mathrm{M_\odot}$과 $m_\ell=13.9\ \mathrm{M_\odot}$이다.

더구나, 이 쌍성계의 광도 곡선으로부터 $t_b-t_a=11.7$시간이고, $t_c-t_b=164$일이다. 식 (1.8)을 쓰면, 작은 별의 반지름은

$$r_s=\frac{(v_{rs}+v_{r\ell})}{2}(t_b-t_a)=7.6\times10^8\ \mathrm{m}=1.1\ \mathrm{R_\odot}$$

이고, 이 때에 $1\ \mathrm{R_\odot}=6.96\times10^8$ m이다. 식 (1.9)에서 큰 별의 반지름을 구하면 $r_e=369\ \mathrm{R_\odot}$이다.

이 특정 쌍성계의 경우에는 두 별의 질량에 아주 큰 차이가 보인다.

두 별의 유효 온도 비는 식쌍성의 광도 곡선으로부터 얻을 수도 있다. 이것은 두 별을 흑체로 가정하고 식이 일어날 때와 두 별 모두 완전히 보일 때 광량을 비교하여 얻는다.

그림 1.9를 참조하면, 광도 곡선에서 도랑이 깊어지는 것은 작지만 뜨거운 별이 동반성 뒤를 지날 때이다. 이 효과를 이해하려면, 식 (3.18)에서 준 바와 같이 표면으로부터 나오는 복사 플럭스가

$$F_r = F_{\text{surf}} = \sigma T_e^4$$

으로 나타난다는 사실을 이용한다. 작은 별이 동반성의 앞에 있거나 뒤에 있거나 관계 없이 동일한 면적에서 식이 일어난다. 이제, 관측된 플럭스가 별 원반 전체에 걸쳐서 동일하다고 가정하고,[2)] 두 별이 다 같이 모두 보일 때에 쌍성계에서 검출되는 광량 전체는

$$B_0 = k\left(\pi r_\ell^2 F_{r\ell} + \pi r_s^2 F_{rs}\right)$$

이고, k는 상수로서, 쌍성계까지 거리와 광검출기의 성능에 의하여 결정된다.

식의 깊이가 더 깊은 *으뜸식*이 일어나는 것은 뜨거운 별이 찬 별 뒤에 있을 때이다. 작은 별이 더 뜨거워서 단위 면적당 플럭스가 더 크다면, 으뜸식일 때에 플럭스는

$$B_p = k\pi r_\ell^2 F_{r\ell}$$

으로 주어지고, 버금식일 때에 플럭스는

$$B_s = k\left(\pi r_\ell^2 - \pi r_s^2\right) F_{r\ell} + k\pi r_s^2 F_{rs}$$

이다.

k를 일반적으로 정확히 구하는 것은 쉽지 않으므로 이 값들의 비를 취한다. 으뜸식과 버금식의 플럭스 비를 고려하자. B_0, B_p, B_s의 값들을 대입하면

---

2) 별들은 원반의 가장자리로 갈수록 더 어두워지며, 이 현상을 *주연감광*이라고 일컫는다. 이 효과는 3.3절에서 논의한다.

$$\frac{B_0 - B_p}{B_0 - B_s} = \frac{F_{rs}}{F_{r\ell}} \tag{1.10}$$

이므로, 식 (3.18)로부터

$$\frac{B_0 - B_p}{B_0 - B_s} = \left(\frac{T_s}{T_\ell}\right)^4 \tag{1.11}$$

을 얻는다.

예제 1.3.2

예제 1.3.1에서 논의한 쌍성계 광도 곡선을 더 조사해 보면, 두 별의 온도를 상대적으로 비교할 수 있다. 측광 관측을 통하여, 최대 광도에서 전파장 등급이 $m_{\text{bol},0} = 6.3$, 으뜸식일 때에 $m_{\text{bol},p} = 9.6$이고, 버금식일 때에 $m_{\text{bol},s} = 6.6$임을 볼 수 있다. 식 (3.3)으로부터, 으뜸식과 최대 광도일 때 플럭스 비는

$$\frac{B_p}{B_0} = 100^{(m_{\text{bol},0} - m_{\text{bol},p})/5} = 0.048$$

이다. 마찬가지로, 버금식과 최대 광도일 때 플럭스 비는

$$\frac{B_s}{B_0} = 100^{(m_{\text{bol},0} - m_{\text{bol},s})/5} = 0.76$$

이다. 이제, 식 (1.10)을 다시 쓰면, 복사 플럭스 비는

$$\frac{F_{rs}}{F_{r\ell}} = \frac{1 - B_p/B_0}{1 - B_s/B_0} = 3.97$$

이다. 식 (3.18)을 쓰면 마침내

$$\frac{T_s}{T_\ell} = \left(\frac{F_{rs}}{F_{r\ell}}\right)^{1/4} = 1.41$$

을 얻는다.

컴퓨터 모형을 통한 접근

쌍성계를 분석하는 현대적인 접근법은 상세한 모형을 만들고 수치적으로 계산하여 다양한 물리적 변수들에 대한 중요한 정보를 얻는 것이다. 질량, 반지름, 유효 온도를 결정할 수 있을 뿐만 아니라, 다른 상세한 물리량들도 알 수 있게 된다. 예를 들면, 중력의 효과가 자전과 공전 운동의 효과와 결합하여 별의 모양이 바뀌어 단순한 구형이 아니라 길쭉한 모양으로 일그러진다(이러한 효과는 6.1절에서 상세하게 다룰 것이다). 모형 계산에서는 플럭스가 별 원반을 따라 일정하지 않은 효과를 넣어 별 표면의 온도 분포 변화에 대한 정보를 얻을 수도 있고 기타 다양한

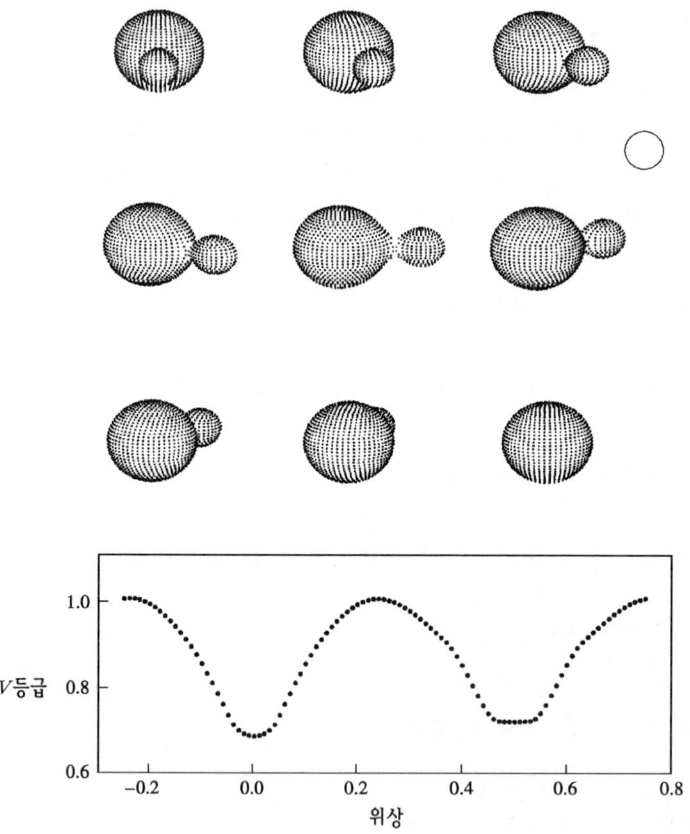

▌그림 1.11 두 별이 서로 붙어 있는 식쌍성계인 RR Centauri의 합성 광도 곡선. 원은 태양의 크기를 나타낸다. RR Cen의 궤도 및 물리적 특징들은 P=0.6057 d, e=0.0, M_1=1.8 M$_\odot$, M_2=0.37 M$_\odot$이다. 주성의 분광형은 F0V이다(항성의 분광형에 대해서 2.1절을 보라). (그림 출처 : R. E. Wilson, *Publ. Astron. Soc. Pac., 106*, 921, 1994; ⓒAstronomical Society of the Pacific)

물리량을 얻기도 한다. 중력퍼텐셜이 같은 표면들이 결정되고 다른 물리량들을 알면, 다양한 파장대(U, B, V 따위)에서(이론적인) *합성* 광도 곡선을 만들어서 관측 자료와 비교해 볼 수 있다. 모형에 사용된 물리량들을 바꾸어 보면서 관측과 가장 잘 맞는 물리량들을 고를 수 있다. 그림 1.11은 쌍성계 RR Centauri의 모형을 보여 준다. 이 쌍성계에서 두 별이 서로 붙어 있으며, 광도 곡선에 흥미로우면서도 미묘한 효과들을 주고 있다.

쌍성계 모형을 세우는 과정을 소개하기 위하여, 부록 K에 간단한 컴퓨터 프로그램인 TwoStars를 기술하였으며, 웹사이트에서도 얻을 수 있다. TwoStars는 별들이 완벽한 구대칭을 이룬다고 단순하게 가정한다. 그리고, TwoStars는 두 별이 충분하게 떨어져 있을 경우에, 광도 곡선, 시선 속도 곡선, 측성학적 자료를 생성할 수 있다. 그러나, TwoStars에서 채택한 단순한 가정 때문에 RR Cen과 같은 더 복잡한 쌍성계의 모형을 만들 수는 없겠다.[3)]

쌍성계를 연구하면 별의 물리량들에 대한 귀중한 정보를 얻을 수 있다. 이러한 결과들을 사용해서 별의 구조와 진화 이론을 만들게 된다.

1.4 외계 행성계 탐사

수백년 동안 사람들은 밤하늘을 올려다 보며선 다른 별 주변에 행성들이 있을 것인가 궁금해했다.[4)] 그러나, 1995년 10월에 제네바 천문대의 메이어(Michel Mayor)와 켈로즈(Didier Queloz)는 태양형 항성인 51 Pegasi에서 행성을 발견했다고 발표하였다. 이 발견은 평범한 별 둘레를 도는 첫 외계 행성의 검출이다.[5)] 51

---

3) 더 정교한 쌍성계 모형 프로그램을 인터넷에서 내려받거나 혹은 구입할 수 있다. 예를 들면, WD95는 원 자자가 윌슨(Wilson)과 데비니(Devinney)이며, 칼라스(Kallarth) 등이 후에 수정하였고, BinaryMaker는 브랫스트릿(Bradstreet)과 스틸만(Steelman)이 만들었다.

4) 실제로 한 때 도미니크회 수사였던 조다노 브루노(Giordano Bruno : 1548-1600)는 다른 별들 주변에 생명체가 존재하는 무한히 많은 행성들을 담은 코페르니쿠스적인 우주관을 믿었다는 이유로 처형당했다(1.2절을 기억하라.)

5) 1992년에 푸에르토 리코에 있는 아레시보 전파 천문대의 알렉산더 월천(Alexander Wolsczan)과 미국 국립 전파 천문대의 데일 프레일(Dale Frail)이 초신성 폭발 후에 남은 극도로 밀도가 높고 붕괴한 천체인 펄사(PSR 1257+12)의 주변을 공전하는 3개의 지구 크기 행성과 1개의 달 크기 행성을 검출하였다(10.7절을 보아라). 붕괴한 천체인 펄사가 내는 지극히 규칙적인 전파 방출에 나타나는 미세한 변화를 검출함으로써 이러한 발견이 이루어졌다.

Peg의 발견이 발표된 지 한 달도 채 안되어, 버클리 캘리포니아 주립 대학과 워싱턴 카네기 연구원에 재직하고 있던 마시(Geoffrey W. Marcy)와 폴 버틀러(R. Paul Butler)가 태양과 비슷한 두 별 70 Vir, 47 UMa에서도 행성들을 검출했다고 발표하였다. 2006년 5월까지 첫 발표로부터 겨우 10년 안에 우리 태양과 비슷한 항성들 163개 주변을 돌고 있는 189개의 외계 행성들이 발견되었다.

이처럼 놀라운 빠르기로 외계 행성계들을 오늘날 발견할 수 있었던 것은 검출기 성능의 극적인 발달, 거대 구경 망원경, 쉼 없는 장기 관측 프로그램의 수행에 있다. 행성을 거느리는 모성과 그 주위를 궤도 운동하는 행성 사이의 거대한 광도차를 생각할 때에, 행성을 직접 관측하는 것은 대단히 어렵다. 행성이 반사한 빛은 별 자체의 광도에 압도될 뿐이다.[6] 그러므로, 외계 행성계를 검출하기 위해서 간접적인 방법이 동원된다. 성공적인 외계 행성계의 검출은 다음과 같은 세 가지 기법, 시선 속도 측정, 측성학적 운동, 식 현상에 기반하고 있으며, 여기에서 설명하고자 한다.[7] 첫 번째 방법은 궤도 운동하는 행성의 중력에 의하여 모성에 일어나는 시선 속도 변화를 검출하며, 이 교재를 집필하고 있던 시기까지 가장 많은 외계 행성계를 검출한 방법이다.

예제 1.4.1

모성에 대한 반작용 운동은 극히 작다. 예를 들어, 태양 주변을 도는 목성을 생각하자. 목성의 궤도 주기는 11.86년이고 장축 반지름은 5.2 AU이며, 질량은 겨우 0.000955 $M_\odot$이다. 목성의 궤도가 완전히 원궤도라고 가정하고(실제로 이심률은 $e=$ 0.0489이다), 목성의 궤도 운동 속도는

$$v_J = 2\pi a/P = 13.1 \text{ km s}^{-1}$$

이다. 식 (1.5)에 따르면, 공통 질량 중심에 대한 태양의 궤도 운동 속도는 겨우

$$v_\odot = \frac{m_J}{M_\odot} v_J = 12.5 \text{ m s}^{-1}$$

이다. 이 값은 지구에서 가장 빠른 단거리 달리기 선수의 속력과 비슷하다.

---

6) 2004년 4월에 G. 쇼빈(G. Chauvin)과 그의 연구 그룹이 유럽남천문대(ESO)의 VLT/NACO를 써서 갈색왜성 2MASSWJ1207334−393254의 둘레를 돌며, L5와 L9.5 사이의 분광형을 갖는 거대 외계 행성의 적외선 영상을 얻었다. HST/NICMOS에서도 이 갈색왜성의 행성을 관측할 수 있었다.

7) 외계행성을 찾는 또 다른 방법이 있으며, 이 방법은 빛의 중력 렌즈 현상을 이용한다. 5장을 보라.

믿기 힘들지만, 오늘날 공원에서 가볍게 뛰는 정도의 속력인 3 m s^{-1} 정도의 시선 속도 변화를 측정하는 것이 가능하다. 마시, 버틀러와 그들의 연구 그룹은 별 빛을 요오드 증기통을 지나가게 하여, 이 정도 수준의 관측을 이루어냈다. 별의 고분해능 스펙트럼에서 요오드의 흡수선들을 속도 0의 기준으로 삼았다. 별의 흡수선이나 방출선의 파장들을 요오드의 기준 파장들과 비교하면, 매우 정밀한 시선 속도를 결정할 수 있다. 이들 그룹이 사용한 고분해능 분광기의 개발과 설계는 다른 그룹에 있던 산타크루즈 캘리포니아 대학교의 스티브 보그트(Steve Vogt)가 하였다.

그러나, 시선 속도법에서는 많은 작업을 수행해야만 반작용 운동에 의한 별의 시선 속도 변화량을 꺼낼 수 있다. 시선 속도 변화의 요인을 결정하려면, 스펙트럼 관측 자료에 스며있으며 시선 속도에 영향을 줄 수 있는 다른 모든 요인들을 제거해야만 한다. 이러한 요인 가운데 몇 가지가 지구의 자전과 요동, 지구의 태양에 대한 공전 운동, 우리 태양계 안의 다른 행성들이 지구와 태양에 주는 중력 효과 따위이다. 이러한 보정들이 모두 이루어진 후에, 우리 태양계의 진정한 질량 중심에 대한 목표 별의 시선 속도가 정해질 수 있다.

우리 태양계의 운동 뿐 아니라, 목표 별 자체의 운동도 또한 고려해야 한다. 예를 들면, 목표 별이 회전하고 있으면, 이 별에서 우리 쪽을 향해 도는 원반 가장자리와 우리로부터 멀어지는 원반 가장자리의 시선 속도 때문에 흡수선이 뭉툭해져서 시선 속도 분석이 어려워진다. 별 표면에서 일어나는 맥동(8장을 보라), 표면 대류(4.4절), 항성 흑점과 같은 별 표면에 나타나는 구조물의 운동 들은 측정값에 혼란을 주고, 속도 결정의 정밀도를 낮춘다.

시선 속도 측정법으로 발견한 행성들 모두는 모성에 매우 가까이 있으며 또한 질량이 매우 크다. 예를 들면, 51 Peg의 둘레를 도는 행성 질량의 하한 값은 0.45 M_J이고(여기에서 M_J는 목성의 질량이다) 공전 주기는 4.23077일, 장축 반지름의 길이는 고작 0.051 AU이다. 별 HD 168443 c를 도는 행성 질량의 하한 값은 10.96 M_J 공전 주기는 1770일이며, 장축 반지름의 길이는 2.87 AU이다. 별을 관측하는 기간이 길어지면서, 긴 주기의 행성들이 지속적으로 발견될 것이며, 또한 더 작은 질량을 갖는 행성의 발견이 이어질 것이다.

별 HD 209458의 시선 속도를 조심스럽게 분석하여, 1999년에 이 별 원반을 가로지르는 외계 행성을 예측하고 검출하였다. 행성의 통과에 따라 별이 약간 어두워지는 현상은 1.3절에서 공부한 식을 일으키는 분광 쌍성계와 완전히 같은 원리이다.

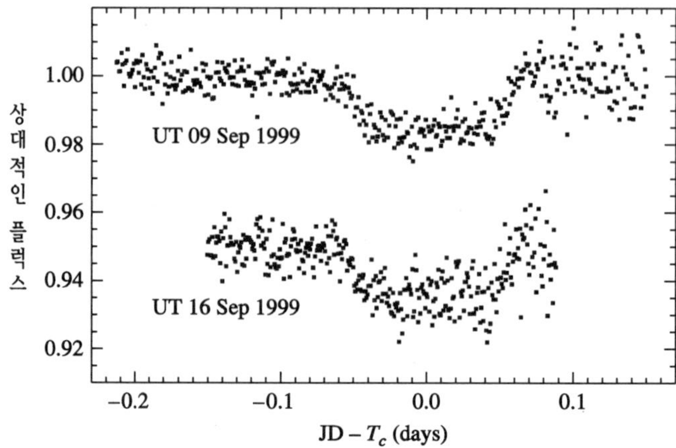

▌그림 1.12 1999년 9월에 별 HD 209458의 원반을 가로질러 외계 행성이 통과하는 현상을 2회에 걸쳐 검출한 측광학적 자료. 9월 16일의 통과를 일부러 −0.05등급만큼 아래쪽으로 내려 9월 9일에 행성이 통과한 자료와 겹치지 않게 나타냈다. T_c는 통과의 중심 시각이며, 관측 시점의 JD는 율리우스 일(시간)이다. (그림 출처 : Charbonneau, Brown, Latham, and Mayor, Ap.J., 529, L45, 2000)

별 HD 209458에 대하여 행성이 아주 작다는 점을 생각하면, 별이 어두워지는 정도는 고작 4 mmag(밀리 등급, 천분의 일등급)이다. 그림 1.12를 보라. 통과할 때에 얻은 광도 곡선에서 얻는 추가적인 정보에 기초하여, 차보노, 브라운, 라탐, 메이어는 통과하는 행성의 반지름이 1.27 R_J(목성 반지름) 정도이고, 궤도 기울기를 $i=87.1°\pm0.2°$로 결정하였다. 궤도 기울기를 결정했기 때문에, $\sin i$을 포함하는 항의 불확실성을 없앨 수 있으므로, 행성의 질량을 0.63 M_J로 결정할 수 있었다. 시선 속도 자료로부터, HD 209458의 질량과 반지름은 각각 1.1 $M_\odot$과 1.1 $R_\odot$이다. 행성의 궤도 주기는 $P=3.5250\pm0.003$ d이고, 장축 반지름의 길이는 $a=0.0467$ AU이다.

이제껏 모성의 원반을 가로질러 통과할 때에 별이 어두워짐을 관측하여 여러 개의 행성을 발견하였다. 그러나, OGLE−TR−56b에서 행성을 검출한 후에 시선 속도 측정법으로 확인한 최초의 항성−행성계이다. 행성의 궤도 주기는 겨우 29시간이고, 궤도는 별 반지름의 4.5배(0.023 AU)이다. 측정은 별이 0.01등급을 살짝 넘는 정도로 어두워짐을 검출하여 측정이 이루어졌다. 이 방법의 장점은 상대적으로 먼 별들에 대해서도 검출할 수 있다는 것이다. OGLE−TR−56b은 지구에서 1500 pc 떨어져 있다. 게다가, 통과하는 시간으로부터 행성의 반지름을 결정할 수 있으며, 이에 따라 행성의 밀도를 어림할 수 있다. OGLE−TR−56b를 도는 행성의 질량은

후속 관측에서 시선 속도 측정으로부터 확인 바와 같이 0.9 M_J이고, 반지름은 목성보다 약간 더 크다.

행성의 중력에 의하여 별이 받는 반동 운동은 2002년에 처음으로 관측되었다. 허블 우주 망원경의 미세 자세 제어 센서를 써서 지구에서 4.7 pc 떨어진 곳에 있는 10등급별인 Gliese 876의 0.5 밀리 각 초의 요동을 측정하였다. 천구면에 투영된 세 번째 차원의 운동을 추가하여, 시선 속도법으로 이전에 결정한 질량의 범위를 더 좁혀서 1.9 M_J 와 2.4 M_J 사이에 있음을 밝혔다. 미래에 측성학 과학 임무를 띤 위성이 발사되면(6.5절(1권)을 참조하라) 이 방법으로부터 많은 행성들을 검출할 수 있을 것이다.

비록 현재까지 태양과 비슷한 항성에서 지구 크기의 행성들을 찾지 못했지만, 계획 중인 NASA의 지구형 행성 탐사 임무나 SIM 행성 탐사나 GAIA와 같은 아주 뛰어난 측성학 관측 연구 사업으로부터 가까운 미래에 이들의 발견도 이루어질 것이다.

제1장 참고 문헌

일반 도서

Burnham, Robert Jr., *Burnham's Celestial Handbook: An Observer's Guide to the Universe Beyond the Solar System*, Revised and Enlarged Edition, Dover Publications, New York, 1978.

Jones, Kenneth Glyn (ed.), *Webb Society Deep-Sky Observer's Handbook*, Second Edition, Enslow Publishers, Hillside, NJ, 1986.

Marcy, Geoffrey, and Butler, R. Paul, "New Worlds: The Diversity of Planetary Systems," *Sky and Telescope*, March 1998.

Marcy, Geoffrey, et al., *California and Carnegie Planet Search Web Site*, `http://exoplanets.org`.

NASA, *Planet Quest: The Search for Another Earth Web Site*, `http://planetquest.jpl.nasa.gov`.

Pasachoff, Jay M., *Field Guide to the Stars and Planets*, Fourth Edition, Houghton Mifflin, Boston, 2000.

고급 도서

Batten, Alan H., Fletcher, J. Murray, and MacCarthy, D. G., "Eighth Catalogue of the Orbital Elements of Spectroscopic Binary Systems," *Publications of the Dominion Astrophysical Observatory*, *17*, 1989.

Böhm-Vitense, Erika, *Introduction to Stellar Astrophysics: Basic Stellar Observations and Data*, Volume 1, Cambridge University Press, Cambridge, 1989.

Bradstreet, D. H., and Steelman, D. P., "Binary Maker 3.0—An Interactive Graphics-Based Light Curve Synthesis Program Written in Java," *Bulletin of the American Astronomical Society*, January 2003.

Charbonneau, David, Brown, Timothy M., Latham, David W., and Mayor, Michel, "Detection of Planetary Transits Across a Sun-Like Star," *The Astrophysical Journal*, *529*, L45, 2000.

Eggen, O. J., "Masses of Visual Binary Stars," *Annual Review of Astronomy and Astrophysics*, *5*, 105, 1967.

Kallrath, Josef, and Milone, Eugene F., *Eclipsing Binary Stars: Modeling and Analysis*, Springer–Verlag, New York, 1999.

Kallrath, J, Milone, E. F., Terrell, D., and Young, A. T., "Recent Improvements to a Version of the Wilson–Devinney Program," *The Astrophysical Journal Supplement Series*, *508*, 308, 1998.

Kitchin, C. R., *Astrophysical Techniques*, Third Edition, Institute of Physics Publications, Philadelphia, 1998.

Marcy, Geoffrey W., and Butler, R. Paul, " Detection of Extrasolar Giant Planets," *Annual Review of Astronomy and Astrophysics*, *36*, 57, 1998.

Mayor, M., and Queloz, D., "A Jupiter-Mass Companion to a Solar-Type Star," *Nature*, *378*, 355, 1995.

Popper, Daniel M., "Determination of Masses of Eclipsing Binary Stars," *Annual Review of Astronomy and Astrophysics*, *5*, 85, 1967.

Popper, Daniel M., "Stellar Masses," *Annual Review of Astronomy and Astrophysics*, *18*, 115, 1980.

Wilson, R. E., "Binary-Star Light-Curve Models," *Publications of the Astronomical Society of the Pacific*, *106*, 921, 1994.

제 1 장 연습 문제

1.1 Consider two stars in orbit about a mutual center of mass. If a_1 is the semimajor axis of the orbit of star of mass m_1 and a_2 is the semimajor axis of the orbit of star of mass m_2, prove that the semimajor axis of the orbit of the *reduced mass* is given by $a = a_1 + a_2$. *Hint:* Review the discussion of Section 2.3 and recall that $\mathbf{r} = \mathbf{r}_2 - \mathbf{r}_1$.

1.2 In Problem 2.9 we discussed integral averages that implicitly assumed a probability distribution (or *weighting function*) that was constant throughout the interval over which the integral was applied. When a *normalized* weighting function $w(\tau)$ is considered, such that

$$\int_0^\tau w(\tau)\, d\tau = 1,$$

then the integral average of $f(\tau)$ becomes

$$\langle f(\tau) \rangle = \int_0^\tau f(\tau)\, w(\tau)\, d\tau.$$

Comparison with Problem 2.9 reveals that the weighting function implicitly used in that case was $w(\tau) = 1/\tau$ over the interval 0 to τ.

In evaluating $\langle \sin^3 i \rangle$ between 0 rad and $\pi/2$ rad (0° and 90°, respectively) as discussed on page 188, it is more likely that the radial velocity variations will be detected if the plane of the orbit is oriented along the line of sight. The weighting function should therefore take into consideration the projection of the plane of the orbital velocity onto the line of sight.

(a) Select an appropriate weighting function and show that your weighting function is normalized over the interval $i = 0$ to $\pi/2$.

(b) Prove that $\langle \sin^3 i \rangle = 3\pi/16$.

1.3 Assume that two stars are in circular orbits about a mutual center of mass and are separated by a distance a. Assume also that the angle of inclination is i and their stellar radii are r_1 and r_2.

(a) Find an expression for the smallest angle of inclination that will just barely produce an eclipse. *Hint:* Refer to Fig. 7.8.

(b) If $a = 2$ AU, $r_1 = 10\,\mathrm{R}_\odot$, and $r_2 = 1\,\mathrm{R}_\odot$, what minimum value of i will result in an eclipse?

1.4 Sirius is a visual binary with a period of 49.94 yr. Its measured trigonometric parallax is $0.37921'' \pm 0.00158''$ and, assuming that the plane of the orbit is in the plane of the sky, the true angular extent of the semimajor axis of the reduced mass is $7.61''$. The ratio of the distances of Sirius A and Sirius B from the center of mass is $a_A/a_B = 0.466$.

(a) Find the mass of each member of the system.

(b) The absolute bolometric magnitude of Sirius A is 1.36, and Sirius B has an absolute bolometric magnitude of 8.79. Determine their luminosities. Express your answers in terms of the luminosity of the Sun.

(c) The effective temperature of Sirius B is approximately 24,790 K $\pm$100 K. Estimate its radius, and compare your answer to the radii of the Sun and Earth.

1.5 ζ Phe is a 1.67-day spectroscopic binary with nearly circular orbits. The maximum measured Doppler shifts of the brighter and fainter components of the system are 121.4 km s^{-1} and 247 km s^{-1}, respectively.

(a) Determine the quantity $m \sin^3 i$ for each star.

(b) Using a statistically chosen value for $\sin^3 i$ that takes into consideration the Doppler-shift selection effect, estimate the individual masses of the components of ζ Phe.

1.6 From the light and velocity curves of an eclipsing, spectroscopic binary star system, it is determined that the orbital period is 6.31 yr, and the maximum radial velocities of Stars A and B are 5.4 km s^{-1} and 22.4 km s^{-1}, respectively. Furthermore, the time period between first contact and minimum light ($t_b - t_a$) is 0.58 d, the length of the primary minimum ($t_c - t_b$) is 0.64 d, and the apparent bolometric magnitudes of maximum, primary minimum, and secondary minimum are 5.40 magnitudes, 9.20 magnitudes, and 5.44 magnitudes, respectively. From this information, and assuming circular orbits, find the

(a) Ratio of stellar masses.

(b) Sum of the masses (assume $i \simeq 90°$).

(c) Individual masses.

(d) Individual radii (assume that the orbits are circular).

(e) Ratio of the effective temperatures of the two stars.

1.7 The V-band light curve of YY Sgr is shown in Fig. 7.2. Neglecting bolometric corrections, estimate the ratio of the temperatures of the two stars in the system.

1.8 Refer to the synthetic light curve and model of RR Centauri shown in Fig. 7.11.

(a) Indicate the approximate points on the light curve (as a function of phase) that correspond to the orientations depicted.

(b) Explain qualitatively the shape of the light curve.

1.9 Data from binary star systems were used to illustrate the mass–luminosity relation in Fig. 7.7. A strong correlation also exists between mass and the effective temperatures of stars. Use the data provided in Popper, *Annu. Rev. Astron. Astrophys.*, *18*, 115, 1980 to create a graph of $\log_{10} T_e$ as a function of $\log_{10}(M/M_\odot)$. Use the data from Popper's Table 2, Table 4, Table 7 (excluding the α Aur system), and Table 8 (include only those stars with spectral types in the Sp column that end with the Roman numeral V). The stars that are excluded in Tables 7 and 8 are evolved stars with structures significantly different from the main sequence stars.[8] The article by Popper may be available in your library or it can be downloaded from the NASA Astrophysics Data System (NASA ADS) at `http://adswww.harvard.edu`.

1.10 Give two reasons why the radial velocity technique for detecting planets around other stars favors massive planets (*Jupiters*) with relatively short orbital periods.

1.11 Explain why radial velocity detections of extrasolar planets yield only lower limits on the masses of the orbiting planets. What value is actually measured, and what unknown orbital parameter is involved?

1.12 From the data given in the text, determine the masses of the following stars (in solar masses):

(a) 51 Peg

(b) HD 168443c

1.13 Suppose that you are an astronomer on a planet orbiting another star. While you are observing our Sun, Jupiter passes in front of it. Estimate the fractional decrease in the brightness of the star, assuming that you are observing a flat disk of constant flux, with a temperature of $T_e = 5777$ K.

1.14 From the data given in the text, combined with the information in Fig. 7.12, make a rough estimate of the radius of the orbiting planet, and compare your result with the quoted value. Be sure to explain each step used in computing your estimate.

8) Spectral types and different classes of stars will be discussed in detail in Chapter 2.

COMPUTER PROBLEMS

1.15 (a) Use the computer program TwoStars, described in Appendix K and available on the companion website, to generate orbital radial velocity data similar to Fig. 7.6 for any choice of eccentricity. Assume that $M_1 = 0.5\ \mathrm{M}_\odot$, $M_2 = 2.0\ \mathrm{M}_\odot$, $P = 1.8$ yr, and $i = 30°$. Plot your results for $e = 0$, 0.2, 0.4, and 0.5. (You may assume that the center-of-mass velocity is zero and that the orientation of the major axis is perpendicular to the line of sight.)

(b) Verify your results for $e = 0$ by using the equations developed in Section 7.3.

(c) Explain how you might determine the eccentricity of an orbital system.

1.16 The code TwoStars (Appendix K) can be used to analyze the apparent motions of binary stars across the plane of the sky. If fact, TwoStars was used to generate the data for Fig. 7.1. Assume that the binary system used in Problem 7.15 is located 3.2 pc from Earth and that its center of mass is moving through space with the vector components $(v'_x, v'_y, v'_z) = (30\ \mathrm{km\ s^{-1}}, 42\ \mathrm{km\ s^{-1}}, -15.3\ \mathrm{km\ s^{-1}})$. From the position data generated by TwoStars, plot the apparent positions of the stars in milliarcseconds for the case where $e = 0.4$.

1.17 Figure 7.2 shows the light curve of the eclipsing binary YY Sgr. The code TwoStars, described in Appendix K and available on the companion website, can be used to roughly model this system. Use the data provided in the caption, and assume that the masses, radii, and effective temperatures of the two stars are $M_1 = 5.9\ \mathrm{M}_\odot$, $R_1 = 3.2\ \mathrm{R}_\odot$, $T_{e1} = 15{,}200$ K, and $M_2 = 5.6\ \mathrm{M}_\odot$, $R_2 = 2.9\ \mathrm{R}_\odot$, $T_{e2} = 13{,}700$ K. Also assume that the periastron angle is 214.6° and that the center of mass is at rest relative to the observer.

(a) Using TwoStars, create a synthetic light curve for the system.

(b) Using TwoStars, plot the radial velocities of the two stars.

1.18 Using the data given in the text, and assuming that the orbital inclination is 90°, use TwoStars (Appendix K) to generate data that model the light curve of OGLE-TR-56b. You may assume that the radius of the planet is approximately the radius of Jupiter (7×10^7 m) and its temperature is roughly 1000 K. Take the temperature of the star to be 3000 K. You may also assume that the planet's orbit is perfectly circular.

2장

항성 스펙트럼의 분류

2.1 분광선의 형성

별의 밝기를 측정하는 측광학과 파장별로 빛을 갈라 연구하는 분광학의 출현으로 *천체물리학*이라는 새로운 과학이 빠르게 발전하였다. 1817년에 이미 조셉 프라운호퍼는 별들이 제각각 서로 다른 스펙트럼을 갖는다는 사실을 보였다. 별의 스펙트럼은 몇 가지 방법에 따라 분류되었으며, 가장 일찍 나온 분류법에는 고작 3가지 스펙트럼만 있었다. 그 후 기기가 개선되면서, 점점 더 세밀한 차이들을 구별할 수 있게 되었다.

항성의 분광형

하버드 대학의 에드워드 피커링(1846-1919)과 그의 조수였던 윌리엄 P. 플레밍(1857-1911)은 1890년대에 수소 흡수선 세기를 기준으로 스펙트럼 분류법을 개발하였다. 이 분류법에서는 가장 넓은 폭의 수소 흡수선을 갖는 별을 A형으로 불렀다. 거의 비슷한 시기에 피커링의 다른 조수이면서 플레밍의 동료였던 안토니아 모리(1866-1952)는 분광선의 폭을 연구하기 위하여 약간 다른 분류법을 개발하고 있었다. 자신이 하던 작업에서, 모리는 피커링과 플레밍이 분광형 B로 분류한 별

들을 A형 별들 앞으로 옮긴 것에 해당하는 방법으로 별들을 재분류하였다. 그리고, 1901년에 애니 점프 캐넌[1](1863-1941, 그림 2.1)은 피커링에게 고용되어, 피커링과 플레밍의 분류법을 사용하는 한편 모리의 제안을 따라 스펙트럼을 다시 분류하여 O와 B를 A 앞에 갖다 놓고, 0에서 9까지 숫자를 덧붙여(예를 들면 A0-A9) 세부 분류를 추가하여 스펙트럼 분류를 확정하였다. 이와 같은 변경을 하여, 하버드 분류법인 O, B, A, F, G, K, M'은 온도에 따른 나열이 되어, 가장 온도가 높은 색의 푸른 O형 별에서 가장 온도가 낮은 붉은색 M형 별까지 나타난다. 수 세대에 걸쳐 천문학도들은 **분광형**의 순서를 "Oh Be A Fine Girl/Guy, Kiss Me"를 써서 외우고 있다. 이러한 분류에서 앞쪽에 있는 별들은 **조기형** 별이라고 부르고, 뒤쪽에 있는 별들을 **만기형** 별이라고 부른다. 이 용어는 한 스펙트럼의 세부 분류에서도 사용되어, 천문학자들은 K0를 조기형 K별, B9을 만기형 B별이라고 부르기도 한다. 캐넌은 약20만개의 스펙트럼을 1911년에서 1914년 사이에 분류하였다. 그 결과물을 모아서 **Henry Draper 목록**[2]이 완성되었다. 오늘날, 많은 별들을 HD 번호로 부르고 있고, 베텔쥬스는 HD39801이다.

그러나, 하버드 스펙트럼 분류법의 물리적 기반은 명백하지 않았다. 베가(분광형 A0)는 아주 강한 수소 흡수선이 있으며, 태양(분광형 G2)에서 보이는 약한 분광선보다 훨씬 더 강하다. 한편, 태양의 칼슘 흡수선은 베가보다 훨씬 더 세다.

그림 2.1 애니 점프 캐넌(1863-1941). (하버드 단과대학 관측소 제공)

1) 애니 캐넌상은 미국 대학 여성 연합과 미국 천문학회에서 공동으로 천문학에 크게 기여한 여성 천문학자에게 수여된다.

2) 1872년에 핸리 드레이퍼는 별의 스펙트럼 사진을 처음으로 얻었다. 그가 소유한 부동산으로부터 그의 이름을 딴 항성 목록 제작의 재정 지원이 이루어졌다.

이것은 두 별의 *화학적 조성*이 다르기 때문인가? 아니면 베가의 표면 온도(T_e = 9500 K)와 태양의 표면 온도(T_e = 5777 K)가 다르기 때문에 흡수선의 상대적인 세기가 다른 것인가?

20세기 초에 양자 물리학이 완성되면서 천문학자들은 별 스펙트럼의 비밀을 해독하는 열쇠를 얻게 되었다. 5.3절에서 논의한 바와 같이 원자가 두 에너지 상태 차이에 해당하는 에너지를 갖는 광자를 흡수하여 낮은 에너지 상태에서 높은 에너지 상태로 천이하면서 흡수선이 형성된다. 방출선은 이 과정의 역과정으로 나타나며, 원자는 높은 에너지 상태에서 낮은 에너지 상태로 천이하면서 여분의 에너지를 방출되는 광자가 갖고 간다. 광자의 파장은 이러한 천이에서 원자의 오비탈 에너지의 차이로 결정된다. 예를 들면, 수소의 발머 흡수선과 방출선은 n=2인 오비탈과 더 높은 에너지를 갖는 오비탈 사이에서 일어나는 천이로부터 나타난다.

서로 다른 온도를 갖는 별들의 스펙트럼이 서로 다른 것은 별의 대기에서 전자들이 차지하는 원자들의 오비탈이 서로 다르기 때문이다. 전자들이 한 원자에서도 여러 오비탈에 분포하므로, 분광선 형성 과정의 상세한 양상은 매우 복잡하다. 더구나, 원자는 다양한 이온화 단계에 있을 수 있고, 각 이온화 단계마다 서로 다른 오비탈 구조를 갖는다. 원자의 이온화 단계는 원자 기호 다음에 로마 숫자를 써서 표기한다. 예를 들면, H I, He I는 각각 중성(이온화되지 않은) 수소와 헬륨을 말한다. He II는 한번 이온화된 헬륨, Si III와 Si IV는 전자를 2개와 3개를 잃은 규소 원자를 각각 나타낸다.

캐넌이 고안한 하버드 시스템에서 발머선의 세기는 A0 분광형 별에서 최대이며, 이 때에 유효 온도는 T_e = 9520 K이다(식 (3.17)을 기억하라). 중성 헬륨(He I)의 가시광 영역 분광선은 B2형 별(T_e = 22,000 K)에서 가장 강하며, 한번 이온화된 칼슘(Ca II)은 K0형 별(T_e = 5250 K)에서 가장 강하다.[3)]

표 2.1에서 분광형을 정의하는 기준을 나열하고 있다. 표에서 **금속**은 헬륨보다 무거운 원소를 일컫는 용어로서, 우주에서 가장 흔한 원소가 수소와 헬륨이기 때문에 천문학자들이 일반적으로 받아들여 관습적으로 쓰고 있다.

전통적인 분광형 분류법인 하버드 분류법(OBAFGKM)에 더하여, 표 2.1은 매우 차가운 별들과 **갈색 왜성**에 대하여 최근에 정의된 분광형들도 포함하고 있다. 갈색

3) Ca II의 강한 두 분광선을 흔히 H(λ=396.8 nm)와 K(λ=393.3 nm) 선이라고 부른다. H 분광선의 이름은 프라운호퍼가 고안하였으며, K 분광선 이름은 마스카트(E. Maskart, 1837–1908)가 1860년대에 붙였다.

왜성들은 질량이 매우 작아서 내부에서 핵융합 반응이 일어나지 않으며, 일반적인 의미에서는 별이라고 볼 수 없다(4.6절을 보시오). 이러한 새로운 분광형들을 도입해야하는 필요성은 전천 탐사에서 왔으며, 매우 낮은 유효 온도를 갖는 천체들(1300 K에서 2500 K인 분광형 L인 별들과 1300 K 이하의 분광형 T인 별들)이 다수 발견되었다.[4] 온도가 낮은 새로운 분광형들을 쉽게 기억하기 위하여, 앞의 문장을 확장하여 "Oh Be a Fine Girl/Guy, Kiss Me – Less Talk"을 생각할 수도 있겠다.

그림 2.2와 2.3은 여러 종류의 분광형을 나타내는 대표적인 별의 스펙트럼 사진을 보여준다. 수소선들[예를 들면 Hγ(434.4 nm)와 Hδ(410.1 nm)]의 폭이(세기가) O9에서 A0로 가면서 증가하고, A0에서 F5로 가면서 감소하여 만기형 K에서는 거의 사라진다는 사실을 볼 수 있다. 헬륨선들은 조기형 항성들(O와 조기형 B)에서는 보이지만 차가운 별들로 옮아가면서 사라지기 시작한다.

그림 2.4와 2.5는 현대적 디지털 검출기로부터 전형적으로 얻을 수 있는 그래프 형태로 항성들의 스펙트럼을 보여 준다. 항성의 온도가 내려갈수록(즉, 만기형 항성들에 대하여) 흑체 스펙트럼의 최대에너지 파장이 장파장쪽으로 이동한다는 점이 쉽게 드러난다. 656.3 nm, 486.1 nm, 434.0 nm, 410.2 nm에서 각각 나타나는 Hα, Hβ, Hγ, Hδ 발머선들도 또한 보인다. 이러한 수소 흡수선들이 분광형 O에서 A로 가면서 세기가 증가한 다음, A보다 만기형에서 감소한다는 점에 주의하라. 만기형 스펙트럼에서 지저분한 스펙트럼들은 금속선들을 보여주며, 아주 온도가 낮은 별들에서는 분자선들도 나타난다.

막스웰–볼츠만 속도 분포

이러한 분류법의 물리적 기초를 보려면, 두 개의 기본적 질문에 답해야 한다. 어느 오비탈에서 전자들이 발견될 확률이 가장 큰가? 다양한 이온화 단계에서 각 원자들의 상대적 갯수비는 어떻게 구하는가?

이 두 질문의 대답을 주는 물리학의 분야는 **통계 역학**이다. 통계 역학은 운동 속도와 에너지가 넓은 범위에서 아주 많은 입자들이 있는 물리적 시스템을 연구하는 물리학의 한 분야이다. 예를 들면, 기체는 넓은 범위에 걸쳐 속도와 에너지 분포를 갖는 아주 많은 입자들을 포함하고 있다. 비록 실제로는 주어진 어느 한 입자의

4) 이러한 천체를 다수 발견한 탐사 관측은 Sloan Digital Sky Survey(SDSS)와 2-Micron All-Sky Survey (2MASS)이다.

▌표 2.1 하버드 분광형 분류

분광형	특 징
O	가장 뜨거운 청백색 별들이며 분광선이 극히 드물다. He II 흡수가 강하며 방출선으로 나타나기도 한다. He I 흡수선이 점점 강해진다.
B	뜨거운 청백색 별들이다. He I 흡수가 B2에서 가장 강하다. H I(발머) 흡수선이 점점 강해진다.
A	백색 별들이다. 발머 흡수선들은 A0에서 가장 강하고 점점 약해진다. Ca II 흡수선이 점점 강해진다.
F	황백색 별들이다. Ca II 흡수선들이 계속 강해지고, 발머선들이 계속 약해진다. 중성 금속의 흡수선들이 보인다(Fe I, Cr I).
G	노란색 별들이다. 태양과 같은 종류의 스펙트럼을 보인다. Ca II 흡수선들이 점점 강해진다. Fe I과 다른 중성 금속선들이 점점 강해진다.
K	차가우면서 주황색 별들이다. Ca II H와 K 흡수선이 K0에서 가장 강하고 만기형으로 갈수록 약해진다. 금속 흡수선이 지배적으로 나타난다.
M	차가우면서 붉은 색 별들이다. 분자 흡수선이 지배적이며, 특히 산화티타늄(TiO)과 산화바나듐(VO) 흡수선이 뚜렷하다. 중성 금속 흡수선이 여전히 강하다.
L	매우 온도가 낮으며 어두운 붉은 색이다. 가시광 영역보다 적외선 영역이 더 강하다. 수소화 금속들(CrH, FeH), 물(H_2O), 일산화탄소(CO), 알칼리 금속(Na, K, Rb, Cs)들의 흡수선 띠들이 강하다. TiO와 VO가 약해진다.
T	가장 온도가 낮으며 적외선 방출이 지배적이다. 메탄(CH_4) 분자선 띠가 강하고 CO 분자선 띠가 약해진다.

주계열을 떠난 거성들의 분광형 S와 C는 360쪽에서 논의한다.

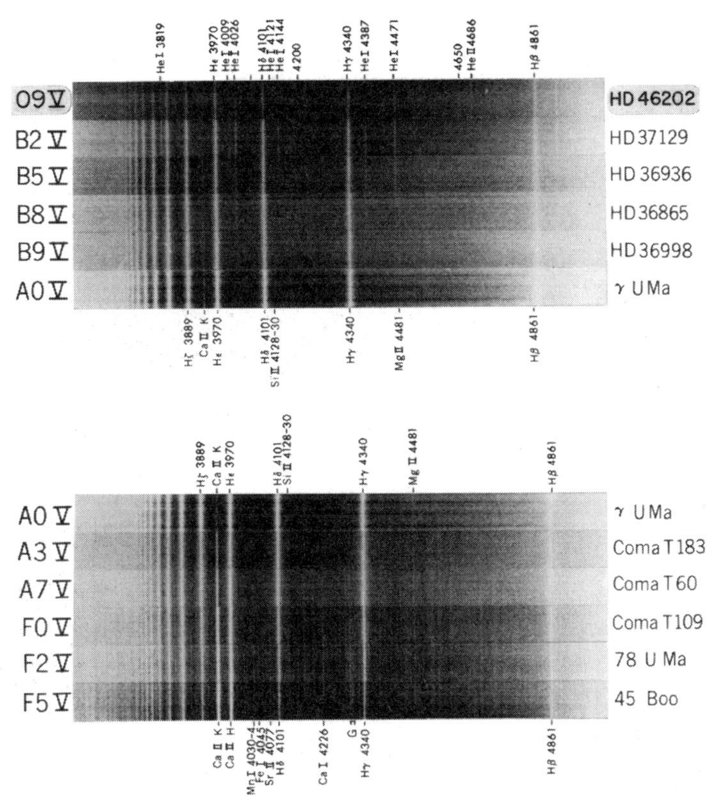

▮ 그림 2.2 주계열에 있는 O9–F5 항성들의 스펙트럼. 이 스펙트럼들은 네거티브이며 흡수선이 밝게 나타나 있다는 점에 주의하라. 파장은 옹스트롱 단위로 제시되어 있다. (그림 출처 : Abt, et al., *An Atlas of Low-Dispersion Grating Stellar Spectra*, Kitt Peak National Observatory, Tucson, AZ, 1968)

상세한 행동을 알아낼 수는 없지만, 전체적으로 볼 때에 주어진 기체에서 온도, 압력, 밀도와 같은 물리량은 잘 정의할 수 있다. 열평형에 있는 그러한 기체에서(예를 들면, 온도가 빠르게 올라가거나 내려가지 않는 기체에서) **막스웰–볼츠만 분포 함수**[5])로 주어진 범위의 속력을 갖는 입자들의 분포를 알 수 있다. v와 $v+dv$사이의 속도를 갖는 기체 입자의 단위 부피당 갯수는

$$n_v\,dv = n\left(\frac{m}{2\pi kT}\right)^{3/2} e^{-mv^2/2kT}\,4\pi v^2\,dv \tag{2.1}$$

5) 이 분포함수의 이름은 제임스 클러크 막스웰(James Clerk Maxwell)과 루드비히 볼츠만(Ludwig Boltzmann, 1844–1906)을 기리며, 볼츠만은 통계 역학의 창시자라고 할 수 있다.

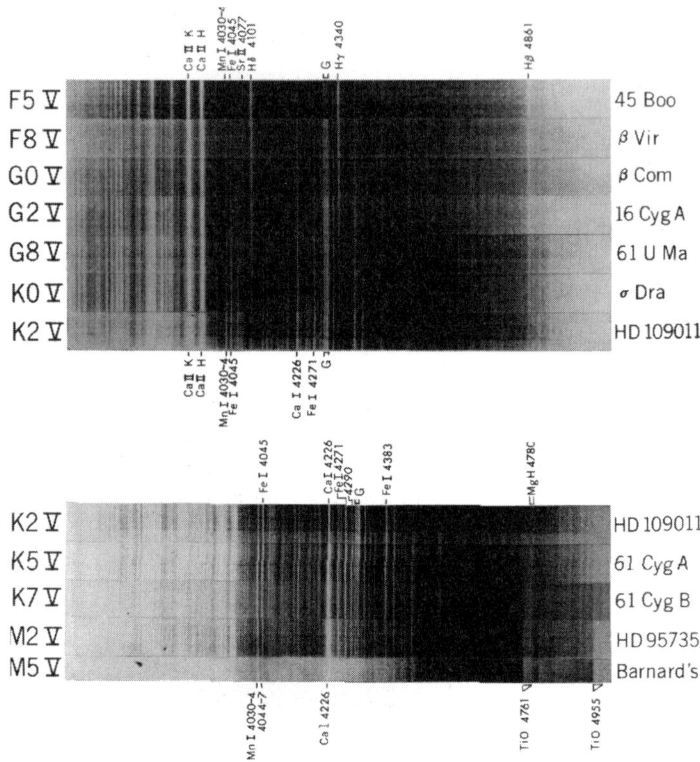

▌그림 2.3 주계열에 있는 F5-M5 항성들의 스펙트럼. 이 스펙트럼들은 네거티브이며 흡수선이 밝게 나타나 있다는 점에 주의하라. 파장은 옹스트롱 단위로 제시되어 있다. (그림 출처 : Abt, et al., *An Atlas of Low-Dispersion Grating Stellar Spectra*, Kitt Peak National Observatory, Tucson, AZ, 1968)

으로 주어지고, 이 때에 n은 전체 개수 밀도이고(단위 부피당입자의 총 개수), $n_v \equiv \partial n / \partial v$, m은 입자의 질량, k는 볼츠만 상수, T는 *kelvin*을 단위로 잰 기체의 온도이다. 그림 2.6은 속도 v와 $v+dv$ 사이의 속도를 갖는 분자들의 *상대적 개수*이며 이것은 막 스웰-볼츠만 분포를 보여 준다. 분포 함수의 지수 부분은 기체 입자의 운동에너지 $\frac{1}{2}mv^2$를 기체의 온도에 해당하는 열에너지 kT로 나눈 값이다. 열에너지보다 아주 크거나 아주 작은 운동에너지를 갖는 기체 입자들은 극히 소수이다. 분포 함수의 최대값은 이 두 에너지가 같을 때이며, **최대확률(most probable)** 속력은

$$v_{\mathrm{mp}} = \sqrt{\frac{2kT}{m}} \qquad (2.2)$$

이다. 분포 함수에서 속력이 큰 지수 함수의 꼬리 부분 때문에 속력의 평균(**제곱평균 속력**, root-mean-square speed)[6]는

$$v_{\rm rms} = \sqrt{\frac{3kT}{m}} \tag{2.3}$$

로서 최대확률 속력보다 약간 크다.

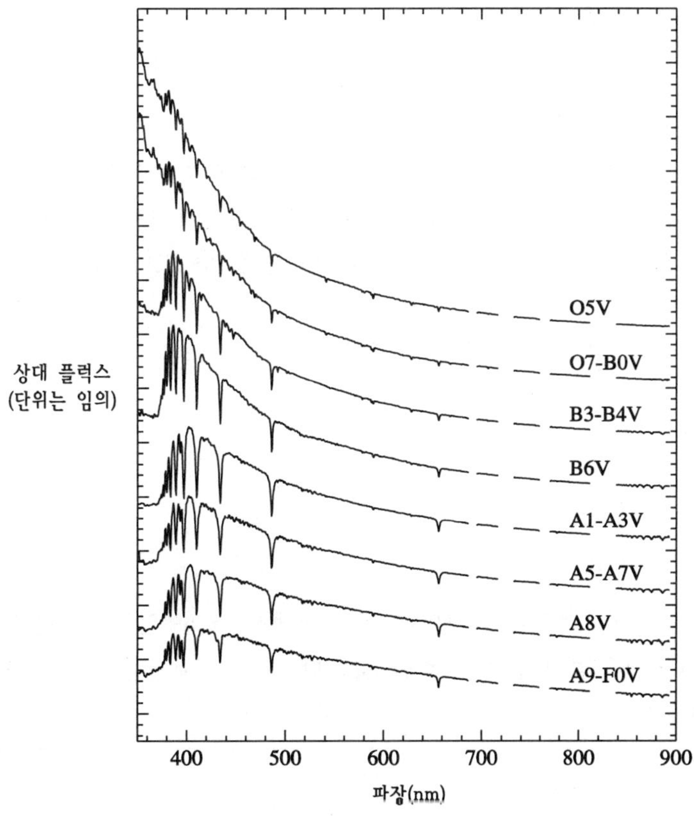

▌그림 2.4 주계열에서 O5–F0의 분광형을 갖는 항성들의 디지털 처리된 스펙트럼. 가로축은 파장이며 세로축은 상대 플럭스이다(사진 건판에 대하여). 디지털 검출기로부터 획득한 현대적인 스펙트럼은 일반적으로 그래프로 표현한다. (자료 출처 : Silva and Cornell, 1992, ApJS, 81, 865)

6) 제곱평균 속력은 v^2의 평균값의 제곱근이다. 즉, $v_{rms} = \sqrt{\overline{v^2}}$ 이다.

예제 2.1.1

두 속력 사이에 놓인 분포 함수 아래의 넓이는 이 범위 안의 속력을 갖는 기체 입자들의 상대 개수와 같다. $T=10,000$ K인 기체에서 $v_1=2\times10^4$ m s^{-1}와 $v_2=2.5\times10^4$ m s^{-1} 사이의 속력을 갖는 수소의 비율을 결정하려면, 이 범위에서 막스웰-볼츠만 분포를 적분해야 한다.

$$N/N_{\text{total}} = \frac{1}{n}\int_{v_1}^{v_2} n_v\,dv$$
$$= \left(\frac{m}{2\pi kT}\right)^{3/2}\int_{v_1}^{v_2} e^{-mv^2/2kT}\,4\pi v^2\,dv \qquad (2.4)$$

즉, 식 (2.4)의 결과는 $v_1=0$이고 $v_2\to\infty$일 때에 깔끔한 값을 갖지만, 다른 경우에 대해서는 수치적인 방법을 써서 계산해야 한다. 근사적으로는 속력 구간의 평균값에서 피적분 함수의 값과 구간 크기를 곱하여 얻을 수 있다. 즉,

$$N/N_{\text{total}} = \frac{1}{n}\int_{v_1}^{v_2} n_v(v)\,dv \simeq \frac{1}{n}n_v(\overline{v})\,(v_2-v_1)$$

이 때에 $\overline{v}=(v_1+v_2)/2$이다. 대입하면

$$N/N_{\text{total}} \simeq \left(\frac{m}{2\pi kT}\right)^{3/2} e^{-m\overline{v}^2/2kT}\,4\pi\overline{v}^2\,(v_2-v_1)$$
$$\simeq 0.125$$

를 얻는다. 근사적으로 10,000 K의 기체에서 12.5%의 수소 원자들이 2×10^4 m s^{-1}와 2.5×10^4 m s^{-1} 범위 안의 속력을 갖는다. 좀 더 세밀한 수치 적분을 하면 12.76%의 값을 얻는다.

볼츠만 방정식

기체 원자는 충돌하면서 에너지를 얻거나 잃는다. 그 결과, 식 (2.1)로 주어진 바와 같은, 충돌하는 원자의 속도 분포는 원자 오비탈에 전자들의 분포를 결정한다. 전자들의 이러한 분포는 통계 역학의 기본적인 결과들에 따라 결정된다. 즉, 높은 에너지를 갖는 오비탈에는 전자가 들어찰 가능성이 낮아진다.

입자들 모임에서 s_a가 에너지 E_a를 갖는 한 양자 상태를 나타내는 구체적인 양자수들의 모임이라고 하자. 같은 방법으로 s_b도 에너지 E_b인 한 상태를 구별해 주는 양자수 모임이라고 하자. 예를 들면, $E_a = -13.6\,\mathrm{eV}$ 인 수소의 가장 낮은 에너지를 갖는 오비탈에 대하여 $s_a = \{n=1,\ l=0,\ m_l=0,\ m_s=+1/2\}$ 는 이 에너지를 갖는 한 특정한 상태를 표현한다(5.4절에서 양자수에 대한 논의를 기억하자). 이 때에 이 기체계가 상태 s_b에 있을 확률$P(s_b)$은 이 계가 상태 s_a에 있을 확률 $P(s_a)$에 대하여

$$\frac{P(E_b)}{P(E_a)} = \frac{g_b\, e^{-E_b/kT}}{g_a\, e^{-E_a/kT}} = \frac{g_b}{g_a}\, e^{-(E_b-E_a)/kT} \tag{2.5}$$

이며, T는 이 두 계가 갖는 공통 온도이다. $e^{-E/kT}$항을 *볼츠만 인수*라고 부른다[7].

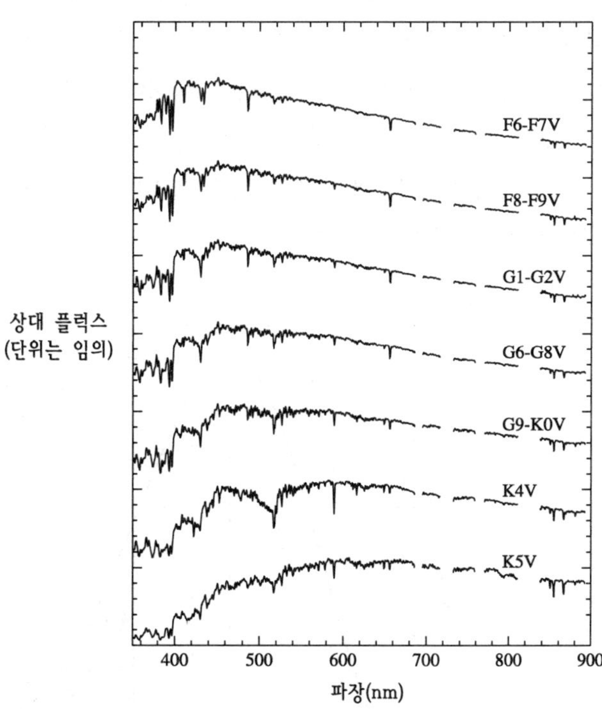

▌그림 2.5 주계열에서 F6–K5의 분광형을 갖는 항성들의 디지털 처리된 스펙트럼. 가로축은 파장이며 세로축은 상대 플럭스이다. (자료 출처 : Silva and Cornell, 1992, ApJS, 81, 865)

---

7) 여기에서 쓴 에너지는 전자볼트(eV) 단위로 주어졌는데, 300 K 정도의 상온이 대략 1/40 eV라는 사실을 기억하면 편리할 것이다.

볼츠만 인수는 통계 역학에서 매우 기본적인 역할을 하기 때문에 식 (2.5)를 좀 더 생각해 볼 필요가 있다. 예를 들어, $E_b > E_a$이어서 상태 s_b가 상태 s_a보다 더 큰 에너지를 갖고 있다고 가정하자. 열에너지 kT가 0을 향해 계속 감소할 때에(즉, $T \to 0$ 일 때에) $-(E_b - E_a)/kT \to -\infty$가 되어, 확률비 $P(s_b)/P(s_a) \to 0$이 된다. 이것은 우리가 예상할 수 있는 결과로서, 원자를 더 높은 에너지 상태로 끌어 올려 줄 열에너지가 주변에 존재하지 않기 때문이다. 한편, 주변에 아주 많은 열에너지가 있으면(즉, $T \to \infty$ 이면), $-(E_b - E_a)/kT \to 0$이고 $P(s_b)/P(s_a) \to 1$이다. 이것 역시 우리가 예상할 수 있는 결과인데, 주변에 화수분 같은 열에너지 때문에 원자의 모든 에너지 준위는 같은 확률로 채워진다. $E_b < E_a$인 경우를 가정했을 때에도 $T \to 0$과 $T \to \infty$인 극한에서 예상되는 결과를 쉽게 확인할 수 있다.

계의 에너지 준위가 **겹쳐져서** 같은 에너지를 갖는 여러 양자 상태가 종종 있을 수 있다. 다시 말해서, s_a와 s_b가 겹쳐 있으면, $s_a \neq s_b$이지만 $E_b = E_a$이다. 평균을 잡을 때에 겹친 상태들 각각은 따로 세어야 한다. 주어진 에너지를 갖는 상태가 여럿일 경우도 정확히 나타내기 위하여 g_a를 에너지가 E_a인 상태의 갯수로 정의하자. 마찬가지로 g_b도 에너지가 E_b인 상태의 갯수라고 하자. 이 값들을 에너지 준위의 **통계적 가중치**를 의미한다.

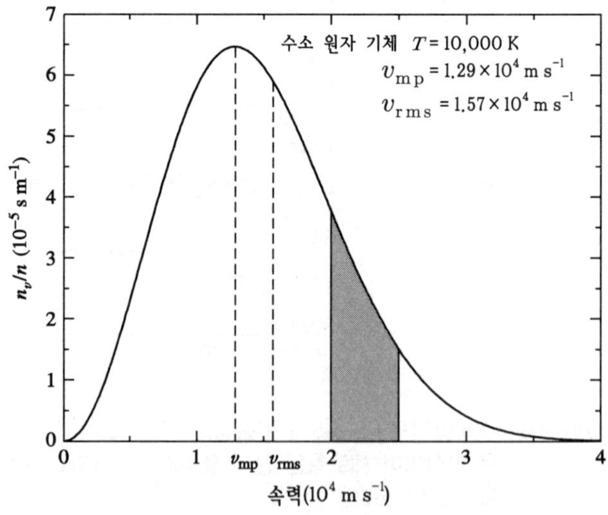

그림 2.6 온도 10,000 K인 수소 원자들에 대한 막스웰–볼츠만 분포 함수 n_v/n. 2×10^4 m s^{-1}와 2.5×10^4 m s^{-1} 사이의 속도를 갖는 수소 원자들의 개수비는 이 두 속도 사이에 있는 함수 아래로 어둡게 표시한 부분의 넓이이다(예제 2.1.1을 보라).

예제 2.1.2

수소 원자의 바닥 상태는 2중으로 겹쳐있다. 실제로 "바닥 상태"라는 용어가 표준적으로 쓰는 말이 되었지만, "바닥상태들"이라는 복수형을 사용하는 것이 엄밀한 문법의 관점에서 옳다. 이것은 −13.6 eV인 같은 에너지를 갖는 상태가 *두* 개이기 때문이다($m_s = \pm 1/2$이다).[8] 같은 방법으로 첫번째 "들뜬 상태"도 실제로는 −3.40 eV를 갖는 상태 *여덟* 개가 겹친 것이다.

표 2.2에서 양자수 모음 $\{n, l, m_l, m_s\}$로 각 상태를 나타내며, 각 상태의 에너지도 보여준다. −13.6 eV인 바닥 상태는 $g_1 = 2$개가 있으며, 첫번째 들뜬 상태인 −3.40 eV인 상태는 $g_2 = 2$개가 있다. 이 결과는 문제 5.16에서 풀어 본 바와 같이 에너지 준위가 n인 상태가 $2n^2$만큼 겹쳐 있다.

에너지가 E_b이고 g_b만큼 겹친 상태 가운데 어느 한 상태에 있을 확률$P(E_b)$는 에너지가 E_a이고 g_a만큼 겹쳐 있는 상태 가운데 한 상태에 있을 확률 $P(E_a)$에 대하여

$$\frac{P(E_b)}{P(E_a)} = \frac{g_b\, e^{-E_b/kT}}{g_a\, e^{-E_a/kT}} = \frac{g_b}{g_a}\, e^{-(E_b-E_a)/kT}$$

이다. 별의 대기에는 원자들이 지나치게 많기 때문에, 확률의 비율이 곧 원자들의 개수비와 결과적으로 같게 된다. 따라서, 주어진 이온화 상태에 있는 원소에 대하여, 에너지가 E_b인 원자의 개수N_b와 *다른 들뜬 상태에 있는* 에너지가 E_a인 원자의 개수 N_a의 비는 **볼츠만 방정식**으로 주어지며

$$\boxed{\frac{N_b}{N_a} = \frac{g_b\, e^{-E_b/kT}}{g_a\, e^{-E_a/kT}} = \frac{g_b}{g_a}\, e^{-(E_b-E_a)/kT}} \tag{2.6}$$

와 같다.

8) 실제로 수소 원자의 두 "바닥 상태"들은 엄밀하게는 겹쳐져 있지 않다. 12.1절에서 설명하겠지만, 이 두 상태는 실제로는 아주 약간 다른 에너지를 갖고 있어서, 수소 원자는 21 cm 전파를 방출할 수 있으며, 이 성질은 성간 공간에서 수소 기체의 중요한 특징이다.

예제 2.1.3

중성 수소 원자로 이루어진 기체에서 어느 온도가 되면 바닥 상태($n=1$)에 있는 원자의 개수와 첫 번째 들뜬 상태($n=2$)에 있는 원자의 개수가 같을 것인가?9) 예제 2.1.2에서 보았듯이, 수소 원자의 n번째 에너지 준위의 겹침은 $g_n=2\,n^2$이다. 상태 a를 바닥 상태, 상태 b를 첫 들뜬 상태라고 하고, 식(2.6)의 좌변에서 $N_2=N_1$로 놓고 에너지 준위에 대하여 식 (5.14)를 쓰면

$$1=\frac{2(2)^2}{2(1)^2}\,e^{-[(-13.6\text{ eV}/2^2)-(-13.6\text{ eV}/1^2)]/kT}$$

즉,

$$\frac{10.2\text{ eV}}{kT}=\ln(4)$$

이다. 온도에 대하여 풀면10)

$$T=\frac{10.2\text{ eV}}{k\ln(4)}=8.54\times10^4\text{ K}$$

를 얻는다.

첫 들뜬 상태에 있는 수소 원자가 많이 존재하려면 온도가 높아야 한다. 그림 2.7에서 바닥 상태와 첫 들뜬 상태에 대하여 첫 들뜬 상태를 차지하는 전자들의 상대비인 $N_2/(N_1+N_2)$를 온도의 함수로 나타냈다.11) 그렇지만, 이 결과는 약간 혼란스럽다. 발머 흡수선이 생기는 이유는 수소 원자가 $n=2$ 상태에서 더 높은 에너지 상태로 들뜨면서 광자를 흡수하기 때문이다. 온도가 85,000 K 정도가 되어야 첫 들뜬 상태에 전자가 충분히 많이 놓일 수 있다면, 발머선의 세기가 최대가 되는 온도는 이보다 훨씬 더 낮은 9520 K일까? 식 (2.6)에

---

9) 두 상태가 겹쳐 있는 '바닥 상태들' 이라는 엄밀한 복수 표현 대신 흔히 표현하던 대로 단수로 '바닥 상태'로 쓰고, 또한 8개가 겹쳐 있는 '첫 들뜬 상태들'이라는 복수 표현 대신 '첫 들뜬 상태'라는 단수 표현을 썼다.

10) 에너지를 전자볼트 단위로 표현해서 쓸 때에는 볼츠만 상수를 $k=8.6173423\times10^{-5}\text{ eV K}^{-1}$과 같이 나타내면 더 편리하다.

11) 여기부터 이 절 끝까지 바닥 상태에 대해서는 $a=1$, 첫 들뜬 상태에 대해서는 $b=2$로 나타내기로 하자.

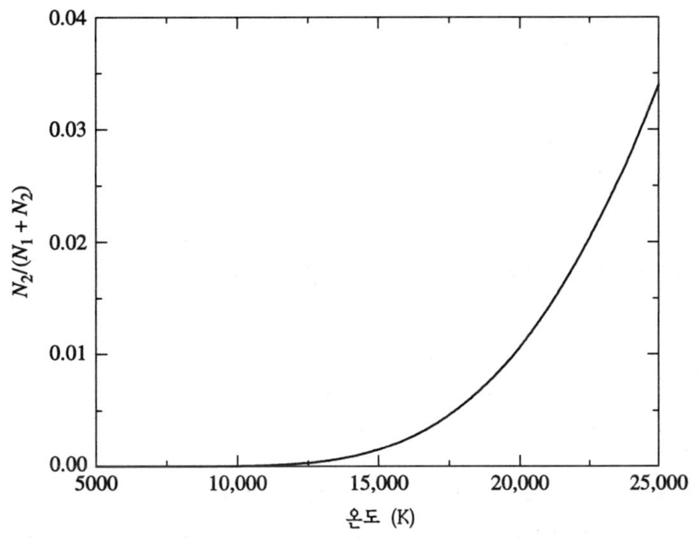

그림 2.7 볼츠만 방정식으로부터 얻은 수소 원자에 대한 $N_2/(N_1+N_2)$

따르면, 온도가 9520 K보다 더 높아질수록, 첫 들뜬 상태에 놓이는 전자가 바닥 상태에 있는 전자들의 개수에 비하여 훨씬 더 많을 것이다. 이것이 사실이라면, 발머 선의 세기가 더 높은 온도에서 오히려 약해지는 이유는 무엇일까?

사하 방정식

그 답은 *서로 다른 이온화 상태*에 놓인 원자들의 상대 개수를 고려할 때에 얻을 수 있다.

χ_i가 바닥 상태에 있는 원자로부터 전자를 떼어 내어 이온화 단계가 i에서 $i+1$로 옮아가게 하는 데에 필요한 에너지라고 하자. 예를 들면, 수소의 이온화 에너지, 즉 H I에서 H II로 바꾸는 데에 필요한 에너지는 χ_I=13.6 eV이다. 그러나, 원자의 이온화 과정에 이온화되기 이전과 이후의 상태가 꼭 바닥 상태일 필요는 없다. 따라서, 원자의 여러 오비탈에 분포되어 있는 전자들에 대하여 평균을 잡아야 한다. 이 과정에는 이온화 전후에 대하여 원자의 **분배 함수**(partition function), Z를 계산하는 일이 들어간다. 분배 함수는 단순히 같은 에너지를 갖는 전자들을 원자가 배치할 수 있는 가지수를 더한 것인데, 합할 때에 에너지가 큰 배치(더 작은 확률을 갖는 배치)에 볼츠만 인수로 통계적인 가중치를 매긴 것이다. E_j가 j번째 에너지 준위의 에너지이고 겹친 정도가 g_j라면, 분배 함수 Z는

$$Z = \sum_{j=1}^{\infty} g_j\, e^{-(E_j - E_1)/kT} \tag{2.7}$$

으로 정의된다.

이온화 과정의 전후에서 원자의 분배함수를 Z_i와 Z_{i+1}라고 한다면, $i+1$이온화 단계에 있는 원자의 갯수와 i번째 이온화 단계에 있는 원자의 개수 비는

$$\frac{N_{i+1}}{N_i} = \frac{2Z_{i+1}}{n_e Z_i}\left(\frac{2\pi m_e kT}{h^2}\right)^{3/2} e^{-\chi_i/kT} \tag{2.8}$$

으로 쓸 수 있다. 이 방정식은 **사하 방정식**이라고 하며, 이 식을 1920년에 처음으로 유도한 인도의 천체물리학자 메그나드 사하(1894–1956)의 이름을 따 명명되었다. 자유 전자가 이온화 과정에서 생기므로, 전자의 개수 밀도(단위 부피당 자유 전자의 개수) n_e가 우변에 나타나 있는 것은 당연하다. 자유 전자가 많아질수록, 더 높은 이온화 단계에 있는 원자의 개수는 감소하며, 이것은 자유 전자들이 이온과 재결합이 더 활발하게 일어날 수 있기 때문이다. 분배함수 Z_{i+1}에 있는 인수 2는 자유 전자의 스핀 상태가 $m_s = \pm 1/2$로 2개이기 때문이다. 괄호 안에 있는 항은 자유 전자와 관련있는 항으로서 m_e는 전자 질량이다.[12] 가끔, 자유 전자가 주는 압력인 P_e를 자유 전자의 개수 밀도 대신 써서 나타내기도 한다. 이 두 값은 이상 기체의 상태 방정식

$$P_e = n_e kT$$

으로 연관되어 있다. 이 경우에 사하 방정식은

$$\frac{N_{i+1}}{N_i} = \frac{2kT Z_{i+1}}{P_e Z_i}\left(\frac{2\pi m_e kT}{h^2}\right)^{3/2} e^{-\chi_i/kT} \tag{2.9}$$

가 된다. 별 대기에서 전자의 압력은 온도가 낮은 별에서는 대략 $0.1\,\mathrm{N\,m^{-2}}$이고 뜨거운 별에서는 $100\,\mathrm{N\,m^{-2}}$이다. 9.5절에서 우리는 별의 대기에서 전자가 주는 압력을 구하는 방법을 공부할 것이다.

12) 괄호 안의 항은 양자 에너지가 열에너지 kT와 근사적으로 같을 때에 전자들의 개수 밀도를 나타낸다(예제 5.4.2에서 논의하였다). 항성 대기와 같은 고전 물리학이 적용되는 조건에서 이 항은 n_e보다 매우 크다.

볼츠만 방정식과 사하 방정식의 결합

우리는 마침내 볼츠만과 사하 방정식이 결합된 효과를 고려하고, 이들이 우리가 관측하는 항성 대기에 어떻게 영향을 주는 지 살펴 볼 준비가 되었다.

예제 2.1.4

순수하게 수소로만 이루어진 별의 대기에서 이온화도를 생각해 보자. 간단하게 계산하기 위하여, 전자의 압력이 $P_e = 20\ \mathrm{N\ m^{-2}}$로 일정하다고 가정하자.

사하 방정식 2.9를 써서 이온화된 원자의 비율 $N_{\mathrm{II}} / N_{total} = N_{\mathrm{II}} / (N_{\mathrm{I}} + N_{\mathrm{II}})$을 온도가 5000 K에서 25,000 K 범위에서 구하여 보자. 그러나, 분배 함수 Z_{I}과 Z_{II}를 먼저 구해야 한다. 수소 이온은 단순히 양성자이고 겹쳐 있지 않으므로, $Z_{\mathrm{II}} = 1$이다. 수소의 첫 들뜬 상태의 에너지는 $E_2 - E_1 = 10.2$ eV만큼 바닥 상태보다 높다. 우리가 고려하는 온도 범위에서는 $10.2\ \mathrm{eV} \gg kT$이므로, 볼츠만 인수 $e^{-(E_2 - E_1)/kT} \ll 1$이다. 따라서, 거의 모든 H I 원자들은 바닥 상태에 놓여 있다(앞의 예제에서 이미 살펴보았다). 그러므로 식 2.7로부터 분배 함수는 단순하게 $Z_{\mathrm{I}} \simeq g_1 = 2(1)^2 = 2$이다.

이 값들을 사하 방정식에 넣고 $\chi_I = 13.6$ eV로 놓으면, 이온화된 수소와 중성 수소의 개수비 $N_{\mathrm{II}}/N_{\mathrm{I}}$을 얻을 수 있다. 이 값을 써서 이온화된 수소의 비율 $N_{\mathrm{II}}/N_{total}$은

$$\frac{N_{\mathrm{II}}}{N_{\mathrm{total}}} = \frac{N_{\mathrm{II}}}{N_{\mathrm{I}} + N_{\mathrm{II}}} = \frac{N_{\mathrm{II}}/N_{\mathrm{I}}}{1 + N_{\mathrm{II}}/N_{\mathrm{I}}}$$

이고, 이 결과가 그림 2.8에 나타나 있다. 이 그림에서 온도가 $T = 5000$ K이면, 수소 원자는 본질적으로 전혀 이온화되지 않는다. 온도가 8300 K이면, 5%의 수소 원자가 이온화된다. 수소의 절반 정도가 이온화되는 온도는 9600 K이고, 온도 T가 11,300 K로 오르면, 5%를 남기고 수소는 H II의 형태로 존재한다. 그리하여, 수소의 이온화는 대략 3000 K의 온도 구간에서 일어난다. 이 범위의 온도는 별 내부에서 나타나는 수천만도 온도 규모에 비해서 아주 좁은 온도 범위이다. 별에서 이처럼 좁은 범위의 온도를 갖는 곳에서는 수소가 부분적으로 이온화되며, 이 곳을 **부분 이온화 지역**이라고 부르고, 항성이 갖는 넓은 범위의 물리적 성질에도 불구하고 대략 10000 K에서 특징적으로 나타난다.

이제, 수소에서 전자를 $n = 2$로 들뜨게 하는 데에 필요한 온도(대략 85,000 K)보다 훨씬 낮은 온도인 9520 K에서 발머선이 최대 강도를 보이는 이유를 알 수 있다. 발머선의 강도는 전체 수소에 대한 *모든* $n = 2$에 있는 수소의 비율인 N_2/N_{total}에 따라서 달

라진다. 이 값은 볼츠만 방정식과 사하 방정식을 결합해서 얻을 수 있다. 실질적으로 중성 수소는 대부분 바닥 상태 아니면 첫 들뜬 상태에 있으므로 $N_1 + N_2 \simeq N_I$로 놓아도 되며,

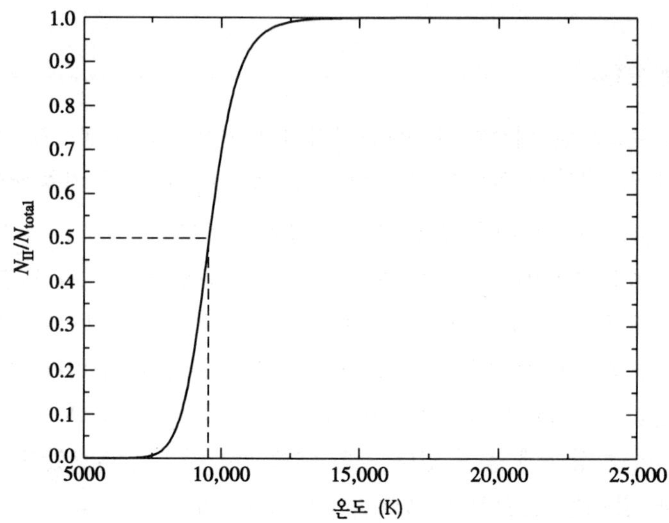

▮ 그림 2.8 $P_e = 20\,\mathrm{N\,m^{-2}}$일 때에 사하 방정식으로부터 수소에 대하여 얻은 N_{II}/N_{total}. 50퍼센트의 이온화가 $T \simeq 9600\,\mathrm{K}$일 때에 일어난다.

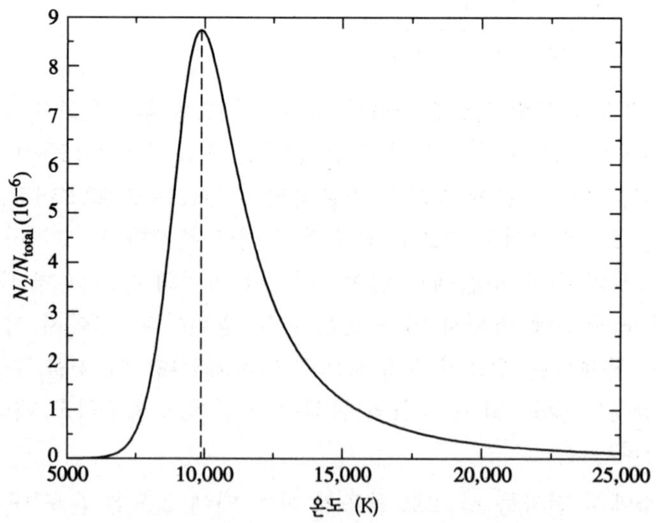

▮ 그림 2.9 $P_e = 20\,\mathrm{N\,m^{-2}}$를 가정하고 볼츠만과 사하 방정식으로부터 수소에 대하여 얻은 N_2/N_{total}. 최대값이 대략 9900 K에서 나타난다.

$$\frac{N_2}{N_{\text{total}}} = \left(\frac{N_2}{N_1 + N_2}\right)\left(\frac{N_{\text{I}}}{N_{\text{total}}}\right) = \left(\frac{N_2/N_1}{1 + N_2/N_1}\right)\left(\frac{1}{1 + N_{\text{II}}/N_{\text{I}}}\right)$$

이다. 이 예제에 대하여 수소 기체가 9900 K에서 가장 강한 발머선을 형성한다는 것이 그림 2.9에 보이고 있으며, 이것은 관측된 값과 잘 일치하고 있다. *발머선이 온도가 높아지면서 세기가 줄어드는 이유는 10,000 K를 넘어가면서 수소의 이온화가 급하게 일어나기 때문이다. 그림 2.*10은 이 상황을 잘 드러내 주고 있다.

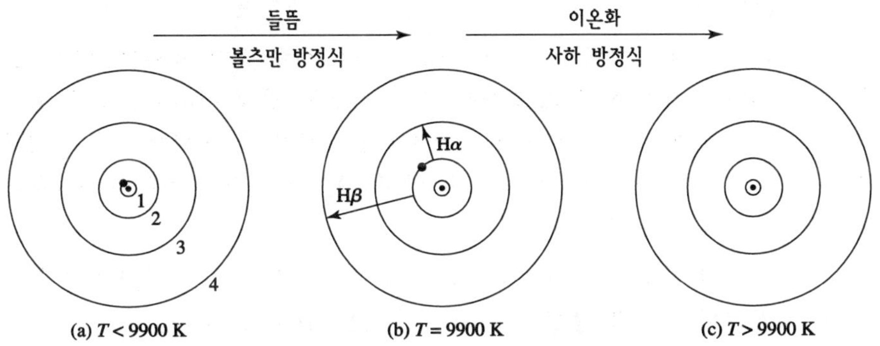

그림 2.10 여러 온도에 대하여 수소 원자 안의 전자 위치. (a)에서 전자는 바닥 상태에 있다. 발머 흡수선은 전자가 광자 흡수 전에 첫 들뜬 상태에 있을 때에 나타나며 (b)에 나타나 있다. (c)에서 수소 원자는 이온화되었다.

물론, 별의 대기는 순수하게 수소로만 이루어져 있지는 않으며, 예제 2.1.4의 결과는 전자 압력의 값에 따라서 달라진다. 별의 대기에서는 대체적으로 수소 원자 10개 마다 헬륨 원자가 1개 있다. 이온화된 헬륨이 있기 때문에, 수소 이온과 재결합하는 자유 전자가 더 많이 있다. 그러므로, 헬륨을 추가했을 때에, 동일한 수소 이온화도를 이루는 데에는 온도가 더 높아져야 한다. 또 강조해야할 점은 사하 방정식이 *열역학적 평형*을 이루는 기체에만 적용된다는 것이며, 이에 따라 기체가 맥스웰-볼츠만 속도 분포를 따른다는 점이다.[13] 여기에다, 기체의 밀도가 지나치게 큰 값이면 안된다(별을 이루는 물질에 대해서는 1 kg m^{-3}보다 작은 값이어야 한다). 그렇지 않으면, 지나치게 가까이 있는 이온들이 원자의 오비탈에 큰 영향을 끼쳐 이온화 에너지가 줄어든다.

---

13) 열역학 평형은 3장에서 공부할 것이다.

예제 2.1.5

태양의 "표면"은 *광구*라고 부르는 태양 대기의 얇은 층이다(6.2절을 보라). 광구의 대표적인 온도는 $T = T_e = 5777$ K이며, 칼슘 원자 하나당 수소 원자 500,000개가 있고 전자의 압력은 약 1.5 N m^{-2}이다.[14] 적절한 통계적 가중치, 분배 함수와 사하 방정식, 볼츠만 방정식을 써서 수소 흡수선(발머선)과 칼슘 흡수선(Ca II H와 K선)의 상대 세기를 계산할 수 있다.

우리는 첫 들뜬 상태에 있는 중성 수소 원자의 개수(발머 흡수선을 만드는 수소 원자들의 개수)와 전자를 하나 잃고 바닥 상태에 있는 칼슘 이온(Ca II H, K선을 만든다)의 개수를 비교해야 하겠다. 예제 2.1.4에서 보았듯이, 우리는 사하 방정식을 사용해서 이온화도를 계산할 것이며 볼츠만 방정식을 써서 바닥 상태와 첫 들뜬 상태에 있는 전자들의 분포를 알아낼 것이다.

먼저 수소를 살펴보자. 예제 2.1.4에서 보았던 분배 함수를 사하 방정식(2.9)에 대입하면, 이온화된 수소와 중성 수소의 개수비를 구할 수 있다.

$$\left[\frac{N_{\rm II}}{N_{\rm I}}\right]_{\rm H} = \frac{2kTZ_{i+1}}{P_e Z_i}\left(\frac{2\pi m_e kT}{h^2}\right)^{3/2} e^{-\chi_i/kT} = 7.70 \times 10^{-5} \simeq \frac{1}{13{,}000}$$

를 얻는다. 그러므로, 태양 표면에는 13,000개의 중성 수소 원자(H I)당 수소 이온(H II)이 1개밖에 없다. 수소 원자가 거의 이온화되지 않았다는 뜻이다.

볼츠만 방정식(2.6)으로부터 첫 들뜬 상태에 있는 수소 원자의 개수를 알 수 있다. 수소의 경우에는 $g_n = 2n^2$이므로($g_1 = 2$, $g_2 = 8$이 되어)

$$\left[\frac{N_2}{N_1}\right]_{\rm H\,I} = \frac{g_2}{g_1} e^{-(E_2-E_1)/kT} = 5.06 \times 10^{-9} \simeq \frac{1}{198{,}000{,}000}$$

를 얻는다. 이 결과에서 보면 2억 개의 수소 원자 당 한 개만이 첫 들뜬 상태에 놓이며, 첫 들뜬 상태에 있는 이 극소수의 수소 원자들 때문에 발머흡수선을 형성할 수 있다.

$$\frac{N_2}{N_{\rm total}} = \left(\frac{N_2}{N_1 + N_2}\right)\left(\frac{N_{\rm I}}{N_{\rm total}}\right) = 5.06 \times 10^{-9}$$

이다.

14) 모형 태양 광구에 대해서 Cox(2000)의 348쪽을 보라.

이제 칼슘 원자들을 생각해 보자. Ca I의 이온화 에너지 χ_I는 6.11 eV로서 수소 이온화 에너지의 절반 정도이다. 뒤에서 곧 보겠지만, 이 작은 차이가 원자의 이온화 상태에 큰 영향을 준다. χ/kT항이 *지수*에 들어가고 $kT \approx 0.5\,\text{eV} \ll \chi$이기 때문에 사하 방정식은 이온화 에너지에 아주 예민하다. 그러므로, 사하 방정식에서 수 eV의 차이가 e의 여러 거듭 제곱 배 차이를 만든다.

칼슘의 분배 함수 Z_I과 Z_{II}는 수소의 경우보다는 좀 복잡하고, 그 결과를 다른 곳에서 찾을 수 있으며[15] $Z_I = 1.32$이고 $Z_{II} = 2.30$이다. 따라서, 이온화된 칼슘과 중성 칼슘의 비율은

$$\left[\frac{N_{II}}{N_I}\right]_{Ca} = \frac{2kTZ_{II}}{P_e Z_I}\left(\frac{2\pi m_e kT}{h^2}\right)^{3/2} e^{-\chi_I/kT} = 918$$

이다. 실질적으로 칼슘 원자들은 대부분 Ca II의 형태로 존재한다. 900개 칼슘 원자 가운데 1개만이 중성 원자이다. 이제 볼츠만 방정식을 써서, Ca II H, K 흡수선을 형성하는 바닥 상태의 칼슘 이온이 얼마나 많이 있는지 계산해 보자. 다음 계산은 K선 ($\lambda = 393.3\,\text{nm}$)에 대한 것이며, H($\lambda = 396.8\,\text{nm}$)에 대해서도 결과는 비슷하다. Ca II의 첫 들뜬 상태의 에너지는 바닥 상태로부터 $E_2 - E_1 = 3.12\,\text{eV}$ 위에 있다. 이 상태의 겹침도는 $g_1 = 2$이고 $g_2 = 4$이다. 첫 들뜬 Ca II와 바닥 상태의 Ca II의 개수비는

$$\left[\frac{N_2}{N_1}\right]_{Ca\,II} = \frac{g_2}{g_1} e^{-(E_2 - E_1)/kT} = 3.79 \times 10^{-3} = \frac{1}{264}$$

이다. 265개의 Ca II 이온 가운데 한 개를 빼놓고는 모두 바닥 상태에 있으므로, Ca II K선을 형성할 수 있다. 그러므로, 태양의 광구에 있는 거의 모든 칼슘 원자는 단일 이온화되어 있고, 바닥 상태에 있으므로,[16] 모든 칼슘 원자가 칼슘 H, K선을 형성하는 데에 참여한다.

$$\begin{aligned}
\left[\frac{N_1}{N_{total}}\right]_{Ca\,II} &\simeq \left[\frac{N_1}{N_1 + N_2}\right]_{Ca\,II} \left[\frac{N_{II}}{N_{total}}\right]_{Ca} \\
&= \left(\frac{1}{1 + [N_2/N_1]_{Ca\,II}}\right)\left(\frac{[N_{II}/N_I]_{Ca}}{1 + [N_{II}/N_I]_{Ca}}\right) \\
&= \left(\frac{1}{1 + 3.79 \times 10^{-3}}\right)\left(\frac{918}{1 + 918}\right) \\
&= 0.995
\end{aligned}$$

15) 여기에서 쓴 분배 함수 값의 출처는 Aller(1963)이다. 또한 Cox(2000)의 32쪽도 보라.

16) 연습 문제로 이중 이온화된 칼슘(Ca III)의 상대 함량이 매우 작다는 사실을 증명해 보라.

를 얻는다.

이제, 태양 스펙트럼에서 발머선에 비하여 Ca II H, K선들이 그처럼 강하다는 점이 명백해진다. 태양 광구에 칼슘 원자 하나마다 500,000개의 수소 원자가 있지만, 수소 원자의 경우에는 5.06×10^{-9}라는 굉장히 작은 비율의 수소만이 이온화되지 않은 채 첫 들뜬 상태에 놓여 발머 흡수선을 형성할 수 있다. 이 두 인수들을 곱하면

$$(500{,}000) \times (5.06 \times 10^{-9}) \approx 0.00253 = \frac{1}{395}$$

이다. 즉, (Ca II H, K 흡수선을 형성하는) 바닥 상태에 있는 Ca II 이온이 (발머 흡수선을 형성하는) 첫 들뜬 상태에 놓인 중성 수소 원자보다 400배 가량 더 많이 있다. H, K선이 강한 이유는 태양에 칼슘 이온이 더 풍부하게 존재하기 때문이 아니다. 이러한 Ca II선의 세기로부터 원자가 들뜨거나 이온화되는 과정이 온도에 대단히 민감하다는 사실을 알 수 있다.

그림 2.11에는 별의 분광형과 온도에 따라 여러 분광선들의 세기가 어떻게 나타나는가를 보여 준다. 온도가 달라짐에 따라, 한 분광형에서 다른 분광형으로 넘어가면서 변화가 매끄럽게 일어난다. 이로부터 별의 화학 조성은 사소한 차이만이 있을 뿐이며, 이와 같은 사실은 항성들의 스펙트럼으로부터 추정할 수 있다. 별의 화학 조성을 처음으로 결정하고 우주에서 수소가 지배적인 역할을 하고 있다는 사실을 발견한 사람은 세실리아 페인(1900–1979)이다. 페인은 1925년에 박사 학위 논문에서 별 대기에 18개 원소의 상대적 함량비를 계산하였으며, 천문학에서 가장 찬란한 업적으로 널리 인식되고 있다. 9.5절에서 별 대기에서 원자와 분자의 상대적 함량비를 측정하는 방법을 공부하고자 한다.

2.2 허츠스프렁 – 러셀도

20세기 초에 천문학자들은 점점 더 많은 별의 자료를 축적하게 되었고, 별의 밝기나 절대 등급이 대단히 넓은 범위에 걸쳐 존재한다는 사실을 알게 되었다. 하버드 분류에서 한끝에 있는 O형 별은 다른 끝에 있는 M형 별보다 더 밝고 뜨거운 경향이 있다. 또한, 경험적인 질량–광도 관계(그림 1.7)를 쌍성을 연구해서 얻은 바,

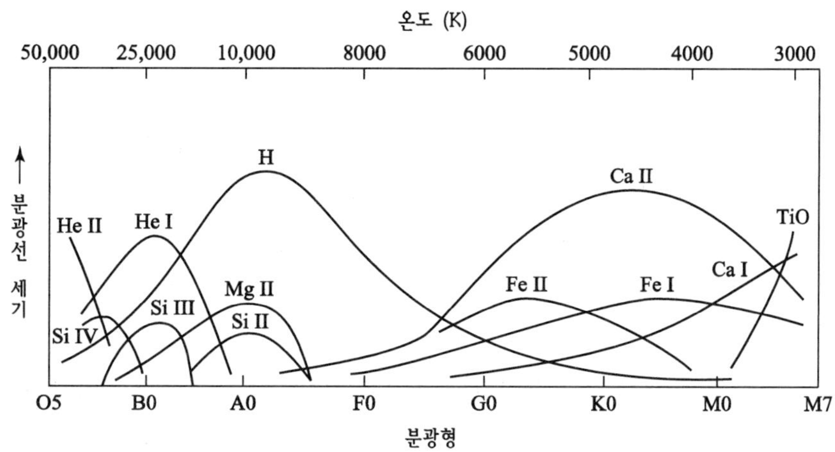

▌그림 2.11 온도에 따른 분광선들 세기의 변화

O형 별들이 M형 별들보다 더 무겁다. 이러한 규칙성으로부터, 항성진화 이론이[17] 나왔으며, 별들은 나이를 먹으면서 식어갈 것이라고 추정하였다(오늘날에는 받아들이지 않다). 이러한 이론은 별이 뜨겁고 밝고 푸른 O형 별로 삶을 시작한다고 주장하였다. 별들이 나이를 먹으면서, "연료"를 더 많이 소모하여 가벼워지고 점차로 식어가며 어두워져 마침내 늙고 어두운 붉은 M형 별로 사라진다고 생각하였다. 비록 이러한 생각은 옳지 않았으나, *조기형*과 *만기형*과 같은 분광형의 용어에 이러한 생각의 흔적이 남아있다.

굉장히 큰 범위의 항성 반지름

시간이 흐름에 따라 항성이 식어간다는 이러한 생각이 옳다면, 별의 절대 등급과 분광형에 어떤 관계가 있어야 할 것이다. 덴마크의 공학자이면서 아마추어 천문학자였던 에즈나 허츠스프렁(1873-1967)은 절대 등급과 분광형이 정확하게 결정된 별들을 분석하였다. 1905년에 그는 이 두 천문학적 양 사이에 예상했던 상호관계가 있음을 확인하는 논문을 발표하였다. 그러나, 그는 G형 또는 이보다 만기형 별들이 동일한 분광형임에도 불구하고, 등급에 상당한 범위가 나타남에 의아해 하였다. 허츠스프렁은 같은 분광형에서 더 밝은 별들을 **거성**이라고 명명하였다. 이 명명법이 자연스럽다는 사실은 스테판-볼츠만 법칙(식 (3.17)(1권))에서

17) 항성 진화는 개별 항성의 구조와 화학 조성의 변화를 시간의 흐름에 따라 기술한다. 천문학에서 사용하는 진화는 단일 천체가 자신의 일생 동안 일어나는 변화를 가리키며, 여러 세대에 걸쳐서 일어나는 변화라는 의미로서 생물학에서 쓰는 진화라는 용어와는 다르다.

$$R = \frac{1}{T_e^2}\sqrt{\frac{L}{4\pi\sigma}}$$

볼 수 있다. 만약에 두 별이 같은 온도라면 (분광형이 같다는 사실에서 추정할 수 있다), 더 밝은 별의 크기가 더 커야만 한다.

허츠스프렁은 이 결과를 표의 형식을 빌어서 발표하였다. 한편, 프린스턴 대학에서 헨리 노리스 러셀(1877–1957)은 독립적으로 허츠스프렁과 같은 결론에 도달하였다. 러셀도 같은 용어인 *거성*을 써서 만기형 별에서 밝은 별들을 지칭하였으며, 어두운 별들을 가리키는 용어로 **왜성**이라는 명칭을 사용했다. 1913년에, 러셀은 그림 2.12에 나타낸 그림을 발표하였다. 이 그림에는 별들의 관측적 성질이 기록되어 있으며, 세로축에는 절대등급(위로 올라갈수록 더 밝음)을 가로축에는 분광형(*왼쪽*으로 갈수록 온도가 올라감)을 나타내었다. 이러한 최초의 러셀도에는 후대에 천문학자들이 사용하고 있는 **허츠스프렁-러셀(H-R)도**[18] 에 나타나 있는 대부분의 중요한 요소를 보여주고 있다. 200여개의 별들이 그려져 있으며, 뜨겁고 밝은 O형 별들은 왼쪽 윗 부분에, 차갑고 어두운 M형 별은 오른쪽 아래 부분에 놓여 있다. 이러한 띠를 H-R도의 **주계열**이라고 부른다. 모든 별의 80–90%가 주계열 별이다. 오른쪽 윗 부분에는 거성들이 있다. **백색왜성** 40 Eridani B 하나가 왼쪽 아래 부분에 있다.[19] 러셀도에서 띄엄띄엄하게 수직한 띠를 따라 별들이 놓여 있는 이유는 분광형이 띄엄띄엄 있기 때문이다. 요즈음의 H-R도를 그림 2.13에 보여주고 있으며, 절대등급을 색지수 또는 분광형에 따라 낱개의 별들을 찍었다.[20]

그림 2.14는 다른 H-R도를 보여준다. 부록 G에 나타낸 주계열 별들의 평균적인 성질에 기반하여 이론가의 구미에 맞추어 나타내었다. 밝기와 유효 온도를 낱개의 별에 대하여 나타냈으며, 실제로 관측되는 절대등급이나, 색지수 혹은 분광형을 쓰지 않았다. 주계열의 성질이 고르게 나타나지 않는 이유는 이 부록에서 표를 완성할

---

18) 허츠스프렁과 러셀의 두 이름에 또 다른 덴마크 천문학자의 이름 벵트 스트룀그렌(1908–1987)이 영원히 함께 한다. 그는 H-R도의 이름을 이를 발명한 두 천문학자의 이름을 따 명명할 것을 제안하였고, H-R도를 사용하여 성단을 연구하여 항성의 진화를 명확히 하였다.

19) 러셀은 항성 40 Eridani A와 쌍성계를 이루며 이 별의 극도로 어두운 반성으로 생각했다. 백색왜성이 갖는 극단적인 성질은 이 때까지는 발견되지 않았다. *왜성*이라는 명칭은 주계열에 있는 별들을 일컫는 용어이고, 주계열로부터 훨씬 아래에 놓여 있는 *백색왜성*과 혼동해서는 안되겠다.

20) 그림 2.13은 색지수와 분광형 사이에 상관관계가 있다는 사실을 보여 주며, 이 두 성질은 항성의 유효온도를 반영한다. 색지수는 항성의 흑체 복사 스펙트럼과 깊이 관련된다는 점을 기억하라.

때에 참고 문헌들 사이에 약간의 차이가 존재하기 때문이다. 태양(G2)은 주계열에서 있으며, 베가(A0)도 그렇다. 두 축들은 로그값을 나타내며, 로그를 잡은 이유는 별의 광도 범위가 지나치게 커서 $5\times10^{-4}\,L_\odot$에서 $10^{6}\,L_\odot$에[21] 이르기 때문이다.

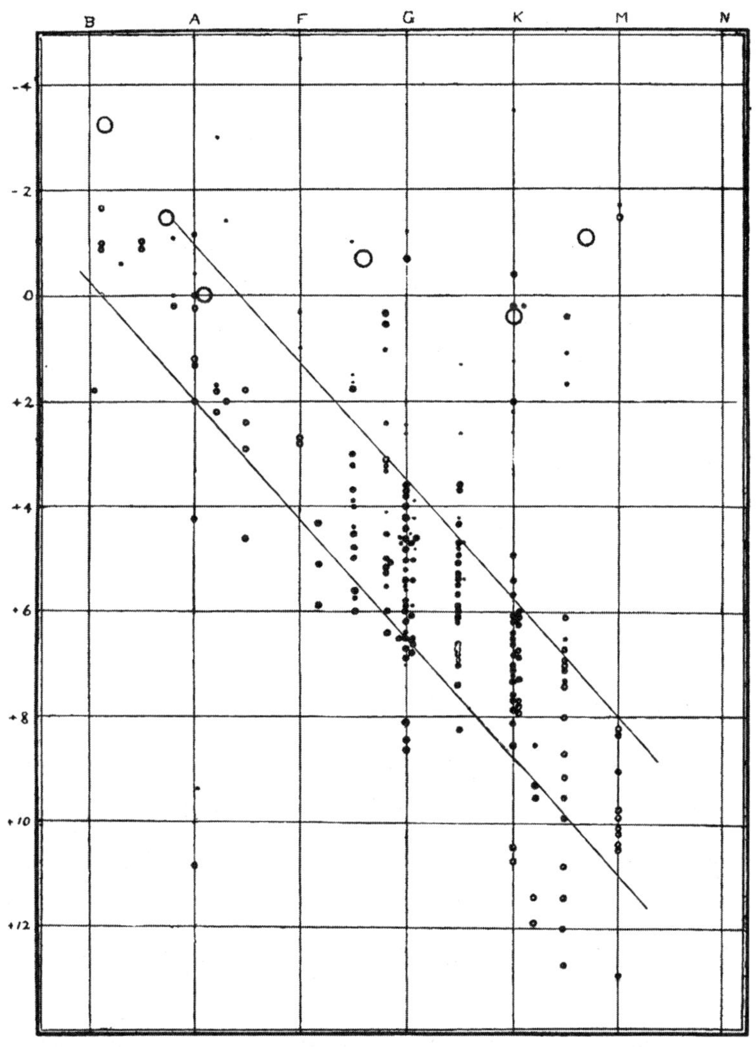

그림 2.12 헨리 노리스 러셀의 첫 번째 그림. 분광형이 위에 써 있고, 왼쪽에 절대 등급이 나타나 있다. (그림 출처 : Russel, *Nature*, 93, 252, 1914)

21) 그림 2.14에는 극도의 만기형과 조기형 분광형 항성들은 포함하지 않았다. 매우 어두운 주계열 별들은 발견하기 어렵고, 지나치게 밝은 별은 수명이 짧아서 발견이 어렵다. 그 결과 이들 분광형에 속하는 아주 적은 수의 별들만이 알려져 있어서, 이들 항성들의 평균적인 성질이 확립되어 있지 않다.

실제로, 주계열은 선이 아니고, 그림 2.12와 2.13에서 보는 바와 같이 유한한 폭을 갖는데, 그것은 별의 온도와 광도가 주계열에 있는 동안 변하기도 하고, 또는 별들의 화학 조성에 따라 약간 차이가 있을 수 있기 때문이다. 거성들은 주계열 윗 부분에 놓이며, 베텔쥬스와 같은 **초거성**은 아주 오른쪽 위에 놓인다. 백색왜성은(이름과는 걸맞지 않게 하얗지 않은 경우가 많지만) 주계열 아래에 놓인다.

별의 반지름은 H-R도에서 별이 놓이는 위치를 써서 구할 수 있다. 식2.10의 형태로 나타난 스테판–볼츠만 법칙으로부터, 두 별이 같은 온도를 갖지만 한 별이 다른 별보다 100배더 밝다면, 더 밝은 별의 반지름은 $\sqrt{100}=10$배 더 큰 것이다. 로그값으로 그린 H-R도에서 같은 반지름을 갖는 별들의 위치는 주계열과 거의 평행하게 놓이며, 그림 2.14에 보인 바와 같다. 주계열 별들의 크기는 약간의 범위 안에서 변화를 보이며, 주계열의 가장 위쪽에서 대략 20 $R_\odot$이고, 아래쪽 극단에서 약 0.1 $R_\odot$이다. 거성의 반지름은 대략 10 $R_\odot$에서 100 $R_\odot$의 범위를 갖는다. 예를 들면, 황소 자리에서 빛나는 눈에 해당하는 알데바란(α Tauri)은 귤색 거성이며, 태양보다 45배 가량 크다.

초거성은 이보다도 훨씬 더 크다. 베텔쥬스는 맥동하는 변광성으로서, 태양의 700배에서 1000배 크기로 2070일을 주기로 수축과 팽창을 되풀이한다. 베텔쥬스가 태양이 있는 곳으로 옮긴다면, 목성 궤도 너머까지 자리를 차지할 것이다. μ Cephei는 케페우스 자리(이디오피아 왕)에 있는 별로서 베텔쥬스보다 더 커서 토성조차 삼킬 정도이다.[22)]

주계열에서 광도와 온도 사이에 이처럼 단순한 관계가 있다는 사실은 주계열 위에서 별의 위치가 오로지 하나의 변수에만 지배받는다는 사실을 의미한다. 이 요소가 바로 별의 *질량*이다.[23)] 주계열에서 별의 질량은 부록 G에 나와 있다. 가장 질량이 큰 O형 별의 질량은 60 $M_\odot$으로[24)] 관측되었으며, 주계열 아래 끝에 놓이는 M형 별은 적어도 0.08 $M_\odot$이다.[25)] 주계열에서 알려진 질량과 반지름을 결합하면,

---

22) μ Cephei는 베텔쥬스와 같은 맥동변광성이며 맥동 주기는 730일이다. 밤하늘에서 가장 붉은 변광성 가운데 하나인 μ Cephei는 *가넷 별*이라고 부른다.

23) 4장에서 우리는 질량이 주계열에서 별이 놓이는 위치를 결정하는 과정을 공부할 것이다.

24) 이론계산에 따르면, 90 $M_\odot$에 달하는 질량을 가진 주계열 별이 존재할 수 있으며, 최근의 관측에서 질량이 거의 100 $M_\odot$에 이를 것으로 추정되는 몇 개의 별들이 알려졌다.

25) 0.08 $M_\odot$ 이하의 질량을 갖는 별들은 중심핵의 온도가 낮아 충분한 핵융합 반응을 일으키지 못한다(4장을 보라).

별의 평균 밀도를 구할 수 있다. 그 결과는 좀 놀랍지만, 주계열 별들의 밀도가 물과 거의 같다는 사실이다. 주계열을 따라 올라가면, 더 크고 무거운 별들인 조기형 별들이 평균적으로 밀도가 *더 작아진다*.

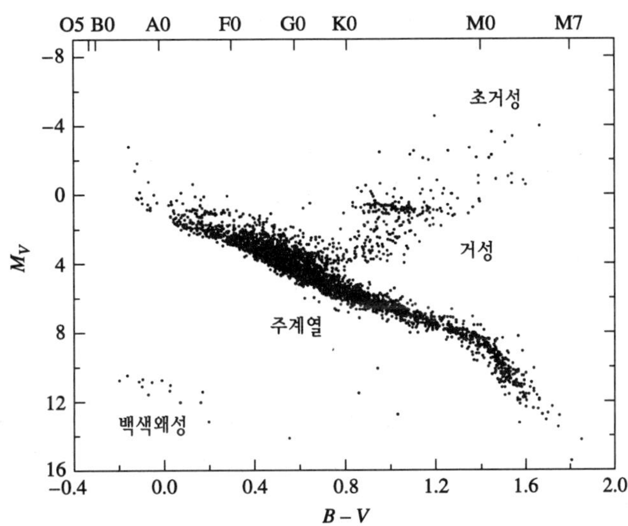

▌그림 2.13 관측 천문학자들의 H-R도. 자료는 히파르코스 목록으로부터 얻었다. 3700여 항성들이 포함되어 있으며, 20% 이하의 오차로 연주시차가 알려진 별들이다. (자료 제공 : European Space Agency)

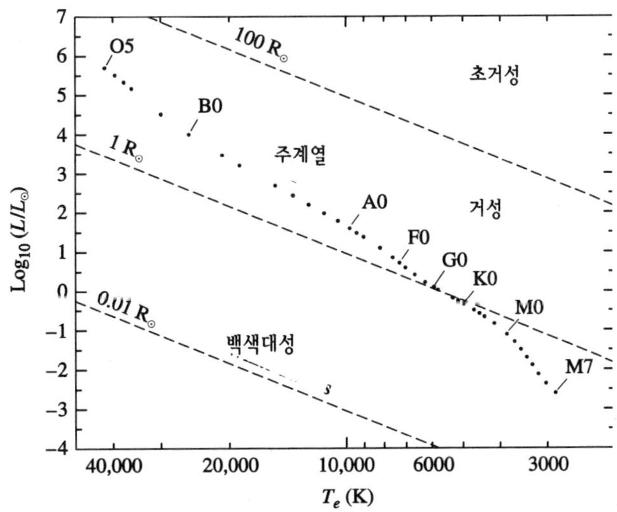

▌그림 2.14 이론 천문학자들의 허츠스프렁-러셀도. 사선들은 일정한 반지름을 갖는 항성들이 놓이는 곳이다.

예제 2.2.1

태양은 G2형 주계열 별로서, 질량이 $M_{\odot}=1.9891\times10^{30}$ kg이고, 반지름은 $R_{\odot}=6.95508\times10^{8}$ m이다. 그러므로, 평균 밀도는

$$\overline{\rho}_{\odot}=\frac{M_{\odot}}{\frac{4}{3}\pi R_{\odot}^{3}}=1410\,\mathrm{kg\,m^{-3}}$$

이다. 밤하늘에서 가장 밝은 별인 시리우스는 A1형 주계열 별이고 질량이 2.2 $\mathrm{M_{\odot}}$이며, 반지름은 1.6 $\mathrm{R_{\odot}}$이다. 시리우스의 평균 반지름은

$$\overline{\rho}=\frac{2.2\,\mathrm{M_{\odot}}}{\frac{4}{3}\pi(1.6\,\mathrm{R_{\odot}})^{3}}=760\,\mathrm{kg\,m^{-3}}=0.54\,\overline{\rho}_{\odot}$$

이며, 물의 76퍼센트 가량이다. 그러나, 이 값조차도 거성이나 초거성에 비한다면 엄청나게 큰 밀도이다. 베텔쥬스의 질량은 10에서 15 $\mathrm{M_{\odot}}$ 사이에 놓여 있을 것으로 짐작된다. 맥동하는 이 별의 최대 반지름이 1000 $\mathrm{R_{\odot}}$이라하고(최대 반지름일 때에), 베텔쥬스의 평균밀도를 대략 계산하면 다음과 같다.

$$\overline{\rho}=\frac{10\,\mathrm{M_{\odot}}}{\frac{4}{3}\pi(1000\,\mathrm{R_{\odot}})^{3}}=10^{-8}\,\overline{\rho}_{\odot}$$

따라서, 베텔쥬스는 대단히 희박한 유령 같은 존재이며, 우리가 호흡하는 공기보다도 수십만배나 밀도가 작다. 이러한 유령 같은 별에서는 표면을 정의하는 것조차도 어렵다.

모건–키넌 광도 계급

허츠스프렁은 같은 분광형을 갖는(즉 유효 온도가 같은) 거성과 주계열 별의 스펙트럼에 차이가 있는지 의문을 품었다. 그는 안토니아 모리가 만든 목록에 있는 별들 가운데 스펙트럼에서 그러한 차이를 발견하였다. 그녀의 분류법에서 그녀는 분광선폭에 변화가 있음에 주목하였고, 이 변화를 c–characteristic이라고 불렀다. 비슷한 유효 온도를 갖지만 광도가 다른 항성들에서 분광선의 상대 세기에 나타나는 미묘한 차이가 그림 2.15에 나타나 있다. 이 연구는 허츠스프렁과 모리가 시작하였고, 다른 천문학자들의 연구에서 진전을 보았고, 1943년에 여키스 천문대의 윌리엄 모건(1906–1994)과 필립 키넌(1908–2000)이 발표한 *항성 스펙트럼 모음*에

서 절정을 이루었다. 이 모음집에는 55벌의 스펙트럼이 있으며, 온도와 광도가 별의 스펙트럼에 미치는 효과가 잘 나타나 있으며, 각 스펙트럼 분류의 기준이 명확하게 나타나 있다. *MKK 모음집*은 항성 스펙트럼의 *2차원적* 모건-키넌 분류(M-K 분류) 체계를 확립하였다.[26] **광도 계급**은 로마 숫자로 나타내며, 항성의 하버드 분광 분류의 뒤에 붙인다. 숫자 "I"은(다시 Ia, Ib로 세부 분류되며) 초거성을 나타내며, "V"는 주계열 별을 가리킨다. 두 개의 가까이 놓인 분광선의 세기 비를 써서 별에 적당한 광도 계급을 부여한다.[27] 일반적으로 같은 분광형이면, 더 좁은 분광선이 더 밝은 별에서 나타난다. 태양은 G2 V별이고, 베텔쥬스는 M2 Ia로 분류한다.[28] 로마 숫자는 주계열 아래까지 이어지고, 준왜성(계급 VI 또는 "sd")은 주계열 바로 아래에 놓이는데, 이것은 금속이 적기 때문이다. M-K 분류법은 백색왜성까지 정의되며, 백색왜성은 알파벳 D로 분류한다. 그림 2.16은 H-R도에서 광도 계급을 가르는 선과 각 계급에 속하는 특정한 별들의 위치를 보여 주고, 표 2.3에 광도 계급을 나열하였다.

2차원적 M-K 분류법을 통하여 천문학자들은 허츠스프렁-러셀도에서 *전적으로* 스펙트럼의 모양에만 의존해서 별의 위치를 표시할 수 있게 된다. 별의 절대 등급 M을 H-R도에서 읽으면, 별까지 거리는 겉보기 등급 m으로부터 식3.5를 써서 구할 수 있다. 즉

$$d = 10^{(m-M+5)/5}$$

이며, d의 단위는 파섹이다. 이와 같이 거리를 구하는 방법을 *분광 시차법*이라고 부르며, 대부분의 별들까지 거리를 구하는 데에 쓰이고 있다.[29] 그러나, 이 방법의 정밀도는 제한되어 있으며, 그 이유는 별의 절대 등급과 광도 계급 사이의 상관 관계가 완벽하지 않기 때문이다. 주어진 특정 광도 계급에는 고유하게 약 ±1등급 만큼의 오차가 있으므로, 거리 d 계산에서 약 $10^{1/5}$=1.6배 만큼 오차가 생기게 된다.

---

26) 여키스 천문대의 에디스 켈만은 55벌의 스펙트럼을 출판하였으며, 스펙트럼 모음집의 공동 저자이다. 이러한 이유로 "K" 하나가 더 추가되어 *MKK 모음집*이다.

27) 3.5절에서 밝은 별의 대기가 더 희박하기 때문에 원자들 사이에 충돌이 적게 일어난다는 사실을 공부할 것이다. 충돌은 원자 오비탈의 에너지 준위를 달라지게 하여 분광선의 폭을 넓힌다.

28) 베텔쥬스는 맥동 변광성으로서 M2 Iab라는 중간 계급으로 분류되기도 한다.

29) 분광 시차라는 용어에는 거리를 결정한다는 의미를 갖고 있지만 기하학적인 삼각시차법과 관련이 없기 때문에 이 용어는 잘못 이름 붙인 용어로 볼 수 있겠다.

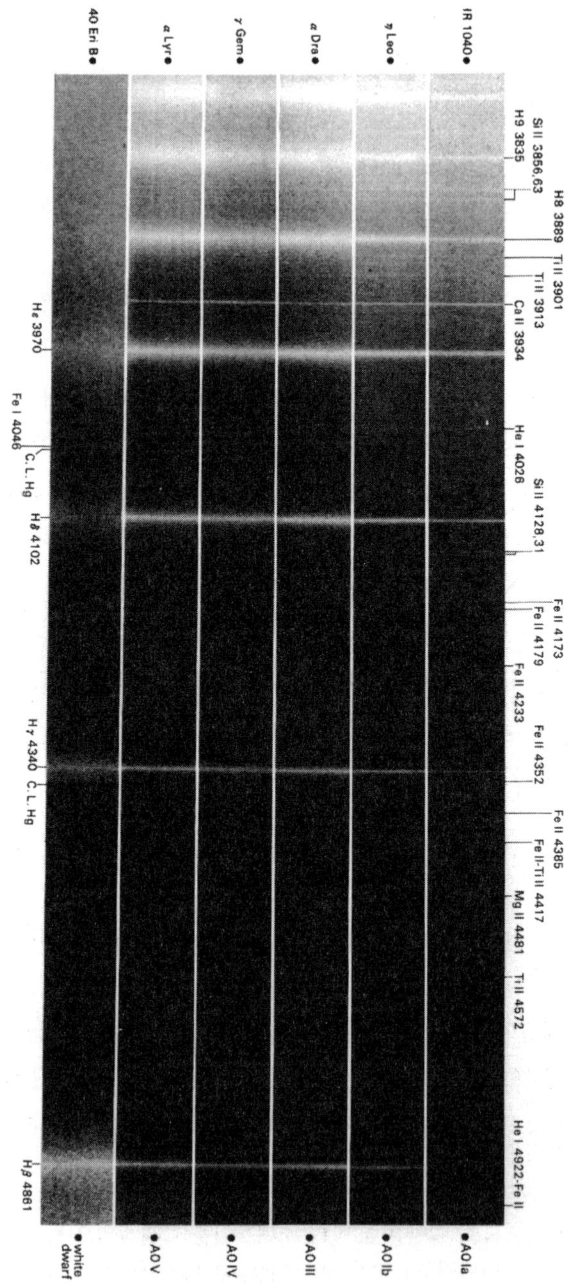

그림 2.15 *A*0 *Ia*, *A*0 *Ib*, *A*0 *III*, *A*0 *IV*, *A*0 *V* 백색왜성의 수소 발머선의 강도 비교. 초거성에서 분광선의 폭이 좁다. 이 스펙트럼들은 네거티브로 나타나 있어서, 흡수선이 밝게 나타나 있음에 주의하라. (그림 출처 : Yamashita, Nariai, and Norimoto, *An Atlas of Representative Stellar Spectra,* University of Tokyo Press, Tokyo, 1978)

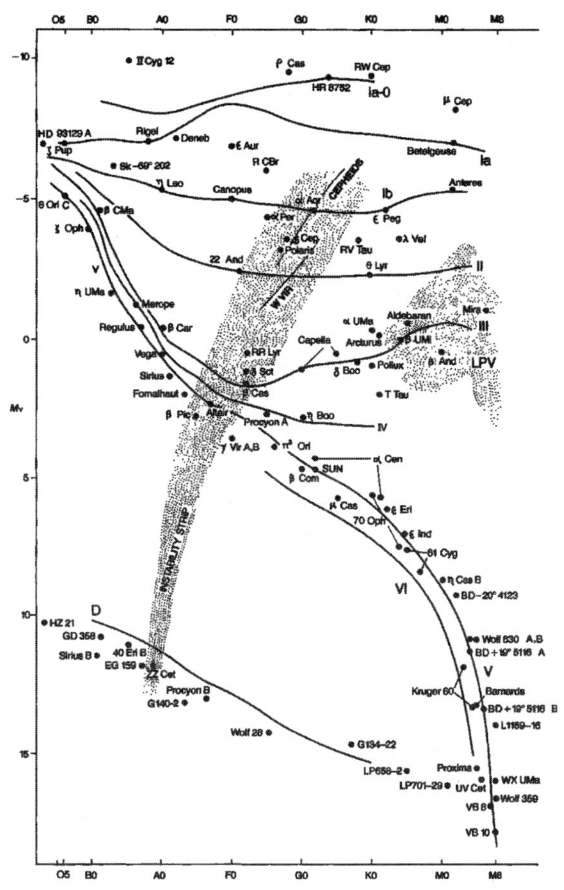

▌그림 2.16 H-R도 나타낸 광도 계급 (그림 출처 : Kaler, *Stars and Stellar Spectra*, Cambridge University Press 1989. Reprinted with the permission of Cambridge University Press.)

▌표 2.3 모건-키넌 광도계급.

계급	항성
Ⅰa-O	극히 밝은 초거성
Ⅰa	밝은·초거성
Ⅰb	덜 밝은 초거성
Ⅱ	밝은 거성
Ⅲ	보통 거성
Ⅳ	준거성
Ⅴ	주계열 별(왜성)
Ⅵ, sd	준왜성
D	백색왜성

제 2 장 참고 문헌

일반 도서

Aller, Lawrence H., *Atoms, Stars, and Nebulae*, Third Edition, Cambridge University Press, New York, 1991.

Dobson, Andrea K., and Bracher, Katherine, "A Historical Introduction to Women in Astronomy," *Mercury*, January/February 1992.

Hearnshaw, J. B., *The Analysis of Starlight*, Cambridge University Press, Cambridge, 1986.

Herrmann, Dieter B., *The History of Astronomy from Hershel to Hertzsprung*, Cambridge University Press, Cambridge, 1984.

Hoffleit, Dorrit, "Reminiscenses on Antonia Maury and the *c*-Characteristic," *The MK Process at 50 Years*, Corbally, C. J., Gray, R. O., and Garrison, R. F. (editors), *ASP Conference Series*, *60*, 215, 1994.

Kaler, James B., *Stars and Their Spectra*, Cambridge University Press, Cambridge, 1997.

고급 도서

Aller, Lawrence H., *The Atmospheres of the Sun and Stars*, Ronald Press, New York, 1963.

Böhm-Vitense, Erika, *Stellar Astrophysics, Volume 2: Stellar Atmospheres*, Cambridge University Press, Cambridge, 1989.

Cox, Arthur N. (editor), *Allen's Astrophysical Quantities*, Fourth Edition, AIP Press, New York, 2000.

Geballe, T. R., et al., "Toward Spectral Classification of L and T Dwarfs: Infrared and Optical Spectroscopy and Analysis," *The Astrophysical Journal*, *564*, 466, 2002.

Kirkpatrick, J. Davy, et al., "Dwarfs Cooler Than "M": The Definition of Spectral Type "L" Using Discoveries From the 2-Micron All-Sky Survey (2MASS)," *The Astrophysical Journal*, *519*, 802, 1999.

Mihalas, Dimitri, *Stellar Atmospheres*, Second Edition, W.H. Freeman, San Francisco, 1978.

Novotny, Eva, *Introduction to Stellar Atmospheres and Interiors*, Oxford University Press, New York, 1973.

Padmanabhan, T., *Theoretical Astrophysics*, Cambridge University Press, Cambridge, 2000.

제 2 장 연습 문제

2.1 Show that at room temperature, the thermal energy $kT \approx 1/40$ eV. At what temperature is kT equal to 1 eV? to 13.6 eV?

2.2 Verify that Boltzmann's constant can be expressed in terms of electron volts rather than joules as $k = 8.6173423 \times 10^{-5}$ eV K^{-1} (see Appendix A).

2.3 Use Fig. 8.6, the graph of the Maxwell–Boltzmann distribution for hydrogen gas at 10,000 K, to estimate the fraction of hydrogen atoms with a speed within 1 km s^{-1} of the most probable speed, v_{mp}.

2.4 Show that the most probable speed of the Maxwell–Boltzmann distribution of molecular speeds (Eq. 8.1) is given by Eq. (8.2).

2.5 For a gas of neutral hydrogen atoms, at what temperature is the number of atoms in the first excited state only 1% of the number of atoms in the ground state? At what temperature is the number of atoms in the first excited state 10% of the number of atoms in the ground state?

2.6 Consider a gas of neutral hydrogen atoms, as in Example 8.1.3.

(a) At what temperature will equal numbers of atoms have electrons in the ground state and in the second excited state ($n = 3$)?

(b) At a temperature of 85,400 K, when equal numbers (N) of atoms are in the ground state and in the first excited state, how many atoms are in the second excited state ($n = 3$)? Express your answer in terms of N.

(c) As the temperature $T \to \infty$, how will the electrons in the hydrogen atoms be distributed, according to the Boltzmann equation? That is, what will be the relative numbers of electrons in the $n = 1, 2, 3, \ldots$ orbitals? Will this in fact be the distribution that actually occurs? Why or why not?

2.7 In Example 8.1.4, the statement was made that "nearly all of the H I atoms are in the ground state, so Eq. (8.7) for the partition function simplifies to $Z_I \simeq g_1 = 2(1)^2 = 2$." Verify that this statement is correct for a temperature of 10,000 K by evaluating the first three terms in Eq. (8.7) for the partition function.

2.8 Equation (8.7) for the partition function actually diverges as $n \to \infty$. Why can we ignore these large-n terms?

2.9 Consider a box of electrically neutral hydrogen gas that is maintained at a constant volume V. In this simple situation, the number of free electrons must equal the number of H II ions: $n_e V = N_{II}$. Also, the total number of hydrogen atoms (both neutral and ionized), N_t, is related to the density of the gas by $N_t = \rho V/(m_p + m_e) \simeq \rho V/m_p$, where m_p is the mass of the proton. (The tiny mass of the electron may be safely ignored in this expression for N_t.) Let the density of the gas be 10^{-6} kg m^{-3}, typical of the photosphere of an A0 star.

(a) Make these substitutions into Eq. (8.8) to derive a quadratic equation for the fraction of ionized atoms:

$$\left(\frac{N_{II}}{N_t}\right)^2 + \left(\frac{N_{II}}{N_t}\right)\left(\frac{m_p}{\rho}\right)\left(\frac{2\pi m_e kT}{h^2}\right)^{3/2} e^{-\chi_I/kT} - \left(\frac{m_p}{\rho}\right)\left(\frac{2\pi m_e kT}{h^2}\right)^{3/2} e^{-\chi_I/kT} = 0.$$

(b) Solve the quadratic equation in part (a) for the fraction of ionized hydrogen, N_{II}/N_t, for a range of temperatures between 5000 K and 25,000 K. Make a graph of your results, and compare it with Fig. 8.8.

2.10 In this problem, you will follow a procedure similar to that of Example 8.1.4 for the case of a stellar atmosphere composed of pure helium to find the temperature at the middle of the He I partial ionization zone, where half of the He I atoms have been ionized. (Such an atmosphere would be found on a white dwarf of spectral type DB; see Section 16.1.) The ionization energies of neutral helium and singly ionized helium are $\chi_I = 24.6$ eV and $\chi_{II} = 54.4$ eV, respectively. The partition functions are $Z_I = 1$, $Z_{II} = 2$, and $Z_{III} = 1$ (as expected for any completely ionized atom). Use $P_e = 20$ N m^{-2} for the electron pressure.

(a) Use Eq. (8.9) to find N_{II}/N_I and N_{III}/N_{II} for temperatures of 5000 K, 15,000 K, and 25,000 K. How do they compare?

(b) Show that $N_{II}/N_{total} = N_{II}/(N_I + N_{II} + N_{III})$ can be expressed in terms of the ratios N_{II}/N_I and N_{III}/N_{II}.

(c) Make a graph of N_{II}/N_{total} similar to Fig. 8.8 for a range of temperatures from 5000 K to 25,000 K. What is the temperature at the middle of the He I partial ionization zone? Because the temperatures of the middle of the hydrogen and He I partial ionization zones are so similar, they are sometimes considered to be a single partial ionization zone with a characteristic temperature of 1–1.5 $\times 10^4$ K.

2.11 Follow the procedure of Problem 8.10 to find the temperature at the middle of the He II partial ionization zone, where half of the He II atoms have been ionized. This ionization zone is found at a greater depth in the star, and so the electron pressure is larger—use a value of $P_e = 1000\,\mathrm{N\,m^{-2}}$. Let your temperatures range from 10,000 K to 60,000 K. This particular ionization zone plays a crucial role in pulsating stars, as will be discussed in Section 14.2.

2.12 Use the Saha equation to determine the fraction of hydrogen atoms that are ionized, $N_{\mathrm{II}}/N_{\mathrm{total}}$, at the center of the Sun. Here the temperature is 15.7 million K and the number density of electrons is about $n_e = 6.1 \times 10^{31}\ \mathrm{m^{-3}}$. (Use $Z_{\mathrm{I}} = 2$.) Does your result agree with the fact that practically *all* of the Sun's hydrogen is ionized at the Sun's center? What is the reason for any discrepancy?

2.13 Use the information in Example 8.1.5 to calculate the ratio of doubly to singly ionized calcium atoms (Ca III/Ca II) in the Sun's photosphere. The ionization energy of Ca II is $\chi_{\mathrm{II}} = 11.9$ eV. Use $Z_{\mathrm{III}} = 1$ for the partition function of Ca III. Is your result consistent with the statement in Example 8.1.5 that in the solar photosphere, "nearly all of the calcium atoms are available for forming the H and K lines of calcium"?

2.14 Consider a giant star and a main-sequence star of the *same spectral type*. Appendix G shows that the giant star, which has a lower atmospheric density, has a slightly lower temperature than the main-sequence star. Use the Saha equation to explain why this is so. Note that this means that there is not a perfect correspondence between temperature and spectral type!

2.15 Figure 8.14 shows that a white dwarf star typically has a radius that is only 1% of the Sun's. Determine the average density of a 1-$M_\odot$ white dwarf.

2.16 The blue-white star Fomalhaut ("the fish's mouth" in Arabic) is in the southern constellation of Pisces Austrinus. Fomalhaut has an apparent visual magnitude of $V = 1.19$. Use the H–R diagram in Fig. 8.16 to determine the distance to this star.

3장

항성 대기

3.1 복사장의 기술

천문학자들이 관측하는 별 빛이 출발한 곳은 별의 대기이며, 이 곳은 불투명한 기체층이며 별의 내부 위를 덮고 있다. 이 기체층으로부터 홍수처럼 광자들이 쏟아져 나와, 별의 중심에서 열핵반응, 중력적 수축과 냉각 과정에 의하여 생성된 에너지를 내놓는다. 광자가 빠져 나오는 대기층의 온도, 밀도, 화학 조성이 별 스펙트럼의 특징들을 결정한다. 관측된 분광선을 올바로 해석하려면, 별을 이루는 기체들을 빛이 통과하여 여행하는 과정을 기술할 수 있어야겠다.

파장당복사세기와 평균복사세기

그림 3.1은 파장이 λ와 $\lambda + d\lambda$ 사이에서 표면적이 dA인 곳을 각 θ를 이루면서 $d\Omega$인 입체각을 갖는 원뿔 방향으로 진행하는 빛살을 보여준다.[1] 각 θ는 표면의

1) 면은 수학적으로 이상적인 개념이며 물리적으로 실재하는 면일 필요는 없다. 입체각의 개념과 단위 steradian(sr)을 6.1절(1권)에서 공부하였다.

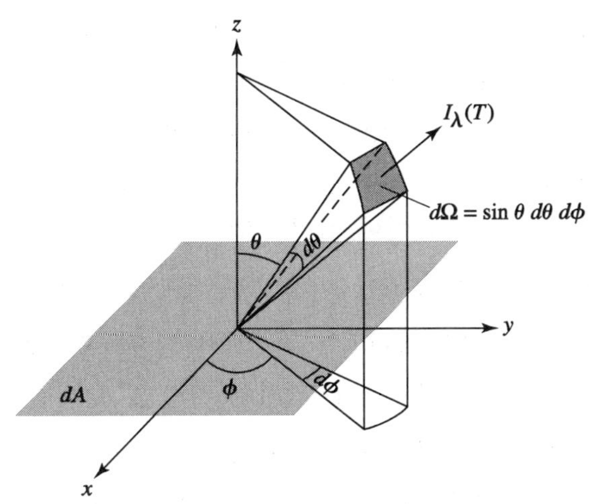

그림 3.1 복사세기 I_λ

법선 방향으로부터 측정하므로, $dA\cos\theta$는 면적 dA가 빛의 진행 방향으로 투영된 값이다. E_λ를

$$E_\lambda \equiv \frac{\partial E}{\partial \lambda}$$

로 정의하면, $E_\lambda\, d\lambda$가 이 빛살이 이 원뿔 안으로 시간 간격 dt사이에 전달하는 에너지이다. 빛살의 **파장당복사세기(specific intensity)**는 다음과 같이 정의된다.

$$\boxed{I_\lambda \equiv \frac{\partial I}{\partial \lambda} \equiv \frac{E_\lambda\, d\lambda}{d\lambda\, dt\, dA\, \cos\theta\, d\Omega}} \tag{3.1}$$

분자에 있는 에너지 $E_\lambda\, d\lambda$는 0에 가까운 미분량이고 분모에 있는 미분량도 0에 가까우며, 그 비율은 극한값인 I_λ로 수렴한다. 파장당복사세기(specific intensity)는 흔히 간단하게 *복사세기*라고도 부른다. 그러므로 극좌표에서는

$$E_\lambda\, d\lambda = I_\lambda\, d\lambda\, dt\, dA\, \cos\theta\, d\Omega = I_\lambda\, d\lambda\, dt\, dA\, \cos\theta\, \sin\theta\, d\theta\, d\phi \tag{3.2}$$

가 파장λ와 $\lambda + d\lambda$사이에서, 시간 간격 dt 동안, 면적 dA를 관통하여 입체각이 $d\Omega = \sin\theta\, d\theta\, d\phi$로 주어진 방향으로 진행하는 빛살이 운반하는 에너지이다. 이에

따라 파장당복사세기(specific intensity)의 단위는 $\mathrm{W m^{-3}\,sr^{-1}}$이다.[2] 식 (3.22)에 나타난 플랑크 함수 B_λ는 흑체복사라는 특별한 경우에 나타나는 파장당복사세기(specific intensity)의 예이다. 그러나, 일반적으로는 파장에 따른 빛에너지의 변화가 흑체복사의 에너지와 같은 양상으로 나타나지는 않는다. 어떠한 상황에서 $I_\lambda = B_\lambda$가 되는지 나중에 살펴보겠다.

진공을 통과하는 I_λ의 세기를 갖는 빛살을 고려하자. I_λ가 $d\Omega \to 0$인 극한에서 정의되므로, 빛살의 에너지는 *흩어지지(발산하지) 않는다*. 그러므로, 빛살의 세기는 진공을 지나면서는 약해지거나 세지지 않고 *일정한* 값을 갖는다.

일반적으로 파장당복사세기(specific intensity) I_λ는 방향에 따라 다르다. 전자기파복사의 **평균복사세기**는 파장당복사세기를 모든 방향에 대하여 적분하여 공에 둘러싸인 전체 입체각인 4π sr로 나누어 얻은 물리량으로서, I_λ를 방향에 대하여 평균한 값이다. 극좌표계에서는 복사세기의 평균값은

$$\langle I_\lambda \rangle \equiv \frac{1}{4\pi}\int I_\lambda \, d\Omega = \frac{1}{4\pi}\int_{\phi=0}^{2\pi}\int_{\theta=0}^{\pi} I_\lambda \, \sin\theta \, d\theta \, d\phi \tag{3.3}$$

로 주어진다.[3] 등방인 복사장에 대하여(즉, 모든 방향에 대하여 빛살의 세기가 같을 때에) $< I_\lambda > = I_\lambda$이다. 흑체 복사는 등방적이며, $< I_\lambda > = B_\lambda$가 성립한다.

파장당에너지밀도

복사장에 담긴 에너지 양은 길이가 dL이고 양끝이 열려 있으며 내부 벽은 완벽하게 반사하는 조그만 원통으로 된 "덫"을 사용해서 구할 수 있다(그림 3.2 참조하라). 한끝에서 들어온 빛은(어쩌면) 여러 번 이리저리 반사하다가 덫의 다른 끝으로 빠져나갈 것이다. 덫 안에 담긴 에너지는 덫을 제거했을 때 그 자리에 있던 빛에너지와 같을 것이다. 각 θ를 갖고 덫으로 들어온 빛이 덫을 통과하는 시간은 $dt = dL/(c\cos\theta)$이다. 따라서, λ와 $\lambda + d\lambda$ 사이의 파장을 갖는 빛이 각 θ로 비스듬히 들어와 덫에 머무는 동안 덫 안에 보유한 담긴 에너지의 양은

---

2) 3.5절에서 $\mathrm{W m^{-3}}$은 *단위 파장 간격당* 단위 면적당 매초당 에너지를 주는 단위로서 $\mathrm{W m^{-2}\,m^{-1}}$이며, 단위 부피당 에너지를 뜻하는 것이 아니다.

3) 많은 교재에서 평균복사세기를 $< I_\lambda >$로 쓰지 않고, J_λ로 나타낸다. 그러나, 주어진 물리량의 평균값이라는 뜻을 명시적으로 보여주기 위해서 이 책에서는 $< I_\lambda >$로 쓰기로 한다.

$$E_\lambda \, d\lambda = I_\lambda \, d\lambda \, dt \, dA \, \cos\theta \, d\Omega = I_\lambda \, d\lambda \, dA \, d\Omega \, \frac{dL}{c}$$

이다. $dA \, dL$은 덫의 부피이므로 **파장당에너지밀도**(파장 λ와 $\lambda + d\lambda$ 사이에서 단위 부피당 존재하는 에너지)는 $E_\lambda d\lambda$를 $dA \, dL$로 나누고, 전체 입체각에 대하여 적분한 후 식 (3.3)을 써서 다음과 같이 구할 수 있다.

$$\begin{aligned} u_\lambda \, d\lambda &= \frac{1}{c} \int I_\lambda \, d\lambda \, d\Omega \\ &= \frac{1}{c} \int_{\phi=0}^{2\pi} \int_{\theta=0}^{\pi} I_\lambda \, d\lambda \, \sin\theta \, d\theta \, d\phi \\ &= \frac{4\pi}{c} \langle I_\lambda \rangle \, d\lambda \end{aligned} \tag{3.4}$$

등방인 복사 마당에 대하여 $u_\lambda \, d\lambda = (4\pi/c) I_\lambda \, d\lambda$이며, 흑체 복사에 대하여

$$u_\lambda \, d\lambda = \frac{4\pi}{c} B_\lambda \, d\lambda = \frac{8\pi hc/\lambda^5}{e^{hc/\lambda kT} - 1} \, d\lambda \tag{3.5}$$

이다. 종종 흑체복사의 에너지 밀도를 빛의 주파수ν를 써서 나타내는 것이 편리할 때가 있으며, 이 때에 식 (3.24)(1권)를 써서

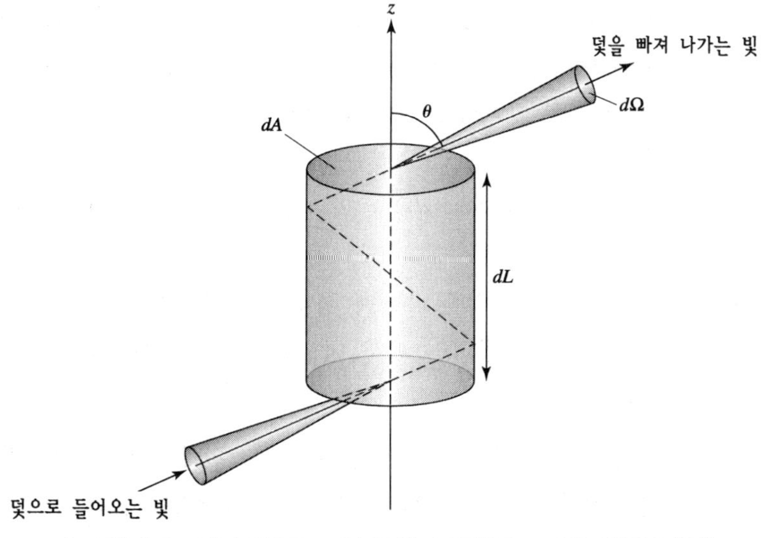

▮ **그림 3.2** 에너지밀도 u_λ를 구하기 위하여 고려한 원통형 "덫"

$$u_\nu\, d\nu = \frac{4\pi}{c} B_\nu\, d\nu = \frac{8\pi h\nu^3/c^3}{e^{h\nu/kT} - 1} d\nu \tag{3.6}$$

이다. 이 때에 $u_\nu\, d\nu$는 주파수 ν와 $\nu + d\nu$사이에서 단위 부피당 복사장의 에너지이다.

전체 에너지 밀도 u는 모든 파장에 혹은 모든 주파수에 대하여 적분해서 얻는다.

$$u = \int_0^\infty u_\lambda\, d\lambda = \int_0^\infty u_\nu\, d\nu$$

이다. 흑체 복사에 대하여($I_\lambda = B_\lambda$), 식 (3.28)(1권)에 의하여

$$u = \frac{4\pi}{c} \int_0^\infty B_\lambda(T)\, d\lambda = \frac{4\sigma T^4}{c} = aT^4 \tag{3.7}$$

이고, 이 때에 $z \equiv 4\sigma/c$는 *복사 상수*라고 부르며 그 값은

$$a = 7.565767 \times 10^{-16}\ \mathrm{J\ m^{-3}K^{-4}}$$

으로 주어진다.

파장당복사플럭스

복사와 관련하여 또 많이 쓰이는 흥미 있는 양이 **파장당복사플럭스**이다. $F_\lambda\, d\lambda$는 z축 방향으로 단위 면적당 매초마다 λ와 $\lambda + d\lambda$사이의 파장을 지닌 복사가 단위 면적을 통과하는 *순수한* 에너지이다. 즉

$$F_\lambda\, d\lambda = \int I_\lambda\, d\lambda\, \cos\theta\, d\Omega = \int_{\phi=0}^{2\pi} \int_{\theta=0}^{\pi} I_\lambda\, d\lambda\, \cos\theta\, \sin\theta\, d\theta\, d\phi \tag{3.8}$$

이다. $\cos\theta$의 인수가 빛살의 z축 성분을 결정하며, 반대쪽으로 진행하는 빛살의 성분을 상쇄한다. 등방적인 복사 마당에서는 순수한 에너지의 수송은 없으므로, $F_\lambda = 0$이다.

복사플럭스와 파장당복사세기 둘 다 모두 천체로부터 오는 빛을 기술하는 데에 쓰이는데, 학생들은 광원을 향한 망원경의 측광기에서 측정되는 양이 어떤 양일지 궁금할 것이다. 답은 광원이 되는 천체가 망원경으로 분해되는가에 따라 결정된다.

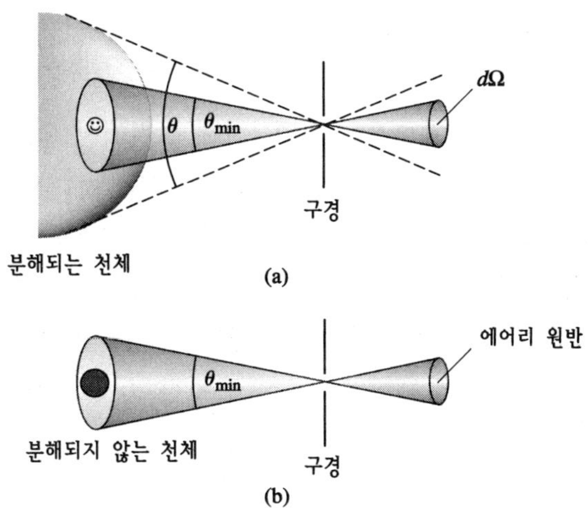

▮ 그림 3.3 복사장 세기의 측정 : (a) 분해되는 광원의 파장당복사세기의 측정, (b) 분해되지 않는 광원의 복사 플럭스의 측정. 분해되는 광원에서 각크기가 $\theta_{\rm min}$ 보다 더 작은 물체(예를 들면 행성 표면에 있는 지형들)들은 여전히 분해되지 않는다는 점에 유의하라.

그림 3.3(a)은 전체 표면에서 고른 밝기를 가지며 망원경으로 분해되는 광원을 보여준다.[4] 광원의 전체 각크기 θ가 레일리 기준으로 주어진 망원경의 최소 분해각 크기 $\theta_{\rm min}$ 보다 크다. 이 경우에, 측정되는 양은 $\theta_{\rm min}$ 으로 정의된 입체각 $\Omega_{\rm min}$ 으로 향하는 에너지이며 이 양이 곧 *파장당복사세기*이다. 예를 들면, 501 nm에서 태양의 원반 중심에서 측정되는 파장당복사세기는

$$I_{501} = 4.03 \times 10^{13}\ \mathrm{W\ m^{-3}sr^{-1}}$$

이다. 이제, 광원을 두 배 먼 곳으로 옮기자. 식 (3.2)에서 빛에 대한 역제곱 법칙에 따르면, 광원에서 매 제곱미터마다 들어오는 에너지의 양은 $(1/2)^2 = 1/4$이다. 그렇지만, 광원이 여전히 분해된다면, 입체각 $\Omega_{\rm min}$ 안으로 들어오는 에너지를 주는 광원의 면적이 이에 대응하여 4배만큼 커지고, 이에 따라 단위 제곱미터당 검출되는 빛 에너지의 양은 동일하다. 이 광원으로부터 오는 빛살의 파장당복사세기는 상수로 측정된다.[5]

---

4) 고른 광원이라는 가정은 주연감광과 같이 어두워지는 효과를 제외한다는 의미이며, 이것에 대해서는 나중에 공부할 것이다.

5) 6.1절(1권)에서 공부한 분해되는 물체의 이미지 복사 세기와 대물 복사 세기가 같다는 주장과 같은 논의이다.

그러나, 분해되지 않는 광원에서는 측정되는 값은 *복사플럭스*이다. 광원이 더욱 더 멀어질수록, 결국 광원의 각 크기 θ가 $\theta_{\min}$보다 더 작게 되어, 망원경으로 분해되지 않을 것이다. $\theta < \theta_{\min}$이면, 전체 광원에서 오는 에너지는 망원경 구경에 따라 나타나는 회절 무늬(에어리 원반과 고리들, 6.1절(1권)을 기억하라)에 걸쳐 퍼진다. 검출기에 도달하는 빛은 광원에서는 모든 방향으로 방출된 빛이며[그림 3.3(b)를 보라], 결과적으로 검출기는 모든 방향의 파장당복사세기를 적분한다. 이 값이 곧 식 (3.8)에서 준 복사 플럭스의 정의와 같다. 광원까지 거리 r이 커질수록, 에어리 원반에 떨어지는 에너지 양(즉, 복사 플럭스의 값)은 기대한 바와 같이 $1/r^2$로 감소한다.

복사압

광자가 에너지 E를 가지면, 광자의 정지질량이 0임에도 불구하고, 아인슈타인의 상대론적 에너지 방정식(식 (4.48))에 의하여, 광자는 운동량 $p = E/c$를 실어 나르고, 이 결과 **복사압**을 낸다. 이러한 복사압은 벽에 되튕기는 분자들이 내는 기체 압력을 구하는 것과 같은 방식으로 구할 수 있다. 그림 3.4는 입체각 $d\Omega$로 진행하며 표면적 dA에서 각 θ로 100퍼센트 반사하는 광자들을 보여 준다. 입사각과 반사각이 같기 때문에 입사파의 입체각과 반사파의 입체각의 크기가 같고, z축에 대하여 서로 반대 방향으로 같은 각 θ를 갖고 진행한다.

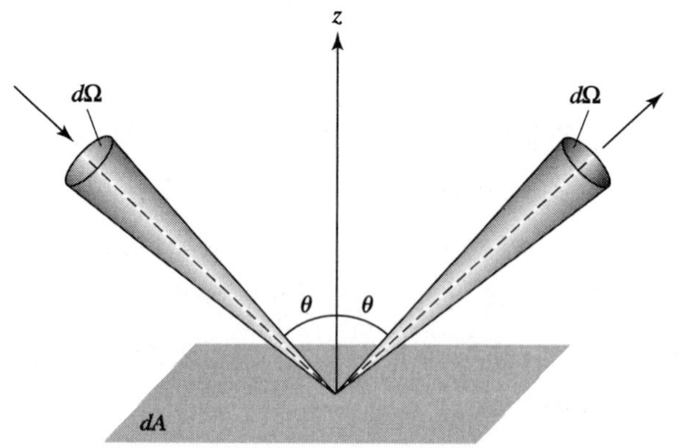

▮ **그림 3.4** 입체각 $d\Omega$로부터 입사하는 광자가 만드는 복사압

파장 λ와 $\lambda + d\lambda$ 사이에서 시간 간격 dt 동안 운동량의 z성분 변화는

$$\begin{aligned} dp_\lambda \, d\lambda &= \left[(p_\lambda)_{\text{final},z} - (p_\lambda)_{\text{initial},z} \right] d\lambda \\ &= \left[\frac{E_\lambda \cos\theta}{c} - \left(-\frac{E_\lambda \cos\theta}{c} \right) \right] d\lambda \\ &= \frac{2\, E_\lambda \cos\theta}{c} \, d\lambda \\ &= \frac{2}{c} I_\lambda \, d\lambda \, dt \, dA \cos^2\theta \, d\Omega \end{aligned}$$

과 같으며, 마지막 식은 식 (3.2)을 사용하여 표현하였다. dp_λ를 dt와 dA로 나누면 $(dp_\lambda/dt)/dA$를 얻는다. 뉴턴의 운동 제2법칙과 제3법칙을 적용하면, $-dp_\lambda/dt$가 면적 dA에 광자가 주는 힘이다. 여기에서 음의 부호는 힘이 단지 $-z$ 방향으로 작용한다는 사실을 보여 주므로, 무시해도 좋겠다. 그러므로, 복사압은 단위 면적당 힘인 $(dp_\lambda/dt)/dA$이며, 입체각 $d\Omega$로 진행하는 모든 광자가 만든 압력이다. 모든 입사하는 방향, 즉 위 반구에 대하여 적분하면 λ와 $\lambda + d\lambda$사이에서 광자가 주는 압력인 $P_{\text{rad},\lambda} \, d\lambda$를 얻는다.

$$\begin{aligned} P_{\text{rad},\lambda} \, d\lambda &= \frac{2}{c} \int_{\text{hemisphere}} I_\lambda \, d\lambda \cos^2\theta \, d\Omega \quad \text{(reflection)} \\ &= \frac{2}{c} \int_{\phi=0}^{2\pi} \int_{\theta=0}^{\pi/2} I_\lambda \, d\lambda \cos^2\theta \sin\theta \, d\theta \, d\phi \end{aligned}$$

기체 압력이 기체를 담고 있는 그릇의 벽에만 나타나는 것이 아니고, 기체가 차지하는 부피 전체에 걸쳐 나타나듯이, "광자 기체"의 복사압은 복사장 전체에 걸쳐 존재한다. 그림 3.4에서 반사하는 표면 dA를 없애고, 이것을 수학적인 면으로 대체하자. 입사하는 광자는 dA를 통과해서 계속 진행할 것이다. 즉, 벽에서 반사되지 않고, 광자는 dA의 반대편으로부터 흘러들어올 것이다. 그러므로, *등방적인 복사 마당*에 대해서는(광자가 반사될 때에 운동량의 변화 때문에 나타나는) 인수 2를 없애고 대신 입체각에 대한 적분을 모든 방향으로 확대하면 복사압을 주는 식에는 변화가 없다.

$$P_{\mathrm{rad},\lambda}\, d\lambda = \frac{1}{c}\int_{\mathrm{sphere}} I_\lambda\, d\lambda\, \cos^2\theta\, d\Omega \ \text{(transmission)} \tag{3.9}$$

$$= \frac{1}{c}\int_{\phi=0}^{2\pi}\int_{\theta=0}^{\pi} I_\lambda\, d\lambda\, \cos^2\theta\, \sin\theta\, d\theta\, d\phi$$

$$= \frac{4\pi}{3c} I_\lambda\, d\lambda \ \text{(isotropic radiation field)} \tag{3.10}$$

그러나, 복사 마당은 *등방적이지 않을 수 있다.* 이 경우에 복사압에 대한 식 (3.9)는 여전히 맞는 식이지만, 복사압의 크기는 수학적인 가상면 dA 의 방향에 따라 달라진다.

모든 파장에서 광자가 주는 총 복사압은 식 (3.10)을 적분해서 얻을 수 있다.

$$P_{\mathrm{rad}} = \int_0^\infty P_{\mathrm{rad},\lambda}\, d\lambda$$

흑체 복사에 대해서 다음 관계식이 성립한다는 사실을 보이는 것을 연습 문제로 남겨 둔다.

$$P_{\mathrm{rad}} = \frac{4\pi}{3c}\int_0^\infty B_\lambda(T)\, d\lambda = \frac{4\sigma T^4}{3c} = \frac{1}{3}aT^4 = \frac{1}{3}u \tag{3.11}$$

따라서, **흑체복사압**은 에너지 밀도의 3분의 1이다(이와 비교하여, 단원자 이상 기체의 압력은 에너지 밀도의 3분의 2이다).

3.2 별의 불투명도

별의 스펙트럼을 분류하는 작업은 아직도 마무리가 되지 않은 작업이다. 특정한 별의 "표면"6) 온도를 알아내는 것과 같이 가장 단순한 작업조차도 별이 실제로는 흑체가 아니기 때문에 간단한 일이 아니다. 식 (3.17)로 나타나는 스테판–볼츠만 법칙은 별의 유효 온도를 정의하지만, 표면 온도를 좀 더 정확하게 구하려면 어느

6) 별의 "표면"은 형식적으로는 광구라고 부르며 가시적으로 보이는 연속 복사가 형성되어 나오는 곳으로 정의한다.

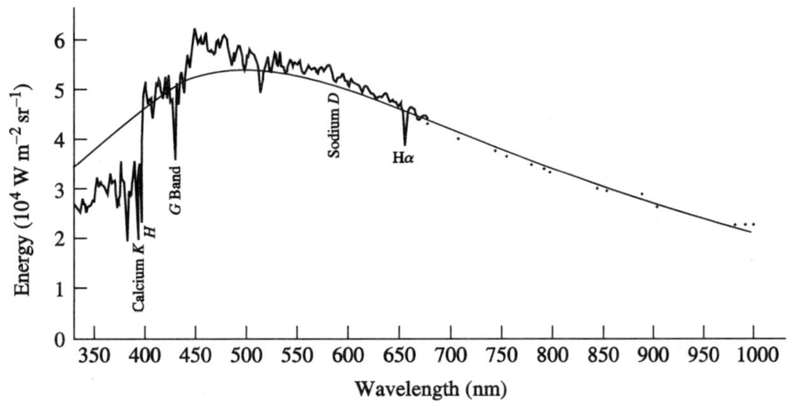

▌그림 3.5 2 nm의 파장 간격에서 나타낸 태양의 스펙트럼. 파선은 태양의 유효 온도에 해당하는 이상적인 흑체의 스펙트럼이다. (그림 출처 : Aller, *Atoms, Stars, and Nebulae*, Third Edition, Cambridge University Press, New York, 1991)

정도의 노력이 더 필요하다.[7] 그림 3.5는 태양의 스펙트럼이 흑체복사 스펙트럼인 플랑크 함수, B_λ에서 많이 벗어남을 보여준다. 이것은 태양의 흡수선이 태양의 연속 복사 스펙트럼의 특정한 파장들에서 빛을 없애기 때문이다. 태양의 스펙트럼에서 짙은 일련의 금속 흡수선들 때문에 복사세기의 감소가 매우 효과적으로 일어나며, 이러한 효과를 선 담요 효과라고 부른다. 다른 파장대에서는(예를 들면 X-선이나 자외선 영역에서) 방출선들이 연속 복사 스펙트럼에 복사세기를 더하기도 한다.

온도와 국지적 열역학적 평형

우리는 특정 지역에서 *온도*라는 용어를 생각하지만, 실제로 별에 온도를 부여하는 방법은 여러 가지가 있고, 고려되는 물리적 과정에 따라 다음과 같이 정의 되는 온도들이 있다.

- **유효 온도** : 스테판-볼츠만 법칙(식 (3.17)(1권))로부터 얻으며, 주어진 별에서 구체적인 수준으로 유일하게 정의되며 그 별을 전반적으로 기술하는 중요한 온도이다.
- **들뜸 온도** : 볼츠만 방정식(식 (2.6))으로 정의되는 온도이다.
- **이온화 온도** : 사하 방정식(식 (2.8))으로 정의한다.
- **운동학적 온도** : 막스웰-볼츠만 분포에 담긴 온도로서 식 (2.1)로 나타난다.

7) 온도 결정에 관해서 더 상세한 것은 Böhm-Vitense(1981)을 참조하라.

• **색 온도** : 별의 연속 복사 스펙트럼 일부의 모양을 플랑크 함수(식 (3.22)(1권))에 맞추어서 얻은 온도이다.

유효 온도를 제외하고, 나머지 온도들은 별 내부의 임의의 장소에서 적용될 수 있으며, 기체의 상태에 따라 달라진다. 비록 서로 다른 방법으로 정의되었지만, 들뜸 온도, 이온화 온도, 운동학적 온도와 색온도는 "이상적인 상자"에 갇힌 기체와 같이 단순한 경우에는 모두 같다. 갇힌 기체 입자들과 흑체 복사가 평형을 이루면서 각각, 그리고 서로 잘 정의된 한 온도로 기술될 수 있다. 이렇게 안정된 조건에서는, 상자를 관통하는 에너지 흐름, 혹은 상자 안의 물질과 복사 사이의 순수한 에너지 흐름은 사라진다. 어떤 과정이라도(예를 들면 광자의 흡수 과정) 그 역과정(예를 들면 광자의 방출 과정)이 같은 빠르기로 일어난다. 이러한 조건을 **열역학 평형**이라고 부른다.

그러나, 별은 완전한 열역학적 평형에 있을 수는 없다. 별에서 에너지는 순수하게 외부로 흘러나가며, 온도는(어떤 방법으로 정의된다손 치더라도) 위치에 따라 달라질 수밖에 없다. 한 곳에 있는 기체 입자와 광자가 더 뜨겁거나 혹은 더 온도가 낮은 다른 곳으로부터 왔을 것이다(다시 말하면, "이상적인 상자"는 존재하지 않는다). 그러므로, 기체 입자의 속력이나 광자 에너지의 분포는 적당한 범위의 온도를 반영한다. 기체 입자가 서로 충돌하면서 그리고 복사장과 상호작용을 하면서 광자를 흡수하거나 방출하며, 들뜸과 이온화 과정은 상당히 복잡해진다. 그러나, 온도가 변화하는 거리 규모가 입자나 광자가 충돌하지 않고 진행하는 거리(평균자유행로)보다 훨씬 큰 경우에는, 단일 온도라는 이상적인 경우로 취급할 수 있다. 이 경우를 **국부 열역학 평형**(LTE; local thermodynamic equilibrium)이라고 부르며, 입자나 광자는 국부적인 환경으로부터 탈출할 수 없으므로, 실제적으로는 일정한 온도로 유지되는 좁은 지역(또는 상자)에 갇힌 것으로 볼 수 있다.

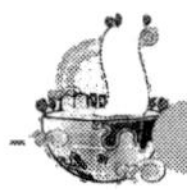

예제 3.2.1

광구는 광자가 우주 공간으로 탈출하는 태양의 대기 표층이다(92쪽과 5.2절을 보라). 한 태양 대기 모형에 따르면(Cox, 348쪽을 보라), 광구의 어떤 지역은 25.0 km에 걸쳐 5580 K에서 5790 K의 범위로 온도가 변화한다. 온도 변화를 규정하는 거리 규모를 온도 규모 높이, H_T라고 부르며 그 값은

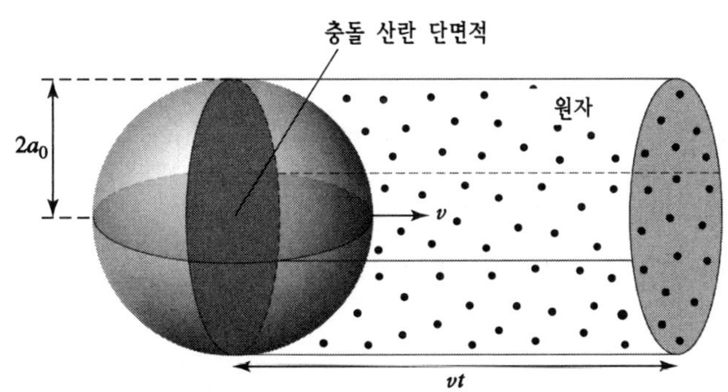

▮ 그림 3.6 수소 원자의 평균자유행로 ℓ

$$H_T \equiv \frac{T}{|dT/dr|} = \frac{5685\ \text{K}}{(5790\ \text{K} - 5580\ \text{K})/(25.0\ \text{km})} = 677\ \text{km}$$

이며, 분자의 T에는 평균 온도를 사용하였다.

온도 규모 높이 677 km가 원자가 다른 원자와 충돌을 일으킬 때까지 운동하는 거리와 비슷한 값인가? 이 위치에서 광구의 밀도가 $\rho = 2.1 \times 10^{-4}\ \text{kg m}^{-3}$이며, 주로 바닥상태에 있는 중성 수소로 이루어져 있다. 편의상 순수하게 수소로만 이루어졌다고 가정하면, 단위 세제곱 미터당 수소 원자의 갯수는

$$n = \frac{\rho}{m_H} = 1.25 \times 10^{23}\ \text{m}^{-3}$$

이고, 여기에서 m_H는 수소 원자 질량이다. 수소 원자 두개가 "충돌"하려면 두 원자의 중심이 보어 반지름의 2배($2a_0$) 이내에 있어야한다.[8] 그림 3.6에서 보는 바와 같이, 다른 원자들의 중심을 나타내는 점들이 움직이지 않고 모여 있는 곳을 반지름이 $2a_0$인 단일 원자가 속도v로 돌아다니는 문제와 같다. 시간 t 동안, 이 원자는 거리 vt를 움직여서 부피가 $V = \pi(2a_0)^2 vt = \sigma vt$ 인 원기둥을 휩쓸며, 이와 같은 고전적인 근사에서 $\sigma \equiv \pi(2a_0)^2$는 원자의 충돌 단면적이다.[9] 이 부피 V 안에, 원자들의 개수는 $nV = n\sigma vt$이며 이 숫자만큼 충돌을 일으킨다. 그러므로, 매번 충돌이 일어나는 사이에서 평균적으로 진행한 거리는

8) 여기에서는 원자를 딱딱한 공으로 취급하고 있으며, 이것은 양자역학적인 원자를 고전물리학적으로 근사한 것이다.

9) 단면적이라고 하는 개념은 4.3절에서 더 자세히 논의할 것이지만, 간단하게는 넓이의 단위를 가지면서 입자들이 상호작용을 일으키는 확률을 나타낸다.

$$\ell = \frac{vt}{n\sigma vt} = \frac{1}{n\sigma} \tag{3.12}$$

이다. 거리 ℓ을 충돌 사이의 평균자유행로라고 부른다.[10] 수소 원자의 경우

$$\sigma = \pi(2a_0)^2 = 3.52 \times 10^{-20}\ \mathrm{m}^2$$

이다. 그러므로, 이 상황에서 평균자유행로는

$$\ell = \frac{1}{n\sigma} = 2.27 \times 10^{-4}\ \mathrm{m}$$

이다. 평균자유행로는 온도규모높이보다 수십억배 정도 작다. 이 결과, 기체에 있는 원자들은 충돌하면서 거의 일정한 운동학적 온도를 갖는다. 이 기체 원자들은 실질적으로 광구라는 제한된 부피 안에 갇혀 있는 것과 다름없다. 이 상황은 광자에 대해서는 성립하지 않는다. 왜냐하면, 지구에서 우리가 태양을 관측할 때에, 태양의 광구는 우리가 볼 수 있는 층이기 때문이다. 광구의 정의 자체에 의하면, 광자들은 우주 공간으로 자유롭게 탈출할 수 있어야 한다. 광자의 평균자유행로와 LTE 개념에 대하여 좀 더 많은 것을 이야기하고, 그림 3.5에 나타낸 태양의 스펙트럼을 더 깊이 이해하려면, 광자와 입자 사이에 일어나는 상호 작용을 더욱 세밀하게 살펴야 한다.

불투명도의 정의

우리는 이제 기체를 통과하여 나란하게 진행하는 빛살의 다발을 생각하고자 한다. 빛살 다발로부터 광자를 제거하는 임의의 모든 과정을 한꺼번에 **흡수**라고 부른다. 따라서, 이러한 의미에서, 흡수는 원자가 높은 에너지 상태로 천이하면서 일어나는 진정한 흡수 뿐만 아니라, 광자의 *산란*(예를 들면 5.2절(1권)에서 다루었던 컴프턴 산란이 있다)까지 포함한다. 충분히 온도가 낮은 기체에서는 분자의 에너지 준위 사이의 천이도 일어나며, 반드시 이 과정들도 포함되어야 한다.

파장이 λ인 빛살이 기체를 통과하면서 일으키는 빛의 세기 변화 dI_λ는 빛의 세기 I_λ, 진행한 거리 ds, 기체의 밀도 ρ에 비례한다. 다시 말하면,

$$\boxed{dI_\lambda = -\kappa_\lambda \rho I_\lambda\, ds} \tag{9.13}$$

이다. 거리 s는 빛살 다발이 진행한 거리이며, 빛이 진행하는 방향으로 증가한다.

10) 막스웰 분포를 써서 더 세밀하게 계산하면, 평균 자유 행로는 이 값에서 다시 $\sqrt{2}$로 나누어야 한다.

식 (3.13)에 있는 음의 부호는 광자의 흡수가 일어나면 빛의 세기가 *감소*한다는 의미이다. κ_λ는 **흡수 계수** 혹은 **불투명도**라고 부르며, 아래첨자 λ는 불투명도가 파장에 따라 달라진다는 사실을 암묵적으로 말해 준다(κ_λ는 가끔씩 *단색 불투명도*라고 부르기도 한다). 불투명도는 별을 이루는 물질의 단위 질량 당 파장 λ인 광자를 흡수하는 단면적이며, 단위는 $\mathrm{m^2\,kg^{-1}}$이다. 일반적으로 기체의 불투명도는 성분, 밀도, 온도의 함수이다.[11]

예제 3.2.2

$s=0$일 때에 처음 세기가 $I_{\lambda,0}$로 주어진, 기체 속을 통과하는 빛살 다발을 생각하자. 거리 s를 진행한 후 마지막 빛의 세기는 식 (3.13)을 적분하여 얻을 수 있다.

$$\int_{I_{\lambda,0}}^{I_{\lambda,f}} \frac{dI_\lambda}{I_\lambda} = -\int_0^s \kappa_\lambda \rho\, ds$$

이로부터

$$I_\lambda = I_{\lambda,0}e^{-\int_0^s \kappa_\lambda \rho\, ds} \tag{3.14}$$

를 얻으며, 여기에서 아래첨자 f는 생략하였다. 균일한 기체로 주어진 특별한 경우에, 불투명도와 밀도가 상수이므로,

$$I_\lambda = I_{\lambda,0}e^{-\kappa_\lambda \rho s}$$

이다.

순수한 흡수의 경우(방출 과정은 무시한다), 빛살 다발에서 사라진 광자를 다시 채워 넣을 길이 없다. 빛의 세기는 지수 함수적으로 감소하여 특성 거리 $\ell=1/\kappa_\lambda\rho$를 진행하면서 e^{-1}배씩 약해진다. 태양의 광구는 밀도가 $\rho=2.1\times10^{-4}\ \mathrm{kg\,m^{-3}}$이며(파장 500 nm에서), 불투명도가 $\kappa_{500}=0.03\ \mathrm{m^2\,kg^{-1}}$이다. 그러므로, 이 높이의 광구에서 광자가 빛살 다발에서 사라지기 직전까지 이동하는 특성 거리는

$$\ell = \frac{1}{\kappa_{500}\rho} = 160\ \mathrm{km}$$

11) 아직도 통일된 용어 사용이 이루어지지 않고 있음에 주의하자. 저자에 따라서는 *불투명도*를 광자의 평균자유행로의 역수로 정의한다.

이다. 예제 3.2.1에서 이 거리가 온도 규모 높이 $H_T=677$ km와 견줄 수 있는 정도이다. 그러므로, 광구에 있는 광자들에게는 일정한 온도를 부여할 수 없기 때문에, 광구에 대해서 국부 열역학 평형(LTE) 가정이 엄밀한 의미에서는 성립하지 않는다. 광자가 진행하는 지역의 온도는 그 곳에서 기체의 운동학적 온도와 약간 다를 것이다. 그럼에도 불구하고, LTE는 별 대기에서 흔하게 적용하는 가정이며, 또한 주의를 기울여서 사용해야 한다.

광학 두께

산란하는 광자에 대해서 특성적 거리 ℓ은 실제로 광자의 평균자유행로와 같다. 식 (3.12)에서

$$\ell = \frac{1}{\kappa_\lambda \rho} = \frac{1}{n\sigma_\lambda}$$

이다. $\kappa_\lambda \rho$와 $n\sigma_\lambda$ 둘 다 모두 광자가 돌아다니면서 단위 미터마다 산란된 광자의 비율로 생각할 수 있다. 또한, 평균자유 행로는 광자의 파장마다 다르다는 사실에 유의하자.

광학 두께, τ_λ를 빛살을 따라서 거슬러 올라가는 방향으로 다음과 같이 정의하는 것이 편리하다.

$$\boxed{d\tau_\lambda = -\kappa_\lambda \rho\, ds} \tag{3.15}$$

여기에서 s는 광자가 진행한 거리를 광자가 운동한 방향으로 잰 양이다(별에서 오는 빛을 관측할 때에, 우리는 빛이 진행한 경로를 *거꾸로 보고* 있는 것이다). 빛살의 처음 위치($s=0$)와 s만큼 진행한 마지막 위치 사이의 광학 두께의 차는

$$\Delta\tau_\lambda = \tau_{\lambda,f} - \tau_{\lambda,0} = -\int_0^s \kappa_\lambda \rho\, ds \tag{3.16}$$

이다. 여기에서 $\Delta\tau_\lambda < 0$임에 유의하자. 빛이 관측자에게 다가올수록, 광학 두께는 점점 더 줄어든다. 모든 파장에 대하여 별의 겉껍데기에서 $\tau_\lambda=0$으로 잡아도 좋으며, 이 경우 광자는 지구에 있는 관측자까지 전혀 방해를 받지 않고 도달한다.

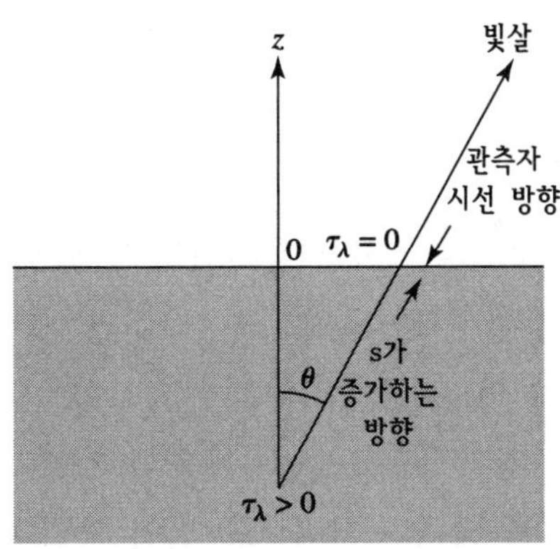

▌그림 3.7 빛살의 경로를 따라 측정되는 광학 두께 τ_λ

이와 같이 $\tau_\lambda = 0$의 정의를 따르면, 식 (3.15)에서 별 대기의 꼭대기에 도달할 때까지 거리 s를 빛살이 진행할 때, 빛살이 시작된 처음 위치의 광학 두께 $\tau_{\lambda,0}$를 다음과 같이 얻는다.

$$0 - \tau_{\lambda,0} = -\int_0^s \kappa_\lambda \rho \, ds$$

$$\tau_\lambda = \int_0^s \kappa_\lambda \rho \, ds \tag{3.17}$$

빛살이 대기층 꼭대기까지 거리 $s(s > 0)$를 진행하였을 때에 빛살이 시작된 곳의 광학 두께를 τ_λ로 쓴다고 이해하면서, 아래첨자 "0"을 생략하였다.

식 (3.17)과 예제 3.2.2에 있는 순수한 흡수에 대한 식 (3.14)를 결합하면, 빛살이 기체를 광학 두께 τ_λ만큼 진행할 때에 관측자에 도달하는 빛살의 복사 세기는

$$I_\lambda = I_{\lambda,0} e^{-\tau_\lambda} \tag{3.18}$$

으로 감소한다. 그러므로, 빛살이 시작하는 곳에서 광학 두께 $\tau_\lambda = 1$이면, 빛살의 세기는 별을 탈출하기 직전에 e^{-1}배 만큼 줄어든다. *광학 두께를 빛살이 진행하는 경로를 따라서 빛살이 시작된 곳에서 도달한 곳까지 거리를 평균자유행로로 나눈 값이라고 생각할 수 있다.* 이 결과, 대체적으로 우리는 주어진 파장에서 $\tau_\lambda \approx 1$보다 더 깊은 항성 대기층을 볼 수 없다. 물론, 순수한 흡수의 경우 빛살의 세기가 방향에 관계없이 지수함수적으로 약해진다. 그러나, 우리는 우리를 향해서 오는 광자

들만 관측할 수 있으며, 이러한 의미에서 $\tau_\lambda=0$인 곳을 대기의 꼭대기로 선택한 것도 이러한 점을 반영한다. $\tau_\lambda=0$인 곳을 다른 곳으로 정하는 것이 다른 상황에서는 더 편리할 수도 있다.

만약 주어진 부피의 기체를 통과하는 빛살에 대해서 $\tau_\lambda \gg 1$이면, 이 기체 지역을 *광학적으로 두껍다*고 말하고, $\tau_\lambda \ll 1$이면, *광학적으로 얇다*고 말한다. 광학 두께는 파장에 따라 변하므로, 주어진 기체가 한 파장에서는 광학적으로 두꺼우면서 다른 파장에서는 광학적으로 얇을 수 있다. 예를 들면, 지구의 대기는 가시광 영역에서는 광학적으로 얇지만(그러므로 별이 보인다) X-ray에 대해서는 광학적으로 두껍다. 그림 6.25(1권)를 기억하라.

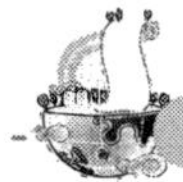

예제 3.2.3

5.2절(1권)에서 별의 복사 플럭스와 겉보기 등급을 측정할 때에, 지구 대기를 통과하면서 흡수된 빛의 양에 대한 보정을 일상적으로 한다고 언급하였다. 그림 3.8에서 $I_{\lambda,0}$의 복사 세기로 지구 대기를 각 θ로 입사하여 지상 망원경에 도달하는 빛살을 나타낸다. 망원경에서 검출하는 빛의 세기를 I_λ라고 할 때에, 우리가 고려할 문제는 $I_{\lambda,0}$를 결정하는 것이다. 망원경에서 $\tau_\lambda=0$으로 잡고 h를 대기의 높이라고 하면, 대기를 통과하는 빛살 경로의 광학 두께는 식 (3.17)를 써서 구할 수 있다. $ds=-dz/\cos\theta=-\sec\theta\, dz$를 쓰면

$$\tau_\lambda = \int_0^s \kappa_\lambda \rho\, ds = -\int_h^0 \kappa_\lambda \rho \frac{dz}{\cos\theta} = \sec\theta \int_0^h \kappa_\lambda \rho\, dz = \tau_{\lambda,0} \sec\theta$$

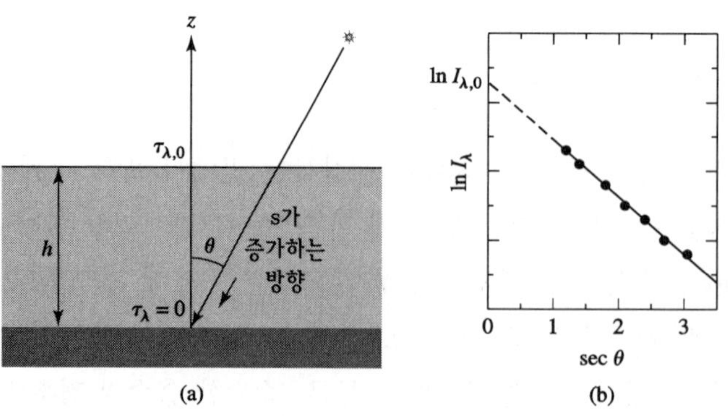

그림 3.8 (a) 지구 대기를 각 θ를 갖고 입사하는 빛살. (b) $\sec\theta$에 대한 $\ln I_\lambda$

이며, $\tau_{\lambda,0}$은 수직으로 입사하는 광자($\theta=0$)에 대한 광학 두께이다. 식 (3.18)에 대입하면, 망원경에서 검출되는 빛살의 세기는

$$I_\lambda = I_{\lambda,0} e^{-\tau_{\lambda,0}\sec\theta} \tag{3.19}$$

로 주어진다. 이 방정식에는 미지수가 $I_{\lambda,0}$와 $\tau_{\lambda,0}$ 2개가 있으며, 단 한 번의 관측으로는 이 값들을 다 결정할 수 없다. 그러나, 지구가 자전하므로, 시간이 지나면서 각 θ가 변하며, 망원경에서 검출된 몇 개의 I_λ 측정값의 로그 값을 $\sec\theta$의 함수로 그래프에 나타낼 수 있다. 그림 3.8(b)에 나타낸 바와 같이, 가장 잘 맞추는 직선의 *기울기*가 $-\tau_{\lambda,0}$이다. 가장 잘 맞는 직선을 외삽하여 $\sec\theta=0$에 닿게 하여 I_λ축의 절편을 구하면 그 값이 바로 $I_{\lambda,0}$이다.[12] 이와 같은 방법으로, 파장당복사세기나 복사플럭스의 측정값에서 지구 대기의 흡수에 의한 효과를 보정할 수 있다.

불투명도의 원천들

별을 이루는 물질의 불투명도는 광자가 입자(원자, 이온, 자유 전자)들과 상호작용하는 구체적인 양상에 따라 결정된다. σ_λ가 입자의 단면적(즉 유효 표적 면적)일 때에, 광자가 입자를 중심으로 면적 σ_λ의 안쪽으로 지나가면 광자는 흡수되거나 산란된다. 흡수 과정에서는 광자가 사라지며 광자의 에너지는 기체의 열에너지로 흡수된다. 산란 과정에서는 광자가 다른 방향으로 계속 진행한다. 흡수나 산란 모두 광자를 빛살 다발에서 제거하며, 이에 따라 별을 이루는 물질의 불투명도 κ_λ를 높인다. 불투명도가 파장에 따라서 느리게 변하면, 불투명도는 별의 연속 복사스펙트럼(혹은 *연속스펙트럼*)을 결정한다. 연속스펙트럼 위에 중첩된 어두운 흡수선들은 불투명도가 이 곳에서 아주 급격하게 달라진 결과로 생긴다(예를 들면 그림 2.2와 2.3을 기억하라).

일반적으로, 불투명도에는 네 개의 주요한 요인이 있다. 각 과정은 전자의 양자 상태를 바꾸는 것이며, *구속*과 *자유*라는 용어는 전자가 광자와 상호 작용을 전후하여 원자나 이온에 묶여 있는지 여부를 나타낸다.

1. **구속-구속 천이**(들뜸과 가라앉음) : 원자나 이온에 구속되어 있는 전자가 한 오비탈에서 다른 오비탈로 천이할 때에 일어난다. 전자는 낮은 에너지 오비탈

12) $\sec\theta \geq 1$이므로, 자료를 가장 잘 맞추는 직선은 수학적으로는 허용되지 않은 영역까지 외삽되어야 함에 유의하라.

에서 높은 에너지 오비탈로 천이하면서 두 오비탈의 에너지 차이에 해당하는 에너지를 갖는 광자를 흡수한다. 그러므로, 더 높은 에너지 준위의 오비탈로 천이를 일으킬 수 있는 띄엄띄엄 존재하는 특정한 파장들을 빼고는 구속–구속 불투명도 $\kappa_{\lambda,\mathrm{bb}}$는 매우 작은 값을 갖는다. 별 스펙트럼에서 흡수선 형성을 일으키는 것은 바로 $\kappa_{\lambda,\mathrm{bb}}$때문이다. 이 과정의 역과정은 광자의 방출 과정으로서, 전자가 높은 에너지 오비탈에서 낮은 에너지 오비탈로 내려오는 천이를 일으킬 때에 일어난다.

전자가 바로 처음의 오비탈(광자를 흡수하기 이전에 있었던 원래 오비탈)로 천이하면, 임의의 방향으로 광자 하나가 방출된다. 이러한 일련의 흡수–재방출 과정의 순수한 결과는 광자가 방향을 바꾸어 산란된 것이다. 다른 방법으로는 전자가 처음의 오비탈로 천이하지 않고 다른 오비탈로 천이하면, 원래 흡수되었던 광자와는 주파수가 다른 광자가 생성되며, 이 과정은 순수한 흡수 과정으로 볼 수 있다. 원자나 이온이 광자를 흡수하여 들뜬 상태에 있는 동안 근처에 있는 다른 입자와 충돌을 일으키면, 충돌 되가라앉음이 일어난다. 충돌되가라앉음이 일어나면, 원자나 이온이 잃어버린 에너지는 기체가 갖는 열에너지의 일부가 된다.

이 흡수 과정의 중요한 부산물은 복사장에서 광자의 평균 에너지가 낮아진다는 점이다. 예를 들면, 광자 하나가 흡수된 다음 중간 에너지 오비탈을 거쳐 전자가 원래 오비탈로 되가라앉으면서 광자 2개를 방출한다면, 광자의 평균 에너지는 절반으로 줄어든 것이다. 구속–구속 천이가 각각의 분광선 불투명도에 기여하는 양상을 전부 기술해주는 간단한 방정식은 없다.

2. **구속–자유 흡수** – *광이온화*라고도 하며, 입사하는 광자의 에너지가 충분히 커서 원자를 이온화하는 과정을 일컫는다. 이때에 발생하는 자유 전자는 임의의 에너지를 가질 수 있으므로, n번째 오비탈에서 이온화 에너지가 χ_n일 때에 $\lambda \leq hc/\chi_n$인 임의의 광자는 n번째 오비탈에 있는 원자에서 전자를 떼어낼 수 있다. 따라서, 구속–자유 불투명도 $\kappa_{\lambda,\mathrm{bf}}$는 연속복사의 불투명도를 주는 하나의 원천이다. n번째 양자 상태에 있는 수소의 광이온화 단면적은 파장이 λ인 광자에 대하여

$$\sigma_{\mathrm{bf}} = 1.31 \times 10^{-19} \frac{1}{n^5} \left(\frac{\lambda}{500\ \mathrm{nm}} \right)^3 \ \mathrm{m}^2$$

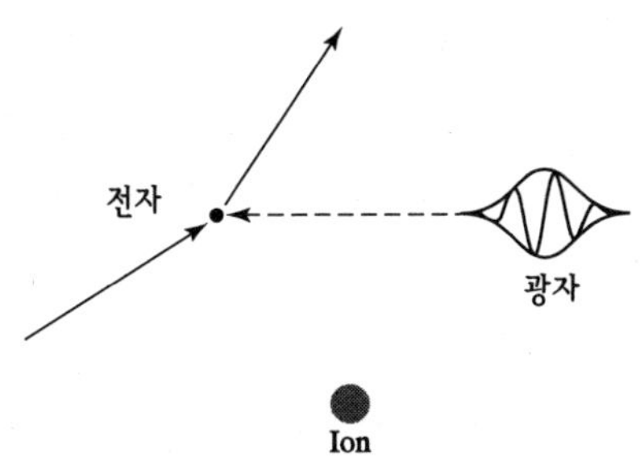

▌그림 3.9 광자의 자유-자유 흡수 과정

으로 주어지며, 이 값은 예제 3.2.1에서 보았던 수소 원자의 충돌 단면적과 크게 다르지 않다. 이 과정의 역과정인 자유-구속 방출은 자유 전자가 이온과 재결합할 때에 일어나며, 임의의 방향으로 하나 혹은 그 이상의 광자를 방출한다. 구속-구속 흡수와 마찬가지로, 이 과정도 복사 마당에서 광자의 평균 에너지를 낮추는 데에 기여한다.

3. **자유-자유 흡수** - 이 과정은 산란 과정으로서 그림 3.9에 나타낸 바와 같이 이온 근처에 있는 자유 전자가 광자를 흡수하여 전자의 속력이 커지는 과정이다. 에너지와 운동량을 모두 보존하려면, 자유 전자 근처에 이온이 반드시 있어야 한다(고립된 자유 전자가 광자를 흡수할 수 없다는 것은 연습 문제이다). 이 과정은 임의의 파장을 갖는 광자에 대하여 일어날 수 있으므로, 자유-자유 흡수의 불투명도 $\kappa_{\lambda,\mathrm{ff}}$는 연속복사 불투명도에 기여한다. 전자가 이온 근처를 지나면서 광자를 방출하고 에너지를 잃어버려 속도가 줄어들 수 있다. 이 과정은 자유-자유 방출이라고 부르며, 독일어로는 "제동 복사"라는 의미로 *bremsstrahlung*이라고 부른다.

4. **전자 산란** - 용어 그대로 전자가 광자를 산란하는 과정이다. 자유 전자는 광자를(흡수하지 않고) *톰슨 산란* 과정으로 산란한다. 이 과정에서 전자는 광자에 수반된 전자기장에 의하여 강제 진동하는 조화진동자로 간주된다. 전자는 매우 작아서 입사하는 광자에게는 맞추기 힘든 표적이며 산란단면적이 대단히 작다. 톰슨 산란의 단면적은 모든 파장의 광자에 대하여 동일하며 그 값은

$$\sigma_T = \frac{1}{6\pi\epsilon_0^2}\left(\frac{e^2}{m_e c^2}\right)^2 = 6.65 \times 10^{-29}\ \mathrm{m}^2 \tag{3.20}$$

이다. 이 값은 수소의 광이온화 단면적 σ_{bf}보다 대체적으로 2십억배 작다. 톰슨

전자산란 단면적이 매우 작기 때문에, 온도가 높고 자유 전자의 밀도가 큰 지역의 경우 전자 산란이 불투명도의 대표 요인이 된다. 아주 뜨거운 별의 대기에서(혹은 별의 내부에서)는 대부분의 기체가 완전히 이온화되어 있으며, 구속된 전자에 의한 불투명도는 없다. 이처럼 높은 온도에서는 전자 산란이 주는 불투명도 κ_{es} 가 연속복사 불투명도를 지배한다.

광자는 원자핵에 약하게 구속된 전자에도 산란될 수 있다. 광자의 파장이 원자의 크기보다 훨씬 작으면, 이 과정을 *컴프턴 산란*(Compton scattering)이라고 부르며, 광자의 파장이 훨씬 크면 *레일리 산란*이라고 부른다. 컴프턴 산란에서는 산란된 광자의 파장과 에너지 변화가 매우 작은 경우에(119쪽에 컴프턴 파장에 대한 논의를 기억하라), 컴프턴 산란은 톰슨 산란과 같이 묶어 취급할 수 있다. 원자에 약하게 매인 전자가 광자를 산란하는 레일리 산란의 단면적은 톰슨 산란 단면적보다도 작으며, λ^{-4}에 비례하며 파장이 증가할수록 감소한다. 대부분의 별 대기에서 레일리 산란을 무시할 수 있지만, 초거성의 확장된 대기와 온도가 낮은 주계열 별에 대하여 UV 영역에서 중요하다.[13] 작은 입자가 광자를 산란하기 때문에 성간 먼지를 통과하는 별빛에서 적색화가 일어나기도 한다. 6.1절에 더 자세하게 기술하였다.

예제 3.2.4

수소 원자에서 $n=2$인 오비탈에 있는 전자의 에너지는 식 (5.14)에 따라

$$E_2 = -\frac{13.6}{2^2}\ \mathrm{eV} = -3.40\ \mathrm{eV}$$

이다. 원자에서 이 전자를 떼어내려면 광자의 에너지는 적어도 $\chi_2 = 3.40$ eV는 되어야 한다. 따라서, 파장이

$$\lambda \le \frac{hc}{\chi_2} = 364.7\ \mathrm{nm}$$

인 광자는 첫 들뜬 상태에 있는($n=2$) 수소 원자를 이온화할 수 있다. 별을 이루는 물질의 불투명도는 $\lambda \le 364.7$ nm에서 갑자기 증가하고, 이에 따라 이 별에서 측정되는 복사 플럭스는 감소한다. 별의 연속 스펙트럼에서 복사 플럭스가 이 파장에서 갑자기

13) 레일리 산란은 또한 행성의 대기에서도 중요하다. 한 예로 지구의 파란 하늘은 레일리 산란 때문이다.

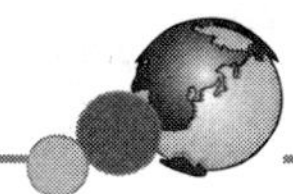

줄어드는 현상을 **발머 점프**라고 부르고, 태양의 스페트럼에서 잘 보인다(그림 3.5). 뜨거운 별에서 발머 점프의 크기는 첫들뜬 상태에 있는 수소의 양에 따라 달라진다. 이 양은 볼츠만 방정식(식 (2.6))에서 온도가 결정하며, 따라서, 발머 점프의 크기는 대기의 온도를 결정하는 데에 쓰일 수 있다. 차거운 별이나 아주 뜨거운 별에서는 다른 과정들이 불투명도에 크게 영향을 주기 때문에, 간단하게 분석하기 어렵지만, 여전히 발머 점프의 크기는 대기의 온도를 탐지하는 데에 쓰일 수 있다.

364.7 nm 파장은 3.6절(1권)에서 기술한 *UBV* 측광계에서 자외선(*U*) 필터 밴드 폭의 한가운데에 놓여 있다. 그 결과, 발머 점프가 *U* 필터에 떨어지는 광량을 줄이며 따라서 이 별의 자외선 *U* 등급이 늘어나고, 색지수 $U-B$가 커진다. 이러한 효과는 첫들뜬 상태에 있는 수소의 비율 N_2/N_{total}이 가장 높은 별에서 제일 크게 나타날 것이다. 예제 2.1.4에서 보듯이 9600 K인 주계열에서 분광형이 A0인 별에서 이 값이 최대이다. 그림 3.11에 나타낸 색-색도를 세밀하게 조사해 보면, 이 분광형에서 $U-B$가 흑체일 때 나오는 값과 가장 크게 달라진다는 사실을 알 수 있다. 분광선의 담요효과가 측정된 색지수에 영향을 주고, 같은 유효 온도의 모형 흑체에 비하여 항성이 더 붉게 나타나게 되어, 두 색지수 $U-B$와 $U-V$가 더 큰 값을 갖는다.

연속복사 불투명도와 H-이온

F0보다 만기형인 항성의 대기에서 연속 복사 불투명도의 주요한 원천은 H^- 이온의 광이온화 과정이다. H^- 이온은 수소 원자에 전자 하나가 더 추가되어 형성된 이온이다. 원자핵이 부분적으로 가려지기 때문에 두 번째 전자는 첫 번째 전자의 맞은편에서 양성자에 느슨하게 묶여 있다. 이러한 배치에서 두 번째 전자는 음전기를 띤 전자보다 양전기를 띤 원자핵에 더 가까이 존재한다. 쿨롱 법칙(식 (5.9))에 의하여, 두 번째 전자에 작용하는 알짜힘은 인력이다.

H^- 이온의 결합 에너지는 고작 0.754 eV이고, 바닥상태의 수소를 이온화하는 데에 필요한 13.6 eV에 비하여 매우 작다. 그 결과, H^- 이온이 이온화 에너지보다 큰 에너지를 가진 광자를 흡수하면 두 번째 전자가 떨어져 나가고 남은 에너지는 이 전자의 운동에너지가 된다. 역으로, 수소 원자가 전자를 포획하여 H^- 이온을 형성하면, 이온의 결합에너지와 전자가 잃어버린 운동에너지의 합에 해당하는 에너지를 갖는 광자를 방출한다.

$$H + e^- \rightleftharpoons H^- + \gamma$$

0.754 eV의 에너지를 갖는 광자의 파장이 1640 nm이므로, 이 값보다 작은 파장의 광자는 이온으로부터 전자를 제거할 수 있다(구속–자유 불투명도). 이보다 더 긴 파장에서도 H^- 이온은 자유–자유 흡수를 통하여 불투명도에 기여한다. 따라서, H^- 이온은 F0보다 만기형인 항성에서 연속복사 불투명도의 중요한 원천이다. 그러나, 온도가 높아지면서 H^- 이온의 이온화도가 높아지고 연속복사의 불투명도에 기여하는 바가 줄어든다. 분광형이 B나 A인 별에 대해서는 수소 원자의 광이온화와 자유–자유 흡수 때문에 연속복사 불투명도가 주요 원천이다. O형별처럼 더욱 뜨거운 별에 대해서는 수소 원자들이 거의 이온화되기 때문에 전자 산란이 더욱 중요해지며, 헬륨의 광이온화 역시 불투명도에 크게 기여한다.

분자들은 온도가 낮은 별의 대기에 생존할 수 있으며, 구속–구속 또는 구속–자유 불투명도에 기여한다. 분자 흡수선 천이가 대단히 많이 존재하므로, 광자의 흐름에 효율적인 차단재가 된다. 분자들은 *광해리* 과정에 의하여 광자를 흡수해서 자신을 구성하던 원자들로 깨지며, 이 과정은 행성 대기에서 중요한 역할을 한다.

전체 불투명도는 앞에서 기술한 모든 원천들에 의한 불투명도의 합이다.

$$\kappa_\lambda = \kappa_{\lambda,\mathrm{bb}} + \kappa_{\lambda,\mathrm{bf}} + \kappa_{\lambda,\mathrm{ff}} + \kappa_{\mathrm{es}} + \kappa_{\mathrm{H}^-}$$

(우리 태양을 포함해서 많은 항성 대기에서 독특하고 아주 중요한 기여를 하기 때문에 H^- 불투명도를 명시적으로 포함하였다). 전체 불투명도는 흡수되는 광자의 파장에만 의존하지 않고, 별을 이루는 물질의 화학 조성, 밀도, 온도에도 의존한다.[14)]

로슬란드 평균 불투명도

오직 화학 조성, 밀도, 온도에만 의존하는 함수로 불투명도를 표현하기 위해서 모든 파장(혹은 모든 주파수)에 대하여 평균한 불투명도를 쓰는 것이 편리하다. 파장에 무관한 불투명도를 계산하는 다양한 방법들이 개발되었지만, 가장 널리 쓰이는 방법은 **로슬란드 평균 불투명도**이며 간단히 **로슬란드 평균**이라고도 흔히 부른다.[15)] 이 평균은 *조화 평균*으로서, 불투명도가 가장 낮은 값에서 가장 크게 기여한다. 덧붙여서, 로슬란드 평균은 흑체복사 스펙트럼이 온도에 따라 달라지는 정도

14) 불투명도에 또한 영향을 주는 추가적 요소들인 전자의 개수밀도, 원자와 이온들의 들뜸과 이온화 상태들과 다른 인자들은 화학 조성, 밀도와 온도로부터 모두 계산할 수 있다.

15) 이러한 파장에 대한 평균 불투명도는 1924년 노르웨이의 천문학자 스베인 로스란드(1894–1985)가 소개하였다.

로 주어지는 가중치 함수를 포함한다(식 (3.24)를 기억하라).[16] 형식적인 로슬란드 불투명도의 정의는 다음과 같다.

$$\frac{1}{\bar{\kappa}} \equiv \frac{\displaystyle\int_0^\infty \frac{1}{\kappa_\nu} \frac{\partial B_\nu(T)}{\partial T} d\nu}{\displaystyle\int_0^\infty \frac{\partial B_\nu(T)}{\partial T} d\nu} \tag{3.21}$$

불행하게도, 어떤 단순한 방정식으로도 구속-구속 천이에 의한 각각의 스펙트럼 선에 대하여 불투명도를 나타낼 수 없기 때문에, 이러한 과정에 대하여 로슬란드 평균의 수학적인 식은 주어지지 않는다. 그러나, 근사적인 공식들이 평균적인 구속-자유, 자유-자유 불투명도에 대하여 소개되어 있다.

$$\bar{\kappa}_{\rm bf} = 4.34 \times 10^{21} \frac{g_{\rm bf}}{t} Z(1+X) \frac{\rho}{T^{3.5}} \ \mathrm{m^2\ kg^{-1}} \tag{3.22}$$

$$\bar{\kappa}_{\rm ff} = 3.68 \times 10^{18} g_{\rm ff} (1-Z)(1+X) \frac{\rho}{T^{3.5}} \ \mathrm{m^2\ kg^{-1}} \tag{3.23}$$

여기에서, ρ는 kg m^{-3} 단위로 쓴 밀도이고 T는 켈빈을 단위로 하는 온도이다. X와 Z는 각각 수소와 금속 원소의 **질량 상대 함량** 혹은 **상대 함량**이다.[17] 헬륨의 질량 상대 함량 Y를 써서, 이들을 정의하면

$$X \equiv \frac{\text{수소의 전체 질량}}{\text{기체의 전체 질량}} \tag{3.24}$$

$$Y \equiv \frac{\text{헬륨의 전체 질량}}{\text{기체의 전체 질량}} \tag{3.25}$$

$$Z \equiv \frac{\text{금속원소의 전체 질량}}{\text{기체의 전체 질량}} \tag{3.26}$$

이며, 자명하게 $X+Y+Z=1$이다.

16) 문제 1.2에 적분 평균에서 가중치 함수의 역할에 대한 논의를 참조하라.

17) 33쪽에서 보았듯이, 대부분 별을 이루는 기체의 주 성분은 수소와 헬륨이고, 나머지 성분들은 한꺼번에 뭉뚱그려 *금속*이라고 일컫는다. 그러나, 어떤 문제에서는 기체의 성분들을 훨씬 더 상세하게 규정지을 필요가 있다. 이러한 경우에 각 원소들은 자신의 질량 상대 함량으로 나타난다.

곤트 인수, g_{bf}와 g_{ff}는 양자역학적 보정을 주는 항이며, 처음으로, J. A. Gaunt가 계산하였다. 이러한 곤트 인수는 항성 대기에서 가장 크게 관련된 영역인 가시광이나 자외선 파장대에서는 거의 1에 가깝다. 구속–자유 불투명도에 있는 추가적인 보정항 t는 단두대 인수라고 부르며, 칼로 자르듯이 원자가 이온화되는 시점 이후로만 불투명도에 기여할 수 있음을 나타낸다. t의 대체적인 값은 1에서 100 사이이다.

이 두 공식 모두 같은 함수꼴인 $\bar{\kappa} = \kappa_0 \rho / T^{3.5}$를 띠고 있으며, κ_0는 주어진 화학 조성에 대하여 근사적으로 상수이다. 이러한 함수꼴을 갖는 식들은 1923년에 고전 물리학과 로스랜드 평균을 사용하여 크레이머스(H. A. Kramers 1894–1952)가 유도하였다. 밀도와 온도에 대하여 이와 같은 함수적 관계를 갖는 불투명도는 **크레이머스 불투명도 법칙**이라고 부른다.

전자 산란의 단면적은 파장에 따라 달라지지 않으므로, 이 경우 로스랜드 평균은 특별히 간단한 형태로 나타난다.

$$\bar{\kappa}_{\mathrm{es}} = 0.02(1 + X)\ \mathrm{m^2\ kg^{-1}} \tag{3.27}$$

H^- 이온이 제공하는 평균 불투명도에 대한 근사적인 계산이 $3000\ \mathrm{K} \le \mathrm{T} \le 6000\ \mathrm{K}$의 온도 범위와 $10^{-7}\ \mathrm{kg\ m^{-3}} \le \rho \le 10^{-2}\ \mathrm{kg\ m^{-3}}$의 밀도 범위 안에서 $X \sim 0.7$이고 $0.001 < Z < 0.03$(이 범위의 X와 Z값들이 주계열 별들에 대한 전형적인 값들이다) 일 때에 포함될 수 있겠다. 구체적으로는

$$\bar{\kappa}_{\mathrm{H^-}} \approx 7.9 \times 10^{-34} (Z/0.02) \rho^{1/2} T^9\ \mathrm{m^2\ kg^{-1}} \tag{3.28}$$

이다. 전체 로스랜드 평균 불투명도, $\bar{\kappa}$는 불투명도에 기여하는 개별 불투명도의 평균값이다.

$$\bar{\kappa} = \overline{\kappa_{\mathrm{bb}} + \kappa_{\mathrm{bf}} + \kappa_{\mathrm{ff}} + \kappa_{\mathrm{es}} + \kappa_{\mathrm{H^-}}}$$

그림 3.10은 상세한 양자 역학의 기본 원리들을 써서 로스랜드 평균 불투명도의 방대한 수치 계산 결과를 보여 준다. 칼로스 이글레시아스와 포레스트 로저스가 $X = 0.70$과 $Z = 0.02$에 대하여 계산을 수행하였다.[18] $\bar{\kappa}$의 값들이 몇 개의 밀도 값에 대하여 온도의 함수로 그려져 있다.

18) 앤더스–그레베스 함량이라고 부르는 특정한 원소비를 써서 불투명도를 계산한 결과이다.

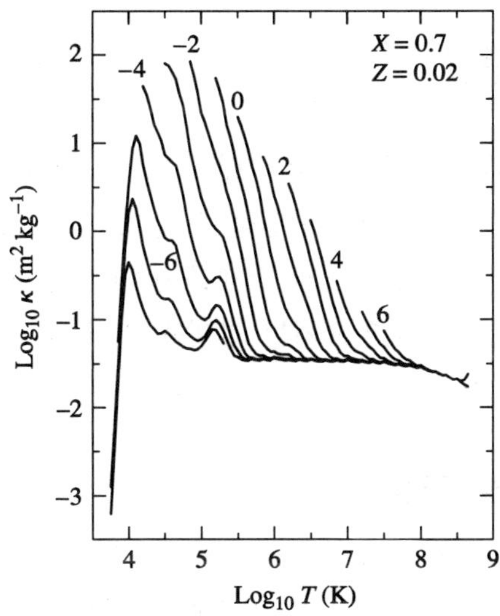

▌**그림 3.10** 질량비로 70%가 수소, 28%가 헬륨, 2%가 금속 원소인 기체에 대한 로스란드 평균 불투명도. 곡선들에 붙인 숫자들은 밀도의 로그값이다($\log_{10}\rho$이고 ρ는 kg m^{-3}단위로 한 밀도이다). (자료 출처 : Iglesias and Rogers, ApJ, 1996, 464, 943)

그림 3.10에서 세부 사항들을 고려해 보자. 먼저 불투명도는 주어진 온도에서 밀도가 커질수록 증가한다는 점에 주의하자. 다음으로 그림의 왼쪽에서 시작하여 밀도가 일정한 곡선을 따라가면, 온도가 높아지면서 불투명도가 가파르게 상승한다. 이것은 수소와 헬륨이 이온화되면서 자유 전자의 개수가 늘어난다는 사실을 반영한다(예제 2.1.4에서 수소 부분 이온화 지역은 10,000 K를 특징적인 온도로 가지며, 중성 헬륨도 같은 온도에서 이온화된다는 점을 기억하라). 불투명도의 꼭대기를 지나 감소하는 추세는 크레이머스 법칙, $\bar{\kappa} \propto T^{-3.5}$를 따르고, 주로 광자의 구속-자유와 자유-자유 흡수에 기인한다. 항성이 갖는 넓은 범위의 물리량에 대하여 He II 이온은 특징적인 온도인 40,000 K에서 나머지 전자를 잃어버린다. 자유 전자가 살짝 증가하면서 이 온도에서 작은 "돌출부"가 생긴다. 10^5 K 너머에서 분명하게 보이는 또 다른 돌출부는 금속 원소들, 특히 철 원소의 이온화에 따른 결과이다. 마지막으로, 그림의 오른쪽으로 편평한 마루가 형성된다. 아주 높은 온도에서는 별을 이루는 물질 대부분이 이온화되어 구속-구속 혹은 구속-자유 과정을 일으킬 수 있는 구속 전자들이 거의 존재하지 않게 되어, 전자 산란이 압도하게 된다. 식 (3.27)의 형태로 주어진 전자 산란의 불투명도는 밀도와 온도에 대한 의존성이 없으므로, 그림 3.10의 모든 곡선들은 고온의 극한에서 동일한 상수 값으로 수렴한다.

3.3 복사 전달

평형 상태를 이루는 정상 상태의 항성에서 항성의 대기층 혹은 내부층 안에 담긴 전체 에너지에는 변화가 있을 수 없다.[19] 다시 말하면, 에너지의 흡수와 방출에 관련된 물리적 과정들은 별 전체를 통해서 엄밀하게 균형 잡혀있다. 이 절에서는 흡수와 방출 과정이 일으키는 경쟁을 먼저 정성적으로 그리고 나중에 정량적으로 기술할 것이다.

광자의 방출 과정

빛 다발에 광자를 추가하는 임의의 과정을 **방출**이라고 부른다. 그러므로, 방출은 원자가 아래 에너지 준위로 천이를 일으키면서 광자를 내쏘는 진정한 방출 뿐 아니라, 빛 다발 안으로 광자가 산란해 들어가는 과정까지 포함한다. 3.2절에 나열한 불투명도의 주요 4가지 원천 과정은 모두 역과정을 갖고 있다. 즉, 구속–구속, 자유–구속, 자유–자유(제동 복사)와 전자 산란이 그것들이다. 동시적 혹은 상보적 과정들인 흡수와 방출 과정들은 별에서 여행하는 광자들의 흐름을 단속하며, 광자의 경로를 바꾸거나 이들의 에너지를 재분배한다. 그러므로, 별에서는 빛의 속도로 에너지를 운반하면서 내부에서 외곽 표면까지 직접 흘러갈 수 없다. 대신, 기체 입자와 만나면서 무작위적인 방향으로 반복적인 산란을 일으키면서 각 광자들은 빛 다발에서 아주 잠시 동안만 같이 여행한다.

제멋대로 걸음(random walk)

별을 이루는 물질들을 통해 광자들이 위쪽으로 확산되어 나아가면서, **제멋대로 걸음**이라는 과정을 거쳐 무질서한 경로를 따른다. N이 큰 수일 때에 그림 3.11은 광자가 매번 걸음폭 ℓ로(평균자유행로) 아무런 방향으로 N번 걸었을 때에 그 결과로 나타난 광자의 마지막 위치를 주는 벡터 $\mathbf{d}$를 보여 주고 있다.

$$\mathbf{d} = \boldsymbol{\ell}_1 + \boldsymbol{\ell}_2 + \boldsymbol{\ell}_3 + \cdots + \boldsymbol{\ell}_N$$

이 벡터 $\mathbf{d}$에 대하여 자신과 내적을 잡으면

19) 평형 상태에 놓여 있지 않은 별에 대해서는 성립하지 않는다. 예를 들면, 맥동하는 별들(8장에서 다룰 것이다)은 주기적으로 외부로 흘러가는 에너지를 흡수하거나 "댐으로 막아" 진동하게 한다.

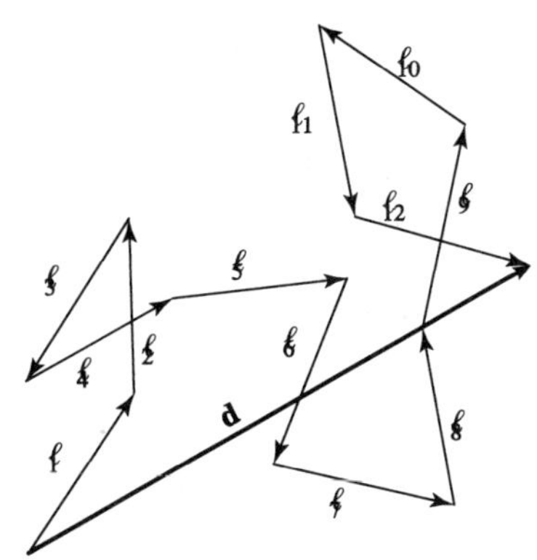

▌그림 3.11 제멋대로 걷는 광자의 변위 벡터 d

$$\begin{aligned}\mathbf{d}\cdot\mathbf{d} &= \boldsymbol{\ell}_1\cdot\boldsymbol{\ell}_1+\boldsymbol{\ell}_1\cdot\boldsymbol{\ell}_2+\cdots+\boldsymbol{\ell}_1\cdot\boldsymbol{\ell}_N\\ &\quad+\boldsymbol{\ell}_2\cdot\boldsymbol{\ell}_1+\boldsymbol{\ell}_2\cdot\boldsymbol{\ell}_2+\cdots+\boldsymbol{\ell}_2\cdot\boldsymbol{\ell}_N\\ &\quad+\cdots+\boldsymbol{\ell}_N\cdot\boldsymbol{\ell}_1+\boldsymbol{\ell}_N\cdot\boldsymbol{\ell}_2+\cdots+\boldsymbol{\ell}_N\cdot\boldsymbol{\ell}_N\\ &=\sum_{i=1}^{N}\sum_{j=1}^{N}\boldsymbol{\ell}_i\cdot\boldsymbol{\ell}_j\end{aligned}$$

와 같고, 다시 쓰면

$$\begin{aligned}d^2 &= N\ell^2+\ell^2[\cos\theta_{12}+\cos\theta_{13}+\cdots+\cos\theta_{1N}\\ &\quad+\cos\theta_{21}+\cos\theta_{23}+\cdots+\cos\theta_{2N}\\ &\quad+\cdots+\cos\theta_{N1}+\cos\theta_{N2}+\cdots+\cos\theta_{N(N-1)}]\\ &=N\ell^2+\ell^2\sum_{i=1}^{N}\sum_{\substack{j=1\\ j\neq i}}^{N}\cos\theta_{ij}\end{aligned}$$

이다. 여기에서 θ_{ij}는 두 벡터 $\boldsymbol{\ell}_i$와 $\boldsymbol{\ell}_j$가 이루는 각이다. 무작위적으로 아주 많이 걷다 보면 코사인 항은 양 값과 음 값을 제멋대로 번갈아 가지므로, 그 합은 결국 0에 수렴한다. 그 결과, 제멋대로 걸음에서, 변위 d는 각각의 걸음 폭 ℓ에 대하여

$$d=\ell\sqrt{N} \tag{3.29}$$

와 같이 주어진다. 그러므로, 별 내부에서 복사에 의한 에너지 수송은 극도로 비효

율적이다. 광자가 별 표면까지 고되게 겨우 기어 올라가는 과정에서[20], 10ℓ의 거리를 이동하는 데에 100 걸음이 소요되고, 100ℓ의 거리를 가는 데에 10,000 걸음이 필요하다. 또한, 1000ℓ의 거리에 이르려면 백만보를 디뎌야 한다.[21] 주어진 곳의 광학 두께는(주어진 빛살을 따라서 곧장) 별 표면까지 평균자유행로를 단위로 헤아린 개수와 거의 같기 때문에, 식 (3.29)에 따르면, 표면까지 거리 $d=\tau_\lambda \ell = \ell\sqrt{N}$과 같다. 그러므로, 광자가 거리 d를 이동하여 별 표면까지 도달하는 데에 필요한 평균 걸음 횟수는 $\tau_\lambda \gg 1$인 경우에

$$N = \tau_\lambda^2 \tag{3.30}$$

로 주어진다. 예상하는 바와 같이, $\tau_\lambda \approx 1$이면, 광자는 이곳에서 쉽게 탈출한다. 더 세밀한 분석에 의하면(3.4절에 기술되어 있다), 파장 λ를 갖는 광자가 탈출하는 항성 대기의 평균 높이는 광학 두께가 약 $\tau_\lambda=2/3$인 곳이다. *어떠한 각도로 별을 관측하여도, 우리는 시선 방향을 따라 곧바로 거슬러서 언제나 광학 두께가* $\tau_\lambda=2/3$ *정도인 지역을 본다.* 실제로, 별의 광구는 우리가 보는 빛이 출발하는 대기층으로 정의되며, 다시 말하면, 별의 연속 복사에서 주어진 파장에 대하여 $\tau_\lambda=2/3$인 곳이다.

별 표면을 수직 방향으로 내려다 볼 때 관측자가 보는 광자가 출발한 곳의 광학 두께 $\tau_\lambda=2/3$이라는 사실을 이해하면 분광선 형성을 통찰할 수 있는 중요한 실마리를 얻는다.

식 (3.17)에서 광학 두께의 정의를 상기하면

$$\tau_\lambda = \int_0^s \kappa_\lambda \rho \, ds$$

이고, 불투명도 κ_λ가 어떤 파장에서 증가한다면, 이 파장에 대하여 $\tau_\lambda=2/3$인 대기층까지 빛살 경로가 거슬러 가야할 거리는 짧아진다는 점을 알 수 있다. 우리는 뿌연 안개 속에서 먼 곳을 들여다 볼 수 없듯이, 관측자는 불투명도가 평균보다(즉, 연속 복사 불투명도보다) 높은 파장영역에서는 깊이 들여다 볼 수 없다. 이 사

20) 엄밀하게 말하면, 낱개의 광자가 전체 여정을 마무리하지 않고, 산란되면서 "충돌" 과정에서 광자들은 흡수되고 재방출되기도 한다.

21) 4.4절에서 논의될 것이지만, 복사에 의한 에너지 수송이 가끔씩은 매우 비효율적이어서, *대류*라고 부르는 다른 수송 과정이 담당하게 된다.

실은 별 대기의 온도가 밖으로 나갈수록 낮아진다면, 대기 상층부의 온도가 더 낮다는 것을 의미한다. 그 결과, $\tau_\lambda=2/3$인 곳에서 복사 세기는 불투명도가 가장 큰 파장에서 가장 크게 감소할 것이며, 연속 복사 스펙트럼에서 흡수선 형태로 나타날 것이다. 그러므로, 흡수선이 형성되는 곳에서 온도는 밖으로 갈수록 *감소해야 한다.* 이것은 마치 연속 복사원 앞에 찬 기체를 놓았을 때에 어두운 흡수선이 연속 스펙트럼 위에 중첩되는 현상에 적용하는 키르히호프의 법칙이 마찬가지로 별 대기에 적용되어 나타나는 현상이다.

주연 감광(limb darkening)

광학 두께가 3분의 2인 곳을 내려다 볼 때에 나타나는 또 다른 현상이 그림 3.12에 나타나 있다. 지구에 있는 관측자가 해를 볼 때에 시선 방향은 태양 원반의 중심을 볼 때에는 수직 방향이지만, 가장자리(영어로 limb)로 갈수록 원반의 법선과 이루는 각이 커지게 된다. 가장자리를 볼 때에 관측자는 대기의 깊은 곳을 보지 않게 되므로 광학 두께가 3분의 2가 되는 곳의 온도가(원반의 중심에 비하여) 낮다. 그 결과 태양의 가장자리는 중심보다 더 어두워 보인다. 이러한 **주연감광**은 그림 5.11의 태양 영상에서 뚜렷하게 보이며, 식쌍성의 광도 곡선에서도 관측된다. 주연감광에 대한 더 자세한 것은 이 절의 뒤에서 다룬다.

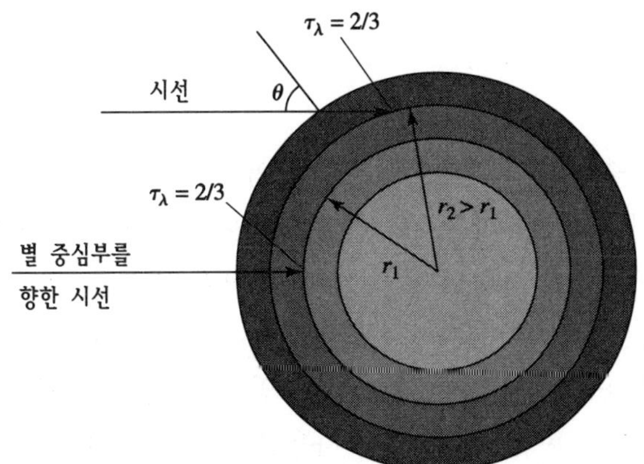

그림 3.12 주연감광. 별 중심에서 특정한 반지름 r인 곳까지 도달할 때에 별의 대기 안에서 가로질러 가야할 거리는 θ가 커질수록 관측자 시선 방향에 대하여 증가한다. 이에 따라, 특정한 광학 두께(예를 들면 $\tau_\lambda=2/3$)를 가진 곳까지 도달하려면, θ가 커질수록 시선은 별의 중심으로부터 더 먼 거리에서(따라서 더 온도가 낮은 곳에서) 끝난다. 광구의 규모는 실제보다 크게 과장되어 그려져 있다는 점에 주의하자. 전형적인 광구의 두께는 별 반지름의 0.1% 정도로 주어진다.

복사압 기울기

광자가 별 표면까지 오락가락하면서 확산되어 나온다는 사실을 감안하면, 별 중심의 핵융합 용광로에서 생성된 에너지가 그럭저럭 별 표면까지 수송되어 빠져 나간다는 사실이 놀라울 정도이다. 별 내부 아주 깊은 곳에서 광자의 평균자유행로는 수분의 일 센티미터이다. 몇 차례 산란을 겪고, 광자는 완전히 제멋대로 방향을 틀어버려 별 표면으로부터 수억 미터 아래에서 여행한다. 이 상황은 닫힌 방에서 일어나는 공기 분자의 운동과 비슷하다. 개개의 분자는 500 m s^{-1}의 속도로 운동하며 다른 공기 분자와 초당 수 십 억번 충돌한다. 그 결과 분자들은 완전히 임의의 방향으로 운동한다. 닫힌 방에서는 전체적으로 분자들의 이동이 없기 때문에, 방에 가만히 있는 사람은 바람을 느끼지 못한다. 그러나, 창을 열면, 방 안팎으로 압력 차이가 있을 경우에 바람이 불게 된다. 방에 있는 공기는 압력차 때문에 저기압인 지역쪽으로 분자의 순수한 유입 플럭스가 생긴다.

별에서도 같은 과정 때문에 “광자 바람”이 별 표면을 향하여 분다. 별의 온도는 밖으로 갈수록 내려가므로, 복사압은 중심에서 멀어질수록 감소한다(흑체복사압에 대한 식 (3.11)을 참조하라). 이러한 복사압의 기울기 때문에 광자들은 조금씩 별 표면쪽으로 이동하게 되며, 복사 플럭스가 나타나게 된다. 뒤에 나타나겠지만, 이 과정은

$$\frac{dP_{\rm rad}}{dr} = -\frac{\overline{\kappa}\rho}{c} F_{\rm rad} \tag{3.31}$$

으로 기술된다. 그러므로, 복사에 의한 에너지 전달은 제멋대로 걷는 광자가 복사압에 사소하지만 작은 차이가 존재하여 천천히 표면을 향하여 확산하는 과정을 포함하는 미묘한 과정이다. 빛살 다발 혹은 빛살은 편리성을 위하여 만든 허구의 개념이며, 계속하여 흡수, 산란되면서 들어오고 나가는 광자들이 순간적으로 같이 가는 운동 방향을 정의하는 데 쓰인다. 그럼에도 불구하고, 우리는 빛다발, 또는 빛살이라는 용어를 계속해서 사용할 것이며, 이때에 개개의 광자는 빛살이나 빛다발에 순간적으로만 존재한다는 사실을 염두에 두어야겠다.

3.4 복사 전달 방정식

이 절에서는 별 대기를 통해 진행하는 복사의 흐름을 좀 더 완벽하게 공부하고자 한다.[22] 우리는 기본적인 복사 방정식을 세우고, 표준적인 가정을 몇 개 도입하여 해를 얻고자 한다. 또한, 단순한 별 대기 모형에서 광학적 두께에 따른 온도의 변화를 유도하고, 주연감광을 정량적으로 기술하는 데에 적용할 것이다.

방출 계수

다음에서 빛살 혹은 빛다발을 논의하면서 주된 관심사는 주어진 방향으로 일어나는 에너지의 순수한 흐름이며, 개개의 광자가 움직이는 특정한 경로가 아니다. 우선, 우리는 기체를 통과하면서 파장 λ에서 복사의 세기를 늘리는 방출 과정을 공부하고자 한다. 복사 세기의 증가 dI_λ는 광자가 진행한 거리 ds에 비례하며, 기체의 밀도 ρ에 비례한다.(복사의 흡수가 없는) 순수한 방출인 경우,

$$dI_\lambda = j_\lambda \rho\, ds \tag{3.32}$$

이며, j_λ를 **방출 계수**라고 부른다. 방출 계수의 단위는 $\mathrm{m\ s^{-2}\ sr^{-1}}$이며, 빛의 파장에 따라 달라진다.

별을 이루는 기체를 통과할 때, 광자가 흡수 혹은 산란되어 빛다발로부터 사라지거나 주변에서 방출된 광자가 새롭게 추가되거나 산란에 의하여 빛다발 안으로 들어오면서, 복사세기 I_λ가 변한다. 이 때에 I_λ의 변화는 광자가 흡수되어 세기가 약해지는 식 (3.13)과 방출에 의한 세기 증가를 나타내는 식 (3.32)를 결합하여

$$dI_\lambda = -\kappa_\lambda \rho I_\lambda\, ds + j_\lambda \rho\, ds \tag{3.33}$$

와 같다.

서로 경쟁하는 방출과 흡수의 정도에 따라서 빛다발의 세기가 얼마나 빠르게 달라지는가가 결정된다. 이것은 고속도로의 교통 흐름과 비슷하다. 로스앤젤레스를 떠나 I-15번 고속도로를 따라 북쪽으로 움직이는 한 무리의 차를 따라간다고 생각해 보자.

---

22) 논의의 초점은 항성 대기에 대한 것이지만, 논의의 상당 부분이 다른 환경 예를 들면, 성간 구름을 통과하는 빛에도 적용된다.

처음에는 대부분의 차들은 캘리포니아 번호판을 갖는 차들일 것이다. 그런데, 북쪽으로 계속가다 보면, 더 많은 차들이 고속도로를 빠져 나가면서 차량 대수가 줄어든다. 마침내 라스베가스에 가까워지면, 도로에 차량 대수는 다시 늘어나지만, 대부분 차들은 네바다 번호판을 달고 있다. 계속 가면 교통량이 늘었다 줄었다하며, 차량 번호판은 유타, 아이다호, 몬타나로 바뀌게 된다. 대부분의 차들은 자신들이 속한 주 근처에 있으며, 소수의 차가 이웃 주에서 건너온 차이며, 먼 데 있는 다른 주에서 온 차는 극소수이다. 도로 위의 어느 곳에서도 도로에 있는 차량 대수는 그 지역의 인구 밀도를 반영한다. 물론, 이러한 사실들은 예상할 수 있다. 주변 지역이 고속도로에 진입하는 교통량의 원천이며, 교통량의 변화율은 도로에 진입하는 차량과 빠져 나오는 차량의 비율로 정해진다. 이 비율은 다른 주에서 온 차들이 그 지역에 있는 차들로 얼마나 신속하게 대치되는가를 결정한다. 그러므로, 교통량은 시시각각 바뀌며, 인근에 살고 있는 사람들이 몰고 다니는 자동차의 수와 형태를 닮게 되는 경향을 보인다.

원천함수와 복사전달 방정식

위에 기술한 바와 비슷한 생각을 하면, 별의 대기와 내부에서는 광자가 흡수 과정을 통해서 빛다발 속으로부터 끄집혀 나오는 것과 방출 과정을 통하여 주입되는 과정이 경쟁하면서 복사 전달이 기술된다. 방출과 흡수 과정이 얼마나 빨리 일어나는가에 따라 빛다발 세기의 변화율이 결정되고, 빛다발 속에 있는 광자 인구가 인근 지역의 광자 원천을 닮아가는 경향을 보인다. 흡수에 대한 방출의 비율을 나타내기 위하여 식 (3.33)을 $-\kappa_\lambda \rho\, ds$로 나누어

$$-\frac{1}{\kappa_\lambda \rho}\frac{dI_\lambda}{ds} = I_\lambda - \frac{j_\lambda}{\kappa_\lambda}$$

를 얻는다. 방출 계수의 흡수 계수에 대한 비율을 **원천함수,** $S_\lambda \equiv j_\lambda / \kappa_\lambda$라고 부른다. 원천함수는 원래부터 여정을 같이 했던 광자들이 빛다발로부터 어떻게 제거되고, 주변 기체에서 새롭게 제조된 광자가 대신 자리를 차지하는 과정을 보여준다.[23] 원천함수 S_λ는 복사 세기와 같은 단위 $\mathrm{W\,m^{-3}\,sr^{-1}}$를 갖는다. 따라서, 원천함수를 쓰면

23) 원천함수는 흡수와 방출이라는 역과정들 사이의 비로 주어지기 때문에, j_λ와 κ_λ이 개별적으로 별을 구성하는 물질들의 상세한 성질에 대하여 의존하는 것보다 덜 민감하게 의존한다.

$$\boxed{-\frac{1}{\kappa_\lambda \rho}\frac{dI_\lambda}{ds} = I_\lambda - S_\lambda} \tag{3.34}$$

이다. 이것은 **복사전달방정식**의 한 형태이다(간단히 **전달 방정식**이라고도 한다).[24] 전달방정식에 따르면, 빛의 세기가 변하지 않으면(따라서 좌변이 0이면), 복사 세기는 원천함수와 같다 $I_\lambda = S_\lambda$. 빛의 세기가 원천함수보다 더 크면(전달 방정식의 우변이 0보다 *더 크면*), dI_λ/ds가 0보다 작으며, 복사 세기는 거리가 커지면서 *감소한다*. 한편, 빛의 세기가 원천함수보다 *더 작으면*, 빛의 세기는 거리에 따라 *증가한다*. 이것은 단순히 빛다발에 있는 광자가 인근 기체에 있는 광자의 원천에 가까워지는 경향을 수학적으로 표현한 것에 불과하다. 그러므로, 원천함수가 지나치게 빠르게 변해서 등식이 성립하지 않더라도, *빛의 세기는 그 지역의 원천함수 값과 같아지려는 경향을 갖는다*.

흑체복사의 특별한 경우

흑체 복사라는 특별한 경우에 원천함수는 일정한 온도 T로 유지되는 광학 두께가 큰 기체 상자를 고려해서 얻을 수 있다. 갇힌 입자들과 흑체 복사는 서로 열역학적 평형에 있어서, 상자를 통해서 에너지가 들어오거나 빠져 나가지 않으며, 기체 입자와 복사 사이에도 순수한 에너지의 드나듦이 없다. 입자들과 광자가 평형 상태에 있으면, 개별적으로, 그리고 상호간에 매 흡수 과정마다 균형을 만들어주는 방출 과정이 나타난다. 복사의 세기는 플랑크 함수로 나타나며 $I_\lambda = B_\lambda$이다. 더구나, 복사 세기가 상자 전체에서 일정하므로, $dI_\lambda/ds = 0$이며, 따라서, $I_\lambda = S_\lambda$이다. **열역학적 평형에서는 원천함수는 플랑크 함수이다**, $S_\lambda = B_\lambda$.

3.2절에서 언급하였듯이, 별은 완벽한 열역학적 평형에 있을 수 없다. 즉, 별 중심으로부터 표면으로 에너지가 순수하게 흘러나간다. 대기 깊숙이(수직 방향으로 진행하는 빛살을 따라 잰 광학 두께가 $\tau_\lambda \gg 1$인 곳에서) 제멋대로 걷는 광자는 석어도 τ_λ^2 걸음을 걸어야 별 표면에 도달할 수 있으며(식 (3.30)를 기억하라), 별을 탈출하기까지 수많은 산란을 겪어야 한다. 광자의 평균자유행로가 온도규모높이보다 작은 곳에서 광자는 실질적으로 온도가 거의 일정한 제한된 공간에 갇힌 것이나

24) 대기는 시간에 따라 달라지지 않는 정상 상태에 있다고 가정한다. 그렇지 않으면, 시간 도함수 항이 복사전달 방정식에 들어와야 할 것이다.

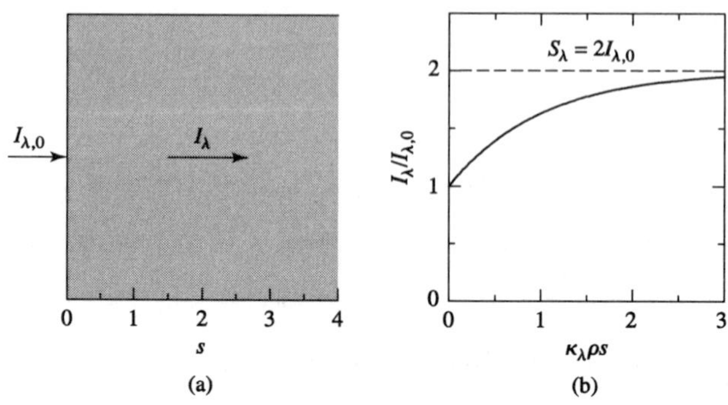

▌그림 3.13 기체를 통과하는 빛살 세기의 변화. (a) 기체에 입사하는 빛살. (b) 빛살의 세기. 가로축은 $\kappa_\lambda \rho s$의 단위를 가지며, 기체 속을 여행한 광학 두께 숫자이다.

다름없다. 국부 열역학적 평형(LTE, Local Thermodynamic Equilibrium)이 만족되며, 앞에서 본 바와 같이 원천함수가 플랑크 함수와 같아진다($S_\lambda = B_\lambda$). 광자가 모인 계에서 LTE를 가정한다는 뜻은($S_\lambda = B_\lambda$)로 놓는다는 것과 마찬가지이다. 그러나, LTE일 때 조차 복사 세기 I_λ는 $\tau_\lambda \gg 1$이 아닌 한에는 B_λ와 같을 필요는 없다. 요약하면, $I_\lambda = B_\lambda$라는 의미는 복사장이 플랑크 함수로 기술된다는 뜻이고, $S_\lambda = B_\lambda$라는 의미는 복사의 원천 j_λ/κ_λ은 흑체 복사를 생성하는 물리적 원천과 같다는 뜻이다.

예제 3.4.1

빛살의 세기가 그 지역의 원천함수에 가까워지는 것을 보기 위하여, $s=0$일 때에 처음 세기가 $I_{\lambda,0}$인 빛살이 *일정한* 밀도 ρ와 *일정한* 불투명도 κ_λ, *일정한* 원천함수 S_λ를 갖는 기체에 입사하는 경우를 생각해 보자. 식 (3.34)의 전달 방정식은 간단히 풀리며, 거리 s에 따른 복사 세기의 변화는 다음과 같이 주어짐을 보일 수 있으며, 연습문제로 남긴다.

$$I_\lambda(s) = I_{\lambda,0}\, e^{-\kappa_\lambda \rho s} + S_\lambda(1 - e^{-\kappa_\lambda \rho s}) \tag{3.35}$$

$S_\lambda = 2I_{\lambda,0}$인 경우에 그림 3.13에 나타낸 바와 같이 이 해는 빛살의 세기가 처음 값 $I_{\lambda,0}$에서 원천함수 값인 S_λ로 다가가는 모습을 보여 준다. 이러한 변화가 일어나는 특징적인 거리는 $s=1/\kappa_\lambda\rho$로서, 광자의 평균자유행로 혹은 광학 두께가 1인 곳까지 거리이다.

평면 대기의 가정

전달 방정식이 빛이 별 대기를 통과하는 과정을 보여주는 기본적인 도구이지만, 처음 접하는 독자들은 쉽게 실망할지 모르겠다. 이처럼 고약한 방정식에서 빛살의 세기는 방향에 따라 달라지며, 이에 따라 에너지가 순수하게 바깥 방향으로 흘러 나갈 수 있다. 비록 흡수와 방출이 모든 방향으로 진행하는 빛에 대하여 동일하더라도(즉, 원천함수가 방향에 따라 달라지지 않는다 하더라도), 흡수와 방출 계수는 온도와 밀도에 따라 복잡한 양상을 띤다.

그러나, 천문학자들이 별 대기의 물리적 성질들(온도나 밀도 따위)에 대하여 정보를 얻으려면, 분광선이 형성되는 곳(깊이)을 알아야 한다. 굉장한 노력을 기울여서 전달 방정식을 풀어 이해하려하고, 또한 상당히 간단하게 분석할 수 있는 강력한 방법들을 개발하고 있다.

식 (3.34)를 다시 써서 식 (3.15)에서 정의한 광학 두께로 전달 방정식을 나타내보자.

$$\frac{dI_\lambda}{d\tau_\lambda} = I_\lambda - S_\lambda \tag{3.36}$$

불행히도, 광학 두께는 빛살의 경로에 따라 정의되므로, 광학 두께나 빛이 진행한 거리 s는 별 대기에서 지정된 기하학적 위치를 나타내지 못한다. 따라서, 광학 두께를 위치를 지정해 주는 의미 있는 물리량으로 대체할 필요가 있다.

적당한 대체물을 찾으려면, 몇 가지 표준적인 근사법을 도입해야 하겠다. 주계열 근처에 있는 별의 대기는 별의 크기에 비하면 물리적으로 얇아서 마치 양파 껍질과 비슷하다. 별 대기의 곡률 반경은 두께에 비하여 훨씬 크고, 별의 대기를 *편평한 널빤지*로 볼 수 있을 것이다. 그림 3.14에 보듯이, z-축을 수직 방향으로 놓고 $z=0$인 곳을 편평한 **평면 대기**의 꼭대기로 놓자.

다음에 **수직 광학 두께** $\tau_{\lambda,v}(z)$를

$$\tau_{\lambda,v}(z) \equiv \int_z^0 \kappa_\lambda \rho \, dz \tag{3.37}$$

로 정의하자. 식 (3.17)과 비교하면, 이 양은 처음 위치($z<0$)에서 $\tau_{\lambda,v}=0$으로 놓은 표면까지 ($z=0$) 수직 방향으로 빛살이 진행할 때 광학적 두께임을 알 수 있다.[25]

25) 빛이 표면에 도달할 때에(따라서 지구에 있는 관측자에게 도달할 때에) 빛은 더 작은 값의 광학 두께를 따라 여행한다는 점을 기억하자.

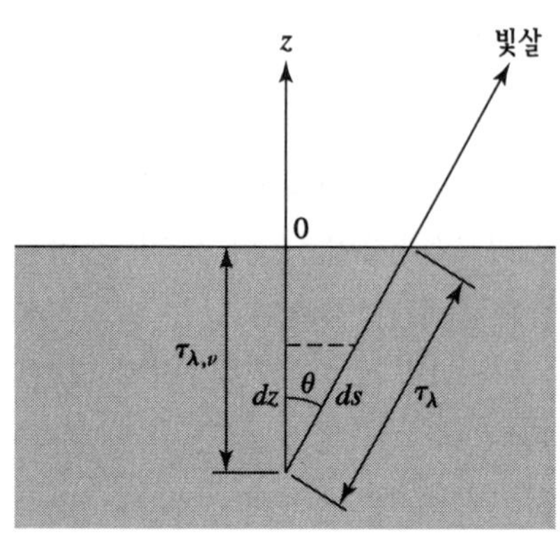

▌그림 3.14 평면 항성 대기

그러나, 빛살이 위로 적당한 각 θ를 갖고 동일한 최초 위치 z로부터 진행한다면, 별 표면에 도달하려면 더 먼 길을 가야한다. 따라서, 이 빛살을 따라 별 표면까지 잰 광학 두께 τ_λ는 수직 광학 두께 $\tau_{\lambda,v}(z)$보다 더 크다. $dz = ds\cos\theta$이므로, 두 광학 두께 사이에는

$$\tau_\lambda = \frac{\tau_{\lambda,v}}{\cos\theta} = \tau_{\lambda,v}\sec\theta \qquad (3.38)$$

관계를 갖는다.

수직 광학 두께는 진정한 수직 좌표 값이어서 마치 z좌표 값과 같은 역할을 하며 $-z$방향으로 증가한다. 이 값은 빛살의 진행 방향과는 무관하며, 전달 방정식에서 의미 있는 위치 좌표로 사용할 수 있다. τ_λ를 $\tau_{\lambda,v}$로 바꾸면 식 (3.30)은

$$\cos\theta\,\frac{dI_\lambda}{d\tau_{\lambda,v}} = I_\lambda - S_\lambda \qquad (3.39)$$

이 된다. 이와 같은 형태의 전달 방정식은 편평한 대기를 근사적으로 취급할 때에 흔히 사용한다. 물론, 높이 z에서 수직 광학 두께의 값은 불투명도가 파장의 함수이므로(식 (3.31)), 파장에 따라 달라진다. τ_v의 특정한 값에 대기층의 높이 z를 일대일로 대응하려면, 불투명도가 *파장에 무관*해야 한다(보통 로스란드 평균 불투명도 $\bar{\kappa}$를 쓴다). 불투명도가 파장에 무관하다고 가정한 별 대기를 *회색 대기*라고 부르며, 넓은 영역의 파장대에서 불투명도의 변화가 적다는 사실을 반영한다. 식 (3.37)에서 κ_λ 대신 $\bar{\kappa}$를 쓰면, 수직 광학 두께는 더 이상 파장에 따라 달라지지 않으며,

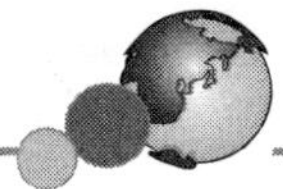

전달 방정식(식 (3.33))에서 $\tau_{\lambda,v}$ 대신 τ_v를 써도 된다. 마지막으로 파장에 따라 변하는 값들은 모든 파장에 대하여 적분하여 파장에 따른 변화를 없앨 수 있다. 즉,

$$I = \int_0^\infty I_\lambda \, d\lambda \text{ 과 } \quad S = \int_0^\infty S_\lambda \, d\lambda$$

을 대신 쓴다. 이와 같이 하면, 편평한 회색 대기에서 전달 방정식이

$$\cos\theta \, \frac{dI}{d\tau_v} = I - S \tag{3.40}$$

가 된다.

이 방정식을 약간 다듬으면, 복사마당을 기술하는 다양한 물리량들 사이에 특별히 유용한 두 개의 관계식을 얻을 수 있다. 우선, 모든 입체각에 대하여 적분하면

$$\frac{d}{d\tau_v} \int I \cos\theta \, d\Omega = \int I \, d\Omega - S \int d\Omega \tag{3.41}$$

이다. $\int d\Omega = 4\pi$를 쓰고, 복사 플럭스 F_{rad}의 정의(식 (3.8)), 평균 복사세기 $\langle I \rangle$를 모든 파장에 대하여 적분된 값으로 나타내면

$$\frac{dF_{\mathrm{rad}}}{d\tau_v} = 4\pi(\langle I \rangle - S)$$

을 얻는다. 두 번째 식은 전달 방정식 (3.40)의 양변에 $\cos\theta$를 곱하여 전체 입체각에 대하여 적분하여 얻는다.

$$\frac{d}{d\tau_v} \int I \cos^2\theta \, d\Omega = \int I \cos\theta \, d\Omega - S \int \cos\theta \, d\Omega$$

에서 좌변 항은 복사압에 빛의 속도를 곱한 양이며(식 (3.9)의 정의를 참조), 우변의 첫 항은 복사 플럭스이다. 극좌표계에서 우변의 둘째항은

$$\int \cos\theta \, d\Omega = \int_{\phi=0}^{2\pi} \int_{\theta=0}^{\pi} \cos\theta \sin\theta \, d\theta \, d\phi = 0$$

이다. 그러므로

$$\frac{dP_{\mathrm{rad}}}{d\tau_v} = \frac{1}{c}F_{\mathrm{rad}} \tag{3.42}$$

이다. 연습 문제 3.16에서는 극좌표계에서 별의 중심을 원점에 두었을 때에 이 방정식의 모양이 다음과 같이 주어짐을 확인할 것이다.

$$\frac{dP_{\mathrm{rad}}}{dr} = -\frac{\overline{\kappa}\rho}{c}F_{\mathrm{rad}}$$

이 결과는 단지 식 (3.31)이다. 앞에서 언급하였듯이, 이 결과를 해석하면, 순수 복사 플럭스는 복사압의 차이 때문에 생기고, 복사압이 높은 곳에서 낮은 곳으로 "광자 바람"이 분다.

식 (3.31)을 4장에서 도입하여 별 내부의 온도 구조를 결정할 것이다.

평형 상태에 있는 별 대기에서, 모든 흡수 과정은 방출이라는 역과정과 정확히 균형을 이루며, 복사장으로부터 순수하게 갖고 오는 에너지나 복사장에 순수하게 갖다 주는 에너지는 없다. 편평한 대기에서, 이 상황은 복사 플럭스가 대기의 어느 층에서도 같은 값을 가져야 함을 의미하고, 별 표면에도 적용된다. 1권에서

$$F_{\mathrm{rad}} = \text{상수} = F_{\mathrm{surf}} = \sigma T_e^4 \tag{3.43}$$

를 얻는다. 복사 플럭스가 상수이므로, $dF_{\mathrm{rad}}/d\tau_v = 0$이며, 평균복사세기가 원천 함수와 같아짐을 의미한다. 즉

$$\langle I \rangle = S \tag{3.44}$$

식 (3.42)을 적분하면 복사압을 수직 광학 두께의 함수로 나타낼 수 있다.

$$P_{\mathrm{rad}} = \frac{1}{c}F_{\mathrm{rad}}\tau_v + C \tag{3.45}$$

이고 C는 적분 상수이다.

에딩턴 근사

좀 더 일반적인 경우에(흑체 복사 경우만이 아니라) 복사압이 온도에 따라 어떻게 달라지는지 알 수 있다면, 식 (3.45)을 사용해서 편평한 회색 대기에 대하여 온도

구조를 결정할 수 있다. 이때에 복사 마당의 각에 대한 분포를 *가정*할 필요가 있다. 영국의 유명한 물리학자였던 아더 스탠리 에딩턴 경(1882-1944)이 도입한 근사법에서는 복사마당 세기에 $+z$방향(바깥쪽 방향)으로 복사 세기에 한 값 I_{out}, $-z$방향(안쪽 방향)으로 복사세기에 또 다른 한 값 I_{in}를 할당한다(그림 3.15 참조). I_{out}과 I_{in}은 대기에서 광학 두께에 따라 변하며, 특히 대기 꼭대기인 $\tau_v = 0$인 곳에서 $I_{\text{in}} = 0$이다. 이러한 **에딩턴 근사**에서 평균세기, 복사플럭스, 복사압은

$$\langle I \rangle = \frac{1}{2}(I_{\text{out}} + I_{\text{in}}) \tag{3.46}$$

$$F_{\text{rad}} = \pi(I_{\text{out}} - I_{\text{in}}) \tag{3.47}$$

$$P_{\text{rad}} = \frac{2\pi}{3c}(I_{\text{out}} + I_{\text{in}}) = \frac{4\pi}{3c}\langle I \rangle \tag{3.48}$$

으로 나타나며, 이 식들을 유도는 연습 문제로 남긴다[26] (복사플럭스가 상수이므로, 식 (3.47)로부터 대기의 어느 높이에서나 I_{out}과 I_{in}의 차이는 일정하다는 사실을 알 수 있다).

복사압을 주는 마지막 식을 식 (3.45)에 대입하면

$$\frac{4\pi}{3c}\langle I \rangle = \frac{1}{c}F_{\text{rad}}\tau_v + C \tag{3.49}$$

를 얻는다. 적분 상수 C는 식 (3.46), (3.47)을 대기 꼭대기에서 $\tau_v = 0$, $I_{\text{in}} = 0$인 조건을 써서 구할 수 있다. 그 결과는 $\langle I(\tau_v = 0) \rangle = F_{\text{rad}}/2\pi$이다. 이를 식

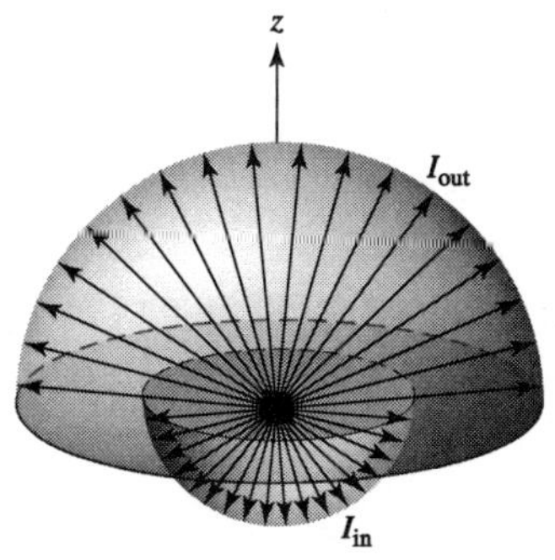

그림 3.15 에딩턴 근사

26) 실제로 에딩턴 근사를 유도하는 수학적인 방법은 몇 가지 더 있지만, 이들은 모두 내용적으로 동등하다.

(3.49)에 대입하고 $\tau_v = 0$에서 계산하면

$$C = \frac{2}{3c} F_{\text{rad}}$$

를 얻는다. 이 값을 식 (3.49)에 대입하면

$$\frac{4\pi}{3} \langle I \rangle = F_{\text{rad}} \left(\tau_v + \frac{2}{3} \right) \tag{3.50}$$

을 얻는다. 물론, 식 (3.43)로부터 복사 플럭스가 상수라는 사실은 이미 알고 있다. 이 사실을 쓰면, 평균복사세기를 수직 광학 두께의 함수로 나타낼 수 있다.

$$\langle I \rangle = \frac{3\sigma}{4\pi} T_e^4 \left(\tau_v + \frac{2}{3} \right) \tag{3.51}$$

이제, 마지막으로 우리가 세운 모형 대기에서 온도 구조를 결정해 주는 마지막 근사 방법을 유도해 보자. 대기가 국지적 열역학적 평형에 있다면, 평균복사세기를 주는 또 다른 식을 찾을 수 있으며, 식 (3.51)과 결합할 수 있다. LTE 정의에 의하여, 원천함수는 플랑크 함수로 주어진다. 즉, $S_\lambda = B_\lambda$이다. B_λ를 모든 파장에 대하여 적분하면 식 (3.28) LTE에 대하여

$$S = B = \frac{\sigma T^4}{\pi}$$

을 얻고, 식 (3.44)에서

$$\langle I \rangle = \frac{\sigma T^4}{\pi} \tag{3.52}$$

이다. 식 (3.51)과 (3.52)를 같게 놓으면, 에딩턴 근사를 써서, 국부적 열역학적 평형에 있는 편평한 회색 대기에서 온도가 수직 광학 두께에 따라 어떻게 변화하는지 알 수 있다.[27)]

27) 회색 대기에 대한 더 상세한 논의에 대하여 Mihalas의 책 3장을 읽어보기 바란다. 더 세련된 결과인 $T^4 = \frac{3}{4} T_e^4 [\tau_v + q(\tau_v)]$의 유도 과정을 볼 수 있으며, 에딩턴 근사는 여기에서 특별하게 $[q(\tau_v) \equiv \frac{2}{3}]$으로 주어진 경우에 해당한다.

$$\boxed{T^4 = \frac{3}{4}T_e^4\left(\tau_v + \frac{2}{3}\right)} \tag{3.53}$$

이 식은 고생스럽더라도 유도해 볼 가치가 충분하며, 그 이유는 실제 별 대기에서 나타나는 중요한 양상을 보여 주기 때문이다. 우선 $T = T_e$인 곳은 $\tau_v = 2/3$인 곳이고, $\tau_v = 0$인 곳이 *아니다*. 그러므로, 별의 표면은 정의에 따르면(스테판-볼츠만 방정식 (3.17)(1권)을 기억하자) 온도가 T_e이므로, $\tau_v = 0$인 대기 꼭대기가 아니라, 더 깊숙이 $\tau_v = 2/3$인 곳이다. 이 결과는 관측되는 광자가 평균적으로 튀어 나오는 곳으로 생각할 수 있을 것이다. 이 결과는 일련의 가정을 세워서 얻은 결과이지만, 이 결과를 일반화한다면 *별을 관측하면, 별 원반 전체에 대해 평균할 때에 빛살을 따라 거슬러 올라가 측정한 수직 광학 두께가* $\tau_v = 2/3$ *인 곳을 보게 된다.* 라고 말할 수 있을 것이다. 이 결과가 중요하다는 사실은 92쪽에서 분광선이 형성되는 과정과 그 의미를 해석할 때에 논의하였다.

주연감광의 복습

이제 주연감광을 좀 더 세밀하게 살펴 보자(그림 3.12를 다시 보자). 주연감광의 이론과 관측을 비교하면, 별의 대기의 깊이에 따라 원천함수가 변화하는 양상에 대한 귀한 정보를 얻을 수 있다. 이 사실을 확인하려면 먼저 일반적인 형태의 전달 방정식(식 (3.36))을 근사 가정 없이 형식적으로나마 풀어 보자(곧 어쩔 수 없이 적당한 가정을 세울 것이다).

$$\frac{dI_\lambda}{d\tau_\lambda} = I_\lambda - S_\lambda$$

양변에 $e^{-\tau_\lambda}$를 곱하면

$$\frac{dI_\lambda}{d\tau_\lambda}e^{-\tau_\lambda} - I_\lambda e^{-\tau_\lambda} = -S_\lambda e^{-\tau_\lambda}$$

$$\frac{d}{d\tau_\lambda}(e^{-\tau_\lambda}I_\lambda) = -S_\lambda e^{-\tau_\lambda}$$

$$d(e^{-\tau_\lambda}I_\lambda) = -S_\lambda e^{-\tau_\lambda}\,d\tau_\lambda$$

빛살의 처음 위치인 광학 두께가 $\tau_{\lambda,0}$ 이고 복사 세기가 $I_\lambda = I_{\lambda,0}$ 인 곳으로부터 광학 두께가 $\tau_\lambda = 0$ 이고 $I_\lambda = I_\lambda(0)$ 인 대기 꼭대기까지 적분하면, 대기 꼭대기에서 등장하는 복사세기 $I_\lambda(0)$의 값이

$$I_\lambda(0) = I_{\lambda,0}e^{-\tau_{\lambda,0}} - \int_{\tau_{\lambda,0}}^{0} S_\lambda e^{-\tau_\lambda}\, d\tau_\lambda \tag{3.54}$$

이다. 이 방정식이 갖는 의미를 직접적으로 볼 수 있다. 좌변에 준 빠져 나오는 복사세기는 양의 값을 갖는 두 항의 합이다. 우변의 첫 항은 빛살의 처음 세기가 표면까지 오면서 흡수되어 약해진 값이다. 두 번째 항은 역시 양의 값으로[28] 빛살이 진행하는 모든 경로에서 방출 과정으로 생긴 광자들이 방출이 일어난 곳과 별 표면까지 경로 사이에서 흡수되어 약해진 값이다.

이제, 평면 대기의 기하학적인 면과 수직 광학 두께 τ_v를 다시 생각해 보자. 하지만, 회색 대기, LTE, 에딩턴 근사를 하나도 도입하지 *않는다*. 그림 3.16에 보인 바와 같이, 주연감광의 문제는 결국 각 θ의 함수로 대기를 빠져 나오는 복사 세기 $I_\lambda(0)$을 결정하는 것이다. 식 (3.54)는 전달 방정식의 형식적 해로서, 식 (3.38)을 써서 τ_λ를 $\tau_{\lambda,v}\sec\theta$(수직 광학 두께)로 대치하면

$$I(0) = I_0 e^{-\tau_{v,0}\sec\theta} - \int_{\tau_{v,0}\sec\theta}^{0} S\sec\theta\, e^{-\tau_v\sec\theta}\, d\tau_v$$

을 얻는다. 비록 I와 τ_v 모두 파장에 의존하지만, 아래첨자 λ를 생략하여 기호를 간단히 하였다. 여기에서는 회색 대기라고 가정하지 않는다. 관측되는 복사 세기에 항성 대기의 모든 층이 기여하는 값들을 계산하기 위하여, 우리는 빛살의 초기 위치를 $\tau_{v,0} = \infty$ 로 잡는다. 그러면, 우변의 첫 항은 0이 되고,

$$I(0) = \int_{0}^{\infty} S\sec\theta\, e^{-\tau_v\sec\theta}\, d\tau_v \tag{3.55}$$

를 얻는다. 원천함수가 수직 광학 두께에 따라 변화하는 양상을 안다면, 이 방정식

28) 빛살의 경로를 따라 측정되는 광학 두께는 빛살의 진행 방향을 따라 감소하므로, $d\tau_\lambda$는 음수라는 사실을 기억하자.

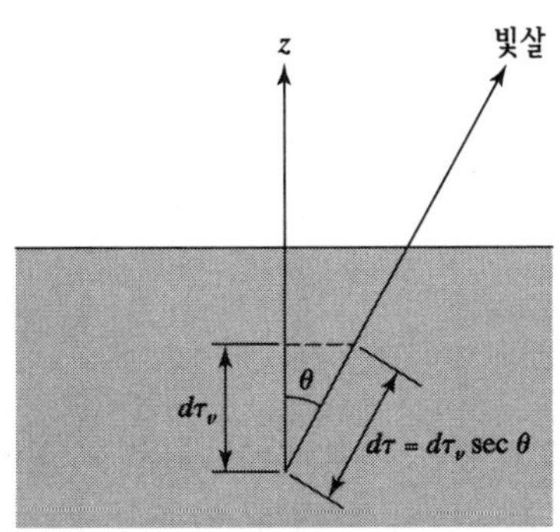

▌그림 3.16 평면 대기에서 주연감광을 위하여 θ의 함수로 $I(0)$를 구하기.

을 적분하여 빛살이 진행하는 방향 θ에 대한 함수로 빠져나오는 복사세기를 얻을 수 있다. 원천함수의 꼴을 알 수 없더라도, 적당한 추정을 하면 $I(0)$를 구하는 데에 큰 무리가 없다. 원천함수의 꼴이

$$S = a + b\tau_v \tag{3.56}$$

이고 a와 b는 파장에 따라 달라지는 수로서 뒤에 결정하도록 하자. 이 식을 식 (3.55)에 대입하여 적분하면(적분의 상세한 과정은 연습문제), 이 원천함수로부터 나타나는 복사세기는

$$I_\lambda(0) = a_\lambda + b_\lambda \cos\theta \tag{3.57}$$

이고, 아래 첨자 λ를 복구해서, 아래 첨자가 붙은 변수들이 파장에 따라 달라지는 물리량임을 강조하였다. 태양의 원반을 가로질러 파장당복사세기가 달라지는 양상을 세밀하게 조사하면, 태양의 원천함수에서 a_λ와 b_λ의 값을 적당한 범위의 파장에 대하여 결정할 수 있다. 예를 들면, 501 nm에서, Böhm-Vitense(1989)에서 $a_{501} = 1.04 \times 10^{13}\ \mathrm{W\,m^{-3}\,sr^{-1}}$과 $b_{501} = 3.52 \times 10^{13}\ \mathrm{W\,m^{-3}\,sr^{-1}}$의 값들을 얻는다.

예제 3.4.2

태양의 주연감광에서 "LTE에서 에딩턴 근사를 적용한 평면 회색 대기" 모형의 정확도를 시험할 수 있는 기회를 얻는다. 평형을 이루는 회색 대기에 대한 앞의 논의에서, 평균복사세기가 원천함수와 같음을 밝혔다(식 (3.44)).

$$\langle I \rangle = S$$

그리고, 에딩턴 근사와 LTE 가정을 추가로 도입하면, 식 (3.52)와 (3.53)을 써서 평균복사세기를 결정할 수 있으며, 따라서 원천함수도 구할 수 있다.

$$S = \langle I \rangle = \frac{\sigma T^4}{\pi} = \frac{3\sigma}{4\pi} T_e^4 \left(\tau_v + \frac{2}{3}\right)$$

주연감광에 대하여 앞에서 했던 바와 같이(*모든 파장에 대하여 적분을 한 후에*) 원천함수가 $S = a + b\tau_v$로 식 (3.56)의 형태를 띤다고 가정하면, 계수들의 값은

$$a = \frac{\sigma}{2\pi} T_e^4 \quad \text{과} \quad b = \frac{3\sigma}{4\pi} T_e^4$$

로 주어진다. 대기를 빠져 나오는 복사세기는 $I(0) = a + b\cos\theta$로 식 (3.57)의 형태(역시 모든 파장에 대하여 적분된 후이다)를 갖는다. 각 θ 방향으로 빠져 나오는 복사세기 $I(\theta)$의 별 중심부에서 나오는 복사세기 $I(\theta = 0)$에 대한 비는, 그리하여

$$\frac{I(\theta)}{I(\theta = 0)} = \frac{a + b\cos\theta}{a + b} = \frac{2}{5} + \frac{3}{5}\cos\theta \tag{3.58}$$

과 같다.

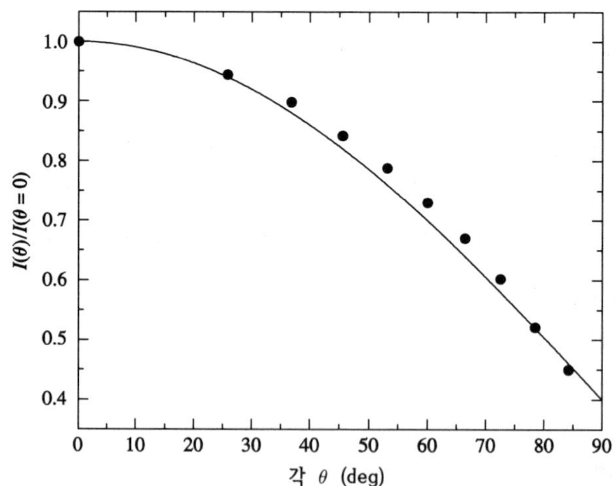

그림 3.17 모든 파장에 대하여 적분된 빛에 대하여 태양 주연감광의 이론적 에딩턴 근사. 점들은 태양의 관측 자료이다. 관측 자료와 잘 맞지만 에딩턴 근사가 완벽하지는 않으며, 더 상세한 모형을 개발할 필요가 있음을 알 수 있다. 예를 들면 연습 문제 29번을 보라.

우리는 이 계산의 결과를 백색광(즉 모든 파장에 대하여 합한 전자기파)에서 얻은 태양의 주연감광 관측 자료와 비교할 수 있다. 그림 3.17은 $I(\theta)/I(\theta=0)$의 관측값과 식 (3.58)에서 얻은 값들을 보여 준다. 많은 가정들이 들어갔음에도 불구하고, 상당히 잘 일치한다. 그러나, 주어진 한 파장에 대해서는 관측 자료와 많이 어긋난다(Böhm-Vitense 1989를 참조하라). 이것은 선담요 효과와 같이 파장에 따라 달라지는 불투명도와 같은 효과들 때문이다.

3.5 분광선의 윤곽

우리는 이제 분광선을 분석하는 데에 동원할 수 있는 가공할 위력의 이론적 무기고를 확보하였다. 낱개의 분광선 모양은 이들이 형성된 곳의 환경에 대한 풍부한 정보를 담고 있다.

등가폭

그림 3.18은 복사 플럭스 F_λ를 전형적인 흡수선에 대하여 파장의 함수로 나타낸 그래프이다. 그림에서, F_λ는 분광선 바깥의 연속복사 플럭스 F_c에 대한 상대값으로 나타나 있다. 중심 파장 λ_0근처가 분광선의 *핵심부*이고, 연속복사를 향하여 위쪽으로 휩쓰는 부분이 분광선의 *날개* 영역이다. 개개의 분광선은 폭이 좁거나 넓을 수 있고, 또한 깊이가 깊거나 얕을 수 있다. $(F_c - F_\lambda)/F_c$로 주어진 양은 분광선의 *깊이*라고 부른다. 분광선의 세기는 **등가폭**의 형태로 측정된다. 분광선의 등가폭은 연속복사 아래로 분광선이 갖는 넓이와 같은 넓이를 가지며 연속복사의 높이를 갖는 상자(그림 3.18에서 어둡게 표시한 부분)의 폭으로 정의한다. 다시 말해서

$$W = \int \frac{F_c - F_\lambda}{F_c}\, d\lambda \tag{3.59}$$

이고 이 때에 적분의 범위는 분광선의 한 쪽에서 다른 한 쪽까지이다. 가시광 영역에 있는 분광선의 경우 그림 3.18에서 어둡게 표시한 부분인 등가폭은 통상 0.01 nm 정도이다. 분광선폭의 또 다른 척도가 분광선 깊이 $(F_c - F_\lambda)/(F_c - F_{\lambda_0}) = 1/2$로 주어진 곳들의 파장 차이이다. 이 값을 "반최대치전폭(Full Width at Half-Maximum)"이라고 부르며, $(\Delta\lambda)_{1/2}$라고 나타내겠다.

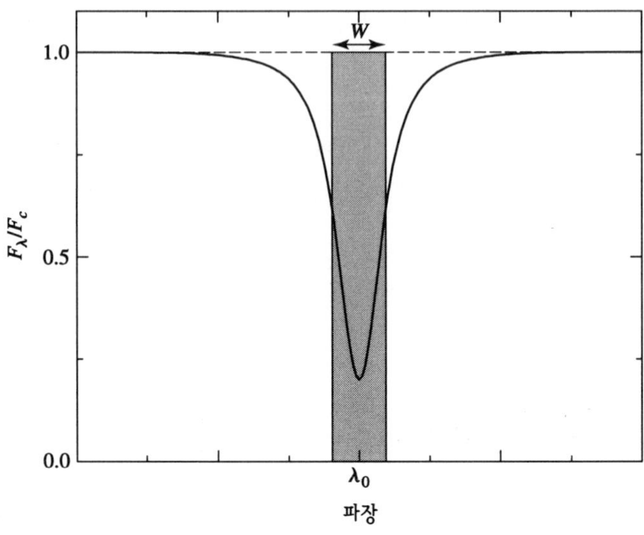

■ 그림 3.18 전형적인 분광선의 선윤곽

그림 3.18에 나타낸 분광선에서는 어느 파장에서도 복사 플럭스가 완전히 차단된 곳은 없으므로, 이 분광선을 **"광학적으로 얇다"** 고 표현한다. 별을 이루는 물질들의 불투명도 κ_λ는 분광선의 중심 λ_0에서 가장 크고, 날개로 가면서 작아진다. 92쪽의 논의로부터, 분광선의 중심은 항성 대기의 고층 지역(따라서 온도가 더 낮은 지역)에서 형성된다는 의미이다. λ_0로부터 날개 영역으로 가면서, 분광선 형성은 항성 대기의 낮은 곳(따라서 온도가 더 높은 지역)으로 점차 옮아가, 마침내 광학 두께가 2/3인 연속 복사를 만드는 지역으로 합해진다. 5.2절에서 이러한 생각을 태양 광구에서 형성되는 흡수선에 적용할 것이다.

분광선의 폭을 넓히는 물리적 과정들

세 가지 주요한 물리적 과정들 때문에 분광선의 폭이 넓어진다. 이러한 물리적 과정들 각각 저마다 독특한 선 모양 혹은 *선윤곽*을 만든다.

1. **자연 선폭 증가.** 움직임이 완전히 멈춘 고립된 원자가 만드는 분광선조차 무한히 예리한 분광선을 만들 수는 없다. 하이젠베르크의 불확정성 원리를 따르면(식 (5.20)(1권)을 기억하라), 에너지를 측정할 수 있는 시간이 줄어들수록, 에너지 측정값에 내재된 불확정성은 증가한다. 들뜬 상태에서 전자는 아주 짧은 시간 Δt 동안 머물기 때문에, 이 오비탈의 에너지 E는 엄밀한 값을 갖지 못한다. 그러므로, 에너지의 불확정성 ΔE는 대략

$$\Delta E \approx \frac{\hbar}{\Delta t}$$

를 만족한다(바닥상태에서 전자의 수명은 무한히 길다고 생각해도 좋겠다. 그러므로, 이 경우 $\Delta E = 0$이다). 전자들은 "두리뭉실한" 에너지 준위를 갖는 들뜬 상태로 올라가거나, 혹은 이들 상태로부터 내려오면서, 천이 과정에 수반된 흡수 혹은 방출되는 광자의 파장에 불확정성을 제공한다. 광자가 갖는 에너지를 주는 식 (5.3)에서 $E_{\text{photon}} = hc/\lambda$이므로, 광자의 파장에 나타나는 불확정성은 대략

$$\Delta\lambda \approx \frac{\lambda^2}{2\pi c}\left(\frac{1}{\Delta t_i} + \frac{1}{\Delta t_f}\right) \tag{3.60}$$

과 같으며, Δt_i는 전자의 초기 상태의 수명이고, Δt_f는 나중 상태의 수명이다(증명은 연습문제로 남긴다).

예제 3.5.1

수소 원자에서 첫 들뜬 상태와 두 번째 들뜬 상태의 수명은 $\Delta t = 10^{-8}$ s 정도이다. 파장 $\lambda = 656.3$ nm를 갖는 수소 Hα의 자연선폭은

$$\Delta\lambda \approx 4.57 \times 10^{-14} \text{ m} = 4.57 \times 10^{-5} \text{ nm}$$

이다.

좀 더 복잡한 계산을 하면, 자연선폭에 해당하는 선윤곽의 반최대치전폭은

$$(\Delta\lambda)_{1/2} = \frac{\lambda^2}{\pi c}\frac{1}{\Delta t_0} \tag{3.61}$$

이고, 여기에서 Δt_0는 주어진 천이가 일어나기까지 기다려야하는 평균 시간이다. 이 식으로부터 전형적으로

$$(\Delta\lambda)_{1/2} \simeq 2.4 \times 10^{-5} \text{ nm}$$

를 얻고, 앞 예제에서 계산한 결과와 잘 맞는다.

2. **도플러 선폭 증가.** 열평형을 이룰 때에, 기체 안에 있는 질량이 m인 원자들은 막스웰–볼츠만 분포(식 (2.1))로 기술되는 속도 분포를 갖고 무작위적으로 운동하며, 최대 확률을 갖는 속력은 식 (2.2)에 준 바와 같이 $v_{\mathrm{mp}}=\sqrt{2kT/m}$이다. 기체 안에 있는 원자들이 흡수하거나 방출하는 빛의 파장은(비상대론적인) 식 (4.30)에 따라 도플러 이동되어 $\Delta\lambda/\lambda=\pm|v_r|/c$를 만족한다. 그러므로, 도플러 선폭 증가에 따른 분광선폭은 대략

$$\Delta\lambda \approx \frac{2\lambda}{c}\sqrt{\frac{2kT}{m}}$$

으로 주어진다.

예제 3.5.2

태양 광구($T=5777$ K)에 있는 수소 원자에 대하여 Hα선의 도플러 선폭은 약

$$\Delta\lambda \approx 0.0427 \text{ nm}$$

이며 자연선폭에 비하여 대략 1000배 크다.

원자들 서로에 대하여 그리고 관측자 시선에 대하여 다른 방향으로 운동하는 양상까지 포함하여 좀 더 세밀하게 분석하면, 도플러 선폭 증가에 따른 반최대치전폭은

$$(\Delta\lambda)_{1/2} = \frac{2\lambda}{c}\sqrt{\frac{2kT\ln 2}{m}} \tag{3.62}$$

임을 알 수 있다. 비록 도플러 선폭 증가에 따른 선윤곽의 반최대치전폭이 자연선폭 증가에 대한 그것보다 훨씬 크지만, 도플러 선폭 증가에서 선깊이는 파장이 선중심 λ_0에서 멀어질수록 지수함수적으로 감소한다. 이와 같이 급격하게 감소하는 이유는 막스웰–볼츠만 속도 분포에서 속도가 큰 영역에서 지수 함수 “꼬리가” 나타나서 자연선폭 증가보다 훨씬 더 빠르게 떨어지기 때문이다.

큰 덩어리의 기체에서 보이는 거대 규모의 난류(개별 원자들의 무작위적인 운

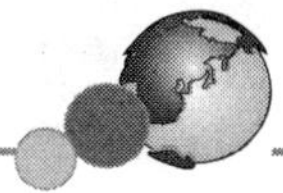

동이 아니다) 때문에 일어나는 도플러 이동도 난류 속도의 분포가 막스웰–볼츠만 분포를 따른다면 식 (3.62)에 포함할 수 있다. 그 경우에는

$$(\Delta\lambda)_{1/2} = \frac{2\lambda}{c}\sqrt{\left(\frac{2kT}{m} + v_{\text{turb}}^2\right)\ln 2} \tag{3.63}$$

v_{turb}는 가장 확률이 높은 난류 속도이다. 선윤곽에 주는 난류의 영향은 거성과 초거성 대기에서 특별히 중요하다. 실제로, 이러한 별들의 대기에 난류가 존재한다는 사실은 이들 항성 스펙트럼에서 도플러 선폭 증가가 특이할 정도로 크게 나타난다는 점으로부터 처음으로 추정되었다.

도플러 선폭 증가를 주는 다른 요인들은 별의 회전, 맥동, 질량 손실과 같은 정돈되고 결맞는 대규모 운동을 들 수 있다. 이러한 현상들은 선윤곽의 모양과 폭에 상당한 영향을 주지만, 막스웰–볼츠만 분포를 따르는 무작위적 열운동으로 일어나는 도플러 선폭 증가 결과와 결합될 수는 없다. 예를 들면, 질량 손실과 연관된 특징적인 P Cygni 선윤곽에 대하여 6.3절에서 논의할 것이다(그림 6.17을 보라).

3. **압력(충돌) 선폭 증가.** 원자의 오비탈은 다른 중성 원자와 충돌하거나 이온의 전기장이 강해질 정도로 이온과 가까이 만나면 섭동을 받는다. 개별적인 충돌의 결과에 의하여 *충돌 선폭 증가*가 일어나고, 가까이서 지나가는 많은 수의 이온들의 전기장이 주는 통계적 영향에 의하여 *압력 선폭 증가*가 일어난다. 그러나, 어느 경우라도 결과는 다른 원자나 이온과 일으키는 충돌들 혹은 가까운 만남들 사이의 시간 간격에 의존한다.

   압력 선폭 증가로 나타나는 엄밀한 폭과 모양의 계산은 매우 복잡하다. 자유전자 뿐만 아니라, 같은 혹은 다른 원소에 속하는 원자나 이온들과 일으키는 충돌이나 가까운 만남들이 고려되어야 한다. 그러나, 분광선의 일반적인 모양은 식 (3.61)에 나타난 자연 선폭 증가의 경우와 비슷하다. 자연선폭 증가나 압력 선폭 증가의 결과로 나타나는 선윤곽을 흔히 "감쇄 선윤곽"(또는 "로렌츠 선윤곽"이라고도 한다)이라고 부른다. 이같이 이름 붙인 이유는 선모양이 마찰을 받는 단순조화진동하는 전하가 방출하는 복사 스펙트럼의 특징이기 때문이다. 자연선폭 증가와 압력선폭 증가에 대한 반최대치전폭의 값은 통상적으로는 서로 비슷하지만, 때에 따라서는 압력선폭 증가에 의한 선윤곽이 수십 배 더 넓게 나타나기도 한다.

한 원소의 원자들과 충돌에 의한 압력선폭 증가의 어림값은 식 (3.61)에서 Δt_0에 충돌과 충돌 사이의 평균 시간을 대입하여 얻을 수 있다. 이 시간은 충돌과 충돌 사이에 진행하는 평균자유행로를 원자들의 평균 속력으로 나눈 값으로 근사된다. 식 (3.12)에 준 평균자유행로를 쓰고, 식 (2.2)에 있는 속력을 써서 우리는

$$\Delta t_0 \approx \frac{\ell}{v} = \frac{1}{n\sigma\sqrt{2kT/m}}$$

을 얻고, 여기에서 m은 원자의 질량, σ는 충돌단면적, n은 원자의 개수밀도이다. 그러므로, 압력 선폭 증가에 기인하는 분광선의 폭은 개략적으로

$$\Delta\lambda = \frac{\lambda^2}{c}\frac{1}{\pi\Delta t_0} \approx \frac{\lambda^2}{c}\frac{n\sigma}{\pi}\sqrt{\frac{2kT}{m}} \tag{3.64}$$

로 주어진다. 분광선의 폭이 원자의 개수 밀도 n에 비례한다는 사실을 유의하라.

모건–키난 광도 계급이 나타나는 물리적 이유가 이제 자명하다. 광도가 더 큰 거성과 초거성에서 폭이 더 좁은 분광선이 나타나는 이유는 이들 별의 부풀어 오른 대기에 원자들의 개수 밀도가 더 작기 때문이다. 주계열 별의 대기는 밀도가 더 높고 충돌이 더 빈번히 일어나므로, (선폭이 개수밀도 n에 비례하는) 압력 선폭 증가의 효과가 증가하여 분광선의 폭이 커진다.

예제 3.5.3

다시 온도가 5777 K이고 개수밀도가 $n = 1.5\times10^{23}\ \mathrm{m^{-3}}$인 태양 광구에서 수소 원자를 고려하자. H$\alpha$의 압력선폭 증가는 개략적으로

$$\Delta\lambda \approx 2.36\times10^{-5}\ \mathrm{nm}$$

이고, 이 값은 앞에서 구한 자연선폭 증가로 나타나는 선폭과 비슷한 수준이다. 그러나, 별 대기에서 원자의 개수 밀도가 더 크면, 선폭도 더 커질 것이다. – 어떤 경우에는 수십 배로 더 크다.

보이트(Voigt) 선윤곽

보이트(Voigt) 선윤곽이라고 부르는 전체 선윤곽은 도플러 선윤곽과 감쇄 선윤곽을 함께 고려해서 얻는다. 폭이 더 넓은 도플러 선폭 증가는 중심 파장 λ_0 근처를 지배한다. 중심 파장 λ_0로부터 멀어지면, 도플러 선폭 증가에서 선깊이가 지수함수적으로 감소하므로, 중심 파장에서 도플러 폭 $(\Delta\lambda)_{1/2}$의 1.8배 가량 떨어진 날개 부분부터 점차 감쇄 선윤곽으로 옮아간다. 그러므로, 전체 선윤곽은 *도플러 선중심*과 *감쇄 날개 부분*을 갖는 경향을 띤다. 그림 3.19는 도플러 선윤곽과 감쇄 선윤곽을 개략적으로 보여 준다.

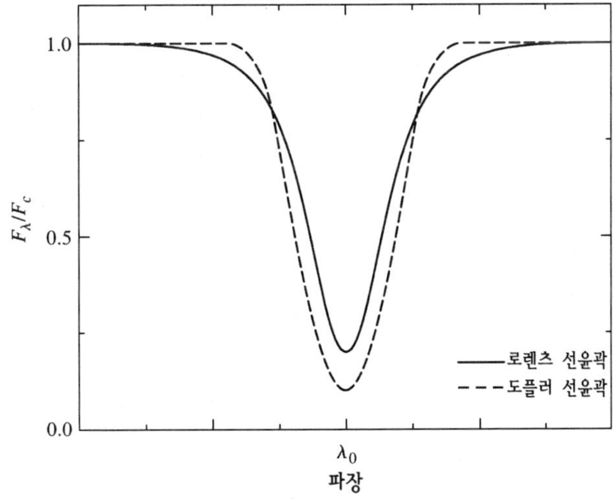

그림 3.19 개략적인 감쇄 선윤곽과 도플러 선윤곽. 두 선윤곽은 같은 등가폭을 갖도록 규격화하였다.

예제 3.5.4

이곳과 3장에서 논의한 분광선 형성에 대한 논의를 복습한다는 의미에서, 주계열 왼쪽에 놓이는 광도 계급 VI 혹은 "sd"인 준왜성(subdwarf)을 생각하자(그림 2.16을 보라). 이러한 준왜성의 스펙트럼들은 이들 별에 금속 원자들(헬륨보다 무거운 원자들)이 적다는 것을 보여준다. 항성 대기에서 전자들을 공급하는 중요한 원천이 이온화된 금속 원소이므로, 전자의 개수밀도가 줄어든다. 2.1절에서 말했듯이, 이온들과 재결합할 수 있는 전자들이 적기 때문에, 같은 온도에서 모든 원자들에 대하여 더 높은 이온화도를 갖는다. 구체적으로 말하면, 항성 대기에서 H^- 이온이 더 크게 이온화되어 이들이 감소하며, H^- 이온 즉, 연속 복사 불투명도의 주요 원천이 희박해진다. 불투명도가 낮아진 결과, 광학 두께 $\tau_\lambda = 2/3$인 곳까지 우리가 볼 수 있으므로, 우리는 이 별들에 대해서 더 먼 물리적 거리까지 볼 수 있다. 마치 숲처럼 빽빽한 금속 분광선들이(이들은 준왜성에서는 낮은 금속 함량의 결과 이미 약해졌다) 더 밝은 연속복사에 대하여 상대적으로 훨씬 더 약하게 나타난다. 그러므로, 낮은 금속 함량의 결과로 준왜성들은 더 뜨겁고 밝으며 금속 분광선이 덜 두드러진 조기형 분광형 항성처럼 보인다(표 2.1을 보라). 이러한 이유로 이 별들은 주계열로부터 왼쪽으로 더 뜨거운 쪽으로 옮아갔다고 표현하는 것이 주계열보다 한 등급 어두운 쪽으로 내려갔다고 표현하는 것보다 더 정확하다.

분광선의 윤곽을 계산하는 데에 사용되는 가장 단순한 모형은 별의 광구가 흑체 복사의 원천이고, 광구 위 층에 있는 원자들은 이 연속복사로부터 광자를 제거하여 흡수선을 만든다고 가정한다. 이러한 **슈스터-슈바르츠실트(Schuster-Schwarzschild) 모형**은 파장 λ인 광자가 광학 두께 $\tau_\lambda = 2/3$인 곳에서 기원한다는 생각과는 어긋나지만, 여전히 유용한 근사적 모형이다. 계산을 수행하기 위하여, 흡수선이 형성되는 광구 위 층의 온도, 밀도, 화학조성의 값들을 채택해야 한다. 온도와 밀도는 도플러 선폭 증가와 압력 선폭 증가에 중요하며, 볼츠만 방정식과 사하 방정식에서도 쓰인다.

분광선의 계산은 분광선을 형성하는 원소의 함량 뿐만 아니라, 원자들이 광자를 흡수하는 양자 역학적인 구체적인 양상에 따라서도 달라진다. 광구 위의 *단위 면적당* 존재하는 어떤 원자의 개수를 N이라고 쓰자. N은 **기둥 밀도**로서 m^{-2}의 단위를 갖는다(다시 말하면, 단면적이 $1\,m^2$인 빈 원통이 관측자로부터 광구까지 뻗어 있다고 할 때에, 이 원통 안에 주어진 원자가 N개 존재한다). 분광선의 파장을 갖는 광자를 흡수할 수 있는 적합한 오비탈에 전자를 갖고 있는 원자의 단위 면적당 개수 N_a를 구하려면, 온도와 밀도를 써서 볼츠만 방정식과 사하 방정식을 풀어 원자들의 이온화 상태와 들뜸 상태를 계산해야 한다. 우리의 목표는 계산된 선윤곽과 관측된 선윤곽을 비교하여 N_a의 값을 구하는 것이다.

원자의 오비탈 사이에서 나타나는 천이들이 다 같은 확률로 일어나지 않는다는 사실 때문에 이 작업은 대단히 어렵다. 예를 들면, 처음에 수소의 $n=2$ 오비탈에 있는 전자가 Hα광자를 흡수하여 $n=3$ 오비탈로 천이할 확률은 이 원자가 Hβ를 흡수하여 $n=4$ 오비탈로 천이할 확률보다 약 5배 크다. 주어진 오비탈에서 한 오비탈로 천이하는 상대 확률들은 그 오비탈의 *f-값* 혹은 *진동자 세기*로 주어진다.

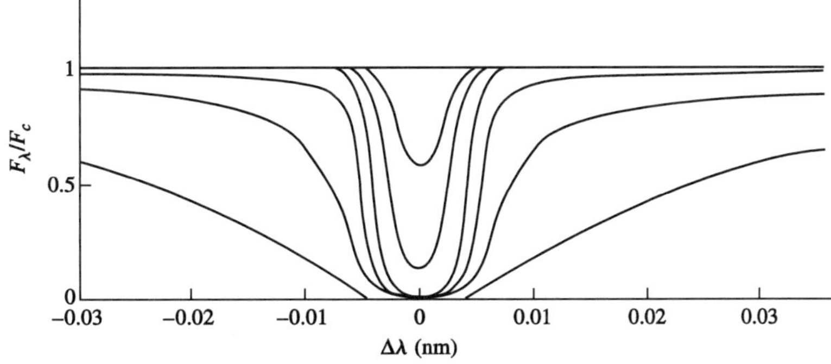

그림 3.20 Ca II의 K 분광선의 보이트 선윤곽. 깊이가 가장 얕은 분광선은 $N_a = 3.4\times10^{15}$ ions m^{-2}이며, 칼슘 이온의 단위 면적당 개수를 10배씩 증가하여 점차로 깊은 분광선윤곽을 얻었다. (그림 출처 : Novotny, *Introduction to Stellar Atmosphere and Interiors*, Oxford University Press, New York, 1973)

수소에서는 Hα 천이에 대해서는 $f=0.637$이고, Hβ에 대해서는 $f=0.119$이다. 진동자 세기는 수치적으로 계산하거나 혹은 실험실에서 측정하여 얻고, 주어진 하나의 첫 오비탈로부터 모든 나중 오비탈에 대한 f-값들의 합이 그 원자 혹은 이온 안에 존재하는 전자들의 개수와 같도록 정의되어 있다. 그러므로, 진동자 세기는 원자마다 천이에 참여하는 전자의 유효 개수라고 생각할 수 있으며, 단위 면적당 흡수하는 원자의 개수와 f-값을 곱하면, 광구 위에서 주어진 분광선을 실제로 만드는 원자의 단위 면적당 개수를 얻을 수 있으며, 그 값은 fN_a이다. 그림 3.20에서 흡수하는 칼슘 이온의 여러 가지 단위 면적당 개수에 대하여 Ca II의 K 분광선($\lambda=393.3$ nm)의 보이트(Voigt) 선윤곽을 보여 준다.

성장 곡선

성장 곡선은 N_a의 값을 결정하여 항성 대기에서 원소의 함량을 구하는 중요한 도구이다. 그림 3.20에 보듯이, 등가폭 W는 N_a에 따라 달라진다. 그림 3.21에 보인 성장 곡선은 등가폭 W를 단위 면적당 흡수하는 원자의 개수 N_a의 함수로 나타낸 로그 그래프이다. 우선, 항성 대기에 주어진 원소가 전혀 존재하지 않는다고 생각해 보자. 이제 이 원소를 조금씩 대기에 넣으면, 처음에는 광학적으로 얇은 약한 흡수선이 나타난다. 만약 흡수하는 원자의 개수를 두 배로 늘리면, 두 배의 빛이 제거되므로, 분광선의 등가폭은 두 배 더 커진다. 그러므로, $W \propto N_a$이고, 성장 곡선은 처음에 $\ln N_a$에 1차 함수로 주어진다. 흡수하는 원자의 개수가 지속적으로 늘어나면, 분광선의 중심은

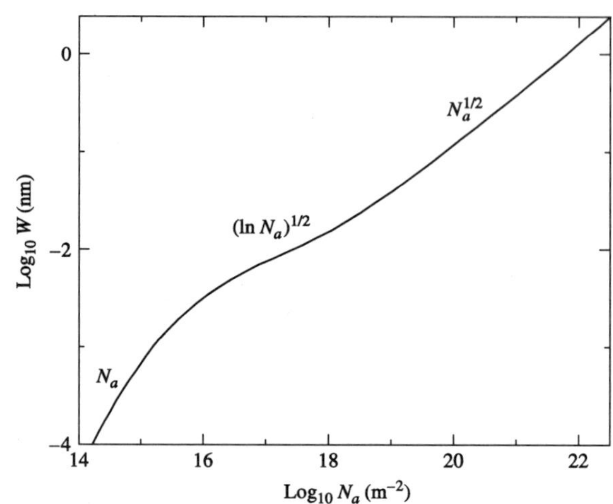

그림 3.21 Ca II의 K 분광선의 성장 곡선. N_a가 증가하면서, 등가폭(W)에 대한 함수꼴이 달라진다. 성장 곡선을 따라 여러 위치에서 W는 표시한 함수꼴에 비례한다. (그림 출처 : Aller, *The Atmosphere of the Sun and Stars*, Ronald Press, New York, 1963)

광학적으로 두꺼워지고, 이 곳에서 최대 가능한 양의 빛의 흡수가 일어난다.[29] 여기에 원자를 더 추가하면, 분광선은 더 낮게 내려갈 수 없어서 포화된다. 분광선의 날개 영역은 여전히 광학적으로 얕아서, 분광선이 더 깊어질 수 있다. 이 경우 분광선 등가폭의 변화는 미미하여, 성장 곡선이 편평해지고, $W \propto \ln N_a$로 주어진다. 흡수하는 원자의 개수를 더욱 늘리면, 압력 선폭 증가에 따른 선폭이 늘어나며(식 (3.64)), 분광선 날개 영역에서 흡수가 일어나기 시작한다. 등가폭은 이제 더 빠르게 증가하지만, 처음처럼 가파르지는 않아서 전체 선윤곽에 대하여 대략 $W \propto \sqrt{N_a}$을 만족한다. 성장 곡선과 측정된 등가폭을 써서 우리는 흡수하는 원자의 개수를 구할 수 있다. 볼츠만 방정식과 사하 방정식을 써서 이 값들을 광구 위층에 존재하는 원자들의 전체 개수로 환산한다.

단일한 분광선을 사용할 때에 나타날 오차를 줄이기 위하여 하나의 성장 곡선 위에 동일한 오비탈로부터 일어나는 천이에서 형성되는 몇 개의 분광선들의 등가폭들의

29) 그림 3.20에 보인 바와 같이 선 중심부에서 0값을 갖는 복사플럭스는 슈스터-슈바르츠실트 모형이 갖는 특이한 양상이다. 실제로는 가장 강하고 광학 두께가 큰 분광선일지라도 중심 파장 λ_0에서 약간의 플럭스는 존재한다. 일반적으로 어느 파장에서도 플럭스는 광학 두께가 2/3인 곳의 원천 함수 값 $F_\lambda = \pi S_\lambda(\tau_\lambda = 2/3)$ 이하로는 내려가지 않는다. 문제 3.20을 보라.

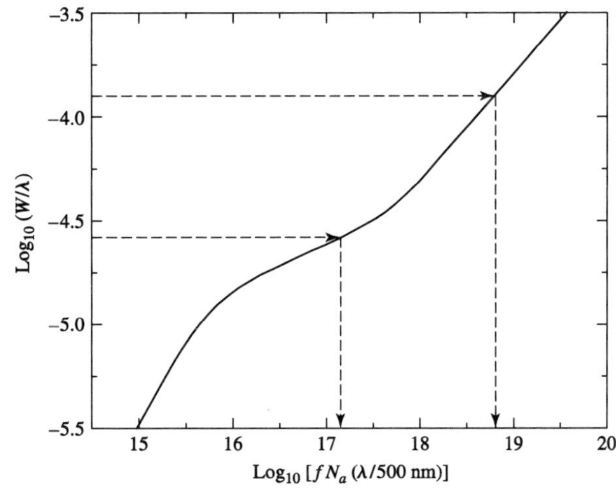

▮ 그림 3.22 태양에 대한 일반적인 성장 곡선. 화살표들은 예제 3.5.5에서 쓰인 자료들을 나타낸다. (그림 출처 : Aller, *Atoms, Stars, and Nebulae*, Revised Edition, Harvard University Press, Cambridge, MA, 1971)

위치를 사용하는 것이 유리하다.[30] 이것은 수직축에 $\log_{10}(W/\lambda)$를 가로축에 $\log_{10}[fN_a(\lambda/500\ \mathrm{nm})]$ 를 나타내서 할 수 있다. 이러한 규격화는 여러 개의 분광선에 쓰일 수 있는 일반적인 성장 곡선을 만들 수 있다. 그림 3.22는 태양에 대한 일반적인 성장 곡선이다. 그러한 성장 곡선을 사용하는 법이 다음 예제에 아주 잘 소개되어 있다.

예제 3.5.5

우리는 그림 3.22를 써서 태양 광구 위에서 매 제곱미터당 나트륨 원자의 개수를 나트륨 흡수선 330.238 nm와 588.997 nm의 측정값으로부터 구하려고 한다(표 3.1). 전자의 온도와 압력에 대하여 각각 $T = 5800\ \mathrm{K}$와 $P_e = 1\ \mathrm{N\,m^{-2}}$의 값을 써서, 성장 곡선을 만들고, 뒤에 있는 계산에 이용될 것이다.

▮ 표 3.1 태양의 나트륨 분광선 자료 (출처 : Aller, *Atoms, Stars, and Nebulae*, Revised Edition, Harvard University Press, Cambridge, MA, 1971)

λ (nm)	W (nm)	f	$\log_{10}(W/\lambda)$	$\log_{10}[f(\lambda/500\ \mathrm{nm})]$
330.238	0.0088	0.0214	−4.58	−1.85
588.997	0.0730	0.645	−3.90	−0.12

30) 이 방법은 성장 곡선을 규격화하는 여러 가지 방법 가운데 한 가지이다. 이와 같은 규격화 방법에 쓰인 가정은(수소처럼) 넓은 폭 분광선에는 항상 옳은 것은 아니며, 부정확한 결과를 얻을 수도 있다.

이 두 흡수선은 중성 나트륨 원자 Na I의 바닥 상태 오비탈로부터 일어나는 천이에서 발생하므로, 이 두 분광선들은 광구 위에 있는 연속복사 형성 지역에서 단위 면적당 이들을 흡수하는 나트륨 원자의 개수 N_a값이 같다. 이 숫자는 그림 3.22에 나타낸 성장 곡선의 $\log_{10}(W/\lambda)$의 값을 써서 $\log_{10}[fN_a(\lambda/500\text{ nm})]$의 값을 각각의 분광선에 대하여 구하여 얻을 수 있다. 그 결과는 다음과 같다.

$$\log_{10}\left(\frac{fN_a\lambda}{500\text{ nm}}\right) = 17.20 \quad \text{for the 330.238 nm line}$$
$$= 18.83 \quad \text{for the 588.997 nm line}$$

단위 면적당 흡수하는 원자의 개수 N_a를 구하려면, 우리는 $\log_{10}[fN_a(\lambda/500\text{ nm})]$의 측정된 값과 다음 식을

$$\log_{10} N_a = \log_{10}\left(\frac{fN_a\lambda}{500\text{ nm}}\right) - \log_{10}\left(\frac{f\lambda}{500\text{ nm}}\right)$$

같이 써서.

$$\log_{10} N_a = 17.15 - (-1.85) = 19.00 \quad \text{for the 330.238 nm line}$$

와

$$\log_{10} N_a = 18.80 - (-0.12) = 18.92 \quad \text{for the 588.997 nm line}$$

과 같은 결과를 얻는다. $\log_{10}N_a$의 평균값은 18.96이다. 그러므로, 광구에 매 제곱미터당 바닥상태에 있는 Na I 원자는 약 10^{19}개가 있다.

나트륨 원자의 전체 개수를 알려면, 식 (2.6), 식 (2.9)로 각각 주어진 볼츠만 방정식과 사하 방정식을 써야 한다. 천이 전후의 에너지 차[식 (2.6)에서 $E_b - E_a$]는 방출된 광자의 에너지이다. 식 (5.3)을 써서 볼츠만 방정식의 지수항은

$$e^{-(E_b-E_a)/kT} = e^{-hc/\lambda kT}$$
$$= 5.45 \times 10^{-4} \quad \text{for the 330.238 nm line}$$
$$= 1.48 \times 10^{-2} \quad \text{for the 588.997 nm line}$$

과 같으므로, 중성 Na I 원자들은 거의 대부분 바닥상태에 놓여 있다.

마지막으로 남은 것은 모든 이온화 단계에 있는 나트륨 원자의 단위 면적당 전체 개수를 결정하는 일이다. 매 제곱미터당 10^{19}개의 중성 나트륨 원자가 있다면, 단일 이온화된 나트륨의 개수 N_{II}은 다음 사하 방정식으로부터 구한다.

$$\frac{N_{\rm II}}{N_{\rm I}} = \frac{2kT\,Z_{\rm II}}{P_e Z_{\rm I}}\left(\frac{2\pi m_e kT}{h^2}\right)^{3/2} e^{-\chi_{\rm I}/kT} \; .$$

분배 함수로 $Z_{\rm I}=2.4$와 $Z_{\rm II}=1.0$를 쓰고, 중성 나트륨 원자의 이온화 에너지 $\chi_{\rm I}=5.14\,{\rm eV}$를 쓰면, $N_{\rm II}/N_{\rm I}=2.43\times10^3$을 얻는다. 따라서, 태양의 광구에는 매 중성 나트륨 원자마다 단일 이온화된 나트륨이 약 2430개 있다.[31] 그러므로, 단위 면적당 나트륨 원자의 전체 개수는 약

$$N = 2430 N_{\rm I} = 2.43 \times 10^{22}\ {\rm m}^{-2}$$

이다. 나트륨 원자의 질량은 3.82×10^{-26} kg이므로, 광구 위에서 매 제곱미터당 나트륨 원자의 질량은 대략 $9.3\times10^{-4}\ {\rm kg\,m^{-2}}$이다(더 자세한 계산에 따르면 이 값보다 약간 작은 $5.4\times10^{-4}\ {\rm kg\,m^{-2}}$을 얻는다). 이와 비교해서, 단위 면적당 수소의 질량은 약 $11\ {\rm kg\,m^{-2}}$이다.

그러므로, 흡수하는 원자의 개수는 처음에 같은 상태에 있던 원자나 이온들이(따라서 항성 대기에서 동일한 기둥 밀도를 갖는다) 만드는 여러 흡수선들에 대하여 측정된 등가폭들을 이론적인 성장 곡선과 비교하여 결정할 수 있다. 성장 곡선 분석은 서로 다른 오비탈로부터 일어나는 천이를 갖는 분광선에도 적용할 수 있다. 이 경우에는 서로 다른 들뜬 상태에 있는 원자나 이온의 상대 개수에 볼츠만 방정식을 적용하여 들뜸 온도를 계산할 수 있다. 비슷한 방법으로, 사하 방정식을 써서 여러 다양한 이온화 단계에 있는 원자들의 상대 개수로부터 항성 대기에서 전자 압력이나 이온화 온도를(어느 한쪽을 안다면) 알 수 있다.

항성 대기의 수치 모형

가장 세밀하게 항성 대기를 분석하는 방법은 컴퓨터에서 *모형 대기*를 세우는 일이다. 각각의 대기층이 분광선의 윤곽 형성에 참여하고, 별에서 관측되는 스펙트럼에 기여한다. 앞에서 논의한 모든 요소들에 더하여, 정유체 평형, 열역학, 통계역학, 양자 역학, 복사와 대류에 의한 에너지 수송 방정식들이 방대한 불투명도 라이브러리와 결합하여, 온도, 압력, 밀도를 표면으로부터 깊이의 함수로 얻는다.[32]

---

31) Na II의 이온화 에너지는 47.3 eV이다. 이 값은 충분히 크기 때문에 $N_{\rm III} \ll N_{\rm II}$이고 높은 상태의 이온화 상태를 고려할 필요가 없다.

32) 모형별을 구체적으로 만드는 일은 4장에서 공부한다.

이러한 모형들은 선윤곽에 관련된 상세한 자료를 제공할 뿐만 아니라, 별의 유효 온도나 표면 중력과 같은 기본적인 성질들에 대한 정보를 제공한다. 모형에 들어간 변수들이 "미세 조절"되어 관측값들과 잘 일치하면, 천문학자들은 마침내 별로부터 오는 빛이 실어나른 방대한 양의 정보를 해독해 내었다고 선언한다.

이러한 기본적인 과정들을 밟아가면서, 천문학자들은 태양과 다른 별에 있는 원소들의 함량비를 이해하게 되었다(표 3.2를 보라). 수소와 헬륨이 가장 흔한 원소이고, 다음으로 산소, 탄소, 질소이다. 10^{12}개의 수소 원자마다, 10^{11}개의 헬륨이 있고, 10^{9}개의 산소 원자가 있다. 이러한 숫자들은 운석에서 얻은 함량비와 아주 잘 일치하여, 천문학자들은 자신들의 결과에 확신감을 갖는다.[33] 우주를 이루는 기본 성분들을 이해함으로써, 천문학에서 가장 기본적인 다음과 같은 몇 가지 이론들을 관측적으로 검증하거나 제한한다. 즉, 항성 진화의 결과로 일어나는 가벼운 원소들의 핵합성, 초신성 폭발에 의한 무거운 원소들의 생성, 이 모든 것을 시작한 태초의 수소와 헬륨을 합성한 빅뱅과 같은 이론들이다.

표 3.2 태양 광구에서 함량이 가장 많은 원소들. 주어진 원소의 상대 함량이 $\log_{10}(N_{el}/N_{H})+12$로 주어져 있다. (자료 출처 : Grevesse and Sauval, *Space Science Review*, 85, 161, 1998)

원소	원자 번호	상대 함량의 로그값
수소	1	12.00
헬륨	2	10.93 ± 0.004
산소	8	8.83 ± 0.06
탄소	6	8.52 ± 0.06
네온	10	8.08 ± 0.06
질소	7	7.92 ± 0.06
마그네슘	12	7.58 ± 0.05
규소	14	7.55 ± 0.05
철	26	7.50 ± 0.05
황	16	7.33 ± 0.11
알루미늄	13	6.47 ± 0.07
아르곤	18	6.40 ± 0.06
칼슘	20	6.36 ± 0.02
나트륨	11	6.33 ± 0.03
니켈	28	6.25 ± 0.04

33) 주목할 만한 예외가 리튬이며, 태양에서 이 원소의 상대 함량은 $10^{1.16}$으로 운석의 분석으로부터 얻은 값인 $10^{3.31}$에 비하여 상당히 작다. 태양에서 140개 리튬 원자 가운데 한 개만 남은 리튬 결핍은 대류에 의하여 리튬이 뜨거운 내부로 수송되어 그 곳에서 핵반응에 참가하여 파괴되기 때문에 나타난다.

제3장 참고 문헌

▌일반 도서

Hearnshaw, J. B., *The Analysis of Starlight*, Cambridge University Press, Cambridge, 1986.

Kaler, James B., *Stars and Their Spectra*, Cambridge University Press, Cambridge, 1997.

▌고급 도서

Aller, Lawrence H., *The Atmospheres of the Sun and Stars*, Ronald Press, New York, 1963.

Aller, Lawrence H., *Atoms, Stars, and Nebulae*, Third Edition, Cambridge University Press, New York, 1991.

Böhm-Vitense, Erika, "The Effective Temperature Scale," *Annual Review of Astronomy and Astrophysics*, *19*, 295, 1981.

Böhm-Vitense, Erika, *Stellar Astrophysics, Volume 2: Stellar Atmospheres*, Cambridge University Press, Cambridge, 1989.

Cox, Arthur N. (editor), *Allen's Astrophysical Quantities*, Fourth Edition, AIP Press, New York, 2000.

Gray, David F., *The Observation and Analysis of Stellar Photospheres*, Third Edition, Cambridge University Press, Cambridge, 2005.

Grevesse, N., and Sauval, A. J., "Standard Solar Composition," *Space Science Reviews*, *85*, 161, 1998.

Iglesias, Carlos J., and Rogers, Forrest J., "Updated OPAL Opacities," *The Astrophysical Journal*, *464*, 943, 1996.

Mihalas, Dimitri, *Stellar Atmospheres*, Second Edition, W.H. Freeman, San Francisco, 1978.

Mihalas, Dimitri, and Weibel-Mihalas, Barbara, *Foundations of Radiation Hydrodynamics*, Dover Publications, Inc., Mineola, NY, 1999.

Novotny, Eva, *Introduction to Stellar Atmospheres and Interiors*, Oxford University Press, New York, 1973.

Rogers, Forrest, and Iglesias, Carlos, "The OPAL Opacity Code," `http://www-phys.llnl.gov/Research/OPAL/opal.html`.

Rybicki, George B., and Lightman, Alan P., *Radiative Processes in Astrophysics*, John Wiley and Sons, New York, 1979.

제 3장 연습 문제

3.1 Evaluate the energy of the blackbody photons inside your eye. Compare this with the visible energy inside your eye while looking at a 100-W light bulb that is 1 m away. You can assume that the light bulb is 100% efficient, although in reality it converts only a few percent of its 100 watts into visible photons. Take your eye to be a hollow sphere of radius 1.5 cm at a temperature of 37°C. The area of the eye's pupil is about 0.1 cm^2. Why is it dark when you close your eyes?

3.2 **(a)** Find an expression for $n_\lambda \, d\lambda$, the number density of blackbody photons (the number of blackbody photons per m^3) with a wavelength between λ and $\lambda + d\lambda$.

(b) Find the total number of photons inside a kitchen oven set at 400°F (477 K), assuming a volume of 0.5 m^3.

3.3 **(a)** Use the results of Problem 9.2 to find the total number density, n, of blackbody photons of all wavelengths. Also show that the average energy per photon, u/n, is

$$\frac{u}{n} = \frac{\pi^4 kT}{15(2.404)} = 2.70kT. \tag{9.65}$$

(b) Find the average energy per blackbody photon at the center of the Sun, where $T = 1.57 \times 10^7$ K, and in the solar photosphere, where $T = 5777$ K. Express your answers in units of electron volts (eV).

3.4 Derive Eq. (9.11) for the blackbody radiation pressure.

3.5 Consider a spherical blackbody of radius R and temperature T. By integrating Eq. (9.8) for the radiative flux with $I_\lambda = B_\lambda$ over all outward directions, derive the Stefan–Boltzmann equation in the form of Eq. (3.17). (You will also have to integrate over all wavelengths and over the surface area of the sphere.)

3.6 Using the root-mean-square speed, $v_{\rm rms}$, estimate the mean free path of the nitrogen molecules in your classroom at room temperature (300 K). What is the average time between collisions? Take the radius of a nitrogen molecule to be 0.1 nm and the density of air to be 1.2 kg m^{-3}. A nitrogen molecule contains 28 nucleons (protons and neutrons).

3.7 Calculate how far you could see through Earth's atmosphere if it had the opacity of the solar photosphere. Use the value for the Sun's opacity from Example 9.2.2 and 1.2 kg m^{-3} for the density of Earth's atmosphere.

3.8 In Example 9.2.3, suppose that only two measurements of the specific intensity, I_1 and I_2, are available, made at angles θ_1 and θ_2. Determine expressions for the intensity $I_{\lambda,0}$ of the light above Earth's atmosphere and for the vertical optical depth of the atmosphere, $\tau_{\lambda,0}$, in terms of these two measurements.

3.9 Use the laws of conservation of relativistic energy and momentum to prove that an isolated electron cannot absorb a photon.

3.10 By measuring the slope of the curves in Fig. 9.10, verify that the decline of the curves after the peak in the opacity follows a Kramers law, $\overline{\kappa} \propto T^{-n}$, where $n \approx 3.5$.

3.11 According to one model of the Sun, the central density is 1.53×10^5 kg m^{-3} and the Rosseland mean opacity at the center is 0.217 m^2 kg^{-1}.

(a) Calculate the mean free path of a photon at the center of the Sun.

(b) Calculate the average time it would take for the photon to escape from the Sun if this mean free path remained constant for the photon's journey to the surface. (Ignore the fact that identifiable photons are constantly destroyed and created through absorption, scattering, and emission.)

3.12 If the temperature of a star's atmosphere is *increasing* outward, what type of spectral lines would you expect to find in the star's spectrum at those wavelengths where the opacity is greatest?

3.13 Consider a large hollow spherical shell of hot gas surrounding a star. Under what circumstances would you see the shell as a glowing *ring* around the star? What can you say about the optical thickness of the shell?

3.14 Verify that the emission coefficient, j_λ, has units of m s^{-3} sr^{-1}.

3.15 Derive Eq. (9.35) in Example 9.4.1, which shows how the intensity of a light ray is converted from its initial intensity I_λ to the value S_λ of the source function.

3.16 The transfer equation, Eq. (9.34), is written in terms of the distance, s, measured along the path of a light ray. In different coordinate systems, the transfer equation will look slightly different, and care must be taken to include all of the necessary terms.

(a) Show that in a spherical coordinate system, with the center of the star at the origin, the transfer equation has the form

$$-\frac{\cos\theta'}{\kappa_\lambda \rho}\frac{dI_\lambda}{dr} = I_\lambda - S_\lambda,$$

where θ' is the angle between the ray and the outward radial direction. Note that you cannot simply replace s with r!

(b) Use this form of the transfer equation to derive Eq. (9.31).

3.17 For a plane-parallel atmosphere, show that the Eddington approximation leads to expressions for the mean intensity, radiative flux, and radiation pressure given by Eqs. (9.46–9.48).

3.18 Using the Eddington approximation for a plane-parallel atmosphere, determine the values of I_{in} and I_{out} as functions of the vertical optical depth. At what depth is the radiation isotropic to within 1%?

3.19 Using the results for the plane-parallel gray atmosphere in LTE, determine the ratio of the effective temperature of a star to its temperature at the top of the atmosphere. If $T_e = 5777$ K, what is the temperature at the top of the atmosphere?

3.20 Show that for a plane-parallel gray atmosphere in LTE, the (constant) value of the radiative flux is equal to π times the source function evaluated at an optical depth of 2/3:

$$F_{\text{rad}} = \pi S(\tau_v = 2/3).$$

This function, called the **Eddington–Barbier relation**, says that the radiative flux received from the surface of the star is determined by the value of the source function at $\tau_v = 2/3$.

3.21 Consider a horizontal plane-parallel slab of gas of thickness L that is maintained at a constant temperature T. Assume that the gas has optical depth $\tau_{\lambda,0}$, with $\tau_\lambda = 0$ at the top surface of the slab. Assume further that no radiation enters the gas from outside. Use the general solution of the transfer equation (9.54) to show that when looking at the slab from above, you see blackbody radiation if $\tau_{\lambda,0} \gg 1$ and emission lines (where j_λ is large) if $\tau_{\lambda,0} \ll 1$. You may assume that the source function, S_λ, does not vary with position inside the gas. You may also assume thermodynamic equilibrium when $\tau_{\lambda,0} \gg 1$.

3.22 Consider a horizontal plane-parallel slab of gas of thickness L that is maintained at a constant temperature T. Assume that the gas has optical depth $\tau_{\lambda,0}$, with $\tau_\lambda = 0$ at the top surface of the slab. Assume further that incident radiation of intensity $I_{\lambda,0}$ enters the bottom of the slab from outside. Use the general solution of the transfer equation (9.54) to show that when looking at the slab from above, you see blackbody radiation if $\tau_{\lambda,0} \gg 1$. If $\tau_{\lambda,0} \ll 1$, show that you see absorption lines superimposed on the spectrum of the incident radiation if $I_{\lambda,0} > S_\lambda$ and emission lines superimposed on the spectrum of the incident radiation if $I_{\lambda,0} < S_\lambda$. (These latter two cases correspond to the spectral lines formed in the Sun's photosphere and chromosphere, respectively; see Section 11.2.) You may assume that the source function, S_λ, does not vary with position inside the gas. You may also assume thermodynamic equilibrium when $\tau_{\lambda,0} \gg 1$.

3.23 Verify that if the source function is $S_\lambda = a_\lambda + b_\lambda \tau_{\lambda,v}$, then the emergent intensity is given by Eq. (9.57), $I_\lambda(0) = a_\lambda + b_\lambda \cos\theta$.

3.24 Suppose that the shape of a spectral line is fit with one-half of an ellipse, such that the semimajor axis a is equal to the maximum depth of the line (let $F_\lambda = 0$) and the minor axis $2b$ is equal to the maximum width of the line (where it joins the continuum). What is the equivalent width of this line? *Hint:* You may find Eq. (2.4) useful.

3.25 Derive Eq. (9.60) for the uncertainty in the wavelength of a spectral line due to Heisenberg's uncertainty principle.

3.26 The two solar absorption lines given in Table 9.3 are produced when an electron makes an upward transition from the ground state orbital of the neutral Na I atom.

(a) Using the general curve of growth for the Sun, Fig. 9.22, repeat the procedure of Example 9.5.5 to find N_a, the number of absorbing sodium atoms per unit area of the photosphere.

(b) Combine your results with those of Example 9.5.5 to find an average value of N_a. Use this value to plot the positions of the four sodium absorption lines on Fig. 9.22, and confirm that they do all lie on the curve of growth.

TABLE 9.3 Data for Solar Sodium Lines for Problem 9.26. (Data from Aller, *Atoms, Stars, and Nebulae*, Revised Edition, Harvard University Press, Cambridge, MA, 1971.)

λ (nm)	W (nm)	f
330.298	0.0067	0.0049
589.594	0.0560	0.325

3.27 Pressure broadening (due to the presence of the electric fields of nearby ions) is unusually effective for the spectral lines of hydrogen. Using the general curve of growth for the Sun with these broad hydrogen absorption lines will result in an overestimate of the amount of hydrogen present. The following calculation nevertheless demonstrates just how abundant hydrogen is in the Sun.

The two solar absorption lines given in Table 9.4 belong to the Paschen series, produced when an electron makes an upward transition from the $n = 3$ orbital of the hydrogen atom.

(a) Using the general curve of growth for the Sun, Fig. 9.22, repeat the procedure of Example 9.5.5 to find N_a, the number of absorbing hydrogen atoms per unit area of the photosphere (those with electrons initially in the $n = 3$ orbital).

(b) Use the Boltzmann and Saha equations to calculate the total number of hydrogen atoms above each square meter of the Sun's photosphere.

TABLE 9.4 Data for Solar Hydrogen Lines for Problem 9.27. (Data from Aller, *Atoms, Stars, and Nebulae*, Revised Edition, Harvard University Press, Cambridge, MA, 1971.)

λ (nm)	W (nm)	f
1093.8 (Paγ)	0.22	0.0554
1004.9 (Paδ)	0.16	0.0269

COMPUTER PROBLEMS

3.28 In this problem, you will use the values of the density and opacity at various points near the surface of the star to calculate the optical depth of these points. The data in Table 9.5 were obtained from the stellar model building program `StatStar`, described in Section 10.5 and Appendix L. The first point listed is at the surface of the stellar model.

(a) Find the optical depth at each point by numerically integrating Eq. (9.15). Use a simple trapezoidal rule such that

$$d\tau = -\kappa\rho\, ds$$

becomes

$$\tau_{i+1} - \tau_i = -\left(\frac{\kappa_i\rho_i + \kappa_{i+1}\rho_{i+1}}{2}\right)(r_{i+1} - r_i),$$

where i and $i+1$ designate adjacent zones in the model. Note that because s is measured along the path traveled by the photons, $ds = dr$.

(b) Make a graph of the temperature (vertical axis) vs. the optical depth (horizontal axis).

(c) For each value of the optical depth, use Eq. (9.53) to calculate the temperature for a plane-parallel gray atmosphere in LTE. Plot these values of T on the same graph.

(d) The `StatStar` program utilizes a simplifying assumption that the surface temperature is zero (see Appendix L). Comment on the validity of the surface value of T that you found.

3.29 The binary star code `TwoStars`, discussed in Section 7.3 and Appendix K, makes use of an empirical limb darkening formula developed by W. Van Hamme (*Astronomical Journal*, *106*, 1096, 1993):

$$\frac{I(\theta)}{I(\theta = 0)} = 1 - x(1 - \cos\theta) - y\cos\theta\,\log_{10}(\cos\theta),$$

where $x = 0.648$ and $y = 0.207$ for solar-type stars (other coefficients are provided for other types of stars).

(a) Plot Van Hamme's formula for limb darkening over the range $0 \le \theta \le 90°$. (Be sure to correctly treat the singularity in the function at $\theta = 90°$.)

(b) Plot Eq. (9.58), which is based on the Eddington approximation, on the same graph.

(c) Where is the difference between the two formulae the greatest?

(d) Compare the two curves to the observational data shown in Fig. 9.17. Which curve best represents the solar data?

TABLE 9.5 A 1 $M_\odot$ `StatStar` Model for Problem 9.28. $T_e = 5504$ K.

i	r (m)	T (K)	ρ (kg m^{-3})	κ (m^2 kg^{-1})
0	7.100764E+08	0.000000E+00	0.000000E+00	0.000000E+00
1	7.093244E+08	3.379636E+03	2.163524E−08	2.480119E+01
2	7.092541E+08	3.573309E+03	3.028525E−08	2.672381E+01
3	7.091783E+08	3.826212E+03	4.206871E−08	2.737703E+01
4	7.090959E+08	4.133144E+03	5.814973E−08	2.708765E+01
5	7.090062E+08	4.488020E+03	8.015188E−08	2.625565E+01
6	7.089085E+08	4.887027E+03	1.103146E−07	2.517004E+01
7	7.088019E+08	5.329075E+03	1.517126E−07	2.399474E+01
8	7.086856E+08	5.815187E+03	2.085648E−07	2.281158E+01
9	7.085588E+08	6.347784E+03	2.866621E−07	2.165611E+01
10	7.084205E+08	6.930293E+03	3.939580E−07	2.054686E+01
11	7.082697E+08	7.566856E+03	5.413734E−07	1.948823E+01
12	7.081052E+08	8.262201E+03	7.439096E−07	1.848131E+01
13	7.079259E+08	9.021603E+03	1.022171E−06	1.752513E+01
14	7.077303E+08	9.850881E+03	1.404459E−06	1.661785E+01
15	7.075169E+08	1.075642E+04	1.929644E−06	1.575731E+01
16	7.072843E+08	1.174520E+04	2.651111E−06	1.494128E+01
17	7.070306E+08	1.282486E+04	3.642174E−06	1.416754E+01
18	7.067540E+08	1.400375E+04	5.003513E−06	1.343396E+01
19	7.064524E+08	1.529096E+04	6.873380E−06	1.273849E+01
20	7.061235E+08	1.669643E+04	9.441600E−06	1.207917E+01
21	7.057649E+08	1.823102E+04	1.296880E−05	1.145414E+01
22	7.053741E+08	1.990656E+04	1.781279E−05	1.086165E+01
23	7.049480E+08	2.173599E+04	2.446473E−05	1.030001E+01
24	7.044836E+08	2.373341E+04	3.359882E−05	9.767631E+00
26	7.034259E+08	2.829519E+04	6.335925E−05	8.784696E+00
27	7.028250E+08	3.089468E+04	8.699788E−05	8.331344E+00
28	7.021704E+08	3.373266E+04	1.194469E−04	7.901659E+00
29	7.014574E+08	3.683096E+04	1.639859E−04	7.494416E+00
30	7.006810E+08	4.021337E+04	2.251132E−04	7.108452E+00
31	6.998356E+08	4.390583E+04	3.089976E−04	6.742665E+00
32	6.989155E+08	4.793666E+04	4.240980E−04	6.396010E+00
33	6.979141E+08	5.233670E+04	5.820105E−04	6.067495E+00
34	6.968247E+08	5.713961E+04	7.986295E−04	5.756179E+00
35	6.956399E+08	6.238205E+04	1.095736E−03	5.461170E+00
36	6.943518E+08	6.810401E+04	1.503169E−03	5.181621E+00
37	6.929517E+08	7.434904E+04	2.061803E−03	4.916730E+00
38	6.914307E+08	8.116461E+04	2.827602E−03	4.665735E+00
39	6.897790E+08	8.860239E+04	3.877181E−03	4.427914E+00
40	6.879861E+08	9.671869E+04	5.315384E−03	4.202584E+00
41	6.860411E+08	1.055748E+05	7.285639E−03	3.989094E+00

4장 항성의 내부

4.1 정유체 평형

앞의 2장에서 항성 스펙트럼의 상세한 관측적인 성질들 여러 가지를 논의하였고, 관측되는 분광선들이 만들어지는 기본적인 물리적 성질들을 함께 살폈다. 지상 망원경과 우주 망원경으로 수집한 이러한 빛들을 분석하여, 천문학자들은 항성의 외곽 부분과 관련된 다양한 물리량들 예를 들면 유효 온도, 광도, 화학 성분들을 결정할 수 있다. 그러나, 태양에서 오는 중성미자의 지속적인 검출(이 장의 뒷부분과 5장에서 더 자세히 논의할 것이다)과 초신성 1987A에서 한 번 있었던 중성미자의 검출을 제외하고는 항성의 중심 부분을 직접 관측하는 방법은 존재하지 않는다.

항성 내부 구조의 결정

항성의 내부 구조를 상세히 결정하려면, 알려진 모든 물리학 법칙을 따르며 관측 가능한 항성 표면의 성질들과 궁극적으로 일치하는 컴퓨터 모형을 만들어야 한다.

비록 항성 구조의 이론적 기반의 많은 부분이 20세기 전반부에 알려졌지만, 1960년대에 와서야 충분히 빠른 컴퓨터를 써서 필요한 계산을 수행할 수 있게 되었다. 아마도 이론천체물리학의 가장 큰 성공 가운데 하나가 항성의 구조와 진화에 대한 상세한 컴퓨터 모형의 수립일 것이다. 그러나, 이러한 계산을 성공적으로 수행하였더라도 여전히 많은 의문들이 남아 있다. 이러한 문제들의 해답은 항성 내부에서 일어나는 물리적 과정들을 더욱 상세하게 이해하여야 하며, 더욱 거대한 규모의 수치 계산이 필요하다.

관측 자료와 결합된 항성 구조의 이론적 연구로부터, 별은 동력학적 존재라는 점을 알 수 있으며, 인간의 기준으로는 감지할 수 없을 정도로 느리게 변화하고, 초신성 폭발과 같이 가끔은 매우 빠르고 극적인 방법으로 변화를 보여 주기도 한다. 그러한 변화들이 반드시 일어나야 한다는 점은 단순히 별이 쏟아내는 에너지의 관측 값을 고려해도 알 수 있다. 태양은 매초마다 3.839×10^{26} J을 방출한다.

이와 같은 에너지 방출률은 에너지 흡수가 100퍼센트 효율적이라고 가정할 때에, 1AU×1 mile×1 mile크기의 섭씨0도 얼음 덩어리를 불과 0.3초 만에 녹일 수 있을 것이다. 별들은 무한한 에너지의 원천을 갖고 있지 않기 때문에, 결국 저축한 에너지를 모두 소모하고 죽을 것이다. *항성의 진화는 인정사정 없이 잡아 당기는 중력에 대한 끊임 없는 싸움의 결과로 일어난다.*

정유체 평형방정식의 유도

중력은 언제나 끌어당기기만 하기 때문에 별이 무너져 내리지 않으려면 반드시 이에 대항하는 힘이 있어야 한다. 이 힘은 압력으로부터 나온다. 압력이 깊이에 따라 어떻게 달라지는지 계산하기 위하여, 별 중심으로부터 밑면이 거리 r에 있는 원기둥 모양의 질량 dm을 고려하자(그림 4.1을 보라). 원기둥의 윗면과 아랫면의 넓이는 다 같이 A이고 원기둥의 높이는 dr이다. 여기에서 원기둥에 작용하는 힘은 오직 중력과 압력이며, 압력은 주어진 면에 언제나 수직 방향으로 작용하고, 별의 중심으로부터 거리에 따라 달라질 수 있다. 뉴턴의 운동 제2법칙 $\mathbf{F} = m\mathbf{a}$를 써서 원기둥에 작용하는 알짜힘을 얻을 수 있다.

$$dm \frac{d^2r}{dt^2} = F_g + F_{P,t} + F_{P,b}$$

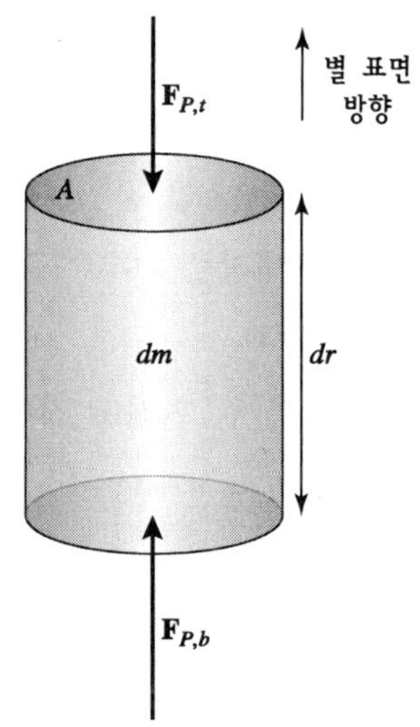

그림 4.1 평형 상태에 있는 별에서 질량 요소에 작용하는 중력은 압력 기울기 때문에 별로부터 멀어지는 방향으로 생기는 힘과 완벽하게 상쇄한다. 질량이 dm인 원기둥이 별 중심으로부터 거리 r인 곳에 놓여 있다. 원기둥의 높이는 dr이고, 윗면과 아랫면의 넓이는 A이다. 기체의 밀도는 이 곳에서 ρ라고 가정한다.

에서 $F_g < 0$는 중력으로서 아래 방향으로 작용하고, $F_{P,t}$와 $F_{P,b}$는 각각 원기둥의 윗면(top)과 아랫면(bottom)에 작용하는 압력이다. 원기둥 옆면에 작용하는 압력은 서로 상쇄하며, 따라서 위 식에서 고려되지 않는다는 점에 유의하자. 압력은 늘 주어진 면의 법선 방향으로만 작용하므로, 원기둥 윗면에 작용하는 압력은 별의 중심을 향하고($F_{P,t} < 0$), 원기둥 아랫면에 작용하는 압력은 별로부터 멀어지는 방향으로 작용한다($F_{P,b} > 0$). $F_{P,t}$를 $F_{P,b}$로 나타내면 거리 r에 따른 압력의 변화를 보정항 dF_P가 표현해 준다.

$$F_{P,t} = -\left(F_{P,b} + dF_P\right)$$

앞의 식에 대입하면

$$dm\,\frac{d^2r}{dt^2} = F_g - dF_P \tag{4.1}$$

이다. 예제 2.2.1에서 본 바와 같이, 구 대칭을 이루는 천체의 중심으로부터 거리 r인 곳에 있는 작은 질량 dm에 작용하는 중력은

$$F_g = -G\frac{M_r\,dm}{r^2} \tag{4.2}$$

이며, 여기에서 M_r은 반지름 r인 공 안에 담긴 질량으로 *내부질량*이라고도 부른다. 반지름 r 밖에 놓인 구대칭을 이루는 공껍데기들이 주는 중력의 합은 0이다(이 사실의 증명은 문제 4.2이다).

압력은 주어진 면에서 단위 면적당 작용하는 힘으로 정의된다. 즉,

$$P \equiv \frac{F}{A}$$

원기둥 윗면과 아랫면에 작용하는 힘의 차이를 주는 압력의 변화를 생각해서, 압력이 주는 힘의 차이를

$$dF_P = A\,dP \tag{4.3}$$

과 같이 나타낼 수 있다. 식 (4.2)와 식 (4.3)을 식 (4.1)에 대입하면

$$dm\frac{d^2r}{dt^2} = -G\frac{M_r\,dm}{r^2} - A\,dP \tag{4.4}$$

를 얻는다. 원기둥에서 기체의 밀도를 ρ라고 하면,

$$dm = \rho A\,dr$$

이고, $A\,dr$은 원기둥의 부피이다. 식 (4.4)에 이것을 대입하면

$$\rho A\,dr\frac{d^2r}{dt^2} = -G\frac{M_r\rho A\,dr}{r^2} - A\,dP$$

이다. 마지막으로, 원기둥의 부피로 양변을 나누면

$$\rho\frac{d^2r}{dt^2} = -G\frac{M_r\rho}{r^2} - \frac{dP}{dr} \tag{4.5}$$

를 얻는다. 이 식은 구대칭을 가정할 때에 원기둥의 지름 방향(혹은 r 방향) 운동 방정식이다.

별에 움직임이 없다고 가정하면, 가속도가 0이어야 한다. 이 경우 식 (4.5)는 간단하게

$$\boxed{\frac{dP}{dr} = -G\frac{M_r \rho}{r^2} = -\rho g} \tag{4.6}$$

을 얻으며, $g \equiv GM_r/r^2$는 반지름 r인 곳에서 중력가속도이다. 식 (4.6)은 **정유체평형** 조건을 주는 식으로서 가속도가 무시된다는 가정 아래에서 구 대칭을 이루는 항성 내부 구조를 기술하는 가장 기본적인 식 가운데 하나이다. 식 (4.6)은 별이 정적인 상태를 유지하기 위해서는 *압력 기울기* dP/dr이 중력에 대항해야 한다는 점을 명백하게 보여 준다. 별을 지탱하는 것은 압력이 아니라, 반지름에 따른 압력의 변화이다. 더구나, 압력은 반지름이 커지면서 *감소*해야 한다. 별에서 압력은 반드시 표면보다는 내부에서 더 커야 한다.

예제 4.1.1

태양의 중심에서 압력의 근사값을 대충 구하기 위해서, $M_r = 1\,\mathrm{M}_\odot$, $r = 1\,\mathrm{R}_\odot$, 평균 태양 밀도 $\rho = \bar{\rho}_\odot = 1410\ \mathrm{kg\ m^{-3}}$를 가정하자. 표면의 압력이 정확히 0이라고 가정하자. 그리고, 미분 방정식을 차분 방정식으로 바꾸면, 식 (4.6)은

$$\frac{dP}{dr} \sim \frac{P_s - P_c}{R_s - 0} \sim -\frac{P_c}{R_\odot}$$

이고, 여기에서 P_c는 태양의 중심부 압력이고, P_s와 R_s는 각각 표면 압력과 반지름이다. 정유체평형 방정식에 대입하고, 중심부 압력에 대하여 풀면

$$P_c \sim G\frac{M_\odot \bar{\rho}_\odot}{R_\odot} \sim 2.7 \times 10^{14}\ \mathrm{N\ m^{-2}}$$

이다. 더 정확한 값을 얻기 위해서 우리는 정유체평형 방정식을 표면에서 중심까지 *적분*해야 한다. 이 때에 내부질량 M_r이 각 지점에서 변화하고, 밀도도 $\rho_r \equiv \rho(r)$ 반지름에 따라 달라진다는 점을 고려해야 한다. 따라서,

$$\int_{P_s}^{P_c} dP = P_c = -\int_{R_s}^{R_c} \frac{GM_r \rho}{r^2}\, dr$$

적분값을 구하려면, M_r과 ρ의 r에 대한 함수꼴을 알아야 한다. 불행하게도, 이러한 함수꼴에 대한 해석적인 식은 얻을 수 없고, 이러한 양들 사이에 존재하는 여러 관계식들을 찾아야 한다.

좀 더 엄밀한 태양 모형 계산에서 중심부 압력은 거의 2.34×10^{16} N m^{-2}을 얻는다. 이 값은 우리가 대충 구한 근사값보다 훨씬 더 크며 그 이유는 태양 중심부로 갈수록 밀도가 더 커지기 때문이다. 참고로, 지구 대기에서 1기압(atm)$=1.013\times10^5$ N m^{-2}이다. 그러므로, 좀 더 현실적인 모형을 세워 계산하면 태양의 중심부 압력은 2.3×10^{11} 기압이 예상된다.

질량 보존 방정식

질량, 반지름, 밀도를 연결하는 식이 또한 존재한다. 그림 4.2에 보인 바와 같이, 구 대칭을 이루는 별에 대하여 중심으로부터 거리 r에 놓여 있으며, 질량이 dM_r, 두께가 dr인 공 껍데기를 생각하자. 공 껍데기의 두께가 반지름에 비하여 충분히 작다고 하면($dr \ll r$) 껍데기의 부피는 대략 $dV = 4\pi r^2 dr$이다. 이 곳에서 기체의 밀도를 ρ라고 하면, 껍데기의 질량은

$$dM_r = \rho(4\pi r^2 dr)$$

이다. 이것을 다시 쓰면 다음과 같은 **질량 보존 방정식**을 얻는다.

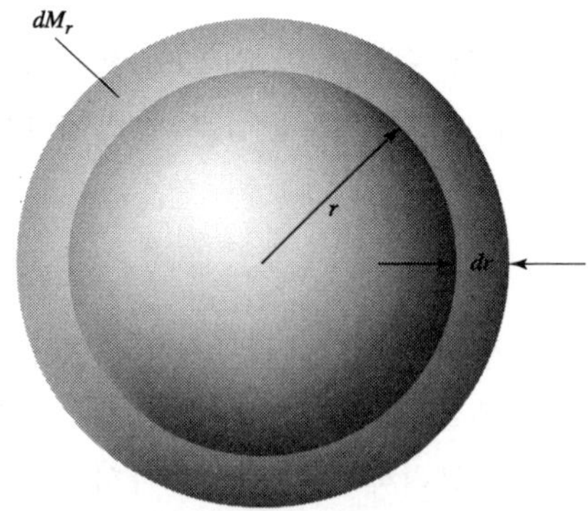

▮ **그림 4.2** 두께 dr을 가지며, 별 중심으로부터 거리 r에 위치한 구 대칭을 갖는 질량 dM_r의 공껍데기. 공 껍데기의 밀도는 ρ이다.

$$\boxed{\frac{dM_r}{dr} = 4\pi r^2 \rho} \tag{4.7}$$

이 식은 별의 내부질량이 중심으로부터 거리 r에 따라 어떻게 바뀌는지를 말해준다. 식 (4.7)은 두 번째의 항성 내부 구조 기본 방정식이다.

4.2 압력 상태 방정식

이제까지 식 (4.6)에서 요구되는 압력 항의 기원에 대해서 설명하지 않았다. 입자들이 미시적으로 상호 작용함에 따라 거시적으로 나타나는 과정을 기술하려면, 물질에서 압력 **상태 방정식**을 유도할 필요가 있다. 이러한 상태 방정식으로부터 압력이 물질의 다른 기본 성질들과 맺는 함수 관계를 알 수 있다. 압력 상태 방정식의 잘 알려진 한 예가 이상기체방정식이며 흔히

$$PV = NkT$$

로 나타난다. 여기에서 V는 기체의 부피, N은 입자의 개수, T는 온도, k는 볼츠만 상수이다.

비록, 이 식은 실험을 통해서 처음 알려졌지만, 기본적인 물리학 원리로부터 유도하는 것이 큰 의미를 갖는다. 이 책에서 쓰는 접근법은 많은 천체물리학적 상황에서 나타나듯이, 이상 기체 법칙의 가정이 필요하지 않은 상황에도 적용될 수 있는 일반적인 방법을 제공한다.

압력 적분의 유도

그림 4.3에 보인 바와 같이, 길이가 Δx이고 횡단면적이 A인 원기둥 그릇을 생각하자. 원기둥에 담긴 기체는 낱개의 질량이 m인 점입자로 이루어져 있고 이상기체처럼 완전 탄성 충돌을 통하여 상호 작용한다고 가정한다. 그릇 한 쪽 끝에 작용하는 압력을 결정하기 위하여, 낱개의 입자가 오른쪽 벽을 때린 결과를 조사하자. 완전 탄성 충돌의 경우 벽에서 반사각은 입사각과 같아야 하며, 입자의 운동량 변화는 오로지 x-방향에서만 나타나며, 이 방향은 그릇면의 법선 방향과 같다. 뉴턴의 운동 제2법칙($\mathbf{f} = m\mathbf{a} = d\mathbf{p}/dt$)과 제3법칙으로부터, 벽에 전해진 충격량($\mathbf{f}\,\Delta t$)는 입자의 운동량 변화의 음수로 주어진다. 즉,

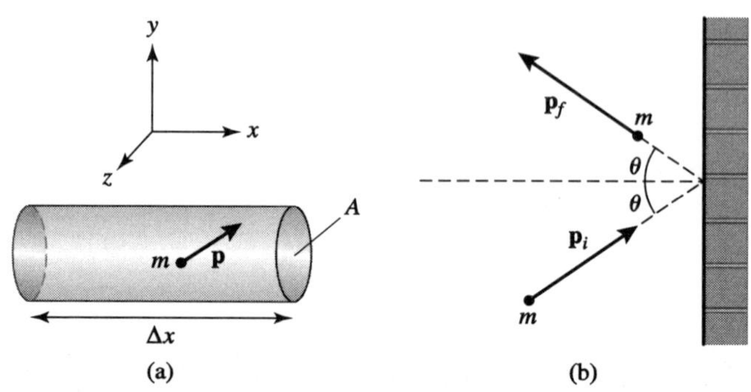

▌그림 4.3 (a) 횡단면적이 A이고 길이가 Δx인 기체를 담고 있는 원기둥. 원기둥 안에 있는 기체는 이상 기체라고 가정한다.
(b) 원기둥 한 끝에서 일어나는 낱개의 점입자의 충돌. 완전 탄성 충돌의 경우 반사각은 입사각과 같다.

$$\mathbf{f}\,\Delta t = -\Delta \mathbf{p} = 2p_x \hat{\mathbf{i}}$$

이며, 여기에서 p_x는 입자가 x-방향으로 처음에 갖고 있었던 운동량 성분이다.[1] 이제, 이 입자가 적당한 시간 동안 평균적으로 벽에 주는 힘은 오른쪽 벽에 충돌하는 시간 간격을 계산하여 얻을 수 있다. 입자는 그릇 길이의 두 배 거리를 움직여야 두 번째 반사를 일으킬 수 있으므로, 같은 입자가 같은 벽에 충돌하는 시간 간격은

$$\Delta t = 2\frac{\Delta x}{v_x}$$

이다. 따라서, 이 시간 간격 동안 한 입자가 벽에 주는 평균 힘은

$$f = \frac{2p_x}{\Delta t} = \frac{p_x v_x}{\Delta x}$$

로 주어진다. 여기에서 힘 벡터의 방향은 고려하고 있는 면에 수직 방향이다.

이제, $p_x \propto v_x$이므로, 위 식의 분자는 v_x^2에 비례한다. 이것을 계산하기 위하여, 속도 벡터의 크기는 $v^2 = v_x^2 + v_y^2 + v_z^2$임을 기억하자. 제멋대로 운동하는 아주 많은 수의 입자들에 대해서 세 개 방향의 각각에 대한 확률은 같다.

---

1) 소문자 $\mathbf{f}$는 단일 입자에 작용하는 힘을 나타낸다.

즉, $\overline{v_x^2} = \overline{v_y^2} = \overline{v_z^2} = v^2/3$이다. 따라서, $p_x v_x$ 대신 $\frac{1}{3}pv$를 쓰면 운동량 p를 갖는 입자마다 기여하는 평균 힘은

$$f(p) = \frac{1}{3}\frac{pv}{\Delta x}$$

입자들은 어느 정도 범위의 운동량을 갖는 것이 일반적이다. p와 $p+dp$ 사이의 운동량을 갖는 입자의 개수가 $N_p dp$라고 쓴다면, 그릇에 있는 입자 전체의 개수는

$$N = \int_0^\infty N_p \, dp$$

이다. 이 운동량 범위에 있는 *모든* 입자가 주는 전체 힘 $dF(p)$는

$$dF(p) = f(p) N_p \, dp = \frac{1}{3}\frac{N_p}{\Delta x} pv \, dp$$

이다. 운동량의 가능한 모든 값에 대해 적분하여, 입자들의 충돌이 주는 전체 힘은

$$F = \frac{1}{3}\int_0^\infty \frac{N_p}{\Delta x} pv \, dp$$

를 얻는다. 양변을 벽의 표면적 A로 나누면 표면에 작용하는 압력 $P = F/A$을 얻는다. $\Delta V = A\Delta x$가 원기둥의 부피라는 점을 파악하고, $n_p dp$를 *단위 부피당* p와 $p+dp$ 사이의 운동량을 갖는 입자들의 개수로 정의하여

$$n_p \, dp \equiv \frac{N_p}{\Delta V} dp$$

임에 유의하면 벽에 작용하는 압력이

$$P = \frac{1}{3}\int_0^\infty n_p pv \, dp \tag{4.8}$$

를 얻는다. 이 식을 흔히 **압력 적분**이라고 부르며, 주어진 *분포 함수* $n_p \, dp$에 대하여 이 식을 통하여 압력을 계산할 수 있다.

평균 분자량으로 표현한 이상 기체 법칙

식 (4.8)은 임의의 속도로 운동하는(광자와 같이) 정지 질량이 0이거나 양인 모든 입자들에 대하여 성립한다. 특별한 경우로, 비상대론적으로 운동하는 정지 질량이 양인 입자들에 대하여 $p = mv$를 써서 압력 적분을

$$P = \frac{1}{3}\int_0^\infty m n_v v^2\, dv \tag{4.9}$$

과 같이 쓸 수 있으며, $n_v\, dv = n_p\, dp$는 v와 $v + dv$ 사이의 속도를 갖는 단위 부피당 입자의 개수이다.

함수 $n_v\, dv$는 고려하고 있는 계의 물리적 본성에 따라 달라진다. 이상 기체의 경우, $n_v\, dv$는 2장에서 기술한 막스웰–볼츠만 속도 분포(식 (2.1))로

$$n_v\, dv = n\left(\frac{m}{2\pi kT}\right)^{3/2} e^{-mv^2/2kT}\, 4\pi v^2\, dv$$

기술되고, 이 때에 $n = \int_0^\infty n_v\, dv$는 입자의 개수 밀도이다. 이 식을 압력 적분에 대입하면, 마지막으로

$$P_g = nkT \tag{4.10}$$

을 얻는다(증명은 문제 4.5에서 연습 문제로 남긴다). 그런데, $n \equiv N/V$이므로, 식 (4.10)은 낯이 익은 이상 기체 방정식이다.

천체물리학적 상황에 적용하기 위하여, 이상 기체 방정식을 다른 형태로 나타내는 것이 편리하다. n이 입자의 개수 밀도이기 때문에, 이 값은 기체의 질량 밀도와 깊이 관련되어 있다. 서로 다른 질량을 갖는 여러 가지 입자들이 혼합되어 있는 경우를 생각해서, n을

$$n = \frac{\rho}{\overline{m}}$$

과 같이 쓰고, $\overline{m}$을 기체 입자의 평균 질량이라고 하자. 이 식을 대입하면, 이상기체 방정식은

$$P_g = \frac{\rho kT}{\overline{m}}$$

과 같다. 이제 **평균분자량**이라는 새 물리량을 다음과 같이 정의하자.

$$\mu \equiv \frac{\overline{m}}{m_H}$$

여기에서 $m_H = 1.673532499 \times 10^{-27}$ kg은 수소 원자의 질량이다. *평균분자량은 기체에 있는 자유 입자의 평균 질량을 수소 질량을 단위로 나타낸 값이다.* 이상 기체 방정식을 평균분자량을 써서 표현하면

$$\boxed{P_g = \frac{\rho kT}{\mu m_H}} \tag{4.11}$$

평균분자량은 기체를 구성하는 화학 조성에 따라 달라지며, 구성 원자들의 이온화 단계에도 의존한다. 이온화도가 들어가는 이유는 입자들의 평균 질량 $\overline{m}$을 계산할 때에 자유 전자를 고려해야하기 때문이다. 이것은 사하 방정식(2.8)을 세밀하게 풀어 여러 이온화 단계에 있는 원자들의 상대 개수를 계산해야 함을 의미한다. 그러나, 기체가 완전히 중성이거나 완전히 이온화되어 있다면, 계산은 상당히 단순해진다.

완전히 중성인 기체에 대해서는

$$\overline{m}_n = \frac{\sum_j N_j m_j}{\sum_j N_j} \tag{4.12}$$

이고, m_j와 N_j는 각각 기체에 존재하는 j번째 종류의 원자의 질량과 전체 개수이며, 합은 모든 종류의 원자에 걸쳐서 이루어진다.

m_H로 나누면

$$\mu_n = \frac{\sum_j N_j A_j}{\sum_j N_j}$$

이며, 이 때에 $A_j \equiv m_j / m_H$이다. 비슷한 방법으로, 완전히 이온화된 기체에 대해서

$$\mu_i \simeq \frac{\sum_j N_j A_j}{\sum_j N_j(1+z_j)}$$

이며, 여기에서 $1+z_j$는 j번째 종류의 원자가 완전히 이온화되었을 때에 생기는 원자핵과 자유전자 개수의 합을 나타낸다(z_j와 금속 함량을 나타내는 Z를 혼동하지 마라).

$\overline{m}$을 주는 식을 뒤집어서[2)], 평균분자량 μ를 질량 비율들로 나타낼 수 있다.

$$\begin{aligned}
\frac{1}{\mu_n m_H} &= \frac{\sum_j N_j}{\sum_j N_j m_j} \\
&= \frac{\text{입자의 전체 갯수}}{\text{기체의 전체 질량}} \\
&= \sum_j \frac{j\text{번째 원자에서 유래하는 입자의 갯수}}{j\text{번째 원자에서 유래하는 입자의 질량}} \cdot \frac{j\text{번째 원자에서 유래하는 입자의 갯수}}{\text{기체의 전체 질량}} \\
&= \sum_j \frac{N_j}{N_j A_j m_H} X_j \\
&= \sum_j \frac{1}{A_j m_H} X_j
\end{aligned}$$

이고, 여기에서 X_j는 j번째 종류의 원자에 대한 질량 함량비이다. $1/\mu_n$에 대하여 풀면

$$\frac{1}{\mu_n} = \sum_j \frac{1}{A_j} X_j \tag{4.13}$$

을 얻는다. 중성 기체에 대해서

2) 87쪽에서 질량 상대 비율의 정의를 기억하라.

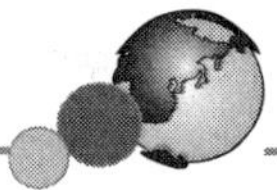

$$\frac{1}{\mu_n} \simeq X + \frac{1}{4}Y + \left\langle \frac{1}{A} \right\rangle_n Z \tag{4.14}$$

이며, $< 1/A >_n$은 기체에서 헬륨보다 무거운 원소들의 가중치 평균이다. 태양의 화학 조성에 대해서 $< 1/A >_n \sim 1/15.5$ 이다.

완전히 이온화된 기체의 평균분자량도 비슷한 방식으로 결정할 수 있다. 기체에서 원자핵과 전자를 포함해서 모든 입자들의 *전체* 개수를 고려하면 된다. 예를 들면, 수소 원자 하나는 원자핵과 함께 한 개의 전자를 포함해 2개의 입자를 전체 입자 개수에 기여한다. 비슷하게, 헬륨 원자는 원자핵과 2개의 자유 전자를 기여한다. 그러므로, 완전히 이온화된 기체에 대해서 식 (4.13)은

$$\frac{1}{\mu_i} = \sum_j \frac{1 + z_j}{A_j} X_j \tag{4.15}$$

가 된다. 수소와 헬륨을 명시적으로 포함하면, 우리는

$$\frac{1}{\mu_i} \simeq 2X + \frac{3}{4}Y + \left\langle \frac{1+z}{A} \right\rangle_i Z \tag{4.16}$$

을 얻는다. 헬륨보다 훨씬 더 무거운 원소들에 대해서, $1 + z_j \simeq z_j$이고, 이 때에 $z_j \gg 1$는 j번째 종류의 원자 안에 있는 양성자의 수(혹은 전자의 수)를 나타낸다. 적당히 무거운 원자들에 대해서는 원자핵에 양성자와 중성자의 수가 비슷하며, 양성자와 중성자는 거의 같은 질량을 가지므로(150을 보라), $A_j \simeq 2z_j$가 성립한다. 그러므로,

$$\left\langle \frac{1+z}{A} \right\rangle_i \simeq \frac{1}{2}$$

이다. 젊은 별들의 대체적인 화학 조성인 $X=0.70$, $Y=0.28$, $Z=0.20$를 가정하면, 평균분자량을 주는 이 식들로부터 우리는 $\mu_n=1.30$과 $\mu_i=0.62$를 얻는다.

입자당 평균 운동 에너지

이상기체방정식을 좀 더 들여다 보면, 식 (4.10)을 압력 적분 식 (4.9)와 결합하여 입자당 평균 운동에너지를 얻을 수 있다. 같게 놓으면

$$nkT = \frac{1}{3}\int_0^{\infty} mn_v v^2\, dv$$

를 알 수 있다. 이 식을 다시 정리하면

$$\frac{1}{n}\int_0^{\infty} n_v v^2\, dv = \frac{3kT}{m}$$

을 얻는다. 그러나, 이 식의 좌변은 막스웰–볼츠만 분포 함수를 가중치로 v^2을 평균한 값이다. 그러므로,

$$\overline{v^2} = \frac{3kT}{m}$$

이며, 마침내

$$\frac{1}{2}m\overline{v^2} = \frac{3}{2}kT \qquad (4.17)$$

을 얻는다. 인수 3은 3개의 독립된 좌표 방향(*자유도*)에 대하여 입자의 속도를 평균하였기 때문에 나왔다는(138쪽에서 평균값을 구했었다) 점을 주목할 만하다. 그러므로, 입자의 평균 운동에너지는 자유도마다 $\frac{1}{2}kT$이다.

페르미–디락과 보제–아인슈타인 통계

이미 언급한 바와 같이, 이상 기체의 가정이 근사적인 의미로조차 성립하지 않는 경우가 항성 천문학에서 나타난다. 예를 들면, 압력 적분에서 속도에 대한 적분의 위 끝을 무한대로 놓았다. 물론, 이것은 사실일 수 없다. 아인슈타인의 특수 상대성 이론에 따르면, 물리적으로 가능한 최대 속도는 빛의 속도 c이기 때문이다. 게다가, 양자 역학의 효과들도 이상기체 방정식을 유도할 때에 무시되었다. 하이젠베르크의 불확정성 원리와 파울리의 배타 원리를 적용하면, 막스웰–볼츠만 분포

와는 다른 분포 함수를 얻는다. 페르미-디락 분포 함수는 이러한 원리들을 모두 고려하여 얻은 분포 함수이며, 백색왜성이나 중성자별의 내부와 같이 극히 밀도가 높은 물질들에 적용할 수 있으며, 이 때에 우리가 아주 다른 압력 상태 방정식을 얻는다. 이러한 특이한 물체들에 대해서는 10장에서 공부할 것이다. 5.4절에 언급한 바와 같이, 전자, 양성자, 중성자와 같은 입자들은 페르미-디락 통계를 따르며, 페르미 입자(fermion)라고 부른다.

또 다른 통계적 분포는 파울리 배타 원리와는 정반대로 같은 상태에 동일한 여러 입자들이 같이 있으려는 경향을 북돋아 주는 분포이다. 보제-아인슈타인 통계는 광자의 성질을 이해하는 것을 포함해서 다양하게 응용된다. 보제-아인슈타인 통계를 따르는 입자들을 보제 입자(boson)라고 부른다.

특수상대성이론과 양자 역학은 적절한 극한에서는 고전 물리학과 같은 결과를 주듯이, 페르미-디락 통계와 보제-아인슈타인 통계는 충분히 낮은 밀도와 속도를 갖는 영역에서는 고전적인 결과로 접근한다. 이러한 극한에서는 두 분포 함수가 고전적인 막스웰-볼츠만 분포 함수와 구별되지 않고 다같이 비슷하다.

복사압에 주는 기여

광자들은 $p_\gamma = h\nu/c$의 운동량을 가지므로(식 (5.5)), 광자들은 흡수와 반사를 겪으면서 다른 입자에게 충격량을 줄 수 있다. 따라서, 전자기파 복사는 또 다른 형태의 압력을 만든다. 압력 적분을 써서 3장에서 구한 복사압을 주는 식을 다시 유도하는 것이 의미있다. 속도 v 대신에 빛의 속도를 대입해서 분포 함수의 항등식 $n_p\,dp = n_\nu\,d\nu$를 쓰면, 일반적인 압력 적분(식 (4.8))은 복사가 주는 효과를 나타내며,

$$P_{\text{rad}} = \frac{1}{3}\int_0^\infty h\nu n_\nu\, d\nu$$

를 얻는다.

여기에서, 문제는 다시 $n_\nu\, d\nu$의 올바른 표현을 찾는 문제로 귀착한다. 광자들은 보제 입자이기 때문에, 보제-아인슈타인 분포 함수를 써야 한다. 그러나, $n_\nu\, d\nu$가 주파수 ν와 $\nu + d\nu$ 사이에 있는 광자들의 개수 밀도를 나타낸다는 점을 생각하면, 이 문제에 대해서는 해를 얻었다. 이 범위에 있는 광자의 에너지를 곱하면 이 주파수 구간에서 에너지 밀도를 얻는다.

$$P_{\rm rad} = \frac{1}{3}\int_0^\infty u_\nu \, d\nu \qquad (4.18)$$

이고, 여기에서 $u_\nu \, d\nu = h\nu n_\nu \, d\nu$이다. 그러나, 에너지 밀도 분포 함수는 흑체 복사의 플랑크 함수로부터 식 (3.6) 얻을 수 있다. 식 (4.18)에 대입하여 적분하면

$$\boxed{P_{\rm rad} = \frac{1}{3}aT^4} \qquad (4.19)$$

를 얻으며, a는 이미 식 (3.7)에서 구한 복사 상수이다.

여러 천체물리학적 상황에서 광자들이 주는 압력이 기체가 주는 압력보다 훨씬 크게 나타날 수 있다. 실제로, 복사압이 주는 힘이 지나치게 커서 중력보다 더 커지면 이 시스템은 전체적으로 팽창한다.

이상기체와 복사 압력 항을 모두 포함하면, 전체 압력은

$$P_t = \frac{\rho kT}{\mu m_H} + \frac{1}{3}aT^4 \qquad (4.20)$$

예제 4.2.1

예제 4.1.1의 결과를 써서, 우리는 태양의 중심부 온도를 어림할 수 있다. 복사압 항을 무시하면, 중심부 온도는 이상기체 상태 방정식으로부터

$$T_c = \frac{P_c \mu m_H}{\rho k}$$

이다. $\bar{\rho}_\odot$에서 완전히 이온화된 기체에 대한 평균 분자량 $\mu_i = 0.62$을 쓰고,[3] 중심부 압력의 어림값을 쓰면, 우리는

$$T_c \sim 1.44 \times 10^7 \text{ K}$$

를 얻는다. 이 값은 더 세밀한 계산 결과와도 잘 일치한다. 한 태양 모형에 따르면 중심부 온도가 1.57×10^7 K이다. 이 온도에서 복사에 의한 압력은 고작 1.53×10^{13} N m^{-2}으로 기체가 주는 압력의 0.065%에 불과하다.

---

3) 다음 5장에서 보겠지만 태양은 이미 중심핵에 있었던 상당량의 수소를 이미 핵융합반응을 통하여 헬륨으로 바꾸었기 때문에 μ_i의 실제 값은 0.84에 더 가깝다.

4.3 항성의 에너지 원천

우리가 이미 본 바와 같이 항성의 에너지 생성률(즉 별의 광도)은 대단히 크다. 그러나, 이 에너지의 생성원에 대해서는 아직 논의하지 않았다. 분명히, 별의 수명 척도는 이 별의 에너지 방출을 유지할 수 있는 기간과 밀접히 관련된다.

중력과 켈빈-헬름홀츠 시간 규모

별의 에너지 원천으로 생각할 수 있는 것 가운데 하나가 중력위치에너지이다. 두 입자로 이루어진 시스템의 중력 위치 에너지는 식 (2.14)(1권)에 있듯이

$$U = -G\frac{Mm}{r}$$

이다. M과 m 사이의 거리가 줄어들수록, 중력위치에너지는 *더 음수 음수 값이 되며, 이것은* 에너지가 다른 형태 즉, 운동 에너지로 전환되었음을 의미한다. 별이 중력위치에너지를 열로 전환하고, 이 열을 주변 공간으로 복사할 수 있다면, 별은 상당한 기간 동안 빛날 수 있을 것이다. 그러나, 비리얼 정리(식 (2.47))에 따라 평형을 이루고 있는 입자들 시스템이 갖는 전체 에너지의 절반은 시스템의 위치 에너지 이어야함을 기억해야 하겠다. 그러므로, 별의 중력위치에너지 변화의 절반만이 실제로 복사되어 나갈 수 있고, 나머지 위치에너지는 별이 뜨겁게 유지되도록 열에너지를 공급한다.

별의 중력위치에너지를 계산하려면, 입자들의 모든 가능한 쌍 사이의 상호 작용을 생각해야 한다. 이것은 얼핏 보이는 것보다는 어렵지 않다. 구 대칭을 이루며 질량 M_r를 가진 물질이 이 물질의 외곽에 있는 점질량 dm_i에게 주는 힘은

$$dF_{g,i} = G\frac{M_r\, dm_i}{r^2}$$

이고, 방향은 구의 중심을 향한다. 이것은 구형의 물질 모두가 공의 중심에 모두 몰려 있어서 점질량으로부터 거리 r에 있다고 가정했을 때에 나타나는 힘과 동일하다. 따라서, 이로부터 점질량의 중력위치에너지는

$$dU_{g,i} = -G\frac{M_r\, dm_i}{r}$$

임을 알 수 있다. 낱개의 점질량을 고려하는 대신에 우리는 점질량이 두께 dr, 질

량 dm을 갖는 공껍데기에 골고루 분포되어 있다고 가정하면 (dm이 모든 점질량 dm_i의 합이다),

$$dm = 4\pi r^2 \rho \, dr$$

과 같이 쓸 수 있고, ρ는 공껍데기의 질량 밀도, $4\pi r^2 dr$은 공껍데기의 부피이다. 그러므로,

$$dU_g = -G \frac{M_r 4\pi r^2 \rho}{r} dr$$

이다. 별의 중심부터 표면까지 모든 공껍데기에 대하여 적분하여 전체 중력위치에너지를 얻으면

$$U_g = -4\pi G \int_0^R M_r \rho r \, dr \tag{4.21}$$

이며, R은 별의 반지름이다.

U_g를 정확하게 계산하려면, ρ와 M_r이 반지름 r에 따라 어떻게 달라지는가를 알아야한다. 하지만, ρ가 일정하며, 평균값과 같다고 가정해서 근사값을 얻을 수 있다. 즉,

$$\rho \sim \bar{\rho} = \frac{M}{\frac{4}{3}\pi R^3}$$

과 같이 쓰고, M은 별의 질량이다. 이제, M_r을

$$M_r \sim \frac{4}{3}\pi r^3 \bar{\rho}$$

로 근사하자. 식 (4.21)에 대입하면, 전체 중력위치에너지는

$$U_g \sim -\frac{16\pi^2}{15} G \bar{\rho}^2 R^5 \sim -\frac{3}{5}\frac{GM^2}{R} \tag{4.22}$$

이다. 마지막으로, 비리얼 정리를 적용하면, 별의 전체 역학적 에너지는

$$E \sim -\frac{3}{10}\frac{GM^2}{R} \tag{4.23}$$

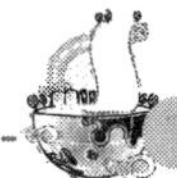

예제 4.3.1

태양이 원래 현재의 크기보다 훨씬 더 컸다면, 중력으로 무너져 내릴 때에 방출한 에너지가 얼마일까? 원래 반지름이 R_i이고, $R_i \gg 1R_\odot$이라면, 무너져 내리는 동안 복사되는 에너지는

$$\Delta E_g = -\left(E_f - E_i\right) \simeq -E_f \simeq \frac{3}{10}\frac{GM_\odot^2}{R_\odot} \simeq 1.1 \times 10^{41}\ \mathrm{J}$$

정도일 것이다. 태양의 광도가 태양의 일생 동안 대체적으로 일정하다고 가정하면, 이 광도로 에너지를 방출한 기간은

$$\begin{aligned} t_{\mathrm{KH}} &= \frac{\Delta E_g}{L_\odot} \\ &\sim 10^7\ \mathrm{yr} \end{aligned} \tag{4.24}$$

이고, t_{KH}를 **켈빈-헬름홀츠 시간 규모**라고 부른다. 방사성 동위 원소를 사용한 연대 측정 기법으로 측정한 달 표면의 나이는 4×10^9 yr로 어림된다. 태양의 나이가 달의 나이보다 적을 수는 없겠다. 그러므로, 중력위치에너지 하나만을 태양의 일생에 걸친 태양 광도의 원천이라고 볼 수 없다. 그러나, 뒤에서 공부하지만, 중력에너지도 항성 진화의 어떤 단계에서는 중요한 역할을 한다.

생각할 수 있는 또 다른 에너지 원천은 화학적 과정이다. 그러나, 화학 반응은 원자의 오비탈에 있는 전자들 사이의 상호 작용이기 때문에, 원자마다 내놓을 수 있는 에너지는 수소나 헬륨 원자 에너지 준위 범위인 1-10 eV를 넘기 힘들다. 별에 존재하는 원자들의 개수를 생각할 때에, 원자들 모두가 갖고 있는 화학 에너지는 적당한 기간 동안의 태양 광도를 설명하기에는 터무니없이 작다.

원자핵 시간 규모

원자핵들도 에너지 원천으로 생각할 수 있다. 전자들이 원자핵 주변에서 수 eV (전자볼트) 정도의 에너지를 갖고 운동하듯이, 원자핵들은 일반적으로 수백만배 더 큰 에너지의(MeV) 출입을 수반하면서 핵반응에 참여한다. 화학 반응이 일어나면 원자들이 분자로 혹은 한 종류의 분자가 다른 종류의 분자로 바뀌듯이, 원자핵 반응이 일어나면 한 종류의 원자핵이 다른 종류의 원자핵으로 바뀐다.

특정한 **원소**의 원자핵은 그 원자핵이 갖고 있는 양성자의 개수 Z로 규정하며(같은 기호를 쓰지만, 금속 원소의 질량 함량과 혼동해서는 안 되겠다) 이 때에 양성자 하나는 $+e$의 전하를 갖는다. 당연히, 중성 원자에서는 양성자의 개수와 전자의 개수는 틀림없이 같다. 주어진 원소의 **동위 원소**는 원자핵 안에 있는 중성자의 개수 N으로 구별하며, 중성자는 이름이 알려 주는 바와 같이 전기적으로 중성이다(주어진 원소의 모든 동위 원소는 같은 양성자 개수를 갖는다). 양성자와 중성자는 한꺼번에 **핵자**라고 통칭하며, 주어진 원자핵의 핵자 개수는 $A = Z + N$이다. 양성자와 중성자는 매우 비슷한 질량을 가지며, 전자에 비하여 질량이 매우 크기 때문에, A는 핵종의 질량을 개략적으로 알려 주며, 이러한 의미에서 흔히 A를 *질량수*라고 부른다.[4] 양성자, 중성자, 전자의 질량은 각각

$$m_p = 1.67262158 \times 10^{-27}\ \text{kg} = 1.00727646688\ \text{u}$$
$$m_n = 1.67492716 \times 10^{-27}\ \text{kg} = 1.00866491578\ \text{u}$$
$$m_e = 9.10938188 \times 10^{-31}\ \text{kg} = 0.0005485799110\ \text{u}$$

이다. 원자핵의 질량은 질량수 12인 탄소 원자핵(^{12}C)의 질량을 12로 정확히 나눈 값으로 정의된 원자질량단위(atomic mass unit; 1 u=$1.66053873 \times 10^{-27}$ kg)를 써서 나타내는 것이 편리하다. 또한, 입자들의 질량을 정지질량 에너지를 써서 MeV를 단위로도 종종 나타내기도 한다. 아인슈타인의 $E = mc^2$을 쓰면, 우리는 1 u= 931.494013 MeV/c^2임을 알 수 있다. 종종 그렇듯이, 질량을 단순히 정지질량 에너지로 나타낼 때에는 c^2을 빼고 쓰는 경우가 많다.

가장 단순한 원자인 수소 원자는 하나의 양성자와 하나의 전자로 이루어져 있으며, 질량은 m_H=1.00782503214 u이다. 이 질량은 실제로는 양성자 질량과 전자 질량의 합보다는 아주 미세하게 작다. 실제로, 수소 원자가 바닥상태에 있을 때에 정확한 질량 차이는 13.6 eV이며, 이 값은 다름 아닌 수소 원자의 이온화 에너지이다. 질량은 주어진 만큼의 에너지에 상응하므로, 한 계의 전체 질량–에너지는 보존되어야 하며, 전자와 양성자가 결합하여 원자를 만드는 과정에서 잃어버린 에너지는 전체 질량을 줄이면서 그 값을 치러야 한다.

4) 141쪽에서 정의하고 사용한 기호 A_j는 질량수와 거의 같다.

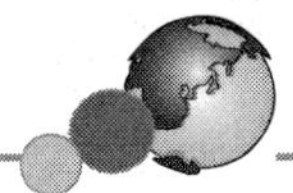

마찬가지로, 핵자들이 결합해서 원자핵을 형성하면, 질량이 줄어든 만큼의 에너지를 내놓는다. 헬륨 원자핵은 양성자 두 개와 중성자 두 개로 이루어져 있으며, 4개의 수소 원자핵으로부터 일련의 핵반응을 통하여 형성된다(즉, 4H → He + low mass remnants). 이러한 핵반응을 **융합 반응**이라고 부르며, 가벼운 원자핵들이 **융합**되어 더 무거운 원자핵을 형성한다(역으로, 무거운 원자핵이 쪼개져 더 가벼운 원자핵들로 나뉘는 핵반응을 **분열 반응**이라고 한다). 수소 원자 4개의 전체 질량은 4.03130013 u이며, 헬륨 원자의 질량은 $m_{\mathrm{He}} = 4.002603\,\mathrm{u}$이다. 중성미자와 같은 작은 질량의 부스러기들을 제외하면 수소 원자들 질량의 합은 헬륨 원자의 질량보다 $\Delta m = 0.028697\,\mathrm{u}$만큼 즉, 0.7% 더 크다. 그러므로, 헬륨 원자핵을 형성할 때에 내놓는 전체 에너지는 $E_b = \Delta m c^2 = 26.731\,\mathrm{MeV}$이다. 이 값은 헬륨 원자핵의 결합 에너지이다. 헬륨 원자핵이 구성하는 양성자와 중성자들로 쪼갤 때에, 이 작업에 들여야 하는 에너지는 26.731 MeV이다.

예제 4.3.2

이와 같은 원자핵 에너지의 샘은 일생 동안 태양을 밝힐 수 있기에 넉넉한가? 논의를 간단히 하기 위하여, 태양이 원래 100%의 수소로 이루어져 있고, 태양 질량 가운데 내부에 있는 10%만이 온도가 충분히 높아서 헬륨으로 전환될 수 있다고 가정하자. 0.7%의 수소 질량이 헬륨 원자핵을 형성하면서 에너지로 전환되므로, 태양이 낼 수 있는 핵에너지는

$$E_{\mathrm{nuclear}} = 0.1 \times 0.007 \times M_\odot c^2 = 1.3 \times 10^{44}\ \mathrm{J}$$

이다. 이 값으로부터 원자핵 시간 규모가 근사적으로

$$\begin{aligned} t_{\mathrm{nuclear}} &= \frac{E_{\mathrm{nuclear}}}{L_\odot} \\ &\sim 10^{10}\ \mathrm{yr} \end{aligned} \tag{4.25}$$

이며, 달의 암석 나이를 넘기고도 넉넉하게 남길 수 있는 값이다.

양자 역학적 터널링

얼핏 생각할 때에 항성의 광도를 설명할 수 있는 충분한 에너지가 원자핵에 들어 있지만, 항성 내부에서 원자핵 반응이 실제로 일어나는가? 반응이 일어나기 위해서 원자핵들은 충돌하고 그 과정에서 새 원자핵을 형성해야 한다. 그러나, 모든 원자핵은 양전기를 띠고 있어서 가까이 접근하기 위해서는 쿨롱 퍼텐셜 에너지 장벽을 넘어야 한다. 그림 4.4는 한 원자핵이 다른 원자핵에 가까이 갈 때에 느끼는 퍼텐셜 에너지 곡선의 대체적인 모양을 보여 준다. 곡선은 두 부분으로 나뉘어진다. 핵의 밖에 있는 부분은 양전기를 띠는 두 원자핵 사이에 나타나는(쿨롱 전기) 퍼텐셜 에너지이고, 핵 내부의 부분은 원자핵을 구속하는 **강한 핵력**이 지배하는 *퍼텐셜 우물*이다. 강한 핵력은 원자핵을 이루는 모든 핵자들끼리 짧은 거리에서 작용하는 힘이다. 이 힘은 양성자 사이에서 쿨롱 반발력을 압도하며 인력으로 작용한다. 이러한 힘이 존재하지 않는다면, 원자핵은 서로 튕겨져 나갔을 것이 뻔하다.

쿨롱 장벽을 극복하는 데에 필요한 에너지가 기체의 열에너지에서 오며, 모든 원자핵이 비상대론적으로 운동한다고 가정하면, 장벽을 넘는 데에 필요한 온도 $T_{\text{classical}}$을 계산할 수 있다. 기체 안에 있는 모든 기체들은 제멋대로 운동하고 있으므로, 두 원자핵 사이의 상대 속도 v와 식 (2.22)에서 준 이들의 *환산 질량* μ_m을

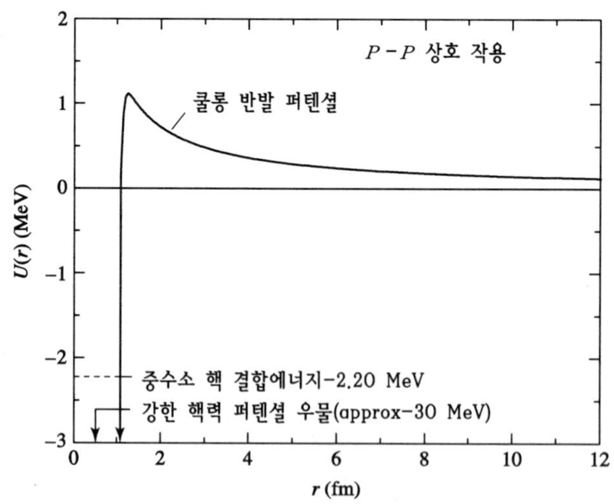

그림 4.4 원자핵 반응의 전형적인 퍼텐셜 에너지 곡선. 양전기를 띤 두 원자핵의 쿨롱 반발이 원자핵들 사이의 거리에 반비례하고, 이들 전하들의 곱에 비례하는 퍼텐셜 장벽을 만든다. 원자핵 내부에서 보이는 원자핵 퍼텐셜 우물은 인력으로 작용하는 강한 핵력에 기인한다.

사용하는 것이 적절하다(여기에서 μ_m은 평균분자량 μ가 아니다). 환산 질량을 가진 입자의 운동에너지와 퍼텐셜 에너지를 같게 놓으면, 고전역학적인 "전환점"의 위치를 찾을 수 있다. 이제, 식 (4.17)을 쓰면

$$\frac{1}{2}\mu_m\overline{v^2} = \frac{3}{2}kT_{\text{classical}} = \frac{1}{4\pi\epsilon_0}\frac{Z_1Z_2e^2}{r}$$

과 같다. $T_{\text{classical}}$은 평균적인 에너지를 가진 입자가 장벽을 극복하는 데에 필요한 온도이고, Z_1과 Z_2는 각 원자핵에 있는 양성자의 개수이며, r은 두 원자핵 사이의 거리이다. 대체적인 원자핵의 반지름을 1 fm$=10^{-15}$ m라고 생각하면, 두 양성자 사이에서($Z_1 = Z_2 = 1$) 쿨롱 에너지 장벽을 극복하는 데에 필요한 온도는 근사적으로

$$\begin{aligned} T_{\text{classical}} &= \frac{Z_1Z_2e^2}{6\pi\epsilon_0 kr} \\ &\sim 10^{10}\ \text{K} \end{aligned} \tag{4.26}$$

이다. 그러나, 태양의 중심부 온도는 고작 1.57×10^7 K이고 여기에서 요구되는 온도보다 훨씬 낮다. 막스웰-볼츠만 분포에서 상당한 개수의 기체 입자들이 평균값보다 더 빠르게 운동한다는 점을 감안하더라도, 고전 물리학은 태양의 광도에 도달할 수 있을 정도로 충분한 개수의 입자들이 쿨롱 장벽을 넘을 수 있는 방법을 설명하지 못한다.

5.4절에서 언급하였듯이, 양자 역학은 주어진 입자의 위치와 운동량을 동시에 한없이 정밀하게 측정할 수 없다는 사실을 우리에게 말해 준다. 하이젠베르크의 불확정성 원리는 위치와 운동량의 불확정성이

$$\Delta x\,\Delta p_x \geq \frac{\hbar}{2}$$

를 만족한다. 한 양성자가 다른 양성자와 충돌할 때에, 이 양성자가 갖고 있던 운동에너지가 작아서 고전적인 쿨롱 장벽을 넘을 수 없더라도 이 때에 갖는 위치의 불확정성이 매우 클 수 있으며, 이 때에 이 양성자는 다른 양성자의 강한 핵력으로 정의된 퍼텐셜 우물 안에 있을 수도 있다. 양자 역학적 터널링에 대응하는 고전 물리학적 현상은 없다(5.4절의 논의를 기억하라). 물론, 퍼텐셜 에너지 장벽 높이의 입자의 운동에너지에 대한 비가 클수록, 혹은 퍼텐셜 우물의 폭이 클수록, 터널링이 일어날 확률은 더 작다.

원자핵 반응이 꾸준히 유지되기 위하여 필요한 터널링 효과의 온도에 대한 의존성을 개략적으로 계산하려면, 양성자가 쿨롱 장벽을 관통해서 터널링하기 위해서 표적의 드브로이 물질파 파장의 거리 안에 있어야 한다. 입자의 물질파 파장이 $\lambda = h/p$로 주어짐을 기억하면(식 (5.17)), 운동에너지를 운동량을 써서 나타내어

$$\frac{1}{2}\mu_m v^2 = \frac{p^2}{2\mu_m}$$

과 같이 쓰고, 가장 가까이 접근하는 거리를(퍼텐셜 에너지 장벽의 높이를 원래 운동 에너지의 값과 같은 거리이다) 물질파 파장과 같게 놓으면

$$\frac{1}{4\pi\epsilon_0}\frac{Z_1 Z_2 e^2}{\lambda} = \frac{p^2}{2\mu_m} = \frac{(h/\lambda)^2}{2\mu_m}$$

을 얻는다. λ에 대하여 풀고, $r = \lambda$를 식 (4.26)에 대입하면, 핵반응이 일어나는 데에 필요한 온도의 양자 역학적 어림값을 다음과 같이 얻을 수 있다.

$$T_{\text{quantum}} = \frac{Z_1^2 Z_2^2 e^4 \mu_m}{12\pi^2 \epsilon_0^2 h^2 k} \tag{4.27}$$

다시 양성자 2개 사이의 충돌을 가정하면, $\mu_m = m_p/2$이고 $Z_1 = Z_2 = 1$이다. 이들 값을 대입하면, 우리는 $T_{\text{qunatum}} \sim 10^7$ K를 얻는다. 따라서, 우리가 양자 역학적 효과를 가정하면, 원자핵 반응이 일어나는 데에 요구되는 온도와 앞서 계산한 태양 중심부의 온도가 일관되게 들어 맞는다.

원자핵 반응과 가모브 마루

이제 별의 광도를 주는 에너지 원천이 원자핵 반응이라는 점이 확실해졌으므로, 항성의 모형을 개발하기 위해서 더 세밀하게 *원자핵반응률*을 기술해야 한다. 예를 들면, 온도 T인 기체에서 모든 입자들이 쿨롱 장벽을 성공적으로 넘을 수 있을 정도로 넉넉한 운동에너지와 필요한 물질파 파장을 갖고 있는 것은 아니다. 따라서, 매 에너지 구간마다 반응률을 에너지 구간에 있는 입자들의 개수 밀도로 나타내야 하며, 이러한 입자들이 표적이 되는 원자핵의 쿨롱 에너지 장벽을 넘을 확률과 결합되어야 한다. 그 후 전체 핵반응률은 가능한 모든 에너지 구간에 대해 적분함으로써 얻을 수 있다.

먼저, 주어진 에너지 구간에 존재하는 원자핵의 개수 밀도를 고려하자. 앞에서 보았듯이, 막스웰-볼츠만 분포 함수가(식 (2.1)) 주어진 온도에 대하여 v와 $v+dv$ 사이의 속도를 갖는 입자들의 개수 밀도를 준다. 처음에 두 원자핵이 충분히 멀리 떨어져 있어서 퍼텐셜 에너지가 거의 0이라고 가정하면[5], 비상대론적인 운동에너지가 입자의 전체 에너지가 되어 $K=E=\mu_m v^2/2$라고 놓을 수 있다. 속도에 대하여 풀고 대입하면, 막스웰-볼츠만 분포를 에너지 구간 E와 $E+dE$에서 운동에너지를 갖는 입자들의 개수 밀도를 써서 다음과 같이 표현할 수 있다.

$$n_E\,dE = \frac{2n}{\pi^{1/2}}\frac{1}{(kT)^{3/2}}E^{1/2}e^{-E/kT}\,dE \tag{4.28}$$

(이 식의 유도는 연습 문제 4.16이다.)

식 (4.28)은 dE의 에너지 범위를 갖는 입자들의 단위 부피당 개수를 알려 주지만, 입자들이 실제로 상호 작용을 일으킬 확률을 주지는 않는다. 이 확률을 알기 위해서 **산란단면적**의 개념을 다시 살펴야 하겠다.[6] 산란단면적 $\sigma(E)$은 단위 시간당 표적 원자핵 하나마다 일어나는 핵반응 횟수를 입사 입자 플럭스로 나눈 값이다.

$$\sigma(E) \equiv \frac{\text{반응횟수 / 원자핵/ 시간}}{\text{입사 입자 개수 / 면적 / 시간}}$$

비록 $\sigma(E)$가 엄밀한 의미에서 확률의 척도이지만, 3장에서 설명한 바와 같이, 표적 입자의 *대체적인* 횡단면적이라고 생각할 수 있다. 표적을 중심으로 이 면적 안으로 입사되어 들어온 입자들 모두 핵반응을 일으킨다.

반응률을(반응 횟수/부피/시간)의 단위로 나타내기 위하여, 입사하는 입자들이 모두 한 방향으로 운동한다고 가정하고, 횡단면적이 $\sigma(E)$인 표적을 때리는 입자들의 개수를 생각하자. 표적 입자를 x로, 입사하는 입자를 i라고 하자. E와 $E+dE$ 사이의 에너지를 갖는 입사 입자의 단위 부피당 개수를 $n_E dE$라고 하면, 반응 횟수 dN_E는 시간 간격 dt 동안 속도 $v(E)=\sqrt{2E/\mu_m}$으로 x를 때리는 입자의 개수이다.

5) 천체물리학적인 상황에서, 중성자별의 내부와 같이 극단적인 환경을 제외하면, 원자핵들은 통상적으로 비상대론적으로 운동한다. 그러나, 전자들은 훨씬 더 작은 정지 질량을 갖고 있으므로, 전자들은 비상대론적이라고 가정할 수 없다.

6) 산란단면적의 개념은 3.2절에서 평균자유행로를 결정하면서 처음 논의하였다.

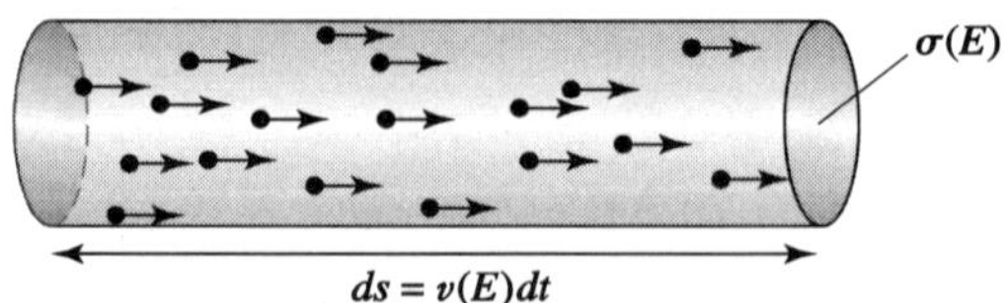

▌그림 4.5 i형 입자와 산란단면적이 $\sigma(E)$인 표적 입자 x 사이에 짧은 시간 간격 dt에 일어나는 핵반응 횟수는 시간 간격 dt 동안 표적에 도달할 수 있는 거리 $ds = v(E)\,dt$의 길이와 횡단면적이 $\sigma(E)$인 원기둥 안에 담긴 i형 입자들의 개수라고 생각할 수 있다.

입사 입자의 개수는 단지 부피 $\sigma(E)v(E)\,dt$의 부피를 갖는 원기둥의 부피 안에 있는 입자의 개수이다(그림 4.5를 보라). 즉,

$$dN_E = \sigma(E)v(E)n_{iE}\,dE\,dt$$

이제, 주어진 속도(혹은 운동에너지)를 갖는 단위 부피당 입사 입자의 개수는 입자 전체 개수에 대한 다음과 같은 분수로 나타난다.

$$n_{iE}\,dE = \frac{n_i}{n}n_E\,dE$$

여기에서 $n_i = \int_0^\infty n_{iE}\,dE$, $n = \int_0^\infty n_E\,dE$이고, $n_E\,dE$는 식 (4.28)에 주어졌다. 따라서, 시간 간격 dt 동안 에너지 간격 E와 $E + dE$ 사이에서 표적 원자핵마다 일어나는 핵반응의 횟수는

$$\frac{\text{표적 원자핵당 핵반응 횟수}}{\text{시간 간격}} = \frac{dN_E}{dt} = \sigma(E)v(E)\frac{n_i}{n}n_E\,dE$$

마지막으로, 단위 부피당 n_x의 표적들이 있다면, 단위 부피당 단위 시간당 모든 가능한 에너지 범위에서 일어나는 반응의 총 횟수는 에너지에 대하여 적분해서

$$r_{ix} = \int_0^\infty n_x n_i \sigma(E)v(E)\frac{n_E}{n}\,dE \tag{4.29}$$

와 같다.

식 (4.29)를 계산하려면, $\sigma(E)$의 함수꼴을 알아야 한다. 불행하게도, $\sigma(E)$는 에너지에 따라 급격하게 달라지고, 함수 형태가 복잡하다. $\sigma(E)$를 실험 자료와

비교하는 것도 또한 중요하다. 그러나, 항성 내부의 열에너지는 실험실에서 수행할 수 있는 에너지에 비해서 지나치게 낮아서, 항성 내부의 핵융합 반응률에 적용할 수 있는 비교 자료를 실험실로부터 얻으려면 상당한 외삽이 필요하다.

$\sigma(E)$를 결정하는 과정은 에너지에 가장 크게 의존하는 항만을 먼저 빼낼 수 있으면 상당히 나아진다. 우리는 이미 산란단면적이 개략적으로 물리적인 면적으로 생각할 수 있다는 점을 언급하였다. 게다가 원자핵의 크기를 표적 원자핵에 "닿을" 수 있는 능력의 척도로 보면 반지름이 드브로이 물질파의 파장 정도일 것이다 ($r \sim \lambda$). 이러한 생각을 받아들이면 원자핵의 산란단면적 $\sigma(E)$은

$$\sigma(E) \propto \pi \lambda^2 \propto \pi \left(\frac{h}{p}\right)^2 \propto \frac{1}{E}$$

처럼 에너지 역수에 비례할 것이다. 마지막에서 우리는 비상대론적 관계식인 $K = E = \mu_m v^2/2 = p^2/2\mu_m$을 썼다.

우리는 또한 쿨롱 장벽을 터널링하는 확률은 장벽 높이에 대한 입사 입자의 처음 운동에너지에 대한 비와 관련한다는 점을 언급하였고, 이 점은 산란단면적을 계산하는 데에 고려되어야 한다. 장벽 높이 U_c가 0이라면, 성공적으로 관통할 확률은 반드시 1(100%)이다. 장벽 높이가 입사 입자의 처음 운동에너지에 비하여 커질수록, 관통 확률은 줄어들고, 퍼텐셜 에너지 장벽의 높이가 무한히 커지는 극한에서 확률은 0에 점근적으로 수렴한다. 실제로, 터널링 확률은 지수함수적 본성을 갖는다. $\sigma(E)$가 터널링 확률과 관련되어 있으므로, 우리는

$$\sigma(E) \propto e^{-2\pi^2 U_c/E} \tag{4.30}$$

과 같이 쓸 수 있다. $2\pi^2$의 인수는 문제를 양자 역학적으로 엄밀하게 다룰 때에 나타난다. 다시 $r \sim \lambda = h/p$를 가정하고, 퍼텐셜 높이 U_c의 입자 운동에너지에 대한 비는

$$\frac{U_c}{E} = \frac{Z_1 Z_2 e^2/4\pi\epsilon_0 r}{\mu_m v^2/2} = \frac{Z_1 Z_2 e^2}{2\pi\epsilon_0 h v}$$

와 같다. 정리하면

$$\sigma(E) \propto e^{-bE^{-1/2}} \tag{4.31}$$

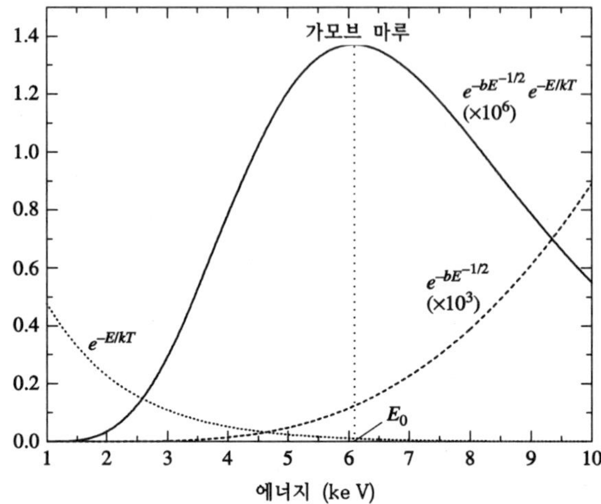

▮ **그림 4.6** 원자핵반응이 일어날 확률은 운동에너지의 함수이다. 가모브 마루는 막스웰–볼츠만 분포에서 높은 에너지 날개 영역의 항 $e^{-E/kT}$와 쿨롱 장벽을 관통할 확률을 주는 항 $e^{-bE^{-1/2}}$이 결합되어 나타난다. 특별히, 여기에서는 태양 중심부 온도에서 두 양성자가 충돌을 일으키는 과정에 적용되는 예를 나타내고 있다($e^{-bE^{-1/2}}$항과 $e^{-E/kT}$항은 각각 10^3과 10^6을 곱하여, 에너지에 대한 함수 의존성을 돋보이게 나타냈다는 점에 유의하라).

과 같이 쓸 수 있고, 이 때에

$$b \equiv \frac{\pi \mu_m^{1/2} Z_1 Z_2 e^2}{2^{1/2}\epsilon_0 h}$$

이다. 당연히, b는 상호 작용에 참여하는 두 원자핵의 질량과 전하에 의존한다.

앞의 결과들을 결합하고, $S(E)$를 에너지에 대하여 천천히 달라지는 함수로 정의하면(우리의 희망 사항이다) 우리는 산란단면적을

$$\sigma(E) = \frac{S(E)}{E} e^{-bE^{-1/2}} \tag{4.32}$$

와 같이 나타낼 수 있을 것이다.[7] 식 (4.28)과 식 (4.32)를 식 (4.29)에 대입하고 간단히 하면, 반응률 적분은 다음과 같다.

7) 상호작용하는 입자들의 각운동량도 핵반응률에 영향을 주지만, 천체물리학적으로 의미 있는 핵반응을 사소하게 바꿀 뿐이다.

$$r_{ix} = \left(\frac{2}{kT}\right)^{3/2} \frac{n_i n_x}{(\mu_m \pi)^{1/2}} \int_0^\infty S(E)\, e^{-bE^{-1/2}} e^{-E/kT}\, dE \tag{4.33}$$

식 (4.33)에서 $e^{-E/kT}$항은 막스웰-볼츠만 분포에서 높은 에너지 날개 영역을 나타내고, $e^{-bE^{-1/2}}$항은 관통 확률이다. 그림 4.6에서 보듯이, 이 두 항의 곱은 뚜렷한 최대값을 갖는 곡선을 주며, **가모브 마루**라고 알려져 있다. 이 용어는 쿨롱 장벽 통과를 처음으로 연구한 물리학자 조지 가모브(1904-1968)의 이름에서 유래한다. 곡선에서 최대값을 주는 에너지는

$$E_0 = \left(\frac{bkT}{2}\right)^{2/3} \tag{4.34}$$

가모브 마루의 결과로, 반응률 적분에 가장 크게 기여하는 부분은 상당히 좁은 범위에 있는 에너지 띠로서 이 에너지는 반응에 들어오는 원자핵들의 전하와 질량과 함께 기체의 온도에 의존한다.

$S(E)$가 가모브 마루를 지날 때에 실제로 천천히 변한다면, 이 함수를 E_0에서 갖는 함수값을 갖는 상수 함수로 근사하고[즉, $S(E) \simeq S(E_0) = \text{constant}$], 적분 밖으로 빼낼 수 있겠다. 또한, 실험실에서 얻은 자료들을 $S(E)$를 써서 나타낸다면, 일반적으로 더 편할 것이다.

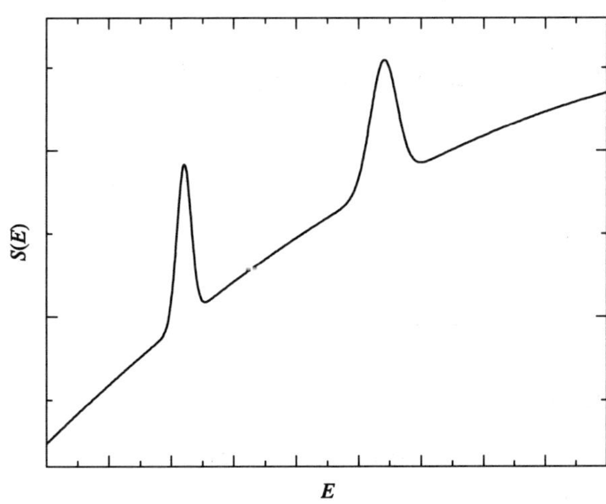

그림 4.7 $S(E)$에 대하여 공명이 주는 효과를 가상적으로 보여주는 예

공명

그러나, 어떤 경우에서는 $S(E)$가 매우 급격하게 바뀌고, 그림 4.7에 보인 바와 같이, 특정한 에너지에서 예리한 봉우리를 만든다. 이러한 에너지들은 원자핵 안의 특정한 에너지 준위들에 대응하며, 이는 마치 원자 안의 전자들 오비탈의 에너지 준위와 같다. 이러한 강하고 예리한 봉우리들은 입사하는 입자의 에너지와 원자핵 내부에서 에너지 준위들 차이 사이에서 일어나는 공명 때문에 생긴다. 이러한 공명 봉우리들에 대한 자세한 논의는 이 책의 정도를 넘는다.[8)]

전자 차폐

핵반응률에 영향을 주는 또 다른 인자가 **전자 차폐**이다. 평균적으로, 별 내부의 고온 상태에서 원자가 이온화될 때 해방되어 나온 전자들은 음전하의 "바다"를 이루어, 표적 원자핵을 부분적으로 가려 원자핵의 양전하를 *실질적으로* 줄인다. 이와 같이 줄어든 양전하는 입사하는 입자에 대하여 쿨롱 장벽의 높이를 낮추어 주고 원자핵 반응률을 높인다. 전자 차폐 효과를 포함하면, 실질적인 쿨롱 퍼텐셜은

$$U_{\text{eff}} = \frac{1}{4\pi\epsilon_0}\frac{Z_1 Z_2 e^2}{r} + U_s(r)$$

과 같이 나타낼 수 있으며, $U_s(r) < 0$은 전자 차폐가 주는 항이다. 전자 차폐는 매우 중요하며, 헬륨을 생성하는 핵반응을 10%에서 50%까지 늘린다.

거듭제곱 함수를 써서 나타낸 핵반응률

복잡한 핵반응률 방정식을 특정한 온도를 중심으로 거듭제곱 함수의 꼴로 나타내는 것이 종종 편리하다. 차폐의 효과를 무시하고, 두 입자간 상호 작용의 경우에 대하여 반응률은

$$r_{ix} \simeq r_0 X_i X_x \rho^{\alpha'} T^{\beta}$$

처럼 쓸 수 있을 것이다. 여기에서, r_0는 상수, X_i와 X_x는 두 입자의 질량 함량이고, α'과 β는 반응률 방정식을 거듭제곱 함수로 전개하여 결정한다. 보통 2체 충돌의 경우 $\alpha = 2$이고, β는 1에서 40 혹은 그 이상의 범위에 놓인다.

8) Clayton(1983)과 Arnett(1996)에서 공명 봉우리들에 대한 상세하고 뛰어난 설명을 찾을 수 있다.

반응률 방정식을 핵반응당 나오는 에너지양과 결합하면, 우리는 별을 구성하는 물질 1킬로그램당 1초당 나오는 에너지의 양을 계산할 수 있다. ε_0을 핵반응마다 나오는 에너지라면, 1초당 물질 1 킬로그램당 풀려 나오는 에너지 양은

$$\epsilon_{ix} = \left(\frac{\mathcal{E}_0}{\rho}\right) r_{ix}$$

이며, 거듭제곱 함수의 꼴로는

$$\epsilon_{ix} = \epsilon_0' X_i X_x \rho^{\alpha} T^{\beta} \tag{4.35}$$

이며, 이 때에 $\alpha = \alpha' - 1$이다. ϵ_{ix}의 단위는 $\mathrm{W\,kg^{-1}}$이며, 모든 핵반응에 대한 ϵ_{ix}의 합은 전체 핵에너지 생성률이 된다. 별의 내부에서 일반적으로 작동되고 있는 몇 가지 반응들을 나중에 논의할 때에, 이러한 형태의 식을 사용하여 에너지 생성의 온도와 밀도에 대한 의존성을 공부할 것이다.

광도 기울기 방정식

별의 광도를 결정하기 위하여, 우리는 별을 이루는 물질들이 생성하는 모든 에너지를 고려해야 한다. 아주 작은 질량 dm이 전체 광도에 기여하는 정도를 그냥

$$dL = \epsilon\, dm$$

이라고 쓰면, ϵ은 모든 핵반응과 중력에 의하여 1초당 1킬로그램당 방출되는 전체 에너지이다. 즉, $\epsilon = \epsilon_{\text{nuclear}} + \epsilon_{\text{gravity}}$. 여기에서 조심해야할 점은 $\epsilon_{\text{gravity}}$가 별이 팽창하는 경우에는 음수일 수 있으며, 이 점에 대해서는 나중에 논의할 것이다. 구 대칭을 이루는 별에 대해서 두께가 dr인 얇은 공껍데기의 질량은 $dm = dM_r = \rho\, dV = 4\pi r^2 \rho\, dr$이다 (그림 4.2를 기억하라). 대입하고, 공껍데기의 두께로 나누면

$$\boxed{\frac{dL_r}{dr} = 4\pi r^2 \rho \epsilon} \tag{4.36}$$

을 얻고, L_r은 반지름 r의 안쪽에 있는 별의 물질이 생성하는 에너지에 의한 *내부 광도*이다. 식 (4.36)은 기본 항성 구조 방정식 가운데 하나이다.

항성의 핵합성과 보존 법칙

핵반응을 이해하는 데에 남은 문제는 한 원소가 다른 원소로 전환되는 과정, 즉 **핵합성**이라고 부르는 과정이 밟는 정확한 절차들이다. 태양에 대한 핵반응 시간 규모의 어림값은 4개의 수소 원자핵이 하나의 헬륨 원자핵으로 전환된다는 가정에 기반하였다. 그러나, 4체 충돌을 통하여(다시 말하면, 4개의 원자핵이 동시에 만나 충돌을 일으키는 과정을 통하여) 이러한 핵합성이 일어날 가능성은 거의 없다. 그러므로, 핵합성의 진행은 사슬처럼 연이은 여러 반응 단계를 거쳐 마지막 산물을 생성하고, 매 단계는 확률이 훨씬 더 높은 2체 상호 작용으로 이루어진다. 실제로, 우리가 반응률 방정식을 유도할 때에, 한 번에 오로지 두 원자핵만이 충돌을 일으킨다고 가정하였다.

일련의 원자핵 반응이 마지막 산물에 도달할 때까지 거치는 과정은 아무렇게나 일어나는 것이 아니고, 일련의 입자 *보존 법칙*을 반드시 만족한다. 특히, 매 반응마다 전하와 핵자의 개수, 경립자의 개수가 보존되어야 한다. **경립자(lepton)**라는 용어는 "가벼운 것"이라는 의미를 갖고 있으며, 전자, 양전자, 중성미자, 반중성미자가 경립자에 속한다.

비록 반물질은 물질에 비하여 지극히 적게 존재하지만, 핵반응을 포함하는 입자물리학(혹은 핵물리학)에서 중요한 역할을 한다. 반물질 입자들은 자기와 대응하는 물질 입자와 정확히 같은 속성들을 대부분 갖고 있으며, 전하와 같은 일부 물리량에서 반대의 속성을 갖는다. 반물질은 쌍을 이루는 물질 입자와 충돌해서 같이 사라지는 특징을 가지며 이 때에 높은 에너지의 광자를 생성한다(공상 과학 소설에서 드물지 않게 나온다). 예를 들면,

$$e^- + e^+ \rightarrow 2\gamma$$

이고, 여기에서 e^-, e^+, γ는 각각 전자, 양전자, 광자를 뜻한다. 두 개의 광자가 생성되어야 동시에 에너지와 운동량 보존을 만족할 수 있다는 점에 주의하자.

중성미자와 반중성미자는(기호로는 ν와 $\overline{\nu}$로 각각 나타낸다) 그 자체로 매우 흥미 있는 입자들이며, 이 교재 뒷 부분에서도 종종 논의될 것이다.[9] 중성미자들은

9) 이 입자는 어떤 핵반응에서 에너지와 운동량을 보존하기 위하여 1930년에 볼프강 파울리가 처음 제안하였다. 1934년에 이탈리아 물리학자인 엔리코 페르미(1901–1954)가 중성미자("전기를 띠지 않은 꼬마 입자")라는 이름을 붙였다.

전기적으로 중성이고, 아주 작지만 0이 아닌 정지 질량을 갖는다($m_\nu < 2.2\ \mathrm{eV}/c^2$). 중성미자의 흥미로운 특징 하나가 다른 물질 입자와 상호 작용하는 산란단면적이 지극히 작아서 검출하기가 몹시 어렵다는 점이다. 대체적으로 $\sigma_\nu \sim 10^{-48}\ \mathrm{m}^2$이고, 별 내부의 밀도에서는 중성미자의 평균자유행로가 $10^{18}\ \mathrm{m} \sim 10\ \mathrm{pc}$정도로서 $10^9\ \mathrm{R}_\odot$에 이른다! 항성 내부 깊숙한 곳에서 생성되면, 중성미자는 거의 대부분 별을 빠져 나간다. 항성 물질이 중성미자에 투명하지 않은 예외적인 경우가 초신성이 폭발하는 과정에서 나타나며, 이에 따른 중요한 결과는 9장에서 자세히 논의할 것이다.

전자와 양전자는 양성자와 같은 전하를 갖기 때문에, 이러한 경립자들은 **전체 경립자수**가 보존되어야할 때에 전하 보존 법칙을 지켜 주는 데에 중요한 역할을 한다. 원자핵 반응에서 경립자의 개수를 셀 때에, 물질과 반물질을 다르게 취급한다. 구체적으로 말하면, 물질 경립자수의 합에서 반물질 경립자의 수를 뺀 수자가 언제나 일정해야 한다.

핵자의 개수와 전체 전하량을 쉽게 셀 수 있도록, 이 교재에서 원자핵은

$$^{A}_{Z}\mathrm{X}$$

와 같은 기호로 나타낼 것이며, X는 원소의 화학 기호이고(수소의 경우 H, 헬륨의 경우 He 따위), Z는 양성자의 개수(혹은 e를 단위로 했을 때에 전체 양의 전하량), A는 질량수(즉, 양성자와 중성자의 개수를 더한 핵자 전체의 개수)이다.[10)]

양성자-양성자 사슬 반응들

보존 법칙들이 적용되면서, 수소를 헬륨으로 전환하는 핵반응 사슬 하나가 제1 **양성자-양성자 사슬**(PP I)이다. 이 반응 사슬은 일련의 핵반응을 포함하며, 궁극적으로

$$4\,^{1}_{1}\mathrm{H} \rightarrow\, ^{4}_{2}\mathrm{He} + 2e^{+} + 2\nu_e + 2\gamma$$

가 되며, 중간 단계에서 중수소핵($^{2}_{1}\mathrm{H}$)과 헬륨3핵($^{3}_{2}\mathrm{He}$)을 생성하는 과정을 거친다. 전체 PP I 반응 사슬은[11)]

10) 원소는 원자핵 안의 양성자 수(Z)가 결정하므로, X와 Z를 같이 나타내는 것은 중복해서 정보를 표현하는 것이다. 따라서, 어떤 교재에서는 ^{A}X와 같이 나타내는 경우도 있다.그러나, 이 기호는 핵반응에서 양전하의 수를 셈하는 것이 더 어렵다.

11) 대략 0.4%의 시간동안 첫 반응 단계는 pep 반응이라고($^{1}_{1}\mathrm{H} + e^{-} + {}^{1}_{1}\mathrm{H} \rightarrow {}^{2}_{1}\mathrm{H} + \nu_e$) 부르는 과정으로 이루어진다.

$$^1_1\mathrm{H} + ^1_1\mathrm{H} \rightarrow ^2_1\mathrm{H} + e^+ + \nu_e \tag{4.37}$$

$$^2_1\mathrm{H} + ^1_1\mathrm{H} \rightarrow ^3_2\mathrm{He} + \gamma \tag{4.38}$$

$$^3_2\mathrm{He} + ^3_2\mathrm{He} \rightarrow ^4_2\mathrm{He} + 2\,^1_1\mathrm{H} \tag{4.39}$$

이다. PP I 사슬의 각 단계는 서로 다른 쿨롱 장벽과 반응단면적 때문에 나름대로 다른 반응률을 갖는다. 가장 느린 단계는 첫 단계인데, 이 단계에는 양성자가 중성자로 *붕괴*하는 과정($p^+ \rightarrow n + e^+ + \nu_e$)이 있다. 이러한 붕괴는 **약한 핵력**이 개입하며, 이 힘은 자연에 존재하는 4개의 기본 힘 가운데 하나이다.[12)]

PP I에서 헬륨3 원자핵이 생성되므로, 이들이 직접 헬륨4 원자핵들과 상호작용을 일으킬 가능성이 존재하며, 양성자-양성자 사슬에서 두 번째 핵반응 가지를 만든다. 태양 중심부와 비슷한 특징을 갖는 환경에서, 헬륨3의 69%는 PP I 사슬에서 다른 헬륨3과 상호작용하고, 31%는 다음과 같이 주어진 PP II 사슬 반응을 일으킨다.

$$^3_2\mathrm{He} + ^4_2\mathrm{He} \rightarrow ^7_4\mathrm{Be} + \gamma \tag{4.40}$$

$$^7_4\mathrm{Be} + e^- \rightarrow ^7_3\mathrm{Li} + \nu_e \tag{4.41}$$

$$^7_3\mathrm{Li} + ^1_1\mathrm{H} \rightarrow 2\,^4_2\mathrm{He} \tag{4.42}$$

또 다른 반응 가지인 PP III 사슬이 가능하며, PP II 베릴륨7 원자핵이 전자를 포획하는 과정이 양성자를 포획하는 과정과 경쟁한다(태양 중심부에서 양성자는 0.3%만이 포획된다).

$$^7_4\mathrm{Be} + ^1_1\mathrm{H} \rightarrow ^8_5\mathrm{B} + \gamma \tag{4.43}$$

$$^8_5\mathrm{B} \rightarrow ^8_4\mathrm{Be} + e^+ + \nu_e \tag{4.44}$$

$$^8_4\mathrm{Be} \rightarrow 2\,^4_2\mathrm{He} \tag{4.45}$$

양성자-양성자 사슬(pp-chain)의 세 핵반응 가지와 나뉨 확률이 그림 4.8에 요약되어 있다.

---

12) 네 개의 기본 힘을 이제 모두 언급하였다. 중력은 질량 에너지를 가진 모든 입자들이 주고받고, 전자기력은 전하를 가진 입자들이 광자를 매개로 주고받으며, 강한 핵력은 원자핵을 강하게 묶고, 약한 핵력은(전자나 양전자가 출입하는) 베타 붕괴에 간여한다.

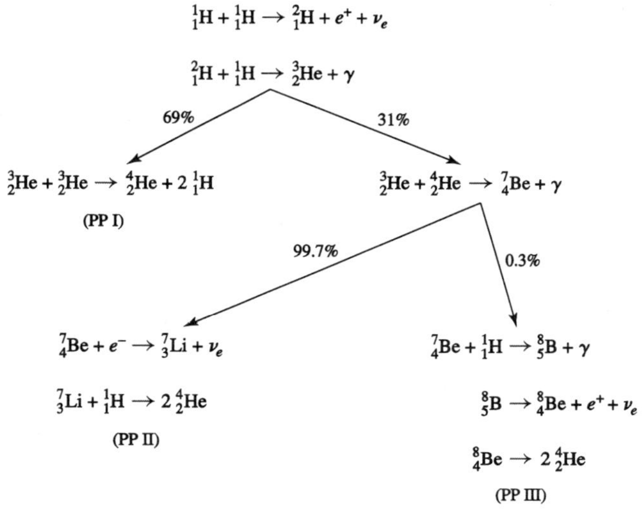

▮ 그림 4.8 pp 사슬의 세 가지와 태양 중심부의 조건에서 계산된 나뉨 확률

식 (4.33)에서 시작하여, 결합한 pp 사슬에 의한 에너지 생성률은

$$\epsilon_{pp} = 0.241\rho X^2 f_{pp}\psi_{pp}C_{pp}T_6^{-2/3}e^{-33.80T_6^{-1/3}}\ \mathrm{W\ kg^{-1}} \tag{4.46}$$

이고, T_6는 10^6 K을 단위로 한 온도이며, 온도를 차원 없이 표현한 것이다(즉, $T_6 \equiv T/10^6\ \mathrm{K}$). $f_{pp} = f_{pp}(X, Y, \rho, T) \simeq 1$은 pp 사슬의 차폐 인수이며, $\psi_{pp} = \psi_{pp}(X, Y, T) \simeq 1$은 PP I, PP II, PP III가 동시에 일어난다는 점을 고려한 보정항이다. C_{pp}는 고차의 보정항을 나타낸다.[13)]

온도 $T = 1.5\times10^7$ K 근처에서 에너지 생성률을 거듭제곱 법칙으로 쓰면(예를 들어 식 (4.35)), 그 형태가

$$\epsilon_{pp} \simeq \epsilon'_{0,pp}\rho X^2 f_{pp}\psi_{pp}C_{pp}T_6^4 \tag{4.47}$$

로 나타난다. 여기에서, $\epsilon'_{0,pp} = 1.08\times10^{-12}\ \mathrm{W\ m^3\ kg^{-2}}$이다. 에너지 생성률의 거듭제곱꼴로부터 $T_6 = 15$ 근처에서 에너지 생성률은 T^4에 비례하여 상대적으로 중간 정도의 예민함을 보인다.

13) 다양한 보정항을 주는 식들이 부록 L에 기술된 항성 구조 프로그램 StatStar에 주어져 있다.

CNO 순환

수소 원자핵으로부터 헬륨4 원자핵을 만드는 또 다른 독립적인 제2의 핵반응 순환 과정이 있다. 이 순환 과정은 중성자를 발견한 지 겨우 6년 밖에 안 되었던 1938년에 한스 베테(1906-2005)가 제안하였다. **CNO 순환** 과정에서, 탄소, 질소, 산소는 촉매로 작용하여, 이들은 핵반응에 참여하여 없어지다가 다시 재생된다. pp 사슬과 같이, CNO 순환 과정도 경쟁하는 핵반응 가지들을 갖는다. 첫 반응 가지는 탄소12 원자핵과 헬륨4 원자핵을 만들면서 마무리된다.

$$^{12}_{6}\mathrm{C} + ^{1}_{1}\mathrm{H} \rightarrow ^{13}_{7}\mathrm{N} + \gamma \tag{4.48}$$

$$^{13}_{7}\mathrm{N} \rightarrow ^{13}_{6}\mathrm{C} + e^{+} + \nu_e \tag{4.49}$$

$$^{13}_{6}\mathrm{C} + ^{1}_{1}\mathrm{H} \rightarrow ^{14}_{7}\mathrm{N} + \gamma \tag{4.50}$$

$$^{14}_{7}\mathrm{N} + ^{1}_{1}\mathrm{H} \rightarrow ^{15}_{8}\mathrm{O} + \gamma \tag{4.51}$$

$$^{15}_{8}\mathrm{O} \rightarrow ^{15}_{7}\mathrm{N} + e^{+} + \nu_e \tag{4.52}$$

$$^{15}_{7}\mathrm{N} + ^{1}_{1}\mathrm{H} \rightarrow ^{12}_{6}\mathrm{C} + ^{4}_{2}\mathrm{He} \tag{4.53}$$

두 번째 가지는 고작 0.04% 정도 일어나며, 위의 마지막 핵반응(식 (4.53))이 탄소12 원자핵과 헬륨4 원자핵을 만들지 않고, 산소16 원자핵과 광자를 만드는 반응이다.

$$^{15}_{7}\mathrm{N} + ^{1}_{1}\mathrm{H} \rightarrow ^{16}_{8}\mathrm{O} + \gamma \tag{4.54}$$

$$^{16}_{8}\mathrm{O} + ^{1}_{1}\mathrm{H} \rightarrow ^{17}_{9}\mathrm{F} + \gamma \tag{4.55}$$

$$^{17}_{9}\mathrm{F} \rightarrow ^{17}_{8}\mathrm{O} + e^{+} + \nu_e \tag{4.56}$$

$$^{17}_{8}\mathrm{O} + ^{1}_{1}\mathrm{H} \rightarrow ^{14}_{7}\mathrm{N} + ^{4}_{2}\mathrm{He} \tag{4.57}$$

CNO 순환 과정의 에너지 생성률은

$$\epsilon_{\mathrm{CNO}} = 8.67 \times 10^{20} \rho X X_{\mathrm{CNO}} C_{\mathrm{CNO}} T_6^{-2/3} e^{-152.28 T_6^{-1/3}}\ \mathrm{W\ kg^{-1}} \tag{4.58}$$

이며, X_{CNO}는 탄소, 질소, 산소의 질량 함량이고, C_{CNO}는 고차 보정항이다. 온도 $T=1.5\times10^7$ K 근처에서 거듭제곱꼴로 나타내면(식 (4.35)를 보라), 에너지 생성률은

$$\epsilon_{\mathrm{CNO}} \simeq \epsilon'_{0,\mathrm{CNO}} \rho X X_{\mathrm{CNO}} T_6^{19.9} \tag{4.59}$$

이며, $\epsilon'_{0,\mathrm{CNO}} = 8.24 \times 10^{-31}$ W m^3 kg^{-2}이다. 거듭제곱꼴에서 보듯이, CNO 순환은 pp 사슬보다 훨씬 더 온도에 민감하다. 이 성질은 작은 질량의 별들은 중심부 온도가 더 낮으므로, "수소 연소" 진화 단계 동안 pp 사슬이 압도하며, 무거운 별들은 중심부 온도가 높아 수소에서 헬륨으로 바뀌는 핵반응이 CNO 순환 과정으로 일어난다는 점을 말해 준다. pp 사슬 과정에서 CNO 순환 과정으로 핵반응 주도권의 이양은 태양보다 약간 더 무거운 별에서 일어난다. 원자핵 반응 과정에서 이러한 차이는 다음 절에서 공부하겠지만, 항성 내부 구조에서 중요한 역할을 한다.

pp 사슬이나 CNO 순환 과정에 의하여 수소가 헬륨으로 전환되면, 기체의 평균 분자량이 늘어난다. 기체의 온도나 밀도가 바뀌지 않는다면, 이상기체 방정식으로부터 중심부 온도가 반드시 내려갈 것이 예상된다. 그 결과, 별은 더 이상 정유체 평형을 이루지 못하고 내려앉기 시작할 것이다. 이와같은 붕괴는 온도와 밀도를 모두 실질적으로 올리는 효과를 줄 것이며, 평균분자량 μ의 증가에 따른 영향을 상쇄할 것이다(비리얼 정리 식 (2.46)을 기억하라). 온도와 밀도가 충분히 높아지면, 헬륨 원자핵들이 쿨롱 장벽을 극복할 수 있을 것이며, "연소"되기 시작할 것이다.

3중 알파 과정과 헬륨 연소

헬륨이 탄소로 전환되는 핵반응 과정은 3중 알파 과정이라고 알려져 있다. 방사성 원소가 붕괴할 때에 방출되는 수수께끼 같았던 알파 입자가 헬륨4 원자핵이라는 사실을 러더포드가 증명한 역사적인 결과에서 이 이름이 유래한다. 3중 알파 과정은

$$ {}^{4}_{2}\mathrm{He} + {}^{4}_{2}\mathrm{He} \rightleftharpoons {}^{8}_{4}\mathrm{Be} \tag{4.60} $$

$$ {}^{8}_{4}\mathrm{Be} + {}^{4}_{2}\mathrm{He} \rightarrow {}^{12}_{6}\mathrm{C} + \gamma \tag{4.61} $$

이다. 3중 알파 과정의 첫 단계에서 불안정한 베릴륨 원자핵이 생성되고, 다른 알파 입자가 곧 바로 때리지 않는다면, 두 헬륨 원자핵으로 다시 붕괴한다. 이와같은 이유로, 이 반응은 3체 상호 작용으로 간주되고, 반응률은 $(\rho Y)^3$에 의존한다. 원자핵 에너지 생성률은

$$ \epsilon_{3\alpha} = 50.9\rho^2 Y^3 T_8^{-3} f_{3\alpha} e^{-44.027 T_8^{-1}} \text{ W kg}^{-1} \tag{4.62} $$

로 주어지고, $T_8 \equiv T/10^8$ K이고, $f_{3\alpha}$는 3중 알파 과정의 차폐 인수이다. $T=10^8$ K를 중심으로 거듭제곱꼴로 쓰면(식 (4.35)), 3중 과정은 온도에 대한 극적인 의존성을 보인다.

$$\epsilon_{3\alpha} \simeq \epsilon'_{0,3\alpha}\rho^2 Y^3 f_{3\alpha} T_8^{41.0} \tag{4.63}$$

이처럼 강한 의존성 때문에, 사소하게 온도를 높여도 단위 시간당 에너지 생성률이 크게 올라간다. 예를 들어, 온도를 10%만 올려도, 에너지 생성률이 50배나 늘어난다.

탄소와 산소 연소

헬륨 연소가 일어나는 고온의 환경에서, 다른 핵반응 과정도 같이 경쟁적으로 작동한다. 3중 알파 과정으로부터 충분한 탄소가 생성된 후에, 탄소 원자핵들이 알파 입자를 포획하는 것이 가능해 진다. 산소 원자핵 일부가 알파 입자를 포획하면, 네온 원자핵을 만든다.

$$^{12}_{6}\mathrm{C} + {}^{4}_{2}\mathrm{He} \rightarrow {}^{16}_{8}\mathrm{O} + \gamma \tag{4.64}$$

$$^{16}_{8}\mathrm{O} + {}^{4}_{2}\mathrm{He} \rightarrow {}^{20}_{10}\mathrm{Ne} + \gamma \tag{4.65}$$

헬륨이 연소되는 온도에서, 알파 입자를 계속해서 포획하여 지속적으로 더 무거운 원자핵을 만드는 일은 쿨롱 장벽 역시 더 높아짐에 따라 금방 불가능해진다.

별이 충분히 무겁다면, 더욱 높은 중심부 온도를 얻을 수 있으며, 다른 많은 핵반응 산물들이 생산된다. 가능한 핵반응의 예로 6×10^8 K에서 다음과 같이 주어진 탄소 연소와

$$^{12}_{6}\mathrm{C} + {}^{12}_{6}\mathrm{C} \rightarrow \begin{cases} {}^{16}_{8}\mathrm{O} + 2\,{}^{4}_{2}\mathrm{He} & *** \\ {}^{20}_{10}\mathrm{Ne} + {}^{4}_{2}\mathrm{He} \\ {}^{23}_{11}\mathrm{Na} + p^+ \\ {}^{23}_{12}\mathrm{Mg} + n & *** \\ {}^{24}_{12}\mathrm{Mg} + \gamma \end{cases} \tag{4.66}$$

10^9 K 근처의 산소 연소를 들 수 있다.

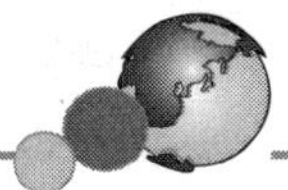

$$
{}^{16}_{8}\mathrm{O} + {}^{16}_{8}\mathrm{O} \rightarrow \begin{cases} {}^{24}_{12}\mathrm{Mg} + 2\,{}^{4}_{2}\mathrm{He} \;\; *** \\ {}^{28}_{14}\mathrm{Si} + {}^{4}_{2}\mathrm{He} \\ {}^{31}_{15}\mathrm{P} + p^{+} \\ {}^{31}_{16}\mathrm{S} + n \\ {}^{32}_{16}\mathrm{S} + \gamma \end{cases} \tag{4.67}
$$

***로 표시한 반응들은 에너지를 내놓지 않고 반대로 에너지를 흡수하는 반응이며, **흡열 반응**이라고 부른다. 이에 대하여 에너지를 내놓는 반응을 **발열 반응**이라고 부른다. 흡열 반응에서는 반응의 산물로 나오는 원자핵이 이들을 형성한 원자핵들보다 더 많은 핵자당 에너지를 갖는다. 이러한 반응이 일어나는 데에 필요한 에너지는 다른 발열 반응이나 중력 수축(비리얼 정리)으로부터 빠져 나온 에너지를 쓴다. 일반적으로, 별 내부에 흔하게 나타나는 조건에서, 흡열 반응은 발열 반응보다는 일어날 가능성이 더 적다.

핵자당 결합 에너지

핵반응을 이해하는 데에 유용한 양이 핵자당 결합 에너지 E_b/A로서 결합에너지 E_b는

$$E_b = \Delta mc^2 = \left[Zm_p + (A-Z)m_n - m_{\text{nucleus}}\right]c^2$$

이다. 그림 4.9는 E_b/A를 질량수에 대하여 나타내고 있다. 상대적으로 작은 질량수(56 이하)에서 몇 개의 원자핵들은 비슷한 질량의 다른 원자핵들에 비하여 비정상적으로 높은 E_b/A의 값을 보인다. 이러한 특별히 안정한 원자핵들 가운데, ${}^{4}_{2}\mathrm{He}$과 ${}^{16}_{8}\mathrm{O}$이 ${}^{1}_{1}\mathrm{H}$과 더불어 우주에서 가장 높은 함량을 보인다. 이와 같은 원자핵들이 보이는 특별한 안정성은 원자핵 고유의 껍질 구조에 기인하며, 원소의 화학적 성질을 규정하는 원자 에너지 준위가 껍질 구조 때문에 일어난다는 사실과 유사하다. 이와 같이 특별하게 안정한 원자핵들을 *"마법 원자핵(magic nuclei)"* 이라고 부른다.

빅뱅 직후의 초기 우주는 주로 수소와 헬륨으로 이루어졌고, 중원소들이 존재하지 않았다고 추정된다. 오늘날, 지구와 지구의 입주자들은 많은 양의 중원소들을 갖고 있다. 항성의 핵합성 연구로부터 이러한 중원소들은 항성의 내부에서 만들

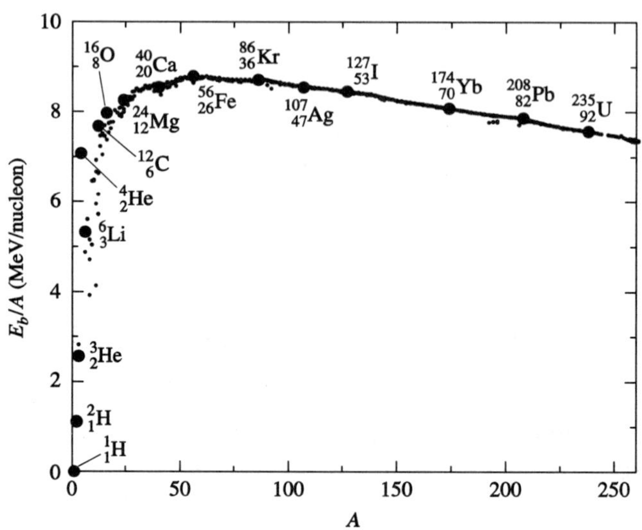

▌그림 4.9 질량수 A에 대한 핵자당 결합 에너지 E_b/A. 일부 원자핵들은, 특히 $^{4}_{2}\mathrm{He}$에서 두드러지는데($^{12}_{6}\mathrm{C}$과 $^{16}_{8}\mathrm{O}$ 도 주목하시오.) 다른 원자핵이 보이는 일반적 경향으로부터 매우 높은 곳에 놓이며, 이들 원자핵이 특별히 안정하다는 점을 의미한다. 곡선의 꼭대기에 $^{56}_{28}\mathrm{Fe}$이 있으며, 이 원자핵이 모든 원자핵 가운데 가장 안정하다.

어진 것으로 추정된다. 이러한 관점에서 우리 모두는 이전 세대의 별들 안에서 일어난 중원소 생성 과정의 산물인 "별티끌"이라고 말할 수 있다.

그림 4.9에서 또한 중요한 양상은 $A = 56$ 근처에서 넓게 나타나는 마루이다. 이 마루의 꼭대기에 철 원자핵 $^{56}_{28}\mathrm{Fe}$이 있으며, 모든 원자핵 가운데 가장 안정한 원자핵이다. 별 내부에서 더 무거운 원자핵이 만들어지면서, 왼쪽으로부터 철 원자핵 꼭대기로 접근한다. 이러한 원자핵 융합 반응의 결과 에너지가 쏟아져 나온다.[14] 따라서, 쿨롱 장벽을 넘을 수 있는 넉넉한 에너지가 늘 있다고 가정할 때에, 별 내부에서 연속적인 핵반응 사슬의 궁극적인 종착점은 철 원자핵의 생성이다. 별이 매우 무거워 중심부의 온도와 밀도가 철 원자핵을 합성할 수 있을 정도라면, 그 결과 거대한 폭발과 화려한 볼거리가 나타나며 9장에서 공부할 것이다.

이 절에서 항성 내부의 핵합성에서 공부한 것을 고려하면, 우주에서 가장 흔한 원자핵들이 순서대로 $^{1}_{1}\mathrm{H}$, $^{4}_{2}\mathrm{He}$, $^{16}_{8}\mathrm{O}$, $^{12}_{6}\mathrm{C}$, $^{20}_{10}\mathrm{Ne}$, $^{14}_{7}\mathrm{N}$, $^{24}_{12}\mathrm{Mg}$, $^{28}_{14}\mathrm{Si}$,$^{56}_{28}\mathrm{Fe}$이다(표

14) 핵분열 과정을 통하여 오른쪽에서 왼쪽으로 철원자핵 꼭대기로 접근할 때에도 에너지는 방출된다. 철보다 더 무거운 원자핵의 분열 과정 결과 생성된 가벼운 원자핵은 더 안정한 원자핵이다. 이러한 형태의 핵반응 과정은 원자력발전소의 핵분열 반응로에서 일어난다.

3.2를 기억하라).[15] 우주의 원소 함량은 별 내부에서 일어나는 지배적인 핵반응의 결과로 나타나며 가장 안정한 원자핵 구조를 주는 원자핵 내부의 핵자 배치가 함께 영향을 준다. 다른 동위 원소들의 다양성을 주는 핵반응들도 9.3절에서 논의될 것이다.

4.4 에너지 수송과 열역학

이제 항성구조 방정식 하나가 남아 있다. 우리는 이미 기본적인 물리량인 P, M, N을 정유체 평형, 질량 보존 법칙, 에너지 생성 방정식으로 각각 독립 변수 r에 대한 미분방정식의 형태로 연결하였다(식 (4.6), (4.7), (4.36)). 그러나, 우리는 아직 기본 물리량인 온도 T를 r과 맺어 주는 미분방정식을 구하지 않았다. 더구나, 우리는 원자핵 반응이나 중력 수축으로 생성된 열을 별의 내부 깊숙한 곳으로부터 별의 표면까지 실어나르는 과정을 기술하는 방정식을 구체적으로 만들지 않았다.

에너지를 수송하는 세 가지 기작

별 내부에서 에너지를 수송하는 3가지의 기작이 있다. **복사**는 핵반응이나 중력 수축에 의하여 만들어진 에너지를 광자를 통하여 별의 표면까지 실어나르며, 이 때에 광자들은 물질들과 만나면서 흡수되고 거의 임의의 방향으로 재방출된다. 이것은 예상할 수 있는 바와 같이 물질의 불투명도가 중요한 역할을 한다는 사실을 의미한다. **대류**는 차가운 물질들이 가라앉고, 뜨거운 물질이 위로 뜨면서 여분의 에너지를 위로 전달하여, 별 내부의 많은 곳에서 에너지를 수송하는 매우 효율적인 기작이다. 마지막으로, **전도**는 입자들 사이의 충돌을 통하여 열을 수송한다. 비록 전도는 일부의 항성 환경에서 중요한 역할을 하지만, 대부분의 별에서 일생의 주요 시간 동안에 일반적으로 중요하지 않기 때문에 여기에서는 더 이상 논의하지 않기로 한다.

복사 온도 기울기

먼저 복사 수송을 고려하자. 3장에서 우리는 복사 압력 기울기가 식 (3.31)로 주어짐을 공부하였다.

15) 원소의 상대적 함량은 9.3절에서 논의할 것이다. 그림 9.16을 보라.

$$\frac{dP_{\text{rad}}}{dr} = -\frac{\overline{\kappa}\rho}{c}F_{\text{rad}}$$

이고, F_{rad}는 외부를 향한 복사 플럭스이다. 그러나, 식 (4.19)로부터 복사 압력 기울기는

$$\frac{dP_{\text{rad}}}{dr} = \frac{4}{3}aT^3\frac{dT}{dr}$$

과 같이 쓸 수도 있다. 두 식을 같게 놓으면 우리는

$$\frac{dT}{dr} = -\frac{3}{4ac}\frac{\overline{\kappa}\rho}{T^3}F_{\text{rad}}$$

를 얻는다. 마지막으로, 우리가 반지름 r에서 국지적인 별의 복사 광도 L_r을 써서 나타낸 복사 플럭스(식 (3.2))를 쓰면,

$$F_{\text{rad}} = \frac{L_r}{4\pi r^2}$$

복사 수송에 대한 온도 기울기는

$$\boxed{\frac{dT}{dr} = -\frac{3}{4ac}\frac{\overline{\kappa}\rho}{T^3}\frac{L_r}{4\pi r^2}} \tag{4.68}$$

로 주어진다. 플럭스나 불투명도가 증가하면서, 복사가 외곽으로 내보내야할 모든 광도를 수송해야 한다면, 온도 기울기가 더 가파르게 올라간다(더 음수로 커진다). 밀도가 증가하거나 혹은 온도가 내려가도 같은 상황이 나타난다.

압력 규모 높이

온도 기울기가 지나치게 커지면, 대류가 에너지를 수송하는 데에 중요한 역할을 담당하기 시작한다. 물리적으로, 대류는 물질의 움직임을 수반하며, 뜨거운 물질 덩어리는 위로 뜨고, 차갑고 밀도가 높은 덩어리들은 가라앉는다. 불행하게도 대류는 거시적인 수준에서 복사보다 훨씬 더 복잡한 현상이다. 실제로, 항성 내부에서 제대로 만족스럽게 기술하는 방법은 아직 존재하지 않는다. 유체 역학은 기체

와 액체의 운동을 기술하는 물리학의 분야로서 내비어–스토크스 방정식으로 알려진 복잡한 3차원 방정식에 기반한다. 그러나, 현재에도 컴퓨터 계산 능력의 한계에 의하여 대부분의 항성 구조 프로그램은 1차원 코드(즉, r에만 의존하는)이다.[16] 그러므로, 어쩔 수 없이 1차원 현상론적 이론으로 실제의 3차원 과정을 근사한다. 더욱 곤란한 점은, 별에서 대류가 있을 때에, 이 흐름은 일반적으로 난류가 되며, 점성(유체에서 작용하는 마찰)의 크기와 이에 따라 열의 형태로 에너지를 잃어 버리는 과정을 세밀하게 이해해야 한다는 것이다. 대류의 특성을 규정하는 길이 규모는 흔히 **압력 규모 높이**를 써서 이야기하며, 이 거리 규모는 종종 별 전체 크기 정도가 되기도 한다. 마지막으로, 대류의 시간 규모는 대류되는 물질 덩어리가 대류의 특성을 규정하는 거리 규모를 이동하는 데에 걸리는 시간을 말하며, 어떤 경우에는 별의 내부 구조가 변화하는 시간 규모와 같아서, 대류가 별의 동력학적 행동과 강하게 연결되어 있음을 암시한다. 이러한 복잡한 요소들이 별의 동력학적 양상에 주는 영향은 여전히 기본적으로 잘 알려져 있지 않다.

그러나, 상황이 완전히 가망이 없는 것은 아니다. 항성 대류를 정확하게 취급할 때에 맞닥뜨리는 어려움들에도 불구하고, 근사적인(그리고 꽤 합리적인) 결과들을 얻을 수 있다. 대류 지역의 크기를 구하기 위하여, 다음과 같이 정의된 압력 규모 높이 H_P를

$$\frac{1}{H_P} \equiv -\frac{1}{P}\frac{dP}{dr} \tag{4.69}$$

생각하자. 당분간 H_P가 상수라고 가정하면, 반지름에 대한 압력의 변화를 풀어서

$$P = P_0 e^{-r/H_P}$$

와 같이 쓸 수 있다. 물론, $r = H_P$라면, $P = P_0 e^{-1}$이므로, H_P는 기체의 압력이 e배 만큼 줄어드는 거리이다. H_P를 편리하게 쓰는 일반적인 식을 얻으려면, 정유체 평형에서(식 (4.6)) $dP/dr = -\rho g$이고, $g = GM_r/r^2$는 반지름 r에서 중력가속도임을 기억하자. 식 (4.69)에 대입하면, 압력 규모 높이는 간단하게

16) 이러한 한계는 더 큰 용량의 기억 장치를 가진 매우 빠른 컴퓨터의 개발과 더 정교한 수치 계산 기법을 도입함으로써 어느 정도 극복되고 있다.

$$H_P = \frac{P}{\rho g} \tag{4.70}$$

이다.

예제 4.4.1

태양에서 압력 규모 높이의 대체적인 값을 얻기 위하여, $\overline{P} = P_c/2$라고 하자. 이 때에 P_c는 중심부 압력이다. 그리고, $\overline{\rho}_\odot$을 태양의 평균 밀도라고 가정하고,

$$\overline{g} = \frac{G(M_\odot/2)}{(R_\odot/2)^2} = 550 \text{ m s}^{-2}$$

이다. 그러므로, 우리는

$$H_P \simeq 1.8 \times 10^8 \text{ m} \sim R_\odot/4$$

를 얻는다. 더 자세한 계산에 따르면, $H_P \sim R_\odot/10$이 더 대표적인 값이다.

내부 에너지와 열역학 제1법칙

비록 근사적인 수준에서라도, 별에서 대류에 의한 열의 수송을 이해하려면, 열역학에 대한 약간의 지식에서 시작해야 한다. 열의 수송 연구에서, 에너지 보존은 다음과 같은 **열역학 제1법칙**으로 나타난다.

$$\boxed{dU = đQ - đW} \tag{4.71}$$

여기에서, 물질 덩어리의 내부 에너지 변화 dU는 이 덩어리에 *유입된* 열 $đQ$ 에서 이 덩어리가 주변에 *한* 일 $đW$을 뺀 값이다. 앞으로, 논의를 계속 하면서, 이러한 에너지 변화는 *단위 질량당* 측정된 값으로 가정하겠다.

어떤 계의 내부 에너지는 **상태 함수**이다. 상태 함수란 용어는 그 값이 기체의 현재 조건에만 의존하고, 현 상태에 이르기까지 겪은 변화의 과정과는 무관하다는 뜻이다. 따라서, dU는 실제로 변화를 주는 과정에는 의존하지 않는다. 이것과는

달리, 열이나 일은 상태 함수가 아니다. 계에 유입된 열량이나 계가 주변에 한 일은 그 과정이 구체적으로 이루어지는 방식에 따라 다른 값을 갖는다. $đQ$ 나 $đW$의 기호는 이러한 경로 의존성을 반영하여 불완전 미분(inexact differential)을 표시한다.

단원자 이상기체를 생각하자. 단원자 이상기체는 이온화되지 않고 한 종류의 입자만으로 이루어진 이상기체를 말한다. 단위 질량당 전체 내부 에너지는

$$U = \text{(평균/에너지 입자)} \times \text{(입자 개수/질량)}$$
$$= \overline{K} \times \frac{1}{\overline{m}}$$

으로 주어지고, $\overline{m} = \mu m_H$는 기체를 구성하는 한 종류 입자의 평균 질량이다. 이상기체에 대해서 $\overline{K} = 3kT/2$이고, 내부 에너지는

$$U = \frac{3}{2}\left(\frac{k}{\mu m_H}\right)T = \frac{3}{2}nRT \tag{4.72}$$

으로 주어지고, n은 단위 질량당 몰수[17], $R = 8.314472\ \mathrm{J\ mole^{-1}\ K^{-1}}$은 기체상수[18]이며

$$nR = \frac{k}{\mu m_H}$$

이다.

비열

물질 덩어리의 열량 변화 $đQ$ 는 일반적으로 **비열** C를 써서 나타낸다. 비열은 단위 질량의 물질을 단위 온도만큼 높이는 데에 들어가는 열량으로 정의한다. 즉,

17) 1몰(mole)=(N_A개의 입자 모임)이고, $N_A = 6.02214199 \times 10^{23}$는 아보가드로 수로서, 순수한 $^{12}_{6}\mathrm{C}$을 모아 정확히 12 그램이 될 때에, 이 안에 담긴 탄소 원자의 개수이다.

18) $R = N_A k$

$$C_P \equiv \left.\frac{\partial Q}{\partial T}\right|_P \quad 과 \quad C_V \equiv \left.\frac{\partial Q}{\partial T}\right|_V$$

이고, C_P와 C_V는 각각 정압 비열과 정적 비열이다.

다음으로, 단위 질량당 기체가 주변에 한 일 $đW$를 생각해 보자. 횡단면적인 A인 원기둥에 질량 m, 압력 P인 기체가 들어 있다고 생각하자. 이 기체는 원기둥 끝에서 $F = PA$로 주어진 힘을 작용한다. 원기둥의 끝에 피스턴이 있고, 이 피스턴이 이 힘을 받아 거리 dr을 움직인다면, *단위 질량당* 이 기체가 한 일은

$$đW = \left(\frac{F}{m}\right) dr = \left(\frac{PA}{m}\right) dr = P\,dV$$

와 같이 쓸 수 있고, 이 때에 V는 **비부피**이며, 단위 질량당 부피, 혹은 $V \equiv 1/\rho$로 정의된다. 열역학 제1법칙을 이제 다음과 같이 더 유용한 형태로 나타낼 수 있다.

$$dU = đQ - P\,dV \tag{4.73}$$

부피를 일정하게 유지할 때에 $dV = 0$이며, 이 때에는 $dU = dU|_V = đQ\,|_V$이며, 따라서

$$dU = \left.\frac{\partial Q}{\partial T}\right|_V dT = C_V\,dT \tag{4.74}$$

이다[dU가 상태 함수로서 구체적인 과정에 무관하므로, 식 (4.74)의 두 번째 등식은 어떤 형태의 열역학적 과정에서도 항상 성립한다는 사실에 유의하라]. 식 (4.72)에서 단원자 이상기체에 대해서는 $dU = (3nR/2)\,dT$이다. 그러므로, 정적 비열은 다음과 같이 주어진다.

$$C_V = \frac{3}{2}nR \tag{4.75}$$

단원자 기체에 대하여 정압 비열 C_P를 구하려면

$$dU = \left.\frac{\partial Q}{\partial T}\right|_P dT - P\left.\frac{\partial V}{\partial T}\right|_P dT \tag{4.76}$$

임을 생각하자. 그리고, 식 (4.11)에서 이상기체 법칙을

$$PV = nRT \tag{4.77}$$

과 같이 쓸 수 있다. 식 (4.77)에서 변화할 수 있는 모든 물리량의 미소 변화를 고려하면

$$P\,dV + V\,dP = RT\,dn + nR\,dT \tag{4.78}$$

과 같다(R은 상수라는 점을 기억하자). 일정한 P와 n에 대하여, 식 (4.78)은 $P\,dV/dT = nR$이다. 이 결과와 $dU = C_V dT$를 식 (4.76)에 대입하고, C_P의 정의를 생각하면,

$$C_P = C_V + nR \tag{4.79}$$

를 얻는다. 식 (4.79)는 이상기체 법칙이 만족되는 모든 상황에서 성립한다.

γ를 비열들의 비로 정의하자. 즉

$$\gamma \equiv \frac{C_P}{C_V} \tag{4.80}$$

단원자 기체에 대해서 $\gamma = 5/3$임을 알 수 있다. 유입된 열은 통상적으로 입자들의 운동에너지를 증가시키는 데에 쓰이지만, 이온화가 일어나면, 이 열 가운데 일부가 원자를 이온화하는 데에 쓰인다. 그러므로, 내부 에너지의 척도인 기체의 온도는 전보다 빠르게 올라가지 않기 때문에, 부분 이온화 지역은 비열이 더 크다. C_P와 C_V가 모두 증가하면, γ는 1로 접근한다.[19)]

단열 이상기체 법칙

내부 에너지의 변화는 구체적인 과정과는 무관하므로, 물질 덩어리에서 열의 출입이 없는 과정, 즉 **단열 과정**($đQ = 0$)이라는 특별한 과정을 생각해 보자. 열역학 제1법칙(식 (4.73))은

19) γ의 변화는 별의 동력학적인 안정성에 중요한 역할을 한다. 8.3절에서 이 요인에 대하여 더 논의할 것이다.

$$dU = -P\,dV$$

이다. 그러나, 식 (4.78)에서 n이 일정할 때에

$$P\,dV + V\,dP = nR\,dT$$

이고, $dU = C_V\,dT$이므로,

$$dT = \frac{dU}{C_V} = -\frac{P\,dV}{C_V}$$

이다. 이들 결과를 결합하면,

$$P\,dV + V\,dP = -\left(\frac{nR}{C_V}\right)P\,dV$$

이고, 식 (4.79)와 식 (4.80)을 써서 다시 쓰면

$$\gamma\frac{dV}{V} = -\frac{dP}{P} \tag{4.81}$$

을 얻는다. 이 미분방정식을 풀면, 다음과 같은 단열 이상기체 법칙을 얻는다.

$$PV^{\gamma} = K \tag{4.82}$$

이 때에 K는 상수이다. 이상기체 법칙을 써서, 다음과 같이 주어진 또 다른 형태의 이상기체 법칙을 얻을 수 있다.

$$P = K'T^{\gamma/(\gamma-1)} \tag{4.83}$$

여기에서 K'은 상수이다. 식 (4.82)나 식 (4.83)에 나타나는 특별한 역할 때문에, γ를 "단열 감마"라고 부르며, γ는 상태 방정식을 특별히 간단하게 규정한다.

단열 소리 속도

이제까지 얻은 결과를 써서, 우리는 물질을 통하여 전달되는 소리의 속도를 계산할 수 있다. 소리 속도는 기체의 압축률과 관성(밀도로 나타난다)과 관계되고

$$v_s = \sqrt{B/\rho}$$

로 주어지며, $B \equiv -V(\partial P/\partial V)_{\mathrm{ad}}$는 기체의 체적 탄성률(bulk modulus)이다.[20] 체적 탄성률은 압력이 바뀔 때에 부피의 변화량을 알려 준다. 식 (4.81)에서 단열 소리 속도는

$$v_s = \sqrt{\gamma P/\rho} \tag{4.84}$$

이다.

예제 4.4.2

단원자 기체에 대하여 태양에 대한 대체적인 단열 소리 속도는

$$\overline{v}_s \simeq \left(\frac{5}{3}\frac{\overline{P}}{\overline{\rho}_\odot}\right)^{1/2} \simeq 4 \times 10^5 \text{ m s}^{-1}$$

이고, $\overline{P} \sim P_c/2$를 가정했다. 음파가 태양 반지름의 거리를 이동하는 데에 걸리는 시간은 따라서

$$t \simeq R_\odot/\overline{v}_s \simeq 29 \text{ minutes}$$

일 것이다.

단열 온도 기울기

구체적으로 대류를 기술하는 문제로 다시 돌아가서, 대류되는 높은 온도의 기체 거품이 *단열적으로*, 즉 주변과 열을 교환하지 않으면서 상승하고 팽창하는 상황을 생각하자. 이 기체 거품이 적당한 거리를 여행한 후에, 마침내 주변과 *동화되어* 여분의 열을 주변에 내놓으면서 자신의 정체성을 잃고 주변 기체들과 섞인다. 이상

20) 형식적으로, 체적탄성률과 소리 속도는 압력이 부피에 대하여 변화하는 과정을 통하여 정의되어야 한다. 음파는 매질 속을 매우 빠르게 퍼져 나가서, 기체의 물질 덩어리에 출입하는 열량은 무시할만하며, 이 때문에 우리는 이 과정을 단열 과정이라고 가정한다.

기체 법칙(식 (4.11))을 미분하면 거품의 *온도 기울기*(위치에 따라 거품의 온도가 변화하는 양상)는

$$\frac{dP}{dr} = -\frac{P}{\mu}\frac{d\mu}{dr} + \frac{P}{\rho}\frac{d\rho}{dr} + \frac{P}{T}\frac{dT}{dr} \tag{4.85}$$

압력과 밀도 사이에 존재하는 단열 관계식(식 (4.82))을 쓰고, $V \equiv 1/\rho$임을 기억하면,

$$P = K\rho^{\gamma} \tag{4.86}$$

이다.

미분하고, 다시 정리하면

$$\frac{dP}{dr} = \gamma\frac{P}{\rho}\frac{d\rho}{dr} \tag{4.87}$$

을 얻는다. μ가 일정하다고 가정하면, 식 (4.85)와 (4.87)을 결합하여 *단열 온도 기울기*(아래 첨자 ad를 써서 단열성을 표시한다)를

$$\left.\frac{dT}{dr}\right|_{\text{ad}} = \left(1 - \frac{1}{\gamma}\right)\frac{T}{P}\frac{dP}{dr} \tag{4.88}$$

얻는다. 식 (4.6)과 이상기체 법칙을 써서, 마침내

$$\boxed{\left.\frac{dT}{dr}\right|_{\text{ad}} = -\left(1 - \frac{1}{\gamma}\right)\frac{\mu m_H}{k}\frac{GM_r}{r^2}} \tag{4.89}$$

를 얻는다. 식 (4.89)를 동치인 다른 형태의 꼴로 나타내는 것도 유용하다. $g = GM_r/r^2$과 $k/\mu m_H = nR$, $\gamma = C_P/C_V$, $C_P - C_V = nR$인 점을 기억하고, n, C_P, C_V가 단위 질량당 물리량이라는 점을 기억하면,

$$\left.\frac{dT}{dr}\right|_{\text{ad}} = -\frac{g}{C_P} \tag{4.90}$$

을 얻는다. 이 결과는 거품이 단열적으로 상승하고 팽창하면서 거품 *내부의* 기체

온도가 변화하는 양상을 기술한다.

별의 *실제 온도 기울기*(아래 첨자 act로 표시하였다)가 식 (4.89)에 준 단열 온도 기울기보다 더 가파르면, 즉

$$\left|\frac{dT}{dr}\right|_{\text{act}} > \left|\frac{dT}{dr}\right|_{\text{ad}}$$

온도 기울기는 **과다단열**이라고 부른다($dT/dr < 0$이라는 사실을 기억하자). 별 깊숙이 안쪽에서 만약 $|dT/dr|_{\text{act}}$가 아주 *약간이라도* $|dT/dr|_{\text{ad}}$보다 더 크면, 이 조건만으로도 거의 대부분의 광도를 대류에 의하여 수송할 수 있다는 점을 보일 수 있다. 따라서, 별의 깊은 내부에서 복사나 대류 어느 하나가 에너지 수송을 압도하게 되어 나머지 하나는 에너지 수송에 거의 아무 역할도 하지 않는다. 그러나, 별 표면 근처에서 상황은 훨씬 더 복잡하여, 복사와 대류 모두 동시에 상당한 양의 에너지를 실어 나른다.

항성 대류가 일어나는 기준

별의 깊은 내부에서 대류가 복사를 압도한다면 어떤 조건을 만족해야할까? 원래 위치에서 뜨거운 기체 거품을 살짝 들어 올리면, 어떠한 조건에서 도로 가라앉지 않고, 계속 상승할까? 그림 4.10은 주변 매질에 대하여 거리 dr을 이동하는 대류

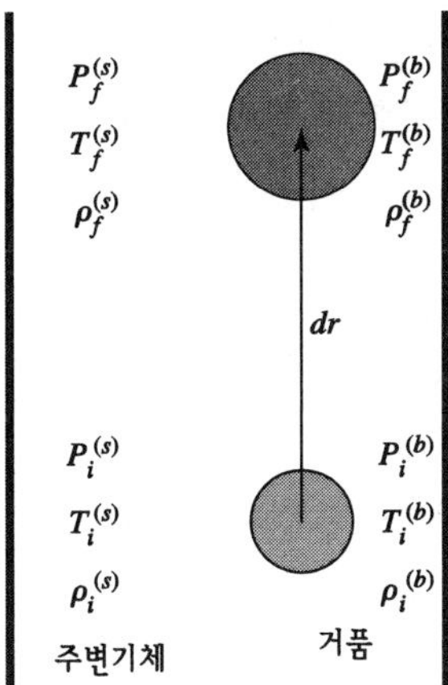

그림 4.10 거리 dr을 이동하는 대류 거품. 거품의 초기 조건들은 압력, 온도, 밀도가 각각 $P_i^{(b)}$, $T_i^{(b)}$, $\rho_i^{(b)}$로 주어지고, 주변 기체의 초기 조건들은 같은 깊이에서 $P_i^{(s)}$, $T_i^{(s)}$, $\rho_i^{(s)}$로 나타냈다. 거품과 주변 기체의 나중 조건은 아래 첨자를 f로 써서 나타냈다.

거품을 나타낸다. 아르키메데스 원리에 의하여, 거품의 원래 밀도가 주변의 밀도보다 낮으면($\rho_i^{(b)} < \rho_i^{(s)}$), 상승하기 시작한다. 이제, 밀도가 $\rho_i^{(s)}$인 유체 속에 몸 전체를 담고 있는 거품에 작용하는 *단위 부피당* 부력은

$$f_B = \rho_i^{(s)} g$$

로 주어진다. 거품에 아래 방향으로 작용하는 단위 부피당 중력

$$f_g = \rho_i^{(b)} g$$

를 빼면, 단위 부피당 거품에 작용하는 알짜 힘이

$$f_{\text{net}} = -g\,\delta\rho \tag{4.91}$$

이며, 초기에는 $\delta\rho \equiv \rho_i^{(b)} - \rho_i^{(s)} < 0$이다. 미소 거리 dr을 이동한 후에, 거품은 이제 주변 물질보다 더 큰 밀도를 가지면($\rho_f^{(b)} > \rho_f^{(s)}$), 거품은 다시 가라앉고, 대류는 일어나지 못할 것이다. 반대로, $\rho_f^{(b)} < \rho_f^{(s)}$이면, 거품은 계속 상승할 것이며, 대류가 일어날 것이다.

이 조건을 온도 기울기를 써서 나타내기 위하여, 기체가 처음에는 거의 열평형에 있었다고 가정하자. 즉, $T_i^{(b)} \simeq T_i^{(s)}$이고, $\rho_i^{(b)} \simeq \rho_i^{(s)}$이다. 또한, 거품은 단열적으로 팽창하고, 거품과 주변 기체의 압력은 언제나 같다고 가정하자. 즉, $P_f^{(b)} = P_f^{(s)}$이다. 이제 거품이 무한히 작은 거리를 움직였으므로, 나중 물리량을 테일러 전개를 써서 처음 물리량과 이들 물리량의 기울기로 나타낼 수 있다. 1차 근사로

$$\rho_f^{(b)} \simeq \rho_i^{(b)} + \left.\frac{d\rho}{dr}\right|^{(b)} dr \quad \text{과} \qquad \rho_f^{(s)} \simeq \rho_i^{(s)} + \left.\frac{d\rho}{dr}\right|^{(s)} dr$$

과 같다. 거품의 내부와 외부의 밀도들은 거의 같다면(일부 별의 표면만 빼면 늘 거의 같을 것이다.) 이 표현을 대류 조건 $\rho_f^{(b)} < \rho_f^{(s)}$에 대입하면

$$\left.\frac{d\rho}{dr}\right|^{(b)} < \left.\frac{d\rho}{dr}\right|^{(s)} \tag{4.92}$$

를 얻는다. 이제 우리는 이 부등식을 오로지 주변 기체의 물리량들로만 나타내고 싶다. 단열적으로 상승하는 거품에 대하여 식 (4.87)을 써서 식 (4.92)의 좌변을 다시 쓰고, 식 (4.85)를 써서 우변을 다시 쓰면($d\mu/dr=0$을 다시 가정하자) 우리는

$$\frac{1}{\gamma}\frac{\rho_i^{(b)}}{P_i^{(b)}}\left.\frac{dP}{dr}\right|^{(b)} < \frac{\rho_i^{(s)}}{P_i^{(s)}}\left[\left.\frac{dP}{dr}\right|^{(s)} - \frac{P_i^{(s)}}{T_i^{(s)}}\left.\frac{dT}{dr}\right|^{(s)}\right]$$

언제나 $P^{(b)}=P^{(s)}$라는 사실을 기억하면

$$\left.\frac{dP}{dr}\right|^{(b)} = \left.\frac{dP}{dr}\right|^{(s)} = \frac{dP}{dr}$$

과 같이 나타내도 좋으며, 압력에 대해서 위 첨자는 의미가 없다. 이 사실과 초기 조건의 같은 양들을 약분하면

$$\frac{1}{\gamma}\frac{dP}{dr} < \frac{dP}{dr} - \frac{P_i^{(s)}}{T_i^{(s)}}\left.\frac{dT}{dr}\right|^{(s)}$$

를 얻는다. 초기 조건을 뜻하는 아래 첨자와 주변의 물질을 나타내는 위 첨자를 없애면 우리가 얻는 조건은

$$\left(\frac{1}{\gamma}-1\right)\frac{dP}{dr} < -\frac{P}{T}\left.\frac{dT}{dr}\right|_{\text{act}} \tag{4.93}$$

이며, 여기에서 온도 기울기는 주변 기체의 *실제* 온도 기울기이다. 음의 값을 갖는 $-T/P$을 곱하면, 부등호의 방향이 바뀌어

$$\left(1-\frac{1}{\gamma}\right)\frac{T}{P}\frac{dP}{dr} > \left.\frac{dT}{dr}\right|_{\text{act}}$$

로 주어진다. 그러나, 식 (4.88)로부터 이 부등식의 좌변은 단열 온도 기울기임을 알 수 있다. 그러므로, 기체 거품이 계속 상승할 조건은 다음과 같다.

$$\left.\frac{dT}{dr}\right|_{\text{ad}} > \left.\frac{dT}{dr}\right|_{\text{act}}$$

마지막으로 $dT/dr<0$이므로(즉 온도는 별 표면 가까이 올수록 온도가 내려간다) 위 식에서 절대값들을 잡으면, 부등호 방향이 바뀌어

$$\left|\frac{dT}{dr}\right|_{\text{act}} > \left|\frac{dT}{dr}\right|_{\text{ad}} \tag{4.94}$$

을 얻는다. 실제 온도 기울기가 과다단열이고, μ가 일정하다면, 대류가 일어난다.

식 (4.93)을 써서 대류가 일어나는 유용하면서도 또 다른 동등한 조건을 얻을 수 있다. $dT/dr<0$이고, $1/\gamma-1<0$이므로($\gamma>1$이라는 사실을 기억하자)

$$\frac{T}{P}\left(\frac{dT}{dr}\right)^{-1}\frac{dP}{dr} < -\frac{1}{\gamma^{-1}-1}$$

이고, 다시 간단히 하면

$$\frac{T}{P}\frac{dP}{dT} < \frac{\gamma}{\gamma-1}$$

과 같으며, 따라서 대류가 일어나는 조건은

$$\frac{d\ln P}{d\ln T} < \frac{\gamma}{\gamma-1} \tag{4.95}$$

과 같다. 단원자 이상기체에 대해서 $\gamma=5/3$이며, 별의 어느 지역에서 $d\ln P/d\ln T<2.5$이면 대류가 일어난다. 그 경우에 온도 기울기(dT/dr)은 대략 식 (4.89)나 식 (4.90)으로 주어진다. $d\ln P/d\ln T>2.5$이면, 그 지역은 대류에 대하여 안정하고, dT/dr은 식 (4.68)로 주어진다.

복사 온도 기울기에 대한 식 (4.68)과 대류가 일어날 때 온도 기울기 조건인 식 (4.94)와 함께 식 (4.89) 혹은 식 (4.90)을 비교함으로써, 대류가 복사를 압도하는 조건을 이해할 수 있는 발판을 마련했다. 일반적으로 대류가 일어나는 조건은 (1) 별의 불투명도가 높아서 복사가 에너지 수송을 담당하려면 비현실적으로 너무 가파른 온도 기울기($|dT/dr|_{\text{act}}$)가 있어야만 할 때, (2) 이 지역에서 이온화가 일어나, 매우 큰 비열과 작은 단열 온도 기울기($|dT/dr|_{\text{ad}}$)를 가질 때에 (3) 핵에너지 생성률의 온도 의존성이 커서, 가파른 복사 플럭스 기울기와 큰 온도 기울기를 갖게 될

때이다. 많은 별의 대기에서 첫 두 조건은 동시에 일어나지만, 세 번째 조건은 별 내부 깊은 곳에서만 일어날 수 있다. 특히, 세 번째 조건은 온도에 크게 예민한 CNO 순환이나 삼중 알파 과정이 일어나는 곳에서 만족될 수 있다.

과다단열 조건과 혼합 길이 이론

대류가 대부분의 에너지를 수송하기 위해서 온도 기울기는 아주 살짝 과다 단열이 되어야 함을 앞에서 언급하였다. 이제 우리는 이 주장이 옳다는 점을 살펴 보고자 한다.

우선 대류가 일어나는 가장 기본적인 조건인 $\rho_f^{(b)} < \rho_f^{(s)}$ 으로 되돌아가자. 거품의 압력과 주변 물질의 압력은 언제나 같기 때문에, 처음에 열 평형을 가정하면 이상 기체 법칙에 따라 $T_f^{(b)} > T_f^{(s)}$를 의미한다. 그러므로, 주변 기체의 온도는 반지름이 증가할 때에 더 빠르게 감소해야 한다. 따라서,

$$\left|\frac{dT}{dr}\right|^{(s)} - \left|\frac{dT}{dr}\right|^{(b)} > 0$$

일 때에 대류가 일어난다. 온도 기울기는 음수이므로,

$$\left.\frac{dT}{dr}\right|^{(b)} - \left.\frac{dT}{dr}\right|^{(s)} > 0$$

을 얻는다. 거품이 본질적으로 단열적으로 운동한다고 가정하고, 주변 기체의 온도 기울기를 별의 실제 평균 온도 기울기로 나타내어

$$\left.\frac{dT}{dr}\right|^{(b)} = \left.\frac{dT}{dr}\right|_{\text{ad}} \quad \text{과} \qquad \left.\frac{dT}{dr}\right|^{(s)} = \left.\frac{dT}{dr}\right|_{\text{act}}$$

라고 하자.

거품이 거리 dr을 이동한 후에, 거품의 온도가 주변 기체의 온도보다

$$\delta T = \left(\left.\frac{dT}{dr}\right|_{\text{ad}} - \left.\frac{dT}{dr}\right|_{\text{act}}\right) dr = \delta\left(\frac{dT}{dr}\right) dr \qquad (4.96)$$

만큼 더 높다.[21] 여기에서 δ는 주어진 반지름 r에서 거품과 주변 기체에 대하여 같은 물리량 사이의 차이를 나타내며, 식 (4.91)에서도 해본 적이 있다.

이제, 뜨거워서 상승하는 어떤 거리

$$\ell = \alpha H_P$$

만큼 이동한 후에 그 곳에서 소산되어 주변 물질에 동화되고, 여분의 열을(언제나 $P^{(b)} = P^{(s)}$이므로) 일정한 압력에서 내놓는다. 거리 ℓ를 **혼합 길이**라고 부르고, H_P는 압력 규모 높이이며(식 (4.70)을 보시오)

$$\alpha \equiv \ell / H_P$$

는 *혼합 길이의 압력 규모 높이에 대한 비*로서, 조정할 수 있는 변수 즉, 자유 변수이며, 일반적으로 1 근처의 값이라고 가정한다(수치 항성 모형과 관측 자료의 비교하여 일반적으로 $0.5 < \alpha < 3$이다).

거품이 혼합 길이를 진행하면, 거품으로부터 주변으로 *단위 부피당* 흘러나간 여분의 열은 단순히

$$\delta q = (C_P \, \delta T)\rho$$

이며, δT는 식 (4.96)으로부터 dr 대신 ℓ을 대입해서 계산한다. 대류하는 거품의 평균 속도 $\overline{v_c}$를 곱하면, 대류 플럭스(거품이 수송하는 단위 시간당 단위 면적당 에너지 양)는

$$F_c = \delta q \, \overline{v}_c = (C_P \, \delta T)\rho \overline{v}_c \tag{4.97}$$

과 같이 주어진다. $\rho\overline{v}$는 *질량* 플럭스로서 유체 흐름에 수직으로 세운 단위 면적을 갖는 면에 단위 시간당 통과하는 질량이다. 질량 플럭스는 유체 역학에서 흔히 접하는 물리량이다.

평균 속도 $\overline{v}$는 거품에 작용하는 단위 부피당 알짜힘 f_{net}으로부터 얻을 수 있다. 이상기체 법칙과 μ가 일정하다고 가정하면

21) 다른 교재에서는 $\delta\left(\frac{dT}{dr}\right) \equiv \Delta\nabla T$과 같이 쓰기도 한다.

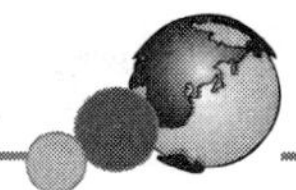

$$\delta P = \frac{P}{\rho}\delta\rho + \frac{P}{T}\delta T$$

와 같이 쓸 수 있다. 거품과 주변의 압력은 항상 같기 때문에, $\delta P \equiv P^{(b)} - P^{(s)} = 0$이다. 따라서,

$$\delta\rho = -\frac{\rho}{T}\delta T$$

이다. 식 (4.91)로부터

$$f_{\text{net}} = \frac{\rho g}{T}\delta T$$

이다. 그러나, 거품과 주변 사이의 온도 차이가 처음에는 없었으므로, $\delta T_i \approx 0$이다. 따라서, 부력은 처음에 거의 0에 매우 가까웠다. f_{net}은 δT에 비례하여 증가하므로, 처음 위치와 나중 위치 사이의 거리 ℓ에 대하여 평균값을 사용해도 좋을 것이다. 따라서,

$$\langle f_{\text{net}} \rangle = \frac{1}{2}\frac{\rho g}{T}\delta T_f$$

이다. 점성에 의한 힘을 무시하면, 거리 ℓ을 가면서 부력이 단위 부피당 한 일이 거품의 운동에너지로 갈 것이며,

$$\frac{1}{2}\rho v_f^2 = \langle f_{\text{net}} \rangle \ell$$

과 같다. 혼합 길이에 대하여 평균 운동에너지를 잡는 일은 v^2의 어떤 값의 평균, 즉 βv^2의 평균값을 잡는 것이다. 여기에서 β는 $0 < \beta < 1$의 범위에 있다. 이제 대류 거품의 평균 속도는

$$\overline{v}_c = \left(\frac{2\beta \langle f_{\text{net}} \rangle \ell}{\rho} \right)^{1/2}$$

이다. 단위 부피당 거품에 작용하는 알짜힘과 식 (4.96)에서 $dr = \ell$로 놓고 이 식을 쓰고 다시 정리하면

$$\overline{v}_c = \left(\frac{\beta g}{T}\right)^{1/2} \left[\delta\left(\frac{dT}{dr}\right)\right]^{1/2} \ell$$

$$= \beta^{1/2} \left(\frac{T}{g}\right)^{1/2} \left(\frac{k}{\mu m_H}\right) \left[\delta\left(\frac{dT}{dr}\right)\right]^{1/2} \alpha \tag{4.98}$$

을 얻고, 여기에서 마지막 등식은 혼합 길이를 αH_P로 쓰고, 이상기체 법칙과 식 (4.70)을 써서 얻었다.

다시 정리하면, 식 (4.97)과 (4.98)로부터 마침내 대류 플럭스에 대한 다음과 같은 표현을 얻는다.

$$F_c = \rho C_P \left(\frac{k}{\mu m_H}\right)^2 \left(\frac{T}{g}\right)^{3/2} \beta^{1/2} \left[\delta\left(\frac{dT}{dr}\right)\right]^{3/2} \alpha^2 \tag{4.99}$$

다행스럽게도 F_c는 β에 예민하지 않지만, α와 $\delta(dT/dr)$에는 민감하게 의존한다.

식 (4.99)과 같이 나타낸 대류 플럭스를 유도한 과정을 **혼합 길이 이론**이라고 한다. 결정되지 않은 임의의 상수를 포함하는 현상론적 이론이지만, 혼합 길이 이론은 관측 결과를 예측하는 데에 상당한 성공을 거두었다.

F_c를 계산하기 위하여, 우리는 거품과 주변의 온도 기울기의 차를 알아야 한다. 문제를 간단하게 하기 위하여, 플럭스의 *전부*가 복사로 수송된다고 가정하면

$$F_c = \frac{L_r}{4\pi r^2}$$

이고, L_r은 별 내부에서 광도이다. 이 식으로부터 이와 같이 특별한 경우에 대해서 온도 기울기의 차이를 계산할 수 있다. 온도 기울기에 대하여 식 (4.99)를 풀면

$$\delta\left(\frac{dT}{dr}\right) = \left[\frac{L_r}{4\pi r^2} \frac{1}{\rho C_P \alpha^2} \left(\frac{\mu m_H}{k}\right)^2 \left(\frac{g}{T}\right)^{3/2} \beta^{-1/2}\right]^{2/3} \tag{4.100}$$

을 얻는다. 식 (4.100)을 단열 온도 기울기를 주는 식 (4.90)으로 나누면, 에너지 수송이 전적으로 대류에 의하여 일어나기 위한 과다단열적인 실제 온도 기울기를 다음과 같이 얻을 수 있다.

$$\frac{\delta(dT/dr)}{|dT/dr|_{\text{ad}}} = \left(\frac{L_r}{4\pi r^2}\right)^{2/3} C_P^{1/3} \rho^{-2/3} \alpha^{-4/3} \left(\frac{\mu m_H}{k}\right)^{4/3} \frac{1}{T} \beta^{-1/3}$$

예제 4.4.3

태양 대류 지역의 바닥에 대표적인 값을 사용하고, 단원자 이상기체라고 가정하고, $\alpha=1$, $\beta=1/2$로 놓아 대표적인 단열 온도 기울기, 실제로 기울기가 과다단열을 띠는 정도, 대류 거품의 속도를 계산할 수 있다.

$M_r=0.976\,\mathrm{M}_\odot$, $L_r=1\,\mathrm{L}_\odot$, $r=0.714\,\mathrm{R}_\odot$, $g=GM_r/r^2=525\,\mathrm{m\ s^{-2}}$, $C_p=5nR/2$, $P=5.59\times10^{12}\,\mathrm{N\ m^{-2}}$, $\rho=187\,\mathrm{kg\ m^{-3}}$, $\mu=0.606$, $T=2.18\times10^6\,\mathrm{K}$를 가정하자. 식 (4.90)에서

$$\left|\frac{dT}{dr}\right|_{\text{ad}} \sim 0.015\ \mathrm{K\ m^{-1}}$$

이고, 식 (4.100)에서

$$\delta\left(\frac{dT}{dr}\right) \sim 6.7\times10^{-9}\ \mathrm{K\ m^{-1}}$$

이다. 실제 온도 기울기가 과다단열성을 보이는 상대적인 비율은

$$\frac{\delta(dT/dr)}{|dT/dr|_{\text{ad}}} \sim 4.4\times10^{-7}$$

이다. 내부 깊숙한 곳에 해당하는 값들에 대하여, 대류는 단열 온도 기울기로 적절하게 근사될 수 있음이 분명하다.

대류 플럭스를 수송하는 대류 속도는 식 (4.98)로부터

$$\overline{v}_c \sim 50\ \mathrm{m\ s^{-1}} \sim 10^{-4}\ v_s$$

이며, v_s는 태양 내부 이 지역에서 소리 속노이나(식 (4.84)를 보시오).

별 표면 근처에서 이온화가 존재하여 C_P가 큰 값을 갖고, ρ와 T는 더욱 크게 작아져, 과다단열 초과의 단열 기울기에 대한 비가 상당히 커지고 대류 속도는 소리 속도에 접근할 수 있다. 이러한 상황에서, 대류 플럭스와 복사 플럭스의 상대적인 양을 세밀하게 검토해야 한다. 이 책에서 이 부분은 다루지 않을 것이다.

혼합 길이 이론이 많은 문제에 적합하지만, 이것은 완전한 이론이 아니다. 예를 들면, α와 β는 *자유 변수*로서 개개의 문제에 대하여 적당한 값을 선택하여야 하며, 심지어 별 내부의 위치에 따라 다른 값을 가질 수 있다. 또한, 항성의 조건에 따라 시간에 무관한 혼합 길이 이론이 원천적으로 만족스럽지 못할 수 있다. 한 예로, 별의 맥동을 생각해 보자. 별의 맥동 주기 동안, 별의 외피층이 일으키는 진동의 주기가 $t_c = \ell/\overline{v_c}$로 주어진 대류가 일어나는 시간 규모와 비슷할 수 있다. 그러한 경우에, 항성에서 보이는 물리적 조건의 급격한 변화가 대류 거품의 구동에 결합되어, 대류는 다시 별의 구조 변화에 영향을 준다. 항성 내부에서 시간에 의존하는 대류 이론을 개발하는 데에 많은 노력이 투자되었지만(그리고, 상당한 성과를 거두었지만) 현재까지 이와같이 복잡한 양상을 완전하게 다루는 이론은 등장하지 않았다. 항성 대류에서 중요하고 구체적인 세부 사항들을 이해하기 위해서 많은 일들이 이루어져야 한다.

4.5 항성 모형의 구축

우리는 항성 구조에 대한 기본 미분 방정식들을 이제 모두 유도하였다. 항성을 이루는 물질들의 물리적 성질을 기술하는 한 무리의 관계식들과 함께, 이 방정식들을 풀어서 이론적인 항성 모형을 얻는다.

항성 구조 방정식의 요약

편의상, *시간에 의존하지 않는*(정적인) 기본 항성 구조 방정식을 요약하자.

$$\frac{dP}{dr} = -G\frac{M_r\rho}{r^2} \tag{4.6}$$

$$\frac{dM_r}{dr} = 4\pi r^2\rho \tag{4.7}$$

$$\frac{dL_r}{dr} = 4\pi r^2\rho\epsilon \tag{4.36}$$

$$\frac{dT}{dr} = -\frac{3}{4ac}\frac{\overline{\kappa}\rho}{T^3}\frac{L_r}{4\pi r^2} \quad \text{(복사)} \tag{4.68}$$

$$= -\left(1-\frac{1}{\gamma}\right)\frac{\mu m_H}{k}\frac{GM_r}{r^2} \quad \text{(단열 대류)} \tag{4.89}$$

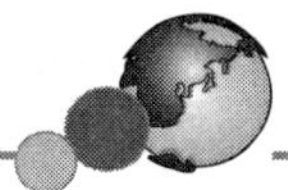

마지막 방정식은 대류 온도 기울기가 순수하게 단열적이고

$$\frac{d\ln P}{d\ln T} < \frac{\gamma}{\gamma - 1} \tag{4.95}$$

일 때에 적용된다.

여기에서 가정한 바와 같이 별이 정적이라면, $\epsilon = \epsilon_{\mathrm{nuclear}}$이다. 그러나, 별 모형 구조가 시간에 따라 변하면, 우리는 중력이 에너지에 기여하는 바도 고려해야 하므로, $\epsilon = \epsilon_{\mathrm{nuclear}} + \epsilon_{\mathrm{gravity}}$이다. 중력 에너지 항을 도입하면 순수하게 정적인 경우의 방정식들에 시간 의존성을 명시적으로 더해 주게 된다. 이 점은 비리얼 정리에 의하여 잃어버리는 중력 위치에너지의 절반이 열로 전환된다는 사실로부터 깨달을 수 있다. 중력에 의하여(단위 질량당) 에너지 *생성률은* $đQ/dt$이다. 따라서, $\epsilon_{\mathrm{gravity}} = đQ/dt$이며, 음의 부호는 열이 *물질로부터* 빠져 나온다는 점을 알려 준다.

엔트로피

흥미롭게 주의할 만한 사실은 중력 에너지 생성률을 단위 질량당 **엔트로피**(비엔트로피)의 변화로 나타내는 것이 유용하다는 점이며, 엔트로피는 다음과 같이 정의된다.[22)]

$$\boxed{dS \equiv \frac{đQ}{T}} \tag{4.101}$$

이 때에 에너지 생성률은 물질의 엔트로피 변화에 기인한다는 점을 알 수 있다. 즉,

$$\epsilon_{\mathrm{gravity}} = -T\frac{dS}{dt} \tag{4.102}$$

별이 중력으로 무너져 내릴 때에 $\epsilon_{\mathrm{gravity}}$는 양수일 것이다. 항성이 팽창한다면, $\epsilon_{\mathrm{gravity}}$는 음수일 것이다. 그러므로, 별이 수축하면 엔트로피는 감소한다. 이것은 열역학 제2법칙을 위반하는 것은 아니다. 열역학 제2법칙은 *닫힌* 계의 엔트로피는 언제나 같거나(가역 과정) 혹은 증가해야 한다(비가역 과정). 별은 닫힌 계가 아니

22) 비록 $đQ$는 불완전 미분이지만, 엔트로피는 상태 함수임을 보일 수 있다.

기 때문에, 별의 엔트로피는 감소할 수 있으며, 이 때에 별의 외부인 나머지 우주의 엔트로피가 더 큰 양으로 증가한다. 엔트로피는 광자나 중성미자에 의하여 별의 외부로 실려 나간다.

별 구조의 변화가 충분히 빠르게 일어나, 가속도를 무시할 수 없을 때에, 식 (4.6) 대신에 정확한 식인 식 (4.5)를 써야 한다. 이러한 상황은 초신성 폭발이나 별의 맥동에서 나타나난다. 항성의 맥동에서 가속도 항은 8장에서 공부할 것이다.

보조 관계식

기본 항성 구조 방정식들[(4.6), (4.7), (4.36), (4.89)]은 별을 이루는 물질들의 물리량에 관계된 정보를 요구한다. 요구되는 조건들은 물질의 상태 방정식들이며, **보조 관계식**이라고 통칭한다. 구체적으로 말하면, 우리는 압력, 불투명도, 에너지 생성률을 물질들의 기본 성질인 밀도, 온도, 화학 조성을 써서 표현할 수 있어야 한다. 일반적으로

$$P = P(\rho, T, \text{composition}) \tag{4.103}$$

$$\overline{\kappa} = \overline{\kappa}(\rho, T, \text{composition}) \tag{4.104}$$

$$\epsilon = \epsilon(\rho, T, \text{composition}) \tag{4.105}$$

이다. 일부의 항성에 대해서 내부 깊숙한 곳은 밀도와 온도가 극도로 높으며, 이 때에 압력의 상태 방정식은 상당히 복잡할 수 있다. 그러나, 대부분의 상황에서는 복사압을 포함한 이상기체 법칙이 괜찮은 1차 근사이며, 특히 화학 조성과 이온화에 따른 평균 분자량의 변화를 올바르게 계산할 수 있을 때에 좋은 근사가 된다. 앞에서 공부한 압력 상태 방정식(식 (4.20))은 이상기체 법칙과 복사압을 모두 포함한다.

별을 이루는 물질의 불투명도는 하나의 공식으로 표현할 수 없어서, 주어진 밀도와 온도에 대하여 다양한 화학 조성에 대하여 계산하고 그 결과를 표의 형식으로 나타낸다. 항성 구조 프로그램은 밀도-온도의 격자에서 내삽하여 주어진 조건에 맞는 불투명도를 얻거나, 표로 주어진 값들을 "맞추는 함수(fitting function)"를 사용한다. 비슷한 상황이 압력 상태 방정식을 정확하게 계산하려고 할 때에도 나타난다. 비록 구속-구속 불투명도를 정확하게 맞추어 주는 함수가 없지만, 구속-자유, 자유-자유, 전자 산란, H^-이온의 불투명도를 근사적으로 주는 식들이 3.2절에 제시되어 있다(식 (3.22), (3.23), (3.27), (3.28)을 각각 보라).

핵에너지 생성률을 계산하기 위하여, 우리는 4.3절에서 pp 사슬(식 (4.46))과 CNO 사슬(식 (4.58))에 대하여 준 식을 사용할 수 있다. 더 세련된 계산들에서는 '*반응 네트워크*' 를 도입하여, 핵 반응 과정의 각 단계마다 개별 반응률과 혼합물에 있는 각 동위 원소들의 평형 함량까지 계산한다.

경계 조건

보조 방정식을 포함하는 항성 구조 방정식의 실질적인 해를 얻으려면, 수학적인 방정식들에 대한 물리적인 제한 조건을 구체적으로 규정하는 적절한 **경계 조건**이 있어야 한다. 본질적으로 경계 조건은 적분의 한계를 정하는 역할을 한다. 중심부의 경계 조건은 매우 자명하다. 즉, 내부 질량과 광도가 별의 중심으로 접근할 때 0에 수렴하여

$$\left.\begin{array}{rcl} M_r & \rightarrow & 0 \\ L_r & \rightarrow & 0 \end{array}\right\} \quad \text{as } r \rightarrow 0 \tag{4.106}$$

이다. 이것은 단순히 별이 물리학적으로 현실적이어야 한다는 것에 불과하며, 안에 구멍이 있어서 광도가 음수가 되는 지역이 존재하거나, ρ나 ϵ이 무한히 커지는 중심부 지역이 없다는 것을 의미한다!

두 번째 경계 조건 모음은 별의 표면에 관계한다. 가장 단순한 가정들은 온도, 압력, 밀도가 별의 반지름 R_*인 표면에서 0에 다가가는 것이다. 즉,

$$\left.\begin{array}{rcl} T & \rightarrow & 0 \\ P & \rightarrow & 0 \\ \rho & \rightarrow & 0 \end{array}\right\} \quad \text{as } r \rightarrow R_\star \tag{4.107}$$

엄밀하게, 식 (4.107)의 조건들은 실제 별에서는 결코 만족될 수 없다(온도의 경우 자명하다). 그러므로, 대부분의 별들이 그렇듯이 모형의 대상이 되는 별이 확장된 대기를 갖거나 질량 손실을 겪을 때에는 더 정교한 별 표면의 경계 조건이 필요하다.

보그트-러셀 정리

기본적인 항성 구조 방정식, 보조 방정식과 경계 조건이 주어지면, 우리는 모형의 대상으로 삼는 별의 형태를 구체적으로 정할 수 있다. 식 (4.6)을 살피면 알 수 있듯이, 주어진 반지름에서 압력의 기울기는 내부 질량과 밀도에 의존한다. 마찬

가지로, 복사 온도 기울기(식 (4.36))는 그 곳의 온도, 밀도, 불투명도와 내부 광도에 의존하며, 광도 기울기는 밀도와 에너지 생성률의 함수이다. 압력, 불투명도, 에너지 생성률은 또한 그 곳의 밀도, 온도 화학조성에 명시적으로 의존한다. 별 표면에서 내부 질량이(즉, 별 전체 질량이) 화학 조성, 표면까지 반지름, 광도와 함께 구체적으로 규정되면, 표면에서 경계 조건으로부터 별 표면 아래 아주 작은 거리 dr인 곳의 압력, 내부 질량, 온도, 내부 광도를 결정할 수 있다.[23] 항성구조 방정식을 수치 적분하여 별 중심까지 수행하면, 별 중심의 경계 조건들(식 (4.106))과 일치하는 결과를 얻어야 한다. 다양한 기울기들의 값들이 별의 화학 조성과 직접 연관되기 때문에 질량과 화학 조성이 선택된 이후에는 별 반지름과 광도 두 값이 동시에 아무렇게나 주어지지는 않는다. 이와 같이 제한된 범위 안의 결과들이 나타나는 것을 **보그트-러셀 정리**라고 한다.

별의 질량과 화학조성 구조가 별의 반지름, 광도, 내부 구조를 유일하게 결정하며, 이에 따라 별의 진화까지 유일하게 결정된다.

항성 진화가 질량과 화학 조성에 의존하는 것은 핵반응에 의하여 화학 조성이 달라진 결과이다.[24] 여기에 적은 보그트-러셀 "정리"의 문장은 어느 정도 부정확한 면이 있다. 자기장이나 회전과 같이 항성 내부 구조에 영향을 주는 다른 요소들이 있기 때문이다. 그러나, 이러한 요소들은 대개의 별에서 미미한 영향만을 끼칠 뿐이며, 더 이상 논의하지 않을 것이다.[25]

항성 구조 방정식의 수치 모형

*폴리트롭*이라고 알려진 항성 구조 방정식의 한 부류의 근사적인 해들을 제외하면(폴리트롭은 196쪽에서 공부한다) 항성 구조의 미분 방정식과 보조 방정식의 해

23) 이 거리에 대하여 평균 밀도도 규정해야 한다. 표면에서 ρ를 0이라고 가정했고, 밀도는 온도와 압력에 명시적으로 의존하며 이들 온도와 압력도 표면에서 0으로 가정하였고, 표면 바로 아래의 값들은 미지수이기 때문에, 곧바로 문제점이 부각된다. 즉, 식 (4.6)과 식 (4.7)의 우변이 0이라서, 이 표면 값으로부터 결코 증가할 수 없다. 이러한 첫 단계의 문제에 대한 한 가지 해결책이 부록 L에 요약되어 있다. 더 정교한 해를 얻으려면 수치적으로 반복하는 과정이 요구되며, 이전 단계에서 계산된 결과들을 다음 단계 반복 과정에서 수정하여 주어진 정확도 안에서 자체적으로 일관된 해를 얻는다.

24) 이러한 의미에서 식 (4.36)은 항성 핵합성에 기인한 시간 의존성을 암묵적으로 갖는다.

25) 자기장이나 회전이 주는 복잡한 영향을 고려하지 않더라도, 보그트-러셀 "정리"는 어떤 특별한 상황에서는 성립하지 않을 수 있다. 그러나(이론적인 모형 별이 아닌) 실제의 별은 진화 과정의 결과로서 오직 하나의 구조를 가질 것이다. 이러한 의미에서 보그트-러셀 "정리"는 엄밀한 법칙이 아닌 일반적인 사실로 간주해야 하겠다.

를 해석적인 방법으로 구할 수 없다. 이미 언급한 바와 같이 이 방정식들은 수치적으로 적분해서 해를 구한다. 수치 적분 과정은 미분 방정식을 차분 방정식으로 근사하여 이루어지며, 차분 방정식은 예를 들면 dP/dr을 $\Delta P/\Delta r$로 바꾸어 얻은 방정식이다. 이 경우 별은 그림 4.11에 보인 바와 같이 구 대칭을 갖는 **껍질**로 이루어졌다고 보고, "적분"은 적당한 초기 반지름으로부터 적당한 증가분 δr을 택하여 유한한 단계를 거쳐 이루어진다.[26] 이제 차분 방정식을 계속 반복적으로 적용하여 기본 물리량들을 차례로 늘릴 수 있다. 예를 들면, i번째 지역의 압력을 P_i라고 쓰면, 다음으로 깊은 이웃 지역의 압력 P_{i+1}은

$$P_{i+1} = P_i + \frac{\Delta P}{\Delta r}\delta r$$

을 써서 얻을 수 있으며, 이 때에 δr은 음수이다.

항성구조 방정식의 수치 적분을 별의 표면에서 시작하여 중심쪽으로 수행하거나, 혹은 중심부터 별 표면까지 수행하거나, 아니면 양방향으로 동시에 수행하는 일도 드물지 않다. 수치 적분을 양방향으로 수행할 때에, 해들이 적당한 *맞춤 장소*에서

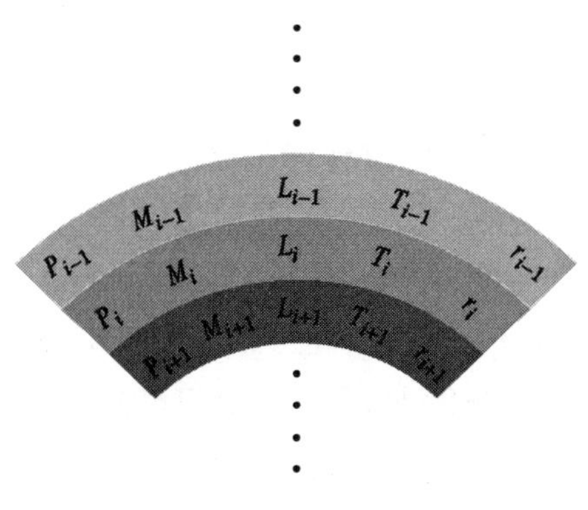

▮ 그림 4.11 수치 항성 모형에서 구획 가르기. 별은 구 대칭을 이루는 껍질들로 이루어졌다고 가정하고, 각 구역에서 물리량들은 항성 구조 방정식, 보조 방정식, 경계 조건, 별의 질량과 화학 조성들로부터 결정된다. 연구에 쓰이는 코드에서 어떤 물리량들은(예를 들면 P와 T와 같은 값들) 질량 껍질의 중심에서 값이 규정되고, 다른 물리량들은(예를 들면, r, M_r, L_r과 같은 값들) 껍질들 끼리 만나는 곳에서 규정된다.

26) 반지름을 독립 변수로 잡는 수치 프로그램을 오일러 코드라고 부른다. 라그랑지 코드는 질량을 독립 변수로 잡는다. 라그랑지 체제에서 미분 방정식은 식 (4.7)을 사용해 다시 쓴다. 예를 들면, 유체 평형 방정식은 dP/dM의 꼴을 써서 나타낸다.

만날 것이며, 이 곳에서 변수들은 한 해에서 다른 해로 매끄럽게 넘어가야할 것이다. 항성 외곽 층들의 중요한 물리적 과정들이 깊은 내부에서 일어나는 그것들과 일반적으로 차이를 보이기 때문에, 이와 같은 접근법은 자주 이용된다. 광학적으로 얇은 지역을 통과하는 복사의 전달과 수소와 헬륨의 이온화가 표면 근처에서 일어나는 데에 비하여, 중심부 근처에서는 핵융합 반응이 일어난다. 양 방향으로 적분하면, 서로 다른 이 두 과정을 어느 정도 분리할 수 있어서 문제가 간단해진다.

구하려는 별 모형에 대하여 동시에 표면과 중심부에서 경계 조건을 만족하려면, 통상적으로 수 차례의 반복 수행을 해야 만족할만한 해를 얻을 수 있다. 표면–중심부 적분과 중심부–표면 적분의 결과가 맞춤 장소에서 일치하지 않으면, 출발하는 조건을 수정해야 한다. 이 작업은 *반복*이라고 부르는 일련의 시행을 통하여 이루어진다. 즉, 이전의 적분 과정에서 얻은 결과로부터 그 다음 번 적분의 초기 조건을 얻는다. 표면에서 중심으로 적분하거나 중심에서 표면으로 적분하는 경우에도 계속 이어지는 반복 과정이 마찬가지로 필수적이며, 이 경우 맞춤 장소는 각각 그저 별의 중심이거나 별의 표면일 뿐이다.

매우 단순한 항성 구조 프로그램(StatStar라는 코드이다)이 부록 L에 제시되어 있다. StatStar는 여기에서 공부한 시간에 의존하지 않는 항성 구조 방정식을 별의 외곽에서 중심까지 적절한 보조 방정식을 써서 적분한다. 이 코드는 또한 별 전체에 걸쳐 일정한(균질한) 화학 조성을 가정한다. 연구에 쓰이는 코드에 있는 다수의 정교한 수치 기법을 생략했기 때문에, 압력 상태 방정식이나 불투명도의 상세한 계산들과 같은 항성 모형 구축의 기본 요소들을 더욱 쉽게 이해할 수 있을 것이다. 복잡한 혼합 길이 이론을 쓰는 대신에 단열 대류라는 간단한 가정을 사용하였다. 이러한 근사들을 사용하였음에도 불구하고, H–R도의 주계열에 놓이는 별들에 대하여 매우 쓸만한 모형을 얻을 수 있다.

폴리트롭 모형과 레인–엠덴 방정식

전에도 언급했지만, 항성 구조 방정식과 보조 방정식을 해석적으로 푸는 것은 일반적으로 가능하지 않으며, 우리는 항성 모형을 "세우는" 데에 수치 계산으로 얻은 해를 써야 한다. 그러나, 매우 특별하고 제한된 상황에서는 일부의 방정식들에 대한 해석적인 해를 얻는 것이 가능하다. 이러한 방향으로 호머 레인(J. Homer Lane 1819–1880)이 첫 연구를 수행하였으며, 1869년에 *American Journal of Science*에 평형을 이루는 항성 구조에 관한 논문을 발표하였다. 로버트 엠덴

(Robert Emden 1862–1940)이 이 연구를 나중에 크게 확장하였다. 해석적인 항성 구조 모형을 기술하는 이 유명한 방정식을 *레인-엠덴 방정식*이라고 부른다.

레인-엠덴 방정식이 유용한 이유는, 항성 구조를 조심스럽게 들여다 볼 때에, 압력이 밀도의 간단한 함수로 주어진다면, 에너지 방정식들(식 (4.68)이나 (4.89))에 구애 받지 않고 항성 구조의 역학적 방정식들의(식 (4.6)과 (4.7)) 해를 얻을 수 있다는 점에 있다. 물론, 우리가 보았듯이, 이와 같은 단순한 압력과 밀도 사이의 관계는 일반적으로 존재하지 않는다. 통상적으로 온도와 화학 조성도 압력 상태 방정식에 들어가며 복잡한 방식으로 얽혀 있다. 그러나, 어떤 상황에서는, 예를 들면 단열 기체의 경우와 같이, 압력을 밀도 하나에만 명시적으로 의존하도록 나타낼 수 있다. 압력이 $P = K\rho^{\gamma}$의 꼴로 밀도에 의존하는 가상적인 항성 모형을 **폴리트롭**이라고 부른다. 폴리트롭의 모형 개발이 수고스럽게 공부할 가치가 있는 것은 이 모형이 상대적으로 단순하여 온전한 수치 모형에 녹아 있는 복잡한 상황을 피하면서도 항성 구조를 직관적으로 들여다 볼 수 있는 통찰력을 주기 때문이다.

레인-엠덴 방정식을 유도하기 위하여 식 (4.6)에 준 정유체 평형 방정식으로부터 시작하자. 식을 다시 쓰고, 양변에서 항성 반지름으로 미분하면

$$\frac{d}{dr}\left(\frac{r^2}{\rho}\frac{dP}{dr}\right) = -G\frac{dM_r}{dr}$$

을 얻는다. 식 (4.7)을 써서 질량 기울기를 없앨 수 있음을 알 수 있다. 대입하면,

$$\frac{d}{dr}\left(\frac{r^2}{\rho}\frac{dP}{dr}\right) = -G(4\pi r^2\rho)$$

이고, 다시 쓰면

$$\frac{1}{r^2}\frac{d}{dr}\left(\frac{r^2}{\rho}\frac{dP}{dr}\right) = -4\pi G\rho \tag{4.108}$$

이다. 곁가지 이야기이지만, 식 (4.108)은 *포아송 방정식*이라는 아주 유명한 방정식이 살며시 위장한 방정식이라는 사실을 지적하는 것도 의미 있겠다. 식 (4.108)이 다음과 같은 꼴로 다시 쓸 수 있음을 보이는 것을 연습 문제로 남긴다.

$$\frac{1}{r^2}\frac{d}{dr}\left(r^2\frac{d\Phi_g}{dr}\right) = 4\pi G\rho \tag{4.109}$$

이 식은 단위 질량당 중력 위치 에너지 $\Phi_g \equiv U_g/m$에 대한 구 대칭을 이루는 계의 포아송 방정식이다.27)

식 (4.108)을 풀기 위해, 우리는 $P(\rho) = K\rho^\gamma$를 쓰고, 이 때에 K와 γ는 상수이다. 이와 같은 함수꼴을 갖는 압력 방정식을 일반적으로 폴리트롭 상태 방정식이라고 부른다. 대입하고, 적절히 미분하고 간단히 하면,

$$\frac{\gamma K}{r^2}\frac{d}{dr}\left[r^2\rho^{\gamma-2}\frac{d\rho}{dr}\right] = -4\pi G\rho$$

를 얻는다. 관습적으로 $\gamma \equiv (n+1)/n$으로 놓고 식을 살짝 바꾸어 다시 쓰는 경우가 많으며, 이 때에 n을 역사적으로 *폴리트롭 지수*라고 부른다. 이 경우에

$$\left(\frac{n+1}{n}\right)\frac{K}{r^2}\frac{d}{dr}\left[r^2\rho^{(1-n)/n}\frac{d\rho}{dr}\right] = -4\pi G\rho$$

를 얻는다.

마지막 식을 좀 더 간단히 하기 위하여, 방정식을 차원이 없는 꼴로 다시 쓰는 것이 유용하겠다. 밀도를 차원이 없는 함수 $D(r)$과 특성 밀도 ρ_c를 써서

$$\rho(r) \equiv \rho_c[D_n(r)]^n, \qquad \text{where } 0 \le D_n \le 1$$

과 같이 ρ_c를 척도로 삼자(예상할 수 있듯이, ρ_c는 폴리트롭 항성 모형에서 중심부 밀도가 될 것이다). 대입하고 간단히 하면

$$\left[(n+1)\left(\frac{K\rho_c^{(1-n)/n}}{4\pi G}\right)\right]\frac{1}{r^2}\frac{d}{dr}\left[r^2\frac{dD_n}{dr}\right] = -D_n^n$$

에 이른다. 마지막 식을 조심스레 살피면, 각괄호 안에 있는 상수들 모임은 거리

27) 포아송 방정식은 물리학에서 자주 등장한다. 예를 들면, 전자기 이론의 막스웰 방정식의 하나인 가우스 법칙은 전기장 벡터를 정전기 퍼텐셜의 음의 기울기 벡터로 바꾸어 쓰면 포아송 방정식으로 재구성할 수 있다.

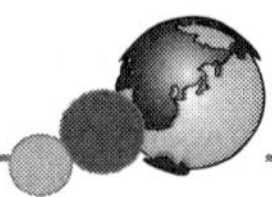

제곱의 차원을 갖는다. 다음과 같이 λ_n을 정의하여

$$\lambda_n \equiv \left[(n+1) \left(\frac{K \rho_c^{(1-n)/n}}{4\pi G} \right) \right]^{1/2}$$

차원 없는 변수 ξ를 도입하자. 항성 반지름 r을

$$r \equiv \lambda_n \xi$$

와 같이 써서 마침내

$$\boxed{\frac{1}{\xi^2} \frac{d}{d\xi} \left[\xi^2 \frac{dD_n}{d\xi} \right] = -D_n^n} \tag{4.110}$$

에 도달하고, 이 식이 **레인-엠덴 방정식**이다.

식 (4.100)을 차원 없는 함수 $D_n(\xi)$를 ξ와 특정 폴리트롭 지수 n에 대하여 풀면, 반지름에 대한 밀도의 윤곽 함수 $\rho_n(r)$을 준다. 폴리트롭 상태 방정식 $P_n(r) = K\rho_n^{(n+1)/n}$은 압력의 윤곽을 보여 준다. 게다가 화학 조성이 고정되어 있고 이상 기체 법칙과 복사 압력을 가정하면, 온도 윤곽 함수 $T(r)$도 얻을 수 있다.

이러한 2계 미분 방정식을 실제로 풀기 위해서, 두 경계 조건이 설정될 필요가 있다(이 두 조건이 두 번 적분할 때 생기는 상수들을 결정할 것이다). 별의 "표면"이 압력이 0으로 접근하는 곳이라고 가정하면(따라서 이 곳에서 밀도도 0으로 수렴한다) $D_n(\xi_1) = 0$이 $\xi = \xi_1$에 있는 별 표면을 규정한다. 이 때에 ξ_1은 해가 처음으로 0이 되는 곳이다.

다음으로 별의 중심부를 고려하자. $r = \delta$가 별의 중심부에 무한히 가깝게 있는 곳이라면, 반지름 δ로 둘러 싸인 곳의 질량은

$$M_r = \frac{4\pi}{3} \bar{\rho} \delta^3$$

이고, $\bar{\rho}$는 반지름 δ안에 있는 곳의 평균 밀도이다. 정유체 평형 방정식(식 (4.6))에 대입하면

$$\frac{dP}{dr} = -G\frac{M_r \rho}{r^2} = -\frac{4\pi}{3} G \overline{\rho}^2 \delta \to 0 \text{ as } \delta \to 0$$

이다. $P = K\rho^{(n+1)/n}$ 이므로,

$$\frac{d\rho}{dr} \to 0 \text{ as } r \to 0$$

이며, 이 식으로부터 중심부의 경계 조건

$$\frac{dD_n}{d\xi} = 0 \text{ at } \xi = 0$$

을 얻는다. 이에 더해서, ρ_c가 별의 중심부 밀도를 나타내기 위해서 $D_n(0) = 1$이어야 하겠다(이 조건은 엄밀하게는 경계 조건이 아니고, 밀도의 척도를 주는 함수 D_n을 *규격화*하는 것이다).

경계 조건이 주어지면, 주어진 폴리트롭 지수에 대하여 별의 전체 질량을 계산할 수 있다. 식 (4.7)로부터

$$M = 4\pi \int_0^R r^2 \rho \, dr$$

이고, $R = \lambda_n \xi_1$은 별의 반지름을 의미한다. 차원 없는 양들로 다시 쓰면

$$M = 4\pi \int_0^{\xi_1} \lambda_n^2 \xi^2 \rho_c D_n^n \, d(\lambda_n \xi)$$

를 얻고, 혹은

$$M = 4\pi \lambda_n^3 \rho_c \int_0^{\xi_1} \xi^2 D_n^n \, d\xi$$

이다. 비록 이 식은 $D_n(\xi)$를 알면 직접 적분할 수 있지만, 레인–엠덴 방정식과 중심부 경계 조건으로부터 다음을 알 수 있으므로

$$\xi^2 D_n^n = -\frac{d}{d\xi}\left[\xi^2 \frac{dD_n}{d\xi}\right]$$

별의 전체 질량이

$$M = -4\pi\lambda_n^3\rho_c\xi_1^2 \left.\frac{dD_n}{d\xi}\right|_{\xi_1}$$

과 같음을 알 수 있다. 여기에서, $(dD_n/d\xi)|_{\xi_1}$은 별 표면에서 계산한 D_n의 도함수 값이다.

비록 레인-엠덴 방정식은 간단하고 우아하지만, 이 방정식이 갖는 한계를 염두에 두어야한다. 식 (4.100)이 항성 내부에서 일어나는 에너지 수송이나 에너지 생성에 대한 정보를 담고 있지 않다는 점에 주의하자. 이 방정식은 오로지 정유체 평형과 질량 보존을 지나치게 이상적인 폴리트롭 상태 방정식 안에서 기술하고 있다. 그럼에도 불구하고, 레인-엠덴 방정식은 별의 구조를 통찰하는 시각을 제공한다.

레인-엠덴 방정식에는 오직 3개의 해석적인 해가 있으며, $n=0$, 1, 5의 경우이다. $n=0$인 경우에 해는

$$D_0(\xi) = 1 - \frac{\xi^2}{6}, \quad \text{with } \xi_1 = \sqrt{6}$$

이다. $n=0$에 대하여 해를 유도하는 것은 연습 문제로 남긴다. $n=1$에 해당하는 해는 잘 알려진 "sinc"함수이며

$$D_1(\xi) = \frac{\sin\xi}{\xi}, \quad \text{with } \xi_1 = \pi$$

$n=5$인 경우에 해는

$$D_5(\xi) = [1+\xi^2/3]^{-1/2}, \quad \text{with } \xi_1 \to \infty$$

이다. 마지막 경우에 별의 반지름은 무한히 크지만, 별의 전체 질량은 실제로 유한하다는 사실을 독자가 보이기 바란다. $n > 5$인 경우에는 이러하지 않다. 그러므로, n이 물리적으로 의미를 갖는 범위는 $0 \le n \le 5$로 제한된다. 그림 4.12에 D_0, D_1, D_5의 그래프를 나타내었다.

원래 단열 기체의 상태 방정식이 폴리트롭에 대한 논의에 동기를 부여하였다. 단원자 이상 기체에 대하여 $\gamma=5/3$이며, 이 경우 $n=1.5$이다. 게다가 나중에 10장

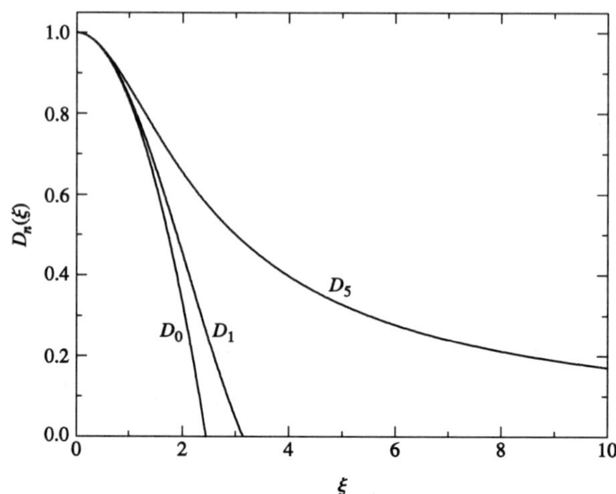

▌그림 4.12 레인–엠덴 방정식의 해석적 해 $D_0(\xi)$, $D_1(\xi)$, $D_5(\xi)$

에서 보겠지만(식 (10.12)를 보라), 백색왜성이라고 알려진 항성 진화 마지막 단계에서 극도로 압축된 별들은 폴리트롭 지수 1.5로 기술할 수 있다(더 전문적으로 표현하면 이 별들은 비상대론적으로 완전히 졸든 별의 경우이다). 비록 중요한 $n=1.5$인 경우에 대해서 해석적으로 해를 얻을 수는 없지만, 수치적으로는 해를 얻을 수 있다.

또 다른 중요한 폴리트롭 지수는 $n=3$인 "에딩턴 표준 모형"이며, 복사 평형을 이루는 별과 관련한다. 이 모형이 어떻게 복사 평형에 대응하는지 보기 위해서, 이상 기체 법칙과 복사 압력으로 유지되는(식 (4.20)을 보라) 폴리트롭을 생각하자. 별의 어떤 지역에서 전체 압력이 P이고, 이상 기체가 주는 압력이

$$P_g = \frac{\rho kT}{\mu m_H} = \beta P \tag{4.111}$$

과 같다고 쓰자. 여기에서 $0 \le \beta \le 1$이며, 복사가 주는 압력은

$$P_r = \frac{1}{3}aT^4 = (1-\beta)P \tag{4.112}$$

이다. 우리는 온도에 의존하지 않는 폴리트롭 상태 방정식을 찾으려고 하기 때문에, 마지막 두 식을 결합하여 T를 없앨 수 있다. 식 (4.111)에서 T에 대하여 풀고 식 (4.112)에 대입하면

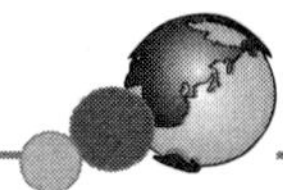

$$\frac{1}{3}a\left(\frac{\beta P\mu m_H}{\rho k}\right)^4 = (1-\beta)P$$

와 같다. 이 식으로부터 전체 압력을 밀도의 함수로서 금방 표현할 수 있다. 즉,

$$P = K\rho^{4/3} \tag{4.113}$$

이고 이 때에

$$K \equiv \left[\frac{3(1-\beta)}{a}\right]^{1/3}\left(\frac{k}{\beta\mu m_H}\right)^{4/3}$$

과 같다. $\gamma=4/3$이기 때문에 이 결과는 $n=3$을 의미한다.[28]

분명히 두 개의 가장 물리적으로 중요한 폴리트롭 모형들은 $n=1.5$와 $n=3$에 대응한다. 비록 이 두 모형 모두 해석적인 해를 구할 수 없지만, 컴퓨터를 사용한 수치 적분을 통하여 이 모형의 구조와 양상을 살필 수 있다. 이러한 폴리트롭을 자세히 공부하면 훨씬 더 복잡하지만 한결 현실적이고 직관적인 항성 모형의 구조를 얻을 수 있다.

4.6 주계열

항성 스펙트럼의 분석으로부터 대부분 별의 대기는 수소로 이루어져 있으며, 질량으로 따지면 약 70%이다($X\sim0.7$). 이에 반하여 금속 원소의 함량은 거의 0에서 약 3%까지 분포한다($0 < Z < 0.03$). 항성의 최초 화학 조성이 **균질**하다고(즉 화학 조성이 전체에 걸쳐 일정하다) 가정하면, 첫 핵융합반응들은 수소를 헬륨으로 만드는 것들(pp사슬과 CNO 순환 둘 가운데 하나 혹은 둘 모두)이어야 한다. 더 무거운 원자핵에서 쿨롱 장벽이 더 높기 때문에 이러한 수소 핵반응들이 가장 낮은 온도에서 일어난다. 따라서, 균질하며 수소가 풍부한 별의 구조는 내부 깊은 곳에서 일어나는 수소의 핵연소에 따라 심하게 달라진다.

---

28) 우리는 10장에서 별이 상대론적으로 완전히 졸든 기체로 유지되면 폴리트롭 지수 3인 경우로 기술된다는 점을 배울 것이다. 식 (10.15)를 보라.

핵심부에 처음부터 수소가 압도적으로 많았다는 사실과 수소 연소가 상대적으로 느리게 일어나는 과정이라는 사실 때문에, 별 내부의 화학 조성과 구조는 천천히 바뀔 것이다. 예제 4.3.2에서 보았듯이, 태양에서 수소 핵연소 수명의 개략적인 어림값은 100억년이다. 물론, 표면의 조건이 완전히 정적인 것은 아니다. 보그트–러셀 정리에 따르면, 화학 조성이나 질량이 변하면, 유효 온도와 광도의 재조정이 뒤따라야 한다. *항성의 관측적 특징은 중심부의 핵융합 반응에 의하여 변화해야 한다.* 핵심부의 변화가 느리면 관측되는 표면 양상들의 진화적인 변화도 느리게 일어난다.[29)]

대부분의 별들도 비슷한 화학 조성을 갖기 때문에, 별의 구조는 질량에 따라 매끄럽게 변화해야 한다. 예제 4.1.1과 4.2.1에서 질량이 늘어남에 따라 중심부 압력과 온도도 증가해야함을 기억하자. 그러므로, 작은 질량의 별들에서는 pp 사슬이 압도적이며, 그 이유는 CNO 순환 과정에 비하여 pp 사슬을 일으키는 데에 더 적은 에너지기 필요하기 때문인다. 질량이 큰 별에서는 매우 강한 온도 의존성을 갖고 있는 CNO 순환 반응이 압도적일 것이다.

점차적으로 더 작은 질량의 별들을 생각하면, 중심부 온도가 계속 내려가서, 어느 질량에서는 중력 수축에 버티면서 항성이 안정되게 하는 핵융합 반응이 더 이상 일어날 수 없을 것이다. 이 질량은 태양의 화학 조성에 대해서 $0.071\,M_\odot$이다($Z \simeq 0$으로 금속 원소가 실질적으로 전혀 없는 별에 대해서 이 하한값은 약간 더 커서 $0.09\,M_\odot$이다). 반대쪽 극단의 경우로, 약 $90\,M_\odot$보다 더 무거운 별들은 중심부에서 열적 진동을 일으키며, 8시간이라는 짧은 시간 규모에서 핵에너지 생성률에 상당한 변화를 일으킨다.[30)]

에딩턴 광도 한계

열적 진동과 함께, 매우 무거운 별들의 극도로 높은 광도는 이들 별의 안정성에 직접적으로 영향을 준다. 식 (4.20)에서 보듯이, 온도가 넉넉히 높고 기체 밀도가 충분히 낮으면, 별의 어떤 지역에서 복사압이 기체 압력을 압도하고, 이 상황은 아주 무거운 별의 외곽 층에서 일어날 수 있다. 이 경우에 압력의 기울기는 대략 식

29) 핵심부에서 긴 시간 규모에서 일어나는 변화와 본질적으로 분리된 어떤 짧은 주기의 표면 변화가 있을 수 있다. 항성의 맥동이 있으려면 구체적인 조건들이 있어야 하며. 맥동의 시간 규모는 핵반응 시간 규모에 비하여 훨씬 더 짧다. 이러한 진동들은 8장에서 공부할 것이다.

30) 이러한 소위 ϵ 맥동 기작은 8.2절에서 공부할 것이다.

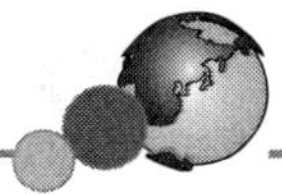

(3.31)로 주어진다. 복사 플럭스와 광도 사이의 관계(식 (3.2))를 결합하면 표면에서 압력의 기울기는

$$\frac{dP}{dr} \simeq -\frac{\bar{\kappa}\rho}{c}\frac{L}{4\pi r^2}$$

이다. 그러나, 정유체 평형(식 (4.6))에 의하여 별 표면의 압력 기울기는

$$\frac{dP}{dr} = -G\frac{M\rho}{r^2}$$

이고, M은 별의 질량이다. 이 결과들을 결합하고, 광도에 대하여 풀면

$$\boxed{L_{\mathrm{Ed}} = \frac{4\pi Gc}{\bar{\kappa}}M} \qquad (4.114)$$

를 얻는다. L_{Ed}는 별이 정유체 평형을 유지하면서 낼 수 있는 최대 복사 광도이다. 만약 광도가 L_{Ed}를 넘으면, 복사압에 밀려 질량 손실이 일어난다. **에딩턴 한계**라고 부르는 최대 광도는 천체물리학에 여러 방면, 예를 들면 항성 진화의 후반부 단계, 신성, 부착 원반의 구조에서 나타난다.

여기에서는 주계열 위 끝에 있는 별의 에딩턴 광도를 어림해 보자. 이러한 무거운 별들의 유효 온도는 50,000 K 정도에 있고, 광구에서 수소의 대부분은 이온화되어 있다. 그러므로, 불투명도의 대부분은 전자 산란이 원천이고, $\bar{\kappa}$를 식 (3.27)로 대치할 수 있다. $X=0.7$에 대하여, 식 (4.114)는

$$L_{\mathrm{Ed}} \simeq 1.5 \times 10^{31}\frac{M}{M_\odot}\,\mathrm{W} \quad \text{혹은} \quad \frac{L_{\mathrm{Ed}}}{L_\odot} \simeq 3.8 \times 10^4\frac{M}{M_\odot}$$

가 된다.

90 $\mathrm{M}_\odot$인 별에 대해서 $L_{\mathrm{Ed}} \simeq 3.5\times10^6\ \mathrm{L}_\odot$이고 대략 예상되는 주계열 값의 3배 정도이다.

이론적인 광도와 에딩턴 광도가 매우 가깝게 대응하는 사실은 무거운 주계열 별의 포피부가 별에 구속되어 있더라도 매우 느슨하게 묶여 있음을 알려 준다. 실제

로, 100 M$_\odot$근처의 질량을 갖는 소수의 별들을 관측하면 이들 항성들은 다량의 질량 손실이 일어나고 광도의 변화가 나타난다.

질량에 따른 주계열 항성 물리량의 변화

수소 연소가 일어나는 질량 범위에 대하여 계산한 이론적 모형으로부터 얻은 질량과 광도 사이의 수치적 관계는 그림 1.7의 관측된 질량-광도 관계와 잘 일치한다. 이론적인 H-R도에서 모형 값들을 나타낼 수도 있다(그림 4.13을 보라). 그림 2.13과 비교하면 핵심부에서 수소를 연소하는 별들은 관측된 주계열에 놓인다는 사실을 볼 수 있다.

주계열 광도의 범위는 거의 5×10^{-4} L$_\odot$에서 1×10^{6} L$_\odot$까지 10의 거듭제곱으로 9개를 오르내리며, 이 때에 질량은 고작 3개를 오르내린다. 주계열 윗부분에 놓인 별들이 내놓는 엄청난 에너지 때문에, 이들 무거운 별들은 핵심부의 수소를 주계열 아래 끝에 놓인 가벼운 별들보다 훨씬 짧은 시간에 다 써버린다. 이 결과 *주계열 수명은 광도가 증가할수록 줄어든다.* 주계열 수명의 어림값은 연습 문제로 남긴다.

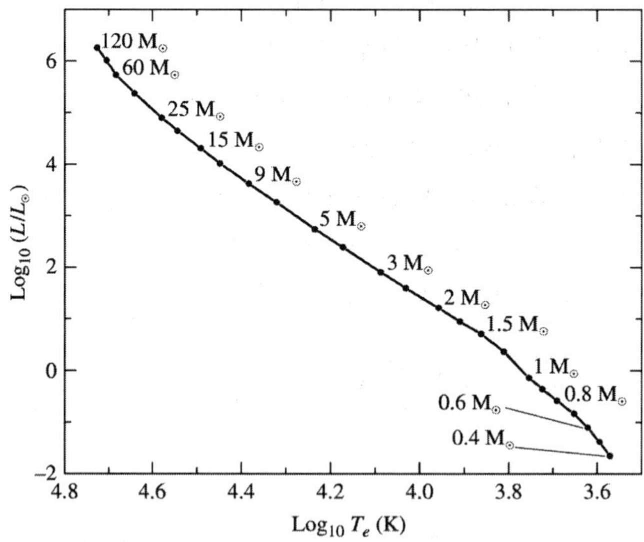

그림 4.13 이론적인 H-R도에서 항성 모형의 위치. 항성 모형들은 항성 구조 방정식과 보조 방정식을 써서 계산되었다. (자료 출처 : Schaller, et al., *Astron. Astrophys. Suppl.*, 96, 269, 1992 and Charbonnel, et al., *Astron. Astrophys. Suppl.*, 135, 405, 1999.)

유효 온도들은 항성 질량에 의존하는 정도가 한결 덜하다. 0.072 $M_\odot$인 별에 대하여 약 1700 K부터 90 $M_\odot$인 별에 대하여 53,000 K에 이르고, 유효 온도의 증가는 겨우 20배의 범위를 갖는다. 그러나, 이 정도의 변화도 상당히 큰 것이어서, 항성 스펙트럼을 극적으로 바꾼다. 그 이유는 분자의 해리 에너지와 대부분 원소들의 이온화 퍼텐셜이 이 범위에 놓여 있기 때문이며, 이 사실은 2장에서 확인해 보았다. 따라서, 이론적 모형과 비교하여, 관측된 스펙트럼을 주계열 질량과 상관지을 수 있다.

주계열을 따라 놓인 항성의 내부 구조는 질량에 따라 변화하며, 구조 변화는 주로 대류를 일으키는 지역에서 일어난다. 주계열 윗부분에 놓인 별들에서 에너지 생성은 강한 온도 의존성을 갖는 CNO 순환에 기인하며, 대류는 핵심부에서 지배적으로 일어난다. 이러한 현상이 나타나는 것은, 에너지 생성률이 반지름에 따라 급하게 변하기 때문에, 핵반응들이 내놓는 에너지를 수송하는 데에 복사가 효율적이지 않다는 데에 있다. 수소 연소를 일으키는 핵심부 바깥에서는 복사가 에너지 플럭스를 잘 다룰 수 있게 되어, 대류는 멈춘다. 항성 질량이 작아질수록, 중심부 온도도 줄어들고, CNO 순환 반응의 에너지 생성이 감소해서, 마침내 1.2 $M_\odot$ 근처에 이르러 pp 사슬 반응이 지배하며, 핵심부 에너지 수송을 복사가 담당한다. 한편, 별 표면 근처에서는 질량이 감소함에 따라 유효온도가 내려가고, 불투명도는 증가하며, 이는 수소 이온화 지역이 나타나기 때문이다(그림 3.10을 기억하라). 약 1.3 $M_\odot$ 이하의 질량을 갖는 항성의 표면 근처에서, 불투명도의 증가에 따라, 대류가 복사보다 에너지 수송을 더 효율적으로 한다. 이 때문에 이러한 항성들의 표면 근처에서 대류 지역을 만드는 결과를 낳는다. 주계열을 따라 내려가면서 표면 대류 지역의 바닥이 계속 내려가 0.3 $M_\odot$에 이르면 별 전체에서 대류가 일어난다.

이 교재에서 지금까지 공부한 기본 물리학 원리들을 사용하여, 우리는 주계열 별들에 대한 현실적인 모형을 구축하고 항성들의 내부 구조를 이해할 수 있었다. 그러나, 관측된 H-R도에서 주계열에 놓이지 않는 다른 별들이 남아 있다(그림 2.13을 보라). 핵반응에 의하여 화학 조성이 바뀌고, 이 때문에 항성 구조가 변화할 것이라고 생각하면(보그트-러셀 정리), 이들 항성들이 존재하는 이유를 설명할 수 있을 것이다. 항성의 진화는 6장과 7장에서 공부한다.

제4장 참고 문헌

일반 도서

Kippenhahn, Rudolf, *100 Billion Suns*, Basic Books, New York, 1983.

고급 도서

Arnett, David, *Supernovae and Nucleosynthesis*, Princeton University Press, Princeton, 1996.

Bahcall, John N., *Neutrino Astrophysics*, Cambridge University Press, Cambridge, 1989.

Bahcall, John N., Pinsonneault, M. H., and Basu, Sarbani, "Solar Models: Current Epoch and Time Dependences, Neutrinos, and Helioseismological Properties," *The Astrophysical Journal*, *555*, 990, 2001.

Barnes, C. A., Clayton, D. D., and Schramm, D. N. (eds.), *Essays in Nuclear Astrophysics*, Cambridge University Press, Cambridge, 1982.

Bowers, Richard L., and Deeming, Terry, *Astrophysics I: Stars*, Jones and Bartlett, Publishers, Boston, 1984.

Chabrier, Gilles, and Baraffe, Isabelle, "Theory of Low-Mass Stars and Substellar Objects," *Annual Review of Astronomy and Astrophysics*, *38*, 337, 2000.

Chandrasekhar, S., *An Introduction to the Study of Stellar Structure*, Dover Publications, Inc., New York, 1967.

Clayton, Donald D., *Principles of Stellar Evolution and Nucleosynthesis*, University of Chicago Press, Chicago, 1983.

Cox, J. P., and Giuli, R. T., *Principles of Stellar Structure*, Gordon and Breach, New York, 1968.

Fowler, William A., Caughlan, Georgeanne R., and Zimmerman, Barbara A., "Thermonuclear Reaction Rates, I," *Annual Review of Astronomy and Astrophysics*, *5*, 525, 1967.

Fowler, William A., Caughlan, Georgeanne R., and Zimmerman, Barbara A., "Thermonuclear Reaction Rates, II," *Annual Review of Astronomy and Astrophysics*, *13*, 69, 1975.

Hansen, Carl J., Kawaler, Steven D., and Trimble, Virginia *Stellar Interiors: Physical Principles, Structure, and Evolution*, Second Edition, Springer-Verlag, New York, 2004.

Harris, Michael J., Fowler, William A., Caughlan, Georgeanne R., and Zimmerman, Barbara A., "Thermonuclear Reaction Rates, III," *Annual Review of Astronomy and Astrophysics*, *21*, 165, 1983.

Iben, Icko, Jr., "Stellar Evolution Within and Off the Main Sequence," *Annual Review of Astronomy and Astrophysics*, *5*, 571, 1967.

Iglesias, Carlos A, and Rogers, Forrest J., "Updated Opal Opacities," *The Astrophysical Journal*, *464*, 943, 1996.

Kippenhahn, Rudolf, and Weigert, Alfred, *Stellar Structure and Evolution*, Springer-Verlag, Berlin, 1990.

Liebert, James, and Probst, Ronald G., "Very Low Mass Stars," *Annual Review of Astronomy and Astrophysics*, *25*, 473, 1987.

Padmanabhan, T., *Theoretical Astrophysics*, Cambridge University Press, Cambridge, 2002.

Prialnik, Dina, *An Introduction to the Theory of Stellar Structure and Evolution*, Cambridge University Press, Cambridge, 2000.

Novotny, Eva, *Introduction to Stellar Atmospheres and Interiors*, Oxford University Press, New York, 1973.

Shore, Steven N., *The Tapestry of Modern Astrophysics*, John Wiley and Sons, Hoboken, 2003.

제 4장 연습 문제

4.1 Show that the equation for hydrostatic equilibrium, Eq. (10.6), can also be written in terms of the optical depth τ, as

$$\frac{dP}{d\tau} = \frac{g}{\kappa}.$$

This form of the equation is often useful in building model stellar atmospheres.

4.2 Prove that the gravitational force on a point mass located anywhere inside a hollow, spherically symmetric shell is zero. Assume that the mass of the shell is M and has a constant density ρ. Assume also that the radius of the inside surface of the shell is r_1 and that the radius of the outside surface is r_2. The mass of the point is m.

4.3 Assuming that 10 eV could be released by every atom in the Sun through chemical reactions, estimate how long the Sun could shine at its current rate through chemical processes alone. For simplicity, assume that the Sun is composed entirely of hydrogen. Is it possible that the Sun's energy is entirely chemical? Why or why not?

4.4
- **(a)** Taking into consideration the Maxwell–Boltzmann velocity distribution, what temperature would be required for two protons to collide if quantum mechanical tunneling is neglected? Assume that nuclei having velocities ten times the root-mean-square (rms) value for the Maxwell–Boltzmann distribution can overcome the Coulomb barrier. Compare your answer with the estimated central temperature of the Sun.
- **(b)** Using Eq. (8.1), calculate the ratio of the number of protons having velocities ten times the rms value to those moving at the rms velocity.
- **(c)** Assuming (incorrectly) that the Sun is pure hydrogen, estimate the number of hydrogen nuclei in the Sun. Could there be enough protons moving with a speed ten times the rms value to account for the Sun's luminosity?

4.5 Derive the ideal gas law, Eq. (10.10). Begin with the pressure integral (Eq. 10.9) and the Maxwell–Boltzmann velocity distribution function (Eq. 8.1).

4.6 Derive Eq. (10.28) from Eq. (8.1).

4.7 By invoking the virial theorem (Eq. 2.46), make a crude estimate of an "average" temperature for the Sun. Is your result consistent with other estimates obtained in Chapter 10? Why or why not?

4.8 Show that the form of the Coulomb potential barrier penetration probability given by Eq. (10.31) follows directly from Eq. (10.30).

4.9 Prove that the energy corresponding to the Gamow peak is given by Eq. (10.34).

4.10 Calculate the ratio of the energy generation rate for the pp chain to the energy generation rate for the CNO cycle given conditions characteristic of the center of the present-day (evolved) Sun, namely $T = 1.5696 \times 10^7$ K, $\rho = 1.527 \times 10^5$ kg m^{-3}, $X = 0.3397$, and $X_{\rm CNO} = 0.0141$.[31] Assume that the pp chain screening factor is unity ($f_{pp} = 1$) and that the pp chain branching factor is unity ($\psi_{pp} = 1$).

4.11 Beginning with Eq. (10.62) and writing the energy generation rate in the form

$$\epsilon(T) = \epsilon'' T_8^{\alpha},$$

show that the temperature dependence for the triple alpha process, given by Eq. (10.63), is correct. ϵ'' is a function that is independent of temperature.
Hint: First take the natural logarithm of both sides of Eq. (10.62) and then differentiate with respect to $\ln T_8$. Follow the same procedure with your power law form of the equation and compare the results. You may want to make use of the relation

$$\frac{d\ln\epsilon}{d\ln T_8} = \frac{d\ln\epsilon}{\frac{1}{T_8}dT_8} = T_8\frac{d\ln\epsilon}{dT_8}.$$

4.12 The Q value of a reaction is the amount of energy released (or absorbed) during the reaction. Calculate the Q value for each step of the PP I reaction chain (Eqs. 10.37–10.39). Express your answers in MeV. The masses of $^2_1$H and $^3_2$He are 2.0141 u and 3.0160 u, respectively.

[31]The interior values assumed here are taken from the standard solar model of Bahcall, Pinsonneault, and Basu, *Ap. J.*, *555*, 990, 2001.

4.13 Calculate the amount of energy released or absorbed in the following reactions (express your answers in MeV):

(a) ${}^{12}_{6}\mathrm{C} + {}^{12}_{6}\mathrm{C} \rightarrow {}^{24}_{12}\mathrm{Mg} + \gamma$

(b) ${}^{12}_{6}\mathrm{C} + {}^{12}_{6}\mathrm{C} \rightarrow {}^{16}_{8}\mathrm{O} + 2\,{}^{4}_{2}\mathrm{He}$

(c) ${}^{19}_{9}\mathrm{F} + {}^{1}_{1}\mathrm{H} \rightarrow {}^{16}_{8}\mathrm{O} + {}^{4}_{2}\mathrm{He}$

The mass of ${}^{12}_{6}\mathrm{C}$ is 12.0000 u, by definition, and the masses of ${}^{16}_{8}\mathrm{O}$, ${}^{19}_{9}\mathrm{F}$, and ${}^{24}_{12}\mathrm{Mg}$ are 15.99491 u, 18.99840 u, and 23.98504 u, respectively. Are these reactions exothermic or endothermic?

4.14 Complete the following reaction sequences. Be sure to include any necessary leptons.

(a) ${}^{27}_{14}\mathrm{Si} \rightarrow {}^{?}_{13}\mathrm{Al} + e^{+} + \underline{?}$

(b) ${}^{?}_{13}\mathrm{Al} + {}^{1}_{1}\mathrm{H} \rightarrow {}^{24}_{12}\mathrm{Mg} + {}^{4}_{?}\underline{?}$

(c) ${}^{35}_{17}\mathrm{Cl} + {}^{1}_{1}\mathrm{H} \rightarrow {}^{36}_{18}\mathrm{Ar} + \underline{?}$

4.15 Prove that Eq. (10.83) follows from Eq. (10.82).

4.16 Show that Eq. (10.109) can be obtained from Eq. (10.108).

4.17 Starting with the Lane–Emden equation and imposing the necessary boundary conditions, prove that the $n = 0$ polytrope has a solution given by

$$D_0(\xi) = 1 - \frac{\xi^2}{6}, \quad \text{with } \xi_1 = \sqrt{6}.$$

4.18 Describe the density structure associated with an $n = 0$ polytrope.

4.19 Derive an expression for the total mass of an $n = 5$ polytrope, and show that although $\xi_1 \rightarrow \infty$, the mass is finite.

4.20 **(a)** On the same graph, plot the density structure of stars of polytropic indices $n = 0$, $n = 1$, and $n = 5$. *Hint:* You will want to plot ρ_n/ρ_c vs. r/λ_n.

(b) What can you conclude about the concentration of density with radius for increasing polytropic index?

(c) From the trend that you observe for the analytic solutions to the Lane–Emden equation, what would you expect regarding the density concentration of an adiabatically convective stellar model compared to a model in radiative equilibrium?

(d) Explain your conclusion in part (c) in terms of the physical processes of convection and radiation.

4.21 Estimate the hydrogen-burning lifetimes of stars near the lower and upper ends of the main sequence. The lower end of the main sequence[32] occurs near 0.072 $M_\odot$, with $\log_{10} T_e = 3.23$ and $\log_{10}(L/L_\odot) = -4.3$. On the other hand, an 85 $M_\odot$ star[33] near the upper end of the main sequence has an effective temperature and luminosity of $\log_{10} T_e = 4.705$ and $\log_{10}(L/L_\odot) = 6.006$, respectively. Assume that the 0.072 $M_\odot$ star is entirely convective so that, through convective mixing, all of its hydrogen, rather than just the inner 10%, becomes available for burning.

4.22 Using the information given in Problem 10.21, calculate the radii of a 0.072 $M_\odot$ star and a 85 $M_\odot$ star. What is the ratio of their radii?

4.23 (a) Estimate the Eddington luminosity of a 0.072 $M_\odot$ star and compare your answer to the main-sequence luminosity given in Problem 10.21. Assume $\overline{\kappa} = 0.001\ \mathrm{m^2\ kg^{-1}}$. Is radiation pressure likely to be significant in the stability of a low-mass main-sequence star?

(b) If a 120 $M_\odot$ star forms with $\log_{10} T_e = 4.727$ and $\log_{10}(L/L_\odot) = 6.252$, estimate its Eddington luminosity. Compare your answer with the actual luminosity of the star.

COMPUTER PROBLEMS

4.24 (a) Use a numerical integration algorithm such as a Runge–Kutta method to compute the density profile for the $n = 1.5$ and $n = 3$ polytropes. Be sure to correctly incorporate the boundary conditions in your integrations.

(b) Plot your results and compare them with the $n = 0$, $n = 1$, and $n = 5$ analytic models determined in Problem 10.20.

4.25 Verify that the basic equations of stellar structure [Eqs. (10.6), (10.7), (10.36), (10.68)] are satisfied by the 1 $M_\odot$ `StatStar` model available for download from the companion website; see Appendix L. This may be done by selecting two adjacent zones and numerically computing the derivatives on the left-hand sides of the equations, for example

[32]Data from Chabrier, et al., *Ap. J.*, *542*, 464, 2000.

[33]Data from Schaller, et al., *Astron. Astrophys. Suppl. Ser.*, *96*, 269, 1992.

$$\frac{dP}{dr} \simeq \frac{P_{i+1} - P_i}{r_{i+1} - r_i},$$

and comparing your results with results obtained from the right-hand sides using average values of quantities for the two zones [e.g., $M_r = (M_i + M_{i+1})/2$].

Perform your calculations for two adjacent shells at temperatures near 5×10^6 K, and then compare your results for the left- and right-hand sides of each equation by determining relative errors. Note that the model assumes complete ionization everywhere and has the uniform composition $X = 0.7$, $Y = 0.292$, $Z = 0.008$. Your results on the left- and right-hand sides of the stellar structure equations will not agree exactly because `StatStar` uses a Runge–Kutta numerical algorithm that carries out intermediate steps not shown in the output file.

4.26 The companion website contains an example of a theoretical 1.0 $M_\odot$ main-sequence star produced by the stellar structure code `StatStar`, described in Appendix L. Using `StatStar`, build a second main-sequence star with a mass of 0.75 $M_\odot$ that has a homogeneous composition of $X = 0.7$, $Y = 0.292$, and $Z = 0.008$. For these values, the model's luminosity and effective temperature are 0.189 $L_\odot$ and 3788.5 K, respectively. Compare the central temperatures, pressures, densities, and energy generation rates between the 1.0 $M_\odot$ and 0.75 $M_\odot$ models. Explain the differences in the central conditions of the two models.

4.27 Use the stellar structure code `StatStar` described in Appendix L, together with the theoretical `StatStar` H–R diagram and mass–effective temperature data provided on the companion website, to calculate a homogeneous, main-sequence model having the composition $X = 0.7$, $Y = 0.292$, and $Z = 0.008$. (*Note:* It may be more illustrative to assign each student in the class a different mass for this problem so that the results can be compared.)

(a) After obtaining a satisfactory model, plot P versus r, M_r versus r, L_r versus r, and T versus r.

(b) At what temperature has L_r reached approximately 99% of its surface value? 50% of its surface value? Is the temperature associated with 50% of the total luminosity consistent with the rough estimate found in Eq. (10.27)? Why or why not?

(c) What are the values of $M_r/M_\star$ for the two temperatures found in part (b)? $M_\star$ is the total mass of the stellar model.

(d) If each student in the class calculated a different mass, compare the changes in the following quantities with mass:

(i) The central temperature.
(ii) The central density.
(iii) The central energy generation rate.
(iv) The extent of the central convection zone with mass fraction and radius.
(v) The effective temperature.
(vi) The radius of the star.

(e) If each student in the class calculated a different mass:

(i) Plot each model on a graph of luminosity versus mass (i.e., plot $L_\star/L_\odot$ versus $M_\star/M_\odot$).

(ii) Plot $\log_{10}(L_\star/L_\odot)$ versus $\log_{10}(M_\star/M_\odot)$ for each stellar model.

(iii) Using an approximate power law relation of the form

$$L_\star/L_\odot = (M_\star/M_\odot)^\alpha,$$

find an appropriate value for α. α may differ for different compositions or vary somewhat with mass. This is known as the mass–luminosity relation (see Fig. 7.7).

4.28 Repeat Problem 10.27 using the same mass but a different composition; assume $X = 0.7$, $Y = 0.290$, $Z = 0.010$.

(a) For a given mass, which model ($Z = 0.008$ or $Z = 0.010$) has the higher central temperature? the greater central density?

(b) Referring to the appropriate stellar structure equations and constitutive relations, explain your results in part (a).

(c) Which model has the largest energy generation rate at the center? Why?

(d) How do you account for the differences in effective temperature and luminosity between your two models?

5장 태양

5.1 태양의 내부

우리는 앞에서 별을 대기와 내부로 구성되었다고 생각하고, 항성 구조의 이론적인 기초를 공부하였다. 두 지역의 구분은 상당히 모호하다. 대충 말하면, 대기는 광학 두께가 1이하인 지역으로서 광학 두께가 커서 광자가 *확산*하는 가정을 쓸 수 없는 곳이라고 생각할 수 있다(식 (3.31)). 이와 같은 가정을 쓸 수 없으므로, 항성 대기에서는 원자의 천이에 기인하는 흡수선과 방출선을 상세하게 고려해야 한다. 한편, 항성 내부 깊은 곳에서 일어나는 원자핵 반응들은 별의 에너지 방출률과 그에 따른 필연적인 진화에서 극히 중요한 역할을 한다.

가장 많은 관측 자료를 얻을 수 있는 별은 우리에게 가까이 있는 태양이다. 지상 천문대와 우주 관측 시설로부터 우리는 태양 표면의 화학 조성, 광도, 유효 온도, 반지름, 자기장, 자전 속도, 내부까지 일어나는 여러 진동들의 주기[1], 핵심부에서 일어나는 핵반응에서 만들어지는 중성미자의 생성률까지 높은 정밀도로 측정할 수 있다. 이처럼 엄청난 양의 정보로부터 항성 대기와 내부에서 일어나는 여러 물리적 과정들에 대한 우리의 이론들을 엄밀하게 시험할 수 있다.

1) 태양의 진동을 연구하는 태양진동학은 8장에서 공부한다.

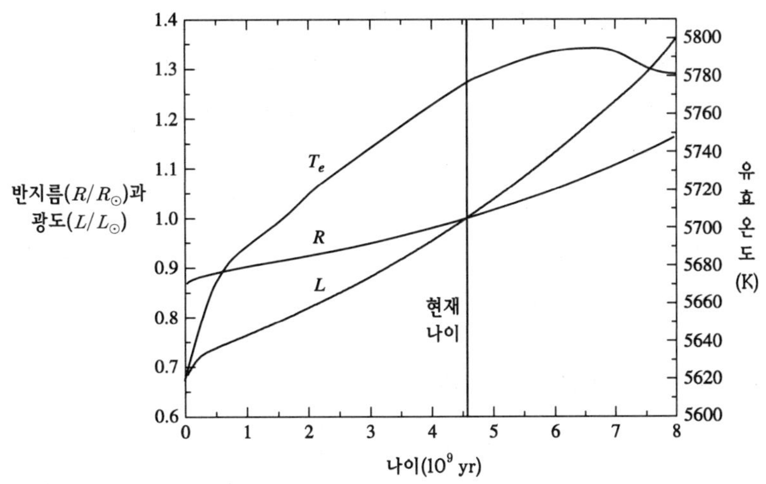

▌그림 5.1 주계열 위에서 태양의 진화. 내부 화학 조성의 변화에 따라, 태양은 더 커지고 밝아진다.

태양의 진화 역사

관측된 광도와 유효 온도에 기초하여, 우리 태양은 대표적인 주계열 별로서 분광형이 G2이고, 표면의 화학 조성은 $X=0.74$, $Y=0.24$, $Z=0.02$이다(각각 수소, 헬륨, 금속 원소들의 질량 비율이다). 태양이 이와 같은 현재 위치에 도달했는지 이해하기 위하여, 보그트-러셀 정리에 의하여 항성의 질량과 화학 조성이 내부 구조를 결정한다는 사실을 먼저 기억하자. 우리 태양은 이제껏 대부분의 시간동안 pp 사슬 반응을 통하여 수소를 헬륨으로 바꾸어 왔으며, 이에 따라 화학 조성과 내부 구조의 변화가 일어나고 있다. 달 암석과 운석의 방사성 동위 원소 연대 측정 결과와 항성 진화 계산 결과 및 현재 태양의 관측값들과 비교하여, 태양의 현재 나이는 약 4.45×10^9년으로 결정할 수 있다.[2] 게다가, 그림 5.1에 보인 바와 같이, 주계열 별이 된 이래로, 태양의 광도는(0.677 $L_\odot$로부터) 거의 48%나 증가하였고, 반지름은 처음의 0.869 $R_\odot$에서 15% 증가하였다.[3] 태양의 유효 온도는 5620 K에서 현재 값인 5777 K로 뜨거워졌다(예제 3.4.2를 기억하라).

2) 태양계에서 가장 오랜 방사성 동위원소 연대 측정 기록은, 운석 가운데 칼슘-알루미늄 함입물(CAI, calcium-aluminum-rich inclusions)로서, 이 측정으로부터 태양계의 나이를 4.5672±0.0006 Gyr로 결정하였다.

3) 이 곳과 여기 이후에서 사용하는 자료는 Bahcall, Pinsonneault, and Basu, Ap.J., 555, 990, 2001의 태양 모형에서 얻은 자료이다.

이와 같은 진화가 지구에 끼친 영향이 궁금할 수 있겠다. 흥미롭게도, 이론적인 관점에서는 태양의 에너지 생성률의 이러한 변화가 오랜 지구의 역사에서 지구에 어떤 변화를 일으켰는지 잘 알려져 있지 않으며, 그 주된 이유는 지구 환경의 물리적인 양상을 이해하기 어렵기 때문이다. 태양과 지구의 복잡한 상호 작용을 이해하려면, 지구 대기의 대류를 세밀하게 계산해야 할 뿐만 아니라, 시간에 따라 나타나는 대기 성분의 변화에 의한 효과, 시시각각 변화하는 지구 표면의 **반사도**[4]의 본성 따위를 알아야 한다.

태양의 현재 내부 구조

태양의 현재 나이와 잘 일치하도록, 앞에서 공부한 물리적 원리를 써서 **태양 모형**을 현재 태양에 대하여 만들 수 있다. 표 5.1은 이러한 모형 가운데 하나로부터 중심부 온도, 압력, 밀도, 화학 조성을 보여 주고, 그림 5.2는 이 모형을 개략적으

표 5.1

온도	1.570×10^7 K
압력	2.342×10^{16} N m^{-2}
밀도	1.527×10^5 kg m^{-3}
X	0.3397
Y	0.6405

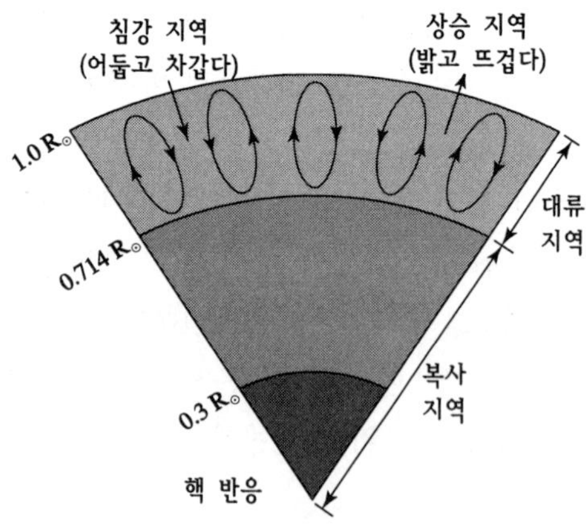

그림 5.2 태양 내부의 개략적인 모식도

4) 지구의 반사도, 즉 입사한 태양광에 대하여 반사된 광량의 비율은 지표면의 물과 얼음의 양에 따라 달라진다.

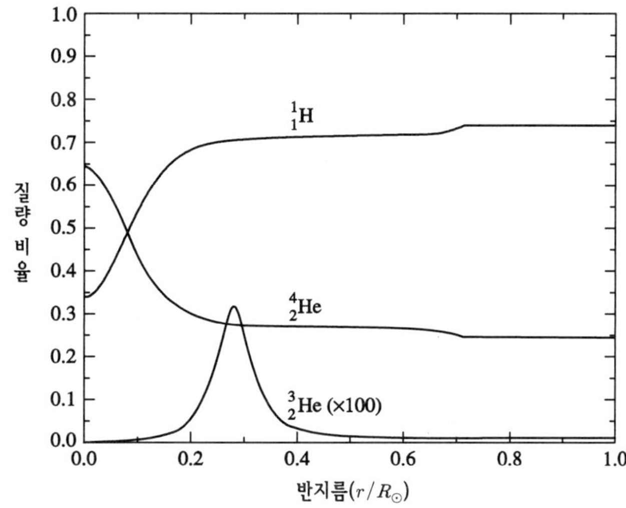

▌**그림 5.3** 태양에서 반지름에 따른 $^1_1$H, $^3_2$He, $^4_2$He의 함량. $^3_2$He의 함량은 원래 값에 100을 곱한 값이라는 점에 주의하라. (자료 출처 : Bahcall, Pinsonneault and Basu Ap.J., 555, 990, 2001)

로 보여 준다. 이 모형에 이르는 진화 순서에 따르면, 태양 중심부 수소의 질량 비율(X)은 처음 값 0.71에서 0.34로 줄어든 반면에 중심부에서 헬륨의 질량비는 0.27에서 0.64로 늘었다. 여기에 추가적으로 수소보다 무거운 원소들이 확산하면서 가라앉아, 표면 근처에서 수소의 질량 비율은 0.03정도 증가하였고, 헬륨의 질량비는 0.03만큼 감소하였다.

태양이 그 동안 겪은 진화 때문에, 화학 조성은 더 이상 균질하지 않으며, 계속되는 핵합성, 표면 대류, 원소의 확산(무거운 원소일수록 더 깊이 가라앉는 현상)에 따른 비균질성을 보인다. $^1_1$H, $^3_2$He, $^4_2$He에 대한 태양의 화학 조성 구조를 그림 5.3에 나타난다. 태양의 주된 에너지 생성은 pp 사슬이며, $^3_2$He는 일련의 반응에서 나타나는 중간 산물이다. 수소를 헬륨으로 전환하는 과정에서 $^3_2$He는 생성되었다가 다시 파괴된다(그림 4.8을 보라). 수소 연소 지역 꼭대기가 온도가 더 낮으므로, $^3_2$He이 파괴보다는 생성이 더 쉽게 일어나, 이 곳에서 $^3_2$He의 함량이 상대적으로 많다.[5] 더 깊은 곳에서는 온도가 더 높기 때문에 $^3_2$He$-^3_2$He의 상호 작용이 더욱 빠르게 일어나고, $^3_2$He의 함량이 다시 감소한다(태양의 온도 윤곽은 그림 5.4에서 볼 수

5) 헬륨–헬륨 반응이 일어나려면 양성자–양성자 반응보다 더 온도가 높아야 한다.

있다). ${}^{1}_{1}\mathrm{H}$와 ${}^{4}_{2}\mathrm{He}$의 곡선에서 $0.7\,\mathrm{R}_\odot$에서 살며시 나타나는 둔턱은 표면 대류 지역 밑바닥에서 나타나는 진화적 변화와 원소 확산의 영향이 결합되어 나타난 결과이다. 대류 지역 안에서는 난류에 의하여 거의 완벽한 혼합을 일으키며 균질한 화학 조성을 갖게 한다. 오늘날 태양의 대류 지역의 밑바닥은 $0.714\,\mathrm{R}_\odot$에 놓여 있다.

태양에서 가장 큰 에너지 생성은 태양 반지름의 10분의 1 되는 곳에서 이루어지며, 반지름에 대한 태양 내부 광도 윤곽 곡선과 이 곡선의 도함수로부터 파악할 수 있다(그림 5.5). 이 결과가 좀 못미더우면, 질량 보존 방정식(식 (4.7))

$$\frac{dM_r}{dr} = 4\pi r^2 \rho$$

로부터

$$dM_r = 4\pi r^2 \rho\, dr = \rho\, dV \tag{5.1}$$

이며, 주어진 반지름 구간 안에 담긴 질량은 공껍데기안의 부피 $dV = 4\pi r^2 dr$이므로, 고정된 dr에 대하여 r에 따라 증가한다. 물론, 껍데기에 담긴 질량은 기체의 밀도에도 의존한다. 따라서, 물질 1 킬로그램당 내놓는 에너지의 양(ϵ)이 중심부터 밖으로 갈수록 지속적으로 줄어든다고 해도, 전체 광도에 가장 크게 기여하는 곳은 중심부가 아니라 상당량의 질량을 담고 있는 공껍데기에서 찾을 수 있다. 중년에 접어든 태양에 대해서, 중심부에서 연소 가능한 수소의 양이 줄어든 점도 최대 에너지 생산지의 위치를 외곽으로 옮기는 데에 영향을 줄 것이다.

그림 5.4와 그림 5.6은 태양에서 반지름에 따라 온도와 압력이 얼마나 가파르게 변화하는지 보여준다. 이러한 변화는 정유체 평형(식 (4.6)), 이상기체 법칙(식 (4.11)), 별의 화학 조성 구조 들이 태양 구조에 강제적으로 적용되어 나타나는 결과이다. 물론, 항성 구조 방정식에 적용되는 경계 조건에 의하여 ρ와 P가 표면에서는 거의 무시할 만한 값을 가져야 한다(식 (4.107)).

그림 5.6은 또한 반지름의 함수로 내부 질량(M_r)을 보여 준다. 태양 질량의 90%가 대략 태양 반지름의 절반 안에 담겨 있다는 점에 유의하라. 이 사실은 태양 중심으로 갈수록 밀도가 상당히 크게 증가한다는 점을 살필 때에, 그리 놀라운 것은 아니다. 별의 부피에 대한 밀도 함수를 태양 중심으로부터 적분해가면(즉 식 (5.1)에 있는 적분) 내부 질량 함수를 얻을 수 있다.

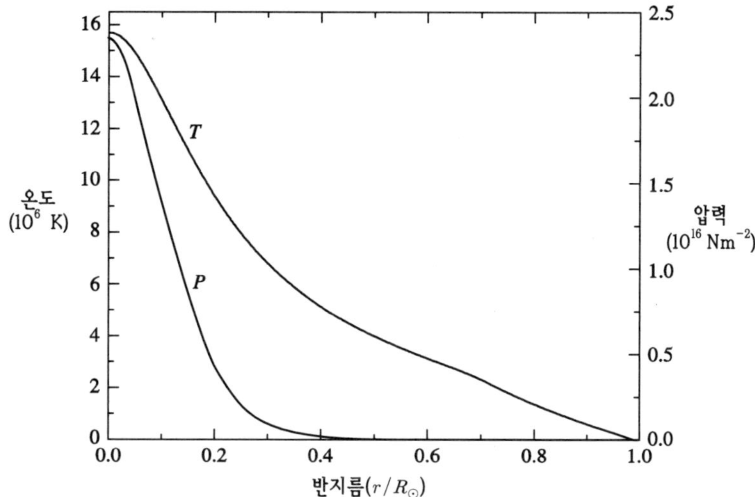

▮ **그림 5.4** 태양 내부의 온도와 압력 윤곽. (자료 출처 : Bahcall, Pinsonneault and Basu Ap.J., 555, 990, 2001)

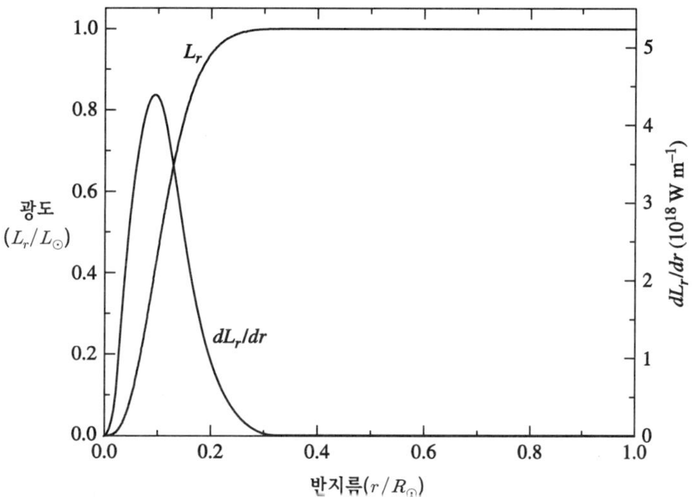

▮ **그림 5.5** 반지름에 대한 태양 내부의 광도 윤곽과 광도 윤곽의 도함수 (자료 출처 : Bahcall, Pinsonneault and Basu Ap.J., 555, 990, 2001)

남은 질문은 내부에서 생성된 에너지가 밖으로 어떻게 수송되는가이다. 4장에서 우리는 항성 내부에서 대류가 일어나는 조건을 결정하였음을 기억하자. 즉, 대류는 온도 기울기가 과다 단열일 경우에 일어난다(식 (4.94)).

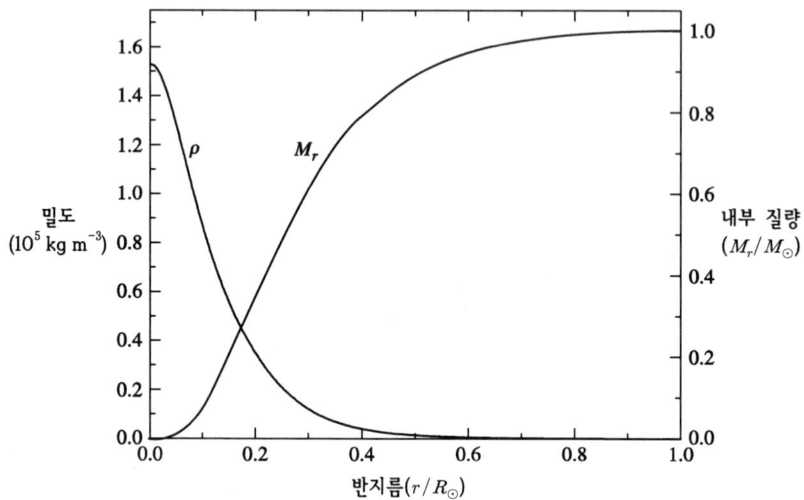

▌그림 5.6 반지름에 대한 태양 내부의 밀도 윤곽과 내부 질량. (자료 출처 : Bahcall, Pinsonneault and Basu Ap.J., 555, 990, 2001)

$$\left|\frac{dT}{dr}\right|_{\text{act}} > \left|\frac{dT}{dr}\right|_{\text{ad}}$$

여기에서 "act"와 "ad"는 각각 실제(actual) 온도 기울기와 단열(adiabatic) 온도 기울기를 나타낸다. 단원자 이상 기체라는 단순한 가정을 하면, 이 조건은(식 (4.95)) 다음과 같다.

$$\frac{d\ln P}{d\ln T} < 2.5$$

$d\ln P/d\ln T$를 $r/R_\odot$에 대하여 그림 5.7에 나타냈다. 여기에서 볼 수 있듯이, 태양은 $r/R_\odot = 0.714$ 밑으로는 에너지 수송이 복사로만 일어나며, 이 위에서 대류가 일어난다. 이와 같은 현상의 물리적 원인은 태양의 표면 가까이에서 불투명도가 충분히 커서 복사에 의한 에너지 수송을 방해하기 때문이다. 복사 온도 기울기는 불투명도에 비례한다는 점을 기억하자(식 (4.68)). 온도 기울기가 지나치게 커지면, 대류가 에너지를 더 효율적으로 수송하는 수단이 된다. 에너지 수송이 대류에 의하여 나타나는 지역의 대부분에서 $d\ln P/d\ln T \simeq 2.5$이며, 이 값은 대부분 대류 지역에서 나타나는 단열 온도 기울기의 특징적인 값이다. 0.95 $R_\odot$ 위에서 $d\ln P/d\ln T$가 급격하게 상승하는 이유는 실제 온도 기울기가 단열 온도 기울기로부터 상당히

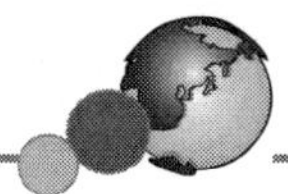

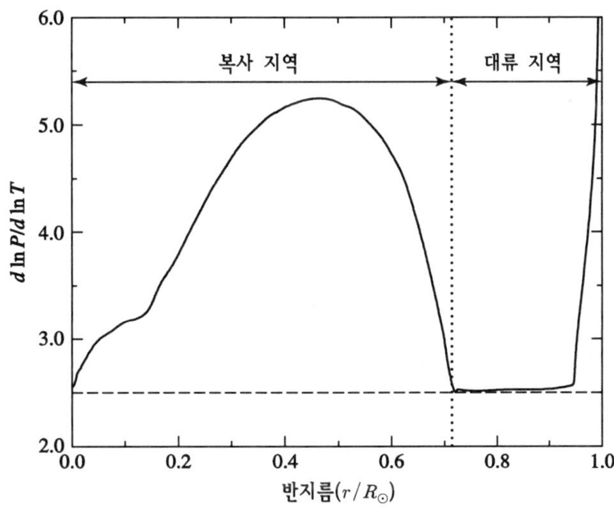

▌그림 5.7 $r/R_\odot$에 대하여 대류 조건 $d\ln P/d\ln T$의 그래프. 수평 방향 파선은 단원자 이상 기체에 대하여 단열 대류층과 복사층의 경계를 나타낸다. 대류의 시작점이 이상적인 단열 계산 값과 정확하게 일치하지는 않으며, 그 이유는 정교한 상태 방정식과 대류를 훨씬 더 세밀하게 다루었기 때문이다. $d\ln P/d\ln T$가 표면 근처에서 급격하게 상승하는 것은 이 지역이 대류가 지나치게 과다 단열적이라는 점과 관련된다(즉, $d\ln P/d\ln T < 2.5$일 때에 대류가 일어난다는 단열 근사는 태양 표면 근처에서는 성립하지 않는다). [$d\ln P/d\ln T$은 Bahcall, Pinsonneault and Basu, Ap.J., 555, 990, 2001의 자료를 써서 계산하였다. 0.94 $R_\odot$ 위쪽 지역의 자료는 Cox, Arthur N. (editor), Allen's Astrophysical Quantities, Fourth Edition, AIP Press, New York, 2000로부터 얻었다.]

벗어나기 때문이다. 이 경우에, 4.4절에서 논의한 바 있던 혼합 길이 이론과 같은 방법을 써서 대류를 더욱 더 세밀하게 다루어야 한다.

태양 중심에서도 $d\ln P/d\ln T$의 값이 2.5에 가까운 값으로 감소한다는 사실에 유의하라. 중심부에서 태양은 복사 지역이지만, 외곽으로 수송해야 할 대량의 에너지가 쌓이면, 온도 기울기는 과다단열 쪽으로 치닫는다. 7장에서 우리는 태양보나 약간 무거운 별들에서는 CNO 순환 과정이 pp 사슬에 비하여 온도에 더욱 강하게 의존하기 때문에 중심부에서 대류가 일어난다는 사실을 공부할 것이다.

2장, 3장, 4장에서 기술한 기본 물리 원리와 항성 구조 방정식을 직접 조심스럽게 적용하여 얻은 바와 같이, 태양에 대하여 엄청난 양의 정보를 획득할 수 있다. 우리는 매우 완벽하고 합리적인 태양 모형을 세울 수 있으며, 이로부터 잘 일치하는 진화 시간 규모와 전체적인 별의 성질들, 구체적으로 예를 들면, 질량, 광도, 반지름, 유효 온도, 표면 화학 조성, 정밀한 진동 주기 측정값(8장을 보라), 다음 절에서 공부할 표면 대류 지역을 잘 설명할 수 있다.

현재 태양 모형과 잘 일치하지 않는 관측적 측면 가운데 하나가 리튬 함량이다. 태양 표면에서 관측된 리튬의 함량은 예상되는 값보다 실제로 좀 작은 값이어서, 대류, 회전, 질량 손실 따위를 더 세심하게 다듬어 모형을 조절할 필요가 있다는 점을 알려 준다. 리튬의 문제는 7장에서 더 공부할 것이다.

태양 중성미자 문제 : 수수께끼가 풀리다.

모형과 관측 사이에서 또 다른 큰 어긋남이 수십 년간 있어 왔으며, 이 문제를 해결함으로써 기본 물리학에서 새로운 장을 열었다. 레이먼드 데이비스(Raymond Davis)가 1970년에 사우스 다코타주의 리드에 있는 홈스테이크(Homestake) 금 광산에서 땅 밑 1마일 깊이에 위치한 검출기를 사용하여(그림 5.8) 태양으로부터 오는 중성미자 플럭스를 측정하기 시작하면서 **태양 중성미자 문제**가 처음 제기되었다. 중성미자는 다른 물질과 상호 작용의 단면적이 대단히 작기 때문에, 중성미자는 지구를 거의 관통하는 데에 비하여, 우주에서 날라 오는 다른 입자들은 그렇지 못하다. 그러므로, 검출기가 지하 깊은 곳에 있으면, 검출하고자하는 입자 즉, 태양 핵심부에서 8분전에 생성된 중성미자를 검출할 수 있다.

그림 5.8 레이먼드 데이비스의 태양 중성미자 검출기. 탱크는 사우스 다코타 주 리드에 있는 홈스테이크 금 광산의 지하 1478 m(4850 ft)에 위치하며, C_2Cl_4이 615,000 kg, 부피로는 377,000 리터(100,000 갤런)가 담겨 있다. (사진 제공 : 브룩헤이븐 국립 연구소)

데이비스의 중성미자 검출기에는 615,000 kg의 세탁 용제 C_2Cl_4(사염화에틸렌)이 377,000 리터(100,000 갤런)가 담겨 있었다. 염소의 한 동위 원소($^{37}_{17}Cl$)가 충분한 에너지를 갖는 중성미자와 상호 작용하여 반감기가 35일인 알곤 방사성 핵종($^{37}_{18}Ar$)을 만들 수 있다.

$$^{37}_{17}\text{Cl} + \nu_e \rightleftharpoons {}^{37}_{18}\text{Ar} + e^-$$

이 핵반응이 일어나기 시작하는 문턱 에너지는 0.814 MeV이며, pp 사슬의 각 단계에서 나오는 중성미자의 에너지는 이 값보다 작으며 유일한 예외가 가장 중요한 첫 단계 반응인 $^1_1\text{H} + {}^1_1\text{H} \rightarrow {}^2_1\text{H} + e^+ + \nu_e$ 이다(그림 4.8에 나타낸 반응 단계들을 기억하라). 그러나, 데이비스 염소 실험에서 검출된 중성미자의 77%를 만들어 주는 핵반응은 PP III 사슬에서 붕소 ^8_5B의 붕괴 반응이다.

$$^8_5\text{B} \rightarrow {}^8_4\text{Be} + e^+ + \nu_e$$

불행하게도, 이 반응은 매우 드물어서, 5000번의 pp 사슬이 종료될 때에 하나의 중성미자를 생성한다.

데이비스의 연구 동료였던 존 바콜(John Bahcall 1935-2005)은 염소 실험에서 검출되어야 할 태양 중성미자의 개수를 계산하였다. 이 복잡한 계산은 태양 모형에서 계산된 PP III 사슬 반응 가운데 ^8_5B의 붕괴 반응으로부터 나타나는 중성미자의 생성률과 중성미자가 홈스테이크 실험에 쓰이는 염소 원자핵과 반응할(중성미자를 포획할) 확률에 기초를 두고 있다.

몇 달에 한 번 데이비스와 연구 동료들은 탱크에 모인 알곤 원자들 매우 조심스럽게 포집하여 생성된 알곤 원자의 개수를 측정하였다. 포획률은 태양중성미자단위(SNU, solar nutrino unit, 1 SNU $\equiv 10^{-36}$ reactions per target atom per second)로 측정되었다. 탱크 안에 약 2.2×10^{30}개의 $^{37}_{17}Cl$ 원자가 있으므로, 매일 한 개의 알곤 원자가 생성된다면, 이 경우 중성미자 생성률은 5.35 SNU이다.

그림 5.9는 1970년부터 1994년까지 데이비스 실험에서 108번 추출한 결과를 보여 준다. 바콜은 이 실험에서 7.9 SNU의 포획률을 보여야할 것으로 예측하였지만, 실제 실험 결과는 2.56 ± 0.16 SNU였으며, 약 40만 리터의 탱크에서 매 이틀마다 알곤 원자 한 개가 겨우 생성되었을 뿐이다!

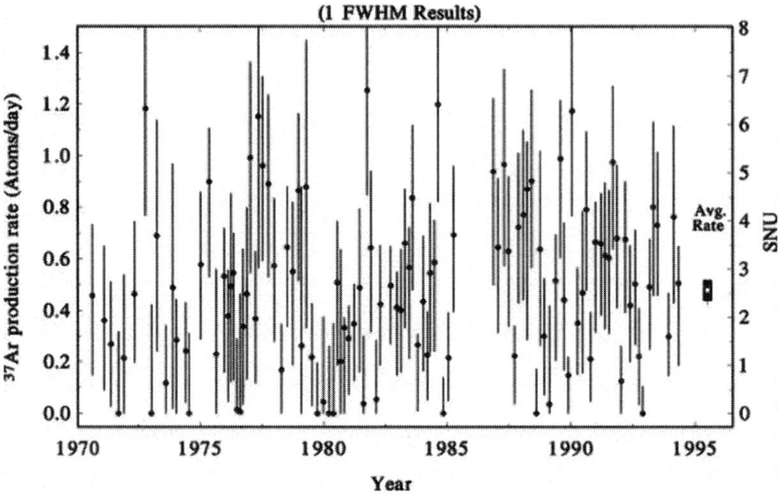

▌그림 5.9 1970년부터 1994년까지 데이비스 중성미자 검출 실험의 결과. 실험 자료의 오차 범위는 세로 막대로 나타냈다. $^{37}_{17}\mathrm{Cl}$ 검출기에서 태양 중성미자의 검출 예측치 7.9 SNU는 중성미자 진동을 가정하지 않은 태양 모형에 기반한다.

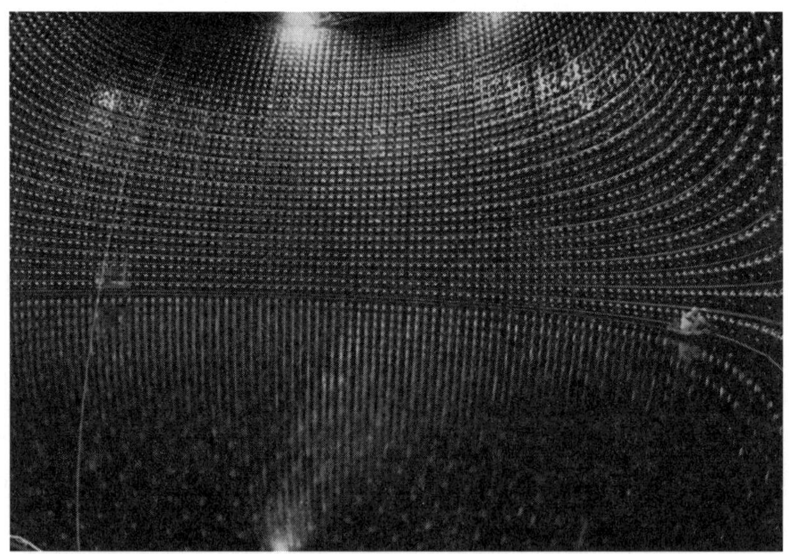

▌그림 5.10 일본에 있는 수퍼 카미오칸데 중성미자 관측 시설은 4.5×10^7 kg(50,000 톤)의 순수한 물을 담고 있다. 중성미자들이 물을 통과할 때에, 이들과 상호작용하여 산란한 전자들이 물 속의 빛 속도보다 더 빠르게 운동한다. 이 때에 체렌코프 복사 과정으로 생성된 희미한 푸른 빛이 탱크 내벽에 장착된 11,200개의 광증배관에서 검출되어, 중성미자가 통과함을 알린다. [사진 제공 : 카미오카 관측소, ICRR(Institute for Cosmic Ray Research), University of Tokyo]

다른 중성미자 실험들도, $^{37}_{17}\mathrm{Cl}$ 실험과는 근본적으로 달랐지만, 태양 모형에서 예측되는 중성미자 생성률과 측정값이 크게 어긋난다는 사실을 재확인해 주었다. 일본의 수퍼 카미오칸데 관측소(그림 5.10)는 중성미자가 전자에 산란될 때에 전자를 물 속의 빛 속도보다 더 빠르게 운동할 때에 발생하는 **체렌코프 빛**을 검출한다.[6] 수퍼 카미오칸데(그리고, 이전에는 카미오칸데 II)에서 검출한 중성미자의 개수는 태양 모형에서 예상되는 값의 절반보다도 더 적다. 러시아-미국 갈륨 실험(SAGE, Soviet-American Gallium Experiment)은 박산 중성미자 연구소(Baksan Neutrino Laboratory, 코카서스 지방에 있는 산에 있음)와 GALLEX(이탈리아의 그란 사소의 지하에 있음) 실험은 태양 중성미자 플럭스의 대부분을 차지하는 저에너지 pp 사슬 중성미자를 측정한다. SAGE와 GALLEX는 갈륨을 게르마늄으로 전환하는 핵반응을 통하여 중성미자를 검출한다.

$$\nu_e + {}^{71}_{31}\mathrm{Ga} \rightarrow {}^{71}_{32}\mathrm{Ge} + e^-$$

태양을 제외한 다른 원천으로부터 오는 배경 신호의 예측 값을 보정한 후에, 두 실험은 데이비스의 실험에서 처음 이루어진 중성미자 검출의 부족을 재확인해 주었다.

태양 중성미자 문제를 이론적인 관점에서 해결하기 위하여 두 가지 일반적인 접근법을 생각할 수 있다. 태양 모형에서 일어나는 기본 물리학적 과정 가운데 일부에 오류가 있다거나 혹은 중성미자가 태양의 핵심부로부터 지구까지 오면서 어떤 일이 생길 것이다. 이 두 가지 가능성 가운데 첫 번째 가능성을 살피면서 태양 모형의 수많은 양상들, 핵반응률, 별을 이루는 물질의 불투명도, 현재 상태에 이르기까지 태양의 진화, 태양 내부의 화학 조성 변화 및 일부 표준적이지 않은 특이한 제안들(태양 핵심부에 있을지 모를 *암흑물질*)에 대한 강력한 재조사가 이루어졌다. 그러나, 제안된 그 어느 해결책도 관측된 성질들 모두를 한꺼번에 만족하지는 못하며, 특히 중성미자의 검출과 태양 진동 주기를 깔끔히 설명하지 못하였다.

태양 중성미자 문제에 대하여 제안된 우아한 해결책은 태양 모형이 본질적으로 올바르며, 다만 태양의 핵심부에서 생성된 중성미자가 지구에 도달하기 전에 변화한다는 이론이다. **미카이에브-스미르노프-볼펜스타인**(Mikheyev-Smirnov-Wolfenstein, MSW) **효과**에서 중성미자는 다른 종류의 중성미자로 형태를 바꿀 수 있다. 이것은

6) 이 사실은 아인슈타인의 특수상대성 이론을 위배하지 않는다. 그 이유는 특수상대론은 진공에서 나타나는 빛의 속도이기 때문이다. 진공이 아닌 다른 매질에서는 빛의 속도는 진공에서 빛의 속도보다 항상 작다.

일부의 방사성 붕괴를 기술하는 약한 상호 작용과 전자기 이론을 통합하는 입자물리학의 *전자기 약작용 이론(electroweak theory)*을 확장하여 얻은 제안이다. pp 사슬의 다양한 가지로부터 생성되는 중성미자는 모두 전자 중성미자(ν_e)이다. 그러나, 중성미자에는 전자 맛깔말고도 다른 맛깔을 가진 중성미자가 2 종류가 있으며, 각각 뮤 중성미자(muon neutrino, ν_μ)와 타우 중성미자(tau neutrino, ν_τ)이다. MSW 효과에 의하면, 중성미자들은 맛깔 사이에서 진동하여, 태양을 통과하는 여정에서 중성미자는 전자 중성미자, 뮤 중성미자 혹은 타우 중성미자가 될 수도 있다. 중성미자 진동은 중성미자들이 태양 표면까지 여행할 때에 만나는 전자들과 상호 작용한 결과로 나타난다. 염소(데이비스 실험), 물(카미오칸데와 수퍼 카미오칸데 실험), 갈륨 검출기(SAGE와 GALLEX)는 모두 서로 다른 문턱 에너지를 갖고 있으며, 오직 전자 중성미자만을 검출할 수 있기 때문에, 이들 결과는 MSW 이론과 잘 맞는다.

MSW 효과를 실험으로 검증할 수 있는 한 가지 결과는, 중성미자가 맛깔 사이에서 진동한다면, 중성미자는 반드시 질량을 갖게 된다는 사실이다. 그 이유는 맛깔 사이에서 일어나는 진동은 서로 다른 질량을 갖는 중성미자 사이에서만 가능하기 때문이다. 태양 중성미자 문제에 대하여 MSW 효과가 답이 될 수 있으려면, 질량 차이가 현재까지 실험적으로 확인된 약 2.2 eV인 전자 중성미자 질량의 상한 값보다 훨씬 더 작은 값이어야 한다. 표준 전자기 약작용 이론으로부터 중성미자의 질량을 예측할 수는 없지만, 이 이론을 그럴듯하게 여러 가지로 확장하면 중성미자의 질량이 올바른 범위 안에 놓여 있다는 점을 알 수 있다. 이와 같이 확장된 이론을 **대통일 이론(Grand Unified Theories, GUTs)** 이라고 부르며, 현재 고에너지 물리학(입자 물리학) 분야에서 현재 매우 활발한 연구 주제이다.

중성미자 진동을 확인해 주는 실험 결과가 1998년에 수퍼 카미오칸데에서 지구 상층 대기에 입사하는 고에너지 우주선 입자(우주 공간으로부터 날라 오는 전기를 띤 입자)들에 의하여 생성되는 *대기 중성미자*를 검출하는 실험에서 나타났다. 우주선 입자들은 전자 중성미자와 뮤 중성미자를 만들 수는 있지만, 타우 중성미자를 생성하지는 못한다. 수퍼 카미오칸데 연구진은 지구 지름을 가로 질러 위로 향해 운동하는 뮤 중성미자의 개수가 아래로 향해 운동하는 중성미자들보다 상당히 적다는 사실을 확인하였다. 개수의 차이는 중성미자 혼합 이론(세 맛깔 사이에서 중성미자가 진동한다는 이론)과 훌륭하게 들어맞았으며, 중성미자가 질량을 갖는다는 사실을 처음으로 밝혔다.

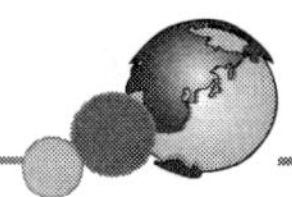

수십년의 연구 끝에, 태양 중성미자 문제는 기본 힘들의 입자 물리학과 본성에 대한 심오한 지식의 발전을 이루면서 해결되었다. 이처럼 중요한 과학 탐정 이야기에 기여한 결과, 중성미자 검출을 확인한 레이먼드 데이비스와 카미오칸데 연구그룹을 이끌었던 마사토시 고시바가 2002년 노벨 물리학상을 수상하였다.[7)]

2004년에 존 바콜은 태양중성미자 문제를 풀기 위한 노력에 대하여 다음과 같이 썼다.

지난 40년간 태양 중성미자 연구 분야에서 이룩된 업적을 되돌아 볼 때에 놀라움을 금하기 어렵다. 수천명의 물리학자, 화학자, 천문학자, 공학자들로 이루어진 국제 연구진의 협력을 통하여, 지구 위의 광산 깊은 곳에 설치된 세탁 용제로 가득찬 수영장에서 방사성 원자를 헤아려 태양의 한 중심부에서 일어나는 중요한 현상을 알아낼 수 있다는 사실을 보여 주었다. 내가 태양중성미자의 전설이 만들어지는 시대에 몸소 살지 않았다면, 나는 이것이 진실로 가능하리라고 믿지 않았을 것이다.[8)]

5.2 태양 대기

우리가 태양을 가시광으로 볼 때에, 이 뜨겁고 기체로 된 공에 깨끗한 가장자리가 있는 듯이 보인다(그림 5.11). 물론, 실제 "표면"은 존재하지 않고, 우리가 보는 것은 태양 대기가 *광학적으로 얇아서* 이 곳에서 출발한 광자는 방해 받지 않고 우주 공간으로 빠져 나간다. 그러나 이러한 지역조차도 명확하게 정의할 수 없다. 그 이유는 광학 두께가 크더라도 일부의 광자가 빠져 나갈 수도 있고, 광학 두께가 작더라도 일부의 광자가 흡수될 수 있기 때문이다. 하지만, 광학 두께가 증가할수록, 태양 대기에서 광자가 빠져나갈 가능성은 급격하게 줄어든다. 태양의 대기에서 광학적으로 얇았다가 광학적으로 두꺼워지는 변화가 겨우 600 km 정도의 거리 규모에서 일어난다. 이처럼 상대적으로 작은 거리(태양 반지름의 0.09%정도이다)에서 일어나는 광학 두께의 변화가 태양의 "가장자리"가 또렷하게 나타나는 이유이다.

---

7) 2002년 노벨 물리학상을 수상한 세명 가운데 나머지 물리학자는 우주 공간에서 X-선 검출 로켓 실험을 주도한 리카르도 지아코니(Ricardo Giaconi)이다. 후에 지아코니는 우후루(Uhuru)와 아인슈타인 X-선 관측 우주망원경을 설계하였으며, 우주망원경 과학 연구소의(Space Telescope Science Institute) 초대 소장을 지냈다.

8) "실종된 중성미자 수수께끼를 풀면서", John Bahcall(2004), Nobel e-Museum, http://nobelprize.org/physics/articles/bahcall/.

광구

우리가 보는 해의 가시광 광자가 출발한 곳을 태양 **광구**라고 부른다. 일부의 광자들은 광학 두께가 1보다 상당히 큰 곳에서도 오기 때문에, 광구의 바닥을 정의하는 것은 약간의 임의적 요소가 있다. 예를 들면, 어떤 층에서 1%의 광자가 우리에게 도달한다면, 그 곳의 광학 두께는 약 4.5이다($e^{-4.5} \sim 0.01$). 그리고, 0.1%의 광자가 우리에게 도달한다면, 광학두께는 약 6.9일 것이다. 물론, 불투명도와 광학 두께는 파장에 따라 다르기 때문에, 광구의 바닥을 광학 두께로 정의하면, 그것은 파장에 따라 달라진다. 정의에 있는 임의적 요소를 감안하고, 태양 광구의 바닥을 500 nm 파장에서 광학 두께가 1인 곳에서 100 km 아래로 단순히 정의한다. 이 깊이에서, $\tau_{500} \simeq 23.6$이고, 온도는 약 9400 K이다.

태양 광구 바닥에서 위로 올라 가면서 기체 온도를 살피면, $\tau_{500}=1$인 곳의 바로 위이며 광구 바닥에서 525 km인 지점에서 4400 K가 되어 최소값에 도달한다. 이 온도 최소 값이 광구의 꼭대기를 정의한다. 이 지점 위로 온도는 다시 상승하기 시작한다. 이 절에서 공부할 태양 대기의 여러 성분들의 근사적인 두께들이 그림 5.12에 나타나 있다.

3.4절에서 공부한 바와 같이, 평균적으로 태양 플럭스는 광학 두께 $\tau=2/3$인 곳에서 방출된다(에딩턴 근사). 이로부터 유효 온도가 이 광학 두께를 갖는 곳의 기체 온도와 같다는 것을 알 수 있다. 즉, $T_e = T_{\tau=2/3} = 5777$ K이다.

태양은 가시광과 적외선 영역의 스펙트럼에서 압도적으로 흑체 복사로 복사 한다는 점을 기억하자(그림 3.5에서 본 바와 같이 태양 스펙트럼은 상대적으로 매끄럽게 보인다는 점을 유의하자). 이러한 관측적 사실은 불투명도의 원천이 기본적으로 파장에 대하여 연속적이라는 사실을 의미한다. 연속복사 불투명도는 광구에 H^-이온의 존재에 일부 기인한다(3.2절에서 공부한 바를 기억하라).

사하 방정식을(식 (2.8)) 써서, 우리는 중성 수소 원자에 대한 H^-의 상대적 비율을 정할 수 있다. 태양 광구에서 10^7개 수소 원자 가운데 한 개꼴로 H^- 이온이 있다는 사실을 보이는 것은 연습 문제이다. 태양에서 H^-이 중요한 이유는 이 이온의 함량이 적더라도, 중성 수소는 연속 복사 불투명도에 거의 아무런 기여를 할 수 없다는 사실에서 찾을 수 있다.

물론, 광학 두께는 광자가 표면까지 여행할 거리의 함수일뿐만 아니라, 태양을 이루는 물질의 파장에 따른 불투명도의 함수이기도 하다(식 (3.17)). 그러므로,

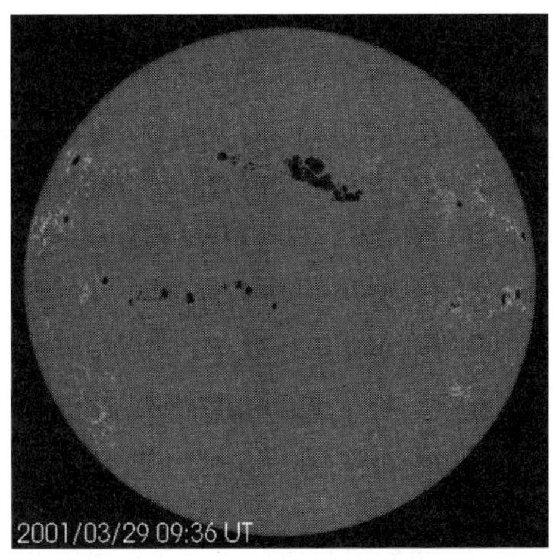

▌**그림 5.11** 태양 원반은 또렷하게 나타나며, 그 이유는 광구에서 거리에 따라 광학 두께가 급격하게 증가하기 때문이다. 2001년 3월 29일에 SOHO/MDI로 찍은 이 영상에는 원반 표면에 태양 흑점들이 보인다. [SOHO(ESA & NASA)]

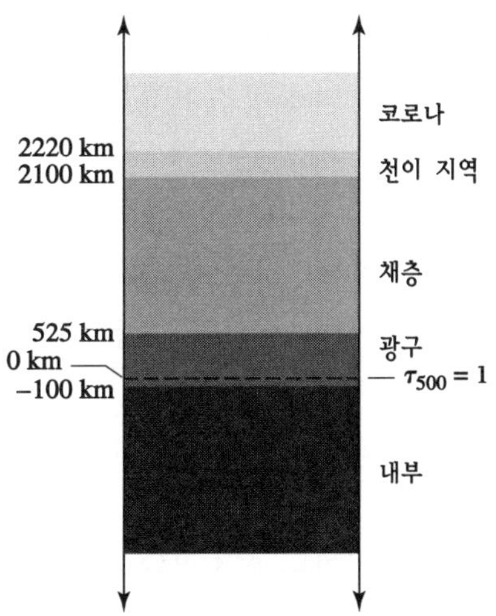

▌**그림 5.12** 태양 대기의 여러 성분들의 두께

광자들은 파장에 따라 태양 대기의 서로 다른 물리적 깊이에서 나오거나 혹은 흡수된다. 분광선 폭은 무한히 좁은 것이 아니고 적당한 파장에 걸쳐 폭을 가지고 (3.5절을 기억하라), 같은 분광선의 서로 다른 부분들은 태양 대기에서 서로 다른 지역에서 형성된다. 그러므로, 높은 파장 분해능으로 태양을 관측하여 태양 대기의 여러 다른 지역들을 탐색할 수 있으며, 대기 구조에 대한 풍부한 정보를 획득할 수 있다.

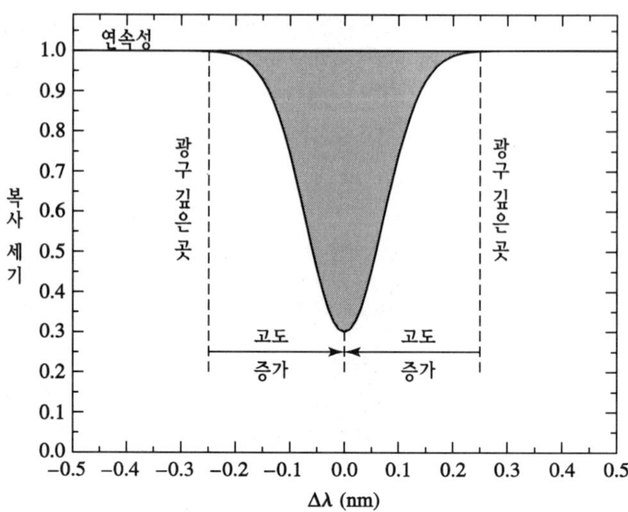

▮ **그림 5.13** 전형적인 분광선에서 보이는 흡수선 세기와 광구 깊이 사이의 관계. 분광선의 날개는 광구 깊은 곳에서 형성되고 분광선 중심부는 광구의 얕은 곳에서 형성된다.

프라운호퍼(Fraunhofer) 선을 포함하는 흡수선들이 광구에서 만들어진다(5.1절을 보라). 키르히호프(Kirchhoff) 법칙에 따르면, 흡수선들은 기체가 연속 복사의 대부분을 만드는 지역보다 기체 온도가 낮을 때에 형성된다. 분광선 형성은 연속복사가 형성되는 지역과 관측자 사이에서 일어나야 한다. 실제로, 프라운호퍼 선들은 H^-에 의하여 연속 복사 불투명도가 나타나는 곳과 같은 층에서 형성된다. 그러나, 분광선에서 가장 어두운 부분(중심 부분)은 광구에서 더 높은 지역, 즉 온도가 더 낮은 곳에서 형성된다. 그 이유는 분광선 중심에서 불투명도가 가장 크기 때문에, 광구에서 더 깊은 곳까지 들어갈 수 없기 때문이다. 중심부 파장으로부터 날개 영역으로 갈수록 흡수는 점점 더 깊은 곳에서 일어난다. 중심부 마루로부터 충분히 먼 파장에서 분광선의 끄트머리는 연속 복사에 합쳐지며 광구의 바닥에서 형성된다. 이러한 효과가 그림 5.13에 나타난다(3.5절 첫 부분에서 공부한 것을 기억하라).

태양의 쌀알 조직

태양 광구의 바닥을 관측하면(그림 5.14를 보라), 어두운 곳과 밝은 곳이 덕지덕지 붙어 있으면서 늘 바뀌면서 각각의 지역은 나타났다가 다시 사라진다. 약 700 km의 공간적 크기에서 이러한 지역의 대표적 수명은 5분에서 10분 사이이다. 이와같이 덕지덕지 붙은 지역을 '쌀알 구조'라고 부르며, 광구 바닥으로 침투해 들어가는 대류 지역의 꼭대기이다.

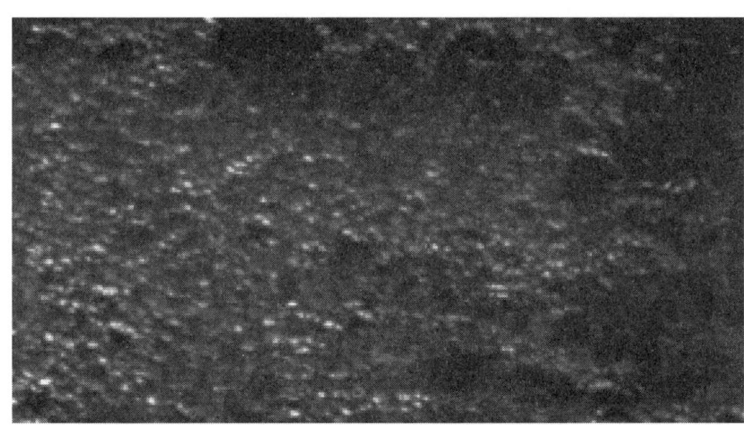

▌그림 5.14 광구 바닥의 쌀알 조직은 그 아래에 놓인 대류 지역에서 기체 거품이 상승하거나 하강하는 운동 때문에 나타난다(이 3차원 영상은 Institutio de Astrofisica de Canaries의 Spanish Observatorio del Roque de los Muchachos에서 the Institute for Solar Physics of the Royal Swedish Academy of Sciences가 운영하고 있는 스웨덴 1 미터 태양망원경으로부터 얻은 영상이다).

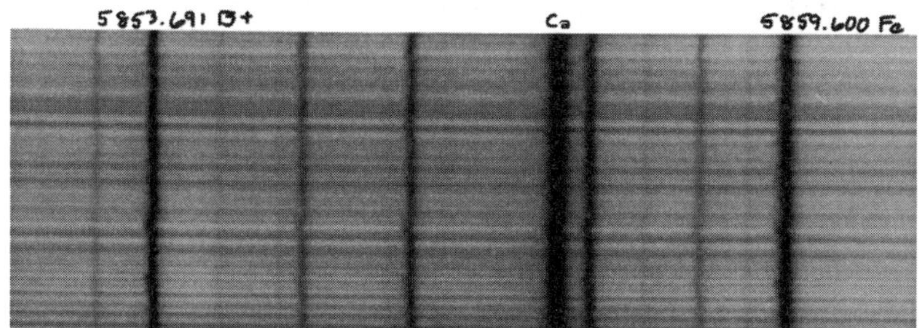

▌그림 5.15 시선 방향 운동을 알려 주는 흡수선이 나타나 있는 광구 쌀알 조직 스펙트럼의 일부. 왼쪽은 짧은 파장쪽이며, 이 방향으로 치우치는 것은 도플러 청색 편이된 것이며, 오른쪽으로 치우치는 것은 적색 편이를 나타낸다. 파장은 영상의 위쪽에 Anstrom 단위로 쓰여 있다. (영상 출처 : W. Livingston과 National Optical Astronomy Observatories.)

그림 5.15는 몇 개의 대류 세포에 걸쳐 있는 태양 쌀알 조직의 고분해능 스펙트럼을 보여 준다. 흡수선에서 지글지글하게 보이는 것은 이 지역의 일부가 도플러 청색 편이되고 또 다른 지역이 도플러 적색 편이되기 때문이다. 식 (4.39)를 써서 우리는 시선 속도 $0.4\,\mathrm{km\,s^{-1}}$를 흔하게 얻는다. 밝은 곳은 분광선에서 청색 편이된 곳이고, 어두운 곳은 적색편이된 부분을 만든다. 그러므로, 밝은 지역은 수직 상승하는 뜨거운 대류 거품이며, 태양 내부로부터 에너지를 실어 온다. 이 거품들이 광

학적으로 얇은 광구에 도달하면, 에너지를 광자의 형태로 내놓으며, 이 결과로 차가워진 어두운 기체는 다시 내부를 향하여 가라앉는다. 대표적인 쌀알의 수명은 대류의 작은 소용돌이가 혼합 길이 정도 거리만큼 상승, 하강하는 데에 걸리는 시간이다. 태양 쌀알은 우리 태양에 적용된 항성 구조 방정식의 결과를 시각적으로 확인해 주고 있다.

차등 회전

광구의 흡수선은 태양 회전 속도의 척도로도 쓸 수 있다. 태양 가장자리에서 도플러 편이를 측정하여, 우리는 태양이 차등적으로 돈다는 사실을 알 수 있다(자전 속도가 위도에 따라 다른 값을 보인다). 적도면에서 자전 주기는 약 25일이고 극 지역으로 가면 36일로 증가한다.

태양 진동을 관측하면, 태양의 자전은 반지름에 따라서도 달라진다는 사실을 알 수 있다. 그림 5.16을 보라. 대류 지역 바닥 근처에서 위도에 따른 차등 회전은 타코클라인(tachocline)이라고 부르는 지역에서 수렴한다. 이 지역에서 형성된 강한 엇갈림(shear)에 의하여 높은 전기 전도율을 갖는 플라스마에서 전류가 흐르게 되고, 다시 이 전류가 태양의 자기장을 생성한다. 그러므로, 타코클라인은 아마도 태양 자기장의 원천인 듯하다(태양 자기장의 복잡한 양상은 5.3절에서 많이 공부할 것이다).

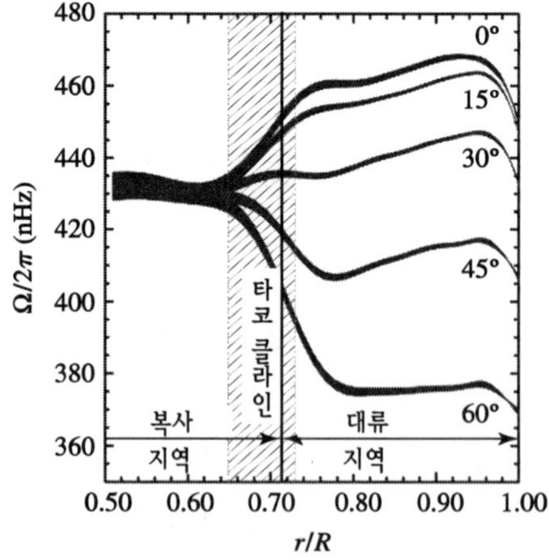

▮ **그림 5.16** 위도와 깊이에 따른 태양의 자전 주기. 각진동수 Ω는 초당 라디안(호도)의 단위를 갖는다. (영상 출처 : NSF's National Solar Observatory)

채층

채층은 광구에 비하여 겨우 10^{-4}의 복사 세기를 보이며, 광구 바로 위에 놓인 태양 대기의 일부로서, 광구에서 위로 약 1600 km까지($\tau_{500}=1$인 곳에서 위로 2100 km) 뻗어 있다. 채층에서 발생한 빛을 분석하면, 기체 밀도는 10^4 배 정도 낮고, 온도는 고도가 커질수록 *증가하여* 4400 K에서 10,000 K까지 이른다.

볼츠만 방정식과 사하 방정식(식 (2.6)과 (2.8))을 참고하면, 더 낮은 온도와 높은 밀도를 가진 광구에서는 만들어질 수 없는 분광선들이 채층에서 형성된다. 예를 들면, 수소 발머선과 함께, He II, Fe II, Si II, Cr II, Ca II(특히, 396.8 nm와 393.3 nm에 각각 있는 Ca II H와 K선)의 분광선들이 스펙트럼에 나타난다.

비록 일부의 프라운호퍼 선들이 가시광과 근자외선 스펙트럼 영역에서 흡수선으로 나타나지만, 다른 채층 분광선들은 더 짧은(혹은 더 긴) 파장에서 방출선으로 나타난다. 키르히호프의 법칙을 적용하면, 뜨겁고 낮은 밀도의 기체가 원인이다. 태양의 내부는 광구 아래로 광학적으로 두껍기 때문에, 방출선의 생성 지역은 다른 곳에 있어야만 한다. 500 nm 근처에서 흑체 복사의 최대가 있으므로, 이 곳으로부터 파장이 더 짧은 곳이나 긴 곳으로 갈수록 연속 복사의 세기는 급격하게 감소한다(그림 3.8). 그 결과, 스펙트럼에서 가시광 지역을 벗어나면 방출선은 흑체 복사에 의하여 압도당하지 않는다.

가시광 파장의 방출선은 밝은 태양 원반을 배경으로는 잘 보이지 않지만, 태양의 개기 일식이 시작할 때와 끝날 때에 수 초 동안 태양의 가장자리 근처에서 관측할 수 있다. 이 현상을 **플래시 스펙트럼**이라고 일컫는다. 이 시간 동안 계속 보이는 태양의 일부 지역은 붉은 색조를 띠며, 이는 평상시 태양 대기에서 흡수선으로 보이는 분광선인 수소 발머선 Hα 방출선이 압도하기 때문이다.

채층에서 형성되는 방출선들의 파장들만 선택할 수 있는 필터를 써서 관측하면 (특히, Hα), 이 부분 태양 대기 구조를 더욱 많이 볼 수 있다. 초대형쌀알조직이 30,000 km의 거리 규모에서 나타나며, 채층 아래에도 대류 지역이 계속 이어져 나타나는 효과를 보여 준다. 도플러 편이 연구로부터 대류 속도는 0.4 km s^{-1}정도이며, 초대형쌀알의 중심부는 상승하는 기체이고, 가장자리에서 기체가 하강한다. 또한, 수직 방향으로 필라멘트 꼴로 보이는 기체 구조를 **스피큘**이라고 부르며, 채층으로부터 10,000 km 위까지 뻗어 있다(그림 5.17). 개개의 스피큘은 수명이 겨우 15분이지만, 그 어느 때라도 스피큘은 항상 태양 겉표면의 수 퍼센트를 덮는다. 도플러

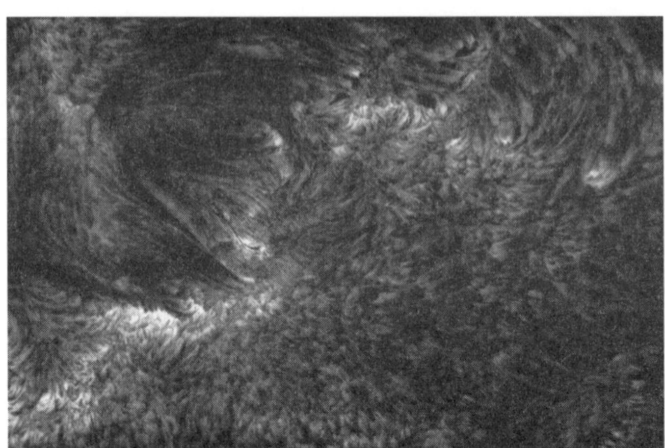

▌그림 5.17 태양 채층에 있는 스피큘. 이 영상에서는 추가적으로 작은 태양 흑점을 이 영상 왼쪽 위 부분에서 볼 수 있으며, 플라지라고 부르는 밝은 영역도 볼 수 있다. 관측은 Hα 방출선을 써서 얻었다. 130 km 밖에 안되는 구조물들까지 이 영상에서 확인할 수 있다. (Royal Swedish Academy of Sciences 제공)

연구에 따르면, 스피큘에서 물질의 이동이 있으며, 바깥 방향으로 약 15 km s^{-1}의 빠르기로 운동한다.

천이 지역

채층 위로, 온도는 대단히 급격하게 상승하여, 약 100 km도 안되는 곳에서 10^5 K에 도달하고, 온도 기울기는 어느 정도 평탄해진다. 그리고는, 온도가 계속해서 더욱 느리게 상승하여 결국 10^6 K를 넘게 된다. 이러한 **천이 지역**은 전자기파 스펙트럼의 자외선과 극자외선 영역에서 여러 고도에 대하여 선택적으로 관측할 수 있다. 예를 들면, 121.6 nm 라이먼 알파(Ly α) 방출선($n=2 \rightarrow n=1$)은 온도 20,000 K인 채층 꼭대기에서 생성되고, C III 97.7 nm 방출선은 온도가 90,000 K인 곳에서 나타나며, 103.2 nm의 O VI는 300,000 K에서 나오고, Mg X는 62.5 nm 방출선을 1.4×10^6 K인 곳에서 만든다. 그림 5.19에서 여러 파장과 광구로부터의 고도에서 나타나는 태양의 영상을 볼 수 있다.

코로나

개기 일식 동안 달이 태양의 광구를 온전히 가리면, 희미한 **코로나**에서 오는 복사가 보인다(그림 5.20). 코로나는 천이 지역 바로 위에 위치하며, 우주 공간으로 뻗어 있으며, 바깥 경계를 뚜렷하게 정의내리기 어렵고, 광구보다 거의 10^6배에

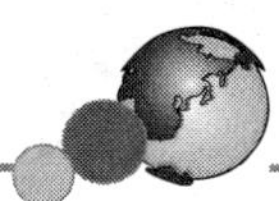

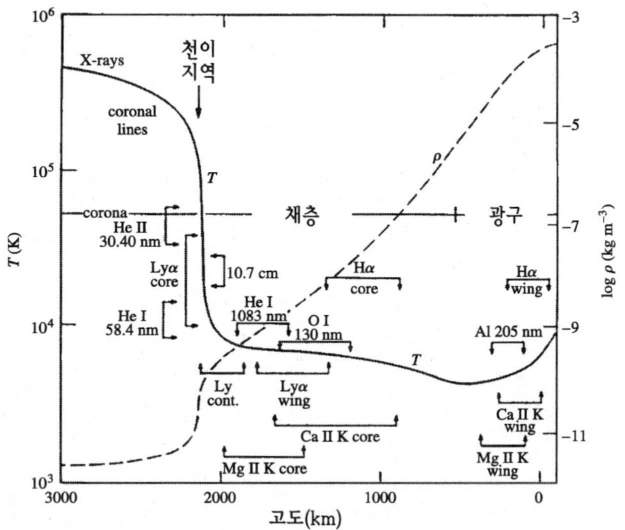

그림 5.18 태양 상층 대기의 온도 구조(실선)와 질량 밀도 구조(파선)의 로그값 그래프. 여러 파장에서 관측한 고도가 또한 표시되어 있다. [그림 출처 : Avrett, in *Encyclopedia of Astronomy and Astrophysics*, Paul Murdin(ed.), Institute of Physics Publishing, Bristol, 2001, page 2480.]

달하는 에너지를 쏟아낸다. 코로나 바닥 지역에서 입자의 개수 밀도는 대체적으로 $10^{15}\mathrm{m}^{-3}$이며, 한편 지구 근처에서 태양으로부터 유래한 입자들의(태양풍 입자들의) 개수 밀도는 대체적으로 $10^{7}\ \mathrm{m}^{-3}$이다(이와 비교하여 해수면에서 지구 대기의 입자 개수 밀도는 $10^{25}\ \mathrm{m}^{-3}$이다). 코로나의 밀도가 매우 낮기 때문에, 코로나는 본질적으로 대부분의 전자기파에(장파장 전파만 빼고) 대하여 투명하고 국지적 열역학적 평형(LTE)에 있지 않다. LTE에 있지 않은 기체에 대해서, 특정한 온도를 엄격하게 정의할 수 없다(3.2절을 보라). 그러나, 열적 운동, 이온화 정도, 전파 방출을 고려해서 얻은 온도들은 어느 정도 합리적이고 일관된 결과들을 준다. 예를 들면, Fe XIV 분광선이 나타나면 온도가 2×10^{6} K를 초과한다는 사실을 가리키는데, 같은 사실을 열적인 도플러 선폭으로부터도 알 수 있다.

코로나로부터 오는 복사에 기초하여, 코로나는 세 개의 구별되는 구성 성분으로 나눌 수 있다.

- **K 코로나**(연속이라는 의미의 독일어 *Kontinuierlich*)는 광구에서 출발한 빛이 자유 전자에 산란되어 나타나는 연속 백색광이다. K 코로나에서 오는 코로나 빛은 태양 중심으로부터 1과 2.3 $R_{\odot}$ 사이에서 주로 만들어진다. 광구에서

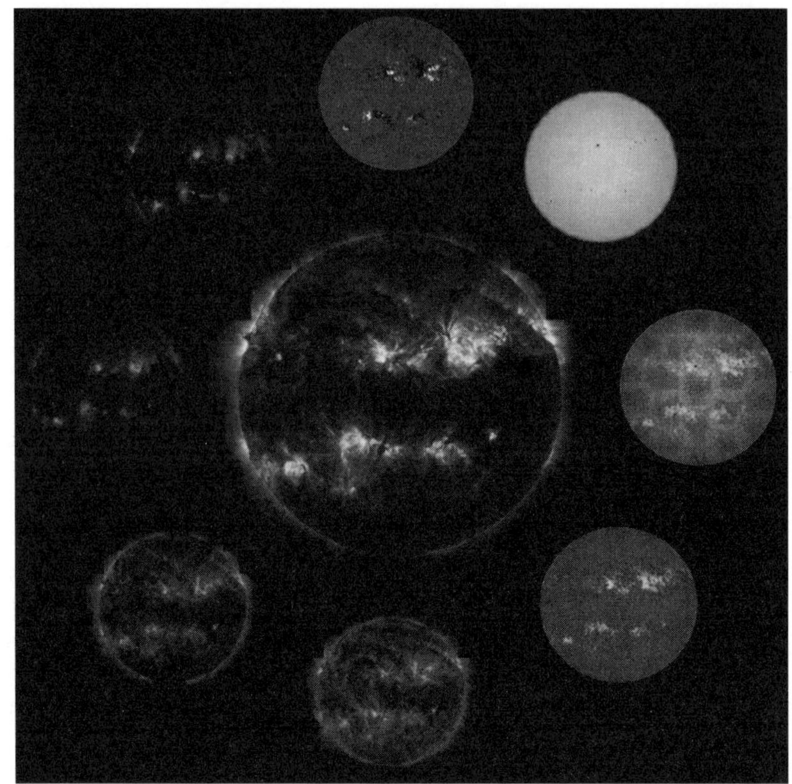

▌그림 5.19 다양한 파장에서 얻은 태양의 영상들. 가운데 영상은 TRACE로부터 17.1 nm, 19.5 nm, 28.4 nm의 파장에서 얻은 영상을 합성한 코로나 3색 영상이다. 꼭대기로부터 시계 방향으로 SOHO/MDI 자기지도, 백색광, TRACE 170 nm 영상, TRACE Lyα, TRACE 17.1 nm, TRACE 19.5 nm, TRACE 28.4 nm, Yokoh/SXT X-선 영상. [TRACE는 Transition Region and Coronal Explorer의 약자로 Stanford-Lockheed Institute for Space Research(Lockheed-Martin Advanced Technology Center' s Solar and Astrophysics Laboratory and Stanford' s Solar Observatory Group의 공동 프로그램)와 NASA Small Explorer가 함께 추진한 과학 임무 위성이다.]

생긴 분명한 분광선은 빠른 열 운동을 하는 전자들 때문에 나타나는 큰 도플러 이동량에 의하여 전적으로 무디어지고 연속 복사에 섞인다.

- F **코로나**(Fraunhofer에서)는 광구의 빛이 2.3 $R_\odot$너머에 놓여 있는 먼지에 산란되어 빛난다. 먼지 입자는 전자보다 훨씬 더 무겁고 느리게 운동하므로, 도플러 선폭 증가가 미미하며, 프라운호퍼 선을 여전히 검출할 수 있다. F 코로나는 **황도광**에 실질적으로 이어지며, 황도광은 황도면을 따라 희미하게 보이며 행성간 공간에 있는 먼지에 반사된 햇빛이다.

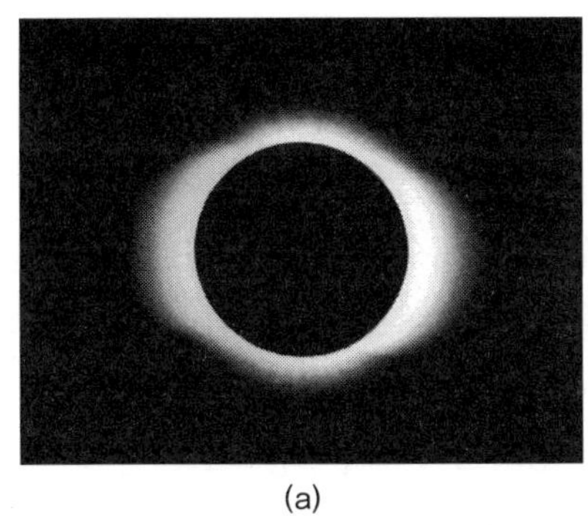

(a)

(b)

▮ **그림 5.20** (a) 1954년 개기 일식 동안 촬영한 조용한 태양 코로나. 코로나는 태양 적도 방향으로 길쭉하다. (영상 제공 : J. D. R. Bhang and K. L. Hallan.)
(b) 활동적인 코로나는 매우 복잡한 구조를 갖는다. 1991년 7월 11일의 일식에 얻은 이 영상은 5개의 사진을 컴퓨터로 합성하여 얻었다. (영상 제공 : S. Albers)

- **E 코로나**는 코로나 전체에 걸쳐 존재하는 고도로 이온화된 원자들이 내는 방출선들의 원천 지역으로서, K와 F 코로나와 겹친다. E 코로나는 온도가 극도로 높고, 열에너지가 이온화 퍼텐셜과 견줄 정도이므로, 사하 방정식에 있는 지수 함수 항에 의하여 이온화도가 높아진다. 또한, 밀도가 낮기 때문에 재결합 확률이 낮아져서 이온화도가 또한 높아진다.

  입자의 개수 밀도가 낮기 때문에 금지선이 형성될 수 있으며, 기체들이 극도로 희박한 천체물리학적 환경에서만 볼 수 있는 분광선들을 만든다(5.4절에서 선택 규칙에 대한 논의를 기억하라). 금지선 천이는 **준안정적** 에너지 준위로부터 일어난다. 이 상태에 있는 전자는 건드리지 않는 한, 즉각적으로 아래 에너지 상태로 천이하지는 않는다. 허용선 천이는 10^{-8}초 정도의 시간 규모에서 일어나지만, 자발적인 금지선 천이는 1초 혹은 그 이상 걸린다. 기체의 밀도가 높으면, 다른 원자나 이온과 충돌하여 준안정적 상태에 있는 전자가 아래 에너지 상태로 천이하지만, 코로나에서는 이러한 충돌이 매우 드물다. 따라서, 넉넉하게 시간이 주어져서, 준안정 상태에 있는 일부 전자들은 자발적으로 아래 에너지 상태로 천이하면서 방출선 광자를 내놓는다.

태양이 방출하는 흑체 연속 복사는 충분히 긴 파장에서 λ^{-4}에 비례해서 줄어들기 때문에(식 (3.22)를 보라), 광구의 전파 방출량은 미미하다. 그러나, 태양 코로나는 흑체 연속 복사와는 관련이 없는 전파 복사원이다. 일부 전파 방출은 원자나 이온 근처를 지나는 전자들의 자유-자유 천이로부터 일어난다. 이러한 근접 조우 중에, 전자가 에너지를 약간 잃으면서 광자를 방출한다. 에너지 보존 법칙에 따라, 전자가 잃어버리는 에너지가 클수록, 발생하는 광자의 에너지도 커서 더 짧은 파장에서 일어난다. 전자가 이온에 더욱 가까이 접근할수록, 전자의 에너지 변화가 클 확률이 높다. 개수 밀도가 높을수록 더 자주 가까이 접근할 것이므로, 태양으로 가까이갈수록 단파장 전파 방출을 관측할 수 있어야한다. 채층에서 저층 코로나까지는 1-20 cm의 파장의 전파가 관측되며, 코로나 외곽에서 더 긴 파장의 전파가 관측된다. 상대론적으로 운동하는 전자들이 내는 싱크로트론 복사도 태양 코로나의 전파 복사에 기여한다는 점을 유의하라(예제 4.3.3에서 전조등 효과에 대해 배운 바를 기억하라).

광구에서 X-선 파장대의 방출은 미미하다. 이 경우, 흑체의 연속 복사는 매우 급격하게 감소하여 $\lambda^{-5}e^{-hc/\lambda kT}$로 떨어진다. 따라서, 코로나에서 일어나는 X-선 복사 방출은 광구에서 나오는 X선 방출을 완전히 압도한다. 실제로, 코로나의 높은 온도 때문에, 코로나 X선 스펙트럼에는 방출선이 풍부하다. 그 이유는 존재하는 모든 원소에 대하여 이온화도가 모두 높으며, 코로나에서는 많은 수의 원자 천이를 들띄울 수 있기 때문이다. 철과 같은 중원소에는 대단히 많은 에너지 준위가 있고, 이러한 중원소에 존재하는 많은 전자들에 대하여, 각 원소들은 아주 많은 방출선을 낼 수 있다. 그림 5.21은 태양 코로나의 X선 방출 스펙트럼의 일부를 보여준다. 이 그림은 X선 파장 대역의 한 부분에서 관측된 방출선의 표본이며, 이들 방출선을 생성하는 이온들을 같이 표기하였다.

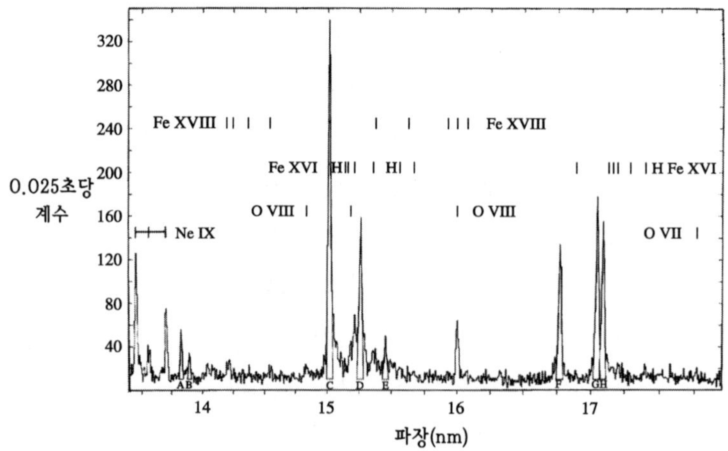

그림 5.21 태양 코로나의 X선 방출 스펙트럼의 일부. (그림 출처 : Parkinson, *Astron. Astrophys.*, *24*, 215, 1973)

코로나 구멍과 태양풍

그림 5.22는 X선으로 촬영한 태양의 영상이다. 이 멋진 영상에서 X선 방출은 균일하지 않다는 사실을 알 수 있다. 활동적인(밝고 뜨거운) 지역이 있고, 또한 어둡고 온도가 낮은 **코로나 구멍**이라고 불리우는 지역들이 있다. 게다가 코로나 구멍에도 국지적으로 밝은 곳들에서 강한 X선 방출이 수 시간의 시간 규모로 나타났다가 없어진다. 일반적으로 밝은 X선 방출 지역 내부의 더 작은 지역에서 X선 방출을 볼 수 있다.

코로나의 나머지 지역에서 오는 X선에 비교하여, 코로나 구멍에서 오는 약한 X선 방출은 이 지역의 낮은 밀도와 온도의 특징을 보인다. 코로나 구멍의 존재는 태양의 자기장과 *빠른* **태양풍**의 생성, 즉 태양을 탈출하여 행성간 공간으로 약 750 kms^{-1}의 속력으로 운동하는 이온과 전자의 연속적인 흐름과 맞물려 있다. 빠른 태양풍 속도의 절반 정도의 빠르기를 갖고 몰아치는 *느린 태양풍*은 코로나에서 닫힌 자기장에 얽혀 흘러다니는 물질들로부터 생성된다.

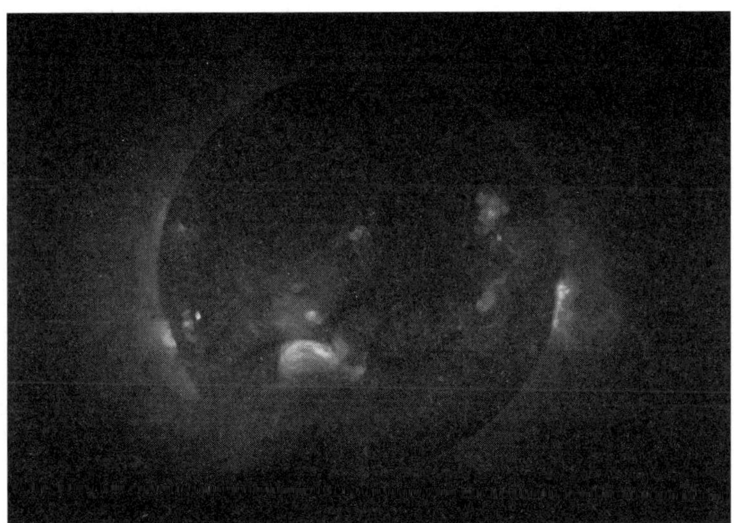

그림 5.22 요코 태양 관측 위성(Yokoh Solar Observatory)의 Soft X-ray Telescope으로 1992년 5월 8일에 얻은 태양의 X선 영상. 밝은 지역들은 뜨거운 X선 지역이고, 어두운 지역들은 온도가 낮은 곳이다. 영상의 꼭대기 지역에 어두운 코로나 구멍이 잘 보인다. (영상 제공 : Yokoh mission of ISAS, Japan. X선 망원경은 Lockheed Palo Alto Research Laboratory, the National Astronomical Observatory of Japan, University of Tokyo에서 NASA와 ISAS의 지원을 받아 개발되었다.)

전류 고리에서 생성되는 자기장과 같이, 일반적으로 태양의 자기장도 태양 전체 구면에 걸쳐 존재하는 쌍극자 자기장이다(그림 5.23). 자기장 세기가 곳곳에서 크게 차이가 날 수 있지만(다음 절에서 공부할 것이다), 자기장 세기는 표면 근처에서 대체적으로 10^{-4} T의 수 배정도이다.[9] 코로나 구멍은 자기력선이 열린 지역에 나타나며, X선이 밝은 곳은 닫힌 자기력선과 관련된다. 열린 자기력선은 태양으로부터 매우 먼 거리까지 뻗어 있으며, 닫힌 자기력선은 고리를 형성하여 태양으로 다시 돌아온다.

로렌츠의 힘은

$$\boxed{\mathbf{F} = q\,(\mathbf{E} + \mathbf{v} \times \mathbf{B})} \tag{5.2}$$

으로 주어지며, 전기를 띤 입자가 전기장 **E**와 자기장 **B**로 주어진 곳에서 속도 **v**로 운동할 때에 입자가 받는 힘이며, 자기장에 의한 힘은 속도 방향과 자기장 방향에 언제나 수직이다(벡터의 외적에서 알 수 있다). 전기장이 무시된다면, 전기를 띤 입자는 자기력선을 따라 나선 운동하며, 다른 입자와 충돌을 겪지 않는 한 자기력선을 가로질러 운동할 수 없다(그림 5.24). 이로부터 닫힌 자기력선은 전기를 띤 입자들을 달아나지 못하도록 가두려는 경향을 갖는다. 그러나, 열린 자기력선 지역에서는 입자들이 실제로 자기력선을 따라 태양으로부터 멀리 달아난다. 그러므로, 태양풍은 열린 자기력선 지역인 코로나 구멍에서 비롯한다. X선이 밝은 지역에서 보이는 세밀한 구조들과 코로나 구멍에 있는 국지적인 밝은 지점들은 크고 작은 자기장 고리에 갇힌 전자들의 높은 밀도에 기인한다.

태양에서 지속적으로 일어나는 질량 손실을 직접 관측되기 전부터 혜성 꼬리와 같은 간접적인 증거로부터 추정되었었다. 혜성 꼬리는 일반적으로 구부러진 먼지 꼬리와 반듯한 이온 꼬리의 두 부분으로 구성되며, 이 두 꼬리는 언제나 태양으로부터 먼 방향을 가리킨다(그림 5.25). 광자가 먼지 티끌에 주는 힘(복사 압력)은 먼지 꼬리를 밀어내는 데에 충분하다. 케플러 제3법칙에 의하여 태양까지 거리의 함수로 주어지는 궤도 운동 속도가 각각의 먼지 티끌에 대하여 서로 다르기 때문에, 꼬리가 구부러진다. 그러나, 광자와 이온의 상호 작용은 넉넉하지 않아서 이온 꼬리는 복사압으로 설명할 수 없다. 태양풍의 이온과 혜성의 이온 사이에 작용하는 전기력이 이온 꼬리의 방향을 설명할 수 있다. 이와같은 상호 작용이

9) 지구 표면의 자기장 세기는 약 6×10^{-5} T이다.

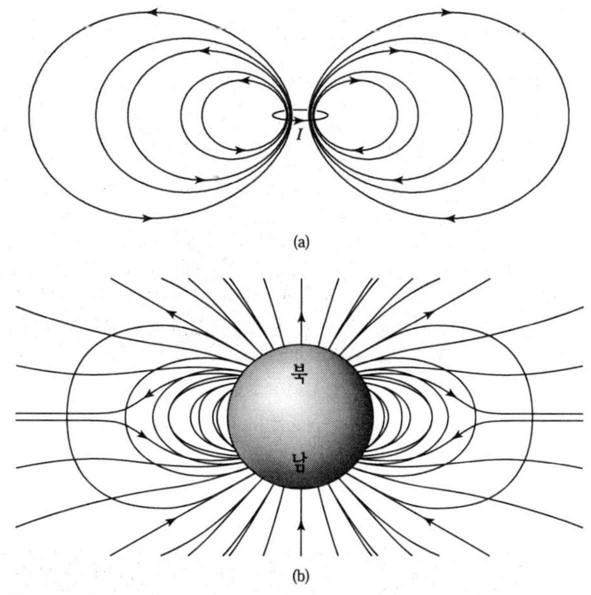

▮ 5.23 (a) 전류 고리의 쌍극자 자기장의 모양. (b) 태양의 전체적인 자기장 모습의 일반적인 모양. 파선은 완전한 쌍극자 자기장을 보여 준다.

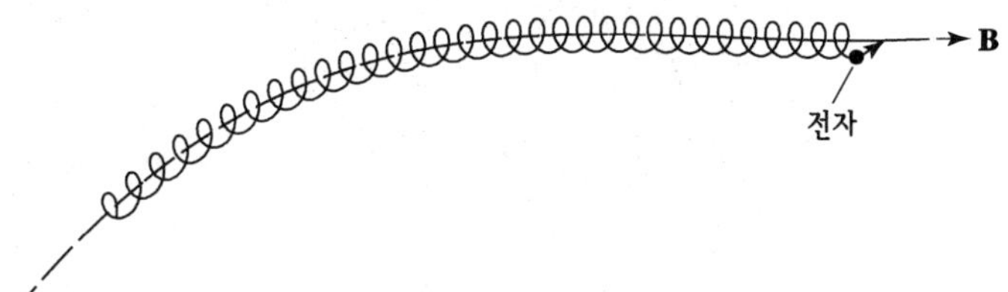

▮ **그림 5.24** 전기를 띤 입자는 로렌츠 힘이 입자의 운동 속도와 자기장 방향에 수직이기 때문에 자기력선 주변으로 나선 운동을 한다.

혜성 이온에 운동량을 전달해 주어, 이온들을 태양으로부터 똑바로 멀어지는 방향으로 밀어낸다.

북극광(aurora borealis)과 남극광(aurora australis)도 역시 태양풍이 만드는 현상이다(그림 5.26을 보라). 태양에서 날라온 이온이 지구의 자기장과 상호 작용하면서, 이온들은 지구 자기장에 갇힌다. 지구의 자기북극과 자기 남극 사이를 오가며, 이 이온들은 반알렌 복사띠(Van Allen radiation belts)를 형성한다. 에너지가 충분히 높은 이온들은 자기 남북극 근처의 지구 상층 대기를 이루는 원자와 충돌하여, 들띄우거나 이온화한다. 이들이 되가라앉거나 재결합하면서 광자를 방출하여, 남북극 근처 고위도 지역에서 볼 수 있는 화려한 장관을 연출한다.

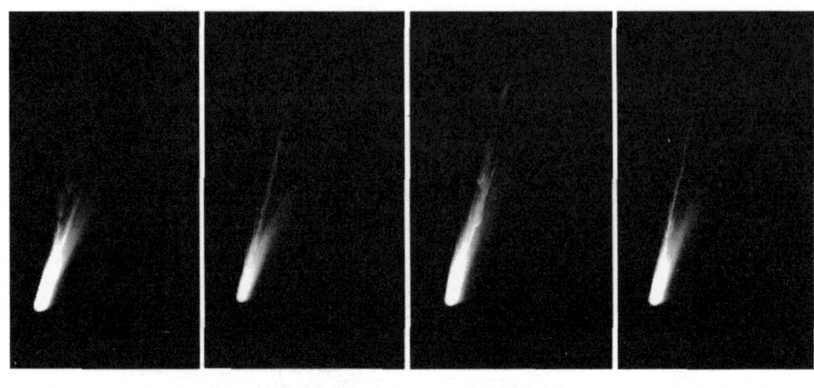

▮ 그림 5.25 1957년 혜성 믈코스(Mrkos). 혜성의 먼지 꼬리는 구부러져 있지만, 이온 꼬리는 반듯하다 (영상 제공 Palomar/Caltech)

▮ 그림 5.26 남극 위로 펼쳐진 남극광(aurora australis). (NASA)

로켓과 인공 위성을 써서, 두 종류 태양풍의 특징을 이들이 지구를 통과할 때에 측정할 수 있다. 율리시즈 우주선은 태양 주변을 극궤도 운동하면서 지구 공전면을 크게 뛰쳐 나오는 태양풍을 검출할 수 있었다. 태양으로부터 1 AU의 거리에서 태양풍의 속도는 약 200 km s^{-1}에서 750 km s^{-1}의 범위에 있으며, 대체적인 밀도는 7×10^6 ions m^{-3}이고, 양성자의 운동학적 온도는 약 4×10^4 K이고 전자의 운동학적 온도는 10^5 K이다. 태양풍의 주성분은 양성자와 전자이지만, 약간의 중원소 이온도 존재한다.

예제 5.2.1

태양의 질량 손실률은 위에 주어진 자료로부터 다음과 같이 어림할 수 있다. 우리는 태양을 떠난 모든 입자들이 반지름 1 AU인 구면을 통과해야한다는 점을 알고 있다. 그렇지 않다면, 입자들이 어느 곳에선가 모일 것이다. (문제를 간단히 하기 위하여) 질량 손실이 구대칭적이라고 또 가정하면, 반지름 r인 구면을 주어진 시간 t 동안 통과하는 질량은 기체 밀도와 이 시간 동안 구를 가로질러 운동하는 기체가 이루는 공껍데기 부피의 곱으로 주어진다. 즉,

$$dM = \rho\, dV = (nm_H)(4\pi r^2\, v\, dt)$$

이며, n은(주로 수소로 이루어진) 이온의 개수 밀도이고, m_H는 수소 이온의 질량 근사값, v는 이온의 속도, $dV = A dr \simeq 4\pi r^2 v dt$는 시간 간격 dt 동안 가로질러 운동한 공껍데기의 부피이다. 양변을 dt로 나누면, 질량 손실률은

$$\frac{dM}{dt} = 4\pi r^2\, nm_H v = 4\pi r^2\, \rho v \tag{5.3}$$

이다. 전통적으로, 항성의 질량 손실률을 *1년당 1태양 질량*을 단위로 나타내며, 기호로는 $\dot{M} \equiv dM/dt$로 표현한다. $v = 500$ kms^{-1}, $r = 1$ AU, $N = 7 \times 10^6$ protons m^{-3}으로부터

$$\dot{M}_\odot \simeq 3 \times 10^{-14}\ \mathrm{M}_\odot\ \mathrm{yr}^{-1}$$

을 얻는다. 이 정도 질량 손실률로는 태양 전체 질량이 모두 없어지려면 10^{13}년이 더 걸릴 것이다. 그러나, 태양의 내부 구조가 이보다 훨씬 더 빠르게 변화하며, 오늘날 태양풍이 태양 진화에 주는 영향은 미미하다.

곁가지이지만 흥미 있는 사실은 1992년 *보이저* I과 II는 1.8과 3.5 kHz에서 전파 잡음을 검출하였으며, 이 신호들은 태양계 외곽에서 온 것이다. 이 잡음은 태양풍 입자들이 성간 물질과 충돌하여 종단 충격(termination shock)을 일으킬 때에 생성될 것으로 추정된다(성간 물질은 별과 별 사이에 있는 먼지와 기체를 말한다. 6.1절을 보라). 1992년의 관측은 태양의 전자기적 영향이 다하는 곳인 **헬리오포즈(heliopause)**의 최초 검출이 된다. 2005년에 보이저 I호가 지구로부터 95 AU인 곳에서 매년 3.6 AU의 속력으로 여행하면서, 종단 충격을 통과하여 **헬리오셰쓰(heliosheath)**라는 지역으로 들어갔다. 보이저 I호가 종단 충격을 통과했다는 가장 강력한 증거는 태양풍에 실려간 자기장 세기의 측정값이 갑자기 크게 증가되었다는 사실이다. 이처럼 증가된 자기장 세기는 태양풍 입자가 느려지면서 이에 따라 입자의 밀도가 늘어났기 때문이다.

파커 태양풍 모형

이제 태양 코로나의 확장에 의하여 태양풍이 만들어지는 과정을 공부하자. 이는 코로나의 높은 온도와 **플라스마**라고 불리우는 이온화된 기체가 갖는 높은 열전도율의 작품이다. 플라스마가 높은 열전도율을 갖는다는 사실은 코로나가 거의 등온적이라는 사실을 말해준다(그림 5.18을 기억하라).

1958년에 유진 파커(Eugene Parker)은 태양풍의 근사적인 등온 모형을 만들어, 많은 기본적인 사실들을 성공적으로 기술하였다. 태양풍이 반드시 있어야함을 이해하기 위하여, 식(4.6)으로 주어진 정유체 평형 조건부터 생각해 보자. 코로나의 질량이 태양 전체 질량에 비하여 무시된다면, 이 지역에서 $M_r \simeq M_\odot$ 이고, 정유체 평형 조건은

$$\frac{dP}{dr} = -\frac{GM_\odot \rho}{r^2} \tag{5.4}$$

이다. 다음에, 기체가 완전히 이온화되어 있고, 수소로만 이루어졌다고 가정하면, 양성자의 개수 밀도는 $m_p \simeq m_H$이므로,

$$n \simeq \frac{\rho}{m_p}$$

로 주어진다. 이상기체 법칙(식 (4.11))로부터 기체의 압력은

$$P = 2nkT$$

와 같고, 여기에서 이온화된 수소 기체에 대하여 $\mu = 1/2$이고, $m_H \simeq m_p$이다. 압력과 밀도에 대한 식을 식 (5.4)에 대입하여, 정유체평형 방정식은

$$\frac{d}{dr}(2nkT) = -\frac{GM_\odot n m_p}{r^2} \tag{5.5}$$

이 된다. 기체가 등온적이라고 가정하면, 식 (5.5)를 직접 적분하여, 기체 개수밀도(따라서 압력)를 반지름의 함수로 나타낼 수 있다. 다음을 보이는 것은 연습 문제이다.

$$n(r) = n_0 e^{-\lambda(1-r_0/r)} \tag{5.6}$$

여기에서

$$\lambda \equiv \frac{GM_{\odot}m_p}{2kTr_0}$$

이고, 적당한 반지름 r_0에서 개수밀도 $n = n_0$이다. 근사적으로 λ는 태양 중심으로부터 거리 r_0인 곳에서 양성자의 중력위치에너지와 운동에너지의 비라는 사실에 유의하라. 이제 우리는 압력의 구조가

$$P(r) = P_0 e^{-\lambda(1-r_0/r)}$$

로 주어지며, $P_0 = 2n_0kT$이다.

식 (5.2)에서 즉시 볼 수 있는 결과는 등온 근사에서 r이 무한히 커져도 압력이 0으로 수렴하지 않는다는 사실이다. $n(r)$과 $P(r)$의 극한값을 구하기 위하여, 안쪽 코로나에서 대표값들로서 T=1.5×10^6 K이고, n_0=3×10^{13} m^{-3}, r_0=1.4R$_\odot$로 잡자. 이 때에 $\lambda \simeq 5.5$이고, $n(\infty) \simeq 1.2\times10^{11}$ m^{-3}과 $P(\infty) \simeq 5\times10^{-6}$ N m^{-2}를 얻는다. 그러나, 6.1절에서 공부하겠지만, 국지적으로 뭉쳐 있는 성운들을 제외하고, 성간 공간에 있는 먼지와 기체의 실제 밀도와 압력은 방금 유도한 값보다 훨씬 낮다.

코로나의 구조에 대한 등온 정유체 평형 해가 성간 공간의 조건과 일치하지 않는 상황으로부터, 이 해를 얻을 때에 적용한 가정 가운데 적어도 하나는 맞지 않아야 한다. 코로나가 근사적으로 등온이라는 가정이 완벽하게 성립할 수는 없겠지만, 관측 자료와 어느 정도 일치한다. 지구 근처($r \sim 215$ R$_\odot$)에서 태양풍의 온도는 10^5 K 정도이며, 기체의 온도가 거리에 따라 급하게 감소하지 않는다는 점을 보여 준다. 실질적으로 변화하는 온도 구조를 써서 해를 얻더라도, 예상되는 기체 압력이 성간 공간의 압력을 크게 웃도는 문제를 해결할 수 없다는 사실을 보일 수 있다. 그러므로, 코로나가 정유체 평형에 있다는 가정이 잘못된 것이다. $P(\infty)$가 성간 공간의 압력을 크게 넘어서기 때문에, 물질들은 태양으로부터 바깥쪽으로 팽창해야 하며, 태양풍이 존재해야함을 보여 준다.

상층 태양 대기의 유체동력학적 성질

우리가 태양 대기 구조를 이해하려면, 정유체 평형이라는 단순한 가정 대신 **유체동력학 방정식**을 써서 물질의 흐름을 다루어야 한다. 특히,

$$\frac{d^2r}{dt^2} = \frac{dv}{dt} = \frac{dv}{dr}\frac{dr}{dt} = v\frac{dv}{dr}$$

라고 쓰면, 식 (4.5)는

$$\rho v\frac{dv}{dr} = -\frac{dP}{dr} - G\frac{M_r\rho}{r^2} \tag{5.7}$$

로 쓸 수 있고, 여기에서 v는 유체의 속도이다. 새 변수(속도)를 도입하여 경계를 통과하는 질량의 보존을 나타내는 식이 있어야 한다. 즉

$$4\pi r^2\rho v = \text{상수}$$

는 예제 5.2.1에서 태양의 질량 손실률을 계산할 때에 썼던 식이다. 이 식에서

$$\frac{d(\rho v r^2)}{dr} = 0$$

임을 알 수 있다. 대류 지역 꼭대기에서 뜨겁고 상승하는 기체의 운동과 차가운 기체가 되돌아가는 운동은 종파(압력파)를 만들며, 이 파는 광구와 채층을 통하여 외곽 방향으로 진행한다. 외곽으로 나가는 파 에너지의 플럭스, F_E는

$$F_E = \frac{1}{2}\rho v_w^2 v_s \tag{5.8}$$

로 주어지며, v_s는 소리 속도이며, v_w는 대류 지역이 "피스턴"역할을 할 때 평형 위치를 중심으로 가속받는 개개 입자들이 진동을 일으키며 참여하는 파 운동의 속도 진폭이다.

식 (4.84)로부터, 소리 속도는

$$v_s = \sqrt{\gamma P/\rho}$$

으로 주어진다. 이상기체 법칙 $P = \rho kT/\mu m_H$에 따르면, 소리 속도는 또한 γ와 μ가 일정하다면

$$v_s = \sqrt{\frac{\gamma kT}{\mu m_H}} \propto \sqrt{T}$$

이다.

파가 대류 지역의 꼭대기에서 처음 생성될 때에 $v_w < v_s$이다. 그러나, 이러한 파가 지나가는 기체의 밀도는 고도가 높아지면서 크게 감소하여, 약 1000 km를 올라갈 때에 수만배 정도 떨어진다. 광구를 지날 때에 역학적 에너지의 손실이 거의 없고(즉, $4\pi r^2 F_E$가 거의 일정하고) 광구에서 채층을 통과할 때에 온도가 고작 2배 정도 변화하므로, v_s가 거의 바뀌지 않는다고 가정하면, 밀도의 급격한 변화는 v_w의 급격한 증가를 의미한다(거의 수백배 늘어나야 한다). 그 결과, 파동은 *초음속* ($v_w > v_s$)이 되어 파를 구성하는 입자들은 그 곳에서 소리 속도보다 더 빠르게 매질 속을 운동한다. 그 결과 파는 **충격파**가 되어, 초음속으로 날아가는 비행기가 굉음을 일으키는 것과 비슷하다.

충격파는 **충격파면**이라고 부르는 짧은 거리 규모에서 아주 큰 밀도 변화를 보인다는 점이 특징적이다.[10] 충격이 기체를 지나갈 때에, 충돌을 통하여 많은 열을 내고, 충격 뒤에 있는 기체를 크게 이온화한다. 이러한 가열은 충격의 역학적 에너지를 사용하며, 충격은 빠르게 사그러든다. 그리하여, 채층과 그 위 지역에 있는 기체는 대류 지역에서 만들어진 물질의 움직임에 의하여 효율적으로 가열된다.

자기유체역학과 알펜파(Magnetohydrodynamics and Alfven Waves)

유체동력학 방정식은 태양 자기장의 영향을 올바르게 기술하지 못한다는 점에 유의해야겠다. 과도 지역에서 나타나는 아주 가파른 양의 온도 기울기를 포함하여, 적어도 일부는 대류 지역에서 만들어진 물질의 운동에 결합된 자기장의 존재에 기인하여 태양의 외곽 대기의 온도 구조가 나타난다. **자기유체역학**(Magnetohydrodynamics, MHD)은 자기장과 플라스마의 상호 작용을 연구하는 학문이다. 태양 외곽 대기에 적용되는 MHD 문제는 매우 복잡하기 때문에, 완전한 해는 현재까지 존재하지 않는다.

10) 예제 5.2.1의 끝에서 공부한 헬리오포즈를 기억하라.

그러나, 이러한 해의 부분적인 요소들을 기술할 수 있겠다.

자기장이 존재하면, 두 번째 종류의 파동이 가능하다. 이러한 파동은 자기력선을 팽팽하게 유지하려는 장력이 복원력으로 작용하여 자기력선을 따라 진행하는 횡파로 생각할 수 있다. 이러한 복원력을 이해하려면, 자기장을 구축하고자 할 때에(자기장은 항상 전기를 띤 입자의 운동 혹은 전류로부터 생성된다) 에너지를 써야 한다는 사실을 상기해야 한다. 자기장을 구축하는 데에 쓰인 에너지는 자기장 자체에 저장되어 있다고 생각할 수 있다. 그러므로, 자기장이 펼쳐져 있는 공간은 자기에너지 밀도를 갖는다. 자기에너지 밀도는 다음과 같이 주어진다.

$$\boxed{u_m = \frac{B^2}{2\mu_0}} \tag{5.9}$$

부피 V 안에 있는 플라스마에 몇 개의 자기력선이 자기력선 방향에 수직 방향으로 압축되어 있다면, 자기력선의 밀도는 늘어나야 한다.[11] 그러나, 자기력선 밀도는 자기장 세기 그 자체를 나타낸다. 그러므로, 자기장의 에너지 밀도는 압축할수록 증가한다. 그러므로, 기체 안에서 자기력선을 압축하려면 적당한 역학적 일을 해주어야 한다. 일은 $W=\int P\,dV$로 주어지므로, 플라스마의 압축은 자기 압력이 있음을 말해 준다. 자기 압력은 수치적으로는 자기에너지 밀도와 같은 값을 갖는다. 즉,

$$\boxed{P_m = \frac{B^2}{2\mu_0}} \tag{5.10}$$

자기력선을 자기장 방향에 수직 방향으로 약간 옮기면, *자기압력 기울기*가 생겨서, 옮겨진 방향으로 자기력선의 밀도가 커서 압력이 증가하고, 동시에 반대쪽은 압력이 감소한다. 압력의 변화는 자기력선을 원래 위치로 밀어 내는 경향을 갖고, 원래 자기력선 밀도를 복원한다. 이 과정은 팽팽한 줄에서 줄을 뜯을 때에 나타나는 줄의 진동 현상과 비슷하게 생각할 수 있다. 줄을 뜯을 때에 다시 제자리로 잡아당기

---

11) 전기장을 무시해도 좋을 때에 전기를 띤 입자들은 자기력선을 따라 나선 운동을 한다는 점을 기억하라. 따라서, 전기를 띤 입자들을 밀면, 이 입자들은 전기력선을 데리고 같이 끌려간다. 자기력선은 플라스마에서 "얼어붙어"있다.

는 것은 줄의 장력이다. 자기력선에서 제자리를 복원해 주는 "장력"은 단지 자기압력 기울기이다.

줄을 따라 파 운동이 이동하듯이, 자기력선에서 교란된 부분이 자기력선을 따라 이동할 수 있다. 이와 같은 MHD 횡파를 **알펜 파**(Alfvén wave)라고 부른다.[12)]

알펜 파가 전달되는 속도는 기체에서 음파의 속도와 비교하여 어림할 수 있겠다. 단열 음속이

$$v_s = \sqrt{\frac{\gamma P_g}{\rho}}$$

로 주어지고, 이때에 γ는 1 정도의 값이므로, *알펜 속력*은 대략

$$v_m \sim \sqrt{\frac{P_m}{\rho}} = \frac{B}{\sqrt{2\mu_0\rho}}$$

일 것이다. 엄밀하게 유도해서 얻은 결과는

$$v_m = \frac{B}{\sqrt{\mu_0\rho}} \tag{5.11}$$

이다.

예제 5.2.2

식 (4.84)와 (5.11)을 써서, 광구에서 음속과 알펜 속력을 비교해 보자. 광구 꼭대기에서 기체 압력은 대략 140 $\mathrm{Nm^{-2}}$이며, 밀도는 4.9×10^{-6} kg $\mathrm{m^{-3}}$이다. 단원자 이상 기체를 가정하면 $\gamma=5/3$이며,

$$v_s \simeq 7000 \text{ m s}^{-1}$$

이다. 이 속력은 예제 4.4.2에서 얻은 전체 태양 평균값을 써서 얻은 값보다 훨씬 더 작은 값이다. 태양 내부에서 소리 속도가 훨씬 크다는 점을 볼 수 있다.

태양의 대체적인 자기장 세기를 2×10^{-4} T로 잡으면, 자기압력은(식 (5.10))

12) 알펜 파는 자기유체역학의 기초를 세운 업적으로 1970년에 노벨상을 수상한 한네스 올로프 괴스타 알펜(Hannes Olof Gösta Alfvén, 1908–1995)의 이름을 따서 명명되었다.

$$P_m \simeq 0.02\ \mathrm{N\ m^{-2}}$$

이고, 알펜 속력은

$$v_m \simeq 10\ \mathrm{m\ s^{-1}}$$

이다.

자기 압력은 기체 압력에 비하여 대략 수만배 작으므로, 광구의 정유체 평형 조건에서는 일반적으로 무시된다. 그러나, 태양 표면에서 국지적으로 훨씬 더 큰 자기장 세기가 존재한다는 사실을 다음 절에서 공부할 것이다.

알펜 파는 자기력선을 따라 전달되므로, 알펜 파는 에너지를 외부로 수송할 수 있다. 막스웰 방정식에 따르면, 시간에 따라 변화하는 자기장은 전기장을 생성하고, 이 전기장에 의하여 전기 전도도가 높은 플라스마에서 전류를 만든다. 이것은 이온화된 기체에서 저항에 의하여 줄 가열(Joule heating)이 나타날 것을 의미하며, 플라스마의 온도가 상승할 것이다. 이와 같은 방식으로 MHD 파는 태양 상층 대기의 온도 구조에 영향을 준다.

태양의 자전 때문에, 열린 자기력선은 행성간 공간으로 끌려 나간다(그림 5.27).

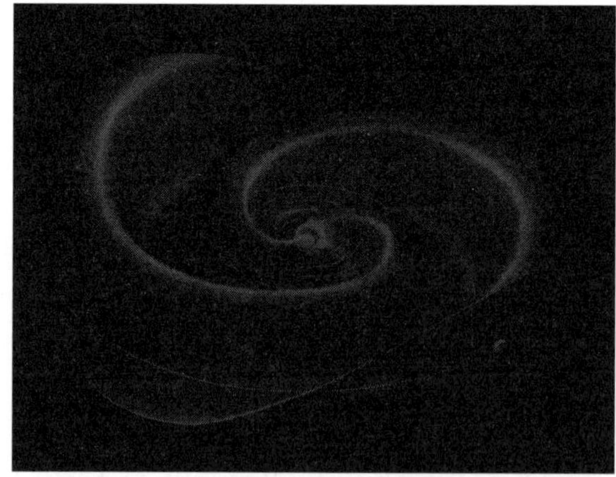

▌그림 5.27 태양의 자전은 행성간 공간에 태양 자기장의 나선 형태를 만들며, 이를 파커 나선이라고 부른다. 나선 운동하는 자기장에 이끌려 각운동량이 태양으로부터 멀리 이동되어 나간다. 이 그림은 태양을 향한 자기장이 있는 곳과 태양으로부터 멀어지는 자기장이 있는 곳을 가르는 태양구 전류 면을(heliospheric current sheet) 보여 준다.

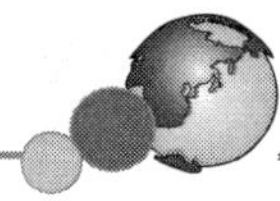

태양풍은 자기력선과 강제적으로 함께 움직이므로, 토크가 생겨 태양의 자전을 느리게 한다. 달리 말하면, 태양풍은 각운동량을 태양으로부터 먼 곳으로 옮긴다. 그 결과 태양의 자전 속도는 태양의 수명에 걸쳐 크게 줄어든다. 흥미롭게도, 자기장은 코로나의 구조를 크게 영향을 미치지만, 이 높이에서 차등 회전은 보이지 않는다.

다른 별의 외곽 대기

이 장은 가장 치밀한 연구가 이루어진 태양에만 국한하지만, 다른 별의 외곽 대기도 연구의 대상이다. 예를 들면, 관측에 따르면, 태양과 비슷한 별의 자전 속도는 나이가 들면서 느려지는 듯하다. 더구나, 만기형 주계열 별들은 대류를 일으키는 외곽부를 갖고 있으며, 일반적으로 조기형 주계열 별보다 느린 회전을 보인다. 어쩌면, 이러한 가벼운 별들에서도 항성풍이 각운동량을 멀리 내보내는 듯하다.

EUVE, FUSE, ROSAT, ASCA, XMM-Newton, Chandra X-Ray Observatory와 같은 많은 인공 위성들로부터 다른 별들의 귀중한 UV와 X선 관측 자료를 얻었다. 분광형 F보다 온도가 더 낮은 주계열 별들은 태양의 채층과 과도 지역에서 나오는 자외선과 비슷한 방출선을 자외선에서 보인다. 이러한 별들은 항성 구조 방정식에 따르면 표면에 대류 지역이 반드시 있어야하는 별들이다. 우리 태양의 외곽 대기를 가열하는 같은 물리적 과정이 다른 별들에서도 작동하고 있는 듯하다.

5.3 태양 주기

태양 대기에서 가장 멋있고 복잡한 양상들 가운데 일부는 주기성을 보이지 않고 일시적인 현상들이다. 그러나, 이 절에서 배우듯이, 태양 대기에서 많이 관측되는 양상들은 주기성을 띤다.

태양 흑점

태양 흑점을 망원경을 통하여 최초로 관측한 인물은 갈릴레오이다(그림 5.11을 기억하라). 심지어 태양 흑점은 가끔은 맨 눈으로도 볼 수 있지만, 이러한 육안 관측은 눈을 다칠 염려가 있으므로 **절대로 시도해서는 안된다.**

지난 2세기에 걸친 신뢰도 높은 관측에서 태양 흑점의 개수는 대략 주기적이며, 거의 매 11년마다 최소에서 최대로 다시 최소가 된다(그림 5.28). 태양 흑점이 형성되는 평균 위도 또한 주기적이며, 역시 약 11년 주기를 갖고 순환한다. 태양 흑점 위치를 시간의 함수로 태양 흑점이 태양 표면을 덮은 비율과 같이 그림 5.29에 나타냈다. 마치 나비의 펼친 날개처럼 보이기 때문에, 그림 5.29의 윗 그림을 **나비 도표**라고 부른다. 개개의 태양 흑점은 짧은 수명을 가지며, 대체적으로 한 달 이상 생존하지 못한다. 태양 흑점이 생존하는 동안 이 흑점은 계속 같은 위도에 존재하지만, 더 낮은 위도에서 태양 흑점들이 지속적으로 생성되는 경향이 있다. 태양 적도 근처에서 한 사이클의 마지막 태양 흑점이 사라지면, 새 사이클이 위도 ±40°(북위와 남위)에서 시작한다. 태양 흑점의 최대 개수(태양 흑점 최대)는 중위도 근처에서 대체적으로 일어난다.

태양 흑점을 이해하는 열쇠는 강한 자기장에 있다. 대표적인 태양 흑점이 그림 5.30에 보인다. 태양 흑점에서 가장 어두운 부분을 **암부**(umbra)라고 부르고 그 지름이 거의 30,000 km에 이른다(이와 비교해서 지구 지름은 12,756 km이다). 암부는 필라멘트 구조를 갖고 **반암부**(penumbra)라고 부르는 지역에 둘러 싸여 있으며, 필라멘트 모양으로부터 자기력선이 있음을 알 수 있다. 강한 자기장이 존재한다는 사실은 흑점 안에서 형성되는 낱개의 분광선을 관측하여 확인할 수 있다. 5.4절에서 공부하였듯이, 자기장의 세기와 극성은 제만 효과, 즉 겹쳐져 있는 원자 에너지 준위가 자기장에 의하여 분리될 때에 분광선이 갈라지는 정도를 관측하여

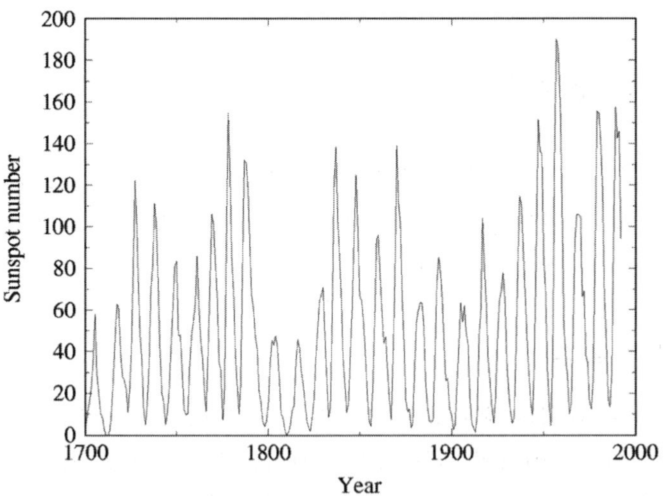

▌그림 5.28 1700년과 2005년 사이의 태양 흑점 수에서 11년 주기성이 나타난다. (자료 출처 : World Data Center for the Sunspot Index at the Royal Observatory of Belgium.)

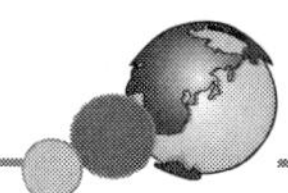

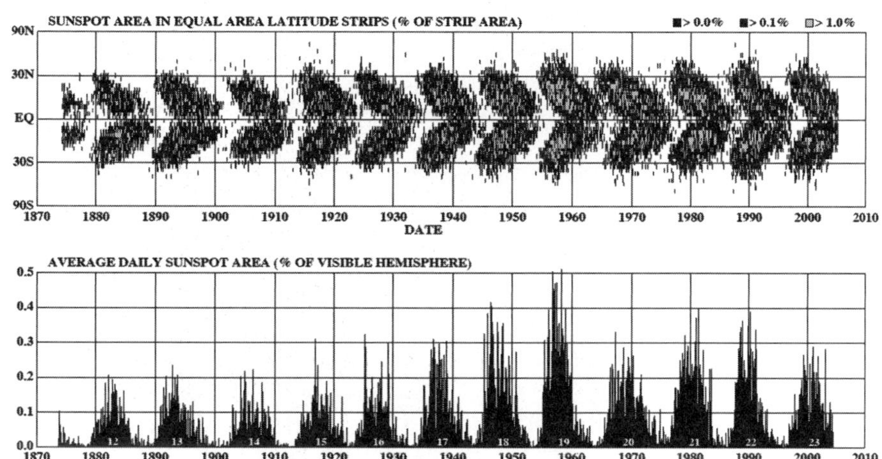

그림 5.29 윗 그림은 나비 도표를 나타내며, 시간에 따른 태양 흑점의 위도를 나타낸다. 아랫 그림은 시간의 함수로 태양 표면이 태양 흑점으로 덮인 정도를 보여 준다 (그림 제공 : Dr. David H. Hathaway, NASA/Marshall Space Flight Center).

측정할 수 있다. 분광선이 갈라지는 정도는 자기장 세기에 비례하고, 분광선의 편광은 자기장의 방향에 대응한다. 그림 5.31은 태양 흑점을 가로지르면서 분광선 갈라짐의 예를 보여 준다. 수 분의 일 테슬라 혹은 이보다 더 큰 자기장 세기가 암부 지역 중심에서 측정되고, 반암부 지역으로 가면서 세기가 약해진다. 그리고, 편광 측정에 따르면 암부 지역의 대체적인 자기장 방향은 수직 방향이고, 반암부 지역으로 가면서 수평 방향으로 눕는다.

태양 흑점은 일반적으로 무리를 지어 위치한다. 대체적으로, 태양의 회전 방향으로 지배적인 흑점이 선도하고, 하나 혹은 그 이상의 태양 흑점들이 뒤를 따른다. 11년 주기 동안 선도 태양 흑점은 주어진 반구에서 같은 극성을 유지하고(예를 들면 지리학적 북반구에서 북극을 갖는다면) 반대편 반구에서는 반대 극성을 가지며 (지리학적으로 남반구에서 남극을 유지한다), 뒤따르는 흑점들은 반대 극성을 갖는다. 심지어 크게 무리지어 뒤따라오는 흑점들이 있는 경우에도, 꼬여 있는 자기장의 모습으로부터 기본적으로 *양극성* 자기장이 존재한다는 사실을 알 수 있다. 그 다음 11년 사이클에서는 극성이 뒤집어지고, 자기 남극을 갖던 태양 흑점은 북반구에서 선도하고, 남반구에서는 반대가 된다. 이와 같은 국지적 극성의 뒤집힘과 함께, 태양 전체에 걸쳐 극성이 뒤집힌다. 태양의 전반적인 쌍극자 자기장이 바뀌어,

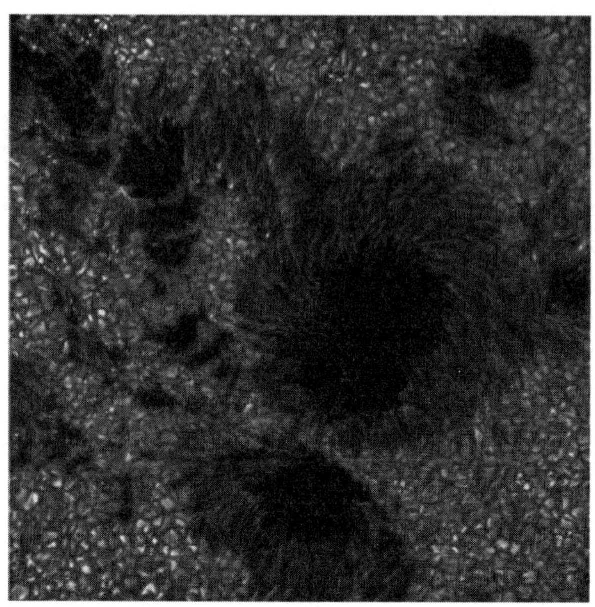

▌그림 5.30 전형적인 태양 흑점의 무리. 가운데 있는 태양 흑점의 어두운 암부가 뚜렷하게 나타나며, 반암부에 필라멘트 구조도 잘 보인다. (영상 제공 : Royal Swedish Academy of Sciences)

태양의 자기 북극은 지리적 북극에서 지리적 남극으로 자리를 바꾼다. 극성이 뒤집히는 현상은 태양 흑점 극소기에 일어나며, 최초의 흑점은 최고위도에서 형성되기 시작한다. 극성의 반전까지 고려하면, 태양은 **22년 주기**를 갖는다고 말할 수 있다. 그림 5.32에 자기장이 보이는 중요한 행동이 나타나 있다.

태양 흑점이 어둡게 보이는 이유는 훨씬 낮은 온도에 있다. 암부 중심 지역에서 온도는 3900 K까지 내려가며, 태양의 유효 온도인 5777 K와 비교하여 매우 낮다. 식 (3.18)로부터, 표면에서 방출하는 전체 복사량이 주변의 광구에 비하여 $(5777/3700)^4 = 4.8$배 낮다는 점을 의미한다.[13] Solar Maximum Mission(SMM)에서 수행한 관측에 따르면, 표면 플럭스의 이와 같은 감소는 태양 전체에 걸친 에너지 방출에 영향을 준다. 큰 태양 흑점이 존재하면, 태양의 광도는 약 0.1% 감소한다. 광구 바로 아래에서 대류가 주요 에너지 수송 수단이고, 강한 자기장이 플라스마 안에서 "얼어 붙은" 자기력선을 통하여 움직임을 방해하기 때문에, 태양 흑점은 대류 거품의 움직임을 방해하여, 태양 흑점을 통한 에너지 흐름을 줄인다.

13) 물론, 3900 K 흑체도 상당히 밝다. 그러나, 나머지 5777 K 광구를 편안하게 볼 수 있을 정도로 충분히 어두운 필터를 써서 보면, 태양 흑점은 어두워 보인다.

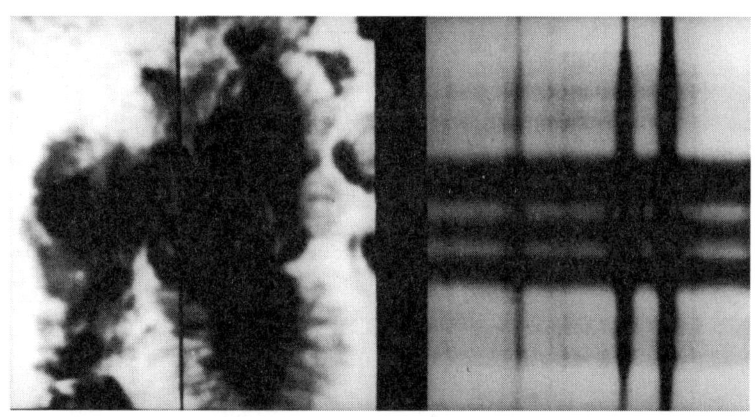

▌**그림 5.31** 태양 흑점에 있는 강한 자기장에 의하여 나타나는 Fe 525.02 nm 분광선의 제만 갈라짐. 분광기 슬릿은 태양 흑점에 세로 방향으로 정렬하였으며, 오른쪽 그림에서 파장축은 왼쪽에서 오른쪽으로 나간다. 슬릿은 태양 흑점 영상을 넘어서 뻗어 있다. (영상 제공 : National Optical Astronomy Observatories/National Solar Observatory.)

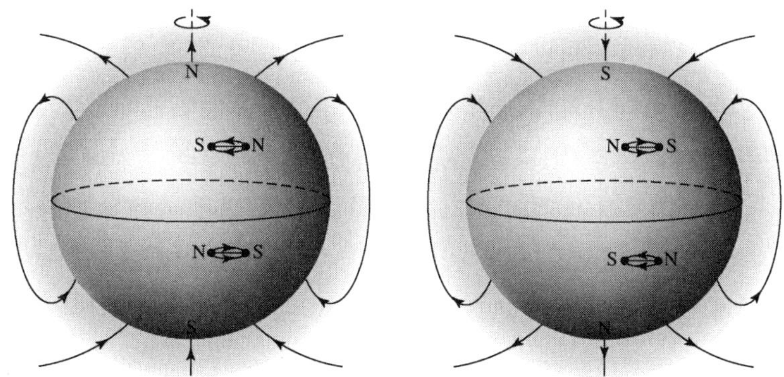

▌**그림 5.32** 태양의 전반적인 자기장 방향과 두 개의 연속된 11년 주기 동안 태양 흑점의 자기 극성

여러 달의 시간 규모에서(낱개의 태양 흑점이 갖는 전형적인 수명이다) 일어나는 광도 변화와 함께, 태양의 광도는 태양 흑점의 개수와 함께, 훨씬 더 긴 시간 규모에서 변광하는 것 같다. 예를 들면, 1645년과 1715년 사이에 태양 흑점은 극히 드물게 관측되었으며, 이 시기를 **몬더 극소기(Maunder minimum)**라고 부르게 되었다(그림 5.33을 보라)[14]. 놀랍게도, 이 시기에 유럽의 평균 기온은 상당히 낮았

14) 몬더 극소기 초기 단계 즈음부터 망원경이 개발되고 개량을 거듭하였기 때문에(갈릴레오가 사망한 해가 1642년이며 또한 같은 해에 뉴턴이 태어났다는 사실을 기억하라), 몬더 극소기는 부실한 관측 자료 탓이 아니다.

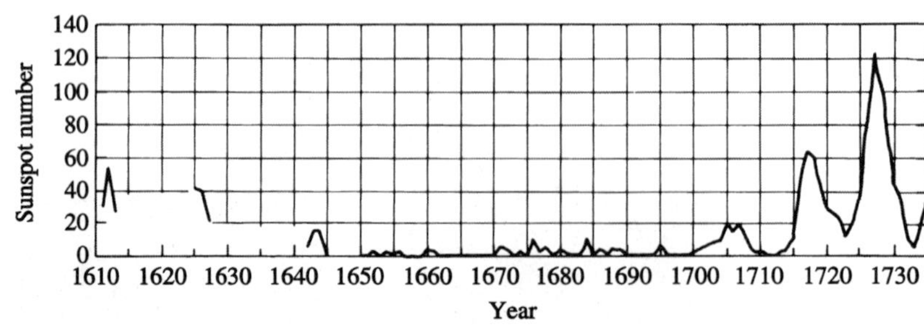

▌ **그림 5.33** 1645년과 1715년 사이에(몬더 극소기) 관측되었던 비정상적으로 적은 태양 흑점들. (그림 출처 : J. A. Eddy, High Altitude Observatory)

으며, 이 때의 태양 광도가 오늘날의 값보다 수분의 일 퍼센트 정도 낮았다는 사실과 부합한다. 존 에디(John Eddy)는 태양 주기에 얹혀진 아주 긴 주기의 주기성이 있을 것이라고 제안하였다. 이러한 장주기 변화는 수 세기를 지속하는 태양 흑점의 초극대기와 초극소기를 거친다. 이러한 주장을 지지하는 증거가 지구에서 나무나이테에 7000년 동안 보존된 방사성 탄소 원소($^{14}_{6}C$)를 포함하는 대기의 이산화탄소 함량에서 나타난다. $^{14}_{6}C$가 장기적인 태양 흑점 연구에 중요한 이유는 태양 흑점과 지구 대기의 $^{14}_{6}C$ 함량 사이의 역상관관계에 있다. $^{14}_{6}C$는 탄소의 방사성 동위원소로서, **우주선**(**cosmic ray**)이라고 부르는 우주 공간에서 날라온 에너지가 극히 높은 입자들이 대기의 질소 원자와 충돌할 때에 만들어 진다. 우주선은 태양의 자기장에 영향을 받으며, 태양 자기장은 태양 활동에 영향을 받는다. 몬더 극소기에 대기 중에 포함된 $^{14}_{6}C$의 양은 상당히 증가하였으며, 살아 있는 나무의 나이테에 묻어 들어갔다. $^{14}_{6}C$의 양은 지난 5000년 동안 빙하의 전진과 후퇴와도 좋은 상관관계가 있다.

태양 흑점의 낮은 온도 때문에, 이 곳의 기체 압력은 주변의 물질보다 더 낮다(식 (4.11)을 보라). 그러나, 중력은 별 차이가 없어야 한다. 이러한 점들을 고려할 때에, 태양 흑점의 기체는 별 내부로 가라앉아야할 것 같지만, 이러한 현상은 관측되지 않는다. 물질이 가라앉지 않고 버틸 수 있도록 충분히 큰 기체 압력 기울기가 베푸는 혜택을 태양 흑점이 누릴 수 없다면, 다른 압력 성분이 있어야 한다. 앞 절에서 이미 공부한 바와 같이, 자기장은 압력항을 지니고 다닌다. 자기장이 주는 추가적인 압력이 태양 흑점이 내려 앉거나 주변 기체 압력으로 압축되지 않도록 버팀목 역할을 한다.

플라쥬(Plages)

다양하고 많은 현상들이 또한 태양 흑점과 관련한다. **플라쥬**(불어로 *해변*이라는 뜻)는 활동적인 태양 흑점 근처에 위치하며 밝은 Hα 방출을 보이는 채층 지역이다. 플라쥬는 특정 지역에서 태양 흑점이 나타나기 전에 형성되고, 태양 흑점이 사라진 후에 없어진다. 플라쥬는 주변 기체보다 높은 밀도를 보이며, 자기장이 만든 결과물이다. 태양 흑점은 어두워지지만 이와 같은 현상의 원인이 플라쥬에서는 작동하지 않는 듯하다.

태양 플레어(Solar Flares)

태양 플레어는 백만분의 1초에서 1시간 이상 넓은 범위의 시간 규모를 갖고 적게는 검출기의 한계인 10^{17} J에서 크게는 10^{25} J 에 이르는 에너지를 분출하는 현상이다.[15] 플레어가 갖는 물리적인 크기는 굉장히 크며, 큰 플레어의 경우 길이가 10,000 km에 이른다(그림 5.34(a)를 보라). 분출하는 동안, 수소 발머 선인 Hα는 평상시처럼 흡수선으로 나타나지 않고, 방출선으로 나타나며, 이는 광자의 생성이 광자를 흡수하는 물질들 대부분보다 높은 곳에서 이루어지고 있음을 의미한다.

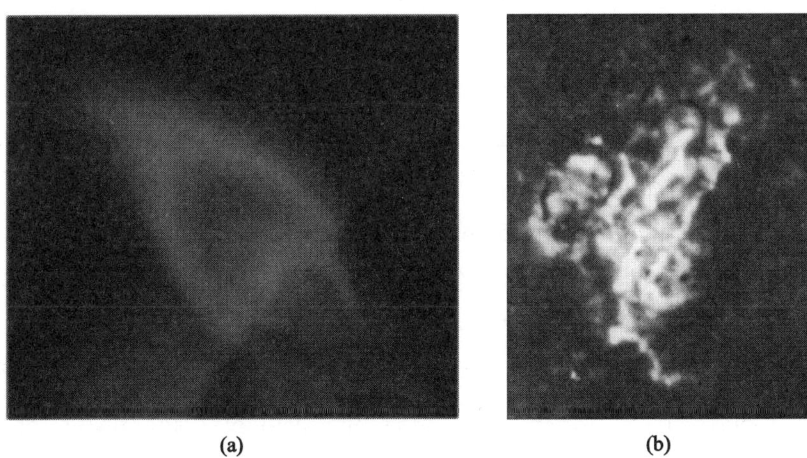

(a) (b)

■ 그림 5.34 (a) 1999년 3월 18일 16:40 UT에 Yokoh Soft X-ray Telescope으로 관측한 태양 가장자리에서 보이는 플레어. (Yokoh mission of ISAS, Japan.)
(b) 1989년 10월 19일에 보인 2 리본 플레어. (영상 제공 : National Optical Astronomy Observatories)

15) 이와 비교해서 1메가톤 폭탄은 10^{16} J의 에너지를 내놓는다.

싱크로트론 복사에 의하여 나타나는 킬로미터 파장의 *비열적* 전파를 비롯한 장파장 전자기파로부터 아주 짧은 딱딱한 X선과 감마 방출선에 이르는 고에너지의 전자기파 복사에 걸쳐 많은 종류의 전자기파 복사도 Hα와 함께 만들어진다.

전기를 띤 입자들도 매우 빠른 속력으로 뛰쳐 나가며, 이들 다수는 **태양 우주선**(solar cosmic ray)이 되어 행성간 공간으로 탈출한다. 가장 큰 플레어의 경우 뛰쳐 나간 전기를 띤 입자들은 주로 양성자와 헬륨 원자핵들이며, 지구에 30분 만에 도달하여 통신 시설을 망가뜨리고 보호 장비를 갖추지 않은 우주 비행사를 위험에 빠뜨릴 수 있다. 충격파가 또한 생성되고, 때때로 수 AU를 진행한 후에 사그러들기도 한다.

태양 플레어를 일으키는 원인은 플레어 분출이 일어나는 장소에서 찾을 수 있다. 플레어는 자기장 세기가 센 곳, 즉 태양 흑점 무리가 있는 곳에서 발생한다. 앞 절의 논의로부터, 자기장은 에너지를 담아 저장하고 있다(식 (5.9)). 자기장이 교란되어 재빠르게 저장한 에너지를 내놓으면, 플레어가 일어날 수 있다. 자기장에 저장된 에너지의 양과 알펜 파를 통해서 자기장에 섭동을 주는 시간 규모가 태양 플레어를 일으키는 조건과 부합한다는 사실을 보이는 것을 연습 문제로 남긴다. 그러나, 입자의 가속과 같이 에너지를 전환하는 구체적인 과정은 현재 활발한 연구 주제이다.

그림 5.35에 태양 플레어의 모형이 나타나 있다. 태양 플레어를 일으키는 일반적인 기작은 자기력선의 **재결합**과 관련되어 있다. (아마도 태양의 대류 지역 때문에) 자기력선 고리가 교란되면 높은 전기 전도도를 갖는 플라스마에 얇은 전류면이 형성된다(렌츠의 법칙을 기억하라). 플라스마에 유한한 전기 저항이 있으므로, 기체에서 줄 가열이(Joule heating) 일어나, 온도가 10^7 K에 이르게 된다. 재결합 지점에서 멀리, 그리고 태양으로부터도 멀리 입자가 가속되어 태양을 탈출하고 태양 우주선이 된다. 전기를 띤 입자가 자기력선을 감싸면서 나선 운동을 할 때에 싱크로트론 복사 과정을 통하여 전파가 발생한다. 부드러운 X선은 가속 지점(재결합 지점) 아래에 있으며 높은 온도를 띠는 고리 지역에서 생긴다. 자기력선 재결합 지점으로부터 채층을 향하여 가속되어 나가는 전자와 양성자들이 재결합하면서 자기력선 바닥에서 Hα 방출(2개의 Hα 리본)은 만들어진다.

그리고, 채층을 향해 가속된 고에너지 입자들은 표면 핵반응에 의하여 딱딱한 X선과 감마선을 만든다. 태양 플레어와 관련하여 중요한 핵반응들의 한 예가 무거운 원자핵을 가벼운 원자핵으로 부수는 파쇄 반응이다. 예를 들면,

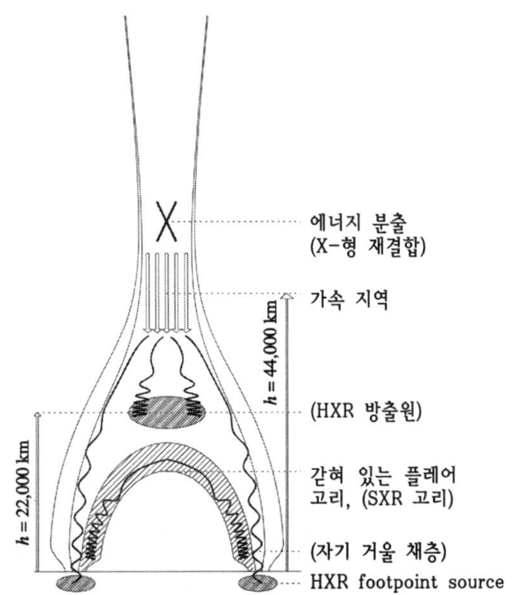

그림 5.35 1992년 1월 13일의 마수다 태양 플레어(Masuda solar flare) 모형. 두 딱딱한 X선(HXR)의 footpoint source가 Hα 플레어 리본과 얽혀 있음에 유의하라[그림 5.34(b)를 보라]. 전자들은 아래쪽으로 자기력선을 따라 가속되어 채층에서 충돌한다. 부드러운 X선(SXR) 고리를 그림 5.34(a)와 비교할 수 있다. (그림 출처 : Aschwanden, et al., Ap.J., 464, 985, 1996)

$$^{1}_{1}\mathrm{H} + ^{16}_{8}\mathrm{O} \rightarrow ^{12}_{6}\mathrm{C}^* + ^{4}_{2}\mathrm{He} + ^{1}_{1}\mathrm{H}$$

에서 C*는 들뜬 상태에 있는 탄소 원자핵이며, 이 반응에 뒤이어

$$^{12}_{6}\mathrm{C}^* \rightarrow ^{12}_{6}\mathrm{C} + \gamma$$

와 같은 되가라앉음 핵반응이 일어나면서 $E_\gamma = 4.438\ \mathrm{MeV}$의 감마선 광자를 방출한다. 또는

$$^{1}_{1}\mathrm{H} + ^{20}_{10}\mathrm{Ne} \rightarrow ^{16}_{8}\mathrm{O}^* + ^{4}_{2}\mathrm{He} + ^{1}_{1}\mathrm{H}$$

반응을 이어 되가라앉음 핵반응은

$$^{16}_{8}\mathrm{O}^* \rightarrow ^{16}_{8}\mathrm{O} + \gamma$$

이며, 이 때에 $E_\gamma = 6.129\ \mathrm{MeV}$인 감마선 광자가 방출된다. 태양 표면의 플레어에

서 일어나는 다른 핵반응의 예 가운데 전자–양전자 쌍소멸 반응과 중수소핵 생성 반응이 있다. 전자–양전자 쌍소멸은

$$e^- + e^+ \rightarrow \gamma + \gamma$$

이 있으며, 이 때에 $E_\gamma = 0.511\,\mathrm{MeV}$이다. 중수소 생성 과정은

$$^1_1\mathrm{H} + \mathrm{n} \rightarrow {}^2_1\mathrm{H}^* \rightarrow {}^2_1\mathrm{H} + \gamma$$

이며, 이 때에 $E_\gamma = 2.223\,\mathrm{MeV}$이다.

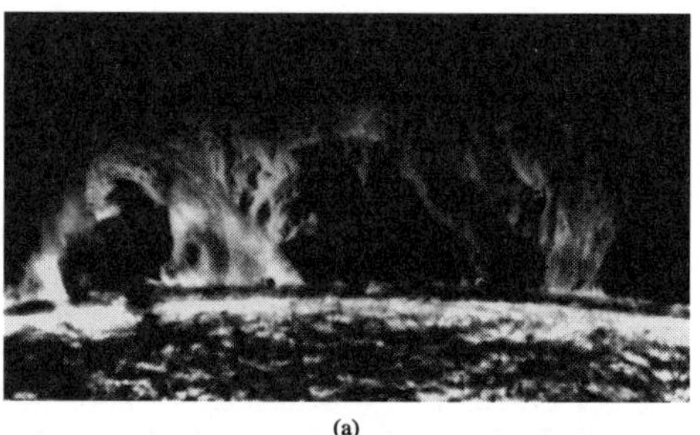

(a)

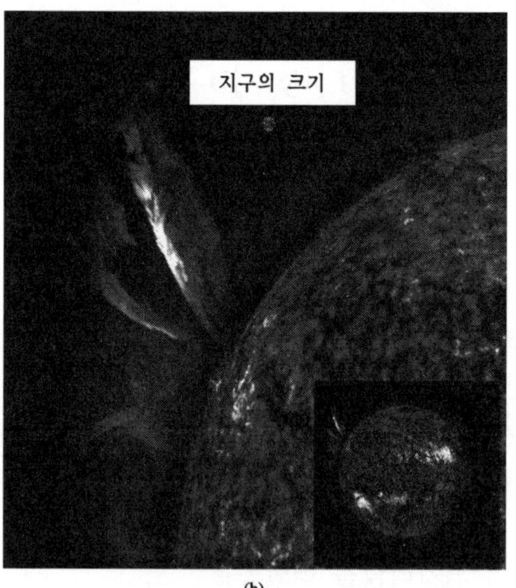

(b)

▌그림 5.36 (a) 조용한 울타리 홍염(quiescent hedgerow prominence, (영상 제공 : Big Bear Observatory, California Institute of Technology.)
(b) SOHO EIT(Extreme Ultraviolet Imaging Telescope)로 1999년 7월 24일에 관측한 분출성 홍염 [SOHO(ESA & NASA)].

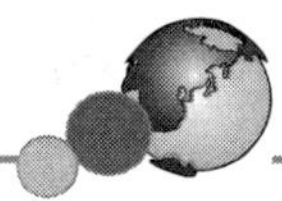

태양 홍염(Solar Prominences)

태양 홍염도 역시 태양 자기장과 관련되어 있다. **조용한 홍염**(quiescent prominence)은 코로나까지 넉넉하게 도달하며 드리워진 천 모양의 이온화된 기체로 몇 주에서 몇 달까지 안정하게 존재한다. 홍염을 이루는 물질들은 활동 지역의 자기력선을 따라 모인 물질들이며, 이 결과(대체적으로 8000 K가 되어) 기체의 온도가 주변의 코로나 기체보다 낮아서 밀도가 더 높다. Hα로 태양의 가장자리를 관측할 때에, 조용한 홍염은 옅은 코로나를 배경으로 밝은 구조물처럼 보인다. 그러나, 태양 원반을 배경으로 연속복사에서 관측하면, 조용한 홍염은 아래로부터 방출되는 빛을 흡수하여 어두운 **필라멘트**로 나타난다. 조용한 홍염의 예가 그림 5.36(a)에 나타나 있다.

분출성(혹은 **활동성**) **홍염**(eruptive or active prominence, 그림 5.36b)은 겨우 수 시간 정도 존재하며, 조용한 홍염으로부터 별안간 생겨난다. 상대적으로 안정하게 배치된 자기장이 갑자기 불안정해지며, 홍염이 태양으로부터 높이 치솟는다. 발생 기작은 태양 플레어와 관련 있지만, 결과는 약간 다르다. 즉, 분출성 홍염에서는 에너지의 대부분이 전자기파 복사로 가지 않고, 태양에서 기체가 방출될 때에 기체의 운동에너지로 전환된다.

코로나 질량 방출(Corona Mass Ejection)

훨씬 더 화려한 장관을 보이는 것이 **코로나 질량 방출**(CME)이다. CME는 1970년대 초반에 NASA의 7번째 Orbiting Solar Observatory(OSO 7)과 Skylab과 같은 우주망원경을 사용하여 관측이 이루어졌다. CME는 SOHO의 Large Angle Spectrometric COronagraph(LASCO)로 일상적으로 관측되어왔다. 그림 5.37을 보라. LASCO는 가림 원반을 써서 인공적인 일식을 일으킨 다음, 태양 반지름의 수 배에서 30배에 이르는 거리까지 백색광 코로나를 관측한다. 수천 번의 CME를 검출한 결과로부터, 11년 태양 흑점 주기에 걸쳐 평균하면, 하루에 약 한 번 CME가 있는 듯하다. 태양이 더욱 활동적이면(즉, 태양 극대기에) CME는 하루에 3.5번 정도 일어나며, 태양 흑점 극소기에 CME는 대략 닷새에 한번 꼴로 줄어든다. CME가 있는 동안, 5×10^{12} kg에서 5×10^{13} kg 정도의 물질이 태양으로부터 400 km s^{-1}에서 1000 km s^{-1}를 넘는 속력으로 뛰쳐나간다. CME는 분출성 홍염의 70% 정도가 연관되어 있는 듯하며, 약 40%의 플레어와 연관되는 것 같다. CME를 자기력선이 재결합한 이후에 태양 표면으로부터 떠오르는 자기 거품으로 생각할 수 있으며, 태양 코로나 질량의 상당 부분을 실어 나른다.

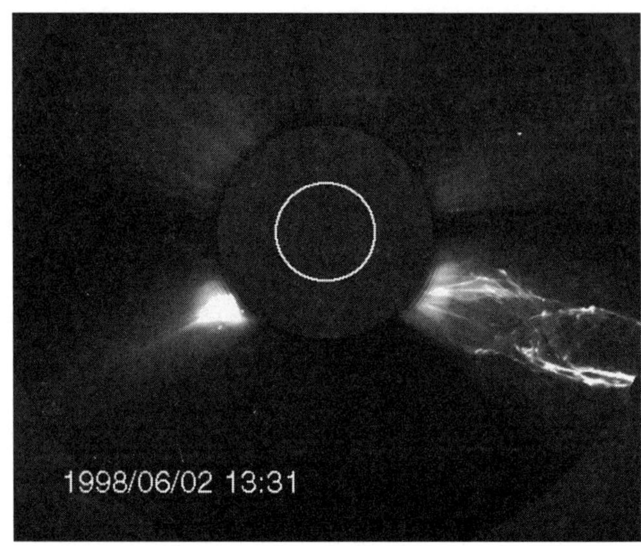

▌그림 5.37 1998년 6월 2일에 SOHO LASCO로 관측한 코로나 질량 방출. CME 안에서 복잡하게 얽혀 있는 자기장에 유의하라. 가림 원반에 있는 흰색 원은 태양의 광구까지 크기이다. [SOHO(ESA & NASA)]

코로나의 시간에 따른 모습

태양 사이클의 또 다른 양상이 코로나 자체의 모양과 관련되어 있다. 태양 활동이 거의 없는 시기에 태양 흑점이 거의 없어서 플레어나 홍염 역시 거의 나타나지 않을 때에, **고요한 코로나**는 극 지역보다는 적도 지역에 더 넓게 확장되어 있으며, 쌍극자 자기장 모습에 부합한다. 태양 흑점 극대기에 **활동성 코로나**는 자기장 구조와 같이 더욱 복잡한 모양을 띤다.그림 5.20(a)와 5.20(b)에 각각 태양 흑점 극소기와 극대기에 코로나 모양의 예가 나타나 있다. 코로나가 바뀌는 모양은 다른 태양의 활동성과 같이 태양 자기장의 동력학적 구조에 기인한다는 사실이 명백하다.

자기 다이나모 이론

태양 사이클의 많은 요소들을 설명해 주는 **자기 다이나모** 모형은 1961년에 호레이스 뱁콕(Horace Babcock)이 처음 제안하였다. 태양 사이클의 주요한 양상을 설명하는 데에는 일반적으로 성공을 거두었지만, 이 모형은 여전히 태양 활동성의 중요한 세부 사항들 다수에 대한 적절한 설명을 주지 못하고 있다. 태양 사이클을 완전히 설명하려면, 태양의 위도와 깊이에 따른 차등 회전, 대류, 태양 진동, 상층 대기의 가열, 질량 손실을 포함하는 태양의 환경에서 MHD 방정식을 온전하게 다

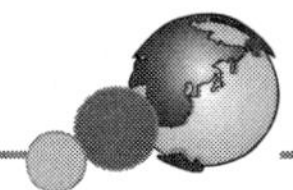

루어야 한다. 물론, 이 모든 물리적 과정들이 태양 사이클에서 동등하게 중요한 역할을 하지는 않을 것이지만, 이러한 요소들이 주어진 특별한 현상에 기여하는 정도를 이해하는 것은 중요하다.

그림 5.38에 나타낸 것과 같이, 자기장은 기체에 "얼어 붙어"있으므로, 태양의 차등 회전은 자기력선을 끌고 다니며, 향극 자기장(poloidal field)을 환형 자기장(toroidal field, 태양을 둘러싸는 자기력선)으로 바꾼다. 대류 지역에서 난류에 의하여 자기력선이 꼬이고, 자기장이 매우 센 지역이 형성되고 이 곳을 자기 *밧줄*이라고 부른다. 자기 압력이 주는 부력(식 (5.10))에 의하여, 밧줄은 표면까지 상승하여, 태양 흑점 무리처럼 보인다. 태양 흑점의 극성은 밧줄을 따르는 자기장 방향으로 결정된다. 따라서, 주어진 반구에서 모든 선두 흑점은 같은 극성을 갖고, 반대편 반구에서 선두 흑점은 반대 극성을 갖게 된다.

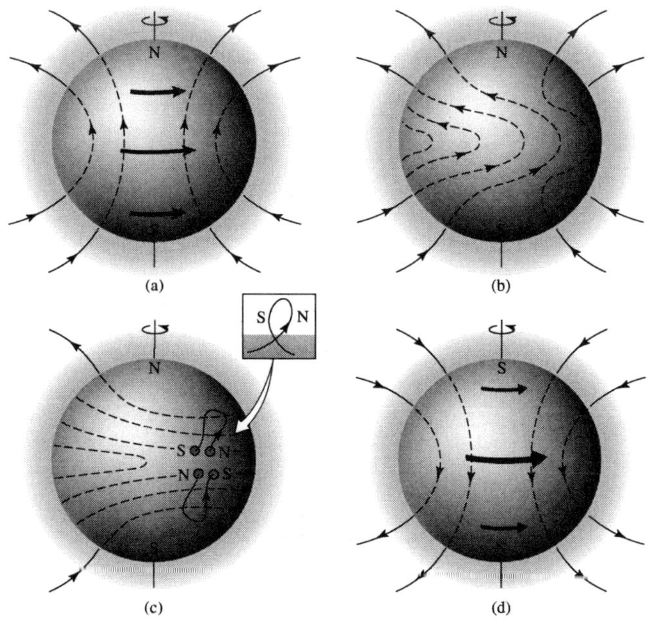

그림 5.38 태양 사이클의 자기 다이나모 모형. (a) 태양 자기장은 처음에는 향극 자기장이다. (b) 차등 회전이 "얼어 붙은" 자기력선을 이끌면서 태양 주변으로 감아, 향극 자기장을 환형 자기장으로 바꾼다. (c) 난류성 대류에 의하여 자기력선이 꼬여 자기장 밧줄이 만들어지고, 표면까지 밀어 올려 태양 흑점이 되면, 선두 흑점의 극성은 향극 자기장의 원래 극성과 같다. (d) 사이클이 계속 진행되면, 태양 흑점들 무리가 적도쪽으로 이동하고 자기장들이 재결합되어 다시 향극 자기장을 구축하는데 이 때에 극성이 원래와 반대 방향이 된다.

처음에, 작은 꼬임이 발생하는 곳은 고위도 지역이며 이 시기는 태양 흑점 극소기이다. 차등 회전이 계속되면서 자기력선이 끌려 다니며, 대류 지역의 난류가 자기력선들을 묶어 매듭을 만들며, 더 많은 태양 흑점들이 중위도 지역에 형성되면서 태양 극대기가 된다. 궁극적으로 가장 심하게 꼬이고 가장 많은 수의 흑점이 적도 근처에서 나타날 것이다. 그러나, 남북 반구 양 지역의 태양 흑점들은 선두 흑점의 극성이 서로 반대이므로, 적도 지역에서 상쇄하려는 경향이 있다. 이 결과, 적도 지역에 나타나는 흑점의 수는 작다. 마지막으로, 적도 근처에서 자기장이 상쇄되면, 향극 자기장이 다시 구축되는데 이 때에 극성이 원래 방향과는 반대이다. 이 과정은 약 11년 정도 걸린다. 전체 과정이 연이어 반복되면, 자기장의 극성은 사이클을 번갈아가며 원래 극성으로 되돌아온다. 따라서, 전체 태양 사이클은 자기장의 극성까지 고려하면 22년의 주기를 갖는다.

이미 공부한 바와 같이, 특정 현상과 관련된 세부 사항들, 예를 들면 태양 흑점으로부터 나오는 플럭스의 감소나 플레어가 생기는 정확한 과정 따위들은 여전히 잘 이해하지 못하고 있다. 자기 다이나모 자체에 대한 더욱 근본적인 성질들도 마찬가지 상황이다. 앞선 논의에서 태양 사이클의 행동을 근사적으로 기술하였지만, 사이클의 시간 규모와 같은 기본적인 결과들에 대하여 아직 정확한 모형 계산이 이루어지지 않고 있다. 성공적인 다이나모 모형은 태양 흑점과 플레어의 일반적인 위치와 개수 뿐만 아니라, 관측된 22년 주기를 설명해내야만 한다. 게다가, 다이나모 모형은 몬더 극소기를 설명할 수 있는 훨씬 더 느리게 일어나는 변화도 재현해낼 수 있어야 한다.

다른 별에서 자기 활동의 증거

다행스럽게도, 태양 주기에 대한 기본적인 생각이 옳다는 증거가 있다. 온도가 낮은 다른 주계열 별들을 관측하면 태양의 사이클과 매우 유사한 활동성 사이클이 존재한다는 사실을 알 수 있다. 앞 절에서 만기형 주계열 별들은 뜨거운 코로나의 존재를 암시하는 관측적 특징을 갖는다는 점을 지적하였다. 또한, 각운동량도 항성풍에 의하여 외부로 실려나간다는 점을 언급하였다. 두 현상 모두 작은 질량의 항성에서 다이나모 이론에 주요한 요소인 표면 대류가 존재한다는 이론적 예측과 일치한다.

다른 형태의 자기 활동성을 일부 별들에서도 볼 수 있다. 관측에 따르면, **플레어 항성**이 존재하며, 이들 항성은 광도가 때때로 급격히 변화하는 M형 주계열 별들이다. 태양에서 나타나는 규모 정도의 플레어가 훨씬 더 어두운 M형 항성에서 나타난

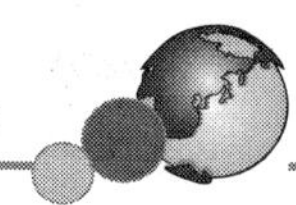

다면, 플레어는 이러한 항성의 전체 광도에 적지 않은 부분을 차지할 것이며, 관측되는 단기 광도 변화를 일으킬 것이다. 훨씬 더 큰 플레어도 다른 항성에서 생성될 수도 있겠다. 2004년 4월 24일 항성 GJ 3685A는 큰 태양 플레어보다 대략 백만배 더 큰 규모의 플레어를 내놓았다. 이 현상은 NASA의 Galaxy Evolution Explorer에서 우연히 검출하였다.

항성 흑점이 태양 이외의 별에서도 존재한다는 사실이 관측된다. 항성 흑점은 그 별의 광도에 주는 효과로부터 알 수 있으며, 1% 수준으로 광도에 영향을 준다. RS Canum Venaticorum과 BY Draconis라는 두 종류의 별들이 별 표면의 넓은 부분을 덮는 항성 흑점 때문에 긴 시간에 걸쳐 상당한 광도 변화를 보여 준다.[16] 예를 들면, BY Draconis 항성 BD+26°730에서 0.6 등급을 넘는 B 등급 밝기 변화를 그림 5.39에서 볼 수 있다. 항성 흑점은 심지어 항성의 자전을 측정하는 데에 쓰일 수도 있다.

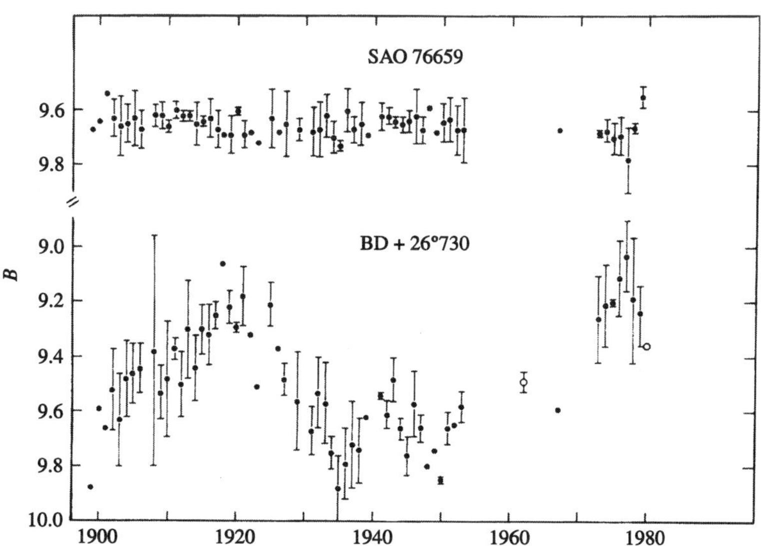

▮ **그림 5.39** BY Dra 항성 BD+26°730의 광도 곡선. SAO 76659는 근처에 있는 기준 광도 별이다. (그림 출처 : Hartmann et al. *Ap.J.*, *249*, 662, 1981)

16) 광도 변화를 보이는 항성들인 *변광성*들의 분류는 특정한 성질을 갖는 항성들 가운데 최초로 발견된 항성의 이름을 따서 명명한다. RS CVn과 BY Dra는 분광형이 각각 F-G와 K-M인 주계열 항성들이다. RS나 BY와 같은 알파벳은 이들 천체가 변광성임을 가리킨다. Canum Venaticorum과 Draconis는 이 항성들이 놓여 있는 별자리이다.

제만 효과로 넓어진 선폭을 갖는 분광선을 측정하여 몇몇 온도가 낮은 주계열 별에서 자기장을 직접 검출하기도 하였다. 관측 자료를 분석하면, 항성 표면의 상당 부분에 걸쳐 수분의 일 테슬라 세기의 자기장이 있음을 알 수 있다. 강한 자기장과 관측되는 광도 변화 사이에 상관 관계가 있다.

이 장에서 공부한 바로부터, 천체물리학은 우리 태양의 많은 모습을 설명하는 데에 크게 성공을 거두었다. 항성 구조 방정식은 태양 내부의 주요한 단면을 설명하며, 복잡한 태양 대기의 많은 부분도 이해할 수 있었다. 그러나, 여전히 해결되지 않은 중요한 문제들이 남아 있다. 예를 들면, 표면에서 리튬의 함량, 태양 사이클의 복잡한 세부 사항들, 태양과 지구 기후 사이의 상호 작용과 같은 문제들이다. 흥미 진진하면서 또한 도전을 요구하는 이러한 연구 주제들이 풀릴 때에 비로소 우리에게 가장 가까운 항성을 제대로 이해하고 있다고 안심할 수 있을 것이다.

제5장 참고 문헌

일반 도서

Bahcall, John N., "Solving the Mystery of the Missing Neutrinos," Nobel *e*-Museum, `http://www.nobel.se/physics/articles/bahcall/`, 2004.

Golub, Leon, and Pasachoff, Jay M., *Nearest Star: The Surprising Science of Our Sun*, Harvard University Press, Cambridge, MA, 2001.

Lang, Kenneth R., *The Cambridge Encyclopedia of the Sun*, Cambridge University Press, Cambridge, 2001.

Semeniuk, Ivan, "Astronomy and the New Neutrino," *Sky and Telescope*, September, 2004.

The Solar and Heliospheric Observatory (SOHO), `http://sohowww.nascom.nasa.gov/`.

Transition Region and Coronal Explorer (TRACE), `http://vestige.lmsal.com/TRACE/`.

Yohkoh Solar Observatory, `http://www.lmsal.com/SXT/`.

Zirker, Jack B., *Journey from the Center of the Sun*, Princeton University Press, Princeton, 2002.

고급 도서

Aschwanden, Markus J., Poland, Arthur I., and Rabin, Douglas, M., "The New Solar Corona," *Annual Review of Astronomy and Astrophysics*, *39*, 175, 2001.

Aschwanden, Markus J., *Physics of the Solar Corona: An Introduction*, Springer, Berlin, 2004.

Bahcall, John N., *Neutrino Astrophysics*, Cambridge University Press, Cambridge, 1989.

Bahcall, John N., and Ulrich, Roger K., "Solar Models, Neutrino Experiments, and Helioseismology," *Reviews of Modern Physics*, *60*, 297, 1988.

Bahcall, John N., Pinsonneault, M. H., and Basu, Sarbani, "Solar Models: Current Epoch and Time Dependences, Neutrinos, and Helioseismological Properties," *The Astrophysical Journal*, *555*, 990, 2001.

Bhattacharjee, A., "Impulsive Magnetic Reconnection in the Earth's Magnetotail and the Solar Corona," *Annual Review of Astronomy and Astrophysics*, *27*, 421, 1989.

Bai, T., and Sturrock, P. A., "Classification of Solar Flares," *Annual Review of Astronomy and Astrophysics*, *42*, 365, 2004.

Böhm-Vitense, Erika, *Introduction to Stellar Astrophysics, Volume I: Basic Stellar Observations and Data*, Cambridge University Press, Cambridge, 1989.

Böhm-Vitense, Erika, *Introduction to Stellar Astrophysics, Volume II: Stellar Atmospheres*, Cambridge University Press, Cambridge, 1989.

Cleveland, Bruce T., et al., "Measurement of the Solar Electron Neutrino Flux with the Homestake Chlorine Detector," *The Astrophysical Journal*, *496*, 505, 1998.

Cox, A. N., Livingston, W. C., and Matthews, M. S. (eds.), *Solar Interior and Atmosphere*, University of Arizona Press, Tucson, 1991.

Foukal, Peter V., *Solar Astrophysics*, John Wiley and Sons, New York, 1990.

Griffiths, David J., *Introduction to Electrodynamics*, Third Edition, Prentice-Hall, Upper Saddle River, NJ, 1999.

Kivelson, Margaret G., and Russell, Christopher T. (eds.), *Introduction to Space Physics*, Cambridge University Press, Cambridge, 1995.

Lang, Kenneth R., *The Sun from Space*, Springer, Berlin, 2000.

Parker, E. N., "Dynamics of Interplanetary Gas and Magnetic Fields," *The Astrophysical Journal*, *128*, 664, 1958.

Thompson, Michael J., Christensen-Dalsgaard, Jørgen, Miesch, Mark S., and Toomre, Juri, "The Internal Rotation of the Sun," *Annual Review of Astronomy and Astrophysics*, *41*, 599, 2003.

제 5 장 연습 문제

5.1 Using Fig. 11.1, verify that the change in the Sun's effective temperature over the past 4.57 billion years is consistent with the variations in its radius and luminosity.

5.2 **(a)** At what rate is the Sun's mass decreasing due to nuclear reactions? Express your answer in solar masses per year.

(b) Compare your answer to part (a) with the mass loss rate due to the solar wind.

(c) Assuming that the solar wind mass loss rate remains constant, would either mass loss process significantly affect the total mass of the Sun over its entire main-sequence lifetime?

5.3 Using the Saha equation, calculate the ratio of the number of H^- ions to neutral hydrogen atoms in the Sun's photosphere. Take the temperature of the gas to be the effective temperature, and assume that the electron pressure is 1.5 N m^{-2}. Note that the Pauli exclusion principle requires that only one state can exist for the ion because its two electrons must have opposite spins.

5.4 The Paschen series of hydrogen ($n = 3$) can contribute to the visible continuum for the Sun since the series limit occurs at 820.8 nm. However, it is the contribution from the H^- ion that dominates the formation of the continuum. Using the results of Problem 11.3, along with the Boltzmann equation, estimate the ratio of the number of H^- ions to hydrogen atoms in the $n = 3$ state.

5.5 **(a)** Using Eq. (9.63) and neglecting turbulence, estimate the full width at half-maximum of the hydrogen Hα absorption line due to random thermal motions in the Sun's photosphere. Assume that the temperature is the Sun's effective temperature.

(b) Using Hα redshift data for solar granulation, estimate the full width at half-maximum when convective turbulent motions are included with thermal motions.

(c) What is the ratio of v_{turb}^2 to $2kT/m$?

(d) Determine the relative change in the full width at half-maximum due to Doppler broadening when turbulence is included. Does turbulence make a significant contribution to $(\Delta\lambda)_{1/2}$ in the solar photosphere?

5.6 Estimate the thermally Doppler-broadened line widths for the hydrogen Lyα, C III, O VI, and Mg X lines given on page 365; use the temperatures provided. Take the masses of H, C, O, and Mg to be 1 u, 12 u, 16 u, and 24 u, respectively.

5.7 **(a)** Using Eq. (3.22), show that in the Sun's photosphere,

$$\ln(B_a/B_b) \approx 11.5 + \frac{hc}{kT}\left(\frac{1}{\lambda_b} - \frac{1}{\lambda_a}\right)$$

where B_a/B_b is the ratio of the amount of blackbody radiation emitted at $\lambda_a = 10$ nm to the amount emitted at $\lambda_b = 100$ nm, centered in a wavelength band 0.1 nm wide.

(b) What is the value of this expression for the case where the temperature is taken to be the effective temperature of the Sun?

(c) Writing the ratio in the form $B_a/B_b = 10^x$, determine the value of x.

5.8 The gas pressure at the base of the photosphere is approximately 2×10^4 N m^{-2} and the mass density is 3.2×10^{-4} kg m^{-3}. Estimate the sound speed at the base of the photosphere, and compare your answer with the values at the top of the photosphere and averaged throughout the Sun.

5.9 Suppose that you are attempting to make observations through an optically thick gas that has a constant density and temperature. Assume that the density and temperature of the gas are 2.2×10^{-4} kg m^{-3} and 5777 K, respectively, typical of the values found in the Sun's photosphere. If the opacity of the gas at one wavelength (λ_1) is $\kappa_{\lambda 1} = 0.026$ m^2 kg^{-1} and the opacity at another wavelength (λ_2) is $\kappa_{\lambda 2} = 0.030$ m^2 kg^{-1}, calculate the distance into the gas where the optical depth equals 2/3 for each wavelength. At which wavelength can you see farther into the gas? How much farther? This effect allows astronomers to probe the Sun's atmosphere at different depths (recall Fig. 11.13).

5.10 **(a)** Using the data given in Example 11.2.2, estimate the pressure scale height at the base of the photosphere.

(b) Assuming that the ratio of the mixing length to the pressure scale height is 2.2, use the measured Doppler velocity of solar granulation to estimate the amount of time required for a convective bubble to travel one mixing length. Compare this value to the characteristic lifetime of a granule.

5.11 Show that Eq. (11.6) follows directly from Eq. (11.5).

5.12 Calculate the magnetic pressure in the center of the umbra of a large sunspot. Assume that the magnetic field strength is 0.2 T. Compare your answer with a typical value of 2×10^4 N m^{-2} for the gas pressure at the base of the photosphere.

5.13 Assume that a large solar flare erupts in a region where the magnetic field strength is 0.03 T and that it releases 10^{25} J in one hour.

(a) What was the magnetic energy density in that region before the eruption began?

(b) What minimum volume would be required to supply the magnetic energy necessary to fuel the flare?

(c) Assuming for simplicity that the volume involved in supplying the energy for the flare eruption was a cube, compare the length of one side of the cube with the typical size of a large flare.

(d) How long would it take an Alfvén wave to travel the length of the flare?

(e) What can you conclude about the assumption that magnetic energy is the source of solar flares, given the physical dimensions and timescales involved?

5.14 Assuming that an average of one coronal mass ejection occurs per day and that a typical CME ejects 10^{13} kg of material, estimate the annual mass loss from CMEs and compare your answer with the annual mass loss from the solar wind. Express your answer as a percentage of CME mass loss to solar wind mass loss.

5.15 Assume that the velocity of a CME directed toward Earth is 400 km s^{-1} and that the mass of the CME is 10^{13} kg.

(a) Estimate the kinetic energy contained in the CME, and compare your answer to the energy released in a large flare. Express your answer as a percentage of the energy of the flare.

(b) Estimate the transit time for the CME to reach Earth.

(c) Briefly explain how astronomers are able to "predict" the occurrence of aurorae in advance of magnetic storms on Earth.

5.16 **(a)** Calculate the frequency shift produced by the normal Zeeman effect in the center of a sunspot that has a magnetic field strength of 0.3 T.

(b) By what fraction would the wavelength of one component of the 630.25-nm Fe I spectral line change as a consequence of a magnetic field of 0.3 T?

5.17 From the data given in Fig. 11.16, estimate the rotation period of the solar interior at the base of the tachocline.

5.18 Argue from Eq. (11.9) and the work integral that magnetic pressure is given by Eq. (11.10).

6장

성간 물질과 항성 형성

6.1 성간 먼지와 기체

우리가 하늘을 바라볼 때에, 마치 별은 변하지 않고, 일정하게 빛을 내는 점광원처럼 보인다. 얼핏 보면, 우리 태양조차 밝기가 변하지 않는 것 같다. 그러나, 앞에서 보았듯이, 실제로는 그렇지 않다. 태양 흑점이 생기거나 사라지며, 플레어가 발생하며, 코로나 질량 방출을 통하여 상당량의 물질이 우주 공간으로 분출되며, 코로나 자체의 모양이 변하며, 심지어 태양의 밝기조차 인간의 역사적인 시간 규모에서도 몬더 극소기에서 볼 수 있듯이 밝기가 살짝 오르내린다는 것을 알 수 있다. 물론, 우리 태양의 나이인 4.57 Gyr라는 시간에 걸쳐 광도, 유효 온도, 반지름이 상당히 변하였다(그림 5.1을 기억하라).

실제로 모든 별도 변한다. 보통 이 변화는 아주 조금씩 아주 긴 시간에 걸쳐 일어나기 때문에, 사람의 시간 척도에서 측정할 때에 망원경을 사용한 굉장히 정밀한 관측이 아니고는 그 변화들을 알아챌 수 없다. 그러나, 가끔씩은 초신성 폭발과 같이 변화가 지나치게 급격하고 극적으로 일어나기도 한다. 이제까지 공부한 항성 내부 구조와 항성 대기의 물리학적 지식을 사용해서 이제 우리는 별이 일생동안 어떤 과정을 거쳐서 진화하는지 조사할 수 있게 되었다.

성간 물질

어떤 의미에서 별의 진화는 순환적이다. 별은 성간 공간에 있는 기체와 먼지에서 태어나며, 이들을 **성간 물질**(Interstellar Medium, ISM)이라고 부른다. 별의 일생동안, 별의 전체 질량에 따라 다르기는 하지만, 별을 이루는 물질의 대부분은 항성풍, 혹은 폭발적인 과정을 거쳐서 성간 공간으로 되돌아간다. 다음 세대의 별들이 한 때 별을 이루었으며 그 속에서 가공되었던 물질들로부터 태어난다. 따라서, 별의 진화를 이해하는 데에, 성간 물질의 성질을 공부하는 것이 중요하다.

그러나, 성간 물질을 이해하는 것은 항성 진화에서 이들이 담당하는 역할 이상의 중요한 의미가 있다. ISM은 우리 은하수 은하와 우주에 널려 있는 외부 은하들까지 포함하여 이들의 구조, 동력학, 진화를 이해하는 데에 심오한 의미를 갖는다. 게다가, 상대적으로 가까운 별에서 가장 먼 은하와 퀘이사에 이르기까지 모든 천체의 관측에 영향을 끼친다.

더 근본적으로, ISM은 다양한 측면에서 천체물리학적 지식을 시험하는 중요한 실험실 역할을 하는 거대하고 복잡한 환경이다. 난류를 띠는 기체 운동, 충격, 성간 공간에 얽혀 있는 은하의 자기장이 복잡하게 ISM의 동력학에 간여한다. 그러므로, ISM의 모형을 얻으려면, 궁극적으로 자기유체역학 방정식의 세밀한 해를 얻어야한다. 먼지, 분자, 원자, 이온, 자유 전자가 성간 공간 곳곳에 존재하며, 복사 전달, 열역학, 양자 역학적인 지식으로 무장하여 도전해야 한다. 더구나, 지구 위의 실험실에서는 재현할 수 없는 환경에서 일어나는 화학 현상까지 소상하게 파악해야 먼지 티끌의 생성과 파괴 과정을 이해할 수 있다.

천체물리학적 과정을 소개하는 개론서로서 이 교재는 성간 공간에서 일어나는 이 모든 멋들어진 현상들을 다 섭렵할 길은 없다. 따라서, 이 절은 ISM의 일반적인 성질을 간략하게 설명하는 임무로만 한정하자.

성간 소광

어두운 밤에 우리 은하에 잔뜩 있는 **먼지 구름**들 중 몇 개가 별들의 띠인 은하수 원반에서 보인다(그림 6.1). 이러한 어두운 곳들에는 별이 없는 것이 아니라, 먼지 구름 뒤에 있는 별들이 가려서 보이지 않는 것이다. 별을 가리는 것을 **성간소광**(interstellar extinction)이라고 부르며, 이것은 별 빛이 산란되거나 흡수되기 때문에 일어난다(그림 6.2 참조).

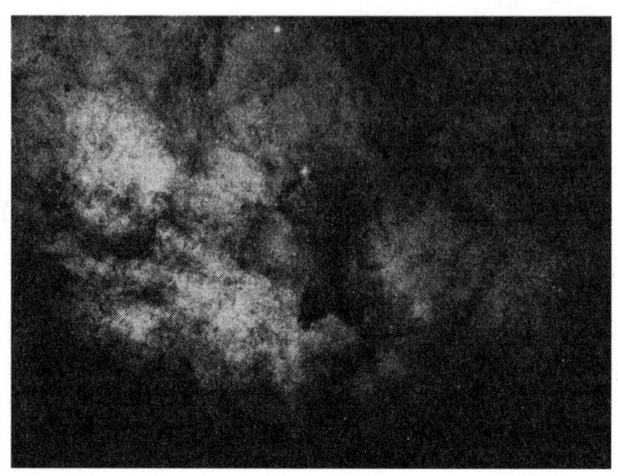

▌그림 6.1 먼지 구름은 은하수 은하의 원반에서 자기 뒤에 있는 별들을 가린다. (영상 제공 Palomar/Caltech)

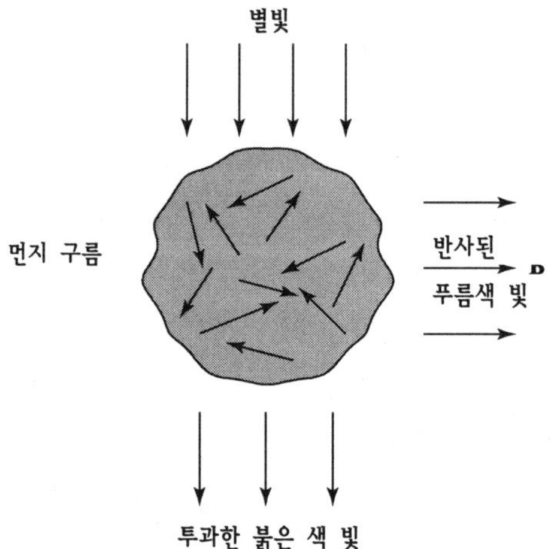

▌그림 6.2 기체와 많은 양의 먼지를 포함하는 성간 구름(먼지 구름)은 빛이 통과하는 경로에서 빛을 흡수하거나 산란한다. 산란과 흡수의 양은 먼지 티끌의 개수 밀도, 빛의 파장, 구름의 두께에 따라 달라진다. 짧은 파장의 빛이 긴 파장의 빛보다 더 큰 영향을 받으므로, 구름 뒤에 놓인 별은 관측자 A에게는 더 붉게 나타난다. 관측자 B는 짧은 파장에서 산란된 빛을 보기 때문에 푸른 반사 성운으로 보인다.

소광이 별의 겉보기 등급에 영향을 준다면, 소광을 고려해서 거리 지수(식 (3.6))를 주는 식을 수정해야 한다. 중심 파장이 λ인 파장대에서

$$m_\lambda = M_\lambda + 5\log_{10} d - 5 + A_\lambda \tag{6.1}$$

이며, 이 때에 d는 pc을 단위로 한 별까지 거리이고 $A_\lambda > 0$는 시선을 따라 흡수나

산란 때문에 올라가는 등급을 나타낸다. A_λ가 충분히 크면, 별은 육안이나 망원경으로 볼 수 없게 된다. 이와 같은 이유로, 은하수에는 어두운 띠가 나타난다.

명백히 A_λ는 시선을 따른 물질의 광학 두께와 관계가 있다. 식 (3.18)으로부터, 빛의 세기의 상대적인 변화는

$$I_\lambda / I_{\lambda,0} = e^{-\tau_\lambda}$$

로 주어지고, 여기에서 $I_{\lambda,0}$는 성간 소광이 없을 때의 복사 세기이다. 이 결과를 식 (3.4)와 결합하면, 광학 두께와 소광에 의한 겉보기 등급과의 관계식을 얻을 수 있으며,

$$m_\lambda - m_{\lambda,0} = -2.5 \log_{10} \left(e^{-\tau_\lambda} \right) = 2.5 \tau_\lambda \log_{10} e = 1.086 \tau_\lambda$$

이다. 그러나, 겉보기 등급의 변화가 A_λ이므로,

$$A_\lambda = 1.086 \tau_\lambda \tag{6.2}$$

이다. *즉, 소광에 의한 겉보기 등급의 변화는 시선 방향으로 광학 두께와 거의 비슷하다.*

식 (3.17)에서 준 광학 두께와 예제 3.2.2의 마지막 부분에서 논의한 바로부터, 성운을 통과하는 광학 두께는

$$\tau_\lambda = \int_0^s n_d(s')\, \sigma_\lambda \, ds' \tag{6.3}$$

이며, $n_d(s')$는 산란하는 먼지 입자의 개수 밀도, σ_λ는 산란단면적이다. σ_λ가 시선 방향으로 일정하다면,

$$\tau_\lambda = \sigma_\lambda \int_0^s n_d(s')\, ds' = \sigma_\lambda N_d \tag{6.4}$$

이며, N_d는 먼지 티끌의 *기둥밀도*로서 별에서 관측자까지 뻗어 있는 $1\ \mathrm{m}^2$의 단위 면적을 갖는 원통 안에 들어있는 산란 먼지 입자의 개수를 의미한다. 이로써, 예측하는 바와 같이 소광의 정도가 빛이 통과하는 경로에 있는 먼지의 양에 따라 결정된다는 것을 알 수 있다.

미 이론(Mie Theory)

먼지에 의한 빛의 산란은 1908년 구스타브 미(Gustav Mie)가 처음으로 설명하였다. 문제를 간단히 하기 위하여, 먼지 입자들이 구형이고, 반지름이 a라고 하면, 통과하는 광자에 대하여 기하학적 단면적은 $\sigma_g = \pi a^2$이다. 이제, 단위가 없는 소광 계수 Q_λ를

$$Q_\lambda \equiv \frac{\sigma_\lambda}{\sigma_g}$$

로 정의하면, Q_λ는 먼지 입자의 구성 성분에 따라 달라진다.

미(Mie)는 빛의 파장이 먼지 입자의 크기와 비슷하면, $Q_\lambda \sim a/\lambda$이고,

$$\sigma_\lambda \propto \frac{a^3}{\lambda} \qquad (\lambda \gtrsim a) \tag{6.5}$$

임을 보였다. λ가 a에 대하여 아주 큰 극한에서, Q_λ가 0에 가까워지고, 반대로 λ가 a에 대하여 아주 작은 극한에서는 Q_λ가 λ의 값에 관계 없이 상수가 되어

$$\sigma_\lambda \propto a^2 \qquad (\lambda \ll a) \tag{6.6}$$

가 된다. 이러한 극한에서 나타나는 현상은 호수면에서 나타나는 파동의 예를 보면 이해할 수 있다. 물결파의 파장이 파동이 진행하는 경로에 놓인 물체(예를 들면 모래알) 보다 아주 크다면, 파는 거의 방해를 받지 않고 진행할 것이다($\sigma_\lambda \sim 0$). 반대로, 섬과 같이 진행하는 파에 대하여 방해하는 물체가 아주 클 경우에는 파는 그저 완전히 차단되고, 계속 진행하는 파는 섬을 피해가는 것들뿐이다. 이와 비슷하게, 충분히 짧은 파장에 대해서 먼지 구름을 통과해 우리가 검출할 수 있는 빛은 먼지 입자들 사이사이를 피해서 온 빛들뿐이다.

앞에서 논의한 것들을 결합하면, 분명히 A_λ로 측정되는 소광의 정도는 파장에 따라 달라진다. 긴 파장의 붉은 빛은 짧은 파장의 푸른빛보다 산란이 덜 일어나므로, 진행 경로에 있는 먼지 구름을 뚫고 오는 별빛에서 푸른빛이 더 많이 제거되면서, 붉게 된다. 이러한 **성간적색화** 때문에, 별들은 유효 온도에서 측정한 것보다 더 붉게 나타난다. 다행히, 별의 스펙트럼에 있는 흡수선과 방출선을 세밀히 분석하면, 이러한 변화를 검출해낼 수 있다.

입사하는 푸른 빛의 많은 부분이 원래 경로에서 산란되어 먼지 구름으로부터 거의 임의의 방향으로 떠나간다. 그 결과, 성간 구름 뒤에 밝은 별이 있을 때에, 플레이아데스(그림 7.16b)와 같은 푸른 색의 **반사 성운**을 볼 수 있게 된다(그림 6.2 참조). 이 과정은 레일리(Rayleigh) 산란에서 파란 하늘을 볼 수 있는 것과 비슷하다. 다만 미(Mie) 산란과 레일리 산란이 다른 점은 레일리 산란하는 분자의 크기가 가시광 파장에 비하여 아주 작아서, $\sigma_\lambda \propto \lambda^{-4}$의 관계로 주어진다는 점이다.

예제 6.1.1

0.8 kpc에 놓인 어떤 별이 550 nm에서 예상한 등급보다 A_V=1.1 등급만큼 더 어둡게 나타난다고 하자. 이 때에 A_V는 안시 파장 필터로 측정한 소광이다(3.6절 참조). Q_{550} =1.5라고 하고, 먼지 입자들이 반지름 0.2 μm인 구형 입자일 때에, 별과 지구 사이에 이 입자들의 평균 개수 밀도($\bar{n}$)를 구하시오. 식 (6.2)에서, 시선 방향으로 광학적 두께는 거의 소광과 비슷하므로, $\tau_{550} \simeq 1$이다. 또한

$$\sigma_{550} = \pi a^2 Q_{550} \simeq 2 \times 10^{-13}\ \mathrm{m}^2$$

이다. 이제, 시선 방향으로 기둥밀도는 식 (6.4)에 준 것과 같이

$$N_d = \frac{\tau_{550}}{\sigma_{550}} \simeq 5 \times 10^{12}\ \mathrm{m}^{-2}$$

이다. 마지막으로, $N_d = \int_0^s n(s')\,ds' = \bar{n} \times 0.8\ \mathrm{kpc}$ 이므로

$$\bar{n} = \frac{N_d}{0.8\ \mathrm{kpc}} = 2 \times 10^{-7}\ \mathrm{m}^{-3}$$

을 얻는다. 이 정도 값의 개수 밀도는 우리 은하수 원반에서 대체적으로 발견되는 값과 비슷하다.

성간 소광에 기여하는 분자 성분들

미(Mie) 이론에서 예측되는 것들은 긴 파장 특히 적외선에서 가시광 영역에서는 잘 맞는다. 그러나, 자외선 영역에서는 상당히 차이가 나며, 중심 파장이 λ인 파장대 소광 A_λ의 기준되는 파장대에서 나타나는 소광, 예를 들면 A_V에 대한 비를 조사해 보면 알 수 있다. 이 비는 주로 그림 6.3과 같이 파장의 역수 λ^{-1}에 대해서 나타낸다. 또한, 색지수 초과를 구하여, 예를 들면 $(A_\lambda - A_V)/(A_B - A_V)$나 $E(B-V) \equiv (B-V)_{\rm intrinsic} - (B-V)_{\rm observed}$과 같은 값을 나타내기도 한다.

긴 파장 영역에서(그래프의 왼쪽) 관측 자료는 미(Mie) 이론과 잘 일치한다. 그러나, 청색(B) 파장대보다 짧은 영역에서는 두 곡선이 심각하게 벌어져서 예상되는 $A_\lambda/A_V \propto \lambda^{-1}$ 관계식으로부터 많이 어긋난다. 특히, 217.5 nm 즉, 4.6 μm^{-1}에서 뚜렷한 "돌출부"가 나타난다. 훨씬 더 짧은 파장대에서는 소광 곡선이 더 급격하게 상승한다. 그림 6.3에서 보이는 "돌출부"로부터 먼지를 구성하는 성분의 실마리를 얻을 수 있다. 흑연은 탄소 원자가 규칙적으로 배열된 물질인데, 217.5 nm에서 빛과 강하게 상호 작용을 한다.

비록, 탄소 원자가 성간 공간에서 규칙적으로 배열되어 큰 흑연 입자가 될 수 있는지는 불확실하지만, "돌출부"의 세기, 탄소의 함량비, 217.5 nm에서 보이는 공명을 볼 때에, 천문학자들은 흑연이 성간 먼지의 주요 성분으로 보고 있다.

217.5 nm 돌출부의 또 다른 가능성은 **다중고리 방향족 탄화수소(polycyclic aromatic hydrocarbon**, PAH, 그림 6.4를 보라)이다. 이들은 복합적인 벤젠 고리와

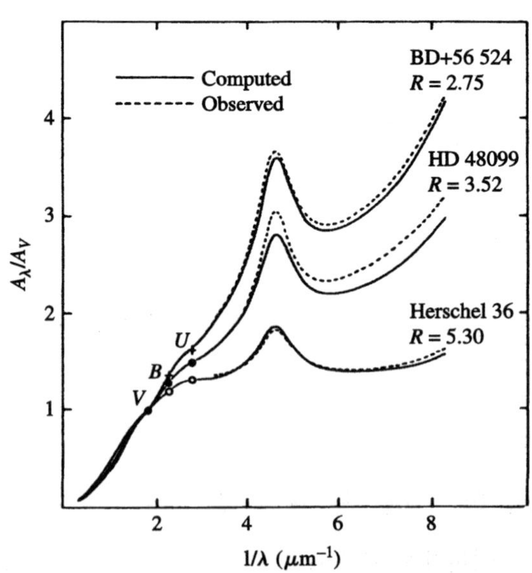

▌그림 6.3 3 별의 시선 방향에 대한 성간 소광 곡선. 파선은 관측 자료를 나타내고, 실선은 이론적인 값이다. 비교하기 위하여, *U*, *B*, *V* 파장대를 표시하였다. (그림 출처 : Mathis, *Annu. Rev. Astron. Astrophys.* *28*, 37, 1990.)

$C_{14}H_{10}$

$C_{24}H_{12}$

$C_{42}H_{18}$

▌그림 6.4 일부 다중고리 방향족 탄화수소의 구조 : $C_{14}H_{10}$(안트라신, anthracene), $C_{24}H_{12}$(코로닌, coronene), $C_{42}H_{18}$(헥사벤젠코로닌, hexabenzocoronene). 육각형 구조는 육각형 꼭지점마다 탄소 원자가 있다는 점을 가리키는 약속 기호이다.

평면 구조를 갖는 복잡한 유기 분자이며, 먼지 구름으로부터 얻은 스펙트럼에서 벤젠 고리에 의한 일련의 분자띠 방출선을 보인다.[1] 3.3 μm와 12 μm 사이에 *미확인 적외선 방출띠*가 존재하며, 이들은 PAH에서 C-C와 C-H 결합에 나타나는 진동 때문에 발생한다고 추정된다. 원자의 에너지 준위들이 양자화되어 있듯이, 분자띠들과 관련된 방출선도 양자화된 에너지 준위들 사이의 천이로부터 비롯한다. 그러나, 분자띠들 사이의 천이에서는 에너지 준위들이 매우 좁은 간격으로 촘촘하게 무리지어 있기 때문에, 스펙트럼에서는 파장 폭이 넓은 띠 형태를 보이는 것이 특징적이다. 분자 결합의 진동, 회전, 구부러짐 운동 모두가 양자화되기 때문에, 큰 분자의 경우 스펙트럼이 대단히 복잡하여 동정하기가 매우 어렵다.

성간 먼지에는 다른 입자 성분도 존재하며, 근적외선 영역인 9.7 μm와 18 μm에서 어두운 흡수선 띠가 나타나는 것이 그 증거이다. 이러한 띠들은 각각 규산염에서 Si-O 화학 결합을 당길 때와 Si-O-Si 결합을 구부릴 때에 일어나는 흡수선 띠로 추정된다. 규산염의 흡수선 띠가 보이는 것은 규산염이 먼지 구름이나 성간 공간에서 흩어져 있는 먼지에 존재함을 의미한다.

성간 먼지에서 오는 빛의 중요한 특징은 편광이다. 편광도는 대체적으로 수 퍼센트이며, 파장에 따라 달라진다. 이는 먼지가 완전히 구형일 수 없다는 점을 의미

1) PAH와 같이 복잡한 분자들이 우주 공간에 존재한다는 사실은 **탄산질 운석**(carbonaceous meteorite)이라고 부르는 지구상에서 발견되는 특정 종류의 운석에 함유되어 있다는 사실로부터도 입증되고 있다.

한다. 더구나, 먼지 입자들은 어느 정도는 특정한 방향으로 정렬되어 있어야만, 전자기파의 전기장이 특정 방향으로 쏠릴 수 있다. 가장 그럴듯한 설명은 먼지들과 약한 자기장이 상호 작용할 때에 먼지가 정렬한다는 것이다. 에너지를 가장 덜 소모하는 방법은 먼지의 길쭉한 축이 자기장 방향에 대하여 직교하며 먼지가 회전하는 것이다.

이 모든 관측들로부터, 우리는 성간 먼지의 구성 성분에 대한 실마리를 얻을 수 있다. 성간 먼지는 흑연과 규산염으로 구성되며, 그 크기가 수 마이크론에서 작은 PAH의 크기인 1나노미터 이하까지 넓은 범위에 걸쳐있다. 이러한 성분들이 기여하는 정도를 결합하면, 성간 소광 곡선의 많은 특징들이 설명될 수 있다.

ISM의 지배적인 성분인 수소

비록 쉽게 눈에 띄는 대부분의 소광이 먼지 때문에 일어나지만, 성간 공간의 지배적 성분은 수소 기체이며, 중성 원자(H I), 수소 이온(H II), 수소 분자(H_2)의 다양한 형태를 띤다. 수소는 성간 물질 질량의 약 70 퍼센트를 이루며, 헬륨이 나머지의 질량의 대부분을 차지한다. 그리고, 탄소나 규소 같은 금속 원소들은 전체에서 수 퍼센트를 겨우 차지할 뿐이다.

대부분의 *성긴* 성간 수소 구름에 있는 수소들의 대부분은 바닥상태에 있는 수소 원자의 형태를 띤다. 이 결과, H I은 들뜬 전자 에너지 준위에서 바닥상태로 천이할 때에 방출되는 방출선을 낼 수 없게 된다. 또한, H I의 흡수선을 보기도 어려운데, 이는 자외선 광자가 바닥상태의 전자를 끌어 올려야하기 때문이다. 그러나, 아주 특별한 경우, 자외선 우주망원경을 통해서 뒤에 놓인 강한 UV 방출원이 있을 때에 차가운 H I 구름에 의하여 나타나는 흡수선을 검출한다.

수소의 21 cm 복사

다행히, 성간 공간에서 중성 수소를 확인할 수 있는 방법이 있다. 이것은 **21 cm 전파 분광선**을 검출하는 것이다. 21 cm파는 수소 원자핵인 양성자의 스핀에 대해서 전자의 스핀이 뒤집힐 때에 방출된다. (5.4절)을 기억하면, 전자와 양성자는 고유의 스핀 각운동량이 있는데, 스핀의 z성분은 $m_s = \pm\frac{1}{2}$의 2개의 값을 가질 수 있다. 그런데, 전자와 양성자는 전하가 있기 때문에, 자전각운동량이 있으면 막대자석과 같이 자기쌍극자가 된다. 전자와 양성자의 자전각운동량이 정렬되어 있으면(즉, 두 스핀이 같은 값을 가지면) 수소 원자는 전자–양성자가 반대로 정렬되었

을 때보다 약간 더 높은 에너지를 갖는다(그림 6.5). 이 결과, 전자의 스핀은 양성자와 정렬된 상태에서 "뒤집히면서" 반대로 정렬하고, 남은 에너지를 내놓아야한다. 스핀이 충돌에 의해서 뒤집힌 것이 아닌한, 광자가 방출되어야한다. 물론, 광자가 흡수되어 수소 원자가 반정렬 상태에서 정렬 상태로 옮아갈 수도 있다. 이와 같은 스핀 뒤집힘 과정에서 방출되거나 흡수되는 광자의 파장은 21.1 cm이며 주파수로는 1420 MHz이다.

21 cm광자가 개별 수소 원자로부터 방출되는 일은 극히 드물다. 들뜬 상태에 있으면 평균적으로 수백만년정도의 시간이 지나야 수소 원자가 광자를 방출한다. 이와 같은 자발적 방출 과정은 수소 원자들 사이에 일어나는 충돌 때문에 나타나는 원자의 들뜸 또는 되가라앉음 과정과 경합을 벌인다. 성긴 성간 매질에서 충돌이 일어나는 시간 규모가 수백년이다. 이는 자발적 방출 과정의 시간 규모보다 매우 짧지만, 통계적으로 일부의 원자는 여전히 자발적 천이를 일으킬 수 있다. 한편, 지상의 실험실에서 만들 수 있는 최고의 진공조차 성간 공간의 밀도에 비하면 대단히 높은 밀도이므로, 충돌률이 지나치게 높아 실험실의 원자들은 충돌로 되가라앉고 21 cm 전파를 방출하지 않는다. 이 결과, 21 cm 전파가 발견되는 유일한 곳이 바로 우주 공간이다. 21 cm 파가 존재할 것이라는 생각은 1940년대 초에 나타났으며, 1951년에 처음으로 검출되었다. 그 이후로, 21 cm파는 도플러 효과를 이용한 시선 방향의 속도와 제만 효과를 이용한 자기장의 세기를 측정하여 H I의 위치와

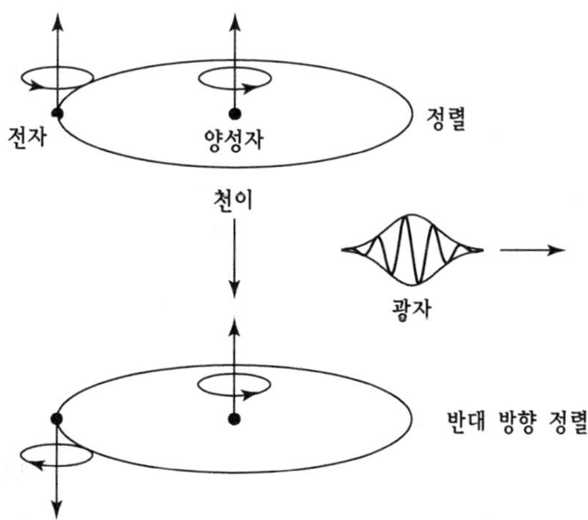

그림 6.5 수소 원자의 양성자와 전자가 정렬 상태에서 반정렬 상태로 천이할 때에 21 cm 파장을 갖는 광자가 방출된다.

밀도 지도를 만드는 데에 중요한 도구가 된다. 21 cm파는 특히 우리 은하를 비롯한 여러 은하의 구조와 운동학적 성질을 결정하는 데에 특히 소중하다.

비록, H I이 아주 풍부하지만, 21 cm 방출선(혹은 흡수선)이 개개의 원자에서 아주 드물게 나타난다는 것은 선 중심에서 광학 두께가 아주 먼 성간 공간까지 작다는 뜻이다. 선윤곽이 그림 3.19에서 보았듯이 도플러의 선윤곽과 같은 가우시안이라고 가정하면, 선 중심에서 광학 두께는

$$\tau_H = 5.2 \times 10^{-15} \frac{N_H}{T\,\Delta v} \tag{6.7}$$

이고, 이 때에 N_H는 m^{-2}를 단위로 한 H I의 기둥 밀도, T는 기체의 절대 온도, 그리고 Δv는($km\,s^{-1}$을 단위로 하는) 반최대치전폭이다[선폭은 주로 도플러 효과 때문에 나타나므로(식 (4.30)), Δv를 파장 단위로 표현하기 보다는 속도 단위로 나타낸다. 일반적으로 $\Delta v \sim 10\ km\,s^{-1}$이다].

21 cm 수소선이 광학적으로 얇을 때에는(즉, 성장 곡선에서 선형 부분에 있을 때에, 그림 3.21), 광학 두께는 중성 수소의 기둥 밀도에 비례한다. **성긴 H I 구름**을 조사하면, 이들의 온도가 30–80 K, 개수 밀도는 $1\times10^8\ m^{-3}$에서 $8\times10^8\ m^{-3}$이고, 질량은 대략 1–100 $M_\odot$이다.

τ_H와 A_V를 같은 시선 방향에 대하여 비교하면, $A_V < 1$인 곳에서는 N_H가 일반적으로 N_d(먼지의 기둥 밀도)에 비례한다. 이러한 관측으로부터 먼지와 기체는 성간 공간 전체에 대체적으로 함께 분포하고 있다는 사실을 알 수 있다. 그러나, $A_V > 1$인 곳에서는 이러한 상관관계가 깨지며, 먼지의 기둥 밀도가 가파르게 증가해도 H I의 기둥밀도는 같이 비례해서 증가하지는 않는다. 아마도, 다른 물리적 과정 때문에 먼지의 광학 두께가 커지는 듯하다.

광학적으로 두꺼운 먼지 구름은 자외선원에서 나오는 수소에 방패 역할을 한다. 이러한 방패 덕분에 수소 분자가 UV 광자를 흡수해서 해리될 걱정 없이 안전하게 존재할 수 있다. 먼지가 있으면 매우 빠르게 수소 분자를 형성할 수 있으며, 수소 원자들끼리 제멋대로 충돌해서 수소 분자를 만들 때보다 더 효율적이다. 분자 형성률이 향상되는 데에는 두 가지의 이유가 있다. 첫 번째 이유는 먼지 티끌은 먼지 표면을 수소 원자들끼리 만날 수 있는 *장소*로 제공하여, ISM에서 우연히 일어날 만남의 기회를 높인다. 두 번째로는 안정한 수소 분자가 형성될 때에 방출해야 할

결합 에너지를 먼지가 흡수하여, 에너지의 *싱크대*가 된다는 점이다. 방출되는 결합에너지의 일부는 먼지 입자를 데우는 데에 쓰이고, 일부는 먼지에서 수소 분자가 떨어져 나가는 데에 필요한 에너지에 쓰인다. 수소 원자의 기둥 밀도가 충분히 크면(N_H가 $10^{25}\ \mathrm{m}^{-2}$의 규모일 때에), H_2가 UV에 의하여 광해리되는 것을 막아줄 수 있다. 따라서, 분자운은 H I 껍데기에 둘러싸여 있다.

H_2의 분자 추적자

수소 분자의 구조는 수소 원자와 매우 달라서, 수소 분자는 21 cm 전파를 방출하지 않는다. 이 때문에 $A_V > 1$ 인 분자운에서는 N_H와 A_V에서 사이의 상관관계가 거의 없다.

불행하게도 수소 분자는 직접 관측하기가 아주 어렵다. 수소 분자는 가시광이나 ISM의 전형적인 낮은 온도에서 나타날 전자기파 스펙트럼의 전파 영역에서 흡수선이나 방출선이 없기 때문이다. $T > 2000$ K인 특별한 경우, 수소 분자 결합에 관련된 회전과 진동 띠(통칭해서 회전-진동띠 rovibrational band라고 부른다)를 검출할 수 있다. 그러나, 대부분의 경우,수소 분자의 흔적을 따라가려면 다른 분자를 사용해야 한다. 상대적으로 함량비가(수소 분자의 10^{-4} 정도인) 높기 때문에 가장 흔하게 사용되는 분자가 일산화탄소 CO이고, CH, OH, CS, C_3H_2, HCO^+, N_2H^+와 같은 분자들도 쓰인다. 분자운의 세밀하고 심화된 연구를 수행하기 위하여, ^{13}CO나 $C^{18}O$과 같이, 주어진 분자의 **동위분자(isotopomer)**를 사용하는 것도 가능하다. 분자들이 스펙트럼에 영향을 주는 관성모멘트를 가지므로, 분자에서 서로 다른 동위원소가 있으면, 스펙트럼이 달라진다. 한 예로 문제 6.7을 보라(구체적인 동위 원소를 언급하지 않으면, 가장 흔하게 나타나는 동위 원소를 말한다고 생각하자. 그러므로, CO는 $^{12}C^{16}O$을 뜻한다).

수소 분자의 추적자로 쓰이는 이러한 분자들은 충돌을 일으켜 들뜨게 되고(혹은 되가라앉고) 들뜬 상태에서 자발적 천이를 일으키면, CO 분자의 2.6 mm 천이선과 같은 광자가 방출되어 쉽게 관측할 수 있다. 충돌률이 기체의 온도(즉, 운동에너지)와 충돌을 일으키는 입자들의 개수 밀도에 따라 달라지므로, 분자 추적선들은 분자운의 내부 환경을 알려 주는 중요 정보원이다. 실제로, 원자와 분자의 충돌률은 핵반응률 방정식에서 썼던 접근법과 완전히 동일한 방법으로 계산할 수 있다 (식 (4.29)).

성간 구름의 분류

이러한 연구를 통하여 분자운의 물리적 상태가 아주 다양하게 나타남을 알 수 있다. 그러므로, 여러 부류의 성간 구름을 묘사해도 어느 정도 모호할 수 밖에 없고 그 어떤 구체적이고 세밀한 분류법도 성공적일 수 없다. 그러나, 이러한 점에 주의하면서, 넓은 분류법은 구체적인 환경에서 보이는 일반적인 특징들을 살펴 보는 데에 여전히 유용한다.

수소 기체가 주로 원자 상태로 있으며, $1 < A_V < 5$인 성간 구름에서 분자 상태의 수소는 기둥밀도가 높은 곳에서 발견된다. 이러한 성간 구름을 **성긴 분자운**(diffuse molecular cloud) 혹은 **반투명 분자운**(translucent molecular clouds)이라고 부른다. 성긴 분자운의 물리적 상태는 흩어진 H I 구름과 대체적으로 비슷하지만, 약간 더 질량이 크다. 즉, 온도는 15–50 K, 밀도는 $n \sim 10^8$에서 $5\times10^9\ \mathrm{m^{-3}}$, $M \sim 3$에서 100 M$_\odot$이며, 크기는 수 파섹이다. H I 구름과 성긴 분자운의 생김새는 불규칙하다.

거대분자운(Giant Molecular Cloud, GMC)은 먼지와 기체가 섞인 거대 복합체로서, 온도는 대략 $T \sim 15$ K, 개수 밀도는 $n \sim 10^8$에서 $3\times10^8\ \mathrm{m^{-3}}$, 질량은 10^5 M$_\odot$에서 10^6 M$_\odot$이고, 대체적인 크기는 50 pc이다. 바나드33(B33)이라고도 부르는 유명한 말머리 성운이 그림 6.6에 나타나 있다. 말머리 성운은 오리온 거대분자운 복합체의 한 부분이다. 수천 개의 GMC가 우리 은하에 존재한다고 알려져 있으며, 이들 대부분은 나선팔에 있다.

대체적으로 GMC의 구조는 군데군데 덩어리져 있으며, 이러한 곳은 특별히 높은 밀도를 갖는다. 대략 10^4 M$_\odot$의 질량을 갖는 **암흑성운복합체**(dark cloud complex)는 $A_V \sim$ 5이며, $n \sim 5\times10^8\ \mathrm{m^{-3}}$이며, 지름은 10 pc정도이고, 대표적인 온도는 10 K이다. 더 작은 낱개의 **덩어리**들은 더욱 높은 밀도를 가지며, $A_V \sim 10$, $n \sim 10^9\ \mathrm{m^{-3}}$이며, 2 pc 안팎의 지름에 온도 10 K와 30 M$_\odot$ 정도의 질량을 갖는다. 훨씬 더 작은 규모에서는 조밀한 핵(dense core)이 존재하며, 질량은 10 M$_\odot$, $A_V > 10$, $n \sim 10^{10}\ \mathrm{m^{-3}}$이며, 대체적인 크기와 온도는 0.1 pc과 10 K이다. 마지막으로, GMC의 일부 국지적인 장소에서 뜨거운 핵(hot core)들이 관측되며, 크기는 0.05–0.1 pc정도이며, 소광은 $A_V \sim$ 50에서 1000, 온도는 $T \sim 100$에서 300 K, $n \sim 10^{13}$에서 $10^{15}\ \mathrm{m^{-3}}$이며, $M \sim 10$에서 3000 M$_\odot$이다. NASA의 Spitzer Space Telescope이나 European Space Agency의 Infrared Space Observatory와 같은 적외선 망원경의

관측에 따르면, 뜨거운 핵들은 무겁고 어린 O형과 B형별들을 안에 포함하고 있는 듯하여, 이 지역이 최근에 별 탄생을 일으킨 곳이라는 사실을 강하게 암시한다.

그림 6.6 말머리 성운은 오리온 거대분자운 복합체의 일부이다. "말머리" 모양은 H II(이온화된 수소) 지역으로 들이민 먼지 성분 때문에 생긴다.

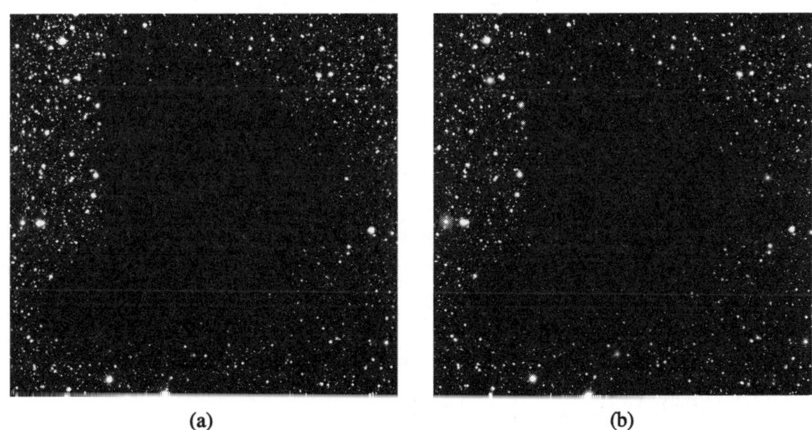

그림 6.7 복 구상체 바나드 68(B68)의 가시광 영상 [(a) BVI의 합성 영상]과 가시광 영상 [(b) BIK의 합성 영상]. 가시광 영상은 파라날에 있는 European Southern Observatory의 8 m망원경인 Very Large Telescope으로 얻었다. 가시광 영상은 라 시야(La Silla)에 있는 EOS의 3.58 m New Technology Telescope으로 얻었다. 적외선 영상에서는 상당히 적색화된 별들이 구상체를 통과하여 보인다는 점에 유의하라(성간 적색화는 먼지 티끌로부터 빛이 산란 결과이다. (European Southern Observatory)

큰 분자 복합체의 외곽에 거의 공 모양을 한 둥근 구름이 존재하며 **복 구상체 (Bok globule)** 이라고 부른다(그림 6.7을 보시오).[2] 이들 구상체의 특징은 매우 큰 소광($A_V \sim 10$), 낮은 온도($T \sim 10$ K), 비교적 큰 개수밀도($n > 10^{10}$ m^{-3}), 작은 질량($M \sim 1$에서 1000 M$_\odot$), 1 pc이하의 작은 크기이다. Bok 구상체의 적외선 탐사 관측으로부터 다수 혹은 어쩌면 대부분이 중심에 낮은 광도의 어린 별들을 품고 있을 것으로 추정되며, 복 구상체는 별이 활발하게 태어나는 곳인 것 같다.

실제로, 복 구상체는 근처의 뜨겁고 무거운 별들 때문에 자신을 둘러싸고 있던 분자 기체를 날려 버린 고밀도의 핵인 듯하다. 성간 물질에서 별이 태어나는 과정은 다음 절에서 공부한다.

성간 매질의 화학

이미 공부한 분자와 먼지 티끌에 더해서, ISM에는 다른 분자들 또한 풍부하게 존재한다. 2005년 6월 현재, 전파 관측에서(동위분자를 포함하지 않고) 125종의 분자를 동정하였으며, H_2, CO와 같은 단순한 이원자분자나 H_2O, H_3^+와 같은 삼원자 분자에서 상당히 긴 끈 모양의 유기 분자 $HC_{11}N$에 이르기까지 복합적이다.

성간 매질에 존재하는 복잡한 분자들을 생각할 때에, ISM의 화학 역시 상당히 복잡할 것이 자명하다. 주어진 분자운에서 일어나는 구체적인 과정들은 기체의 밀도와 온도에 따라 달라지며, 먼지 티끌의 존재와 이들의 성분도 영향을 준다. 우리는 285쪽에서 분자운의 지배적 성분인 수소 분자 H_2의 형성 과정에 먼지 티끌이 매우 중요하다는 점을 공부하였다. 먼지 티끌은 CH, NH, OH, CH_2, CO, CO_2, H_2O를 포함하여 많은 분자들의 형성에도 도움을 줄 것이다. 실제로, 충분히 밀도가 큰 분자운에서는 먼지 표면에서 분자들이 형성되기 때문에, 먼지 티끌에서 얼음 맨틀의 발생과 같은 화학적 과정이 일어날 수 있다. 고체 상태의 CO, CO_2, H_2O, CH_4, CH_3OH, NH_3 얼음들과 다른 얼음들의 흡수선 표식이 규산염 먼지 티끌의 적외선 스펙트럼에 섞여서 관측되었다.

먼지 표면에서 일어나는 화학 과정에 추가하여, 분자들은 기체 상태에서도 형성이 가능한다. 예를 들면, 수산기 분자(OH)는 이온화된 물분자 H_2O^+를 포함하여, 원자 이온과 분자 이온을 포함하는 일련의 반응식을 통해 생성될 수 있다.

2) 복 구상체는 1940년대에 이들 천체를 처음 연구한 바트 복(Bart Bok, 1906-1983)의 이름을 따서 명명되었다.

$$
\begin{aligned}
H^+ + O &\rightarrow O^+ + H \\
O^+ + H_2 &\rightarrow OH^+ + H \\
OH^+ + H_2 &\rightarrow H_2O^+ + H \\
H_2O^+ + e^- &\rightarrow OH + H
\end{aligned}
\tag{6.8}
$$

식 (6.8)은 수소 분자가 참여하는 다음의 또 다른 반응과 경쟁하여

$$H_2O^+ + H_2 \rightarrow H_3O^+ + H$$

다음 반응을 통해 수산기 분자(반응의 75%)나 물 분자를 생성한다.

$$H_3O^+ + e^- \rightarrow \begin{cases} OH + H_2 \\ H_2O + H \end{cases} \tag{6.9}$$

ISM의 가열과 냉각

분자와 먼지 티끌이 ISM의 화학을 이해하는 데에 굉장히 중요할 뿐만 아니라, 별 사이 공간에 있는 물질들을 데우거나 식히는 데에도 중요한 역할을 한다. 성긴 분자운이 거대분자운보다 온도가 더 높으며, GMC의 조밀한 핵은 훨씬 더 온도가 낮다는 사실을 이미 공부하였다. 한편, GMC의 뜨거운 핵은 훨씬 더 온도가 높다. 이러한 관측적 경향이 나타나는 물리학적인 원인은 무엇일까?

성간 매질 가열하는 중요한 원인이 우주선(cosmic ray)이다. 우주선은 우주 공간을 떠돌아다니는 전기를 띤 입자를 일컬으며, 이들 입자들 가운데 어마어마한 에너지를 갖는 것들도 있다. 양성자 한 개가 10에서 10^{14} MeV사이에서 임의의 값을 갖기도 한다.[3] 가장 높은 에너지를 갖는 우주선은 극히 드물지만, 10^3에서 10^8 MeV의 에너지 값은 흔하다. 우주선 입자들의 원천들 가운데 항성 플레어나 초신성 폭발이 포함되며, 여기에 대해서 9.5절에서 공부할 것이다.

우주선에 의한 가열은 주로 우주선 양성자와 충돌을 통하여 수소 원자나 수소 분자를 이온화함으로써 나타난다.

$$
\begin{aligned}
p^+ + H &\rightarrow H^+ + e^- + p^+ \\
p^+ + H_2 &\rightarrow H_2^+ + e^- + p^+
\end{aligned}
$$

3) 10^{14} MeV는 0.057 kg의 테니스 공이 100 km h^{-1}의 속력으로 운동할 때에 나타나는 운동에너지이다.

원자나 분자가 이온화되면, 전자가 튕겨져 나가면서 양성자가 원래 가지고 있었던 운동에너지의 일부를 획득한다. 이와 같이 튕겨져 나간 전자들이 ISM과 상호작용하여, ISM 구성 성분의 평균 열에너지를 충돌을 통하여 증가시킨다(예를 들어 식 (6.8)과 (6.9)를 보시오). 기체에서 다른 분자와 충돌한 이 분자들이 열적인 운동에너지를 분자운 전체로 퍼뜨려, 분자운의 온도를 높힌다.

분자운에서 가열을 일으키는 다른 원천들은 자외선 별빛에 의하여 탄소 원자로부터 전자를 튕겨 나가게 하는 탄소 원자의 이온화, 자외선 별빛을 흡수한 먼지 티끌로부터 전자가 튀쳐 나가는 과정, 먼지 티끌의 원자 결합의 격자에 의한 빛 에너지의 흡수, 별이 내는 X선에 의한 수소 원자의 이온화 따위가 있다. 초신성이나 강력한 항성풍에 의한 충격 또한 특별한 경우에는 분자운을 가열하기도 한다.

가열 과정에 균형이 잡히려면, 냉각 과정도 반드시 작동해야 한다. 냉각의 주된 기작은 적외선 광자의 방출에 있다. 미(Mie) 산란을 기억하면(식 (6.5)), 광자의 파장이 먼지 티끌의 크기 정도 혹은 이보다 크면, 산란이 잘 일어나지 않는다. IR 광자들은 더 짧은 파장의 광자들보다 분자운을 쉽게 뚫고 지나가기 때문에, IR 광자는 구름이 갖고 있던 에너지를 밖으로 수송한다.

IR 광자는 분자운에서 이온, 원자, 분자, 먼지 티끌들끼리 충돌할 때에 생성된다. 이온, 원자, 분자들 사이에서 충돌이 일어나면, 충돌에 참여한 입자 가운데 하나가 들뜬 상태로 올라가는게 일반적이다. 여기에서 들뜬 상태로 올라가는 데에 필요한 에너지는 충돌 과정의 운동 에너지에서 온다. 들뜬 상태에 있는 입자는 다시 바닥상태로 천이하면서 IR 광자를 내쏜다. 예를 들면

$$O + H \rightarrow O^* + H \tag{6.10}$$

$$O^* \rightarrow O + \gamma \tag{6.11}$$

이다. 여기에서 O^*는 들뜬 상태에 있는 산소 원자이다. 충돌 운동에너지(열에너지)는 IR 광자로 전환되며 이 광자는 분자운을 빠져 나온다. H와 H_2에 의한 C^+와 CO의 충돌 들뜸 또한 분자운을 식히는 데에 크게 이바지한다.

충돌을 일으키는 먼지 티끌들도 분자운의 냉각을 야기한다. 이러한 과정은 먼지 티끌의 결정격자가 충돌 후에 여분의 열에너지를 갖는다는 측면에서 이온, 원자, 분자들의 충돌과 비슷하다. 여분의 열에너지를 가진 먼지 티끌은 적외선 광자를 내고, 이 광자는 분자운을 탈출한다.

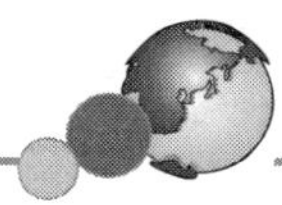

먼지 티끌의 원천

분자운의 질량에서 겨우 일 퍼센트 정도 밖에 차지하지 않는 먼지일지라도, 화학과 물리학적 과정에서 이들은 중요한 구성 성분이라는 점이 분명하다. 이러한 먼지들의 원천에 대한 궁금증이 자연스럽게 떠오른다. 관측에 따르면, 비록 먼지 티끌들이 분자운에 비하여 더 큰 밀도를 갖고 있다는 점이 도움이 되어 아주 차가운 항성의 외곽에서 형성될 수 있지만, 티끌들은 UV나 X선 광자들에 의하여 쉽게 파괴될 수도 있다. 먼지 티끌들은 초신성 폭발이나 항성풍의 산물로서 형성될 수도 있다. 그러나, 이러한 원천들 가운데 어느 것도 분자운에서 보이는 무거운 먼지 티끌들의 함량을 제공할 수 없다. 분자운 내부에서 서로 뭉치면서 먼지들이 성장하는 듯하다. 먼지 티끌의 형성은 ISM의 본질을 규명하려는 활발한 많은 연구 활동의 한 단면을 보여 준다.

6.2 원시별의 형성

1960년대 이후로, 항성 진화 연구는 괄목할 만한 성과를 보였고, 별의 일대기를 자세히 묘사할 수 있는 수준에 도달하였다. 이러한 성공은 관측 기술의 발달과 별에서 중요한 물리적 과정의 규명, 수치계산 능력의 향상에 말미암은 것이다. 6장의 나머지 부분과 7장에서는 별의 일생을 둘러보고, 항성 맥동, 초신성과 밀집성(별의 주검)과 같은 진화에서 나타나는 특별한 단계들에 대한 상세한 공부는 나중에 다루도록 한다.

진즈(Jeans)의 기준

많은 성공을 거두었음에도 불구하고, 별들이 일생 동안 변화하는 양상에 대해서 아직도 중요한 부분에서 의문들이 풀리지 않고 있다. 그 하나는 아주 초기의 진화 단계이며, **원시별**이라고 부르는 핵융합 반응이 시작되기 이전의 천체가 성긴 분자 구름에서부터 형성되는 과정이다.

분자운에 있는 구상체나 핵들이 별 탄생 지역이라면, 어떤 조건에서 구름이 붕괴할 것인가? 제임스 진즈 경(Sir James Jeans 1877–1946)이 이 문제를 1902년에 처음으로 조사하기 시작하였으며, 그는 정역학 평형에서 살짝 벗어날 때에 나타나는 효과를 고려하였다. 예를 들면, 회전, 난류, 은하의 자기장 효과를 무시하는 등,

비록 몇 가지 간단한 가정을 세웠지만, 그는 원시별의 진화를 통찰할 수 있는 중요한 실마리를 제공하였다.

비리얼 정리(식 (2.46))에 따르면,

$$2K + U = 0$$

은 중력으로 묶인 안정한 계가 평형 상태에서 만족하는 식이다.4) 우리는 이미 비리얼 정리가 궤도 운동에서 자연스럽게 나타난다는 사실을 공부했으며, 이 관계를 이용하여 별에 있는 중력 에너지를 계산해 보았다(식 (4.22)). 또한, 비리얼 정리를 사용해서 원시별 형성에 필요한 조건을 얻을 수 있을 것이다.

분자구름의 내부 운동에너지의 2배가($2K$) 중력위치에너지의 절대값($|U|$)보다 크다면, 기체의 압력 때문에 생기는 힘이 중력보다 커져서 구름이 팽창한다. 반대로, 내부 운동에너지가 지나치게 작으면, 분자 구름은 붕괴한다. 회전, 난류, 자기장을 무시한다고 할 때에, 이 두 경우의 경계에서 안정성의 임계 조건을 얻을 수 있다.

일정한 밀도를 갖는 공 모양의 구름을 가정하면, 중력위치에너지는

$$U \sim -\frac{3}{5}\frac{GM_c^2}{R_c}$$

로 주어지고(식 (4.22)), M_c와 R_c는 각각 분자구름의 질량과 반지름이다. 분자구름의 내부 운동에너지는

$$K = \frac{3}{2}NkT$$

으로 주어지고, N은 입자의 총갯수이다. 이 때에 N은

$$N = \frac{M_c}{\mu m_H}$$

이며, μ는 평균분자량이다. 이제, 비리얼 정리에 의하여 구름이 무너져 내리는 조건($2K < |U|$)을 적용하면

4) 2.4절에서 했던 바와 같이, 우리는 운동에너지와 위치에너지를 시간에 대하여 평균했다고 암묵적으로 가정한다.

$$\frac{3M_c kT}{\mu m_H} < \frac{3}{5}\frac{GM_c^2}{R_c} \tag{6.12}$$

이다. 반지름을 분자구름의 초기 밀도 ρ_0를 써서 나타내면

$$R_c = \left(\frac{3M_c}{4\pi\rho_0}\right)^{1/3} \tag{6.13}$$

으로 쓸 수 있다.

이 식을 식 (6.2)에 대입하면, 구름이 스스로 무너져 내리기 시작하는 데에 필요한 최소 질량을 구할 수 있을 것이다. 이 조건을 **진즈(Jeans) 조건**이라고 부르며

$$M_c > M_J$$

이고, 이 때에

$$\boxed{M_J \simeq \left(\frac{5kT}{G\mu m_H}\right)^{3/2}\left(\frac{3}{4\pi\rho_0}\right)^{1/2}} \tag{6.14}$$

이며, 이를 **진즈(Jeans) 질량**이라고 부른다. 식 (6.13)을 써서, 진즈의 조건을 밀도가 ρ_0인 구름이 붕괴하는 데에 필요한 최소의 반지름으로 다음과 같이 나타낼 수 있다.

$$R_c > R_J \tag{6.15}$$

이 때에

$$\boxed{R_J \simeq \left(\frac{15kT}{4\pi G\mu m_H\rho_0}\right)^{1/2}} \tag{6.16}$$

이고, 이 값을 **진즈(Jeans) 길이**라고 부른다.

위에서 진즈 질량을 유도하는 데에 우리는 주변의 성간 물질이 구름에 주는 외부 압력이 존재한다는 중요한 점을 무시하였다(예를 들면, 안에 담긴 조밀한 핵이 붕괴하는 경우 이 핵을 감싸는 GMC가 외부 압력을 줄 것이다). 우리는 여기에서 외부 압력을 고려한 식을 유도하지는 않겠지만, 외부 압력 P_0이 있는 경우 중력 붕괴가 일어날 임계 질량은 다음과 같은 **보너-이버트(Bonnor-Ebert) 질량**으로 주어진다.

$$M_{\rm BE} = \frac{c_{\rm BE} v_T^4}{P_0^{1/2} G^{3/2}} \tag{6.17}$$

이 때에

$$v_T \equiv \sqrt{kT/\mu m_H} \tag{6.18}$$

이며, 등온 소리 속도(isothermal sound speed)이고(식 (4.84)에서 $\gamma=$ 이다), 차원이 없는 상수 c_{BE}는

$$c_{\rm BE} \simeq 1.18$$

로 주어진다. 문제 6.11에서 진즈 질량(식 (6.14))를 c_{BE} 대신 $c_J \simeq 5.46$으로 바꾸어서 식 (6.17)의 꼴로 나타낼 수 있음을 보인다. 외부 압력 P_0에 의하여 구름이 추가적으로 압축되므로, 보너-이버트 질량에서 더 작은 비례 상수를 기대할 수 있겠다.[5)]

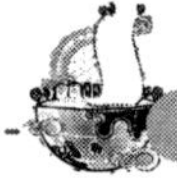

예제 6.2.1

대표적인 성긴 수소구름의 온도가 $T=30$ K이고 밀도가 $n=5\times10^8$ m^{-3}이다. 구름이 순수하게 H I으로만 이루어졌다고 하면, $\rho_0 = m_H n_H = 8.4\times10^{-19}$ kg m^{-3}이다. $\mu=1$로 잡고, 식 (6.14)를 쓰면, 구름이 자발적으로 붕괴할 최소 질량은 $M_J \sim 1500$ M$_\odot$이다. 그러나, 이 값은 H I 구름의 대체적인 질량인 1-100 M$_\odot$에 비하여 매우 큰 값이다. 따라서, 성긴 수소구름은 안정하며 중력 붕괴를 일으키지 않는다.

한편, 거대분자운의 조밀한 핵은 대표적인 온도와 밀도가 $T=10$ K, $n_{\rm H_2}=10^{10}$ m^{-3}이다. 조밀한 분자운은 거의 수소 분자로 이루어져 있으므로, $\rho_0 = 2m_H n_{\rm H_2} = 3\times10^{-17}$ kg m^{-3}이며, $\mu \simeq 2$이다. 이 경우에 진즈 질량은 $M_J \sim 8$ M$_\odot$이며, 조밀한 핵의 특징적인 질량

5) 식 (6.17)을 유도할 때에 4장에서 폴리트롭을 유도할 때에 사용했던 식 (4.100)과 비슷한 *등온 레인-엠덴 방정식*이 들어간다는 점이 흥미롭다.

이 10 $M_\odot$이다. 따라서, GMC의 조밀한 핵은 불안정하여 중력 붕괴를 일으킬 것이며, 이 곳이 별탄생지역이 된다.

보너-이버트 질량(식 (6.17))을 중력 붕괴의 조건으로 삼는다면, 요구되는 질량은 약 2 $M_\odot$로 줄어든다.

동형 붕괴

회전, 난류, 자기장이 없는 조건에서 중력 붕괴를 일으킬 조건을 만족하는 경우에, 분자구름은 무너져 내릴 것이다. 압력의 기울기가 있더라도 너무 작아서 붕괴하는 구름에 거의 영향을 주지 못한다고 단순하게(그리고, 어쩌면 비현실적으로) 가정하면, 구름은 본질적으로 초기 단계에서는 자유낙하한다. 더구나, 자유 낙하 단계 동안에 기체의 온도는 거의 일정하게 유지된다(이러한 경우, 붕괴 과정이 *등온적(isothermal)*이라고 말한다). 이것은 분자구름이 광학적으로 얇을 때까지 성립하며, 중력위치에너지는 붕괴하는 동안에 복사의 형태로 쉽게 빠져나간다. 이 경우에, 구대칭인 유체역학 방정식(식 (4.5))을 써서 수축하는 과정을 기술할 수 있으며, 이 때에 압력 기울기 $|dP/dr| \ll GM_r\rho/r^2$를 가정한다. 양변에서 밀도를 약분하면

$$\frac{d^2r}{dt^2} = -G\frac{M_r}{r^2} \tag{6.19}$$

을 얻는다. 물론, 식 (6.19)의 우변은 구형 구름의 중심에서 거리 r인 곳에서 나타나는 중력가속도이다. 늘 했듯이, 구형 물질 분포에서 반지름 r안쪽에 있는 질량을 M_r로 나타낸다.

붕괴하는 구름에서 반지름 r인 껍질의 운동을 시간에 따라 기술하려면, 식 (6.19)를 시간에 따라 적분해야한다. 우리의 관심사는 M_r을 감싸는 부분이므로, r 안쪽에 있는 질량은 붕괴하는 동안 일정한 값이다. 따라서, M_r을 초기 밀도ρ_0와 초기 부피 $4\pi r_0^3/3$의 곱으로 쓸 수 있다. 그리고, 식 (6.19)의 양변에 공껍데기의 속도를 곱하면

$$\frac{dr}{dt}\frac{d^2r}{dt^2} = -\left(\frac{4\pi}{3}G\rho_0 r_0^3\right)\frac{1}{r^2}\frac{dr}{dt}$$

이 되고, 시간에 대하여 적분할 수 있으며, 그 결과는

$$\frac{1}{2}\left(\frac{dr}{dt}\right)^2 = \left(\frac{4\pi}{3}G\rho_0 r_0^3\right)\frac{1}{r} + C_1$$

과 같다. 적분 상수 C_1은 공 껍데기의 속도가 붕괴를 시작할 때에 0이라고 놓아서 계산할 수 있다. 즉 $r = r_0$일 때에 $dr/dt = 0$이다. 이로부터

$$C_1 = -\frac{4\pi}{3}G\rho_0 r_0^2$$

이다. 이 값을 대입하여 껍데기의 속도에 대해서 풀면

$$\frac{dr}{dt} = -\left[\frac{8\pi}{3}G\rho_0 r_0^2\left(\frac{r_0}{r} - 1\right)\right]^{1/2} \tag{6.20}$$

을 얻는다. 이 때에 음의 근을 잡은 이유는 구름이 붕괴하면 반지름이 시간에 따라 감소하기 때문이다.

식 (6.20)을 적분하면 시간의 함수로 껍데기의 위치를 나타낼 수 있다. 다음과 같은 치환을 생각하여

$$\theta \equiv \frac{r}{r_0}$$

과

$$\chi \equiv \left(\frac{8\pi}{3}G\rho_0\right)^{1/2}$$

일 때에 주어진 미분방정식은

$$\frac{d\theta}{dt} = -\chi\left(\frac{1}{\theta} - 1\right)^{1/2} \tag{6.21}$$

이 된다. 다시

$$\theta \equiv \cos^2\xi \tag{6.22}$$

로 치환하여 정리하면, 식 (6.21)이

$$\cos^2 \xi \frac{d\xi}{dt} = \frac{\chi}{2} \tag{6.23}$$

을 얻는다. 식 (6.23)을 시간에 대하여 직접 적분하면

$$\frac{\xi}{2} + \frac{1}{4}\sin 2\xi = \frac{\chi}{2}t + C_2 \tag{6.24}$$

을 얻는다. 마지막으로 적분 상수 C_2를 계산해야하며, 이를 위해서 초기 조건을 써야한다. 붕괴가 시작되는 $t=0$일 때에 $r=r_0$이므로 $\theta=1$, 즉 $\xi=0$이다. 따라서, $C_2=0$을 얻는다.

마침내, 구름이 중력 붕괴할 때에 만족하는 운동 방정식은 매개변수 꼴로

$$\xi + \frac{1}{2}\sin 2\xi = \chi t \tag{6.25}$$

이다. 이제 이 방정식에서 붕괴하는 구름이 보이는 행동을 알아 보아야 하겠다. 식 (6.25)에서 진즈(Jeans)의 조건을 만족하여 붕괴하는 구름의 **자유낙하 시간 규모**를 계산할 수 있다. $t=t_{ff}$에서 껍질의 반지름이 0이 된다(즉, $\theta=0$, $\xi=\pi/2$)[6] 그러므로,

$$t_{ff} = \frac{\pi}{2\chi}$$

이다. χ의 값을 대입하면

$$\boxed{t_{ff} - \left(\frac{3\pi}{32}\frac{1}{G\rho_0}\right)^{1/2}} \tag{6.26}$$

을 얻는다.

6) 이 조건은 밀도가 무한히 큰 값이기 때문에 물리적으로 불합리한 최종 조건이다. 그러나, $r_0 \gg r_{\text{final}}$이 성립하면, $r_{\text{final}} \simeq 0$이라는 조건은 근사적으로 받아들일 만하다.

여기에서, 자유낙하 시간규모가 구름의 크기와는 관계없음에 주의해야겠다. 따라서, 구형 분자운의 원래 밀도가 일정하다면, 구름의 모든 부분에서 붕괴하는 데에 동일한 시간이 걸리고, 밀도가 모든 곳에서 동일한 양상으로 증가한다. 이러한 행동을 **동형 붕괴**(homologous collapse)라고 부른다.

구름이 중심에서 밀도가 약간 더 높은 상태에서 중력 붕괴가 시작된다면, 자유낙하의 시간 규모가 외곽에 있는 물질들보다 중심에서 더 짧다. 따라서, 붕괴가 계속 진행되면서, 다른 지역보다도 중심에서 밀도가 더 빠르게 증가한다. 이와 같이 일어나는 붕괴를 **내외 붕괴**(inside-out collapse)라고 부른다.

예제 6.2.2

예제 6.2.1에서 준 거대분자운의 조밀한 핵에 대한 자료를 써서, 우리는 붕괴하는 데에 걸리는 시간을 어림할 수 있다. 핵 전체에 걸쳐 밀도가 일정하며, 초기 밀도를 $\rho_0 = 3\times10^{-17}\ \mathrm{kg\ m^{-3}}$이라고 놓을 때에, 식 (6.26)으로부터 자유낙하 시간은 다음과 같다.

$$t_{\mathrm{ff}} = 3.8 \times 10^5\ \mathrm{yr}$$

우리가 잡은 간단한 모형에서 중력 붕괴가 일어나는 실제적인 양상을 보려면, ξ에 대해서 식 (6.25)를 주어진 시각 t에서 우선 풀어서, $\theta = r/r_0$을 구해야겠다. 그러나, 식 (6.25)는 해석적인 식으로 간단히 나타낼 수 없으므로, 수치적인 방법을 동원해야한다. 분자구름이 동형 붕괴하는 과정을 수치적으로 얻은 해가 그림 6.8에 나타나 있다. 붕괴가 처음에는 매우 천천히 일어나지만 t_{ff}에 접근하면서 붕괴는 빠르게 가속된다. 동시에 밀도는 붕괴가 마지막 단계에 이를 때에 급격하게 증가한다.

붕괴하는 구름의 쪼개짐

큰 분자운의 질량은 식 (6.14)에서 준 진즈(Jeans)의 한계를 크게 넘기 때문에, 간단한 우리 계산에 따르면, 별들이 심지어는 구름의 초기 질량에 이르는 매우 큰 질량을 갖고 태어날 수 있을 것이다. 그러나, 관측 자료에서 보면, 이러한 일은 발생하지 않는다. 더구나, 별들은 자주(혹은 더 자연스럽게) 떼를 지어 태어나며, 이중성에서 수십만개의 별을 포함하는 성단으로 태어나는 경향을 보이는 듯하다(7.3절을 보라).

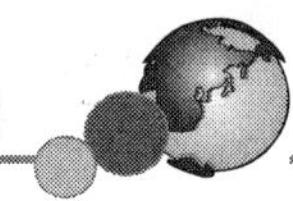

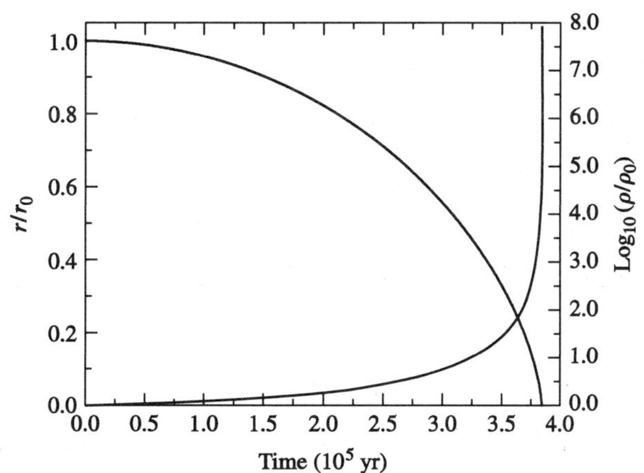

그림 6.8 예제 6.2.2에서 살펴 본 분자운의 동형 붕괴. r/r_0은 실선으로 나타냈고, $\log_{10}(\rho/\rho_0)$은 파선으로 나타냈다. 구름의 초기 밀도는 $\rho_0 = 3\times10^{-17}$ kg m^{-3}이고, 자유 낙하 시간은 3.8×10^6 yr이다.

붕괴하는 분자운이 잘게 나뉘는 **쪼개짐** 과정은 활발한 연구가 이루어지고 있는 항성 형성과정의 한 부분이다. 쪼깨짐이 어떤 물리적 과정(들)에 의하여 반드시 나타나야 한다는 점을 이해하기 위해서 진즈 질량을 주는 식을 살펴보자(식 (6.14)). 분자구름이 중력적으로 붕괴하여 나타나는 중요한 결과 가운데 하나는 구름의 밀도가 자유낙하하면서 굉장히 크게 증가한다는 점이다(그림 6.8). 따라서, 붕괴가 진행되면서 T가 거의 상수이므로, 진즈(Jeans) 질량이 감소해야 한다. 붕괴가 시작된 후에, 초기의 밀도에서 약간의 불균일성이 있다면, 구름의 일부는 독립적으로 진즈 질량 한계를 초과하여, 따로 그 곳에서만 붕괴하기 시작하고, 원래 구름 안에 작은 구조물들을 만든다. 이와 같이, 다단계 붕괴로 인하여 많은 수의 조그만 구조물들이 형성된다.

여기에서 기술한 지나치게 단순한 시나리오가 갖는 한 가지 의문이 너무 많은 작은 별들이 이 과정을 통하여 생성될 것이라는 점이다. 구름의 1% 정도만이 실제로 별을 만드는 듯하다.

분열 과정이 어떻게 멈출 것인가? 우리는 은하가 태양 정도의 질량을 갖는 별들로 채워져 있는 것을 관측하므로, 구름이 분열해서 다단계로 더 작게 붕괴하는 일이 멈추지 않고 계속 진행될 수는 없는 노릇이다. 이 질문에 대한 답이 붕괴가 등온적이라고 가정한 데에 있으며, 이 경우 식 (6.14)에서 등온 과정이면 변할 수 있는 변수는 밀도뿐이다. 이 점이 옳지 않다는 것은 명백하며, 이는 별의 온도가

10–100 K보다는 훨씬 더 높다는 사실에서 알 수 있다. 중력 붕괴가 일어나면서 방출되어야 하는 에너지가 효율적으로 복사되어 나간다면, 온도는 거의 일정하게 유지될 것이다. 그 반대의 극단적인 가정은 에너지가 구름 밖으로 전혀 빠져 나갈 수 없는 경우이며(*단열 붕괴, adibatic collapse*), 이 과정에서 온도는 올라가야 한다. 물론, 실제 상황은 이 두 극단에서 어중간한 경우가 될 것이며, 이 두 극단적인 경우를 조심스럽게 고려하면, 이 문제에서 중요한 양상들을 이해할 수 있다.

붕괴가 등온 과정에서 단열 과정으로 바뀌면, 온도가 올라가기 시작해서 진즈 질량을 바꾼다. 4장에서 공부했듯이, 단열 과정에서 기체의 압력은 밀도와 비열의 비γ로 나타낼 수 있다(식 (4.86)). 이상기체의 상태 방정식을(식 (4.11)) 사용해서, 단열 과정의 밀도와 온도 사이의 관계식

$$T = K''\rho^{\gamma-1} \tag{6.27}$$

을 얻을 수 있고, 이 때에 K''는 상수이다. 온도에 대한 이 식을 식 (6.14)에 대입하면 진즈 질량과 밀도 사이에

$$M_J \propto \rho^{(3\gamma-4)/2}$$

이 성립한다. 수소 원자에 대해서 γ=5/3이므로, $M_J \propto \rho^{1/2}$가 되어, 완전히 단열 과정으로 분자구름이 붕괴할 때에는 밀도가 증가함에 따라 진즈 질량이 *증가한다.* 이렇게 볼 때에, 쪼개짐이 일어날 수 있는 최소 질량이 붕괴 과정에서 얻어진다. 최소 질량은 붕괴 과정이 등온에서 단열 과정으로 전환이 언제 일어나는가에 따라 달라질 것이다.

물론, 이러한 변화는 특정한 시각에 순간적으로 일어나는 것도 아니고 또한 완전하게 일어나는 것도 아니다. 그러나, 개략적이나마 쪼개진 조각의 최소 질량을 어림할 수 있다. 앞에서 언급했듯이, 비리얼 정리에 따르면, 구름이 붕괴하면서 에너지가 방출되어야한다. 식 (4.22)와 예제 4.3.1에서 공부한 바와 같이, 붕괴의 특정 순간에 진즈의 조건을 만족하는 구형 구름이 방출하는 에너지는 대략

$$\Delta E_g \simeq \frac{3}{10}\frac{GM_J^2}{R_J}$$

로 주어진다. 자유낙하 시간 규모에서 평균을 내면, 중력에 의한 에너지 방출률은

$$L_{\rm ff} \simeq \frac{\Delta E_g}{t_{\rm ff}} \sim G^{3/2}\left(\frac{M_J}{R_J}\right)^{5/2}$$

로 나타나며, 이 때에 식 (6.26)을 썼고, 1정도의 값을 갖는 항은 무시하였다.

구름이 광학적으로 두껍고, 열역학적 평형에 있으면, 에너지는 흑체복사로 방출될 것이다. 그러나, 붕괴하는 동안에 에너지의 방출 과정이 이상적인 흑체에 비하여 효율이 떨어진다. 식 (3.17)에서 에너지가 복사되는 광도를

$$L_{\rm rad} = 4\pi R^2 e\sigma T^4$$

으로 쓸 수 있으며, 이 때에 인수 e는 $0 < e < 1$의 범위에서 복사의 효율을 나타내는 상수로, 열역학적 평형에서 계가 벗어난 정도를 보여준다. 붕괴가 완전히 등온과정이고, 에너지가 위에서 떨어지는 물질들과 전혀 상호 작용하지 않는다면, $e \sim 0$이다. 다른 한편으로, 구름의 한 부분에서 방출된 복사에너지가 다른 부분에서 흡수되어 재방출된다면 열역학적 평형이 아주 잘 적용될 것이고 e의 값이 거의 1이 될 것이다.

구름의 밝기를 주는 두 식을 같게 놓으면

$$L_{\rm ff} = L_{\rm rad}$$

이고, 정리하면

$$M_J^{5/2} = \frac{4\pi}{G^{3/2}} R_J^{9/2} e\sigma T^4$$

을 얻는다. 식 (6.13)을 써서 반지름을 없애고, 식 (6.14)을 써서 밀도를 진즈 질량을 써서 나타내면, 단열 효과가 중요해질 때에 진즈 질량의 최소값을 다음과 같이 어림할 수 있다.

$$M_{J_{\rm min}} = 0.03\left(\frac{T^{1/4}}{e^{1/2}\mu^{9/4}}\right)\,{\rm M}_\odot \tag{6.28}$$

여기에서 T는 kelvin 단위로 나타낸 절대 온도이다. 단열 과정이 중요해지는 시점에서 $\mu \sim 1$, $e \sim 0.1$, $T \sim 1000$ K로 잡으면, $M_J \sim 0.5\,{\rm M}_\odot$이다. 쪼개짐 과정은 태양 정도 질량의 천체를 형성하기 시작할 무렵에 멈출 것이다. 이러한 어림 계산은

T, e, μ를 적당히 다르게 잡더라도 크게 바뀌지는 않는다. 예를 들어 $e \sim 1$로 가정하더라도, $M_J \sim 0.2\,\mathrm{M_\odot}$이다.

원시성 형성에 추가적으로 나타나는 물리적 과정들

물론, 우리는 계산하는 과정에서 몇 가지 중요한 점들을 고려하지 않았다. 예를 들면, 쪼개짐 과정을 논의하기 위하여, 구름이 붕괴하는 모든 단계에서 진즈의 조건을 자유롭게 사용하였다. 그러나, 이것은 옳지 않을 것이다. 왜냐하면, 진즈의 조건은 정적인 구름의 섭동 계산에 기초해서 얻은 것이며, 구름 외피의 초기 속도를 전혀 고려하지 않은 것이다. 또한, 우리는 구름 속에서 복사 전달의 상세한 과정을 넣지 않았으며, 먼지 티끌의 증발, 분자의 해리, 원자의 이온화 과정 또한 고려하지 않았다. 그렇지만, 앞에서 우리가 한 계산이 아주 정교하지는 않더라도, 근본적인 문제의 중요한 단면을 보여 주며, 수긍할 만한 결과를 얻는다. 이러한 복잡한 계를 이해하기 위하여 기초적인 접근을 시도하는 것이야말로 우리가 자연을 공부하는 데에 강력한 도구가 된다.[7] 쪼개짐을 멈추게 하는 복잡한 과정까지 고려하여 더 정교한 계산을 하여 최소 질량을 구하면, 앞에서 계산한 결과보다 0이 하나 더 적은 값인 $0.01\,\mathrm{M_\odot}$을 얻는다.

아마도, 붕괴 과정의 문제에서 회전 즉 각운동량의 효과, 구대칭에서 벗어났을 때의 기하학적 효과, 기체의 난류 운동, 자기장의 효과들도 마찬가지로 중요할 것이다. 예를 들면, 상당히 큰 각운동량이 원래의 분자 구름에 존재하면, 결국 구름을 이루는 원래 물질들의 일부는 원반 구조를 형성할 것이다. 그 이유는, 붕괴가 적도면보다는 회전축을 따라서 더 빠르게 진행될 것이기 때문이다(붕괴를 일으키는 구름에서 각운동량이 미치는 영향의 한 단면을 문제 6.18에서 알아 볼 수 있을 것이다).

또한, 분자운의 세밀한 연구로부터 알 수 있는 것은 자기장이 매우 중요한 역할을 하며, 붕괴 과정의 시작을 제어할 것이라는 사실이다. 중력말고도 다른 물리적인 기작이 참여한다는 사실은 단지 예제 6.2.2에서 공부한 조밀한 핵의 자유낙하 시간 규모를 고려해 보아도 명백하게 알 수 있다. 그 계산에서는 조밀한 핵의 붕괴는 10^5 yr 정도의 시간 규모에서 일어난다. 이 값은 사람의 수명을 기준으로 할 때에는 상당히 긴 시간이지만, 별의 진화 시간 규모에 비추어 보면 사뭇 짧은 시간이

7) 이러한 형태의 접근법은 아주 작은 종이에 쓸 수 있을 정도의 계산이라는 의미에서 "back-of-the-envelope 계산"이라고 부른다. 이러한 계산법은 중요한 물리적 과정을 효과적으로 보여 줄 수 있기 때문에 이 교재에서 널리 사용할 것이다.

다. 이 사실은 조밀한 핵이 형성되자마자 곧 별을 만들기 시작해야한다는 점을 의미한다. 그러므로, 조밀한 핵은 굉장히 드물게 존재해야 함을 뜻하지만, 우리 은하에는 많은 조밀한 핵이 관측되고 있다.

다양한 분자운에 대하여 제만 효과를 측정하면 1에서 100 nT정도 세기의 자기장이 있음을 알 수 있다. 분자운의 자기장이 "얼어 붙어" 있고, 구름이 압축되면, 자기장 세기가 증가하여, 자기 압력이 커지고, 압축에 저항하게 된다. 실제로, 구름이 자기 압력에 의하여 무너져 내리지 않고 안정하다면, 자기장이 사라져 없어질 때까지 계속 안정할 것이다(5장에서 태양 흑점에 관련된 자기장에 대한 논의를 기억하라).

진즈 조건을 유도할 때에, 중력 위치에너지와 구름의 내부 에너지(열에너지)가 균형을 이루는 비리얼 정리를 사용하였다. 이 계산에서 넣지 않은 에너지는 자기장이 주는 에너지이다. 자기장의 에너지를 포함하면, 임계 질량이

$$M_B = c_B \frac{\pi R^2 B}{G^{1/2}} \tag{6.29}$$

이고, 공 모양의 균일한 구름에 스며있는 자기장에 대하여 $c_B = 380\ \mathrm{N^{1/2}\,m^{-1}\,T^{-1}}$ 이다. B를 nT 단위로 쓰고, R을 pc 단위로 쓰면, 식 (6.29)는 좀 더 보기 편한 꼴로

$$M_B \simeq 70\ \mathrm{M_\odot} \left(\frac{B}{1\ \mathrm{nT}}\right)\left(\frac{R}{1\ \mathrm{pc}}\right)^2 \tag{6.30}$$

과 같다. 구름의 질량이 M_B보다 작으면, 구름은 **'자기적 임계 이하'** 상태에 있으며 붕괴하지 않고 안정하다. 그러나, 구름의 질량이 M_B보다 크면, **'자기적 임계 초과'** 상태가 되어 붕괴에 저항하는 자기장의 영향을 중력이 압도한다.

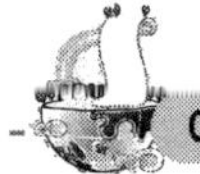

예제 6.2.3

예제 6.2.1과 6.2.2에서 고려한 조밀한 핵에 대하여, 조밀한 핵에 100 nT의 자기장이 스며있고, 핵의 반지름이 0.1 pc이라면, 자기 임계 질량은 $M_B \simeq 70\ \mathrm{M_\odot}$이며, 10 $\mathrm{M_\odot}$의 질량을 갖는 조밀한 핵은 안정하고 무너져 내리지 않을 것이다. 그러나, $B = 1$ nT라면, $M_B \simeq 0.7\ \mathrm{M_\odot}$이며, 붕괴할 것이다.

모호극성 확산

바로 앞의 예제에서 조밀한 핵의 붕괴에 방아쇠 역할을 하는 다른 가능성이 있음을 귀띔한다. 핵이 처음에 임계 이하였다가 임계 초과가 되면, 붕괴가 일어난다. 이러한 일이 일어나는 것은 두 가지 방법 가운데 하나이다. 임계 이하인 여러 개 구름이 결합하여 임계 초과인 큰 구름을 만들거나, 자기장이 재배치되어 구름의 어느 지역에서 세기가 약해지는 것이다. 이 두 과정 모두 일어날 수 있지만, 후자가 대부분 분자운의 붕괴 전단계 진화 과정에서 지배적인 듯하다.

자기력선에 묶일 수 있는 입자들은 전자나 이온과 같이 전기를 띤 입자들이라는 사실을 기억하자. 전기적으로 중성인 입자들은 자기장에 직접적인 영향을 받지 않는다. 조밀한 분자운에는 중성 입자들이 지배적으로 존재하는데, 어떻게 자기장이 붕괴에 심각한 영향을 줄 수 있을까? 해답은 중성 입자와 이온들 사이에 일어나는 충돌에 있다(전자들은 충돌을 통해서는 중성 원자나 분자에 큰 영향을 주지 못한다). 중성 입자들이 자기력선을 가로 지르려고 할 때마다, 이들은 자기력선에 "얼어 붙은" 이온들과 충돌하면서, 중성 입자들의 움직임을 가로막는다. 그러나, 중성 입자들의 움직임에 대하여 중력이 안내하는 특별한 방향이 있다면, 그래도 이들은 이 방향으로 서서히 이동하려는 경향을 가질 것이다. 이와 같이 느린 이동 과정을 **모호극성 확산**이라고 부른다.

모호극성 확산의 상대적인 중요성을 보려면, 확산이 일어나는 시간 규모를 계산해야 하겠다. 이 시간 규모는 분자운의 크기와 중성 입자가 구름을 가로질러 흘러가는 속도(drift velocity)를 비교해 구할 수 있다. 모호극성 확산의 시간 규모의 근사값은 다음과 같다.

$$t_{\rm AD} \simeq \frac{2R}{v_{\rm drift}} \simeq 10\,{\rm Gyr}\left(\frac{n_{\rm H_2}}{10^{10}\,{\rm m^{-3}}}\right)\left(\frac{B}{1\,{\rm nT}}\right)^{-2}\left(\frac{R}{1\,{\rm pc}}\right)^{2} \qquad (6.31)$$

한번 무너져 내리기 시작하면, 자기장은 태양 플레어에서 보았던 것과 비슷하게 자기력선의 재결합이 일어나서 자기장의 배치가 바뀐다.

예제 6.2.4

앞의 예제에서 보았던 조밀한 핵으로 돌아가서, $B=1$ nT이고, $R=0.1$ pc이라면, 식 (6.31)로부터 모호극성 확산의 시간 규모가 100 Myr임을 알 수 있다. 이 값은 예제

6.2.2에서 구한 자유낙하 시간 규모보다 수 백배 큰 값이다. 모호극성 확산은 자유낙하 붕괴가 시작되기 이전부터 오랜 동안 조밀한 핵의 진화를 제어할 수 있음이 명백하다.

원시성 진화의 수치 시뮬레이션

구름이 중력 붕괴하는 과정을 더 자세히 연구하기 위해서는 수치적인 방법을 써서 자기유체방정식을 풀어야 한다. 불행히도, 컴퓨터의 계산 능력과 수치적 방법에 내재하는 한계 때문에 많은 심각한 가정을 도입하여 문제를 단순하게 만들어야 한다. 이러한 수치 모형 결과는 우리가 개략적으로 분석하여 얻은 특징적 결과와 많은 부분 일치하며 또한, 이론적 분석에서는 얻을 수 없었던 붕괴의 중요한 양상들도 나타난다.[8)]

$1\,M_{\odot}$의 질량을 갖고, 태양과 화학 조성이 같은 구형의 분자 구름이 임계 초과 상태에 놓여 있다고 생각하자. 처음에는 붕괴 중심부 근처의 빛은 먼지에 흡수되기까지 상당히 먼 거리를 진행하므로, 초기의 자유 낙하 단계는 거의 등온적이다. 애초부터 구름의 중심쪽으로 밀도가 약간 크기 때문에 자유낙하의 시간 규모가 중심 근처에서 더 짧고, 이 곳에서 밀도가 더 빠르게 증가한다(내외 붕괴, inside-outside collapse). 중심핵 근처에서 물질의 밀도가 $10^{-10}\,\mathrm{kg\,m^{-3}}$에 이르면, 이 지역은 광학적으로 두꺼워져서 중력 붕괴가 단열적 과정이 된다. 이 시점에서 구름의 불투명도는 먼지의 존재에 기인한다.

중력붕괴가 단열 과정이 되면 압력이 증가하여 중심핵 근처에서 붕괴 과정이 상당히 느리게 진행된다. 이 시점에서 중심 지역은 5 AU 정도의 반지름을 가지며 정유체 평형이 이루어진다. 이 때에 중심부에 만들어진 천체를 원시별이라고 부른다.

광학적으로 불투명해지면서 관측적으로 확인할 수 있는 현상은 중력 붕괴하는 동안 내놓는 중력위치에너지가 열로 바뀌어 적외선 영역의 흑체 복사로 나타나는 것이다. 단위 시간당 내놓는 에너지(광도)와 광학 두께가 $\tau=2/3$이 되는 구름의 반지름을 계산하면, 유효 온도를 1권으로부터 결정할 수 있다(이 시점의 진화 단계에서 광학 두께는 먼지에 의하여 결정되며, 따라서 광구는 먼지 광구이다).

---

8) 원시성 붕괴의 최초 수치 계산 일부를 리처드 라슨(Richard Larson)이 1969년에 수행하였다. 이 선구자적 연구에서 회전, 난류, 자기장이 주는 복잡한 효과들은 무시했지만, 열역학, 복사 전달과 다른 중요한 물리적 과정을 포함하였다.

광구를 결정할 수 있으므로, 시간에 따라 시뮬레이션 구름이 H-R도에 자리 잡는 위치를 나타낼 수 있다. H-R도에서 별이 일생 동안 나타나는 위치를 추적하여 얻은 곡선을 **진화 경로**라고 부른다. 그림 6.9는 질량 0.05, 0.1, 0.5, 1, 2, 10 $M_\odot$인 구름이 원시성 단계까지 진행한 이론적 진화 경로를 한 연구 집단이 수치계산을 수행한 결과를 보여 준다. 초기 단계에서 붕괴가 계속 더 빨라지면서, 구름의 광도는 유효 온도가 높아지면서 함께 커진다.

원시별의 핵이 형성되면서 핵의 외곽에 있는 물질들이 여전히 자유낙하를 계속한다. 낙하하는 물질들이 거의 정유체 평형을 이루는 핵에 맞닥뜨리면, 물질의 속력이 그 지역의 음속보다 커지면서 충격파가 형성된다(물질 흐름이 초음속이다). 이 충격파면에 낙하하는 물질들은 운동에너지의 상당 부분을 열의 형태로 잃어버리고, 이 때 발생한 열이 구름이 내는 복사에너지의 주 "에너지원"이다.

온도가 약 1000 K가 되면, 먼지가 증발하기 시작해 불투명도가 감소한다. 따라서, 광학 깊이가 $\tau=2/3$이 되는 반지름이 크게 줄어들어, 거의 정유체 평형을 이루는 핵의 표면에 다다른다. 이 단계에서도 여전히 복사에너지가 크기 때문에, 유효 온도가 대응해서 높아져야한다.

외곽에 있는 물질들이 정유체 평형을 이루는 핵 위로 계속해서 떨어지면서, 핵의 온도는 천천히 증가한다. 마침내, 온도가 충분히 높아지면(약 2000 K), 수소 분자가 해리되어 수소 원자가 된다. 이 과정은 흡열 과정이며, 압력 기울기를 유지하는 데에 쓰여야할 에너지가 해리 과정에 소모되면, 정유체 평형을 이룰 수 없게 된다. 이 결과, 중심핵은 동력학적으로 불안정해져서 2차 붕괴가 일어난다.[9] 중심핵의 반지름이 줄어들어 현재 태양 크기의 30 %보다 약간 큰 값이 되면, 정유체 평형을 다시 이룰 수 있게 된다. 이 시점에서 핵의 질량은 최종 단계의 값보다 훨씬 더 작기 때문에 **물질유입(accretion, 부착) 현상**이 여전히 지속되어야 함을 의미한다.

핵이 붕괴한 후에 외곽부가 계속 낙하하는 물질들을 유입하면서 2차 충격파가 생긴다. 그림 6.9에 보인 진화 경로에서 거의 편평하고 개략적이나마 일정한 광도를 유지하는 부분에 들어설 때에, 부착은 준안정적인 주요 물질 유입 단계에 접어든 것이다. 비슷한 시간에, 원시성 내부 깊은 곳의 온도는 이미 충분히 높아져, 중수소($^2_1$H)가 연소되기 시작하고(식 (4.38)) 1 $M_\odot$인 원시성 광도의 60 %까지 차지한다. 이 핵반응은 낮은 온도에서 꽤 큰 반응 단면적 $\sigma(E)$를 가지므로, PP I 사슬의 첫 단계보다 더 잘 일어난다는 점에 유의하자.

9) 동력학적 불안정은 맥동하는 항성과 관련하여 8장에서 공부할 것이다.

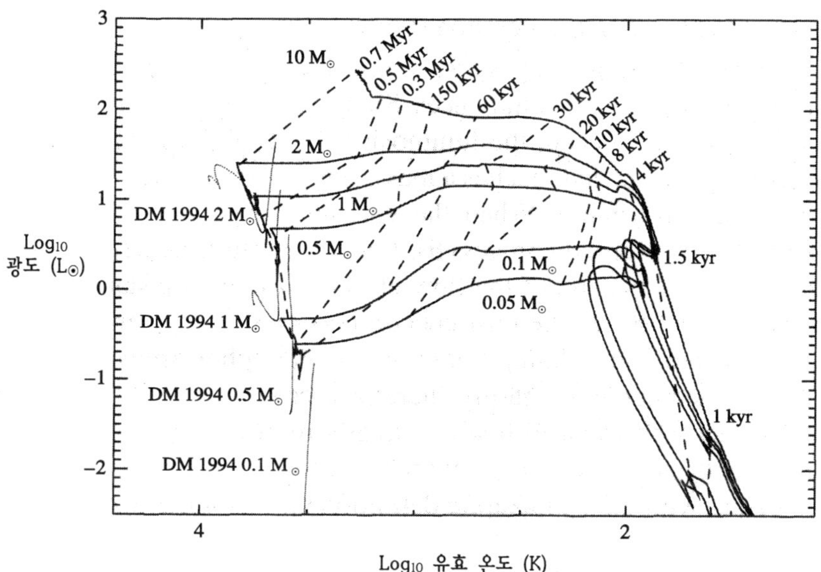

▌그림 6.9 0.05, 0.1, 0.5, 1, 2, 10 $M_{\odot}$ 인 구름이 원시성 단계까지 중력 붕괴하는 과정의 이론적 진화 경로(실선). 파선은 붕괴가 시작된 후부터 경과한 시간이다. 가는 실선은 D'Anonta and Mazzitelli, Ap. J. Suppl. 90, 457, 1994로부터 얻은 0.1, 0.5, 1, 2 $M_{\odot}$ 별의 전주계열 단계의 진화 경로이다. 모든 H-R도의 특징이 듯이, 가로축은 왼쪽으로 갈수록 온도가 높아진다. (그림 출처 : Wuchterl and Tscharnuter, Astron. Astrophys., 398, 1081, 2003)

원래 구름에 물질들이 조금 밖에는 남아있지 않고, 연소될 수 있는 중수소도 한정되어 있기 때문에, 광도가 결국 감소한다. 중수소 연소가 일어나면, 진화 경로는 급격히 아래쪽으로 꺾이고, 유효 온도는 약간 감소한다. 진화는 이제 준안정적인 전주계열 단계에 도달했으며, 여기에 대해서는 다음 절에서 공부할 것이다.

방금 기술한 이론적인 중력붕괴 시나리오를 관측적으로 확인할 수 있는 길이있다. 붕괴가 분자 구름 깊은 곳에서 일어날 것이므로, 원시별 자체는 먼지로 된 고치에 둘러싸여 가려져 있을 가능성이 크다. 따라서, 중력 붕괴를 일으킨 천체는 분자운이나 복(Bok) 구상체 속에 웅크리고 있는 작은 적외선원들의 형태로 관측될 것이다. 자유낙하의 시간 규모가 짧기 때문에 원시별은 아주 짧은 동안에만 존재하며, 원시별 붕괴를 관측하기란 쉽지 않은 일이다. 원시별의 탐사는 적외선과 밀리미터 파 영역에서 여전히 계속 이루어지고 있으며, 독수리(Aquilae)자리에 있는 Bok 구상체 B335와 황소 자리에 있는 L1527, 오리온 성운에 있는 여러 천체를 비

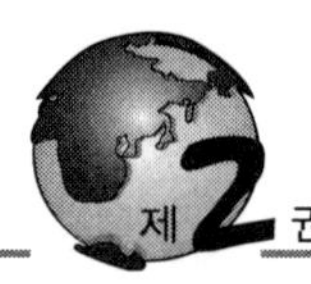

롯한 몇몇 강력한 후보들을 찾았다. B335는 아마도 가장 연구가 많이 이루어진 천체일 것이며, 난류나 회전이 거의 없다고 여겨지므로, 원시성 붕괴 이론을 시험하는 거의 완벽한 천체이다.

일부 천문학자들은 이러한 천체의 적외선 스펙트럼을 세밀하게 연구하여 속에 들어 있는 적외선 천체 주변에서 낙하하는 먼지와 기체의 분광학적 표식을 찾을 수 있을 것이라고 믿고 있다. 이러한 과정을 보여 주는 양상들은 분광선의 윤곽에 도플러 편이된 하위 구조물들이다. 광학적으로 두꺼운 분광선에 대해서 중심부 흡수가 종종 보인다(그림 6.10을 보아라). 흡수선원은 관측자와 분광선원(더 뜨거운 중심부 지역) 사이에 놓인 차가운 물질들이다. 분광선의 넓은 날개는 낙하하는 기체로부터 발생하여 도플러 편이된 빛으로부터 나타난 결과이다. 청색 편이된 날개는 구름의 먼쪽으로부터 구름 중심부로 떨어지는(그러므로 관측자를 향하여 운동하는) 기체로부터 발생된 빛에 의하여 형성되고, 적색 편이된 날개는 구름의 가까운 쪽에서 구름 중심으로 낙하하는 기체에서 발생된 빛으로부터 만들어진다. 별 없는 핵에서도 낙하 운동이 검출되었다.10)

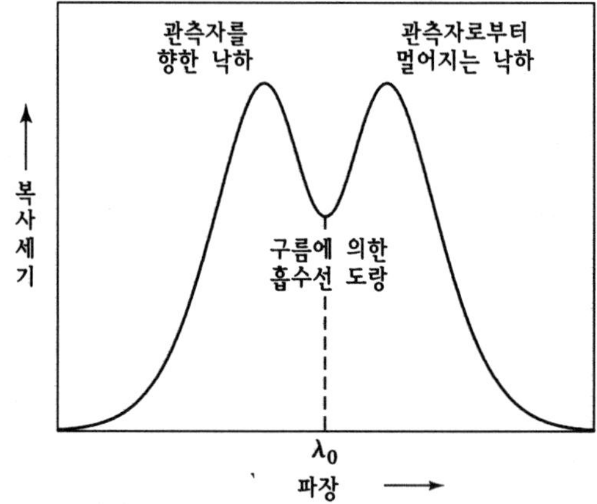

그림 6.10 구형의 붕괴하는 구름으로부터 관측되는 선윤곽. 날개들은 낙하하는 물질들에 의하여 도플러 편이된다. 중심부의 흡수는 중심부 붕괴에서 멀리 떨어져 있는 물질들에 의하여 만들어진다. 적색 편이된 날개는 중심부 지역의 앞에 있는 물질들이 중심부를 향해서 그리고 관측자로부터 멀어지는 방향으로 운동하면서 만들고, 청색 편이 날개는 구름의 뒤에 있는 물질들이 관측자를 향해 오면서 형성한다.

10) 선윤곽에 나타나는 다른 표식의 예는 다음 절에서 논의할 집단 운동을 보여준다. 그림 6.17을 보라.

6.3 전주계열 진화

앞 절에서 공부하였듯이, 분자운의 중력 붕괴 과정이 일단 시작되면, 그 과정의 특징은 식 (6.26)에서 준 자유낙하 시간규모로 주어진다. 준안정적인 원시별이 형성되면서, 붕괴에 대해서 별이 열적으로 얼마나 빠르게 적응하는 가에 따라 진화의 빠르기가 결정된다. 이 빠르기가 예제 4.3.1에서 본 켈빈-헬름홀츠 시간규모이다(식 (4.24)를 보라). 붕괴가 일어나면서 내놓는 중력위치에너지가 이 천체 광도의 에너지원이다. $t_{KH} \gg t_{ff}$이므로, 원시별의 진화는 자유낙하하는 붕괴 과정보다 매우 느리게 진행된다. 예를 들면, 질량이 $1\,M_\odot$인 별은 준안정적인 과정으로 수축하여 주계열에 도달하는 데에 거의 40 Myr가 걸린다.

하야시 경로

원시별의 유효 온도가 지속적으로 증가하면서, 외피의 불투명도는 H^-이온이 지배한다. 이 때에 기체에 포함된 낮은 이온화 퍼텐셜을 갖는 중원소가 일부 이온화되어 수소 이온을 만드는 데에 필요한 여분의 전자가 공급된다. 주계열에 있는 태양의 외피에서 보듯이, 이와 같이 불투명도가 크면, 수축하는 원시별의 외피 부분에서 대류층을 형성한다. 실제로, 일부의 경우 대류 지역이 별의 중심부에 다다르는 경우도 있다. 1961년에 C. 하야시는 별의 구조에 대류가 주는 영향 때문에, 대류층이 깊어지면서, 준안정적인 진화 경로가 H-R도에서 거의 수직한 경로로만 나타난다는 사실을 밝혔다. 따라서, 원시별의 붕괴가 느려지면서, 유효온도가 약간 증가하면서 밝기가 감소한다. 이러한 진화는 **하야시 경로**를 따라 이루어지며, 그림 6.9에 나타낸 진화 경로의 끝 부분에서 아래쪽으로 내려가는 것처럼 나타난다.

실제로 하야시 경로는 정유체평형을 이루는 별의 모형에서 "허용"된 곳과 "금지"된 곳 사이의 경계를 나타낸다. 하야시 경로의 오른쪽은 유효온도가 낮아서 내부의 에너지를 별 외부로 수송할 적당한 방법이 없기 때문에, 안정한 별은 존재할 수 없다. 그러나, 하야시 경로의 왼쪽에서는 대류나 복사의 형태로 에너지 수송이 가능하다. 중력 붕괴하는 기체 구름이 자유 낙하하면서 진화하면 하야시 경로의 오른쪽에 놓이지만, 그렇다고 허용 모형과 금지 모형에 대한 앞의 논의와 모순을 일으키지 않는다. 이들 천체는 정유체 평형과는 거리가 멀기 때문에 위의 논의가 적용되지 않는다.

전주계열 진화의 고전적 계산

1965년에 원시별의 붕괴에 대한 상세한 계산이 이루어지기 전에, 이코 이벤 Iben, Jr.)은 여러 질량의 별들에 대하여 주계열에 도달하는 마지막 붕괴 단계를 계산하였다. 이 계산의 각각의 경우에 대하여 그는 하야시 경로에 있는 모형천체에서 시작하였다. 이 모형 모두에서 회전, 자기장, 질량손실의 효과는 무시하였다. 이 때 이후로, 자세한 핵반응률, 새로운 불투명도 자료, 질량 손실과 유입 과정을 포함하여 항성 구조와 진화의 물리적 과정에 대한 지식이 크게 증가하였다. 현대적인 진화 계산에는 회전의 효과도 고려하고 있다.[11] 일련의 질량을 갖는 별들에 대하여 최첨단 물리학을 동원해 계산한 **전주계열 진화 경로**를 그림 6.11에 보이고 있으며, 각 진화 경로의 전체 시간이 표 6.1에 나타나 있다.

하야시 경로에서 출발하는 1 $M_\odot$ 질량인 별의 전주계열 진화를 생각해 보자. 표면에서 H^-에 의한 불투명도가 커서, 별은 붕괴 시점에서 첫 백만년 동안은 별 전체가 대류 지역이 된다. 이 모형에서, 중수소 연소는 이러한 초기에 일어나며, 그림 6.11에 보인 진화 경로에서 사각형으로 표시하였다.[12] 그러나, ^2_1H 의 함량이 높지 않기 때문에, 핵반응은 전체적인 붕괴 과정에 거의 영향을 주지 않으며, 단지 붕괴의 속도를 약간 늦출 뿐이다.

표 6.1 그림 6.11에 제시된 고전적 모형에 대한 전주계열 단계의 수축시간. (Data from Bernasconi and Maeder, *Astron. Astrophys.*, 307, 829, 1996)

Initial Mass ($M_\odot$)	Contraction Time (Myr)
60	0.0282
25	0.0708
15	0.117
9	0.288
5	1.15
3	7.24
2	23.4
1.5	35.4
1	38.9
0.8	68.4

11) 일부의 계산은 자기장의 효과를 고려하기도 한다. 그러나, 이 교재에서 제시한 결과들은 최근의 예비적인 결과들은 포함하지 않고 있다.

12) 이 계산에서는 그림 6.9에 보인 경로와는 달리 분자운의 직접 붕괴로부터 원시성의 형성을 다루지 않았기 때문에, 이 계산과 앞의 계산 사이에는 중수소 연소가 일어나는 시점이 기본적으로 서로 일치하지 않는다.

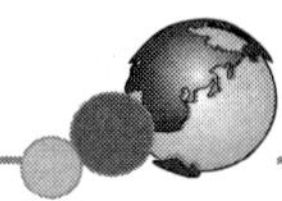

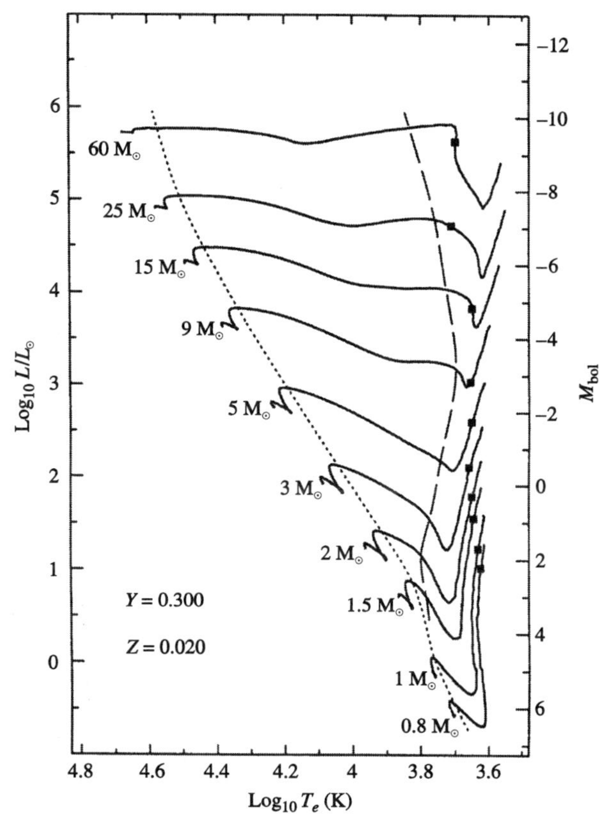

▌그림 6.11 화학 조성이 X=0.68, Y=0.30, Z=0.02로 주어진 다양한 질량의 별들에 대해 계산한 고전적인 전주계열 진화 경로. 진화의 방향은 일반적으로 낮은 유효 온도에서 높은 유효 온도(오른쪽에서 왼쪽)이다. 각 모형의 질량을 진화 경로 옆에 써 놓았다. 각 경로마다 표시한 사각형 기호는 이 계산 모형에서 중수소 연소가 시작되는 시점을 가리킨다. 긴 파선은 각 진화 경로에서 외피의 대류가 멈추고 외피의 에너지 수송이 순수하게 복사로 나타나는 시점을 표시한다. 짧은 파선은 별의 핵심부에서 대류가 일어나는 시점을 표시한다. 각 진화 경로에서 수축 시간이 표 6.1에 나타나 있다. (그림 출처 : Bernasconi & Maeder, Astron. Astrophys. 307, 829, 1996)

중심부의 온도가 높아질수록, 이온화도가 증가하여 불투명도가 낮아지고(그림 3.10을 보라) 핵에서 에너지 전달이 복사로 이루어지고, 점점 복사층이 별 전체로 커져간다. 하야시 경로를 따라 내려간 다음에 최소 광도가 나타나는 곳에서, 복사층을 형성한 핵지역으로부터 대류를 일으키는 외피 지역으로 에너지가 쉽게 빠져나가 별의 광도가 증가한다. 별은 계속 크기가 줄어들기 때문에, 식 (3.17)에 의하여, 유효온도는 올라간다.

밝기가 다시 증가하는 시점에서 중심부 온도는 이제 충분히 높아서 핵융합 반응이 제대로 시작되지만, 여전히 평형을 유지할 정도의 반응률에는 다다르지 못한다. 처음에는 PP I 사슬의 첫 두단계[즉, ${}^{1}_{1}\mathrm{H}$을 ${}^{3}_{2}\mathrm{He}$으로 전환하는 반응, 식 (4.37)과 (4.38)]와 ${}^{12}_{6}\mathrm{C}$를 ${}^{14}_{7}\mathrm{N}$으로 바꾸는 CNO 반응이[식 (4.48)-(4.50)] 에너지를 만드는 지배적인 핵융합반응들이다. 시간이 가면서, 이 핵반응들은 별의 복사에너지의 대부분을 차지하게 되며, 중력 붕괴에서 생성되는 중력위치에너지가 차지하는 부분이 줄어들게 된다.

온도에 아주 민감한 CNO 반응이 시작되면서, 가파른 온도 기울기가 핵에서 나타나고, 대류가 이 지역에서 다시 나타난다. H-R도에서 짧은 파선 근처로 표시한 광도가 극대값을 보이는 시점에서, 핵에너지가 대단히 크게 생성되어, 중심핵이 약간 팽창하고, 식 (4.36)의 중력에너지 항이 음이 된다($\epsilon = \epsilon_{\mathrm{nuclear}} + \epsilon_{\mathrm{gravity}}$이며, 식 (4.102)를 보라]. 이 때문에 표면에서 전체 밝기가 감소하여 주계열의 밝기가 되며, 유효온도도 이에 따라 내려간다.

${}^{12}_{6}\mathrm{C}$가 마침내 고갈되면, 별의 중심핵은 핵연소 반응 구조에 재적응하여, 온도가 충분히 높아지며, PP I 사슬의 나머지 부분이 중요하게 된다. 이와 함께, 에너지가 일정하게 공급되면서, 중력에너지 항은 중요하지 않게 되어, 마침내 별은 주계열에 안주한다. 태양 질량의 별이 주계열에 도착하는 데에 걸리는 시간은 기억해야 하며, 자세한 수치 모형 계산에 따르면, 예제 4.3.1에서 생각한 켈빈-헬름홀츠 시간규모와 비슷하다.

태양보다 가벼운 별의 경우, 진화의 양상이 약간 다르다. 특히, $M \le 0.5\,\mathrm{M}_{\odot}$인 별에 대해서는 주계열에 도착하기 이전에 위로 향하는 가지가 나타나지 않는다. 이것은 중심부 온도가 ${}^{12}_{6}\mathrm{C}$를 연소할 수 있는 온도에 도달하지 않기 때문이다(예제 4.1,1 4.2.1에서 태양의 중심부 압력과 온도가 별의 질량에 대략 비례했다는 사실을 기억하자). 실제로, 4.6절에서 언급하였듯이, 붕괴하는 원시별의 질량이 약 $0.072\,\mathrm{M}_{\odot}$보다 작으면, 중심핵은 온도가 충분히 높지 않아서 중력 붕괴를 감당할 수 있는 어떤 핵반응도 유지되지 않는다. 그 결과, 일정한 빠르기로 수소를 태우는 주계열에 이를 수 없다. 이 때문에 주계열 별 질량의 하한선이 나타난다.

태양 정도의 별과 주계열에 도달한 가벼운 별의 또 다른 차이점이 있다. 그것은 가벼운 별의 경우 온도가 충분히 낮고 불투명도가 높아서 중심핵에서도 에너지 수송이 복사로 일어나지 않는다. 즉, 이러한 별은 중심부까지 에너지 수송이 대류로 이루어진다.

갈색 왜성의 형성

$0.072\,M_\odot$ 이하의 경우, 약간의 핵 반응은 여전히 일어날 것이지만, 주계열 별이 될 정도의 핵반응률에 이르지는 못할 것이다. $0.06\,M_\odot$을 넘는 별의 경우, 중심부 온도는 넉넉하게 리튬을 연소할 수 있을 정도이고, $0.013\,M_\odot$ 정도의 질량을 넘으면 중수소 연소가 일어난다($0.013\,M_\odot$은 목성 질량의 약 13배이다). 이 질량은 420쪽에서 공부하였던 쪼개짐 과정이 멈추는 질량 값과 일치한다. $0.013\,M_\odot$과 $0.072\,M_\odot$ 사이의 범위에서 질량을 갖는 천체들은 **갈색 왜성(brown dwarf)**이라고 부르며, 분광형 L과 T를 갖는다(표 2.1을 기억하라). 최초의 갈색 왜성 Gliese 229B의 발견은 1995년에 발표되었다. 이 때 이후로, Two Micron All Sky Survey(2MASS)와 Sloan Digital Sky Survey(SDSS)와 같은 근적외선 전천 탐사 관측의 결과로 수 백 개의 갈색 왜성이 검출되었다. 이들 천체가 갖는 낮은 광도와 이에 따라 이들을 검출하기가 어렵다는 점을 감안하면, 이제까지 발견한 이들 천체의 숫자로부터 갈색 왜성이 우리 은하수 은하 곳곳에 널리 흔하게 존재하고 있음을 추정할 수 있다.

무거운 별의 형성

질량이 큰 별의 경우, 중심부의 온도가 신속하게 올라가므로, ${}^{1}_{1}\mathrm{H}$를 ${}^{3}_{2}\mathrm{He}$로 바꾸는 핵반응뿐만 아니라, ${}^{12}_{6}\mathrm{C}$도 연소한다. 그러므로 이러한 별들이 광도가 매우 높을 때에 하야시 경로를 떠나서, H-R도에서 거의 수평으로 진화가 이루어진다. 중심부 온도가 매우 높기 때문에, 이러한 별에서는 완전한 CNO 순환이 수소 연소를 압도한다. CNO 순환은 온도에 지나치게 민감하여 중심핵에서는 주계열에 도달한 이후에도 여전히 대류에 의한 에너지 수송이 일어난다.

고전적 모형의 수정

위에서 기술한 일반적인 전주계열 진화 경로 계산에는 이미 공부한 바와 같은 많은 가정이 포함된다. 회전은 난류, 자기장과 함께 중요한 역할을 한다. 초기 환경에는 구름 밀도의 불균일성, 근처에 있는 큰 질량의 별로부터 오는 강한 항성풍과 이온화 복사가 있을 수 있다.

이러한 고전적 모형들은 대단히 큰 초기 구조물을 가정하며, 반지름이 마지막 단계의 값에 대하여 실질적으로 무한히 크다. 0.1 pc 정도의 크기를 갖는 조밀한 핵이 주어졌을 때에, 원시성 붕괴를 겪는 구름의 초기 반지름은 관습적으로 잡았던 값보다는 훨씬 더 작은 값이어야 한다. 게다가 원시성 붕괴 과정에서 외부 압력을 0으로 놓은 가정도 조악한 가정이며, 좀 더 현실적으로 계산하려면 초기 수축이 준안정적이라고 놓는 것이 필요할 것이다(결국, 어두운 중심핵이 거의 정유체 평형에 있을 것이다).

더 무거운 질량의 별들의 경우 낙하하는 물질들과 상호 작용하여, 되먹임 과정이 생겨서, 이제까지 공부한 고전적인 과정으로 유입할 수 있는 물질의 양에 제한을 줄 것이다. 에딩턴 한계에 대한 논의를 기억하자(예를 들면 식 (4.6)).

이와 같이 다양하고 복잡한 점들을 고려하여, 일부 천문학자들은 고전적인 전주계열 진화 경로 계산을 심각하게 수정해야할 것이라고 주장한다. 좀 더 작은 초기 반지름에서 시작하는 이론적 진화 과정에는 원시성이 처음으로 관측될 수 있는 시점인 **탄생선**이 나타난다. 이러한 탄생선은 원시성이 보일 수 있는 광도의 상한선을 설정한다.

게다가, 10 $M_\odot$정도 보다 무거운 별들은 앞에서 기술한 고전적인 전주계열 진화 과정과는 전혀 다른 방식으로 형성된다는 사실이 관측 결과로부터 추정된다. 이러한 결과는 예를 들면, 유효 온도가 높을 때에 높은 광도로 이온화 복사가 일어나는 것과 같이, 되먹임 작용에 한계가 설정되어 나타나는 것 같다. 더 무거운 별들의 형성은, 단일 원시성 구름의 붕괴 과정으로 이루어지기 보다는, 높은 밀도의 원시성 환경에서 더 작은 별들의 병합을 통하여 형성되는 듯하다. 다른 한편으로는, 일부 학자들은 회전을 고려할 경우 낙하하는 물질들이 붕괴하여 부착 원반을 형성하기 때문에 병합을 가정할 필요가 없다고 주장하기도 한다.[13] 부착 원반은 성장하는 무거운 별에 물질을 계속 공급하는 한편, 낙하하는 기체와 먼지를 비추는 이온화 복사의 양을 줄여줄 수 있다.

영년 주계열(Zero-Age Main Sequence, ZAMS)

여러 질량을 가진 별들이 처음으로 주계열에 도달하여 평형을 유지하면서 수소 연소를 시작하는 H-R도에서 대각선으로 나타나는 선을 **영년 주계열**(ZAMS)라고 부른다. 표 6.1의 고전적인 결과들을 살펴 보면, 붕괴하여 ZAMS에 이르는 데에 걸리는 시간이 질량이 클수록 짧게 나타남을 볼 수 있다. 0.8 $M_\odot$의 별은 68 Myr가 걸려 ZAMS에 도달하고, 60 $M_\odot$의 별은 겨우 28,000년 만에 ZAMS에 이른다!

13) 부착 원반은 6장에서 자세하게 공부할 것이다.

항성 형성의 시간 규모와 항성 질량 사이의 역관계는 고전적인 전주계열 진화 모형에 문제가 있다는 사실을 알려 준다. 그 이유는 가장 무거운 별들이 성단에서 가장 먼저 형성된다면, 이들이 만들어 내는 강력한 복사 때문에 구름을 흩어 놓아, 작은 질량의 아우들이 태어날 기회를 날려 버릴 것이기 때문이다.

우리가 전주계열 단계의 항성 진화를 제대로 이해하려면 아직도 많은 연구가 이루어져야 할 것이다.

초기 질량 함수(Initial Mass Function, IMF)

관측 연구로부터, 성간 구름이 쪼개지기 시작하면서 큰 질량의 별보다는 작은 질량의 별들이 더 많이 형성된다. 이것은 단위 부피당(혹은 은하수 은하 원반의 단위 면적당) 단위 질량 구간 당 생성되는 항성의 수는 질량에 따라 크게 달라진 다는

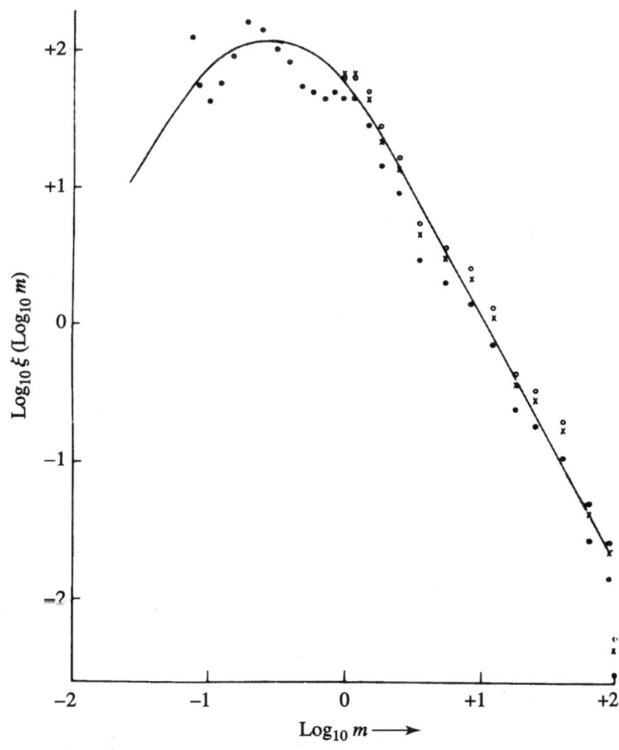

▌그림 6.12 초기 질량 함수, ξ는 은하수 은하의 원반의 단위 면적당 단위 질량 로그값당 생성되는 별의 개수이다. 각각의 점들은 관측 자료를 나타내고, 실선은 이론적인 계산 값을 나타낸다. 질량은 태양 질량을 단위로 썼다. (그림 출처 : Rana, *Astron. Astrophys. 184,* 104, 1987)

사실을 암시한다. 이와 같은 함수 의존성을 **초기 질량 함수**(Initial Mass Function, IMF)라고 한다. 그림 6.12에 IMF를 이론적으로 계산한 결과를 나타냈다. 구름 복합체로부터 형성되는 성단의 국지적인 환경을 포함하는 여러 가지 요소에 의하여 IMF가 결정된다.

성간구름이 조각으로 나뉘면서 붕괴하기 때문에, 대부분의 별들은 비교적 작은 질량을 갖는다. 서로 다른 질량 구간에서 태어나는 별들의 개수가 다르고, 질량에 따라 진화 빠르기가 달라지므로, 이것을 같이 고려하면, 질량이 큰 별들은 아주 드물고, 질량이 작은 별은 매우 흔하게 발견된다는 점이 전혀 놀랍지 않다. $0.1\,M_{\odot}$ 이하의 IMF는 매우 불확실하지만, 그림 6.12에서 보듯이 급격하게 내려가지 않고, 상당히 편평해서 작은 질량의 별들과 갈색 왜성이 다수 존재할 수 있음이 관측으로부터 추정할 수 있다.

H II 지역

뜨겁고 무거운 별이 ZAMS에 도달하여, O형과 B형의 분광형을 가질 때에, 이들 천체가 기체와 먼지에 둘러싸여 숨어 있는 상황이 일어난다. 대부분의 복사에너지는 전자기파 스펙트럼의 자외선 영역에 분포한다. 광자가 13.6 eV보다 에너지가 크면, 성간물질에 있는 바닥상태의 수소 기체(H I)를 이온화하며, 이들 물질들이 갓 태어난 별을 여전히 둘러싼다. 물론, 이러한 **H II 지역**이 평형 상태에 있으면, 수소 원자의 이온화율과 재결합률이 같다. 즉, 광자가 흡수되어 이온이 만들어지는 비율과 자유 전자와 양성자가 재결합하여 수소 원자를 만드는 비율이 같다. 재결합이 일어나면, 전자가 바닥상태로 곧바로 내려올 이유가 없으며, 한없이 많은 들뜬 상태에서 차례차례 내려오면서 낮은 에너지를 갖는 광자를 방출하여, 가시광 영역에서도 많은 광자가 만들어진다. 이와 같은 방법으로 압도적으로 나타나는 가시광 광자는 $n=3$에서 $n=2$로 천이할 때에 생기는 발머 계열의 붉은색 광자인 Hα이다. 따라서, 이와 같이 다단계 징검다리처럼 내려오는 에너지 천이 때문에, H II 지역이 붉은 빛의 형광으로 찬란하게 보인다.

이러한 **발광 성운**들은 밤하늘에서 보이는 가장 아름다운 천체로 손꼽힌다. 아주 유명한 H II 지역이 오리온 자리의 칼 부분에서 나타나는 데 이것이 오리온 성운(M42)이다.[14] M42는 오리온 A 복합체의 일부로서 이 복합체는 거대분자구름

14) M42는 천문 동호인들이 많이 관측하는 천체들을 모아 놓은 유명한 메시에 목록에 수록되어 있는 항목 번호이다. 메시에 목록은 부록 H에 나열되어 있다.

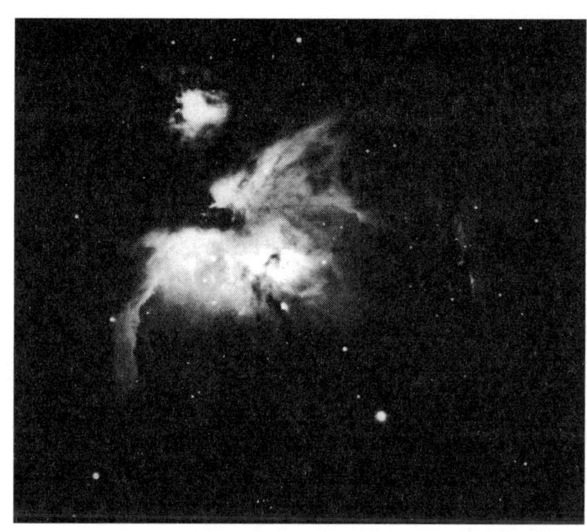

▌그림 6.13 오리온 A에 있는 H II 지역이 어린 OB 성협, 트라페지움 성단, 거대분자운과 연관되어 있다. 오리온 복합체는 450 pc 떨어져 있다. (영상 제공 : National Optical Astronomy Observatories)

(OMC 1)과 아주 어린 성단(트라페지움 성단)을 포함한다. 최초의 원시별 후보들이 이 지역에서 발견되었다.

H II 지역의 크기는 평형 조건으로부터 어림할 수 있다. N을 *매 1초마다* O나 B형 별에서 나오는 수소 원자를 이온화할 수($\lambda < 91.2$ nm) 있는 광자의 개수라고 하자.

수소를 이온화 할 수 있는 모든 광자가 H II 지역에서 전부 흡수된다고 하면, 광자가 생성되는 비율과 재결합률과 같아야한다. 이 평형 조건이 이루어지지 않는다면, 광자가 더 멀리 진행하여 아직 이온화되지 않은 수소에 흡수될 것이므로, H II 지역의 크기가 계속해서 커지게 된다.

다음으로, $\alpha n_e n_H$가 *매 1초당 단위 부피당* 일어나는 재결합률이라고 하고, 이 때에 α는 전자와 양성자가 주어진 밀도에서 반응하여 수소 원자를 만들 가능성을 나타내는 양자역학적인 재결합 계수이다(당연히, 전자와 양성자가 많을수록 재결합률이 커지므로 곱 $n_e n_H$에 반응률이 비례한다).[15] H II 지역의 대표적인 온도인 8000 K에서 $\alpha = 3.1 \times 10^{-19}$ m^3 s^{-1}이다. 기체가 전적으로 수소로 이루어져 있고, 전기적으로 중성이면, 이온 하나당 전자가 하나씩 나오므로 $n_e = n_H$이다. 이 등식을

15) 이 식은 일반화된 핵반응률을 주는 식 (4.29)와 어느 정도 비슷하다.

써서, 재결합률 식에 구형으로 가정하는 H II 지역의 부피를 곱하여 단위 시간당 나오는 이온화 광자의 개수와 같게 놓자. H II 지역의 반지름에 대하여 풀면

$$r_S \simeq \left(\frac{3N}{4\pi\alpha}\right)^{1/3} n_H^{-2/3} \tag{6.32}$$

을 얻는다. r_S를 1930년대에 이 문제를 연구한 천체물리학자 벵트 스트룀그렌 (Bengt Strömgren 1908–1987)의 이름을 따서 **스트룀그렌 반지름**이라고 부른다.

예제 6.3.1

부록 G로부터, O6 별의 유효 온도와 밝기가 각각 $T_e \simeq 45,000$ K, $L \simeq 1.3\times10^5\ L_\odot$이다. 비인의 법칙(식 (3.15))에 따르면 흑체 복사에서 가장 많은 복사 에너지를 내는 파장이

$$\lambda_{\max} = \frac{0.0029\ \text{m K}}{T_e} = 64\ \text{nm}$$

이다. 이 값이 바닥상태에 있는 수소 원자를 이온화할 수 있는 광자의 한계 파장인 91.2 nm보다 매우 작기 때문에, O6 별에서 나오는 대부분의 광자가 수소 원자를 이온화할 수 있다고 가정해도 큰 문제가 없다.

64 nm 광자의 에너지는 식 (5.3)을 써서 계산하면

$$E_\gamma = \frac{hc}{\lambda} = 19\ \text{eV}$$

이다. 이제, 방출된 광자가 하나같이 전부 같은 최대 에너지 복사 파장을 갖는다는 간단한 가정을 하면, 별에서 단위 시간당 나오는 광자의 갯수는 모두

$$N \simeq L/E_\gamma \simeq 1.6\times10^{49}\ \text{photons s}^{-1}$$

이다. 마지막으로 $n_H \sim 10^8\ \text{m}^{-3}$을 오리온 A의 H II 지역의 특징적인 밀도로 잡으면

$$r_S \simeq 3.5\ \text{pc}$$

이다. r_S의 값은 0.1 pc보다 작은 값으로부터 100 pc보다 큰 값에 이르는 범위를 갖는다.

기체 구름에서 무거운 별의 효과

무거운 별이 생기면, 처음에 원시별은 분자운 속에 파묻힌 적외선원으로 나타난다. 온도가 올라가면서, 먼지가 먼저 증발하고 분자들이 해리된다. 마침내 별은 주계열에 도달하여, 주변의 기체가 이온화되어, H I 지역에 둘러싸인 H II 지역을 만든다.

이제, 별의 높은 광도 때문에 복사압이 커져서 질량 손실이 심각해지고, 구름의 남은 부분은 흩어지려고 한다. 몇 개의 O형과 B형별들이 동시에 형성되면, 더 느리게 형성되는 가벼운 질량의 원시성에 아직 중력적으로 묶이지 못한 물질들의 상당 부분이 날라가 버려서, 별 탄생은 멈춘다. 더구나, 구름이 원래부터(임계 조건을 간신히 만족해서) 아슬아슬하게 중력적으로 묶여 있었으면, 질량 손실 때문에 비리얼 정리에 있는 위치에너지 항이 줄어들고, 새롭게 형성된 별과 원시성 무리가 중력적으로 묶이지 않는다(즉, 서로 흩어져 헤어지려고 한다). 그림 6.14는 지구로부터 약 3000 pc 떨어져 있는 카리나 성운에서 일어나고 있는 그러한 과정을 보여 준다. 이웃의 무거운 항성이 내는 이온화 복사의 영향을 보여 주는 또 다른 유명한 예가 M16, 즉 독수리 성운에 있는 기둥의 형성이다(그림 6.15).

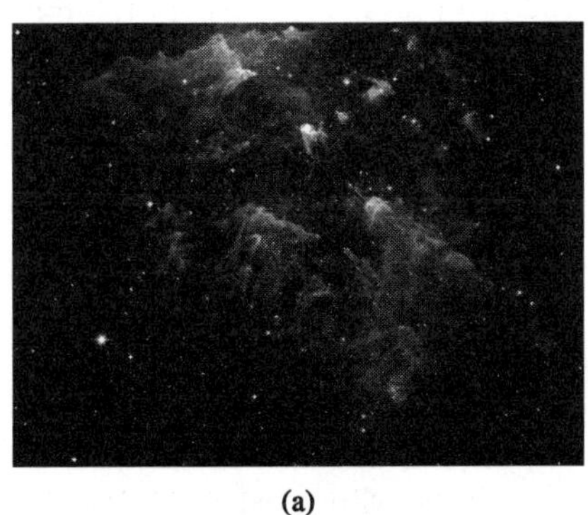

(a)

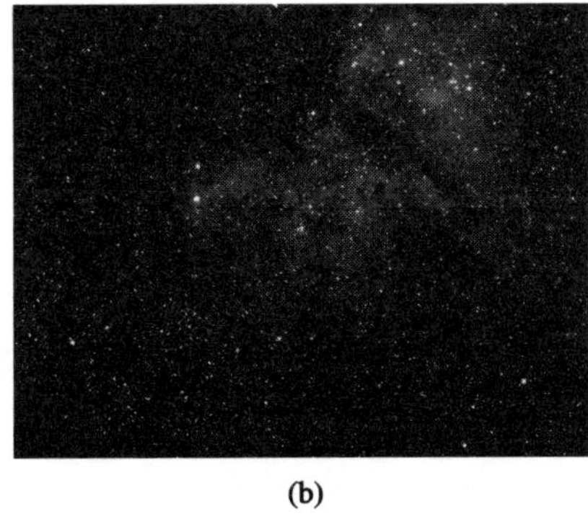

(b)

그림 6.14 (a) 카리나 성운 한 부분의 적외선 영상. 에타 카리나는 질량이 100 $M_{\odot}$을 넘는 매우 젊고 가까스로 안정한 별로서, 영상 위쪽에 놓여 있다. 이 지역에 있는 에타 카리나와 다른 무거운 별들이 내뿜는 강한 항성풍과 격렬한 자외선이 성운을 짓이기고 있다. 영상 중앙의 오른쪽으로 보이는 기둥 바로 위에 있는 다른 작은 질량의 갓 태어난 별들은 성장에 저해를 받고 있으며, 그 원인은 더욱 무거운 언니 별들에 의하여 일어나는 성운 파괴 때문이다. [NASA/JPL-Caltech/N. Smith(University of Colorado at Boulder)]
(b) 가시광으로 본 같은 지역. 구름에 있는 먼지 성분이 가리기 때문에 세밀한 양상들이 훨씬 더 적게 보인다. (NOAO)

▌그림 6.15 독수리 성운(M16)의 거대한 기체 기둥. 가장 왼쪽에 있는 기둥은 바닥으로부터 꼭대기까지 거리가 1 pc보다 더 크다. 영상 꼭대기 가장자리에 있는 무겁고 갓 태어난 별로부터 오는 이온화 복사에 의하여 구름에 있는 기체는 광증발한다. [영상 제공 : NASA, ESA, STScI, J. Hester and P. Scowen(Arizona State University).]

OB 성협

O, B주계열별들이 지배하는 한 무리의 별들을 OB **성협**이라고 부른다. 개개의 별들의 운동 속도와 질량을 연구하면, 이들이 서로 중력으로 묶여서 성단으로 영구히 남을 수 없다는 결론에 이른다. 그 한 예가 나이가 천만년이 채 안되었을 것으로 추정되는 오리온 A 복합체에 있는 트라페지움 성단이다. 이 성단은 현재에는 별들이 밀집되어 있으며, ($> 2\times10^3\ \text{pc}^{-3}$) 질량이 0.5–2.0 $M_\odot$의 범위에 있다. ^{13}CO의 도플러 이동을 측정하여 시선 속도를 구하면, 이 지역 근처에 있는 기체들의 흐름은 크게 난류적이다.

더구나, 별들의 시선 속도를 조사하면, 성단의 질량 중심에 대하여 빠르게 운동하고 있음을 알 수 있다. 얼핏 보기에는 O, B 별들이 기체를 흩어버리고 성단이 점점 해체되는 것처럼 보인다.

T Tauri 별들

T Tauri **별들**은 가벼운 전주계열 별들로서 아직도 먼지가 자욱한 별(적외선원)과 주계열별 사이에서 과도기를 보여 주는 중요한 부류의 천체이다. T Tauri별들은 이들 부류의 천체가 처음 발견된 천체의(황소자리에서 발견됨) 이름을 따서 명명되었으며, 보기드문 분광학적 특징과 하루 정도의 시간 규모에서 불규칙한 광도 변화를 보인다. H-R도에서 T Tauri별들의 위치가 그림 6.16에 나타내었으며, 이론적인 전주계열 진화 경로도 나타내었다. T Tauri 별들의 질량은 0.5에서 약 2 $M_\odot$의 범위에 있다.

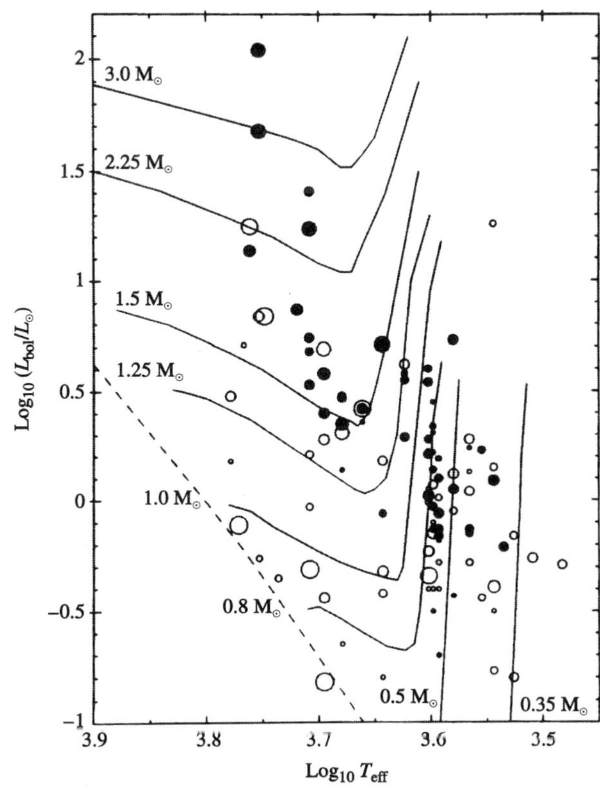

그림 6.16 H-R도에서 T Tauri 별들의 위치. 원의 크기는 자전 속도를 나타낸다. 강한 방출선을 보이는 별들은 채운 원으로 표시하였고, 약한 방출선을 내는 별들은 열린 원으로 나타냈다. 이론적인 전주계열 진화 경로도 나타냈다. (그림 출처 : Bertout, Annu. Rev. Astron. Astrophys., 27, 351, 1989. Reproduced with permission from the Annual Review of Astronomy and Astrophysics, Volume 27, 1989 by Annual Review Inc.)

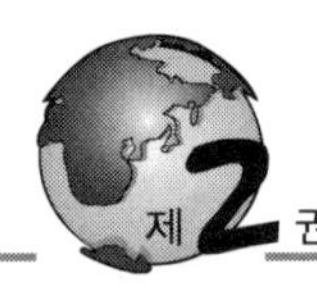

많은 T Tauri별들의 스펙트럼에는 리튬의 흡수선과 함께 수소(발머) 방출선, Ca II(H, K선들) 방출선, 철 방출선이 강하게 보인다. 흥미롭게도, 금지선들인 [O I], [S II]도 많은 T Tauri별에서 보인다.[16] 스펙트럼에서 금지선이 보인다는 뜻은 매우 낮은 밀도의 기체들이 있다는 뜻이다("허용선"과 구별하기 위하여, 금지선은 [O I]과 같이 앞뒤에 [ ]를 써서 나타낸다).

별의 스펙트럼에서 특정한 선의 존재 유무와 세기를 결정하여 정보를 얻을 수 있을 뿐 아니라, 파장의 함수로 표현한 분광선의 *모양*으로부터도 중요한 정보를 꺼낼 수 있다.[17] 중요한 예가 T Tauri 별에 보이는 일부 분광선의 모양에서 찾을 수 있다. Hα 분광선은 종종 그림 6.17(a)에 나타낸 바와 같은 특징적인 모양을 갖는다. 비교적 폭이 넓은 방출선 봉우리에 분광선의 짧은 파장쪽으로 흡수선 도랑이 있다.

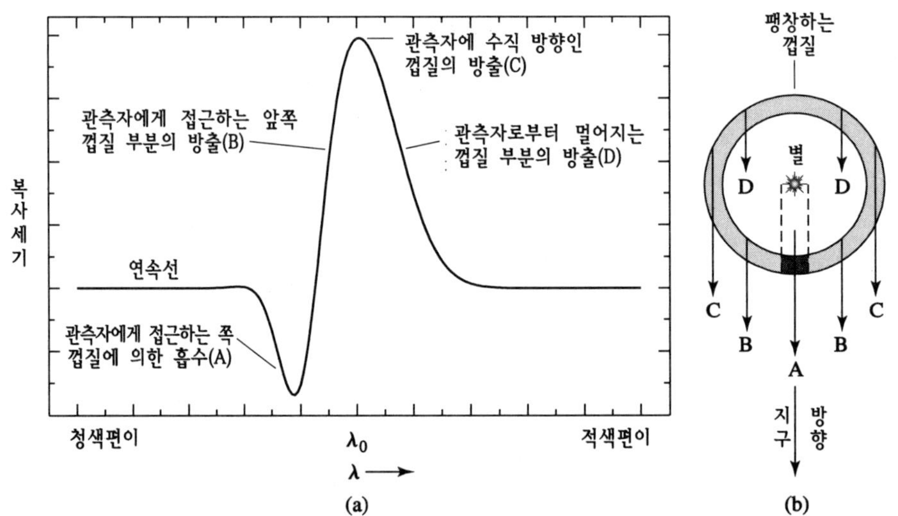

▌그림 6.17 (a) P Cygni 윤곽을 보이는 분광선의 특징은 넓은 방출선 마루와 청색쪽에 보이는 흡수선 도랑이 나타난다는 점이다. (b) P Cygni 선윤곽은 팽창하는 껍질에서 나타난다. 방출선 마루는 시선에 대하여 외곽 방향으로 움직이는 물질들 때문에 나타나고, 청색 편이된 흡수 도랑은 관측자를 향하여 운동하는 어둡게 표시한 부분에 있는 물질들이 관측자를 향해 진행하는 광자를 가로채면서 일으킨다.

16) 태양 코로나에서 허용 천이와 금지 천이에 대하여 배운 바를 기억하라(5.2절).

17) 선윤곽은 3.5절에서 처음 논의하였다. 그림 6.10도 또한 기억하라.

이와 같이 생긴 특별한 선모양을 **P Cygni** 선윤곽이라고 부르며, 이 이름은 이런 선모양이 처음 발견된 별의 이름을 따서 붙인 것이다. 분광선이 P Cygni 선윤곽을 보일 때에 별이 심각한 질량 손실을 겪고 있는 것으로 보통 해석한다. 키르히호프의 법칙(5.1절)을 생각하면, 방출선은 뜨겁고 성긴 기체와 관측자사이의 중간에 방해하는 물질이 없을 때에 나타난다. 이 경우에 그림 6.17b에 나타낸 바와 같이 시선 방향에 거의 수직한 방향으로 팽창하는 T Tauri별 외곽의 일부분이 방출선 부분을 형성한다. 흡수선은 온도가 낮으며 성긴 기체가 관측자 시선에 놓여 있을 때에 일어나며, 그림에서는 팽창하는 껍질에서 어둡게 표시한 부분이 뒤에 있는 뜨거운 별에서 방출되는 광자를 흡수한다. 껍질(A)로 표시한 어두운 부분이 관측자 쪽으로 움직이므로, 광자의 흡수는 방출선 부분에 대하여 상대적으로 짧은 파장쪽으로 청색 편이된다(T Tauri별의 경우 속도가 80 km s^{-1}이다). T Tauri별의 질량 손실률은 평균적으로 $M = 10^{-8}\,M_\odot\,yr^{-1}$이다.[18]

일부 극단적인 경우에는 T Tauri별의 선윤곽이 P Cygni에서 역P Cygni(붉은색 쪽으로 흡수 도랑)를 보이며, 하루 정도의 시간 규모에서 생기는 이 선윤곽으로부터 질량 손실이 일어나지 않고, 대신에 질량이 유입됨을 알 수 있다. 질량유입률은 질량 손실률과 거의 비슷한 정도로 보인다. T Tauri별 주변의 환경은 매우 불안정한 것 같다.

FU Orionis 별들

어떤 경우에는, T Tauri 별들이 $M = 10^{-4}\,M_\odot\,yr^{-1}$에 이르는 매우 큰 질량 유입의 증가를 겪은 듯하다. 같은 시간에, 별의 광도는 수만 배 늘어나며, 광도의 증가는 수 십년간 지속된다. 이와 같이 갑작스런 유입의 증가를 겪는 천체로서 처음 관측된 별이 FU Orionis이며, 이들 부류의 천체를 **FU Orionis 별**이라고 부른다. 아마도, FU Orionis별을 둘러싼 부착 원반에서 나타나는 불안정성에 의하여 0.01 $M_\odot$ 정도의 물질이 중심 별에 쏟아져 내리며, 약 1세기에 걸쳐 급격한 광도의 증가(outburst)를 보인다. 이 시기 동안, 원반의 안쪽 지역은 중심부 별보다 100배에서 1000배 가량 더 밝아지고, 강하고 300 km s^{-1}을 넘는 빠른 속도의 바람이 일어난다. T Tauri 별들은 일생 동안 FU Orionis 현상을 몇 차례 겪을 것으로 추정되고 있다.

18) 이 값은 태양의 현재 질량손실률보다($10^{-14}\,M_\odot\,yr^{-1}$: 예제 5.2.1을 보라) 훨씬 더 크다.

허빅(Herbig) Ae/Be 별들

T Tauri 별들과 매우 밀접하게 관련된 별들이 **허빅(Herbig) Ae/Be 별**들이며, 조지 허빅(Geroge Herbig)의 이름을 따서 지어졌다. 이러한 전주계열 단계 별들 분광형 A와 B를 가지며, 강한 방출선을 보인다(그러므로, Ae/Be라고 표시하였다). 이들의 질량은 2에서 10 $M_\odot$의 범위를 갖고, 남은 먼지와 기체에 에워싸여 있는 경향을 갖는다. 허빅 Ae/Be 별들은 T Tauri 별들처럼 철저하게 연구된 천체는 아니며, 큰 이유는 이들의 수명이 훨씬 더 짧기 때문이고(표 6.1을 기억하라) 부분적인 이유로는 구름에서 중간급 질량을 갖는 별들은 가벼운 별들보다 더 적게 태어나기 때문이다.

허빅-하로(Herbig-Haro) 천체들

팽창하는 껍질과 함께, 질량 손실이 **제트**의 형태로 일어나기도 하며, 양방향으로 좁은 빔의 형태로 빠르게 분출되어 나간다.[19] **허빅-하로 천체**는 오리온 성운 부근에서 1950년대에 조지 허빅(Geroge Herbig)과 길레르모 하로(Guillermo Haro 1913-1988)가 발견하였으며 T Tauri별 같은 어린 원시별에서 생성된 제트와 연관되어 보인다. 제트가 성간공간으로 초음속으로 팽창하면서, 충돌에 의하여 기체를 들뜨게하여, 이 밝은 천체의 스펙트럼에는 방출선이 나타난다. 그림 6.18(a)은 허블우주망원경이 찍은 허빅-하로 천체 HH 1과 HH 2의 영상이다. 이들 천체는 먼지 고치에 싸여 있는 별에서 초속 수백 킬로미터의 속력으로 분출된 제트로 태어났다. HH 47이라는 허빅-하로 천체의 제트가 그림 6.18(b)에 보인다.

연속복사가 몇몇 허빅-하로 천체에서 관측되며, 이것은 어미별에서 온 빛을 반사하기 때문이다. 그림 6.19에 나타나는 것이 HH30 항성을 둘러싼 부착원반이다. 원반의 표면을 중심별이 비추고 있지만, 중심별은 원반의 먼지에 가려서 보이지 않는다. 또한, 원반 깊은 곳에서 혹은 어쩌면 중심별 자체에서 형성된 제트가 나타난다. 방출선, 질량 손실, 제트, 광도의 변화와 같은 원시별과 관련된 여러 관측적 특징들을 부착 원반을 갖고 설명할 수 있다. 불행히도, 여기에 참여하는 구체적인 물리적 과정은 자세히 연구되어 있지 않다. HH 1, HH 2와 같은 허빅-하로 천체의 초기 모형이 그림 6.20에 나타나있다.

19) 뒤에서 공부하겠지만, 천체물리학적 제트는 에너지와 물리적 크기에서 엄청난 범위를 갖고 다양하게 일어는 현상이다.

(a)

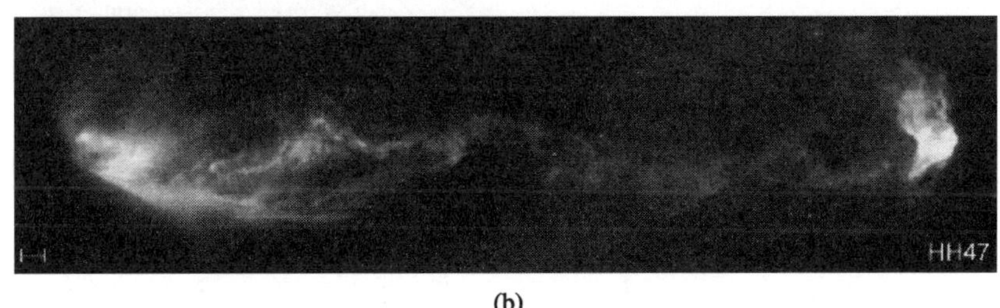

(b)

▌그림 6.18 (a) 허빅-하로 천체 HH 1과 HH 2는 오리온 성운 바로 남쪽에 위치하며, 영상 가운데 가까이 있는 먼지 구름 속에 숨어 있는 어린 원시별로부터 멀어지는 방향으로 운동한다. [영상 제공 : J. Hester(Arizona State University), the WF/PC2 Investigation Definition Team, and NASA.]

(b) HH 47의 제트. 아래 왼쪽에 보인 막대 눈금은 1000 AU이다. (영상 제공 : J. Morse/STScI, and NASA.)

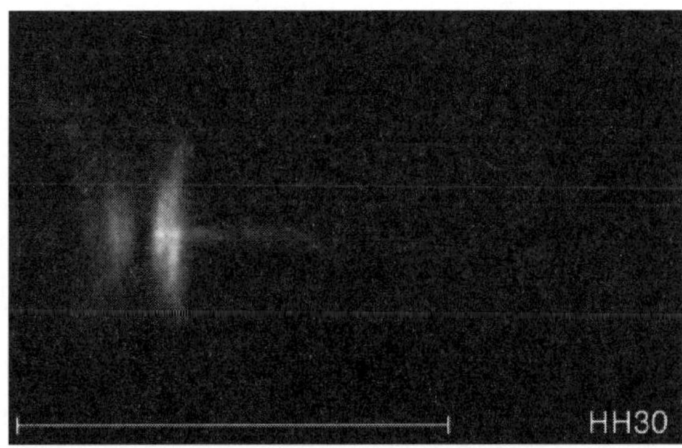

▌그림 6.19 원시별 HH 30을 둘러싼 원반과 제트. 중심별은 원반면에 있는 먼지로 가려져 있다. [영상 제공 : C. Burrows(STScI and ESA), the WF/PC2 Investigation Definition Team, and NASA.]

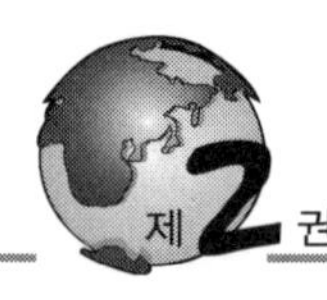

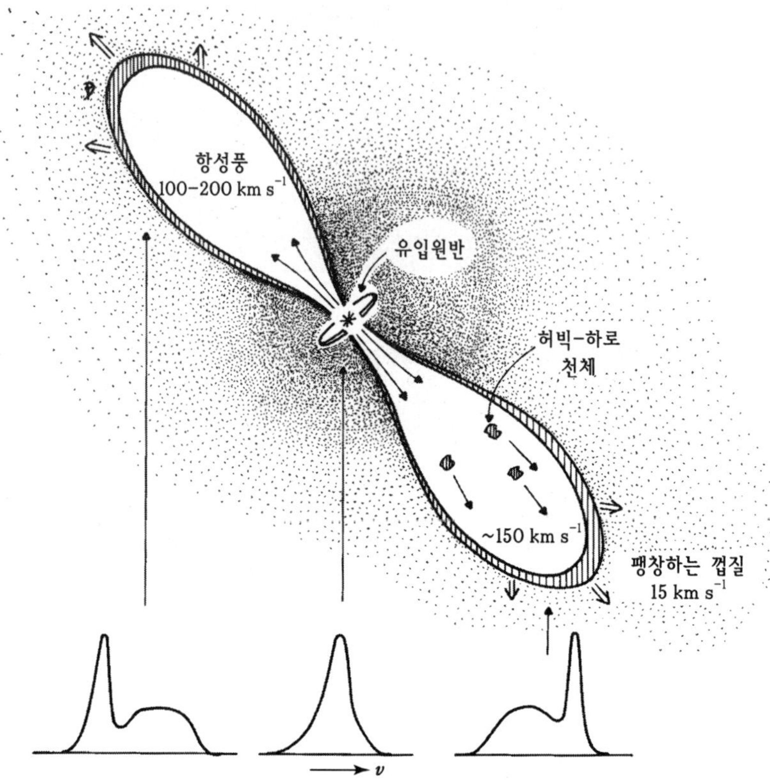

▌그림 6.20 부착 원반이 있는 T Tauri 별의 초기 모형. 원반은 성간 공간 속으로 팽창해 나가는 제트를 일정한 방향으로 정렬하고 동력을 제공하여, 허빅–하로 천체를 만든다. (그림 출처 : Snell, Loren, and Plambeck, *Ap. J. Letter.*, *239*, L17, 1980)

원반을 갖는 어린 별들

관측으로부터, 다른 젊은 별들도 자신의 주변을 도는 물질로 이루어진 원반을 갖고 있음이 알려졌다. 잘 알려진 두 천체가 베가와 β Pictoris이다. β Pic과 원반의 적외선 영상이 그림 6.21에 보인다. β Pic은 허블우주망원경을 써서, Fe II 자외선 방출선으로 관측되었다.

이 별은 일주일에 2–3차례 꼴로 물질 덩어리들이 원반에서 별로 낙하한다. 원반에서는 더 큰 물체들도 형성되는 것으로 보이며, 이들은 원시행성일 수 있겠다. 이러한 원반을 유입 원반이라기 보다는 "파편 원반(debris disk)"라는 주장이 제시되었으며, 이에 따르면, 이미 형성된 원반에서 물체들 사이의 충돌에 의하여 물질들이 관측된다. 그림 6.22에 β Pic의 상상도를 나타냈다.

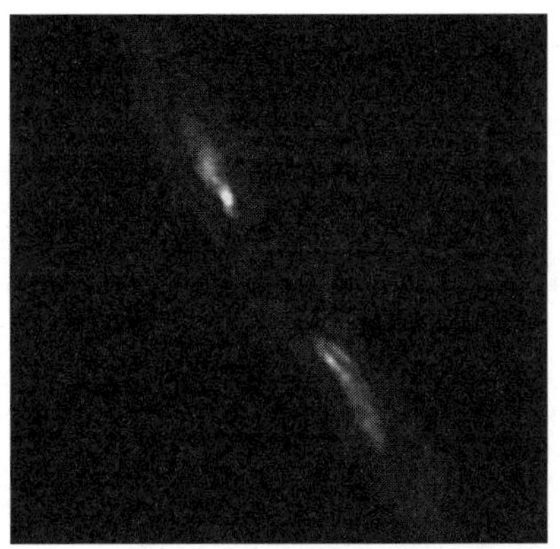

▌그림 6.21 β Pic의 적외선 영상이며, 중심별을 둘러싼 파편 원반을 보인다. (Europe Southern Observatory)

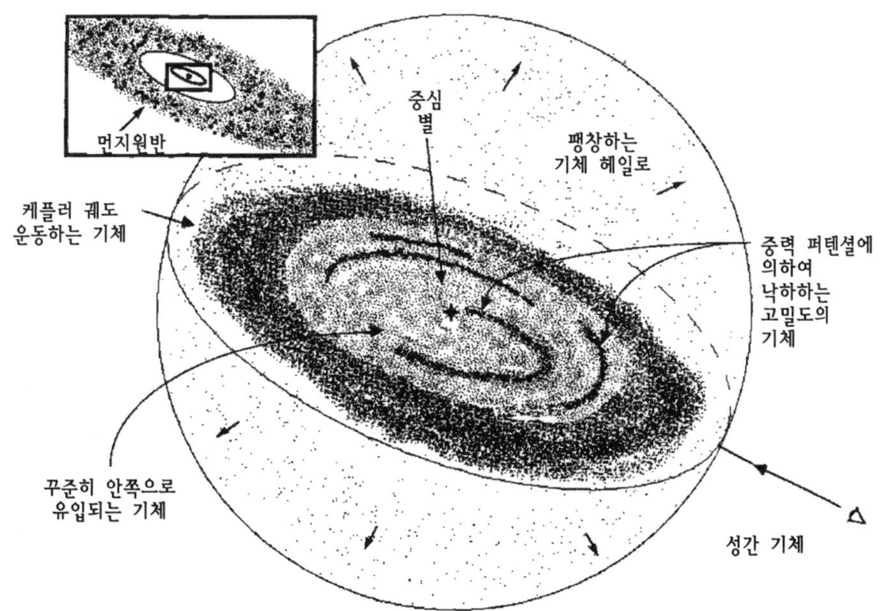

▌그림 6.22 β Pic 시스템의 상상도. 물질 덩어리들이 일주일에 두 번 혹은 세 번씩 별에 낙하하는 듯 보인다. 일부 물질들은 팽창하는 헤일로로서 시스템을 이탈한다. (그림 출처 : Boggess et al. *Ap. J. Lett.*, *377*, L49, 1991)

프로플릿(Proplyd)

1993년 12월에 허블우주망원경(Hubble Space Telescope, HST) 수리 임무를 성공적으로 마친 지 얼마 안되어, HST를 써서, 오리온 성운을 관측하였다. 그림 6.23에

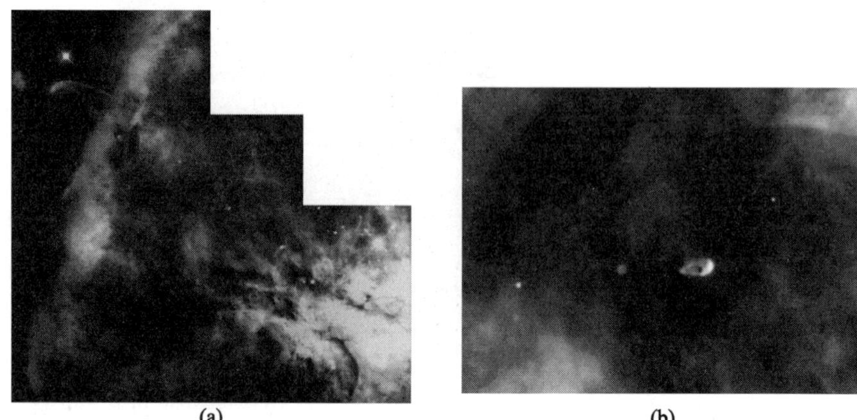

▮ 그림 6.23 허블 우주 망원경으로 얻은 오리온 성운(M42)의 영상. (b)는 (a)의 중심부 지역을 확대한 영상이다. 이 영상에서 많은 프로플릿이 보인다.

보이는 영상은 Hα, [N II], [O III] 방출선을 사용하여 얻은 것이다. 관측자료를 분석하면, V=21보다 밝은 110개 천체 가운데 56개 별이 먼지와 기체로 된 원반에 둘러싸였다는 것을 알 수 있다. 항성을 둘러싼 원반을 **프로플릿(proplyds)**라고 부르며, 백만년도 채 안된 어린 별에서 형성되는 원시행성계 원반으로 추정된다. 프로플릿에 있는 전리된 물질들을 관측한 바에 기초하여, 원반들의 질량이 2×10^{25} kg으로 추정된다(참고로, 지구의 질량은 5.974×10^{24} kg이다).

별 주변의 원반 형성

얼핏 보기에 원반 형성은 원시별구름이 붕괴할 때에 흔하게 보이는 현상인 것 같다. 의심할 여지없이, 이것은 구름이 각운동량 보존 때문에 회전이 빨라지기 때문이다. 원시별의 반지름이 감소하면서, 관성모멘트도 줄어든다. 외부로부터 토크가 없으면, 원시별의 각속도가 커져야한다. 식 (6.19)에서 준 구심가속도 항과 각운동량 보존을 써서, 회전축 수직 방향으로 일어나는 붕괴가 회전축 방향으로 일어나는 붕괴보다 먼저 멈추어 원반을 만들게 된다는 것을 보이는 것이 숙제 문제이다(문제 6.18).

각운동량의 효과를 붕괴 과정에서 고려하면 곧바로 문제가 생긴다. 각운동량 보존에 의하여, 모든 주계열별은 매우 빠르게 회전하여 거의 쪼개져 버리게 된다. 그러나, 관측에 의하면, 이러한 일은 일반적으로 일어나지 않는다. 아마도, 각운동량이 붕괴하는 별로부터 외곽으로 수송되어 나간 것 같다(5.2절에서 논의하였듯이).

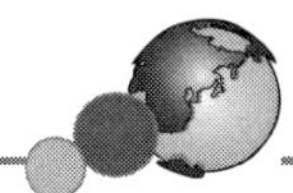

자기장이 별 내부의 대류층에 못박혀 있어서 전리된 항성풍과 결합되면, 토크가 생겨 회전을 느리게 할 수 있을 것이라고 생각할 수 있다. 이러한 제안을 지지하는 증거가 T Tauri별들의 바깥 대기층에서 태양의 코로나와 비슷하게 보이는 활동성이다.

회전과 자기장에 관련된 문제와 함께, 질량 손실도 전주계열 단계 진화에 중요한 역할을 할 것이다. 비록 이러한 문제들은 아직도 연구 중이지만, 원시성의 붕괴와 전주계열 단계의 진화를 세밀히 이해하기 위해서는 갈 길이 멀다.

제 6 장 참고 문헌

일반 도서

Knapp, Gillian, "The Stuff Between the Stars," *Sky and Telescope*, May 1995.

Nadis, Steve, "Searching for the Molecules of Life in Space," *Sky and Telescope*, January 2002.

Renyolds, Ronald J., "The Gas Between the Stars," *Scientific American*, January 2002.

고급 도서

Aller, Lawrence H., *Atoms, Stars, and Nebulae*, Third Edition, Cambridge University Press, Cambridge, 1991.

Dickey, John M., and Lockman, Felix J., "H I in the Galaxy," *Annual Review of Astronomy and Astrophysics*, *28*, 215, 1990.

Draine, B. T., "Interstellar Dust Grains," *Annual Review of Astronomy and Astrophysics*, *41*, 241, 2003.

Dopita, Michael A., and Sutherland, Ralph S., *Astrophysics of the Diffuse Universe*, Springer, Berlin, 2003.

Dyson, J. E., and Williams, D. A., *Physics of the Interstellar Medium*, Second Edition, Institute of Physics Publishing, Bristol, 1997.

Evans, Neal J. II, "Physical Conditions in Regions of Star Formation," *Annual Review of Astronomy and Astrophysics*, *37*, 311, 1999.

Iben, Icko Jr., "Stellar Evolution. I. The Approach to the Main Sequence," *The Astrophysical Journal*, *141*, 993, 1965.

Krügel, Endrik, *The Physics of Interstellar Dust*, Institute of Physics Publishing, Bristol, 2003.

Larson, Richard B., "Numerical Calculations of the Dynamics of a Collapsing Protostar," *Monthly Notices of the Royal Astronomical Society*, *145*, 271, 1969.

Larson, Richard B., "The Physics of Star Formation," *Reports of Progress in Physics*, *66*, 1651, 2003.

Lequeux, James, *The Interstellar Medium*, Springer, Berlin, 2003.

Mannings, Vincent, Boss, Alan P., and Russell, Sara S. (eds.), *Protostars and Planets IV*, The University of Arizona Press, Tucson, 2000.

O'Dell, C. R., and Wen, Zheng, "Postrefurbishment Mission Hubble Space Telescope Images of the Core of the Orion Nebula: Proplyds, Herbig-Haro Objects, and Measurements of a Circumstellar Disk," *The Astrophysical Journal*, *436*, 194, 1994.

Osterbrock, Donald E., *Astrophysics of Gaseous Nebulae and Active Galactic Nuclei*, Second Edition, University Science Books, Sausalito, CA, 2006.

Reipurth, Bo, and Bally, John, "Herbig-Haro Flows: Probes of Early Stellar Evolution," *Annual Review of Astronomy and Astrophysics*, *39*, 403, 2001.

Shu, Frank H., Adams, Fred C., and Lizano, Susana, "Star Formation in Molecular Clouds: Observation and Theory," *Annual Review of Astronomy and Astrophysics*, *25*, 23, 1987.

Stahler, Steven W., "Pre-Main-Sequence Stars," *The Encyclopedia of Astronomy and Astrophysics*, Institute of Physics Publishing, 2000.

Stahler, Steven W., and Palla, Francesco, *The Formation of Stars*, Wiley-VCH, Weinheim, 2004.

제 6 장 연습 문제

6.1 In a certain part of the North American Nebula, the amount of interstellar extinction in the visual wavelength band is 1.1 magnitudes. The thickness of the nebula is estimated to be 20 pc, and it is located 700 pc from Earth. Suppose that a B spectral class main-sequence star is observed in the direction of the nebula and that the absolute visual magnitude of the star is known to be $M_V = -1.1$ from spectroscopic data. Neglect any other sources of extinction between the observer and the nebula.

(a) Find the apparent visual magnitude of the star if it is lying just in front of the nebula.

(b) Find the apparent visual magnitude of the star if it is lying just behind the nebula.

(c) Without taking the existence of the nebula into consideration, based on its apparent magnitude, how far away does the star in part (b) appear to be? What would be the percentage error in determining the distance if interstellar extinction were neglected?

6.2 Estimate the temperature of a dust grain that is located 100 AU from a newly formed F0 main-sequence star. *Hint:* Assume that the dust grain is in thermal equilibrium—meaning that the amount of energy absorbed by the grain in a given time interval must equal the amount of energy radiated away during the same interval of time. Assume also that the dust grain is spherically symmetric and emits and absorbs radiation as a perfect blackbody. You may want to refer to Appendix G for the effective temperature and radius of an F0 main-sequence star.

6.3 The Boltzmann factor, $e^{-(E_2-E_1)/kT}$, helps determine the relative populations of energy levels (see Section 8.1). Using the Boltzmann factor, estimate the temperature required for a hydrogen atom's electron and proton to go from being anti-aligned to being aligned. Are the temperatures in H I clouds sufficient to produce this low-energy excited state?

6.4 An H I cloud produces a 21-cm line with an optical depth at its center of $\tau_H = 0.5$ (the line is optically thin). The temperature of the gas is 100 K, the line's full width at half-maximum is 10 km s^{-1}, and the average atomic number density of the cloud is estimated to be 10^7 m^{-3}. From this information and Eq. (12.7), find the thickness of the cloud. Express your answer in pc.

6.5 Using an approach analogous to the development of Eq. (10.29) for nuclear reaction rates, make a crude estimate of the number of random collisions per cubic meter per second between CO and H_2 molecules in a giant molecular cloud that has a temperature of 15 K and a number density of $n_{H_2} = 10^8$ m^{-3}. Assume (incorrectly) that the molecules are spherical in shape with radii of approximately 0.1 nm, the characteristic size of an atom.

6.6 Explain why astronomers would use the isotopomers ^{13}CO or C^{18}O, rather than the more common CO molecule, to probe deeply into a giant molecular cloud.

6.7 The rotational kinetic energy of a molecule is given by

$$E_{\text{rot}} = \frac{1}{2}I\omega^2 = \frac{L^2}{2I},$$

where L is the molecule's angular momentum and I is its moment of inertia. The angular momentum is restricted by quantum mechanics to the discrete values

$$L = \sqrt{\ell(\ell+1)}\hbar$$

where $\ell = 0, 1, 2, \ldots$.

(a) For a diatomic molecule,

$$I = m_1 r_1^2 + m_2 r_2^2,$$

where m_1 and m_2 are the masses of the individual atoms and r_1 and r_2 are their separations from the center of mass of the molecule. Using the ideas developed in Section 2.3, show that I may be written as

$$I = \mu r^2,$$

where μ is the reduced mass and r is the separation between the atoms in the molecule.

(b) The separation between the carbon and oxygen atoms in CO is approximately 0.12 nm, and the atomic masses of ^{12}C, ^{13}C, and ^{16}O are 12.000 u, 13.003 u, and 15.995 u, respectively. Calculate the moments of inertia for ^{12}CO and ^{13}CO.

(c) What is the wavelength of the photon that is emitted by ^{12}CO during a transition between the rotational angular momentum states $\ell = 3$ and $\ell = 2$? To which part of the electromagnetic spectrum does this correspond?

(d) Repeat part (c) for ^{13}CO. How do astronomers distinguish among different isotopes in the interstellar medium?

6.8 **(a)** Equations (12.10) and (12.11) illustrate a cooling mechanism for a molecular cloud accomplished through the excitation of oxygen atoms. Explain why the excitation of hydrogen rather than oxygen is not an effective cooling mechanism.

(b) Why are the temperatures of hot cores significantly greater than dense cores?

6.9 In light of the cooling mechanisms discussed for molecular clouds, explain why dense cores are generally cooler than the surrounding giant molecular clouds, and why GMCs are cooler than diffuse molecular clouds.

6.10 Calculate the Jeans length for the giant molecular cloud in Example 12.2.1.

6.11 Show that the Jeans mass (Eq. 12.14) can also be written in the form

$$M_J = \frac{c_J v_T^4}{P_0^{1/2} G^{3/2}} \tag{12.33}$$

where the isothermal sound speed, v_T, is given by Eq. (12.18), P_0 is the pressure associated with the density ρ_0 and temperature T, and $c_J \simeq 5.46$ is a dimensionless constant.

6.12 By invoking the requirements of hydrostatic equilibrium, explain why the assumption of a constant gas pressure P_0 in Eq. (12.33) cannot be correct for a static cloud without magnetic fields. What does that imply about the assumptions of constant mass density in an isothermal molecular cloud having a constant composition throughout?

6.13 **(a)** By using the ideal gas law, calculate $|dP/dr| \approx |\Delta P/\Delta r| \sim P_c/R_J$ at the beginning of the collapse of a giant molecular cloud, where P_c is an approximate value for the central pressure of the cloud. Assume that $P = 0$ at the edge of the molecular cloud and take its mass and radius to be the Jeans values found in Example 12.2.1 and in Problem 12.10. You should also assume the cloud temperature and density given in Example 12.2.1.

(b) Show that, given the accuracy of our crude estimates, $|dP/dr|$ found in part (a) is comparable to (i.e., within an order of magnitude of) $GM_r\rho/r^2$, as required for quasi-hydrostatic equilibrium.

(c) Show that as long as the collapse remains isothermal, the contribution of dP/dr in Eq. (10.5) continues to decrease relative to $GM_r\rho/r^2$, supporting the assumption made in Eq. (12.19) that dP/dr can be neglected once free-fall collapse begins.

6.14 Assuming that the free-fall acceleration of the surface of a collapsing cloud remains constant during the entire collapse, derive an expression for the free-fall time. Show that your answer differs from Eq. (12.26) only by a term of order unity.

6.15 Using Eq. (10.84), estimate the adiabatic sound speed of the giant molecular cloud discussed in Examples 12.2.1 and 12.2.2. Use this speed to find the amount of time required for a sound wave to cross the cloud, $t_s = 2R_J/v_s$, and compare your answer to the estimate of the free-fall time found in Example 12.2.2. Why would you expect the two values to be approximately the same?

6.16 Using the information contained in the text, derive Eq. (12.28).

6.17 Estimate the gravitational energy per unit volume in the giant molecular cloud in Example 12.2.1, and compare that with the magnetic energy density that would be contained in the cloud if it had a magnetic field of uniform strength, $B = 1$ nT. [*Hint:* Refer to Eq. (11.9).] Could magnetic fields play a significant role in the collapse of a cloud?

6.18 **(a)** Beginning with Eq. (12.19), adding a centripetal acceleration term, and using conservation of angular momentum, show that the collapse of a cloud will stop in the plane perpendicular to its axis of rotation when the radius reaches

$$r_f = \frac{\omega_0^2 r_0^4}{2GM_r}$$

where M_r is the interior mass, and ω_0 and r_0 are the original angular velocity and radius of the surface of the cloud, respectively. Assume that the initial radial velocity of the cloud is zero and that $r_f \ll r_0$. You may also assume (incorrectly) that the cloud rotates as a rigid body during the entire collapse. *Hint:* Recall from the discussion leading to Eq. (11.7) that $d^2r/dt^2 = v_r\, dv_r/dr$. (Since no centripetal acceleration term exists for collapse along the rotation axis, disk formation is a consequence of the original angular momentum of the cloud.)

(b) Assume that the original cloud had a mass of 1 $M_\odot$ and an initial radius of 0.5 pc. If collapse is halted at approximately 100 AU, find the initial angular velocity of the cloud.

(c) What was the original rotational velocity (in m s^{-1}) of the edge of the cloud?

(d) Assuming that the moment of inertia is approximately that of a uniform solid sphere, $I_{\text{sphere}} = \frac{2}{5}Mr^2$, when the collapse begins and that of a uniform disk, $I_{\text{disk}} = \frac{1}{2}Mr^2$, when it stops, determine the rotational velocity at 100 AU.

(e) Calculate the time required, after the collapse has stopped, for a piece of mass to make one complete revolution around the central protostar. Compare your answer with the orbital period at 100 AU expected from Kepler's third law. Why would you not expect the two periods to be identical?

6.19 Assuming a mass loss rate of 10^{-7} $M_\odot$ yr^{-1} and a stellar wind velocity of 80 km s^{-1} from a T Tauri star, estimate the mass density of the wind at a distance of 100 AU from the star. (*Hint:* Refer to Example 11.2.1.) Compare your answer with the density of the giant molecular cloud in Example 12.2.1.

7장 주계열과 주계열을 떠난 뒤 별의 진화

7.1 주계열 위에서 별의 진화

4장 6절에서 우리는 주계열이 존재하는 이유가 별의 중심에서 수소 원자핵을 헬륨 원자핵으로 바꾸는 핵융합 반응 때문임을 공부하였다. 원시별이 붕괴해서 영년 주계열에 도달하는 진화 과정은 6장에서 다루었다. 이 장에서는 별이 나이 들어가는 과정인 별의 일생을 주계열에서 시작하여 살펴보고자 한다. 주계열 별의 진화는 거역할 수 없는 중력의 영향과 핵융합 반응에 의한 화학 성분의 변화가 원인이 되어 일어나는 당연한 귀결이다.

항성 진화의 시간 규모들

별이 일정한 광도를 유지하려면, 별은 자체적으로 갖고 있는 에너지를 중력적으로 혹은 핵 반응을 통하여 지속적으로 꺼내야한다.[1)] 전주계열 단계의 진화는 두 가지 시간 규모, 즉 자유 낙하 시간 규모(식 (6.26))와 켈빈-헬름홀츠 시간 규모(식 (4.24))가 규정한다. 주계열 단계와 주계열을 떠난 단계에서 항성의 진화를 결정하는 또 다른 세 번째 시간 규모는 핵반응 시간 규모(식 (4.25))이다. 예제 4.3.2에서

1) 문제 4.3에서 화학적 에너지는 별이 내는 에너지에서 중요한 역할을 하지 않는다는 점을 살펴보았다.

본 바와 같이, 핵반응 시간 규모는 태양의 경우 10^{10}년 정도이며, 이것은 예제 4.3.1에서 계산한 켈빈-헬름홀츠 시간 규모인 10^{7}년보다 훨씬 길다. 각 진화 단계에서 이처럼 차이를 보이는 시간 규모야말로 태양 이웃에 있는 별들의 80%에서 90%가 주계열에 있는 이유이다(2.2절을 보라). 주계열에 대부분 별이 있는 이유는 그저 주계열이 가장 긴 시간 동안 진화하는 단계이고, 주계열 이후는 진화가 더 빠르게 진행되기 때문이다. 그러나, 별이 핵연료를 다른 것으로 바꾸면, 중력에너지가 주된 역할을 하여 켈빈-헬름홀츠 시간 규모가 다시 중요해진다.

주계열의 폭

그림 2.13에 보이는 H-R도, 또는 질량-밝기의 관측적 관계와(그림 1.7) 같이 주계열 별들을 자세히 연구하면, 그림에 나타나는 곡선들이 폭이 없는 순수한 선이 아니라 일정한 폭을 갖는다는 것을 알 수 있다. 주계열의 폭이나 질량-밝기 관계의 폭이 나타나는 이유는 관측 오차, 각 별들의 화학 조성 차이, 주계열 위에서 진화 단계의 차이와 같은 것들을 생각할 수 있다.

작은 질량 별의 주계열 진화

이 절에서는 주계열에서 별의 진화를 공부할 것이다. 주계열에 있는 모든 별들은 수소를 헬륨으로 태우고 있어서 비슷한 성질을 보이지만 또한 차이점도 있다. 예를 들면, 4.6절에서 말했듯이, 질량이 약 1.2 $M_\odot$보다 무거운 영년 주계열(ZAMS) 별들은 온도에 민감한 CNO 순환 때문에 중심핵에서 대류를 일으킨다. 다른 한 편으로는, 질량이 약 1.2 $M_\odot$보다 가벼운 ZAMS 별들은 온도에 덜 민감한 pp 사슬이 압도한다. 그러므로 0.3 $M_\odot$에서 1.2 $M_\odot$ 범위에서 질량을 갖는 ZAMS 별들은 중심핵에서 에너지 수송이 복사로 이루어진다. 그러나, 가장 가벼운 ZAMS 별들은 다시 대류 중심핵을 가지며, 그 이유는 표면의 높은 불투명도에 의하여 표면의 대류 지역이 내부 깊숙이 내려와 별 전체에서 대류를 일으키기 때문이다.

우선, 태양과 같이 주계열에서 작은 질량을 갖는 대표적인 별을 고려하자. 그림 5.1에서 보았듯이, 태양의 밝기, 반지름 온도는 45억년 전 즈음에 ZAMS에 도달한 이후 꾸준하게 증가해 왔다. 이러한 진화가 일어나는 이유는 pp 사슬이 수소를 헬륨으로 바꾸면서 중심핵의 평균 분자량이 증가하기 때문이다(식 (4.16)). 이상기체의 법칙에 따르면(식 (4.11)), 중심핵의 밀도와(혹은) 온도가 증가하지 않으면, 기체 압력이 충분하지 않기 때문에 그 위의 층을 지탱할 수 없게 된다. 따라서, 중심핵은 수축하게 된다. 중심핵의 밀도가 증가하면, 중력위치에너지가 풀려나오고, 비리얼 정리에(2.4절) 따라 그 가운데 반은 복사로 빠져 나가며, 나머지 반은 열에너지에 포함되어 기체의 온도를 높인다. 이와 같은 온도 상승의 한 가지 결과는 주계열

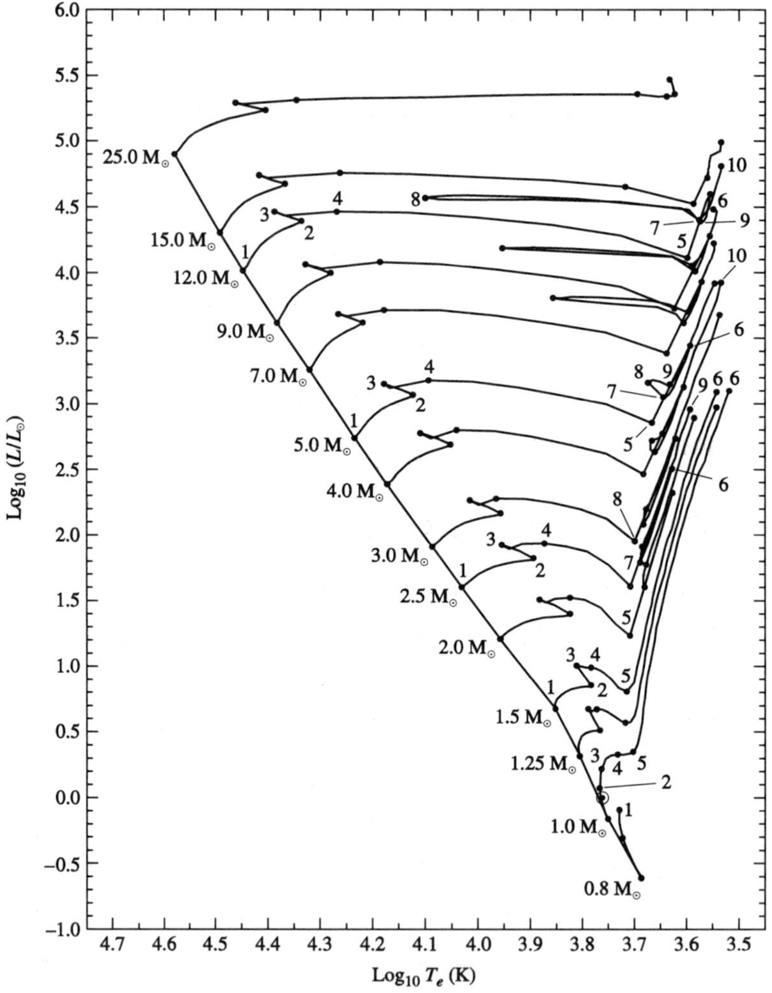

▌그림 7.1 초기 성분이 $X=0.68$, $Y=30$, $Z=0.02$인 별들의 주계열과 후주계열 진화 경로. 현재 태양의 위치(그림 7.2를 보시오.)는 점1과 점2 사이의 태양 기호(⊙)로 1 M⊙의 경로에 나타내었다. 그림에 나타난 각 점들까지 경과한 시간이 표 7.1에 주어졌다. 보기 쉽게 하기 위하여, 0.8, 1.0, 1.5, 2.5, 5.0, 12.0 M⊙ 별들의 진화 경로들 위의 점들에만 숫자를 써 놓았다. 모형 계산은 질량 손실과 대류 오버슈팅까지 고려하였다. 점1들을 연결한 대각선이 영년 주계열이다. 1 M⊙과 5 M⊙ 별들의 완전하고, 주석이 되어 있는 진화 경로는 그림 7.4와 그림 7.5에 각각 나타나 있다. (자료 출처 : Schaller et al. *Astron. Astrophys. Suppl. 96*, 269, 1992)

▌표 7.1 영년 주계열에 도달한 이후 그림 7.1에 나타낸 지점까지 경과한 백만년(Myr)을 단위로 나타낸 시간. (자료 출처 : Schaller et al. *Astron. Astrophys. Suppl. 96*, 269, 1992)

Initial Mass	1	2	3	4	5
($M_\odot$)	6	7	8	9	10
25	0	6.33044	6.40774	6.41337	6.43767
	6.51783	7.04971	7.0591		
15	0	11.4099	11.5842	11.5986	11.6118
	11.6135	11.6991	12.7554		
12	0	15.7149	16.0176	16.0337	16.0555
	16.1150	16.4230	16.7120	17.5847	17.6749
9	0	25.9376	26.3886	26.4198	26.4580
	26.5019	27.6446	28.1330	28.9618	29.2294
7	0	42.4607	43.1880	43.2291	43.3388
	43.4304	45.3175	46.1810	47.9727	48.3916
5	0	92.9357	94.4591	94.5735	94.9218
	95.2108	99.3835	100.888	107.208	108.454
4	0	162.043	164.734	164.916	165.701
	166.362	172.38	185.435	192.198	194.284
3	0	346.240	352.503	352.792	355.018
	357.310	366.880	420.502	440.536	
2.5	0	574.337	584.916	586.165	589.786
	595.476	607.356	710.235	757.056	
2	0	1094.08	1115.94	1117.74	1129.12
	1148.10	1160.96	1379.94	1411.25	
1.5	0	2632.52	2690.39	2699.52	2756.73
	2910.76				
1.25	0	4703.20	4910.11	4933.83	5114.83
	5588.92				
1	0	7048.40	9844.57	11386.0	11635.8
	12269.8				
0.8	0	18828.9	25027.9		

진화 단계 동안 핵반응을 유지할 수 있을 정도로 뜨거운 지역의 범위를 약간 늘린다는 것이다. 그리고, pp 사슬의 핵반응률이 $\rho X^2 T_6^4$(식 (4.47)을 보라)에 비례하므로, 온도와 밀도가 높아진 것이 수소가 차지하는 함량비가 낮아진 것을 상쇄하고도 남기 때문에 별의 광도가 증가하고 반지름과 유효온도도 같이 올라간다.

다양한 질량을 갖는 별들의 주계열 진화 경로와 주계열을 떠난 뒤의 진화 경로는 이코 이벤(Icko Iben, Jr.)이 선구적으로 계산하였으며, 1960년대 중반에 발표하였다. 일생 동안 일어나는 질량 손실뿐만 아니라 대류의 오버슈팅 효과까지 고려한 현대적인 진화 경로의 계산 결과가 그림 7.1에 나타나 있다.[2] 계산에 의하면, 영년 주계열에서로부터 그림 7.1에 표시한 곳까지 진화하는 데에 소요되는 시간은 표 7.1에 나타냈다. 1로 표시한 지점은 이론적인 ZAMS로서, 현재의 태양은 1 $M_\odot$의 경로 위에 점 1과 점 2 사이에 놓여 있다.

5.1절에서 표준적인 태양 모형을 다루었으며, 그림 5.3–5.7은 반지름의 함수로서 그러한 모형의 내부 구조를 나타낸다. 특히, 그림 5.3에서는 중심핵에서 수소가 일부 고갈되고 이에 따라 헬륨이 증가된 모습이 나타난다. 오늘날 태양의 내부 구조가 그림 7.2에 나타나 있다. 반지름, 밀도, 온도, 밝기와 함께, ${}^1_1H$, ${}^3_2He$, ${}^{12}_6C$, ${}^{14}_7N$, ${}^{16}_8O$의 질량비를 내부 질량의 함수로 나타냈다. 별이 주계열 위에서 진화를 계속하면서, 중심부의 수소는 완전히 고갈될 것이다. 그림 7.3에는 1 $M_\odot$인 별이 ZAMS에 도달한 후 98억년에 이른 상황을 보여 준다. 이 모델은 그림 7.1에서 점3에 해당한다.

중심핵에서 수소가 완전히 없어지면, pp 사슬에 의한 에너지 생산이 중단된다. 그러나, 중심핵의 온도가 크게 증가하여 헬륨으로 이루어진 중심핵을 둘러싼 수소 연소껍질로부터 에너지 생산이 계속된다. 이 효과가 그림 7.3의 광도 곡선에서 볼 수 있다. 내부 별 질량이 0에서 3%까지는 밝기가 변하지 않음을 주의하라. 동시에, 이 지역에서 온도도 거의 일정하다. 밝기의 변화가 없으면, 헬륨핵은 등온이라는 사실을 식 (4.68)에 보인 복사온도 기울기의 관계식으로부터 알 수 있다. 유한한 지역에서 $L_r \simeq 0$이므로, $dT/dr \simeq 0$이며, T가 거의 일정하다. 등온인 핵이 그 위의 물질을 지탱하면서 정유체 평형을 이룰려면, 압력의 기울기가 있어야 하기 때문에 별의 중심부로 가면서 밀도가 증가해야한다.

---

2) 대류의 오버슈팅은 대류 거품이 관성을 갖는다는 점을 고려한다. 관성을 무시했다면 복사 지역이었을 부분까지 대류 거품이 좀 더 들어가게 된다.

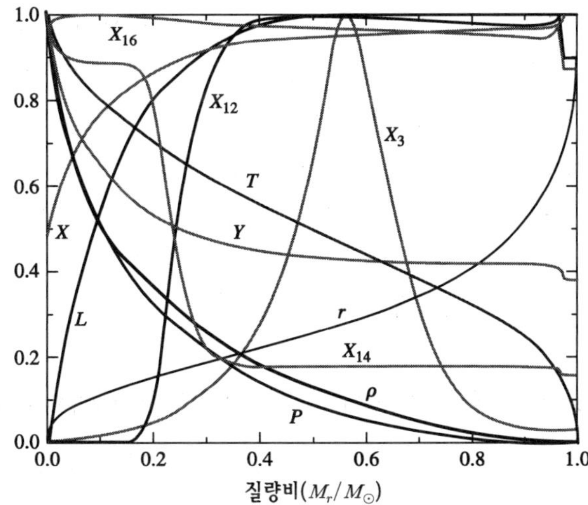

▌**그림 7.2** ZAMS에 도달한 지 4.57 Gyr인 오늘날 태양(1 M☉인 별)의 내부 구조. 이 모형은 그림 7.1에서 점 1과 점 2 사이에 위치한다. 물리 변수들의 세로축 최대값은 r=1.0 R☉, L=1.0 L☉, T=15.69×10^6, ρ=1.527×10^5 kg m^{-3}, P=2.342×10^{16} N m^{-2}, X=0.73925, Y=0.64046, X_3=3.19×10^{-3}, X_{12}=3.21×10^{-3}, X_{14}=5.45×10^{-3}, X_{16}=9.08×10^{-3}이다. (자료 출처 : Bahcall, Pinsonneault, and Basu, *Ap.J., 555,* 990, 2001)

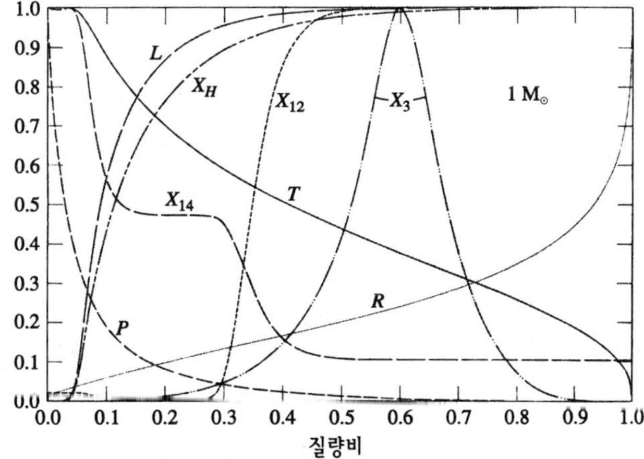

▌**그림 7.3** 이코 이벤의 선구자적 계산으로 기술된 바와 같이, 그림 7.1의 점 3 근처에 있는 1 M☉인 별의 내부 구조. 비록, 현대적 모형에 나타난 구체적인 값들은 여기에 나타낸 값들과 약간 다를 수 있지만, 최신 모형 계산 결과들이 여기 제시한 결과와 그다지 큰 차이를 주지는 않는다. 이벤 모형에서 세로축 최대값들은 R=1.2681 R☉, P=1.3146×10^{17} N m^{-2}, T=19.097×10^6 K, L=2.1283 L☉, X_H=0.708, X_3=5.15×10^{-3}, X_{12}=3.61×10^{-3}, X_{14}=1.15×10^{-2}이다. (그림 출처 : Iben, *Ap. J., 47,* 624, 1967)

이 시점에서, 두꺼운 껍질에서 생산되는 광도가 수소를 연소했던 중심핵에서 만들었던 광도보다 크기 때문에 항성은 더 밝아진다. 이 결과, 진화 경로는 그림 7.1에서 점3을 지나 계속 올라가지만, 생산되는 모든 에너지가 별표면까지 전달되는 것은 아니고, 일부는 외피가 팽창하는 데에 필요한 에너지로 쓰인다. 따라서, 유효 온도는 약간 감소하기 시작하고 진화 경로는 오른쪽으로 휜다. 수소 연소 껍질에서 핵연료가 계속 소모되면서, 발생하는 재들이 보여 등온인 헬륨핵의 질량이 증가하고, 별은 H-R도에서 더 붉어진다.

쇤버그-찬드라세카(Schönberg-Chandrasekhar) 한계

이 진화 단계가 끝나는 이유는 등온을 이루는 중심핵의 질량이 지나치게 커지면서 그 위의 물질을 더 이상 지탱하지 못하게 되기 때문이다. 위에 있는 물질들을 지탱하면서 등온핵으로 존재할 수 있는 최대 질량 비율은 쇤버그(M. Sch nberg)와 찬드라세카(Chandrasekhar)가 1942년에 처음으로 계산하였으며, 그 결과는 다음과 같다.

$$\left(\frac{M_{ic}}{M}\right)_{\rm SC} \simeq 0.37\left(\frac{\mu_{\rm env}}{\mu_{ic}}\right)^2 \tag{7.1}$$

여기에서 $\mu_{\rm ic}$와 $\mu_{\rm env}$는 각각 등온 중심부 핵(isothermal core)과 이 핵을 덮고 있는 외피(envelope)의 평균 분자량이다. **쇤버그-찬드라세카(Schönberg-Chandrasekhar) 한계**는 비리얼 정리 때문에 나타난다. 이제까지 우리가 공부한 물리학 지식을 동원하면, 이 결과를 유도할 수 있다. 다음 쪽에서 이 식을 유도 과정을 소개하였다.

별의 질량에서 정유체 평형을 유지하는 등온 중심핵의 최대 질량비율은 중심핵과 외피의 평균분자량의 함수로 주어진다. 등온 헬륨 중심핵의 질량이 이 한계를 넘으면, 중심핵은 켈빈-헬름홀츠 시간 규모로 무너지고, 별은 주계열에서 일어나는 핵반응 시간 규모보다 훨씬 빠르게 진화가 일어난다. 이것은 그림 7.1에 점 4로 나타낸 곳에서 일어난다. 1.2 $M_\odot$보다 가벼운 별에서는 이 곳이 주계열 진화 단계의 끝이 된다. 다음 단계의 진화 과정은 7.2절에서 다루겠다.

예제 7.1.1

처음의 화학 조성이 $X=0.68$, $Y=0.30$, $Z=0.02$이고 중심핵-외피의 경계에서 완전히 이온화되어 있다고 할 때에, 식 (4.16)로부터 $\mu_{\text{env}} \simeq 0.63$이 된다. 등온 중심핵에서 모든 수소가 헬륨으로 바뀌었다고 가정할 때에 $\mu_{ic} \simeq 1.34$이다. 그러므로, 식 (7.1)로부터 쇤버그-찬드라세카 한계는

$$\left(\frac{M_{ic}}{M}\right)_{\text{SC}} \simeq 0.08$$

이다. 즉, 등온중심핵은 별 전체 질량의 8%를 넘으면 무너져 내릴 것이다.

졸든 전자 기체(Degenerate Electron Gas)

이상기체압력을 덧붙여 추가적으로 압력을 만들 수 있는 방법이 있으면, 등온 중심핵의 질량이 쇤버그-찬드라세카 한계를 넘을 수 있다. 기체 안에 있던 전자들이 **졸들면** 이러한 상황이 가능하다. 기체의 밀도가 지나치게 커지면, 기체 안에 있던 전자는 가장 낮은 에너지 상태들을 모두 채우게 된다. 전자들이 페르미 입자이고 파울리 배타원리를 따르므로(5.4절 참조), 2개 이상의 전자가 같은 양자 상태를 공유할 수 없다. 따라서, 전자들은 바닥상태부터 차곡차곡 채워나가서 점점 더 높은 에너지 상태까지 채운다. *완전히 졸든* 상태가 되면, 기체의 압력은 전자들의 비열적 운동 때문에 나타나며, 따라서 그 값은 기체의 온도와는 무관하다.

전자들이 비상대론적인 경우, 완전히 졸든 전자 기체의 압력은

$$P_e = K\rho^{5/3} \tag{7.2}$$

으로 주어지며, K는 상수이다.[3] 안전히 졸든 경우가 아니라면, 압력은 온도에 따라 약간 달라질 수 있다.[4] 그림 7.1에서 점 3과 점 4 사이에 있는 1 M$_\odot$인 별의 등온 중심핵은 부분적으로 졸들었으며, 중심핵의 질량이 별 전체 질량의 약 13%가 될 때에 비로소 붕괴가 시작된다. 더 가벼운 별은 주계열에서 졸든 정도가 더 크기 때문에 쇤버그-찬드라세카 한계를 채 초과하기도 전에 다음 단계의 핵반응이 시작된다.

3) 식 (7.2)는 폴리트롭 지수 $n=1.5$인 폴리트롭 상태 방정식이다. 334쪽 이후를 보라.

4) 졸든 기체의 물리학적 성질은 10.3절에서 공부한다.

무거운 별의 주계열 진화

주계열에서 무거운 별의 진화는 대체적으로 가벼운 별의 진화와 비슷하지만 한 가지 큰 차이점이 있으며, 그것은 중심핵에서 대류가 일어난다는 점이다. 대류는 지속적으로 물질들을 계속 섞어서 중심핵의 성분이 거의 균일하다. 그 이유는 대류 거품이 한 혼합 길이를 이동하는 데에 걸리는 시간인 대류의 시간 규모가(4.4절을 보라) 핵반응 시간 규모보다 훨씬 짧기 때문이다. 질량이 5 $M_\odot$인 별은 수소 연소가 중심핵에서 일어나는 동안 중심부 대류 지역이 줄어들어 화학 조성의 기울기가 약간 나타난다. 주계열 위로 올라가면서 별의 질량이 커지면, 별이 진화함에 따라 중심핵의 대류 지역이 급격히 후퇴하고, 10 $M_\odot$을 넘는 별들에서는 수소가 고갈되기 전에 대류 지역이 완전히 사라진다.

5 $M_\odot$인 별에서 중심핵의 수소 질량비가 $X=0.05$에 이르면(그림 7.1에서 점2), 별 전체가 수축하기 시작한다. 중력 위치 에너지를 내놓으면서 광도가 약간 증가한다. 반지름이 감소하기 때문에, 유효 온도가 증가해야 한다. 1.2 $M_\odot$보다 무거운 별에 대해서는 별이 전체적으로 수축하는 단계를 주계열 진화 단계의 마지막으로 정의한다.

쇤버그-찬드라세카 한계의 유도

쇤버그-찬드라세카 한계를 계산하기 위하여, 정유체 평형을 나타내는(식 (4.6)) 을 질량 보존을 나타내는 식으로(식 (4.7)) 나누어 보자.

$$\boxed{\frac{dP}{dM_r} = -\frac{GM_r}{4\pi r^4}} \tag{7.3}$$

은 정유체 평형을 내부 질량을 독립변수로 쓴 것이다.[5] 식 (7.3)을 다시 쓰면

$$4\pi r^3 \frac{dP}{dM_r} = -\frac{GM_r}{r} \tag{7.4}$$

이고, 좌변은

$$4\pi r^3 \frac{dP}{dM_r} = \frac{d(4\pi r^3 P)}{dM_r} - 12\pi r^2 P \frac{dr}{dM_r} = \frac{d(4\pi r^3 P)}{dM_r} - \frac{3P}{\rho}$$

5) 이 식은 정유체 평형 조건을 라그랑지안 형태로 나타낸 것이다.

로 쓸 수 있고, 마지막에서 식 (4.7)을 썼다. 식 (7.4)에 다시 대입하여 등온 중심핵의 질량(M_{ic})에 대하여 적분하여

$$\int_0^{M_{ic}} \frac{d(4\pi r^3 P)}{dM_r} dM_r - \int_0^{M_{ic}} \frac{3P}{\rho} dM_r = -\int_0^{M_{ic}} \frac{GM_r}{r} dM_r \tag{7.5}$$

을 얻는다.

식 (7.5)를 계산하기 위해 각 항을 따로 분리해서 생각해 보자. 좌변의 첫째항은

$$\int_0^{M_{ic}} \frac{d(4\pi r^3 P)}{dM_r} dM_r = 4\pi R_{ic}^3 P_{ic}$$

이고, R_{ic}와 P_{ic}는 각각 등온 중심핵의 반지름과 표면 압력이다($r=0$일 때에 $M_r=0$임을 주의하자).

식 (7.5)에서 좌변의 두 번째 항은 다음과 같이 간단하게 구할 수 있다. 즉, 이상기체 방정식에서

$$\frac{P}{\rho} = \frac{kT_{ic}}{\mu_{ic} m_H}$$

이고, 이 때에 T_{ic}와 μ_{ic}는 각각 등온중심핵의 온도와 평균 분자량이다.[6] 그러므로,

$$\int_0^{M_{ic}} \frac{3P}{\rho} dM_r = \frac{3M_{ic}kT_{ic}}{\mu_{ic} m_H} = 3N_{ic}kT_{ic} = 2K_{ic}$$

이고, 이 때에 중심핵에 있는 입자의 전체 개수는

$$N_{ic} \equiv \frac{M_{ic}}{\mu_{ic} m_H}$$

이다. 또한, 중심핵의 전체 열에너지는

$$K_{ic} = \frac{3}{2} N_{ic} k T_{ic}$$

6) 핵심부는 실제로 일부는 좋든 전자 압력이 버티고 있기 때문에, 이상기체 법칙이 엄밀하게는 성립하지 않는다. 그러나, 논의를 간단히 하기 위해서 적용한 이상 기체 법칙은 받아들일만한 결과를 준다.

로 주어지고, 이 때에 이상기체가 단원자 기체로 이루어졌다고 가정한다.

식 (7.5)의 우변은 중심핵의 중력위치에너지이다. 따라서,

$$-\int_0^{M_{ic}} \frac{GM_r}{r} dM_r = U_{ic}$$

이다. 위에서 구한 값들을 모두 대입하면

$$4\pi R_{ic}^3 P_{ic} - 2K_{ic} = U_{ic} \tag{7.6}$$

이다. 이 관계식은 식 (2.46)에 쓴 비리얼 정리와 비슷하다. 우리가 별의 중심부에서부터 압력이 $P \simeq 0$인 표면까지 적분을 했더라면, 비리얼 정리의 원래 모양이 나타날 것이다. 그 차이는 적분이 끝나는 중심핵과 외피의 경계면에서 압력이 0이 아니기 때문에 나타난다. 그러므로, 식 (7.6)은 정유체 평형을 이루는 별 내부에 대하여 적용되는 일반적인 형태의 비리얼 정리라고 말할 수 있다.

다음으로, 식 (4.22)에서 중심핵의 중력위치에너지는 근사적으로

$$U_{ic} \sim -\frac{3}{5}\frac{GM_{ic}^2}{R_{ic}}$$

과 같이 나타난다. 중심핵의 내부 열에너지는

$$K_{ic} = \frac{3M_{ic}kT_{ic}}{2\mu_{ic}m_H}$$

로 주어진다. 이 식들을 식 (7.6)에 대입하여 등온 중심핵 표면의 압력에 대해서 풀면

$$P_{ic} = \frac{3}{4\pi R_{ic}^3}\left(\frac{M_{ic}kT_{ic}}{\mu_{ic}m_H} - \frac{1}{5}\frac{GM_{ic}^2}{R_{ic}}\right) \tag{7.7}$$

을 얻는다. 식 (7.7)에서 괄호 안의 2개 항이 서로 겨루어 압력이 결정된다. 첫 항은 중심핵의 열에너지 때문에 나타나며, 두번째 항은 중력의 효과이다. 중심핵의 질량이 커지면서 특정한 T_{ic}와 R_{ic}의 값에 대하여 열에너지가 커지면 중심핵의 표면 압력이 커지고, 중력 항은 이 압력을 줄여준다. 적당한 M_{ic}의 값에 대하여 P_{ic}

값이 최대가 되고 이것은 등온중심핵이 낼 수 있는 최대 압력이 존재하여 이 이상으로는 그 위 외피에 있는 물질들을 지탱할 수 없다는 뜻이다.

P_{ic}가 최대가 되는 조건을 결정하려면, 식 (7.7)을 M_{ic}에 대하여 미분해서 그 도함수를 0으로 놓으면 될 것이다. 자세한 과정은 연습문제로 남기고, 결과만 쓰면

$$R_{ic} = \frac{2}{5}\frac{GM_{ic}\mu_{ic}m_H}{kT_{ic}} \tag{7.8}$$

이고, 등온중심핵 표면의 최대 압력은

$$P_{ic,\max} = \frac{375}{64\pi}\frac{1}{G^3M_{ic}^2}\left(\frac{kT_{ic}}{\mu_{ic}m_H}\right)^4 \tag{7.9}$$

이 된다.

식 (7.9)에서 중요한 점은 중심핵의 질량이 커질수록 중심핵 표면의 최대 압력이 *줄어든다*는 점이다. 어느 시점에서는 중심핵이 별의 외피를 더 이상 지탱할 수 없게 될 것이다. 이러한 임계 조건은 외피의 질량에 따라 달라질 것이며 따라서, 별 전체의 질량과 관계있을 것이다.

등온핵이 지탱할 수 있는 최대 질량을 계산하기 위하여 중심핵이 외피에 가하는 압력을 계산하자. 정유체 평형을 이루기 위해, 이 압력은 등온핵이 낼 수 있는 최대 압력을 넘어서면 안 되겠다. 외피의 압력을 계산하려면 식 (7.3)을 쓰되, 이번에는 별의 표면에서 중심핵 표면까지 적분을 시행해야겠다. 별 표면에서 압력이 0이라고 가정하면

$$\begin{aligned} P_{ic,\text{env}} &= \int_0^{P_{ic,\text{env}}} dP \\ &= -\int_M^{M_{ic}} \frac{GM_r}{4\pi r^4}\,dM_r \\ &\simeq -\frac{G}{8\pi\langle r^4\rangle}\left(M_{ic}^2 - M^2\right) \end{aligned}$$

을 얻고, M은 별의 전체 질량, $< r^4 >$은 반지름이 R인 별의 표면에서 중심핵 표면까지 r^4의 평균이다. $M_{ic}^2 \ll M^2$를 가정하고, 대충 $< r^4 > \sim R^4/2$라고 하면

$$P_{ic,\mathrm{env}} \sim \frac{G}{4\pi}\frac{M^2}{R^4} \tag{7.10}$$

이 되어, 외피의 무게로 생기는 중심핵 표면에서 압력이다.

이상 기체 법칙

$$T_{ic} = \frac{P_{ic,\mathrm{env}}\mu_{\mathrm{env}}m_H}{\rho_{ic,\mathrm{env}}k} \tag{7.11}$$

을 써서 R^4을 별의 질량과 등온중심핵의 온도를 갖고 나타낼 수 있다. 이 때에 μ_{env}는 외피의 평균분자량이고 $\rho_{ic,\,\mathrm{env}}$는 외피와 중심핵 경계에서 기체의 밀도이다. 대략

$$\rho_{ic,\mathrm{env}} \sim \frac{M}{4\pi R^3/3} \tag{7.12}$$

이고, 식 (7.10)을 써서 R에 대하여 풀면 식 (7.11)로부터

$$R \sim \frac{1}{3}\frac{GM}{T_{ic}}\frac{\mu_{\mathrm{env}}m_H}{k}$$

을 얻는다. 외피 반지름에 대한 이 해를 식 (7.10)에 도로 대입하면, 중심핵-외피 경계에서 외피를 지탱하는 압력이 다음과 같이 나타난다.

$$P_{ic,\mathrm{env}} \sim \frac{81}{4\pi}\frac{1}{G^3M^2}\left(\frac{kT_{ic}}{\mu_{\mathrm{env}}m_H}\right)^4$$

이 때에 $P_{ic,\,\mathrm{env}}$는 등온중심핵의 질량과는 무관하다는 사실에 주의하자.

마침내, 쇤버그-찬드라세카 한계를 어림하려면, 식 (7.9)에서 쓴 등온중심핵 표면에서 최대 압력을 식 (7.1)에 쓴 외피를 지탱하는 데에 필요한 압력과 같게 놓으면 된다. 그 결과는

$$\frac{M_{ic}}{M} \sim 0.54\left(\frac{\mu_{\mathrm{env}}}{\mu_{ic}}\right)^2$$

로 쓰인다. 이 결과는 쇤버그와 찬드라세카가 원래 구한 값(식 7.1)보다 약간 크다.

7.2 항성 진화의 나중 단계

주계열 단계에서 항성 진화가 마무리되면, 일련의 복잡한 진화 단계가 잇달아 나타나면서 별의 핵심부와 그 주변의 동심 공껍데기에서 다양한 핵반응이 일어나게 된다. 여러 번 핵심부에서 또는 주변부 동심 공껍데기에서 핵반응이 멈추게 될 수 있고, 이에 따라 항성의 내부 구조는 재조정된다. 이러한 구조의 변화 때문에 핵심부와 외피(envelope)는 팽창하거나 수축하고 대류층이 확대되고 발달한다. 진화 최후의 단계에 접어들면, 별 표면에서 활발해지는 질량 손실은 별의 마지막 운명을 결정하는 데에 가장 중요한 역할을 한다.

주계열 이후의 별 진화의 예로서, 우리는 1 $M_\odot$의 작은 질량을 갖는 별과 5 $M_\odot$의 중간 정도 질량을 갖는 별의 시간에 따른 구조 변화를 진화를 추적하고자 한다. 그림 7.4와 7.5에 자세한 진화 과정을 나타냈다.

주계열을 떠나는 진화

7.1절에서 언급하였지만, 주계열 단계 진화의 마지막은 별의 핵심부에서 수소 핵연소가 멈출 때에 일어난다(그림 7.1에서 1 $M_\odot$의 별의 경우에는 이것은 점 3에 대응하고, 5 $M_\odot$의 별은 점 2에 해당한다). 1 $M_\odot$ 별의 경우, 핵심부는 수축하기 시작하고, 두꺼운 수소 연소 껍질이 계속해서 태울 수 있는 연료를 소모한다. 핵심부 수축 때문에 껍질에서 온도가 상승하면, 껍질은 주계열에서 핵심부가 생성했던 양보다 더 많은 양의 에너지를 생성하여, 광도가 증가하며, 외피가 약간 팽창하고 유효 온도는 내려간다.

그러나, 5 $M_\odot$ 별에서는 상황이 약간 다르다. 핵심부에서 수소 연소가 멈추면서 즉시 두꺼운 수소 연소 껍질이 에너지를 생성하지 않고, 별 전체가 켈빈-헬름홀츠 시간 규모로 전반적인 수축을 일으킨다. 이와 같은 수축 단계에서 중력위치에너지를 내놓아 광도가 약간 증가하고, 별의 반지름은 수축하며 유효 온도는 올라간다(그림 7.1에서 점 2와 점 3 사이에서 나타나는 진화에 해당한다). 결국 헬륨 핵심부 밖의 온도가 충분히 상승하여, 두꺼운 수소 연소 껍질에서 연소가 일어난다(그림 7.1의 점 3). 이 시점에서 5 $M_\odot$ 별의 내부 화학 조성은 그림 7.6에 보인 바와 유사하다. 껍질에서 점화가 꽤 급격하기 때문에, 그 위에 있는 외피는 강제적으로 약간 팽창하면서, 껍질이 내놓은 약간의 에너지를 흡수한다. 그 결과, 그림 7.1과 7.5에 보인 바와 같이, 광도는 순간적으로 감소하고, 유효 온도도 떨어진다. 이 시점에서 별 구조의 개략적인 모습이 그림 7.7에 나타나 있다.

준거성 가지

작은 질량과 중간급 질량의 별들 모두, 껍질에서 별 외피 바닥까지 태울 수 있는 수소를 계속 연소하면서, 헬륨 핵심부의 질량이 증가하고 거의 등온 상태를 유지한다.

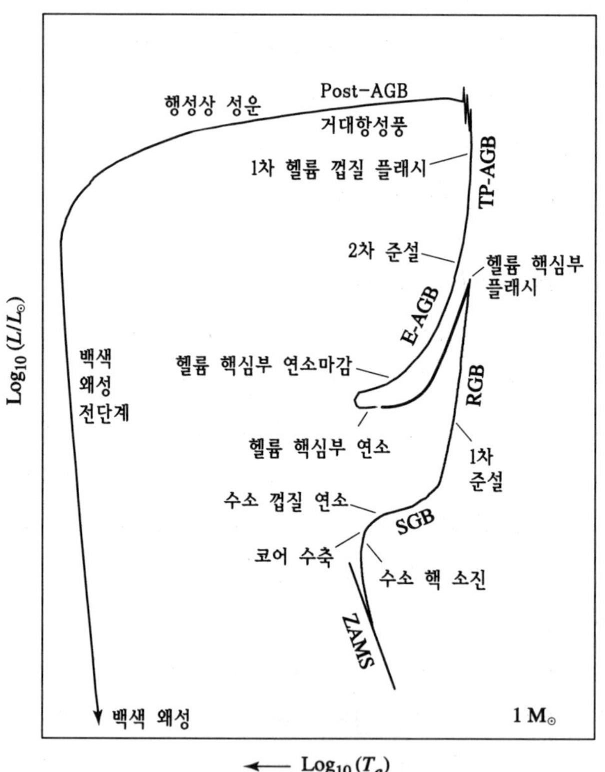

▮ 그림 7.4 작은 질량 1 $M_\odot$을 갖는 별의 영년 주계열로부터 백색왜성의 형성에 이르는 진화의 개략적인 과정(10.1절을 보시오). 점선으로 나타낸 진화 단계는 헬륨 핵심부 플래시에 뒤이은 급격한 진화를 나타낸다. 여러 진화 단계에 다음과 같이 표지를 달았다: 영년주계열(ZAMS), 준거성 가지(Sub-Giant Branch, SGB), 적색거성 가지(Red Giant Branch, RGB), 조기 점근거성 가지(Early Asymptotic Giant Branch, E-AGB), 열적맥동 점근거성가지(Thermal Pulse Asymptotic Giant Branch, TP-AGB), 후점근거성가지(Post Asymptotic Giant Branch, Post-AGB), 행성상성운 형성(Planetary Nebula formation, PN formation), 백색왜성 형성 직전의 전백색왜성 단계(Pre-white dwarf phase)

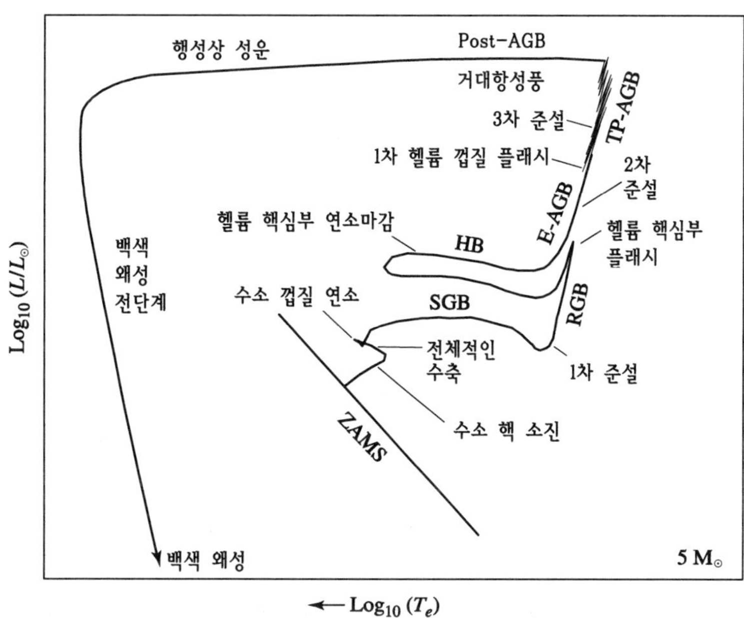

▮ 그림 7.5 영년 주계열부터 백색왜성 형성까지 중간급 질량 5 M⊙인 별의 진화의 개략적인 모습(10.1절을 보라). 이 도표에 그림 7.4에 따라 수평렬 가지를 추가하여 라벨을 붙였다.

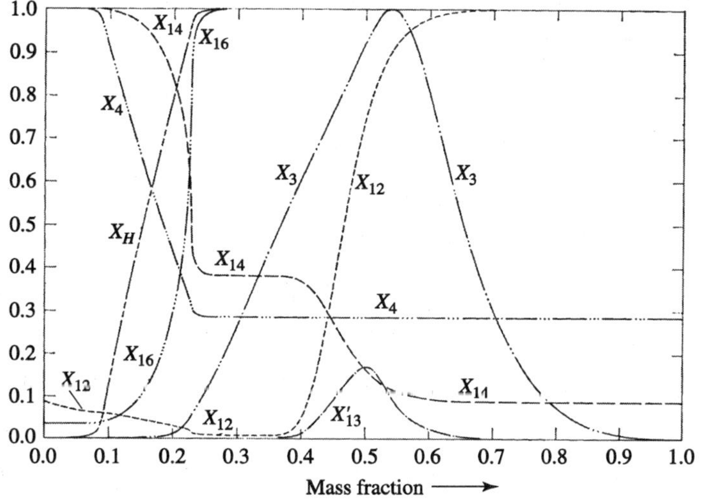

▮ 그림 7.6 5$M_\odot$ 질량의 별에 대하여, 핵심부 수소 연소를 하는 주계열 단계를 지나, 전체적으로 수축하는 단계 동안 내부 질량함량비의 함수로 나타낸 화학 조성. 나타낸 원소들의 최대 질량함량비는 다음과 같다. X_H=0.708, X_3=1.296×10−4($^3_2$He), X_4=0.9762($^4_2$He), X_{12}=3.61×10−3($^{12}_6$C), X_{13}=3.61×10−3($^{13}_6$C), X_{14}=0.014 ($^{14}_7$N), X_{16}=0.01080($^{16}_8$O). (그림 출처 : Iben, *Ap. J., 143*, 483, 1966)

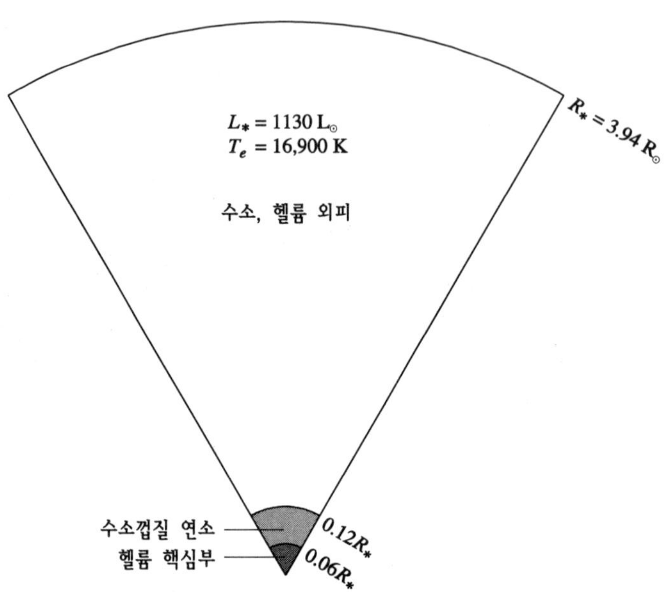

▮ **그림 7.7** 껍질 연소가 시작된 후에 헬륨 핵심부와 수소 연소 껍질을 갖는 5 $M_\odot$별(그림 7.1의 점 3). (자료 출처 : Iben *Ap. J. 143*, 484, 1966)

그림 7.1의 점 4에서 쇤버그-찬드라세카 한계에 도달하며, 코어는 붕괴되기 시작하여, 별의 진화는 훨씬 빠르게 켈빈-헬름홀츠 시간 규모로 이루어진다. 코어가 다시 빠르게 붕괴하면서 중력퍼텐셜 에너지가 뿜어나와, 별의 외피가 팽창하고 유효 온도가 내려가, H-R도에서 적색쪽으로 진화가 일어난다. 이 단계의 진화를 **준거성가지**(Subgiant branch, SGB)라고 부른다.

핵심부가 수축하면서 내놓은 중력위치에너지 때문에, 온도 기울기가 다시 나타난다. 동시에, 수소 연소 껍질의 온도와 밀도가 증가하여, 수소 연소 껍질이 얇아지지만 에너지 방출률은 급격하게 증가한다. 이 결과, 별의 외피는 다시 한 번 팽창하고 껍질의 에너지를 상당 부분 흡수하여 에너지가 별의 외피까지 전달되지 않게 된다. 5 $M_\odot$질량의 별에서는, 전체적인 수축에 곧이어 나타나는 두꺼운 수소 껍질 연소와 비슷한 상황에서, 팽창하는 외피는 실제로 어느 정도 시간 동안 충분한 에너지를 흡수하여, 광도가 약간 감소한 다음에 다시 회복한다(그림 7.1의 점 5).

적색거성 가지

외피가 팽창하면서, 별의 유효 온도는 떨어지고, H^- 이온이 추가적으로 도움을 주어, 광구의 불투명도가 증가한다. 이 결과, 가벼운 별이나 중간급 질량의 별 모두에

서 대류층이 별 표면 근처에서 형성되기 시작한다. 진화가 그림 7.1의 점 5를 향해 진행되면서, 대류층의 바닥 부분이 더 확대되어 별 내부 깊은 지역에까지 다다른다. 별 내부 대부분에 걸쳐 일어나는 대류에 의하여 형성된 단열 온도 기울기가 나타나 별 표면까지 에너지 수송이 효율적으로 일어나기 때문에, 별은 H-R도의 **적색거성 가지**(red giant branch)를 따라서 급격하게 올라간다. 이 경로는 핵심부 수소 연소가 시작되기 전에 전주계열 별이 따라 내려간 하야시 경로와 본질적으로 같은 경로이다.

별이 RGB를 따라 올라가면서, 대류 지역이 깊어져, 대류 지역의 바닥이 핵반응에 의하여 화학 조성이 달라진 지역까지 도달한다. 특히, 핵반응 단면적이 크기 때문에 리튬은(2.7×10^6 K보다 높지만) 상대적으로 온도가 낮은 곳에서 양성자와 충돌하여 연소된다. 이것은 별이 이 곳까지 진화하면, (5 $M_\odot$별의 경우 질량의 98퍼센트에 이르는 곳까지) 항성 내부 대부분에 걸쳐 리튬이 고갈된다는 뜻이다.[7)] 이와 동시에, 핵융합 반응에 의하여 ${}^3_2$He의 함량비가 별의 중간 3분의 1에서 크게 증가하고(예를 들면, 그림 7.3과 7.6을 보라), 이 뿐만 아니라, CNO 순환에 의하여 다양한 핵종의 함량비가 바뀐다. 별 표면의 대류 지역과 화학 조성이 바뀐 지역이 만나면, 화학 조성이 많이 달라진 물질들이 표면 지역의 물질들과 섞인다. 그 결과 관측이 가능할 정도로 광구의 화학 조성이 바뀐다. 별 표면의 리튬 양은 줄어들고, ${}^3_2$He의 양은 증가한다. 같은 시간에, 대류에 의하여 ${}^{12}_6$C은 안으로 들어가고, ${}^{14}_7$N이 외곽으로 나와, 관측되는 X_{12}/X_{14}의 비를 줄인다. X'_{13}/X_{12}와 같은 다른 함량 비율도 또한 바뀐다. 이와 같이 내부 깊은 곳의 물질을 표면으로 끌어 올리는 수송을 **일차 준설**(first dredge-up)이라고 부른다. 자연은 우리에게 항성 내부 깊은 곳에서 일어나는 핵반응의 산물을 직접 관측할 수 있는 기회를 제공하였다. 별 표면에서 관측이 가능할 정도로 조성이 바뀌기 때문에, 별 진화 이론를 시험할 수 있다.

적색거성 가지끝

RGB의 끝에 이르면(그림 7.1의 점 6들), 중심부 온도와 밀도가 충분히 커져서(5 $M_\odot$에 대하여 1.3×10^8 K와 7.7×10^6 kg m^{-3}), ${}^4_2$He 원자핵이 쿨롱 장벽을 통해서 양자 터널링을 하기에 충분하여 삼중 알파 과정이 시작된다. 이 때에 만들어진 ${}^{12}_6$C의 일부는 핵반응을 통하여 ${}^{16}_8$O으로 변한다.

---

7) 5.1절에서 별 표면에서 리튬의 함량은 오늘날 태양에서 예상되는 값보다 더 적다는 점을 기억하자.

온도에 매우 민감한 새로운 핵융합 반응이 새로운 에너지원이 되면서(식 (4.60)과 (4.61)), 별의 중심부는 다시 팽창한다. 수소 연소 껍질이 여전히 별의 대부분의 밝기를 나타내지만, 핵이 팽창하면서 수소연소껍질을 외곽으로 밀어내 온도를 낮추고, 에너지 방출률을 약간 줄인다. 이 결과 별의 광도가 갑자기 떨어진다. 동시에, 외피는 수축하고 유효 온도는 다시 증가하기 시작한다.

헬륨 핵심부 플래시

이 시점에서 1.8 $M_\odot$ 보다 무거운 별과 이보다 가벼운 별 사이의 진화에서 재미있는 차이점이 나타난다. 가벼운 별은 헬륨 핵이 계속 무너져내리면서 적색 거성 꼭대기까지 진화하여 핵이 강하게 전자–졸든 상태가 된다. 더구나, RGB 끝에 도달하기 전에 별의 핵심부에서 심각한 중성미자의 손실이 일어나 중심 근처에서 온도 기울기가 음이 된다(즉, 온도 역전이 일어난다). 중성미자가 에너지를 갖고 쉽게 탈출하기 때문에 핵심부가 실제로 차가워진다!

온도와 밀도가 충분히 커져서 삼중 알파 과정이 시작되면(각각 약 10^8 K와 10^7 kg m^{-3} 정도에서) 계속되어 에너지가 폭발적으로 생성된다. 헬륨 연소의 점화는 별 중심부 껍질에서 처음 일어나지만, 재빠르게 전체 핵심부가 참여하여 온도 역전을 없앤다. 이 때 핵에서 나오는 광도가 10^{11} $L_\odot$에 이르러서 은하 전체와 맞먹는 밝기가 된다! 그러나, 이처럼 어마어마한 에너지 분출은 고작 몇 초 정도 지속하며, 대부분의 에너지가 표면에 도달하지도 않는다. 이 에너지는 그 위에 있는 외피 부분에서 대부분 흡수되며, 별의 표면에서 별의 질량 손실을 야기하는 듯하다. 이와 같이 짧은 동안 나타나는 가벼운 별의 진화 단계를 **헬륨 핵심부 플래시**라고 부른다. 폭발적인 에너지 분출이 일어나는 원인은 전자가 졸든 계의 압력이 온도에 아주 둔감하다는 사실과 삼중 알파 과정이 온도에 매우 예민하다는 사실에 있다. 발생한 에너지가 졸들어 붙었던 계에 들어가 계가 *졸들지 않게 한다.* 이 때에야 비로소 에너지는 핵이 팽창하는 데에 필요한 열에너지(즉 운동에너지)로 쓰이게 되어, 밀도가 감소하고 온도가 내려가서 핵반응이 조절된다.

헬륨 핵심부 플래시가 지나치게 빨리 일어나기 때문에, 작은 질량의 별의 항성 진화 계산은 종종 여기에서 종료된다. 별 내부 깊숙한 곳에서 극적인 변화가 일어나면, 진화를 올바르게 추적하는 것이 대단히 어렵다. 아주 짧은 시간 간격을 써서 진화 모형을 계산해야 하며, 이 때문에 헬륨 핵심부 플래시를 통한 항성의 진화 과정을 계산하려면 대단한 규모의 컴퓨터 시간이 필요하다(*실제로*, 항성이 컴퓨터가 모델 계산하

는 데에 걸리는 시간보다 더 빠르게 진화한다). 이러한 이유 때문에, 그림 7.1에서 1, 1.25, 1.5 $M_\odot$질량의 별들에 대하여 진화 경로가 점 6을 넘어서 나타내지 못하였다. 또한, 같은 이유 때문에, 그림 7.4에서 주석을 단 진화 경로에서 적색거성 가지 끝을 바로 지나서는 점선으로 나타냈다. 진화는 극단적으로 빠르고, 조용한 헬륨 핵심부 연소와 수소 껍질 연소가 별에서 이루어질 때에 진화 모형 계산을 다시 시작한다.

수평렬 가지

작은 질량과 중간급 질량의 항성들은, 적색거성 가지끝을 지나 외피 지역이 수축하면서, 수소 연소 껍질에서 증가하는 압력에 의하여 결국 껍질에서 생성되는 에너지와 별의 전체 에너지 방출량이 다시 늘어나게 된다. 이와 결부된 유효 온도가 증가하여, 외피에서 대류 지역이 상승하여 별 표면쪽으로 이동하고, 이와 동시에 대류핵이 형성된다. 대류핵이 등장하는 이유는 삼중 알파 과정이 온도에 매우 예민하기 때문이다(조기형 주계열별에서 대류핵이 생기는 이유가 CNO 순환이 온도에 매우 예민하기 때문인 것과 같다). 이와 같이 일반적으로 수평한 진화는 **수평렬 가지**(horizontal branch, HB) 고리에서 청색쪽으로 일어나는 진화이다.

별의 진화가 청색 끝에 다다르면(5 $M_\odot$인 별에 대하여 그림 7.1의 점 8), 별의 핵에서 평균분자량이 증가하여 핵은 수축하기 시작하고, 외피는 팽창하면서 온도가 내려간다. HB 고리에서 적색쪽으로 진화가 시작되고 잠시 후에, 핵심부에 있는 헬륨은 탄소와 산소로 전환되어 고갈된다. 타지 않은 CO핵이 수축하면서, 다시 적색쪽으로 진화가 빠르게 진행되며, 이는 마치 핵에 있는 수소가 고갈되어 수소의 연소가 꺼진 후에 SGB를 가로질러 빠르게 일어나는 진화와 매우 비슷하다.

수평렬 진화 경로를 따라 진화하면서, 많은 별들은 바깥 외피의 구조가 불안정하여, 주기적인 맥동을 일으키고, 광도, 온도, 크기, 표면 속도의 변화에서 이를 쉽게 관측할 수 있다. 이러한 진동들은 항성의 내부 구조에 예민하게 의존하기 때문에, 항성 구조 이론을 시험할 수 있는 또 하나의 관측이 될 수 있다.[8)]

핵이 수축하면서 온도가 올라감에 따라, 두꺼운 헬륨 연소 껍질이 CO핵의 외곽에서 나타난다. 핵이 계속해서 수축하면서, 헬륨 연소 껍질은 얇아지고 강해져서, 껍질 위의 물질을 부풀리고 온도를 떨어뜨린다. 그 결과 일시적으로 수소 연소 껍질의 연소가 중단된다.

8) 맥동 변광성은 2장에서 더 자세히 공부할 것이다.

헬륨이 고갈된 핵이 수축하면, 중성미자의 생성이 늘어나게 되어 핵이 얼마간 식는다. 중심의 밀도가 증가하고 온도가 감소해서 졸들어 붙은 전자의 압력은 탄소–산소 핵의 전체 압력에서 큰 부분을 차지하게 된다.

조기 점근 거성 가지(Early Asymptotic Giant Branch)

그림 7.4와 7.5에 나타난 다음 단계의 진화는 수소 연소 핵이 소진된 다음에 일어난 진화와 비슷하다. 적색쪽 진화가 하야시 경로에 도달하면, 진화 경로는 꺾여 올라가 **점근거성가지(asymptotic giant branch, AGB)**라고 부르는 경로를 따른다(AGB라는 이름은 진화 경로가 왼쪽에서 차츰차츰 RGB선에 접근하기 때문에 붙인 이름이다). AGB는 수소 연소 껍질을 갖는 RGB에 대하여 헬륨 연소 껍질을 갖는 거성으로 생각할 수 있겠다. 진화 경로의 이 시점에서, 5 M$_\odot$인 별의 핵심부 온도는 약 2×10^8 K이고, 밀도는 10의 거듭제곱으로 어림하면 10^9 kg m^{-3} 정도이다. 두 개의 껍질 원천을 갖는 조기 AGB(E–AGB) 별의 개략적인 구조가 그림 7.8에 나타나

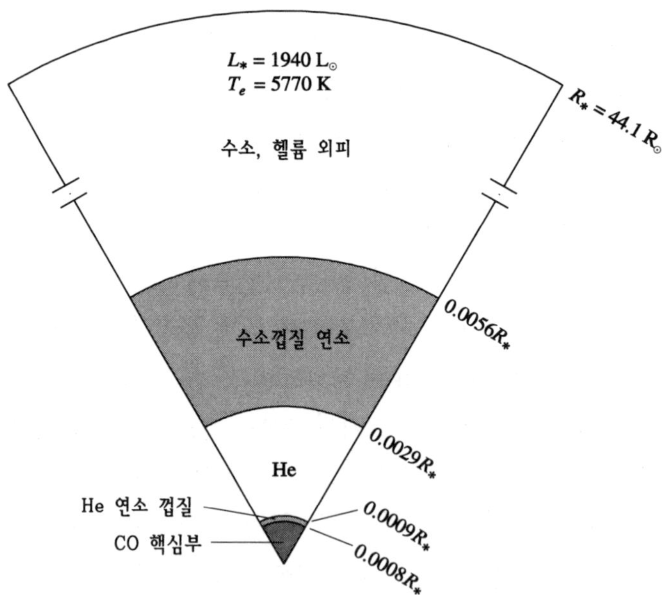

▌그림 7.8 탄소–산소 핵과 수소 연소 껍질, 헬륨 연소 껍질을 가진 조기 점근 거성 가지에 있는 5 M$_\odot$별. 표면 반지름에 대하여, 껍질과 핵을 더 명확하게 보이기 위하여 100배만큼 확대하였다는 사실에 유의하라. (자료 출처 : Iben, *Ap. J.*, *143*, 483, 1966)

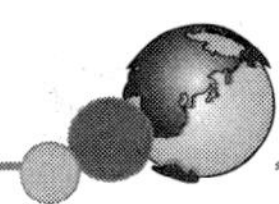

있다. 두 껍질 원천이 묘사되어 있지만, 그림에서는 수소연소껍질 안쪽의 구조를 잘 보여 주기 위하여 별의 반지름에 대하여 상대적으로 100배 확대하여 나타냈으며, 실제 척도와는 다르게 그렸음에 유의하라.

처음에 외피가 팽창하면서 헬륨 연소 껍질에서 나온 에너지의 많은 부분을 흡수한다. 유효 온도가 계속 감소하면, 외피 부분의 대류층이 깊어져서, 이번에는 수소가 풍부한 바깥 층과 헬륨이 풍부한 헬륨 연소 껍질의 외곽 부분이 만나는 화학성분의 불연속면까지 뻗는다. 성분이 다른 두 지역이 대류에 의해서 섞이는 **2차 준설(second dredge-up)** 단계에 접어들면서, 외피에 헬륨과 질소의 성분이 많아진다(질소 성분이 증가하는 이유는 탄소와 산소가 수소 연소 껍질과 헬륨 연소 껍질 사이에서 질소를 만드는 핵반응이 일어나기 때문이다).

열적 맥동 점근거성 가지(Thermal-Pulse Asymptotic Giant Branch)

AGB의 윗 부분 근처에서(그림 7.4와 7.5에 thermal-pulse AGB의 약자로 TP-AGB라고 표시한 곳), 휴지기에 있는 수소연소껍질이 결국 다시 점화되고, 별의 에너지 생산을 다시 압도한다. 그러나, 이 단계의 진화 과정 동안, 얇아지는 헬륨 연소 껍질에서 연소가 준주기적으로 일어났다가 사그러든다. 이와 같은 단속적인 **헬륨 껍질 플래시**가 일어나는 이유는 수소연소껍질에서 연소되어 생긴 잿더미 헬륨을 그 밑에 있는 헬륨층에 내버리기 때문이다. 헬륨층의 질량이 늘어나면서, 그 바닥이 살짝 졸들게 된다. 그러면, 헬륨 껍질 바닥의 온도가 충분히 올라가서, 헬륨 껍질 플래시가 터지며, (비록 에너지 규모는 매우 작지만)이것은 가벼운 별에서 일어나는 헬륨핵심부 플래시와 비슷하다. 이 때문에 수소연소 껍질은 바깥쪽으로 밀리며, 냉각되어 잠시 동안 수소 연소가 중단된다. 마침내, 헬륨 껍질의 연소가 줄어들며, 수소연소껍질에서 연소가 재개되어 전체 과정이 반복된다. 맥동의 주기는 별의 질량의 함수로 나타나고, 그 값은 5 $M_\odot$ 근처의 별의 경우 수천년, 가벼운 별의(0.6 $M_\odot$의) 경우 수십만년에 날하며, 맥동이 진행되면서 맥동의 진폭은 더 커진다(그림 7.9를 보라). 이 단계에서 보이는 별 깊은 내부의 주기적 활동성은 표면 광도의 급격한 변화에서 명확히 알 수 있다(그림 7.4와 7.5에서 TP-AGB 단계를 보라).

7 $M_\odot$의 별에 대해서 열적 맥동의 세부 과정을 그림 7.10에 나타냈다. 헬륨껍질 연소에 이어 수소연소껍질에서 오는 에너지 방출은 눈에 띄게 줄고, 대신 헬륨연

소껍질에서 오는 에너지 생성이 증가한다. 그 이유는 수소 연소 껍질이 외곽으로 떠밀려서 냉각되기 때문이다. 수소연소껍질이 별 광도의 대부분을 장악하기 때문에, 헬륨 껍질 플래시가 나타나면 별의 광도가 갑자기 떨어진다. 동시에 별 표면의 반지름도 줄고 별의 유효 온도가 증가한다. 한 동안의 시간이 지나면, 헬륨 껍질이 졸든 상태에서 벗어날 때에 에너지 생성은 줄어들고, 수소 연소 껍질은 별 내부 더 깊이 들어가 수소 연소 껍질이 별의 전체 에너지 생성을 다시 한 번 압도한다. 그 결과, 표면 반지름, 광도, 유효 온도는 플래시 전의 값들로 다시 돌아 간다. 그러나, TP-AGB 동안 별의 전체적 진화 경로가 더 높은 광도와 더 낮은 유효 온도를 향한다는 것을 기억하는 것이 중요하다.

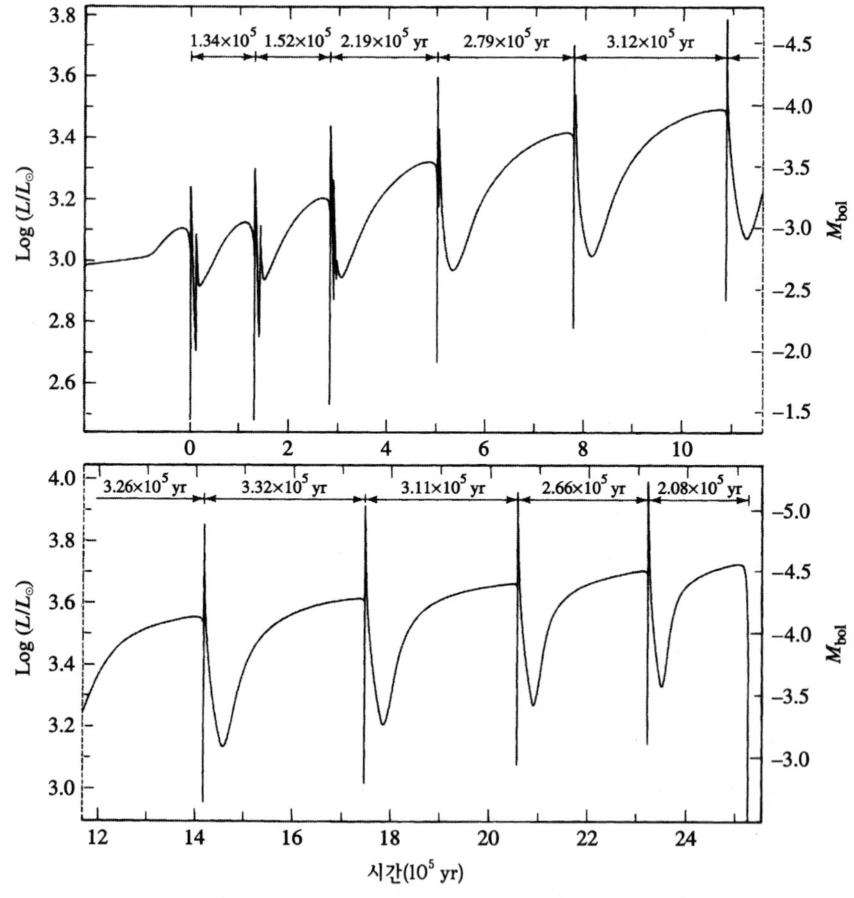

▮ **그림 7.9** TP-AGB 위에서 헬륨 껍질 플래시를 겪는 0.6 M⊙모형 별에 대하여 시간의 함수로 나타낸 표면 광도. (그림 출처 : *Ap. J., 260,* 821, 1982)

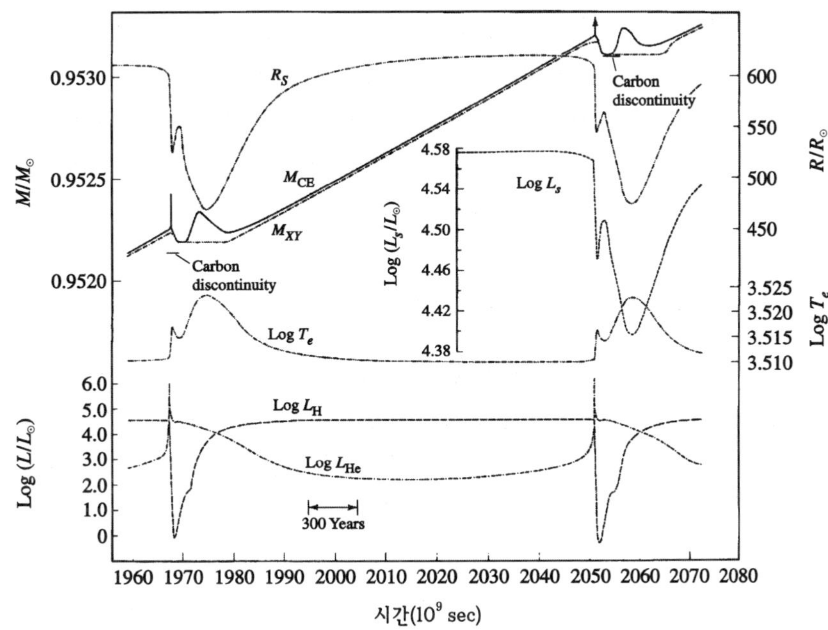

▮ 그림 7.10 TP-AGB 위에서 헬륨 껍질 플래시 때문에 일어나는 7 M⊙ AGB 별의 시간에 따른 변화. 나타낸 물리량들은 표면 반지름(R_s), 대류외피(convective envelope) 바닥에서 내부 질량 함량비(M_{CE}), 수소-헬륨 불연속(M_{XY}), 별의 광도와 유효 온도(각각 L_s와 T_e), 수소 연소 껍질과 헬륨 연소 껍질의 광도(각각 L_H와 L_{He})이다. (그림 출처 : Iben, Ap. J., 196, 525, 1975)

맥동하는 변광성의 한 부류인 **장주기 변광성(Long Period Variable, LPV)**은 AGB별이다(LPV들은 주기가 100-700일이며, **미라 변광성(Mira variable star)**을 하위 부류로서 포함한다). 껍질 플래시 때문에 일어나는 구조 변화 때문에 일부 이러한 별들의 주기 변화가 관측될 수 있으며, 항성진화 이론을 시험할 수 있게 된다. 실제로 몇몇 미라 변광성들(예를 들면 W Dra, R Aql, R Hya)은 상당히 빠른 주기 변화를 겪고 있음이 알려졌다.

3차 준설과 탄소 별

헬륨 연소 껍질에서 플래시가 일어나면 에너지 공급이 갑자기 증가하므로, 대류층이 헬륨 연소 껍질과 수소 연소 껍질 사이에 형성된다. 동시에 외피 대류층의 깊이가 맥동의 세기에 따라 깊어진다. 충분히 무거운 별에 대하여($M > 2$ M⊙), 대류층은 탄소가 합성되는 지역까지 확대된다. 수소 연소 껍질과 헬륨 연소 껍질 사이의 지역에서, 탄소의 함량은 산소 함량의 5배에서 10배가 된다. 이것은 대부분 별의 대기에서 산소가 탄소보다 함량이 높다는 사실과 크게 대조되는 결과이다. 이러한 **3차 준설** 단계 동안, 탄소가 풍부한 물질들은 표면까지 퍼올려져 산소의 탄소에 대한 비율을 내린다. 헬륨 껍질 연소가 반복되어 3차 준설이 여러 번 일어나면, 산소 함량이 높은 스펙트럼을 갖는 항성이 시간이 지나 결국 탄소가 풍부한 스펙트럼을 갖는 항성으로 바뀐다. 분광 관측으로부터 대기에 산소 원자의 개수밀도가 탄소 원자의 개수 밀도보다 높은($N_O > N_C$) 산소가 풍부한 거성과 반대로 탄소가 더 풍부한($N_C > N_O$) **탄소별**의 차이를 이로써 설명할 수 있는 듯하다.

탄소별들은 특별히 **분광형** C로 나타낸다(전통적인 분광형 K와 M과 겹친다). 이러한 별들은 대기에서 전형적인 M형 별에 나타나는 SiO보다 SiC와 같은 탄소를 함유하는 분자들의 높은 함량을 특징으로 갖는다. 이러한 현상은 일산화탄소(CO)가 강하게 결합된 분자이기 때문에 일어난다. 별의 대기에 산소가 탄소보다 더 많으면, 탄소는 거의 대부분 CO에 묶이고, 여분의 산소가 다른 분자들을 형성할 수 있다. 역으로, 대기에 탄소가 산소보다 더 많으면, 산소가 CO에 대부분 묶이면서, 탄소가 다른 분자들을 만든다.

M과 C의 중간으로 **분광형** S인 별들이 놓인다. 이러한 별들은 대기에 ZrO를 보여 M형 별이 갖는 TiO를 대치한다. S형별들은 대기에 탄소와 산소의 함량이 거의 비슷하다. 두 분광형 S형과 C형은 표 2.1에 제시한 분광형 분류에 추가적으로 들어간다.

진화된 TP-AGB의 대기에서 특별히 흥미로운 것은, 테크네티움(Tc)가 존재한다는 점이며, 이 원소는 안정한 동위 원소가 존재하지 않는다. 특히, $^{99}_{43}\mathrm{Tc}$가 TP-AGB 별의 대기에서 가장 흔한 동위원소이지만, 이마저 반감기는 겨우 200,000년이다. S와 C형 별에 테크네티움이 존재한다는 사실은 이 원소가 별의 역사에서 극히 최근에 형성되었으며, 내부 깊은 곳으로부터 준설되어 표면까지 퍼올려졌다는 사실을 강하게 암시한다.

s과정 핵합성(s-Process Nucleosynthesis)

테크네티움99는 이미 존재하고 있던 다른 원자핵이 중성자를 천천히 포획하여 만든 많은 원소들 가운데 하나이다. 탄소 연소(식 (4.66))나 산소 연소(식 (4.67))와 같은 많은 핵반응에서 중성자가 나온다. 중성자들은 전하를 갖지 않기 때문에, 원자핵들과 쉽게 충돌할 수 있다(터널링이 필요한 쿨롱 장벽이 중성자에겐 없다). 중성자 플럭스가 크지 않다면, 떠돌아다니는 중성자를 포획하여 안정하지 않은 방사

성 원자핵이 다른 원자핵으로 붕괴하고, 다시 다른 중성자를 포획할 수 있다. $^{99}_{43}$Tc는 이와 같은 *느린* **s-과정** 핵합성으로부터 생성된 산물 가운데 하나이다.

질량 손실과 AGB 진화

AGB 별들은 질량 손실률이 크며, $\dot{M} \sim 10^{-4}\,\mathrm{M_\odot\,yr^{-1}}$에 달하기도 한다. 이러한 별들의 유효 온도는 매우 낮다(약 3000 K). 이 결과, 먼지 티끌이 별을 이탈하는 물질들 가운데 존재해야 할 것이다. 규산염은 산소가 풍부한 곳에서 형성되고 흑연 입자는 탄소가 풍부한 환경에서 생성되므로, 성간물질의 화학조성은 탄소와 산소가 풍부한 별들의 상대적인 비와 관련될 것이다. 우리 은하와 대소 마젤란 은하의[9] 자외선 소광 곡선을 관측하면 이러한 별들에서 보이는 질량 손실이 성간물질의 화학 조성을 풍부하게 한다는 제안과 일치함을 알 수 있다.

AGB 진화가 계속되면, 다음에 일어나는 일은 별의 원래 질량과 일생동안 일어난 질량 손실의 양에 따라 크게 다르다. 별들의 마지막 진화는 ZAMS 질량이 8 $\mathrm{M_\odot}$을 넘는 별과 이보다 가벼운 별들 두 가지로 크게 나눌 수 있는 것 같다. 두가지 부류로 나누는 기본 차이점은 별의 핵심부에서 핵반응을 더 계속할 것인가하는 점이다. 이 절의 남은 부분에서는 8 $\mathrm{M_\odot}$보다 가벼운 별의 마지막 진화 단계를 고려하고, 무거운 별의 궁극적인 진화는 3장에서 다루도록 하자.

초기 질량이 8 $\mathrm{M_\odot}$ 미만인 별들은 AGB까지 진화하여 헬륨연소껍질에서 헬륨을 탄소로 태우고, 계속 산소로 태우면서 탄소–산소 핵의 질량이 커간다. 이와 동시에 핵은 천천히 수축해서 중심부 밀도가 증가한다. 별의 질량에 따라서, 중성미자의 형태로 잃어버리는 에너지 때문에 중심부의 온도가 이 단계에서 약간 내려간다. 어떤 경우라도, 중심핵의 밀도가 충분히 높아 졸든 전자들의 압력이 지배하기 시작한다. 이 상황은 가벼운 별이 적색 거성으로 진화할 때에, 헬륨 핵에서 졸든 전자들의 압력이 발생하는 것과 매우 비슷하다.

ZAMS 질량이 4 $\mathrm{M_\odot}$보다 가벼운 별에 대하여, 탄소–산소핵은 충분히 커지거나 뜨거워지지 않아서 핵반응이 더 일어나지 않는다. 그러나, 4 $\mathrm{M_\odot}$와 8 $\mathrm{M_\odot}$사이의 별의 경우 *질량 손실이 주는 중요한 영향을 무시하면,* 이론적으로는 C–O핵은 질량이 충분히 커져서 정유체 평형을 유지할 수 없게 되고, 졸든 전자들의 압력을 고려해도 상황이 마찬가지이다. 이러한 상황에서 나타나는 결과는 격렬하게 중심핵

9) LMC와 SMC는 남반구 하늘에서 보이는 우리 은하수 은하에 딸린 작은 은하들이다.

이 무너져 내리는 것이다. 완전히 졸들어 붙은 중심핵이 가질 수 있는 최대 질량 1.4 $M_\odot$를 **찬드라세카 한계**라고 부른다.10)

그러나, 이미 앞에서 말했듯이, AGB 별들을 관측하면 매우 큰 질량 손실을 볼 수 있다. 이러한 질량 손실률을 AGB 위의 진화 계산에 넣으면, C-O핵이 무너지는 일이 생기지는 않는다. 그 대신 4 $M_\odot$과 8 $M_\odot$사이의 질량을 갖는 항성들은 질량 손실에 의하여 이와 같은 파국적인 핵심부 붕괴가 미연에 방지된다. 이러한 항성들에서는 핵에서 추가적인 핵합성이 일어나, 핵심부가 산소, 네온, 마그네슘으로 구성되며(ONeMg 핵) 1.4 $M_\odot$인 찬드라세카 한계를 넘지 않는다. 이와 같은 화학 조성을 주는 핵반응은 식 (4.66)과 (4.67)에 주어져 있다. 추가적으로 다음 핵반응도 이러한 핵심부 화학 조성에 영향을 끼친다.

$$^{22}_{10}\mathrm{Ne} + {}^{4}_{2}\mathrm{He} \rightarrow {}^{25}_{12}\mathrm{Mg} + \mathrm{n}$$
$$^{22}_{10}\mathrm{Ne} + {}^{4}_{2}\mathrm{He} \rightarrow {}^{26}_{12}\mathrm{Mg} + \gamma$$

불행히도, 이와 같은 질량 손실을 일으키는 물리적 기작(들)에 대해서 아는 바가 많지 않다. 일부 천문학자들은 질량 손실이 헬륨껍질플래시와 관련될 것이라고 주장하고, 혹은 LPV 외피에서 일어나는 주기적 맥동 현상과 관련짓기도 한다. 또 다른 주장으로는 이들 별이 매우 밝은 데에 비하여 표면 중력이 매우 낮다는 점을 지적하여, 복사압이 먼지 티끌을 밀고, 먼지가 기체들을 끌고 나가 일어난다는 주장이 있다. 원인이 무엇이든지, 점근거성의 진화에 미치는 영향은 대단히 크다.

기대하는 바와 같이, AGB 위로 진화를 계속하면서 광도와 반지름이 증가하고 별의 질량이 줄어들면서, 별의 질량 손실률이 시간에 따라 더 빨라진다. 별의 질량이 줄어들고 반지름은 커지기 때문에 별의 표면 중력이 감소하므로, 표면에 있는 물질들은 점점 더 약하게 묶여 있다. 따라서, 질량 손실은 AGB 진화가 계속되면서 점점 더 중요해 진다.

질량손실 단계의 막바지에서는 **거대항성풍(superwind)**이 나타나서 질량 손실률이 $\dot{M} \sim 10^{-4}\ M_\odot\ \mathrm{yr}^{-1}$에 이른다. 거대항성풍의 원인이 껍질 플래시, 외피의 맥동, 혹은 다른 것이든지, 질량 손실률이 대단히 크기 때문에 **OH/IR원**이라고 부르는

10) 찬드라세카 한계는 백색왜성, 중성자별, 블랙홀과 같은 항성 진화의 마지막 단계 천체의 형성 과정에 굉장히 중요한 역할을 한다. 찬드라세카 한계에 대한 물리학은 10.4절에 좀 더 상세히 공부한다.

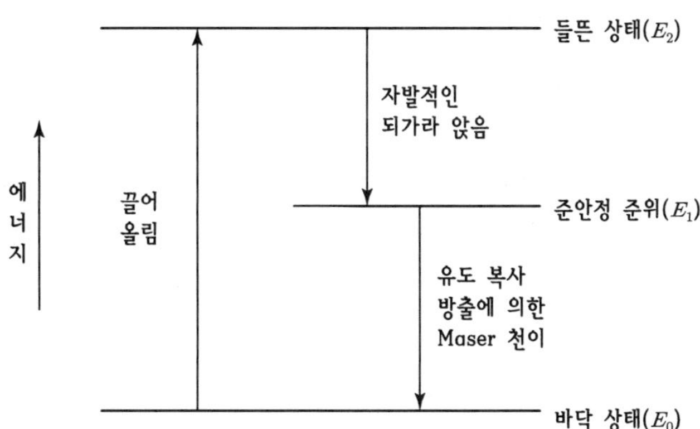

그림 7.11 3개 에너지 준위를 갖는 가상적인 분자에서 작동하는 메이저 방출. 중간 에너지 준위는 상대적으로 수명이 긴 준안정 준위이다. 준안정 준위에서 바닥 에너지 준위로 천이가 두 준위의 에너지 차($E_\gamma = h\nu = E_1 - E_0$)를 에너지로 갖는 광자의 유도 방출에 의하여 일어날 수 있다.

부류의 천체가 존재하는 것 같다. 이 천체들은 광학적으로 두꺼운 먼지에 둘러싸여 에너지를 주로 전자기파의 적외선 영역에서 방출하는 것으로 보인다.

OH/IR에서 OH 부분은 OH 분자의 **메이저 방출(maser emission)**이 검출되기 때문에 이와 같은 이름이 붙었다.[11] 메이저는 레이저와 같은 것이며 분자에서 나타난다. 즉 전자들이 낮은 에너지 준위에서 높은 에너지 준위로 *퍼올려져* 비교적 오랜 시간 안정한 준안정상태에 놓여 있다가 이 상태와 낮은 에너지 상태의 차이에 해당하는 주파수를 갖는 광자가 입사하여 유도하면 천이를 일으키면서 유도복사 광자를 방출한다. 입사한 광자와 유도복사된 광자는 같은 방향으로 같은 위상을 갖고(같은 결을 갖고) 진행하기 때문에 복사의 증폭이 일어난 것이다. 가상적인 3 상태 메이저의 개략적인 에너지 준위도를 그림 7.11에 나타냈다.

후점근거성 가지(Post-Asymptotic Giant Branch)

OH/IR원을 둘러싼 구름이 계속 팽창하면, 구름은 결국 광학적으로 얇아져 중심별이 드러나고, 분광 관측을 수행하면 F나 G형 초거성 스펙트럼을 보여준다. 우리가 살펴 보고 있는 1 $M_\odot$과 5 $M_\odot$별의 진화 과정 위의 이 시점에서, 진화 경로는 청색쪽으로 꺾이고, **후점근거성**으로서 TP-AGB를 떠나 H-R도를 거의 수평으로 가로질러 이동한다. 질량 손실의 마지막 단계에 이어서 별 외피의 나머지는 날라

11) *maser*는 *m*icrowave *a*mplification by *s*timulated *e*mission of *r*adiation의 약어이다.

가 버리고, 유구하게 진행되어 온 핵반응의 잿더미가 드러난다. 잿더미 위에 얇은 층을 이루는 물질들이 남아 있고, 수소연소껍질과 헬륨연소껍질의 연소 반응은 모두 꺼지고 광도가 급격히 감소한다. 뜨거운 중심 천체가 드러나 식으면 **백색왜성**이 된다. 이 별은 본질적으로 늙은 적색초거성의 졸들어 붙은 C–O(혹은 ONeMg) 핵심부와 이 핵심부를 둘러싼 수소와 헬륨으로 이루어진 얇은 층이다. 백색왜성은 8 M⊙ 이하의 질량을 갖는 별이 진화하여 마지막에 남는 별이며, 4장에서 공부할 것이다.

그림 7.12에 0.6 M⊙ 모형 별의 진화 마지막 단계가 나타나 있다. 플래시가 시작될 때마다 H–R도에 별의 위치를 진화 경로 옆에 숫자로(모두 합하여 11개) 표시하였고, 7번, 9번, 10번 플래시에 대해서 플래시의 결과로 나타난 광도와 유효 온도의 변화폭을 나타냈다. 열 번째 맥동이 있은 후에 별이 AGB를 떠나며, 일정한 광도를 유지한 채 H–R도를 가로질러 외피를 날려 버린다. 남아 있는 수소가 풍부한 외피의 질량은 진화 경로를 따라 괄호 안에(M⊙단위로) 나타냈다. 별의 유효 온도가 30,000 K인 시점을 기준으로 이전 시간(음수로 나타냄)과 이후 경과한 시간

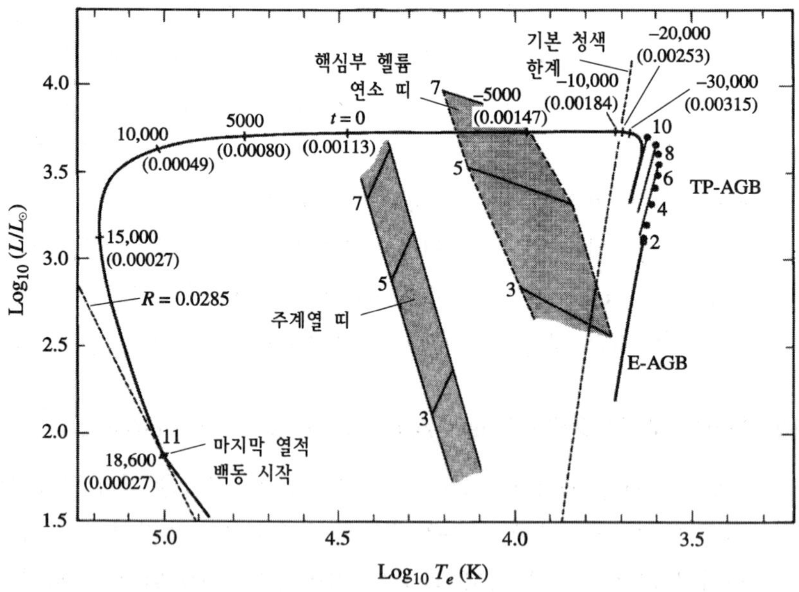

■ **그림 7.12** 질량 손실을 겪는 0.6 M⊙별의 AGB와 후AGB 단계 진화. 이 모형 별의 처음 화학 조성은 X=0.749, Y=0.25, Z=0.001이다. 비교하기 위하여, 3.5와 7 M⊙의 질량을 갖는 별들의 주계열과 수평렬 가지를 나타냈다. 그림의 세부 사항은 교재 본문에 기술되어 있다. (그림 출처 : *Iben, Ap. J., 260,* 821, 1982)

(양수로 나타냄)을 나타냈다(시간의 단위는 1년으로 삼았다). 열한번째 헬륨 껍질 플래시 다음에, 별은 마침내 외피의 마지막 잔해를 날려 버리고, 반지름이 0.0285 $R_\odot$인 백색왜성이 된다.[12)]

행성상 성운(Planetary Nebula)

백색왜성이 되기 전의 앞 단계에 놓이며 별의 주변에서 팽창하는 기체 껍질을 **행성상성운**이라고 부른다. 몇 개의 행성상성운의 예가 그림 7.13-15에 나와 있다. 아름답게 빛나는 이런 종류의 기체 구름을 행성상성운이라고 이름 붙인 이유는 19세기에 작은 망원경으로 보았을 때에 기체로 이루어진 큰 행성처럼 보였기 때문이다.

행성상성운의 모양은 고온 고밀도의 중심별에서 방출된 자외선 때문에 생긴다. 성운의 기체가 중심별에서 나온 자외선을 흡수하여 원자가 이온화하거나 들뜬다. 높은 에너지 상태의 전자가 낮은에너지 상태로 여러 단계를 거쳐 천이를 거듭하면서 전자기파의 가시광 영역에서 복사 방출을 일으킨다. 이 결과 구름이 가시광에서 빛을 낸다.[13)]

많은 행성상성운이 청록색을 띠는 이유는 500.68 nm와 495.89 nm에서 나오는 [O III] 금지선 때문이고([O II], [Ne III] 금지선들도 흔하게 나타난다), 붉은색을 띠는 것은 이온화된 수소와 질소에서 나오는 방출선 때문이다. 이 천체들의 대표적 온도는 수소의 이온화 온도 범위와 일치하며 10^4 K이다.

허블우주망원경과 같은 망원경을 사용하여 행성상성운의 고분해능 영상을 얻을 수 있게 되면서, 천문학자들은 구대칭을 갖고 있는 어미 천체 TP-AGB에 대하여 기대하였던 단순한 구조보다 매우 복잡한 구조들이 행성상성운에서 나타나고 있음을 깨달았다. 그림 7.13(a)에 보인 헬릭스 성운과 같이 일부 행성상성운은 고리와 같은 구조를 갖는 것처럼 보인다. 그 이유는 기체가 각운동량을 갖고 별의 적도 방향으로 더 많이 분출되며, 관측자 시선은 별의 회전축을 따라 내려가기 때문이다. 놀라운 모습으로 배열되는 구조들을 설명하는 이론들은 다양한 관측사 시선 방향, 별 표면으로부터 여러 번에 걸친 물질의 분출, 하나 혹은 그 이상의 동반성의 존재, 자기장의 효과를 포함한다.

---

12) "Fundamental blue edge"라고 표시된 선은 **RR Lyrae**라고 부르는 변광성의 기본 맥동 모드의 고온 한계에 해당한다. 매우 중요한 이 변광성들은 2장에서 폭 넓게 배울 것이다.

13) 이러한 과정은 6.3절에서 공부한 바와 같이 갓 태어난 O형과 B형 주계열 별들 주변으로 H II 지역이 생기는 과정과 유사하다.

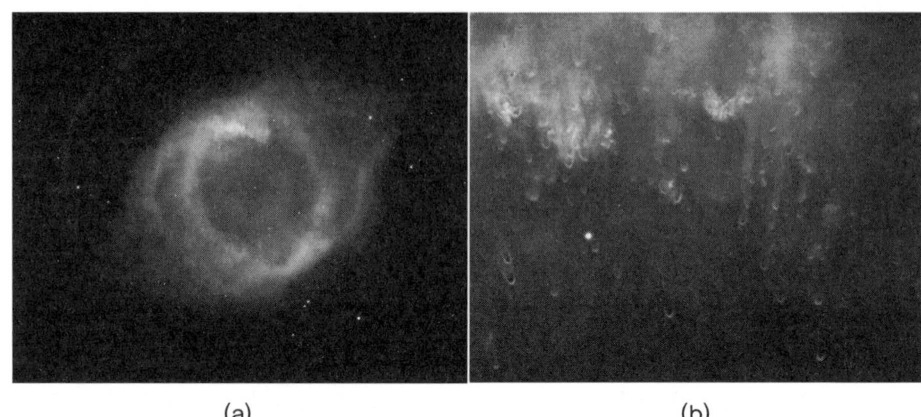

(a) (b)

▌그림 7.13 (a) 헬릭스 성운(NGC 7293)은 지구에서 가장 가까운 행성상성운 가운데 하나이며, 물병 자리(Aquarius)에 있으며, 213 pc 떨어져 있다. 하늘에서 이 성운의 각지름은 약 16각분이며, 대략 보름달 각크기의 절반이다. 백색왜성 전단계 별이 성운 중심에서 보인다. [Credit : NASA, ESA, C.R. O'Dell (Vanderbilt University), M. Meixner, P. McCullough]

(b) 헬릭스 성운의 확대해 나타낸 "혜성 매듭". 중심별은 이 그림 바닥 너머에 위치한다. [Credit : NASA, NOAO, ESA, the Hubble Helix Nebula Team, M. Meixner(STScI), and T. A. Rector(NRAO).]

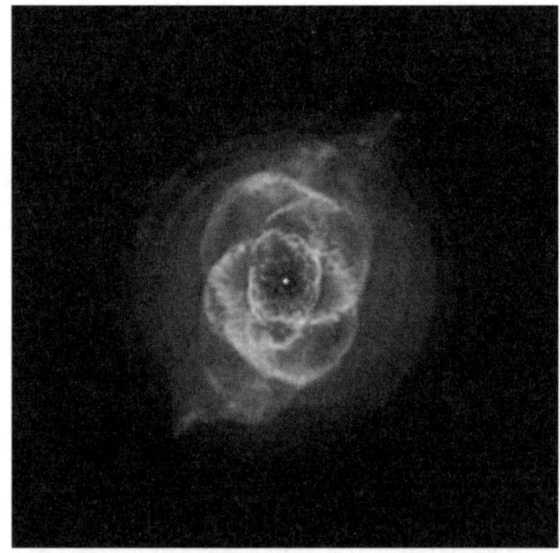

▌그림 7.14 NGC 6543(고양이 눈 성운)은 용자리(Draco)에 있으며 900 pc의 거리에 놓여 있다. 복잡한 구조들은 빠른 속도의 젯과 동반성의 존재에 기인하는 듯하며, NGC 6543은 이중성계일 가능성이 있다. 젯은 영상에서 위 오른쪽과 아래 왼쪽으로 깨끗하게 보인다. 영상에서 중심별이 있음에 유의하자. [Credit : NASA, ESA, HEIC, the Hubble Heritage Team(STScI/AURA). Acknowledgement : R. Corradi(Isaac Newton Group of Telescopes, Spain) and Z. Tsvetanov(NASA)]

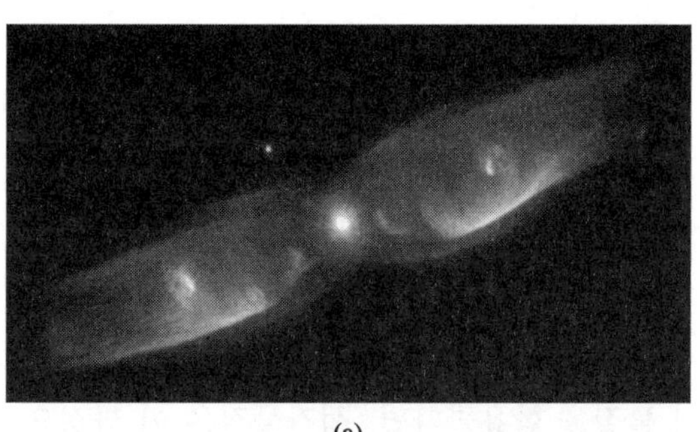

(a)

(b)

▌그림 7.15 두 개의 "나비"형 행성상 성운.

(a) M2–9은 양극형 행성상성운으로 땅꾼자리(Ophiuchus)에 지구로부터 800 pc 의 거리에 위치한다. [Credit : Bruce Balick(University of Washington), Vincent Icke(Leiden University, The Netherlands), Garrelt Mellema (Stockholm University) and NASA.]

(b) Menzel 3(Mz3)은 개미 성운이라고도 불리운다. 밖으로 흘러나가는 기체의 속도가 1000 kms^{-1}이며 비슷한 천체 가운데 가장 빠르다. [Credit : NASA, ESA and the Hubble Heritage Team(STScI/AURA). Acknowledgement : R. Sahai(Jet Propulsioin Lab) and B. Balick (University of Washington).]

작은 규모에서도 상당히 세부적인 구조들이 또한 나타난다. 그림 7.13(b)는 헬릭스 성운에서 중심별로부터 지름 방향으로 멀어지는 방향을 가리키는 소위 혜성 매듭을 보여 준다. 이러한 물질 덩어리들은 별을 향하여 밝은 팔꿈치를 갖는 어두운 핵심부이다.

행성상성운의 팽창 속도는 분광선의 도플러 효과로 측정하며, 중심별로부터 기체가 대체적으로 10에서 30 $km\,s^{-1}$의 속도로 멀어지며. Mz 3과 같이 훨씬 더 빠른 속도들도 측정된다 [그림 7.15(b)]. 반지름을 0.3 pc으로 놓으면, 성운의 나이를 대략 10,000년으로 추정할 수 있다. 겨우 50,000년 정도가 지나면, 행성상성운은 성간물질 속으로 희석되어 사라질 것이다. 별의 전체 한살이와 비교하면, 행성상성운의 단계는 하루살이에 불과하다.

행성상성운은 아주 짧은 시간에 존속하지만, 우리 은하수 은하에서 대략 1500개가 알려져 있다. 지구로부터 전체 은하를 볼 수 없다는 사실을 감안하면, 행성상성운의 개수는 15,000개에 가까울 것으로 어림할 수 있다. 평균적으로 행성상성운이 0.5 $M_\odot$의 물질을 함유한다면, 성간물질은 이 과정으로 매년 태양 정도의 물질만큼 늘어나는 것이다.

7.3 성단(Stellar Cluster)

앞의 두 개 장에 걸쳐 우리는 별의 한살이에 대하여 긴 이야기를 펼쳤다. 별들은 성간물질에서 태어나 항성풍의 형태로 혹은 행성상성운에서 물질을 분출하면서, 아니면 초신성 폭발을 통하여(9.3절에서 공부할 것이다) 도로 성간 공간으로 물질을 대부분 되돌려 준다. 그러나, 되돌아간 물질들은 별의 한살이 동안 다양한 핵반응으로부터 생성된 무거운 원소들이 풍부해진 상태이다. 따라서, 다음 세대의 별이 태어날 때에는 앞선 세대의 별들에 비하여 무거운 원소들을 더 많이 함유한다. 별이 생겨서 죽고 다시 태어나는 순환 과정의 증거로 별들에서 보이는 다양한 화학 조성을 들 수 있다.

종족 I, II, III 별들

우주는 137억년 전에 빅뱅으로 시작되었다. 이 당시 최초의 불덩어리 속에서 일어난 핵합성으로부터 생성된 원소는 본질적으로 수소와 헬륨 정도였다. 따라서, 최초로 태어난 별들은 실질적으로 금속 원소를 함유할 수 없었을 것이다. 즉 $Z=0$이었을 것이다. 그 다음 세대에 형성된 별들은 극히 **적은 금속 함량**을 가질 것이지만 Z가 0은 아닐 것이다. 매번 이어지는 후속 세대의 별들이 무거운 원소의 양을 계속해서 늘려 Z가 0.03에 이르는 별들이 등장하였다. (여전히 가상적인 수준에 머물고 있지만) 빅뱅 후에 최초로 형성된 별들을 **종족** III이라고 부르고, 금속 원소가 적은($Z \geq 0$) 별을 **종족** II라고 일컬으며, 금속 원소가 풍부한 별들은 **종족** I이라고 부른다.

원래 종족 I과 종족 II는 우리 은하에서 운동학적으로 서로 다른 두 집단의 별들을 분류하면서 생긴 용어이다. 종족 1 별들은 종족 2의 별들에 비하여 태양에 대한 상대 속도가 작다. 더구나, 종족 1 별들은 우리 은하 원반에서 대부분 발견되며, 종족 2별들은 원반의 위 아래로 멀리 떨어져서 발견된다. 나중에서야 천문학자들은 이 두 부류의 별들이 화학 조성에서도 차이를 보인다는 것을 깨달았다. 종족은 진화에 대한 정보를 줄 뿐만 아니라, 운동학적 특징, 위치, 화학 조성들도 우리 은하의 형성과 진화에 대하여 많은 정보를 제공한다.

구상 성단과 산개 성단

6.2절에서 분자 구름이 붕괴할 때에 **성단**이 형성될 수 있으며, 수십개의 별에서 수십만개의 별의 집단을 이룬다. 주어진 성단의 각 구성원은 같은 분자운에서 본질적으로 동일한 화학 조성을 갖고 형성되며, 상대적으로 짧은 시간 안에 형성된다. 그러므로, 회전, 자기장, 쌍성계 형성 여부와 같은 요소들이 별 형성 과정에 주는 효과를 무시하면, 보그트-러셀 정리에 의하면 성단에 있는 각 별들의 진화 상태의 차이는 오로지 초기 질량 때문에 나타난다.

극단적인 종족 II 성단은 우리 은하가 아주 어렸을 때에 형성되었으며, 우리 은하에서는 가장 오래된 천체들에 속한다. 종족 II 성단에는 별들이 제일 많이 있다. 그림 7.16(a)는 M13이며, **구상성단**으로서, 헤라클레스 자리에 있다. 종족 I 성단은

(a)

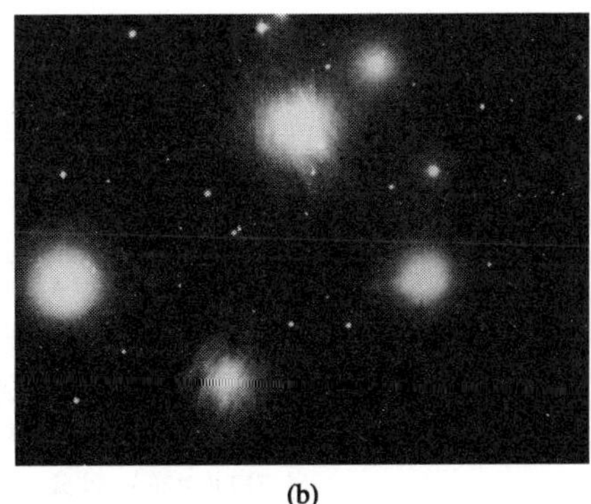

(b)

그림 7.16 (a) 헤라클레스 자리에 있는 큰 구상성단인 M13은 지구로부터 약 7000 pc 떨어져 있다. (STScI의 Digital Sky Survey. 영상 제공 Palomar/Caltech, the National Geographic Society and the Space Telescope Science Institute.)
(b) 플레이아데스는 황소 자리에 있는 산개 성단이며, 130 pc의 거리에 놓여 있다. (영상 제공 : National Optical Astronomical Observatories.)

플레이아데스[그림 7.16(b)]처럼 작고 어리다. 이러한 작은 성단을 **은하 성단** 혹은 **산개 성단**이라고 부른다.

분광 시차

성단의 H-R도는 성단까지 정확한 거리를 알지 못하더라도 논리적으로 일관되게 그릴 수 있다. 대체적인 성단의 크기가 지구로부터 거리에 비하여 작기 때문에 성단의 구성원들이 모두 같은 거리 지수를 갖고 있다고 가정해도 오차가 거의 생기지 않는다. 따라서, 겉보기 등급을 세로축에 표시하면 절대 등급을 일정한 값만큼 평행 이동한 것에 불과하다. 성단을 관측해서 얻은 주계열을 절대 등급으로 눈금 조정된 주계열에 맞춤으로써, 성단의 거리 지수가 결정되고, 성단까지 거리를 알 수 있게 된다. 이와 같은 방법으로 거리를 결정하는 방법을 **분광 시차법**(spectroscopic parallax)이라고 부른다(혹은 **주계열 맞추기**(main-sequence fitting)라고도 부른다).

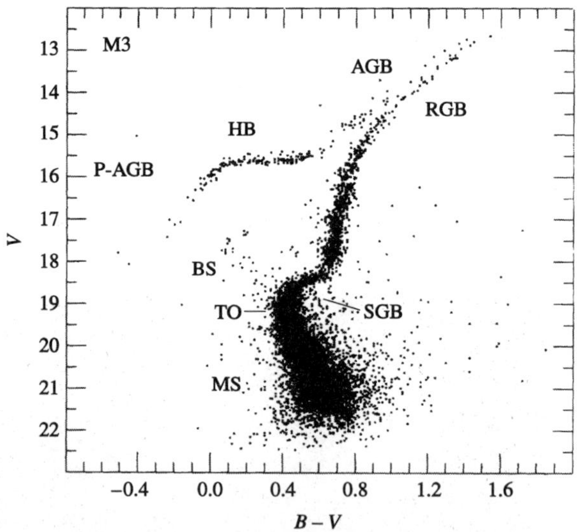

▮ 그림 7.17 늙은 구상성단 M3의 색-등급도. 다음과 같은 항성 진화의 주요 단계들을 표시하였다: 주계열(MS), 청색낙오성(BS), 주계열 이탈점(TO), 수소 연소 껍질의 준거성 가지(SGB), 헬륨 핵심부 연소가 시작되기 전에 하야시 경로를 따르는 적색거성 가지(RGB), 헬륨 핵심부 연소를 일으키는 수평렬 가지(HB), 수소 연소 껍질과 헬륨 연소 껍질을 갖는 점근거성 가지(AGB), 백색왜성을 향해 진행하는 후점근거성 진화(P-AGB). (그림 출처 : Renzini and Fusi Pecci, *Annu. Rev. Astron. Astrophys.*, *26*, 199, 1988. Reproduced with permission from the *Annual Review of Astronomy and Astrophysics*, Volume 26, 1988 by Annual Reviews Inc.)

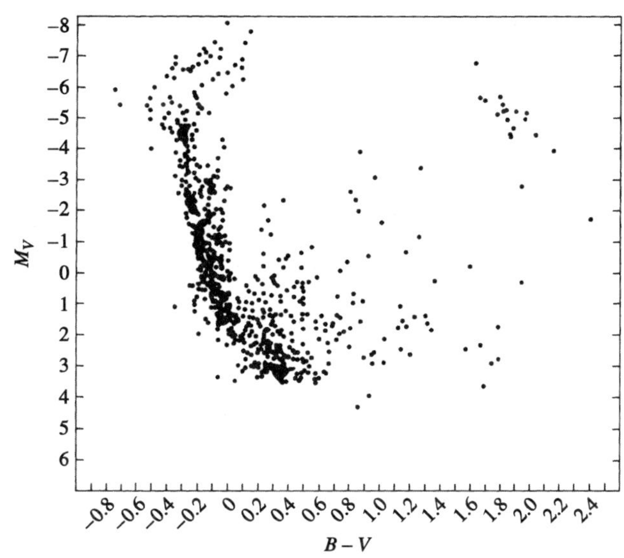

그림 7.18 h와 χ Persei의 젊은 이중 산개성단의 색-등급도. 그림 가운데에 있는 작은 질량의 별들이 주계열을 향하여 여전히 수축하고 있는 동안 가장 무거운 별들은 주계열로부터 떠밀려 떠나고 있다. 적색거성들이 그림의 상단부 오른쪽에 존재한다. (그림 출처 : Wildey, *Ap. J. Suppl.*, *8*, 439, 1964.)

색-등급도

성단을 구성하는 각 별의 분광선을 얻어 세밀하게 분석하여 유효 온도를 결정하는 것 보다는(구상성단의 경우 별들이 좋은 스펙트럼을 얻을 수 있을 정도로 밝다고 하더라도 간단한 작업은 아니다) 색지수 $B-V$를 결정하여 구하는 것이 훨씬 더 빠른 방법이다. 겉보기 등급과 색지수를 알면, **색-등급도**를 만들 수 있다. M3(구상성단)와 h, χ Persei(*이중* 산개성단)의 색-등급도가 그림 7.17과 7.18에 각각 나타나 있다.

등연령 곡선 및 성단의 나이

성단과 성단의 색-등급도로부터 항성 진화 이론의 다양한 면에 대하여 아주 이상적으로 시험할 수 있다. 성단과 동일한 화학 조성을 갖는 여러 질량의 별에 대한 진화 경로를 계산하여 성단의 나이에 이르렀을 때에 H-R도에 진화한 각 모형 별의 위치를 H-R도에 나타낼 수 있다(이러한 위치를 연결한 곡선을 **등연령곡선**이라고 부른다). 등연령곡선 위의 주어진 위치마다 별들의 상대적인 개수는 성단에서 주어진 질량 범위를 갖는 별들의 개수(초기질량함수, 그림 6.12를 보라)에 따라 각 진화 단계에서 진화가 일어나는 빠르기가 고려되어 결정된다. 따라서, 색–등급도에서 별의 개수를 헤아리면, 항성 진화에 관련된 시간 규모를 알 수 있다.

성단이 나이를 먹어감에 따라, 분자운이 최초 붕괴의 시작과 함께, 가장 무거우면서 가장 드문 별들이 주계열에 먼저 도착하여 빠르게 진화한다. 아주 가벼운 별들이 주계열에 도달하기도 전에, 가장 무거운 별들은 적색거성 영역으로 진화하고 혹은 이미 초신성 폭발을 일으키고 있을 수도 있다. 이처럼 서로 다른 진화의 빠르기는 그림 6.11과 7.1에서 전주계열과 후주계열 진화를 각각 대응하는 표와 비교하여 알 수 있다.

중심핵에서 수소를 연소하는 기간은 질량과 반비례하므로, 성단이 지속적으로 진화하면, 주계열을 벗어나는 점으로 정의하는 **주계열 이탈점**이 점점 붉은색으로 옮아가고 광도가 감소한다.

따라서, 성단의 주계열에서 가장 높은 지점의 위치로부터 성단의 나이를 추정할 수 있다. 이와 같은 기법은 별, 성단, 우리 은하, 그리고 관측할 수 있는 성단을 가진 외부 은하의 나이와 나아가서는 우리 우주 나이의 하한선을 결정하는 근본적인 방법이다. 은하 그림 7.19에서 몇 개의 성단에 대하여 색–등급도를 합하여 나타냈다. 오른쪽 세로축에는 주계열 이탈점에 대응하는 성단의 나이를 표시하였다.

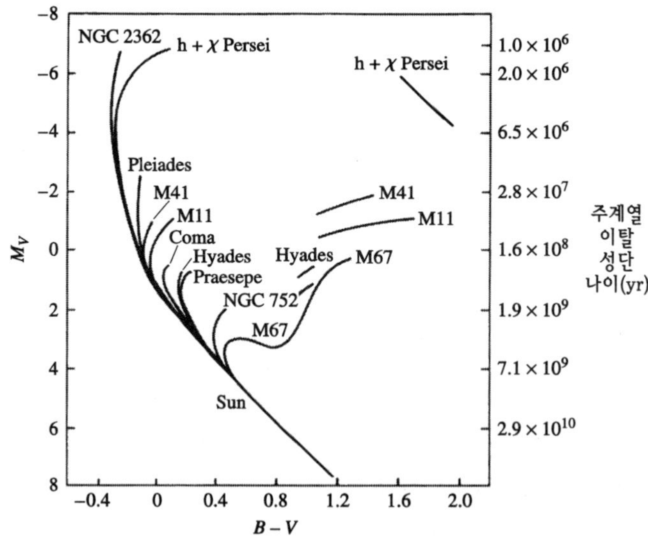

▮ **그림 7.19** 종족 I 산개성단 여러 개를 합성하여 나타낸 색–등급도. 왼쪽 수직축은 절대 V등급이고, 주계열 이탈점의 위치로부터 얻은 성단의 나이가 오른쪽에 나타나 있다. (그림 출처 : A. Sandage)

헤르츠스프렁 틈

서로 다른 시간 규모 때문에 나타나는 하나의 결과가 h와 χ Persei 성단의 색-등급도에서 보인다(그림 7.18). 색-등급도에서 적색 거성과 작은 질량을 갖는 전주계열 별들이 보인다. 또한, 색-등급도에서 주계열을 막 떠나고 있는 무거운 별들과 적색 거성 영역에 있는 소수의 별들 사이에 별들이 전혀 나타나지 않는 영역이 뚜렷이 보인다. 이 곳에 위치할 별들은 성단에서 가장 밝은 구성원들이기 때문에, 이와 같은 현상은 관측이 불완전하기 때문에 나타날 가능성은 거의 없다. 이것은 주계열을 떠난 직후에 진화가 대단히 빠르게 일어나는 것을 뜻한다. **헤르츠스프렁 틈**이라고 부르는 이 틈은 젊은 산개성단의 색-등급도에서 흔하게 나타나는 현상이다. 헤르츠스프렁 틈이 나타나는 이유는 수소가 고갈된 핵심부가 쇤버그-찬드라세카 한계를 넘어 SGB를 가로지르는 진화가 켈빈-헬름홀츠 시간 규모에서 일어나기 때문이다.

그림 7.19에서 성단 M67에서는 헤르츠스프렁 틈이 보이지 않고, M3에서도 상황이 동일하다는 것을 알 수 있다(그림 7.17). 1.25 $M_\odot$ 이하의 질량을 갖는 작은 별들에서는 쇤버그-찬드라세카 한계를 넘을 때에 일어나는 빠른 수축이 전혀 두드러지지 않는다. 그 결과 1 $M_\odot$ 근처 혹은 이하에서 주계열 이탈이 일어나는 늙은 구상성단의 색-등급도에서는 별들이 주계열에서 적색거성에 이르는 경로에 연속적으로 별들이 분포해 있다.

상대적으로 소수인 AGB와 후AGB 별들

그림 7.17을 세밀하게 조사하면, 점근거성열에는 상대적으로 별의 개수가 적고 후점근거성(P-AGB, post-asymptotic giant branch) 영역에는 별이 고작 몇 개 밖에 나타나지 않는다. 이러한 현상은 이 진화 단계에서 심각한 질량 손실이 매우 빠르게 일어나서 백색왜성으로 곧바로 진화가 일어나기 때문에 나타나는 결과이다.

청색낙오성

M3의 주계열 이탈점 위에서 **청색낙오성**이라고 부르는 한 무리의 별들이 발견된다는 사실을 지적해야겠다. 현재에도 이들 별의 성질이 자세히 알려져 있지 않지만, 진화 단계에서 특이한 양상으로 인하여 주계열을 더디 떠나는 것 같다. 현재까지 가장 그럴듯한 시나리오는 이들이 쌍성계를 이루면서 동반성과 질량 교환을 하거나,[14)] 두 별 사이의 충돌을 일으켜 주계열의 수명을 연장하는 것이다.

연구가 진행 중인 주제들

성단을 관측하여 항성 진화 이론과 성공적으로 비교한 결과, 별 진화 이론이 거의 완전하고 약간의 세밀한 부분을 보완하는 일이 남았음을 알 수 있다. 별의 불투명도 계산, 핵반응 단면적의 수정 보완, 여전히 많은 개선이 요구되는 대류의 정교한 취급이 이루어질 때에 관측과 더욱 잘 일치하게 될 것이다. 그러나, 근본적인 연구들도 할 일들이 무척 많이 남아 있으며, 질량 손실, 회전, 자기장, 근접 동반성의 존재들이 주는 효과들과 같은 문제들이 그 예에 속한다.

14) 근접 쌍성 사이의 질량 교환은 6장의 주제이다.

제7장 참고 문헌

일반 도서

Balick, B., et al., "The Shaping of Planetary Nebulae," *Sky and Telescope*, February 1987.

Harpaz, Amos, "The Formation of a Planetary Nebula," *The Physics Teacher*, May 1991.

Kwok, Sun, *Cosmic Butterflies: The Colorful Mysteries of Planetary Nebulae*, Cambridge University Press, Cambridge, 2001.

The Space Telescope Science Institute, `http://www.stsci.edu`

고급 도서

Aller, Lawrence H., *Atoms, Stars, and Nebulae*, Third Edition, Cambridge University Press, Cambridge, 1991.

Ashman, Keith M., and Zepf, Stephen E., *Globular Cluster Systems*, Cambridge University Press, Cambridge, 1998.

Busso, M., Gallino, R., and Wasserburg, G. J., "Nucleosynthesis in Asymptotic Giant Branch Stars: Relevance for Galactic Enrichment and Solar System Formation," *Annual Review of Astronomy and Astrophysics*, *37*, 239, 1999.

Carney, Bruce W., and Harris, William E., *Star Clusters*, Springer-Verlag, Berlin, 2001.

Hansen, Carl J., Kawaler, Steven D., and Trimble, Virginia *Stellar Interiors: Physical Principles, Structure, and Evolution*, Second Edition, Springer-Verlag, New York, 2004.

Herwig, Falk, "Evolution of Asymptotic Giant Branch Stars," *Annual Review of Astronomy and Astrophysics*, *43*, 435, 2005.

Iben, Icko Jr., "Stellar Evolution Within and Off the Main Sequence," *Annual Review of Astronomy and Astrophysics*, *5*, 571, 1967.

Iben, Icko Jr., and Renzini, Alvio, "Asymptotic Giant Branch Evolution and Beyond," *Annual Review of Astronomy and Astrophysics*, *21*, 271, 1983.

Kippenhahn, Rudolf, and Weigert, Alfred, *Stellar Structure and Evolution*, Springer-Verlag, Berlin, 1990.

Kwok, Sun, *The Origin and Evolution of Planetary Nebulae*, Cambridge University Press, Cambridge, 2000.

Padmanabhan, T., *Theoretical Astrophysics*, Cambridge University Press, Cambridge, 2001.

Prialnik, Dina, *An Introduction to the Theory of Stellar Structure and Evolution*, Cambridge University Press, Cambridge, 2000.

Schaller, G., et al., "New grids of stellar models from 0.8 to 120 solar masses at $Z = 0.020$ and $Z = 0.001$," *Astronomy and Astrophysics Supplement Series*, *96*, 269, 1992.

Willson, Lee Anne, "Mass Loss from Cool Stars: Impact on the Evolution of Stars and Stellar Populations," *Annual Review of Astronomy and Astrophysics*, *38*, 573, 2000.

제7장 연습 문제

7.1 **(a)** For a 5 $M_\odot$ star, use the data in Table 13.1 associated with Fig. 13.1 to construct a table that expresses the evolutionary times between points 2 and 3, points 3 and 4, and so on, as a percentage of the lifetime of the star on the main sequence between points 1 and 2.

(b) How long does it take a 5 $M_\odot$ star to cross the Hertzsprung gap relative to its main-sequence lifetime?

(c) How long does the 5 $M_\odot$ star spend on the blueward portion of the horizontal branch relative to its main-sequence lifetime?

(d) How long does the 5 $M_\odot$ star spend on the redward portion of the horizontal branch relative to its main-sequence lifetime?

7.2 Estimate the Kelvin–Helmholtz timescale for a 5 $M_\odot$ star on the subgiant branch and compare your result with the amount of time the star spends between points 4 and 5 in Fig. 13.1.

7.3 **(a)** Beginning with Eq. (13.7), show that the radius of the isothermal core for which the gas pressure is a maximum is given by Eq. (13.8). Recall that this solution assumes that the gas in the core is ideal and monatomic.

(b) From your results in part (a), show that the maximum pressure at the surface of the isothermal core is given by Eq. (13.9).

7.4 During the first dredge-up phase of a 5 $M_\odot$ star, would you expect the composition ratio X'_{13}/X_{12} to increase or decrease? Explain your reasoning. *Hint:* You may find Fig. 13.6 helpful.

7.5 Use Eq. (10.27) to show that the ignition of the triple alpha process at the tip of the red giant branch ought to occur at more than 10^8 K.

7.6 In an attempt to identify the important components of AGB mass loss, various researchers have proposed parameterizations of the mass loss rate that are based on fitting observed rates for a specified set of stars with some general equation that includes measurable quantities associated with the stars in the sample. One of the most popular, developed by D. Reimers, is given by

$$\dot{M} = -4 \times 10^{-13} \eta \frac{L}{gR}\ \mathrm{M_\odot\ yr^{-1}}, \tag{13.13}$$

where L, g, and R are the luminosity, surface gravity, and radius of the star, respectively (all in solar units; $g_\odot = 274\ \mathrm{m\ s^{-2}}$). η is a *free parameter* whose value is expected to be near unity. Note that the minus sign has been explicitly included here, indicating that the mass of the star is decreasing.

(a) Explain qualitatively why L, g, and R enter Eq. (13.13) in the way they do.

(b) Estimate the mass loss rate of a 1 $M_\odot$ AGB star that has a luminosity of 7000 $L_\odot$ and a temperature of 3000 K.

7.7 **(a)** Show that the Reimers mass loss rate, given by Eq. (13.13) in Problem 13.6, can also be written in the form

$$\dot{M} = -4 \times 10^{-13}\eta\frac{LR}{M}\ \mathrm{M_\odot\ yr^{-1}},$$

where L, R, and M are all in solar units.

(b) Assuming (incorrectly) that L, R, and η do not change with time, derive an expression for the mass of the star as a function of time. Let $M = M_0$ when the mass loss phase begins.

(c) Using $L = 7000\ \mathrm{L_\odot}$, $R = 310\ \mathrm{R_\odot}$, $M_0 = 1\ \mathrm{M_\odot}$, and $\eta = 1$, make a graph of the star's mass as a function of time.

(d) How long would it take for a star with an initial mass of 1 $M_\odot$ to be reduced to the mass of the degenerate carbon–oxygen core (0.6 $M_\odot$)?

7.8 The Helix nebula is a planetary nebula with an angular diameter of 16′ that is located approximately 213 pc from Earth.

(a) Calculate the diameter of the nebula.

(b) Assuming that the nebula is expanding away from the central star at a constant velocity of 20 km $\mathrm{s^{-1}}$, estimate its age.

7.9 An old version of stellar evolution, popular at the beginning of the twentieth century, maintained that stars begin their lives as large, cool spheres of gas, like the giant stars on the H–R diagram. They then contract and heat up under the pull of their own gravity to become hot, bright blue O stars. For the remainder of their lives they lose energy, becoming dimmer and redder with age. As they slowly move down the main sequence, they eventually end up as cool, dim red M stars. Explain how observations of stellar clusters, plotted on an H–R diagram, contradict this idea.

7.10 **(a)** Using data available in Tables 12.1 and 13.1, compare the pre-main sequence evolutionary time of a 0.8$M_\odot$ star with the lifetime on the main sequence for a 15 $M_\odot$ star. How does this information help to explain the appearance of a color–magnitude diagram such as Fig. 13.18?

(b) Estimate the mass of a star that would have a main-sequence lifetime comparable to the pre-main-sequence evolutionary time of a 0.8 $M_\odot$ star.

7.11 **(a)** The age of the universe is 13.7 Gyr. Compare this value to the main-sequence lifetime of a 0.8 $M_\odot$ star. Why isn't it useful to compute the detailed post-main-sequence evolution of stars with masses much lower than the mass of the Sun?

(b) Would you expect to find globular clusters with main-sequence turn-off points below 0.8 $M_\odot$? Explain your answer.

7.12 **(a)** Show that $\log_{10}(L_V/L_B)$ + constant is, to within a multiplicative constant, equivalent to the color index, $B - V$.

(b) Estimating best-fit curves through the data given in Fig. 13.20, trace the two color–magnitude diagrams, placing them on a single graph. Note that the abscissas have been normalized so that the lowest-luminosity stars of both clusters are located at the same positions on their respective diagrams.

(c) Given that 47 Tuc is relatively metal-rich for a globular cluster ($Z/Z_\odot = 0.17$, where $Z_\odot$ is the solar value) and M15 is metal-poor ($Z/Z_\odot = 0.0060$), explain the difference in colors between the two clusters. *Hint:* You may wish to refer back to the discussion in Example 9.5.4 (Section 9.5).

7.13 Using the technique of main-sequence fitting, estimate the distance to M3; refer to Figs. 13.17 and 13.19.

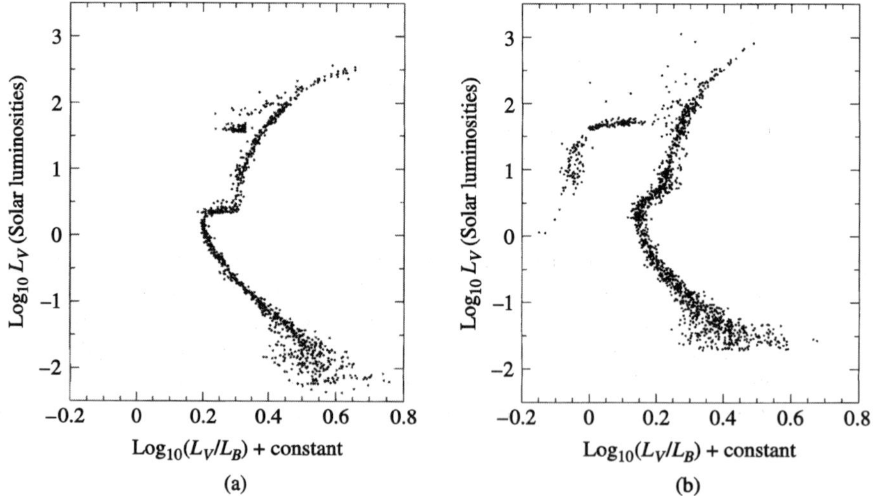

FIGURE 13.20 (a) A color–magnitude diagram for 47 Tuc, a relatively metal-rich globular cluster with $Z/Z_\odot = 0.17$. (Data from Hesser et al., *Publ. Astron. Soc. Pac.*, *99*, 739, 1987; figure courtesy of William E. Harris.) (b) A color–magnitude diagram for M15, a metal-poor globular cluster with $Z/Z_\odot = 0.0060$. (Data from Durrell and Harris, *Astron. J.*, *105*, 1420, 1993; figure courtesy of William E. Harris.)

8장

별의 맥동

8.1 맥동성의 관측

1595년 8월에 루터파 개신교 목사이자 아마추어 천문가였던 데이빗 파브리커스(David Fabricus, 1564-1617)는 *o* Ceti를 관측하였다. 그가 한 달여 동안 관측하면서 고래(Cetus) 자리에 있는 2등급의 별은 서서히 어두워졌다. 10월이 되자, 이 별은 하늘에서 사라졌다. 몇 달이 지나자 이 별은 다시 나타났고, 원래 밝기로 되돌아갔다. 이와 같은 기적적인 일을 기념해서 *o* Ceti는 '미라'라고 명명되었으며, 이는 "경이롭다"는 의미이다.

미라는 규칙적으로 어두워졌다가 밝아졌으며, 1660년에 와서는 그 주기가 11달임이 밝혀졌다. 밝기가 규칙적으로 변하는 이유는 자전하는 별에 어두운 "지역"이 있을 것이라고 잘못 추정하였다. 미라가 어두워지는 것이 별의 어두운 지역이 지구를 향할 때에 일어나는 것으로 생각했던 것이다.

그림 8.1에서 51년 동안 미라의 *광도 곡선*을 나타냈다. 오늘날 천문학자들은 미라의 밝기 변화가 표면의 흑점 때문에 일어나는 것이 아니고, 미라가 **맥동성**이므로 일어나는 현상으로서, 별의 표면이 오그라들거나 부풀 때에 각각 밝아지고 어

두워지는 것으로 설명하고 있다. 미라는 **장주기 변광성**의 대표적인 별로서 장주기 변광성은 맥동 주기가 100일에서 700일 정도이며 약간은 불규칙적인 광도 곡선이 나타나는 별들을 일컫는다.

거의 2세기가 지나서 맥동성이 하나 더 발견되었다. 1784년 영국 요크 지방 출신인 존 굳리크(John Goodricke, 1764-1786)가 δ Cephei의 밝기가 5일 8시간 48분을 주기로 규칙적으로 바뀐다는 사실을 발견하였다. 이 발견에 굳리크는 생명을 헌납하였다. 그는 δ Cephei를 관측하면서 폐렴에 걸려서 21살의 나이에 요절하였다. δ Cephei의 광도곡선은 그림 8.2에 나와 있듯이 o Ceti만큼 눈길을 끌지는 않는다. 밝기의 변화폭은 1등급이 안되고 보이지 않을 정도로 어두워지는 경우는 없다. 그럼에도 불구하고, δ Cephei와 비슷한 맥동성은 **고전 세페이드**라고 부르며, 천문학에서는 더없이 중요하다.

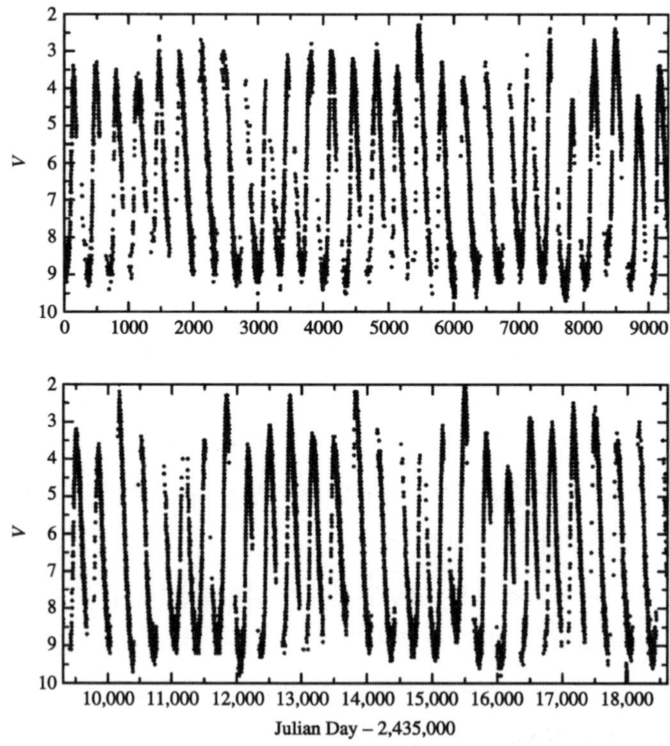

그림 8.1 1954년 9월 14일(JD 2,435,000)에서 2005년 9월까지 미라의 광도 곡선. 6등급보다 어두워지면 맨눈으로 볼 수 없다는 점을 주목하자(전 세계 관측자들이 참여하여 구축한 AAVSO International Database의 변광성 관측에 사의를 표한다).

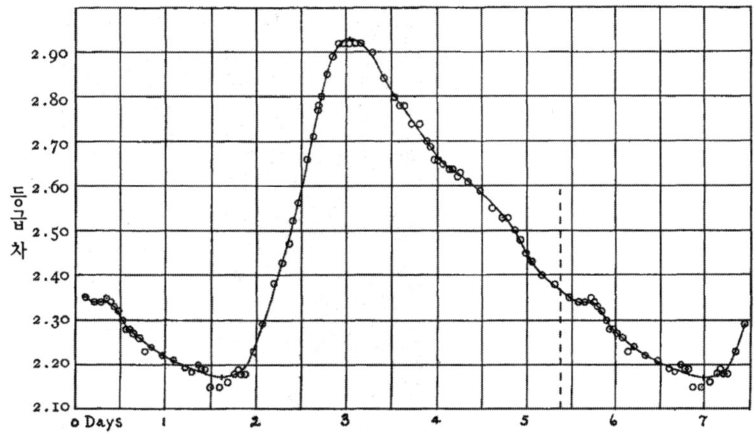

▮ **그림 8.2** δ Cephei의 광도 곡선. 맥동 주기가 5.27일이다. (그림 출처 : Stebbins, Joel, Ap. J., 27, 188, 1908)

주기-광도 관계

2005년까지 거의 40,000개의 맥동성이 목록에 올라있다. 여류천문학자 헨리에타 스완 리빗(Henrietta Swan Leavitt 1868-1921, 그림 8.3)이 하버드 대학교에서 피커링 교수의 일을 도우면서 "인간 컴퓨터"로서 반복적이고 고된 작업을 하면서, 이 별들의 약 10퍼센트를 발견하였다. 그가 한 지루한 작업은 같은 하늘을 서로 다른 시각에 찍어서 얻은 두 사진 건판을 꼼꼼하게 비교하여 밝기가 변한 별을 찾아내는 것이었다. 마침내, 리빗은 고전세페이드 2400개를 발견하였고, 이들은 대부분 소마젤란 성운(SMC)에 있었으며, 주기는 1일에서 50일 사이였다. 리빗은 이 기회를 이용해서 소마젤란성운에 있는 고전세페이드의 성질을 연구하였다. 더 밝은 세페이드가 맥동 한 사이클을 완성하는 데에 걸리는 시간이 더 길다는 사실을 알아채고, 리빗은 이 별들의 겉보기 등급을 맥동 주기에 대하여 나타내 보았다. 그림 8.4에 그 결과가 보이며, 고전세페이드의 겉보기 등급이 주기와 강한 상관관계를 보이며, 주어진 주기당 고유한 불확실성이 겨우 $\Delta m \approx \pm 0.5$임을 알 수 있다.

소마젤란성운에 있는 모든 별은 우리로부터 거의 같은 거리(약 61 kpc)에 있기 때문에 겉보기 등급의 차이는 절대 등급의 차와 같을 것이다[식 (3.6)에 있는 거리지수의 관계를 참조하라]. 따라서, 이 별들의 겉보기 밝기의 차이는 곧 원래 밝기의 차이를 나타낼 것이다.

▌그림 8.3 헨리에타 스완 리빗(Henrietta Swan Leavitt, 1868–1921) (그림 제공 : Harvard College Observatory)

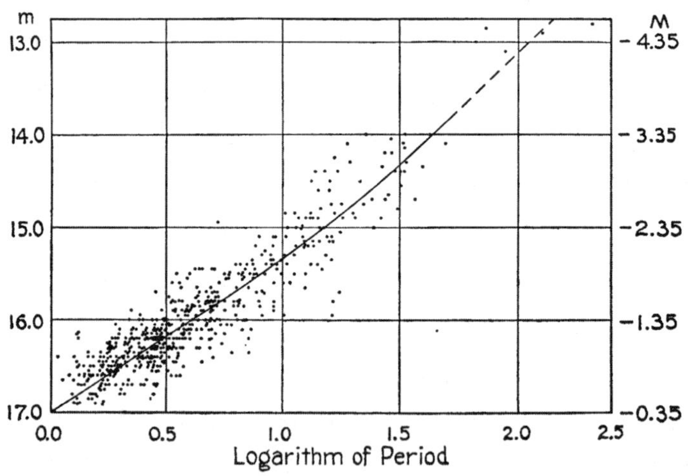

▌그림 8.4 소마젤란 성운의 고전 세페이드의 주기–광도 관계. 주기의 단위는 1일이다. (그림 출처 : 섀플리, *Galaxies*, Harvard University Press, Cambridge, MA, 1961)

천문학자들은 멀리 있는 세페이드의 절대 밝기를 단지 맥동 주기만을 측정하여 알아낼 수 있다는 기대감에 설레었다. 그 이유는 별의 겉보기 등급과 절대 등급을 다 같이 알면 별까지 거리가 1권에 쓴 거리 지수를 쉽게 계산해서 결정되기 때문이다. 이와 같은 방법으로 연주 시차로는 잴 수 없는 먼 거리까지 측정할 수 있을 것이다. 유일한 장애물은 리빗이 구한 관계식에서 눈금 조정을 세밀하게 하는 것이

다. 독립적인 방법으로 세페이드 변광성까지 거리를 측정해야만, 절대 등급가 밝기를 측정할 수 있을 것이다. 이러한 문제가 극복되면, **주기-광도 관계**를 사용해서 어느 세페이드까지지도 거리를 측정해낼 수 있을 것이다.

가장 가까운 고전세페이드는 북극성이며 200 pc 정도 거리에 있다. 20세기 초까지 이 거리는 연주시차로 믿을만한 수준으로 측정하기에는 지나치게 먼 거리이다. 그러나, 1913년 에즈나 허츠스프렁(Ejnar Hertzsprung)은 우주 공간에서 태양이 움직인 훨씬 더 긴 거리를 기선으로 삼고, 통계적인 방법을 같이 써서 주어진 주기를 갖는 세페이드의 거리를 성공적으로 구하였다(세페이드의 절대 등급의 측정은 성간 소광의 영향 때문에 복잡한 작업이다. 6.1절을 기억하라).

그림 8.5에 나타난 V 밴드에 대하여 눈금 조정된 주기-광도 관계는

$$\boxed{M_{\langle V\rangle} = -2.81\log_{10}P_{\rm d} - 1.43} \tag{8.1}$$

로 주어지고 여기에서 $M_{< V >}$는 별의 평균 절대 V등급, $P_{\rm d}$는 1일을 단위로 잰 맥동 주기이다. 별의 절대 광도를 써서 이 관계를 다시 나타내면

$$\log_{10}\frac{\langle L\rangle}{L_\odot} = 1.15\log_{10}P_{\rm d} + 2.47 \tag{8.2}$$

와 같다.

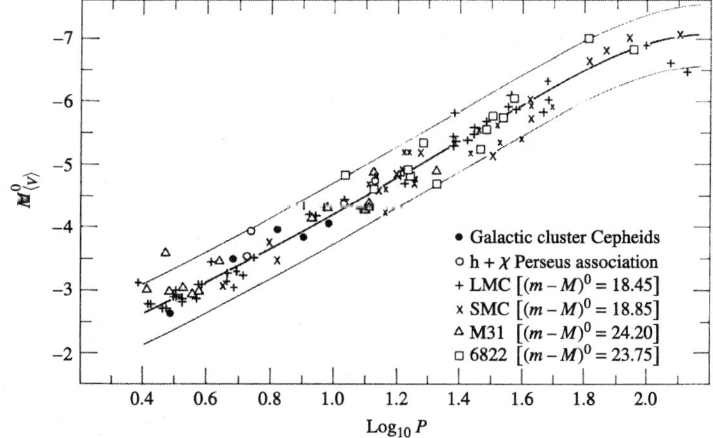

그림 8.5 고전세페이드의 주기-광도 관계 (그림 출처 : Sandage and Tammann, Ap. J., 151, 531, 1968)

천문학자들은 성간 소광의 염려가 적은 적외선 파장대에서 관측하여, 주기–광도 자료의 퍼진 정도를 상당히 줄일 수 있다. 적외선 H 밴드(중심 파장이 1.654 μm)에서 측정한 등급을 써서 자료를 맞춘 한 결과가 그림 8.6(a)에 나타나 있다. 이 자료는 대마젤란 성운에 있는 92개의 세페이드들이다. 적외선에서 주기–광도 관계의 맞춤식은

$$\boxed{H = -3.234 \log_{10} P_\mathrm{d} + 16.079} \tag{8.3}$$

과 같다. 이 맞춤식에 색지수 항을 추가하여 주기–광도 자료의 퍼짐을 줄일 수 있다. 적외선 색지수 $J-K_s$를 사용하여 맞춘 결과를 보여주는 그림 8.6(b)에서 주기–광도 관계가 더 조여져 있다(J와 K_s의 중심 파장은 각각 1.215 μm와 2.157 μm이다). **주기–광도–색 관계**에 대한 맞춤식은 다음과 같이 주어진다.

$$\boxed{H = -3.428 \log_{10} P_\mathrm{d} + 1.54\langle J - K_s\rangle + 15.637} \tag{8.4}$$

고전세페이드는 천문학에 제3의 차원을 부여하였으며, 외부 은하까지 거리 측정의 기초를 제공하였다. 세페이드는 초거성(광도 계급 Ib)이고 태양보다 50배 크며, 수천 배 밝기 때문에 은하간 거리에서도 관측이 가능하다. 세페이드는 "표준 촛불" 역할을 하고, 밤하늘에 널리 퍼져 있는 등대와 같아서 천문학적으로 우주를 탐사할 때에 이정표 노릇을 한다.

밝기 변화에 대한 맥동 가설

세페이드를 우주의 거리 규모를 산출하는 데에 쓸 때에는 밝기가 변하는 물리적인 이유를 반드시 알아야할 필요는 없다. 실제로, 밝기 변화가 한때는 쌍성계의 대기가 조석 효과를 받아서 나타나는 것으로 생각하기도 했었다. 그러나, 1914년에 미국의 천문학자인 할로우 섀플리(Harlow Shapley, 1885–1972)는 별의 크기가 일부 변광성의 궤도 크기를 넘기 때문에 쌍성 모형에 치명적인 오류가 된다는 점을 지적하였다. 섀플리는 대안으로 홑별이 맥동하기 때문에 고전세페이드의 밝기와 온도 변화가 일어난다고 제안하였다. 그는 이 별들이 박자에 맞추어 "숨을" 들이마셨다가 내뿜기를 반복하면서 밝아졌다가 어두워진다고 주장하였다. 4년 후에 아더 스탠리 에딩턴경이 맥동 가설의 견고한 이론적 틀을 제시하였으며, 맥동의 한

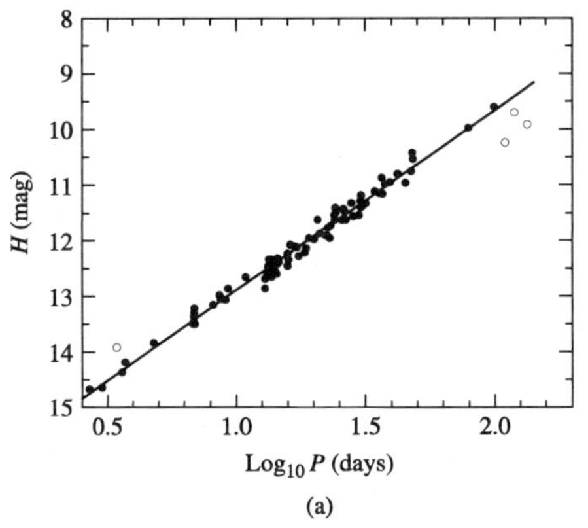

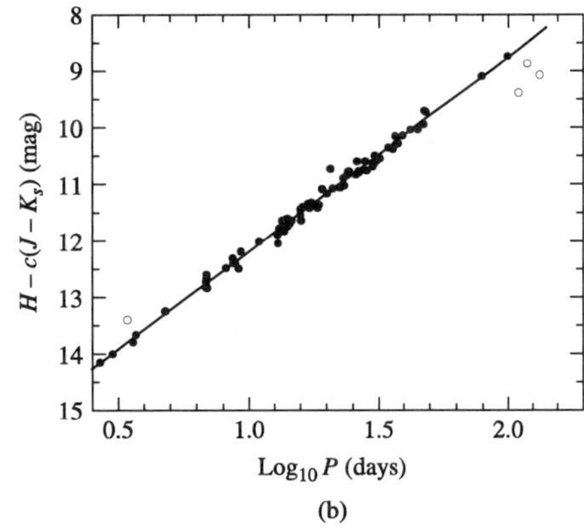

그림 8.6 (a) 대마젤란 성운에 있는 92개의 세페이드에 대한 적외선 주기-광도 관계. 적외선 H 밴드가 관측에 사용되었다. 열린 원은 최소제곱 선형 맞춤에서 제외된 세페이드들을 나타낸다.
(b) 같은 세페이드들에 대한 주기-광도-색 관계. (자료 출처 : Persson, S. E. et al. *Astron. J., 128*, 2239, 2004)

사이클 동안 밝기, 온도, 표면 속도의 관측 자료를 설명하여 그의 이론은 많은 지지를 받았다. 그림 8.7은 δ Cephei의 등급, 온도, 반지름, 표면속도 측정값들의 변화를 나타낸다. 밝기 변화는 주로 δ Cephei의 표면 온도가 1000 K 정도 변하기 때문에 나타나며, 이에 동반하는 크기의 변화가 밝기에 부차적인 영향을 준다. δ Cephei의 표면이 평형 반지름에서 벗어나는 절대적인 최대 진폭은 무척 크지만(태양의 지름보다 약간 더 크다), 상대적으로는 초거성 반지름에 대하여 5-10 %에 불과하다. δ Cephei의 분광형은 맥동 사이클의 단계마다 연속적으로 달라지며, F5(가장 뜨거울 때)에서 G2(가장 온도가 낮을 때) 사이를 오간다. 그림 8.7을 세밀히 살피면, 등급과 표면 속도는 거의 같은 모양임을 알 수 있다. 별이 가장 밝을 시점은 최소 반지름을 지난 후이며, 또한 이 때에 별 표면은 밖으로 가장 빠르게 팽창한다. 이 장 뒷부분에서 우리는 이와 같은 **위상 처짐**, 즉 최대 밝기가 최소 반지름에 뒤처지는 현상이 별의 진동을 유지하는 기본적 과정 때문에 나타남을 설명할 것이다.

불안정띠(Instability Strip)

우리 은하에는 맥동성이 수 백만 개가 있을 것으로 추산된다. 우리 은하에 별이 수천억 개가 있음을 생각하면, 이것은 별의 맥동이 일시적인 현상임을 암시한다. H-R도에서 맥동변광성이 놓이는 위치를 보면(그림 8.8과 2.16)이 사실을 확인할 수 있다. 대체적으로 맥동성은, 별이 대부분의 시간을 보내는 주계열이 아닌 H-R도의 오른편에(600–1100 K의 폭 을 가짐) 좁고 수직으로 늘어선 **불안정띠**에 놓인다.

여러 질량을 갖는 별에 대한 이론적인 진화 경로가 그림 8.8에 보인다. 별이 이 경로를 따라 진화하면, 별들은 불안정띠에 진입하면서 맥동을 시작하고, 이 띠를 벗어나자마자 맥동을 멈춘다. 물론, 진화 시간 규모는 아주 길기 때문에 주어진 별 하나에 대하여 진동을 시작하는 것이나 멈추는 장면을 목격할 수는 없지만, 맥동의 역사를 마감하는 막바지 단계에 있는 소수의 별들이 포착되었다.

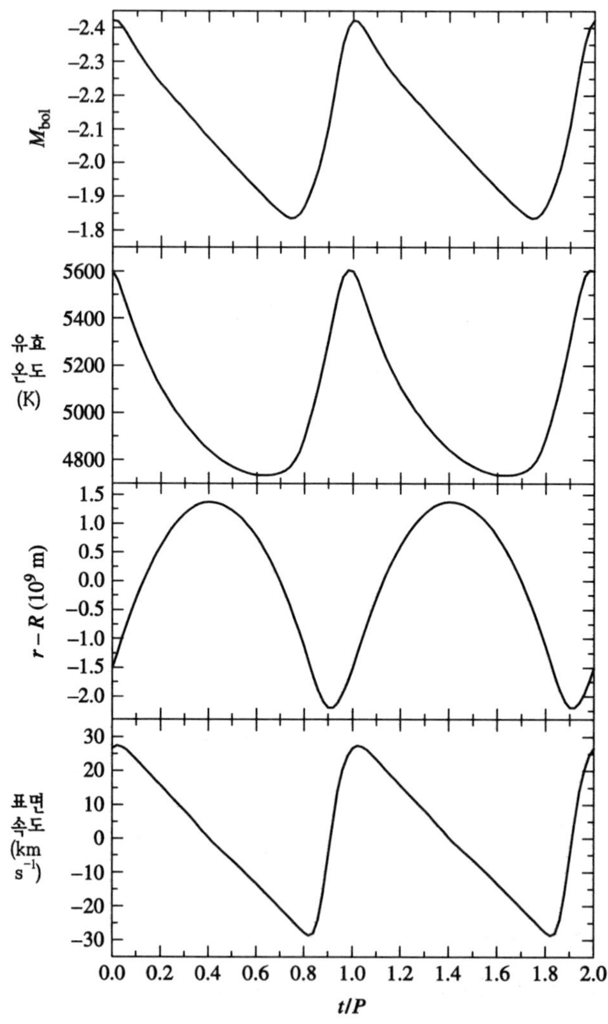

그림 8.7 고전 세페이드의 대표 별인 δ Cephei에서 관측된 맥동 관련 물리량들 (자료 출처 : Schwarzschild, Harvard College Observatory Circular, 431, 1938)

맥동성의 분류

천문학자들은 맥동성을 몇 개의 종류로 나누었다. 표 8.1에 이 가운데 일부가 나타나 있다. W Virginis별들은 금속이 결핍된(종족 II) 세페이드로서 같은 주기를 갖는 고전 세페이드보다 4배 가량 어둡다. 이 별들의 주기-광도 관계는 그림 8.5에 나타낸 고전세페이드의 관계에서 아래로 평행하게 놓인다. RR Lyrae 별들은 역시 종족II이며, 구상성단에서 보이는 수평렬에 있는 별들이다. 모든 RR Lyrae들은 밝기가 거의 비슷하기 때문에 거리를 측정하는 데에 기준 잣대로서 매우 쓸모가 많다.

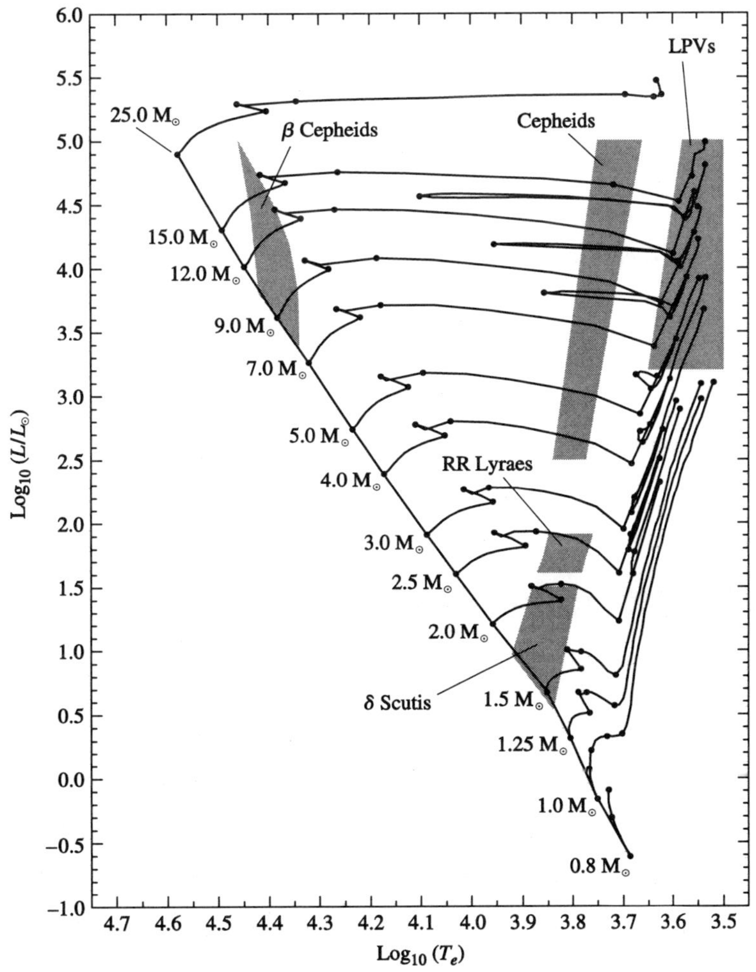

그림 8.8 H-R도에 나타난 맥동성들. (진화 경로의 자료 출처 : Schaller et al. Astron. Astrophys. Suppl. 96, 269, 1992)

δ Scuti 변광성은 진화한 F형 별이고 H-R도에서 주계열에 가까이 있다. 이 별들은 방사상 진동뿐만 아니라 비방사상 진동도 보이며, 후자는 훨씬 더 복잡하여 8.4절에서 더 논의하겠다. 주계열 아래로는(그림 8.8에는 나타내지 않았지만, 그림 10.4를 참조하라) 맥동하는 백색왜성이 있으며, ZZ Ceti 별이라고 부른다.

이제까지 설명한 모든 형태의 변광성은 불안정띠에 놓여있으며, 진동을 일으키는 기본 과정이 동일하다. 미라나 β Cephei와 같은 장주기변광성은 고전세페이드나 RR Lyrae별들이 놓여 있는 불안정띠 밖에 놓여있다. H-R도에서 특이한 곳에 놓이는 이유를 다음 절에서 설명한다.

표 8.1 맥동성들. (출처 : Cox, The Theory of Stellar Pulsation, Princeton University Press, Princeton, NJ, 1980)

변광성의 종류	주기 범위	종족	방사성(R)/비방사상(NR)
장주기 변광성	100–700 days	I, II	R
고전 세페이드	1–50 days	I	R
W Virginis 변광성	2–45 days	II	R
RR Lyrae 변광성	1.5–24 days	II	R
δ Scuti 변광성	1–3 hours	I	R, NR
β Cephei 변광성	3–7 hours	I	R, NR
ZZ Ceti 변광성	100–1000 seconds	I	NR

8.2 항성 맥동의 물리학

지질학자나 지구물리학자들은 지진이나 다른 원인 때문에 생기는 지진파를 연구하여, 지구 내부에 대한 풍부한 정보를 얻는다. 같은 방법으로, 천체물리학자들도 별이 맥동하는 과정을 모델을 세워서 별의 내부 구조를 더 깊이 이해하려고 노력한다. 별의 진화 모형을 수치적으로 계산하고 이런 모형에서 얻은 맥동의 성질(맥동의 주기, 진폭, 밝기와 맥동의 시선속도)과 관측값을 비교하여, 별 진화 이론을 시험하고 별의 내부 구조를 상세히 들여다 볼 수 있다.[1)]

1) 7장에서 항성 구조와 진화를 시험하는 몇 가지 방법을 공부하였다.

주기-밀도 관계

맥동성의 방사상 진동은 음파가 별의 내부와 공명을 일으키기 때문에 일어난다. 맥동 주기[2] Π의 개략적 근사값은, 반지름 R이고 밀도가 ρ인 모형 별을 음파가 지나가는 데에 걸리는 시간을 계산하여 얻는다. 단열 과정에서 음파의 속도는 식 (4.84)이 준다.

$$v_s = \sqrt{\frac{\gamma P}{\rho}}$$

압력은(비현실적이긴 하지만) 밀도가 일정하다고 가정하고, 정유체평형을 나타내는 식 (4.6)으로부터 구할 수 있으며,

$$\frac{dP}{dr} = -\frac{GM_r\rho}{r^2} = -\frac{G\left(\frac{4}{3}\pi r^3\rho\right)\rho}{r^2} = -\frac{4}{3}\pi G\rho^2 r$$

이 식을 별 표면에서 압력이 0이라는 경계 조건을 이용하여 곧바로 적분하여, 반지름 r의 함수로 압력을 표현할 수 있으며

$$P(r) = \frac{2}{3}\pi G\rho^2\left(R^2 - r^2\right) \tag{8.5}$$

과 같이 된다. 그러므로, 맥동 주기는 대략

$$\Pi \approx 2\int_0^R \frac{dr}{v_s} \approx 2\int_0^R \frac{dr}{\sqrt{\frac{2}{3}\gamma\pi G\rho\left(R^2 - r^2\right)}}$$

이 되며, 따라서

$$\boxed{\Pi \approx \sqrt{\frac{3\pi}{2\gamma G\rho}}} \tag{8.6}$$

를 얻는다.

---

2) 이후 계속해서 압력 P와 혼동을 피하기 위하여, 맥동 주기를 Π로 나타내겠다. Π는 항성의 맥동 이론에서 흔히 주기를 나타내는 기호로 사용한다(또한 주기를 나타낼 때에 많이 쓰는 T는 온도와 쉽게 혼동할 수 있다).

정성적으로 이 결과는 별의 맥동 주기가 평균 밀도의 제곱근에 반비례한다는 사실을 보여준다. 그림 8.8과 표 8.1을 참조하면, **주기-평균밀도 관계**는, 아주 희박한 초거성에서 아주 밀도가 높은 백색왜성으로 불안정띠를 따라 내려갈수록 맥동의 주기가 감소하는 이유를 설명해 준다. 리빗이 발견한 주기와 밝기 사이에서 강한 상관 관계가 나타나는 이유는 불안정띠가 H-R도에서 광도 축을 따라 거의 평행하게 늘어서기 때문이다. 식 (8.6)의 유도 과정이 매우 개략적인 근사라는 사실을 고려하면, 식 (8.6)와 세페이드 주기의 관측값들과 정량적으로 일치하는 정도는 그리 나쁘지 않다. 대표적인 세페이드의 질량과 반지름을 각각 $M = 5\,M_\odot$과 $R = 50\,R_\odot$로 잡으면 $\Pi \approx 10$일이다. 이 값은 고전세페이드에서 관측되는 맥동 주기의 범위 안에 깨끗하게 들어온다.

맥동의 지름 방향 떨림

별 맥동에서 **지름 방향 떨림**(radial mode)에 관계된 음파는 본질적으로 *정상파*로서, 한쪽 끝이 열려 있는 오르간 파이프에서 보이는 정상파와 비슷하다(그림 8.9). 별과 오르간 파이프는 여러 개의 진동 모드를 만들 수 있다. 각 모드마다 정상파에는 한쪽 끝에 진폭이 0이 되는, 즉 기체가 움직이지 않는 *마디(node)*가 있고 (별의 중심, 혹은 오르간 파이프의 막힌 한쪽 끝), 반대편 끝으로는 *배(antinode)*가 있다(별의 표면, 혹은 오르간 파이프의 열린 쪽 끝). **으뜸 떨림**(fundamental mode)에서는 기체들이 별이나 파이프의 모든 점에서 같은 방향으로 동한다.

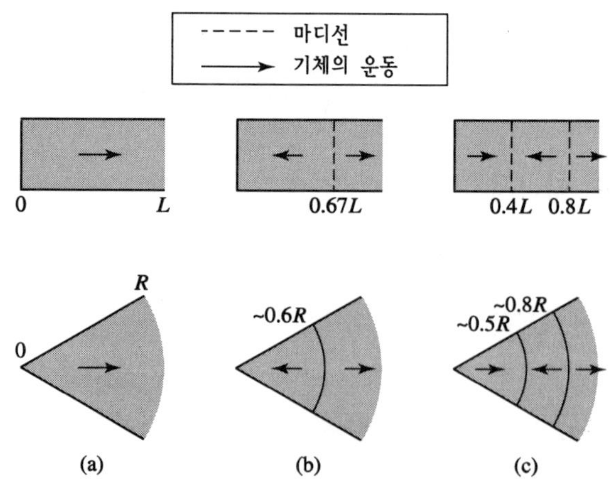

▮ 그림 8.9 오르간 파이프와 별에서 나타나는 정상 상태의 음파 떨림 모드 (a) 으뜸 떨림 (b) 첫째 웃떨림 (c) 둘째 웃떨림

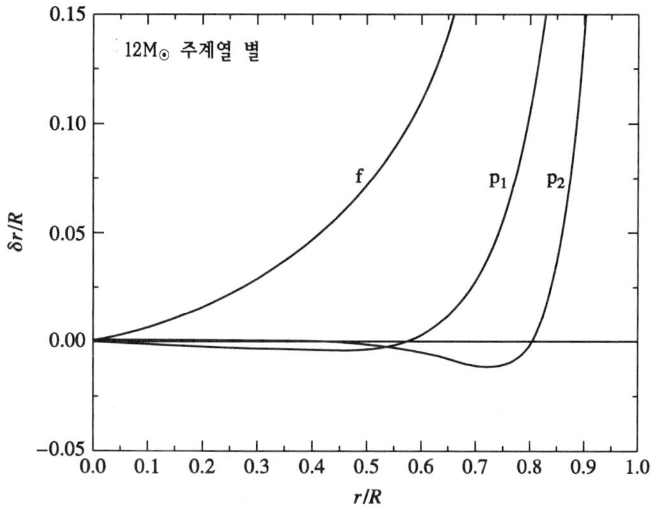

그림 8.10 맥동성이 방사상 모드. 각 모드의 파동 형태의 크기를 임의로 규격화 하여 별 표면에서 $\delta r/R=1$이 되게 하였다. 실제로 고전 세페이드의 경우 $\delta r/R=1$의 최대 표면 비율은 대략 0.05에서 0.10사이에 있다.

첫째 웃떨림(first overtone)에서는 별의 중심과 표면 사이에 마디가 하나만 있고, 이 마디의 앞뒤에서 기체의 운동 방향이 반대가 되며 **둘째 웃떨림**(second overtone)에서는 마디가 별 표면과 중심 사이에 2개가 있다. 그림 8.10에서는 주계열에서 질량이 12 $M_\odot$인 별 모형에서 일어나는 여러 방사상 모드에 대하여 별 반지름에 대한 상대 변위 $\delta r/R$ 즉, 별의 물질이 평형 위치에서 떨어진 정도를 나타냈다. $\delta r/R$은 항성 표면에서 1의 값을 갖도록 임의로 규격화하였다.

지름 방향 떨림에서, 별을 이루는 물질의 운동은 주로 표면에서 이루어지고, 항성 내부 깊은 곳에도 약간의 진동이 있다. 으뜸 떨림과 같이 진폭을 무시할 수 없는 모드에서 이러한 효과는 가장 크게 두드러진다. 그림 8.10에 사용한 항성 모형의 경우, $r=0.5R$에서 $\delta r/R$은 표면값의 약 7%이다. 같은 위치에서 첫째 웃떨림의 경우 $\delta r/R$은 표면값의 1% 이하이고, 또한 반대 방향이다. 둘째 웃떨림의 경우 진폭이 거의 0이다($r=0.5R$은 둘째 웃떨림의 마디에 가깝다).

고전세페이드나 W Virginis별들의 대다수는 으뜸 떨림 모드로 맥동을 일으킨다. RR Lyrae변광성은 으뜸 떨림 혹은 첫째 웃떨림 모드 가운데 하나로 맥동을 일으키며, 몇몇은 두 개의 모드에서 동시에 진동을 일으킨다. 미라와 같은 장주기 변광성은 으뜸 떨림 혹은 첫째 웃떨림 가운데 하나로 진동을 일으키는 것 같지만 이 점은 아직도 명확하지 않다.

에딩턴의 열역학적 열기관

정상파를 이루는 음파에 에너지를 공급하는 과정을 설명하기 위하여, 에딩턴은 맥동성이 열역학적 열기관이라고 제안하였다. 별의 각 층을 이루는 기체들은 맥동 사이클을 순환하면서 팽창과 수축을 하고 주위에 $P\,dV$만큼 일을 한다. 하나의 순환 과정에 대하여 일적분값 $\oint P\,dV > 0$이면, 기체로 이루어진 주어진 층은 주변에 양의 일을 하므로, 진동을 키우게 된다. 한편 $\oint P\,dV < 0$이면, 기체 층이 순수하게 한 일이 음이므로, 진동을 삭이게 된다. 그림 8.11과 8.12에서 RR Lyrae별의 진동을 키우는 기체 층과 진동을 삭이는 층에 대하여 P와 V 사이의 관계를 수치적으로 계산하여 얻은 결과를 보여준다. 전체 일의 합(별의 각 층이 하는 일들을 모두 더하여 얻은 값)이 양이면, 진동을 키워서 진폭이 커질 것이다. 마찬가지로, 이 값이 음이면 진동은 사그러들 것이다. 맥동 진폭의 변화가 계속되어 마침내 평형점에 다다르면, 각 층들이 하는 전체 일의 합이 0이 될 것이다.

임의의 열기관에 대하여도 성립하지만, 각 층이 한 순수한 일의 양은 한 사이클 동안 기체로 들어간 열량과 빠져나간 열량의 차이와 같다. 맥동을 구동하려면, 한 사이클 중에 뜨거운 부분에서 열이 들어가고 차가운 부분에서 열이 빠져 나와야 한다. 자동차 기관에서도 압축 행정의 마지막에 점화 플러그로부터 점화가 일어나

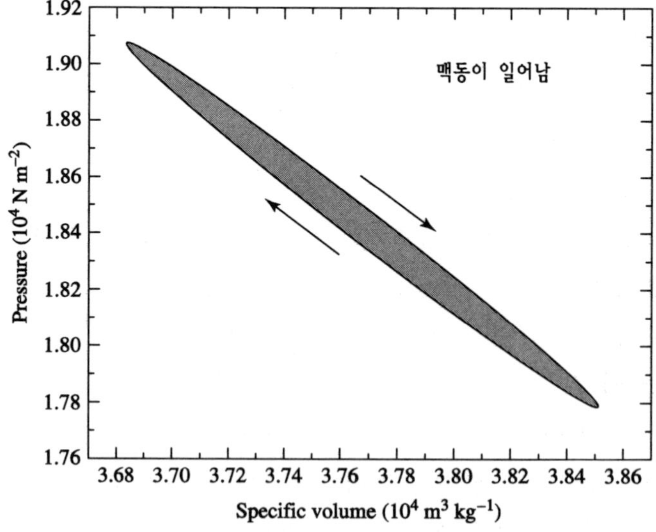

그림 8.11 RR Lyrae 별 모형에 대한 $P-V$도. 일반 물리학에서 열기관을 공부할 때에 이와 비슷한 $P-V$도를 기억하자. $P-V$도에서 시계 방향 경로가 진동을 커지는 경우에 해당한다.

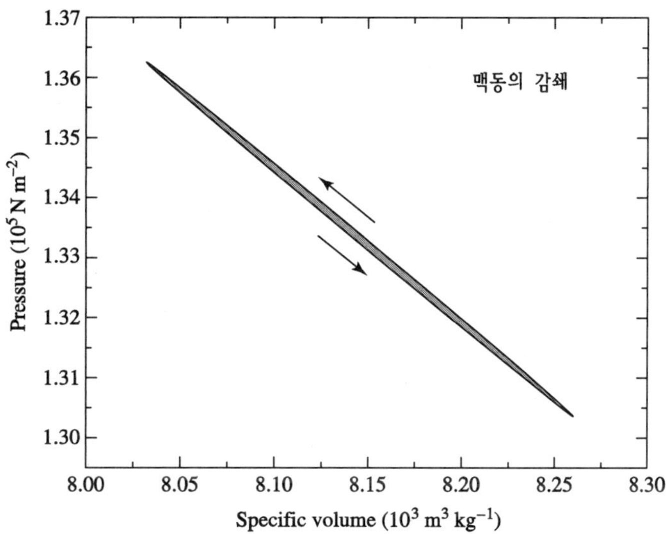

그림 8.12 RR Lyrae 별 모형에 대한 $P-V$도. $P-V$도에서 반시계 방향 경로는 진동을 삭이는 경우에 해당한다.

듯이, 별에서 맥동을 구동하는 기체층은 가장 압축이 클 때에 열을 흡수하여야한다. 이 경우에 최대 압력이 최대 압축 이후에 일어나며, 이에 따라 진동이 증폭된다.

핵 ϵ 과정

별의 어느 지역에서 맥동의 구동이 일어나는 것일까? 쉽게 눈에 띄는 가능성을 먼저 에딩턴이 고려하였다. 별의 중심이 압축되면, 온도가 올라가서 열핵반응에 의한 에너지 생성률이 증가한다. 그러나, 그림 8.10에서 보듯이 상대 변위 $\delta r/R$은 별 중심에서 마디가 있다. 즉, 맥동 진폭이 중심 근처에서는 아주 작다. 이러한 에너지 구동 과정은(ϵ **과정**이라고 부르며) 별의 중심핵 근처에서 작동은 하지만, 별의 맥동을 구동하기에는 넉넉하지 않다. 그러나, 4.6절에서 언급하였듯이 핵에너지 생성률 ϵ의 변화에 의하여 진동이 일어나서 90 $M_\odot$보다 무거운 별의 형성을 방해한다.

에딩턴 밸브

에딩턴은 대안으로 *밸브 과정*을 제안하였다. 별에서 기체 층이 압축되어 불투명도가 커져, 별 표면으로 가는 에너지의 흐름에 "둑을 쌓아 가로막은 것"처럼 작동하면, 이 층은 에너지를 축적하고 표면층을 위로 밀어 올린다. 그 후 팽창하는 기체층이 투명해지면, 막아두었던 열에너지가 빠져나가고 기체층은 다시 내려앉아 사이클이 반복된다. 에딩턴이 직접 한 말을 인용하면, 이 방법을 적용하려면 별이 팽창했을 때보다 수축했을 때에 더 열을 꽁꽁 묶어 가두어야한다. 즉, *압축이 커짐에 따라 불투명도도 증가해야한다.*"

그러나, 별 대부분의 지역에서는 압축이 커짐에 따라 불투명도는 실제로 감소한다. 3.2절에서 크레이머스의 법칙을 기억하면, 불투명도 κ는 별의 밀도와 온도에 따라 달라지는데, $\kappa \propto \rho / T^{3.5}$로 주어진다. 별에서 기체층이 압축되면 밀도와 온도는 모두 증가한다. 그러나, 불투명도는 밀도보다는 온도에 더 민감하게 달라지므로, 기체의 불투명도는 압축이 커짐에 따라 통상적으로는 감소한다. 특별한 상황이 되어야 기체층의 마찰 효과를 극복할 수 있으며, 이러한 이유 때문에 10^5개 별들 가운데 한 개 정도의 별만이 맥동을 보인다.

불투명도 효과와 κ와 γ 과정

별의 진동을 일으키고 유지할 수 있는 특별한 조건을 최초로 규명한 천문학자는 러시아의 제바킨(S. A. Zhevakin) 이고, 구체적으로 계산하여 이것을 확인한 천문학자들은 독일의 루돌프 키펜한(Rudolf Kippenhahn)과 미국의 노먼 베이커(Norman Baker)와 존 콕스(John Cox, 1926-1984)이다. 이들은 별에서 에딩턴의 밸브 과정이 성공적으로 동작할 수 있는 지역이 *부분 이온화 지역*임을 발견하였다(2.1절 참조). 이 지역에서는 기체들이 부분적으로 이온화되어 있으며, 기체가 압축될 때에 기체에 한 일의 일부가 기체의 온도를 올리는 데 쓰이지 않고 이온화도를 올리는 데에 쓰인다.3) 온도가 조금 밖에 오르지 않으므로, 압축이 더 커짐에 따라 증가한 밀도가 크레이머스 불투명도를 올린다(그림 8.13을 보라). 마찬가지로, 팽창할 때 온도의 감소가 예상보다 적으며, 그 이유는 이온들이 전자와 재결합하면서 에너지를 내놓기 때문이다. 다시 말하면, 크레이머스 불투명도는 밀도항이 압도적으로 결정하여, 기체 층이 팽창하면 밀도는 감소하고 불투명도도 감소한다. 별에서 이러한 층은 압축되면서 열을 흡수하고, 밖으로 떠밀리면서 팽창하여 열을 내놓고 다시 주저앉으면서 사이클을 반복한다. 천문학자들은 이러한 불투명도 과정을 κ**과정**(κ**-mechanism**)이라고 부른다.

---

3) 4.4절에서 공부하였듯이, 이러한 물리적 과정 때문에 부분 이온화 지역에서 C_P와 C_V의 값이 커진다.

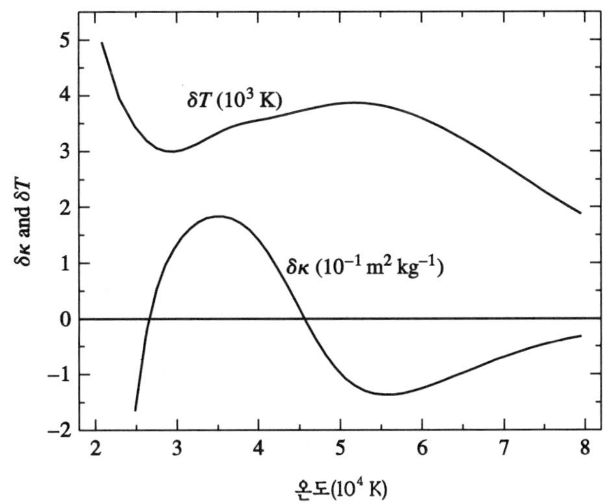

그림 8.13 최대 압축 시기에 RR Lyrae 별 모형의 온도와 불투명도 변화. He II 부분 이온화 지역($T \approx 4\times106$ K)에서 $\delta\kappa > 0$이고 δT는 감소한다. 이 곳이 κ와 γ 과정이 일어나는 곳이다.

부분적으로 이온화된 지역에서는 κ과정이 강화된다. 그 이유는 압축이 진행되는 동안 이웃 기체층보다 온도가 더 적게 올라가고 이에 따라 이 기체층으로 열이 들어오는 경향 때문이다. 이러한 효과를 **γ과정(γ-mechanism)**이라고 부르며, 정압비열 C_P와 정적비열 C_V의 값이 커지면 이들 사이의 비율이 줄어들어 일어나기 때문에 붙은 명칭이다. 부분적으로 이온화된 지역은 별의 진동을 구동하는 피스톤과 같다. 이 지역은 별 안에서 기체 층 사이의 열 흐름에 변화를 일으켜 맥동을 일으키는 직접적인 원인이 된다.

수소와 헬륨 부분 이온화 지역

대부분의 별에서는 두 개의 주요 이온화 지역이 있다. 첫 번째는 넓은 지역으로서 중성 수소의 이온화(H I → H II)와 헬륨의 첫 번째 이온화(He I → He II)가 일어나며 온도는 1에서 1.5×10^4 K이다. 이러한 기체층을 통칭하여 **수소 부분이온화 지역**이라고 부른다. 두 번째 지역은 더 깊은 곳에서 헬륨의 두 번째 이온화(He II → He III)가 일어나며, 온도는 대체적으로 4×10^4 K으로 **헬륨 II 부분이온화 지역**이라고 부른다. 이러한 이온화가 일어나는 지역이 맥동의 성질을 결정한다. 그림 8.14에 보인 바와 같이 별이 지나치게 뜨거우면(7500 K), 이온화지역은 표면 바로 근처에서 생긴다. 이 곳에서 밀도는 꽤 낮고 효율적으로 진동을 구동할 만큼 물질이

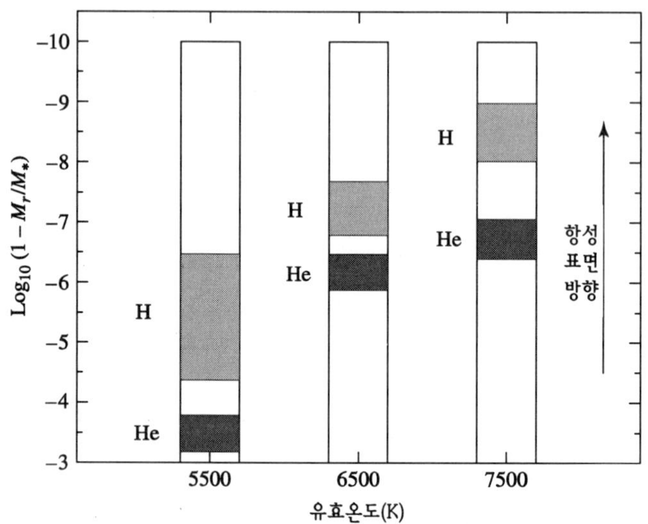

▌그림 8.14 서로 다른 온도를 갖는 별 내부의 수소와 헬륨의 이온화 지역. 세로축의 각 점은 그 점 위에 놓인 별 물질들의 별 전체 질량에 대한 상대 비의 로그값을 나타낸다.

충분히 존재하지 않는다. 이 때문에 H-R도의 불안정띠에 **푸른색 가장자리**가 생긴다. 온도가 이보다 낮은 별(6500 K)에서는 이온화 지역은 더 깊은 곳에서 나타난다. 이온화지역에 "피스턴" 역할을 할 물질이 뜨거운 별보다 더 많으므로 첫째웃떨림도 시동 걸 수 있을 것이다(주어진 모드가 실제로 동작하는가는 이온화 지역에서 생성된 양의 일이 넉넉하여 다른 층에 해준 음의 일 때문에 생기는,마찰을 덮고도 남음이 있는가에 따른다). 훨씬 더 온도가 낮은 별(5500 K)에서는 이온화지역이 더 깊은 곳에서 생겨 맥동의 으뜸떨림을 구동한다. 그러나, 별의 표면 온도가 지나치게 낮으면, 바깥 층에서 대류가 효율적으로 일어나기 시작하므로 진동을 삭인다. 별이 수축되었을 때에 대류에 의한 에너지 수송이 더 효율적으로 일어나기 때문에 대류하는 별의 물질들은 반지름이 최소가 될 때에 열을 잃어버린다. 이렇게 잃어버리는 열에너지가 이온화지역에서 둑을 막아 모아놓은 열에너지보다 많으면 별의 맥동을 멈추게할 수 있다. 불안정띠의 **붉은색 가장자리**가 생기는 이유는 대류에 의한 마찰 효과로 추정된다.

모형 별의 맥동을 상세하게 수치 계산해서 얻은 불안정띠가 H-R도에서 관측된 위치와 잘 일치한다. 이러한 계산으로부터 He II **이온화 지역**이 불안정띠에서 별의 진동을 구동하는 주요 원인이라는 점을 알 수 있다. 헬륨 이온화 지역의 효과를 인위적으로 제거하면 모형별은 맥동을 일으키지 않는다.

수소이온화지역은 좀 더 미묘한 역할을 한다. 별이 맥동을 일으키면, 수소이온화지역은 온도의 변화에 따라 팽창과 수축을 일으키면서 표면쪽으로 혹은 별 중심쪽으로 이동한다. 별은 수소이온화지역과 표면 사이에 물질이 *가장 적을 때*에 별이 가장 밝아지게 된다. 별이 진동하면서, 이온화지역의 위치가 별의 중심 거리 r과 이 곳까지 담긴 별 물질의 질량 M_r에 대하여 달라진다. 수소이온화지역 *바닥*으로 입사하는 광량이 최대일 때에 별의 반지름이 최소이지만, 이 순간에 수소이온화지역을 밖으로(물질들을 통하여) 가장 급격하게 밀어내기만할 뿐이다. 수소이온화지역이 표면 근처에 다다를 될 때에 관측되는 광도가 최대이며, 이 때는 이미 최소 반지름을 지난 시각 *이후*가 된다. 수소 부분이온화지역이 일으키는 지연 때문에, 고전세페이드나 RR Lyrae별에서는 위상의 처짐이 나타난다.

불안정띠 밖에 있는 별이 맥동을 일으키는 과정은 잘 알려져 있지 않다. 장주기 변광성은 적색초거성(AGB 별들)이며 대단히 크고 성긴 대류 외피가 빽빽한 중심핵을 감싸고 있다. 이 별들의 스펙트럼에는 분자 흡수선과 방출선이 압도하여, 대기에 충격파가 일어나고 상당한 질량 손실이 있음을 알려준다. *수소부분이온화* 지역이 장주기 변광성의 맥동을 구동한다는 사실을 이해하고 있지만, 예를 들면 별의 진동이 외부 대기와 상호 작용하는 과정을 비롯한 많은 세밀한 부분들이 알려져 있지 않다.

β Cephei와 철 불투명도의 도드라짐

β Cephei 변광성들도 도전을 기다리고 있는 흥미로운 천체이다. 이들 변광성들은 H-R도의 주계열 위끝 왼쪽에 놓여 있으며, 매우 뜨겁고 밝은 별이다. β Cephei는 조기형의 B별이고 유효 온도가 20,000에서 30,000 K 범위에 놓여 있고, 광도 계급은 III, IV, V에 걸쳐 있다. 유효 온도가 매우 높기 때문에 수소는 완전히 이온화되어 있고, 헬륨 이온화 지역은 표면에 지나치게 가깝게 놓여 있어서 맥동을 효과적으로 구동하는 것이 불가능하다. 여러 해에 걸친 연구 끝에, β Cephei 별에서 κ와 γ 과정이 여전히 동작하지만, 맥동의 구동을 일으키는 원소는 철이다. 철의 함량은 모든 별에서 낮지만(예를 들면 표 3.2를 보라), 철 스펙트럼에는 매우 많은 흡수선 천이가 있기 때문에, 철은 100,000 K 근처의 온도에서 별 불투명도에 상당히 크게 기여한다. 이 사실은 그림 3.10에 보인 바와 같이 온도에 대하여 불투명도를 그릴 때에 100,000 K를 넘어 가면 "철 둔턱"이 보인다. 이와같은 철 이온화 지역은 충분히 깊은 곳에 위치하기 때문에, 이러한 별들에 맥동을 일으킬 수 있다.

8.3 항성 맥동의 모형

4.5절에서 정유체 평형을 이루는 별의 모형을 세워 공부하였다. 별은 공통 중심을 갖는 여러 개의 공껍데기로 나누어 고려하였다. 정적인 별 구조에 대한 미분방정식을 각각의 껍질에 적용하여 연립미분방정식을 별의 중심과 표면에 적당한 경계 조건을 세워 수치적으로 풀었다.

비선형 유체역학적 모형

맥동하는 별은 정유체 평형 상태에 있지 않으므로, 4.5절에서 사용한 항성구조 방정식을 그대로 사용할 수는 없다. 별의 껍질들의 진동을 허용하는 더 일반적인 방정식을 사용해야 한다. 예를 들면, 뉴턴의 제2법칙(식4.5)

$$\rho \frac{d^2 r}{dt^2} = -G\frac{M_r \rho}{r^2} - \frac{dP}{dr} \tag{8.7}$$

을 정유체 평형식(식4.6) 대신에 사용해야 한다. 별의 비평형 역학적 열적 행동을 기술하는 미분방정식과 보조적인 관계식이 정해지면, 4.5절에 기술된 방법처럼 차분방정식으로 바꾸어 수치적으로 풀 수 있다. 본질적으로 모형 별은 수학적으로 평형 상태로부터 벗어나게 한 다음 "풀어놓아" 진동을 시작하게 만든다. 여러 껍질들이 팽창과 수축을 하면서 서로 밀어낸다. 조건이 맞는다면, 모형별의 이온화 지역은 진동을 구동하고, 맥동폭은 천천히 증가한다. 그렇지 않다면 진폭이 줄어들면서 진동이 멈출 것이다. 이러한 계산을 수행하는 컴퓨터 프로그램은 매우 성공적으로 세페이드 변광성의 광도 곡선이나 시선곡선에서 나타나는 세밀한 점들을 설명한다.

수치 방법의 주요 장점은 **비선형** 계산을 수행한다는 점이며, 맥동폭에서 나타나는 복잡한 양상들을 모델화할 수 있고 실제로 관측되는 사인파에서 벗어난 모양을 재생해 보여준다는 것이다. 단점은 요구되는 컴퓨터 자원 즉, 중앙처리장치 시간과 기억장치 용량이 대단히 크다는 점이다. 많은 횟수의 진동을 계산하여야 모형이 정착해서 주기적인 행동을 잘 나타내고 훨씬 더 많은 주기 운동을 거쳐야 비로서 *한계 사이클*에 도달해서 맥동폭이 최종 값에 이를 것이다. 실제로, 맥동 항성 일부의 경우에서는 컴퓨터 시뮬레이션의 결과가 진정한 주기적 해에 도달하지 않고, 일부의 실제 별에서 관측되는 바와 비슷한 혼돈의 양상을 나타내기도 한다.

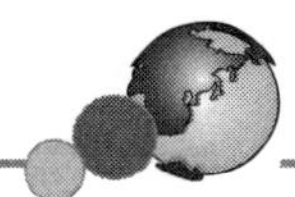

비선형 계산이 갖는 두 번째 단점은 각 시간 단계마다 정확하게 수렴하는 모형을 얻는 일이 대단히 어렵다는 점이다. 비선형 계산에서는 수치적 불안정성에 의하여 계산이 엉뚱하게 진행되며 물리적으로 의미 없는 결과를 주기도 한다. 적색거성이나 초거성에서 시간에 의존하는 대류를 취급할 때에, 이러한 현상은 특별히 잘 나타난다.

유체역학 방정식의 선형화

비선형적 접근과 다른 방법으로 작은 진폭의 진동을 고려하는, 미분방정식의 **선형화**가 있다. 이것은 미분방정식에 나타나는 모든 변수를, 평형을 이룰 때의(별이 정유체 평형을 이룰 때의) 값에 맥동에 의하여 생기는 변화량을 더한 값을 적어서 선형화된 방정식을 얻는다. 예를 들면, 압력 P를 $P_0+\delta P$로 쓰면, P_0는 질량 껍질이 평형을 이룰 때에 갖는 압력이며, 진동하는 모형 별에서 질량 껍질이 평형에서 벗어난 작은 압력의 변화량을 δP로 썼다. 그러므로 δP는 시간의 함수이며 P_0는 상수이다. 변수를 이런 방식으로 써서 미분방정식에 대입하면 평형값을 포함하는 항들은 상쇄되고, 섭동값의 2차항 이상은 무시해도 좋을 정도로 작은 값이므로 버린다. 이와 같이 해서 얻은 선형화된 미분방정식과 이에 따른 경계조건은 줄에서 전달되는 파 또는 오르간 파이프에서 나타나는 파의 방정식과 비슷해진다. 특정한 주기를 갖는 적당한 정상파들이 허용되고, 별의 맥동 모드를 깔끔하게 파악할 수 있다. 방정식은 여전히 굉장히 복잡하므로, 컴퓨터를 통한 수치 계산이 필요하지만 비선형방정식에 비하면 많은 시간을 절약할 수 있다. 선형화 방법을 택할 때에 치러야할 대가는 별의 운동이 강제적으로 사인파가 되며(작은 진폭을 갖는 진동은 항상 이렇게 될 수밖에 없다), 맥동 진폭의 한계값을 정할 수 없다. 모형 별에서 일어나는 전체 비선형 진동의 복잡성이 선형화 과정에서 희생된 것이다.

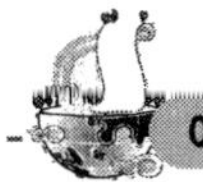

예제 8.3.1

이 예제에서는 비현실적이지만, 교육적인 맥동성 모형을 고려하며, 이 모형은 **단일지역모형**이라고 부른다. 그림 8.15를 보라. 이 모형은 별 전체 질량과 같은 값의 M이 모형 중심의 한 점에 모두 몰려있다고 가정하고, 이 점을 중심으로 반지름 R, 질량 m인 얇은 공껍질을 맥동하는 별 표면으로 설정한다. 껍질 내부에 질량은 없지만 압력 P로 껍질을 지탱해주는 기체가 차 있다고 가정하며, 이들 기체의 유일한 존재 목

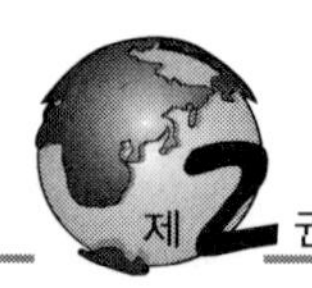

적은 중심에서 잡아당기는 중력에 의하여 표면이 붕괴하지 않게 떠받드는 것이다. 뉴턴의 운동 제2법칙(식 (8.7))을 이 껍질에 적용하면

$$m\frac{d^2R}{dt^2} = -\frac{GMm}{R^2} + 4\pi R^2 P \tag{8.8}$$

과 같이 쓸 수 있다. 평형 모형에서는 운동이 없으므로 가속도가 0이고 좌변은 0이다. 따라서,

$$\frac{GMm}{R_0^2} = 4\pi R_0^2 P_0 \tag{8.9}$$

선형화하려면 별의 반지름과 압력을

$$R = R_0 + \delta R \quad \text{과} \quad P = P_0 + \delta P$$

로 놓고 운동방정식 식 (8.8)에 다시 대입한다.

$$m\frac{d^2(R_0+\delta R)}{dt^2} = -\frac{GMm}{(R_0+\delta R)^2} + 4\pi(R_0+\delta R)^2(P_0+\delta P)$$

을 얻는다. 일차 근사를 쓰면

$$\frac{1}{(R_0+\delta R)^2} \approx \frac{1}{R_0^2}\left(1 - 2\frac{\delta R}{R_0}\right)$$

이고, δ가 붙은 작은 값의 섭동 1차항들만 남기면

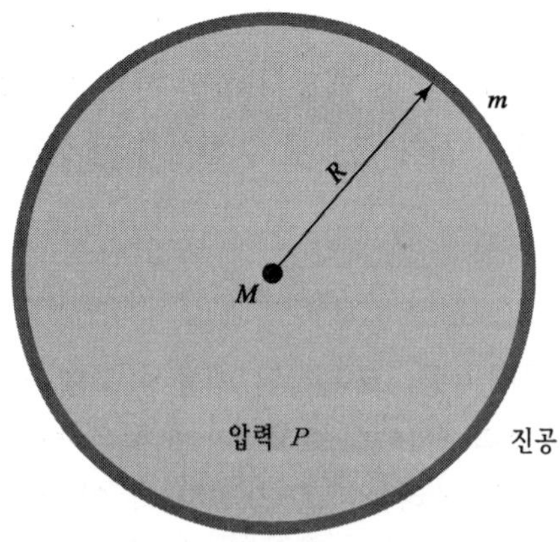

▌그림 8.15 맥동성의 단일 지역 모형

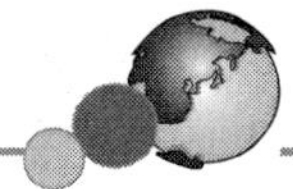

$$m\frac{d^2(\delta R)}{dt^2} = -\frac{GMm}{R_0^2} + \frac{2GMm}{R_0^3}\delta R + 4\pi R_0^2 P_0 + 8\pi R_0 P_0 \delta R + 4\pi R_0^2 \delta P$$

이다. 이 때에 $d^2R_0/dt^2 = 0$을 이용했다. 평형 조건에서는 우변의 첫째항과 세째항이 상쇄되므로(식 (8.9)를 보라)

$$m\frac{d^2(\delta R)}{dt^2} = \frac{2GMm}{R_0^3}\delta R + 8\pi R_0 P_0 \delta R + 4\pi R_0^2 \delta P \tag{8.10}$$

을 얻는다. 이 식이 단일지역모델에 대한 뉴턴의 운동 제2법칙을 선형화한 방정식이다. δR과 δP의 두 개 변수를 하나의 변수로 줄이기 위해, 진동이 *단열적*이라고 가정한다. 이 경우 모형 별의 압력과 부피가 단열 관계 $PV^\gamma = \text{constant}$를 만족하고, γ는 기체의 비열비이다. 단일지역 모형의 부피가 $\frac{4}{3}\pi R^3$이므로, 단열관계는 $PR^{3\gamma} = \text{constant}$로 다시 쓸 수 있다. 이 식을 선형화해서 얻은 식이 다음과 같음을 연습 문제로 남긴다.

$$\frac{\delta P}{P_0} = -3\gamma\frac{\delta R}{R_0} \tag{8.11}$$

을 얻는다. 이 관계를 이용해서 식 (8.10)에서 δP항을 소거할 수 있다. 또한 식 (8.9)를 써서 $8\pi R_0 P_0$을 $2GMm/R_0^3$으로 쓸 수 있다. 이를 종합하면 껍질의 질량 m이 공통인수로 없어지며, 마지막 δR에 대한 선형화 방정식은

$$\frac{d^2(\delta R)}{dt^2} = -(3\gamma - 4)\frac{GM}{R_0^3}\delta R \tag{8.12}$$

이 된다.

$\gamma > 4/3$이면(따라서, 선형화 방정식의 우변이 음이 되면), 단순조화진동자의 운동방정식이다. 해를 $\delta R = A\sin(\omega t)$로 쓸 수 있으며, A는 맥동 진폭, ω는 맥동의 각진동수이다. δR을 식 (8.12)에 대입하면,

$$\omega^2 = (3\gamma - 4)\frac{GM}{R_0^3} \tag{8.13}$$

을 얻는다. 마지막으로 단일지역 모델에서는 맥동 주기가 $\Pi = 2\pi/\omega$이며

$$\Pi = \frac{2\pi}{\sqrt{\frac{4}{3}\pi G\rho_0(3\gamma - 4)}} \tag{8.14}$$

이며 $\rho_0 = M/(4\pi R_0^3/3)$은 모형별의 평균 밀도이다. 이상적인 단원자기체(뜨거운 별 내부의 기체에 대하여 적당한 가정이다)의 경우 $\gamma = 5/3$이다. 1 근처가 되는 상수배를 무시하면, 이 결과는 식 (8.6)에 제시된 별 지름을 음파가 가로지르는 시간으로 대충 구한 맥동 주기 어림값과 일치한다.

예제 8.3.1에서 단일지역 맥동이 *선형*이고 *단열적*이라고 놓고 근사적으로 취급한 것은 계산을 간단히 하려는 데에 목적이 있었다. 맥동 진폭 A는 이 예제에서는 약분되어 없어진다. 진폭을 계산할 수 없다는 점이 선형화 접근법에 고유하게 내재된 결함이다.

비선형 비단열적 계산들

열이 모형별의 기체층 사이에서 들어가거나 빠져나오는 것을 허용하지 않기 때문에, 진동의 진폭이(그 어떤 값일지라도) 변하지 않는다. 그러나, 천문학자들은 어떤 모드가 성장하고 어떤 모드가 사그러드는지 알아야 한다. 그러기 위해서는 계산 과정에 에딩턴 밸브 과정이 들어가야 한다. 기체층 사이에서 열과 복사의 전달을 기술하는 방정식이(4.4절에서 논의한 것과 비슷한 방법으로) *비단열적* 계산에 들어가야한다. 이러한 비단열 식들을 선형화한 다음 풀어서 개별 모드마다 주기와 성장률을 얻는다. 그러나, 더 복잡하고 계산 시간이 많이 요구되는 비선형 비단열 계산을 해야만 변광성에서 관측되는 복잡한 광도곡선이나 속도 곡선을 얻을 수 있다. 이 장의 마지막에 있는 컴퓨터 문제를 통하여 단일지역 모형의 맥동에 대하여(단열적이지만) 비선형 계산을 해 볼 수 있다.

동력학적 안정성

식 (8.12)로부터 별의 **동력학적 안정성**에 관한 중요한 성질을 통찰해 볼 수 있다. $\gamma < 4/3$이면, 식 (8.12)의 우변은 양이 된다. 해는 $\delta R = Ae^{-\kappa t}$이고 κ^2는 식 (8.13)에서 준 ω^2 값과 같다. $\gamma < 4/3$이면, 별은 맥동을 일으키지 않고, 붕괴한다. 기체 압력이 증가하더라도 그 값이 넉넉하지 않기 때문에 안에서 중력으로 잡아당기는 힘을 이길 수 없고, 질량 껍질을 도저히 밖으로 밀어낼 수 없게 되어, *동력학적으로 불안정한* 모형이 된다. γ값이 줄어들어서 나타나는 이와 같은 불안정성은 10.4절에서 백색왜성에 적용되는 상대론적 효과를 다룰 때에 다시 볼 수 있을 것이다.

비단열적 진동의 경우에, 맥동의 시간 의존성은 통상적으로 $e^{i\sigma t}$의 실수부를 잡

고, 이 때에 $\sigma = \omega + i\kappa$이다. 이 식에서, ω는 통상적인 맥동 각진동수이고, κ는 *안정성 계수*이다. 맥동의 진폭은 $e^{-\kappa t}$에 비례하고, $1/\kappa$는 진동의 성장 혹은 위축을 특징짓는 시간을 나타낸다.

8.4 비방사상 항성 맥동

어떤 별들은 맥동을 일으킬 때에 단순히 "숨을 쉬는 것"과는 달리 별 표면이 한꺼번에 안쪽으로 혹은 바깥쪽으로 움직이지는 않는다. 이러한 별은 더 복잡한 **비방사상** 운동을 한다고 하며, 이 때에 표면의 어떤 지역은 팽창하는데 어떤 지역은 수축을 일으킨다.

비방사상 진동과 구면 조화 함수

그림 8.16을 보면 몇 개의 비방사상 진동 모드의 양상을 보여준다. 별의 표면이 밝게 나타난 곳이 밖으로 운동하고 있다면, 어둡게 나타난 곳은 안쪽으로 운동하는 것이다. 압력 변화(δP)와 같은 스칼라양도 같은 양상을 보이며, 어떤 곳에서는 양의 값이 되고 다른 지역에서는 음이 된다. 수학적으로 이러한 양상들은 구면조화함수 $Y_\ell^m(\theta, \phi)$의 실수부로 기술하며, 여기에서 ℓ은 음이 아닌 정수이고, m은 $-\ell$에서 ℓ사이의 $2\ell + 1$개의 정수 가운데 하나이다.[4] ℓ개의 *마디 원*($\delta r = 0$인 곳들을 연결해서 얻은 원)이 있으며, 이 가운데 $|m|$개의 원이 남북극점을 지나고 나머지 $\ell - |m|$개의 원들은 적도에 나란하다. $\ell = m = 0$인 경우에는 진동 모드가 순수하게 방사상으로 일어난다.

$Y_\ell^m(\theta, \phi)$의 몇 개의 예가 다음과 같다.

$$Y_0^0(\theta, \phi) = K_0^0$$
$$Y_1^0(\theta, \phi) = K_1^0 \cos\theta$$
$$Y_1^{\pm 1}(\theta, \phi) = K_1^{\pm 1} \sin\theta e^{\pm i\phi}$$

4) 구면조화함수는 구대칭이 쓰이는 물리학에서 자주 나온다. 학부 물리학 교육 과정에서 구면조화함수의 쓰임새를 접할 수 있는 좋은 예가 수소 원자의 양자역학적 파동함수를 기술할 때이다. 1권 내용과 1권에 나타낸 오비탈을 기억하자.

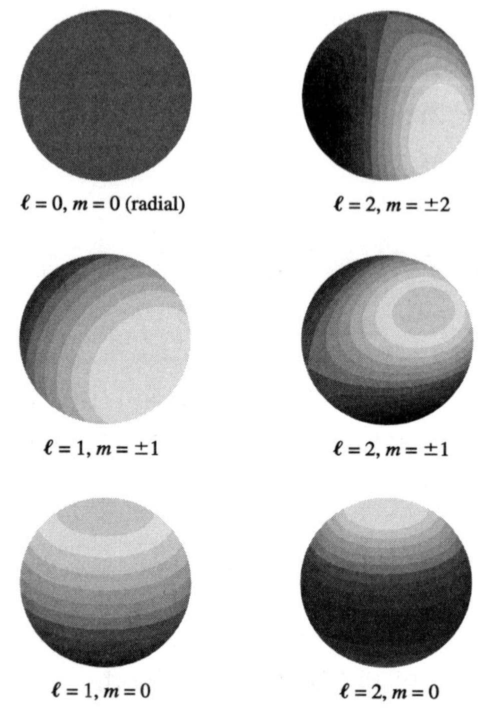

그림 8.16 비방사상 맥동의 양상들. 맥동 모드는 구면조화함수 $Y_\ell^m(\theta, \phi)$의 실수부로 나타난다.

$$Y_2^0(\theta, \phi) = K_2^0(3\cos^2\theta - 1)$$
$$Y_2^{\pm 1}(\theta, \phi) = K_2^{\pm 1}\sin\theta\cos\theta e^{\pm i\phi}$$
$$Y_2^{\pm 2}(\theta, \phi) = K_2^{\pm 2}\cos^2\theta e^{\pm 2i\phi}$$

여기에서 K_ℓ^m은 "규격화" 상수이고, i는 허수단위 $i \equiv \sqrt{-1}$이다. 오일러의 공식 $e^{\pm im\phi} = \cos(m\phi) \pm i\sin(m\phi)$를 기억하라. 그러면, $e^{\pm im\phi}$의 실수부는 그저 $\cos(m\phi)$이다.

m이 0이 아닐 때에 나타나는 진동 모양은 적도와 평행한 방향으로 이동하는 *진행파*를 나타낸다(수직한 축으로 천천히 회전하는 비치볼의 무늬를 상상해 보시오). 파가 별을 한바퀴 도는데 걸리는 시간은 별의 맥동 주기의 $|m|$배이다. 이 때에 별 자체는 전혀 돌지 않을 수도 있다는 사실에 주의하자. 물결파가 호수의 수면 위로 진행할 때에 호수의 물 자체는 이동하지 않듯이, 별에서 기체들을 가로질러 진행하는 것은 물리적 성질을 나타내는 물리량의 오르내림 자체이다.[5)]

5) 비방사상 맥동 항성의 관측은 문제 8.10에서 생각해 볼 수 있다.

p와 f 모드

8.2절에서 방사상 맥동은 별 내부에서 생기는 음파가 이루는 정상파의 속성을 띤다고 언급하였다. 비방사상 맥동의 경우, 음파가 방사상 방향뿐만 아니라 수평 방향으로도 진행하여 별 전체를 돌아다니는 파를 발생하는 것이다. *압력*이 음파에서 복원력으로 작용하기 때문에, 이러한 비방사상 모드를 **p-모드**라고 부른다. p-모드를 온전히 기술하려면, 방사선 방향의 마디와 회전하는 방향의 마디를 모두 규정해 놓아야 한다. 예를 들면, p2 모드는 방사선 방향으로 일어나는 둘째 웃떨림에 대응하는 비방사상 모드라고 생각할 수 있다. $\ell=4$, $m=3$인 p2모드는 방사선 방향으로 별의 중심에서 표면까지 2개의 마디가 있고, 회전 방향으로는 4개의 마디선이 있으며, 이 가운데 3개는 남북극을 지나고 나머지 1개는 적도에 평행하다. 그림 8.17에는 12 $M_\odot$인 주계열 모형 별에 대하여 2 개의 p-모드를 보여준다. 그림 8.10과 이 그림 사이의 유사성에 주의하고, 특히 대부분의 운동이 별 표면 근처에서 나타난다는 사실에 유의하자. 또한, 이 그림에는 f-모드를 나타냈으며, 이 모드는 표면중력파로 생각할 수 있다(반지름에 따라 보이는 급격한 상승에 유의하라). f-모드의 주파수는 p-모드와 g-모드(나중에 공부할 것이다) 사이의 중간 값이다. f-모드에 대응하는 방사상 모드는 존재하지 않는다.

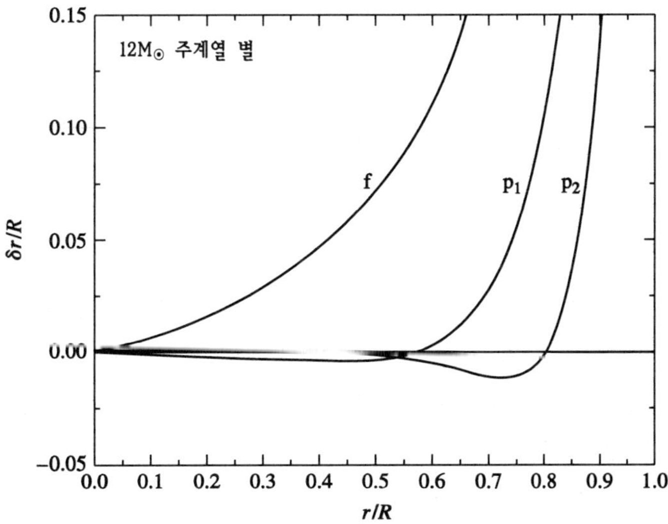

그림 8.17 $\ell=2$인 비방사상 p-모드. 파형의 규모는 임의로 조정하여 별 표면에서 $\delta r/R=1$로 고정하였다. f-모드도 나타냈다.

음파의 주파수

p-모드의 각진동수를 계산하려면 음파가 수평 방향의 파장, 즉 하나의 회전 방향 마디에서 이웃한 마디를 지나가는 시간을 얻어야 한다. 수평파장은 다음과 같이 주어진다.

$$\lambda_h = \frac{2\pi r}{\sqrt{\ell(\ell+1)}} \tag{8.15}$$

이 때에 r은 별의 중심으로부터 방사상 방향의 거리이다. 별 내부의 이 깊이에서 **음파 주파수**는 다음과 같이 정의된다.

$$S_\ell = \frac{2\pi}{\lambda_h \text{를 음파가 지나는 데에 걸리는 시간}}$$

이 식은 다시

$$\begin{aligned} S_\ell &= 2\pi\left[\frac{v_s}{2\pi r/\sqrt{\ell(\ell+1)}}\right] \\ &= \sqrt{\frac{\gamma P}{\rho}}\frac{\sqrt{\ell(\ell+1)}}{r} \end{aligned} \tag{8.6}$$

를 얻는다. 여기에서 v_s는 식 (4.84)에서 나타난 단열 음속이다. 음속은 온도의 제곱근에 비례하므로 [이상기체 법칙 식 (4.11)로부터 $P/\rho \propto T$를 기억하라], 음파 주파수는 별의 내부 깊숙이 들어갈수록 크며, r이 증가할수록 작아진다. p-모드 주파수는 S_ℓ값의 평균값으로 결정된다. 이 평균값에 가장 크게 기여하는 항은 진동이 가장 활발히 일어나는 항성 내부 지역에서 나타난다.

자전이 없으면, 맥동 주기는 방사상 마디 개수와 정수 ℓ의 값에 따라 달라진다. 주기는 m에 무관하며, 그 이유는 자전이 없으면 잘 정의된 극점이나 적도가 존재하지 않기 때문에 m이 물리적 의미를 가질 수 없기 때문이다. 다른 한편으로는 별이 자전하면 자전 자체가 극과 적도를 정의해 주므로, 맥동 진행파가 자전과 같은 방향으로 진행하는가 혹은 반대 방향으로 진행하는가에 서로 다른 m을 갖는 모드의 맥동 주파수가 분리되어 *갈라*진다(m의 부호가 파가 별 주위를 도는 방향을 결정한다). 맥동 주파수가 갈라지는 정도는 별의 자전각주파수 Ω에 따라 다르며, 이

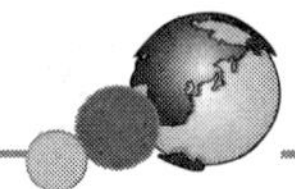

때에 자전에 의하여 발생하는 주파수 편이가 나타나고, 일정한 각속도로 자전하는 단순한 경우에 이 편이는 $m\Omega$ 곱에 비례한다. 후에 논의하겠지만, 이 주파수 분리는 태양의 내부 자전 운동을 파악하는 데에 강력한 도구가 된다.

g-모드

압력이 p-모드 음파에서 팽창과 압축에 대한 복원력을 제공하듯이, *중력*도 **g-모드**라고 부르는 또 다른 비방사상 모드 진동에 복원력으로 작용할 수 있다. g-모드는 *내부중력파(internal gravity wave)*가 만들어 낸다. 이 파동은 별을 이루는 기체를 이리저리 "휘저을" 때에 나타나며, 궁극적으로는 별을 이루는 물질의 *부력*과 연결된다. "휘저음"은 순수한 방사상 운동으로 나타낼 수 없기 때문에, g-모드에 대응하는 방사상 맥동은 존재하지 않는다.

브룬트-바이살라(Brunt-Väisälä) 주파수(Buoyancy Frequency)

g-모드의 진동을 더 깊이 이해하기 위하여, 그림 4.10에 나타낸 바와 같이, 별을 이루는 물질로 만든 작은 거품을 dr 만큼 평형 위치로부터 옮겨 보자.[6] 우리는 이 운동에서 다음과 같은 가정을 세운다.

1. 운동이 충분히 느리게 일어나기 때문에 거품 내부 압력 $P^{(b)}$는 항상 거품 주변의 압력 $P^{(s)}$과 같다.
2. 운동이 충분히 빠르기 때문에 거품의 안팎에서 열 교환이 이루어지지 않는다.

두 번째 가정의 의미는 기체 거품의 팽창과 수축이 *단열 과정*이라는 의미이다. 옮겨진 거품의 밀도가 새로운 주변부의 밀도보다 크면, 거품은 다시 원래 위치로 되가라 앉으려고 할 것이다. 마지막 위치에서 거품에 작용하는 *단위 부피당* 알짜 복원력은(아르키메데스 원리에 의하여) 위로 띄우는 부력과 아래로 작용하는 중력의 차로 주어진다.

$$f_{\text{net}} = \left(\rho_f^{(s)} - \rho_f^{(b)}\right) g$$

이고, 여기에서 $g = GM_r/r^2$은 거품이 있는 위치에서 중력가속도의 크기이다. 밀도를 처음 위치에 대하여 테일러 전개하면,

6) 다음에 공부하는 주제는, 4.4절에서 본 대류 문제를 다른 관점에서 다시 살펴보는 것이다.

$$f_{\text{net}} = \left[\left(\rho_i^{(s)} + \frac{d\rho^{(s)}}{dr}dr\right) - \left(\rho_i^{(b)} + \frac{d\rho^{(b)}}{dr}dr\right)\right]g$$

을 얻는다. 거품과 주변이 처음에 밀도가 같았다면, 이 항들이 상쇄되고 부력은

$$f_{\text{net}} = \left(\frac{d\rho^{(s)}}{dr} - \frac{d\rho^{(b)}}{dr}\right)g\,dr$$

이 된다. 거품의 운동이 단열적이라면, 식 (4.87)를 써서 $d\rho^{(b)}/dr$을 소거하여

$$f_{\text{net}} = \left(\frac{d\rho^{(s)}}{dr} - \frac{\rho_i^{(b)}}{\gamma P_i^{(b)}}\frac{dP^{(b)}}{dr}\right)g\,dr$$

을 얻는다. 이 방정식을 보면, 위첨자 "b"를 모두 위첨자 "s"로 바꿀 수 있을 것이다. 그것은 초기 밀도들이 같고 첫 번 가정에 의하면 거품 내부, 외부의 압력이 *항상* 같아야 하기 때문이다. 그러므로, 이 방정식의 모든 변수들은 거품을 둘러싸고 있는 별을 구성하는 물질에 대한 양이다. 이 점을 이해하고, 첨자들을 모두 없애면 방정식은

$$f_{\text{net}} = \left(\frac{1}{\rho}\frac{d\rho}{dr} - \frac{1}{\gamma P}\frac{dP}{dr}\right)\rho g\,dr$$

이 된다. 편의상 괄호 안에 있는 항을

$$A \equiv \frac{1}{\rho}\frac{d\rho}{dr} - \frac{1}{\gamma P}\frac{dP}{dr} \tag{8.17}$$

과 같이 정의하자. 이 때에 거품이 받는 단위 부피당 알짜힘은 다음과 같다.

$$f_{\text{net}} = \rho A g\,dr \tag{8.18}$$

$A>0$인 경우에, 평형 위치에서 옮겨온 거품에 작용하는 알짜힘은 dr과 같은 부호를 갖게 되어 거품은 평형 위치로부터 계속 멀어지는 운동을 한다. 이것은 *대류*가 일어나는 조건이며, 식 (4.94)과 같이 대류 불안정이 일어나는 필요조건과 같

은 내용을 담고 있다. 그러나, $A<0$이면, 거품에 작용하는 알짜힘이 변위와 반대 부호이므로 거품은 평형점을 향하여 되돌아 오려고 한다. 이 경우, 식 (8.18)은 복원력이 평형으로부터 변위에 비례하는 후크의 법칙과 같은 형태를 띤다. 그러므로, $A<0$이면, 거품은 평형 위치에 대하여 단순 조화 진동을 한다.

단위 부피당 힘 $f_{\rm net}$을 단위 부피당 질량 ρ로 나누면 단위 질량당 힘 즉 가속도 $a=f_{\rm net}/\rho=A\,g\,dr$을 얻는다. 단순조화진동의 경우 가속도가 변위에만 의존하므로[7]

$$a=-N^2\,dr=Ag\,dr$$

을 얻는다. 이 때에 N은 평형위치에 대한 거품의 각진동수로서 **브룬트-바이살라 주파수(Brunt-Väisälä frequency)**라고 부르거나 혹은 부력 주파수(buoyancy frequency)라고 부르며 다음과 같이 주어진다.

$$N=\sqrt{-Ag}=\sqrt{\left(\frac{1}{\gamma P}\frac{dP}{dr}-\frac{1}{\rho}\frac{d\rho}{dr}\right)g} \tag{8.19}$$

부력 주파수는 별의 중심에서($g=0$ 이므로) 0이고, 또한 대류 지역 경계에서 $A=0$이므로 0이 된다. 대류가 일어나지 않는 곳에서는 $A<0$이고, 대류에 대하여 더욱 안정할수록 N의 값은 더 커진다. 대류 지역의 내부에서는 $A>0$이고, 부력 주파수는 정의되지 않는다.

항성 내부 구조의 탐침 역할을 하는 g와 p 모드

서로 이웃하는 지역에서 "휘저음" 효과에 의하여 별에서는 내부 중력파가 생기고, 비방사상 맥동 항성의 g-모드 맥동을 일으킨다. g-모드의 주파수는 별 전체에서 평균한 N 값이 결정한다. 그림 8.17에서 사용한 모형별에 대하여, 그림 8.18은 비방사상 g-mode 몇 개를 보여 준다. 두 그림을 비교하면 p-모드와 g-모드사이에는 상당한 차이가 있음을 알 수 있으며, 해와 다른 별의 내부를 연구하는 데에 매우 유용하게 쓰인다. 가장 중요한 점은 두 그림에서 수직축의 스케일이다.

---

7) 예를 들면, 용수철에 대하여 $F=ma=-kx$ 기억하라. 가속도는 $a=-\omega^2x$이고, $\omega=\sqrt{k/m}$는 용수철 운동의 각진동수이다.

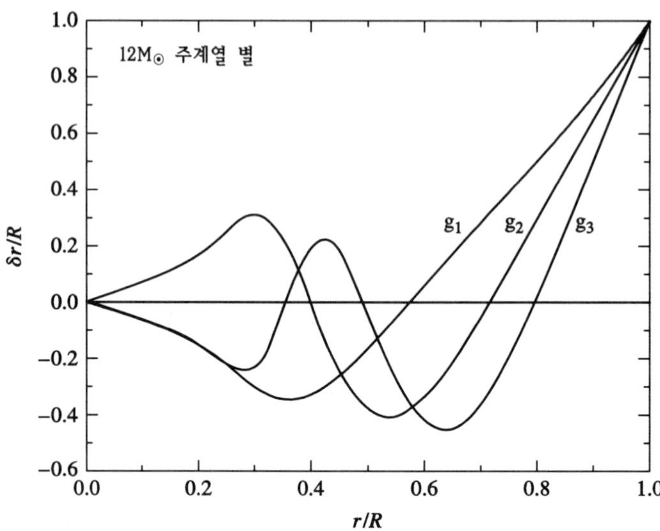

그림 8.18 $\ell=2$인 비방사상 g-모드. 파형은 별 표면에서 $\delta r/R=1$이 되도록 임의로 규격을 정하였다.

g-모드에서는 별의 물질이 별 내부 깊숙이 움직이며, p-모드 운동은 표면 근처에서 대부분 일어난다. 그러므로, g-모드는 별의 심장부를 들여다 볼 수 있는 청진기 역할을 하고, p-모드는 표면의 상태를 검진하는 데에 쓰일 수 있다.

8.5 태양진학과 항성진학

비방사상 맥동에 쓰이는 개념들은 **태양진학(helioseismology)**에서도 그대로 제 역할을 수행하며, 태양의 진동은 1962년에 미국의 천문학자인 로버트 레이튼(Robert Leighton, 1919–1997), 로버트 노이스(Robert Noyes), 조지 사이먼(George Simon)이 처음으로 관측하였다. 전형적인 태양의 진동 모드는 진폭이 매우 작으며, 표면 속도는 0.10 m s^{-1} 혹은 이 이하이며,[8] 광도 변화 $\delta L/L_\odot$은 고작 10^{-6}에 불과하다. 해의 표면과 내부를 가로지르는 약 천만개의 모드들이 결을 맞추지 않은 상태로 중첩하여 우리의 별은 종처럼 "딸랑"거린다.

8) 이와 같이 믿기 힘들 정도의 정밀한 속도 측정은 회전하는 태양 표면을 따라가면서 좁은 틈을 통과하는 Fe I(557.6099 nm)와 같은 분광 흡수선의 도플러 편이를 주의 깊게 관측하여 얻는다.

5분 태양 진동

해에서 관측된 진동은 주기가 3분에서 8분 범위에 있으며, 아주 짧은 수평 파장 (ℓ이 0에서 1000 또는 그 이상의 값을 갖는다)을 갖는 모드를 갖는다. 이 모드는 *5분 진동*이라고 부르며 p-모드로 알려져 있다. 5분 p-모드는 태양의 대류 지역 안쪽 광구 아래에 집중되어 있다. 그림 8.19에서 대표적인 p-모드를 볼 수 있다.

g-모드는 태양 내부 깊이, 대류지역 아래에 위치한다. 이러한 p-모드 진동을 연구함으로써, 천문학자들은 이 지역들에서 태양의 구조를 새롭게 통찰해 볼 수 있다.[9] 그림 8.20에서는 태양의 p-모드에 담긴 상대적인 세기를 볼 수 있다. 이 정보는 그림 8.21에 보인 바와 같은 방법으로도 나타낼 수 있으며, 가로축에는 ℓ을 세로축에는 맥동주파수를 표시한다. 동그라미는 관측된 주파수를 나타내며 각각의 이어진 이랑은 서로 다른 p-모드(예를 들면 p_1, p_2, p_3 따위)에 해당한다. 그 위에 덧댄 선들은 모형 태양에서 계산한 *이론적*인 주파수들이다. 관측된 5분 모드들 전부 이와 같은 방법으로 찾았다. 이론값과 인상적일 만큼 일치하지만 완벽히 정확하지는 않다. 태양 모형을 주의 깊게 미세 조정하여 이론값과 관측된 p-모드의 주파수가 가장 잘 일치하게 한다. 이러한 과정은 태양의 대류 지역의 깊이와 태양 외피의 회전과 구성 성분에 대한 많은 정보를 보여 준다.

그림 8.19 $\ell=20$, $m=16$인 5분 p_{15}모드. 태양의 대류 지역은 점을 찍어 나타낸 곳으로 이 곳에서 p-모드가 발견된다. (영상 제공 : National Optical Astronomy Observatories)

9) 일련의 160분 "g-모드"들도 관측된다고 믿었던 적이 있었다. 그러나, SOHO 우주망원경에 실린 기기인 GOLF를 써서 690일 동안 계속된 관측에서, 논란이 되었던 이 모드에 대한 증거를 검출하지 못하였다. 160분 모드를 알려준 지상 관측은 지구의 대기와 관련된 진동 효과인 듯하다. 160분은 태양일의 길이인 24시간의 정확히 9분의 1과 같다는 점을 유의하자.

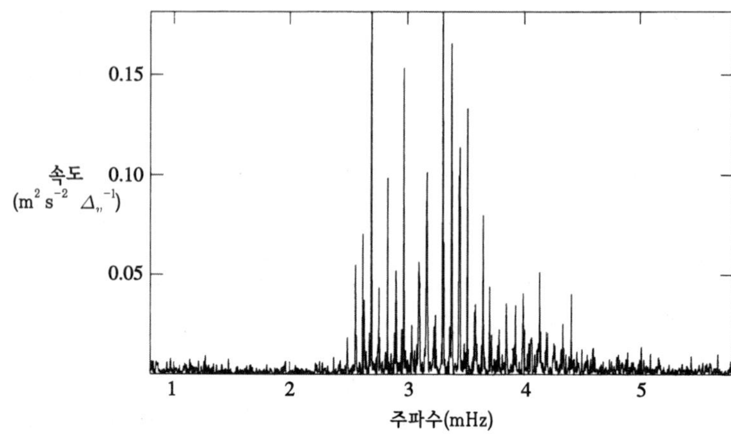

▌그림 8.20 태양 p-모드의 상대적인 세기. 5분의 주기는 3.33 mHz의 주파수에 해당한다. (그림 출처 : Grec, Fossat, and Pomerantz, *Nature,* 288, 541, 1980)

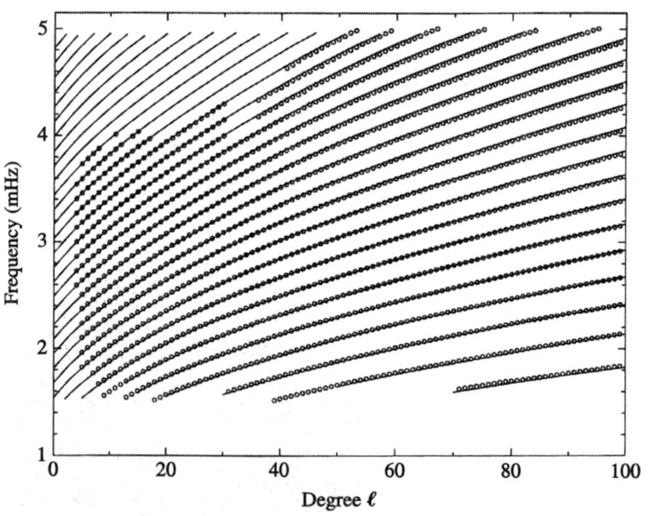

▌그림 8.21 태양 p-모드 : 관측(동그라미)과 이론(선). (그림 출처 : Libbrecht, Space Sci. Rev., 47, 275, 1988)

차등 회전과 태양 대류 지역

5장에서 언급한 바와 같이, 태양진학의 연구 결과와 상세한 항성 진화 계산을 결합하면, 태양 대류 지역의 바닥은 온도가 약 2.18×10^6 K인 0.714 $R_\odot$인 곳에 있는 것으로 추정되고 있다. p-모드에서 자전에 의한 주파수 분리를 살펴 보면, 태양 표면에서 보이는 차등 회전이 대류 지역을 약간 내려가면서 줄어든다(그림 5.16을

보라). 더 짧은(즉, 더 큰 ℓ을 갖는) 수평 파장을 갖는 p-모드들은 대류 지역에서 더 얕게 침투하기 때문에, ℓ에 따라 나타나는 회전 주파수 분리의 차이를 살피면, 이로부터 깊이에 따라 자전이 어떻게 달라지는지 알 수 있다. 회전 주파수 분리가 m에 따라 달라진다는 점을 이용하여 태양 적도로부터 거리에 따른 자전 변화를 측정할 수 있다. 대류 지역 아래로는, 적도 지역과 극지역의 자전 속도가 $r/R_\odot \approx 0.65$에서는 한 값으로 수렴한다. 깊이에 따라 자전 속도가 변해야 태양의 향극(poloidal) 자기장을 환형(toroidal) 자기장으로 전환할 수 있기 때문에(5.3절에서 논의한 바와 같이), 이러한 결과로부터 태양의 자기 다이나모가 대류 지역과 복사 지역이 맞닿은 곳의 타코클라인에 놓여 있음을 보여준다.

화학 조성의 측정

그림 8.21에 보인 p-모드 이랑에서 관측과 이론 값을 비교하여 태양 외피에 헬륨의 함량을 추정할 수 있다. 이러한 연구의 결과에서 태양 표면에서 헬륨의 질량 함량비는 $Y = 0.2437$임을 알 수 있다.

내부 깊은 곳의 진단

태양 내부를 진단하기 위하여 태양의 g-모드를 사용하려는 천문학자드의 시도에는 늘 어려움이 따른다. g-모드는 대류 지역 아래에 거주하므로, g-모드의 진폭은 태양 표면에서는 상당히 감소한다. 현재까지, g-모드를 확실하게 찾아내지는 못하였다. 그럼에도 불구하고, 이러한 진동을 사용하여 태양의 핵심부에 대하여 많은 정보를 얻을 수 있다는 잠재적인 가능성 때문에, 천문학자들은 뛰어난 관측 장비를 이용하여 g-모드를 관측하려고 노력을 경주하고 있다.

태양 진동의 구동

태양 진동을 구동하는 물리적 과정은 현재 완전히 알려져 있지는 않다. 주계열에 있는 태양은 통상적인 맥동성이 아니다. 태양은 아직도 H-R도에서는 불안정띠의 붉은색 경계로부터 한참 떨어져 있어서(그림 8.8을 보라) 이온화 지역이 최대로 압축될 때에 열을 흡수하려는 경향을 난류를 띠는 대류가 막는다. 에딩턴의 밸브 과정도 태양 진동을 구동하지는 못한다. 그러나, 대류 지역 꼭대기 근처에서 일어나는 대류의 시간 규모는 수분 정도이고, p-모드가 갇혀 있는 대류 지역에서, 대류지역의 난류 에너지를 끌어들여서 p-mode가 구동되는 듯하다.

δ Scuti 별과 빠르게 진동하는 Ap 별들

태양진학의 연구 기법은 다른 항성들에 적용할 수도 있다. **항성진학**은 별의 맥동 모드를 연구하는 학문이며, 항성의 내부 구조, 화학 조성, 회전, 자기장 따위를 연구한다.

δ Scuti 별들은 종족 I의 주계열 별과 거성이며, 분광형이 A에서 F 사이에 놓인다. 이들 항성들은 낮은 차수의 p-모드(그리고 아마도 g-모드)들 뿐만 아니라, 낮은 차수의 웃떨림 방사상 모드로 맥동하는 경향을 갖는다. δ Scuti 별의 진폭은 상당히 작아 수 mmag에서 0.8 mag의 범위를 갖는다. 종족 II의 준거성들도 방사상과 비방사상 진동을 보이기도 하며, 이들 별들은 SX Phoenicis 별이라고 부른다.

또 다른 흥미 있는 부류의 맥동성은 **빠르게 진동하는 Ap 별(rapidly oscillating Ap stars, roAp)**이며, H-R도에서 δ Scuti 별들과 같은 곳에서 나타난다. 이들 항성들은 특이한 표면 화학 조성을 갖고(그러므로 "p"로 표시한다), 회전하며, 강한 자기장을 갖고 있다. 특이한 화학 조성은, 태양 표면 근처에서 일어난 원소의 확산과 같이, 무거운 원소들이 가라앉았기 때문인 듯하다. 주어진 별의 흑체 복사 스펙트럼의 꼭대기 근처에 많은 수의 흡수선을 갖는 일부 원소들은, 이 별의 대기에서 상승하기도 한다. 이러한 원자들은 광자를 흡수하여, 순수하게 위로 향하는 운동량을 선택적으로 획득한다. 대기가 난류 운동에 대하여 충분히 안정적이면, 이러한 원자들은 위로 계속 옮아가려는 경향을 유지할 것이다.

roAp별들은 0.016 mag이하의 매우 작은 맥동 진폭을 갖는다. 이들은 높은 차수의 p-모드로 주로 맥동하는 것 같고, 맥동의 축은 자기장의 축과 정렬되어 있는 듯하며, 자기장 축은 회전축에 대하여 약간 기울어져 있다(기운 회전자 모형). roAp 별들은 태양을 빼고는 가장 많이 연구된 주계열 별 가운데 하나이지만, 맥동을 구동하는 물리적 과정은 여전히 알려져 있지 않다.

제8장 참고 문헌

일반 도서

The American Association of Variable Star Observers, `http://www.aavso.org/`.

Giovanelli, Ronald, *Secrets of the Sun*, Cambridge University Press, Cambridge, 1984.

Kaler, James B., *Stars and Their Spectra*, Cambridge University Press, Cambridge, 1997.

Leibacher, John W., et al., "Helioseismology," *Scientific American*, September 1985.

Zirker, Jack B., *Sunquakes: Probing the Interior of the Sun*, Johns Hopkins University Press, Baltimore, 2003.

고급 도서

Aller, Lawrence H., *Atoms, Stars, and Nebulae*, Third Edition, Cambridge University Press, Cambridge, 1991.

Brown, Timothy M., et al., "Inferring the Sun's Internal Angular Velocity from Observed p-Mode Frequency Splittings," *The Astrophysical Journal*, *343*, 526, 1989.

Clayton, Donald D., *Principles of Stellar Evolution and Nucleosynthesis*, University of Chicago Press, Chicago, 1983.

Cox, John P., *The Theory of Stellar Pulsation*, Princeton University Press, Princeton, NJ, 1980.

Freedman, Wendy L., et al., "Distance to the Virgo Cluster Galaxy M100 from Hubble Space Telescope Observations of Cepheids," *Nature*, *371*, 757, 1994.

General Catalogue of Variable Stars, Sternberg Astronomical Institute, Moscow, Russia, `http://www.sai.msu.su/groups/cluster/gcvs/gcvs/`.

Hansen, Carl J., Kawaler, Steven D., and Trimble, Virginia *Stellar Interiors: Physical Principles, Structure, and Evolution*, Second Edition, Springer-Verlag, New York, 2004.

Perrson, S. E., et al., "New Cepheid Period–Luminosity Relations for the Large Magellanic Cloud: 92 Near-Infrared Light Curves," *The Astronomical Journal*, *128*, 2239, 2004.

Svestka, Zdenek, and Harvey, John W. (eds.), *Helioseismic Diagnostics of Solar Convection and Activity*, Kluwer Academic Publishers, Dordrecht, 2000.

제 8 장 연습 문제

8.1 Use the light curve for Mira, Fig. 14.1, to estimate the ratio of Mira's luminosity at visible wavelengths, when it is brightest to when it is dimmest. For what fraction of its pulsation cycle is Mira visible to the naked eye?

8.2 If the intrinsic uncertainty in the period–luminosity relation shown in Fig. 14.5 is $\Delta M \approx 0.5$ magnitude, find the resulting fractional uncertainty in the calculated distance to a classical Cepheid.

8.3 Several remote classical Cepheids were discovered in 1994 by the Hubble Space Telescope in the galaxy denoted M100. (M100 is a member of the Virgo cluster, a rich cluster of galaxies.) Figure 14.22 shows the period–luminosity relation for these Cepheids. Use the two Cepheids nearest the figure's best-fit line to estimate the distance to M100. The mean visual extinction is $A_V = 0.15 \pm 0.17$ magnitudes for the M100 Cepheids. Compare your result to the distance of 17.1 ± 1.8 Mpc obtained by Wendy Freedman and her colleagues. You are referred to Freedman et al. (1994) for more information on the discovery and importance of these remote pulsating stars.

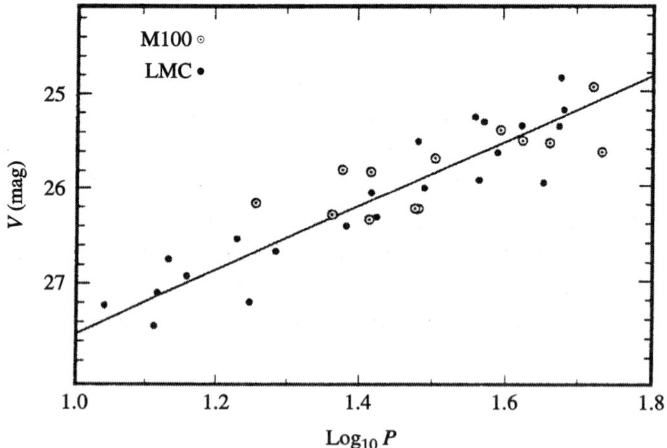

FIGURE 14.22 A composite period–luminosity relation for Problem 14.3. The white circles denote Cepheids in M100, and the black circles show nearby Cepheids found in the Large Magellanic Cloud (a small galaxy that neighbors our Milky Way Galaxy). The average visual magnitudes of the LMC Cepheids have been increased by the same amount to match those of the M100 variables. The required increase in V for a best fit is then used to find the relative distances to the LMC and M100. (Adapted from Freedman et al., *Nature, 371*, 757, 1994.)

8.4 Make a graph similar to Fig. 14.5 showing the period–luminosity relation for both the classical Cepheids and W Virginis stars.

8.5 Assuming (incorrectly) that the oscillations of δ Cephei are sinusoidal, calculate the greatest excursion of its surface from its equilibrium position.

8.6 Use Eq. (14.6) to estimate the pulsation period that the Sun would have if it were to oscillate radially.

8.7 Derive Eq. (14.11) by linearizing the adiabatic relation

$$PV^{\gamma} = \text{constant}$$

8.8 **(a)** Linearize the Stefan–Boltzmann equation in the form of Eq. (3.17) to show that

$$\frac{\delta L}{L_0} = 2\frac{\delta R}{R_0} + 4\frac{\delta T}{T_0}$$

(b) Linearize the adiabatic relation $TV^{\gamma-1} = \text{constant}$, and so find a relation between $\delta L/L_0$ and $\delta R/R_0$ for a spherical blackbody model star composed of an ideal monatomic gas.

8.9 Consider a general potential energy function, $U(r)$, for a force $\mathbf{F} = -(dU/dr)\hat{\mathbf{r}}$ on a particle of mass m. Assume that the origin ($r = 0$) is a point of stable equilibrium. By expanding $U(r)$ in a Taylor series about the origin, show that if a particle is displaced slightly from the origin and then released, it will undergo simple harmonic motion about the origin. This explains why the linearization procedure of Section 14.3 is guaranteed to result in sinusoidal oscillations.

8.10 Figure 14.23 shows a view of a hypothetical nonradially pulsating ($\ell = 2$, $m = -2$), rotating star from above the star's north pole. From the vantage point of Earth, astronomers view the star along its equatorial plane. Assuming that a spectral absorption line appears as in Fig. 9.18 when the bottom of Fig. 14.23 is facing Earth, sketch the changes in the appearance of the line profile due to Doppler shifts caused by the total surface velocity as the star rotates. (Don't worry about the timing; just sketch the spectral line as seen from the eight different points of view shown that are directly over the star's equator.) Assume that the equivalent width of the line does not change. You may wish to compare your line profiles with those actually observed for a nonradially pulsating star such as the β Cephei star 12 Lacertae; see Smith, *Ap. J., 240*, 149, 1980. For convenience, the magnitudes of the rotation and pulsation velocities are assumed to be equal.

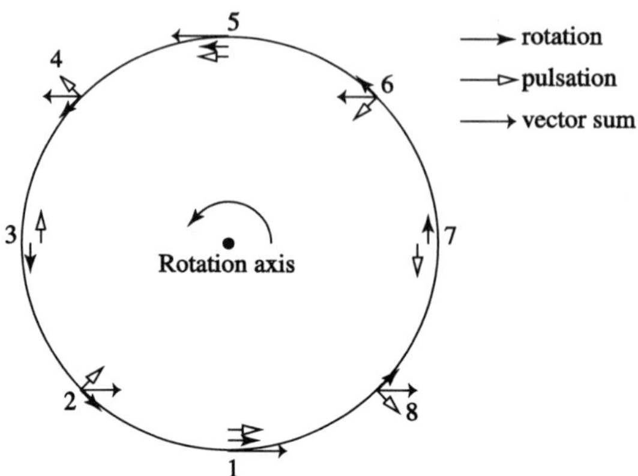

FIGURE 14.23 Surface velocities for a rotating, pulsating star ($\ell = 2$, $m = -2$) for Problem 14.10. The arrows indicate the surface velocities due to rotation alone, pulsation alone, and their vector sum.

8.11 Show that Eq. (10.94), the condition for convection to occur, is the same as the requirement that $A > 0$, where A is given by Eq. (14.17). Assume that the mean molecular weight, μ, does not vary.

8.12 In a convection zone, the timescale for convection (see Section 10.4) is related to the value of A (Eq. 14.17) by

$$t_c \simeq 2\sqrt{2/Ag}$$

Table 14.2 shows the values of the pressure and density at two points near the top of the Sun's convection zone as described by a solar model. Use these values and $\gamma = 5/3$ to obtain an estimate of the timescale for convection near the top of the Sun's convection zone. How does your answer compare with the range of periods observed for the Sun's p-modes?

TABLE 14.2 Data from a Solar Model for Problem 14.12. (Data from Joyce Guzik, private communication.)

r (m)	P (N m^{-2})	ρ (kg m^{-3})
6.959318×10^8	9286.0	2.2291×10^{-4}
6.959366×10^8	8995.7	2.1925×10^{-4}

COMPUTER PROBLEMS

8.13 In this problem you will carry out a nonlinear calculation of the radial pulsation of the one-zone model described in Example 14.3.1. The equations that describe the oscillation of this model star are Newton's second law for the forces on the shell,

$$m\frac{dv}{dt} = -\frac{GMm}{R^2} + 4\pi R^2 P \tag{14.20}$$

and the definition of the velocity, v, of the mass shell,

$$v = \frac{dR}{dt} \tag{14.21}$$

As in Example 14.3.1, we assume that the expansion and contraction of the gas are adiabatic:

$$P_i V_i^\gamma = P_f V_f^\gamma \tag{14.22}$$

where the "initial" and "final" subscripts refer to any two instants during the pulsation cycle.

(a) Explain in words the meaning of each term in Eq. (14.20).

(b) Use Eq. (14.22) to show that

$$P_i R_i^{3\gamma} = P_f R_f^{3\gamma} \tag{14.23}$$

(c) You will not be taking derivatives. Instead, you will take the difference between the initial and final values of the radius R and radial velocity v of the shell divided by the time interval Δt separating the initial and final values. That is, you will use $(v_f - v_i)/\Delta t$ instead of dv/dt, and $(R_f - R_i)/\Delta t$ instead of dR/dt in Eqs. (14.20) and (14.21). A careful analysis shows that you should use $R = R_i$ and $P = P_i$ on the right-hand side of Eq. (14.20), and use $v = v_f$ on the left-hand side of Eq. (14.21). Make these substitutions in Eqs. (14.20) and (14.21), and show that you can write

$$v_f = v_i + \left(\frac{4\pi R_i^2 P_i}{m} - \frac{GM}{R_i^2}\right)\Delta t \tag{14.24}$$

and

$$R_f = R_i + v_f \Delta t \tag{14.25}$$

(d) Now you are ready to calculate the oscillation of the model star. The mass of a typical classical Cepheid is $M = 1 \times 10^{31}$ kg (5 $M_\odot$), and the mass of the surface layers may be arbitrarily assigned $m = 1 \times 10^{26}$ kg. For starting values at time $t = 0$, take

$$R_i = 1.7 \times 10^{10}\ \text{m}$$

$$v_i = 0\ \text{m s}^{-1}$$

$$P_i = 5.6 \times 10^4\ \text{N m}^{-2}$$

and use a time interval of $\Delta t = 10^4$ s. Take the ratio of specific heats to be $\gamma = 5/3$ for an ideal monatomic gas. Use Eq. (14.24) to calculate the final velocity v_f at the end of one time interval (at time $t = 1 \times 10^4$ s); then use Eq. (14.25) to calculate the final radius R_f and Eq. (14.23) to calculate the final pressure P_f. Now take these final values to be your new initial values, and find new values for R, v, and P after two time intervals (at time $t = 2 \times 10^4$ s). Continue to find R, v, and P for 150 time intervals, until $t = 1.5 \times 10^6$ s. Make three graphs of your results: R vs. t, v vs. t, and P vs. t. Plot the time on the horizontal axis.

(e) From your graphs, measure the period Π of the oscillation (both in seconds and in days) and the equilibrium radius, R_0, of the model star. Compare this value of the period with that obtained from Eq. (14.14). Also compare your results with the period and radial velocity observed for δ Cephei.

9장 무거운 별의 운명

9.1 무거운 별의 후주계열 진화

천문학자들은 매력적인 남반구 별 η Carinae($\alpha = 10^{h}45^{m}03.59^{s}$, $\delta = 59°41'04.26''$)를 적어도 1600년 이래로 계속 관측해 왔다. 1600년과 1830년 근처 사이에 관측자들은 이 별을 2등성으로 보고하였고, 가끔씩은 4등성으로 보고하기도 하였다. 그리고, 1820년 혹은 1830년에 이 별은 더욱 활동성을 띠기 시작하였다. 그러나, 1837년에 η Car는 갑자기 밝아져서 약 20년 동안 0등급과 1등급을 오갔다. 한 때 이 별의 등급이 거의 −1에 다다라, 태양계 밖에 있는 천체로서는 두 번째 밝은 별(첫번째로 밝은 별은 시리우스이다)이 되었다. 이 시기에 존 허셸(John Herschel, 1792–1871)은 η Carinae를 "발작을 일으킨 변광성"이라고 기술하였다.

1837년에 나타난 η Car의 놀라운 밝기는 이 별이 지구로부터 2300 pc 정도 떨어져 있다는 엄청난 거리 때문에 더 없이 경이적일 따름이다(여기에 비하여 시리우스는 지구로부터 거리가 고작 2.64 pc이다). 1856년 이후에, 이 신비로운 별은 다시 어두워지기 시작하였고, 1870년에는 8등급으로 어두워졌다. 1887년과 1895년 사이에 약간 밝아진 현상을 제외하면, η Car는 1837년과 1856년 사이에 있었던

"대분출" 이후로 비교적 얌전히 지내왔다. 지난 한 세기 반 동안, η Car는 약간 밝아졌다가 현재 V등급에서 약 6등급에 머물고 있다.

우리 은하수 은하에서 비슷한 행동을 보인 또 다른 별이 있다. P Cygni는 1600년 이전까지는 지나치게 어두워 육안으로는 보이지 않았던 것 같다. 그러나, 갑자기 하늘에서 나타나 3등급에 이르렀다. 초기의 이러한 분출 이후에 P Cyg는 어두워져 보이지 않다가 1655년에 다시 나타났고 1600년일 때의 밝기에 거의 가까워졌다. 지난 여러 세기 동안 약간 밝아진 것을 제외하면, P Cyg는 1700년 이후로 거의 일정하게 5등급을 유지했다[P Cyg 선윤곽이라고 부르는 분광선의 선윤곽은(그림 6.17을 보라) 이따금씩 분출을 보인 이 별에서 큰 질량 손실을 가리키고 있음을 기억하라].

밝은 청색 변광성(Luminous Blue Variables)

η Carinae와 P Cyg와 비슷한 행동을 보인 소수의 다른 별들도 알려져 있으며, 일부는 우리 은하에 있고, 일부는 더 멀리 있다. S Doradus는 우리 은하에 딸려 있는 은하인 대마젤란성운(LMC)에 있으며, 외부 은하에 있는 천체 가운데 아마도 가장 잘 알려진 별일 것이다. 인근 은하에서도 에드윈 허블(Edwin Hubble)과 앨런 샌디지(Alan Sandage)가 비슷한 별들을 발견하였다. 이 부류의 별들은 **S Doradus 변광성, 허블–샌디지 변광성, 밝은 청색 변광성**(luminous blue variable, LBV)과 같은 몇 가지 이름으로 부르고 있다. 이 교재에서는 이들 항성들을 LBV로 부르겠다.

LBV의 극단적인 예가 되겠지만, 분명히 η Car는 이 부류의 항성들 가운데 가장 연구가 많이 된 대표 천체이다. η Car의 허블우주망원경 영상이 그림 9.1에 나타나 있다. "꼬마(homunculus)"라고 부르는 쌍극 구조가 깔끔하게 보이고, 또한 적도 방향으로 원반이 뚜렷하다. 도플러 측정으로부터, 로브들은 외곽 방향으로 약 650 km s^{-1}로 팽창하고 있으며, 특정 시선 방향에 따라서는 다른 값의 속도들도 몇 개 측정된다. 팽창하는 로브는 대부분 비워져 있지만, 껍질에 있는 물질들은 H_2, CH, OH와 같은 분자들을 포함한다. 그러나, "꼬마" 성운에는 C와 O가 상당히 크게 고갈된 듯한 반면에 He과 N은 더 풍부한 것 같다. 이 사실은 분출된 물질들이 CNO 핵반응 순환 과정을 겪었음을 시사한다(식 (4.48)–(4.57)을 보라). η Car의 질량 손실률은 대략 10^{-3} $M_\odot$ yr^{-1}이지만, '대분출' 이후 20년 동안 태양 질량의 3배 가량의 물질을 쏟아낸 듯하다.

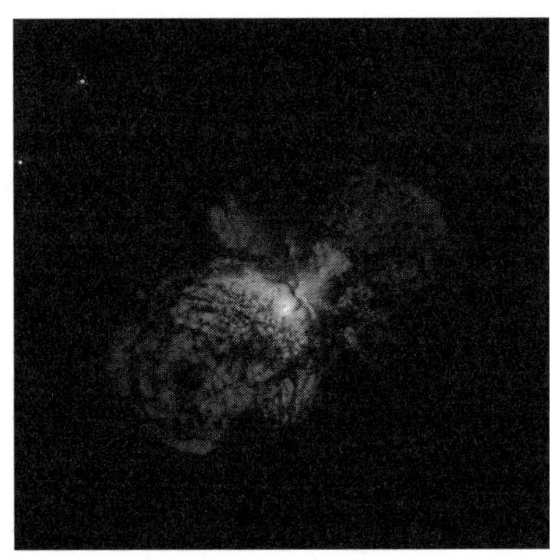

▌그림 9.1 η Carinae는 밝은 청색 변광성이며, 질량이 약 120 $M_\odot$으로 추정되고 급격하게 질량을 잃고 있다. 로브의 지름은 각각 약 0.1 pc이다. [영상 제공 : Jon Morse (University of Colorado) and NASA]

대분출 동안, η Car의 광도는 약 $2\times10^7\ L_\odot$이며, 현재 조용한 상태에서 광도는 거의 $5\times10^6\ L_\odot$이다. 중심 별의 유효 온도는 대략 30,000 K로 어림할 수 있다. 이 교재를 집필할 당시에 η Car의 겉보기 밝기는 $m_V \sim 6$이지만, 유효 온도가 높기 때문에 광도의 대부분은 자외선 파장대에서 방출된다. UV 복사의 많은 부분이 200에서 1000 K의 온도 범위를 갖는 먼지에 의하여 산란, 흡수된 후에 전자기파의 적외선 영역에서 재방출된다. V 등급만으로는 오늘날 이 별의 전체 광도를 과소평가하기 쉽다.

전체적으로, LBV는 15,000 K에서 30,000 K 사이의 높은 유효 온도와 $10^6\ L_\odot$을 초과하는 광도를 갖는다. 이러한 물리량 때문에, LBV는 H-R도의 상단부 왼쪽에 자리한다. 이들의 대기와 분출물의 화학 조성을 조사하면, LBV들은 분명히 진화한 후주계열 천체이다. 또한, LBV들은 H-R도의 불안정띠에 떼지어 있는 듯하다. 따라서, 이들이 보이는 양상들은 일시적이며, 주계열을 떠나자마자 곧 시작되어 약간의 시간이 지나면 멈출 것이라고 생각할 수 있다.

변광과 극적인 질량 손실을 비롯한 LBV의 행동을 설명하기 위하여, 다양한 물리적 과정들이 제안되었다. 4.6절에서 공부하였듯이, 주계열의 위 끝은 에딩턴 광도 한계에 매우 가까워, 별 표면층에 대하여 작용하는 복사압에 의한 힘이 중력과 같거나 혹은 더 클 수 있다. 식 (4.114)에 유도한 에딩턴 광도 한계는 표면 층의 로스랜드 평균 불투명도의 함수로 나타난다.

$$L_{\mathrm{Ed}} = \frac{4\pi Gc}{\bar{\kappa}}M$$

"고전적인" 에딩턴 한계는 불투명도가 전적으로 자유 전자에 의한 산란에 기인한다고 가정하며, 이 불투명도는 완전히 이온화된 기체에 대하여 상수로 주어진다. 험프리스(Roberta M. Humphreys)와 데이비슨(Kris Davidson)은 "수정된" 에딩턴 한계를 제안하였으며, 이 제안에 따르면, 별이 H–R 도에서 오른쪽으로 진화하면서, 철 분광선을 고려한 온도에 의존하는 불투명도 성분을 넣어 불투명도 항을 수정해야 한다. 온도가 낮아지면서, 불투명도가 증가하여, 에딩턴 광도가 별의 실제 광도보다 작아져, 복사압이 중력을 이기고 외피에서 질량 손실이 일어난다.

두 번째 제안은 세페이드, RR Lyrae, 혹은 장주기 변광성들과 아주 흡사하게 대기의 맥동 불안정성이 일어날 가능성이다. 일부 예비적인 비선형 계산에 따르면, 큰 진폭의 진동이 LBV 천체에서 발생하여, 맥동 순환 동안 외곽으로 운동하는 물질 껍데기가 별 표면으로부터 이탈할 때에 질량 손실이 가속되는 듯하다. 더구나, 이러한 맥동은 이와 같이 약하게 묶인 대기에서는 매우 불규칙적으로 일어날 가능성이 크다. 불행하게도, 이러한 모형은 시간에 의존하는 대류를 취급하는 방법에 따라 결과가 많이 다르며, 항성 맥동의 관점에서 시간에 의존하는 대류는 알려지지 않은 부분이 많다.

또한 흥미로운 사실은 적어도 몇 개의 LBV들에서 높은 회전 속도가 보인다. 빠른 회전이 일어나면, 원심력 효과에 의하여 적도 근처에서 "유효" 중력이 줄어들며, 적도 지역 대기를 이루는 기체들이 표면으로부터 더 쉽게 달아난다. η Car의 적도면에 놓인 원반은 1887년과 1895년 사이의 소규모 분출 동안에 이러한 효과에 의하여 형성되었을 수 있다.

LBV가 쌍성계를 이루어, 이러한 항성들의 행동에 영향을 줄 것이라는 제안도 있다. 흥미롭게도 η Car는 5.54 년의 주기성이 이 별의 일부 분광선의 등가폭에 나타나며, 동반성을 갖고 있음을 암시하지만, 동반성의 존재가 관측된 효과들에 끼치는 영향은 알려져 있지 않다.

앞에서 논의한 물리적 과정들 가운데 하나 이상이 LBV의 행동에 영향을 주는 것으로 밝혀질 수도 있고, 혹은 주된 물리적 과정이 여전히 밝혀지지 않은 새로운 기작일 수도 있다.

볼프-라예 별(Wolf-Rayet Stars)

LBV 별과 밀접하게 관련된 별들이 **볼프-라예 별**(Wolf-Rayet stars, WR)이다. 최초의 WR은 1867년에 파리 천문대에서 근무하던 당시에 C.J.E. Wolf와 G. Rayet가 발견하였다. 백조 자리의 별들의 가시광 분광 탐사 관측을 수행하면서, 이들은 서로 1도 이내의 각거리에 놓이면서, 항성들이 통상적으로 보이는 흡수선이 아닌 매우 넓은 폭의 방출선을 보이는 특이한 항성들 3개를 관측하였다. 오늘날, 220개 이상의 WR별들이 우리 은하수 은하에서 확인되었으며, 우리 은하에 존재하는 WR 별들의 전체 개수는 표본 통계에 기초하여 1000개에서 2000개 사이에 놓일 것이라고 추정된다(그림 9.2를 보라).

강한 방출선과 함께, WR 별들은 매우 뜨거워 유효 온도가 25,000 K에서 100,000 K에 이른다. WR 별들은 질량 손실률이 $10^{-5}\,M_\odot\,yr^{-1}$을 넘고, 항성풍의 속도는 $800\,km\,s^{-1}$에서 $3000\,km\,s^{-1}$을 초과하는 범위에 놓여 있다. 그리고, 모든 WR 별들은 아닐지라도, 다수의 WR 별들은 빠르게 회전하며 적도에서 회전 속도가 대체적으로 $300\,km\,s^{-1}$에 이른다는 강한 증거가 있다.

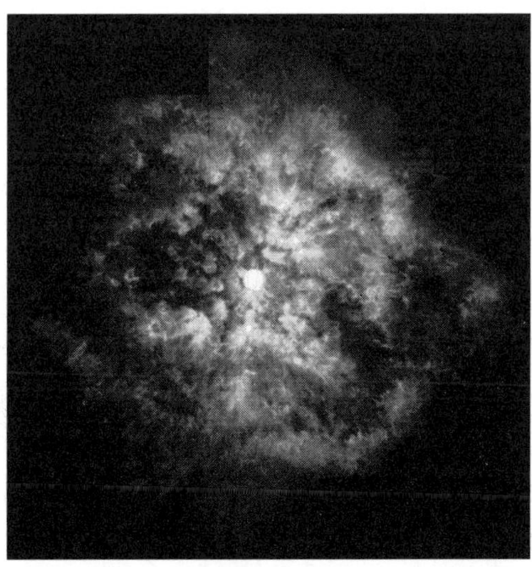

▮ 그림 9.2 볼프-라예 별 WR 124 주변에 있는 성운 M 1-67. 이 별의 표면 온도는 약 50,000 K이다. 성운에서 덩어리들이 뚜렷이 보이며, 각 덩어리들의 질량은 약 30 $M_\oplus$이다. WR 124는 궁수 자리에 있으며 거리는 4600 pc이다. [영상 제공 : Yves Grosdidier (University of Montreal and Observatoire de Strasbourg), Anthony Moffat (Universit de Montr al), Gilles Joncas(Universite Laval), Agnes Acker(Observatoire de Strasbourg), and NASA.]

LBV들은 모두 질량이 85 $M_\odot$보다 더 큰 별들이지만, WR 별들의 전단계 항성의 질량은 20 $M_\odot$ 정도로 가볍다. WR 별들은 LBV의 특징인 극적인 변광을 보이지는 않는다.

볼프-라예 별들이 다른 항성들과 뚜렷하게 구별되는 점은 이 항성들의 특이한 스펙트럼이다. 넓은 방출선이 스펙트럼을 압도할 뿐만 아니라, 화학 조성에 있어서도 결정적으로 특별한 점이 나타난다. 현재 천문학자들은 WR 별들을 WN, WC, WO의 세 가지로 분류한다. WN의 스펙트럼은 헬륨과 질소의 방출선이 압도하지만, 탄소, 산소, 수소의 방출선들도 일부 WN 별들에서 검출되기도 한다. WC 별들은 헬륨과 탄소의 방출선을 보이며, 질소와 수소선이 나타나지 않는 특징을 갖는다. 마지막으로, WO 별들은 WN이나 WC 별들보다는 훨씬 더 드물지만, 뚜렷한 산소 분광선을 보이고, 높은 이온화도를 갖는 분광선을 약간 포함한다.

연구 논문에서는 WN과 WC 별들을 대기에 존재하는 원자들의 이온화도에 따라 더 세분한다. 예를 들면, WN2는 He II, N IV, O VI의 분광선을 보이고, WN9 별들 스펙트럼에는 He I, N III와 같이 낮은 이온화도를 갖는 분광선을 보인다. "조기형(Early, E)"과 "만기형(Late, L)"의 세부 분류도 쓰인다. WNE 별들은 이온화도가 WN2에서 WN5까지 볼프-라예 별들을 일컬으며, WNL항성들은 이온화도가 WN6에서 WN11까지 나타난다. 비슷한 방법으로, WC4 별들은 더 높은 이온화도(He II, O IV, C IV)를 보이고, WC9 별들은 더 낮은 이온화도(예를 들면, He I과 C II)를 보인다. WCE의 범위는 WC4에서 WC6이고, WCL에는 WC7부터 WC9까지 포함된다.

WN에서 WC를 거쳐 WO에 이르는 특이한 경향은 이러한 별들에서 일어나는 질량 손실의 직접적인 결과라고 마침내 파악되었다. WN 별들은 수소가 주성분인 외피를 실질적으로 모두 잃어 버리고, 핵심부의 핵융합 반응으로 합성되는 물질들이 드러나는 항성이다. 항성 핵심부에서 나타나는 대류에 의하여 평형 상태의 CNO 순환 과정에 의하여 만들어진 물질들이 표면에 다다른다. 추가적인 질량 손실에 의하여 CNO 순환 과정으로 가공된 물질들이 분출되고, 삼중 알파 과정에 의하여 헬륨을 연소하는 물질들을 노출한다(식 (4.60)과 (4.61)). 그런 다음에, 항성이 충분히 긴 기간 동안 생존하면, 결국 질량 손실 과정에 의하여 삼중 알파 과정의 잿더미에서 산소 성분만을 뺀 나머지 모두를 날려 버린다.

LBV와 WR 별들에 추가하여, H-R도의 윗 부분에는 청색초거성(blue supergiant stars, BSG), 적색초거성(red supergiant stars, RSG), Of 별들(강한 방출선을 갖는 O형의 초거성)들이 있다.

무거운 별들의 일반적인 진화 양상

1976년에 피터 콘티(Peter Conti)가 무거운 별의 일반적인 진화 경로를 처음으로 계산하고 수정하여 요약하였다. 모든 경우에 무거운 별들은 초신성(supernova, SN) 폭발로 생을 마감하며, 초신성은 9.3절에서 공부한다(다음의 질량 값들은 근사적으로만 옳다).[1]

$$M > 85\ \mathrm{M}_\odot : \mathrm{O} \rightarrow \mathrm{Of} \rightarrow \mathrm{LBV} \rightarrow \mathrm{WN} \rightarrow \mathrm{WC} \rightarrow \mathrm{SN}$$

$$40\ \mathrm{M}_\odot < M < 85\ \mathrm{M}_\odot : \mathrm{O} \rightarrow \mathrm{Of} \rightarrow \mathrm{WN} \rightarrow \mathrm{WC} \rightarrow \mathrm{SN}$$

$$25\ \mathrm{M}_\odot < M < 40\ \mathrm{M}_\odot : \mathrm{O} \rightarrow \mathrm{RSG} \rightarrow \mathrm{WN} \rightarrow \mathrm{WC} \rightarrow \mathrm{SN}$$

$$20\ \mathrm{M}_\odot < M < 25\ \mathrm{M}_\odot : \mathrm{O} \rightarrow \mathrm{RSG} \rightarrow \mathrm{WN} \rightarrow \mathrm{SN}$$

$$10\ \mathrm{M}_\odot < M < 20\ \mathrm{M}_\odot : \mathrm{O} \rightarrow \mathrm{RSG} \rightarrow \mathrm{BSG} \rightarrow \mathrm{SN}$$

무거운 별 형성에 대한 자세한 수치 진화 모형 계산은 이와 같은 정성적인 진화 경로를 지지한다. 태양과 같은 화학 조성을 가지며 질량이 9 $\mathrm{M}_\odot$에서 120 $\mathrm{M}_\odot$의 범위에 놓인 별들의 진화 경로가 그림 9.3에 보인다. 마이네(Geroges Meynet)와

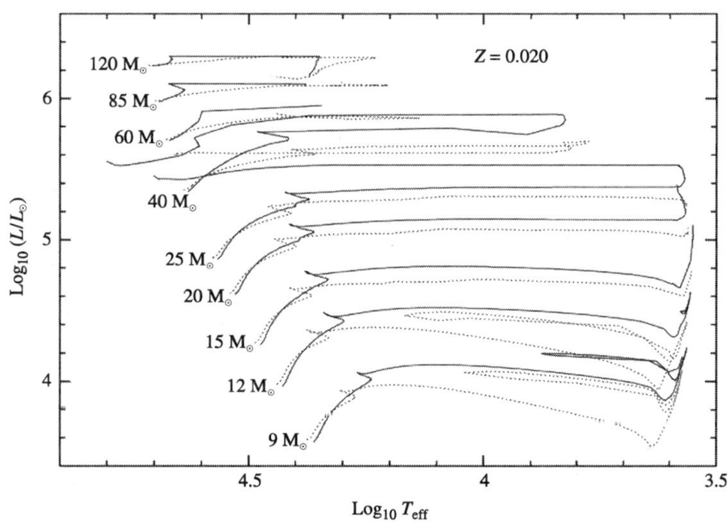

그림 9.3 Z=0.02인 무거운 별들의 진화. 실선은 최초의 회전 속도가 300 km s^{-1}인 별들의 진화 경로이고, 점선은 회전하지 않는 별들의 진화 경로이다. 질량 손실이 이 모형에 포함되어 있으며, 이러한 별들의 진화에 심각한 영향을 끼친다.
(그림 출처 : Meynet and Maeder, *Astron. Astrophys.*, *404*, 975, 2003)

1) 자료 출처 : Massey, *Annu. Rev. Astron. Astrophys.* *41*, 15, 2003

마에더(Andrés Maeder)의 이 모형은 무거운 질량에서 전형적으로 나타나는 질량 손실의 효과를 고려하였다. 이러한 모형 계산에서 별이 회전하는 경우와 그렇지 않은 경우 모두 포함하였으며, 회전하는 경우 적도에서 회전 속도를 300 km^{-1}로 잡았다. 마이네와 마에더는 회전이 내부에서 물질의 혼합과 질량 손실의 향상을 포함하여 항성 진화에 상당한 영향을 준다는 점을 지적한다.

험프리스–데이비슨 광도 한계

이러한 무거운 별들의 진화 경로를 조사하면 가장 무거운 별들이 결코 H–R도에서 적색초거성 지역으로 진화하지 않는다. 이 점은 앞에서 제시한 정성적인 진화 경로와 일치하며, 관측과 부합하기도 한다. 험프리스(Humphreys)와 데이비슨(Davidson)은 H–R도에서 최대 광도와 최고 유효 온도로부터 더 낮은 광도와 온도까지 대각선으로 나타나는 광도 상한값이 존재한다는 사실을 최초로 지적하였다. 이 곳에서 약 40 M$_\odot$ 이하의 질량을 갖는 별들은 적색쪽으로 일어나는 진화가 완전히 펼쳐지면, 일정한 광도에서 **험프리스–데이비슨 광도 한계**가 계속된다.

비록 아주 무거운 항성들은 극히 드물지만(1 M$_\odot$질량의 별 백만개에 대하여 100 M$_\odot$ 질량의 별이 겨우 한 개 꼴로 있다), 이들은 성간 물질의 동력학과 화학 진화에 주된 역할을 한다. 무거운 별이 항성풍의 형태로 ISM에 적립하는 엄청난 양의 운동 에너지는 ISM의 운동학에 의미 있는 영향을 끼친다. 실제로, 매우 무거운 별이 형성되면, 이들은 그 지역의 항성 형성 과정을 멈출 수 있는 능력을 갖고 있다. 무거운 별들로부터 나타나는 자외선은 이 지역의 기체 구름을 이온화한다. 그리고, 또한 금속이 풍부한 무거운 별의 항성풍은 ISM의 금속 함량을 높이며, 지속적으로 금속이 풍부한 별들의 형성을 야기한다. 무거운 별들은 화려하고 비범한 존재이기도 하지만, 이들을 품고 있는 은하의 진화에 더 없이 중요한 존재이다.

9.2 초신성의 분류

서기 1006년에 지극히 밝은 별이 늑대 자리에 갑자기 나타났다. 겉보기 V등급의 근사값인 $m_V = -9$에 도달하여, 밤에 글을 읽을 수 있을 정도로 밝았다고 전해진다. 유럽, 중국, 일본, 이집트, 이라크의 점성술사들이 이 현상을 기록하였다. 이들이 남긴 기록에 근거하면, 아마도 초신성 1006(SN 1006)은 1006년 4월 30일 경에 나타났

으며, 대략 1년 뒤에 어두워져 보이지 않게 되었다.

매우 드물긴 하였지만 비슷한 현상이 인류 역사를 통하여 나타났다. 아마도 가장 유명한 예는 서기 1006년으로부터 48년 후인 1054년 7월 4일에 일어났으며, 황소 자리에서 "손님별(객성)"이 밤 하늘에 등장하였다. 송나라의 궁정 점성술사였던 양 웨이 테는 이 놀라운 현상을 기록하면서, "1년 여의 시간이 지난 후에 이 별은 점차 보이지 않게 되었다"라고 적었다. 송나라의 공식 기록에 자세히 적혀 있고, 일본과 한국 천문학자들도 기록을 남겼으며, 아랍의 의학 서적에도 기록되었다. 약간 논란의 여지가 있지만, 유럽인들도 이 현상을 목격했다는 증거가 있다. 서기 1006년의 현상과 같이, 이처럼 놀라운 별은 낮에도 보였다. 강력한 망원경들이 개발되면서, 근대의 천문학자들은 옛날의 "손님별"이 보고된 장소에서 빠르게 팽창하는 성운을 확인하였으며, 이 성운을 **게 초신성 잔해**라고 부른다(그림 9.4).

500년이 지나서 또 다른 별이 그처럼 극적인 방법으로 하늘에서 갑자기 나타났다. 티코 브라헤[Tycho Brahe, 당대에 가장 유명했던 천문학자, 그림 2.1(a)를 보라]와 다른 사람들이 서기 1572년에 초신성을 목격하였다. 이 기묘한 사건은 하늘이 변하지 않으리라는 당시 서양 세계에서 널리 믿었던 세계관에 명백히 어긋난 현상이었다. 이에 뒤질세라, 그의 제자였던 요하네스 케플러[Johannes Kepler, Fig. 2.1(b)]도 서기 1604년에 초신성 폭발을 목격하였다. 이 두 천체들은 각각 **티코 초신성**과 **케플러 초신성**이라고 부른다.

불행하게도, 케플러 초신성은 우리 은하수 은하에서 관측된 마지막 초신성이다. 그러나, 1987년 UT 2월 24.23일에 이안 셸턴(Ian Shelton)이 10인치 천체사진기로 칠레 라스 캄파나스 천문대에서 **초신성 1987A**를 30 Doradus라고 부르는 LMC의 무거운 분자 구름의 바로 남서쪽에서 발견하였다. 이 초신성은 그림 9.5에 나타나 있다. SN 1987A는 현대 장비가 갖추어진 이후 처음으로 지구에서 아주 가까운 곳에서 나타난 초신성이다(LMC까지 거리는 50 kpc이다). 이 초신성의 발견은 전 세계 천문학계를 흥분의 도가니로 몰았다. 이 멋진 초신성의 선난세 전체는 청색초거성이라는 사실이 곧바로 알려졌다. 니콜라스 산듈릭(Nicholas Sanduleak, 1933-1990)은 마젤란 성운에 있는 뜨거운 별들을 연구하면서, 이 별을 Sk −69 202로 목록에 올렸다.[2] 현대 천체물리학계에서 사용할 수 있는 다양한 첨단 도구들을 써서

2) Sk −69 202라는 명칭은 마젤란 성운에 있는 산듈릭 목록에 올라 있는 별 가운데 적위 −69° 띠에 있는 202번째 항목이라는 뜻이다.

이처럼 가까이 초신성을 관측할 수 있다는 점에서, 우리는 무거운 별의 운명에 대한 우리의 이론을 시험할 수 있는 이상적인 기회를 얻는다.

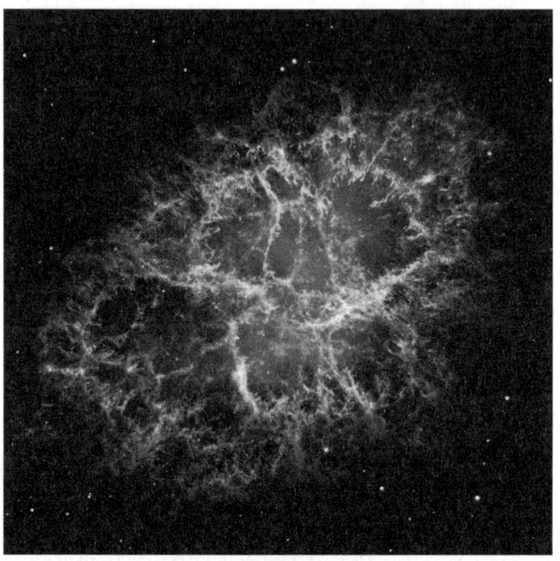

그림 9.4 게 초신성 잔해. 황소 자리에 있으며 2000 pc 떨어져 있다. 잔해는 1054년 7월 4일에 처음 관측된 제 II형 초신성 폭발의 결과이다. [영상 제공 : NASA, ESA, J. Hester and A. Loll(Arizona State University).]

그림 9.5 대마젤란성운의 한 부분. 아래쪽 오른쪽 구석에 초신성 1987A가 보인다. 30 Doradus(독거미 성운이라고도 부른다)은 거대한 H II 지역이며, 이 사진의 왼쪽에 뚜렷하게 보인다. (영상 제공 : European Southern Observatory, ESO.)

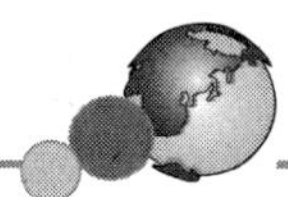

초신성의 분류

오늘날, 천문학자들은 외부 은하에서 일상적으로 초신성들을 관측한다(이러한 이유로 SN 1987A에 있는 "A"는 그 해에 발견한 첫 번째 초신성이라는 의미이다). 그러나, 초신성은 극히 드문 현상이며, 통상적으로 한 은하에서 백년에 한 번 꼴로 일어난다. 초신성의 스펙트럼과 광도 곡선에 대한 많은 연구가 이루어졌으며, 전 단계 천체와 물리적 과정에 따라 초신성은 몇 가지 종류가 존재한다.

제 I형 초신성은 스펙트럼에 수소선이 보이지 않는 초신성으로 처음에 정의되었다. 우주에서 수소가 가장 흔한 원소임을 생각하면, 이 사실은 이러한 초신성에 특별한 성질이 있음을 암시한다. 반대로, **제 II형** 초신성의 스펙트럼은 강한 수소선을 갖는다.

제 I형 초신성은 스펙트럼에 따라 또 더 세부적으로 나눈다. 615 nm에서 강한 Si II 선을 보이는 초신성을 **제 Ia형**이라고 부른다. 나머지들은 **제 Ib형** 혹은 **제 Ic형**이며, 헬륨 선이 존재하는 초신성 (Ib)와 그렇지 않은 초신성 (Ic)이다.

그림 9.6은 여기에서 논의한 4가지 종류의 초신성(supernovae, SNe)의 스펙트럼 표본을 보여 주고 있다.

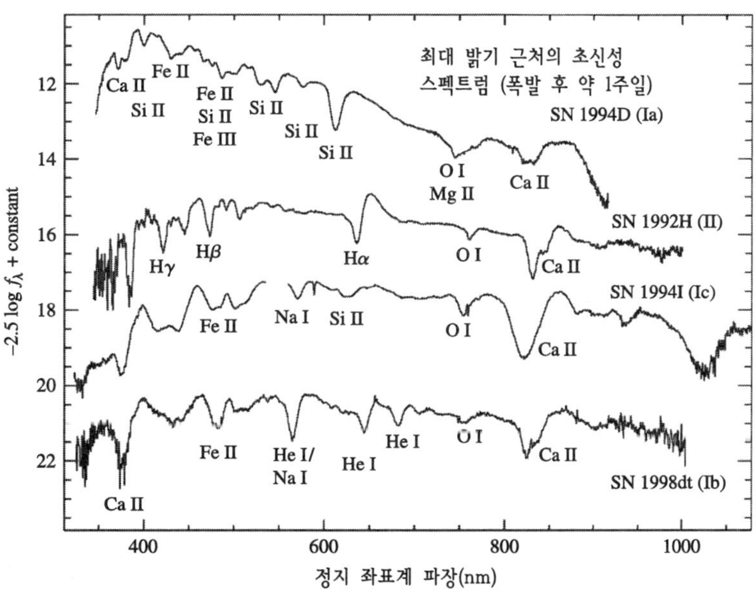

그림 9.6 4가지 종류의 초신성(Ia, Ib, Ic, II)의 대표적인 스펙트럼. SN 1994 I(제 Ic형)에는 약한 Si II 흡수선이 있지만, 제 Ia형 스펙트럼보다 아주 약하다. 광도축은 임의의 플럭스 단위로 나타냈다. (영상 제공 : Thomas Matheson, National Optical Astronomy Observatory)

제 Ia형 초신성에 수소선이 없다는 사실은 이 별이 수소 외피층을 날려 버렸다는 점을 가리킨다. 제 Ia형과 제 Ib형, 제 Ic형 초신성들의 분광학적 특징이 다르디 때문에 작동하는 물리적 과정이 서로 다르다는 점을 알 수 있다. 제 Ia형 초신성은 모든 종류의 은하에서 발견되며, 최근에 별 탄생의 증거가 극히 희박한 타원 은하에서도 발견된다. 이에 반하여, 제 Ib형과 제 Ic형 초신성들은 나선 은하에서만 발견되며, 최근에 별 탄생을 일으킨 지역(H II 지역) 근처에서 나타난다. 이 사실은 짧은 수명을 갖는 무거운 별들이 제 Ib형과 제 Ic형 초신성 폭발과 관련되며, 제 Ia형 초신성 폭발과는 관련성이 없음을 암시한다.

그림 9.7은 제 I형 초신성의 B 밴드에서 합성한 광도 곡선을 보여 준다. 제 Ia형 초신성의 전형적인 최대 광도는 $M_B=-18.4$이고, 제 Ib형이나 제 Ic형 초신성의 광도 곡선은 청색에서 1.5에서 2등급 정도 어둡지만 이 점을 제외하면 대체적으로 비슷하다. 모든 제 I형 초신성은 최대 광도를 지나 비슷한 빠르기로 점점 어두워지며, 20일에는 하루당 0.065(±0.007) 등급씩 어두워진다. 50일 경에는 어두워지는 정도가 더 느려지고 일정해져서 제 Ia형 초신성은 나머지 제 I형 초신성들 보다 50% 정도 더 빠르게 어두워진다(제 Ia형은0.015 mag d^{-1}이고 나머지는 0.010 mag d^{-1}). SN 1006과 티코와 케플러가 발견한 초신성들(SN 1572와 SN 1604)는 제 I형 초신성들이었으리라 추정된다.

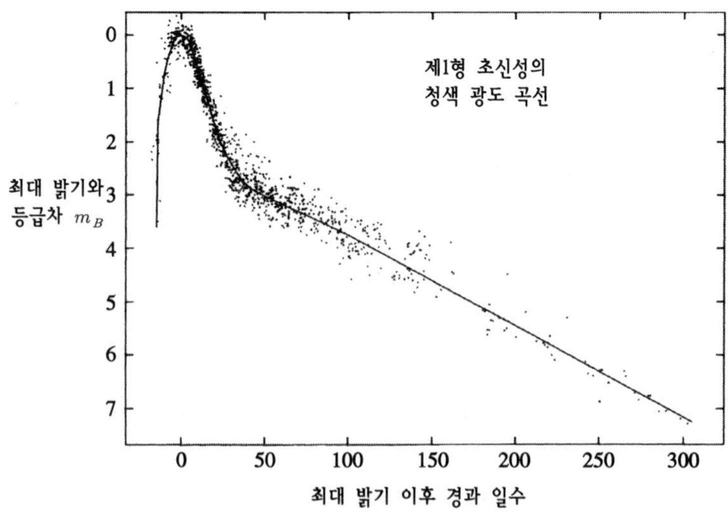

■ 그림 9.7 제 I형 초신성의 B 파장대의 합성 광도 곡선. 모든 등급은 최대 광도일 때의 m_B에 대한 상대 밝기로 나타냈다. (그림 출처 : Doggett and Branch, *Astron. J.*, *90*, 2303, 1985)

관측적으로, 제 II형 초신성의 특징은 광도가 신속하게 올라가고 제 Ia형보다 대체적으로 1.5등급 어두운 최대 광도에 이른다는 점이다. 최대 광도 이후에 꾸준히 어두워져 1년 후에 6등급에서 8등급 정도 어두워진다. 이들의 스펙트럼에는 수소와 무거운 원소들의 분광선이 나타난다. 더욱이, 많은 분광선에 P Cygni 선윤곽이 흔하게 나타난다(이 선윤곽의 존재는 빠른 팽창을 가리킨다. 6.3절을 보라). 게 초신성(SN 1054)과 SN 1987A는 제 II형 초신성들이다.

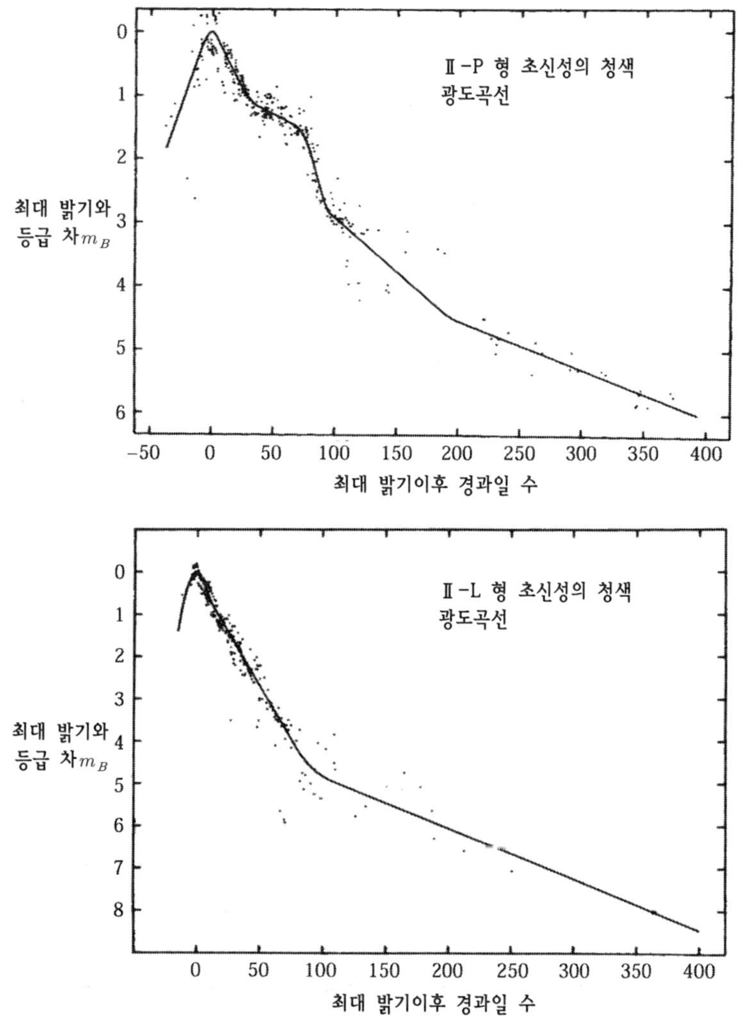

그림 9.8 제 II-P와 제 II-L형 초신성 광도 곡선의 대표적인 모습. 이 그림은 많은 초신성의 관측 자료들을 합성하여 얻은 광도 곡선이다. (그림 출처 : Doggett and Branch, *Astron. J., 90*, 2303, 1985)

제 II형 초신성의 광도 곡선은 **제 II-P**(plateau)형과 **제 II-L**(linear)로 다시 나뉜다. 그림 9.8에 이 두 종류의 초신성에 대하여 합성한 B 밴드 광도 곡선이 나타나 있다. 제 II-P형 광도 곡선의 최대 광도 이후 30일에서 80일 사이에 일시적이지만 뚜렷한 언덕이 존재하지만, 제 II-L형 광도 곡선에는 이러한 언덕이 나타나지 않는다. 제 II-P형 초신성은 제 II-L형 초신성에 비하여 약 10배 정도 자주 나타난다.

그림 9.9에 초신성 분류를 결정하는 수형도를 나타냈다.

물론 자연은 기꺼이 이러한 깔끔한 분류 체계를 헷갈리게 만든다. 큰 곰 자리에 있는 나선 은하 M81에서 발견한 SN 1993J는 강한 수소선을 처음에 보여 주었다(즉, 제 II형 초신성의 특징을 가졌다). 그러나, 한 달도 안되어 수소선은 헬륨선으로 대치되었고, 모습이 제 Ib형으로 바뀌었다. 이 사실은 적어도 제 Ib 초신성들이 제 II형 초신성들과 어떻게든 친척 관계에 있다는 점을 가리킨다. 제 Ic형들도 매우 가까운 친척이라는 점을 공부할 것이다.

오늘날 우리는 제 Ia형 초신성들이 다른 초신성들과는 근본적으로 다른 현상임을 알고 있다. 9.3절에서 우리는 제 Ib, Ic, II 초신성들에 대하여 공부하고, 제 Ia형 초신성에 대한 논의는 더욱 뒤로 미루어 6.5절에서 공부할 것이다.

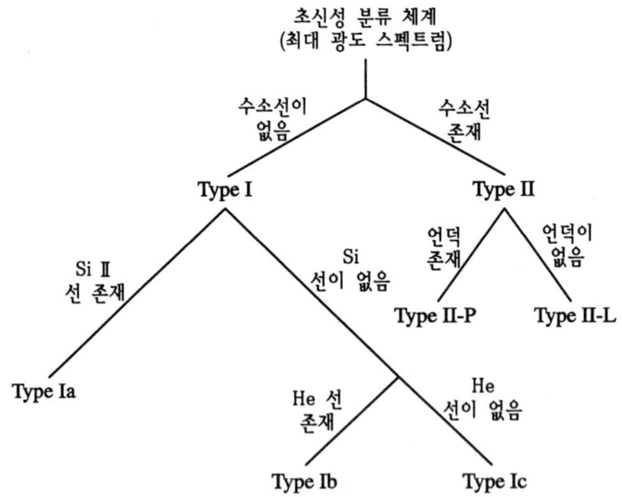

그림 9.9 최대 광도일 때 스펙트럼과 언덕의 존재 여부에 기초한 초신성의 분류법

9.3 핵심부 붕괴 초신성

초신성 폭발을 일으키는 물리적 과정을 이해하기 위하여 끈질긴 도전을 시도하였다. 초신성 폭발에서 나오는 에너지만도 혼비백산할 정도이다. 전형적인 제 II형 초신성은 10^{46} J을 쏟아내며, 이 가운데 1% 정도가 뛰쳐 나간 물질들의 운동에너지이고, 0.01% 미만의 에너지가 광자의 형태로 방출되어 가시광 스펙트럼을 제공한다. 나중에 공부하겠지만, 나머지 대부분의 에너지는 중성미자의 형태로 복사된다. 제 Ib형과 제 Ic형 초신성에서도 비슷한 값들을 얻는다.

예제 9.3.1

제 II형 초신성 폭발에 나타나는 에너지의 규모를 실감하기 위하여, 이 에너지와 등가인 정지 질량을 계산하고, 이 에너지만큼의 원자핵 결합에너지를 방출함으로써 생성할 수 있는 철의 질량을 계산하자.

$E = mc^2$로부터, 제 II형 초신성 폭발 에너지에 해당하는 정지 질량은 다음과 같다.

$$m = E/c^2 = 10^{46}\ \mathrm{J}/c^2 = 1 \times 10^{29}\ \mathrm{kg} = 0.06\ \mathrm{M}_\odot$$

원자핵 가운데 가장 안정한 원자핵인 철 56 원자핵($^{56}_{26}\mathrm{Fe}$)의 결합에너지는 492.26 MeV이며, 이 원자핵의 원자량은 55.934939 u이다(그림 4.9를 기억하라). 양성자와 중성자로부터 철 원자핵을 형성하고, 10^{46} J을 방출하려면, 만들어야할 철 원자핵은

$$N = \left(\frac{1 \times 10^{46}\ \mathrm{J}}{492.26\ \mathrm{MeV/nucleus}}\right)\left(\frac{1\ \mathrm{MeV}}{1.6 \times 10^{-13}\ \mathrm{J}}\right) = 1.3 \times 10^{56}\ \mathrm{nuclei}$$

이고, 이 개수만큼의 철 원자핵이 갖는 질량은 다음과 같다.

$$m = N(55.93\ \mathrm{u})(1.66 \times 10^{-27}\ \mathrm{kg/u}) = 1.2 \times 10^{31}\ \mathrm{kg} = 5.9\ \mathrm{M}_\odot$$

두말할 나위 없이, 이 과정이 제 II형 초신성의 에너지 원천이라면, 초신성 폭발에서 순식간에 5.9 $\mathrm{M}_\odot$의 철이 생성되어야 함을 의미한다! 한편, 이 정도 양의 철이 원래의 양성자와 중성자로 쪼개진다면, 같은 양의 에너지가 흡수되어야 할 것이다.

다음에 보겠지만, 초신성 폭발에서 뛰쳐 나온 에너지에 의하여 *철이 형성되는 것은 아니다.* 실제로 이 에너지 원천은 원자핵 반응에 있지 않다. 그러나, 철은 예기치 못한 방식으로 더 없이 중요하게 참여한다.

핵심부 붕괴 초신성 과정

8 $M_\odot$보다 무거운 별이 점근거성과 점근거성 이후에 진화하는 양상은 7장에서 기술한 가벼운 별과는 사뭇 다르다. 비록 수소는 주계열에 있을 때에 헬륨으로 전환되고, 다시 헬륨 연소를 통하여 탄소-산소 핵심부를 만들지만, 무거운 별의 핵심부 온도가 매우 높아 탄소와 산소도 연소된다. 마지막 결과는 행성상 성운을 형성하여 삶을 마감하는 길이 아닌, 초신성 폭발이라는 대재앙에 이르는 길이다.

다음에 논의할 사항은 진화 과정이다. 비록 모든 세부 사항들은 이 교재를 집필할 당시까지 마무리되지 않았지만, 제 Ib, Ic, II형 초신성들이 만들어지는 시나리오는 더 분명해지고 있다. 이 세 가지 초신성들은 서로 가까운 사촌들이며, 무겁고 진화한 별들의 핵심부 붕괴와 관련한다. 그러므로, 제 Ib, Ic, II형 초신성들은 **핵심부 붕괴 초신성**이라고 통칭한다.

헬륨연소껍질에서 생산되는 잿더미가 계속 탄소-산소핵에 계속 쌓이면, 탄소-산소핵이 수축하여 결국 탄소연소반응이 점화되고 $^{16}_{8}\mathrm{O}$, $^{20}_{10}\mathrm{Ne}$, $^{23}_{11}\mathrm{Na}$, $^{23}_{12}\mathrm{Mg}$, $^{24}_{12}\mathrm{Mg}$와 같은 다양한 원자핵이 부산물로서 생성된다(식 (4.64)-(4.66)을 보라). 뒤이어 일련의 핵반응이 계속되며 상세한 양상은 별의 질량에 따라서 크게 달라진다.

각 핵반응이 평형을 이루면, "양파 껍질"과 같은 구조가 별 내부에서 나타난다. 탄소 연소에 이어, 네온-산소 핵심부에 있는 산소 연소가 시작되고(식 (4.67)), $^{28}_{14}\mathrm{Si}$을 주성분으로 하는 새로운 중심핵이 나타난다. 마침내 온도가 3×10^9 K가 되면, 규소 연소가 시작되어 다음과 같은 일련의 핵반응이 이어진다.

$$^{28}_{14}\mathrm{Si} + ^{4}_{2}\mathrm{He} \rightleftharpoons ^{32}_{16}\mathrm{S} + \gamma \tag{9.1}$$

$$^{32}_{16}\mathrm{S} + ^{4}_{2}\mathrm{He} \rightleftharpoons ^{36}_{18}\mathrm{Ar} + \gamma \tag{9.2}$$

$$\vdots$$

$$^{52}_{24}\mathrm{Cr} + ^{4}_{2}\mathrm{He} \rightleftharpoons ^{56}_{28}\mathrm{Ni} + \gamma \tag{9.3}$$

규소 연소는 그림 4.9에 보인 바와 같이 핵자당 결합에너지가 가장 큰 $^{56}_{28}\mathrm{Fe}$ 마루를 중심으로 다양한 원자핵을 만들고, 그 가운데 가장 많이 생산되는 핵종들이 아마도 $^{54}_{26}\mathrm{Fe}$, $^{56}_{26}\mathrm{Fe}$, $^{56}_{28}\mathrm{Ni}$이다. $^{56}_{26}\mathrm{Fe}$보다 더 무거운 원자핵을 만드는 핵반응은 흡열반응이므로, 별이 에너지를 방출하는 데에 기여할 수 없다. 이러한 핵반응의 생성

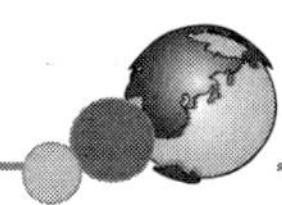

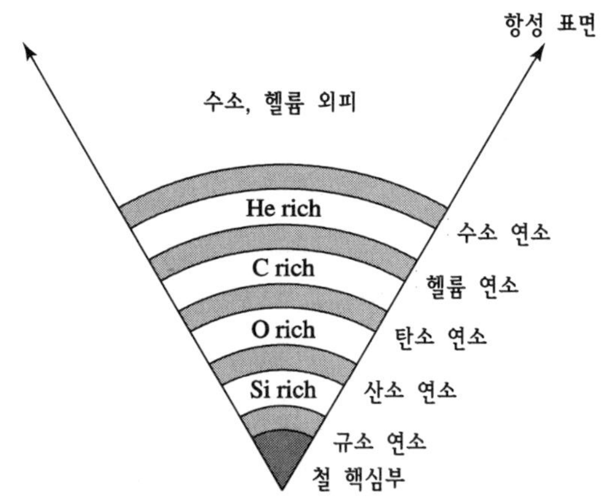

그림 9.10 규소 연소 단계를 거쳐 진화한 무거운 별의 양파 껍질 같은 내부 구조. 원자핵 반응으로 만들어진 물질들로 이루어져 있으며 연소를 일으키지 않고 있는 지역들이 연소 껍질들 사이에 샌드위치 되어 있다. 연소가 일어나지 않는 지역이 나타나는 이유는 이러한 화학 조성을 가진 지역의 온도와 밀도가 핵융합 반응을 일으키기에 충분히 높지 않기 때문이다.

물을 한데 모아서 규소 연소가 *철 핵심부*를 만든다고 표현한다. 그림 9.10에 규소 연소 이후에 나타나는 무거운 별의 내부 구조의 개략적인 모습을 그렸다.

탄소, 산소, 규소의 연소에서 핵자당 결합 에너지가 최고 지점인 *철 꼭대기(iron peak)*에 점점 가까운 원소들이 합성되기 때문에, 단위 질량당 연료 효율이 점점 더 떨어진다. 그 결과, 뒤를 잇는 핵반응의 시간 규모가 점점 짧아진다(예제 4.3.1을 보라). 예를 들어, 20 $M_\odot$인 별에 대하여 주계열 단계(핵심부 수소연소)는 약 10^7년인데, 헬륨 핵심부 연소 단계는 10^6년, 탄소 연소는 300년, 산소 연소는 200일, 규소 연소는 겨우 이틀만에 완료된다!

중심핵의 온도가 대단히 높아지므로, 광자들의 에너지가 매우 커서, 무거운 원자핵을 깨뜨릴 수 있다(규소 연소 반응들에서 화살표가 양방향임을 주의하라). 이 과정을 **광붕괴(photodisintegration)**라고 부른다. 특히 중요한 광붕괴 반응은 ${}^{56}_{26}\mathrm{Fe}$과 ${}^{4}_{2}\mathrm{He}$에서 나타난다.

$${}^{56}_{26}\mathrm{Fe} + \gamma \rightarrow 13\,{}^{4}_{2}\mathrm{He} + 4n \tag{9.4}$$

$${}^{4}_{2}\mathrm{He} + \gamma \rightarrow 2p^{+} + 2n \tag{9.5}$$

수축하는 철 핵심부의 질량이 충분히 크고 온도가 충분히 높으면, 별이 일생동안 공들여 쌓은 탑, 다시 말하면, 수소와 헬륨보다 무거운 원자핵의 생산물을 광붕괴 과정이 아주 짧은 시간에 한꺼번에 허물어 버릴 수 있다. 물론, 철원자핵을 낱낱이 벗겨서 개개의 양성자와 중성자로 만드는 일은 예제 9.3.1에서 보았듯이 굉장한 흡열반응이다. 즉, 별의 중심핵을 버티는 압력의 공급원으로 쓰여야할 기체의 열에너지가 광붕괴에 지나치게 소모되는 것이다. 철 핵심부 질량의 범위는 ZAMS 질량이 10 $M_\odot$인 별에 대하여 1.3 $M_\odot$에서, ZAMS 질량이 50 $M_\odot$인 별에 대하여 2.5 $M_\odot$이다.

이제, 극단적인 조건에서(즉, 15 $M_\odot$인 별에 대하여 $T_c \sim 8\times10^9$ K와 $\rho_c \sim 10^{13}$ kg m^{-3}) 졸든 압력으로 별을 지탱해주었던 자유 전자들이 무거운 원자핵이나 광붕괴로부터 생성된 양성자에 포획된다. 즉

$$p^+ + e^- \rightarrow n + \nu_e \tag{9.6}$$

의 반응이 일어난다. 중성미자의 형태로 빠져나가는 에너지의 양이 엄청나다. 20 $M_\odot$인 별에 대하여, 규소 연소 단계에서 광자의 밝기는 4.4×10^{31} W이며, 중성미자 광도는 3.1×10^{38} W이다.

철이 광붕괴하고, 무거운 원자핵과 양성자가 전자를 포획하는 효과를 결합하면, 중심핵을 지탱하던 졸든 전자들의 압력이 갑자기 사라지고 중심핵은 급격히 무너져내린다. 핵의 안쪽에서는 중심핵 붕괴는 동형적(homologous)이고, 내려앉는 속도가 별의 중심까지 거리에 비례한다(식 (6.16)에서 원시별 형성 과정에서 자유낙하하는 동형 붕괴를 기억하라). 붕괴속도가 이 지역의 음속을 돌파하면, 붕괴가 더 이상 동형적이지 않고, 초음속이 된 바깥쪽 핵이 안쪽 핵과 분리되어 뒤쳐지면서 거의 자유낙하한다. 붕괴하는 과정에서 바깥쪽 핵의 낙하 속도가 7000 km s^{-1}에 이르며, 1초도 채 되지 않아 지구 정도의 부피가 반지름 50 km의 지역으로 압축된다.

예제 9.3.2

지구 반지름($R_\oplus$)의 크기를 가진 물체가 50 km의 반지름으로 무너져 내리면, 엄청난 양의 중력위치에너지를 내놓을 것이다. 이 에너지가 핵심부 붕괴 초신성의 에너지가 될 수 있을까?

문제를 단순히 하기 위하여, 붕괴 과정에서 내놓은 에너지를 뉴턴 역학을 써서 계산하자. 비리얼 정리(식 (4.23))으로부터, 균일한 밀도를 갖는 구 대칭인 별의 위치 에너지는

$$U = -\frac{3}{10}\frac{GM^2}{R}$$

이다. 제 II형 초신성의 에너지 $E_{\rm II} = 10^{46}$ J를 붕괴 과정에서 내놓은 중력위치에너지와 같게 놓고, $R_f = 50$ km$\ll R_\oplus$를 생각하면, 초신성 폭발을 일으키는 데에 필요한 질량은

$$M \simeq \sqrt{\frac{10}{3}\frac{E_{\rm II} R_f}{G}} \simeq 5 \times 10^{30}\ {\rm kg} \simeq 2.5\ {\rm M}_\odot$$

이다. 이 값은 앞에서 언급한 핵심부 질량을 대표하는 값이다.

역학적인 정보가 별 내부에서 퍼지는 속도가 음속이고 핵심부가 지나치게 빨리 내려앉으므로, 안쪽에서 일어난 일을 바깥층이 알고 있을 수가 없다. 산소, 탄소, 헬륨 껍질을 포함하는 바깥층은 무섭게 함몰해버린 안쪽 핵심부 위에 아슬아슬한 자세로 매달려 있는 상태이다.

안쪽 핵심부가 동형 붕괴를 계속하여 그 밀도가 8×10^{17} kg m^{-3}가 되어 일반 원자핵 밀도의 대략 3배에 이른다. 이 시점에서 안쪽 핵심부를 구성하는 원자핵 물질의 상태가 단단해지며, 그 이유는(아주 작은 거리에서 인력으로 작용하는) 강한 핵력이 갑자기 척력으로 작용하기 때문이다. 이것은 중성자에 파울리의 배타 원리가 적용되기 때문이다.[3] 이 결과 안쪽 핵심부는 어느 정도 되튕기며 압력파를 발생하여, 바깥쪽 핵심부로부터 낙하하는 물질쪽으로 보낸다. 압력파의 속도가 음속에 도달하여 충격파를 형성하고 밖으로 진행하기 시작한다.

충격파가 낙하하는 바깥쪽의 철 핵심부와 만나면, 온도가 높아지고 광붕괴가 더 심해져서 충격파의 에너지를 앗아간다. 0.1 M$_\odot$인 철이 양성자와 중성자로 분해되면, 충격파는 1.7×10^{44} J의 에너지를 소모한다.

컴퓨터 수지 계산에 따르면, 충격이 멈춰 서고 거의 정지하면서, 내려앉는 물질들이 유입된다. 다시 말하면, 충격은 **유입 충격**(accretion shock)이 되며, 6.2절에서 다룬 원시별의 붕괴에서 일어나는 상황과 비슷해진다. 그러나, 충격의 아래쪽에서는 광붕괴와 전자 포획 때문에 **중성미자구**(neutrinosphere)가 형성된다. 이 위에 떠 있는 물질들이 지나치게 고밀도이므로, 중성미자조차도 쉽게 빠져나가지 못

3) 중성자도 전자나 양성자와 같이 페르미 입자이다.

하고, 중성미자 에너지의 일부(약 5%)가 충격 뒤에 있는 물질에 저축된다. 이 저축된 에너지가 물질을 가열하여 서 있던 충격이 다시 별 표면을 향하여 행진을 시작한다. 이것이 충분히 빠르게 일어나지 않으면, 처음에 외곽으로 분출되었던 물질들이 도로 핵심부로 떨어져 내려오며, 폭발은 일어나지 않는다.

핵심부 붕괴 초신성 모형의 성공여부는 3차원 수치 계산의 세부적인 면에 예민하게 의존하며, 상승하는 뜨거운 기체가 온도가 낮아 내려오는 물질들과 섞이는 양상을 다룰 수 있어야 한다. 수치 계산에서 가장 어려운 점들은 대류의 세부 사항들과 (전자, 뮤온, 타우 중성미자들과 이들의 반입자들을 포함하는) 중성미자 물리학을 올바르게 다루고 대단히 높은 수치 계산 정밀도(수치 계산 격자에서 10^9 그물코)를 유지해야 한다는 것이다. 초신성 폭발에서 관측되는 세부 사항들을 모두 기술하려면, 궁극적으로 음파, 차등 회전, 자기장을 올바르게 다루어야 할 필요가 있다.

방금 기술한 시나리오가 본질적으로 옳고, 충격이 표면까지 다시 진행을 시작할 수 있다고 가정하면, 충격은 외피와 외피 앞에 놓인 핵반응 결과로 생긴 물질들 나머지를 몰아 부칠 것이다. 팽창하는 물질의 전체 운동에너지는 10의 거듭제곱 어림으로 10^{44} J이며, 이 에너지의 1%정도가 중성미자의 형태로 풀릴 것이다. 마지막으로, 물질들이 약 10^{13} m 다시 말하면 약 100 AU에서 광학적으로 얇아지며, 굉장한 볼거리가 펼쳐져, 10^{42} J의 에너지가 광자의 형태로 쏟아져 나오고 최대 광도가 거의 10^{36} W 즉, 10^9 $L_\odot$에 이르러, 전체 은하의 밝기에 필적한다.

방금 기술한 현상은 – 철 핵심부의 격렬한 붕괴, 충격파의 생성, 이어지는 항성 외피의 방출 – 핵심부 붕괴 초신성을 만드는 일반적인 기작으로 믿고 있다. 제 Ib형이나 제 Ic형이 아닌 제 II형 초신성이 생성되는 것과 같은 구체적인 사항은 핵심부가 붕괴할 때에 외피의 화학 조성과 질량 그리고 분출물에서 합성되는 방사성 원소의 양과 관련된다.

제 II형 초신성은 제 Ib형이나 제 Ic형 초신성보다 더 흔하게 나타나며, 격렬한 핵심부 붕괴를 일으킬 당시에 H-R도에서 상단부 오른쪽으로 지나치게 치우친 곳에 놓인 적색 초거성인 경우가 통상적이다. 제 Ib형과 제 Ic형은 폭발 이전에 외피에서 상당한 양의 물질을 이미 잃어 버렸다. 이들은 폭발한 볼프-라예 별들의 생성물이라고 오늘날 믿고 있다. 제 Ib형과 제 Ic형 초신성들은 WN과 WC 볼프-라예 별들의 폭발에 각각 해당할 것이다. 427쪽에 기술한 무거운 별의 진화에 대한 콘티의 시나리오를 기억하라.

핵심부 붕괴 초신성의 항성 잔해

주계열에 도달했을 당시 처음 질량이 지나치게 크지 않으면(아마도 $M_{ZAMS} < 25\ M_\odot$), 안쪽 핵심부에서 남은 부분은 다시 안정화되어 **중성자별**(본질적으로 거대한 원자핵)이 태어나고, 졸든 중성자들이 지탱하게 될 것이다.[4] 그러나, 초기 항성질량이 훨씬 더 커서, 졸든 중성자들조차 무게를 감당할 수 없다면, 이조차 무너져서 **블랙홀**(물질들이 무한한 밀도를 갖는 특이점으로 붕괴를 일으킨 천체)이 될 것이다.[5] 어느 경우라도, 이처럼 특이한 천체가 형성될 때에는 엄청난 양의 중성미자가 생성되고, 중성자별의 결합에너지 정도에 해당하는 3×10^{46} J 정도를 갖고 이들 대부분은 우주 공간으로 탈출한다. 이 값은 태양이 주계열에 있는 동안 만들어 낼 수 있는 에너지보다 100배 이상 큰 값이다!

광도 곡선과 분출물의 방사성 붕괴

제 II-P형 초신성이 핵심부 붕괴 초신성 가운데 가장 흔한 초신성이다. 제 II-P형 초신성의 광도 곡선에서 언덕을 주는 원천의 대부분은 충격이 수소가 풍부한 외피를 헤집고 나가면서 축적한 에너지이다. 충격으로 이온화된 기체는 재결합 과정이 연장되는 단계에 진입하여, 5000 K 정도의 거의 일정한 온도에서 에너지를 내놓는다.

별을 향해 돌진하는 충격파에 의하여 생성된 $^{56}_{28}\mathrm{Ni}$이 **방사성 붕괴**를 할 때에 외피에 축적된 에너지가 광도 곡선의 언덕을 추가적으로 떠 받든다($^{56}_{28}\mathrm{Ni}$의 반감기는 $\tau_{1/2}=6.1$일이다).

초신성 충격에서 일어나는 폭발적인 핵합성 때문에 상당한 양의 다른 방사성 동위원소들도 생성될 것이다. 예를 들면 $^{57}_{27}\mathrm{Co}$($\tau_{1/2}=271$일), $^{22}_{11}\mathrm{Na}$($\tau_{1/2}=2.6$년), $^{44}_{22}\mathrm{Ti}$($\tau_{1/2}\simeq47$년)이 있다. 방사성 핵종들이 충분히 많이 있으면, 각각의 핵종들이 차례로 전체 광도 곡선에 영향을 주고 곡선 기울기를 바꿀 수 있다.

$^{56}_{28}\mathrm{Ni}$은 β *붕괴*를 통하여 $^{56}_{27}\mathrm{Co}$로 전환된다.[6]

---

4) 중성자별의 형성을 이끄는 전단계 천체의 질량 상한값은 금속 함량에 따라 달라진다. 금속이 풍부한 별은 초기 질량이 $25\ M_\odot$보다 훨씬 더 크더라도 중성자별을 만들 수 있다.

5) 중성자별과 블랙홀에 대한 자세한 논의는 10장과 11장에 있다.

6) 전자와 양전자들을 β입자라고도 부른다.

$$^{56}_{28}\text{Ni} \rightarrow {}^{56}_{27}\text{Co} + e^{+} + \nu_e + \gamma \tag{9.7}$$

이 반응에서 생성된 에너지는 광학적으로 두꺼운 팽창하는 껍질에 축적되어, 초신성 잔해의 광구로부터 복사되어 나간다. 이 때문에 잠시 동안 광도 곡선을 "붙잡아 두어" 언덕을 만들게 된다. 결국 팽창하는 기체 구름은 광학적으로 얇아져서 폭발의 중심부가 드러나서 중성자별이나 블랙홀이 나타난다.

$^{56}_{27}$Co는 $^{56}_{28}$Ni의 방사성 붕괴의 산물이지만, 이 핵종 역시 자체적으로 방사성을 띠며, 반감기가 77.7일이다.

$$^{56}_{27}\text{Co} \rightarrow {}^{56}_{26}\text{Fe} + e^{+} + \nu_e + \gamma \tag{9.8}$$

이로부터, 초신성의 광도가 시간에 따라 줄어들면서, $^{56}_{27}$Co가 광도 곡선에 기여하는 바를 검출할 수 있어야할 것이다. 제 II–L형 초신성은 전단계 항성이 상당히 줄어든 수소 외피를 갖고 있었던 듯하며, 방사성 붕괴의 징후가 거의 폭발 바로 직후부터 보임을 뜻한다.

방사성 붕괴는 확률적인 과정이기 때문에 붕괴율은 남아 있는 원자핵의 개수에 비례한다.

$$\frac{dN}{dt} = -\lambda N \tag{9.9}$$

이고 λ는 상수이다. 식 (9.19)를 적분하면

$$\boxed{N(t) = N_0 e^{-\lambda t}} \tag{9.10}$$

이고 N_0는 시료에 남아 있는 원래 방사성 핵종의 개수이다(그림 9.11을 보라). 따라서

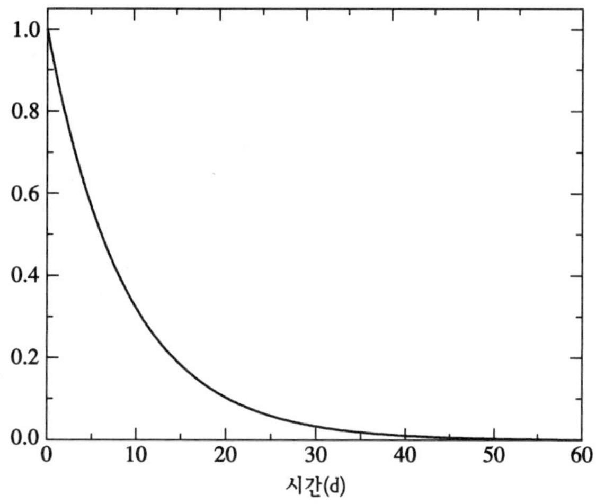

그림 9.11 반감기 $\tau_{1/2}=6.1$일인 핵종 $^{56}_{28}\mathrm{Ni}$의 방사성 붕괴. 6.1일의 시간 간격 동안에 $^{56}_{28}\mathrm{Ni}$가 붕괴할 확률은 50%이다. 원래 시료가 전적으로 $^{56}_{28}\mathrm{Ni}$로만 이루어져 있다면, 반감기의 n배 시간 동안 Ni 원자가 남아 있을 확률은 2^{-n}이다.

$$\lambda = \frac{\ln 2}{\tau_{1/2}}$$

이다.

방사능붕괴에서 나타나는 에너지가 초신성 잔해에 축적되는 빠르기는 dN/dt에 비례할 것이므로, 전체 밝기의 광도 곡선 기울기는

$$\frac{d \log_{10} L}{dt} = -0.434\lambda \tag{9.11}$$

즉,

$$\frac{dM_{\mathrm{bol}}}{dt} = 1.086\lambda \tag{9.12}$$

이 된다. 따라서, 광도 곡선의 기울기를 측정하여 $^{56}_{27}\mathrm{Co}$와 같은 특정한 방사성 핵종이 상당히 많이 존재함을 확인할 수 있다.

지구에서 가깝다는 점을 고려할 때에, 현재까지 가장 자세하게 연구된 초신성은 SN1987A이다. 그러나, 발견되자마자 거의 곧바로 SN1987A는 이미 이전에 관측된

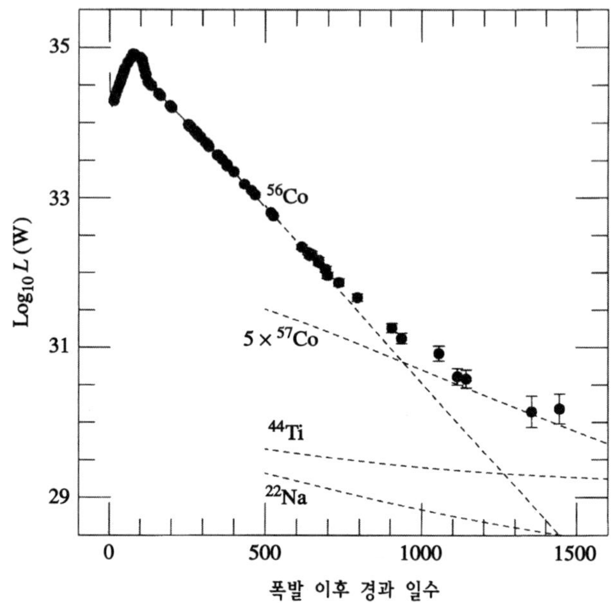

그림 9.12 폭발 이후 1444일 동안 SN 1987A의 전파장 광도 곡선. 파선들은 충격파에 의하여 형성된 방사성 핵종들에 의한 에너지 방출을 나타낸다. 최초 질량의 어림값들은 $^{56}_{28}$Ni(나중에 $^{56}_{27}$Co)는 0.075 M$_\odot$, $^{57}_{27}$Co는 0.009 M$_\odot$(태양 금속 함량의 5배), $^{44}_{22}$Ti은 1×10^{-4} M$_\odot$, $^{22}_{11}$Na는 2×10^{-6} M$_\odot$ (그림 출처 : Suntzeff et al., *Ap. J. Lett.*, *384*, L33, 1992)

훨씬 멀리 있는 제2형 초신성들과는 사뭇 다르다는 사실이 알려졌다. 최고 밝기까지 천천히 밝기가 증가한다는 점(80일 가량 걸렸다.)에서 확실하며, 최고 밝기도 전파장 절대 등급이 −9.5에 불과하여, 대체적인 제2형 초신성의 최고 밝기가 M_{bol} =−18에 이른다는 점에서 대조된다. 폭발 이후 1444일까지 광도 곡선이 그림 9.12에 나타나 있다.

충격으로 생성된 0.075 M$_\odot$의 질량을 갖는 $^{56}_{28}$Ni의 붕괴하면서 에너지를 생성하고, 이것이 복사되어 나가는 데에 걸리는 시간 규모가 여전히 꽤 길다. 이에 따라, 추가된 방사능 붕괴 에너지는 광도 곡선에서 언덕을 만들지 않고 대신 최대 광도에서 도드라진 부분을 만든다. 이 결과 생긴 $^{56}_{27}$Co가 붕괴하기 시작할 즈음에, 확산 시간 규모가 충분히 짧아서, 잔해 광도의 감소는 코발트 56의 붕괴율을 거의 그대로 닮는다. 따라서, 그 다음의 중요한 방사성 핵종인 $^{57}_{27}$Co이 광도 곡선에 중요한 역할을 하기 시작한다. 다양한 방사성 핵종이 SN 1987A의 광도 곡선에 주는 영

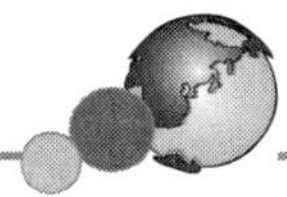

향이 그림 9.12에 나타나 있으며, 광도 곡선의 기울기는 식 (9.11)에 준 바와 같이 핵종의 반감기와 관련을 갖는다.

SN 1987A에서 처음으로 천문학자들이 방사성 붕괴에서 오는 X-선과 감마 방출선을 직접 검출할 수 있었다. 특히, $^{56}_{27}$Co의 847 keV와 1238 keV 방출선이 몇 가지 실험에서 검출되었으며, 이 핵종의 존재를 확인하였다. 잔해에서 더 무거운 핵종들이 초당 수천 킬로미터로 운동하고 있음을 도플러 편이의 측정으로부터 알 수 있다.

SN1987A가 덜 밝은 근본 원인

SN1987A가 덜 밝은 수수께끼가 폭발 전단계 항성을 찾아내면서 알려졌다. 폭발을 일으킨 별은 연구가 많이 되었던 12등급 *청색* 초거성(분광형 B3 I)이며, Sk-69 202로 알려져 있었다. 폭발을 일으킨 별이(일반적으로 제2형 초신성 폭발을 일으킬 것으로 예상된) 적색초거성보다 훨씬 작은 청색 초거성이었기 때문에, 이 별은 밀도가 더 크다. 따라서, 충격에서 나온 열에너지가 확산되어 빛으로 빠져나오기 전에, 역학적 에너지로 전환되어 별의 외피를 청색 초거성의 깊은 중력 우물로부터 퍼올리는 데에 쓰인 것이다. Hα 방출선을 측정하면, 수소로 이루어진 외피가 30,000 km s^{-1} 즉, 0.1 c의 속력으로 분출되었음을 알 수 있다.

Sk -69 202를 과거에 관측한 자료와 이론적 진화 모형을 결합하면, SN1987A의 전단계 별이 주계열에서는 질량이 20 M$_\odot$이고 태양 질량의 수배 정도의 물질을 잃어버린 후에(1.4에서 1.6 M$_\odot$질량을 갖는) 중심의 철 핵심부가 붕괴하였을 것이다. 수십만 년에서 백만 년 가량 적색초거성으로 있었을 것이며, 청색초거성으로 진화하여 4만년이 지나 폭발을 일으켰을 것이다(그림 9.3에 보인 진화 경로를 참조하라. 20 M$_\odot$별의 청색쪽 진화 경로는 나타나 있지 않지만, 25 M$_\odot$ 별의 청색쪽 진화 경로가 나타나 있다). 이 가설을 지지하는 관측으로 Sk -69 202의 외피에서는 수소가 헬륨보다 더 풍부하였으며, 이것은 별이 심각한 질량 손실을 겪지 않았음을 의미한다. 무거운 별이 적색초거성에서 청색 초거성으로 진화하여 폭발을 일으킬지의 여부와 일으키는 시기는 별의 질량에 따라(20 M$_\odot$보다 지나치게 커서는 안될 것이다), 별의 화학조성에 따라(LMC에 있는 별들처럼 금속 원소 함량이 낮을 것이다), 질량 손실에 따라(작은 값이어야할 것이다), 대류를 취급하는 방법에 따라(별 진화 이론에서 가장 불확실한 곳이다) 매우 예민하게 달라질 것이다.

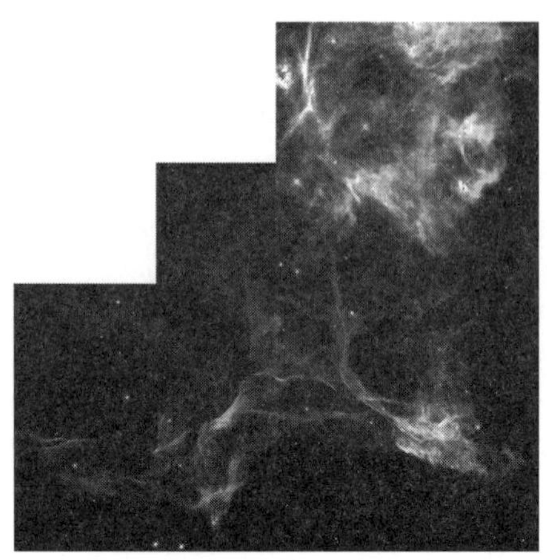

▌그림 9.13 800 pc 떨어진 백조 고리 성운 일부의 HST WF/PC2 영상. (영상 제공 : J. Hester/Arizona State University and NASA.)

초신성 잔해

황소 자리에 있는 게 성운을 포함하여 많은 **초신성 잔해(supernova remnant** SNR)가 있다(그림 9.4를 보라). 오늘날, SN 1054 폭발이후 약 1000년이 지났지만, 여전히 게성운은 거의 1450 km s^{-1}의 속력으로 팽창하고 있으며, 밝기가 8×10^4 $L_\odot$이다. 복사의 상당량이 크게 편광된 싱크로트론 복사의 형태를 띠고 있으며, 이것은 상대론적 속도로 전자들이 자기장을 감싸서 휘돌며 운동하고 있음을 말해준다. 초신성 폭발 이후에도 전자들이 지속적으로 공급되고 높은 밝기가 유지되는 원인은 천문학계에서 매우 어려운 문제였으며, 게성운 중심에서 펄사(빠르게 자전하는 중성자별)가 발견되면서 해결되었다. 펄사는 10장에서 공부할 것이다.

초신성 잔해의 두번째 보기가 그림 9.13에 나타나 있다. 이 영상은 15,000년된 백조 고리 성운의 작은 부분이며 지구에서 800 pc 떨어져 있으며 백조 자리에 있다. 영상에서는 잔해가 왼쪽에서 오른쪽으로 팽창하고 있으며, 수 AU의 폭으로 충격파가 쓸고 지나면서 초신성 폭발의 부스러기들이 성간물질과 섞인다. 충격에 의하여 성간 물질을 들뜨게하고 이온화하여 방출선이 나타난다.

폭발 이전에 질량 손실이 지나치게 크지 않겠지만, SN 1987A의 폭발 전 별은 분명히 일정 정도 질량 손실을 겪었으며, 팽창하는 초신성 잔해에 특이한 구조를 만들어 놓았다. 허블우주망원경으로 얻은 영상에서는 SN 1987A 주변에 있는 고리 3개가 나타난다(그림 9.14). 안쪽의 고리는 지름이 0.42 pc이며, 초신성 폭발의 중심을

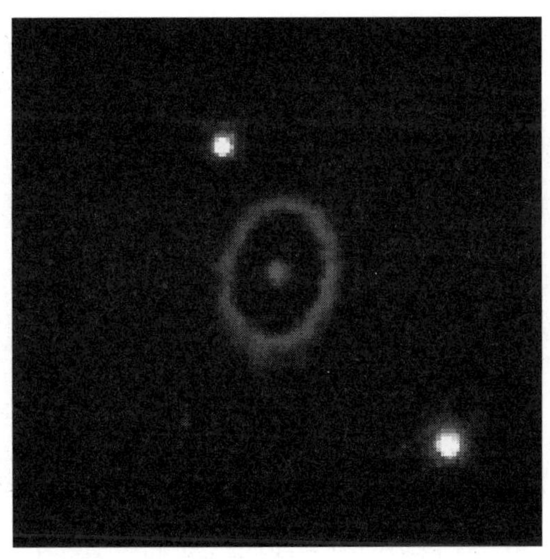

▌그림 9.14 1994년 허블우주망원경으로 찍은 SN 1987A을 둘러싼 고리. 안쪽 고리의 지름은 0.42 pc이다. (영상 제공 : Dr. Christopher Burrows, ESA/STScI and NASA.)

품고 있는 평면에 놓여 있다. 고리는 초신성에서 나오는 복사로부터 에너지를 받아 O III가 방출선을 내기 때문에 가시광 영역에서 보이고, 우리 시선 방향에 대하여 기울어져 있기 때문에 길쭉하게 보인다. 중앙의 고리를 이루는 물질들은 SN 1987A가 폭발하기 20,000년 전에 별바람으로 분출된 물질들이다.

바깥에 있는 두 개의 큰 고리들은 폭발의 중심을 품고 있는 평면에 놓여 있지 않고 초신성의 앞과 뒤에 놓여 있다. 이처럼 멋지고 예상하지 못한 고리가 생긴 원인은 Sk −69 202가 중성자별 혹은 블랙홀일지 모르는 동반성이 근처에 있었다면 설명이 가능하다(중성자별과 블랙홀에 대해서는 각각 4, 5장 참조). 이 동반성이 회전하면서 좁은 빔 모양으로 복사에너지를 방출하면, Sk −69 202에서 분출되어 모래시계 모양으로 분포하고 있는 물질들을 *비춘다.* 가운데 고리가 놓여 있는 곳은 양극 분포 형태에서 가장 밀도가 높은 정도면이다. 이 가설을 지지하는 관측으로는 초신성 폭발 중심에서 0.1 pc 이내에 복사 에너지원을 찾았다는 주장이 있으며, 이것은 큰 고리들이 폭발 중심에서 어긋나 있다는 사실과 부합한다. 이 모형을 반대하는 천문학자들은 가운데 고리와 바깥의 큰 고리들을 설명하는 데에 각각 두개의 고에너지 복사원을 두어야 된다는 것은 지나치게 복잡한 설명이라고 주장한다. 큰 고리들은 청색 초거성이 일으킨 뜨겁고 빠른 항성풍이 이 별이 적색초거성이었던 시절에 일으킨 느리고 온도가 낮은 항성풍을 따라 잡으면서 만든 구조라고 보는 견해도 있다.

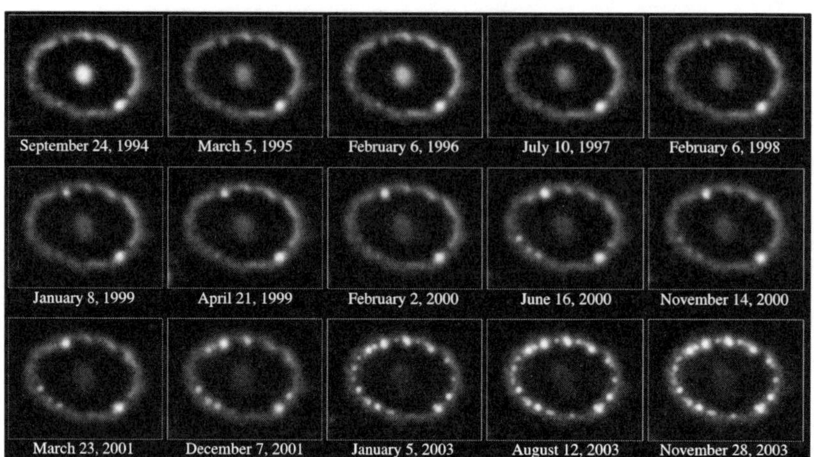

그림 9.15 SN 1987A에서 팽창하는 성운이 이 일련의 영상의 중앙에 나타난다. 그림 9.14에 보인 안쪽 고리를 충격파면이 따라 잡아, 기체 덩어리가 밝게 빛난다. 모든 영상에서 고리의 아래–오른쪽에 보이는 밝은 점은 고리의 시선에 우연히 놓인 다른 별이다. [NASA and R. Kirshner(Harvard–Smithsonian Center for Astrophysics).]

1990년 여름에 초신성으로부터 요동하는 전파 방출이 마침내 검출되었다. 전파는 초신성이 폭발한 후 며칠 동안 검출되었으나, SN 1987A는 그 후로는 전파 방출이 매우 미미하였다. 충격파가 0.1 c에 가까운 속력으로 진행하면서 Sk −69 202가 초신성폭발을 일으키기 전에 잃어버린 물질 덩어리들과 충돌했을 것이다.

SN 1987A의 팽창하는 초신성 잔해의 충격파면이 1996년 안쪽 고리를 구성하는 느리게 운동하는 항성풍과 충돌하기 시작했다. 그 결과 밝은 덩어리들이 그 후 몇 년 동안 화려하게 드러났다. 팽창하는 충격파면과 안쪽 고리는 그림 9.15의 연속적인 영상에서 볼 수 있다.

SN 1987A의 중성미자 검출

아마도 SN 1987A의 초기 관측에서 가장 흥미로운 것은 중성미자 관측이며, 이것은 태양을 제외하고는 최초로 천체로부터 온 중성미자 검출 사건일 것이다. 중성미자의 폭발적 분출을 검출한 것으로부터 제2형 초신성의 기본 이론이 검증되었으며, 이 관측은 붕괴하는 철핵심부로부터 중성자별이 형성되는 과정을 "지켜 보는" 것에 해당하는 관측이다.

폭발적으로 분출되어 지구에 도착한 중성미자의 기록은 1987년 2월 23.316 UT에

서 시작하여 12.5초간 이루어졌으며 이것은 폭발을 알리는 광자가 도착한 2월 23.443 UT보다 3시간이 *일렀다.* 일본의 카미오칸데 II 체렌코프 검출기에서는 12건의 중성미자 검출이 이루어졌고, 같은 시각에 오하이오 페어포트 근처 지하에 있는 IMB[7] 체렌코프 검출기에서는[8] 8건의 중성미자 검출이 이루어졌다. 폭발하는 별이 중성미자에 대하여 광학적으로 얇아진 후에 충격이 별 표면에 도달한다고 가정하고, 또한 충격이 별 내부에 있을 때에 중성미자가 충격보다 더 빠르다면, 중성미자는 광자보다 더 이른 시각에 지구를 향하여 떠난 것이다. 중성미자가 광자보다 일찍 도달한 것은 중성미자의 속도가 거의 광속에 가깝다는 뜻이다(광속과 차이가 1억분의 1이하이다). 이 관측과 서로 다른 에너지를 갖는 중성미자들 사이에 도착한 시간 차이가 거의 없다는 사실을 결합하면(다시 말하면, 더 큰 에너지를 가진 중성미자가 더 낮은 에너지를 가진 중성미자보다 더 빨리 도착한 것이 아니라면), 전자 타입의 중성미자의 정지질량 에너지가 대단히 작다는 것을 뜻한다. 전자 타입의 중성미자 정지질량의 상한값은 SN 1987A의 관측 자료에 근거해서 $m_{\nu_e} \leq 16$ eV이며, 이 값은 실험실에서 측정한 상한값인 2.2 eV와 일관되는 결과이다.

SN 1987A의 조밀한 잔해의 탐사

흥미롭게도, 2006년 현재까지, 중성미자가 SN 1987A의 중심에 밀집 천체가 형성되었다는 유일한 직접적 증거이다. 가시광, 자외선, X-선 영역에서 잔해를 검출하려는 모든 시도가 실패하였다. 더욱이, 폭발에서 살아 남은 동반성의 존재 증거를 찾으려는 노력도 성공을 거두지 못했다. 전자기파 스펙트럼에서 가시광 영역의 광도 상한값은 현재 8×10^{26} W이하이며, F6 주계열 별의 가시광 광도에 해당한다. 자외선 스펙트럼으로부터 자외선 광도 상한이 $L_{UV} \leq 1.7\times10^{27}$W이고, 찬드라에서 얻은 2에서 10 keV 사이의 X-선 광도의 상한값은 $L_X \leq 5.5\times10^{26}$ W이다. 이러한 상한값들은 밀집 천체와 주변 환경(얇은 유입 원반, 두꺼운 유입 원반, 구형 부착 따위)의 모형을 심각하게 압박하는 대단히 강한 제한 조건이다. 아마도, 스피처를 사용한 미래의 적외선 관측을 통하여 잡기 힘든 옹골진 잔해를 검출할 수 있을지 모르겠다.

7) IMB는 콘소시엄으로서 중성미자 관측소를 운영하는 세 기관 University of California at Irvine, University of Michigan, Brookhaven National Laboratory에서 각각 I, M, B를 땄다.

8) 유명한 데이비스 태양 중성미자 검출기(5.1절에서 자세히 공부하였다)에서는 SN 1987A에서 온 중성미자를 전혀 검출하지 못하였다. 검출기의 에너지 범위에서, 초신성으로부터 온 중성미자 신호보다 태양의 중성미자 배경 신호가 너무 *컸다.*

비록 SN 1987A에서 항성진화 이론과는 어긋나는 결과를 보이기도 하지만, 항성 진화 이론의 중요한 면들을 확인하고 명확히 했다.

우주의 화학 조성

핵심부 붕괴 초신성의 논의에 이어, 6.5절에서 공부할 제 Ia형 초신성에 대한 논의의 결과를 생각하면, 우주의 화학 조성과 관측된 함량비를 다시 살펴 보는 것이 의미 있다. 항성 진화 이론의 또 다른 중요한 면은 원소들이 보여주는 함량비를 대부분 설명할 수 있다는 데에 있다.

태양 광구의 화학조성을 그림 9.16에 나타냈으며, 수소를 10^{12}로 놓아 규격화하였다(표 9.2를 보라). 우주에서 가장 풍부한 원소가 수소이며, 헬륨이 약 10분의 1로 그 다음이다. 수소는 태초부터 있었던 물질로서 우주가 시작된 빅뱅으로부터 얼마 지나지 않아서 전 우주적으로 합성되었을 것으로 추정된다. 현재 보이는 대부분의 헬륨도 역시 빅뱅에서 직접 만들어졌지만, 그 나머지는 별 내부에서 수소를 태워 만들어진 것이다.

수소나 헬륨에 대하여 리튬, 베릴륨, 붕소는 함량이 대단히 적다. 여기에는 두 가지 이유가 있다. 이들 원소는 핵반응 사슬에서 두드러진 최종 산물이 아니고,

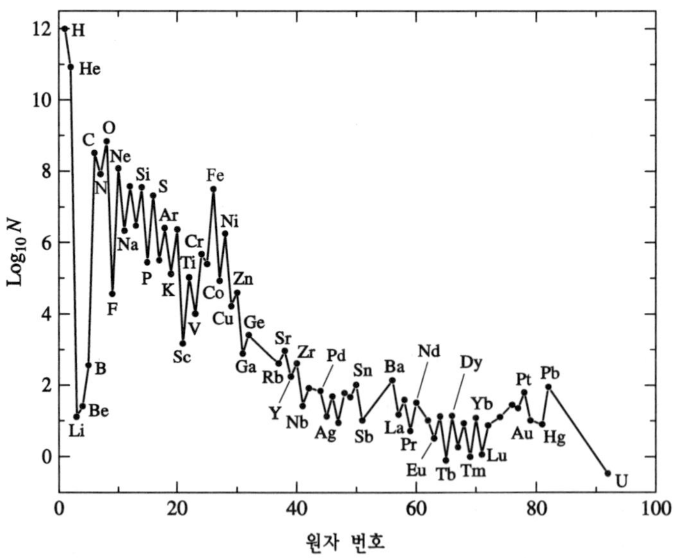

▮ 그림 9.16 태양 광구에서 원소들의 상대 함량. 모든 함량은 10^{12}개의 수소 원자에 대하여 규격화하였다. (자료 출처 : Grevesse and Sauval, Space Sci. Rev., 85, 161, 1998)

또한 이들은 양성자와 충돌하면 쉽게 깨진다. 리튬은 온도가 2.7×10^6 K에서, 베릴륨은 온도가 3.5×10^6 K에서 양성자와 충돌하여 쉽게 부서진다. 태양의 경우 대류 지역이 형성되어 있기 때문에 표면에 있는 리튬, 베릴륨, 붕소가 안쪽으로 수송된다. 현재 태양의 화학 조성을 (태양을 형성한 태초의 화학 조성과 비슷할 것이 확실한) 운석의 화학조성과 비교하면, 베릴륨의 함량은 비슷하지만, 태양 표면에서 리튬의 함량은 운석의 그것에 비하여 약 100배 적다. 이 사실은 태양이 형성된 이후에 리튬은 파괴되었지만, 베릴륨은 크게 줄어 들지 않았음을 의미한다. 태양의 대류 지역은 바닥이 상당히 깊어 거의 리튬을 태우지만 베릴륨을 태울 정도로까지 깊지 않다고 생각할 수 있다. 그러나, 항성내부 이론과 대류를 혼합 길이 이론을 쓰고, 태양 진동을 해석한 결과를 종합하면, 대류 지역의 바닥이 2.3×10^6 K인 곳까지 닿아 있고 리튬을 태우기에 넉넉한 온도가 아님을 알 수 있다. 표준 모형과 관측이 일치하지 않는 이 문제를 **태양 리튬 문제**라고 부른다.[9)]

그림 9.16에서 보이는 봉우리들은 탄소, 질소, 산소, 네온과 같은 원소에서 나타난다. 봉우리가 존재하는 이유는 별이 철 봉우리를 향하여 진화 행진을 하면서 생성하는 원소들이며 또한 안정한 α입자가 풍부한 원자핵들이기 때문이다(그림 4.9를 기억하라). 핵심부 붕괴 초신성은 산소를 상당히 많이 생성하며, 반면에 제 Ia형 초신성은 우주에서 보이는 철의 대부분을 생성한다.

s-과정과 r-과정 핵합성

별에서 일어나는 핵합성 때문에 원자핵이 점점 Z 값이 큰(즉, 양성자가 많은) 원자핵으로 변환될수록, 전하를 띤 입자들, 즉 양성자나 알파 입자와 같은 핵자들과 원자핵이 반응하는 것이 더욱 어려워진다. 그 이유는 쿨롱 퍼텐셜 장벽이 지나치게 높아지기 때문이다. 그러나, 이러한 일은 중성자에게는 적용되지 않으므로, 중성자들은 이런 원자핵과 스스럼없이 만나서 반응을 일으킬 수 있다. 따라서, 중성자를 포함하는 핵반응은 비교직 온도가 낮더라도 일어날 수 있으며, 물론 자유 중성자가 존재한다는 가정에서 성립한다. 중성자와 일으키는 핵반응은

$$ {}^{A}_{Z}\mathrm{X} + n \rightarrow {}^{A+1}_{Z}\mathrm{X} + \gamma $$

9) 아마도 운동량 때문에 가라앉는 대류 거품은 대류 불안정 지역의 바닥을 *지나쳐 내려갈 것이며 (overshoot),* 리튬이 표준 모형이 제안하는 깊이보다 더 깊은 곳까지 수송될 것이다. 확산이 주는 영향과 대류와 회전의 상호 작용 효과가 추가되어 리튬이 더 깊이 가라앉을 것이다.

과 같이 쓸 수 있고, 이 때에 생긴 무거운 원자핵은 다음과 같은 베타 붕괴를 쉽게 일으키는 불안정한 핵이거나 혹은 베타붕괴가 일어나지 않는 안정한 핵이다.

$$^{A+1}_{Z}\mathrm{X} \rightarrow \, ^{A+1}_{Z+1}\mathrm{X} + e^{-} + \overline{\nu}_{e} + \gamma$$

베타 붕괴의 반감기가 중성자 포획이 일어나는 시간 규모에 비하여 짧으면, 중성자 포획 과정은 *느린 과정(slow process)* 혹은 **s–과정**이라고 부른다(360쪽에서 배운 바를 기억하자). s–과정에서는 베타 붕괴가 직접 일어나거나 혹은 2차적으로 일어나면서 결국 안정한 원자핵을 만드는 경향이 있다. 이에 반하여 베타 붕괴 반감기가 중성자 포획 시간 규모에 비하여 길면, 중성자 포획 과정이 *빠른 과정(rapid process)* 혹은 **r–과정**이라고 부르며, 중성자가 풍부한 원자핵을 만들게 된다. s–과정은 별이 정상적인 단계에서 진화할 때에 주로 나타나고, r–과정은 초신성 폭발과 같이 중성자 플럭스가 크게 나타날 때에 일어난다. 이 두 과정 모두 에너지를 크게 생성하지는 않지만, 이 과정으로부터 $A > 60$인 원소들의 함량비를 이해할 수 있다.

9.4 감마선 폭발 천체(Gamma Ray Burst)

현대 천체물리학의 많은 추리 소설과 같은 이야기 가운데 하나가 군사 위성인 벨라(Vela) 위성들의 발사와 함께 1960년대에 시작되었다. 1963년 핵실험 금지 조약과 함께 과거 소비에트 연방의 조약 준수를 감시하고자, 벨라 우주선들은 지구로부터 갑자기 분출되어 나오는 감마선을 검출하도록 설계되었다. 1967년에 검출되고 있었던 감마선 폭발(Gamma Ray Burst)이 지구로부터 오지 않고 하늘 위에서 오는 것이라는 사실이 분명해졌지만, 1973년에 비로소 이러한 정보가 일반인에게 공개되었다.

대략 하루에 한 번, 하늘 아무런 곳으로부터 1 keV에서 GeV의 여러 배의 에너지를 갖는 감마선 광자가 소나기처럼 쏟아진다(이 범위 안에서 저에너지 영역 광자는 X–선 광자이지만, 에너지의 대부분은 감마선 영역에 있다). 폭발은 10^{-2}에서 10^{3}초 지속하며, 상승 시간은 10^{-4}초로 빠르고, 지수 함수적으로 어두워진다. 폭발은 보통 여러 개의 봉우리와 복잡한 생김새를 가지며, 전형적인 폭발의 모양은 존재하지

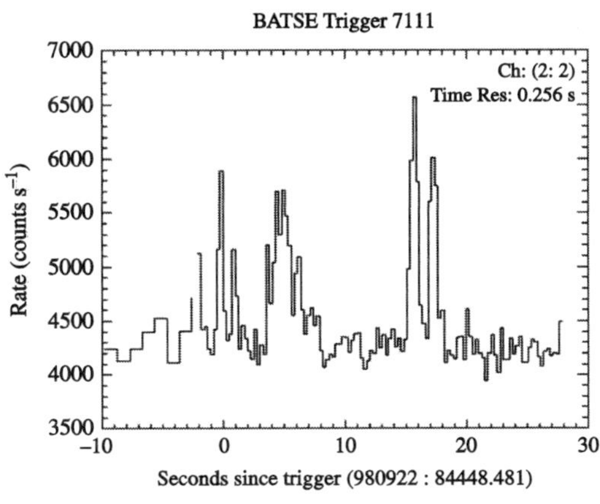

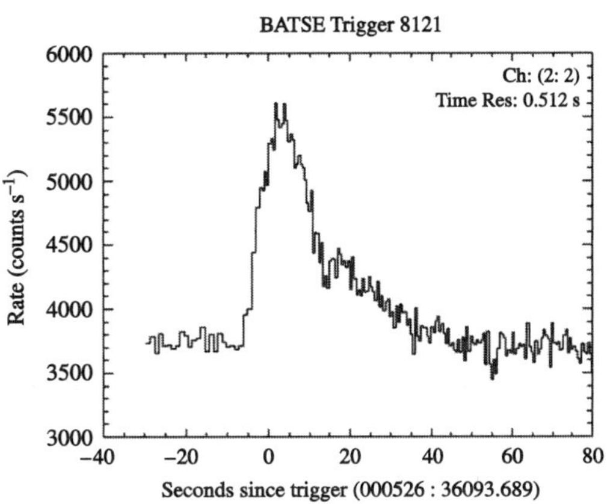

그림 9.17 두 감마선 폭발 천체, GRB 980922와 GRB 000526의 50 keV에서 100 keV의 에너지 범위의 광도 곡선. 자료는 컴프턴 감마선 우주망원경(CGRO)에 실린 BATSE로부터 획득하였다. 두 폭발 현상이 일어난 날짜는 이들 천체의 이름에 나타나 있다. 즉, GRB 980922는 1998년 9월 22일에 일어났으며, GRB 0000526은 2000년 5월 26일에 일어났다. GRB 0000526은 컴프턴 감마선 우주망원경이 궤도에서 벗어나기 전 마지막으로 BATSE에서 얻은 감마선 폭발 천체이다. (그림 제공 : BATSE Team – NASA.)

않는다. 컴프턴 감마선 우주망원경(Compton Gamma Ray Observatory, CGRO)에 실린 Burst and Transient Source Experiment(BATSE)로 검출한 감마선 폭발 천체 두 개의 보기를 그림 9.17에 나타냈다.

GRB는 우리 은하 안에 있는 천체인가 혹은 외부 은하에 있는 천체인가?

1990년대까지 GRB의 수수께끼 대부분은 거리와 이에 따라 결정되는 이 천체가 방출한 에너지 규모와 연관된다. 감마선 폭발 천체가 태양계(아마도 오르트 혜성 구름)에서 오는 것인지 혹은 우리 은하 안에서 일어나는 것인지 혹은 우주 저 먼 곳에서 발생한 것인지 명확하지 않았다.

감마선원의 거리를 알지 못하는 상태에서, 에너지 방출량을 폭빌 중에 검출기면의 단위 면적당 들어오는 전체 에너지(폭발이 지속하는 전체 시간 동안 적분한 에너지 플럭스)로 나타낼 수밖에 없다. 이와 같은 양S를 플루언스(fluence)라고 부르며, 작을 때에는 10^{-12} J m^{-2}에서 클 때에는 10^{-7} Jm^{-2}에 이른다. CGRO가 검출한 가장 큰 에너지를 가진 폭발에서는 검출기가 포화되었다. 예를 들면, 1993년 슈퍼 보울 일요일(1월 31일)에 일어난 "슈퍼보울 폭발"은 겨우 1초 동안 지속되었는데 (1 GeV에 이르는) 에너지를 갖는 광자들로 이루어진 후광이 약 100초간 지속되었다.

또한, 1994년 12월 15일에 CGRO는 90분간 지속된 폭발을 검출하였으며, 최대 에너지 광자의 에너지는 18 GeV였다!

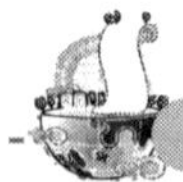

예제 9.4.1

어느 GRB의 플루언스가 $10^{-7}\ \mathrm{Jm}^{-2}$으로 나타났다고 하자. 이 GRB까지 거리가 50,000 AU 떨어진 태양계 혜성의 오르트 구름에 있다고 가정하고, 또한 에너지 방출이 등방적이었다고 하자. 이 천체의 폭발 에너지는

$$E = \left(4\pi r^2\right) S = 4\pi (50{,}000\ \mathrm{AU})^2\ \left(10^{-7}\ \mathrm{J\ m^{-2}}\right) = 7 \times 10^{25}\ \mathrm{J}$$

이다. 한편으로, GRB가 1 Gpc 떨어진 먼 은하에 있다면

$$E = \left(4\pi r^2\right) S = 4\pi (1\ \mathrm{Gpc})^2\ \left(10^{-7}\ \mathrm{J\ m^{-2}}\right) = 1 \times 10^{45}\ \mathrm{J}$$

이고, 중성미자 방출을 포함하여 제 II형 초신성에서 나오는 에너지와 비슷하다.

위의 두 계산값의 차이는 10의 거듭제곱수로 20의 차이가 있다! 이들 천체까지 거리를 구하는 것이 감마선 폭발의 과정을 이해하는 데에 가장 중요하다.

CGRO가 1991년 4월 5일에 우주 왕복선 '아틀란티스'에 실려 띄워 올려지기 훨씬 이전에도, 대부분 천문학자들은 감마선 폭발 과정이 중성자별의 존재와 관련되어 있다는 점에 동의하고 있었다. 폭발의 특징을 주는 거리로서, 폭발의 짧은 상승 시간에 빛의 속도를 곱하면 중성자별 크기와 비슷한 거리를 얻는다(ct_{rise}가 겨우 30 km정도로 작은 값이다). 대략 350에서 500 keV의 에너지 범위를 갖는 광자들에 해당하는 방출선은 중성자별 표면 근처에서 전자와 양전자가 서로 쌍소멸하면서 두 개의 감마선 광자를 만들 때에 생성된다고 생각하였다. 광자의 에너지는 중성자별의 깊은 중력 퍼텐셜 우물을 기어 올라오면서 25%까지 줄어들 수 있다. 20–60 keV 범위의 광자의 다른 분광선은 펄사에서 전형적으로 나타나는 10^8 T의 자기장에서 사이클로트론 선으로 파악하였다. 감마선 폭발 천체는 수 백 파섹의 거리에 있는 우리은하의 두꺼운 원반에 속한 중성자별에서 일어난다는 생각이 대체적인 천문학자들의 의견이었다. GRB는(펄사의 글리치와 같이) 내부 에너지를 끌어 내거나 혹은 근접 쌍성계를 이루어 부착 현상을 통하여 에너지를 조달한다고 생각하였다.

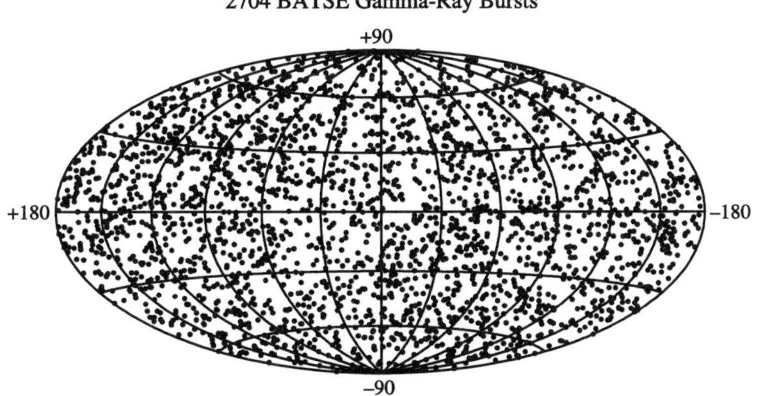

▌**그림 9.18** CGRO에 실린 BATSE가 관측한 2704개의 감마선 폭발 천체의 등방적인 분포. (영상 제공 : BATSE Team – NASA.)

이러한 생각에는 문제가 있었다. 폭발이 쌍성계에서 나타나는 부착 현상에 의한 것이라면, 이러한 폭발은 왜 반복해서 일어나지 않을까? 더구나, 폭발들은 천구에서 균일하게 분포하였고 대부분의 펄사나 X-선 쌍성계처럼 은하수 평면에 집중되지 않았다. 이러한 등방적 분포는 컴프턴 우주 망원경이 등장하기 전까지 사용했던 감마선 검출기의 낮은 성능 때문이라고 생각하였다. 이러한 기기들은 은하수에서 우리가 있는 근처 부분의 은하수 원반에 속한 별들만을 관측할 수 있기 때문에, 폭발의 분포가 등방적으로 나타난다고 생각하였다(같은 방법으로, 우리가 아주 가까운 별들만 관측할 수 있다면, 별들은 은하수면에 집중해서 나타나지 않고 하늘에 골고루 뿌려져 있는 것처럼 보인다). 이러한 상황은 더욱 성능이 향상된 컴프턴 감마선 우주 망원경의 발사와 함께 개선될 것이라고 기대하였다. 이 우주 망원경으로부터 평균적으로, 매 25시간마다 하나의 폭발을 관측하였다. 그림 9.18은 BATSE가 관측한 2704개의 감마선 폭발 천체의 분포를 보여 주고 있다. 이 분포는 등방적이며 등방성으로부터 통계적으로 유의미한 벗어남이 보이지 않는다.

마찬가지로 흥미 있는 사실은 GRB들이 하늘에 골고루 퍼져 있지만, 이들은 공간적으로 균일하게 퍼져 있는 것 같지는 않다.[10] 분포에서 가장자리의 존재를 파악하는 고전적인 방법을 사용하였다. E가 감마선 폭발 천체의 에너지이고 지구로부터 거리가 r이라고 하자. 이 때에 플루언스는

10) 균일한 공간적 분포는 어느 곳에서나 같은 밀도를 갖는다는 의미이며, 거리나 방향에 무관하다는 뜻이다.

$$S = \frac{E}{4\pi r^2} \tag{9.13}$$

이고, 여기에서 방출이 등방적이라고 가정하였다. r에 대해서 다시 쓰면,

$$r(S) = \left(\frac{E}{4\pi S}\right)^{1/2}$$

모든 폭발이 고유한 에너지 E를 갖는다면, 특정한 값을 갖는 S(예를 들면, S_0)에 대하여, 반지름 $r(S_0)$를 갖는 구 안에 있는 모든 천체는 플루언스 $S \geq S_0$로 관측될 것이다.[11] 단위 부피당 n개의 폭발 천체가 있다면, S_0와 같거나 이보다 더 큰 플루언스를 갖는 폭발 천체의 개수는

$$N(S) = \frac{4}{3}\pi n r^3(S) = \frac{4}{3}\pi n \left(\frac{E}{4\pi S}\right)^{3/2} \tag{9.14}$$

이고, 여기에서 아래 첨자 "0"을 생략했다. 그러므로, 감마선 폭발 천체가 공간에서 균일하게 퍼져 있다면, 주어진 값 S보다 더 큰 플루언스를 갖는 폭발 천체의 개수는 $S^{-3/2}$에 비례할 것이다. 컴프턴 결과는 더 멀리 있어서 더 어두운 천체에 대하여, 이러한 비례 관계가 관측적으로 성립하지 않는다는 점을 보여 준다: 그림 9.19를 보라.[12] 이 사실은 분포에 가장 자리가 있음을 의미한다. 감마선 폭발 천체는 한없이 먼 곳까지 퍼져 있지는 않다(물론 이 한계가 관측 가능한 우주의 가장자리가 될 수는 있다). 이 결과와 분포가 등방적이라는 사실을 결합하면, 지구가 감마선 폭발 천체의 구대칭성을 띠는 분포에서 가운데에 놓여 있다는 사실을 암시한다.

거리 문제에 대한 해답은 BeppoSAX 우주망원경을 써서 1997년 2월 28일의 GRB 970228의 검출로부터 얻었다(BeppoSAX는 Italian Space Agency와 the Netherlands Agency for Aerospace Programs에서 공동으로 추진한 X-선 우주망원경이다). BeppoSAX에 설치된 Gamma-Ray Burst Monitor에서 처음으로 폭발을 검출한 후에, 광시야 X-선 카메라가 3'이내에서 폭발의 위치를 결정하였다. 몇 시간이

11) E의 값이 다른 종족의 폭발원이 있을 수도 있다. 그러나, 각 종족이 균일하게 분포되어 있다면, 다음의 논의들이 여전히 성립할 것이다.

12) 그림 9.19에서 플루언스 대신 최대 계수율을 사용하였다. 폭발이 검출되는가는 최대 계수율에 의하여 결정되므로, 폭발 천체의 통계에서는 이 값을 사용하는 것이 더 적합할 것이다.

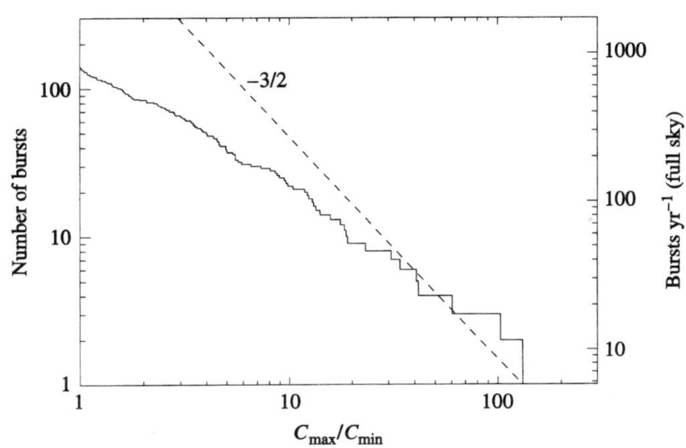

▮ 그림 9.19 $N \propto S^{-3/2}$의 비례 관계에서 어긋남은 감마선 폭발 천체의 분포에 가장자리가 있음을 의미한다. 최대 감마선 계수율 C_{max}를 플루언스 대신에 나타냈다. C_{max}는 CGRO가 신뢰성을 갖고 검출할 수 있는 가장 약한 폭발이다. (그림 출처 : Meegan et al., *Nature, 355*, 143, 1992)

채 지나지 않아, 협시야 X−선 망원경으로 폭발의 위치를 더 세밀하게 결정할 수 있었다. GRB 위치를 신속하게 파악함에 따라, 다른 지상 망원경과 우주 망원경을 동원하여 하늘에서 이 지역을 조사할 수있었다. 감마선 방출이 사라진 후에도, X−선과 가시광에서 어두워져 가는 천체를 찾을 수 있었다. 이 지역을 Keck 천문대와 허블 우주망원경에서 심도 깊은 영상을 얻어, GRB가 먼 은하에서 일어났다는 사실을 확인하였고, GRB 970228은 우주론적 거리(한 외부 은하까지 거리를 일컬음)에 있음을 알 수 있었다.

BeppoSAX와 다른 재빠른 반응 시간을 갖춘 감마선 우주 망원경 [예를 들면 NASA의 High Energy Transient Explorer(HETE−2)와 Swift 우주망원경]으로부터 GRB들을 추가적으로 검출하여, 가시광 영역에서 신속하게 이들 천체들을 동정하고, 이들까지 거리가 우주론적 거리임을 확인하였다. 이후로 먼 외부 은하들에서 많은 GRB들에 대하여 점점 어두워지는 X−선, 가시광, 전파 영역의 대응 방출 천체가 알려지게 되었다. 이 사실은 GRB들이 우주에서 가장 큰 파워를 자랑하는 현상이며, 핵심부 붕괴 초신성의 엄청난 에너지 방출에 견줄 수 있다는 사실을 암시한다.

GRB의 두 가지 종류

이제 감마선 폭발 천체의 진정한 거리들이 결정될 수 있고, 에너지 방출 규모를 확인할 수 있으므로, GRB를 만드는 물리적 과정들에 대한 이론 모형을 시험할 수 있다. 수천 개의 폭발 천체의 연구 끝에, GRB들에게는 기본적으로 두 가지 종류가 있음이 명백해졌다. 2초 이상 폭발이 지속되는 천체들을 길고 부드러운 GRB(long-soft GRB)와 폭발 지속 시간이 2초 이하인 짧고 딱딱한 GRB(short-hard GRB)로 나눈다. “부드러운”과 “딱딱한”은 폭발의 에너지 대부분이 각각 낮은 에너지에서 혹은 높은 에너지에서 보이는 경우를 일컫는다.

초신성에도 두 가지 기본적인 종류가 있듯이(제 Ia형과 핵심부 붕괴), 감마선 폭발 천체에도 두 가지 기본적으로 다른 종류가 있는 것 같다. 짧고 딱딱한 폭발체는 중성자별 – 중성자별 혹은 중성자별 – 블랙홀의 병합과 관련되는 것 같고, 길고 부드러운 폭발체는 초신성과 연결된 것 같다. 제 Ia형 초신성과 같이, 짧고 딱딱한 폭발체에 대한 공부는 뒤로 미루고(6.6절), 먼저 밀집 천체에 대한 물리학적 지식을 더 자세히 얻을 기회를 갖고자 한다.

핵심부 붕괴 초신성과 길고 부드러운 GRB

초신성과 길고 부드러운 GRB 사이의 직접적인 연관성은 GRB 980425의 검출로부터 확립되었다. 40 Mpc 떨어진 거리에 있는, GRB 980425는 전형적인 GRB보다 에너지 방출이 수십만배 가량 적었다(8×10^{40} J). 그러나, 더욱 특별하게 중요한 사실은 같은 곳에서 초신성 SN 1998 bw를 검출했다는 점이다. SN 1998 bw가 내놓은 전체 에너지는 2에서 6×10^{45} J 사이의 값으로 특별히 많은 에너지를 방출한 제 Ib 혹은 제 Ic형 초신성이었다(SN 1998 bw가 내놓은 에너지는 전형적인 제 Ib/Ic 초신성 에너지의 약 30배이다). 붕괴한 중심부 잔해의 질량은 3 $M_\odot$으로 추정되며, 블랙홀을 형성했을 것이다.

두 번째 GRB-초신성의 관련성이 밝혀졌으며, 이 경우는 GRB 030329와 SN 2003 dh이다. 이 경우, 감마선 폭발 천체의 에너지는 다른 GRB들의 에너지와 비슷하였다.

길고 부드러운 GRB들의 모형

길고 부드러운 감마선 폭발 천체를 설명하는 몇 가지 이론이 제안되었으며, 이들 모형들은 공통적으로 *매우 상대론적인 물질들의 전조등 효과*를 포함한다. GRB에서 나타나는 엄청난 양의 에너지의 값은 등방적인 에너지 방출이라는 가정 대신에 **상대론적 제트**로 대치하면 줄일 수 있으며, 그림 9.20에 개략적으로 나타냈다(예제 9.4.1을 기억하라). 1권에 따르면, $\gamma \gg 1$일 때에, 복사는 꼭지각의

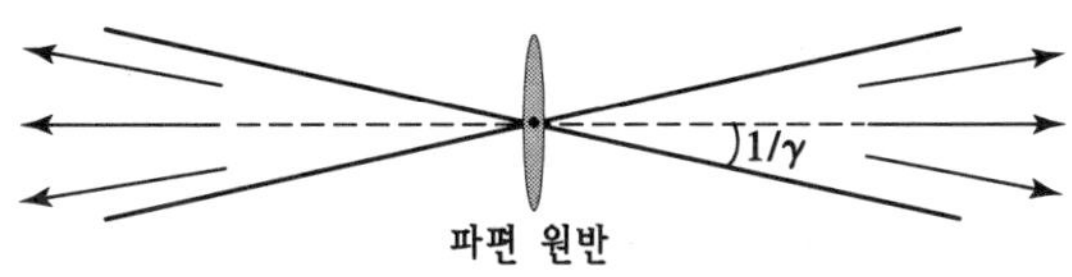

▌그림 9.20 상대론적인 제트가 관측자에게는 꼭지각의 반값이 $\theta \sim 1/\gamma$로 주어진 원뿔과 같이 보일 것이다.

반값이 $\theta \sim 1/\gamma$로 주어지는 원뿔 안으로 방출이 집중된다. 이 때에

$$\gamma \equiv \frac{1}{\sqrt{1-u^2/c^2}}$$

는 로렌츠 인수이다(1권). 물질들의 제트가 거의 빛의 속도로 움직이면서 방출된 복사는(등방적으로 이루어지지 않고) 앞쪽으로 집중되고, 만약에 지구가 원뿔 안에 놓여 있다면 GRB가 생성한 에너지의 양이 실제보다 더 큰 값으로 측정될 것이다. 모형에 따르면, GRB에서 100 내외의 로렌츠 인수값이 가능하며, 이에 따라 실제 생성되어, 제트의 입체각 안으로 복사된 에너지의 양은 γ^2의 인수만큼 줄어들 것이다. 따라서 방출이 등방적이라고 가정했을 때보다 10,000배 정도 더 작은 값을 얻는다.

고도로 상대론적인 제트에 관련한 한 가지 어려움은 중립자가 풍부한 물질과 맞닥뜨려 제트의 속력이 줄어든다는 점이다. 이것은 제트 물질이 전체 정지질량 에너지가 γmc^2 정도인 물질들을 휩쓴 후에 일어나며, 여기에서 m은 제트 물질의 질량이다.

길고 부드러운 폭발체의 성공적인 모형은 스탠 우즐리(Stan Woosley)가 제안한 붕괴성(collapsar) 모형이다[또는 극초신성(hypernova) 모형이라고도 부른다]. 10.6절에서 공부하겠지만, 중성자별은 졸든 중성자가 극도로 밀집된 자신을 지탱할 수 있는 질량의 상한값이 있다(백색왜성에도 졸든 전자가 버틸 수 있는 한계가 있다). 매우 높은 밀도에서($\rho \sim 10^{18}\ \mathrm{kg\,m^{-3}}$) 중성자의 복잡한 상태 방정식을 써서, 회전하지 않는 중성자별의 최대 질량 한계는 약 $2.2\,\mathrm{M}_\odot$으로 어림된다. 핵심부 붕괴 초신성이 일어날 때에, 전단계 항성의 질량, 금속 함량, 회전 속력에 따라 중성자별이나 블랙홀이 형성될 것이다. 우즐리의 모형은 충분히 큰 질량을 갖는 전단계 항성에(아마도 볼프-라예 항성) 대하여, 형성되는 천체는 잔해 물질 부스러기로 이루어진 원반을 두른 블랙홀일 것이다. 파편 원반과 자기장이 조여주는 효과를 일으켜, 초신성

의 중심으로부터 제트가 뿜어져 나올 것이다. 제트를 이루는 물질들은 고도로 상대론적이므로, 더욱 정렬되어 보일 것이다. 떨어져 내리는 별 외피를 이루며 그 위에 놓인 물질들을 제트가 밀어붙이면서, 감마선 폭발을 일으킨다. 우즐리의 붕괴성 모형의 한 보기가 그림 9.21에 보인다.

붕괴성 모형에 대하여 제안된 또 다른 모형은 **상초신성**(supranova) 모형이다.

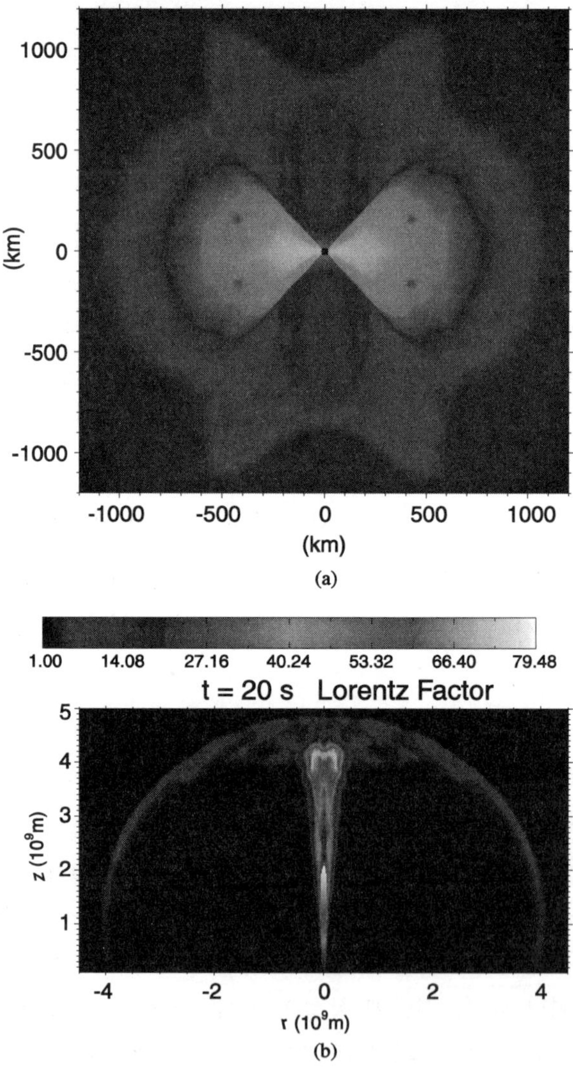

■ 그림 9.21 감마선 폭발 형성의 붕괴성 모형. (a) 블랙홀과 부스러기 원반이 형성된 후에 나타나는 별의 중심부 지역. (b) 상대론적 제트의 등장 (그림 제공 : Weiqun Zhang and Stan Woosley.)

핵심부 붕괴 초신성 과정에서 즉시 블랙홀이 형성되지 않고, 이 모형에서는 약간의 지연이 나타난다. 정지한 중성자별에서 질량의 상한값이 2.2 $M_\odot$으로 추정되지만, 매우 빠르게 회전하는 중성자별은 2.9 $M_\odot$의 질량까지 버티는 것 같다. 중성자별은 대단히 강한 자기장을 갖고 있을 가능성이 높기 때문에, 회전 속도가 점차 줄어들 것이다.

상초신성 모형에서는 핵심부 붕괴 초신성으로부터 $M > 2.2\,M_\odot$의 초과질량을 갖고 회전하는 중성자별이 형성된 후에 몇 주에서 몇 달 정도의 기간 동안 자전 속도가 줄어들어, 더 이상 중력 붕괴를 버틸 수 없는 상황에 이른다. 블랙홀로 붕괴하는 격변이 뒤이어 일어난다. 파편 원반이 블랙홀 주변으로 형성되면, 자기장과 함께 이 원반은 상대론적인 제트를 생성하고 감마선 폭발이 일어난다. 이 모형의 한 가지 장점은 별의 외피가 먼저 일어난 초신성 폭발에서 휩쓸려 나갔기 때문에 제트를 늦추는 중립자들이 없어야한다는 사실을 자연스럽게 설명한다.

9.5 우주선(Cosmic Rays)

1912년 8월 7일에 빅터 헤스(Victor F. Hess 1883-1964)와 두 명의 동료가 5 km의 고도까지 풍선을 타고 올라갔다. 6시간에 걸친 비행 동안, 헤스는 복사의 세기를 측정하기 위하여 세 개의 검전기를 꼼꼼하게 조사하고 있었다.[13] 풍선이 올라가면서, 헤스는 복사가 고도에 따라 강해진다는 사실을 발견하였다. 그의 실험에서 그는 다음과 같은 결론을 내렸다 "이 관측의 결과는 대기를 뚫고 하늘로부터 입사하는 강한 투과력을 갖는 복사의 존재로써 설명할 수 있다." 이 실험은 **우주선(cosmic rays)** 연구의 효시가 되었다.[14]

우주선의 원천

자연스럽게 떠오르는 의문은 이들 입자들의 원천(들)이다. 한가지 명백한 답은 우리 태양이다. 5장에서 보았듯이, 태양풍, 플레어, 코로나 물질 방출들에 의하여 전

13) 검전기는 전기를 띤 입자를 직접 검출하는 기기이다. 일반 물리학에서 검전기는 시범 실험에서 흔히 볼 수 있다.

14) 헤스는 1936년에 노벨상을 수상하였다. 헤스의 공동 수상자는 양전자를 발견한 칼 데이빗 앤더슨(Carl David Anderson)이며, 그는 우주선에 포함된 수 많은 입자들 가운데 이들을 골라내 동정하였다.

기를 띤 입자들이 일상적으로 우주 공간에 뿜어진다. 비록 풍부하게 존재하지만, 이러한 **태양 우주선**(또는 **태양 고에너지 입자**)은 우주선 입자에서는 상대적으로 저에너지 입자들이다. 빠른 태양풍 이온의 속력이 $750\ \mathrm{km\,s^{-1}}$정도 임을 기억하자. 양성자에 대해서, 이 속도에 해당하는 에너지는 $E \sim 3\ \mathrm{keV}$이다. 코로나 물질 방출에서도 양성자들은 $v \sim 0.1\,c$의 속력으로 운동하며, 이 경우 에너지가 10 MeV이지만, 그림 9.22에 보인 곡선에서 거의 편평한 부분에 있는 가장 낮은 에너지에 해당한다.

더 높은 에너지를 갖는 우주선 입자의 원천은 초신성으로 확인되었다($E \leq 10^{16}$ eV, 그림 9.22에서 10^{15}에서 10^{16} eV 사이에 놓인 "무릎(knee)"에 주목하라). 이처럼 높은 에너지에서 입자들의 속력은 실질적으로 c이며, 정지질량에너지는 무시된다(양성자에 대해서 $mc^2 \simeq 937\ \mathrm{MeV} \sim 1\ \mathrm{GeV}$이다).

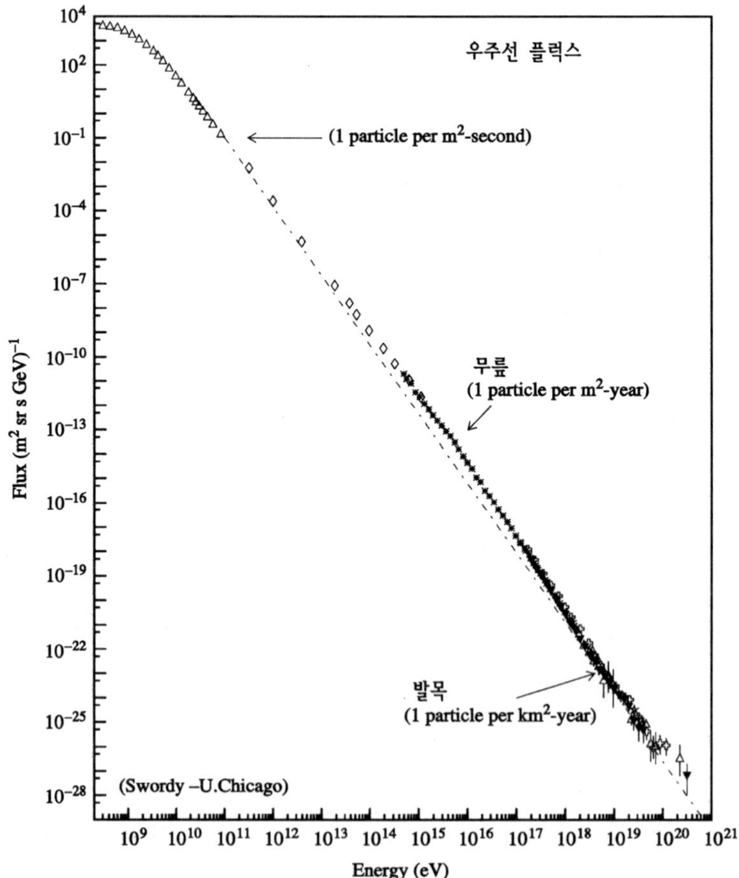

▌그림 9.22 에너지에 대한 함수로서 우주선 입자의 플럭스. (참고 문헌 : J. Cronin, T. K. Gaisser and S. P. Swordy, Sci. Amer., 276, 44, 1997)

우주선이 가속되는 지역에서 자기장을 주변으로 회전하는 우주선 입자의 "궤도"를 생각해 보자. 로렌츠 힘 방정식에서(식 (5.2)) 전기장이 주는 힘을 무시하면, 전기를 띤 입자에 작용하는 힘은 입자의 속도가 자기장 방향에 수직인 특별한 경우에 대하여

$$F_B = qvB$$

이다. 로렌츠 힘은 언제나 운동 방향에 수직이므로, 힘은 구심력이 되어 입자는 자기장 주변으로 원운동을 한다. 따라서,

$$\frac{\gamma m v^2}{r} = qvB$$

이고, γ는 로렌츠 인수이다. r에 대하여 풀면, 궤도의 **라모 반지름**(Larmor radius 혹은 **자이로반지름**, gyroradius)이 다음과 같이 주어진다.

$$\boxed{r = \frac{\gamma m v}{qB}} \tag{9.15}$$

$v \sim c$라는 사실을 생각하면,

$$r = \frac{\gamma m c^2}{qcB} = \frac{E}{qcB} \tag{9.16}$$

를 얻는다.

예제 9.5.1

"궤도"의 라모 반지름이 자기장의 크기 규모를 크게 초과하면, 이 입자는 더 이상 이 지역에 갇혀 있지 않을 것이다. 성간 공간에서는 전형적인 자기장 세기가 10^{-10} T이다. 에너지가 10^{15} eV인 양성자에 대하여 라모 반지름은

$$r = 3 \times 10^{16}\ \text{m} = 1\ \text{pc}$$

이다. 이 반지름은 초신성 잔해의 특징이 되는 거리이며, 이에 따라 10^{15} eV보다 훨씬 더 큰 에너지를 갖는 우주선 입자들은 초신성 잔해에 갇혀 있지 않을 것이다.

예제 9.5.1에 따르면, 10^{15} eV 이하의 에너지를 갖는 우주선 입자들은 초신성 잔해와 연관되어 있을 가능성이 높지만, 입자의 에너지가 이 한계를 넘으면, 이들은 잔해에서 벗어난다. 초신성에 관계된 충격파가 우주선 입자의 가속을 일으키는 장소라고 오래 동안 추정되었다. 엔리코 페르미(Enrico Fermi)가 처음으로 전기를 띤 입자를 극도로 상대론적인 에너지 영역까지 가속하는 물리적 과정을 제안하였다. 그는 자기장에 갇힌 전기를 띤 입자가 다가오는 충격파와 연달아 충돌하는 과정을 통하여 대단히 높은 에너지까지 가속될 수 있음을 제안하였다. 충격으로부터 에너지를 흡수한 후에, 입자는 충격파 운동 방향으로 가속되어 전진한다(다가오는 벽과 탄성 충돌하는 입자들을 생각해 보라). 그러나, 충격의 인근에서 자기장에 묶여 있기 때문에 입자는 되돌아올 수 밖에 없으며, 충격과 다시 충돌하게 되어 추가적인 에너지를 획득한다. 이 과정이 여러 차례 반복되어 마침내 입자는 충분한 에너지를 갖게 되어 초신성 자기장의 굴레를 벗어난다. 그림 9.22에 나타난 우주선 스펙트럼의 거듭제곱함수꼴($F \propto E^{-\alpha}$)은 이러한 입자들에 대한 이와 같은 비열적인 에너지 원천의 특징이 된다.

일본의 Advanced Satellite for Cosmology and Astrophysics(ASCA)에서 얻은 SN 1006의 X-선 영상에는 초신성 충격파면이 10^{15} eV 이하의 에너지를 갖는 우주선 입자의 가속 원천이라는 점을 강하게 암시한다.

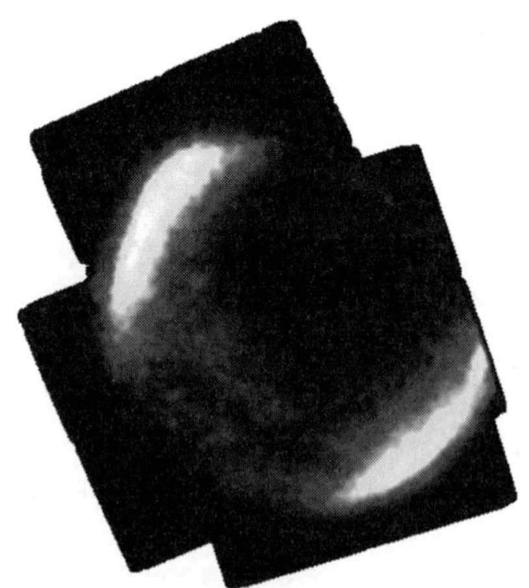

그림 9.23 ASCA로 얻은 SN 1006의 X-선 영상. (사진 제공 : Dr. Eric V. Gotthelf, Columbia University.)

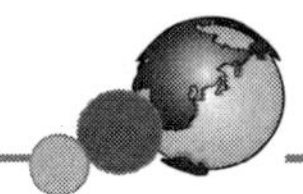

가장 높은 에너지를 갖는 우주선 입자들의 기원은 여전히 수수께끼이다. 우주선 입자의 스펙트럼에서 10^{15} eV 위에 "무릎(knee)"이 존재한다는 사실로부터, 이보다 더 높은 에너지를 갖는 우주선 입자들의 원천은 10^{15} eV 이하의 초신성을 원천으로 하는 입자들과는 근본적으로 다른 듯하다. 게다가 10^{19} eV근처의 "발목(ankle)"은 극단적으로 에너지가 높은 우주선 입자들에게는 또 다른 원천이 있음을 암시한다. "무릎"과 "발목" 사이의 에너지를 갖는 우주선 입자들은 중성자별이나 블랙홀 근처에서 가속된다고 추정된다. 한편, 가장 높은 에너지를 갖는 우주선 입자들은 우리 은하 밖에 기원이 있는 듯하며, 은하간 공간의 충격과 일으키는 충돌, 혹은 거대한 질량을 갖는 블랙홀이 들어 앉은 은하핵의 활동적인 지역에서 발생하는 듯하다.

제9장 참고 문헌

일반 도서

Cronin, James W., Gaisser, Thomas K., and Swordy, Simon P., "Cosmic Rays at the Energy Frontier," *Scientific American*, *276*, 44, 1997.

Friedlander, Michael W., *A Thin Cosmic Rain: Particles from Outer Space*, Harvard University Press, Cambridge, MA, 2000.

Hurley, Kevin, "Probing the Gamma-Ray Sky," *Sky and Telescope*, December 1992.

Lattimer, J., and Burrows, A., "Neutrinos from Supernova 1987A," *Sky and Telescope*, October 1988.

Marschall, Laurence A., *The Supernova Story*, Princeton University Press, Princeton, 1994.

Wheeler, J. Craig, *Cosmic Catastrophes: Supernovae, Gamma-Ray Bursts, and Adventures in Hyperspace*, Cambridge University Press, Cambridge, 2000.

Woosley, S., and Weaver, T., "The Great Supernova of 1987," *Scientific American*, August 1989.

고급 도서

Arnett, David, *Supernovae and Nucleosynthesis: An Investigation of the History of Matter, from the Big Bang to the Present*, Princeton University Press, Princeton, 1996.

Arnett, W. David, Bahcall, John N., Kirshner, Robert P., and Woosley, Stanford E., "Supernova 1987A," *Annual Review of Astronomy and Astrophysics*, *27*, 629, 1989.

Blaes, Omer M., "Theories of Gamma-Ray Bursts," *The Astrophysical Journal Supplement*, *92*, 643, 1994.

Davidson, Kris, and Humphreys, Roberta M., "Eta Carinae and Its Environment," *Annual Review of Astronomy and Astrophysics*, *35*, 1, 1997.

Fenimore, E. E., and Galassi, M. (eds.), *Gamma-Ray Bursts: 30 Years of Discovery*, AIP Conference Proceedings, *727*, 2004.

Galama, T., et al., "The Decay of Optical Emission from the Gamma-Ray Burst GRB 970228," *Nature*, *387*, 479, 1997.

Hansen, Carl J., Kawaler, Steven D., and Trimble, Virginia, *Stellar Interiors: Physical Principles, Structure, and Evolution*, Second Edition, Springer-Verlag, New York, 2004.

Heger, A., et al., "How Massive Stars End Their Life," *The Astrophysical Journal*, *591*, 288, 2003.

Humphreys, Roberta M., and Davidson, Kris, "The Luminous Blue Variables: Astrophysical Geysers," *Publications of the Astronomical Society of the Pacific*, *106*, 1025, 1994.

Massey, Philip, "Massive Stars in the Local Group: Implications for Stellar Evolution and Star Formation," *Annual Review of Astronomy and Astrophysics*, *41*, 15, 2003.

Mészáros, P., "Theories of Gamma-Ray Bursts," *Annual Review of Astronomy and Astrophysics*, *40*, 137, 2002.

Meynet, G., and Maeder, A., "Stellar Evolution with Rotation X. Wolf–Rayet Star Populations at Solar Metallicity," *Astronomy and Astrophysics*, *404*, 975, 2003.

Petschek, Albert G. (ed.), *Supernovae*, Springer-Verlag, New York, 1990.

Piran, Tsvi, "The Physics of Gamma-Ray Bursts," *Reviews of Modern Physics*, *76*, 1143, 2004.

Schlickeiser, Reinhard, *Cosmic Ray Astrophysics*, Springer-Verlag, Berlin, 2002.

Shore, Steven N., *The Tapestry of Modern Astrophysics*, John Wiley & Sons, Inc., Hoboken, 2003.

Stahl, O., et al., "A Spectroscopic Event of η Car Viewed from Different Directions: The Data and First Results," *Astronomy and Astrophysics*, *435*, 303, 2005.

Woosley, S. E., Zhang, Weiqun, and Heger, A., "The Central Engines of Gamma-Ray Bursts," *Gamma-Ray Burst and Afterglow Astronomy 2001: A Workshop Celebrating the First Year of the HETE Mission*, AIP Conference Proceedings, *662*, 185, 2003.

제 9 장 연습 문제

9.1 Estimate the Eddington limit for η Car and compare your answer with the luminosity of that star. Is your answer consistent with its behavior? Why or why not?

9.2 During the Great Eruption of η Car, the apparent visual magnitude reached a characteristic value of $m_V \sim 0$. Assume that the interstellar extinction to η Car is 1.7 magnitudes and that the bolometric correction is essentially zero.

(a) Estimate the luminosity of η Car during the Great Eruption.

(b) Determine the total amount of photon energy liberated during the twenty years of the Great Eruption.

(c) If 3 $M_\odot$ of material was ejected at a speed of 650 km s^{-1}, how much energy went into the kinetic energy of the ejecta?

9.3 The angular extent of one of the lobes of η Car is approximately $8.5''$. Assuming a constant expansion of the lobes of 650 km s^{-1}, estimate how long it has been since the Great Eruption that produced the lobes. Is this likely to be an overestimate or an underestimate? Justify your answer.

9.4 **(a)** Show that the amount of radioactive material remaining in an initially pure sample is given by Eq. (15.10).

(b) Prove that

$$\lambda = \frac{\ln 2}{\tau_{1/2}}$$

9.5 Assume that the 1 $M_\odot$ core of a 10 $M_\odot$ star collapses to produce a Type II supernova. Assume further that 100% of the energy released by the collapsing core is converted to neutrinos and that 1% of the neutrinos are absorbed by the overlying envelope to power the ejection of the supernova remnant. Estimate the final radius of the stellar remnant if sufficient energy is to be liberated to just barely eject the remaining 9 $M_\odot$ to infinity. Be sure to state clearly any additional assumptions you make in determining your estimate of the final radius of the remnant.

9.6 **(a)** The angular size of the Crab SNR is $4' \times 2'$ and its distance from Earth is approximately 2000 pc (see Fig. 15.4). Estimate the linear dimensions of the nebula.

(b) Using the measured expansion rate of the Crab and ignoring any accelerations since the time of the supernova explosion, estimate the age of the nebula.

9.7 Taking the distance to the Crab to be 2000 pc, and assuming that the absolute bolometric magnitude at maximum brightness was characteristic of a Type II supernova, estimate its peak apparent magnitude. Compare this to the maximum brightness of the planet Venus ($m \simeq -4$), which is sometimes visible in the daytime.

9.8 Using Eq. (12.26), make a crude estimate of the amount of time required for the homologous collapse of the inner portion of the iron core of a massive star, marking the beginning of a core-collapse supernova.

9.9 **(a)** Assuming that the light curve of a supernova is dominated by the energy released in the radioactive decay of an isotope that has a decay constant of λ, show that the slope of the light curve is given by Eq. (15.11).

(b) Prove that Eq. (15.12) follows from Eq. (15.11).

9.10 If the linear decline of a supernova light curve is powered by the radioactive decay of the ejecta, find the rate of decline (in mag d^{-1}) produced by the decay of ${}^{56}_{27}Co \rightarrow {}^{56}_{26}Fe$, with a half-life of 77.7 days.

9.11 The energy released during the decay of one ${}^{56}_{27}Co$ atom is 3.72 MeV. If 0.075 $M_\odot$ of cobalt was produced by the decay of ${}^{56}_{28}Ni$ in SN 1987A, estimate the amount of energy released per second through the radioactive decay of cobalt:

(a) just after the formation of the cobalt.

(b) one year after the explosion.

(c) Compare your answers with the light curve of SN 1987A given in Fig. 15.12.

9.12 The neutrino flux from SN 1987A was estimated to be 1.3×10^{14} m^{-2} at the location of Earth. If the average energy per neutrino was approximately 4.2 MeV, estimate the amount of energy released via neutrinos during the supernova explosion.

9.13 Using Eq. (10.22), estimate the gravitational binding energy of a neutron star with a mass 1.4 $M_\odot$ and a radius of 10 km. Compare your answer with the amount of energy released in neutrinos during the collapse of the iron core of Sk -69 202 (the progenitor of SN 1987A).

9.14 It is estimated that there are approximately 100,000 neutron stars in the Milky Way Galaxy. Show that if the observed gamma-ray bursts are associated with neutron stars in our Galaxy, then each source *must* repeat. If you make the extreme assumption that each neutron star produces bursts, what would be the average time between bursts?

9.15 Consider an electron and positron that annihilate each other at the surface of a neutron star ($M = 1.4\,M_\odot$, $R = 10$ km), producing two gamma-ray photons of the same energy. Show that each gamma ray has an energy of at least 511 keV.

9.16 Suppose there are two populations of gamma-ray burst sources with energies E_1 and E_2. Show that if the sources are distributed homogeneously throughout the universe with number densities n_1 and n_2, respectively, then the total number of bursts observed to have a fluence $\geq S$ is proportional to $S^{-3/2}$.

9.17 The highest-energy cosmic-ray particle that had been recorded at the time this text was written was measured by the Fly's Eye HiRes experiment in the Utah desert in 1991. The energy of the particle was 3×10^{20} eV.

(a) Convert the energy of the particle to joules.

(b) If the particle was a baseball of mass 0.143 kg, calculate the speed of the ball.

(c) Convert your answer to miles per hour and compare your answer to the speed of a fast ball of the fastest major league pitchers (approximately 100 mph, or 45 m s^{-1}).

9.18 Using Eq. (15.16), show that cosmic-ray particles with energies of greater than 10^{19} eV are not likely to be bound to the Milky Way Galaxy. (A characteristic size scale for the Galaxy is about 30 kpc.) What about particles with energies in the range of 10^{16} eV to 10^{19} eV?

9.19 Nonthermal spectra are often represented by power laws of the form

$$F = CE^{-\alpha}$$

Figure 15.22 shows a power-law spectrum for cosmic rays. Determine the value of α in the region 10^{11} eV to the "knee," and from the "knee" to the "ankle."

9.20 Calculate the Lorentz factor for a proton with an energy of 10^{20} eV.

10장 별의 졸든 시체

10.1 시리우스 B의 발견

1838년 프리드리히 빌헬름 베셀(Friedrich Wilhelm Bessel, 1784-1846)은 연주시차 방법을 사용해서 61 Cygni까지 거리를 알아냈다. 최초로 별까지 거리를 측정하는 데에 성공을 거둔 베셀은 천부적 자질을 이용해서 다음 가능성 높은 후보로 밤 하늘에서 가장 밝은 시리우스를 택하였다. 시리우스의 연주시차 $p'' = 0.379''$로부터 이 별까지 거리는 겨우 2.64 pc 즉, 8.61광년임을 알 수 있었다(부록 E를 보라). 시리우스가 아주 밝게 보이는 이유 가운데 하나는 이 별이 지구에서 대단히 가깝기 때문이다. 하늘에서 시리우스의 움직임을 베셀이 계속 추적한 결과, 그는 시리우스의 경로가 직선에서 약간 어긋나 있음을 발견하였다. 10년간 정밀 관측을 한 결과 베셀은 1844년에 시리우스가 쌍성계를 이루고 있다고 결론을 내렸다. 비록 밝은 별 옆에 있는 동반성을 찾지는 못하였으나, 그는 궤도 주기가 50년 정도로(현재 알려진 값은 49.9년) 추정하고 그 위치를 예측하였다. 이후로 밝게 빛나는

"큰개별"의 어두운 동반성인 "강아지별"을 찾기 위한 노력이 줄을 이었다.

베셀 시대의 망원경은 이글거리는 별 바로 옆에 붙어 있는 어두운 별을 찾기에는 역부족이었으며, 1846년 베셀이 죽은 이후에 강아지별을 찾으려는 열정도 식어갔다. 마침내, 1862년 미국의 유명한 렌즈 제작자인 앨번 클라크(Alvan Clark 1804-1887)의 아들인 앨번 그레이엄 클라크(Alvan Graham Clark, 1832-1897)는 아버지가 만든(이전 것보다 3인치 더 큰) 새 18인치 굴절망원경을 시험하기 위하여 시리우스를 관측하고, 즉시 예측된 위치에서 강아지별을 발견하였다. 압도적으로 이글거리는 시리우스A는 강아지별보다 거의 천 배가량 더 밝으며, 강아지별은 시리우스B로 부르게 되었다(그림 10.1을 보라). 질량 중심을 중심으로 일어나는 궤도 운동을 연구한 결과(그림 10.2와 문제 1.4를 보라) 시리우스A와 시리우스B는 각각 질량이 $2.3\,M_\odot$과 $1.0\,M_\odot$임이 알려졌다. 최근에 알려진 시리우스B의 질량은 $1.053 \pm 0.028\,M_\odot$이고, 이 책에서는 이 값을 사용하겠다.

시리우스B를 클라크가 발견한 시점은 우연히도 두 별이 가장 멀리 떨어진(거의 10"정도) 원성점일 때였다. 광도의 차이가 아주 크기 때문에($L_A = 23.5\,L_\odot$이고 $L_B = 0.03\,L_\odot$) 다른 때에는 찾기가 훨씬 더 어렵다. 다음 원성점이 50년 후에 찾아왔을 때에 분광학자들은 이미 새 기기를 개발하여 시리우스B의 표면 온도를 측정하였다. 강아지별이 어둡기 때문에 천문학자들은 이 별이 매우 차갑고 붉은 색을 띨 것을 기대하였다. 그러나, 월터 아담스(Walter Adams 1876-1956)가 1915년에 윌슨산천문대에서 이와는 반대로 시리우스B가 뜨거운 청백색별이며, 대부분의

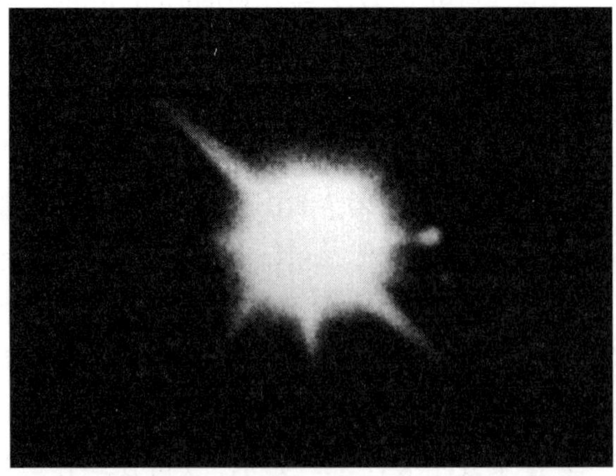

▌그림 10.1 과다 노출된 시리우스A의 영상 옆에 보이는 백색왜성 시리우스B (영상 제공 : Lick Observatory)

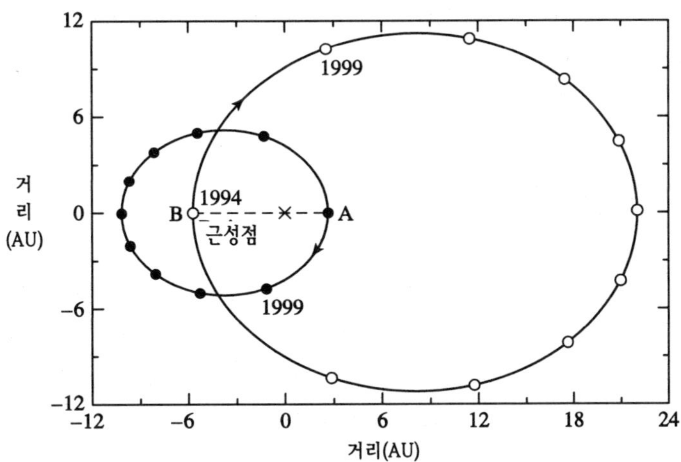

▌**그림 10.2** 시리우스A와 시리우스B의 궤도. 쌍성계의 질량 중심은 ×로 표시하였다.

에너지를 자외선 영역에서 방출하고 있음을 발견하였을 때에 천문학자들은 경악을 금하지 못하였다. 시리우스B의 온도로 오늘날 쓰이는 값은 27,000 K로 시리우스A의 9910 K보다 훨씬 더 높다.

이 관측 사실이 의미하는 강아지별의 물리적 성질은 경이적이다. 1권에 쓴 스테판-볼츠만 법칙을 써서 시리우스B의 크기를 계산하면 반지름이 겨우 5.5×10^6 m$\approx$ 0.008 $R_\odot$에 불과하다. 시리우스B는 질량이 태양만한 물질들을 지구보다도 비좁은 공간에 우겨넣은 것이다! 시리우스B의 평균밀도는 3.0×10^9 kg m^{-3}이며, 표면에서 중력가속도는 약 4.6×10^6 m s^{-2}이다. 백색왜성 물질을 찻숟가락 하나 떠오면 지구에서는 1.45×10^5 N(약 16톤)에 해당하며, 백색왜성 표면에서는 이 무게에 다시 470,000배가 된다. 이처럼 엄청난 중력을 시리우스B의 스펙트럼을 보면 실감할 수 있다. 별 표면에서 압력이 엄청나게 크기 때문에 수소 흡수선의 폭이 대단히 넓게 나타난다(그림 2.15를 보라).[1] 이들 흡수선을 제외하고는 별의 스펙트럼은 별다른 특징이 없는 연속 스펙트럼이다.

시리우스B의 발견을 접한 천문학자들이 보인 첫 반응은 도저히 믿을 수 없는 결과이며, "말도 안되는 소리"라는 것이었다. 그러나, 계산들이 너무 단순하고 명료하였기 때문에 이런 반응은 금새 바뀌어서 에딩턴은 1922년에 다음과 같이 말하였다. "밝기와는 전혀 걸맞지 않은 형태의 스펙트럼을 고집스레 보여주는 신비로운 천체로부터 우리는 물리 법칙에 맞게 복사하는 것들이 흔하게 널려 있다는 교훈을 얻는

1) 3.5절에서 공부한 압력 선폭 증가를 기억하라.

다." 모든 자연과학과 같이, 천문학도 이론에 예외적인 상황에 접하게 될 때에 급격하게 발전한다.

10.2 백색왜성

명백히 시리우스B는 평범한 별은 아니다. 이 별은 **백색왜성**으로 질량은 대략 해와 비슷하고, 크기는 지구와 비슷하다. 태양 이웃에 있는 별들의 약 4분의 1이 백색왜성임에도 불구하고, 이러한 어두운 별의 평균적인 성질들을 결정하기가 매우 어려운데, 그 이유는 태양으로부터 겨우 10 p 안에 있는 별에 대해서만 완전한 표본을 얻을 수 있기 때문이다.

백색왜성의 분류

그림 2.14과 2.16를 보면, 백색왜성들이 H-R도에서 주계열 아래에 주계열과 거의 나란하게 놓인 비좁은 오솔길에 놓여 있음을 알 수 있다. 백색왜성들은 평범한 별들보다 더 하얗지만, 이름 자체는 약간은 잘못 붙인 이름이다. 실제로 백색왜성은 온도가 5000 K 이하에서 80,000 K 이상까지 넓은 범위에 걸쳐 있어서 모든 색깔의 백색왜성이 존재한다. 백색왜성의 분광형 D("dwarf"에서 따온 D)는 세부 분류가 몇 가지 있다. 가장 큰 부류는(시리우스B를 포함한 전체 백색왜성의 약 3분의 2를 차지하는) **DA 백색왜성**이라고 불리우며, 스펙트럼에 압력에 의하여 폭이 넓어진 수소 흡수선이 나타난다. 수소 흡수선이 보이지 않지만 헬륨 흡수선이 보이는 백색왜성을 **DB 백색왜성**이라고 부르며 약 8%를 차지하고, 나머지 14%의 백색왜성은 전혀 분광선을 보이지 않는, 별다른 특징 없이 연속스펙트럼만 나타나며 **DC 백색왜성**이라고 부른다. 나머지 부류 가운데 **DQ 백색왜성**은 스펙트럼에 탄소선이 보이고, **DZ 백색왜성**은 금속선의 증거를 갖는다.

백색왜성의 중심부 조건

질량이 $M_{\rm wd}$이며, 반지름이 $R_{\rm wd}$인 백색왜성 중심의 물리적인 조건을 앞 절에서 시리우스B의 값들을 사용해서 알아보는 것이 매우 교육적이다. 식 (8.5)에서 $r=0$으로 놓으면, 별 중심에서 압력은[2)]

2) 식 (8.5)는 압력이 일정하다는 비현실적인 가정을 하고 얻은 값이라는 점을 기억하자.

$$P_c \approx \frac{2}{3}\pi G\rho^2 R_{\rm wd}^2 \approx 3.8 \times 10^{22}\ {\rm N\ m^{-2}} \tag{10.1}$$

이고, 이 값은 태양의 중심부 압력보다 약 150만 배 더 크다. 중심에서 온도를 대략 계산하기 위해서, 식 (4.68)에서 복사의 온도 기울기 관계로부터[3)]

$$\frac{dT}{dr} = -\frac{3}{4ac}\frac{\bar{\kappa}\rho}{T^3}\frac{L_r}{4\pi r^2}$$

다시 쓰면

$$\frac{T_{\rm wd} - T_c}{R_{\rm wd} - 0} = -\frac{3}{4ac}\frac{\bar{\kappa}\rho}{T_c^3}\frac{L_{\rm wd}}{4\pi R_{\rm wd}^2}$$

과 같이 쓸 수 있다. 이제, 표면 온도 $T_{\rm wd}$가 중심 온도보다 아주 작다고 가정하고, 평균 불투명도 $\bar{\kappa} = 0.02\ {\rm m^2\ kg^{-1}}$로 전자산란에 의한 불투명도로 놓으면(식3.27에서 $X = 0$으로 놓았을 때) 중심 온도는

$$T_c \approx \left[\frac{3\bar{\kappa}\rho}{4ac}\frac{L_{\rm wd}}{4\pi R_{\rm wd}}\right]^{1/4} \approx 7.6 \times 10^7\ {\rm K}$$

을 얻는다. 따라서, 백색왜성의 중심 온도는 수천만도이다.

이와같이 어림한 백색왜성의 물리량들로부터 매우 놀라운 결론을 내릴 수 있다. 비록 수소가 우주에서 보이는 물질의 70%를 차지하지만, 백색왜성 표면 아래에서는 많이 존재할 수 없다. 그렇지 않다면, pp 사슬에 대한 식 (4.46)이나 CNO 순환에 대한 식 (4.58)에서 본 바와 같이 밀도와 온도에 따라 발생하는 핵융합에너지가 매우 크기 때문에 백색왜성에서 관측되는 광도보다 수천배 밝아야할 것이다. 다른 핵융합 반응에 같은 논리를 적용하면, 백색왜성이 복사하는 에너지는 다른 핵융합 반응에서 오는 것이 아니며, 별의 중심을 이루는 물질들은 이러한 온도와 밀도에서 핵융합을 일으킬 수 없음을 알 수 있다.

7.2절에서 논의하였듯이, 백색왜성은 질량이 중간 이하인(초기 질량이 8–9 $M_\odot$

3) 10.5절에서 많이 공부하겠지만, 복사온도 기울기 가정은 올바르지 않다. 그 이유는 에너지 수송이 전자의 전도에 의하여 이루어지기 때문이다. 그러나, 식 (4.68)은 이러한 어림값을 얻을 목적으로는 충분하다.

이하인) 별의 중심핵에서 H–R도의 점근거성가지 수명이 끝나가는 시점에서 형성된다. 헬륨중심핵의 질량이 0.5 M⊙을 초과하면, 핵융합을 일으키므로, 대부분의 백색왜성은 완전히 이온화된 탄소와 산소 원자핵으로 이루어져 있다.[4] 거성이 나이를 먹어감에 따라 표면을 날리고 행성상성운을 만들면서, 중심핵이 드러나면 백색왜성의 전단계가 된다. DA백색왜성의 질량 분포는 0.56 M⊙에서 예리한 최대값을 보이며, 대략 80 퍼센트가 0.42 M⊙과 0.70 M⊙에 놓여 있다(그림 10.3을 보라). 위에서 언급한 훨씬 큰 주계열 질량을 가진 별은 점근거성가지에서 높은 질량 손실을 겪었고 열적 맥동과 어쩌면 거대항성풍 단계를 수반했었음을 암시한다.

스펙트럼과 표면 화학 조성

백색왜성의 표면에서 중력이 지나치게 크기 때문에 DA백색왜성에서 수소 흡수선의 폭이 커진다. 수소보다 더 무거운 원소들은 가벼운 수소가 표면으로 상승하고 그 아래로 깔리므로, 탄소–산소 중심핵 위에 헬륨 층이 놓이고, 가장 바깥에 수소 층이 얇게 덮인다.[5] 질량에 따라 원소들이 수직 방향으로 층을 이루는 일은

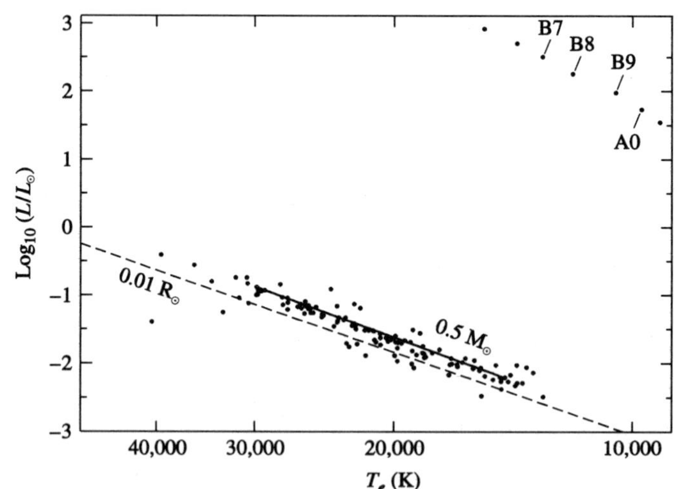

그림 10.3 H–R도 위에서 DA 백색왜성의 위치. 0.5 M⊙인 백색왜성의 위치를 표시한 선이 나타나 있고, 주계열의 일부가 오른쪽 위에 보인다. (자료 출처 : Bergeron, Saffer and Liebert, *Ap. J.*, *394*, 228, 1992)

---

4) 작은 질량의 헬륨 백색왜성도 존재하고, 더 드물지만 산소–네온–마그네슘 백색왜성도 일부 신성에서 검출되었다.

5) DA백색왜성에 대하여 수소와 헬륨층의 상대적 질량의 어림값은 $m(\mathrm{H})/m(\mathrm{He}) \approx 10^{2}$에서 10^{-11}에 이른다.

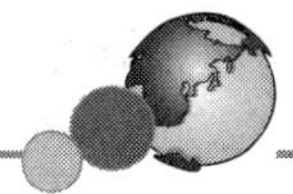

뜨거운 별의 대기에서 약 100년 정도 걸린다. DA가 아닌 백색왜성들(예를 들면 DB, DC백색왜성들)의 형성 원인은 아직 밝혀져 있지 않다. 점근거성가지에서 열적맥동이나 거대항성풍 단계일 때에 질량 손실이 매우 심하게 일어나 백색왜성의 수소를 거의 모두 몰아내어 형성될 것이다. 또는, 하나의 백색왜성이 표면에서 대류를 통한 섞임 현상 때문에 DA백색왜성과 DA가 아닌 백색왜성 사이를 번갈아 오갈지도 모른다.[6] 예를 들면, 헬륨 대류지역이 그 위에 놓여 있는 얇은 수소 지역으로 깊이 침투하면 얇은 수소 지역이 나타나지 않아서 DA백색왜성이 DB백색왜성으로 바뀔 것이다.

맥동하는 백색왜성

표면온도가 $T_e \approx$12,000 K인 백색왜성들은 H-R도에서 불안정띠에 놓이게 되어 100-1000초 사이의 주기를 갖고 맥동을 일으킨다(그림 2.16, 표 8.1). 이와 같은 변광성을 **ZZ Ceti** 변광성이라 부르고, 1968년 알로 란돌트(Arlo Landolt)가 이들 부류의 대표적인 별인 ZZ Ceti를 발견하여 명명된 이름이다. 이들은 변광하는 백색왜성이기 때문에 **DAV 별**이라고 부르기도 한다. 맥동주기는 수소와 헬륨으로 이루어진 표면층에서 공명하는 비방사상 g-모드에 해당한다.[7] 이러한 g-모드는 수평 변위에만 관계가 있으므로, 밀집맥동성의 반지름은 거의 변하지 않는다. (수분의 1등급 정도의) 밝기 변화는 별 표면의 온도 변화 때문에 나타난다. 대부분의 별은 자신의 일생을 백색왜성으로 마무리하므로, 이러한 변광성은 우주에서 가장 흔한 변광성일 것이나, 정작 겨우 칠십개 정도만을 발견했을 뿐이다.

모형 맥동백색왜성에 대하여 수치적 방법으로 성공을 거둔 천문학자가 미국의 Don Winget 등이다. 이들은 8.2절에서 언급한 바와 같이 *수소* 부분이온화 지역이 ZZ Ceti변광성에서 진동을 구동한다는 사실을 보였다. 이 계산을 통해서 백색왜성의 외피에서 원소들이 층을 이루어 분포한다는 사실도 확인되었다. Winget과 동료들은 뜨거운 DB백색왜성은 *헬륨* 부분이온화지역이 g-모드 진동을 일으킬 것이라고 예측하였다. 1년도 채 지나지 않아, 이 예측이 들어맞아, Winget과 동료들이 **DBV** 별($T_e \approx$ 27,000 K)을 발견하였다. H-R도에서 DAV와 DBV별들이 있는 위치

6) 10.5절에서 공부하겠지만, 가파른 온도 기울기 때문에 백색 왜성 표면층에 대류 지역이 형성된다.

7) 항성의 비방사상 맥동은 8.4절에서 공부하였다. 그림 8.18에 보인 바와 같은 보통 별의 g-모드와는 달리, 백색왜성의 g-모드는 표면 층에만 한정되어 있다.

를 그림 10.4에 나타내었다. 또한, 갓 태어난 백색왜성과 관련된 대단히 뜨거운 DOV, PNNV($T_e \approx 10^5$ K) 변광성들도 같이 나타내었다[8)]["PNN"은 행성상성운 중심별(planetary nebula nuclei)를 말하고, DO는 백색왜성 단계로 진입하는 분광형을 표시한다]. 이와 같은 모든 변광성들은 여러 주기를 갖고, 동시에 적어도 3개 이상 125개 까지 서로 다른 주기를 동시에 보여준다. 천문학자들은 이와 같은 자료를 해독하여 백색왜성의 상세한 구조를 알아내려고 노력한다.

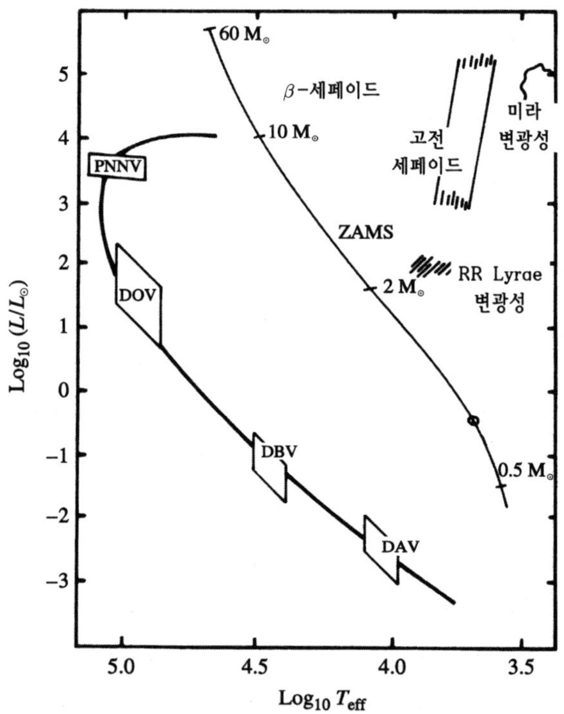

▌그림 10.4 H–R도에서 맥동을 일으키는 밀집 천체들
(그림 출처 : Winget, *Advances in Helio– and Asteroseismology*, Christensen–Dalsgaard and Frandsen(eds.) Reidel, Dordrecht, 1988)

8) 이 멋진 예측과 이에 따른 새로운 종류의 항성 발견에 관심있다면, Winget et al. (1982 a,b)를 읽기 바란다.

10.3 졸든 물질의 물리적 성질

이제 표면 아래로 내려가서 인정사정 없는 중력에 대항해서 백색왜성을 어떻게 떠받쳐주는지 물어보자. (문제 10.4)에서 보듯이 보통의 기체와 복사압으로는 도저히 불가능하다는 사실을 쉽게 보일 수 있다. 해답은 1926년 영국의 물리학자 랄프 하워드 파울러(Sir Ralph Howard Fowler, 1889-1944)가 발견하였으며, 그는 파울리 배타원리를(5.4절을 기억하라) 백색왜성 안에 갇힌 전자에 적용하였다. 이어지는 정성적인 설명을 통하여 파울러는 **졸든 전자 압력**의 기본적인 물리적 성질을 밝혔다.

파울리 배타 원리와 졸든 전자

어떤 물리계 –수소 원자나, 흑체복사 광자로 가득 채워져 있는 가마솥, 기체가 가득 채워져 있는 상자 따위–는 한 무리의 양자수로 구별하는 양자 상태로 이루어진다. 가마솥 흑체복사계는 전자기파 정상파로 이루어져 있고 각 정상파들은 (x, y, z 방향으로 진행하는 파장 λ를 갖는 광자의 개수를 나타내주는) 3개의 양자수로 구별되듯이, 기체가 들어있는 상자는 정상파를 이루는 드브로이 물질파로 이루어져(x, y, z 3방향의 운동량 성분을 표시하는) 3개의 양자수로 구별된다. 기체 입자가(전자나 중성자와 같이) 페르미 입자라면, 두 페르미 입자가 같은 양자 상태를 공유할 수 없다는 파울리 배타원리 때문에 하나의 양자 상태에는 기껏해야 하나의 페르미 입자만이 차지할 수 있게 된다.

표준 온도와 압력에 있는 일상적으로 보는 기체에서는 10^7개의 양자 상태마다 하나 정도를 기체 입자가 차지하므로, 파울리 배타 원리가 주는 제한 조건이 큰 의미를 갖지 않는다. 평범한 기체는 이상기체 상태방정식에 따라 온도로 주어지는 *열적인* 압력을 갖는다. 그러나, 에너지를 기체에서 앗아가면, 온도가 내려가므로, 기체 입자들 가운데 점점 더 낮은 에너지 상태를 차지하는 입자들의 비율이 높아진다. 기체 입자가 페르미 입자라면, 오로지 한 입자만이 하나의 양자 상태에 놓일 수 있으므로, 모든 입자들이 바닥상태에 옹기종기 모여 있을 수는 없는 노릇이다. 기체의 온도가 내려갈수록, 페르미입자들은 바닥상태부터 시작해서 비어 있는 양자 상태 가운데 가장 낮은 에너지를 갖는 들뜬 상태들을 차곡차곡 채워 올라간다. $T \rightarrow 0$인 극한에서도, 들뜬 상태에 있는 페르미 입자는 격렬하게 운동할 수 있으

므로, 상당한 압력을 만들 수 있다. 0도에서는 낮은 에너지 상태가 *모두* 채워져 있고, 높은 에너지 상태는 *모두* 비어 있다. 이러한 상태에 있는 페르미 입자들의 모임을 완전히 **졸들어 있다**고 말한다.

페르미 에너지

그림 10.5에 나타냈듯이, $T=0$ K인 완전히 졸든 상태에서 전자가 갖는 최대 에너지를 **페르미 에너지(Fermi energy)**라고 부른다. 이 에너지를 구하기 위하여, 한 변의 길이가 L인 3차원 상자를 생각하자. 전자를 상자 안에 있는 정상파라고 생각하면, 각 방향에 대하여 파장 성분은

$$\lambda_x = \frac{2L}{N_x}, \quad \lambda_y = \frac{2L}{N_y}, \quad \lambda_z = \frac{2L}{N_z}$$

로 주어지고, N_x, N_y, N_z는 각 차원에 따른 양자수이다. 드브로이 파장과 운동량 사이의 관계(식 (5.17))를 기억하면

$$p_x = \frac{hN_x}{2L}, \quad p_y = \frac{hN_y}{2L}, \quad p_y = \frac{hN_x}{2L}$$

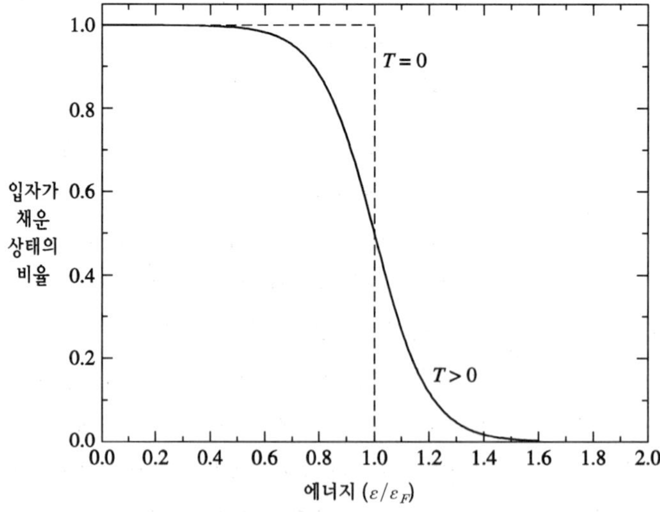

▮ 그림 10.5 에너지 ϵ을 갖는 상태에 대하여 페르미 입자가 들어 앉아 있는 비율. 온도 $T=0$에 대하여 모든 페르미 입자는 $\epsilon \le \epsilon_F$이지만, $T>0$이면, 일부 페르미 입자는 페르미 에너지보다 큰 값을 갖기도 한다.

와 같다. 이제, 전체 운동에너지는

$$\varepsilon = \frac{p^2}{2m}$$

이고, 여기에서 $p^2 = p_x^2 + p_y^2 + p_z^2$이다. 그러므로,

$$\varepsilon = \frac{h^2}{8mL^2}(N_x^2 + N_y^2 + N_z^2) = \frac{h^2 N^2}{8mL^2} \tag{10.2}$$

와 같이 주어지고, 여기에서 $N^2 = N_x^2 + N_y^2 + N_z^2$이며, "$N$-공간"에서 점 (N_x, N_y, N_z)까지 "거리"에 해당하는 값이다.

기체 안에 존재하는 전자의 개수는 주어진 양자수의 모임 N_x, N_y, N_z 전체 개수의 2배에 해당한다. 여기에서 배수 2는 전자가 스핀 $\frac{1}{2}$인 입자이고 $m_s = \pm 1/2$의 값을 가질 수 있어서, 두 개의 전자가 같은$(N_x,\ N_y,\ N_z)$의 값을 가질 수 있다. 실질적으로, 전자는 딱 한 가지의 4 양자수 모임을 가질 수 있다(스핀이 4번째 양자수가 된다). 이제 N-공간에서 정수 좌표(예를 들면, $N_x=1$, $N_y=3$, $N_z=1$)는 두 전자의 양자 상태가 된다. 전자의 개수가 매우 많은 경우, 이들 모임은 반지름 $N = \sqrt{N_x^2 + N_y^2 + N_z^2}$ 이내의 지역을 차지한다고 생각할 수 있으며, 이 때에 의미 있는 지역은 $N_x > 0$, $N_y > 0$, $N_z > 0$인 구의 8분 일 지역이다. 그러므로, 전자 전체의 개수는

$$N_e = 2\left(\frac{1}{8}\right)\left(\frac{4}{3}\pi N^3\right)$$

이며, N에 대하여 풀면

$$N = \left(\frac{3N_e}{\pi}\right)^{1/3}$$

이다. 식 (10.2)에 대입하고 간단히 하면 페르미 에너지는

$$\boxed{\varepsilon_F = \frac{\hbar^2}{2m}\left(3\pi^2 n\right)^{2/3}} \tag{10.3}$$

이고, 여기에서 m은 전자 질량, $n \equiv N_e/L^3$은 단위 부피당 전자의 개수이다. 절대 0도에서 전자의 평균 에너지는 $\frac{3}{5}\epsilon_F$이다(물론, 이와같이 유도된 결과는 전자에만 적용되는 것이 아니고, 모든 페르미 입자에 대하여 성립한다).

졸들 조건

절대 0도보다 높은 임의의 에너지에서는 ϵ_F보다 작은 에너지 상태 가운데 일부가 비고, 페르미 입자는 열에너지를 써서 더 높은 에너지를 갖는 상태로 올라가 그곳을 채운다. $T > 0\,\mathrm{K}$일 때에는 완전히 졸들 일은 일어나지 않지만, 백색왜성 내부와 같은 높은 밀도에서는 완전히 졸들어 있다고 생각해도 좋은 근사가 된다. 아주 에너지가 큰 일부의 입자들을 제외하고는 모두가 페르미 에너지보다 작은 에너지를 갖는다. 졸든 정도가 백색왜성의 온도와 밀도에 따라 어떻게 달라지는 지를 보기 위해서 페르미 에너지를 전자 기체의 밀도를 써서 나타내 보자. 이온화가 완전히 이루어졌을 때에, 단위 부피당 전자의 갯수는

$$n_e = \left(\frac{\#\ \text{전자 계수}}{\text{핵자 갯수}}\right)\left(\frac{\#\ \text{핵자 갯수}}{\text{부피}}\right) = \left(\frac{Z}{A}\right)\frac{\rho}{m_H} \tag{10.4}$$

으로 쓸 수 있고, Z와 A는 각각 백색왜성에 있는 양성자와 핵자의 개수이고 m_H는 수소원자의 질량이다.[9] 그러므로, 페르미 에너지는 밀도의 2/3제곱에 비례한다.

$$\varepsilon_F = \frac{\hbar^2}{2m_e}\left[3\pi^2\left(\frac{Z}{A}\right)\frac{\rho}{m_H}\right]^{2/3} \tag{10.5}$$

이다. 이제 페르미 에너지를 전자의 평균 열운동 에너지($\frac{3}{2}kT$)와 비교하여 보자. [k는 볼츠만 상수이다. 식 (4.17)를 보라]. 대충 말해서, $\frac{3}{2}kT < \epsilon_F$면, 평균적인 전자가 비어있는 상태를 채우는 천이를 할 수 없으로므로, 전자 기체는 졸들어 붙을 것이다. 다시 말하여, 졸든 기체에 대하여

$$\frac{3}{2}kT < \frac{\hbar^2}{2m_e}\left[3\pi^2\left(\frac{Z}{A}\right)\frac{\rho}{m_H}\right]^{2/3}$$

9) 수소 질량을 양성자와 중성자의 대표 질량으로 사용하겠다.

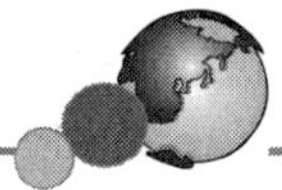

이므로, 밀도와 온도에 대하여 정리하면 다음을 얻는다.

$$\frac{T}{\rho^{2/3}} < \frac{\hbar^2}{3m_e k}\left[\frac{3\pi^2}{m_H}\left(\frac{Z}{A}\right)\right]^{2/3} = 1261 \text{ K m}^2 \text{ kg}^{-2/3}$$

이 때에 $Z/A = 0.5$로 놓았다. 다음과 같이 졸든 정도를 나타내는 물리량을 정의하면

$$\mathcal{D} \equiv 1261 \text{ K m}^2 \text{ kg}^{-2/3}$$

주어진 계가 졸들었을 조건은

$$\boxed{\frac{T}{\rho^{2/3}} < \mathcal{D}} \tag{10.6}$$

으로 쓸 수 있다. $T/\rho^{2/3}$이 더 작을수록 더욱 졸든 계이다.

예제 10.3.1

태양과 시리우스B에서 졸든 정도를 어림하시오. 태양의 표준 모형에서 $T_c = 1.570 \times 10^7$ K이고 $\rho_c = 1.527 \times 10^5 \text{ kg m}^{-3}$이므로,

$$\frac{T_c}{\rho_c^{2/3}} = 5500 \text{ K m}^2 \text{ kg}^{-2/3} > \mathcal{D}$$

이다. 해에서는 전자가 졸든 정도가 약하고, 졸든 압력은 부차적인 역할을 하여 중심에서 전체 압력의 수분의 일 퍼센트를 제공한다. 그러나, 해가 진화를 계속하면서, 졸든 전자의 역할이 중요해진다(그림 10.6). 7.2절에서 기술한 바와 같이, 태양에서는 H-R도에서 적색거성가지에 있을 때에 졸든 헬륨 중심핵이 나타날 것이며, 결국 중심핵에서 헬륨플래시가 일어날 것이다. 나중에, 점근거성가지에서, 탄소-산소 백색왜성의 전단계가 중심핵에서 형성되고, 별 표면의 물질들이 방출되어 행성상성운이 되면서 백색왜성으로 드러날 것이다.

시리우스B에서는 밀도와 중심 온도의 값들을 대입하면

$$\frac{T_c}{\rho_c^{2/3}} = 37 \text{ K m}^2 \text{ kg}^{-2/3} \ll \mathcal{D}$$

이 되어, 완전히 졸들었다고 가정해도 좋은 근사가 된다.

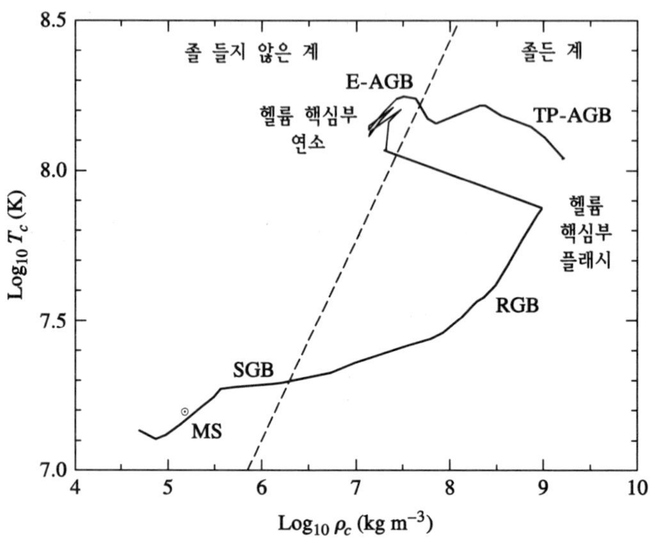

▌그림 10.6 태양의 진화 과정에서 나타나는 졸든 계 (자료 출처 : Mazzitelli and D'Antona, Ap. J., 311, 762, 1986)

졸든 전자 기체의 압력

이제, 양자역학에서 다음과 같은 두 가지 핵심적인 요소를 결합하여 졸든 전자 기체가 내는 압력을 계산하자.

1. 파울리 배타원리에 의하면 하나의 양자 상태에 두 개 이상의 전자가 놓일 수 없다.
2. 하이젠버그의 불확정성 원리로서 1권에서

$$\Delta x \, \Delta p_x \approx \hbar$$

로 나타나며, 전자가 작은 공간에 갇히면, 운동량의 불확정성이 커진다. 전자의 운동량의 최소값 $p_{\min}$이 운동량의 불확정성인 Δp이므로, 전자가 차지하는 공간이 더 비좁을수록, 전자의 운동량은 더욱 커진다.

전자들이 모두 같은 운동량p을 갖는다는 비현실적인 가정을 하고, 압력에 대한 식 (4.8)를 쓰면

$$P \approx \frac{1}{3} n_e p v \tag{10.7}$$

이며, n_e는 전자의 전체 개수 밀도이다.

완전히 졸든 전자 기체에서는, 전자들이 가능한한 최대로 밀착해 있으며, 이웃하는 전자와 거리가 대략 $n_e^{-1/3}$이다. 그러나, 파울리 배타원리를 만족해야 하므로, 전자들은 서로 다른 입자로서 개개의 정체성을 확보하여야 한다. 다시 말하면, 전자들의 위치에 대한 불확정성이 전자들이 이웃하는 거리보다 크지 않아야 한다. $\Delta x \approx n_e^{1/3}$이 완전히 졸들었을 때 나타나는 극한이라고 보고, 하이젠버그의 불확정성 원리를 적용해서 전자의 운동량을 어림하면

$$p_x \approx \Delta p_x \approx \frac{\hbar}{\Delta x} \approx \hbar n_e^{1/3} \tag{10.8}$$

이다(1권을 보라). 그러나, 3차원에서 기체의 운동은 3 방향 모두 동등하게 일어나므로,

$$p_x^2 = p_y^2 = p_z^2$$

이고, 이 등식은 3개의 좌표 방향에 대한 에너지 등분배를 나타내는 식이다. 그러므로,

$$p^2 = p_x^2 + p_y^2 + p_z^2 = 3p_x^2$$

이고, 따라서,

$$p = \sqrt{3} p_x$$

를 얻는다. 식 (10.4)을 써서 전자의 개수밀도를 완전히 이온화된 상황에서 구하면

$$p \approx \sqrt{3}\hbar \left[\left(\frac{Z}{A} \right) \frac{\rho}{m_H} \right]^{1/3}$$

비상대론적 전자들에 대하여 속력은

$$v = \frac{p}{m_e}$$

$$\approx \frac{\sqrt{3}\hbar}{m_e} n_e^{1/3} \qquad (10.9)$$

$$\approx \frac{\sqrt{3}\hbar}{m_e} \left[\left(\frac{Z}{A} \right) \frac{\rho}{m_H} \right]^{1/3} \qquad (10.10)$$

식 (10.4), (10.8), (10.10)을 식 (10.7)에 대입하여 졸든 전자 압력을 구하면

$$P \approx \frac{\hbar^2}{m_e} \left[\left(\frac{Z}{A} \right) \frac{\rho}{m_H} \right]^{5/3} \qquad (10.11)$$

을 얻는다. 이것은 다음에 쓴 정확히 구한 압력P보다 약 2배 작은 값이다. 비상대론적으로 완전히 졸든 전자 기체의 압력은 다음과 같다.

$$P = \frac{(3\pi^2)^{2/3}}{5} \frac{\hbar^2}{m_e} n_e^{5/3}$$

혹은

$$\boxed{P = \frac{(3\pi^2)^{2/3}}{5} \frac{\hbar^2}{m_e} \left[\left(\frac{Z}{A} \right) \frac{\rho}{m_H} \right]^{5/3}} \qquad (10.12)$$

$Z/A = 0.5$를 탄소–산소 백색왜성에 대하여 쓰면, 시리우스B와 같은 백색왜성을 지탱하기 위한 졸든 전자 압력은 약 1.9×10^{22} N m^{-2}으로, 앞에서 계산한 중심부 압력의 어림값과 2배 이하에서 일치한다. *졸든 전자 압력으로부터 백색왜성의 정유체 평형이 유지된다.*

식 (10.12)는 폴리트롭 상태 방정식 $P = K\rho^{5/3}$의 꼴임을 알 수 있고, 이 때 지수 $n=1.5$이다. 197쪽부터 시작한 레인–엠덴 방정식에 관련하여 사용했던 많은 도구들을 이러한 천체를 이해하는 데에 널리 쓸 수 있다는 점을 의미한다. 물론, 이들을 상세하게 이해하려면, 부분적으로 졸든 계의 복잡한 상태 방정식, 절대 온도가 0이 아닌 유한한 온도와 바뀌는 화학 조성과 같은 복잡한 사항들을 조심스럽게 다룬 수치 계산을 수행해야 한다.

10.4 찬드라세카 한계

졸든 전자 기체가 백색왜성을 떠받들고 있어야 한다는 사실은 심오한 의미를 갖는다. 1931년, 21살의 나이에 인도 출신의 물리학자 수브라마냔 찬드라세카(Subrahmanyan Chandrasekhar)는 *백색왜성에 최대 질량이 존재한다*는 사실을 발표하였다. 이 절에서 우리는 이처럼 놀라운 결과를 주는 물리학적 지식을 공부한다.

질량-부피 관계

백색왜성의 반지름 $R_{\rm wd}$과 질량 $M_{\rm wd}$ 사이의 관계는 중심부 압력(식 (10.1))과 졸든 전자 기체 압력(식 (10.12))을 같게 놓아서 얻을 수 있다.

$$\frac{2}{3}\pi G\rho^2 R_{\rm wd}^2 = \frac{(3\pi^2)^{2/3}}{5}\frac{\hbar^2}{m_e}\left[\left(\frac{Z}{A}\right)\frac{\rho}{m_H}\right]^{5/3}$$

이제, $\rho = M_{\rm wd}/\frac{4}{3}\pi R_{\rm wd}^3$ (밀도가 일정하다고 가정하였다)를 써서, 백색왜성의 반지름의 어림값을 얻을 수 있다.

$$R_{\rm wd} \approx \frac{(18\pi)^{2/3}}{10}\frac{\hbar^2}{Gm_e M_{\rm wd}^{1/3}}\left[\left(\frac{Z}{A}\right)\frac{1}{m_H}\right]^{5/3} \tag{10.13}$$

이 식을 써서 $1\,{\rm M}_\odot$의 질량을 갖는 탄소-산소 백색왜성의 반지름을 구하면 $R \approx 2.9\times10^6$ m으로, 대략 2배 정도 작은 값을 얻지만, 받아들일 만한 값이다. 더 중요한 것은 $M_{\rm wd}R_{\rm wd}^3$ =constant로 부터 얻을 수 있는 다음과 같은 결론이다.

$$\boxed{M_{\rm wd}V_{\rm wd} = \text{상수}} \tag{10.14}$$

백색왜성의 부피는 질량에 반비례하며, 질량이 클수록 백색왜성의 크기는 *줄어든다*. 이러한 **질량-부피 관계**가 나타나는 이유는 별을 지탱하는 압력이 비좁은 공간에 갇혀 나타나는 졸든 전자 기체가 주는 압력이기 때문이다. 질량이 더 커진 별을 지탱하려면 더 큰 압력이 필요하므로 전자들은 더욱 비좁은 공간에 갇혀야 더 큰 졸든 압력을 낼 수 있는 것이다. 실제로, 질량-부피 관계가 암시하는 결과는

$\rho \propto M_{\rm wd}^2$ 이다.

질량-부피 관계에 따르면, 백색왜성에 물질을 계속 더 넣어 무겁게하면, 결국 별의 부피가 계속 줄어들어, 질량이 무한히 커지는 극한에서 별의 부피는 무한소가 된다. 그러나, 밀도가 $10^9\ {\rm kg\ m^{-3}}$을 넘으면, 이 관계가 맞지 않게 된다. 그 이유는 식 (10.10)에서 시리우스B 안에 있는 전자들의 속도를 구하면 알 수 있다.

$$v \approx \frac{\hbar}{m_e}\left[\left(\frac{Z}{A}\right)\frac{\rho}{m_H}\right]^{1/3} = 1.1 \times 10^8\ {\rm m\ s^{-1}}$$

이므로, 전자의 속도가 빛의 속도의 3분의 1이다! 질량-부피 관계가 맞다면, 시리우스B보다 약간 무거운 백색왜성은 작고 밀도가 높기 때문에 전자들의 속도가 빛의 속도를 초과하는 일이 생긴다. 이와 같은 일은 불가능하므로, 식 (10.10)와 식 (10.11)에서 속도와 압력을 계산할 때에 상대론적 효과를 무시해서는 안된다.[10] 식 (10.10)의 비상대론적일 때보다 전자들이 느리게 운동하므로, 상대론적 효과를 고려하면, 별을 지탱하는 데에 필요한 압력보다 적은 압력을 준다. 그러므로, 질량이 큰 백색왜성은 위의 질량-부피 관계에서 어림한 값보다 크기가 더 *작다.* 실제로 질량이 유한함에도 불구하고, 부피가 0이 되는 일이 나타나며, 좋든 전자가 버틸 수 있는 최대 질량이 존재한다.

동력학적 불안정성

백색왜성의 안정성에 대한 상대론적 효과를 음미하려면, 식 (10.12)(이 식은 $\rho < 10^9\ {\rm kg\ m^{-3}}$일 때에만 적용된다)은 $P = K\rho^{5/3}$의 형태로 주어짐을 기억하자. 이 때에 K는 상수이다. 이 결과를 식 (4.86)과 비교하면, 비열 비가 비상대론적인 극한에서 γ=5/3임을 알 수 있다. 8.3절에서 논의했던 것처럼, 백색왜성은 동력학적으로 안정함을 의미한다. 건드림을 작게 받으면, 붕괴되지 않고 다시 평형점으로 되돌아온다. 그러나, 극도로 상대론적이면, 전자의 속도를 식 (10.10) 대신에 $v = c$로 써서 좋든 전자 기체의 압력을 구해야 한다. 그 결과는

$$P = \frac{(3\pi^2)^{1/3}}{4}\hbar c\left[\left(\frac{Z}{A}\right)\frac{\rho}{m_H}\right]^{4/3} \tag{10.15}$$

10) 밀도가 $10^9\ {\rm kg\ m^{-3}}$보다 크면 상대론적 효과를 고려해야함을 보이는 것은 연습문제이다.

이다(예를 들어 문제 10.6을 보라). 이 극한에서 $\gamma=4/3$이며, *동력학적으로 불안정*하다. 평형점에서 아주 조금 건드리더라도 백색왜성은 졸든 전자 압력이 버티지 못하면서 붕괴를 일으킨다.[11] 9.3절에서 설명하였듯이, 찬드라세카 한계에 다가가면서 진화가 충분히 이루어진 초거성의 졸든 중심핵은 붕괴하고 핵심부 붕괴 초신성이 탄생한다(식 (10.15)는 폴리트롭 상태 방정식 $P=K\rho^{4/3}$이며, 폴리트롭 지수는 $n=3$이다).

찬드라세카 질량의 계산

최대 백색왜성 질량의 근사값을 계산하려면, 중심부 압력 식 (10.1)을 $\rho=M_{\rm wd}/\frac{4}{3}\pi R_{\rm wd}^3$과 함께 식 (10.15)와 같이 놓고, $Z/A=0.5$를 사용한다. 백색왜성의 반지름이 약분되어

$$M_{\rm Ch} \sim \frac{3\sqrt{2\pi}}{8}\left(\frac{\hbar c}{G}\right)^{3/2}\left[\left(\frac{Z}{A}\right)\frac{1}{m_H}\right]^2 = 0.44\ {\rm M}_\odot \tag{10.16}$$

이 최대 질량이 된다. 이 공식에서는 양자역학, 상대론, 중력에서 나타나는 가장 기본적인 물리 상수들–$\hbar, c, G$–이 결합되어 백색왜성의 구조를 결정한다. $Z/A=0.5$로 놓고 정밀하게 최대 질량을 유도하면 $M_{\rm Ch}=1.44\ {\rm M}_\odot$가 되며, 이 값을 **찬드라세카의 한계**라고 부른다. 그림 10.7에서는 백색왜성의 질량–반지름 관계가 나타나 있다.[12] 찬드라세카 한계를 넘는 백색왜성은 발견되지 않았다.[13]

졸든 전자 기체의 압력은 비상대론적인 경우나 상대론적인 경우 모두 온도에는 관계가 없다는 사실은 중요하게 강조할 필요가 있다(각각 식 (10.12), (10.15)). 이상 기체의 상태 방정식이나 전자기파 복사에서 나오는 압력과는 달리, 완전히 졸든 전자기체의 압력은 온도와 무관하다, 이것은 별에서 역학적인 구조와 열적인 구조가 분리된다는 뜻이다. 그러나, 이러한 분리는 온도가 $T>0$이기 때문에 결코

11) 실제로, 백색왜성의 강한 중력 때문에, 아인슈타인의 일반상대론으로 기술하면(5.1절을 보라), 동력학적 불안정성을 일으키는 γ의 임계값은 4/3보다는 약간 크다.

12) 그림 10.7은 백색왜성에서 원자핵과 전자 사이에 작용하는 정전기적 인력에 의하여 반지름을 줄이려는 경향과 같은 복잡한 요소는 고려하지 않고 있다.

13) 거의 $1.44\ {\rm M}_\odot$인 백색왜성에 물질을 살짝 보태서 찬드라세카 한계를 넘길 때에 일어날 결과가 당연히 궁금할 것이다. 이 점에 대해서는 제 Ia형 초신성을 공부하는 12.5절에서 다룰 것이다.

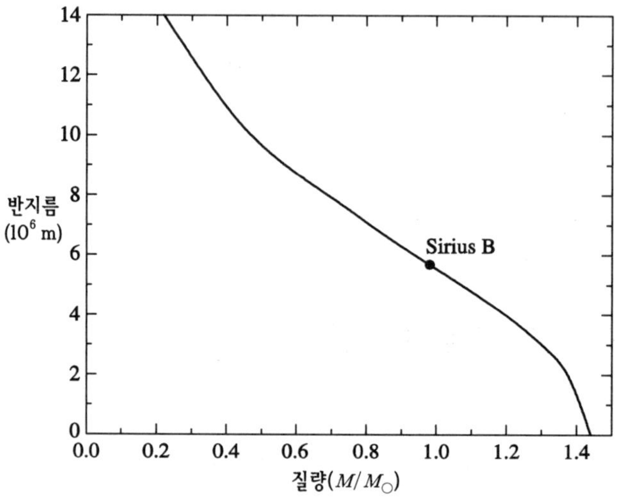

▌그림 10.7 $T=0\,\mathrm{K}$에서 $M_{\mathrm{wd}} \le M_{\mathrm{Ch}}$인 백색왜성들의 반지름

완전하지 않다. 따라서, 압력을 주는 올바른 식을 얻으려면, 기체가 부분적으로 졸들었으며, $v < c$이지만 상대론적으로 취급하여야 한다. 이것을 제대로 보여주는 상태 방정식을 표현하는 것은 굉장히 어려운 일이다.[14)]

우리는 7.2절에서 이와 같은 현상의 한 예를 헬륨 핵심부 플래시에서 보았다. 질량이 작은 별에서 졸든 헬륨핵심부에서 플래시가 일어나는 이유는 열적 구조와 역학적 구조가 서로 독립적이기 때문에 일어나는 현상임을 기술하였다. 헬륨 연소가 핵심부에서 시작되면, 연소가 진행되지만 압력은 올라가지 않는다. 만약, 압력이 올라간다면 중심핵은 팽창하고 이에 따라 온도가 상승하지 못할 것이다. 그러나, 실제로는 압력이 증가하지 않기 때문에 온도가 급하게 상승한다. 온도가 상승함에 따라, 핵에너지 생성이 가파르게 증가하여 헬륨플래시를 일으키고, 중심핵이 졸들지 않을 정도로 온도가 충분히 증가하여 중심핵이 팽창하게 되면 헬륨플래시가 멈춘다. 한편, 별의 질량이 너무 작으면, 중심핵의 온도가 아주 높게 오르지 않으므로, 헬륨 연소가 시작되지 않는다. 이 경우 헬륨 백색왜성이 형성된다.

14) 부분적으로 졸든 전자 기체를 공부하려면 Clayton(1983)이나 Hansen, Kawaler and Trimble(2004)를 참조하라.

10.5 백색왜성의 냉각

대부분의 별은 삶을 마치면 백색왜성이 된다. 온 하늘에 널리 퍼져 있으며 꺼져 가는 불꽃은 은하가 간직하고 있는 찬란한 과거의 추억거리이다. 내부에서 핵융합이 더 이상 일어나지 않으므로, 백색왜성은 더 이상 반지름이 바뀌지 않는 상태에서 내부에 담긴 열에너지를 천천히 소모하면서 오로지 식어만 간다(그림 10.3을 기억하라). 백색왜성이 냉각되는 빠르기를 구해서 이 별이 태어난 시기를 알려는 목적으로 많은 연구가 이루어졌다. 고생물학자가 화석 자료를 보고 지구의 생태계 역사를 읽어내듯이 천문학자들은 백색왜성의 온도 분포를 연구하여 은하에서 일어난 별탄생 역사를 복구하고자 한다. 이 절에서는 별을 통한 고고학 산책을 떠나기 위한 물리적 원리들을 공부한다.

에너지 수송

우선, 백색왜성 내부에서 에너지가 밖으로 전달되는 과정을 알아보아야겠다. 평범한 별에서는 원자들보다 광자가 산란을 겪지 않고 더 먼 거리를 진행하고, 광자들이 에너지를 앗아간다(예제 3.2.1, 3.2.2를 기억하라). 이 결과, 광자들은 별 표면까지 에너지를 효율적으로 전달해 주는 매개체 역할을 한다. 그러나, 백색왜성에서는 전자들의 낮은 에너지 상태가 모두 채워져 있기 때문에, 좁든 전자는 먼 거리를 진행하여야 비로소 충돌을 일으켜서 에너지를 잃어버릴 수 있다. 그러므로, 백색왜성에서는 복사와 대류가 아닌 **전자 전도**에 의하여 에너지가 전달된다. 전자 전도는 아주 효율적이기 때문에, 백색왜성의 내부는 거의 등온 상태가 되어, 좁들지 않은 표면 근처에 가까이 가서야 온도가 눈에 띄게 떨어진다. 그림 10.8에 보면, 백색왜성은 거의 일정한 온도를 갖는 내부를 갖고 있으며, 이 위를 얇고 좁들지 않아 에너지 전달 효율이 떨어지는 외피가 감싸며, 에너지가 서서히 성간 공간으로 새어 나가고 있다. 표면에서 온도 기울기가 가파르므로, 대류 지역이 생겨서, 백색왜성이 식어감에 따라 백색왜성의 스펙트럼이 바뀌게 된다(10.2절에서 기술한 바 있다).

좁들지 않은 표면 층의 구조는 부록L의 시작 부분에 기술되어 있다. 백색왜성의 표면에서 밝기 $L_{\rm wd}$와 질량 $M_{\rm wd}$에 대하여, 식 (L.1)에서 압력 P를 외피 온도 T의 함수로 나타내면[15]

---

15) 식 (10.17)은 외피가 복사 평형에 있으며 에너지가 광자들에 의하여 실려 나간다고 가정한다. 백색왜성의 표면 층에서 대류가 있더라도, 이것이 냉각에 큰 영향을 주지 않을 것으로 기대된다.

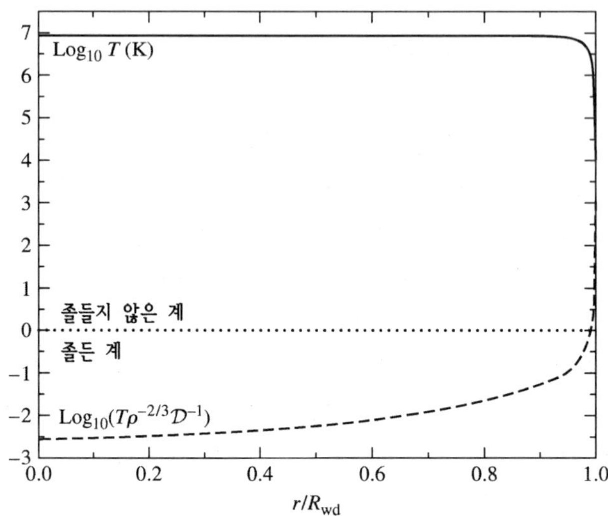

▌그림 10.8 백색왜성 모형의 내부에서 온도와 졸든 정도. 가로지르는 점선은 식 (10.6)으로 나타난 졸든 계와 졸들지 않은 계의 경계를 표시한다.

$$P = \left(\frac{4}{17} \frac{16\pi ac}{3} \frac{GM_{\rm wd}}{L_{\rm wd}} \frac{k}{\kappa_0 \mu m_H} \right)^{1/2} T^{17/4} \tag{10.17}$$

이고, κ_0는[식 (L.1)에서는 "A"라고 놓았었다] 식 (3.22)에 나타낸 구속–자유 크레이머스 불투명도 법칙의 계수이다.

$$\kappa_0 = 4.34 \times 10^{21}\, Z(1+X)\ {\rm m^2\ kg^{-1}}$$

이다. 식 (4.11)에 있는 이상기체 법칙을 사용하여, 압력을 소거하여 밀도와 온도 사이에 나타나는 관계를 조사하면

$$\rho = \left(\frac{4}{17} \frac{16\pi ac}{3} \frac{GM_{\rm wd}}{L_{\rm wd}} \frac{\mu m_H}{\kappa_0 k} \right)^{1/2} T^{13/4} \tag{10.18}$$

을 얻는다. 졸들지 않은 표면에서 졸든 내부로 옮아가는 천이 과정은 식 (10.6)의 양변을 같게 놓아서 기술할 수 있다. 이 관계를 이용하여 밀도를 소거하면 백색왜성 표면에서 광도를 내부 온도의 함수로서 나타낼 수 있다.

$$L_{\rm wd} = \frac{4\mathcal{D}^3}{17}\frac{16\pi ac}{3}\frac{Gm_H}{\kappa_0 k}\mu M_{\rm wd}T_c^{7/2}$$
$$= CT_c^{7/2}, \qquad (10.19)$$

이고, 이 때에

$$C \equiv \frac{4\mathcal{D}^3}{17}\frac{16\pi ac}{3}\frac{Gm_H}{\kappa_0 k}\mu M_{\rm wd}$$
$$= 6.65 \times 10^{-3}\left(\frac{M_{\rm wd}}{M_\odot}\right)\frac{\mu}{Z(1+X)}$$

을 얻는다. 광도가 $T^{7/2}$(*내부*의 온도)에 비례하며, 식 (3.17)의 스테판-볼츠만 법칙에 따라 *유효* 온도에는 네제곱에 비례한다. 그러므로, 백색왜성의 표면은 열에너지가 성간공간으로 새어 나가면서 등온 상태에 있는 내부보다 더 천천히 식어간다.

예제 10.5.1

식 (10.19)을 써서 1 M⊙이고 $L_{\rm wd}$=0.03 L⊙인 백색왜성의 내부 온도를 어림할 수 있다. 임의로 졸들지 않은 외피(그러므로 $\mu \simeq 1.4$)에 대하여 $X=0$, $Y=0.9$, $Z=0.1$로 잡으면[16]

$$T_c = \left[\frac{L_{\rm wd}}{6.65\times 10^{-3}}\left(\frac{M_\odot}{M_{\rm wd}}\right)\frac{Z(1+X)}{\mu}\right]^{2/7} = 2.8\times 10^7\ {\rm K}$$

을 얻는다. 식 (10.6)에 쓴 졸든 계의 조건에서 양변을 같게 놓으면 졸들지 않은 외피의 바닥에서 밀도를 다음과 같이 쓸 수 있다.

$$\rho = \left(\frac{T_c}{\mathcal{D}}\right)^{3/2} = 3.4\times 10^6\ {\rm kg\ m^{-3}}$$

이 결과는 시리우스B와 같은 1 M⊙인 백색왜성에서 나타나는 밀도에는 10의 거듭제곱 어림으로도 많이 못 미치며, 졸들지 않은 외피가 실제로 대단히 얇다는 것을 확인해 주며 이 외피는 백색왜성 전체 질량에서 차지하는 정도가 미미하다는 것을 의미한다.

---

16) 수소의 양은 DA 백색왜성에서조차 매우 적기 때문에, 이러한 화학 조성은 DA나 DB 모두 다 무리 없이 적용할 수 있다.

냉각 시간 규모

백색왜성의 열에너지는 주로 원자핵의 운동에너지에 담겨 있다; 졸든 전자들은 더 낮은 에너지 상태들이 모두 채워져 있기 때문에 의미 있을 정도의 에너지를 내놓을 수 없다. 화학 조성이 균일하다는 간단한 가정을 하면, 백색왜성에서 원자핵의 전체 개수는 별의 질량을 원자핵의 질량 Am_H로 나누어 얻을 수 있다. 더구나, 원자핵의 평균 열에너지가 $\frac{3}{2}kT$이므로, 복사에 필요한 열에너지는

$$U = \frac{M_{\rm wd}}{Am_H}\frac{3}{2}kT_c \tag{10.20}$$

이다. 예제 10.5.1에서 구한 T_c와 탄소에 대한 값 $A=12$를 쓰면, 식 (10.20)에서 얻는 값은 6.0×10^{40} J이다. 대체적인 냉각 시간 규모 $\tau_{\rm cool}$은 열에너지를 광도로 나누어 얻을 수 있으며, 그 값은

$$\tau_{\rm cool} = \frac{U}{L_{\rm wd}} = \frac{3}{2}\frac{M_{\rm wd}k}{Am_H C T_c^{5/2}} \tag{10.21}$$

로부터 5.2×10^{15} s≈1억 7천만년이다. 이 값은 과소평가된 값이며, 실제로는 T_c가 감소하면서 냉각시간 규모는 더 커지게 된다. 다음에서 논의하는 더 상세한 계산에 따르면, 백색왜성은 낮은 온도에서 낮은 광도로 천천히 식어가면서 일생의 대부분을 보낸다.

시간에 따른 광도의 변화

내부 에너지가 고갈되면서 별이 빛난다. 따라서, 식 (10.19)과 (10.20)로부터

$$-\frac{dU}{dt} = L_{\rm wd}$$

이고, 즉

$$-\frac{d}{dt}\left(\frac{M_{\rm wd}}{Am_H}\frac{3}{2}kT_c\right) = CT_c^{7/2}$$

을 얻는다. 별 내부의 온도가 $t=0$일 때에 T_0이면, 이 미분 방정식을 적분하여 시간에 따라 중심부의 온도를 얻을 수 있다. 결과는

$$T_c(t) = T_0\left(1+\frac{5}{3}\frac{Am_H C T_0^{5/2}}{M_{\rm wd}k}t\right)^{-2/5} = T_0\left(1+\frac{5}{2}\frac{t}{\tau_0}\right)^{-2/5} \tag{10.22}$$

로 쓸 수 있으며, 이 때에 τ_0는 초기 온도 T_0에서 냉각이 일어나는 시간 규모이다. 즉, 시각 t_0에서 $\tau_0=\tau_{\rm cool}$이다. 이 값을 식 (10.19)에 대입하면 백색왜성의 밝기가 처음에는 $L_0= CT_0^{7/2}$의 값으로부터 급격하게 어두워지다가, 시간이 가면서 점차 서서히 어두워간다. 즉,

$$L_{\rm wd} = L_0\left(1+\frac{5}{3}\frac{Am_H C^{2/7} L_0^{5/7}}{M_{\rm wd}k}t\right)^{-7/5} = L_0\left(1+\frac{5}{2}\frac{t}{\tau_0}\right)^{-7/5} \tag{10.23}$$

그림 10.9의 실선은 순수한 탄소 0.6 M⊙인 백색왜성의 광도를 식 (10.23)을 써서 계산한 결과이다. 파선은 좀 더 현실적인 백색왜성 모형을[17] 사용한 결과로서,

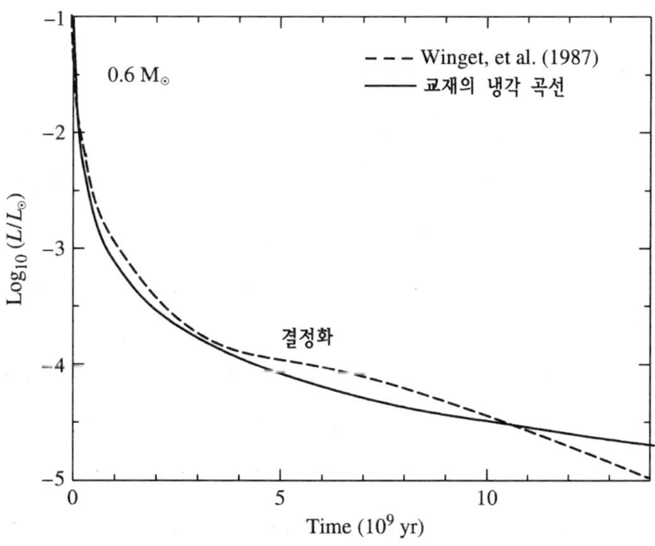

그림 10.9 0.6 M⊙인 백색왜성 모형별의 이론적인 냉각 곡선. [실선은 식 (10.23)이며, 파선은 Winget et al. *Ap. J. Lett.*, *315*, L77, 1987의 결과이다.]

17) 이 냉각곡선과 다른 곡선의 상세한 논의는 Winget et al. (1987)을 참조하라.

탄소 중심핵 주변으로 수소와 헬륨으로 이루어진 표면층을 넣어 계산하였다. 이러한 층의 단열 효과 때문에 냉각이 15% 정도 더 천천히 일어난다. 또한, 백색왜성의 내부 온도가 떨어지면서 일어나는 특이하고 교묘한 효과가 들어가 있다.

결정화

백색왜성이 식어가면서, 중심부에서 시작해서 표면으로 옮아가며 점차적으로 결정을 이룬다. 그림 10.9에서 $L_{\rm wd}/L_\odot \approx 10^{-4}$인 곳에서 위쪽으로 꺾인 "무릎"이 보이는데, 이것은 식어가는 원자핵들이 결정 구조를 이루기 시작하는 것을 나타낸다. 규칙적인 결정 구조는 상호 정전기적 척력 때문에 유지되며, 결정 격자의 평균 위치를 중심으로 진동을 일으키면서 전체 에너지가 최소가 되도록 배치한다. 원자핵이 이러한 상전이를 일으키면서(원자핵당 kT정도의), 잠열을 내놓으며, 별의 냉각을 늦추어 냉각 곡선에서 꺾인 무릎이 나타난다. 후에, 백색왜성의 온도가 계속 내려가면, 결정격자의 형태로 일정하게 늘어선 원자핵이 결을 맞추어 진동하면서 에너지 손실을 크게 부추기고 냉각이 촉진된다. 무릎 이후의 가파른 하강 곡선은 이와 같이 촉진된 냉각 현상을 나타낸다. 따라서, 대부분 별들의 삶을 기리는 궁극적인 기념비는 "하늘의 금강석"으로서, 차고 어두우며 지구 크기 정도의 결정화된 공 모양의 탄소–산소 덩어리가 우주 공간 깊숙이 배회한다.[18]

관측과 비교

큰 표면 중력과 이에 따라 분광선폭이 증가하기 때문에,[19] 표면 온도를 결정하는 데에는 많은 오차가 있을 수 있지만, 맥동하는 백색왜성의 냉각 과정을 관측할 수 있다. 별의 온도가 내려가면서, 주기 P가(근사적으로) $dP/dt \propto T^{-1}$의 규칙에 따라 천천히 바뀐다. 급격하게 냉각되고 있는 DOV 별의 주기를 극도로 정밀하게 측정하면, 주기의 변화율 $P/|dP/dt| = 1.4\times10^6$ years 를 얻고, 이 값은 이론적인 값과 대단히 잘 일치한다. 더 천천히 냉각되는 DBV와 DAV별들에 대하여 주기의 변화를 측정하는 것은 훨씬 더 어렵다.

백색왜성이 식어가는 과정을 정확하게 계산하려는 이유에는 이러한 화석별을 사용해서 우리 은하의 별 탄생 역사를 복구하려는 희망이 녹아 있다. Winget et al.

18) 지구에서 발견되는 금강석과는 달리, 백색왜성의 핵은 나트륨 금속과 같이 체심 정방 격자의 결정 구조를 갖는다.

19) 시리우스B는 유효 온도가 27,000 K와 32,000 K 사이에 놓여 있다고들 말한다.

(1987)이 만든 그림 10.10에서 이러한 일을 어떻게 이룰 수 있을 것인가를 보여 준다. 그림에서 원들(채워진 원이나 빈 원들)은 세제곱 파섹당 관측된 백색왜성의 개수를 윗부분 가로축에 V 절대등급에 대하여 나타낸 것이다. $\log_{10}(L_{wd}/L_{\odot}) <$ -4.5에서 급격하게 백색왜성의 개수가 줄어든다는 사실은 우리 은하에서 무한히 먼 과거까지 별이 일정한 비율로 태어나고 있었다는 가정과는 논리적으로 모순이다. 따라서, 이러한 백색왜성 개수의 급격한 감소를 설명하려면, 첫 백색왜성이 $(9.0 \pm 1.8) \times 10^9$ years 전에 형성되어 냉각이 시작되었다고 가정해야 한다. 그림 10.9에 나타낸 것과 비슷한 이론적인 냉각 곡선을 사용해서 계산한 냉각 시간에 기초해서 이론적으로 예상한 백색왜성의 광도 분포와 관측값의 분포를 보여준다. 백색왜성이 되기 전 단계에서 보낸 시간을 더하면 우리 은하 원반에서 별 형성 시작이 9.3 ± 2.0 Gyears임을 암시한다.[20] 이 시간은 우리 은하에서 상당히 일찍 형성된 구상성단보다 30억년 가량 어리다.

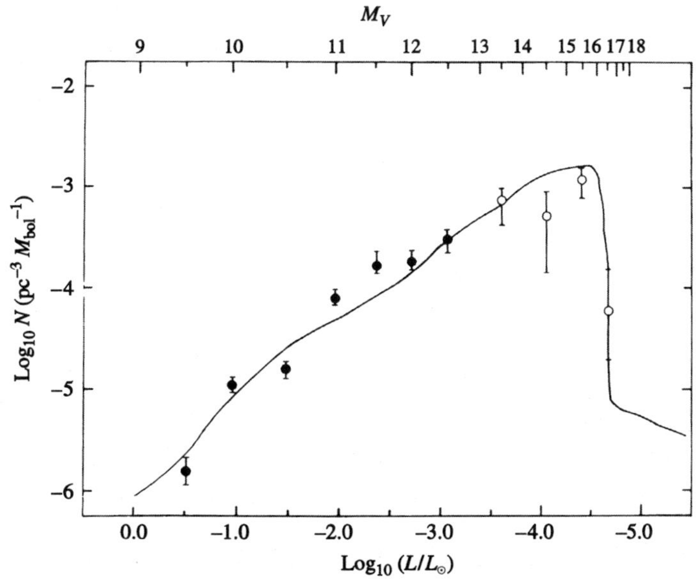

▌그림 10.10 관측된 백색왜성 광도의 분포와 이론적 예상. (그림 출처 : Winget et al., *Ap. J. Lett.*, *315*, L77, 1987.)

20) 다른 최근의 연구에서 백색왜성의 냉각 시간에 기반하여, 우리 은하의 *얇은 원반*의 나이에 대하여 비슷한 결과를 얻었으며, 나이 범위는 9 Gyr에서 11 Gyr이다.

10.6 중성자별

제임스 채드윅(James Chadwick, 1891–1974)이 1932년에 중성자를 발견한 후 2년이 지나서 윌슨산 천문대에서 일하던 독일의 천문학자와 스위스의 천체물리학자 월터 바데(Walter Baade, 1893–1960)와 프리츠 즈위키(Fritz Zwicky, 1898–1974)는 **중성자별**이 존재하리라고 제안하였다. 이 두 천문학자들은 "초신성"이라는 용어를 처음으로 만든 사람들이며, "초신성은 평범한 별이 중성자별로 천이하는 과정을 나타내는 현상이며, 극도로 빽빽히 밀집된 중성자로 이루어진 별의 최후 단계이다."라고까지 제안하였다.

졸든 중성자 집단

나이든 초거성에서 졸든 중심핵이 찬드라세카 한계 근처에 도달해 붕괴할 때에 중성자별이 형성되므로, (유효숫자를 2개만 잡아서 얻은) M_{Ch} 을 대체적인 중성자별의 질량으로 잡는다. 태양 질량의 1.4배인 중성자별은 $1.4\,\mathrm{M}_\odot/m_n \approx 10^{57}$개의 중성자로 이루어질 것이며, 실제로는 중력으로 묶이고 **졸든 중성자 압력**으로 지탱되는 원자량 $A \approx 10^{57}$인 거대한 원자핵에 다름 아니다.[21] 다음을 연습 문제로 유도해 보라.

$$R_{\mathrm{ns}} \approx \frac{(18\pi)^{2/3}}{10} \frac{\hbar^2}{GM_{\mathrm{ns}}^{1/3}} \left(\frac{1}{m_H}\right)^{8/3} \tag{10.24}$$

이 백색왜성에 대한 식 (10.13)에 대응하여, 중성자별의 반지름을 주는 식이다. $M_{\mathrm{ns}} = 1.4\,\mathrm{M}_\odot$에 대하여, 이 식으로부터 중성자별의 반지름이 4400 m이다. 백색왜성에 대한 식 (10.13)에 대하여 알 수 있었듯이, 이 값은 약 3배 정도 지나치게 작은 값이다. 즉, $1.4\,\mathrm{M}_\odot$인 중성자별의 반지름은 대략 10–15 km이다. 우리는 여기에서 중성자별의 반지름을 10 km로 잡을 것이다. 앞으로 보겠지만, 중성자별 모형을 만들 때에 불확실한 점들이 많이 나타날 것이다.

중성자별의 밀도

믿기 힘들 정도로 빽빽하게 밀집된 별 잔해의 평균 밀도는 $6.65 \times 10^{17}\ \mathrm{kg\ m^{-3}}$으

21) 전자처럼 중성자도 페르미 입자이며, 파울리 배타 원리를 준수한다.

로, 원자핵의 대표적인 밀도 $\rho_{\nu c} \approx 2.3\times10^{17}$ kg m^{-3}보다 더 크다. 어떤 의미에서는 중성자별에 있는 중성자는 "서로서로 닿아있는" 것이나 다름없다. 중성자별의 밀도는 지구에 살고 있는 모든 사람들을 사방 1.5 cm인 상자에 우겨넣었을 때에 나타나는 밀도와 비슷하다.[22)]

중성자별 표면에서 중력장의 세기는 무서울 정도로 큰 값이다. 1.4 $M_\odot$인 중성자별이 반지름 10 km일 때에 중력가속도의 크기는 $g=1.86\times10^{12}$ m s^{-2}로서, 지구 표면에서 나타나는 중력가속도에 비하여 1900억 배 강하다. 1미터 높이에서 물체를 떨어뜨리면, 별 표면에서 나타나는 속력이 1.93×10^{6} m s^{-1}이다.

예제 10.6.1

중성자별을 기술할 때에 뉴턴 역학이 부적합하다는 사실을 표면에서 탈출 속도를 계산하여 알 수 있다. 식 (2.17)로부터

$$v_{\rm esc} = \sqrt{2GM_{\rm ns}/R_{\rm ns}} = 1.93 \times 10^8 \text{ m s}^{-1} = 0.643c$$

질량 m인 물체의 별 표면에서 뉴턴 역학의 중력퍼텐셜 에너지와 정지질량 에너지의 비가

$$\frac{GM_{\rm ns}m/R_{\rm ns}}{mc^2} = 0.207$$

로 주어진다. 중성자별을 정확하게 기술하려면 상대론적인 효과를 고려해야 한다는 점이 명백하다. 이것은 1권에서 공부한 아인슈타인의 특수상대성이론뿐만 아니라, 5.1절에서 다룰 일반상대성이론이라고 부르는 중력 이론까지 해당한다. 그럼에도 불구하고, 우리는 상대론과 뉴턴 역학을 모두 사용해서 중성자별에 대한 정성적이지만 올바른 결론을 얻을 것이다.

상태 방정식

중성자별을 구성하는 물질이 매우 특이하다는 사실을 음미하고, 상태 방정식을 계산하는 것이 얼마나 어려운지 느끼기 위해서, 질량이 큰 초거성의 중심에 철백색

22) 천문학자 프랭크 슈는 이 결과를 가리켜 "빈 터에 깃든 온 인류의 본성"이라고 말했다.

왜성을 이루는 철원자핵과 졸든 전자가 압축되어 섞여 있는 상태를 상상해 보라.[23] 구체적으로 말하면, 전체 전하량이 0이 되도록 양성자와 같은 개수의 자유 전자를 포함하여, 10^{57}개의 핵자(양성자와 중성자)들로 구성된 계가 평형을 이루는 배치를 알고자 한다. 평형을 이루는 배치는 곧 가장 적은 에너지를 보이는 배치이다.

우선, 밀도가 낮을 때에는 핵자들이 철원자핵의 형태로 존재한다. 이것은 양성자들끼리 쿨롱 반발력과 핵자들 사이에 아주 가까운 거리에서 인력으로 작용하는 강한 핵력이 서로 타협해서 이루는 최소 에너지 배치가 철원자핵이기 때문이다. 그러나, 앞 절에서 언급하였듯이 $\rho \approx 10^9 \text{ kg m}^{-3}$이면, 전자들이 상대론적이 된다. 그 이후에 양성자와 중성자가 이루는 최소 에너지 배치가 바뀌게 되며, 그것은 에너지가 큰 전자들이 철 원자핵에 있는 양성자에 포획되어 중성자로 바뀌기 때문이다(식 (9.16)).

$$p^+ + e^- \to n + \nu_e$$

중성자의 질량이 양성자의 질량과 전자의 질량을 합한 값보다 약간 더 크기 때문에($m_n c^2 - m_p c^2 - m_e c^2 = 0.78 \text{ MeV}$), 상대론적으로 빠르게 운동하는 전자의 운동에너지가 이 차이를 보상해 주어야 한다.

예제 10.6.2

수소 원자핵(양성자)과 상대론적으로 졸든 전자에서 역베타붕괴로 전자 포획을 일으키는 밀도를 계산해 보자.

$$p^+ + e^- \to n + \nu_e$$

중성미자가 에너지를 실어나르는 일을 하지 않는 극한에서, 전자의 운동에너지(1권 식 4.45)가 중성자의 정지질량 에너지와 양성자와 전자의 정지질량에너지 합과의 차이를 보상해 주기 시작한다. 따라서,

$$m_e c^2 \left(\frac{1}{\sqrt{1 - v^2/c^2}} - 1 \right) = (m_n - m_p - m_e)c^2$$

23) 졸든 물질의 역학적인 성질과 열적인 성질들은 서로 독립적이기 때문에, 편의상 $T = 0\text{ K}$라고 가정할 것이다. 이 때에 철원자핵들은 결정 격자에 정렬되어 있다.

이다, 즉

$$\left(\frac{m_e}{m_n - m_p}\right)^2 = 1 - \frac{v^2}{c^2}$$

이다. 비록, 식 (10.10)이 비상대론적인 전자에 대해서만 맞는 식이지만, 여기에서 근사적으로 속도를 구할 때에는 충분히 쓸만하다. 이 식을 써서 v를 나타내면

$$\left(\frac{m_e}{m_n - m_p}\right)^2 \approx 1 - \frac{\hbar^2}{m_e^2 c^2}\left[\left(\frac{Z}{A}\right)\frac{\rho}{m_H}\right]^{2/3}$$

이다. ρ에 대하여 풀면, 전자 포획이 중요해지는 밀도는

$$\rho \approx \frac{A m_H}{Z}\left(\frac{m_e c}{\hbar}\right)^3\left[1 - \left(\frac{m_e}{m_n - m_p}\right)^2\right]^{3/2} \approx 2.3 \times 10^{10}\ \mathrm{kg\ m^{-3}}$$

이며, 이 때에 수소에 대하여 $Z/A = 1$을 썼다. 이 값은 실제로 더 정확한 값 $\rho = 1.2 \times 10^{10}\ \mathrm{kg\ m^{-3}}$과 비교적 잘 맞는다.

자유 양성자를 예제 10.6.2에서 고려한 것은 양성자가 무거운 원자핵에 구속된 경우에는 복잡한 일들이 많이 있으므로 이를 피하려고 한 것이다. 주변의 원자핵들, 졸든 전자들, 복잡한 핵물리학 내용을 다 고려해서 조심스럽게 계산하면, $^{56}_{26}\mathrm{Fe}$에 있는 양성자가 전자를 포획하는 밀도는 $10^{12}\ \mathrm{kg\ m^{-3}}$을 넘어야 한다. 밀도가 더욱 높아지면, 핵자들이 가장 안정하게 있는 배치는 양성자와 중성자가 점점 더 중성자가 풍부한 원자핵들의 격자에 존재하는 배치이다. 이 과정을 **중성자화**라고 부르며, 이 과정으로부터 $^{56}_{26}\mathrm{Fe}$, $^{62}_{28}\mathrm{Ni}$, $^{64}_{28}\mathrm{Ni}$, $^{66}_{28}\mathrm{Ni}$, $^{86}_{36}\mathrm{Kr}$, …, $^{118}_{36}\mathrm{Kr}$과 같은 일련의 원자핵들이 생성된다. 보통의 경우에는 중성자가 원자핵에서 지나치게 많아지면, 표준적인 베타 붕괴를 통하여 중성자가 양성자로 바뀐다.

$$n \to p^+ + e^- + \overline{\nu}_e$$

그러나, 전자가 완전히 졸든 계에는 베타 붕괴에서 방출되는 전자가 차지할 수 있는 빈 에너지 상태가 없기 때문에, 중성자가 베타 붕괴를 일으켜 양성자가 될 수 없게 된다.[24]

---

24) *고립된* 중성자는 양성자로 붕괴하며, 이 반응의 반감기는 10.2분이다.

밀도가 4×10^{14} kg m^{-3}을 넘으면, 최소 에너지 배치가 이제는 중성자 가운데 일부가 원자핵 *밖에* 놓이는 것이 된다. 이 때문에 자유 중성자가 나타나는 현상을 **중성자 즙내기**(neutron drip)라고 부르며, 이 현상이 나타면서부터 중성자가 풍부한 원자핵, 비상대론적으로 졸든 중성자, 상대론적으로 졸든 전자의 3가지 성분이 혼합된 상태가 시작된다.

자유 중성자 유체는 점성이 존재하지 않는 경이적인 성질을 띤다. 이 현상은 졸든 중성자가 자발적인 짝짓기를 하기 때문에 일어난다. 두 개의 페르미 입자(중성자)가 짝을 지으면 보제 입자가 되며(1권을 기억하라), 파울리 배타 원리를 따르지 않는다. 그러므로, 졸든 보제입자는 *모두* 가장 낮은 에너지 상태로 한꺼번에 쏠릴 수 있으며, 이에 따라 중성자쌍은 더 이상 잃을 에너지를 갖고 있지 않다. 점성 없이 흘러 다니는 유체를 **초유체**(superfluid)라고 부른다. 초유체에서는 소용돌이가 한 번 생기면 영원히 멈추지 않고 계속 돈다.

밀도가 더 크게 증가하면, 전자의 개수가 줄면서 자유 중성자의 개수가 늘어난다. 밀도가 4×10^{15} kg m^{-3}일 때 졸든 중성자 압력은 졸든 전자 압력을 넘어선다. 밀도가 $\rho_{\nu c}$에 다가가면서, 중성자가 원자핵 내부나 외부에 놓인다는 차이에 의미가 없어지고, 원자핵들은 실질적으로 녹아내리기 시작한다. 이 결과 유체는 자유중성자, 양성자, 전자의 혼합물이 되며, 졸든 중성자가 내는 압력이 지배적이고, 중성자와 양성자는 서로 짝짓기를 하여 초유체를 형성한다. 양의 전하를 갖는 양성자쌍으로 이루어진 초유체는 또한 **초전도체**가 되어 전기 저항이 완전히 0이다. 밀도가 더 증가하면, 중성자, 양성자, 전자의 비율이 8:1:1의 극한으로 수렴하며, 이 극한은 전자 포획과 졸든 전자들이 제한하는 베타붕괴가 서로 경쟁하면서 이루는 비율이다.

$\rho > \rho_{\rm nuc}$인 물질로 이루어진 중성자별 물질의 물성은 아직도 잘 알려져 있지 않다. 자유 중성자의 바다에서 양성자와 전자가 섞여 있으며, 강한 핵력으로 상호 작용을 일으키고 있는 상황을 완전하게 이론적으로 기술하지 못하고 있으며, 이렇게 높은 밀도 범위에서 물질의 성질을 연구한 실험 자료도 극히 드물다. 더 복잡한 일은 입자들이 생성되는 현상들이 나타나는 것이다. 예를 들면, $\rho > 2\rho_{\nu c}$인 중성자별에서는 자발적으로 중성자가 붕괴하여 양성자와 음전하를 띤 파이 중간자로 붕괴하여 파이 중간자가 생성될 수 있다. $n \rightarrow p^{+} + \pi^{-}$.[25] 중성자별 내부에서는 이러한 높은 밀도가 나타나며, 앞에서 말한 복잡한 상황들 때문에 모형 중성자별의 구조를 계산하는 것이 매우 불확실하다.

---

25) π^{-}는 음 전기를 갖고, 전자의 273배의 질량을 갖는 입자이다. 이 입자는 원자핵을 강하게 묶어 주는 강한 핵력을 매개한다(4.3절에서 핵자들 사이에 작용하는 강한 핵력을 기술하였다). 파이 중간자는 고에너지 입자가속기 실험 장치에서 만들고 연구한다.

중성자별 모형

표 10.1에 중성자별 물질들의 성분을 여러 밀도에 대하여 나타내었다. 밀도와 압력의 관계를 보여 주는 상태 방정식이 정해지면, 4.5절에 나타낸 별의 구조 방정식을 일반상대론을 적용해서 수정한 방정식들을 수치적으로 적분하여 별의 구조를 계산할 수 있다. 중성자별의 모형을 처음으로 정량적으로 계산한 학자는 1939년에

▌표 10.1 중성자별을 이루는 물질의 구성

천이밀도(kg m^{-3})	성분	졸든 압력
$\approx 1\times10^{9}$	철 원자핵, 비상대론적 자유전자	전자
	전자들이 상대론적으로 운동함.	
$\approx 1\times10^{12}$	철원자핵, 상대론적 자유전자	전자
	중성자화	
$\approx 4\times10^{14}$	중성자가 풍부한 원자핵, 상대론적 자유전자	전자
	중성자 즙내기	
$\approx 4\times10^{15}$	중성자가 풍부한 원자핵, 자유중성자, 상대론적 자유전자	
	졸든 중성자 압력이 압도함	
$\approx 2\times10^{17}$	초유체 자유 중성자, 초전도 자유양성자, 상대론적 자유전자	중성자
	원자핵이 녹아내림	
$\approx 4\times10^{17}$	초유체 자유 중성지, 초전도 자유양성자, 상대론적 자유전자	중성자
	파이 중간자 생성	
	초유체 자유 중성자, 초전도 자유 양성자, 상대론적 자유전자, 기타 다른 소립자들(π 중간자, … ?)	중성자

버클리에서 J. 로버트 오펜하이머(J. Robert Oppenheimer, 1904–1967)와 G. M. 볼코프(G. M. Volkoff, 1914–2000)이다. 그림 10.11에 1.4 $M_\odot$인 중성자별의 구조를 계산한 최근의 결과를 나타내었다. 상세한 점들은 사용한 상태 방정식에 따라 달라지지만, 이 모형에서 대표적인 다음과 같은 점들을 알 수 있다.

1. 바깥쪽 껍데기는 무거운 원자핵으로 이루어져 있고, 유체 상태의 "바다"이거나 혹은 고체 상태의 격자 형태와 상대론적으로 졸든 전자로 이루어져 있다. 표면에 가장 가까운 곳에서는 원자핵들은 아마도 $^{56}_{26}\mathrm{Fe}$일 것이다. 더 깊은 곳에서 밀도가 높은 지역으로 갈수록 중성자가 풍부한 원자핵들이 점점 많아지며, 중성자즙이 바깥쪽 껍데기 바닥에서 나오기 시작한다(이곳의 밀도는 $\rho \approx 4\times10^{14}\ \mathrm{kg\ m^{-3}}$이다).
2. 안쪽 껍데기는 3가지 성분의 혼합물로서, 그 성분은 각각 $^{118}_{36}\mathrm{Kr}$과 같은 원자핵으로 이루어진 격자, 초유체를 이루는 자유 중성자, 상대론적으로 졸든 전자이다. 안쪽 껍데기의 바닥은 $\rho \approx \rho_{\mathrm{nuc}}$에서 형성되며, 원자핵들이 녹아내리기 시작한다.
3. 중성자별의 내부는 주로 초유체를 이루는 중성자들과 훨씬 적은 부분을 차지하며 초유동성을 보이는 초전도 양성자와 상대론적으로 졸든 전자로 이루어져 있다.
4. 파이 중간자나 혹은 다른 입자로 구성된 고체상태의 중심핵이 존재하거나 혹은 그러하지 않을 것이다. 1.4 $M_\odot$인 중성자별의 중심 밀도는 약 $10^{18}\ \mathrm{kg\ m^{-3}}$이다.

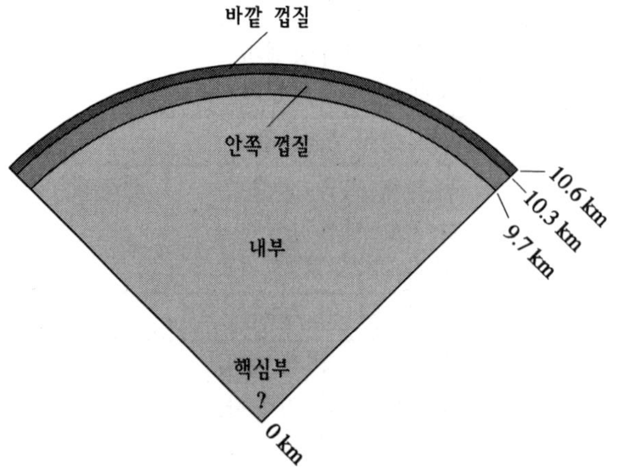

▌그림 10.11 1.4 $M_\odot$인 질량을 갖는 중성자별의 모형

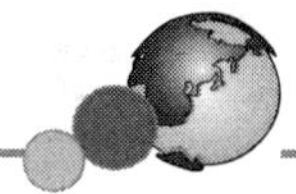

중성자별에 대한 찬드라세카 한계

백색왜성과 마찬가지로, 중성자별에도 비슷한 질량-부피 관계를 보인다.

$$\boxed{M_{\rm ns} V_{\rm ns} = 상수} \tag{10.25}$$

이 성립하며, 중성자별도 질량이 증가할수록 부피가 작아지고 밀도가 더욱 커진다. 그러나, 이러한 질량-부피 관계는 아주 무거운 중성자별에서는 성립하지 않으며, 그 이유는 졸든 중성자가 별을 더 이상 지탱하지 못하는 곳이 있기 때문이다. 그러므로, 중성자별에도 최대 질량이 존재하며, 마치 백색왜성에 찬드라세카 한계가 있는 것과 비슷하다. 예상하듯이, 이 최대값은 선택하는 상태방정식에 따라서 달라진다. 그러나, 중성자별의 상세한 모형 수치 계산과 일반상대론을 포함하는 일반적인 논증을 하면, 중성자별의 최대 질량이 정지한 상태를 가정할 때에 2.2 $M_\odot$을 넘을 수 없고 빠르게 회전하는 경우 2.9 $M_\odot$을 넘지 않음을 보일 수 있다.[26] 중성자별이 동력학적으로 안정하고 붕괴하지 않으려면, 구조가 약간이라도 바뀌려고 할 때에 중성자별이 재빠르게 압력을 재조정하여 변화에 대처할 수 있어야한다. 그러나, 이러한 재조정을 얼마나 신속하게 할 수 있는가는 소리 속도의 빠르기로 정해지며, 이 속도는 빛의 속도보다는 작아야한다. 회전하지 않는 중성자별의 질량이 2.2 $M_\odot$을 넘거나 빠르게 회전하는 중성자별의 질량이 2.9 $M_\odot$을 넘으면, 붕괴의 조짐이 있을 때에 이를 저지하기 위하여 압력을 재조정할 틈을 주지 않는다. 그 결과는 5.3절에 기술하겠지만, 블랙홀의 형성이다.

빠른 회전과 각운동량 보존

중성자별의 성질은 관측되기 이전부터 예측된 것이 몇 가지 있다. 예를 들면, 중성자별은 대단히 빠르게 자전한다. 초신성 폭발이 일어나기 전단계에서 초거성 중심부에서 형성된 철백색왜성 중심핵이 설령 친친히 자전한다고 해도, 반지름이 지나치게 크게 감소하므로, 각운동량 보존에 의하여 빠르게 자전하는 중성자별이 형성된다.

식 (10.13)과 식 (10.24)에서 백색왜성과 중성자별의 반지름을 보면 붕괴의 규모를 짐작할 수 있다. 두 식에서 앞에 나오는 숫자들이 정확한 것은 아니지만(근사적으로 계산하였으므로) 두 반지름의 *비율*은 상대적으로 더 정확하다.

---

26) 9.4절에서 원심력은 빠르게 회전하는 중성자별을 추가적으로 떠받드는 역할을 한다.

$$\frac{R_{\rm core}}{R_{\rm ns}} \approx \frac{m_n}{m_e}\left(\frac{Z}{A}\right)^{5/3} = 512$$

이고 이 때에 철원자핵에 대하여 Z/A=26/56로 놓았다. 각운동량 보존을 무너지는 중심핵에 적용하고(무너지는 중심핵에 질량 결손은 없다고 가정한다. 즉 $M_{\rm core} = M_{\rm wd} = M_{\rm ns}$), 각 별을 공으로 가정하여 관성모멘트가 $I = CMR^2$으로 주어진다고 하면[27)]

$$I_i\omega_i = I_f\omega_f$$

$$CM_iR_i^2\omega_i = CM_fR_f^2\omega_f$$

$$\omega_f = \omega_i\left(\frac{R_i}{R_f}\right)^2$$

를 얻는다. 자전 주기 P로 다시 쓰면

$$P_f = P_i\left(\frac{R_f}{R_i}\right)^2 \tag{10.26}$$

이다. 붕괴하여 중성자별을 만드는 철로 이루어진 핵심부의 특별한 경우에 대하여, 식 (10.6)으로부터

$$P_{\rm ns} \approx 3.8 \times 10^{-6}\,P_{\rm core} \tag{10.27}$$

을 얻는다. 전단계 항성의 중심핵이 얼마나 빠르게 자전하는가는 답하기 어려운 문제이다. 별이 진화하면서, 수축하는 중심부는 주변 외피와 완전히 단절된 것이 아니기 때문에 앞에서 한 것과 같이 각운동량 보존을 단순히 적용하는 것은 곤란하다.[28)] 간단한 계산을 하기 위해 백색왜성 40 Eridani B(그림 2.12, 2.16에 보인 H-R도에 나와있다)의 관측값 $P_{\rm core}$=1350 s을 잡겠다. 이 값을 식 (10.27)에 넣으면, 중성자별의 자전 주기가 약 5×10^{-3} s이다. 따라서, 중성자별의 자전은 중성자별이 형성될 때에 대단히 빠르고, 자전 주기는 수밀리초 규모이다.

---

27) 비례상수 C는 별 내부의 물질 분포가 결정한다. 예를 들면, 균일한 구에 대해서 C=2/5이다. 우리는 전단계 항성의 핵심부나 중성자별이 거의 같은 C를 갖는다고 가정한다.

28) 회전하는 별에서 일반적으로 극지역에서는 위로 적도 지역에서는 아래로 느리게 순환하는 *자오선 흐름*에 의한 회전의 혼합 혹은 자기장 때문에 핵심부와 외피는 각운동량을 서로 교환할 수 있다.

"얼어 붙은" 자기장

중성자별의 또 다른 성질은 굉장히 센 자기장이다. 전기전도도가 좋은 유체나 기체에서는 자기장이 "얼어 붙어"(5.3절에서 태양의 흑점과 관련하여 설명한 바 있다) 백색왜성이 붕괴하여 중성자별을 만들 때에 자기장 플럭스는 보존된다. 표면 S를 통과하는 자기장 플럭스는 다음과 같은 면적적분으로 정의된다.

$$\Phi \equiv \int_S \mathbf{B} \cdot d\mathbf{A}$$

이 때에 B는 자기장 벡터이다(그림 10.12를 보라). 근사적으로 말해서, 우리가 자기장의 기하학적 모양을 무시하면, 이것은 자기장 세기와 별 표면적의 곱이 상수임을 의미한다.

$$B_i 4\pi R_i^2 = B_f 4\pi R_f^2 \tag{10.28}$$

초신성 폭발이 일어나기 전 단계에서 철핵심부의 초기 자기장 세기가 어떤 값인지 매우 불분명하다. 극단적인 경우, 백색왜성에서 가장 높게 관측된 값인 $B \approx 5 \times 10^4$ T를 사용할 수 있을 것이다(대체적인 백색왜성의 자기장값 10 T이고, 태양의 경우 전체 평균이 2×10^{-4} T이다). 식 (10.6)을 쓰면, 중성자별의 자기장 세기는

$$B_{\text{ns}} \approx B_{\text{wd}} \left(\frac{R_{\text{wd}}}{R_{\text{ns}}} \right)^2 = 1.3 \times 10^{10} \text{ T}$$

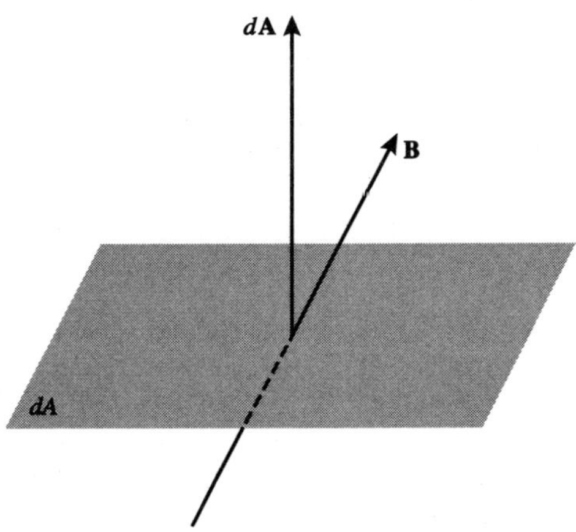

▮ 그림 10.12 작은 면적 $d\mathbf{A}$를 통과하는 자기장 플럭스 $d\Phi = \mathbf{B} \cdot d\mathbf{A}$

이 될 것이다. 이 계산 결과로부터 중성자별이 태어날 때에 엄청나게 센 자기장을 갖게 됨을 알 수 있다. 그러나, 이 값은 중성자별에서 볼 수 있는 자기장의 상한값으로 간주해야 하며, 대표적인 중성자별 자기장의 세기는 이보다 많이 작은 10^8 T 이하이다.

중성자별의 온도

마지막 중성자별의 성질은 가장 명백하다. 이 별들은 초신성 폭발의 **화염** 안에서 벼리되어, 태어날 때에 극도로 뜨거운 온도 10^{11} K에 이를 것이라는 점이다. 초신성 폭발이 있은 첫 날에 중성자별은 URCA **과정**이라고 부르는 다음 과정을 통하여 중성미자의 형태로 신속하게 식어간다.[29)]

$$n \rightarrow p^+ + e^- + \overline{\nu}_e$$
$$p^+ + e^- \rightarrow n + \nu_e$$

핵자의 형태가 중성자의 형태와 양성자의 형태 사이를 번갈아 오가면서, 대단히 많은 중성미자와 반중성미자가 형성되어 거리낌 없이 에너지를 갖고 우주 공간으로 빠져나가 중성자별은 급히 식어간다. 이 과정은 핵자가 졸들지 않는 한 계속 진행되며, 양성자나 중성자가 낮은 에너지 상태를 모두 채워 졸들면 이 과정이 멈춘다. 중성자별이 형성된 지 하루가 지나면 핵자가 졸들기 시작하며, 내부 온도는 10^9 K으로 내려간다. 처음 천 년간은 다른 핵반응에서 나오는 중성미자가 냉각을 주도하고, 이후부터는 표면에서 방출되는 광자가 냉각의 주도권을 이어 받는다. 중성자별이 태어난 지 수백 년이 지나면 내부 온도는 10^8 K로 내려가고 표면은 수백만 K가 된다. 이제, 냉각률이 현저히 낮아지므로, 이후 천년 동안 표면온도는 10^6 K를 웃돌고 중성자별은 본질적으로 일정한 반지름을 유지하면서 식어간다.

1.4 $M_\odot$인 중성자별이 표면 온도가 10^6 K일 때에, 흑체 복사 광도의 계산이 의미있다. 1권 식 (3.17)로 표현된 스테판–볼츠만 법칙을 쓰면

$$L = 4\pi R^2 \sigma T_e^4 = 7.13 \times 10^{25} \text{ W}$$

29) URCA 과정은 뜨거운 중성자별로부터 에너지를 효과적으로 없애는 과정이며, 이 명칭은 운이 따라주지 않는 물리학자가 순식간에 돈을 잃는 리우 드 자네이로에 있는 Casino de URCA에서 왔다. 1955년에 브라질 당국은 이 도박장을 폐쇄하였다.

이다. 이 값은 태양의 밝기에 견줄 정도이지만, 1권 식 (3.19)에 쓴 Wien의 법칙에 따라서 X-선 영역에서 대부분의 복사가 일어난다.

$$\lambda_{\max} = \frac{(500\ \mathrm{nm})(5800\ \mathrm{K})}{T} = 2.9\ \mathrm{nm}$$

이다. ROSAT, ASCA, Chandra와 같은 X-선 우주망원경이 도래하기 전까지, 천문학자들은 한 개의 도시 정도 밖에 되지 않는 이처럼 유별난 천체를 발견할 수 있으리라고는 꿈도 꾸지 않았다.

10.7 펄사

조슬린 벨은 2년 동안 공들여서 4.5에이커가 넘는 영국의 시골 들판에 2048개의 전파 쌍극자 안테나를 숲처럼 엮어 놓았다. 벨과 그의 박사학위 논문 지도 교수인 앤터니 휴이시는 이 전파 망원경을 81.5 MHz에 주파수를 맞추어 놓고 퀘이사에서 나온 전파가 태양풍을 지나 지구에 도달할 때에 일어나는 섬광("깜빡임")을 연구하고 있었다. 1967년 7월에 벨은 좁은 기록 띠지에 매 400피트 정도 마다 반복적으로 나타나는 "덜미 같은 신호"를 발견하고 의아하게 여겼다(그림 10.13). 세밀하게 측정한 결과 4분의 1인치짜리 잉크는 23시간 56분마다 반복된 것이며, 이것은 전파원이 매 항성일마다 한번 전파 안테나 배열을 지나간다는 것을 알려 주는 것이었다. 벨은 태양계 안에 있는 천체가 아니라 저 멀리 있는 별들 가운데 전파원이 있다고 결론을 내렸다. 신호를 더욱 세밀하게 분석하기 위하여, 벨은 기록 속도가 더 빠른 기기로 교체하여 덜미 신호들이 실제로는 1.337초로 일정한 간격(맥동 **주기**, *P*)을 띠고 있는 일련의 맥동임을 밝혔다. 이처럼 정밀한 천체 시계를 들어본 바 없던 벨과 휴이시는 이 신호가 외계 문명체가 보내는 신호일 가능성도 고려해 보았다. 이것이 사실이라면, 벨은 외계인이 접촉을 하려고 이처럼 마땅찮은 시간을 하필이면 골랐을까하는 짜증스런 생각을 하였다. 벨은 다음과 같이 회상하였다. "나는 당시에 3년의 장학금 혜택을 받았고, 이미 2년 반이 지나고 있는 상황이었는데, 이런 멍청한 초록 외계인이 하필이면 *내* 망원경에다 *내*가 고른 주파수로 지구라는 행성에 신호를 보내고 있단 말입니다." 벨이 또 다른 덜미 신호를 잡아내고는 이 신호가 하늘의 다른 곳에서 온다는 사실을 확인한 후에 내쉬었을 안도의

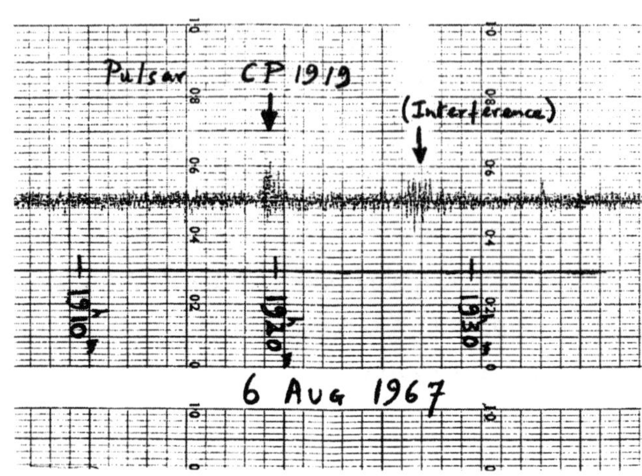

▌그림 10.13 최초 펄사 PSR 1919+21의 발견("CP"는 Cambridge Pulasr의 약자이다). (그림 출처 : Lyne and Graham-Smith, Pulsar Astronomy, Cambridge University Press, New York, 1990. Reprinted with the permission of Cambridge University Press)

한숨이 귓전에 들리는 듯하다. 벨은 다음과 같이 적었다. "전혀 다른 동네에 살고 있는 두 초록 외계인이 똑같이 이상한 주파수로 똑같이 이상한 기술을 사용해서 전혀 별 볼일 없는 지구라는 행성으로 안부를 보낼 가능성은 전혀 없을 것이다."

휴이시와 벨, 그리고 다른 동료들은 이 신비한 천체 **펄사**[30]의 발견을 발표하고, 다른 전파 천문대에서도 몇 개가 재빠르게 발견되었다. 현재 이 교재를 집필할 때까지 1500개 이상의 펄사가 알려져 있으며, 각각은 접두사 "PSR"(*P*ulsating *S*ource of *R*adio의 약자)에 적경(α)과 적위(δ)를 붙여서 나타낸다. 예를 들면, 벨이 발견한 덜미 신호를 준 펄사는 PSR 1919+21이며, 이 펄사의 위치가 $\alpha=19^h\ 19^m$, $\delta=+21°$이라는 뜻이다.

● 일반적인 특징

알려진 모든 펄사에는 다음과 같은 공통점들이 있으며, 이 성질들은 펄사의 물리적 성질을 이해하는 데에 매우 중요하다.

---

30) *펄사*라는 용어는 *Dayly Telegraph*의 런던 과학부 통신원이 만든 용어이다. 펄사 발견에 대한 상세한 이야기는 Hewish et al. (1968)을 보라. 1974년에 휴이시는 전파 천문학의 업적으로 마틴 라일(Martin Ryle 1918–1984)과 노벨상을 수상하였다. 프렛 호일(Fred Hoyle 1915–2001)과 다른 과학자들은 조슬린 벨도 공동 수상자가 되었어야 한다고 주장했다. 휴이시는 전파 안테나 배열과 관측 기법을 설계하였지만 펄사의 신호를 처음 알아챈 사람은 벨이었다. 공동 수상자에서 벨이 누락된 것에 따른 많은 논란과 관련하여 "no-Bell"상(벨이 타지 못한 상)에 대한 이야기들이 생겼다.

- 대부분 펄사의 맥동 주기는 0.25초에서 2초 사이에 있으며, 평균 맥동 주기는 약 0.795초이다(그림 10.14). 가장 주기가 긴 펄사는 PSR 1841−0456이며(P= 11.8 s)이며, 가장 빠른 펄사는 Terzan 5ad(PSR J1748−2446ad) 로서 주기가 0.00139 초이다.
- 펄사의 맥동 주기는 극도로 정확하게 정의되며, 전례가 드문 정밀한 시계이다. 예를 들면, PSR 1937+214의 주기는 P=0.00155780644887275 s로 결정되었으며, 현재까지 가장 정밀한 원자 시계와 어깨를 나란히 한다. (이와 같은 정밀성이 가능한 이유는 매우 짧은 주기를 갖는 펄사들에 대하여 엄청나게 많은 관측을 수행하였기 때문이다.)
- 모든 펄사의 주기는 맥동이 느려짐에 따라 점차로 증가하며, 주기의 증가율은 주기의 도함수 $\dot{P} \equiv dP/dt$로 표시한다.[31] 대체적으로 $\dot{P} \approx 10^{15}$이며, *대표적인 펄사의 수명*($\dot{P}$가 상수 라고 가정할 때에 맥동이 멈출 때까지 걸리는 시간)은 $P/\dot{P} \approx$ a few 10^7년이다. PSR 1937+214의 경우는 주기 도함수가 특히 작아서, P=1.051054×10^{-19}이다. 이 값에 대응하는 펄사의 수명은 P/P= 1.48×10^{16} s으로 약 4억 7천 만년이다.

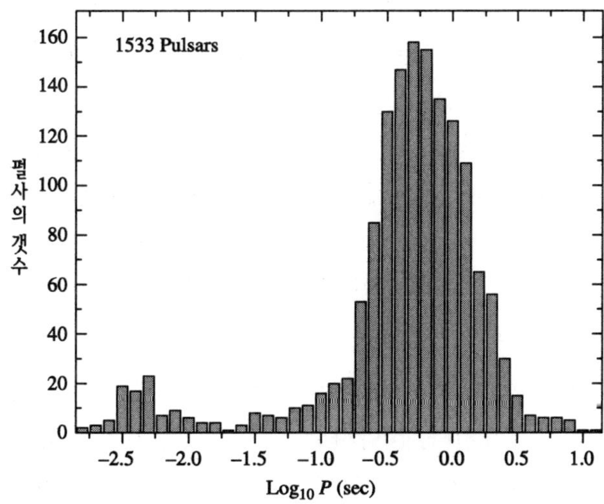

그림 10.14 1533개 펄사의 주기 분포. 밀리초 펄사가 왼쪽에 뚜렷하게 보인다. 평균 주기는 0.795초이다. (자료 출처 : Manchester, R. N., Hobbs, G. B., Teoh, A., Hobbs, M. A., A. J. 129, 1993, 2005. 자료는 또한 http://www.atnf.csiro.au/research/pulsar/psrcat에서 얻을 수 있다.)

31) $\dot{P}$는 매 1초마다 일어나는 주기 변화를 초 단위로 측정한 값이기 때문에 단위가 없다.

가능한 펄사 모형들

이러한 특징들로부터 천문학자들은 펄사를 구성하는 기본적인 성분들을 유추한다. 펄사의 발견을 보고한 논문에서 휴이시, 벨과 공동저자들은 진동하는 중성자별일 가능성을 제시하였으나, 미국의 천문학자인 토마스 골드(Thomas Gold, 1920-2004)는 재빠르게, 그리고 설득력 있게 펄사는 매우 빠르게 자전하는 중성자별임을 주장하였다.

천문학에서는 일정한 간격을 띠는 맥동 신호를 내는 방법에는 3가지 쉬운 방법이 있다.

1. **쌍성** 쌍성계의 궤도 주기가 펄사의 맥동 주기의 범위 안에 있으려면, 극도로 밀집된 별이어야 하며, 백색왜성이나 중성자별이다. 케플러 제3법칙(1권)을 일반적인 형태로 나타내면, 1 $M_\odot$인 두 별이(펄사의 평균 맥동 주기인) 0.79초마다 한 바퀴를 돌려면, 두 별이 1.6×10^6 m만큼 떨어져 있어야 한다. 이 값은 시리우스B의 반지름 5.5×10^6 m보다도 훨씬 더 작은 값이며, 더 빠른 맥동을 보이는 펄사에 대해서는 이 값보다도 더 작을 것이다. 이로부터 가장 작고 가장 질량이 큰 백색왜성조차 고려에서 제외된다.
   중성자별은 아주 작으므로, 중성자별 2개가 서로 궤도 운동을 하면 관측된 펄사의 맥동 주기를 설명할 수 있다. 그러나, 이러한 가능성은 아인슈타인의 일반 상대성 이론으로부터 배제된다. 두 중성자별이 서로 빠르게 시공간을 통하여 궤도 운동을 하면, 중력파가 생성되어 주변 공간으로 퍼져나가면서 쌍성계로부터 에너지를 빼내간다. 중성자별이 천천히 나선을 그리면서 가까워지며, 케플러의 제3법칙에 따라 궤도 주기가 *감소한다.* 이것은 펄사에서 주기가 *증가한다*는 사실과 모순이며, 중성자별 쌍성계가 전파 맥동을 내는 천체의 후보에서 탈락된다.[32)]
2. **맥동성** 10.2절에서 논의하였듯이, 백색왜성은 100초에서 1000초의 주기로 맥동을 일으킨다. 비방사상 g-모드의 주기는 관측된 펄사 주기보다 훨씬 더 길다. 물론, 펄사의 맥동이 방사상 진동일 수 있겠다. 그러나, 방사상 모드의 기본 진동은 수초로서 펄사의 맥동을 설명하기에는 지나치게 길다.
   비슷한 논증을 통하여 중성자별의 맥동도 제외된다. 중성자별은 백색왜성보

32) 중력파는 12.6절에서 더 자세히 배울 것이며, 중력파는 두 중성자별로 이루어진 쌍성계에서 간접적으로 검출된 바 있다.

다 약 1억 배 정도 밀도가 크다. 따라서, 주기-밀도 관계를 별의 맥동에 적용하면(8.2절을 기억하라) 맥동의 진동 주기는 $1/\sqrt{\rho}$에 비례한다. 이는 중성자별이 10^4배 만큼 빨리 백색왜성보다 진동한다는 것을 뜻하며, 방사상 기본 진동이 10^{-4}초이며, 비방사상 g-모드는 10^{-2}초에서 10^{-1}초임을 의미한다. 맥동이 느린 펄사에 대하여 이 주기들은 지나치게 짧아 설명할 수 없다.

3. **자전하는 별** 매우 빠르게 자전하는 밀집성은 엄청나게 큰 각운동량을 갖기 때문에 자전하는 별은 매우 정밀한 시계 역할을 한다. 그러나, 별이 얼마나 빠르게 자전할 수 있을까? 별의 자전 각속도 ω의 한계는 원심력에 의하여 별을 이루는 물질이 중력을 이겨서 산산히 흩어지는 일이 생기지 않는 조건으로 결정된다. 별의 적도에서 회전 속도가 최대이기 때문에 이 현상은 별의 적도에서 가장 크게 나타난다. 자전 때문에 적도가 부풀어 오를 수 밖에 없지만, 이 효과를 무시하고, 별이 반지름 R과 질량 M을 유지한다고 가정하자. 이 때에 최대 각속도는 구심력과 중력 가속도를 적도에서 같다고 놓아서 얻을 수 있다. 따라서

$$\omega_{\max}^2 R = G\frac{M}{R^2}$$

이고, 자전의 최소 주기 $P_{\min} = 2\pi/\omega_{\max}$이므로,

$$P_{\min} = 2\pi\sqrt{\frac{R^3}{GM}}$$

을 얻는다. 시리우스B에 대해서 $P_{\min} \approx 7$ s이고 이 값은 관측된 값에 비하여 지나치게 크다. 그러나, 1.4 $M_\odot$인 중성자별에 대하여 *최소* 자전주기 $P_{\min} \approx 5\times10^{-4}$ s이다. 이 값이 *최소* 자전 주기이므로, 자전 주기는 펄사의 맥동 주기의 전체 범위를 모두 포함할 수 있다.

빠르게 자전하는 중성자별인 펄사

이러한 제안 가운데 하나만이 배제 과정으로부터 다친 곳 없이 살아 남았으며, 그것은 펄사가 빠르게 자전하는 중성자별이라는 제안이다. 1968년에 발견된 펄사들이 돛 성운이나 게 성운의 초신성 잔해과 관련한다는 사실이 이 결론을 더욱 지지한다(오늘날 수십 개의 펄사가 초신성 잔해와 관련된다고 알려져 있다). 또한, 게 펄사

PSR 0531–21의 경우 주기가 아주 짧은 0.0333초이다. 어느 백색왜성도 매초 마다 30번을 회전하면 산산조각나며, 펄사의 정체성에 대한 아주 사소한 의심도 사라진다. 1982년에 **밀리초 펄사**($P \approx 10$ ms 혹은 이 이하)가 발견될 때까지, 게 펄사는

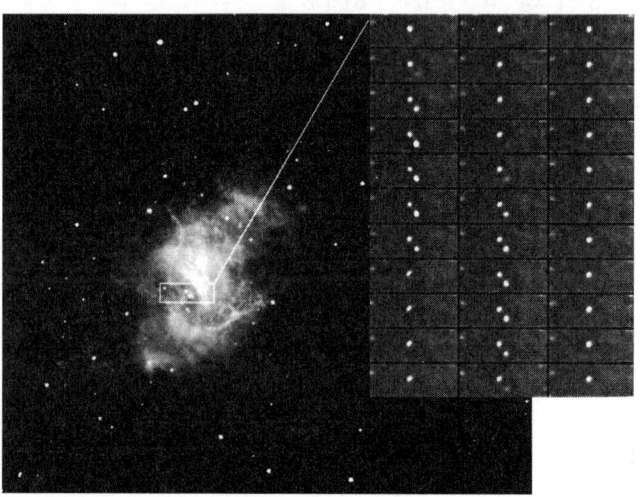

그림 10.15 게 성운(왼쪽 그림) 중앙에 놓여 있는 게 펄사에서 가시광 영역의 깜빡거림을 보여 주는 일련의 영상. 전방에 놓인 항성이 게 펄사의 위 오른쪽에 고정된 점의 형태로 나타나 있다. (영상 제공 : National Optical Astronomy Observatories)

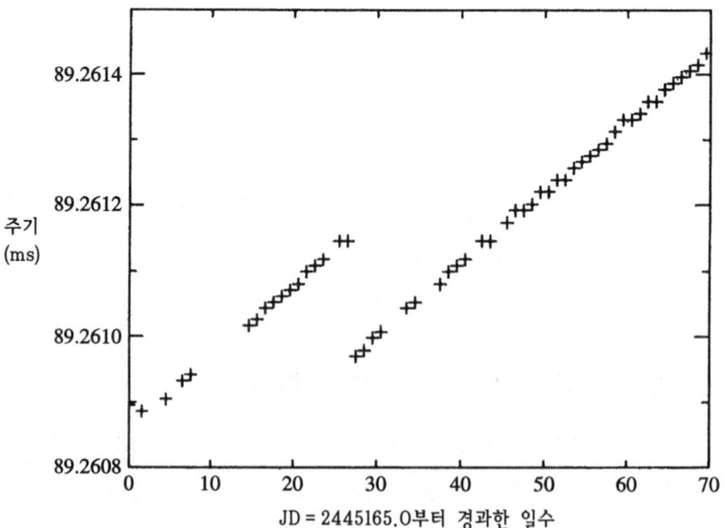

그림 10.16 둧 펄사 주기의 삐침. (그림 출처 : McCulloch et al. *Aust. J. Phys. 40*, 725, 1987)

가장 빠른 펄사의 기록을 보유했다(그림 10.14).[33] 돛 펄사와 게 펄사는 전파에서 맥동을 보일 뿐만 아니라, 그림 10.15에서 보듯이 가시광에서 번쩍거림을 비롯하여 전파에서 감마선에 이르기까지 모든 전자기파 스펙트럼에서 맥동 현상을 보인다. 이러한 어린 펄사들(과 다른 몇몇 펄사들)은 주기가 아주 작은 양만큼 갑자기 감소하는 **삐침(glitch)**이 일어난다($|\Delta P|/P \approx 10^{-6}$에서 10^{-8}; 그림 10.16을 보라).[34] 이러한 갑작스런 회전 증가는 수 년에 걸쳐서 불규칙한 간격을 띠고 일어난다.

게밍가

가장 가까운 곳에서 발견된 펄사는 겨우 90 pc 정도 떨어져 있다. "게밍가"라는 별명을 갖고 있는 이 펄사 PSR 0633+1746는 1992년에 비로소 펄사라는 사실이 밝혀지기 전까지 17년간 감마선을 내는 천체로 유명했다.[35] 게밍가 펄사는 0.237 초의 주기로 X-선과 감마선에서 맥동 신호를 내고(그러나, 전파에서는 맥동 신호를 내지 않는다.) 삐침 현상이 있는 듯하다. 가시광에서는 절대등급이 +23등급보다 더 어둡다.

핵심부 붕괴 초신성이 기원이라는 증거

하늘에 있는 별들의 과반수가 다중성계에 속해 있지만, 펄사는 고작 수 % 정도만이 쌍성계에 속한다. 펄사들은 평범한 별들보다 우주 공간에서 훨씬 더 빠르게 운동하며, 간혹 그 속도가 1000 km s^{-1}를 넘기도 한다. 이 두 관측 결과는 펄사의 기원이 초신성과 관련한다는 점과 일관된다. 그 이유는, 핵심부 붕괴 초신성 폭발이 완벽한 구 대칭을 이룰 수 없을 것이며, 이 때에 형성되는 펄사는 걷어 채여 애초부터 이루고 있었던 쌍성계로부터 뛰쳐나갈 것이기 때문이다. 한 가지 가정은 펄사가 형성될 때에 비대칭적 제트를 동반하고, 제트 엔진과 같이 펄사 제트는 펄사가 형성된 곳으로부터 빠른 속도로 펄사를 밀어낼 수도 있을 것이다.

싱크로트론 복사와 곡률 복사

1054년에 초신성 폭발을 일으키고 남은 잔해인 게 성운을 관측하면, 성운의 중

33) 밀리초 펄사는 근접쌍성계를 이루기 때문에 빠른 자전 주기를 갖는 듯하다; 절반 이상의 알려진 밀리초 펄사는 쌍성계이다. 밀리초 펄사는 12.6절에서 더 상세하게 공부한다.

34) 602쪽에서 삐침이 일어나는 물리적 이유에 대하여 논의한다.

35) *게밍가*는 밀라노 방언으로 "없다"는 의미로 오랫동안 숨어있었던 신비로운 천체를 잘 묘사한다.

심에 있는 펄사와 불가분의 관계에 있음을 알 수 있다. 그림 10.15에 나타낸 영상들을 보면, 팽창하는 성운에 칭칭 감싸는 기체 상태의 필라멘트가 유령처럼 빛나고 있다. 흥미롭게도, 현재의 팽창률을 옛날로 외삽하면, 성운은 초신성 폭발이 발견된 때로부터 90년 *후*로 수렴한다. 분명히 성운은 현재보다도 과거에 더 천천히 팽창했었으며, 이것은 팽창이 점점 더 가속적으로 일어나고 있다는 뜻이다.

1953년에 러시아의 천문학자인 I. 시클로브스키(I. Shkolvsky, 1916–1985)는 백색 빛이 **싱크로트론 복사**에 말미암는다고 제안하였다. 싱크로트론 복사는 상대론적으로 운동하는 전자가 자기장을 따라 나선 운동을 할 때에 일어난다. 자기장의 영향을 받아서 속도 v로 움직이는 전하 q가 받는 힘은

$$\mathbf{F}_m = q(\mathbf{v} \times \mathbf{B})$$

으로 주어진다. 전자 속도에서 자기장에 수직인 성분에 비례해서 힘이 나타나므로, 자기장을 중심으로 원운동을 일으키며, 자기장에 평행한 성분은 영향을 받지 않아서 일정한 속도를 유지한다(그림 10.17). 휘어진 자기장을 따라가면, 상대론적인 전자는 가속을 받아 전자기파 복사를 일으킨다. 자기장을 중심으로 원운동을 하면서 방출하는 복사를 싱크로트론 복사라고 부르며, 주로 자기장을 따라 일으키는 복사를 **곡률 복사**라고 부른다. 두 경우 모두, 연속 복사 스펙트럼의 모양은 복사를 일으키는 전자의 에너지 분포에 따라 달라지며, 흑체 복사 스펙트럼과는 쉽게 구별

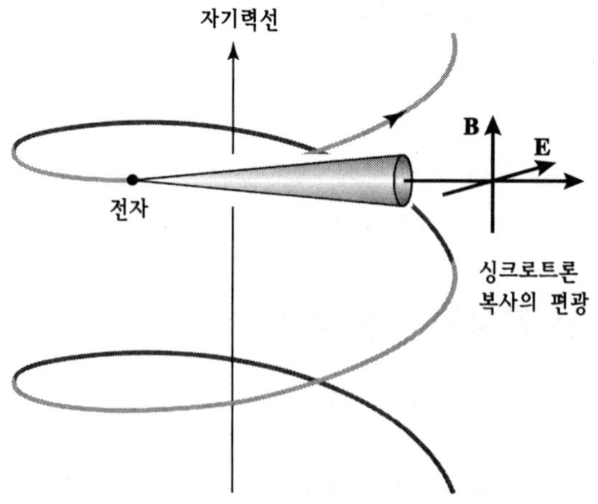

그림 10.17 자기장을 휘감으며 운동하는 상대론적인 전자가 방출하는 싱크로트론 복사.

된다.[36] 싱크로트론 복사의 경우 원운동 평면에서, 곡률복사의 경우 휘어지는 자기장 평면 방향으로 편광된다. 시클로브스키는 자기의 이론을 시험할 수 있는 한 예로, 게 성운의 백색 빛이 강하게 선편광을 갖고 있을 것이라고 예측하였다. 그의 이 예측은 나중에 확인되었으며, 성운의 어떤 곳에서 나오는 빛은 60%에 이르는 선편광이 관측되었다.

게 성운 싱크로트론 복사의 에너지 원

흰색 빛이 싱크로트론 복사에 기인한다는 사실은 새로운 의문을 불러 일으켰다. 그것은 10^{-7} T 정도 세기의 자기장이 게 성운 전체에 스며 있어야 한다는 뜻이다. 이것은 이해하기가 어려웠으며, 이론적인 계산을 따르면, 이미 오래 전에 성운이 팽창해서 자기장이 이보다 훨씬 더 약해져 있을 것이기 때문이다. 더구나, 전자들은 겨우 100년 안에 자신들이 갖고 있는 에너지를 모두 복사해 버렸어야 한다. 오늘날까지 싱크로트론 복사가 보이려면 자기장과 빠르게 운동하는 전자들이 계속해서 보충되고 있어야만 한다. 성운의 팽창을 가속하는 데에 필요한 전체 일률은 5×10^{31} W이고, 이 값은 $10^5\,L_\odot$보다 크다.

게 성운 심장부에 있는 자전하는 중성자별이 에너지 원천이다. 자전하는 중성자별은 마치 플라이휠(속도 조절 바퀴)과 같아서 엄청나게 큰 회전운동에너지를 저장하고 있다. 별의 자전이 느려지면, 에너지 공급이 줄어든다. 에너지 손실을 계산하기 위하여, 주기와 관성모멘트를 써서 회전운동에너지를 써보자.

$$K = \frac{1}{2}I\omega^2 = \frac{2\pi^2 I}{P^2}$$

자전하는 중성자별의 에너지 손실률은

$$\frac{dK}{dt} = -\frac{4\pi^2 I \dot{P}}{P^3} \tag{10.30}$$

36) 싱크로트론 복사와 곡률 복사는 둘 다 모두 *비열적* 복사라고 말하며, 열적 평형에서 비롯되는 흑체 복사와 구별한다.

예제 10.7.1

중성자별이 균질한 구이고, 반지름이 $R=10$ km이고, 질량이 $1.4\,M_\odot$일 때에 관성모멘트는

$$I=\frac{2}{5}MR^2=1.1\times10^{38}\ \mathrm{kg\ m^2}$$

이다. 게 성운에 대하여 $P=0.333$ s과 $\dot{P}=4.21\times10^{-13}$를 대입하면, $dK/dt\approx5.0\times10^{31}$ W를 얻는다. 놀랍게도, 이 값은 게 성운에 공급해야 할 일률과 정확히 일치한다. 중성자별 플라이휠이 느려지면서 거의 1000년을 성운은 계속해서 빛나고 팽창하는 것이다.

이 에너지가 성운으로 운반되는 것은 맥동 자체로 이루어지는 것이 아니라는 사실을 깨닫는 것이 중요하다. 게 펄사의 맥동에서 나타나는 전파 광도는 약 10^{24} W로, 성운에 배달되는 일률의 2억분의 1밖에 안된다(늙은 펄사의 경우 전파 펄스의 밝기는 자전이 느려지면서 일어나는 에너지 손실량의 10^{-5}이다). 그러므로, 맥동 과정은 그 원인이 무엇이든 간에 전체 에너지 손실 과정에서 미미한 역할만 할 수 있을 뿐이다.

그림 10.18에서 허블우주망원경으로 찍은 게 펄사의 바로 근처 지역의 영상이 나타나 있다. 고리 모양으로 생긴 헤일로가 펄사의 서쪽에 보이며, 도넛 모양으로 빛나는 기체이다. 이것은 극 방향 제트가 펄사에서 나와 주변 성운을 헤치고 뻗어나가려고 하면서 만들어진 것으로 추정된다. 펄사의 동쪽으로 1500 AU 떨어진 곳에 제트를 이루는 물질이 충격을 받아서 밝게 보이는 매듭이 있으며, 이것은 제트 자체가 불안정하기 때문에 나타나는 것 같다. 또 다른 매듭이 9060 AU의 거리에서 보인다. 장기간의 HST와 찬드라 관측으로부터 낮은 시간 분해능으로 제작된 게 초신성 잔해 중심부 지역의 "영화"에서 성운의 팽창과 진화가 실제로 나타난다. 일부 조각들이 $0.35\,c$에서 $0.5\,c$ 사이의 속력으로 외곽 방향으로 움직이는 듯하다.[37)]

37) Hester, et al., Ap. J., 577, L49, 2002를 보라. 영화가 있는 인터넷 주소는 다음과 같다. http://chandra.harvard.edu/photo/2002/0052/moview.html

그림 10.18 게 펄사를 에워싼 바로 인근 지역의 HST 영상 (그림 출처 : Hester et al. *Ap. J.*, *448*, 240, 1995)

펄스의 구조

모형 펄사를 상세히 기술하기 전에, 펄스 자체를 세밀히 살피는 일이 의미 있다. 그림 10.19에서 보듯이, 맥동은 짧은 시간 동안 지속하여 전체 맥동 주기에서 (1–5%) 작은 비율만을 차지한다. 일반적으로 전파 맥동은 20 MHz에서 10 GHz 범위 주파수에서 보인다.

전파 맥동이 성간 공간을 진행하면서, 전파가 지나가는 경로에 놓인 전자들은 전파를 이루는 전기장의 힘을 받아 가속 운동을 한다. 이 과정에 의하여 전파의 전달 속도가 신공 속에서 빛의 속도 c보다 작게 되며, 이 효과는 주파수가 작을수록 더 크게 나타난다. 그러므로, 펄사에서 방출된 예리한 맥동은, 방출 당시에 모든 주파수 성분이 최대값을 보이고, 점차로 늘어져서 지구까지 오면서 *분산*된다(그림 10.20). 더 멀리 있는 펄사일수록 맥동이 더 크게 분산되어 시간 지연을 측정하면 펄사까지 거리를 알 수 있게 된다. 이 결과, 알려진 펄사들은 우리 은하의 원반에 주로 몰려 있으며(그림 10.21), 대체적으로 수백에서 수천 파섹 떨어져 있다.

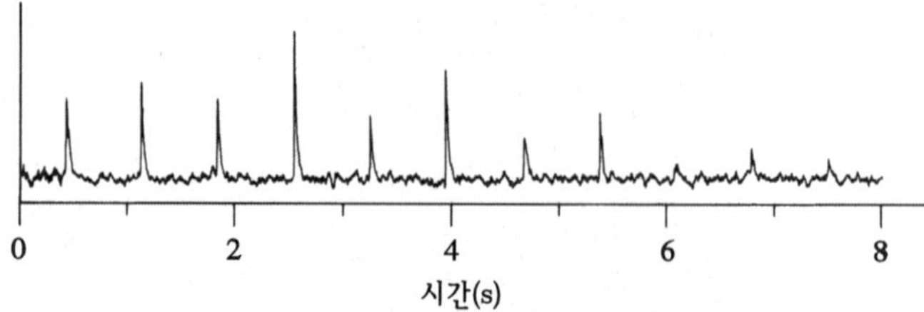

▌그림 10.19 주기가 0.714 s인 PSR 0329+54의 펄스. (그림 출처 : Manchester and Taylor, Pulsars, W. H. Freeman and Co., New York, 1977.)

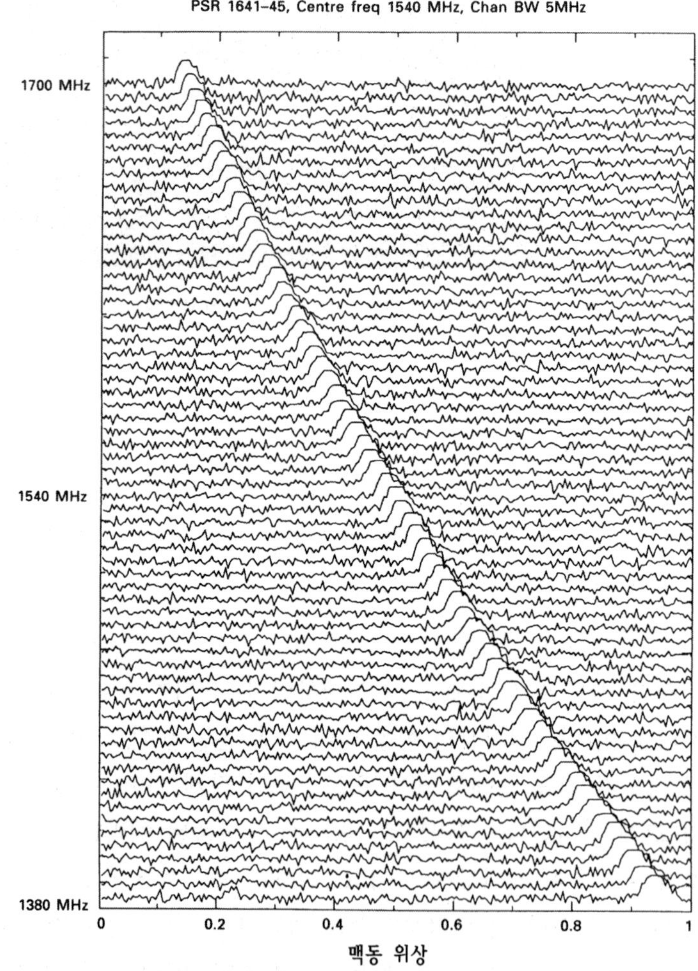

▌그림 10.20 PSR 1641–45에서 펄스의 분산 (그림 출처 : Lyne and Graham–Smith, Pulsar Astronomy, Cambridge University Press, New York, 1990. Reprinted with the permission of Cambridge University Press)

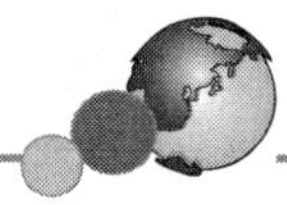

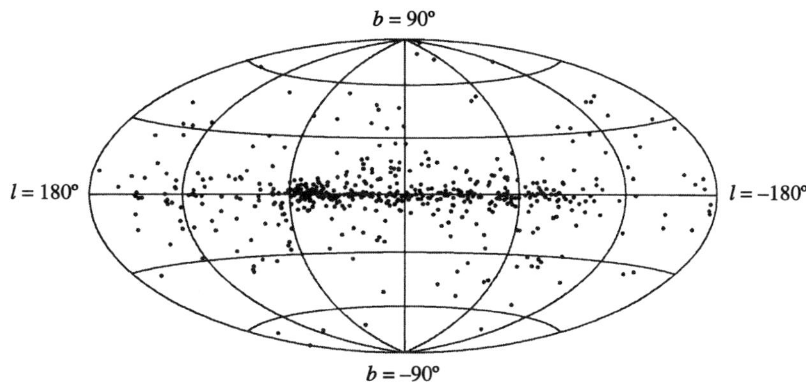

▌그림 10.21 은하수 은하의 중심이 한 가운데에 있는 은하 좌표계에서 558개 펄사의 분포. $\ell = 60°$에 보이는 펄사들의 모임은 아레시보 전파 망원경의 지향 방향이 고정되어 있기 때문에 일어나는 선택 효과에 기인한다. (그림 출처 : Taylor, Manchester and Lyne, Ap. J. Suppl., 88, 529, 1993)

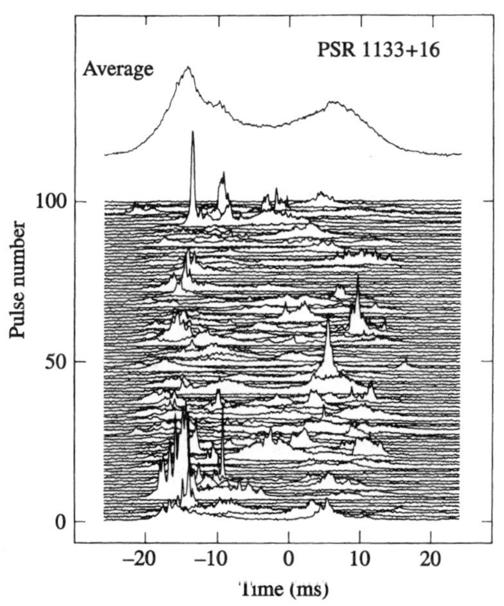

▌그림 10.22 PSR 1133+16의 500개 펄스의 평균(위)과 100개의 연속한 펄스들(아래). (그림 출처 : Cordes, *Space Sci. Review, 24*, 567 1979)

그림 10.22를 보면, 주어진 한 펄사의 맥동들 각각이 상당히 다른 모양을 띤다는 것을 알 수 있다. 전형적인 맥동은 여러 개의 *세부 맥동*으로 이루어져 있고, 100개 혹은 그 이상의 맥동을 모아 적분한 *적분 맥동 윤곽*의 모양은 놀라우리만큼 안정한 모습이다. 어떤 펄사는 한 개 이상의 평균 맥동 윤곽을 갖고 있으며, 갑자기 한 평

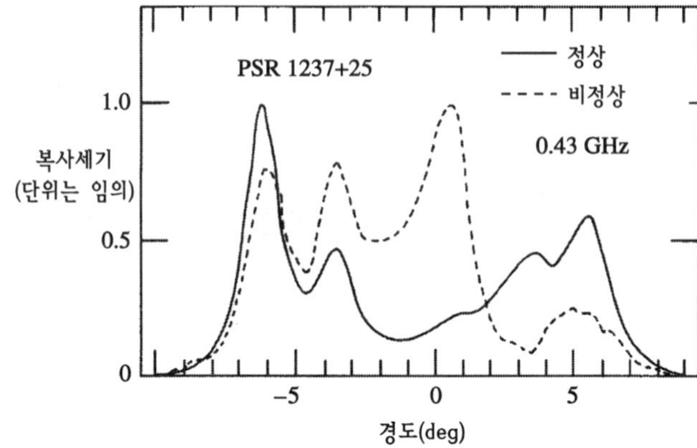

▌그림 10.23 모드 바뀜에 의한 PSR 1237+25의 적분 펄스 윤곽의 변화. 이 펄사는 5개의 구별되는 세부 펄스를 갖는다. (그림 출처 : Bartel et al., Ap. J., 258, 776, 1982)

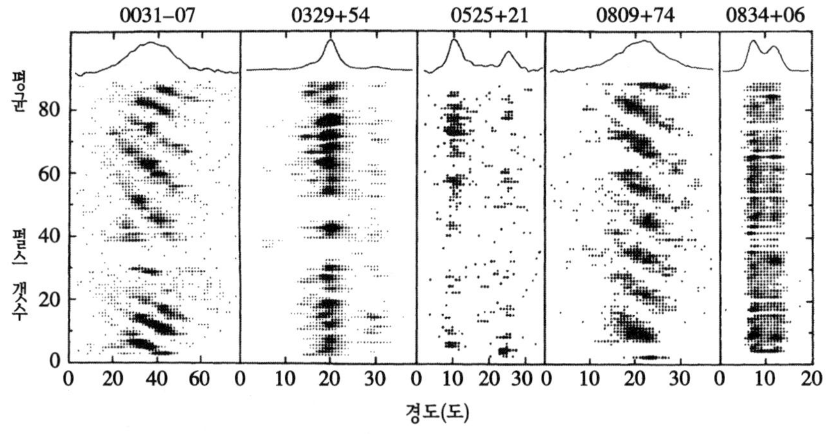

▌그림 10.24 두 펄사에서 세부 펄스의 표류. PSR 0031–07에서는 펄스의 사라짐도 보인다. (그림 출처 : Taylor et al., *Ap. J., 195*, 513, 1975)

균 윤곽에서 다른 평균 윤곽으로 바뀌거나 오락가락한다(그림 10.23). 세부맥동은 주맥동 안에서 임의로 나타나거나 혹은 세부맥동이 가로질러 행진하여 *세부맥동 표류* 현상이 그림 10.24에 보인 바와 같이 일어나기도 한다. 알려진 모든 펄사들 가운데 30%의 펄사에서는 낱개의 맥동이 *없어지기*도 하며 100번의 맥동 주기가 지나서 다시 나타나기도 한다. 표류하는 세부 맥동이 사라짐과 때를 같이해서 이어지는 세부맥동 표류가 나타나기도 한다. 마지막으로, 많은 펄사들의 경우 전파는 (100% 까지) 선편광되어 있으며, 강한 자기장이 있음을 알려 준다.

기본 펄사 모형

그림 10.25에 나타낸 기본적인 펄사 모형은 빠르게 자전하는 중성자별과 강한 쌍극자 자기장으로(두 개의 극, 남극과 북극) 이루어지며, 자기장축과 자전축은 각 θ를 이룬다. 앞 절에서 언급한 바와 같이, 이러한 두 가지 특징은 초거성의 핵심부가 붕괴할 때에 자연스럽게 따라오는 결과이다. 우선, 펄사의 자기장 세기를 어림할 필요가 있다. 펄사가 자전하면서, 공간의 임의의 점에서 자기장이 빠르게 변한다. 패러데이 법칙에 의하면, 그 지점에서 전기장이 유도된다. 별 멀리에서는(그림 10.26에 정의된 **빛원기둥** 근처에서) 시간에 따라 바뀌는 전기장과 자기장은 전자기파를 형성하여 에너지를 별로부터 성간 공간으로 빼내간다. 이 특별한 경우에 대하여, 이러한 복사를 **자기쌍극자 복사**라고 부른다. 이 교재에서는 이 모형을 세밀하게 다루는 것은 범위 밖의 일이지만, 회전하는 자기쌍극자 복사의 일률은

$$\boxed{\frac{dE}{dt} = -\frac{32\pi^5 B^2 R^6 \sin^2\theta}{3\mu_0 c^3 P^4}} \qquad (10.31)$$

으로 주어지며, B는 반지름 R인 별의 자극에서 보이는 자기장 세기이다. 음의 부호는 중성자별이 에너지를 빼앗기고 있으며, 자전 주기 P가 증가한다는 것을 나타

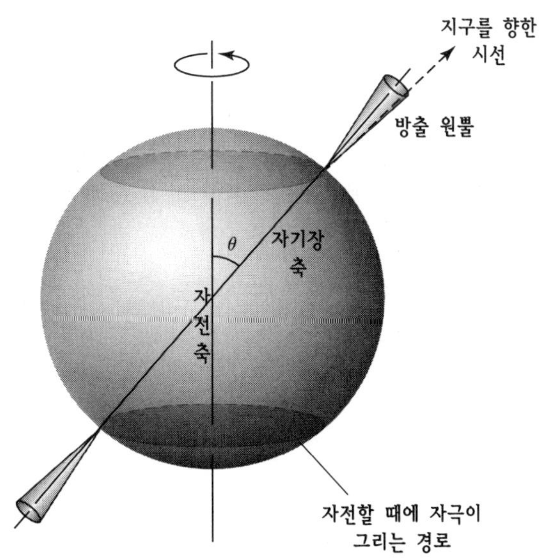

▮ **그림 10.25** 기본 펄사 모형

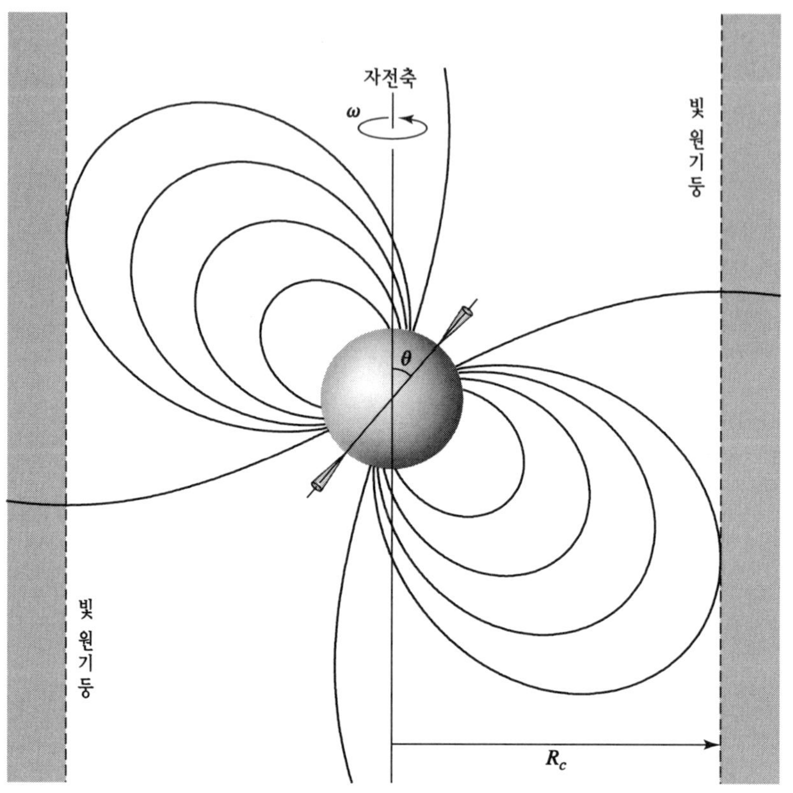

▌그림 10.26 회전하는 중성자별 주변의 빛원기둥. 원기둥의 반지름 R_c는 중성자와 같이 회전하면 그 속도가 빛의 속도가 되는 곳이다. 즉, $R_c = c/\omega = cP/2\pi$.

낸다. $1/P^4$으로부터, 중성자별은 주기가 작을수록 에너지를 더 빨리 잃어버린다는 사실을 알 수 있다. 펄사의 평균 주기가 0.79초이므로, 대부분의 펄사는 태어날 때에 현재보다 훨씬 더 빠르게 자전하고 있었으며, 대표적인 초기 주기는 수 밀리초 정도였을 것이다.

별의 회전운동에너지가 자기쌍극자 복사로 사방으로 퍼진다고 가정하면 $dE/dt = dK/dt$이다. 식 (10.30)과 (10.31)을 같게 놓으면

$$-\frac{32\pi^5 B^2 R^6 \sin^2\theta}{3\mu_0 c^3 P^4} = -\frac{4\pi^2 I \dot{P}}{P^3} \tag{10.32}$$

이 식을 중성자별 자극의 자기장 세기 B에 대하여 풀면

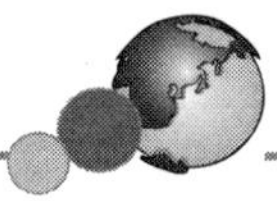

$$B = \frac{1}{2\pi R^3 \sin\theta}\sqrt{\frac{3\mu_0 c^3 I P \dot{P}}{2\pi}} \tag{10.33}$$

을 얻는다.

예제 10.7.2

주기 $P=0.333$ s와 주기의 변화율 $\dot{P}=4.21\times10^{13}$을 갖는 게 펄사(PSR 0531−21)의 자극에서 자기장 세기를 어림하고자 한다. $\theta=90°$라고 가정하고, 식 (10.33)을 사용하면 8.0×10^8 T을 얻는다. 앞에서도 본 바와 같이, 게 펄사는 둘러싼 성운에 있는 먼지나 기체와 상호작용을 일으키므로, 펄사의 자전을 늦추는 다른 토크도 있다. 위에서 구한 B의 값은 과대평가된 것이다. 게 펄사의 자기장 세기로 받아들이는 값은 4×10^8 T이다.[38] 10^8 T정도의 자기장 세기는 대부분 펄사에서 흔히 나타나는 값이다. 그러나, PSR 1937+214에 대하여 같은 계산을 하면 $P=0.00516$ s, $\dot{P}=1.05\times10^{-19}$를 대입하고 관성능률이 같다고 가정하면, 자기장 세기는 겨우 $B=8.6\times10^4$ T에 불과하다. 밀리초 펄사가 이처럼 작은 자기장 세기를 갖고 있으므로, 자전이 아주 빠른 펄사들은 형성 원인이나 주변 환경이 보통 펄사들과는 다를 것으로 추정된다.

주기 변화율과 펄사 종류 사이의 상관 관계

그림 10.27은 펄사들의 주기 변화율의 분포를 펄사의 주기에 대하여 보여준다. 대다수의 펄사들은 그림의 가운데 부분에서 큰 무리를 이루지만, 밀리초 펄사들은 쌍성계를 이룬다고 알려진 펄사들과 뚜렷한 상관관계를 보여 준다. 다른 종류의 펄사들도 뚜렷이 나타난다. X-선 영역에서 에너지를 방출한다고 알려진 펄사들은 가장 긴 주기와 가장 큰 주기 변화율을 갖는 반면에, 전파에서 적외선 혹은 이보다 높은 주파수 영역에서 에너지를 방출하는 고에너지 펄사들은 $\dot{P}$가 큰 값을 갖지만 주기는 평범한 값을 갖는다. 그림 10.27에 나타난 펄사들 거의 대부분은 $\dot{P}$가 양수이지만, 일부는 주로 쌍성 펄사이지만, $\dot{P}<0$이며, 주기가 감소함을 의미한다(이들은 점점 더 회전이 빨라진다). 그림 10.27은 그림 10.14에 보인 펄사 주기의 히스토그램과 비교할 수 있겠다.

38) 게 성운이 회전하는 중성자별로부터 자기 쌍극자 복사에 의하여 에너지를 공급 받는다는 제안은 펄사를 발견하기 1년 전인 1967년에 이탈리아 천문학자 프랑코 파치니(Franco Pacini)가 제안하였다.

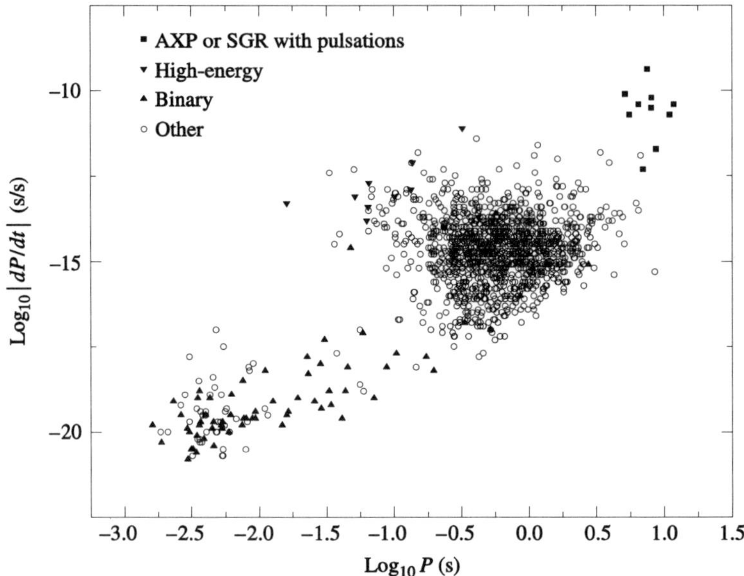

▮ 그림 10.27 $\dot{P}$를 구할 수 있는 모든 펄사에 대한 주기(P)에 대한 주기의 시간 도함수 절대값($|\dot{P}|$). 특별한 종류의 펄사들은 따로 나타냈다. 비정상 X-선 펄사(AXP, Anomalous X-ray Pulsar), 맥동을 일으키는 부드러운 감마선 반복 천체(Soft Gammay Repeater, SGR), 전파와 적외선 사이 혹은 이보다 더 높은 에너지 영역 사이에서 방출이 있는 고에너지 펄사, 쌍성 펄사(하나 혹은 그 이상의 동반성을 갖는 펄사) 들을 따로 그렸다. 나머지 모든 펄사들은 "others"라고 나타냈다. 밀리초 펄사들의 상당수가 알려진 쌍성 펄사들임에 유의하자. (자료 출처 : Manchester, Hobbs, Teoh, and Hobbs, *A. J., 129*, 1993, 2005. 자료의 인터넷 주소 http://www.atnf.csiro.au/research/pulsar/psrcat.)

펄사 방출 모형을 향하여

펄사에서 전자기파 방출 과정을 상세히 기술하려는 시도는 번번히 좌절을 겪었으며, 그 이유는 어느 관측도 두 가지 이상의 이론적 해석이 가능했기 때문이다. 복사 방출은 펄사에서 연구의 진척이 가장 적게 이루어진 문제이며, 현재까지도 중성자별이 전파를 생성하는 가장 일반적인 양상만 알려져 있다. 다음에서 논의하는 것은 가장 널리 선호하는 맥동 생성의 모형이다. 그러나, 지금 논의되는 것이 자연계에서 실제로 일어나는 것인지, 혹은 천문학자의 마음 속에서만 일어날 것인지 아직도 일반적으로 수용된 의견은 아니라는 점을 독자들은 명심해야겠다!

자전하는 펄사 근처에서 빠르게 변하는 자기장은 표면에서 엄청나게 센 전기장을 유도한다는 사실만은 어찌되었든 확실하다. 6.3×10^{10} V m^{-1}의 세기를 갖는 전기

장이라면, 중성자별 껍데기에 있으며 전하를 띤 입자에 작용하는 중력보다 더 큰 전기력을 작용하여, 입자가 별로부터 떨어져 나간다. 예를 들면, 양성자에 작용하는 전기력은 중력보다 3억배 이상 강하고, 전자에 작용하는 전기력의 중력에 대한 비율은 이보다 훨씬 더 크게 압도한다. 전기장의 방향에 따라 음전기를 띤 전자나 양전기를 띤 이온은 중성자별의 자극 지역에서 계속 떨어져 나온다. 이로부터 전하들은 **자기권**을 형성하여, 펄사의 자전에 이끌려 펄사를 감싼다. 그러나, 자전을 따라가는 입자들의 속도가 빛의 속도를 넘어설 수 없으므로, 빛원기둥에서 하전입자들은 나선형으로 내팽개쳐지고, 이들을 따라 자기장도 같이 따라가서 펄사 "바람"을 형성한다. 이러한 바람 때문에 게성운의 자기장이 다시 충전될 수 있고, 성운이 복사를 방출하는 데에 필요한 상대론적으로 운동하는 입자들이 끊임없이 배달될 수 있을 수 있을 것이다.

펄사의 자극 근처에서 배출된 하전입자들은 유도된 전기장의 힘을 받아 재빠르게 상대론적 속도로 가속된다. 전자들이 휘어진 자기장을 따라가면서, 곡률 복사를 일으켜 높은 에너지를 갖는 감마선을 방출한다. 이러한 복사는 전자의 순간 속도 방향으로 좁은 빔의 형태로 방출되며, 4.3절에서 다룬 상대론적 전조등 효과 때문에 생긴다. 개개의 감마선 광자는 에너지가 매우 크기 때문에 전자-양전자 쌍생성을 일으킨다(이 과정은 $\gamma \rightarrow e^+ + e^-$는 4.3절에서 기술한 바 있는 태양 내부에서 일어나는 쌍소멸의 반대 과정이다). 전자와 양전자는 가속되어 다시 감마선을 방출하고, 이 감마선 광자들은 다시 쌍생성을 일으키고 사라진다. 이와 같은 폭포수와 같은 쌍생성 과정은 중성자별의 자극 근처에서 시작된다. 곡률 복사에서 나타나는 결맞는 빔의 형태로 방출되는 입자들 때문에 전체 맥동을 이루는 세부 맥동들이 형성될 가능성이 있다.

이러한 입자들이 자기장을 따라 휘어진 경로를 그리면, 전진하는 경로의 접선 방향으로 연속 복사 방출을 하며, 자극 지역으로부터 좁은 원뿔 모양의 전파가 형성되어 나간다.[39] 중성자별이 자전하면서, 이 전파는 공간을 휩쓸고 진행하며 마치 등대에서 탐조등이 뻗어나가는 모양을 한다. 이 빔이 때마침 먼 태양계에 있는 초록색 행성에 설치된 전파 안테나에 도달하면, 천문학자는 규칙적으로 오는 짧은 전파 맥동 신호를 검출할 수 있다.

39) 게, 돛, 서시너스, 게밍가 펄사에서 보이는 가시광, X-선, 감마선 맥동들은 펄사의 자기권에서 더욱 먼 외곽 부분으로부터 오는 듯하다.

펄사가 나이가 들어 자전이 느려지면, 원심력이 줄어들어 중성자별은 감소된 회전 스트레스에 적응하기 위한 구조 조정을 겪는다. 그 결과, 중성자별 껍데기는 수분1밀리미터 정도 줄어들고, 회전 관성이 줄어들어 자전이 빨라진다. 혹은, 어쩌면, 중성자별 중심핵에 초유체 소용돌이가 고체 껍데기에 못박혀 있다가 순간적으로 떨어지면서 껍데기에 갑자기 충격을 가한다. 이 두 가지 가능성 모두로부터 자전 속도는 갑자기 빨라지며, 지구에 있는 천문학자들은 펄사 자전 주기 곡선에 갑자기 삐침이 나타나는 것을 알게 된다.

자전 주기가 수 초를 넘게 되어 아주 느려진 펄사의 최종 운명에는 몇 가지 가능성이 있다. 초거성 단계에서 졸든 중심핵이 붕괴하면서 형성되었던 중성자별의 자기장이 9백 만년 정도의 시간 규모로 사라질 것이다. 펄사의 자전 주기가 미래 어떤 시각에서 수 초 이하로 다시 줄어든다해도 자기장이 약하기 때문에 맥동을 유지할 수 없으므로, 펄사로서 존재하지 못한다. 다른 가능성으로는, 자기장이 사라지지 않고 내부에서 중성자별의 껍데기와 중심핵 사이에서 일어나는 차등 자전에 말미암은 다이나모 때문에 계속 유지될지 모른다. 그러나, 자전 자체는 펄사가 맥동을 만드는 근본적인 원인 가운데 하나이다. 시간이 지남에 따라 펄사의 자전이 느려지면, 자기장이 유지되어도 전파 빔은 약해질 것이다. 그러므로, 이 경우, 빔이 너무 약하여 검출되지 않을 것이므로, 펄사는 전파망원경의 검출 한계 이하로 어두워져 사라지게 될 것이다. 중성자별의 자기장이 약해지는 시간 규모는 아직도 논란의 대상이며, 두 시나리오 모두 관측 결과와 모순되지 않고 있다.

마그네타와 부드러운 감마 반복 천체(Magnetars and Soft Gamma Repeaters)

앞에서 간략히 기술한 정도가 현재 펄사의 진정한 정체에 대한 우리의 지식이 빈약함을 보여 준다. 천문학에서 이처럼 세밀한 관측 자료가 있으면서도, 이론적으로 일관된 모형을 제시하지 못하는 천체도 드물다. 앞에서 기술한 기본 모형이 잘 맞을 지 혹은 세밀한 부분을 덧대야할 지(중성자별을 둘러싼 원반 형태의 물질들과 관련되어) 알 수 없으나, 펄사를 연구하는 이론천문학자들은 펄사라는 하늘이 제공해 준 실험실을 써서 극단적인 조건에서 존재하는 물질들의 성질을 연구할 것이다.

이러한 상황에서, **마그네타(magnetar)**라고 부르는 극단적으로 자기장이 센 중성자별이 존재할 것이라는 제안이 있다. 마그네타가 갖는 자기장 세기는 대략 10^{11} T 정도이며, 펄사들의 전형적인 자기장 세기보다 수천배 가량 더 크다. 이들 천체

들은 5-8초 정도로 비교적 느리게 회전한다. 딱딱한 X-선(hard X-ray)으로부터 100 keV에 이르는 부드러운 감마선(soft gamma ray) 영역까지 폭발적 방출을 일으키는 천체인 **부드러운 감마 반복 천체(soft gamma repeaters, SGR)**를 설명하기 위하여 마그네타가 제안되었다(그림 10.27을 기억하라). 몇 개의 SGR만이 우리 은하수 은하에서 알려져 있고, 하나가 대마젤란 성운에서 발견되었다. 각각의 SGR은 꽤 젊은($\sim 10^4$ y) 초신성 잔해와 상관관계가 있다고 알려져 있다. 이 사실은 마그네타가 SGR의 원천이라면, 아주 짧은 동안만 나타나는 현상임을 암시한다. 아마도, 우리 은하에는 많은 "꺼져 버린" 혹은 저에너지의 마그네타가 여기 저기에 산재할 것이다.

SGR에서 강력한 X-선 방출은 마그네타의 자기장과 관련한 스트레스와 관련되어 있을 것으로 추정되며, 중성자별의 표면은 이러한 스트레스 때문에 깨질 것이다. 이에 따른 표면의 구조 조정에 의하여 '*과도 에딩턴*' 에너지 방출이(X-선에서 에딩턴 광도 한계의 천배에서 만배 정도의 에너지 방출) 일어날 것이다.

마그네타들이 평범한 펄사와 구별되는 성질은 펄사의 경우 자전이 에너지 공급의 주요 원천인데 반하여, 마그네타의 경우 자기장이 에너지를 주로 공급하는 역할을 한다는 사실이다. 10 km 정도의 반지름에서 원자핵의 밀도를 초과하며 맹렬하게 회전하는 졸든 공이라는 매우 이국적인 환경에 대해서 밝혀야할 많은 문제들이 남아 있다는 점 하나가 분명하다.

제 10 장 참고 문헌

일반 도서

Burnell, Jocelyn Bell, "The Discovery of Pulsars," *Serendipitous Discoveries in Radio Astronomy*, National Radio Astronomy Observatory, Green Bank, WV, 1983.

Graham-Smith, F., "Pulsars Today," *Sky and Telescope*, September 1990.

Kawaler, Stephen D., and Winget, Donald E., "White Dwarfs: Fossil Stars," *Sky and Telescope*, August 1987.

Nather, R. Edward, and Winget, Donald E., "Taking the Pulse of White Dwarfs," *Sky and Telescope*, April 1992.

Trimble, Virginia, "White Dwarfs: The Once and Future Suns," *Sky and Telescope*, October 1986.

고급 도서

Clayton, Donald D., *Principles of Stellar Evolution and Nucleosynthesis*, University of Chicago Press, Chicago, 1983.

D'Antona, Francesca, and Mazzitelli, Italo, "Cooling of White Dwarfs," *Annual Review of Astronomy and Astrophysics*, *28*, 139, 1990.

Gold, T., "Rotating Neutron Stars as the Origin of the Pulsating Radio Sources," *Nature*, *218*, 731, 1968.

Hansen, Brad M. S., and Liebert, James, "Cool White Dwarfs," *Annual Review of Astronomy and Astrophysics*, *41*, 465, 2003.

Hansen, Carl J., Kawaler, Steven D., and Trimble, Virginia, *Stellar Interiors: Physical Principles, Structure, and Evolution*, Second Edition, Springer-Verlag, New York, 2004.

Hewish, A., et al., "Observations of a Rapidly Pulsating Radio Source," *Nature*, *217*, 709, 1968.

Kalogera, Vassiliki, and Baym, Gordon, "The Maximum Mass of a Neutron Star," *The Astrophysical Journal*, *470*, L61, 1996.

Liebert, James, "White Dwarf Stars," *Annual Review of Astronomy and Astrophysics*, *18*, 363, 1980.

Lyne, Andrew G., and Graham-Smith, F., *Pulsar Astronomy*, Third Edition, Cambridge University Press, Cambridge, 2006.

Manchester, Joseph H., and Taylor, Richard N., *Pulsars*, W. H. Freeman and Company, San Francisco, CA, 1977.

Michel, F. Curtis, *Theory of Neutron Star Magnetospheres*, The University of Chicago Press, Chicago, 1991.

Pacini, F., "Energy Emission from a Neutron Star," *Nature*, *216*, 567, 1967.

Salaris, Maurizio, et al., "The Cooling of CO White Dwarfs: Influence of the Internal Chemical Distribution," *The Astrophysical Journal*, *486*, 413, 1997.

Shapiro, Stuart L., and Teukolsky, Saul A., *Black Holes, White Dwarfs, and Neutron Stars*, John Wiley and Sons, New York, 1983.

Thompson, Christopher, and Duncan, Robert C., "The Soft Gamma Repeaters as Very Strongly Magnetized Neutron Stars – I. Radiative Mechanism for Outbursts," *Monthly Notices of the Royal Astronomical Society*, **275**, 255, 1995.

Winget, D. E., et al., "An Independent Method for Determining the Age of the Universe," *The Astrophysical Journal Letters*, *315*, L77, 1987.

Winget, D. E., et al., "Hydrogen-Driving and the Blue Edge of Compositionally Stratified ZZ Ceti Star Models," *The Astrophysical Journal Letters*, *252*, L65, 1982a.

Winget, Donald E., et al., "Photometric Observations of GD 358: DB White Dwarfs Do Pulsate," *The Astrophysical Journal Letters*, *262*, L11, 1982b.

제 10 장 연습 문제

10.1 The most easily observed white dwarf in the sky is in the constellation of Eridanus (the River Eridanus). Three stars make up the 40 Eridani system: 40 Eri A is a 4th-magnitude star similar to the Sun; 40 Eri B is a 10th-magnitude white dwarf; and 40 Eri C is an 11th-magnitude red M5 star. This problem deals only with the latter two stars, which are separated from 40 Eri A by 400 AU.

(a) The period of the 40 Eri B and C system is 247.9 years. The system's measured trigonometric parallax is 0.201″ and the true angular extent of the semimajor axis of the reduced mass is 6.89″. The ratio of the distances of 40 Eri B and C from the center of mass is $a_B/a_C = 0.37$. Find the mass of 40 Eri B and C in terms of the mass of the Sun.

(b) The absolute bolometric magnitude of 40 Eri B is 9.6. Determine its luminosity in terms of the luminosity of the Sun.

(c) The effective temperature of 40 Eri B is 16,900 K. Calculate its radius, and compare your answer to the radii of the Sun, Earth, and Sirius B.

(d) Calculate the average density of 40 Eri B, and compare your result with the average density of Sirius B. Which is more dense, and why?

(e) Calculate the product of the mass and volume of both 40 Eri B and Sirius B. Is there a departure from the mass–volume relation? What might be the cause?

10.2 The helium absorption lines seen in the spectra of DB white dwarfs are formed by excited He I atoms with one electron in the lowest ($n = 1$) orbital and the other in an $n = 2$ orbital. White dwarfs of spectral type DB are not observed with temperatures below about 11,000 K. Using what you know about spectral line formation, give a *qualitative* explanation why the helium lines would not be seen at lower temperatures. As a DB white dwarf cools below 12,000 K, into what spectral type does it change?

10.3 Deduce a rough upper limit for X, the mass fraction of hydrogen, in the interior of a white dwarf. *Hint:* Use the mass and average density for Sirius B in the equations for the nuclear energy generation rate, and take $T = 10^7$ K for the central temperature. Set ψ_{pp} and $f_{pp} = 1$ in Eq. (10.47) for the pp chain, and $X_{\rm CNO} = 1$ in Eq. (10.59) for the CNO cycle.

10.4 Estimate the ideal gas pressure and the radiation pressure at the center of Sirius B, using 3×10^7 K for the central temperature. Compare these values with the estimated central pressure, Eq. (16.1).

10.5 By equating the pressure of an ideal gas of electrons to the pressure of a degenerate electron gas, determine a condition for the electrons to be degenerate, and compare it with the condition of Eq. (16.6). Use the exact expression (Eq. 16.12) for the electron degeneracy pressure.

10.6 In the extreme relativistic limit, the electron speed $v = c$ must be used instead of Eq. (16.10) to find the electron degeneracy pressure. Use this to repeat the derivation of Eq. (16.11) and find

$$P \approx \frac{\hbar c}{\sqrt{3}} \left[\left(\frac{Z}{A} \right) \frac{\rho}{m_H} \right]^{4/3}$$

10.7 (a) At what speed do relativistic effects become important at a level of 10%? In other words, for what value of v does the Lorentz factor, γ, become equal to 1.1?

(b) Estimate the density of the white dwarf for which the speed of a degenerate electron is equal to the value found in part (a).

(c) Use the mass–volume relation to find the approximate mass of a white dwarf with this average density. This is roughly the mass where white dwarfs depart from the mass–volume relation.

10.8 Crystallization will occur in a cooling white dwarf when the electrostatic potential energy between neighboring nuclei, $Z^2e^2/4\pi\epsilon_0 r$, dominates the characteristic thermal energy kT. The ratio of the two is defined to be Γ,

$$\Gamma = \frac{Z^2e^2}{4\pi\epsilon_0 rkT}.$$

In this expression, the distance r between neighboring nuclei is customarily (and somewhat awkwardly) defined to be the radius of a sphere whose volume is equal to the volume per nucleus. Specifically, since the average volume per nucleus is Am_H/ρ, r is found from

$$\frac{4}{3}\pi r^3 = \frac{Am_H}{\rho}.$$

(a) Calculate the value of the average separation r for a 0.6 $M_\odot$ pure carbon white dwarf of radius 0.012 $R_\odot$.

(b) Much effort has been spent on precise numerical calculations of Γ to obtain increasingly realistic cooling curves. The results indicate a value of about $\Gamma = 160$ for the onset of crystallization. Estimate the interior temperature, T_c, at which this occurs.

(c) Estimate the luminosity of a pure carbon white dwarf with this interior temperature. Assume a composition like that of Example 16.5.1 for the nondegenerate envelope.

(d) For roughly how many years could the white dwarf sustain the luminosity found in part (c), using just the latent heat of kT per nucleus released upon crystallization? Compare this amount of time (when the white dwarf cools more slowly) with Fig. 16.9.

10.9 In the *liquid-drop model* of an atomic nucleus, a nucleus with mass number A has a radius of $r_0 A^{1/3}$, where $r_0 = 1.2 \times 10^{-15}$ m. Find the density of this nuclear model.

10.10 If our Moon were as dense as a neutron star, what would its diameter be?

10.11 **(a)** Consider two point masses, each having mass m, that are separated vertically by a distance of 1 cm just above the surface of a neutron star of radius R and mass M. Using Newton's law of gravity (Eq. 2.11), find an expression for the ratio of the gravitational force on the lower mass to that on the upper mass, and evaluate this expression for $R = 10$ km, $M = 1.4\ \mathrm{M}_\odot$, and $m = 1$ g.

(b) An iron cube 1 cm on each side is held just above the surface of the neutron star described in part (a). The density of iron is 7860 kg m^{-3}. If iron experiences a stress (force per cross-sectional area) of 4.2×10^7 N m^{-2}, it will be permanently stretched; if the stress reaches 1.5×10^8 N m^{-2}, the iron will rupture. What will happen to the iron cube? (*Hint:* Imagine concentrating half of the cube's mass on each of its top and bottom surfaces.) What would happen to an iron meteoroid falling toward the surface of a neutron star?

10.12 Estimate the neutron degeneracy pressure at the center of a 1.4 M$_\odot$ neutron star (take the central density to be 1.5×10^{18} kg m^{-3}), and compare this with the estimated pressure at the center of Sirius B.

10.13 **(a)** Assume that at a density just below neutron drip, all of the neutrons are in heavy neutron-rich nuclei such as $^{118}_{36}$Kr. Estimate the pressure due to relativistic degenerate electrons.

(b) Assume (*wrongly!*) that at a density just above neutron drip, all of the neutrons are free (and not in nuclei). Estimate the speed of the degenerate neutrons and the pressure they would produce.

10.14 Suppose that the Sun were to collapse down to the size of a neutron star (10-km radius).

(a) Assuming that no mass is lost in the collapse, find the rotation period of the neutron star.

(b) Find the magnetic field strength of the neutron star.

Even though our Sun will not end its life as a neutron star, this shows that the conservation of angular momentum and magnetic flux can easily produce pulsar-like rotation speeds and magnetic fields.

10.15 (a) Use Eq. (14.14) with $\gamma = 5/3$ to calculate the fundamental radial pulsation period for a one-zone model of a pulsating white dwarf (use the values for Sirius B) and a 1.4 $M_\odot$ neutron star. Compare these to the observed range of pulsar periods.

(b) Use Eq. (16.29) to calculate the minimum rotation period for the same stars, and compare them to the range of pulsar periods.

(c) Give an explanation for the similarity of your results.

10.16 (a) Determine the minimum rotation period for a 1.4 $M_\odot$ neutron star (the fastest it can spin without flying apart). For convenience, assume that the star remains spherical with a radius of 10 km.

(b) Newton studied the equatorial bulge of a homogeneous fluid body of mass M that is *slowly* rotating with angular velocity Ω. He proved that the difference between its equatorial radius (E) and its polar radius (P) is related to its average radius (R) by

$$\frac{E-P}{R} = \frac{5\Omega^2 R^3}{4GM}$$

Use this to estimate the equatorial and polar radii for a 1.4 $M_\odot$ neutron star rotating with twice the minimum rotation period you found in part (a).

10.17 If you measured the period of PRS 1937+214 and obtained the value on page 588, about how long would you have to wait before the last digit changed from a "5" to a "6"?

10.18 Consider a pulsar that has a period P_0 and period derivative $\dot{P}_0$ at $t = 0$. Assume that the product $P\dot{P}$ remains constant for the pulsar (cf. Eq. 16.32).

(a) Integrate to obtain an expression for the pulsar's period P at time t.

(b) Imagine that you have constructed a clock that would keep time by counting the radio pulses received from this pulsar. Suppose you also have a *perfect* clock ($\dot{P} = 0$) that is initially synchronized with the pulsar clock when they both read zero. Show that when the perfect clock displays the characteristic lifetime $P_0/\dot{P}_0$, the time displayed by the pulsar clock is $(\sqrt{3}-1)P_0/\dot{P}_0$.

10.19 During a glitch, the period of the Crab pulsar decreased by $|\Delta P| \approx 10^{-8}P$. If the increased rotation was due to an overall contraction of the neutron star, find the change in the star's radius. Assume that the pulsar is a rotating sphere of uniform density with an initial radius of 10 km.

10.20 The Geminga pulsar has a period of $P = 0.237$ s and a period derivative of $\dot{P} = 1.1 \times 10^{-14}$. Assuming that $\theta = 90°$, estimate the magnetic field strength at the pulsar's poles.

10.21 (a) Find the radii of the light cylinders for the Crab pulsar and for the slowest pulsar, PSR 1841-0456. Compare these values to the radius of a 1.4 $M_\odot$ neutron star.

(b) The strength of a magnetic dipole is proportional to $1/r^3$. Determine the ratio of the magnetic field strengths at the light cylinder for the Crab pulsar and for PSR 1841-0456.

10.22 (a) Integrate Eq. (16.32) to obtain an expression for a pulsar's period P at time t if its initial period was P_0 at time $t = 0$.

(b) Assuming that the pulsar has had time to slow down enough that $P_0 \ll P$, show that the age t of the pulsar is given approximately by

$$t = \frac{P}{2\dot{P}}$$

where $\dot{P}$ is the period derivative at time t.

(c) Evaluate this age for the case of the Crab pulsar, using the values found in Example 16.7.1. Compare your answer with the known age.

10.23 One way of qualitatively understanding the flow of charged particles into a pulsar's magnetosphere is to imagine a charged particle of mass m and charge e (the fundamental unit of charge) at the equator of the neutron star. Assume for convenience that the star's rotation carries the charge perpendicular to the pulsar's magnetic field. The moving charge experiences a magnetic Lorentz force of $F_m = evB$ and a gravitational force, F_g. Show that the ratio of these forces is

$$\frac{F_m}{F_g} = \frac{2\pi eBR}{Pmg}$$

where R is the star's radius and g is the acceleration due to gravity at the surface. Evaluate this ratio for the case of a proton at the surface of the Crab pulsar, using a magnetic field strength of 10^8 T.

10.24 Find the minimum photon energy required for the creation of an electron–positron pair via the pair-production process $\gamma \rightarrow e^- + e^+$. What is the wavelength of this photon? In what region of the electromagnetic spectrum is this wavelength found?

10.25 A subpulse involves a very narrow radio beam with a width between 1° and 3°. Use Eq. (4.43) for the headlight effect to calculate the minimum speed of the electrons responsible for a 1° subpulse.

11장 일반 상대성 이론과 블랙홀

11.1 일반 상대성 이론

중력은 자연에 존재하는 가장 약한 힘이지만, 거대 거리 규모에서 우주의 형상을 결정하는 지배적이고 기본적인 힘이다. 뉴턴의 만유인력의 법칙은

$$F = G\frac{Mm}{r^2} \tag{11.1}$$

20세기 초까지 천문학자들이 천체의 운동을 이해하는 데에 움직일 수 없는 초석이었다. 만유인력의 법칙으로부터 알려져 있던 행성들의 운동을 잘 설명할 수 있었으나, 1846년에는 해왕성의 존재와 있어야할 곳을 정확히 예측할 수 있었다. 뉴턴의 중력 법칙에서 유일한 흠은 수성 궤도의 방향이 도저히 설명할 수 없을 정도로 크게 바뀐다는 점이었다.

다른 행성들이 주는 중력적인 영향 때문에 수성의 타원 궤도 장축은 붙박이 별들에 대하여 반시계 방향으로 태양에 대하여 천천히 이동한다(그림 11.1을 보라).

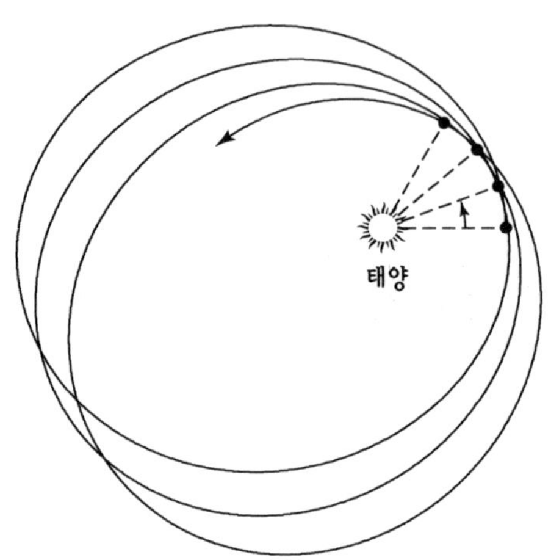

▮ 그림 11.1 수성 궤도에서 근일점의 이동. 연이은 궤도에서, 궤도의 이심률과 근일점 위치의 이동량을 크게 과장하여 나타냈다.

근일점의 각위치는 세기당 574″씩 이동한다.[1] 그러나, 뉴턴의 중력 법칙으로부터 세기당 43″ 이동하는 양을 설명할 수 없었으며, 이 때문에 19세기 중반에 몇몇 물리학자들은 정확한 역제곱 법칙으로 나타나는 식 (11.1)을 수정해야 할 것이라고 제안하였다. 다른 학자들은 수성 궤도 안쪽으로 궤도 운동하는 보이지 않는 행성이 있을 것이라고 제안하였으며, 이 미지의 행성을 벌컨(Vulcan)이라고 불렀다.

시공간의 곡률

1907년에서 1915년 사이에 알버트 아인슈타인은 새로운 중력 이론을 만들었으며, 이것이 바로 **일반 상대성 이론**이다. 일반상대성 이론은 수성의 근일점 문제를 해결했을 뿐만 아니라, 새로운 많은 현상들을 예측하고 실험을 통하여 확인되었다. 이 절과 다음 절에서는 블랙홀과 우주론을 뒤에서 논의할 때에 필요한 정도로 일반상대론의 물리적 내용을 기술하고자 한다. 아인슈타인이 던져준 우주관은 천체물리학을 공부하는 모든 이의 상상력에 벅찬 감동을 안겨준다. 일반 상대론에 대한 본격적인 논의를 시작하기 전에 중력 이론의 풍경화를 미리 살짝 감상해 보자.

일반 상대론은 기본적으로 물질이 있는 시공간에서 거리(또는 간격)가 어떻게 측정될 것인가를 알려주는 기하학적 이론이다. 잠시 동안, 공간과 시간에 주는 영향을 따로 고려해 보고자 한다. 그러나, 잊지 말아야할 사실은 상대성 이론은 시간

1) 다른 교재에서 언급하는 세기당 1.5°라는 값은 1권에 기술한 천체 좌표계에서 지구의 자전축이 세차하는 큰 효과까지 고려한 값이다.

과 공간을 언제나 통일적으로 취급하는 이론이라는 점이다. 무거운 물체 가까이에서는 시간과 공간을 모두 새로운 방법으로 기술해야 한다.

무거운 물체가 있는 공간에서 점들 사이의 거리가 달라지는 양상은 공간이 우리에게 익숙한 세 방향 모두에 수직한 제4의 방향으로 휘어진 것으로 해석될 수 있다. 사람의 생각으로는 이러한 상황을 그려낼 수는 없으며, 다만 비유를 쉽게 찾을 수 있다. 네 사람이 고무막의 네 귀퉁이를 팽팽하고 편평하게 잡아 당기고 있다고 하자. 이 상황은 물질이 존재하지 않아서 곡률이 0인 평탄한 빈 공간을 나타낸다. 또한, 고무막에 극좌표계가 그려져 있으며, 고무막 중앙에서 바깥 방향으로 동심원들을 그렸다고 상상해 보자. 이제 무거운 보울링 공(태양을 상징한다)을 고무막 한 가운데에 내려 놓고, 그림 11.2에 나타낸 것처럼 공의 무게 때문에 고무막이 아래로 구부러지면서 움푹 들어가고, 늘어나는 것을 지켜보자. 공 가까이에서 고무막의 곡률은 커지고, 원 위의 점들 사이의 거리는 더 늘어난다. 원래의 고무막을 이루는 편평한 2차원에 수직한 제3의 차원으로 고무막이 휜 것과 같이, 무거운 물체를 둘러싼 공간도 보통의 "편평한" 3차원에 수직한 제4의 공간 차원으로 휜다고 생각할 수 있다.[2] 질량이 자신을 둘러싼 공간에 영향을 준다는 사실이 일반 상대성 이론의 본질적인 첫 번째 요소이다. 공간의 곡률은 시공간에서 질량이 주는 효과의 한 단면일 뿐이다. 통일된 시공간의 언어를 쓰면, *질량은 시공간에 작용하여, 얼마나 휠 것인가를 결정한다.*

이제 고무막을 가로질러 테니스 공을 굴린다고 생각하고, 테니스 공은 행성을

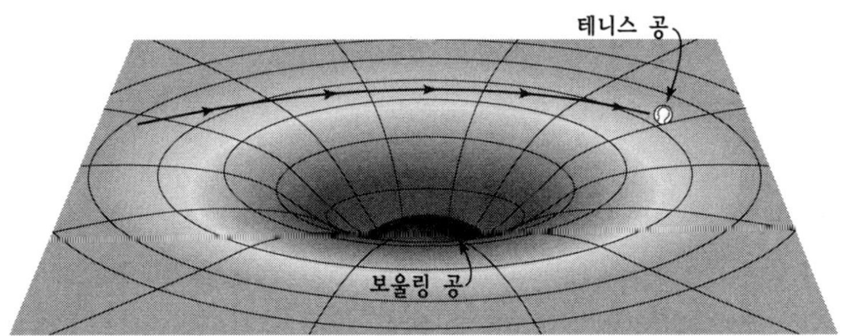

그림 11.2 태양 주변의 휘어진 공간에 대한 고무막 비유. 고무막은 휘어진 지역보다 훨씬 더 커서 고무막의 가장자리가 중심부 질량에 의하여 나타난 곡률에 영향을 주지 않는다고 가정한다.

2) 이 제4의 공간 차원은 상대성 이론에서 시간이 담당하며 공간적이지 않은 4번째 *좌표*와는 전혀 관계가 없다는 점을 유의하자.

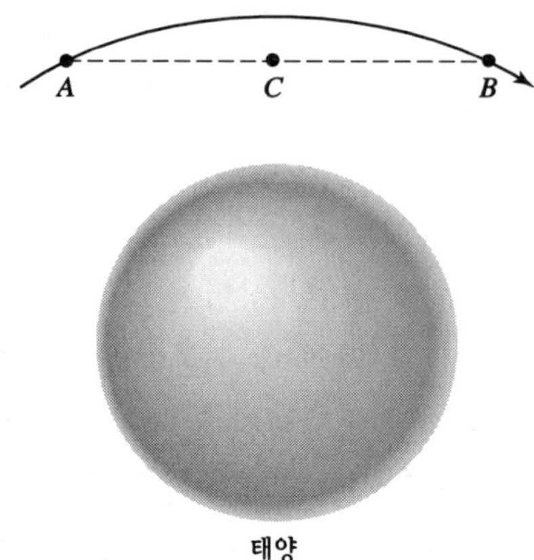

▮ **그림 11.3** 태양 근처를 지나는 광자의 경로를 실선으로 나타냈다. 광자의 휘어진 경로는 크게 과장되었다.

상징한다고 생각하자. 테니스 공이 보울링 공 근처를 지날 때에, 테니스 공의 경로는 휜다. 테니스 공을 이상적인 조건에서 올바른 방법으로 굴린다면, 공은 무거운 보울링 공 주변을 "궤도" 운동할 것이다. 비슷한 방법으로, 행성은 태양 둘레의 휘어진 시공간에 대응하여 태양 주위를 공전한다. 그러므로, *휘어진 시공간은 물질에 작용하여, 물질의 운동을 결정한다.*

태양 근처를 지나는 빛살의 경로도 보울링 공을 빠르게 지나가는 탁구 공을 써서 나타낼 수 있다. 비록 정지질량이 0인 광자로 비유하는 것에 제약이 따르지만, 광자가 태양을 둘러싼 휘어진 공간을 가로지를 때에, 광자의 경로가 직선에서 벗어날 것을 예상할 수 있다. 그림 11.3을 보라. 일반 상대론에서 중력은 휘어진 시공간을 움직이는 물체의 결과로 생기며, 광자와 같이 질량이 0인 입자를 포함하여 지나가는 모든 물체에 영향을 준다.

그림 11.3은 일반 상대론의 다른 측면을 보여 준다. 공간에 있는 두 점 사이를 빛보다 더 빠르게 움직일 수 있는 것이 없기 때문에, 빛은 언제나 임의의 두 지점을 가장 신속하게 연결하는 길을 따른다.[3] 편평한 빈 공간에서 이러한 경로는 곧은 선이지만, 휘어진 공간에서는 어떤 길이 가장 신속한 경로일까? 일련의 거울을 촘촘하게 배치하여 써서, 광자가 그림 11.3과 11.4에서 파선으로 나타낸 겉보기 "지름길"을 강제적으로 따라가며 두 점 A와 B 사이를 여행하도록 하자. 파선을 따라 여행하는 광자는 휘어진 공간에서 자연스러운 경로를 따르는 광자와 달리기에서

3) 이 장에서 계속 빛은 진공에서 진행한다고 가정할 것이다.

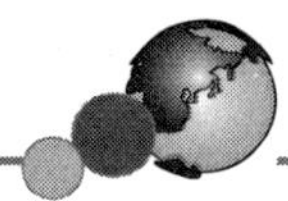

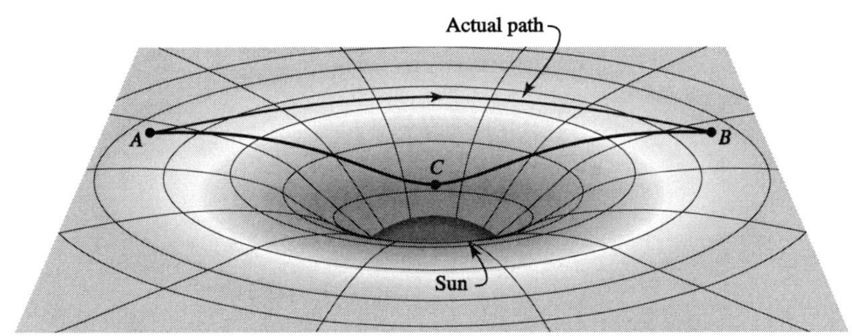

그림 11.4 점 A와 점 B 사이의 휘어진 공간을 지나는 두 광자 경로의 비교. 경로 ACB를 평면에 투영하면 그림 11.3에서 나타낸 직선 경로를 얻는다.

이길까? 답은 아니오이며, 휘어진 경로를 따르는 광자가 언제나 이긴다. 이 결과는 마치 광자가 파선을 따라 여행하면서 속도를 늦춘다고 생각할 수 있는 것 같다. 그러나, 이 생각은 옳지 않으며, 상대성 이론의 가정에 따르면(1권 110쪽), 점 C에 있는 관측자를 포함하여 임의의 관측자에 대하여 빛의 속도는 늘 같은 값으로 측정된다. 그러므로, 두 가지 가능한 답이 존재한다. 파선을 따르는 경로의 거리가 실제 광선의 자연적인 경로보다 더 길다. 혹은(그리고) 파선을 따르는 경로에서 시간이 더 천천히 간다. 이 두 가지 모두 광자의 도착을 늦춘다. 실제로, 일반 상대론에 따르면, 이 두 효과들은 파선을 따라, A에서 B로 광자의 여행을 늦추는 데에 동등하게 기여한다. 휘어진 빛 경로가 실질적으로 더 *짧은* 경로이다. 우주 여행을 하는 두 사람이 미터자를 두 경로를 따라 처음부터 *끝까지* 이어서 재면, 그림 11.4에 나타낸 바와 같이, 파선 경로가 휘어진 공간을 파고 들어가기 때문에 더 많은 미터자를 놓아야 한다. 추가적으로, 공간의 곡률은 시간의 늘어짐을 수반하여, 파선 경로에 놓인 시계들은 실제로 더 *천천히 똑딱인다.* 이것이 일반 상대론의 본질적인 양상이다. *시간은 휘어진 공간에서 더 느리게 간다.*

앞에 제시한 생각들에 대하여 많은 실험들이 이루어졌으며, 모든 실험 결과들이 일반 상대론이 예측하는 바와 잘 일치하였다는 점을 인식하는 것이 중요하다. 아인슈타인이 자신의 이론을 완성하자마자, 그는 이 이론을 수성의 근일점 이동에서 설명되지 않은 부분인 1세기당 43″의 근일점 이동에 적용하였다. 아인슈타인은 태양 근처의 휘어진 공간에서 행성의 경로를 써서 이 문제를 완벽하게 설명할 수 있었을 때에 심장이 두근거렸다고 적었으며, “며칠 동안 나는 너무나 기쁘고 흥분하여 미칠 지경이었다”라고 말하였다. 1919년의 개기 일식 동안 태양을 스쳐 지나가

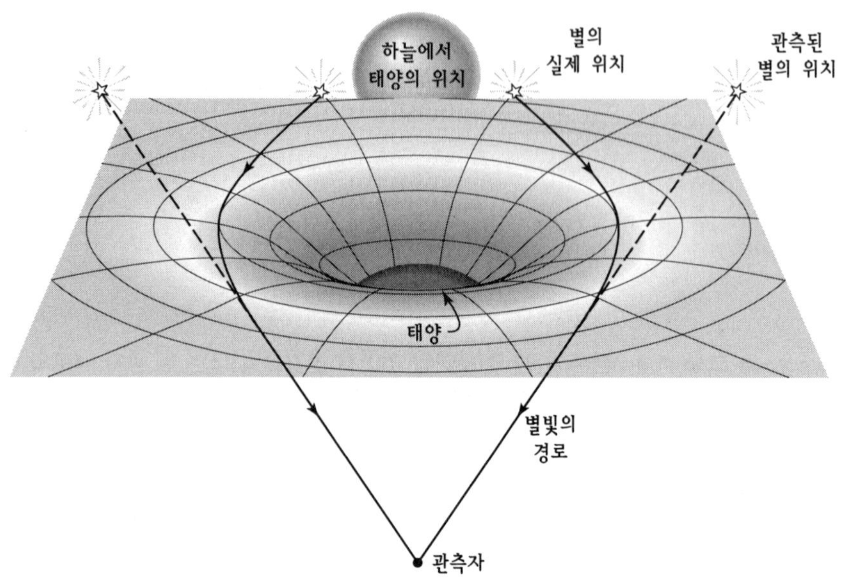

▌그림 11.5 일식 동안 측정되는 별빛의 휘어짐

는 별빛의 경로가 휘어진 정도를 아더 스탠리 에딩턴이 측정하면서 또 다른 개가를 이룩하였다. 그림 11.5에 보인 바와 같이 가려지는 태양의 가장자리 근처에 있는 별의 겉보기 위치는 실제 위치로부터 작은 각만큼 이동된다. 아인슈타인의 이론에 따르면, 휘어지는 각은 1.75″이며, 에딩턴이 측정한 값과 잘 일치하였다. 일반 상대성 이론은 이 이후로도 계속 시험이 이루어졌다. 예를 들면, 1976년에 일어난 화성의 외합에서 아인슈타인의 이론은 화려하게 확인되었다. 화성 표면에 있던 바이킹 우주선에서 지구를 향해 내쏜 전파 신호가 태양 근처의 휘어진 공간 깊숙이 지나오면서 지연이 나타났다. 이 시간 지연은 일반 상대론의 예측과 불과 0.1% 이내에서 일치하였다.

등가 원리(The Principal of Eguivalence)

이제 다시 걸음을 되돌려 아인슈타인이 어떻게 중력을 기하학으로 이해한다는 혁명적인 생각에 이르게 되었는지 알아보자. 특수 상대성 이론의 한 가정은 물리 법칙이 모든 관성 좌표계에서 동일하다는 것이다. 가속되는 좌표계는 가속도에 따라 달라지는 가상적인 힘이 나타나기 때문에 관성 좌표계가 아니다. 예를 들면, 차에 브레이크를 밟아 멈추려고 하면, 차의 좌석 위에 정지해 있는 사과는 더 이상 가만히 있으려고 하지 않는다. 그러나, 중력으로 만든 가속도는 매우 특징적인 성

질이 하나 있다. 이것은 뉴턴의 중력과 쿨롱의 전기힘(식 (5.9))에서 보이는 기본적인 차이에서 명백하게 볼 수 있다.

거리 r만큼 떨어져 있는 질량이 m, 전하가 q인 물체와 질량이 M, 전하가 Q인 두 물체를 고려하자. *중력*에 의하여 질량 m에 나타나는 가속도(a_g)의 크기는

$$ma_g = G\frac{mM}{r^2} \tag{11.2}$$

이고, *전기력*에 의한 가속도(a_e)는

$$ma_e = \frac{qQ}{4\pi\epsilon_0 r^2} \tag{11.3}$$

이다. 좌변의 질량 m은 *관성 질량*이며, 가속되려는 경향에 맞서는 척도(관성)이다. 우변에서 질량 m과 M, 전하 q와 Q는 각각의 힘에 연결된 질량 혹은 전하로서 그 힘들의 크기를 결정한다. 신비로운 점은 m이 중력에서는 양변에 다 같이 나타난다는 점이다.

물체의 관성의 척도(이 성질은 중력이 없더라도 존재한다)가 중력의 크기를 결정하는 "중력 전하"와 같은 값을 갖는 이유가 무엇인가? 답은 식 (11.2)에서 기호를 잘못 썼기 때문이며, 실제로 올바른 공식은

$$m_i a_g = G\frac{m_g M_g}{r^2}$$

이며, 다시 쓰면

$$a_g = G\frac{M_g}{r^2}\frac{m_g}{m_i} \tag{11.4}$$

와 같고, 여기에서 관성 질량과 중력 질량을 깔끔하게 구별하여 나타냈다. 마찬가지로, 식 (11.3)은

$$a_e = \frac{1}{4\pi\epsilon_0}\frac{qQ}{r^2}\frac{1}{m_i}$$

이다. 이 경우 식에 나타나는 질량은 관성 질량 뿐이다.

실험적으로 10^{12}분의 1의 정밀도로 확인된 사실은 식 (11.4)에서 m_g/m_i가 상수라는 점이다. 편의상, 이 상수를 1로 선택하여, 두 형태의 질량은 같은 숫자로 표현된다. 예를 들어, 만약, 중력 질량이 관성 질량의 2배라면, 물리학의 법칙이 바뀌지 않을 것이고, 다만 중력 상수 G를 4분의 일 값으로 새로 정의하면 될 것이다. 관성 질량과 중력 질량이 서로 비례함은 주어진 장소에서 모든 물체들이 *동일한* 중력 가속도를 갖는다는 뜻이다. m_g/m_i가 상수라는 점을 **약한 등가 원리**라고도 일컫는다.

모든 물체가 같은 가속도를 갖고 낙하한다는 중력만의 구별되는 성질은 갈릴레오 때부터 알려져 있었다. 이 점은 아인슈타인에게는 문제이자 또한 특수 상대성 이론을 확장할 수 있는 기회이기도 했다. 그는 전체 실험실이 자유 낙하하고 있고, 그 안에 있는 모든 내용물들이 같이 떨어지고 있다면, 실험실의 가속도를 측정할 방법이 도무지 존재하지 않을 것이다. 이와 같이 자유 낙하하는 실험실에서는, 실험실이 무거운 천체로부터 멀리 우주 공간에 떠다니고 있는지 혹은 중력장에서 자유 낙하하고 있는지 여부를 실험적으로 확인할 길이 없다. 마찬가지로, 가속도 g로 실험실 바닥을 향해 떨어지는 사과를 지켜 보고 있는 관측자는 실험실이 지구 위에 있는지 혹은 저 멀리 우주 공간에 있으면서 천장 방향으로 g의 가속도를 갖고 운동하고 있는지 구별할 방도가 없다. 이 상황은 그림 11.6에 나타나 있다. 관성 좌표계는 일정한 속도를 가져야하는 특수 상대성 이론의 체계에서 이것은 중대한 문제가 되었다. 중력은 가속도 운동하는 실험실과 동등하기 때문에, 중력이 있을

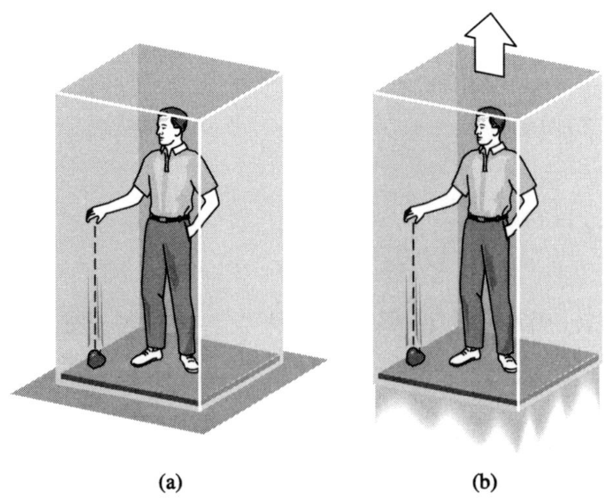

▌그림 11.6 중력은 가속도 운동하는 실험실과 동등하다.
(a) 지구 위의 실험실 (b) 우주 공간에서 가속 운동하는 실험실

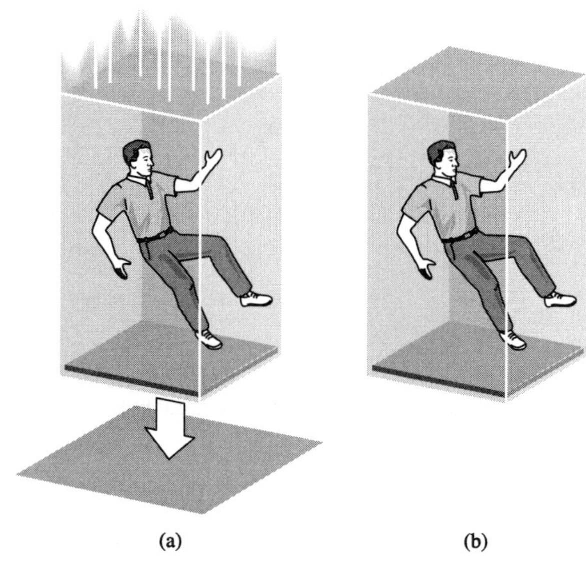

▌그림 11.7 자유 낙하하는 실험실에서 중력을 제거하기.
(a) 자유 낙하하는 실험실. (b) 우주 공간에서 떠다니는 실험실

때에 관성 좌표계는 정의조차 할 수 없다. 아인슈타인은 실험실에서 중력을 제거하는 방법을 찾아야만 했다.

1907년에 아인슈타인은 "일생에서 가장 즐거운 생각"을 하고 있었다.

나는 베른의 특허 사무국의 의자에 앉아 있을 때에, 갑자기 한 줄기 생각이 번뜩였다. "사람이 자유 낙하한다면, 그 사람은 자기 무게를 느끼지 못할 것이다." 나는 경악하였다. 이 단순한 생각은 내게 깊은 인상을 남겼다. 나는 어쩔 수 없이 중력 이론에 끌려 들어갔다.

실험실에서 중력을 없애는 방법은 중력에 저항을 포기하고 자유 낙하 상태로 들어가는 것이다. 그림 11.7을 보라.[4] 그러나, 여기에 특수 상대성 이론을 적용하는 데에는 장애물이 있다. 그 이유는 특수 상대론의 관성 좌표계는 *무한히* 많은 미디자와 동시화된 시계들로 이루어졌기 때문이다(1권을 기억하라). 서로 다른 지점에서는 서로 다른 방향으로(예를 들면 지구 중심을 향하여) 서로 다른 가속도를

4) *자유 낙하*는 실험실을 가속하는 중력 아닌 힘은 없다는 의미이다. 일반 상대론에 대한 수필, A Journey into Gravity and Spacetime(참고문헌을 보라)에서 존 휠러(John A. Wheeler)는 *자유 표류*라는 용어를 선호하였다. 어차피 중력을 없앤 마당에, 낙하라는 말을 어떻게 쓸 수 있겠는가? *Gravitation*(Misner, Thorne and Wheeler, 1973)의 여러 군데를 찾아 읽으면서 일반 상대론을 통찰할 수 있는 지식을 얻기 바란다.

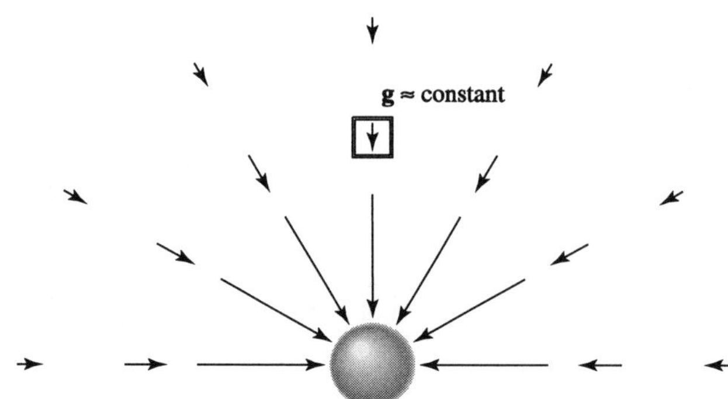

▌그림 11.8 내부에서 $g \approx constant$인 국지적 관성 좌표계. 질량 주변의 여러 지점에서 화살표들은 중력 가속도 벡터를 나타낸다.

가지고 낙하하기 때문에, 자유 낙하하고 있는 무한한 관성 좌표계의 모든 곳에서 중력을 제거하는 것은 불가능하다. 아인슈타인은 국지적인 좌표계를 사용해야함을 깨달았다. 이 작은 좌표계는 충분히 작아서 중력에 의한 가속도는 본질적으로 방향이나 크기가 이 좌표계 어디서나 동일하다고 볼 수 있다(그림 11.8을 보라). 자유 낙하하는 국지적인 좌표계에서는 중력을 없앨 수 있다.

1907년에 아인슈타인은 이것을 중력 이론의 주춧돌로 삼고, 등가 원리라고 불렀다.

등가 원리 : 모든 회전하지 않고 자유 낙하하는 국지적인 실험실은 모든 물리 실험의 수행에 있어서 완전히 동등하다.

회전하지 않는 실험실로 제한한 이유는 코리올리 힘이나 원심력과 같이 회전과 관련한 가상적인 힘을 제거할 필요가 있기 때문이다. 우리는 이와 같이 국지적이고, 자유 낙하하며, 회전하지 않는 실험실을 **국지적 관성 좌표계**이라고 부르겠다.

특수 상대성 이론은 등가 원리에 녹아 들어가 있음을 유의하자. 예를 들어, 서로 운동하는 두 국지적 관성계에서 이루어진 측정은 두 좌표계 사이의 *순간* 상대 속도를 사용하는 로렌츠 변환(1권)으로 연관된다. 그러므로, 어떤 면에서는 일반 상대론은 특수 상대론을 확장한 것이라고 말할 수 있다.

● 빛 경로의 꺾임

이제 등가 원리를 포함하는 두 가지 사고 실험을 통하여 시공간 곡률의 성질을 살펴 보자. 첫 실험에서는 케이블에 매달려 바닥으로부터 떠 있는 실험실을 생각

하자[그림 11.9(a)를 보라]. 실험실을 매달고 있는 케이블을 자르는 순간, 수평 방향으로 놓은 전등으로부터 광자 하나를 내쏘자[그림 11.9(b)]. 자유 낙하하는 이 실험실에서 중력은 사라졌기 때문에 국지적인 관성 좌표계가 된다. 등가 원리에 따르면, 실험실과 같이 자유 낙하하는 관찰자에게 빛의 경로는 실험실을 가로 지르는 곧은 수평선으로 나타나며, 이것은 모든 물리 법칙과 잘 일치한다. 그러나, 실험실 밖의 땅 바닥에 있는 관찰자가 보기에는 실험실이 중력을 받아 낙하하고 있다. 광자는 실험실 바닥으로부터 일정한 높이를 유지하고 있기 때문에, 땅 바닥에 있는 관찰자가 보기에는 광자도 실험실과 같이 낙하하고 있고, 따라서 휘어진 경로를 그린다. 이것은 고무막 비유로 나타낸 휘어진 시공간을 보여 준다. 광자가 그린 휘어진 경로는 지구를 둘러싼 휘어진 시공간에서 가장 신속한 경로이다.

광자 경로에서 꺾임각 ϕ는 매우 작으며, 다음의 사소한 기하학적 논의에서 살펴볼 수 있다. 광자가 원을 이루는 경로를 그리지는 않았지만, 땅 바닥의 관찰자가 측정한 실제 광자의 경로를 *가장 잘 맞추는* 반지름 r_c인 원을 쓰겠다. 그림 11.10을 참조하면, 가장 근사적인 원의 중심은 O에 있고, 원호는 반지름 OA와 OB 사이에서 각 ϕ만큼 벌어져 있다(ϕ는 그림에서 많이 과장되어 있다). 실험실의 폭이 ℓ이라면, 광자가 실험실을 횡단하는 데에 걸리는 시간이 $t=\ell/c$이다(여기에서 원호의 정확한 길이와 실험실 폭의 차이는 무시할 수 있을 정도로 작다). 이 시간 동안,

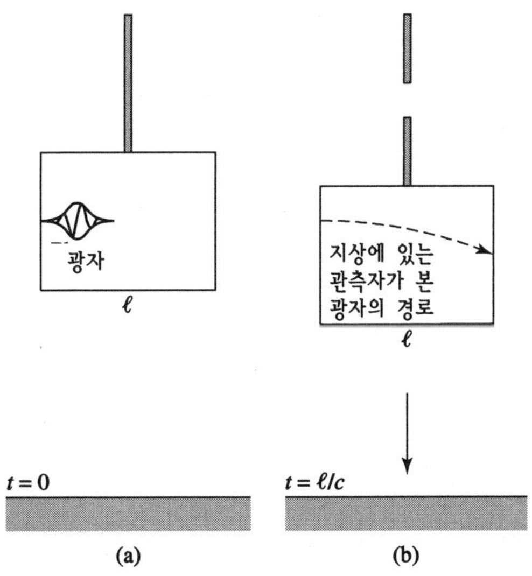

▮ 그림 11.9 수평 방향으로 여행하는 광자에 대한 등가 원리. 광자 (a)는 왼쪽 벽을 $t=0$에서 출발하여, (b) 오른쪽 벽에 $t=\ell/c$에 도착한다.

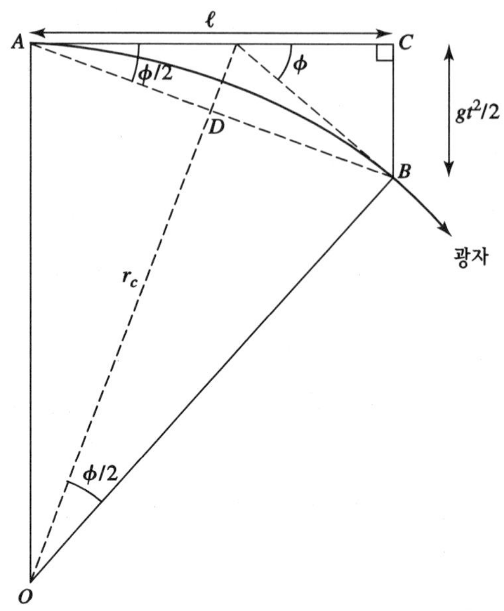

▌그림 11.10 곡률 반지름이 r_c이고 꺾임각이 ϕ인 기하학적 배치

실험실은 $d=\frac{1}{2}gt^2$의 거리만큼 낙하한다. 삼각형 ABC와 삼각형 OBD가 닮았기 때문에(이 두 삼각형은 모두 직각 삼각형이며, 다른 한 각이 $\phi/2$이다),

$$\overline{BC}/\overline{AC}=\overline{BD}/\overline{OD}$$

$$\left(\frac{1}{2}gt^2\right)\Big/\ell=\left[\frac{\ell}{2\cos(\phi/2)}\right]\Big/\overline{OD}$$

실제로, ϕ가 매우 작아 $\cos(\phi/2)\simeq 1$로 놓고, 거리 $\overline{OD}\simeq r_c$로 놓을 수 있다. 그러므로, $t=\ell/c$와 지구 표면에서 중력 가속도 $g=9.8\ \mathrm{m\,s^{-2}}$를 쓰면

$$r_c=\frac{c^2}{g}=9.17\times10^{15}\ \mathrm{m} \tag{11.5}$$

가 광자 경로의 곡률 반지름이 되고, 이 값은 거의 1광년에 가까운 값이다!

물론, 꺾임각 ϕ는 실험실의 폭 ℓ에 따라 달라진다. 예를 들어 $\ell=10\ \mathrm{m}$이면,

$$\phi=\frac{\ell}{r_c}=1.09\times10^{-15}\ \mathrm{rad}$$

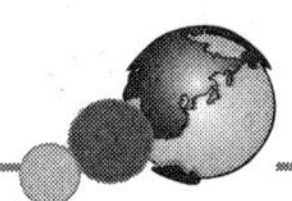

이고, 다시 말하면 2.25×10^{-10}각초이다. 광자 경로가 매우 큰 반지름을 갖는 사실은 지구 근처의 시공간이 대단히 작은 정도로 휘어져 있음을 가리킨다. 그렇지만, 곡률은 그리 작은 것만도 아니어서 위성들이 원궤도를 그리게 된다. 이 때에 위성들은 휘어진 시공간을 느리게 운동한다(느리다는 의미는 빛의 속도에 견줄 때 느리다는 뜻이다)

중력 적색 편이와 시간 팽창

두 번째 사고 실험은 땅 위에 케이블로 매단 실험실을 생각한다. 이번에는 주파수 ν_0인 단색광 전등을 천장을 향한 채 실험실 바닥에 설치하고, 단색광 전등에서 광자를 내쏘는 순간 케이블을 끊는다. 자유 낙하하는 실험실은 중력이 사라져 국지적 관성 좌표계이며, 등가 원리에 따라 실험실 천장에 있는 광검출 장치에서 빛을 받을 때에 *같은* 주파수 ν_0를 검출한다. 그러나, 실험실 밖의 땅에 있는 관찰자는 실험실이 중력을 받아 낙하하고 있다. 그림 11.11에 보인 바와 같이 땅의 관찰자의 관점에서 광자는 시간 $t = h/c$ 동안 높이 h만큼 올라갔고, 광검출 장치는 케이블이 끊어진 순간부터 아래쪽으로 운동 속도가 점점 커져서 빛을 검출하는 순간 $v = gt = gh/c$의 속력으로 빛을 향해 운동하고 있다. 그러므로, 땅에 있는 관찰자의 관점에서 광검출 장치는 식 (4.33)에 의하여 청색 편이되어 ν_0보다 더 큰 주파

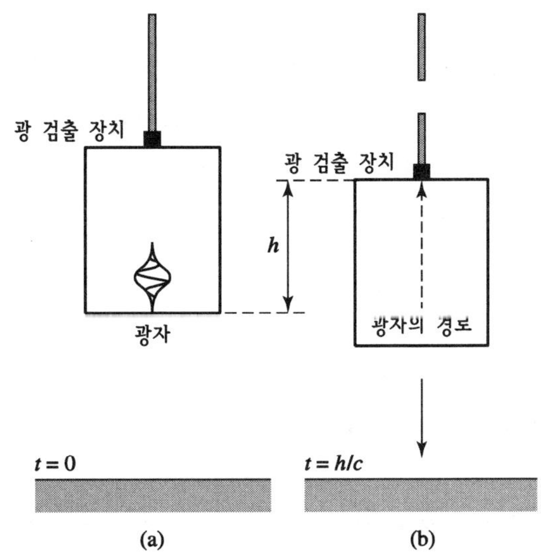

▌그림 11.11 수직 방향으로 여행하는 광자에 대한 등가 원리. 광자는 (a) 실험실 바닥을 $t=0$일 때에 출발하고 (b) $t=h/c$에 천장에 도착한다.

수를 측정한다. 여기에서는 낙하 운동 속도가 크지 않다고 생각하면, 예상되는 주파수 증가는

$$\frac{\Delta\nu}{\nu_0} = \frac{v}{c} = \frac{gh}{c^2}$$

과 같다. 그러나, 실제로 광검출 장치는 주파수 변화를 전혀 측정하지 않는다. 그러므로, 이 청색 편이를 깨끗하게 상쇄하는 다른 효과가 빛이 지구 근처에서 휘어진 공간을 통하여 위로 여행할 때에 나타나야 한다. 이 효과는 중력적색편이이고, 이 효과에 의하여 높이 h를 올라갈 때에 다음과 같은 주파수의 감소를 준다.

$$\frac{\Delta\nu}{\nu_0} = -\frac{v}{c} = -\frac{gh}{c^2} \tag{11.6}$$

외부 관찰자는 이러한 중력적색편이의 효과를 측정하며, 자유 낙하하는 실험실 내부의 관찰자에게는 이러한 효과가 보이지 않는다. 만약, 광자가 아래로 내려가면, 청색편이가 나타날 것이다. 연습 문제로 이 공식은 비스듬히 여행하는 광자에게도 적용되며, 이 때에 h는 빛의 경로에서 *수직 방향* 거리임을 보일 수 있겠다.

예제 11.1.1

1960년에 중력적색편이의 공식을 하버드 대학에서 시험하였다. 22.6미터 높이의 탑의 바닥에 철의 불안정한 동위 원소인 $^{57}_{26}\mathrm{Fe}$을 놓고, 여기에서 방출된 감마선 광자를 탑 꼭대기에서 검출하였다. h를 탑의 높이로 잡고, 중력적색편이에 의하여 예상되는 감마선 주파수의 감소는

$$\frac{\Delta\nu}{\nu_0} = -\frac{gh}{c^2} = -2.46 \times 10^{-15} \tag{11.7}$$

이었으며, 이 값은 실험값인 $\Delta\nu/\nu_0 = -(2.57 \pm 0.26) \times 10^{-15}$와 훌륭하게 일치하였다. 더 정밀한 실험들이 이후에 계속 이루어졌으며, 0.007% 이내의 정밀도로 일치하는 결과를 얻었다.

실제로 실험은 위와 아래로 진행하는 두 가지 감마선에 대하여 실험이 이루어졌으며, 두 실험 모두에서 중력적색편이와 중력청색편이가 모두 검증되었다.

원점에 놓인 구형 질량 M으로부터 무한히 먼 곳으로 달아나는 광선이 갖는 전체 중력적색편이의 근사적인 표현을 얻으려면, 식 (11.6)을 처음 위치 r_0에서 무한히 먼 곳까지 적분하고, $g = GM/r^2$(뉴턴 중력), h를 지름 방향 증가분 dr로 놓는다. 식 (11.7)은 *국지적* 관성 좌표계에서 성립하기 때문에, 적분을 할 때에 조심할 점이 있다. 적분해가면서, 우리는 실제로 일련의 서로 *다른* 좌표계에 대하여 얻은 적색이동을 더해가는 것이다. 지름 방향 좌표 r을 이러한 일련의 다른 좌표계들에서 거리로서 사용할 수 있으려면, 시공간이 거의 편평해야한다[다시 말하면, 식 (11.5)에 나타난 곡률 반지름이 r_0에 비하여 대단히 커야 한다]. 이 경우, 고무막 비유에서 거리가 "늘어지는 효과"는 심각하지 않으며, 적분을 해도 되겠다. 따라서,

$$\int_{\nu_0}^{\nu_\infty} \frac{d\nu}{\nu} \simeq -\int_{r_0}^{\infty} \frac{GM}{r^2c^2}\,dr$$

이고, 여기에서 ν_0과 ν_∞는 각각 r_0와 무한히 먼 곳에서 측정되는 주파수이다. 그러므로,

$$\ln\left(\frac{\nu_\infty}{\nu_0}\right) \simeq -\frac{GM}{r_0c^2}$$

이며, 이 결과는 중력이 약할 때($r_0/r_c = GM/r_0c^2 \ll 1$)에 성립한다. 이 결과를 다시 쓰면

$$\frac{\nu_\infty}{\nu_0} \simeq e^{-GM/r_0c^2} \qquad (11.8)$$

이다. 지수가 1보다 매우 작으므로, $e^{-x} \simeq 1 - x$라는 사실을 써서

$$\frac{\nu_\infty}{\nu_0} \simeq 1 - \frac{GM}{r_0c^2} \qquad (11.9)$$

를 얻는다. 이 근사적인 식은 광자의 주파수에 대한 1차 근사식이다.

중력장이 강할 때에도 성립하는 중력적색편이의 정확한 식은

$$\frac{\nu_\infty}{\nu_0} = \left(1 - \frac{2GM}{r_0c^2}\right)^{1/2} \qquad (11.10)$$

중력이 약하면 식 (11.8)의 지수가 1보다 매우 작아, $(1-x)^{1/2} \simeq 1-x/2$로부터 식 (11.9)를 얻을 수 있다.

중력적색편이를 식 (4.34)에서 정의한 적색이동량에 넣어서

$$z = \frac{\lambda_\infty - \lambda_0}{\lambda_0} = \frac{\nu_0}{\nu_\infty} - 1$$

$$= \left(1 - \frac{2GM}{r_0 c^2}\right)^{-1/2} - 1 \tag{11.11}$$

$$\simeq \frac{GM}{r_0 c^2} \tag{11.12}$$

을 얻고, 여기에서 식 (11.12)는 중력장이 약할 때에 성립한다.

중력적색편이가 생기는 근본 원인을 이해하기 위하여, 단색광의 진동에 따라서 똑딱이는 시계를 생각해 보자. 똑딱거림 사이의 시간은 파의 진동 주기 $\Delta t = 1/\nu$와 같다. 식 (11.10)에 따르면, 중력적색편이에 의하여 r_0에 있는 시계는 동일한 구조를 갖지만 $r=\infty$에 있는 시계보다 더 천천히 가는 것으로 관측됨을 의미한다. 질량 M인 구형 물질의 외부 r_0인 곳에서 Δt_0의 시간이 흘렀다면, $r=\infty$에서 흐른 시간 Δt_∞는

$$\boxed{\frac{\Delta t_0}{\Delta t_\infty} = \frac{\nu_\infty}{\nu_0} = \left(1 - \frac{2GM}{r_0 c^2}\right)^{1/2}} \tag{11.13}$$

이다. 약한 중력장에서는

$$\frac{\Delta t_0}{\Delta t_\infty} \simeq 1 - \frac{GM}{r_0 c^2} \tag{11.14}$$

이다. 여기에서 *시공간이 더 크게 휘어질수록 시간은 더욱 느리게 흐른다*고 결론을 내릴 수 있으며, 이 효과를 **중력시간팽창**이라고 부른다. 중력적색이동은 무거운 천체 근처에서 더 천천히 흐르는 시간 때문에 일어나는 결과이다.

다시 말해서, 두 개의 완벽하게 동일한 시계가 서로 나란히 이웃해서 구형 천체로부터 동일한 거리에 떨어져 놓여 있다고 가정하자. 이 두 시계를 동시화한 다음

에 한 시계를 천천히 나머지 시계 아래로 내린 후에 다시 원래 위치로 올리자. 모든 관찰자들이 동의하는 바는 두 시계가 다시 나란히 놓일 때에 내려갔다 올라온 시계가 나머지 시계보다 느린 시각을 가리킨다는 점이며 그 이유는 중력장 깊은 곳에서 시간이 느리게 흐르던 곳에 있었기 때문이다.

예제 11.1.2

시리우스 B는 반지름이 $R=5.5\times10^6$ m이고 질량이 $M=2.1\times10^{30}$ kg이다. 시리우스 B 표면 근처에서 수평 방향으로 진행하는 광자 경로의 곡률 반지름은 식 (11.5)에 준 바와 같이

$$r_c = \frac{c^2}{g} = \frac{R^2c^2}{GM} = 1.9 \times 10^{10}\ \mathrm{m}$$

이다. $GM/Rc^2 \ll 1$이므로, 시공간의 곡률은 심각하지 않다. 백색왜성 표면에서조차 중력은 시공간 곡률의 효과라는 관점에서는 비교적 작다고 간주할 수 있다.

식 (11.12)로부터 별 표면에서 방출된 광자에 적용되는 중력적색편이는 다음과 같다.

$$z \simeq \frac{GM}{Rc^2} = 2.8 \times 10^{-4}$$

이 값은 시리우스 B의 중력적색이동의 측정값인 $(3.0\pm0.5)\times10^{-4}$와 아주 잘 일치한다.

시리우스 B의 표면에서 흘러가는 시간과 여기에서 아주 멀리 떨어진 곳에서 흘러가는 시간을 비교하기 위하여, 먼 곳에 있는 시계에서 1시간이 흘렀다고 하자. 시리우스 B 표면에 있는 시계로는 1시간에서 약간 모자라는 시간이 흘렀으며, 이 값은 식 (11.14)를 써서

$$\Delta t_\infty - \Delta t_0 = \Delta t_\infty\left(1 - \frac{\Delta t_0}{\Delta t_\infty}\right) \simeq (3600\ \mathrm{s})\left(\frac{GM}{Rc^2}\right) = 1.0\ \mathrm{s}$$

이다. 시리우스 B 표면에 있는 시계는 우주 공간 저 멀리 놓인 시계에 대하여 1 시간에 약 1초 정도 느리게 간다.

앞의 실험 결과들은(등가 원리를 시험하면서 얻은 결과들) 시공간의 곡률을 확인해 준다. 11.2절에서 자유낙하하는 입자들은 휜 공간에서 최대한 곧은 경로를 택한다는 사실을 배울 것이다.

11.2 간격과 측지선

이제 사건(event)을 지정하는 4개의 좌표(x, y, z, t)로 이루어진, *시공간*이라고 표현하는 시간과 공간의 통일된 개념을 생각하자.[5] 아인슈타인의 찬란한 업적은 주어진 질량과 에너지 분포에 의하여 시공간의 기하학을 계산하는 장방정식(field equation)을 얻은 것이다. 아인슈타인의 장방정식은

$$\boxed{\mathcal{G} = -\frac{8\pi G}{c^4}\mathcal{T}} \tag{11.15}$$

와 같으며, 우변의 $\mathcal{T}$는 스트레스–에너지 텐서로서 질량과 에너지 분포를 기술하고, 이 텐서에 의하여 시공간의 곡률이 결정되며, 시공간의 곡률은 좌변의 아인슈타인 텐서 $\mathcal{G}$(Gravity의 앞 글자를 땄다)가 수학적으로 기술한다.[6] 뉴턴의 중력 상수 G와 빛의 속도 c가 등장하여, 상대성 이론이 중력을 포함하도록 확장되었음을 알려 준다. 이 교재에서는 질량 M, 반지름 R인 물체 근처의 시공간의 곡률을 기술하고 물체가 이 휜 공간에서 운동하는 양상을 보여 주는 정도에서 만족할 것이다.

세계선과 빛원뿔

그림 11.12는 시공간에서 추적한 경로들의 세 가지 예를 보여 준다. 이러한 *시공간도*에서 시간은 수직축으로 나타냈고, 공간축은 $x-y$의 평면으로 나타냈다. 세 번째 공간 차원인 z는 나타낼 수 없기 때문에, 실제로 이 그림은 평면에서 일어나는 운동만을 다룰 수 있다. 물체가 시공간을 통해서 운동할 때에 만드는 시공간의 경로를 **세계선**이라고 부른다. 우리의 임무는 시공간 곳곳의 곡률 때문에 자유 낙하하는 물체의 경로를 찾는 일이다. 그러한 세계선의 공간 좌표는 외야수를 향해 큰 호를 그리는 야구공, 태양 주위를 도는 행성, 블랙홀로부터 탈출하려고 애쓰는 광자 따위의 자취를 기술한다.

편평한 시공간에서 광자의 세계선은 시공간 기하학을 이해하는 방법을 보여준다. 전등에서 광자가 $t=0$에서 원점을 출발하였다고 생각하자. 그리고, 이 사건을 A

5) 사건은 어떤 특별한 일이 발생한다는 의미가 아니다. 4.1절에서 공부한 바를 기억하면, 사건은 단지 $(x,\ y,\ z,\ t)$로 구별하는 시공간의 위치일 뿐이다.

6) $E_{rest}=mc^2$이므로, 질량과 에너지 모두 시공간을 휘게한다.

라고 부르자. 그림 11.13에 보이듯이, $x-y$ 평면에서 여행하는 광자의 세계선은 빛원뿔을 형성하며, 팽창하는 구형 광파면을 $x-y$평면으로 자를 때에 나타나는 점점 더 커지는 일련의 원들을 나타낸다. 그래프의 축들의 눈금 매김은 곧게 뻗어 나가는 빛살이 시간 축과 45°가 되도록 이루어졌다.

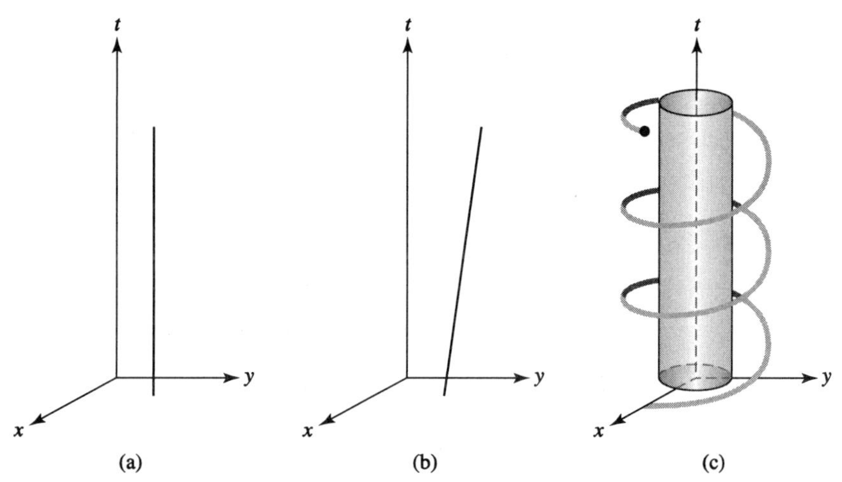

그림 11.12 세계선의 보기. (a) 정지한 사람의 세계선. (b) 일정한 속력으로 뛰는 사람의 세계선. (c) 지구를 도는 위성의 세계선

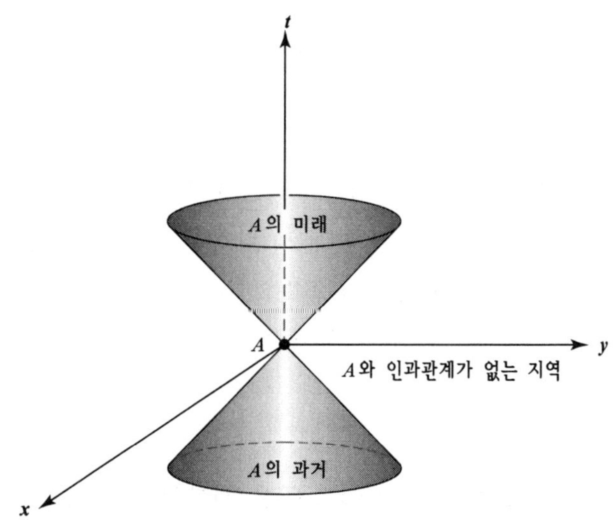

그림 11.13 시각 $t=0$에서 원점을 떠나서 수평 방향으로 진행하는 광자들이 만드는 빛원뿔

사건 A에 있는 무거운 물체는 빛보다 더 천천히 움직여야 하므로, 이 물체의 세계선이 시간축과 이루는 각은 45°보다 작아야 한다. 그러므로, 빛원뿔 내부의 지역은 사건 A의 가능한 *미래*를 나타낸다. 미래는 사건 A에서 출발한 여행자가 도달할 수 있는 모든 사건들로 구성되며, 따라서 이 사건들은 여행자가 일상적인 방법으로 영향을 끼칠 수 있는 모든 사건들이다.

발산하는 광자들의 세계선을 거꾸로 되돌려 원점을 지나치게 하면 아래쪽 빛원뿔을 만들 수 있다. 이 아래쪽 빛원뿔은 사건 A의 가능한 *과거*이다. 원점에 도달한 광자처럼 여행자가 사건 A에 도달할 수 있는 사건들 모두의 모임이다. 다르게 표현하면, 과거는 원점에 도달할 광자를 가로막을 수 있는 모든 사건의 모임으로 구성된다.

미래와 과거 빛원뿔 외부 지역은 알 수 없는 *나머지 시공간*이며, 이 부분의 시공간 영역에 대하여 사건 A에 있던 여행자가 알 도리가 없고, 영향을 끼칠 수도 없다. 시공간의 거의 대부분 영역이 우리에게 감춰져 있다는 사실이 놀라움으로 다가갈 지 모르겠다. 그러나, 우리는 그 넓은 지역에 도저히 발디딜 수 없다.

원리적으로는 시공간의 모든 사건에 대하여 이 사건을 꼭지점으로 갖는 한 쌍의 빛원뿔이 있다. 빛원뿔은 시공간을 그 사건의 과거, 미래, 나머지로 가른다. 어느 사건이라도 우리에게 영향을 줄 수 있으려면, 그 사건은 우리의 과거 빛원뿔 안에 놓여 있어야 하며, 우리가 영향을 끼칠 수 있는 사건이 모두 미래 빛원뿔 안에 있다는 점과 같은 이치이다. 우리의 전체 미래 세계선, 혹은 우리의 *운명*은 주어진 순간에서 우리의 미래 빛원뿔 안쪽으로 놓여야만 한다. 빛원뿔은 시공간 지평선의 역할을 하며, 우리가 알 수 있는 것과 알 수 없는 것들을 갈라놓는다.

시공간 간격, 고유 시간, 고유 거리

세계선을 따라 움직이는 물체가 간 거리를 측정하려면, 시공간에서 "거리"를 정의할 수 있어야 한다. 우리가 익숙한 순수하게 공간적인 거리만을 생각해 보자. 데카르트 좌표계에서 다음 두 점에 대하여

(x_1, y_1, z_1)과 (x_2, y_2, z_2)

편평한 공간에서 두 점 사이의 곧은 선분의 거리 $\Delta\ell$ 는

$$(\Delta\ell)^2 = (x_2 - x_1)^2 + (y_2 - y_1)^2 + (z_2 - z_1)^2$$

으로 정의된다. 시공간에서 이와 유사한 "거리"의 척도를 **시공간 간격**(그냥 줄여서 *간격*)이라고 부르며 문제 4.11에서 본 적이 있다. 두 사건 A와 B가 시공간 좌표가

(x_A, y_A, z_A, t_A)와 (x_B, y_B, z_B, t_B)

로 관성좌표계 S에서 측정되었다고 하자. 편평한 시공간에서 두 사건 사이를 잇는 곧은 세계선을 따라 간격 Δs가

$$(\Delta s)^2 = [c(t_B - t_A)]^2 - (x_B - x_A)^2 - (y_B - y_A)^2 - (z_B - z_A)^2 \tag{11.16}$$

으로 정의된다.

풀어서 이야기하면

$$\begin{aligned}(\text{간격})^2 = &(\text{시간 } |t_B - t_A| \text{동안 빛이 간 거리})^2 \\ &- (\text{사건 } A\text{와 사건 } B \text{ 사이의 공간 거리})^2\end{aligned}$$

이다. 간격의 이와같은 정의는 매우 유용한데, 그 이유는 1권에서 본 바와 같이 $(\Delta s)^2$은 로렌츠 변환(식 (4.16)–(4.19))에서 *불변*이기 때문이다. 다른 관성 좌표계 S'에 있는 관찰자가 두 사건 A와 B사이의 간격을 측정하면 같은 값을 얻을 것이며, 결국 $\Delta s = \Delta s'$이다.

$(\Delta s)^2$은 양이나 음 혹은 0일 수도 있다는 점에 유의하자. 부호는 빛이 두 사건 사이를 여행하는 데에 넉넉한 시간을 갖는가를 말해 준다. 만약 $(\Delta s)^2 > 0$이면, 간격은 *시간꼴(timelike)*이고, 빛은 두 사건 A와 B 사이를 여행하는 데에 넉넉한 시간을 갖는다. 그러므로, 두 사건 A와 B를 연결하는 곧은 세계선을 따라가는 어떤 관성 좌표계 S를 선택할 수 있으며, 이와같은 상황에서 두 사건은 S에서 같은 *공간적 장소*에서 나타난다(예를 들면, 좌표의 원점. 그림 11.14를 보라). 두 사건이 S의 같은 장소에서 일어나므로, 두 사건 사이의 시간은 $\Delta s/c$로 측정된다. 같은 장소에서 두 사건 사이의 시간을 **고유 시간** $\Delta\tau$이라고 말하며

$$\boxed{\Delta\tau \equiv \frac{\Delta s}{c}} \tag{11.17}$$

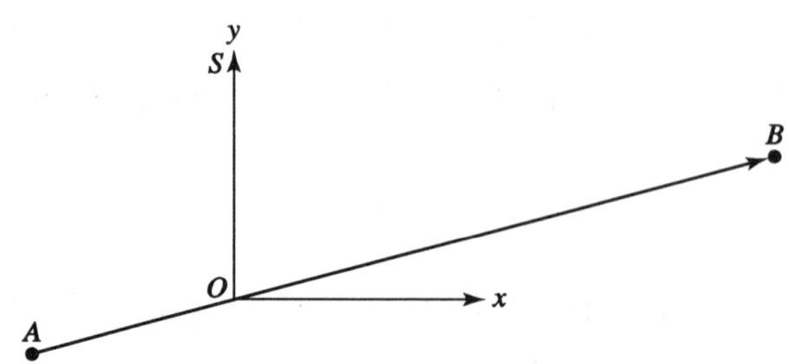

▮ 그림 11.14 두 사건 A와 B를 연결하는 시간적인 세계선을 따라 움직이는 관성 좌표계 S. 두 사건 모두 S의(공간 좌표의) 원점에 놓인다.

이다(1권을 기억하라.) 고유 시간은 그저 A에서 B로 세계선을 따라 움직이는 시계에서 경과된 시간이다. 어느 관성 좌표계에 있는 관찰자도 간격을 써서 시간적인 간격을 갖는 두 사건 사이의 고유 시간을 계산할 수 있다.

만약 $(\Delta s)^2 = 0$이면, 간격은 빛꼴 간격(lightlike or null interval)이라고 부른다. 이 경우, 빛은 두 사건 A와 B 사이를 정확하게 연결한다. 오직 빛만이 한 사건에서 다른 사건까지 여행할 수 있으며, 빛같은 간격을 따라 측정한 고유 시간은 0이다.

마지막으로 $(\Delta s)^2 < 0$이면, 간격은 *공간꼴(spacelike)*이고 빛은 두 사건 A와 B를 여행하는 데에 시간이 부족하다. 그 어느 관찰자도 두 사건 사이를 여행할 수 없으며, 그 이유는 두 사건을 연결하기 위해서는 빛보다 더 빠르게 움직여야하기 때문이다. 이러한 상황에서 절대적 동시성을 설정할 수 없으므로, 두 사건이 일어나는 시간 순서가 서로 반대가 되는 관성 좌표계들을 찾을 수도 있고, 또한 두 사건이 *동시*에 일어나는 관성 좌표계도 찾을 수 있다. 두 사건 A와 B가 동시에 일어나는($t_A = t_B$) 관성 좌표계에서, 두 사건 A와 B 사이의 거리를 고유 거리라고 정의하며[7]

$$\boxed{\Delta\mathcal{L} = \sqrt{-(\Delta s)^2}} \tag{11.18}$$

과 같이 나타난다.

만약 곧은 막대로 두 사건이 있는 장소들을 연결한다면, 고유 거리는 막대의 *정*

7) 4.3절에서 거리보다는 길이를 강조하였고, 이 길이는 *고유 길이*라고 불렀다. 문맥에 따라 두 용어는 같은 의미를 갖는 용어로 사용해도 좋겠다.

*지 길이*가 될 것이다. 어느 관성 좌표계에 있는 관찰자도 이 사실을 써서 공간적 간격으로 떨어진 두 사건 사이의 고유 거리를 계산할 수 있다.[8)]

간격은 앞에서 논의한 빛원뿔과 분명히 관계가 있다. 사건 A가 $t=0$에서 원점에서 광자를 내쏘았다고 하자. 임의의 시각 t에 광자들이 놓이는 빛원뿔의 표면은 사건 A에 빛같은 간격을 갖는 모든 사건 B들이 놓이는 곳이다. 미래와 과거 빛원뿔의 사건들은 사건 A와 시간적 간격을 갖고, 그 나머지 지역에 있는 사건들은 사건 A와 공간적 간격을 갖는다.

편평한 시공간의 계량

잠시 3차원적 공간으로 다시 돌아가면, 공간에서 두 점을 연결하는 경로가 반듯할 필요는 없다. 두 점을 무한히 많은 곡선 경로로 연결할 수 있다. 휜 경로 $\mathcal{P}$를 따라 거리를 측정하려면, 우리는 **계량**이라고 하는 미분 거리 공식을 사용한다.

$$(d\ell)^2 = (dx)^2 + (dy)^2 + (dz)^2$$

이 때에 $d\ell$은 경로 $\mathcal{P}$를 따라 적분하여(*선적분*) 두 점 사이의 전체 거리를 계산할 수 있다.

$$\Delta\ell = \int_1^2 \sqrt{(d\ell)^2} = \int_1^2 \sqrt{(dx)^2 + (dy)^2 + (dz)^2} \quad \text{(along } \mathcal{P})$$

두 점 사이의 거리는 이 두 점을 연결하는 경로에 따라 달라진다. 물론, 편평한 공간에서 두 점 사이의 *가장 짧은* 거리는 직선을 따라 측정한 거리이다. 실제로, 우리는 $\Delta\ell$을 *최소값*이 되는 경로로서 두 점 사이를 "최대한 반듯하게 연결하는 선"을 *정의*할 수 있다.

비슷한 방법으로, 시공간에서 두 사건 사이의 세계선이 꼭 반듯할 필요는 없다. 두 사건은 무한히 많은 휜 세계선으로 연결할 수 있다. 질량이 없는 시공간의 두 사건을 연결하는 휘어진 세계선 $\mathcal{W}$을 따라 간격을 측정하려면, 우리는 **편평한 시공간의 계량**을 사용한다.

---

8) 고유 시간과 고유 거리에 대하여, 고유라는 용어는 "바로 그 곳에서 같이 움직이는 시계나 막대를 써서 측정한"이라는 속뜻을 품고 있다.

$$\boxed{(ds)^2 = (c\,dt)^2 - (d\ell)^2 = (c\,dt)^2 - (dx)^2 - (dy)^2 - (dz)^2} \tag{11.19}$$

이 때에 ds에 대하여 적분하여, 세계선 $\mathcal{W}$를 따른 전체 간격을 구할 수 있다.

$$\Delta s = \int_A^B \sqrt{(ds)^2} = \int_A^B \sqrt{(c\,dt)^2 - (dx)^2 - (dy)^2 - (dz)^2} \quad (\text{along } \mathcal{W})$$

간격은 여전히 식 (11.17)에 정의한 세계선에 따른 고유 시간과 관련된다. *시간적인 세계선을 따라 측정한 간격을 빛의 속도로 나눈 값은 언제나 그 세계선을 따라서 같이 움직이는 시계로 측정한 고유 시간이다.* 빛 같은 세계선을 따라 측정한 고유 시간은 0이며 공간적인 세계선에 대해서 고유 시간은 정의하지 않는다.

편평한 시공간에서, 두 사건 사이에서 곧은 시간적 세계선을 따라 측정한 간격은 *최대값*이 된다. 같은 두 사건을 연결하는 다른 그 어떤 세계선도 곧지 않으며 또한 더 작은 간격을 준다. 광자와 같이 질량이 0인 입자에 대해서 모든 세계선은 빛같은 세계선이며 간격은 0이다(즉, $\int \sqrt{(ds)^2} = 0$).

편평한 시공간에서 곧은 세계선이 최대 간격을 갖는다는 사실을 다음과 같이 쉽게 알 수 있다. 그림 11.15는 각각 t_A와 t_B에 일어난 두 사건 A와 B가 있는 시공간을 보여 준다. 이 사건들은 A에서 B로 움직이면서 두 사건이 S의 원점에서 일어나도록 선택한 관성 좌표계 S에서 관측되고 있다. A와 B를 잇는 곧은 세계선을 따라 측정한 간격은

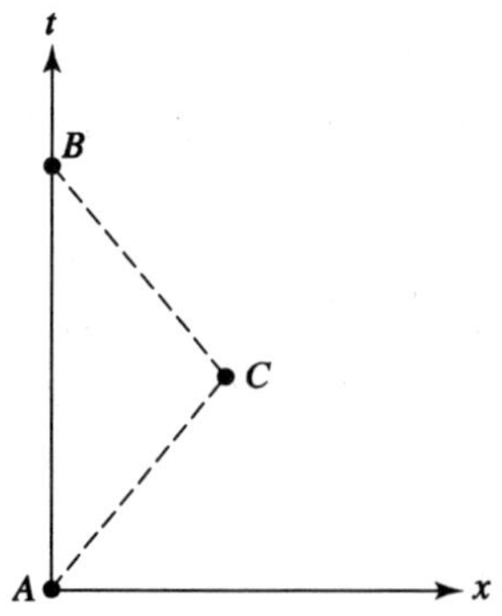

그림 11.15 두 사건 A와 B를 잇는 세계선들

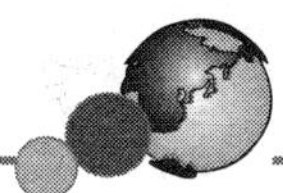

$$
\begin{aligned}
\Delta s(A \to B) &= \int_A^B \sqrt{(ds)^2} \\
&= \int_A^B \sqrt{(c\,dt)^2 - (dx)^2 - (dy)^2 - (dz)^2} \\
&= \int_{t_A}^{t_B} c\,dt = c(t_B - t_A)
\end{aligned}
$$

이제 $(x,y,z,t) = (x_C, 0, 0, t_C)$의 좌표를 갖는 사건 C를 경유하여, A와 B를 잇는 다른 세계선을 따라 측정한 간격을 생각하자. 이 경우에

$$
\begin{aligned}
\Delta s(A \to C \to B) &= \int_A^C \sqrt{(ds)^2} + \int_C^B \sqrt{(ds)^2} \\
&= \int_A^C \sqrt{(c\,dt)^2 - (dx)^2 - (dy)^2 - (dz)^2} \\
&\quad + \int_C^B \sqrt{(c\,dt)^2 - (dx)^2 - (dy)^2 - (dz)^2}
\end{aligned}
$$

이다. 첫 번째 적분에서 $A \to C$로 가는 세계선에서 일정한 속력 $dx/dt = v_{AC}$을 쓰고, 두 번째 적분에서 $C \to B$로 가는 세계선을 따라 일정한 속력 $dx/dt = v_{BC}$를 쓰면

$$
\begin{aligned}
\Delta s(A \to C \to B) &= (t_C - t_A)\sqrt{c^2 - v_{AC}^2} + (t_B - t_C)\sqrt{c^2 - v_{CB}^2} \\
&< c(t_C - t_A) + c(t_B - t_C) \\
&< \Delta s(A \to B)
\end{aligned}
$$

를 얻는다. 그러므로, 곧은 세계선이 더 긴 간격을 갖는다. 사건 A와 사건 B를 연결하는 임의의 세계선은 일련의 아주 짧은 선분들로 구성되므로, 간격 Δs는 곧은 세계선에서 최대가 된다고 결론내릴 수 있다.

휜 시공간과 슈바르츠실트 계량

질량에 의하여 휘어진 시공간에서 상황은 약간 더 복잡해진다. 심지어 "최대한 반듯한 세계선"조차 휘어질 것이다. 이처럼 가능한한 가장 반듯한 세계선을 **측지선**이라고 부른다. 편평한 시공간에서 측지선은 곧은 세계선이다.

휜 시공간에서, 두 사건 사이의 시간적인 측지선은 *최대* 혹은 *최소* 간격을 갖는다. 다시 말하면, 시간적 측지선을 따라 얻은 Δs의 값은 같은 두 사건을 연결하는 이웃의 세계선과 비교할 때에 최대 혹은 최소의 *극값*을 갖는다.[9] 이 장에서 고려하는 상황에서는 시간적 측지선의 간격은 최대값이 된다. 광자와 같은 질량이 없는 입자는 간격 $\int \sqrt{(ds)^2} = 0$인 영측지선을 따른다.[10] 아인슈타인이 깨달은 핵심은 *시공간에서 자유 낙하하는 물체가 따르는 경로가 측지선이다*라는 점이다.

이제 우리는 일반 상대론의 세 가지 기본 성질에 기초하여, 시공간 기하학에 질량이 주는 영향을 다룰 준비가 되었다.

- 물체의 질량은 시공간에 작용하여, 시공간의 휘어짐을 결정한다.
- 이에 따라 시공간은 질량에 작용하여, 물체가 어떻게 운동할지 규정한다.
- (광자를 포함하여) 자유 낙하하는 임의의 입자는 시공간에서 최대한 반듯한 세계선, 즉 측지선을 따라 운동한다. 질량이 있는 입자에 대해서 측지선은 최대 혹은 최소 간격을 가지며, 빛에 대해서 측지선은 간격이 언제나 0이다.

이론을 구성하는 이 요소들을 써서 질량이 있는 구형 물체 주변의 시공간 곡률을 기술할 수 있고, 지구를 공전하는 위성이나 블랙홀 주변을 돌고 있는 광자와 같은 임의의 물체가 시공간 곡률에 따라 운동하는 양상을 결정할 수 있다. 구대칭을 갖는 상황에서는 데카르트 좌표계보다는 친숙한 구면극좌표계를 쓰는 것이 훨씬 더 편리할 것이다. 편평한 공간에서 이웃한 두 점 사이의 거리 계량은

$$(d\ell)^2 = (dr)^2 + (r\,d\theta)^2 + (r\sin\theta\,d\phi)^2 \tag{11.20}$$

이고, 이에 대응하여 편평한 시공간 계량은 다음과 같다.

$$\boxed{(ds)^2 = (c\,dt)^2 - (dr)^2 - (r\,d\theta)^2 - (r\sin\theta\,d\phi)^2} \tag{11.21}$$

9) 실제로는, 이웃하는 세계선 간격을 계산하면, 시간적인 측지선의 간격은 최대값, 혹은 최소값 혹은 변곡점 가운데 하나일 것이다. Misner, Thorne and Wheeler(1973)의 1.4절을 참조하여 극값이 되는 고유 시간이라는 의미를 갖는 측지선에 대한 더 흥미 있는 이야기를 읽기 바란다.

10) 광자에 대해서는 간격이 언제나 0이기 때문에, 최대한 곧은 세계선에 직접 적용되는 극값을 갖는 간격의 원리를 적용할 수 없다. 그러나, 질량이 없는 입자에 대한 최대한 곧은 세계선은 질량이 있는 입자의 속력이 $v \to c$인 극한에서 이러한 입자가 택할 최대한 곧은 세계선과 동일하다.

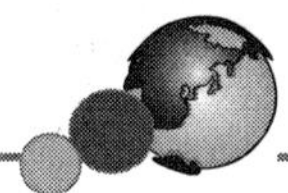

물론, 시공간은 질량을 가진 물체 주변에서는 편평하지 않다. 여기에서 구체적으로 알아보려는 상황은 질량이 큰 공에 의하여 휘어진 시공간에서 일어나는 물체의 운동이다. 첫 단계 임무는 이 무거운 공이 시공간에 작용하여 휜 시공간의 곡률을 계산하는 것이다. 이 임무를 완수하려면 편평한 시공간에 대한 식 (11.21)을 대치하는 휜 시공간의 계량을 알아야 한다.

이 계량을 제시하기 전에, 계량을 주는 식에 나타난 변수 r, θ, ϕ, t가 원점에서 아주 멀리 떨어진(거의 무한히 멀리 떨어진) 곳에서 정지한 관찰자가 사용하는 *좌표*들이라는 점을 강조해야겠다. 원점에 중심 질량이 없는 경우일 때에만 r은 원점으로부터 거리를 나타낼 것이며, r의 차이는 지름 방향에 놓인 두 점 사이의 거리를 줄 것이다. 좌표계 모든 곳에 걸쳐 산재한 동시화된 시계로 측정하는 시간 t는 모든 곳에서 똑같은 빠르기로 똑딱일 것이다.

이제 질량 M이고 반지름 R인 공(여기에서는 "행성"이라고 부르겠다)을 좌표계 중심에 갖다 놓자. 지름 방향 좌표를 설정할 때에 조심할 점이 있다. 원점(구의 내부에 있음)을 기준점으로 잡지 말아야 하며, 우리는 r을 "원점으로부터 거리"로 정의하지 않을 것이다. 대신, 원점에 중심이 있는 여러 개의 공껍데기들이 차곡차곡 쌓인 상황을 상상하자. 공껍데기의 표면적은 원점까지 거리를 재지 않아도 측정할 수 있기 때문에, 이 공껍데기 표면적이 $4\pi r^2$일 때에 이 곳의 좌표를 r이라고 정의한다. 이렇게 조심스러운 정의를 써서, 우리는 이 좌표들을 써서 휘어진 시공간의 계량을 나타내고, 무거운 천체 근처에서 공간상의 거리나 시간의 경과를 측정할 수 있다. 이러한 휜 시공간을 통하여 물체가 움직일 때에, 물체의 **좌표 속력**은 물체의 공간 좌표값이 시간 좌표에 따라 변화하는 도함수 값이다.

행성으로부터 먼 거리($r \simeq \infty$)에서, 시공간은 거의 편평하고, 행성으로부터 오는 광자의 중력 시간 팽창은 식 (11.13)으로 나타난다. 이로부터, 우리는 $\sqrt{1-2GM/rc^2}$이 행성을 둘러싼 시공간의 계량에서 중요한 역할을 하리라고 짐작할 수 있다. 그리고, 11.1절을 기억하면, 공간이 늘어지거나 시간이 느리게 가므로, 휘어진 시공간에서 광자가 더디 지나간다. 여기에서 우리가 얻는 힌트는 같은 인수가 계량의 지름 좌표 항에 들어갈 것이라는 점이다. 각도 좌표에 관련된 항들은 편평한 시공간의 계량인 식 (11.21)과 같다.

이러한 효과들은 질량이 M인 구형 물체를 둘러싼 휜 시공간을 기술하는 계량에 나타나 있다. 1916년에 아인슈타인이 일반 상대성 이론을 발표한 지 겨우 두 달 만에 독일의 천문학자 칼 슈바르츠실트(Karl Schwarzschild, 1873–1916)는 아인슈타인의 장방정식을 풀어서 **슈바르츠실트 계량**이라고 부르는 정확한 해를 얻었다.

$$(ds)^2 = \left(c\,dt\sqrt{1-2GM/rc^2}\right)^2 - \left(\frac{dr}{\sqrt{1-2GM/rc^2}}\right)^2 - (r\,d\theta)^2 - (r\sin\theta\,d\phi)^2 \tag{11.22}$$

슈바르츠실트 계량을 유도하는 쉬운 방법이 없기 때문에, 여기에서는 이들 항에 대하여 앞에서 그럴듯하게 기술한 설명 정도에 만족해야만 하겠다.

슈바르츠실트 계량은 구대칭인 아인슈타인 장방정식의 *진공해(vacuum solution)* 라는 점을 강조해야 하겠다. 다시 말하면, 이 해는 무거운 물체 *외부*의 빈 공간에서만 성립한다는 뜻이다.

슈바르츠실트 계량은 앞 절에서 고려한 모든 효과들이 다 들어 있다. "공간의 곡률"은 지름 좌표 항에 있다. 같은 지름 방향 사선에 놓인 두 이웃하는 점들($d\theta = d\phi = 0$)에 대하여 같은 시각에($dt = 0$)에 측정한 지름 방향 거리가 바로 고유 거리이며, 식 (11.18)에서

$$d\mathcal{L} = \sqrt{-(ds)^2} = \frac{dr}{\sqrt{1-2GM/rc^2}} \tag{11.23}$$

이다. 그러므로, 같은 지름 방향 사선에 놓인 두 점 사이의 공간 거리 dL은 좌표값의 차인 dr보다 더 *크다*. 이것은 앞 절에서 고무막 비유를 통하여 좌표계 그물코 간격이 늘어난 것을 정확히 가리킨다. 인수 $1/\sqrt{1-2GM/rc^2}$ 은 공간 거리의 계산에 반드시 넣어야 한다.

이것은 가파른 등산로를 따라 등산할 때에 지형도를 사용하는 상황과 비슷하다. 지도에 나타난 등고선이 주는 추가적인 정보가 있어야, 실제 등산 거리를 계산할 수 있으며, 이 거리는 지도 좌표값의 차이보다는 항상 더 크다. 그림 11.16을 보라.

슈바르츠실트 계량은 시간 팽창과 중력적색편이도를(같은 효과를 보는 두 가지 관점) 포함하고 있다. 시계가 지름 좌표 r에 정지해 있다면, 이 시계가 기록하는 고유 시간(식 (11.17))은 무한히 먼 곳에 있는 관찰자에게 나타나는 좌표 시간의 경과 dt와

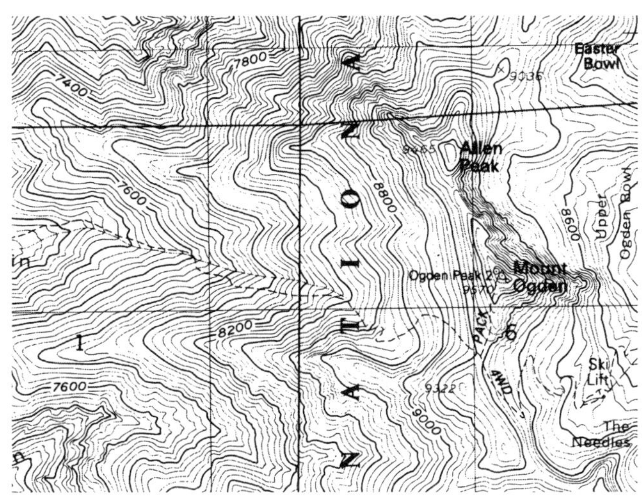

▮ **그림 11.16** 등고선이 있는 지형도. 지도 위에서 두 점 사이의 가장 가까운 거리가 반드시 곧은 선일 필요가 없다. (USGS 제공)

$$d\tau = \frac{ds}{c} = dt\sqrt{1 - \frac{2GM}{rc^2}} \tag{17.24}$$

과 관련되며, 이것은 식 (11.13)에서 이미 보았던 식과 다름 없다. $d\tau < dt$이므로, 행성 가까이에서는 시간이 더 느리게 흐른다.

위성의 궤도

임의의 질량을 갖는 구형의 물체가 시공간에 작용하여 어떻게 휘게 하는지 공부하였으므로, 이제 휘어진 공간이 물체에 어떻게 작용하는지 공부할 차례이다. 이 절의 나머지 부분은 일반 상대성 이론을 써서 행성 주변의 위성 궤도를 구하는 내용이다. 우리에게 필요한 모든 것은 위성이 가능한 한 가장 반듯한 세계선, 즉 간격이 극값이 되는 세계선을 따른다는 사실이다.[11]

이 시점에서 뉴턴 역학의 단순성이 즐거운 추억이 될 것이다. 뉴턴에 따르면, 지구 둘레로 원궤도를 그리는 위성의 운동은 그저 구심력과 중력 가속도를 같게 놓아 쉽게 얻었다. 즉,

$$\frac{v^2}{r} = \frac{GM}{r^2}$$

11) 위성의 질량 m은 매우 작아서 주변의 시공간에 주는 영향이 미미하다고 가정한다.

이 때에 v는 위성의 궤도 운동 속도이다. 이 식에서 금방

$$v=\sqrt{\frac{GM}{r}}$$

을 얻는다. 아인슈타인과 뉴턴은 중력이 약할 때에 결과가 일치해야할 것이므로, 이 결과는 휜 시공간에서 슈바르츠실트 계량에 숨겨져 있어야할 것이다.[12] 슈바르츠실트 계량을 써서 위성의 원궤도에 대하여 가능한 한 가장 곧은 세계선을 찾으면 이 결과와 같아야 한다.

고정된 두 사건에 대하여 최대 간격을 주는 세계선을 구하는 데에 쓸 수 있는 강력한 방법이 있다. 이러한 방법을 동원하면, 위성의 궤도는 에너지, 운동량, 각운동량의 보존 법칙과 함께 얻을 수 있으며, 그 이유는 이러한 보존 법칙들이 아인슈타인 장방정식에 녹아들어 있기 때문이다. 그러나, 우리는 좀 더 간단한 접근법을 택하여, 처음부터 위성이 지구의 적도($\theta=90°$) 위에서 원궤도 운동을 일정한 각속도 $\omega=v/r$로 하고 있다고 가정하자. 이와 같은 선택과 함께, $dr=0$, $d\theta=0$, $d\phi=\omega\, dt$를 슈바르츠실트 계량에 대입하면

$$(ds)^2=\left[\left(c\sqrt{1-2GM/rc^2}\right)^2-r^2\omega^2\right]dt^2=\left(c^2-\frac{2GM}{r}-r^2\omega^2\right)dt^2$$

을 얻는다. 적분하여, 한 궤도에 대하여 시공간 간격을 얻으면 다음과 같다.

$$\Delta s=\int_0^{2\pi/\omega}\sqrt{c^2-\frac{2GM}{r}-r^2\omega^2}\,dt \tag{11.25}$$

간격이 극값이 되도록 r의 값을 정하려면, 우리는 위성 세계선의 끝점들을 확실하게 고정해야 한다. 다시 말하면, 위성의 궤도는 모든 세계선에 대하여 언제나 같은 위치 r_0에서 시작하고 끝나야 한다. 서로 다른 지름 방향 좌표값을 갖는 궤도를 포함하려면 그림 11.17에 보인 "궤도"를 고려하자. 우리는 r_0에서 시작하여(거의 빛의 속도로), 위성을 외곽 방향으로 옮겨 실질적인 궤도인 지름 방향 좌표 r에 있게 한다. 궤도의 끝부분에서 위성은 다시 재빠르게 출발한 곳인 r_0으로 되돌아

12) 뉴턴 역학의 향수에 젖는 것을 경계하는 한 마디를 보태면, 아인슈타인과 뉴턴 역학의 결과가 다르게 나타나는 상황에서 자연은 언제나 아인슈타인의 편이었음을 기억해야겠다.

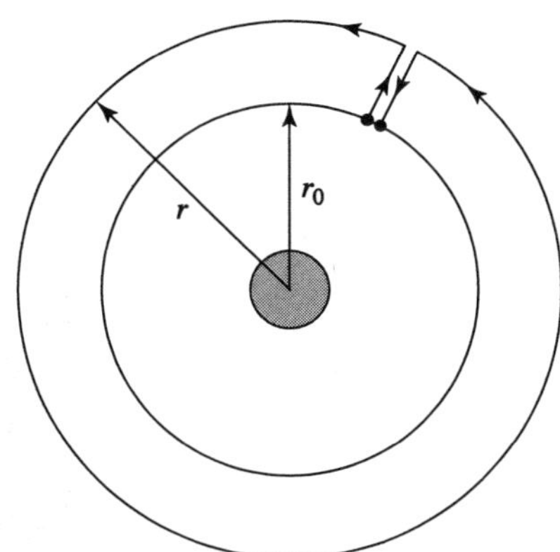

▌**그림 11.17** 위성 세계선의 끝점을 고정하기 위하여 사용한 지름 방향의 운동을 보여 주는 위성의 "궤도". 이러한 조작의 알짜 효과는 위성이 지름 방향 좌표값이 r인 원궤도를 그린다는 것이다.

온다. 다행히도, 궤도의 시작과 끝부분의 재빠른 지름 방향의 움직임은 시공간 간격을 계산하는 적분에서 미미한 부분을 차지한다(거의 빛의 속도로 움직인다면, 이 운동에 따른 간격은 거의 0일 것이다). 따라서, 순수한 효과는 완전한 원운동에서만 있고 식 (11.25)를 써서 적분을 계산할 수 있다.

식 (11.25)에서 적분의 끝값들은 상수이고, 유일한 변수는 r이다. 위성이 따르는 궤도에 대한 지름 방향 좌표 r의 값은 Δs가 극값이 되게 하는 값이다. 이 값은 Δs를 r에 대하여 미분하고 그 도함수를 0으로 놓아 얻을 수 있다.

$$\frac{d}{dr}(\Delta s) = \frac{d}{dr}\left(\int_0^{2\pi/\omega} \sqrt{c^2 - \frac{2GM}{r} - r^2\omega^2}\, dt\right) = 0$$

적분 기호 안에서 도함수를 계산하여

$$\frac{d}{dr}\sqrt{c^2 - \frac{2GM}{r} - r^2\omega^2} - 0$$

이고, 따라서

$$\frac{2GM}{r^2} - 2r\omega^2 = 0$$

이다. 따라서, 이미 기대했던 바와 같이

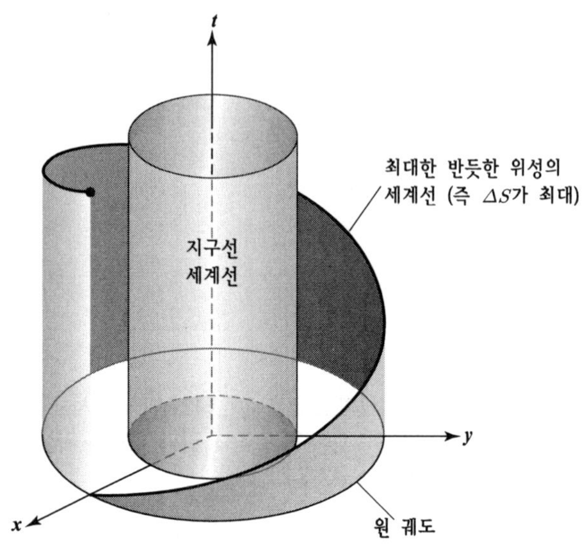

▮ 그림 11.18 위성이 시공간에서 그리는 가능한 가장 반듯한 세계선과 궤도 면으로 투영한 궤도

$$v = r\omega = \sqrt{\frac{GM}{r}} \tag{11.26}$$

가 원 궤도에서 위성의 좌표 속력이다[좌표 속력이란 먼 관찰자가 쓰는 좌표계 (r, θ, ϕ, t)에서 측정한 위성의 속력인 $v = r\,d\phi/dt$를 의미한다]. 그림 11.18은 시공간에서 가능한 가장 반듯한 세계선이 궤도 평면에 투영되는 모습을 보여 주고, 이 결과 지구 주위의 원 궤도가 나타난다. 실제로, 이 결과는 블랙홀 주변에서 대단히 큰 시공간 곡률에서도 성립한다.

11.3 블랙홀

1783년에 영국의 목사이면서 아마추어 천문가였던 존 미첼(John Michell, 1724–1793)은 뉴턴이 제안한 빛의 입자설이 주는 의미를 고려하였다. 빛이 입자들의 흐름이라면, 빛도 중력의 영향을 받을 것이다. 특히, 그는 태양보다 중력이 500배 더 크고, 밀도는 태양과 비슷한 별을 가정하면, 빛조차 빠져나올 수 없을 것이라고 추정하였다. 식 (2.17)을 쓰면 쉽게 보일 수 있듯이, 미첼의 탈출 속도는 빛의 속도가

된다. 뉴턴 역학을 써서 탈출 속도가 c가 되게 하면, $R=2GM/c^2$이 탈출 속도가 빛의 속도인 곳이다. 태양의 질량을 써서 표현하면, $R=2.95(M/M_\odot)$km이다. 이러한 뉴턴 역학을 사용해서 얻은 결과가 옳기도 하지만, 별에 대하여 이처럼 작은 값은 비현실적으로 작아 보이므로 20세기 중반까지는 천문학자들의 관심을 끌지 못하였다.

1939년에 미국의 물리학자 로버트 오펜하이머(Robert Oppenheimer)와 하틀랜드 스나이더(Hartland Snyder 1913-1962)는 핵융합 원료를 모두 소모한 무거운 별이 최종적으로 중력 붕괴를 일으키는 결과를 기술하였다. 그 해 초반에 오펜하이머와 볼코프는 중성자별의 첫 모형 계산을 수행하였다(10.6절을 보라). 우리는 이미 중성자별의 질량이 3 $M_\odot$을 넘을 수 없음을 배웠다.[13] 오펜하이머와 스나이더는 이 한계를 넘었을 때에 중력에 항복하게 되는 졸든 별의 마지막 운명을 알고자 연구를 계속하였다.

슈바르츠실트 반지름

자전하지 않는 간단한 별에 대하여, 그 답은 식 (11.22)에 쓴 슈바르츠실트의 계량에 있다.

$$(ds)^2 = \left(c\,dt\sqrt{1-2GM/rc^2}\right)^2 - \left(\frac{dr}{\sqrt{1-2GM/rc^2}}\right)^2 - (r\,d\theta)^2 - (r\sin\theta\,d\phi)^2$$

별 표면의 r 좌표값이 무너져 내려서

$$\boxed{R_S = 2GM/c^2} \tag{11.27}$$

으로 주어지는 **슈바르츠실트 반지름**이 되면, 계량에 있는 제곱근 값이 0이 된다. $r=R_S$일 때에 시공간이 보이는 양상은 무척이나 경이적이다. 예를 들면, 식 (11.17)에 따르면, 슈바르츠실트 반지름에 있는 시계가 재는 고유 시간은 $d\tau=0$이다. 멀리에서 정지하여 잘 바라 볼 수 있는 관측자가 보기에는 시간의 흐름이 무한히 느려져서 완전히 멈춘다.[14] 우리 관점에서 *슈바르츠실트 반지름에서는 아무런 일도 일어날 수 없다.*

13) 앞에서 공부했듯이, 중성자별 질량의 상한값은 회전에 따라 2.2 $M_\odot$과 2.9 $M_\odot$ 사이에 놓인다. 9.4절과 10.6절을 기억하라. 여기에서는 편하게 논의하기 위하여 근사값인 3 $M_\odot$라고 이야기하겠다.

14) 슈바르츠실트 계량에 나타나는 시공간 좌표(r, θ, ϕ, t)는 무한히 먼 곳 $r \simeq \infty$에서 정지한 관측자가 사용하도록 설계되었다는 점을 기억해야겠다.

이러한 양상은 우리의 호기심을 크게 자극한다. 심지어는 빛조차 시간 상으로는 얼어붙는 것일까? 붕괴하는 별 바로 위에 매달려 있는 관측자가 측정하는 빛의 속도는 언제나 c이어야 한다. 그러나, 아주 멀리에서, 우리는 빛이 휘어진 공간을 돌아다닐 때에 빛의 도달이 지연됨을 확인하여야만 한다(11.1절에서 화성 착륙선 바이킹이 보낸 전파 신호에서 시간 지연이 있었음을 기억하자). 겉보기 빛의 속도는 빛이 지나간 공간 좌표의 시간에 따른 변화율로서 *빛의 좌표 속도*라고 부른다. 빛에 대해서 슈바르츠실트 계량 $ds = 0$을 잡으면

$$0 = \left(c\,dt\sqrt{1 - 2GM/rc^2}\right)^2 - \left(\frac{dr}{\sqrt{1 - 2GM/rc^2}}\right)^2 - (r\,d\theta)^2 - (r\sin\theta\,d\phi)^2$$

우리는 수직 방향으로 운동하는 빛의 좌표 속도를 구할 수 있다. $d\theta = d\phi = 0$을 대입하면 지름 방향으로 나가는 빛의 좌표 속도는

$$\frac{dr}{dt} = c\left(1 - \frac{2GM}{rc^2}\right) = c\left(1 - \frac{R_S}{r}\right) \tag{11.28}$$

이다. $r \gg R_S$일 때에는 $dr/dt \simeq c$이며, 시공간이 휘어지지 않았을 때 예상되는 결과이다. 그러나, $r = R_S$일 때에 $dr/dt = 0$을 얻는다(그림 11.19를 보라). 빛이 실제로 슈바르츠실트 반지름에서 얼어붙는다. $r = R_S$인 구면은 일종의 장벽이며, 이 장벽 안쪽으로부터 어떤 물리적 정보도 밖으로 꺼낼 수 없다. 이러한 이유로, 슈바르츠실트 반지름 안쪽으로 붕괴한 별을 **블랙홀**이라고 부른다.[15] 블랙홀은 $r = R_S$인 구면인 **사건의 지평선**이 둘러싸고 있다. 사건의 지평선은 수학적인 면일 뿐이며, 물리적인 실체성을 갖는 면이 아니다.

사건의 지평선 안쪽에 있는 블래홀 내부는 그 바깥쪽에 있는 우리 관측자들과 영원히 단절된 곳이지만, 내부의 물리적 성질들과 관련된 계산을 할 수는 있다. 회전하지 않는 블랙홀인 경우에는 특히 구조가 단순하다. 중심에는 **특이점**이 있으며, 이 곳은 부피가 0이며 밀도가 무한대로서 블랙홀의 모든 질량이 모여 있다. 특이점

15) 블랙홀이라는 용어는 1968년에 미국의 이론 물리학자 존 휠러가 만든 용어이다.

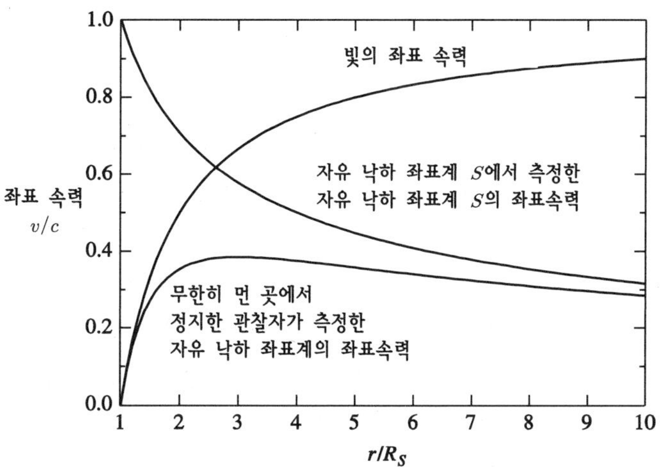

그림 11.19 무한히 먼 곳에서 정지한 관찰자와 좌표계 S에 있는 관찰자가 보는 빛의 좌표 속력과 자유 낙하하는 좌표계 S의 좌표 속력. 지름 방향 좌표는 슈바르츠실트 반지름 $\simeq$30 km인 10 $M_\odot$의 질량을 갖는 블랙홀에 대한 R_S를 단위로 썼다.

에서 시공간은 무한히 휘어져 있다.[16] 중심에 있는 특이점을 사건의 지평선이 감추고 있기 때문에, 특이점은 결코 관측될 수 없다. 실제로 "우주의 검열 법칙"이라고 부르는 가설이 있으며, 이에 따르면 옷으로 전혀 가리지 않은 **벌거벗은 특이점**이 우리 우주에 존재하지 못하게 된다(벌거벗은 특이점이란 사건의 지평선을 동반하지 않는 특이점을 말한다).

블랙홀 여행

블랙홀과 같은 평범하지 않은 천체는 세밀하게 공부해 볼 필요가 있다. 블랙홀 멀리 안전한 곳에서 블랙홀을 조사하기 위하여 사건의 지평선에 있는 물체에 전파를 발사하여 반사되어 오는 상황을 생각해 보자. $r \gg R_S$인 곳에서 출발한 전파 광자(또는 임의의 광자)가 사건의 지평선에 도달하여 반사되어 되돌아 오는 데에 걸리는 시간이 얼마일까? 왕복 여행은 대칭적이므로, 편도 여행 시간을 계산하여 두 배하면 될 것이다. 지름 방향으로 r_1과 r_2사이를 진행하는 빛의 좌표 속도인 식 (11.28)을 적분하여 일반 해를 다음과 같이 구할 수 있다.

16) 블랙홀의 특이점은 물리적 의미가 있고 실체성을 갖는다. 이것은 사건의 지평선에서 슈바르츠실트 계량에서 보이는 수학적인 특이점($1/\sqrt{1-2GM/rc^2} \to \infty$) 같은 수학적인 구조물이 아니다. 다른 좌표계를 택하면 사건의 지평선에서 일어나는 발산을 없앨 수 있기 때문에, 발산 자체는 물리적 의미를 갖지 않는다.

$$\Delta t = \int_{r_1}^{r_2} \frac{dr}{dr/dt} = \int_{r_1}^{r_2} \frac{dr}{c(1 - R_S/r)} = \frac{r_2 - r_1}{c} + \frac{R_S}{c} \ln\left(\frac{r_2 - R_S}{r_1 - R_S}\right)$$

이 때에 $r_1 < r_2$임을 가정하였다. 광자의 목적지를 $r_1 = R_S$로 놓고, 대입하면, $\Delta t = \infty$임을 알 수 있다. 멀리 있는 관측자에게 전파 광자는 결코 사건의 지평선에 도달하지 않는 것으로 나타난다. 대신, 중력에 의한 시간 팽창 효과에 따르면, 광자의 좌표 속도는 느려지고, 마침내 무한히 먼 미래에 사상의 지평선에 도달하면서 완전히 멈추게 된다. 실제로 사건의 지평선으로 낙하하는 어느 물체에 대해서도 마지막 운명은 이와 비슷하다. 외부에서 볼 때에, 붕괴하여 사상의 지평선을 형성하는 별의 표면조차 얼어붙으며, 이러한 의미에서는 블랙홀은 *얼어붙은 별*이다.

용감하면서(결코 *부서지지 않는*) 튼튼한 천문학자가 이처럼 믿기 힘든 결론을 확인하려고 한다. 아주 멀리에서 정지 상태에 있다가, 천문학자는 $R_S \simeq 30$ km인 10 $M_\odot$인 블랙홀로 스스로 자유 낙하한다. 우리는 뒤에서 용감한 천문학자의 국지적인 관성 좌표계 S가 사건의 지평선에 이르기까지 좌표 속도 dr/dt로 운동하는 것을 지켜 본다. 천문학자는 자신이 차고 있는 손목 시계를 지켜 보며 서서히 가속되어 매초마다 자신의 뒤로 단일 파장의 플래시 빛을 우리를 향해 보낸다. 천문학자의 자유 낙하가 계속되면서, 우리가 받아 보는 빛 신호는 몇 가지 이유 때문에 그 간격이 계속 벌어진다. 즉, 천문학자가 계속 멀어지면서 다음 신호는 앞의 신호보다 더 먼 거리를 가야하고, 천문학자가 있는 곳에서 중력에 의한 시간 팽창과 천문학자의 운동에 따른 특수상대론적 효과 때문에 천문학자의 고유 시간 τ가 좌표 시간 t보다 더 느리게 가는 것이 둘째 이유이다. 더구나, 빛의 좌표 속도는 천문학자가 사건의 지평선에 다가갈수록 더욱 느려지므로, 우리를 향한 신호는 더욱 늑장을 부린다. 우리가 받아 보는 빛의 주파수는 계속해서 적색 이동이 커진다. 이 현상은 천문학자가 계속 우리에게 멀어지는 가속 운동과 중력에 의한 적색이동이 함께 일으킨 결과이다. 빛은 또한 약해지며, 이는 우리가 볼 때에 빛 방출 사이의 간격이 커지고, 광자당 에너지(hc/λ)가 줄어들기 때문이다. 천문학자가 사상의 지평선으로부터 $2R_S$에 있을 때에, 천문학자가 보내는 신호의 시간 간격은 한 없이 커지기 시작하며, 신호의 세기는 한 없이 약해져 간다. 시간 팽창에 따라 좌표 속도가 0에 수렴하면서 빛의 적색이동도 무한히 커지고 보이지 않게 된다(그림 11.19, 11.20). 천문학자는 시간적으로 얼어붙고, 호박에 파묻힌 파리처럼 영원히 갇힌다. 우리 후손들은 수천년 동안 별이 태어나, 진화하고 죽는 과정을 지켜볼 터이지만, 그 사이에 천문학자가 보내는 단 한개의 신호조차 받아 볼 수 없게 될 것이다.

블랙홀로 자유 낙하하는 용감한 천문학자가 볼 때에 이 상황이 어떻게 나타날까? 천문학자의 좌표계에서는 중력이 사라지므로, 처음에는 자신이 블랙홀에 가까이 접근한다는 사실조차 느끼지 못한다. (자신의 고유 시간을 알려주는) 손목 시계를 보고, 매초마다 플래시로 신호를 보낸다. 그러나, 천문학자가 블랙홀에 접근하면서, 그는 블랙홀 방향으로 길게 잡아당겨지고, 그 수직한 방향으로는 압축되는 힘을 느낀다. 그림 11.21을 보라. (블랙홀 가까이에 놓인) 천문학자의 발에 작용하는 중력이 머리에 작용하는 중력보다 더 세고, 옆 방향에서 방향마다 차이가 있으나, 누르는 방향으로 작용하는 중력은 더욱 세다. 이와 같은 차등적인 *조석력*은 낙하가 계속 될수록 더 커져간다. 다시 말하면, (중력을 느끼지 않는) 천문학자의 국지적인 관성 좌표계는 계속 줄어들고, 중력가속도 벡터 **g**의 공간에 따른 변화가 더욱 커간다. 천문학자가 초인적으로 튼튼하지 않다면, 그는 블랙홀에서 수백 km 떨어져 있는 곳에서 이러한 조석력 때문에 갈기갈기 찢어지고 말 것이다.[17]

(고유 시간으로) 2밀리초가 지나면, 천문학자는 수백 km를 운동해서 사건의 지평선까지 도달하고 또한 이 지평선을 지나간다. 천문학자의 고유 시간은 정상적으로 계속 흐르며, 이미 별 표면은 오래 전에 낙하해서 주저앉았으므로, 천문학자는 얼어

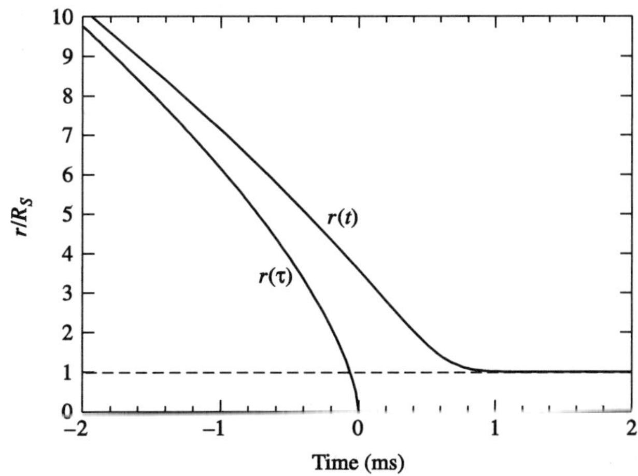

그림 11.20 무한히 먼 곳에서 정지한 관찰자가 보는 자유 낙하하는 좌표계 S의 좌표 $r(t)$와 좌표계 S의 관찰자의 고유 시간 τ. 지름 방향 좌표는 10 $M_\odot$의 블랙홀의 R_S를 단위로 썼다.

17) 중성자별 표면 근처에서 철로 만든 주사위가 길게 늘어짐에 대한 문제 10.11을 기억하라.

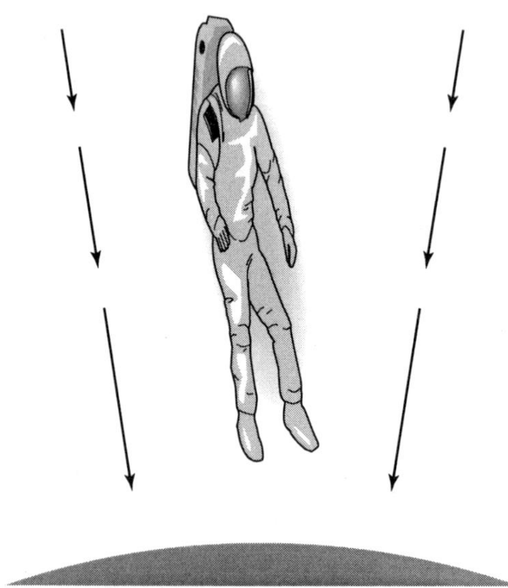

▮ 그림 11.21 블랙홀 근처의 조석력

붙은 별 표면과 맞닥뜨리지는 않는다.[18] 그러나, 사건의 지평선 안쪽으로 이미 들어와 있으면, 이 천문학자의 운명은 봉인된다. $r < R_S$이면, 어느 입자도 정지해 있을 수 없게 되며, 이것은 슈바르츠실트 계량에서 쉽게 알 수 있다(식 (11.22)). 정지한 물체에 대해서 $dr = d\theta = d\phi = 0$로 놓으면, $r < R_S$일 때에,

$$(ds)^2 = (c\,dt)^2\left(1 - \frac{R_S}{r}\right) < 0$$

이다. 즉, 이 간격은 *공간적*이며, 어느 입자에 대해서도 허용되지 않는다. 따라서, $r < R_S$에서는 어느 입자도 정지해 있을 수 없다. 회전하지 않는 블랙홀의 사건의 지평선 안쪽에서는 모든 세계선은 특이점으로 수렴한다. 광자들조차 중심을 향해 이끌린다. 특이점으로부터 멀어지는 방향으로 광자가 운동할 수 없으므로, 이는 사건의 지평선 안으로 들어온 천문학자가 특이점을 결코 볼 수 없음을 의미한다. 그렇지만, 이 천문학자는 바깥 우주에서 출발하여 자신의 뒤로 떨어지는 광자를 볼 수 있다. 그렇다 하더라도 바깥 우주의 전체 역사를 모두 관찰할 수 있는 것은 아니다. 바깥 세상에서 경과한 좌표 시간이 무한대일지라도, 이 모든 사건들로부

18) 사건의 지평선에 얼어붙은 별 표면의 존재 여부는 실질적인 차이를 주지는 않는다. 슈바르츠실트 계량은 외부의 시공간을 동일하게 규정한다.

터 출발한 빛들이 천문학자에게 도달할 시간이 없는 것이다. 단지, 이러한 사건들은 천문학자의 관점에서는 "다른 어디선가" 일어난 것이다. 고유 시간으로 사건의 지평선 통과로부터 6.6×10^{-5} s가 지난 후에 천문학자는 어찌해볼 도리 없이 특이점으로 빠진다.19)

블랙홀들의 질량 범위

블랙홀들은 질량에 범위가 있는 듯하다. **항성 질량의 블랙홀**(stellar-mass black hole)들은 3에서 15 $M_\odot$ 정도의 범위에 있으며, 9장에서 공부하였듯이 충분히 무거운 별의 핵심부 붕괴에 따른 결과에 의하여 직접 혹은 간접적으로 형성된다. 핵심부가 블랙홀로 직접 붕괴하는 과정은 붕괴성의 형성을 일으키고, 빠르게 회전하는 중성자별에서 지연된 붕괴는 초신성 폭발을 야기할 것이다. 근접 쌍성계를 형성하는 중성자별이 동반성의 물질을 중력적으로 빼앗아 오면, 중성자의 졸든 압력으로 버티지 못하여 블랙홀이 될 수 있다.

100 $M_\odot$에서 1000 $M_\odot$을 초과하는 질량 범위를(혹은 10^4 $M_\odot$보다도 더 큰 질량을) 갖는 **중간급 질량의 블랙홀**(intermediate-mass black hole, IMBH)이 존재하는 듯하다. 이들 천체가 존재한다는 증거는 찬드라와 XMM-Newton에서 발견한 **고광도 X-선원**(ultraluminous X-ray sources, ULX)이라고 부르는 천체들의 검출에서 존재한다. 이러한 천체들이 형성되는 과정은 아직 밝혀지지 않았으며, 다만 IMBH와 구상성단의 핵심부나 작은 질량의 은하 중심부와 상관 관계로부터 추정하는 두 가지 시나리오는 항성들이 조밀하게 모인 곳에서 항성들끼리 병합하여 거대 질량의 항성을 형성한 후에 핵심부 붕괴를 일으키거나, 혹은 항성 질량의 블랙홀들의 병합에 의하여 형성된다.

거대질량 블랙홀(supermassive black hole, SMBH)은 많은(어쩌면 거의 대부분의) 은하의 중심에서 존재한다고 알려져 있다. 이러한 거대한 블랙홀들의 질량 범위는 10^5 $M_\odot$에서 10^9 $M_\odot$이다(우리 은하수 은하는 중심부에 $M=(3.7\pm0.2)\times10^6$ $M_\odot$의 블랙홀을 갖고 있다). 이러한 괴물들이 형성된 과정에 대한 답은 제시되어 있지 않다. 많은 지지를 받는 한 가지 제안에 따르면 이들이 은하들간 충돌로 형성된다. 또 다른 제안에서는 이들의 형성은 IMBH 형성 과정을 연장하여 이루어진다. 어떤 과정으로 형성되던지, SMBH는 은하의 전체적인 성질과 밀접하게 연결되어 있는

19) 낙하하는 천문학자의 마지막 관찰에 대한 자세한 사항은 Rothman et al. (1985)를 보라.

듯하며, 은하의 형성과 SMBH의 형성 사이에 중요한 관계가 존재할 것을 암시한다.

블랙홀들은 또한 초기 우주에서 형성되었을 수 있다. 아마도, 이러한 **태초의 블랙홀**들은 질량들이 10^{-8} kg에서 $10^{5}\,M_{\odot}$에 이르는 넓은 범위에 걸쳐 있을 것이다. 블랙홀이 형성될 조건은 전체 질량이 사건의 지평선 안에 들어 있는 것이며, 이에 따라 사건의 지평선에서도 슈바르츠실트 계량이 성립할 것이다.

예제 11.3.1

지구가(어떤 기적적인 방법으로라도) 블랙홀이 될 정도로 압축된다면, 그 길이는 $R_S = 2GM_{\oplus}/c^2 = 0.009$ m이다. 태초의 블랙홀이 이런 크기가 될 수 있더라도, 지구 전체 질량을 이와 같이 작은 공으로 압축한다는 것을 상상하기 어렵다.[20]

블랙홀은 대머리이다!

블랙홀의 형성 과정은 세밀하게 알려져 있지 않지만 대단히 복잡할 것이다. 예를 들어, 별의 핵심부 붕괴는 대칭적이지 않을 것이 거의 확실하다. 그러나, 상세한 계산 결과에 따르면, 불규칙한 양상들은 중력파를 통해서 복사되어 사라진다(12.6절을 보라). 그 결과, 붕괴하는 별의 표면은 사건의 지평선에 다다르고 외부의 시공간 지평선은 구대칭을 이루어 슈바르츠실트 계량으로 기술된다.

또 다른 복잡한 사실은 모든 별이 회전하며, 이에 따라 회전하는 블랙홀이 만들어진다는 점이다. 그러나, 놀랍게도 어느 블랙홀도 3가지 물리량으로 완전하게 기술된다. 그 양들은 질량, 각운동량, 전하량이다.[21] 블랙홀들은 다른 속성이나 꾸밈이 없으며, 이러한 점을 기술할 때에 흔히 블랙홀은 대머리라고 표현한다.[22]

회전하는 블랙홀의 각운동량에는 확실한 상한값이 존재한다. 질량 M인 블랙홀이 가질 수 있는 최대 각운동량은 다음과 같다.

---

20) 슈바르츠실트 계량은 물질의 외부에서만 성립한다. 지구 내부의 시공간을 기술하지는 않는다.

21) 자기홀극이 존재하면, 블랙홀의 특징 가운데 "자하"도 들어갈 것이다. 그러나, 자하나 전하는 별이 거의 중성일 것이므로, 무시하여도 큰 무리가 없을 것이다.

22) "대머리" 정리는 실제로는 사건의 지평선 외부에만 적용된다. 내부에서는 시공간의 기하가 붕괴한 별의 질량 분포에 따라 복잡하다.

$$L_{\max} = \frac{GM^2}{c} \tag{11.29}$$

각운동량이 이 값을 넘으면, 사건의 지평선이 사라지고, 벌거벗은 특이점이 나타나면서 우주의 검열법칙을 위배하게 된다.

예제 11.3.2

태양 질량의 블랙홀이 가질 수 있는 최대 각운동량은

$$L_{\max} = \frac{GM_{\odot}^2}{c} = 8.81 \times 10^{41}\ \text{kg m}^2\ \text{s}^{-1}$$

이다. 이와 비교해서, 태양의 각운동량은 차등자전을 무시하면 $1.63 \times 10^{41}\ \text{kg m}^2\ \text{s}^{-1}$이며, $L_{\max}$의 18% 이다. 많은 별들이 $L_{\max}$에 맞먹는 각운동량을 가질 수 있을 것이며, 항성질량의 블랙홀들에는(최대 회전은 아닐지라도) 대단히 빠른 회전을 보이는 것들이 상당수 있을 것이다.

시공간 틀의 끌림

최대 회전하는 블랙홀의 구조를 그림 11.22에 나타냈다.[23] 회전 때문에 중심에 있던 특이점이 변형되어 편평한 고리 모양으로 나타나고, 사건의 지평선은 타원체로 나타난다. 그림은 회전에 의하여 생긴 추가적으로 생긴 특징들도 보여 준다. 무거운 물체가 회전하면서, 주변의 시공간의 회전을 유도하여, 좌표틀의 끌림이 나타난다. 이 효과를 이해하기 위하여, 지구의 북극에서 흔들리는 단진자를 생각해 보자. 지구가 자전하면서, 단진자의 진동면은 먼 항성에 대해서는 고정되어 있다. 항성들이 우주에서 회전하지 않는 좌표계를 제공하므로, 이 좌표계에 대해서 신자는 한 평면에서 진동한다. 그러나, 자전하는 거대한 물체 근처에서 회전하는 시공간은, 회전하지 않으며 전체 우주를 기술하는 좌표계에 대하여 국지적으로 차이를 드러낸다. 회전하는 블랙홀 옆에서 좌표계 끌기가 심해져서 **예르고구(ergosphere)**

23) 회전하는 블랙홀의 커 계량(Kerr metric)은 뉴질란드 수학자 로이 커(Roy Kerr)가 1963년에 아인슈타인 장방정식으로부터 유도하였다.

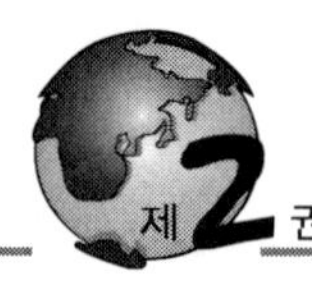

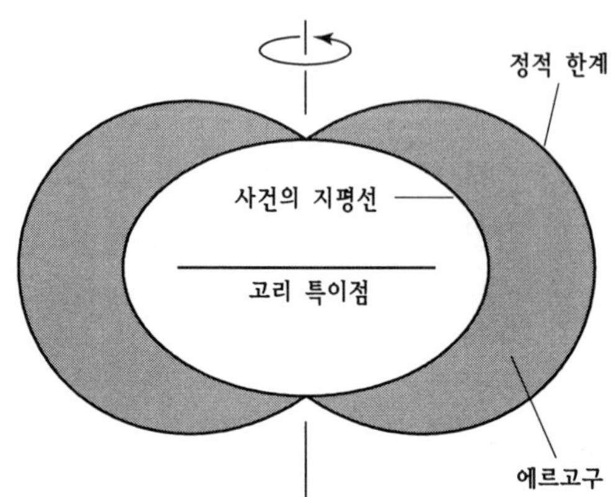

▌그림 11.22 적도면에서 본 고리 특이점을 갖는 최대 회전하는 블랙홀의 구조. 적도에서 사건의 지평선이 놓인 곳은 $r = \frac{1}{2}R_S = GM/c^2$이다.

라고 부르는 지역이 사건의 지평선 밖에 존재하여, 이 곳에 있는 모든 입자들은 블랙홀이 회전하는 방향으로 같이 회전*해야만 한다*(그림10.22). 에르고구 안쪽의 시공간은 지나치게 빠르게 회전하여, 입자가 일정한 각위치 좌표값(예를 들면, 먼 관측자에 대하여 같은 ϕ값을 유지하는 일)을 유지하려면 빛의 속도보다 더 빠르게 운동해야 한다. 에르고구의 바깥 경계는 **정적 한계(static limit)**이라고 부르며, 이 경계를 넘어서서는 좌표계 끌기 효과가 줄어들어서 입자들이 정지해 있을 수 있기 때문이다.

지구의 자전조차도 아주 약한 좌표틀 끌기 효과를 보인다. 지구 자전에 의한 좌표틀 끌기 효과의 검출은 Stanford Gravity Probe B의 임무였다. 이 극궤도 탐사선은 2004년 4월에 발사되었으며 2005년 10월에 냉각제인 액체 헬륨을 소진하고 자료 수집을 마쳤다. 이 실험에서 용융쿼츠(fused quartz)를 재질로 지름이 3.8 cm인 정밀한 공 모양을 한 4개의 초전도 회전의(gyroscope)으로 구성되었다. 회전의는 거의 완전한 자유 회전을 하여, 이들은 거의 완벽한 시공간 좌표틀을 형성한다. 예상되는 세차율이 0.042″ yr^{-1}에 불과하지만, 이 효과는 시간이 흐르면서 계속 누적된다. 회전의들이 초기에 서로 다른 방향으로 놓았을 때에 일어나는 변화를 비교하여 측정하면, 좌표틀 끌기 효과를 측정할 수 있을 것이다.[24)]

여기에서, 독자들은 그림 11.22에 나타낸 바와 같이 사건의 지평선 안쪽에 있는

24) 이 교재를 집필하던 당시까지, 수 년에 걸친 자료 해석이 여전히 진행 중이다. 실험 결과는 2006년 말에 발표될 예정이다(최근 소식을 보려면 Stanford Gravity Probe B의 홈페이지 http://einstein.stanford.edu를 방문하시오.)

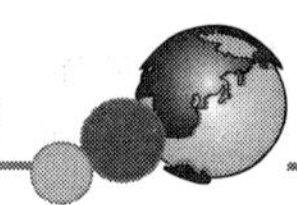

블랙홀 구조를 기술한 내용은 아인슈타인 방정식의 진공해에 기반한 것이라는 사실을 주의해야겠다. 이러한 해는 주저앉는 별의 질량이 주는 효과를 무시한 것이므로, 진공해는 실제 블랙홀 내부를 기술하는 것은 아니다. 더구나, 일반상대론을 비롯한 현재의 물리 법칙은 중심부 근처의 극한적인 조건에서는 무너진다. 특이점을 구체적으로 이해하려면 완전한 양자중력 이론을 얻어야 한다. 1965년에 영국의 수학자인 펜로즈는 모든 중력 붕괴에서 특이점이 반드시 나타난다는 명제를 증명하였다.

시공간의 터널

블랙홀을 터널로 이용해서 시공간의 한 곳에서 다른 곳(혹은 다른 우주에 있는 어떤 곳)을 연결할 수 있다는 가능성은 많은 물리학자들과 공상과학 소설 작가들의 상상을 자극하였다. 대부분의 시공간 터널의 가설은 아인슈타인 장방정식의 진공해에 기초해서 논의하고 있으며, 이러한 진공해는 실제 블랙홀의 내부에는 적용될 수 없다. 여전히, 이러한 논의는 대중 문화의 한 부분이 되어 있으며, 여기에서는 간단히 논의해 본다. 그림 11.23에서 **슈바르츠실트 목**(혹은 *아인슈타인-로젠 다리*라고도 부름)이라고 부르는 시공간 터널을 나타냈으며, 회전하지 않는 블랙홀이 갖는 슈바르츠실트 기하를 사용해서 시공간의 두 곳을 연결하였다. 목의 폭은 사건의 지평선에서 가장 좁고, "입구"는 시공간에서 서로 다른 두 지역으로 열려있다고 해석할 수 있다. 이것을 터널로 해석하기도 하고, 혹은 공상과학소설 작가들은 물질을 쏟아내는 *흰구멍(white hole)*이나 우주선들이 사용하는 통로로 상상하기도 하였다. 그러나, 아주 작은 양의 물질이나 에너지를(광자 한개라도) 이 통로를 통해서 보내려고만 하더라도 이 통로는 무너질 것이다. 실제로 회전하지 않는 블랙홀에 대하여, 모든 세계선은 탈출이 불가능하며 시공간이 무한대로 휘어진 특이점이 종착지이다. 특이점을 비껴가는 길은 존재하지 않는다.

회전하는 블랙홀에 대해서는 이야기가 달라진다. 시공간이 고리 특이점에서 무한히 휘어 있지만, 모든 세계선이 이 곳으로 수렴하는 것은 아니다. 실제로는, 낙하하는 물체가 회전하는 블랙홀의 특이점에 도달하는 것은 어렵다. 이론 물리학자들은 특이점을 만나지 않는 진공해의 세계선을 계산해 보았으며, 이 세계선은 끊기지 않고 다른 우주에 등장한다. 그러나, 회전하지 않는 블랙홀의 경우와 마찬가지로, 아무리 적은 양의 물질 또는 에너지를 이러한 통로로 빠져나가게 하기만 하면, 통로가 무너져서 막히고 만다. 요약하면, 제 아무리 이상적인 경우일지라도, 임의의 물질이나 에너지를 수송할 수 있는 안정적인 통로 역할을 하기란 거의 불

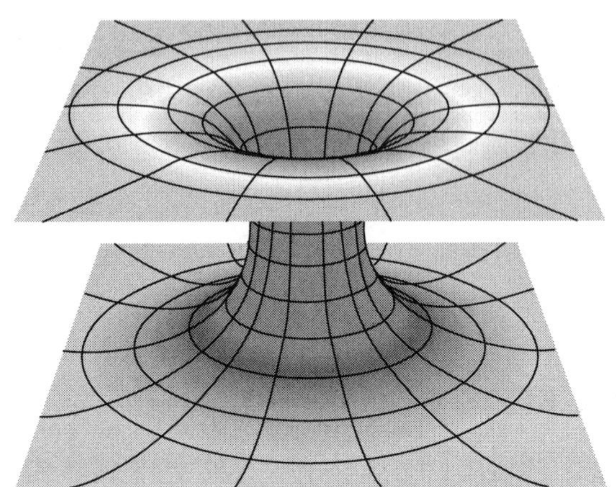

▮ 그림 11.23 시공간의 서로 다른 두 지역을 잇는 슈바르츠실트 목. 이 목을 통하여 물질이나 에너지를 보내려는 그 어떠한 시도도 목의 붕괴를 일으킨다.

가능한 것 같다. 좀 더 실제적인 상황에서는 블랙홀로 여행한다면, 특이점에서 산산히 찢어지는 운명만이 기다리고 있을 뿐이다.

또 다른 가능성은 **벌레 구멍**(worm hole)으로, 시공간에서 임의의 두 점을 연결해 주는 가상적인 통로이다.[25] 회전하지 않으며 구대칭성을 갖는 벌레 구멍을 잠시 고려해 보자. 벌레 구멍은 아인슈타인 마당 방정식에서 *비진공해*가 된다. 달리 말하면, 벌레 구멍은 평범하지 않은 물질로 이어져 있으며, 이 물질의 장력 때문에 벌레 구멍이 무너지지 않는다. 벌레 구멍이 자연적으로 생성되는 기작은 존재하지 않는다. 믿기 힘들 정도로 발달한 외계 문명체가 있다면, 인공적으로 벌레 구멍을 만들 수 있을 지 모르겠다. 그러나, 이론적인 가능성만 따져 보는 것만으로도 환상적이지 않을 수 없다. 아인슈타인 마당 방정식의 해에서는 사건의 지평선이 없고(따라서 벌레 구멍의 이편과 저편으로 왕복 운동이 가능하다) 기조력도 버틸 수 있을 정도이다. 이쪽 끝에서 다른 쪽 끝이 성간 공간, 혹은 은하간 공간만큼 떨어져 있더라도(여행자의 고유 시간으로), 여행하는 데에 걸리는 시간은 1년 이하일 수 있다.

물론, 문제는 벌레 구멍을 지탱할 수 있는 이러한 이상한 물질들이 존재 여부이다. 이 물질들이 전혀 평범하지 않다는 사실을 확인하기 위해, 두 빛살이 벌레 구멍에 수렴하며 들어가서 다른쪽으로 발산하면서 나오는 상황을 생각해 보자. 이 상황의 의미는 벌레 구멍을 지탱하는 평범하지 않은 물질들이 빛을 중력적으로 넓

25) 벌레구멍이라는 용어에서 오래된 지도책의 벌레 구멍을 연상할 수 있고, 지도에서 아주 먼 두 곳을 짧게 연결하는 지름길을 상징한다.

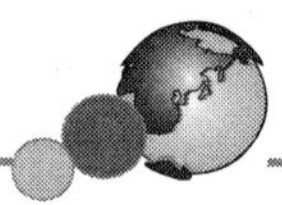

게 퍼뜨리는 성질, 즉 빛을 중력적으로 밀어내는 "반중력"의 효과를 갖고 있다는 것이다. 적어도 빛에 대해서, 이러한 조건을 만족하는 비범한 물질의 성질은 음의 에너지 밀도이다. 비록, 음의 에너지 밀도는 양자역학적 상황에서 나타날 수 있을지 몰라도, 거시적 규모에서 물리학적으로 허용이 될지 여부는 분명하지 않다. 벌레 구멍이 환상적인 가능성을 갖고 있음을 언급하였으니, 아인슈타인이 한 말 "우리가 하는 모든 생각은 자유로운 개념의 유희라는 성격을 지닌다"을 기억해 보고, 이제 화제를 돌려 보자.[26]

항성 질량의 블랙홀 후보들

독자들은 이 절의 상당 부분이 마치 공상 과학 소설의 한 부분을 빌어 왔다고 느낄 지 모르겠다. 평범하지 않은 주장을 증명하는 일 역시 평범하지 않으며, 블랙홀이 단지 존재한다는 사실조차 증명하는 일은 아주 어렵다. 문제는 직접 빛을 내지 않으면서 수십 킬로미터에 불과한 천체를 찾는 일인 것이다. 천문학자가 갖는 최대 희망은 근접 쌍성계에서 블랙홀을 찾는 일이다. 이와 같은 쌍성계에서 블랙홀이 정상적인 동반성 외피에 있는 물질들을 끌어 잡아당길 수 있다면, 궤도 운동의 각운동량 때문에 블랙홀 주변에서 기체들이 원반을 형성할 것이다(그림 11.24를 보라).[27] 기체가 사건의 지평선으로 소용돌이치며 들어가면서 압축되어 수백만도에

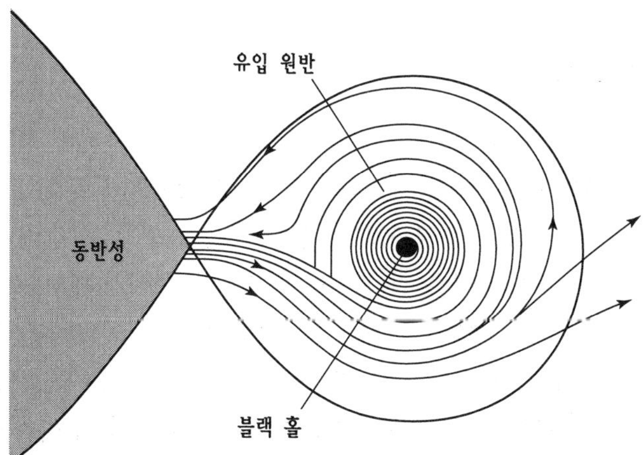

그림 11.24 동반성으로부터 이끌린 기체가 블랙홀 근처에서 X-선을 방출하는 원반을 형성한다.

---

26) 벌레구멍에 대한 상세한 논의와 상상은 Morris, Thorne(1988)과 Thorne(1994)을 참조하라.

27) 근접 쌍성계의 부착원반은 12.2절에서 더 자세히 공부한다.

이르도록 가열되면 X–선을 방출할 것이다. 중성자별이나 블랙홀이 내는 중력만이 근접쌍성계에서 X–선을 만들어 낼 수 있을 것이며, 실제로 X–선을 내는 쌍성계 대부분이 중성자별일 것으로 추정된다. 그러나, X–선 쌍성에서 밀집 천체의 질량이 3 $M_\odot$을 넘는다면, 밀집 천체는 거의 블랙홀일 것이 틀림없다. 이러한 방법으로 잠정적이나마 블랙홀일 것으로 추정되는 최초의 천체가 Cygnus X–1이며, 백조 자리에서 백조 목 가운데 있는 밝은 별인 η Cygni 근처에 있다. 또 다른 좋은 후보가 LMC X–3으로 대마젤란 성운의 X선 쌍성이다. 오늘날까지 가장 강력한 후보는 X선 쌍성인 A0620–00[28]이다. A0620–00의 두 별은 궤도 운동의 시선 속도 성분이 도플러 효과를 일으키는 분광선으로부터 결정되었다. 케플러 법칙을 간단하게 적용하면, 밀집 천체의 질량은 적어도 $3.82 \pm 0.24\ M_\odot$이며, 중성자별의 한계 질량인 3 $M_\odot$을 넘기고 있다.

그러나, 아마 가장 강력한 후보는 V404 Cygni일 것이다. 이 천체는 원래 반복 신성(recurrent nova)으로 분류되었지만, V404 Cyg는 X–선 폭발을 1989년에 일으켰고, 이 현상은 Ginga X–선 우주망원경으로 검출하였다. 지상의 광학 망원경으로부터 조사한 결과, 시선 속도 크기가 211 ± 4 km s^{-1}이고 궤도 주기가 6.473 ± 0.001 일이며 분광형이 K0 IV인 동반성을 찾았다. K0 IV 별의 보이지 않는 동반성 질량의 어림값은 $12 \pm 2\ M_\odot$이다. 관측적 증거가 더 쌓이면서, 천문학자들은 블랙홀이 존재한다는 간단하지 않은 증명을 마침내 얻은 듯하다.

호킹 복사

고전적인 상대론에서는 블랙홀은 영원하다. 스티븐 호킹이 얻은 아주 일반적인 결과를 따르면, 블랙홀 사건의 지평선 면적은 결코 감소하지 않는다. 블랙홀이 다른 천체와 병합하면, 그 결과로 더 큰 블랙홀이 생긴다. 그러나, 1974년에 호킹은 블랙홀 이론에 양자 역학을 접목하면 이 법칙에 문제가 있다는 사실을 깨달았으며, 블랙홀이 천천히 *증발한다*는 사실을 알게 되었다. 이 증발 과정의 핵심은 쌍생성으로서, 블랙홀 사건의 지평선 바로 바깥에서 일어나는 입자와 반입자의 형성이다. 보통은 입자들이 재결합하면서 사라지는데, 두 입자 가운데 하나가 지평선 안쪽으로 떨어지고, 나머지 다른 짝이 지평선 밖으로 배출되면, 그림 11.25에 보인 바와 같이 두 입자가 소멸될 길이 없다. 블랙홀의 중력 에너지가 사용되어 두 입자가 생성되었으

---

28) A0620–00(V616 Mon)은 외뿔소 자리와 오리온 자리의 경계에 있으며, 베텔쥬스에서 시리우스를 연결하는 선분의 3분의 1되는 곳에 있다.

므로, 밖으로 나오는 입자가 블랙홀 질량의 일부를 갖고 나온 것이다. 블랙홀 멀리서 이 상황을 지켜보는 관찰자는 마치 블랙홀이 입자를 방출하고 블랙홀은 가벼워지는 것으로 생각하게 되며, 이와 같은 입자의 방출을 **호킹 복사**라고 부른다.

이러한 방법으로 입자가 에너지를 가져가는 비율은 블랙홀 질량의 제곱에 반비례 한다. 즉, $1/M^2$에 비례한다. 항성 질량을 갖는 블랙홀은 주로 방출하는 입자가 광자이고, 방출률은 대단히 작다. 그러나, 블랙홀 질량이 줄어들면, 방출률은 증가한다. 블랙홀 증발이 마지막 단계에 이르면, 극도로 빠르게 진행되어 온갖 가지 소립자들이 폭발적으로 분출된다. 이와 같은 엄청난 폭발이 있은 후에 아마도 아무것도 존재하지 않는 편평한 시공간이 남을 것이다.

태초의 블랙홀들이 증발해 없어질 때까지 남은 수명 t_{evap}이 꽤 길며, 그 값은

$$t_{\text{evap}} = 2560\pi^2 \left(\frac{2GM}{c^2}\right)^2 \left(\frac{M}{h}\right)$$

$$\approx 2 \times 10^{67} \left(\frac{M}{M_\odot}\right)^3 \text{ yr} \qquad (11.30)$$

이다. 우주의 나이가 137억살이므로, 이 과정은 별이 죽어서 생기는 블랙홀에는 해당 사항이 없다. 그러나, 질량이 1.7×10^{11} kg인 태초의 블랙홀은 130억년 정도면 증발할 것이다.

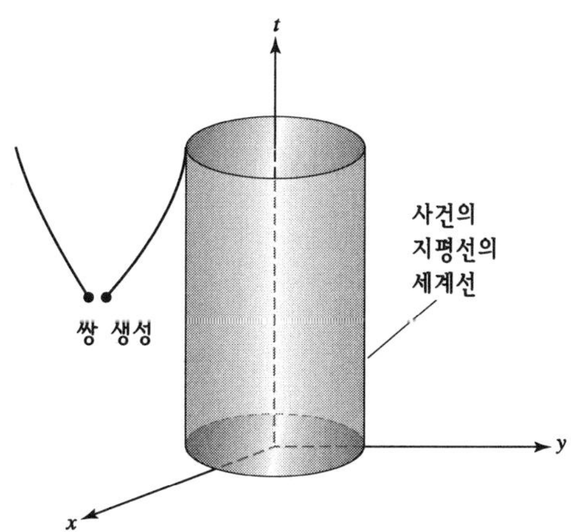

▮ **그림 11.25** 블랙홀 사건의 지평선 근처에서 생성된 입자-반입자 쌍을 나타낸 시공간도

그러므로, 이 정도 질량을 갖는 블랙홀은 폭발적으로 증발하는 마지막 단계에 있을 수 있으며, 검출할 수 있을 가능성도 있다. 호킹 복사에서 마지막으로 일어나는 분출로부터 고에너지 감마선(≈100 MeV)이 전자, 양전자와 많은 다른 입자들과 함께 10^{13} W 정도로 나타날 것이다. 이러한 입자들이 다시 붕괴하면서 추가적으로 감마선이 발생하여 우주 망원경으로 검출할 수 있을 것이다. 현재까지, 우주 배경 감마선 복사를 이 에너지 영역에서 관측한 결과에서는 태초의 블랙홀이 사라지면서 내는 것으로 추정되는 복사는 발견하지 못하였다. 태초의 블랙홀이 존재한다는 증거를 찾지는 못했지만, 이와 같은 부정적인 결과도 중요하다. 평균적으로 매 입방 광년당 이 질량대의 태초 블랙홀이 200개를 넘지 않는다는 의미이다.

제 11 장 참고 문헌

일반 도서

Begelman, Mitchell, and Rees, Martin, *Gravity's Fatal Attraction: Black Holes in the Universe*, Scientific American Library, New York, 1996.

Charles, Philip A., and Wagner, R. Mark, "Black Holes in Binary Stars: Weighing the Evidence," *Sky and Telescope*, May 1996.

Davies, Paul, "Wormholes and Time Machines," *Sky and Telescope*, January 1992.

Ferguson, Kitty, *Prisons of Light—Black Holes*, Cambridge University Press, Cambridge, 1996.

Ford, Lawrence H., and Roman, Thomas A., "Negative Energy, Worm Holes, and Warp Drive," *Scientific American*, January, 2000.

Hawking, Stephen W., *A Brief History of Time*, Updated and Expanded Tenth Anniversary Edition, Bantam Books, New York, 1998.

Hawking, Stephen W., "The Quantum Mechanics of Black Holes," *Scientific American*, January 1977.

Lasota, Jean-Pierre, "Unmasking Black Holes," *Scientific American*, May 1999.

Luminet, Jean-Pierre, *Black Holes*, Cambridge University Press, Cambridge, 1992.

Morris, Michael S., and Thorne, Kip S., "Wormholes in Spacetime and Their Use for Interstellar Travel: A Tool for Teaching General Relativity," *American Journal of Physics*, *56*, 395, 1988.

Rothman, Tony, et al., *Frontiers of Modern Physics*, Dover Publications, New York, 1985.

Thorne, Kip S., *Black Holes and Time Warps: Einstein's Outrageous Legacy*, W. W. Norton and Co., New York, 1994.

Wheeler, John A., *A Journey into Gravity and Spacetime*, Scientific American Library, New York, 1990.

Will, Clifford, *Was Einstein Right?* Basic Books, New York, 1986.

고급 도서

Bekenstein, Jacob D., "Black Hole Thermodynamics," *Physics Today*, January 1980.

Berry, Michael, *Principles of Cosmology and Gravitation*, Institute of Physics Publishing, Bristol, 1989.

Casares, J., Charles, P. A., and Naylor, T., "A 6.5-day Periodicity in the Recurrent Nova V404 Cygni Implying the Presence of a Black Hole," *Nature*, *335*, 614, 1992.

Charles, Philip A., "Black-Hole Candidates in X-Ray Binaries," *Encyclopedia of Astronomy and Astrophysics*, P. Murdin (ed.), Institute of Physics Publishing, Bristol, 2000.

Fré, P., Gorini, V., Magli, G., and Moschella, U. (eds.), *Classical and Quantum Black Holes*, Institute of Physics Publishing, 1999.

Hartle, James B., *Gravity: An Introduction to Einstein's General Relativity*, Addison-Wesley, San Francisco, 2003.

Misner, Charles W., Thorne, Kip S., and Wheeler, John A., *Gravitation*, W. H. Freeman and Co., San Francisco, 1973.

Ruffini, Remo, and Wheeler, John A., "Introducing the Black Hole," *Physics Today*, January 1991.

Shapiro, Stuart L., and Teukolsky, Saul A., *Black Holes, White Dwarfs, and Neutron Stars: The Physics of Compact Objects*, John Wiley and Sons, New York, 1983.

Taylor, Edwin F., and Wheeler, John A., *Exploring Black Holes: Introduction to General Relativity*, Addison Wesley Longman, San Francisco, 2000.

Wald, Robert M. (ed.), *Black Holes and Relativistic Stars*, University of Chicago Press, Chicago, 1998.

제 11 장 연습 문제

11.1 In the rubber sheet analogy of Section 17.1, a keen eye would notice that the tennis ball also depresses the sheet slightly, and so the bowling ball constantly tilts slightly toward the tennis ball as they orbit each other. Qualitatively compare this with the motion of two stars in a binary orbit.

11.2 Show that Eq. (17.6) for the gravitational redshift remains valid even if the light travels upward at an angle θ measured from the vertical as long as h is taken to be the *vertical distance* traveled by the light pulse.

11.3 A photon near the surface of Earth travels a horizontal distance of 1 km. How far does the photon "fall" in this time?

11.4 Leadville, Colorado, is at an altitude of 3.1 km above sea level. If a person there lives for 75 years (as measured by an observer at a great distance from Earth), how much longer would gravitational time dilation have allowed that person to live if he or she had moved at birth from Leadville to a city at sea level?

11.5 **(a)** Estimate the radius of curvature of a horizontally traveling photon at the surface of a 1.4 $M_\odot$ neutron star, and compare the result with the 10-km radius of the star. Can general relativity be neglected when studying neutron stars?

(b) If one hour passes at the surface of the neutron star, how much time passes at a great distance? Compare the times obtained from the exact and approximate expressions, Eqs. (17.13) and (17.14), respectively.

11.6 Imagine a series of rectangular local inertial reference frames suspended by cables in a line near the Sun's surface, as shown in Fig. 17.26. The frames are carefully lined up so that the tops and sides of neighboring frames are parallel, and the tops of the frames lie along the z-axis. A photon travels unhindered through the frames. As the photon enters each frame, the frame is released from rest and falls freely toward the center of the Sun.

(a) Show that as it passes through the frame located at angle α (shown in the figure), the angular deflection of the photon's path is

$$d\phi = \frac{g_0 \cos^3 \alpha}{c^2} dz$$

where dz is the width of the reference frame and g_0 is the Newtonian gravitational acceleration at the point of closest approach, O. The angular deflection is small, so assume that the photon is initially traveling in the z-direction as it enters the frame. (*Hint:* The width of the frame in the z-direction is dz, so the time for the photon to cross the frame can be taken to be dz/c.)

(b) Integrate the result you found in part (a) from $\alpha = -\pi/2$ to $+\pi/2$ and so find the total angular deflection of the photon as it passes through the curved spacetime near the Sun.

(c) Your answer (which is also the answer obtained by Einstein in 1911 before he arrived at his field equations) is only half the correct value of $1.75''$. Can you *qualitatively* account for the missing factor of two?

11.7 Assume that you are at the origin of a laboratory reference system at time $t = 0$ when you start your clock (event A). Determine whether the following events are within the future light cone of event A, within the past light cone of event A, or elsewhere.

(a) A flashbulb goes off 7 m away at time $t = 0$.

(b) A flashbulb goes off 7 m away at time $t = 2$ s.

(c) A flashbulb goes off 70 km away at time $t = 2$ s.

(d) A flashbulb goes off 700,000 km away at time $t = 2$ s.

(e) A supernova explodes 180,000 ly away at time $t = -5.7 \times 10^{12}$ s.

(f) A supernova explodes 180,000 ly away at time $t = 5.7 \times 10^{12}$ s.

(g) A supernova explodes 180,000 ly away at time $t = -5.6 \times 10^{12}$ s.

(h) A supernova explodes 180,000 ly away at time $t = 5.6 \times 10^{12}$ s.

For items (e) and (g), could an observer in another reference frame moving relative to yours measure that the supernova exploded *after* event A? For items (f) and (h), could an observer in another frame measure that the supernova exploded *before* event A?

11.8 τ Ceti is the closest single star that is similar to the Sun. At time $t = 0$, Alice leaves Earth in her starship and travels at a speed of $0.95c$ to τ Ceti, 11.7 ly away as measured by astronomers on Earth. Her twin brother, Bob, remains at home, at $x = 0$.

(a) According to Bob, what is the interval between Alice's leaving Earth and arriving at τ Ceti?

(b) According to Alice, what is the interval between her leaving Earth and arriving at τ Ceti?

(c) Upon arriving at τ Ceti, Alice immediately turns around and returns to Earth at a speed of $0.95c$. (Assume that the actual turnaround takes negligible time.) What was the proper time for Alice during her round trip to τ Ceti?

(d) When she and Bob meet on her return to Earth, how much younger will Alice be than her brother?

11.9 Consider a spherical blackbody of constant temperature and mass M whose surface lies at radial coordinate $r = R$. An observer located at the surface of the sphere and a distant observer both measure the blackbody radiation given off by the sphere.

(a) If the observer at the surface of the sphere measures the luminosity of the blackbody to be L, use the gravitational time dilation formula, Eq. (17.13), to show that the observer at infinity measures

$$L_\infty = L\left(1 - \frac{2GM}{Rc^2}\right) \tag{17.31}$$

(b) Both observers use Wien's law, Eq. (3.15), to determine the blackbody's temperature. Show that

$$T_\infty = T\sqrt{1 - \frac{2GM}{Rc^2}} \tag{17.32}$$

(c) Both observers use the Stefan–Boltzmann law, Eq. (3.17), to determine the radius of the spherical blackbody. Show that

$$R_\infty = \frac{R}{\sqrt{1 - 2GM/Rc^2}} \tag{17.33}$$

Thus, using the Stefan–Boltzmann law without including the effects of general relativity will lead to an *overestimate* of the size of a compact blackbody.

11.10 In 1792 the French mathematician Simon-Pierre de Laplace (1749–1827) wrote that a hypothetical star, "of the same density as Earth, and whose diameter would be two hundred and fifty times larger than the Sun, would not, in consequence of its attraction, allow any of its rays to arrive at us." Use Newtonian mechanics to calculate the escape velocity of Laplace's star.

11.11 Qualitatively describe the effects on the orbits of the planets if the Sun were suddenly to become a black hole.

11.12 Consider four black holes with masses of 10^{12} kg, 10 $M_\odot$, 10^5 $M_\odot$, and 10^9 $M_\odot$.

(a) Calculate the Schwarzschild radius for each.

(b) Calculate the average density, defined by $\rho = M/(\frac{4}{3}\pi R_S^3)$, for each.

11.13 **(a)** Show that the proper distance from the event horizon to a radial coordinate r is given by

$$\Delta\mathcal{L} = r\sqrt{1 - \frac{R_S}{r}} + \frac{R_S}{2}\ln\left(\frac{1+\sqrt{1-R_S/r}}{1-\sqrt{1-R_S/r}}\right)$$

This illustrates the danger of interpreting r as a distance instead of a coordinate. *Hint:* Integrate Eq. (17.23).

(b) Make a graph of $\Delta\mathcal{L}$ as a function of r for values of r between $r = R_S$ and $r = 10R_S$.

(c) Show that, for large values of r,

$$\Delta\mathcal{L} \simeq r.$$

Thus, far from the black hole, the radial coordinate r can be treated as a distance.

11.14 Verify that the area of the event horizon of a black hole is $4\pi R_S^2$. (*Hint:* Remember that the radial coordinate r is *not* the distance to the center. Use the Schwarzschild metric as your starting point.)

11.15 Equation (17.26) describes the coordinate speed of a massive particle orbiting a nonrotating black hole. However, it can be shown that the orbit is not stable unless $r \geq 3R_S$; any disturbance will cause a particle in a smaller orbit to spiral down to the event horizon.

(a) Find the coordinate speed of a particle in the smallest stable orbit around a 10 $M_\odot$ black hole.

(b) Find the orbital period (in coordinate time t) for this smallest stable orbit around a 10 $M_\odot$ black hole.

11.16 **(a)** Find an expression for the coordinate speed of light in the ϕ-direction.

(b) Consider Eq. (17.26) in the limit that the particle's mass goes to zero and its speed approaches that of light. Use your result for part (a) to show that $r = 1.5R_S$ for the circular orbit of a photon around a black hole.

(c) Find the orbital period (in coordinate time t) for this orbit around a 10 $M_\odot$ black hole.

(d) If a flashlight were beamed in the ϕ-direction at $r = 1.5R_S$, what would happen? (The surface at $r = 1.5R_S$ is called the **photon sphere**.)

11.17 To obtain a crude estimate for the maximum angular momentum of a rotating black hole, imagine (obviously incorrectly!) that the black hole's mass is distributed uniformly throughout a solid sphere of radius R_S (the Schwarzschild radius). From basic physics, the moment of inertia of a uniform, rotating sphere is $I = \frac{2}{5}MR^2$, and the angular momentum of the sphere is $L = I\omega$, where ω is the sphere's angular velocity. From this classical approach, estimate the maximum angular momentum of the solid sphere, and compare your answer with Eq. (17.29). (Be sure to specify any additional assumptions you have made.) What is the percentage error in your estimate compared to the exact result?

11.18 Use Eq. (17.29) to compare the maximum angular momentum of a 1.4 $M_\odot$ black hole with the angular momentum of the fastest known pulsar, which rotates with a period of 0.00139 s. Assume that the pulsar is a 1.4 $M_\odot$ uniform sphere of radius 10 km.

11.19 An electron is a point-like particle of zero radius, so it is natural to wonder whether an electron could be a black hole. However, a black hole of mass M cannot have an arbitrary amount of angular momentum L and charge Q. These values must satisfy an inequality,

$$\left(\frac{GM}{c}\right)^2 \geq G\left(\frac{Q}{c}\right)^2 + \left(\frac{L}{M}\right)^2$$

If this inequality were violated, the singularity would be found *outside* the event horizon, in violation of the Law of Cosmic Censorship. Use $\hbar/2$ for the electron's angular momentum to determine whether or not an electron is a black hole.

11.20 **(a)** The angular rotation rate, Ω, at which spacetime is dragged around a rotating mass must be proportional to its angular momentum L. The expression for Ω must also contain the constants G and c, together with the radial coordinate r. Show on purely dimensional grounds that

$$\Omega = \text{constant} \times \frac{GL}{r^3c^2},$$

where the constant (which you need not determine) is of order unity.

(b) Evaluate this for Earth, assuming that it is a uniformly rotating sphere. Set the leading constant equal to one, and express your answer in arcseconds per year. How much time would it take for a pendulum at the north pole to rotate *once* relative to the distant stars because of frame dragging?

(c) Repeat part (b) for the fastest known pulsar, expressing Ω in revolutions per second.

11.21 **(a)** Use dimensional arguments to combine the fundamental constants $\hbar$, c, and G into an expression that has units of mass. Evaluate your result, which is an estimate of the least massive primordial black hole formed in the first instant after the Big Bang. What is the mass in kilograms?

(b) What is the Schwarzschild radius for such a black hole?

(c) How long would it take light to travel this distance?

(d) What is the lifetime of this black hole before its evaporation?

11.22 By combining gravitation (G), thermodynamics (k), and quantum mechanics ($\hbar$), Stephen Hawking calculated the temperature, T, of a nonrotating black hole to be

$$kT = \frac{\hbar c^3}{8\pi GM} = \frac{\hbar c}{4\pi R_S}, \tag{17.34}$$

where R_S is the Schwarzschild radius.

(a) Verify that the expression has the right units.

(b) It was mentioned in the text that if a primoridal black hole formed at the beginning of the universe 13.7 Gyr ago with a mass of 1.7×10^{11} kg, it would be reaching the end of its life now. Compute the temperature of a primordial black hole having a mass of 1.7×10^{11} kg.

(c) Approximately what portion of the electromagnetic spectrum would this blackbody temperature correspond to?

(d) What would the radius of a sphere having the density of water be if it had a mass of 1.7×10^{11} kg?

(e) Compute the temperature of a 10 $M_\odot$ black hole.

11.23 In this problem we will derive the expression for the lifetime of a nonrotating, evaporating black hole (Eq. 17.30).

(a) Consider a black hole to be a perfectly radiating blackbody of temperature T, given by Eq. (17.34) in Problem 17.22. Assuming that the surface area of the black hole is given by $4\pi R_S^2$, where R_S is the Schwarzschild radius, show that the luminosity of the black hole due to Hawking radiation is

$$L = \frac{\hbar c^6}{15360\pi G^2 M^2} = \frac{\hbar c^2}{3840\pi R_S^2}.$$

(b) The luminosity of the black hole must originate from a loss in the black hole's internal energy. Assuming that the energy of the black hole is given by $E = Mc^2$ and that $L = dE/dt$, show that the time required for the black hole to lose all of its mass to Hawking radiation is given by Eq. (17.30).

11.24 In the X-ray binary system A0620−00, the radial orbital velocities for the normal star and the compact object are $v_{s,r} = 457$ km s^{-1} and $v_{c,r} = 43$ km s^{-1}, respectively. The orbital period is 0.3226 day.

(a) Calculate the mass function (the right-hand side of Eq. 7.7),

$$\frac{m_c^3}{(m_s + m_c)^2}\sin^3 i$$

where m_s is the mass of the normal star, m_c is the mass of its compact companion, and i is the angle of inclination of the orbit. What does this result say about the mass of the compact object? (Note that the value of $v_{c,r}$ was not needed to obtain this result.)

(**b**) Now use the value of the orbital radial velocity of the compact object to determine its mass, assuming $i = 90°$. What does this result say about the mass of the compact object?

(**c**) The X-rays are not eclipsed in this system, so the angle of inclination must be less than approximately 85°. Suppose that the angle of inclination were 45°. What would the mass of the compact object be then?

11.25 From the data in the text, make an estimate of the lower mass limit of the compact companion in V404 Cyg by setting the orbital inclination $i = 90°$. Refer to Appendix G in order to make a rough determination of the mass of the K0 IV companion. Why does your calculation result in a lower limit? What further information would be required to make a more precise determination?

12장 근접 쌍성계

12.1 근접 쌍성계에서 중력

1장에서 이미 설명하였듯이 적어도 모든 별들의 반은 다중성이며 이 두 별들은 (혹은 그 이상) 서로의 질량 중심을 공전하고 있다. 대부분의 이러한 쌍성계에서는 별들이 충분히 멀리 떨어져 있어서 한 별이 다른 한별에 영향을 미치는 힘은 무시될 정도로 미약하다. 그러므로 이 별들은 독립적으로 진화하며, 단지 약한 중력으로 서로 묶여 같이 존재할 뿐이다.

만약, 별들이 매우 가까이 있으면, 즉 두 별사이의 거리가 큰 별의 직경 정도로 가까우면 한 별 혹은 두 별 모두의 외부층이 한쪽으로 쏠린 눈물 방울 모양으로 변형된다. 각 별은 동반성의 중력에 의해서 벌지가(부풀어 오름) 형성되고 이 상태에서 상대방의 중력을 받으며 회전하면 맥동 현상이 나타난다. 이러한 진동들은 8.2장에서 설명한 원리로 서서히 소멸된다. 공전과 자전 에너지는 계의 각운동량에 대한 에너지가 최소가 되는 상태까지 감소하며, 그 결과로 공전과 자전 주기가 같

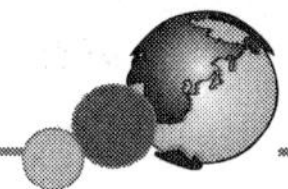

은 동주기 자전과 원궤도운동을 한다. 그러므로 한 별이 항상 다른 한 별의 같은 면을 마주 대하며 공전하여 강체 회전을 하며, 이 상태에서는 조석력으로 형성된 진동에 의한 에너지 손실은 더 이상 없다.1) 뒤틀어진 별인 경우 광구의 가스를 동반성으로 빼앗길 수가 있다. 한 별에서 다른 별로 빨려들어가는 가스는 우주의 불꽃놀이를 유발할 수 있으며 이런 현상이 이 장의 주제이다.

라그랑지안 점과 등퍼텐셜 표면

쌍성계에서 중력이 어떻게 작용하는가를 이해하기 위하여 X-Y 평면에서 원궤도를 가지는 두 별을 생각해 보자. 별의 각속도는 $\omega = v_1/r_1 = v_2/r_2$로 표시된다. 여기서 v_1과 r_1은 첫 번째 별의 궤도 속도와 질량중심으로부터 별까지의 거리이다. v_2, r_2는 두 번째 별에 대한 속도와 거리이다. 여기서 사용되는 좌표계는 두 별의 질량 중심을 각 별이 공전하는 좌표계이다. 만약 질량 중심이 좌표 원점에 위치하면 두 별 사이에 작동하는 상호 중력과 밖으로 향하려고 하는 원심력이2) 평형을 이루며, 두 별은 회전하는 좌표계에서 정지 상태에 있는 것처럼 된다. 이러한 기준계에서, 원점에서 r 떨어진 지점에 있는 질량 m에 대한 원심력 벡터는

$$\mathbf{F}_c = m\omega^2 r\,\hat{\mathbf{r}} \tag{12.1}$$

로 표현되며 이는 밖으로 향하는 시선 방향이다.

중력3) 대신에 1권에 나타낸 중력 퍼텐셜 에너지를 사용하면 더 쉽게 이해할 수 있다.

$$U_g = -G\frac{Mm}{r}$$

회전 좌표계에서 식(2.13)과 같이 가상의 "원심 퍼텐셜에너지" 개념을 도입하면:

$$U_f - U_i = \Delta U_c = -\int_{\mathbf{r}_i}^{\mathbf{r}_f} \mathbf{F}_c \cdot d\mathbf{r}$$

---

1) 만약 두 별중 한별이 백색왜성이나 중성자별 같이 밀집성이면, 회전은 강체회전이 아닐 수 있다.

2) 원심력은 관성의 힘이며(물리적힘에 반하여) 회전계에서 운동을 기술할 때는 반듯이 포함되어야한다.

3) 대부분의 별들은 점질량으로 취급된다. 왜냐하면 질량이 중심에 몰려있기 때문이다. 이 경우 눈물방울 모양으로 찌그러지는 형태는 무시되고 단지 공모양으로 취급한다.

여기서 $\mathbf{F}_c$는 원심력 벡터이고, $\mathbf{r}_i$와 $\mathbf{r}_f$는 초기, 최종 위치 벡터이다. $d\mathbf{r}$은 위치 벡터의 미분변이이다. (그림 2.9(1권) 참조) 그러므로 원심 퍼텐셜에너지의 차이는

$$\Delta U_c = -\int_{r_i}^{r_f} m\omega^2 r\, dr = -\frac{1}{2}m\omega^2\left(r_f^2 - r_i^2\right)$$

퍼텐셜 에너지의 변화량이 물리적으로 의미가 있다. 그러므로 r=0인 시점에서는 $U_c = 0$이 되고, 결과적으로 원심 퍼텐셜 에너지는 아래와 같다

$$U_c = -\frac{1}{2}m\omega^2 r^2 \tag{12.2}$$

그림 12.1은 쌍성의 회전 좌표계를 보여주고 있다. 두 별의 질량 중심은 좌표 원점이고 두 별의 질량을 각각 M_1, M_2이고 거리 a만큼 떨어져 있고, 두 별은 질량 중심으로부터 r_1과 r_2거리에 위치한다. 그러므로

$$r_1 + r_2 = a \text{와 } M_1 r_1 = M_2 r_2 \tag{12.3}$$

원심력 부분을 포함하면 궤도 평면($x-y$ 평면)에 존재하는 미소 질량에 대한 유효 퍼텐셜 에너지는

$$U = -G\left(\frac{M_1 m}{s_1} + \frac{M_2 m}{s_2}\right) - \frac{1}{2}m\omega^2 r^2$$

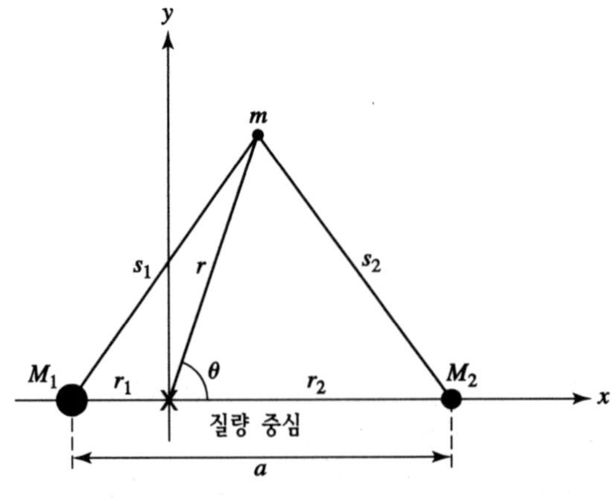

▌그림 12.1 쌍성계의 회전좌표계

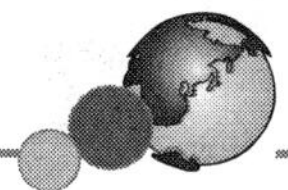

편의를 위해서 유효 퍼텐셜 에너지는 양변의 m을 소거하여 유효 중력 퍼텐셜 에너지 Φ로 아래와 같이 표현할 수 있다.

$$\boxed{\Phi = -G\left(\frac{M_1}{s_1} + \frac{M_2}{s_2}\right) - \frac{1}{2}\omega^2 r^2} \tag{12.4}$$

이것은 바로 단위 질량당 유효 퍼텐셜 에너지가 된다. 코사인 법칙에 의해서 거리 s_1과 s_2는 아래와 같이 표현된다.

$$s_1^2 = r_1^2 + r^2 + 2r_1 r\cos\theta \tag{12.5}$$

$$s_2^2 = r_2^2 + r^2 - 2r_2 r\cos\theta \tag{12.6}$$

궤도의 각 주파수, ω는 케플러 제 3 법칙, 식 (2.37)(1권)로부터 구할 수 있다.

$$\omega^2 = \left(\frac{2\pi}{P}\right)^2 = \frac{G(M_1 + M_2)}{a^3} \tag{12.7}$$

식 (12.3)과 (12.4-12.7)은 쌍성계의 궤도 평면의 모든 점에서 유효 중력 퍼텐셜을 산출하는데 사용될 수 있다. 예를 들면 그림 12.2는 X-축에 따른 Φ값의 변화로 보여 주는 그림이다. 이 그래프의 중요성은 미소질량에 작용하는 X-축의 힘을 정지좌표에서 아래와 같이 표현될 수 있다는 것이다.

$$F_x = -\frac{dU}{dx} = -m\frac{d\Phi}{dx} \tag{12.8}$$

(식 (2.15)를 참조하면) L_1, L_2, L_3로 표현된 3개의 극대점을 라그랑지 점이라고 한다. 이 점에서는 미소 질량에 미치는 힘이 없다. ($d\Phi/dx = 0$) 이 3개의 평형점에서는 질량 M_1과 M_2가 미소질량에 미치는 힘이 원심력과[4] 평형을 이루고 있다. 이들 평형점들은 불안정하다. 왜냐하면 이점에서 Φ값이 국부적으로 최대이기 때문이다. 만약 미소질량이 약간 움직인다면, 식 (12.8)에서 음의 부호는 미소 질량

4) 기준관성계(비회전)로부터 이 운동은 M_1과 M_2의 중력으로 묘사되어야 한다. 이들 중력은 이 테스트 질량이 안으로 향하게 하는 구심 가속도 유발시키고, 테스트 질량은 계의 질량 중심을 공전한다.

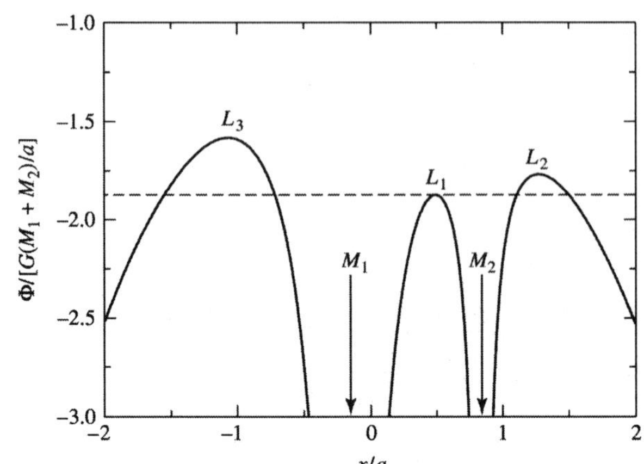

▌그림 12.2 질량이 $M_1 = 0.85M_\odot$, $M_2 = 0.17M_\odot$인 두 별의 유효중력 퍼텐셜을 x-축에 표현. 두 별사이의 거리(장반경) $a = 5\times10^8 m = 0.718\,R_\odot$ 이고, 질량 중심은 원점에 있다. x축의 단위는 장반경 a이고, y축의 Φ는 $G(M_1+M_2)/a = 2.71\times10^{11}\ \mathrm{J\,kg^{-1}}$의 단위이다(사실 이 그림은 $M_2/M_1 = 0.2$ 경우와 같다.) 점선은 안쪽 라그랑지 점의 Φ값이다. 입자의 단위 질량당 총에너지가 Φ값을 초과하면 두 별 사이에 있는 안쪽 라그랑지 점을 통과한다.

이 평형 상태 위치에서부터 아래쪽으로 가속되어 떨어지는 것을 뜻한다. 안쪽 라그랑지 점 L_1은 쌍성계에서 중심적인 역할을 한다. L_1에서 M_1과 M_2까지의 거리, ℓ_1과 ℓ_2는 어림식으로 아래와 같이 표현된다.

$$\ell_1 = a\left[0.500 - 0.227\log_{10}\left(\frac{M_2}{M_1}\right)\right] \tag{12.9}$$

$$\ell_2 = a\left[0.500 + 0.227\log_{10}\left(\frac{M_2}{M_1}\right)\right] \tag{12.10}$$

공간에서 Φ값이 같은 점들이 등퍼텐셜 표면을 형성한다. 그림 12.3은 궤도 평면을 지나는 등퍼텐셜 선들을 연결하여 그린 그림이다. 질량 M_1과 M_2 부근에서는 등퍼텐셜 면이 거의 구형이며 구의 중심에는 각 질량 M_1, M_2가 위치한다. 더 밖으로 나가면, M_1과 M_2의 중력의 영향이 혼합되어 등퍼텐셜면을 뒤틀려 눈물 방울 형태가 되며 결국에는 안쪽 랑그랑지 점 L_1에서 교차점이 생긴다. 더 먼 거리로

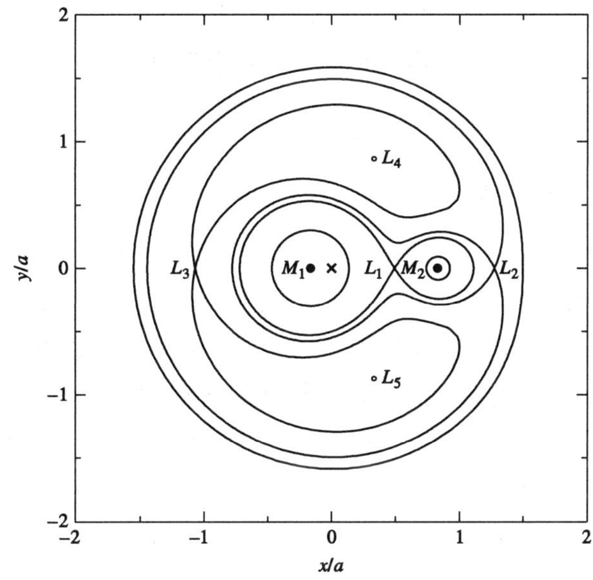

■ 그림 12.3 $M_1 = 0.85M_\odot$, $M_2 = 0.17M_\odot$, $a = 5\times 10^8 = 0.718R_\odot$에 대한 등퍼텐셜. 양 축의 단위는 장반경 a이고, x로 표시한 점이 질량중심이며, 좌표의 원점이다. 그림의 위쪽에서 밑으로 질량중심을 향하여 내려오면서 $G(M_1+M_2)/a = 2.71\times 10^{11}\ \mathrm{J\ kg^{-1}}$의 단위로 표시된 등퍼텐셜의 Φ 값은 −1.875, −1.768, −1.583, −1.768(아령 모양), −1.875(로쉬 주머니), 그리고 −3(원)이다. L4와 L5은 Φ=−1.431이며 국부 최대점이다.

가면 등퍼텐셜 면은 두 질량을 중심으로 아령 형태의 모양이 된다.5)

이 등퍼텐셜 표면은 바로 쌍성을 둘러 싸는 경계 표면이 된다. 쌍성계에서 한 별이 진화하면서 팽창하여 큰 등퍼텐셜면으로 둘러 쌓인 공간을 채운다. (마치도 풍선이 팽창하듯이) 이 현상을 보기 위하여, 각점에서 유효중력은 항상 등퍼텐셜면에 대하여 수직임을 생각해보라.6) 정역학 평형으로 압력은 퍼텐셜 Φ가 일정한 면을 따라서 항상 일정하다: 즉 등퍼텐셜면에 평행되는 방향의 중력 성분은 없다. 또

5) 그림 12.3에 있는 다른 등퍼텐셜 등고선들 즉 라그랑지안 점, L_3, L_4, L_5를 지나는 등고선을 여기서 다루지는 않을 것이다. 그러나 목성 궤도를 따라서 두 곳에 몰려있는 Trojan 소행성들은 라그랑지안 점, L_4와 L_5에서 발견된 행성간 파편들이다. (만약 태양 − 목성과 같이 $M_1 \geq 24.96M_2$ 이면, 전향력은 충분히 강하기 때문에 L_4와 L_5는 안정된 평형 상태를 유지한다.) 라그랑지안 점, L_4, L_5는 각각 질량 M_1, M_2와 함께 정삼각형을 형성하여, Trojan 소행성 들은 목성의 궤도에서 목성보다 60° 앞서거나, 뒤쪽에서 발견되고, 퍼텐셜 우물의 폭이 유한하기 때문에 60° 떨어진 부근에 퍼져있는 상태로 발견된다.

6) 이것의 수학적 표현은 $F = -m\nabla\Phi$ 이다. 이것은 전기장 벡터가 높은 전압에서 낮은 전압으로 향할 때 전기적 등퍼텐셜 표면에 수직인 것과 비슷하다.

한 그 방향에서 압력차이는 균형을 이루거나 유지될 수 없다. 압력은 별을 둘러싸는 층의 무게에 의해서 형성되기 때문에 일정한 압력을 유지하기 위하여 밀도 또한 각 등퍼텐셜면을 따라서 같아야만 한다.

쌍성계의 분류

쌍성계의 모양은 쌍성계를 이루는 성분 별이 별을 둘러 쌓고 있는 등퍼텐셜면을 어느 정도 채웠는가에 따라 결정된다. 성분 별의 반경이 쌍성의 두 별 사이의 거리(분리각)에 비하여 매우 작을 때 성분 별은 구형을 유지한다. (그림 12.3에서 작은 검은점) 이러한 쌍성을 **분리형 쌍성**이라고 하며, 각 성분별은 독립적으로 진화한다. 분리형 쌍성계는 이미 1장에서 설명하였고, 별의 기본적인 물리량을 제공한다.

만약 한별이 그림 12.3에 있는 "8"자 모양의 등고선을 이루는 한쪽 주머니를 다 채우면 대기층의 가스는 안쪽 라그랑지 점 L_1을 통하여 상대편에는 동반성으로 빨려들어간다. 등퍼텐셜면에 의해서 형성되는 눈물방울 모양을 하는 이 영역을 **로쉬 주머니**(Roche lobes)[7]라고 한다. 질량이 한별에서 다른 별로 이동하는 것은 한별이 진화하여 로쉬 주머니를 채울 때 시작한다. 이러한 계를 **반분리형 쌍성**(Semidetached binary)이라고 한다. 로쉬 주머니를 이미 채우고 질량 손실이 일어나 질량이 작아진 별을 **반성**(M_2)라고 하고 다른 한별은 **주성**(M_1)이라고 한다. 이 경우 주성의 질량이 반성의 질량보다 클 수도 있고 작을 수도 있다.

두 별 모두 로쉬 주머니를 채울 수도 있고 심지어는 2개의 로쉬 주머니를 초과하여 팽창 할수도 있다. 이 경우 두 별은 아령모양의 등퍼텐셜면으로 둘러 싸인 공통의 대기를 공유한다. 등퍼텐셜면은 라그링지점 L_2까지 확장된다. 이러한 계를 **접촉 쌍성**(contact binary)이라고 한다.

질량 이동률

반분리형 쌍성계에서 질량 이동률은 두 별의 질량이 같을 때 쉽게 산출할 수 있다. 로쉬 주머니까지 팽창된 별의 반경을 R이라고 하자. 이 별의 반경에서의 등퍼텐셜면은 반경이 R인 2개의 원을 이용하여 그림 12.5와 같이 모형을 만들 수 있다. 여기서 두 원은 그림과 같이 d의 거리 만큼 겹친다. 여기서 별의 가스는 꽉 찬

7) 로쉬 주머니란 이름은 19세기 프랑스 수학자 Edouard Roche 이름을 따서 명명된 것이다.

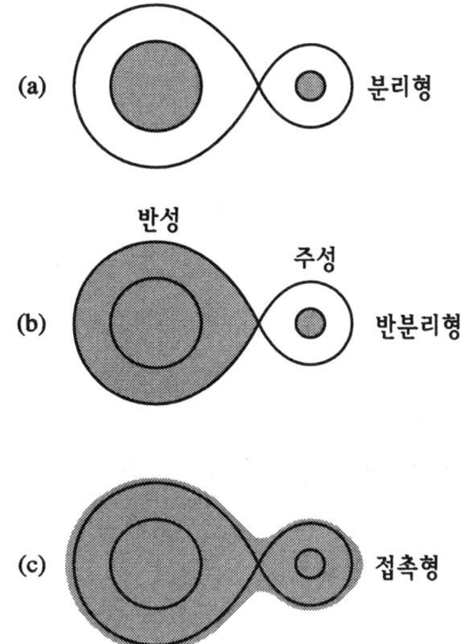

그림 12.4 쌍성계의 분류 (a) 분리형 쌍성계, (b) 반분리형 쌍성, 여기서 반성은 팽창되어 로쉬 주머니를 채운다. (c) 접촉형 쌍성

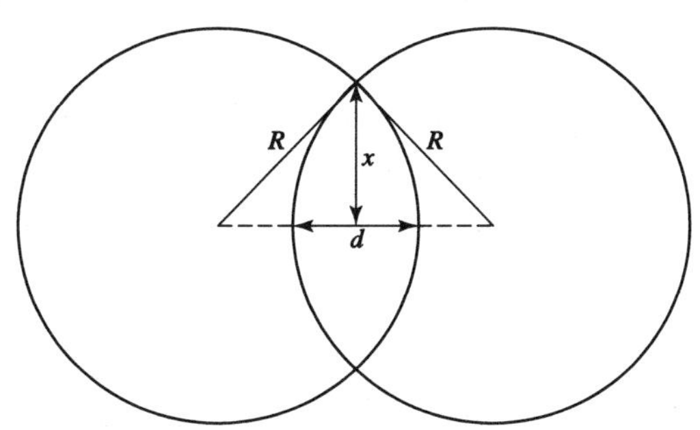

그림 12.5 질량 이동율, $\dot{M}$을 산출하는데 사용되는 구를 자른 단면

주머니로부터 반경이 x인 원을 통하여 탈출한다고 가정한다. 만약 별의 물질이 탈출할 때 밀도가 ρ이고, 탈출구에서 면적 $A = \pi x^2$를 지날 때 속도를 v라고 하면, 질량 이동률은

$$\dot{M} = \rho v A \tag{12.11}$$

이다. 이 식을 유도하는 것은 연습문제 12.3으로 남겨둔다. 여기에 약간의 기하학을 추가하면

$$x = \sqrt{Rd} \tag{12.12}$$

여기서 $d \ll R$이고, 가스 입자의 온도 속도식 (2.3)을 이용하면 결과적으로

$$\dot{M} \approx \rho v_{\rm rms} \pi x^2 \tag{12.13}$$

또는

$$\dot{M} \approx \pi R d\rho \sqrt{\frac{3kT}{m_H}} \tag{12.14}$$

위의 식은 수소원자 가스를 가정한 것이다. 그림 12.5의 겹치는 거리 d가 커짐에 따라, 밀도와 온도는 탈출구에서 증가한다. 문제 12.31에서는 질량 이동률이 d와 함께 급격히 증가 하는 것과 함께 결국은 $\dot{M} \propto d^3$을 증명하게 될 것이다.

예제 12.1.1

태양과 같은 별이 같은 질량의 반성과 함께 반분리형 쌍성에 있다고 가정하고, 이 별이 로쉬 주머니를 채우고 약간 넘쳐서 광구 바로 밑 부분이 로쉬 주머니의 한계라고 가정하자. Statstar 모델의 표 3.5에서 Zone i=9를 사용하면, $d = r_0 - r_9 = 1.52 \times 10^6$ m, $T = 6348$ K 그리고 $\rho = 2.87 \times 10^{-7}$ kg m^{-3}이다. 모델 가장 바깥 점에서의 반경 $R = 7.10 \times 10^8$m를 사용하여 태양과 같이 별이 대기 가스를 잃어버리는 질량 손실률을 대략적으로 구하면 아래와 같다.

$$\dot{M} \approx \pi R d\rho \sqrt{\frac{3kT}{m_H}} = 1.2 \times 10^{13}\ \text{kg s}^{-1} = 1.9 \times 10^{-10}\ \text{M}_\odot\ \text{yr}^{-1}$$

이 값은 반분리형 쌍성에서 나타나는 전형적인 질량 이동률이다. 여러 종류의 관측으로부터 유추된 $\dot{\text{M}}$의 값은 10^{-11}에서 10^{-7} $M_\odot yr^{-1}$로 나타난다. 비교를 위해서 예제 5.2.1을 참조하면 태양풍으로 태양으로부터 손실되는 질량 이동률은 약 3×10^{-14} $\text{M}_\odot \text{yr}^{-1}$ 정도로 상대적으로 작다.

반분리형 쌍성에서 질량 이동을 더 논의하기 전에 백색왜성 혹은 중성자 별 같은 밀집성으로 물질이 떨어질 때 발생하는 거대한 에너지를 생각해 보는 것이 더 가치가 있을 것이다.

예제 12.1.2

질량이 m=1 kg인 물체가 질량이 M이고 반경이 R인 별에서 무한히 멀리 떨어진 곳에 정지하고 있다. 질량 m의 초기 총 역학적 에너지는

$$E = K + U = 0$$

이다.

에너지 보존을 이용하여, 질량 m이 별의 표면에 도착할 때 질량 m의 운동에너지는 아래와 같다.

$$K = -U = G\frac{Mm}{R}$$

운동 에너지는 별과 충돌할 때 열과 빛으로 전환될 것이다. 만약 질량 $M = 0.85\ \mathrm{M}_\odot$, 반경 $R = 6.6\times10^6 m = 0.0095\ \mathrm{R}_\odot$ 인 경우, 떨어지는 물체 1 kg에 의해서 방출되는 에너지는 아래와 같다.

$$G\frac{Mm}{R} = 1.71\times10^{13}\ \mathrm{J}$$

이것은 물체 1 kg의 정지 에너지(mc^2)의 0.019%이다. 비교를 위하여 수소 1 kg이 핵융합으로 발생되는 에너지의 양은 아래와 같다.

$$0.007mc^2 = 6.29\times10^{14}\ \mathrm{J}$$

(예제 4.3.2 참조)

만약 그 별이 중성자 별(질량 $M = 1.4\ M_\odot$, 반경 R =10 km)이라면 발생된 에너지는 아래와 같이 훨씬 큰 값이다.

$$G\frac{Mm}{R} - 1.86\times10^{16}\ \mathrm{J}$$

이것은 1 kg의 정지 에너지의 21%에 해당되고, 수소 핵융합 반응으로 발생되는 것보다 30배나 큰 에너지이다. 이러한 계산에 의하면 유입되는 물질은 거대한 양의 에너지를 발생시킬 수 있다.

X-선원을 관측해보면 X-선원은 약 10^{30} W의 X-선 광도가 안정되게 유지되는 천체이다. 이 복사는 반성에 있는 가스가 중성자별 표면으로 유입되면서 발생되는 것으로

관측으로 나타나는 광도를 만족시키기 위해서는 두 별 사이에서 이동되는 초당 질량은 아래와 같다.

$$\dot{M} = \frac{10^{30}\ \mathrm{W}}{1.86 \times 10^{16}\ \mathrm{J\ kg^{-1}}} = 5.38 \times 10^{13}\ \mathrm{kg\ s^{-1}}$$

이 양은 $10^{-9}\ M_\odot\,\mathrm{yr}^{-1}$정도이다. 이것은 이전의 예제에서 본 질량 이동률과 비슷하다. 이것은 우연한 일치이다. 왜냐하면 반 분리형 쌍성계에서는 질량 이동률 $\dot{M}$이 큰 범위 내에서 이루어지기 때문이다.

12.2 유입원반

반분리형 쌍성에서는 쌍성의 궤도운동 때문에, 팽창된 반성에서 탈출하는 물질이 주성에 바로 떨어지지 않는다. 주성의 운동으로 인하여 가스가 안쪽 라그랑지 점으로 떨어지는 경로를 이탈시킨다. 만약 주성의 반경이 두 별 사이 거리 (a)의 5% 미만이면 질량 이동 흐름이 주성 표면에 바로 떨어지지 않는다. 대신에 질량 흐름은 주성 주위를 도는 궤도를 만들고, 뜨거운 가스로 구성된 얇은 층의 유입원반을 그림 11.24와 12.6과 같이 형성한다.[8] 유입원반 내부의 마찰, 즉 점성도로 인하여 대규모 질량운동으로 나타나는 운동에너지가 열운동으로 전환되기 때문에 주성 주위를 도는 가스는 에너지를 잃어가며 천천히 나선형태로 주성에 유입된다. 유입원반에서 점성도의 물리적 원리는 아직 잘 규명이 되지 않았다. 입자들 사이에 작용하는 힘으로 형성되는 가장 일반적인 분자 점성도는 매우 약하기 때문에 효율적이지 않다. 다른 가능성으로 임의의 가스 운동을 예를 들면 열적 대류운동으로 인한 원반물질의 난류 현상 또는 서로 다른 속도로 회전하는 원반에서 자기장의 불규칙으로 나타나는 난류 등을 생각할 수 있다. 어떤 원리가 적용되는지 간에 원반의 가스는 원반의 궤도 에너지가 열에너지로 전환되어 높은 온도로 가열되고, 최종적으로 주성의 표면으로 빨려 들어가 긴 여정을 끝낸다.

8) 외부의 물질이 흡입되므로 질량이 축적되어 형성된 원반을 강착원반, 부착원반 등으로 표현한다.

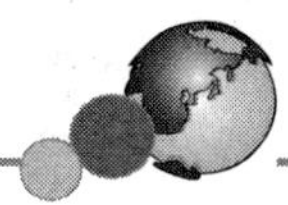

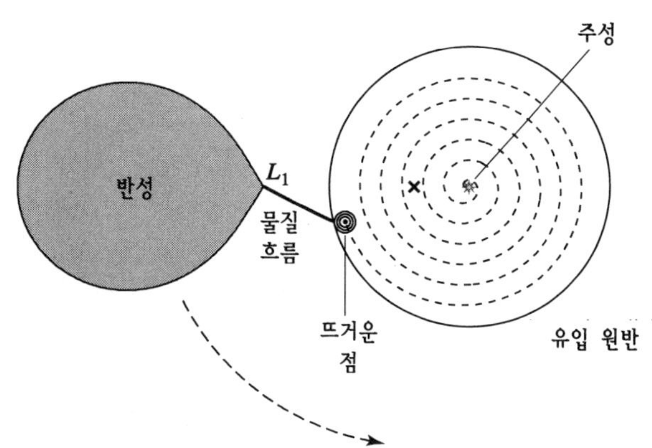

▮ 그림 12.6 반 분리형 쌍성계에서 주성주위에 유입원반과 뜨거운 점이 형성되고, 반성의 질량은 안쪽 라그랑지 점, L1과 Hot spot를 지나 원반에 흡입된다. 이 그림은 Z Chamaeleontis의 인자들을 이용하여 그렸다.

온도 윤곽과 광도

별을 단순히 흑체로 취급하듯이, 광학적으로 두꺼운 유입원반을 흑체로 가정하면 단순하고 유용한 모형을 생각할 수 있다. 각 시선 방향으로 주어진 거리에서 광학적으로 두꺼운 원반은 원반의 온도와 그 거리에 해당하는 연속선과 함께 흑체 복사를 방출한다.

질량이 M_1이고 반경이 R_1인 주성의 중심에서부터 r만큼 떨어진 지점에서 유입원반 모형의 온도를 산출하기 위하여, 안으로 향하는 원반 가스들의 시선속도는 그들의 궤도 속도에 비하여 매우 작다고 가정하자. 그러면 어림 식으로 생각하면, 가스들은 원운동의 케플러 궤도로 가정할 수 있고, 원반 안에서 작용되는 점성 마찰힘은 무시되어도 좋다. 더욱이 원반의 질량은 주성의 질량에 비하여 매우 작고, 궤도를 도는 물질은 단지 중앙에 있는 주성의 중력만 느낀다. 궤도를 도는 가스의 질량 m의 총에너지는(운동+위치에너지) 식 (2.35)에 의해서 다음과 같다.

$$E = -G\frac{M_1 m}{2r}$$

가스가 나선운동으로 안으로 향할 때 가스의 총에너지 E는 더욱 음의 값이 된다. 잃어버린 에너지는 원반의 온도를 유지하는데 사용되고, 궁극적으로는 흑체 복사의 형태로 방출된다.

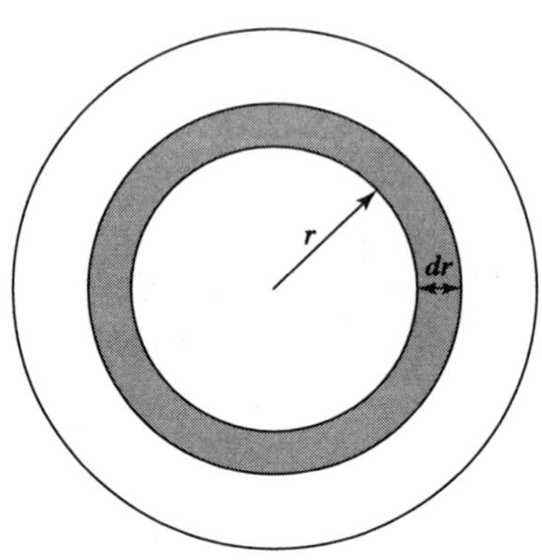

▌그림 12.7 유입원반을 구성하는(상상의) 고리 모양의 링

그림 12.7과 같이 반경이 r이고 두께가 dr인 링을 생각해 보자. 만약 반성에서 주성으로 이동하는 질량 이동률이 $\dot{M}$로 일정하다면, 시간 t동안 원모양의 링 바깥 경계를 통하여 이동한 질량의 양은 $\dot{M}t$가 된다. 원반의 정상상태, 즉 시간에 따라 변화하지 않는 원반을 가정하면, 링 안에서 질량이 축적되는 일이 없을 것이다. 그러므로 이 시간 동안에 질량 $\dot{M}t$는 안쪽 링 경계를 통하여 지나가야만 한다.

에너지 보존 법칙에 의하여, 링에 의해서 t 시간 동안 방출된 에너지 dE는 링의 바깥 경계를 통해 들어온 에너지와 안쪽경계를 통해 나간 에너지의 차이와 같다.

$$dE = \frac{dE}{dr}dr = \frac{d}{dr}\left(-G\frac{M_1 m}{2r}\right)dr = G\frac{M_1\dot{M}t}{2r^2}dr$$

여기서 $m = \dot{M}t$는 링으로 들어가고 나오는 궤도를 도는 질량이다. 만약 링의 광도 dL_{ring}이면 t시간 동안에 링이 방출하는 에너지는 dL_{ring}으로 아래와 같이 표현할수 있다.

$$dL_{\mathrm{ring}}t = dE = G\frac{M_1\dot{M}t}{2r^2}dr$$

양변에서 t를 제거하고, 스테판– 볼츠만 법칙 식(3.16)(1권)과 링의 (양쪽) 표면적 A=2($2\pi r\ dr$)을 사용하면

$$dL_{\text{ring}} = 4\pi r \sigma T^4 \, dr \tag{12.15}$$

$$= G \frac{M_1 \dot{M}}{2r^2} \, dr \tag{12.16}$$

링의 광도에 대한 식이 완성된다. 여기서 T에 대하여 풀면 반경 r에서의 원반의 온도를 아래와 같이 구할 수 있다.

$$T = \left(\frac{GM\dot{M}}{8\pi\sigma R^3} \right)^{1/4} \left(\frac{R}{r} \right)^{3/4} \tag{12.17}$$

윗 식에서 아래첨자 "1"은 생략되었다. 물론 M과 R은 주성의 질량과 반경이고, $\dot{M}$는 반분리형 쌍성계에서 질량 이동률이다.

보다 완벽한 분석을 위해서는 얇은 난류 경계층을 고려해 볼만 하다. 이 경계층은 빠른 속도로 궤도를 도는 원반 가스가 주성의 표면과 만날 때 생성되어야만 하는 층이다. 이 경우 원반의 온도를 보다 실제적으로 아래와 같이 구할 수 있다.

$$T = \left(\frac{3GM\dot{M}}{8\pi\sigma R^3} \right)^{1/4} \left(\frac{R}{r} \right)^{3/4} \left(1 - \sqrt{R/r} \right)^{1/4} \tag{12.18}$$

$$= T_{\text{disk}} \left(\frac{R}{r} \right)^{3/4} \left(1 - \sqrt{R/r} \right)^{1/4} \tag{12.19}$$

여기서

$$T_{\text{disk}} \equiv \left(\frac{3GM\dot{M}}{8\pi\sigma R^3} \right)^{1/4} \tag{12.20}$$

이것은 원반의 특성 온도이다. 실제로 T_{disk}는 어림잡아 최대 원반온도의 2배이다(문제 12.4).

$$T_{\max} = 0.488 \left(\frac{3GM\dot{M}}{8\pi\sigma R^3} \right)^{1/4} = 0.488 T_{\text{disk}} \tag{12.21}$$

이 온도는 r=(49/36)R인 지점에서 발생한다(그림 12.13 참조).[9)]

r≫R일 때 식 (12.19)의 우변은 마지막 부분은 무시할 수 있으므로

$$T=\left(\frac{3GM\dot{M}}{8\pi\sigma R^3}\right)^{1/4}\left(\frac{R}{r}\right)^{3/4}=T_{\rm disk}\left(\frac{R}{r}\right)^{3/4}\qquad(r\gg R)\tag{12.22}$$

윗 식은 우리가 식 (12.17)을 이용하여 간단하게 산출한 온도의 $3^{1/4}$=1.32배 정도 차이가 난다.

광도를 나타내는 식 (12.16)을 $r=R$에서 $r=\infty$까지 적분하면 원반의 광도는 아래와 같이 표현된다.

$$L_{\rm disk}=G\frac{M\dot{M}}{2R}\tag{12.23}$$

그러나 예제 12.1.2를 참조하면 유입원반이 형성되지 않은 상태에서 흡입 광도(주성으로 떨어지는 물체가 주성에 주는 운동에너지에 의한 광도)는 원반 광도의 2배가 된다.

$$L_{\rm acc}=G\frac{M\dot{M}}{R}\tag{12.24}$$

그러므로 가스가 나선형태로 원반에 빨려들어 갈 때, 가능한 흡입 에너지의 반이 복사로 방출된다면, 나머지 반은 별의 표면에 저장 되어야만 한다(혹은 빠르게 회전하는 원반과 천천히 회전하는 주성사이에 형성되는 난류 경계층에 저장되어야 한다).[10)]

예제 12.2.1

예제 12.1.2에 있는 백색 왜성과 중성자별의 최대 원반 온도, $T_{\rm max}$와 원반의 광도를 이제는 계산할 수 있다. 백색왜성의 질량이 $M=0.85\,\mathrm{M_\odot}$, 반경 $R=0.0095\,\mathrm{R_\odot}$ 그리고

9) 경계층에서 T=0이 되고 이 지점에서 원반은 별의 표면에 접하게 된다. 이것은 모델에서 가정한 가상의 경우이다.

10) 이 결과는 비리얼 정리(virial theorem)의 또 다른 결과이다.

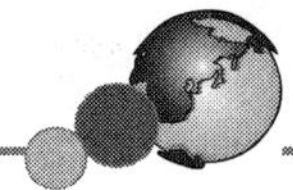

$\dot{M} = 10^{13}$ kg s^{-1}(1.6×10^{-10} M$_\odot$ yr^{-1})이면 식(12.21)을 이용하면

$$T_{\max} = 0.488\left(\frac{3GM\dot{M}}{8\pi\sigma R^3}\right)^{1/4} = 2.62 \times 10^4 \text{ K}$$

빈의 법칙, 식(3.19)(1권)에 의하면, 이 온도에서는 흑체 복사의 최대점의 파장은 아래와 같다.

$$\lambda_{\max} = \frac{(500\text{ nm})(5800\text{ K})}{26{,}200\text{ K}} = 111\text{ nm}$$

이것은 전자기 스펙트럼(1권)의 자외선 영역에 해당된다.

$$L_{\text{disk}} = G\frac{M\dot{M}}{2R} = 8.55 \times 10^{25}\text{ W}$$

이 양은 약 0.22 L$_\odot$ 이다.

이제 중성자 별, M = 1.4 M$_\odot$, R = 10 km, $\dot{M}$ = 10^{14} kg s^{-1}(1.6×10^{-9} M$_\odot$ yr^{-1})에 적용하면, 최대 원반 온도는

$$T_{\max} = 0.488\left(\frac{3GM\dot{M}}{8\pi\sigma R^3}\right)^{1/4} = 6.86 \times 10^6 \text{ K}$$

이것은 흑체 복사 스펙트럼에서 아래와 같은 파장에서 최대 값을 보인다.

$$\lambda_{\max} = \frac{(500\text{ nm})(5800\text{ K})}{686{,}000\text{ K}} = 0.423\text{ nm}$$

이것은 전자기파 스펙트럼에서 X-선 영역에 해당한다. 중성자 별의 원반의 광도는

$$L_{\text{disk}} = G\frac{M\dot{M}}{2R} = 9.29 \times 10^{29}\text{ W}$$

이 양은 약 2400 L$_\odot$ 이상이다.

그러므로 백색왜성 주위의 유입원반의 안쪽 영역에서는 자외선이 빛나야 한다. 반면에 중성자 별 주변은 강한 X-선 원이 될 것이다.[11]

---

11) 실제로 12.6장에서 접하겠지만, 백색왜성 혹은 중성자별 주위의 유입원반은 별의 자기장으로 붕괴될 수도 있다. 그래서 별 표면까지 원반이 확장되지 않을 수 있다. 이러한 경우는 매우 강한 X-선원계에서 나타난다.

유입원반의 크기

유입원반의 크기는 $r = r_{circ}$지점을 찾아 구할 수 있다. 이 지점에서는 L_1을 통하는 질량의 연속적인 흐름이 주성 주위 원 궤도를 안정적으로 형성하게 한다. 이것은 질량이 m인 집단이 주성 주위를 돌면서 형성하는 각운동량을 생각하면 이해 할 수 있다(그림 12.8 참조). 안쪽 라그랑지점에 위치하는 질량의 운동은 단지 쌍성계의 궤도운동에 의한 것이라고 가정하면, 그 곳에 위치하는 질량의 각운동량 L은 아래와 같다.

$$L = m\omega\ell_1^2 = m\ell_1^2\sqrt{\frac{G(M_1 + M_2)}{a^3}}$$

여기서 식 (12.7)은 궤도의 각(angular) 주파수를 구하는데 사용되었고, ℓ_1은 식 (12.9)로부터 구한다.

질량 m은 원궤도로 즉시 들어가지 않는다. 대신에 m이 속한 질량의 흐름은 주성 주위로 흐르고 한 궤도 후에 자신들끼리 충돌한다. 이 질량 집단들의 궤도는 충돌에 의해서 주성 주위를 도는 원으로 형성된다. 이 때 충돌로 인한 에너지로 궤도가 형성되고 각운동량은 보존된다. 질량 집단이 M_1주위에 반경이 $r_{\rm circ}$ 궤도로 안정될 때, 이 집단의 각 운동량은

$$L = m\sqrt{GM_1 r_{\rm circ}}$$

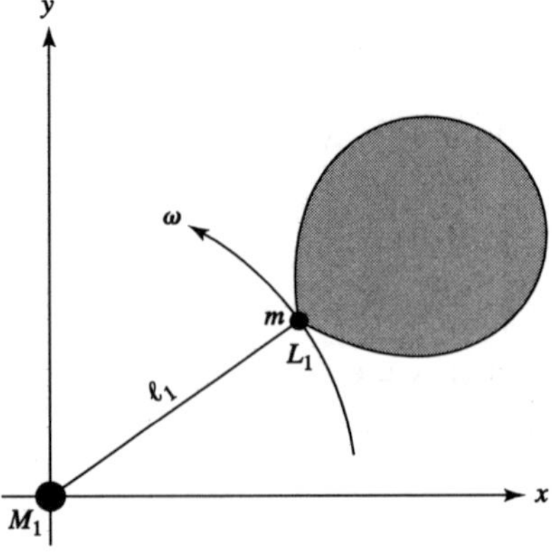

그림 12.8 관성계의 원점에 주성 M_1이 있고, 질량 m의 무리들이 안쪽 라그랑지 점 L_1을 지나는 모습을 관성계에서 본 모습

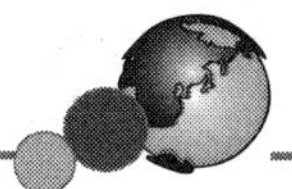

여기서 1권은 환산 질량이 $\mu = mM_1/(m+M_1) \simeq m$인 원궤도에 사용되었고 각운동량에 대한 아래와 같은 2개의 표현으로 등식을 형성하면

$$
\begin{aligned}
r_{\text{circ}} &= a\left(\frac{\ell_1}{a}\right)^4\left(1+\frac{M_2}{M_1}\right) \\
&= a\left[0.500-0.227\log_{10}\left(\frac{M_2}{M_1}\right)\right]^4\left(1+\frac{M_2}{M_1}\right)
\end{aligned}
\tag{12.25}
$$

단지 내부와 중심 힘만 작용할 때 총 각운동량은 보존되어야만 하기 때문에 유입원반에 나선형으로 떨어져 들어가는 물질이 잃어버리는 각운동량은 어떻게 되는 것일까 하는 의문이 생길 수 있다. 천문학자 Pringle(1981)가 설명했듯이, 초기에 $r = r_{circ}$지점에서 얇은 링의 형태로 있으면서 궤도 운동을 하던 물질은 안쪽과 바깥쪽으로 흩어질 것이다. 원반을 형성하는 물질의 이동시간은 아마도 수일에서 수주일이 될 것이다. 대부분의 물질은 나선 궤도를 그리며 안쪽으로 들어가고, 매우 적은 양이 "잃어버린" 각운동량을 가지고 원반의 가장자리로 간다. 거기서 각운동량은 항성풍으로 인한 질량 손실 형태로 계를 떠날 것이다. 만약 유입원반이 안쪽 라그랑지 점까지의 80%~90%까지 확장되면, 각운동량은 아마도 반성에 의해서 원반에 형성된 조석력 때문에 두 별의 궤도 운동으로 되돌아 올 수 있을 것이다. 이와 같이 밖으로 향하는 질량 이동 때문에 우리는 아래와 같은 유입원반의 반경에 대한 어림 식을 도입한다.

$$R_{\text{disk}} \approx 2r_{\text{circ}} \tag{12.26}$$

식쌍성이며 반분리형인 쌍성계

앞에서 설명한 내용을 이해하기 위하여 반분리형 식쌍성계에서 얻은 관측 자료를 증거로 제시하면 훨씬 이해가 쉬울 것이다. 그림 12.9에 보여준 반분리형 식쌍성의 광도 곡선으로부터 뜨거운 점(hot spot)의 존재를 유추할 수 있고, 뜨거운 점에서는 질량 이동 흐름이 유입원반의 바깥쪽 가장자리와 충돌로 생긴다. 광도 곡선은 원반의 여러 층을 연속적으로 관측한 결과로 설명될 수 있다. 그러므로 원반의 여러 층을 주성이 가려서 없어지고, 다시 나타나는 것을 반복한다. 사실 그림 12.9는 원반 자체의 영상을 다시 만드는데 사용될 수 있다. 다시 재현된 영상은 그림 12.10에서 보여준다.[12] 뜨거운 점은 원반에서 끌려가고 있는 끝부분에 있기 때문에(그림 12.12 참조) 식이 시작할 때는(뜨거운 점이 아직 보인다) 더 많은 빛을 방출하여 밝고, 식이 끝날 때는(뜨거운 점이 식으로 안보임) 빛을 덜 방출하므로 상대적으로 어둡다. 그러므로 그림 12.9의 광도 곡선에서는 위상 -0.08 지점보다 위상 0.08 지점에서 더 어둡다.

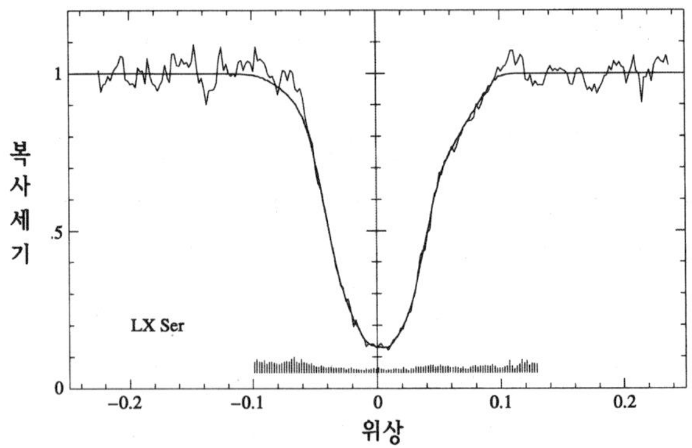

그림 12.9 LX Serpentis 쌍성계에서 유입원반이 별을 가려 나타나는 식현상에 의한 광도 곡선. 톱니와 같이 불규칙한 선이 관측이고, 깨끗한 곡선은 그림 12.10에 보인 유입원반의 영상을 이용하여 만든 이론적인 곡선이다. (그림 제공 : Rutten, van Paradijs, and Tinbergen Astron. Astrphys., 260, 213, 1992)

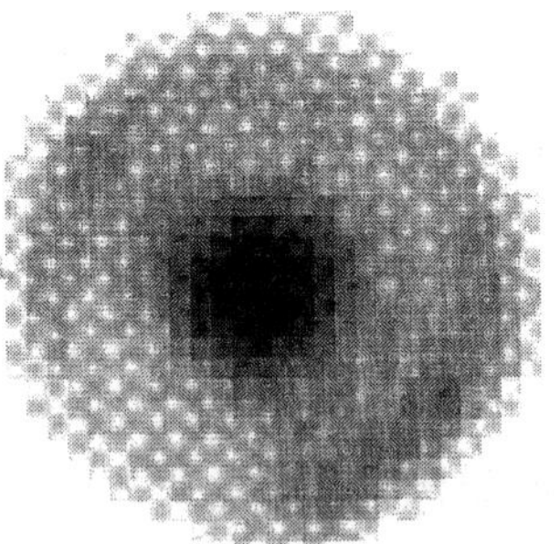

그림 12.10 LX Serpentis에 있는 유입원반을 재현한 반전된 영상. 원반의 오른쪽 아래에 있는 뜨거운 점은 방위각 방향으로 문들어져 흐릿하여 잘 보이지 않고, 링의 일부분의 모습만 보인다. (Rutten, van Paradijs, and Tinbergen Astron. Astrphys., 260, 213, 1992)

12) 유입원반의 영상을 재구성하기 위하여 쌍성계에서 시선 방향으로 나타나는 원반을 층층히 잘라서 사용하는 것은 마치도 병원에서 CAT scan(computerized axial tomography)을 하여 인간의 신체를 층층히 촬영한 X-선 사진을 수학적으로 재합성하는 것과 같은 원리이다. 왜냐하면, 하나 이상의 원반 모델을 사용하여 주어진 광도곡선을 완성하였고, 소위 최대 엔트로피 방법이라고 하는 기법을 이용하여 최적의 원반 모델을 선택하였기 때문이다.

12.3 상호 작용을 하는 쌍성의 탐사

근접 쌍성의 진화 과정은 매우 복잡하다. 진화는 초기질량과 두 별사이의 거리에 따라서 매우 다양한 진화 과정이 예상되기 때문이다. 질량이 한 별에서 다른 한 별로 이동함에 따라 질량비 M_2/M_1 이 변할 것이다. 그 결과로 각운동량의 재분배가 일어날 것이고 이에 따라서 두 별 사이의 거리는 물론 쌍성계의 궤도 주기도에도 영향을 준다. 식(12.9)와 (12.10)으로 정의한 로쉬 주머니는 두 별 사이의 거리와 질량비에 따라서 결정되므로, 이것 또한 변할 것이다.

질량 이동 효과

질량 이동 효과는 계의 총각운동량을 생각하면 설명할 수 있다. 총각운동량중에서 별들의 회전은 매우 작거나 무시될 정도이다. 1권을 이용하면 이심률이 $e=0$ 인 경우 즉 원궤도인 경우

$$L = \mu\sqrt{GMa}$$

윗 식에서 μ는 환산 질량(1권)으로

$$\mu = \frac{M_1 M_2}{M_1 + M_2}$$

그리고 $M = M_1 + M_2$는 두 별의 질량 합이다. 1차 어림식으로, 질량 혹은 각운동량이 계로부터 항성풍 혹은 중력파 등으로 없어지지 않는다고 가정하면 계의 총질량과 각운동량은 질량이 두 별 사이를 이동하여도 일정하다.[13] 즉 $dM/dt=0$ 그리고 $dL/dt=0$ 이다.

질량 이동은 두 별 사이의 거리에 영향을 준다. 그 과정은 각운동량을 시간에 대하여 미분하여 아래와 같이 수식을 표현할 수 있다.

13) 짧은 공전 주기를 ($P < 14$ 시간) 갖는 쌍성에서 각운동량의 손실은 주로 중력파 복사(12.6절에서 공부함) 때문에 일어난다.

$$\frac{dL}{dt} = \frac{d}{dt}\left(\mu\sqrt{GMa}\right)$$

$$0 = \sqrt{GM}\left(\frac{d\mu}{dt}\sqrt{a} + \frac{\mu}{2\sqrt{a}}\frac{da}{dt}\right)$$

$$\frac{1}{a}\frac{da}{dt} = -\frac{2}{\mu}\frac{d\mu}{dt} \tag{12.27}$$

총 질량 M이 일정한 상수임을 감안하면 환산 질량을 시간에 대하여 미분하면

$$\frac{d\mu}{dt} = \frac{1}{M}\left(\frac{dM_1}{dt}M_2 + M_1\frac{dM_2}{dt}\right)$$

한 별이 잃어버린 질량은 다른 한 별이 얻은 질량이 된다. $\dot{M} \equiv dM/dt$로 표현하면, $\dot{M}_1 = -\dot{M}_2$가 된다. 그러므로

$$\frac{d\mu}{dt} = \frac{\dot{M}_1}{M}(M_2 - M_1)$$

식 (12.27)에 대입하면

$$\frac{1}{a}\frac{da}{dt} = 2\dot{M}_1\frac{M_1 - M_2}{M_1 M_2} \tag{12.28}$$

식 (12.28)은 쌍성계의 분리각(두 별 사이의 거리)에 따른 질량 이동의 결과를 나타낸다. 궤도의 각주기 또한 영향을 받을 것이다. 이것은 식 (12.7)에서 케플러 제3법칙으로 보여주었다. M_1+M_2=일정하므로 케플러 제3법칙으로부터 $\omega \propto a^{-3/2}$가 되므로

$$\frac{1}{\omega}\frac{d\omega}{dt} = -\frac{3}{2}\frac{1}{a}\frac{da}{dt} \tag{12.29}$$

궤도 분리각이 감소됨에 따라 각 진동수는 증가한다.

쌍성계의 진화

최종 진화 단계가 격변 변광성이 되는 쌍성계에서 예상되는 진화 과정을 살펴보자. 출발점은 상당히 멀리 떨어진 쌍성계로 두 별이 모두 주계열에 있고, 궤도 주기는 수개월에서 수년이다. 출발점에서는 별1의 질량이 별2보다 커서 $M_1 - M_2 > 0$이다. 그러므로 별 1이 더 빠르게 진화하여 질량에 따라서 적색 거성 혹은 초거성으로 진화 후 로쉬 주머니를 채운 후 넘치면서 질량이 별1에서 별2로 이동한다(그래서 $\dot{M} < 0$). 식 (12.29)에 의하면 이 경우 da/dt가 음이고 dw/dt은 양이 된다.; 별들은 서로 가까워지고 주기는 매우 짧아진다.

식 (12.9)로부터 a가 감소하고 M_2/M_1이 증가함에 따라 별1의 로쉬 주머니는 감소하고, 별1에서 안쪽 라그랑지점까지의 거리도 감소한다. 질량 이동률은 로쉬 주머니가 줄어들면서 가속되며, 더불어 두 별을 둘러싸는 확장된 대기를 그림 12.4(c)와 같이 만든다. 이 쌍성계는 이제 접촉쌍성이 되었고 별1의 졸든 핵과 주계열의 별 2가 공동의 가스 외부층을 가지고 있는 것이다. 두 별은 각운동량을 이 외부층에 이전시키고, 두 별은 천천히 안으로 감겨들어가 두 별사이의 거리(분리각)와 주기가 짧아진다. 만약 두 별의 핵들이 합쳐지면 홑별이 되고 이 현상으로 성단 관측에서 나타난 청색 낙오성을 설명할 수도 있다. 이것은 이미 13.3장에서 다루었다. 또 다른 이론은 별들을 둘러싸고 있는 외피가 분출되는 것이다. 이러한 현상은 여러 계에서 관측되었다. 즉 행성상 성운의 중심에서 쌍성이 발견된 것이다. 여기서 행성상 성운은 공동의 외부층이 분출된 결과로 추정된다. (차후 토론을 위하여 외부층의 분출이 일어날 수 있는 상황에 대하여 생각해 볼 것이다.)

두 별이 합쳐지지 않고, 두 별을 둘러 싼 외부층 기체가 걷히면 분리형 쌍성으로 나타날 것이다. 별2(반성)는 로쉬 주머니 안에 있고, 별1은 식어서 백색왜성이 된다. 이제는 원래 질량이 작았던 반성이 진화하여 로쉬 주머니를 채우고, 질량이 반대 방향으로 즉 별1쪽으로 이동하기 시작한다. $\dot{M}_1 > 0$인 경우 반대방향의 질량 귀환으로 질량 이동 과정이 나타난다. 왜냐하면 식 (12.10)에 따라서 반성 주위의 로쉬 주머니가 확장됨에 따라 식 (12.28)에 의해서 두 별 사이의 거리는 나선형태로 더 멀어지기 때문이다. (M_1이 아직 M_2보다 크다고 가정). 만약 질량흐름이 계속되면 반성은 로쉬 주머니가 성장하는 것보다 더 빨리 팽창되어야만 하고 혹은 각운동량이 쌍성계로부터 떠남에 따라 두 별은 자기장으로 속박된 항성풍으로 인한

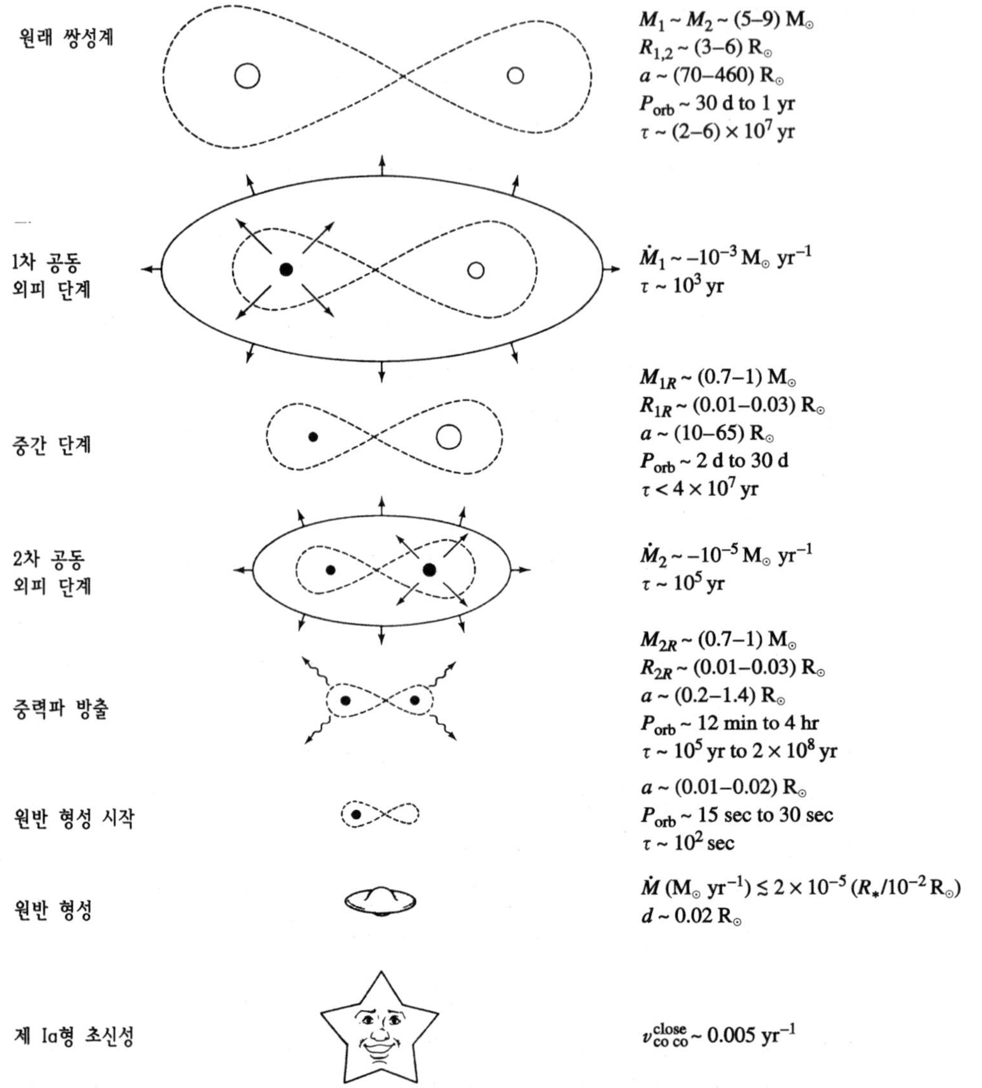

원래 쌍성계
$M_1 \sim M_2 \sim (5–9)\ M_\odot$
$R_{1,2} \sim (3–6)\ R_\odot$
$a \sim (70–460)\ R_\odot$
$P_{orb} \sim 30$ d to 1 yr
$\tau \sim (2–6) \times 10^7$ yr

1차 공동 외피 단계
$\dot{M}_1 \sim -10^{-3}\ M_\odot\ yr^{-1}$
$\tau \sim 10^3$ yr

중간 단계
$M_{1R} \sim (0.7–1)\ M_\odot$
$R_{1R} \sim (0.01–0.03)\ R_\odot$
$a \sim (10–65)\ R_\odot$
$P_{orb} \sim 2$ d to 30 d
$\tau < 4 \times 10^7$ yr

2차 공동 외피 단계
$\dot{M}_2 \sim -10^{-5}\ M_\odot\ yr^{-1}$
$\tau \sim 10^5$ yr

중력파 방출
$M_{2R} \sim (0.7–1)\ M_\odot$
$R_{2R} \sim (0.01–0.03)\ R_\odot$
$a \sim (0.2–1.4)\ R_\odot$
$P_{orb} \sim 12$ min to 4 hr
$\tau \sim 10^5$ yr to 2×10^8 yr

원반 형성 시작
$a \sim (0.01–0.02)\ R_\odot$
$P_{orb} \sim 15$ sec to 30 sec
$\tau \sim 10^2$ sec

원반 형성
$\dot{M}\ (M_\odot\ yr^{-1}) \lesssim 2 \times 10^{-5} (R_*/10^{-2}\ R_\odot)$
$d \sim 0.02\ R_\odot$

제 Ia형 초신성
$\nu_{co\ co}^{close} \sim 0.005\ yr^{-1}$

▌그림 12.11 근접쌍성이 Ia형 초신성으로 진화하는 과정. 각 단계마다 별들의 질량과 반경, 궤도 장반경, 궤도 주기, 질량 이동률 등이 시간과 함께 제시되었다.(그림은 Iben과 Tutukov의 논문 Ap.J.Supplo, 54,335,1984에서 인용함)

회전력 혹은 중력 복사 때문에, 더욱 가까워진다.[14] 어떠한 원리이던 간에 반성에서 백색왜성으로 질량 이동이 안정적으로 유지되고 이 단계가 12.4장에서 설명할 격변 변광성의 폭발준비단계이다.

14) 태양풍 때문에 감소되는 태양 각운동량은 5.2장에 기술하였다.

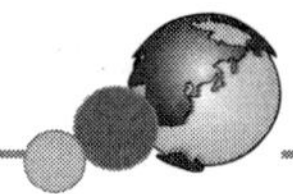

반성이 계속 진화함에 따라 또 다른 공동외부층을 구성하는 단계가 된다. 그림 12.11 근접쌍성의 진화과정을 보여주는 한 예이다. 여기서 쌍성은 질량이 중간정도 ($5 \sim 9M_\odot$)되는 두 별로 시작하며, 탄소-수소로 구성된 2개의 백색왜성이 서로의 질량 중심을 매 15초~20초마다 공전하는 아주 단단한 궤도를 형성하면서 정점에 이른다. 그러면 크기는 더 크고, 질량은 더 작은 백색왜성은(식 (10.14) 참조) 로쉬 주머니를 초과하여 질량이 더 큰 백색왜성에 형성된 무거운 원반으로 빨려 들어간다. 이렇게 축적되는 질량으로 주성인 백색왜성의 질량은 찬드라세카 한계에 도달하고 결국 초신성 Ia 형태로 폭발한다.[15)]

상호작용하는 쌍성의 종류

근접쌍성계의 종류는 매우 다양하여 구체적으로 설명하려면 너무 많다. 아래에 제시한 목록은[16)] 상호작용을 하는 쌍성의 주요 종류이며, 앞으로 주요 연구대상이라고 분류되는 것을 열거한 것이다. 각 종류의 이름은 그 종류의 대표적인 별의 이름이다.

- **알골** 평범한 두 별이 반분리형 쌍성계를 형성한 경우이다(주계열 별 혹은 거성). 이 종류의 별로 별의 특성과 진화에 대하여 알 수 있고, 질량 손실과 질량 교환에 대한 정보를 얻을 수 있다. 활동적인 알골 별들은(W Serpens 별들) 별과 쌍성의 진화과정에서 빠른 진화단계를 연구할 수 있는 좋은 연구대상이다. 이 쌍성계는 또한 물질흡입과 유입원반을 연구하는데 중요한 역할을 한다. 알골 별들에서 나타나는 질량 손실은 성간물질의 화학 조성 연구에 공헌할 수 있을 것으로 기대된다.
- **RS Canum Venaticorum(사냥개자리)와 BY Draconis 별** 이 별들은 채층 활동이 활발한 쌍성으로 온도가 낮은 별들에서(분광형 F 혹은 그 이하의 별) 자기 활동을 연구하는데 중요한 별들이다. 자기 활동이 증대되어 나타나는 현상으로 별의 흑점, 채층, 코로나, 플레어 등이 관측된다. 이 쌍성계의 연구는 태양의 자기 활동 연구, 소위 태양-별 연계 연구에서 중요하다.

---

15) 12.5장에서는, 백색왜성 중심부에서 핵반응이 시작된 후에 찬드라세카 한계에 도달하는 과정이 설명되었다.

16) E. F. Guinan과 Kluwer Academic Publishers의 허락으로 인용, *Evoltionary Processes in Interacting Binary Stars*, Kondo, Sistero and Polidan(eds), Kluwer Academic Publishers, Dordrecht, 1992.

- **W Ursae Majoris형 접촉쌍성** 주기가(0.2–0.8일) 짧은 접촉형 쌍성들은 매우 높은 자기 활동을 보여주고, 극한 수준에서 별의 다이나모 이론을 연구하는데 중요한 별들이다. 특히 자기제동은 이들 쌍성을 합병하여 홑별로 만들 수도 있다.
- **격변변광성과 신성같은 쌍성** 짧은 주기를 가지는 이 쌍성들은 백색왜성과 온도가 낮은 M형의 반성으로 구성되어 있으며 반성은 로쉬 주머니를 채우고 있다. 이 별들은 또한 별의 진화과정에서 최종단계에 대한 정보를 제공하고, 물질 흡입현상과 원반의 성질을 연구하는데 중요하다.
- **중성자별과 블랙홀을 가지는 쌍성** 이 쌍성들은 강력한 X–선원들이다. ($L_x > 10^{28}\,W$). 이 X–선원들은 중성자별 혹은(좀 드물게) 블랙홀들이다. X–선은 이 계의 졸든들지 않은 성분 별에서 졸든 성분 별로 가스가 유입될 때 발생한다. 중성자 별을 포함하는 계를 관측하여 중성자 별의 구조와 진화를 연구하고, 특히 펄사로부터 질량, 반경, 회전 그리고 자기장 등의 정보를 얻을 수 있다. V404 Cygni, A0620–00, 그리고 Cyg X–1 등은 블랙홀의 존재한다는 증거를 제시한다(12.6절 참조).
- **ζAurigae와 VV Cephei 쌍성계** 공전주기가 매우 긴 이들 쌍성계는 만기형 초거성과 뜨거운 별(분광형이 B형)로 구성되어 있다. ζ Aur형 쌍성계는 분광형이 G 혹은 K 초거성을 가지고 있고, VV Cep형 쌍성계는 M형 초거성을 가지고 있다. 이 별들은 원래 상호작용을 하지 않은 별들이었으나 질량이 큰 별이 진화하여 초거성이 되어 상호작용을 하게 되었다. 식이 일어날 때는, 즉 뜨거운 별이 뒤에 있을 때 차가운 초거성의 대기와 항성풍을 조사할 수 있다.
- **공생쌍성** 장주기이며 상호작용을 하는 공생 쌍성은 M거성(가끔 미라형 맥동변광성)과 흡입하는 별로 구성되어 있다. 흡입하는 별은 백색왜성, 준왜성, 혹은 질량이 작은 주계열 별 등이다. 이 계의 일반적인 형태는 온도가 낮은 별의 항성풍이 온도가 높은 별로 유입되는 것이다. 공생별의 궤도주기는 200–1500일이다. 몇 개의 공생 쌍성은 온도가 낮은 성분 별이 로쉬 주머니를 채우고, 알골형 공생 쌍성을 형성한다.
- **Barium과 S형 별 쌍성** 이 쌍성의 공전 주기는 매우 길고, 초기에 질량이 큰 별이 진화하여 자신의 핵 반응에 의한 가스의 일부를 현재의 K 혹은 M 거성 별로 이전한다(360쪽에 있는 분광형 S 참고). 거성은 백색왜성을 반성으로 가

지고 있고, 자외선 영역에서는 온도가 너무 낮아서 볼 수가 없다. 이 쌍성들은 진화된 별에서 핵합성과 질량 손실을 연구하는데 중요하다.

- **공통대기층을 가지는 쌍성 이후** 이 쌍성들은 항상 뜨거운 백색왜성 혹은 준왜성과 차가운 반성으로 구성되어 있다. 이 계는 쌍성의 진화 과정에서 공통대기층을 가지는 단계가 이미 지났다. 행성상 성운의 이중핵들이 공통대기층을 가지는 쌍성 이후의 단계를 보여주는 한 예이다. 이 계는 항성 진화의 짧은 삶의 단계들을 연구하는데 중요하다.

12.4 반분리형 쌍성에서 백색왜성들

반분리형 쌍성에서 주성이 백색왜성일 때, 진화 결과는 왜신성, 고전적인 신성 혹은 초신성이 되어 밝기가 급격히 증가한다. 이 세 종류의 폭발형태는 그 원리가 각각 모두 다르기 때문에 신성(Nova, 라틴어로 “new”라는 뜻)이라는 이름이 잘 어울리지는 않는 것 같다.

격변변광성

왜신성과 고전적인 신성은 격변변광성의 일반적인 분류에 속하고 현재 천개 이상이 존재하는 것을 알려졌다. 이들은 (초신성과는 다르게) 에너지를 방출해도 삶을 마감하지 않으며, 폭발 과정은 반복될 수 있다. 격변변광성은 폭발과 폭발사이에 조용한 시기가 길게 나타난다는 특징을 보이며, 폭발로 인하여 밝기가 10배(왜신성), 10^6배(고전적 신성)로 증가한다. 주성의 평균 질량은 0.86 $M_\odot$이고, 백색왜성의 평균 질량인 0.58 $M_\odot$보다 크다. 반성은 일반적으로 분광형이 G 혹은 그보다 만기형이며 주계열 별이며 질량이 주성보다 작다.

두 별은 23분에서 5일까지의 궤도 주기로 서로 공전한다. 그러나 대부분의 궤도 주기는 78분에서 12시간 사이에 존재한다. 흥미있는 것은 격변변광성의 궤도주기가 1.5-3.25시간 사이에는 존재하지 않는 주기 틈새가 있다는 것이다. 이것은 계에서 각운동량 이동이 급격하게 변화하기 때문일 것으로 추정된다. 이런 급격한 변화는 자기장의 제동, 중력파 복사, 로쉬 주머니 크기의 변화, 별의 진화 등의 복잡한 연관 관계로 인한 결과일 것이다.

폭발은 원반으로 유입되는 질량 이동률의 급격한 증가 때문에 일어난다고 생각한다. 반성에 의해서 가려진 원반이 앞으로 나올때, 시선 방향에 따른 원반 온도의 변화를 결정할 수 있다. 폭발 기간 동안에 원반은 광학적으로 두껍게 나타나며 온도는 $T \propto r^{-3/4}$가 되고, 식 (12.22)와 잘 일치한다. 조용한 기간(비폭발기간) 동안의 관측 결과는 위에서 언급한 원반 모형과 잘 일치하지 않는다. 아마도 그 이유는 원반이 더 차가워지고, 질량도 작아져서 원반이 광학적으로 완전히 두껍지 않기 때문일 것이다.

이러한 현상을 확인하는 추가적인 증거는 격변변광성이 조용한(비폭발)기간 동안에 관측한 수소와 헬륨의 강하고 넓은 방출선에서 찾아볼 수 있다. 이 방출선은 그림 12.12와 같이 이중 극대점으로 나타난다. 그러나 식기간 동안에는 극대점이 하나이며 청색이동 혹은 적색이동된 상태로 나타난다. 이것은 바로 광학적으로 얇은 가스로 구성된 회전하는 원반 때문에 나타나는 결과라고 예측할 수 있다. 즉, 반성에 가려서 원반의 한쪽이 보이지 않을 때, 보이는 다른 한쪽의 원반에서는 발생되는 방출선이 도플러 효과로 인하여 파장이 이동된 상태로 관측된 것이다.

격변변광성이 조용한(비폭발)시기에 나타난 방출선의 출처는 아직 분명하지 않다. 폭발 중에는 이 선들이 흡수선으로 나타난다. 이 현상은 광학적으로 두꺼운 항성 대기가 흡수선을 나타내는 것과 같은 원리로 광학적으로 두꺼운 원반으로부터

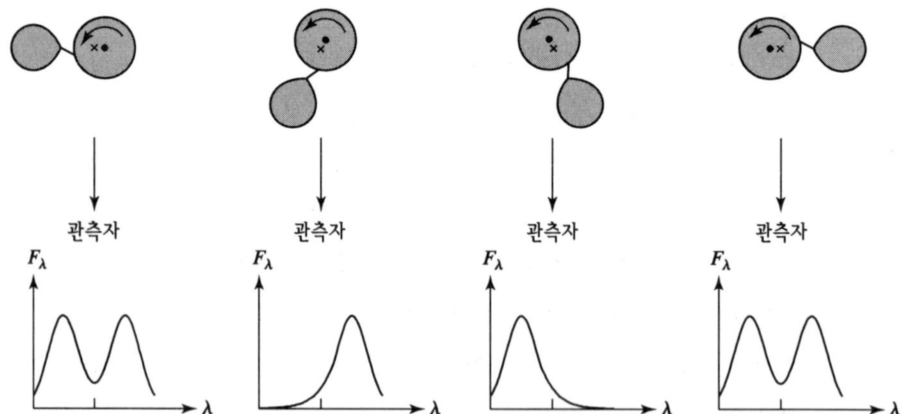

그림 12.12 도플러 효과로 인하여 파장이 이동된 방출선. 유입원반의 위치에 따라서 방출선의 모양이 파장위치가 다르다. 쌍성계는 질량중심("x" 표시)을 서로 공전하며 원반이 반성 뒤로 가서 식현상이 일어날 때는 원반 한쪽이 가장자리만 보인다. 원반은 화살표 방향으로 회전한다.

폭발 중에는 흡수선이 나타났다는 것은 쉽게 이해할 수 있다. 그러나 조용한 기간 중에는 아마도 질량이 원반으로 흡입되는 이동률이 감소하여, 원반은 밀도가 약해지고, 차가워질 것이다. 원반은 반경이 큰 바깥쪽에서 광학적으로 얇아지므로 방출선을 나타낼 것이다. 또 다른 가능성은 원반 위에 뜨거운 가스층이 얇게 덮혀 있고, 이로 인하여 방출선이 나타날 수도 있을 것이다.

왜신성

왜신성(U Geminorum)의 최초 관측은 1855년에 수행되었다. 그러나 이 천체의 성질은 1974년까지 잘 밝혀지지 않았다. 1974년 Cape Town 대학의 워너박사(Brian Warner)는 식왜신성, Z Chamaeleontis의 폭발은 백색왜성을 둘러싸고 있는 유입원반이 밝아지기 때문이라고 하였다. 왜신성으로부터 나오는 대부분의 빛은 백색왜성 주위의 유입원반으로부터 나오기 때문에 이러한 계는 유입원반의 역학적인 구조를 연구하는 아주 좋은 기회를 제공한다.[17] 왜신성 VW Hydri를 관측하여 가시광선 영역의 폭발은 자외선 영역의 밝기 증가보다 약 하루 먼저 일어난다는 사실을 밝혔다. 이것은 폭발이 온도가 낮은 원반의 바깥부분에서 시작하여, 온도가 높은 원반의 중앙부분으로 퍼져 나가는 것을 뜻한다. 이러한 이유들 때문에 천문학자들은 왜신성의 폭발이 유입원반으로 흘러들어가는 질량 이동률이 갑자기 증가할 때 일어난다고 결론지었다.

예제 12.4.1

Z Chamaeleontis는 왜신성이다. 이 신성은 주성이 백색왜성이며 질량이 $M_1 = 0.85\ \mathrm{M}_\odot$이고, 반경은 $R = 0.0095\ \mathrm{R}_\odot$이다. 반성은 M형 주계열이며 질량은 $M_2 = 0.17\ \mathrm{M}_\odot$이다. 공전궤도 주기는 P=0.0745 day이다. 이 계는 어떤 형태로 보일까?

케플러 제3법칙 식(2.37)로부터 두 별 사이의 거리는 아래와 같다.

$$a = \left[\frac{P^2 G(M_1 + M_2)}{4\pi^2}\right]^{1/3} = 5.22 \times 10^8\ \mathrm{m}$$

17) 일부 쌍성계에서는 주성인 백색왜성에 강한 자기장이 형성되어있어(자기장의 세기가 수 천 테슬라로 매우 강함) 유입원반의 형성을 가로막는다. 대신에 흡입되는 물질은 자기장으로 형성된 기둥을 통하여 백색왜성의 양 자극중 한극(혹은 양극) 으로 질량이 깔때기 형태로 빨려들어 간다. 이러한 AM Herculis 별들에(혹은 polars) 대하여 12.6장에서 논의할 것이다.

이것은 태양 반경의 약 75%이다. 주성인 백색왜성과 라그랑지 점 L_1과의 거리는 식 (12.9)으로부터 아래와 같이 구할 수 있다.

$$\ell_1 = a\left[0.500 - 0.227\log_{10}\left(\frac{M_2}{M_1}\right)\right] = 3.44 \times 10^8 \text{ m}$$

반분리형 쌍성계에서는 반성이 로쉬 주머니를 채우기 때문에, 반성과 내부 라그랑지안 점 사이의 거리는 반성의 크기(반경)이다. Z Cha에 대하여

$$R_2 \approx \ell_2 = a - \ell_1 = 1.78 \times 10^8 \text{ m}$$

이 값은 M6형 주계열성의 크기와 매우 잘 일치 한다(부록 G 참조). 이 계의 r_{circ} 값은 식(12.25)으로부터 구할 수 있다.

$$r_{\text{circ}} = a\left(\frac{\ell_1}{a}\right)^4\left(1 + \frac{M_2}{M_1}\right) = 1.18 \times 10^8 \text{ m}$$

그리고 원반의 외부 반경은 아래와 같다.

$$R_{\text{disk}} \approx 2r_{\text{circ}} = 2.4 \times 10^8 \text{ m}$$

식 (12.26), 이 값은 내부 라그랑지 점까지 거리의 약 2/3 정도가 된다. 이것은 관측과 잘 일치하는 것이다. 즉 관측에 의하면 Z Cha의 원반은 이 반경이 지나서는 매우 약한 빛을 방출한다.

Z Cha의 폭발 기간에 추론된 질량 이동률은 대략

$$\dot{M} = 1.3 \times 10^{-9}\ \text{M}_\odot\ \text{yr}^{-1}$$

이다. 혹은 7.9×10^{13} kg s^{-1}이다. 그러므로 원반의 최대 온도는 식 (12.21)을 이용하면 아래와 같다.

$$T_{\text{max}} = 0.488\left(\frac{3GM\dot{M}}{8\pi\sigma R^3}\right)^{1/4} = 4.4 \times 10^4 \text{ K}$$

그림 12.13은 Z Cha에 대하여 반경의 변화에 따라서 원반 온도가 변하는 것을 보여주고 있다[식(12.19)로부터 계산]. 원반의 안쪽에서 바깥 영역으로 이동함에 따라 온도는 44,000 K에서 8,000 K로 감소한다. 빈의 법칙 식(3.15)(1권)에 의하면, 이것은 에너지가 최대가 되는 파장 영역이 66nm에서 363nm 증가하는 것이다(즉, 원자외선에서 근자외선으로 이동).

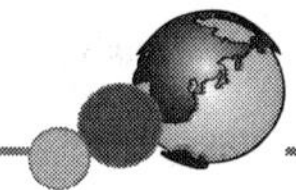

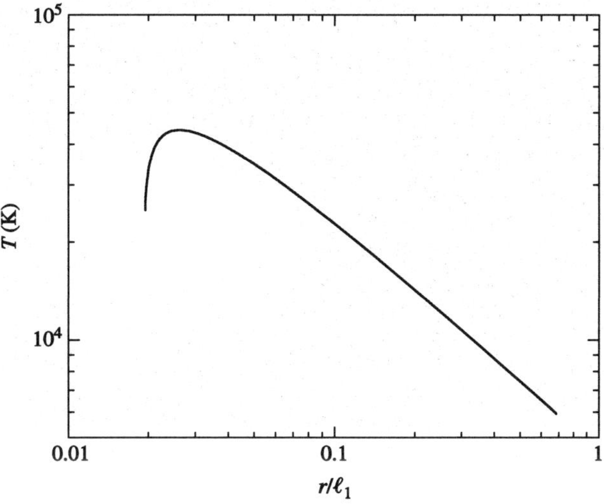

▌그림 12.13 Z Chamaeleontis에서 계산한 유입원반의 온도. 반경 r은 l_1의 단위로 표시되고, l_1은 백색왜성에서 안쪽 라그랑지 점까지의 거리이다. 주성인 백색왜성의 표면에서 온도가 갑자기 내려가는 현상은 비실제적이고 인위적인 가정이다.

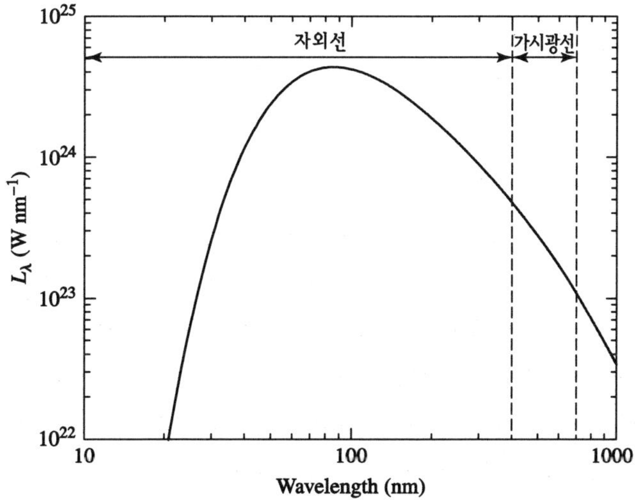

▌그림 12.14 왜신성 Z Chamaeleontis의 유입원반에서 계산한 단색 파장 광도

원반 전체에 대한 단색 파장 광도 L_λ는 플랑크 함수에 대한 1권을 원반의 면적과 방향에 대하여 적분하여 구할 수 있다 1권 참조). 1nm의 파장 간격 영역에서 초당 방출되는 에너지를 그림 12.14에 그렸다. 식 (12.23)에 의하면 유입원반의 총 광도 (전파장에 대하여 적분)는 다음과 같다.

▌그림 12.15 Z Chamaeleontis의 상상도
(Dale W. Bryner(1935–1999), Weber State University 제공)

$$L_{\text{disk}} = G\frac{M\dot{M}}{2R} = 6.8 \times 10^{26}\ \text{W}$$

이 값은 태양의 광도보다 약 75% 큰 값이다.

Z Cha의 가상적인 형태는 그림 12.15에 나타나 있다. 또한 그림 12.6 참조.

질량 이동률의 변화

오늘날까지 왜신성이 250개 이상 발견되었다. 이들은 폭발 기간 동안에 2~6등급 밝아지고(광도가 6–20배 밝아짐), 폭발은 5–20일 지속된다. 이러한 폭발 후에는 약 30–300일 동안의 조용한(비폭발) 기간이 지속된 후 다시 폭발을 반복한다.; 그림 12.16을 보라. 왜신성의 원반으로 유입되는 질량 이동률은 각 다른 파장 영역에서 나오는 에너지의 양을 관측하여 이론적인 모형과 비교하여 산출된다. 긴 조용한 기간 중에는 질량 이동률이 아래와 같고

$$\dot{M} \approx 10^{12} - 10^{13}\ \text{kg s}^{-1} \approx 10^{-11} - 10^{-10}\ \text{M}_\odot\ \text{yr}^{-1}$$

폭발기간에는 아래와 같이 증가한다.

$$\dot{M} \approx 10^{14} - 10^{15}\ \text{kg s}^{-1} \approx 10^{-9} - 10^{-8}\ \text{M}_\odot\ \text{yr}^{-1}$$

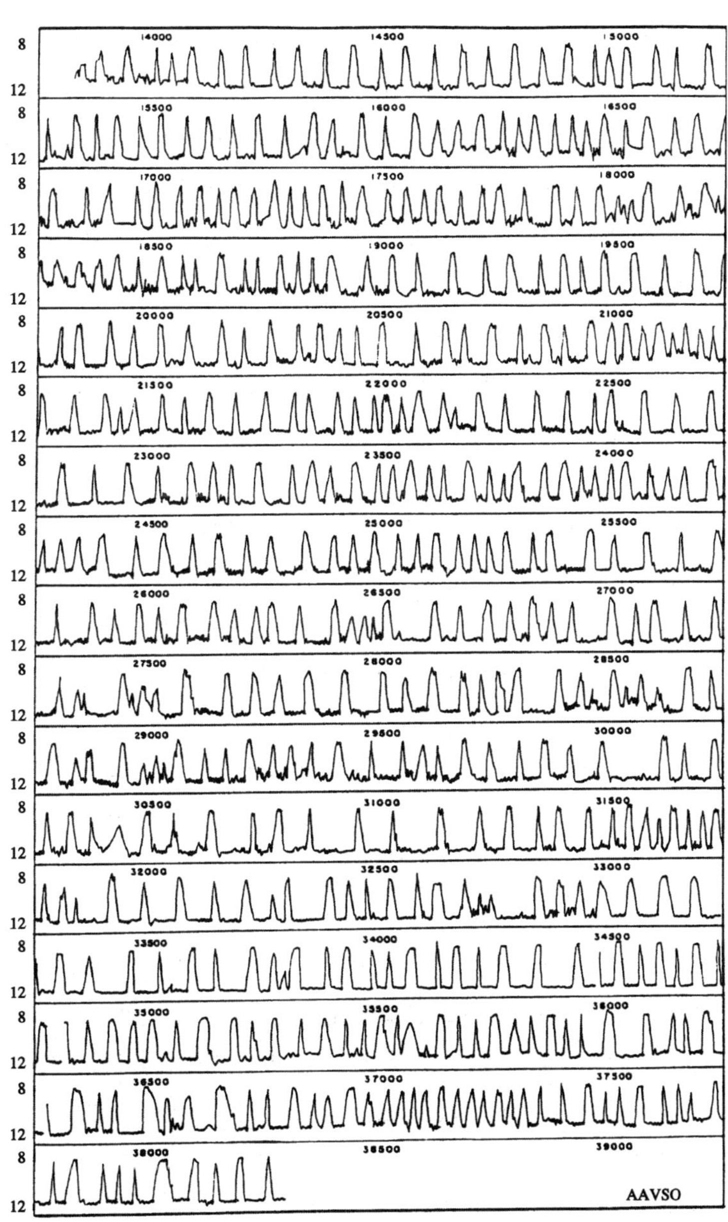

SS Cygni의 광도 곡선
1896-1963

▌그림 12.16 약 95 pc 거리에 있는 왜신성 SS Cygni의 폭발. 이 광도곡선은 줄리안 날짜로 약 500일 간격으로 시간을 표시하였고, 광도곡선은 1896년부터 1963년까지의 광도변화를 미국 변광성 관측자 협회(AAVSO)에서 자료를 수집하여 완성하였다. (전세계 관측자들의 관측을 수집하여 운영되는 AAVSO 국제 데이터베이스에 보관되어 있는 변광성 관측자료 축적에 감사드린다.)

원반의 광도는 $\dot{M}$(식 (12.23))에 비례하기 때문에 질량 이동률이 10-100배 증가하면 관측된 계의 밝기도 동일하게 증가한다.[18)]

천문학자들이 풀어야 할 수수께끼는 폭발 기간 동안에 왜신성의 원반으로 유입되는 질량의 이동률이 증가하는 이유가 무엇인가이다. 가능한 설명으로는 반성에서 주성으로 유입되는 질량 이동률이 불안정하거나, 유입원반 자체가 불안정하여 주기적으로 가스의 흐름을 막아서 저장하고 있다가, 가스가 어느 정도 차면 분출시키는 것을 반복하는 것이다.

질량 이동률의 변화는 안쪽 라그랑지점 L_1을 통하여 흡입되는 질량 흐름의 자세한 과정에 따라 결정되어야만 한다. 하나의 가능성은 반성의 외부층이 불안정하여 주기적으로 외부층의 가스가 로쉬 주머니를 넘치기 때문이다. 외부층의 불안정성은 수소의 일부분이 이온화 영역을 형성하여($T \simeq 10,000$ K에서)에너지 방출도 차단하여 에너지를 축적하고 있다가 축적된 에너지를 방출하는 것을 반복하는 것이다.[19)] 1 kg의 수소이온(HII)이 자유전자와 재결합할 때 $1.3 \times 10^9 J$의 에너지가 발생한다. 만약 이온화 영역이 반성의 표면에 아주 가까운 곳에서 일어나면 이것은 반성을 둘러싸고 있는 물질을 L_1쪽으로 밀어내기에 충분하고 그 결과 신성은 폭발을 시작할 것이다. 그러나 우리는 반성이 주계열 별이며 분광형 G형 혹은 그보다 만기형으로 알고 있다. 그러므로 이온화 영역은 아마도 반성의 표면보다 깊숙한 곳에서 일어나 불안정성을 만들 것이다.

다른 설명으로 불안정성이 유입원반의 바깥부분에 있는 것이다. 이 또한 수소 이온화 영역으로 설명할 수 있다. 원반을 형성하는 물질의 점성도가 원반으로 흡입되는 질량의 이동률을 결정한다. 점성도가 낮으면 더 많은 물질이 원반에 축적된다. 만약 점성도가 주기적으로 낮아졌다 높은 값으로 변하는 것을 반복하면, 저장된 물질이 주기적으로 원반 안쪽으로 흡입되면서 원반은 밝아지고 이는 왜신성이 밝아지는 것으로 나타난다. 유입원반의 점성도에 대하여 아직 알려진 것이 별로 없음에도 불구하고 점성도가 주기적으로 변하며 원반 바깥 부분의 온도가 $T \approx 10,000$ K일 때 수소의 이온화와 재결합이 주기적으로 나타나므로 발생하는 불안정성이 꾸준히 제안되고 있다. 이러한 시나리오에서 점성도는 대략적으로 원반의 온도에 비례하므로 결국은 원반 물질의 불투명도(opacity)에 좌우된다. 10^4 K 이하에

---

18) 5등급차이는 밝기에서 100배 차이에 상응한다.; 식 (3.4)(1권) 참조

19) 이것은 별의 맥동 현상을 설명하는 $\kappa - mechanism$을 연상시킨다; 8.2장 참조

서 가능한 시나리오는 아래와 같다.

중성수소 → 낮은 불투명도
→ 쉽게 식는다.
→ 낮은 온도
→ 낮은 점성도
→ 질량이 원반 외부에 축적

반면에 10^4 K이상에서

이온화된 수소 → 높은 불투명도
→ 쉽게 식지 않는다.
→ 높은 온도
→ 높은 점성도
→ 질량이 원반 속으로 흡입

물질이 축적되면 천천히 원반의 바깥부분이 가열되고, 축적된 물질이 원반 안쪽으로 흡입되면 빠르게 식어간다. 이 원리는 물질 유입율이 낮을 때 ($< 10^{12}\,\mathrm{kg\,s^{-1}} \simeq 10^{-11}\,M_\odot \mathrm{yr^{-1}}$) 작용되므로, 왜신성의 폭발은 $\dot{M}$의 값이 큰 쌍성계에서는 일어나지 않는다. 이 한계는 관측으로도 나타난다. 이러한 이유로 대부분 천문학자들은 왜신성의 폭발을 원반의 불안정성으로 설명하는 것을 선호한다.

고전적인 신성

높은 물질 유입율은 고전적 신성에서 나타난다. 신성에 대한 가장 오래된 기록은 CK Vulpeculae에 관한 1670년 기록이다. 그 후 수백개의 신성이 관측되었다. 매년 30여개의 신성이 안드로메다 은하(M31)에서 발견된다. 그러나 우리 은하의 경우 먼지에 의해서 가려지지 않는 지역에 한하여 일년에 2-3개 밖에 발견되지 않는다. 신성은 7-20등급 사이의 별이 갑자기 밝아지는 별이며, 평균 밝기는 약 10-12등급이다. 광도의 증가는 매우 빠르게 진행되어 단지 수 일 정도 걸리고, 최대 밝기에서 2등급 정도 어두울 때 광도 증가를 잠시 멈춘다. 최대 밝기에서 신성의 광도는 $10^5\,L_\odot$가 되며 약 10^{38} J(전파장 영역의 합) 에너지를 방출하며 100일 이상 지속된다.

최대 밝기에 도달한 후에는 수개월 동안 서서히 밝기가 어두워진다. 광도 감소 비율로 신성을 빠른 신성과 느린 신성으로 구분한다. 빠른 신성은 최대 밝기에서 2등급 감소하는데 수 주일 걸리고, 느린 신성은 거의 100일이나 걸린다.(그림 12.17과 12.18 참조.) 광도가 감소하면서 어떤 경우에는 파동 형태의 밝기 변화를 보이면서 감소한다. 아주 특별한 경우, 약 한 달동안 신성으로부터 가시광선이 전혀 나오지 않는다. 빠른 신성은 느린 신성보다 3등급 밝다. 그러나 두 신성 모두 수 십년 후에는 광도가 폭발 이전 상태로 떨어진다.

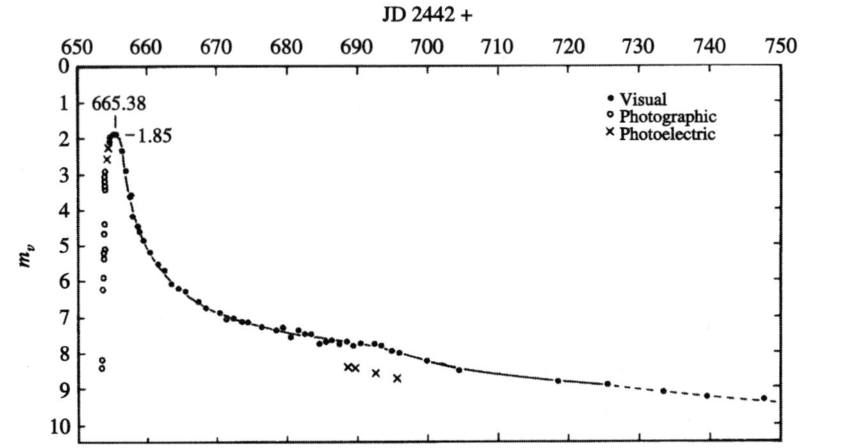

▮ 그림 12.17 빠른 신성 V1500 Cyg의 광도곡선. (그림은 Young et al. Ap.J., 209,882, 1976에서 발췌)

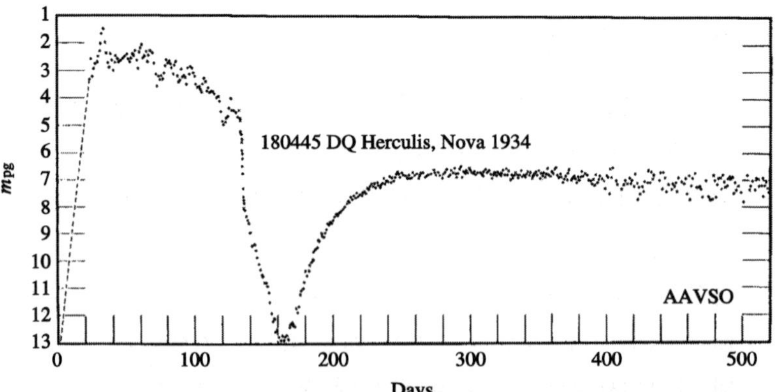

▮ 그림 12.18 느린 신성 DQ Her의 광도곡선. 사진등급, m_{pg}, 은 사진건판에 있는 신성의 영상으로부터 측정되었다. (AAVSO 국제데이터베이스에서 얻은 변광성 관측에 감사드린다.)

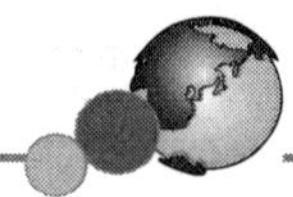

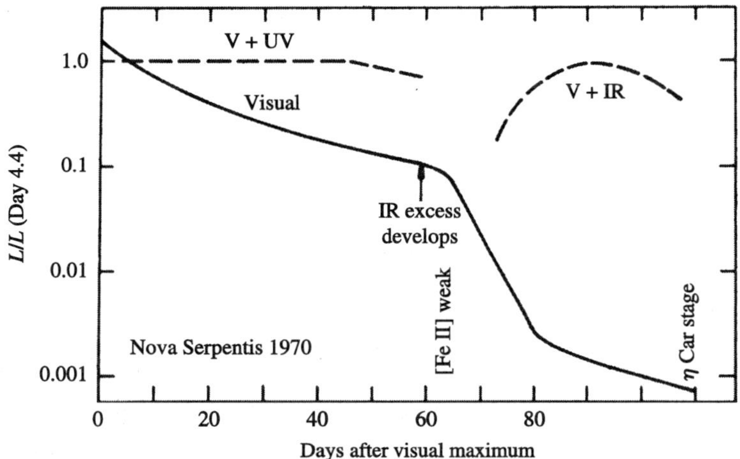

그림 12.19 신성 FH Serpentis의 전파장영역 광도. 광도는 4.4일째 되는 날의 광도를 1로 하여 규격화 하였다. 최초 60일 동안 가시광선 영역에서 감소된 에너지는 자외선 영역에서 거의 비슷한 에너지의 양이 증가하였다. 그 후 가시광선 에너지가 적외선으로 적색이동함에 따라 적외선 파장의 에너지는 증가하였다. (그림은 Gallagher and Starrfield, Annu Rev. Astron. Astrophy. 16. 171. 1978에서 인용하였다. 사용허가 취득 : Annual Review of Astronomy and Astrophysics, Volume 16, @ 1978 Annal Reviews Inc.)

초기 몇 달 동안은 밝기 감소가 가시광선 영역에서만 나타난다. 적외선과 자외선 영역의 관측을 포함하여, 전 파장 영역의 광도를 구하여 보면 폭발 이후 수개월 동안은 밝기 감소가 일어나지 않고 일정하게 나타난다.; 그림 12.19참조. 추가적으로, 신성의 스펙트럼을 분석하면, $10^{-5} \sim 10^{-4}$ M$_\odot$질량의 뜨거운 가스의 분출을 알 수 있다. 이 가스의 분출속도는 수백~수천 km s^{-1}이다. 가스의 속력은 빠른 신성이 약 3배정도 크다. 그러나 분출된 총 질량은 두 종류 모두 비슷하다. 비폭발 상태에서 신성의 절대 안시등급의 평균값은 $M_V = 4.5$이다. 이러한 신성에서 나오는 빛의 대부분이 백색왜성을 둘러싼 유입원반에서 나오는 것이라고 가정하면, 전형적인 신성의 질량 이동률을 산출할 수 있다(질량 이동률을 산출할 때 전파장 등급 대신에 안시등급을 사용한다. 그러므로 질량 이동률은 약간 작은 값으로 산출될 것이다.). 식 (3.7)로부터 이 쌍성계의 광도는

$$L = 100^{(M_{\rm Sun} - M_V)/5}\ \mathrm{L}_\odot = 1.3\ \mathrm{L}_\odot = 4.9 \times 10^{26}\ \mathrm{W}$$

이 결과로 유입원반의 광도(식 (12.23))를 이용하면 질량 이동률은

$$\dot{M} = \frac{2RL}{GM} = 5.7 \times 10^{13}\ \mathrm{kg\ s^{-1}}$$

혹은 약 $9.0 \times 10^{-10}\ M_\odot\ \mathrm{yr}^{-1}$ 이다

이 결과는 현재 이론적인 신성의 모형과 잘 일치한다. 모형에 의하면 반분리형 쌍성계에서 백색왜성은 물질을 약 $10^{-8} \sim 10^{-9}\ M_\odot\ \mathrm{yr}^{-1}$ 비율로 흡입하고 있다. 수소가 풍부한 가스가 백색왜성 표면에 축적되면, 압축되어 가열된다. 이 표면층의 바닥에서는 가스가 백색왜성의 탄소, 질소 그리고 산소와 혼합된다. (이러한 혼합 없이는 계속되는 폭발이 매우 약하여 뜨거운 가스로 셸모양의 확장된 외부층을 형성할 정도의 물질을 분출할 수 없을 것이다.) 외부층을 분광학적으로 분석해 보면 탄소, 질소, 산소가 태양에 비하여 약 10~100배 많이 검출된다.

수소가 풍부한 백색왜성 표면쪽 바닥에서는 물질이 좋든 전자압력으로 지지되며, 수소가 $10^{-4} \sim 10^{-5}\ M_\odot$ 정도 축적되고, 바닥에서의 절대온도가 수백만도(K)가 되면 CNO순환 반응으로 수소 연소가 시작된다. 높게 좋든 물질에서 압력은 온도와 관계없으므로, 확장된 외부층 즉 셸이 팽창되고 식어도 반응률은 줄지지 않는다. 그 결과 열핵반응이 질주하여 온도가 10^8 K에 이르게 되고, 전자는 좋든 상태를 벗어난다.[20] 광도가 약 10^{31} W의 에딩턴 한계를 초과하면(식 (4.114)) 복사 압력이 흡입된 물질을 밀어내어 우주공간으로 분출한다. 빠른 신성, 느린 신성의 분류는 백색왜성의 질량과 표면의 수소층에서 일어나는 CNO반응 정도에 따라서 결정되기도 한다. 최대광도에 도달하기 전에 밝기 증가가 잠시 멈추는 기간이 있는데 이는 아마도 분출물의 투명도가 변하므로 생기는 현상일 것이다.

$m = 10^{-4}\ M_\odot$의 수소층이 완전히 핵융합될 때 생성되는 에너지는 $0.007mc^2 \approx 10^{41}$ J 이며, 관측되는 에너지보다 약 1000배 크다. 만약 모든 수소가 다 소모된다면 신성은 수 백년 동안 빛을 발할 것이다. 그러므로 축적된 물질의 대부분이 폭발로 우주공간으로 분출되어야만 한다. 그러나(신성으로부터 멀리) 분출된 물질의 운동에너지는 표면층의 중력 속박 에너지보다 훨씬 작다. 이것은 분출물에 주어진 총에너지가 겨우 계를 탈출할 수 있는 정도만 된다는 것을 뜻한다.

20) 이 원리는 13.2장에서 설명한 헬륨핵 플래쉬(섬광)와 비슷하다.

수소층의 약 10%만이 신성의 폭발로 분출된다. 빠른 신성에서 자주 나타나는 초기의 **유체역학 분출 단계**를 지나, 유체 정역학 평형상태가 되고, **유체정역학 연소 단계**가 시작된다. 상당 기간 수소가 연소되는 이 단계는 느린 신성에서는 에너지 방출에 매우 중요한 단계이다. 이 기간 동안 에너지는 일정하게 생성되며 에딩턴 광도와 같게 된다. CNO연소가 일어나는 셸의 바로 윗층은 완전한 대류층이 되며 약 10-100배 팽창하여 10^9 m[21] 정도의 크기가 된다. 대류층의 표면의 유효온도는 약 10^5 K이고, 이 온도는 활동적인 CNO 셸 바로 밑 부분의 온도 4×10^7 K보다 훨씬 낮다.

유체정역학 연소가 시작한 후 수개월에서 1년 정도 지나면 최종적으로 흡입된 표면층이 분출된다. 연료가 없어져 유체정역학 연소 단계는 끝나고, 백색왜성이 식기 시작한다. 결국은 쌍성계는 조용한 구도로 되돌아가고, 물질 흡입 과정은 다시 시작한다. $10^{-8} \sim 10^{-9}\,M_\odot\,yr^{-1}$의 물질 유입율이 $10^4 \sim 10^5$년 동안 지속되면 $10^{-4}\,M_\odot$ 정도의 또 다른 표면층을 형성될 것이다.

분출된 가스의 물리적 특성은 신성 폭발 직후 3단계 분출과정을 겪는다. 초기의 불덩어리 폭발 단계 동안에는 유체역학적 분출단계에서 별로부터 뿜어져 나간 물질들이 광학적으로 두꺼운 불덩어리를 형성하고, 불덩어리는 6000~10,000 K 온도의 흑체와 같이 복사를 방출한다. 관측되는 빛은 확장된 불덩어리의 광구에서 나오는 것이고, 이 순간에는 신성의 스펙트럼은 A형 혹은 F형 초신성과 유사하다.

불덩어리 확장 단계는 문제 12.13에서 확인될 것이다. 여기서는 신성의 간단한 모형, 즉 일정한 질량 분출률 $\dot{M}_{\rm eject}$, 분출 속도 v를 가정하면 확장된 광구의 반경은 시간에 따라서 선형적으로 증가한다. 그러므로 광구 반경의 최대값은

$$R_\infty = \frac{3\overline{\kappa}\dot{M}_{\rm eject}}{8\pi v} \tag{12.30}$$

만약 신성의 광도, L이 일정하다고 가정하면 식 (3.17)(1권)로부터 모형 광구의 유효온도는

21) 백색왜성 잔재는 로쉬 주머니를 채우고 넘칠 수도 있다. 그 결과로 근접쌍성의 붕괴에 대하여는 아직 잘 알려지지 않았다.

$$T_\infty = \left(\frac{L}{4\pi\sigma}\right)^{1/4}\left(\frac{8\pi v}{3\bar{\kappa}\dot{M}_{\text{eject}}}\right)^{1/2} \tag{12.31}$$

불투명도 $\bar{\kappa} = 0.04\ \text{m}^2\ \text{kg}^{-1}$[편의를 위하여 순수 수소만 가정할 때 전자산란은 식 (3.27)을 이용], 질량분출률 $\dot{M}_{\text{eject}} \simeq 10^{19}\,\text{kg s}^{-1}$(약 $10^{-4}\text{M}_\odot\,\text{yr}^{-1}$), 분출 속도 $v \simeq 1000\,\text{km s}^{-1}$, 불덩어리의 광구 한계반경은 5×10^{10} m 혹은 1/3 AU이다. 광도 L에 에딩턴 한계값 $10^{31}\,W$를 사용하면 모형 광구의 유효온도는 거의 9000 K가 된다.

광학적으로 두꺼운 불덩어리 단계는 가시광선 영역에서 최대 밝기가 되어 수 일 만에 끝난다. 그러면 신성에서 퍼져나가 셸을 구성하는 가스는 계속 팽창되어 밀도는 점점 작아진다. 질량 분출률 $\dot{M}_{\text{eject}}$도 유체정역학 연소 단계에서 점점 쇠퇴한다. 그 결과 식 (12.30)과 (12.31)에 따라서 광구의 위치는 안쪽으로 이동하고 온도는 약간 증가한다. 비록 이러한 일반적인 경향이 잘 맞는다고 할지라도, 불투명도 온도가 $T < 10^4$ K이면 온도에 매우 민감하게 되고(그림 3.10 참조), 여기서 제시한 모형은 너무 단순하여 신성의 진화를 설명하기는 어렵다. 좀 더 자세히 설명하면 가시광선 영역의 밝기가 쇠퇴함에 따라, 자외선 영역의 밝기는 더 밝아진다. 이제 셸은 투명해지고, **광학적으로 얇은 단계**가 시작된다. 유체정역학 단계에서는 보이지 않던 중심의 백색왜성이 이제는 보이기 시작하여 푸른수평가지 별이 되고 H-R도에서 RR Lyrae별보다 더 청색 쪽에 위치한다. 백색왜성의 외피는 불규칙적으로 연소하여 관측되는 일부 신성에 대하여 부수적인 밝기 변화를 초래한다.

수 개월 후에 확장된 가스층의 온도는 약 1000 K로 떨어지고, 분출물에 있는 탄소가 압축되어 흑연 알갱이를 형성한다.22) 이러한 알갱이 형성으로 **먼지 형성 단계**가 시작된다. 결과로 모든 신성의 50%가 넘는 신성에서 먼지 셸이 형성되고, 셸은 광학적으로 두꺼워진다. 신성에서 나오는 가시광선은 광학적으로 얇은 셸에 의해서는 약해지지 않는다. 그러나 광학적으로 두꺼운 먼지 알갱이가 형성되면 중심부의 백색왜성을 완전히 가린다. 후자인 경우 그림 12.19에서 보는 바와 같이 가시광선은 갑자기 줄어든다. 백색왜성에서 나온 빛은 흡수되고, 흑연 알갱이에 의해서 재방출된다. 그래서 광학적으로 얇은 먼지 셸은 약 900 K에 해당하는 흑체복사를 적외선 영역에서 방출한다. 이런 방법으로 신성 전파장 영역의 광도는 일정하게 유지된다.

22) 알갱이의 성분은 5 μm 영역에서 나타나는 적외선 방출선으로 확인한다. 6.1장 참조. 신성은 알갱이 형성 이론을 연구할 수 있는 자연적인 실험실이다.

▌그림 12.20 1901년에 폭발한 신성 Persei의 1949년 사진. (Palomar/Caltech 제공)

단 유체정역학 연소 단계에서 백색왜성이 지속적으로 에딩턴 비율로 에너지를 방출한다는 조건에서 광도가 일정하게 유지된다. 유체정역학 연소 단계가 끝난 후 가스와 먼지가 성간물질로 흩어지고 수 년 동안 확장된 셸이 그림 12.20 형태로 보인다.

편광성(Polars) : 백색왜성에서 나오는 X-선

AM Her **별**들은(AM Herculis, 혹은 **polars**로 부름) 반분리형 쌍성계로서 약 2000 T 정도의 자기장을 가지고 있는 백색왜성을 포함하고 있다. 백색왜성의 자기장이 반성의 외부층과 작용하여 회전력(토크)을 만들고 그 결과로 동주기 자전을 만든다.; 두 별이 서로 마주보며 뜨거운 가스의[23] 흐름으로 연결되어 있다. 이 가스가 백색왜성에 도달함에 따라 가스는 바로 백색왜성 표면을 향하여 떨어지고, (유입원반 형성과정 없이) 수십 km의 유입기둥을 형성한다. 유입되는 물질로 백색왜성의 광구 위에서 충격파면이 발생하고, 여기서 가스는 감속되고, 강한 X-선 광자를 방출한다.; 일부 X-선은 탈출하고, 일부는 광구에 흡수되어, 약한 X-선과 자외선으로 재방출된다.

23) 만약 백색왜성이 좀 약한 자기장(B_s < 1000 T)을 가지고 있다면, 혹은 별과 별 사이가 멀어서 유입원반이 형성되지만 백색왜성에 가까이 가면 부서진다. 이러한 계를 DQ Herculis형 별 혹은 중간 편광성이라고 하며 동주기 자전을 하지 않는다.

이러한 계에서 관측되는 가시광선 영역의 빛은 유입기둥의 자기력선을 따라서 비상대론적 전자가 나선형 회전을 하여 움직이며 *사이클로트론 복사*를 방출한다. 이것은 상대론적 전자가 방출하는 싱크로트론 복사의 비상대론적인 것의 닮은꼴이다(그림 10.17 참조). 싱크로트론 복사의 연속스펙트럼에 반하여, 사이클로트론 복사의 에너지는 대부분 *사이클로트론 주파수*에서 방출된다.

$$\boxed{\nu_c = \frac{eB}{2\pi m_e}} \qquad (12.32)$$

$B_s = 1000\ \mathrm{T}$, $\nu_c = 2.8 \times 10^{13}\ \mathrm{Hz}$ 즉 적외선 파장영역이다. 그러나 일부의 에너지는 ν_c의 높은 공명 주파수에서 방출되고, 지상에서 가시광선 영역으로 검출될 수 있다. 사이클로트론 복사는 자기력선의 방향과 평행하게 관측할 때 원형 편광되고, 자기력선에 수직으로 관측하면 선형 편광된다.[24)] 그러므로 두 별이 서로 공전할 때(공전주기는 전형적으로 1~2시간) 관측된 편광 상태는 원형편광과 선형편광 사이에서 매끄럽게 변화한다. 사실 이 별들은 시간에 따라 변화하며 강한 편광 상태를(약 30% 까지) 보이기 때문에 이 별들의 이름도 편광별(Polars)이라고 한다.

12.5 Ia형 초신성

각 신성들의 특성이 서로 매우 다르다는 것을 알았다. 최대 광도, 밝기 감소율, 밝고 어두움을 반복하는 광도의 변화, 가시광 영역에서 신성이 사라지는 현상, 이러한 모든 변화는 신성에 따라서 각각 다른 정도와 크기로 나타난다. 반면에 격변 변광성의 또 다른 종류로 **초신성 Ia형**은 상대적으로 변화가 다양하지 않고 체계적으로 나타난다. 즉 폭발하는 초신성을 광도지표(표준화된 지표)로 사용할 수 있어서 천문학자들은 초신성까지의 거리를 측정할 수 있고 결국은 초신성이 속한 지역까지의 거리를 산출하는 것과 같다[25)].

24) 선형 편광된 빛의 전기장은 한 평면에서 진동한다. 반면에 원형 편광된 빛에서는 편광면이 진행 방향에 대하여 회전한다.

25) 핵붕괴 초신성은(Type Ib, Ic, 그리고 II) 9장에서 자세하게 논의되었다.

관측

Ia형 초신성은 에너지 방출이 매우 일정하며, 최대 밝기의 평균절대등급이 아래와 같다.

$$\langle M_B \rangle \simeq \langle M_V \rangle \simeq -19.3 \pm 0.03$$

대부분의 Ia형 초신성 밝기가 ±0.03등급 분포 안에 있다. 그림 12.21에서 보는 바와 같이 최대 밝기와 광도곡선의 밝기 감소율 사이에는 뚜렷한 관계가 있으므로 Ia형 초신성을 관측하여 밝기 감소율을 얻으면 쉽게 최대 밝기를 유추할 수 있다. 광도(혹은 절대등급)를 알면, 초신성까지의 거리를 계산할 수 있다. Ia형 초신성의 밝기가 주어지면, 초신성은 초신성이 속한 은하의 거리를 측정하는 중요한 도구로 사용된다. 이 도구는 멀리있는 은하까지 거리를 측정할 수 있으므로 우주 구조를 탐사하는데 중요한 역할을 한다. Ia형 초신성은 대폭발 이후 137억년이 지난 현재 우주가 가속 팽창 한다는 것과 우주의 3/4은 암흑 에너지(dark energy)가 차지하고 있다는 사실을 설명하는데 결정적인 역할을 했다.

9.2장에서 언급했듯이 Ia형 초신성의 스펙트럼에서 수소선들이 나타나지 않는다. 대신에 Si선들이 O, Mg, S, Ca 그리고 Fe등의 중성 및 이온화된 선들과 함께

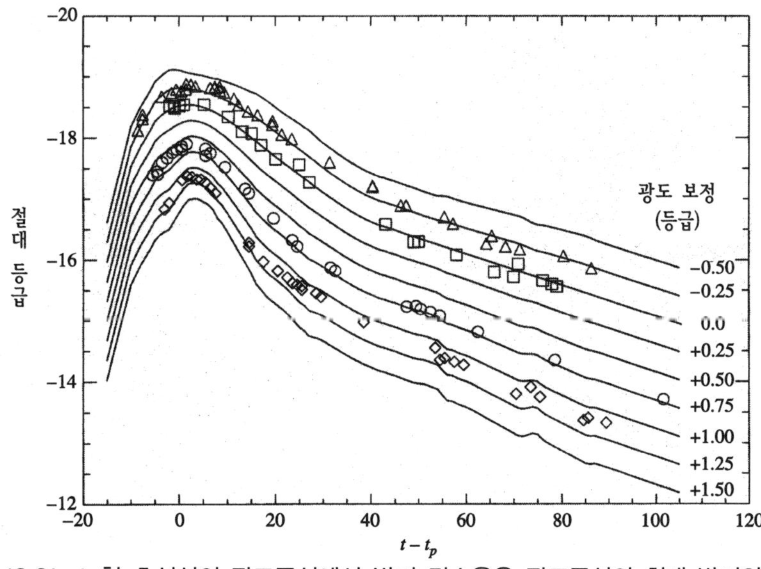

▮ 그림 12.21 Ia형 초신성의 광도곡선에서 밝기 감소율은 광도곡선의 최대 밝기와 반비례 관계가 있다.

나타난다(그림 9.6). 수소가 우주에서 가장 풍부한 원소임을 생각하면, 수소선이 나타나지 않는다는 사실은 Ia형 초신성들이 진화된 천체이므로 수소를 모두 잃어버렸거나, 무거운 원소로 변환 되었거나, 두 경우 모두에 해당할 것이다. 분광선들에는 P-Cygni 선윤곽이 나타나는 것으로 보아 질량 손실도 추정된다. 덧붙여서 흡수선에 보이는 청색이동은 분출물의 팽창 속도를 뜻하며 속도는 $\gtrsim 10^3$ km s^{-1}(~ 0.1 c)이다.

Ia형 초신성의 모형

Ia형 초신성들의 광도곡선들과 스펙트럼들이 매우 유사하게 나타나므로 이 거대한 폭발 현상의 원리는 대부분 같다고 생각한다.

현재 천문학자들이 가정하는 Ia형 초신성의 표준 모형은 쌍성에 속한 백색왜성의 붕괴로 인한 현상이다. 만약 충분한 질량이 백색왜성으로 떨어지고, 백색왜성의 질량은 찬드라세카 한계에 도달하면 거대한 폭발이 일어난다. 그러나 아직까지 폭발을 시작하는 정확한 원리는 분명하지 않다.

2개의 일반적인 시나리오가 제안되었다. 하나는 **이중 축퇴 모형**이다. 2개의 백색왜성이 쌍성계를 이루고 서로 공전한다. 아인슈타인의 일반상대성 이론 중에서 가장 극적인 예언은 **중력파**(혹은 **중력복사**)의 존재이다. 일반상대성 이론에 의하면 질량이 시공간에 작용하면 시공간은 휘어진다. 만약 계의 질량분포가 변하면, 이에 따라 달라지는 주변 시공간의 곡률 변화는 중력파의 형태로 온 사방에 퍼지며, 중력파는 계가 갖고 있던 에너지와 각운동량을 실어 나른다.(만약 별의 붕괴가 구면적으로 대칭을 이루면 별은 중력파를 발생하지 않을 것이다.; 중력파는 구형 대칭으로부터 벗어나 있어야만 한다). 이러한 현상을 근접쌍성계에 적용하면, 일반상대성이론을 이용하여 중력파 복사 방출로 인하여 두 별이 나선상으로 움직이게 된다는 사실을 보여준다. 만약 궤도 주기가 약 14시간 미만이면, 중력파를 통한 에너지 손실은 태양 정도의 질량을 가지는 별들로 구성된 쌍성의 진화에 상당한 영향을 미친다. 예를 들어 백색왜성과 중성자별이 나선 궤도로 매우 가까이 있으면 백색왜성은 붕괴되고 질량과 각운동량의 일부를 동반성으로 빼앗긴다. 그 결과 고립된 밀리로 펄사가 되고 펄사의 주기는 약 1/1000초가 된다. Hulse-Taylor 펄사하고 부르는 2개의 중성자별로 구성된 쌍성계의 연구에서 이와 같은 현상을 예측한 일반 상대성 이론이 매우 높은 정밀도로 확인되었다. 더 자세한 내용은 656쪽 참조.

2개의 백색왜성이 나선 궤도에 있는 경우, 질량이 작은 별(반경이 큰 별)은 결국 로쉬 주머니를 채우고 넘치면 몇 궤도를 도는 동안 완전히 물질이 빨려들어가고 그 결과 두꺼운 원반의 C-O가 풍부한 물질이, 질량이 큰 주성으로 들어간다. 주성의 질량은 커지고 찬드라세카 한계에 도달하면, 핵반응이 깊숙한 내부에서 시작되며, 그 결과 백색왜성(주성)이 폭발하여 파괴된다(이 시나리오는 그림 12.11에 설명되었다).

이중축퇴모형으로 두 별이 합병되는 개수를 예측할 수 있고 이 숫자는 은하에서 제Ia형 초신성이 관측되는 비율과 일치하고, 제Ia형 초신성의 스펙트럼에서 수소가 거의 없다는 사실을 설명할 수 있다. 그러나 핵연소에 대한 컴퓨터 시뮬레이션에 의하면, 백색왜성의 완전한 붕괴보다는 중성자별로의 붕괴가 초신성이 되는데 더 큰 가능성이 있다고 나타났다. 추가적으로, 중원소의 생성과 초신성 스펙트럼에서 관측되는 상대적인 중원소 비율과는 잘 일치하지 않는다.

또 다른 시나리오는 **단수축퇴모형**으로 알려졌다. 이 모형은 백색왜성 주위를 공전하는 별로 구성되며 마치도 왜신성과 신성의 모형과 유사하다. 그러나 이 경우 질량이 백색왜성으로 떨어져서 그 결과 백색왜성이 완전히 파괴되면서 Ia형 초신성이 되는 것이다. 아직도 폭발에 대한 자세한 내용은 분명하지 않다.

단수축퇴모형 중 하나에 의하면, 반성에서 주성으로 물질이 떨어질 때 가스 중에서 헬륨은 C-O 백색왜성의 위부분에 모여서 졸든다. 헬륨이 충분히 축적되면, 헬륨이 단숨에 타버리는 헬륨 섬광이 일어난다. 이 현상으로 헬륨이 탄소와 산소로 전환될 뿐 아니라, 충격파가 졸든 C-O 백색왜성 안쪽으로 전달되어 졸든 탄소와 산소가 점화된다.

또 다른 단수축퇴모형은 표면에 졸든 헬륨연소에 의존하지 않고, 백색왜성이 찬드라세카한계에 가깝게 도달하고, 졸든 가스가 더 이상 별의 질량을 지탱하지 못할 때 단순히 탄소와 산소가 백색왜성 내부에서 점화되는 것이다. 그 별이 최후 한계에 도달하면, 2차원과 3차원 시뮬레이션에 의하면, 복수 혹은 단수의 점화점이 핵 깊숙한 곳에 생겨서 비구형적인 폭발이 일어난다.

그 다음에 일어나는 현상은 현재 토론 중에 있고, 연구가 진행 중이다. 아직 분명하지 않은 것은 탄소와 산소의 연소 전선이 음속 이하의 속도에서 발생하는지 [**deflagration**(확타오름) event로 알려짐], 아니면 전선이 가속되어 급격히 초음속 연소전선(detonation event, 혹은 폭발로 알려짐)이 형성되는지이다. 연소전선이 어떻게 진행하는가는 광도곡선(최대광도와 최대 이후 광도 감소율)의 구체적인 형태에 영향을 준다. 그 뿐만 아니라 스펙트럼으로 관측되는 원소의 상대적 함유량에도 영향을 준다. 그 뿐만 아니라 스펙트럼으로 관측되는 원소도 상대적 함유량에도 영향을 준다. 물론 확타오름이냐 혹 폭발상태인가에 대한 문제는 이중축퇴모형에도 적용되는 문제이다.

여러 종류의 단수축퇴 시나리오 중에서 도전해 볼만한 일은 반성에서부터 흡입되는 물질의 정확한 이동률의 결정이다. 만약 물질이동률이 적당히 조정되지 않는다면 그 결과는 왜신성 혹은 고전적인 신성의 모형과 차이가 없고, 초신성을 설명할 수 없다.

이중 혹은 단수 축퇴 원리 모두가 자연에서 적용될 수 있을 것이다. 또한 단수 축퇴 현상의 일부는 헬륨섬광을 유도할 수 있고 나머지는 단순히 내부에서 헬륨점화단계 없이 단순히 탄소–산소를 점화할 수 있다. 아마도 심지어는 확 타오름과 폭발현상도 일어날 수 있다. 어떤 경우도 C–O백색왜성이 1.4 $M_\odot$ 에 도달하여 폭발하면 광도곡선은 일정하게 상승한다. 질량과 폭발원리가 약간 변화함에 따라 광도곡선의 형태도 변화할 수 있다.

제Ia형 초신성을 이해하기 위해서는 아직도 해결해야 할 일이 많이 있다. 이러한 일들은 현대 천체물리학의 관점에서 매우 중요한 것들이다.

12.6 중성자별과 블랙홀을 포함하는 쌍성계

근접쌍성계의 두 별 중의 하나가 질량이 매우 커서 중심부가 붕괴되는 초신성으로 폭발하면, 그 결과는 중성자별이나 블랙홀로 변하여 반성의 주위를 공전하는 것이다. 반분리형 반성의 대기로부터 뜨거운 가스가 안쪽 라그랑지점을 통하여 밀집성으로 떨어진다. 가스가 밀집성의 큰 중력퍼텐셜 우물로 떨어질 때 발생하는 에너지로 다양한 현상이 나타난다. 이러한 계들은 많은 양의 X–선을 방출한다. 사실 이런 쌍성계는 전자기 스펙트럼 중에서 **X–선 영역**에서 가장 강한 빛을 발한다. 또 다른 쌍성계로는 2개의 밀집성으로 구성된 소위 쌍펄사가 있다.

중성자별 혹은 블랙홀을 포함하는 쌍성계의 형성

쌍성계가 유지되든 안되든 간에 쌍성 중의 한 별이 초신성으로 폭발하는 것은

쌍성계로부터 분출되는 물질의 양에 따라 결정된다.[26] 초기에 질량이 M_1과 M_2인 두 별이 거리 a만큼 떨어져 있고, 서로의 질량 중심을 원궤도 운동하는 쌍성계를 생각해 보자. 식 (2.35)를 이용하여 계의 총 에너지는 다음과 같다.

$$E_i = \frac{1}{2}M_1 v_1^2 + \frac{1}{2}M_2 v_2^2 - G\frac{M_1 M_2}{a} = -G\frac{M_1 M_2}{2a} \tag{12.33}$$

두 별의 속도는 1권, $M_1 v_1 = M_2 v_2$로 표현된다. 이제 별1이 중심부가 붕괴하여 초신성으로 폭발하여 질량 M_R의 초신성 잔재를 남긴다고 생각해보자. 구형대칭 폭발을 가정하면, 별1의 속도에는 변화가 없다. 분출물이 구형 쉘껍질을 형성하여 별2에 도착하기 전까지는, 껍질의 질량은 아직도 별1에 있는 것처럼 중력적으로 작용한다(예제 2.2.1 참조). 아직까지는 초신성이 쌍성계에 영향을 미치지 않는다. 그러나 껍질이 별2를 감싸면 분출물의 중력 영향은 더 이상 존재하지 않는다.

그러므로 별1은 초신성이 되었고, 쌍성의 궤도 역학적인 면에서는 분출물(잔재)만 남을 것이고, 중력적으로 두 별을 속박하는 힘의 일부는 제거되었다.[27] 별2의 속도는 변하지 않았고, 두 별사이의 거리도 그대로 유지되기 때문에 폭발 후 쌍성계의 총 에너지는

$$E_f = \frac{1}{2}M_R v_1^2 + \frac{1}{2}M_2 v_2^2 - G\frac{M_R M_2}{a} \tag{12.34}$$

만약 폭발의 결과로 계가 속박되지 않는다면, $E_f \geq 0$이 된다. 잔재의 질량이 비속박계에 대하여 아래와 같이 되는 것을 증명하는 것은 연습문제로 남겨두자.

$$\frac{M_R}{M_1 + M_2} \leq \frac{1}{(2 + M_2/M_1)(1 + M_2/M_1)} < \frac{1}{2} \tag{12.35}$$

만약 별1이 초신성으로 폭발하여 쌍성계를 붕괴시켰다면, 적어도 계의 총질량의 $\frac{1}{2}$이 분출되어야 한다. 만약 쌍성계 질량의 $\frac{1}{2}$ 혹은 그 이상의 질량이 남아있다

26) 중성자 별의 형성 과정에서 비대칭적인 제트로 인하여 중성자 별이 매우 격렬하여 중성자 별 자체가 붕괴되는 경우도 보았다; 10.7장 참조

27) 초신성의 폭발이 반성에 미치는 직접적인 영향은 무시되었다.(이것이 계의 붕괴에 영향을 줌에도 불구하고)

면, 그 결과는 중성자 별 혹은 블랙홀이 중력적으로 반성을 속박하고 있는 것이다. 반성의 질량($M_2 \gg M_1$)이 더 큰 상태로 된다.

격리된 중성자별의 포획

쌍성이 아닌 홑별의 중심부가 붕괴되어 초신성이 되면서 형성된 중성자별은 근처에 있는 임의의 다른 별에 중력적으로 붙잡히는 가능성도 있다. 속박되지 않은 두 별의 총에너지는 초기에 영보다 크며(양수의 총에너지), 붙잡히는 순간부터 운동에너지의 초과분은 없어진다.

두 물체가 근접해 있을 때 조석력에 의한 부풀어 오르는 현상이 축퇴되지 않은 별에서 나타난다면, 맥동성에 대하여 8.2장에서 설명한 제동원리에 의해서 에너지는 소멸된다. 조석력에 의한 포획은 근처를 지나가는 별의 거리와 별의 종류에 따라서 결정된다. 만약 중성자별이 다른 별 반경의 1~3배 거리 안으로 지나가면 그 결과는 주기가 수 시간(주계열성과 함께)에서 수 일(거성과 함께) 사이가 되는 쌍성계를 형성할 것이다.

조석력에 의한 포획 과정은 구상성단과 같이 별의 밀도가 매우 높은 지역에서 가장 효과적으로 나타날 수 있다(7.3장). 밀도가 높은 구상성단에서 조석력으로 중성자별을 포함하는 근접쌍성이 형성될 확률은 10^{10}년 동안에 약 10개 정도로 산출되었다. 이 값은 구상성단에서 발견되는 X–선원의 숫자와 일치한다.(X–선 쌍성의 수명은 약 10^9년이므로 가장 밀도가 높은 구상성단들이 주어진 시간 안에 1개 정도의 X–선원을 가질 수 있을 것으로 기대한다.)

다른 포획 원리로는 별 3개 혹은 그 이상 다중계이다. 별들 중의 하나는 계로부터 튕겨져 나가면서 에너지를 빼내가고 나머지 별들이 구속된 계를 형성한다.

또 다른 가능성으로 거론되는 것이 1977년 칼텍(Caltech)의 토른(Kip Thorne)과 지코우(Ann Zytkow)가 제시한 가설이다. 주계열별에 직접 충돌하면 주계열 별이 파괴될 수도 있다. 그러나 중성자별을 거성에 충돌시켜 거성 안으로 들어가면 별의 축퇴된 핵에 가까이 갈 수 있을 것이다. 그 결과 중성자별은 거성 안에서 공전할 것이다: 이런 계를 Thorn–Żytkow 물체라고 한다. 이 경우 거성의 외부층은 바로 없어지고, 중성자별–백색왜성 쌍성계가 형성되고, 궤도 주기는 약 10분이 된다(아직까지 이 물체들은 가설로 남아있다).

X-선 펄사 쌍성

강한 X-선 방출을 근접쌍성계에서 발견하여, 중성자별을 포함하는 쌍성계의 존재를 확인하였다. 태양계 밖에서 발견된 최초의 X-선원은 가이거 방사능 측정기를 탐사로켓에 실어 지구 대기권 밖으로 보내 전갈자리 하늘에서 측정되었다(X-선은 지구대기층을 통과하지 못하므로 X-선 검출기와 망원경을 지구 대기권 밖의 우주로 보내 관측해야 한다.[28)]). 이 X-선원을 Sco X-1이라고 명명하고, 현재는 X-선 펄사 쌍성으로 알려졌다(간단히 X-선 펄사라고도 한다). 센타우르스자리에서 발견된 Cen X-3은 주기적인 식현상을 일으켜 X-선 쌍성임을 확인하였다[게 펄사도 X-선을 방출한다(쌍성이 아닌 펄사가운데 소수의 펄사는 X-선을 방출한다). 그러나 게 펄사는 원래 전파 펄사로 알려졌는데 현재는 모든 전자기파 영역에서 방출하는 것으로 알려졌다].

X-선 펄사들은 흡입되는 물질이 방출하는 중력 위치에너지가 에너지원이다. 예제 12.1.2에서 보는 바와 같이 먼 거리에서 중성자별 표면으로 질량이 떨어질 때, 정지 에너지의 약 20%가 방출된다. 이 양은 핵 융합에 의해서 방출되는 퍼센트 비율을 훨씬 초과하는 것이다. X-선 광도는 10^{31} W까지 관측되고 있다[에딩턴한계; 식 (4.6) 참조]. 10 km의 반경을 가지는 중성자별은 스테판-볼츠만 식 (3.17)(1권)에 의해서 광도에 상응하는 온도가 약 2×10^7 K가 된다. 빈의 법칙 식 (3.19)(1권)에 의하면 이 온도에 해당하는 흑체스펙트럼은 X-선 파장 영역 즉 0.15 nm에서 최대점이 된다.

X-선 펄사 또한 홀 펄사와 마찬가지로 전파 영역에서도 에너지를 방출한다. 그러나 전파영역의 방출은 쌍성의 유입원반 때문에 약화되고, 홀 펄사 보다는 전파 방출이 두드러지지 못한다. 10.6장에서 언급했듯이 대체로 중성자별들은 강한 자기장을 가지고 있다. 이 자기장들은 흡입되는 물질이 별 표면에 도달하지 못하도록 방해한다. 중성자별의 자기쌍극장의 세기는 $1/r^3$에 비례한다. 그러므로 몰려드는 가스는 빠르게 증가하는 자기장을 만난다. 자기에너지밀도 $U_m = B^2/2\mu_0$(식 (5.9))는 운동에너지 밀도 $U_k = \frac{1}{2}\rho v^2$에 비교할 만큼 커질 때, 자기장은 안으로 떨어지는 이온화된 가스의 경로가 되어 기체들은 중성자별의 양극으로 빨려들어간다; 그림 12.22 참조.

28) 최초의 X-선 검출기는 달 표면에서 나오는 X-선을 관측하기 위하여 제작되었다. 달 표면의 X-선은 태양풍 입자로 인하여 달의 흙에서 형광을 발할 때 나타난다. 현재는 매우 강한 X-선원들이 우주에 많이 발생하여 천문학자들의 연구 대상이 되고 있다.

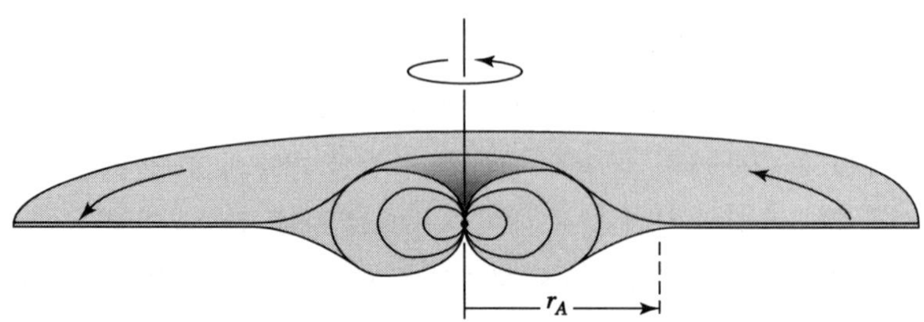

▮ 그림 12.22 중성자별의 2개의 자극을 통하여 흡입되는 가스 여기서 $r \approx r_A$

이러한 현상은 별로 부터 알벤(Alfvén) 반경, r_A로 알려진 거리만큼 떨어진 곳에서 일어난다. 여기서

$$\frac{1}{2}\rho v^2 = \frac{B^2}{2\mu_0} \tag{12.36}$$

구형대칭으로 흡입되고, 아주 먼 거리에서 가스가 정지상태에서 출발하는 특별한 경우에는 에너지 보존에 의하여 별의 질량 M에 대하여 자유낙하 속도가 $v = \sqrt{2GM/r}$ 이다. 더욱이 밀도와 속도는 물질이동률 $\dot{M}$ 식 (5.3)에 의해서

$$\dot{M} = 4\pi r^2 \rho v \tag{12.37}$$

그리고 반경에 따른 자기쌍극장의 세기는 아래와 같이 표현된다.

$$B(r) = B_s \left(\frac{R}{r}\right)^3 \tag{12.38}$$

여기서 B_s는 표면의 자기장 값이다. 식 (12.36)에 위 표현을 대입하고 알벤 반경에 대하여 풀면 다음과 같다.

$$r_A = \left(\frac{8\pi^2 B_s^4 R^{12}}{\mu_0^2 G M \dot{M}^2}\right)^{1/7} \tag{12.39}$$

(위 식의 증명은 연습으로 남겨둔다.) 물론 물질 흡입은 실제로 구형대칭이 아니다. 그러나 자기장이 떨어지는 물질이 별에 가까이 접근함에 따라 빠르게 증가하므로 더욱 실제적인 계산은 거의 같은 결과를 초래한다: 흐름은 붕괴 반경 r_d에서 붕괴된다.

$$r_d = \alpha r_A \tag{12.40}$$

여기서 $\alpha \sim 0.5$이다.

예제 12.6.1

중성자별로 유입되는 경로를 자세하게 생각하기 전에 백색왜성으로 유입되는 경우를 보자. 예제 12.2.1에서 사용한 백색왜성의 값을 사용하자. 즉 $M = 0.85\,\mathrm{M}_\odot$, $R = 0.0095\,\mathrm{R}_\odot = 6.6\times10^6\mathrm{m}$ 그리고 $\dot{M} = 10^{13}\,\mathrm{kg\,s^{-1}}(1.6\times10^{-10}\,\mathrm{M}_\odot\,\mathrm{yr}^{-1})$. 자기장은 표면에서 $B_s = 1000\,\mathrm{T}$, 이 자기장 값은 전형적인 백색왜성의 값보다 100배 강하다. 그러면 식 (12.39)로부터 알벤 반경은

$$r_A = 6.07\times10^8\,\mathrm{m}$$

이 값은 격변변광성(예제 12.4.1 참조)에서 두 별 사이의 거리와 비슷하다. 그래서 자기장이 매우 큰 백색왜성 주위에는 유입원반이 형성될 수 없다. 대신에 안쪽 라그랑지점을 통해 넘치는 질량은 백색왜성의 양극으로 향하는 자기장선을 따라서 가는 흐름 형태로 이동한다. 유입원반이 없는 상태에서 모든 유입에너지는 유입 광도와 함께 별의 극 혹은 양극으로 이동된다.

$$L_{\mathrm{acc}} = G\frac{M\dot{M}}{R} = 1.71\times10^{26}\,\mathrm{W}$$

중성자별 쌍성계에서 편광성(polar)의 유사성

예제 12.6.2

예제 12.2.1에서 언급한 중성자별로 유입되는 경우를 생각하자. 이 경우 $M = 1.4\,\mathrm{M}_\odot$, $R = 10\,\mathrm{km}$, 그리고 $\dot{M} = 10^{14}\,\mathrm{kg\,s^{-1}}(1.6\times10^{-9}\,\mathrm{M}_\odot\,\mathrm{yr}^{-1})$. 더욱이 중성자별의 표면 자기장은 $B_s = 10^8\,\mathrm{T}$를 취하면 알벤 반경은 식 (12.39)에 의해서

$$r_A = 3.09\times10^6\,\mathrm{m}$$

이 값은 중성자별 반경보다 300배 이상이 됨에도 불구하고, 유입원반의 크기를 뜻하

는 r_{circ}(식 (12.25))보다는 훨씬 작다. 그러므로 유입원반이 중성자별 주위에 형성할 것이나, 중성자별 표면에서는 그림 12.22와 같이 원반이 붕괴 된다(자기장이 매우 약하지 않는다면, $< 10^4$ T). 흡입되는 가스는 중성자별의 양 자극 중의 한 곳으로 깔때기 모양의 좁은 통로로 빨려들어 가면서 polar를 설명할 때와 비슷하게 유입 기둥을 형성한다. 이 경우 유입광도(식 (12.24))는 약 10^4배 증가한다.

$$L_{\rm acc} = G\frac{M\dot{M}}{R} = 1.86 \times 10^{30}\ \mathrm{W}$$

이 값은 에딩턴한계, $\sim 10^{31}$ W에 가깝다(식 (4.6) 참조). L_{acc}가 L_{Ed}에 가까워짐에 따라 복사압력은 충격파면을 $r \sim 2\mathrm{R}$ 크기까지 올린다. 그 결과 X-선은 큰 입체각으로 방출된다.

X-선 펄사 식쌍성

그림 10.25와 같이 중성자별의 자기장축과 회전축이 일치하지 않으면 X-선 방출 영역이 주기적으로 가리워 질 수 있다. 그 결과가 X-선 펄사 식쌍성이다. 그림 12.23은 헤르쿨레스 X-1(Hercules X-1)에서 받은 신호를 보여주고 X-선 펄스가 매 1.245초마다 나타나는 것을 보여준다(1.245초는 중성자별의 회전주기이다.). 펄스가 넓게 퍼져서 나타나서 펄스 주기의 약 50%를 차지한다(방출이 큰 입체각으로 퍼져 나가기 때문). 그러나 그림 10.19에서와 같이 전파펄스는 매우 짧게 뾰족하게 나타난다. 현재까지 약 20개의 X-선 펄사 쌍성계가 발견되었으며 이들의 주기는 0.15초에서 853초의 영역에 있다. 513쪽에서 언급했듯이, 백색왜성은 이렇게 빠른 속도로 지속적으로 회전할 수 없다. 이 점이 바로 X-선 펄사가 물질을 흡입하는 중성자별이라는 증거이다.

대부분의 X-선 펄사들이 물질을 흡입하는 중성자별이라는 사실은 펄사의 주기가 서서히 감소되고 있다는 것은 관측으로 확인된다(예제 12.6.3 참조). 시간이 흐름에 따라 이들은 빠르게 자전한다.[29] 시간에 대한 자전주기의 도함수

즉 $\dot{P} \equiv dP/dt$는 각운동량 변화율과 관계가 있다. 즉 $L = I\omega$에 대하여

---

29) 7.7절(1권) 참조하면 전파펄사 주기는 시간이 흐름에 따라 증가하고 펄사는 자기 쌍극 복사 때문에 시간이 흐름에 따라 에너지를 잃어버린다.

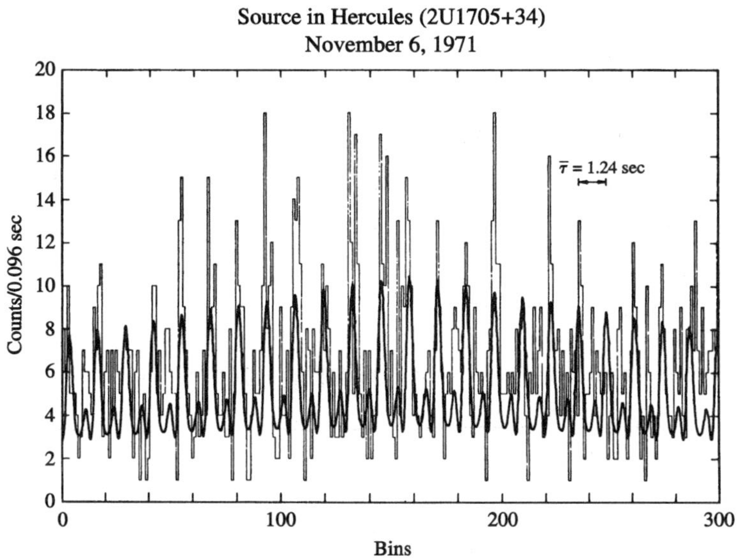

▌그림 12.23 주기가 1.245초인 펄사 Her X-1의 x-선 펄사

$$\frac{dL}{dt} = I\frac{d\omega}{dt} = I\frac{d}{dt}\left(\frac{2\pi}{P}\right) = -2\pi I\frac{\dot{P}}{P^2}$$

여기서 I는 중성자별의 관성모멘트이다. 붕괴 반경 부근에서 유입원반을 공전하는 가스뭉치들의 각운동량($L = mvr$) 자기장 회전력(Torques)으로 인하여 중성자별로 이전된다. 중성자 별의 각운동량의 시간에 대한 미분값은 각운동량이 붕괴반경에 도달하는 율과 같다.

$$\frac{dL}{dt} = \dot{M}vr_d$$

여기서 $r = r_d$인 점에서 공전속도는 $v = \sqrt{GM/d_d}$ [식 (2.33) 혹은 (2.34) $e = 0$, $a = r_d$]이다. dL/dt에 대한 표현과 알벤과 붕괴 반경의 정의; 식 (12.39)와 (12.40)을 사용하면, 그 결과는

$$\frac{\dot{P}}{P} = -\frac{P\sqrt{\alpha}}{2\pi I}\left(\frac{2\sqrt{2}\pi B_s^2 R^6 G^3 M^3 \dot{M}^6}{\mu_0}\right)^{1/7} \tag{12.41}$$

예제 12.6.3

X–선 펄사 Centaurus X–3의 주기는 4.84 s 그리고 X–선 광도는 약 $L_x = 5 \times 10^{30}$ W이다. 펄사가 1.4 $M_\odot$, 반경이 10 km인 중성자별이라고 가정하면, 이것의 관성모멘트(간단하기 위하여 일정한 구로 가정)는 아래와 같다.

$$I = \frac{2}{5} M R^2 = 1.11 \times 10^{38} \text{ kg m}^2$$

유입 광도에 대하여 식 (12.24)를 사용하면, 질량 이동률은

$$\dot{M} = \frac{R L_x}{G M} = 2.69 \times 10^{14} \text{ kg s}^{-1}$$

혹은 4.27×10^{-9} $M_\odot \text{yr}^{-1}$이다. 그러면 자기장을 $B_s = 10^8$ T 그리고 $\alpha = 0.5$로 가정하면 식 (12.41)에 의해서 초당, 년당 주기변화율은:

$$\frac{\dot{P}}{P} = -2.74 \times 10^{-11} \text{ s}^{-1} = -8.64 \times 10^{-4} \text{ yr}^{-1}$$

즉, 주기 변화에 대한 특성시간은 $\dot{P}/P = 1160$년이 된다.

Cen X–3에 대하여 측정한 값은 $\dot{P}/P = -2.8 \times 10^{-4}$ yr^{-1}이며, 이 값은 산출한 값에 비하여 $\frac{1}{3}$ 정도이지만 단순하게 계산한 결과로는 잘 일치하는 것이다. 만약 중성자별 대신에 질량이 0.85 $M_\odot$, 반경이 6.6×10^6 m 그리고 $B_s = 1000$ T인 백색왜성을 물질을 흡입하는 별로 사용하면 $\dot{P}/P = -1.03 \times 10^{-5}$년이 된다. 이 측정값은 약 27배 정도 크다. 백색왜성은 중성자별보다 100배정도 크다. 그러므로 백색왜성은 더 큰 관성모멘트를 가지고, 회전하기는 더 어렵다. 중성자별 모형이 이러한 쌍성계에서 관측된 값과 더 잘 일치된다는 사실은 중성자별이 X–선 펄사 쌍성계에서 물질을 흡입하는 별로써 더 적합하다는 증거가 된다.

X–선 펄사가 반성 주위를 공전함으로, 펄사에서 지구까지의 거리는 지속적으로 변한다. 그 결과 측정된 펄스 주기가 사이클을 이룬다. 이 현상은 분광쌍성에서 흡수선이 도플러 이동을 하는 것과 유사하다(1.3절 참조). 그림 12.24는 소마젤란성운에 있는 X–선 펄사 SMC X–1의 공전궤도 위상에 따른 펄스 도착시간의 변화를 보여주는 것이다. 이 쌍성계는 원궤도이며 반경은 53.5광초(light–seconds) = 0.107 AU이다. 이것은 수성 궤도의 약 1/3이 되는 크기이다.

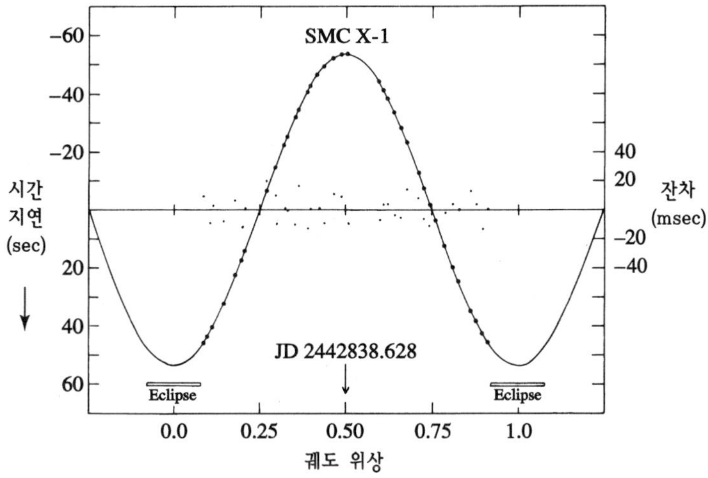

▮ 그림 12.24 공전궤도 위상에 따른 쌍성 X-선 펄사, SMC X-1의 측정된 펄스 도착시간의 변화. 곡선은 원궤도를 가정한 이론적인 선이고, 가운데 직선 주위의 점들은 측정된 시간(점)과 이론적인 선 사이의 차이를 나타낸다.

X-선 펄사 중, 가시광선 영역에서 관측 가능한 반성으로 이루어진 식쌍성계에 대한 연구는 극히 일부분의 식쌍성계에 대하여 수행되었다. 그러한 쌍성계는 이중 식분광쌍성과 매우 유사하다. 예를 들면 SMC X-1인 경우 반성의 질량은 17.0 $M_\odot$ (약 4 $M_\odot$의 오차)이고, 반경은 16.5 $R_\odot$ ($\pm 4\ R_\odot$)이다. 중성자별의 질량도 이들 계에서는 결정되었다. 그 결과 중성자별들은 모두 1.4 $M_\odot$ ($\pm 0.2\ M_\odot$)로 나타나, 찬드라세카의 한계와 잘 일치한다.

X-선 폭발체

만약 중성자별의 자기장이 너무 약하여($\ll 10^8$ T) 유입원반을 완전히 붕괴시키지 못하고, 흡입되는 물질을 자기극으로 흘려보내면, 이들 가스는 중성자별의 표면에 정착할 것이다. 열점(hot spot)을 만드는 흡입되는 물질 기둥 없이, X-선 펄사가 단지 중성자별의 회전만으로는 생성될 수 없다. 대신 계산에 의하면 표면 위에 수 미터의 두께로 수소가 축적되면, 수소층 표면 1미터 밑에서 천천히 연소를 시작하고, 그 밑 1미터에 있는 헬륨층이 이미 연소하고 있다(그림 12.25).[30] 헬륨 융합은 폭발적이고, 수 초안에 총~10^{32} J의 에너지를 방출하고, 표면온도가 3×10^7 K까지 올아

30) 이 원리는 13.2장에서 설명한 헬륨층 섬광과 비슷한 것이다.

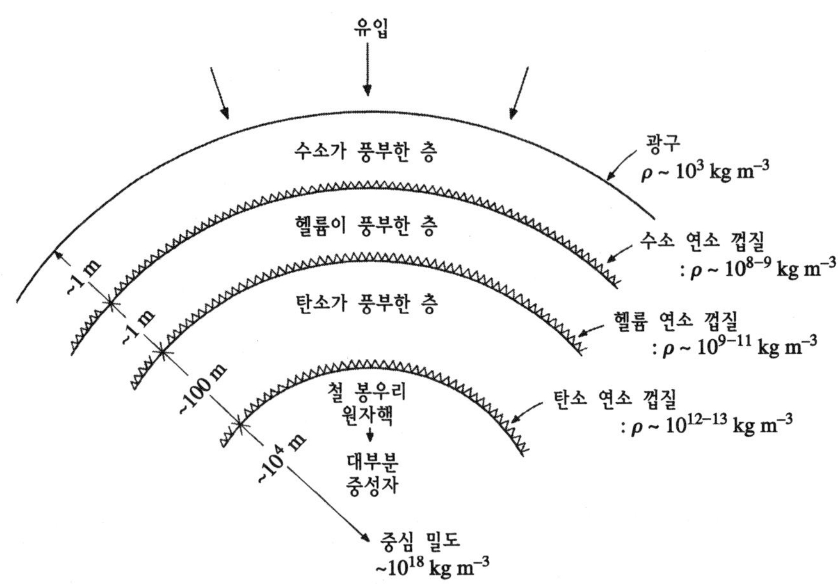

▌그림 12.25 흡입 중성자별의 표면층. (Astrophys., 8, 109, 1979 제공)

간다(태양 중심 온도의 2배). 그 결과 흑체 스펙트럼은 X–선 파장 영역에서 최고점이 나타나고, X–선 폭발체로 인하여 많은 양의 X–선이 방출된다. X–선의 일부는 유입원반에 흡수되고, 가시광선으로 재방출된다. 그러므로 가시광선 섬광이 X–선 폭발 후 수 초 후에 나타난다. 폭발 광도는 수 초 후에 감소되고, 스펙트럼은 중성자별과 비슷한 약~10 km 반경의 흑체가 식은 것과 같은 스펙트럼과 일치한다. 수 시간에서 수 일이 지난 후, 또 다른 수소층이 축적되어 다시 X–선 폭발이 시작된다.[31] 현재까지 50개 이상의 X–선 폭발체가 발견되었다. 대부분이 우리 은하 평면 근처에서 은하 중심 방향에 있고, 약 20%는 오래된 구상성단 안에 위치한다.

질량이 작은 X–선 쌍성과 큰 X–선 쌍성

X–선 쌍성은 두 종류로 구분되고 있다. 그러나 일반적인 형태는 반성의 질량이 작은 별(만기형 분광형, 질량이 $M_2 \lesssim 2\,M_\odot$)로 구성된 것이다. 이러한 쌍성들은 질량이 작은 X–선 쌍성계(Low mass X–ray Binaries, LMXB)라고 한다. LMXB에서는 펄스보다는 X–선 폭발이 일어나고, 이것은 중성자별의 자기장이 상대적으로

31) X–선 펄사에 흡입되는 가스는 일정하게 핵 융합이 일어난다. 그러나 예제 12.1.2에서 다루었듯이, 유입기둥에서 방출되는 에너지는 약 30배 크다. 그러므로 핵 융합에서 발생되는 에너지는 유입에너지의 섬광으로 없어진다.

약하다는 것을 뜻한다. 왜냐하면 질량이 작은 별들은 크기가 작기 때문에 만약 질량이 한 별에서 다른 별로 이동한다면 두 별은 서로 가깝게 공전한다. 이러한 이유로 LMXB의 주기는 33.5일에서 11.4분 사이로 비교적 짧은 주기를 가지고 있다. 이런 쌍성의 약 25%가 구상성단에서 발견된다. 구상성단에서는 좁은 공간에 별이 많아서 중성자별이 중력적으로 포획될 확률이 크다. LMXB에 있는 중성자별은 백색왜성에 흡입된 물질이 붕괴되어 형성되었을 수도 있다.

반성으로 질량이 큰 별을 가지고 있는 쌍성계를 질량이 큰 X-선 쌍성계 (Massive X-ray Binaries, MXRB)라고 한다. MXRB로 알려진 약 130개의 반이 X-선 펄사이다. 이들 쌍성계는 거성, 혹은 초거성의 O형과 B형 별들이 자신들의 로쉬 주머니를 채우고, 두 별 사이의 거리는 크고, 궤도 주기는 상대적으로 길어서 0.2일~580일 정도이다. 심지어 반성의 외부층이 로쉬 주머니를 넘치지 않더라도 거성, 초거성들의 아주 활발한 항성풍으로 X-선 방출을 뒷받침 할 수 있는 정도의 질량 이동률이 유지될 수도 있다. MXRB는 우리은하 평면 근처에서 발견된다. 이 지역에는 젊고 질량이 큰 별들이 많고, 별탄생이 일어나는 지역이다. 이러한 생각은 질량이 큰 X-선 쌍성계가 단지 질량이 큰 별을 포함하는 평범한 쌍성계의 진화과정에서 생성된다는 것이다. 질량이 큰 별들은 반성이 초신성으로 폭발한 후에도 살아남은 별이다.

현재까지는 X-선 쌍성에서 단지 중성자별 만이 물질을 흡입하는 것으로 간주되었다. 그러나 블랙홀로 물질이 떨어지는 경우에는 중력위치에너지 우물의 깊이가 더 깊어진다. 이 경우 원반으로 떨어지는 물질의 정지에너지의 약 30%가 X-선을 방출하는데 기여한다. 11.3장에서 설명한 바와 같이 이러한 쌍성계는 별 수준의 질량을 가지는 블랙홀의 존재를 알려주는 가장 좋은 증거를 제공해 주고 있다. 안쪽 라그랑지점을 통하여 넘쳐흐르는 가스는 블랙홀의 유입원반으로 나선형태로 흡입될 때 온도가 수백만도(K)까지 가열되고 온도에 상응하는 복사, X-선을 방출한다. 블랙홀을 확인하는 또 다른 증거로는 X-선을 방출하는 밀집성의 질량이 빠른 회전을 하는 중성자별의 한계 질량인 3 $M_\odot$를 초과한다는 것을 보이는 것이다. 그러므로 블랙홀을 검출하는 작업을 X-선 쌍성계에서 중성자별의 질량을 측정하는 작업과 유사하다.

현재 역학적으로 질량을 결정할 수 있는 X-선 쌍성계는 극소수에 불과하다. 가장 좋은 예는 A0620-00, V404 Cygni, Cygnus X-1, 그리고 LMC X-3 등이다. 이 쌍성계들이 식현상을 보이지 않고 있어서, 그 결과 궤도기울기를 결정할 수 없고 단지 기울기의 최소값을 추정할 수 있을 뿐이다(1.3장 참조). A0620-00는 X-선 신성이다. 신성은 반성인 K5 주계열 별로부터 때때로 물질이 흡입되므로 에너지가 충전된다. 반성이 상대적으로 어두워서 유입원반과 반성의 모두 시선속도 측정이 가능하다. A0620-00인 경우 질량이 $3.82 \pm 0.24\ M_{\odot}$ 이므로, 11.3장과 문제 11.24에서 서술한 바와 같이 블랙홀임이 확실시 되고 있다. V404 Cyg 또한 X-선 신성이며, 최근 측정값으로는 $12\ M_{\odot}$ 의 블랙홀로 보고되고 있다(11.3장).

다른 2개의 X-선 쌍성계에 대하여는 아직 결론이 나지 않은 상태이다. 이것들은 아직 유입원반이 완성되지 않았으므로 반성과 원반의 시선속도가 측정되지 못했다. Cyg X-1은 밝은 MXRB이며 가장 잘 알려진 블랙홀 후보이다. 대부분 빛이 반성으로부터 나오므로, Cyg X-1은 흡수선이 하나만 보이는 단선분광쌍성이다. 그러므로 Cyg X-1이 블랙홀인가를 확인하는 방법은 반성(HDE 226868)을 이용하는 방법 밖에 없다. 반성은 분광형이 O9.7이며 Iab형 초거성이고, 질량이 $17.8\ M_{\odot}$ 로 추정된다. 그 결과 몇 개의 타당성 있는 가정을 하면 밀집성의 질량을 $10.1\ M_{\odot}$ 로 추정할 수 있다. 아주 극한적인 가정을 하여도 질량의 최소한계가 $3.4\ M_{\odot}$ 이므로 Cyg X-1은 블랙홀일 가능성이 매우 높다.

LMC X-3계에서는 반성(별2)이 분광형 B3인 주계열별이고, 이 별은 보이지 않으며 질량이 더 큰 동반성(별1) 주위를 궤도운동하고 있다. 비록 밀집성의 최소질량한계가 $3\ M_{\odot}$ 라 할지라도, 가장 예상되는 질량 범위는 $4 \sim 9\ M_{\odot}$ 이므로 이것은 블랙홀의 증거가 된다. 다른 X-선 쌍성계들도 블랙홀을 가지고 있을 수 있다. 예를 들면 남쪽하늘의 파리(Musca) 별자리에 있는 신성 Mus 1991, 대마젤란 성운에 있는 LMC X-3 그리고(대마젤란성운 방향에 있는) CAL 87등 이다. 그러나 이들의 증거는 아직은 좀 강하지 않다.

SS 433

또 다른 X-선 쌍성으로 블랙홀 후보로 언급되어야 하는 것은 SS433이다. 이것은 천문학자들에게 매우 특이한 천체로 알려져 있다.[32] 이 천체는 1978년 발견되었으며, 3종류의 방출선을 보이고 있다. 한 종류의 분광선들은 큰 청색이동을 보이고, 또 다른 종류는 적색이동, 세 번째 종류는 도플러 이동현상이 없는 것으로 나

32) "SS"는 Bruce Stephenson과 Nicholas Sanduleak가 제작한 특이한 방출선을 보이는 별들을 모은 카탈로그를 뜻한다.

타난다. 그러면 세 종류의 성분을 가지고 있는 천체라고 생각할 수 있다: 두 성분 중의 한 성분은 빛의 속도의 $\frac{1}{4}$ 정도 속도로 다가오고, 다른 한 성분은 멀어지고, 제 3의 성분은 거의 정지 상태를 유지한다는 뜻이다. 이동되는 분광선의 파장은 164일을 주기로 변화한다. 반면에 거의 정지하고 있는 성분의 파장은 13.1일의 주기로 조금씩 변화한다. 더욱이 SS433의 위치는 아마도 초신성 잔해로 생각되는 W50으로 알려진 확산되고 길게 늘어진 가스 껍질 한가운데 있다.

SS433의 주기 13.1일은 밀집성(아마도 중성자별 혹은 블랙홀)이 주성 주위를 도는 공전주기이다. 주성은 질량 10 – 20 $M_\odot$ 이며, 분광형이 조기형이므로 항성풍이 일어나는 별로 생각된다. 이 항성풍으로 도플러효과가 없고, 넓은 정지 방출선이 나타난다.[33] 밀집성 주변에는 유입원반이 있고, 유입원반과 반성은 가시광선 영역에서 볼 수 있다. 원반과 두 별 사이에는 조석력이 작용하여 세차운동에 의한 원반의 흔들림현상이 나타난다. 이 흔들림은 164일을 주기로 나타난다. 이것은 지구가 25770년의 주기로(1.3장) 세차운동을 하는 것과 유사하다. 그림 12.26에서 보여주는 방출선의 도플러 이동은 두 개의 상대론적인 입자의 분출(jet) 때문에 나타나고, 입자들은 0.26 c의 속도로 원반 축의 양 방향으로 분출된다. 이 분출 물질이 흡입되면서 에딩턴 한계를 초과할 정도로 높은 질량 이동률 때문에 일어나고, 또한 거대한 X-선 방출률을 주도한다. 그러므로 복사압력이 증가되어 흡입된 가스들은 저항이 가장 작은 방향 - 원반에 수직인 방향으로 상대론적인 속력으로 분출된다. 원반이 세차운동을 함에 따라, 두 개의 반대 방향의 제트(분출물질)는 164일 주기로 원뿔 형태로 나온다. 그 결과 제트의 시선속도와 관측된 도플러 이동이 주기적인 변화로 나타난다. 제트가 나오는 방향은 이온화된 가스가 자기장 선들을 따라서 이동한 결과일 것이다. 세차로 형성되는 원뿔의 축은 시선방향에 대하여 79° 기울어져 있다; 원뿔의 축은 또한 아마도 초신성잔해라고 생각되는 W50의 긴 축과 가깝게 일치한다. 실제로 X-선 방출이 관측되어지는 두 영역이 있다. 그곳에서는 제트 초신성 잔재가스와 충돌하고, 가스의 온도를 10^7 K까지 올린다. 그림 12.27은 이러한 믿기 힘든 계의 일반적인 형태를 보여주고 있다.

---

33) 예를 들면, SS 433에 대한 최근 측정에 의하면, 0.8 $M_\odot$ 질량의 중성자 별이 3.2 $M_\odot$ 질량의 반성을 공전하는 것으로 나타났다. 일부 천문학자들은 넓고 움직이지 않는 방출선을 설명하기 위하여 주성이 Wolf-Rayet 별일 것이라는 해석을 제안하였다. Wolf-Rayet 별들이 상당 수 쌍성계에서 발견됨에도 불구하고, 근접쌍성계에서의 질량 이동보다는 이들 별들의 강력한 항성풍이 수소 외부층을 날려보내는 주요 원인으로 생각된다.

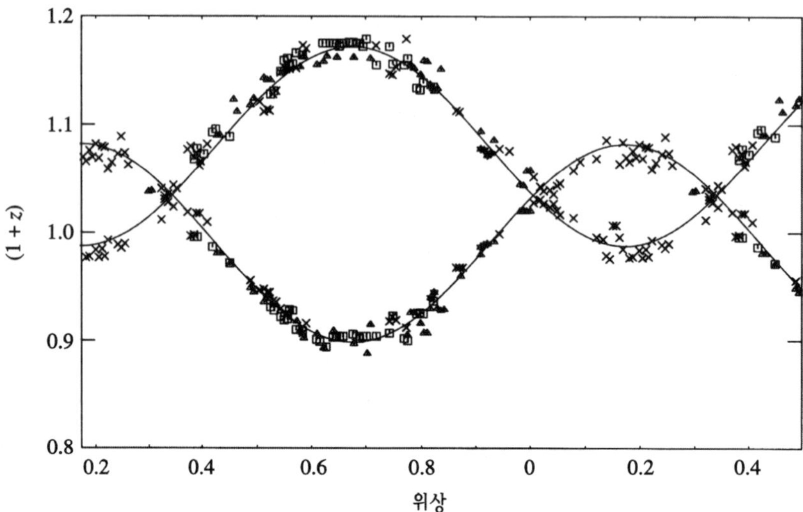

▌그림 12.26 SS 433의 방출선을 이용하여 측정한 도플러 이동 속도. 식 (4.38)로부터 z=0.1과 z=0.2는 각각 28,500 km s^{-1}와 54,100 km s^{-1}에 해당된다. (Margon, Grand and Downes, Ap.J.,241, 306, 1980 제공)

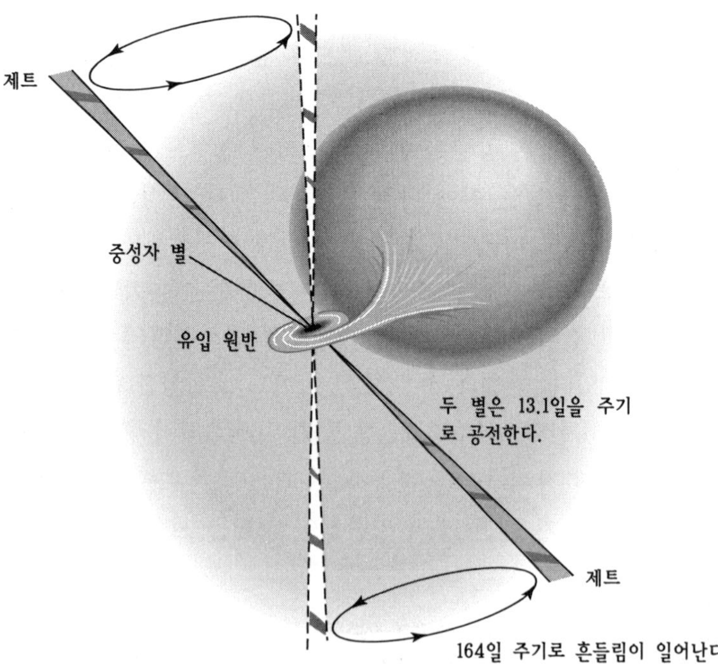

▌그림 12.27 SS 433. 제트를 내뿜는 기둥은 원뿔의 축을 중심으로 세차운동하며, 축과 시선방향의 사이각은 79도 이다.

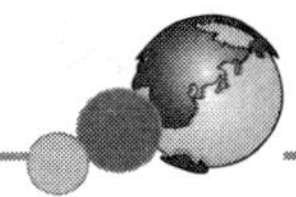

X-선 쌍성계의 운명

X-선 쌍성계의 운명은 무엇일까? 이 쌍성계가 진화의 마지막 단계에 도달하면, 반성은 백색왜성, 중성자별 혹은 블랙홀이 되어 최후를 장식할 것이다. 쌍성계에 대한 영향은 반성의 질량에 따라 변할 것이다. 질량이 작은 계(LMXB)에서는 반성은 계의 원궤도를 그대로 유지하면서 백색왜성으로 될 것이다. 반면에 MXRB에서는 반성의 질량이 크면 초신성으로 폭발할 수도 있다. 만약 계의 질량이 반 이상 남는다면(식 (12.15)), 한 쌍의 중성자별들이 서로의 궤도를 돌 것이고, 궤도는 길게 늘어질 것이다. 또 다른 경우는 초신성 쌍성계를 붕괴시키고 중성자별들을 각자 내던져질 것이다. 이것은 관측에서 나타나는 현상, 즉 펄사(MXRB와 같은)들이 우리은하 평면 근처에 집중되어 있고, 1000 km s^{-1}가 넘는 높은 공간 속도를 가지고 있다는 사실과 잘 일치한다.

밀리초 전파펄사

두 개의 중성자별을 가지고 있는 쌍성계를 발견하는 원칙은 두 개의 중성자별중 하나는 펄사이어야 한다. 그러므로 천문학자들은 전파펄사들의 주기를 측정하여 그 주기가 주기적으로 변화하는가를 조사하여야 한다. 이는 X-선 펄사에 대하여 설명한 효과와 유사한 것이다. 하늘에 있는 모든 별의 반 이상이 쌍성계 혹은 다중성계임에도 불구하고, 펄사 100여개를 발견할 때까지 쌍펄사는 발견하지 못했다. 최초의 쌍펄사, PSR 1913+16는 1974년 미국천문학자, 러셀 헐스(Russell Hules)와 조셉테일러(Joseph Taylor)가 아레시보 전파망원경을 사용하여 발견하였다. 쌍펄사 탐사전략으로 1982년 UC버클리(Berkeley)의 도날드 백커(Donald Backer)와 그의 동료들은 펄사 PSR 1937+214를 발견하였다. 이 펄사의 주기는 1.558밀리초이며, 매초 642번 회전한다.[34] 매우 빠른 자전율은 이 펄사가 매우 젊은 펄사로 생각됨에도 불구하고, 주기 변화율($\dot{P} = 1.051054 \times 10^{-19}$)이 매우 작으므로 자기장의 세기($\simeq 8.6 \times 10^4$ T ; 예제 10.7.2참조)는 작고 매우 늙은 펄사임을 뜻한다. 문제 10.22로부터 펄사의 나이는 $P/2\dot{P}$=2억3500만년으로 산출하였고, 이 값은 이전에 발견한 펄사들보다 10배 정도 늙은 나이이다.[35] PSR 1937+214는 쌍성계가 아

34) 파아노에서 중간 C는 우리가 들을 수 있는 주파수 262 Hz이다. 펄사의 회전 주파수는 한 옥타브 높은 $D^{\#}$와 E 사이이다.

35) $P/2\dot{P}$는 물질유입이 펄사의 회전에 영향을 주지 않을 때 펄사의 나이이다.

닌 홑펄사임에도 불구하고, 이 나이가 많은 펄사가 빠른 자전을 한다는 파라독스 때문에 아래와 같은 놀라운 결론을 내릴 수 밖에 없다. PSR 1937 +214는 한 때 질량이 작은 X-선 쌍성의 한 구성원이었다(PSR 1937+214와 같이 LMXB들도 약한 자기장을 가지고 있다.). 반성(별2)으로부터의 물질유입으로 중성자별의 자전을 현재의 빠른 자전율의 상태로 올려놓았을 것이다. 중성자별의 자기장 또한 빠른 자전율에 한 역할을 했을 것으로 생각된다. 그러나 이런 현상의 자세한 과정은 아직도 분명하지 않다.

쌍 X-선원과 쌍펄사에 대한 가능한 진화 과정이 어느 정도 밝혀졌다. 이 시나리오에 의하면 쌍펄사에는 2종류가 있다. 그 중 한 종류는 질량이 큰 반성(중성자별)을 갖는 계로 주기가 짧고 타원 궤도이며 이는 질량이 큰 X-선 쌍성계가 진화한 것이다. [MXRB(질량이 큰 X-선 쌍성계)에서는 동반성이 초신성으로 폭발한 후 질량의 $\frac{1}{2}$ 이상이 남아 있다면 중성자별이 생성되어 긴 타원 궤도를 가지는 중성자별 한 쌍이 형성되는 것을 이미 설명하였다.] 쌍펄사의 다른 한 종류는 질량이 작은 동반성(백색왜성)으로 형성되며, 긴 궤도 주기와 원궤도 운동을 한다. 이들 계는 아마도 질량이 작은 X-선 쌍성계의 후손들일 것이다.

질량이 작은 X-선 쌍성계들은 일반적으로 구상성단에서 많이 나타나므로 전파천문학자들은 구상성단을 많이 관측하여 쌍 밀리초(1/1000초) 펄사를 상당수 발견하였다(10 밀리초 이하의 주기를 갖는 펄사). 찬드라 X-선 우주망원경을 포함하여 많은 탐사 관측으로 47 Tuc에는 300개 이상의 중성자별이 존재하고 약 25개가 밀리초 펄사이다. 통계에 의하면 구상성단 펄사의 대부분은 쌍성계의 구성원이고, 대부분이 밀리초 펄사이다.(역으로 밀리초 펄사로 알려진 것들은 대부분 구상성단에서 발견되었다.) 만약 이들 펄사들이 LMXB들이 진화하여 생성된 것이라면, 펄사의 동반성으로 백색왜성이 나타나지 않고, 펄사 중에 아주 극소수라는 사실을 어떻게 설명할 수 있을까?

검은 외톨이 펄사(Black Widow Pulsars)

앞의 답은 PSR 1957+20의 관측으로부터 얻을 수 있을 것이다. 이 펄사는 아주 희귀한 것이다: 밀리초 펄사가 동반성인 아주 작은 $0.025R_{\odot}$의 백색왜성과 식현상을 일으킨다. 그러나 식현상은 궤도주기의 약 10% 기간 동안 오래 지속된다. 이 기간은 태양보다도 더 큰 물체로 빛이 가려진다는 것을 의미한다. 더욱이 펄사 신호

의 분산은 식의 전과 후에 증가한다(519쪽 참조). 이 현상은 백색왜성 주위를 이온화된 가스가 둘러싸고 있음을 의미한다. 펄사는 아마도 강력한 광자의 빔과 대전입자로 반성인 백색왜성을 증발시킬 것이다. 수 백년 안에 백색왜성은 이 검은 외톨이 펄사에 잡아먹혀 없어질 것이다. 즉 백색왜성이 긴 시간 동안 존재하지 못한다. (그림 12.28 참조)

밀리초 펄사의 반성이 제거되는 또 다른 예는 PSR 1744-24A에서 발견되었다. 이 펄사는 구상성단 Terzan 5에 위치하며, 식현상은 궤도 주기의 반에 해당하는 기간 동안 지속된다. 증발된 물질의 일부가 가스와 먼지가 펄사 주위에 원반을 형성할 수 있고, (약 100만년 전후에는) 가스와 먼지는 압축되어 펄사 주위에 행성을 형성하는 것이 가능하다. 혹은 만약 반성이 증발하는 과정에서 증발이 완전히 일어나지 않으면 행성 크기의 잔재가 남아서 펄사 주위를 공전할 수도 있을 것이다.

이와 같은 원리로 처녀자리에서 약 500 pc인 곳에 위치한 펄사 PSR 1257+12의 주위를 공전하는 3개의 행성들을 펄스 도착 시간을 분석하여, 추정할 수 있었다. 즉, 가장 안쪽에 위치한 행성의 질량은 $0.015\ M_\oplus$이고, 펄사로부터는 0.19 AU 떨어져있다. 그 다음 행성은 질량이 $3.4\ M_\oplus$, 거리가 0.36 AU이고, 가장 바깥쪽 행성은 질량이 $2.8\ M_\oplus$이고, 거리는 4.76 AU이다.

더 많은 밀리초 펄사가 발견됨에 따라 앞에서 서술한 진화과정이 올바른 것인지가 분명히 가려질 것이다.

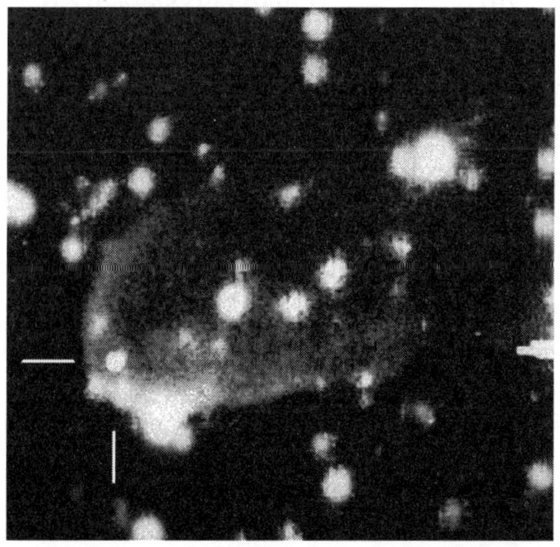

그림 12.28 가스를 이동시키는 검은 외톨이 PSR 1957+20. 펄사는 한줄의 교차점에 위치한다. (S.. Kulkarni and J. Hester, Caltech 제공)

이중 중성자 별 쌍성계

분리형 쌍성의 극소수가 두 개의 쌍성계, 즉 4개의 별로 이루어져 있으며 각 쌍성계의 구성원은 모두 중성자별이다. 매우 상대론적인 계에서 계의 구성원 사이에 질량교환이 없을 때, 이들 이중 중성자별 쌍성계들은 일반상대성이론을 실험하고 예측할 수 있는 아주 절묘한 실험장으로 사용할 수 있다.

첫 번째로 발견된 이러한 쌍성계가 바로 헐스-테일러(Hulse-Taylor)펄사, PSR 1913+16이며, 궤도분리각(쌍성계간의 거리)이 태양 직경보다 약간 크다. 이 계에 대하여 30년 동안 연구한 결과 중력파[36]의 존재를 확인하였다.

헐스-테일러 계에 대하여는 거의 모든 것이 아주 정확하게 알려졌다. 표 12.1에는 관측자료를 기초로 산출한 여러 인자들이 수록되어 잇다. 이 정도의 정밀도 때문에 이 쌍성계는 아인슈타인의 중력 이론을 검사하는 자연 실험실로 사용될 수 있다. 예를 들면 11.1장을 복습해 보면, 수성이 태양 근처의 휜 공간을 지날 때 수성 궤도의 근일점의 위치가 1세기에 43 ″ 씩 이동한다.; 그림 11.1 참조. PSR 1913+16에 대하여, 일반상대성 이론에 의하면, 근성점, 즉 두 개의 중성자별들이 서로 가장 가까이 있을 지점이 이동할 것으로 예상된다. 이론적인 값은 관측으로 측정된 값

▮ 표 12.1 훌수–테일러 펄사, PSR 1913+16에 대한 정보

인자	값	불확실성
펄스 주기(ω)	16.94053918425292 Hz	$\pm 15\times 10^{-14}$Hz
펄스 주기 변화율($\dot{\omega}$)	-2.47583×10^{-15} Hz s^{-1}	$\pm 3\times 10^{-20}$ Hz s^{-1}
질량(펄사)	1.4414 $M_\odot$	$\pm 0.0002 M_\odot$
질량(반성)	1.3867 $M_\odot$	$\pm 0.0002 M_\odot$
이심률(e)	0.6171338	±0.0000004
궤도 주기(P_{orb})	0.322997448930 d	$\pm 4\times 10^{-13} d$
궤도 주기 변화율($\dot{P}_{orb}$)	-2.4056×10^{-12}	$\pm 0.0051\times 10^{-12}$
근성점 변화율($\dot{\omega}_{orb}$)	4.226595° yr^{-1}	± 0.000005° yr^{-1}

설명 :

1. ω와 $\dot{\omega}$는 1986년 1월 기산점으로부터 산출한 자료 http://www.atnf.csiro.au/research/pulsar/psrcat/ 참조
2. 나머지 자료 출처는 J.M. Weisberg and J.H. Taylor(2005).

36) 러셀 헐스와 조셉 테일러는 펄사 PSR 1913+16을 발견하여 1993년 노벨상을 공동 수상하였다.

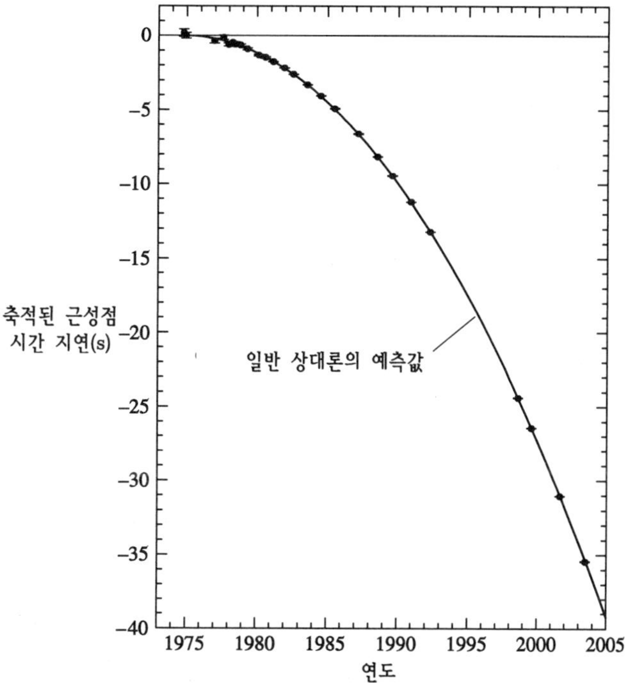

▮ **그림 12.29** 펄사 PSR 1913+16에서 관측으로 나타난 근성점의 시간 지연과 일반상대성 이론에 위한 시간 지연의 비교. 검은 점은 관측점이고 곡선은 이론에 의한 선이다.

$4.226595 \pm 0.000005°\ \mathrm{yr}^{-1}$(수성의 이동률 보다 3500배 큼)과 잘 일치한다. 궤도에 미치는 영향은 계속 축적되므로 궤도를 한바퀴 돌 때 마다 근성점에서 펄스 도착 시간은 늦어진다. 그림 12.29는 축적된 시간 지연에 대한 이론적인 값과 관측값이 매우 잘 일치함을 보여주고 있다.

PSR 1913+16에 대한 연구에서 가장 괄목할만한 연구는 중력복사의 존재를 관측적으로 확인한 것이다. 두 개의 중성자별들이 그들의 궤도를 움직일 때 중력파는 계로부터 에너지를 잃게 하여 궤도주기가 줄어든다. 일반상대성이론에 의하면, 중력 4극자 복사[37]방출의 결과로 나타나는 궤도 주기 변화율은

$$\dot{P}_{\text{orb}} = \frac{dP_{\text{orb}}}{dt} = -\frac{96}{5}\frac{G^3M^2\mu}{c^5}\left(\frac{4\pi^2}{GM}\right)^{4/3}\frac{f(e)}{P_{\text{orb}}^{5/3}} \tag{12.42}$$

37) 4극자(quadrupole)는 방출된 중력복사의 기하학을 뜻한다. 예를 들면 전기쌍극자복사(dipole radiation)는 2개의 전기적 전하에 의해서 방출되는 복사이다.

여기서

$$M = M_1 + M_2$$

$$\mu = \frac{M_1 M_2}{M_1 + M_2}$$

그리고 $f(e)$는 궤도이심률의 영향이다.

$$f(e) = \left(1 + \frac{73}{24}e^2 + \frac{37}{96}e^4\right)\left(1 - e^2\right)^{-7/2}$$

(또한 더 높은 차수의 보정이 있으나 여기서는 생략하였다.) 질량과 이심률에 대한 값(표 12.1)을 대입하면 궤도주기 감소율의 이론적인 값은 $\dot{p}_{\text{orb, predict}} = -(2.40242 \pm 0.00002) \times 10^{-12}$이고 측정된 값은 $\dot{p}_{\text{orb, measure}} = -(2.4056 \pm 0.0051) \times 10^{-12}$으로 0.13% 오차범위 안에서 잘 일치한다. 1984년 궤도주기감소에 대한 계산결과를 발표할 때 조엘 와이즈버크(Joel Weisberg)와 조셉 테일러(Joseph Taylor)는 다음과 같이 기술하였다. "일반상대론적 4극자 중력파 복사 공식으로 이미 예견된 중력파 복사가 실제로 존재한다는 사실은 이제 피할 수 없는 결론인 것 같다." 천문학자들은 이렇게 훌륭한 자연실험실을 사라지기 전에 발견한 것은 매우 행운이다. 중성자별들간의 거리가 매 궤도공전마다 약 3 mm씩 줄어들고 있다. 그러므로 이 쌍성계는 앞으로 3억년 후에는 합병될 것이다.

일반상대성이론을 실험하기 위한 또 다른 거대한 실험실이 2003년 발견되었다. 2개의 중성자별 쌍성계를 이루고 있으며 모두 펄사이다. J0737-3039A는 펄스 주기가 $P_A = 0.02269937855615 \pm 6 \times 10^{-14}$초이고 J0737-3039B는 펄스 주기가 $P_B = 2.7734607474 \pm 4 \times 10^{-10}$초이다. 헐스-테일러 펄사와 함께 이 유일한 쌍성계는 궤도 세차와 중력파복사 연구에 중요한 역할을 할 것이다. 그러나 J0737-3039A/B는 또한 펄사가 다른 펄사의 중력우물을 통과할 때 통과하는 펄사 신호 도착시간이 어떻게 지연 되는가를 예측하고 관측과 비교 검증할 수 있다.(그림 11.4 참조) 두 펄사의 신호가 각각 다른 중성자별의 자기장과 플라즈마 환경과 작용하므로 플라즈마 물리에 대한 이론을 검증할 수 있는 좋은 기회가 된다. 또한 펄사들의 관성모멘트를 측정할 수 있으므로, 중성자별의 내부구조, 나아가서는 중성자별의 상태방정식에 대한 중요한 테스트를 할 수 있을 것이다.

짧고-강한 감마선 폭발

두 개의 중성자별들이 합쳐지면 어떠한 결과가 나타날까?

9.4장에서 두 종류의 감마선 폭발에 대하여 소개하였다. 광범위한 관측으로 길고-약한 감마선 폭발은(>2s) 핵이 붕괴되는 초신성에서 발생한다고 확인되었다. 반면에 짧고-강한 감마선 폭발은 밀집성들의 합병의 결과로 나타난다. 즉 두 개의 중성자별이거나, 중성자별과 블랙홀 간의 합병이다.

쌍성계에서 밀집성끼리의 합병은 2005년 Swift와 HETE-2 등의 우주망원경으로 최초로 검출하였다. 2005년 7월 9일에 일어난 감마선 폭발은 가시광선 영역에서 잔광(afterglow)이 나타났고, 이를 이용하여 천문학자들은 감마선 폭발이 일어난 은하를 확실하게 확인하였다. 짧고-강한 감마선 폭발은 길고-약한 감마선보다 에너지를 1/1000정도 작은 에너지를 발생한다. 헐스-테일러 쌍성계는 짧고-강한 감마선 폭발을 예고하고 있다. 그러나 이 현상이 지구상에서 관측될 수 있는지는 폭발시 분출방향(Jet)에 따라 좌우된다.

제12장 참고 문헌

일반 도서

Backer, Donald C., and Kulkarni, Shrinivas R., "A New Class of Pulsars," *Physics Today*, March 1990.

Cannizzo, John K., and Kaitchuck, Ronald H., "Accretion Disks in Interacting Binary Stars," *Scientific American*, January 1992.

Clark, David H., *The Quest for SS 433*, Viking Penguin Inc., New York, 1985.

Hellier, Coel, *Cataclysmic Variable Stars: How and Why They Vary*, Springer-Verlag, Berlin, 2001.

Kirshner, Robert P., *The Extravagant Universe: Exploding Stars, Dark Energy, and the Accelerating Universe*, Princeton University Press, Princeton, 2002.

Kleppner, Daniel, "The Gem of General Relativity," *Physics Today*, April 1993.

Piran, Tsvi, "Binary Neutron Stars," *Scientific American*, May 1995.

van den Heuvel, Edward P. J., and van Paradijs, Jan, "X-ray Binaries," *Scientific American*, November 1993.

Wheeler, J. Craig, *Cosmic Catastrophies: Supernovae, Gamma-Ray Bursts, and Adventures in Hyperspace*, Cambridge University Press, Cambridge, 2000.

고급 도서

Backer, D. C., et al., "A Millisecond Pulsar," *Nature*, *300*, 615, 1982.

Branch, David, and Tammann, G. A., "Type Ia Supernovae as Standard Candles," *Annual Review of Astronomy and Astrophysics*, *30*, 359, 1992.

Cowley, Anne P., "Evidence for Black Holes in Stellar Binary Systems," *Annual Review of Astronomy and Astrophysics*, *30*, 287, 1992.

Damour, Thibault, and Taylor, J. H., "On the Orbital Period Change of the Binary Pulsar PSR 1913+16," *The Astrophysical Journal*, *366*, 501, 1991.

Frank, Juhan, King, Andrew, and Raine, Derek, *Accretion Power in Astrophysics*, Third Edition, Cambridge University Press, Cambridge, 2002.

Hilditch, R. W., *An Introduction to Close Binary Stars*, Cambridge University Press, Cambridge, 2001.

Hillebrandt, Wolfgang, and Niemeyer, Jens C., "Type Ia Supernova Explosion Models," *Annual Review of Astronomy and Astrophysics*, *38*, 191, 2000.

Horne, Keith, and Cook, M. C., "*UBV* Images of the Z Cha Accretion Disc in Outburst," *Monthly Notices of the Royal Astronomical Society*, *214*, 307, 1985.

Iben, Icko, Jr., "The Life and Times of an Intermediate Mass Star—in Isolation/in a Close Binary," *Quarterly Journal of the Royal Astronomical Society*, *26*, 1, 1985.

Iben, Icko, Jr., "Single and Binary Star Evolution," *The Astrophysical Journal Supplement*, *76*, 55, 1991.

Lorimer, D. R., and Kramer, M., *Handbook of Pulsar Astronomy*, Cambridge University Press, Cambridge, 2005.

Lyne, A. G., et al., "A Double-Pulsar System: A Rare Laboratory for Relativistic Gravity and Plasma Physics," *Science*, *303*, 1153, 2004.

Lyne, A. G., and Graham-Smith, F., *Pulsar Astronomy*, Third Edition, Cambridge University Press, Cambridge, 2006.

Margon, Bruce, "Observations of SS 433," *Annual Review of Astronomy and Astrophysics*, *22*, 507, 1984.

Niemeyer, N. C., and Truran, J. W. (eds.), *Type Ia Supernovae: Theory and Cosmology*, Cambridge University Press, Cambridge, 2000.

Petschek, Albert G., *Supernovae*, Springer-Verlag, New York, 1990.

Pringle, J. E., and Wade, R. A. (eds.), *Interacting Binary Stars*, Cambridge University Press, Cambridge, 1985.

Riess, Adam G., Press, William H., and Kirshner, Robert P., "A Precise Distance Indicator: Type Ia Supernova Multicolor Light-Curve Shapes," *The Astrophysical Journal*, *473*, 88, 1996.

Sion, E. M., "White Dwarfs in Cataclysmic Variables," *Publications of the Astronomical Society of the Pacific*, *111*, 532, 1999.

Verbunt, Frank, "Origin and Evolution of X-ray Binaries and Binary Radio Pulsars," *Annual Review of Astronomy and Astrophysics*, *31*, 93, 1993.

Weisberg, J. M., and Taylor, J. H., "Observations of Post-Newtonian Timing Effects in the Binary Pulsar PSR 1913+16," *Physical Review Letters*, *52*, 1348, 1984.

Weisberg, J. M., and Taylor, J. H., "Relativistic Binary Pulsar B1913+16: Thirty Years of Observations and Analysis," in *Binary Radio Pulsars*, Astronomical Society of the Pacific Conference Series, F. A. Rasio and I. H. Stairs (eds.), *328*, 25, 2005.

제 12 장 연습 문제

12.1 Use the ideal gas law to argue that in a close binary system, the temperature of a star's photosphere is approximately constant along an equipotential surface. What effect could the proximity of the other star have on your argument?

12.2 Each of the Lagrange points L_4 and L_5 forms an equilateral triangle with masses M_1 and M_2 in Fig. 18.3. Use this to confirm the value of the effective gravitational potential at L_4 and L_5 given in the figure caption.

12.3 **(a)** Consider a gas of density ρ moving with velocity v across an area A perpendicular to the flow of the gas. Show that the rate at which mass crosses the area is given by Eq. (18.11).

(b) Derive Eq. (18.12) for the radius of the intersection of two identical overlapping spheres, when $d \ll R$.

12.4 Use Eq. (18.19) to show that the maximum disk temperature is found at $r = (49/36)R$ and is equal to $T_{\mathrm{max}} = 0.488 T_{\mathrm{disk}}$.

12.5 Integrate Eq. (18.15) for the ring luminosity from $r = R$ to $r = \infty$ [with Eq. (18.19) for the disk temperature]. Does your answer agree with Eq. (18.23) for the disk luminosity?

12.6 Consider an "average" dwarf nova that has a mass transfer rate of

$$\dot{M} = 10^{13.5}\ \mathrm{kg\ s^{-1}} = 5 \times 10^{-10}\ \mathrm{M_\odot\ yr^{-1}}$$

during an outburst that lasts for 10 days. Estimate the total energy released and the absolute magnitude of the dwarf nova during the outburst. Use values for Z Cha's white dwarf from Example 18.4.1. Neglect the small amount of light contributed by the primary and secondary stars.

12.7 Assume that the absolute bolometric magnitude of a dwarf nova during quiescence is 7.5 and that it brightens by three magnitudes during outburst. Using values for Z Cha, estimate the rate of mass transfer through the accretion disk.

12.8 When the accretion disk in a cataclysmic variable is eclipsed by the secondary star, the blueshifted emission line is the first to disappear at the beginning of the eclipse, and the redshifted emission line is the last to reappear when the eclipse ends. What does this have to say about the directions of rotation of the binary system and the accretion disk?

12.9 **(a)** Show that in a close binary system where angular momentum is conserved, the change in orbital period produced by mass transfer is given by

$$\frac{1}{P}\frac{dP}{dt} = 3\dot{M}_1\frac{M_1 - M_2}{M_1 M_2}.$$

(b) U Cephei (an Algol system) has an orbital period of 2.49 days that has increased by about 20 s in the past 100 years. The masses of the two stars are $M_1 = 2.9\ \mathrm{M}_\odot$ and $M_2 = 1.4\ \mathrm{M}_\odot$. Assuming that this change is due to the transfer of mass between the two stars in this Algol system, estimate the mass transfer rate. Which of these stars is gaining mass?

12.10 Algol (the "demon" star, in Arabic) is a semidetached binary. Every 2.87 days, its brilliance is reduced by more than half as it undergoes a deep eclipse, its apparent magnitude dimming from 2.1 to 3.4. The system consists of a B8 main-sequence star and a late-type (G or K) subgiant; the deep eclipses occur when the larger, cooler star (the subgiant) moves in front of its smaller, brighter companion. The "Algol paradox," which troubled astronomers in the first half of the twentieth century, is that according to the ideas of stellar evolution discussed in Section 10.6, the more massive B8 star should have been the first to evolve off the main sequence. What is your solution to this paradox? (The Algol system actually contains a third star that orbits the other two every 1.86 years, but this has nothing to do with the solution to the Algol paradox.)

Algol may be easily found in the constellation Perseus (the Hero, who rescued Andromeda in Greek mythology).

12.11 Consider a $10^{-4}\ \mathrm{M}_\odot$ layer of hydrogen on the surface of a white dwarf. If this layer were completely fused into helium, how long would the resulting nova last (assuming a luminosity equal to the Eddington luminosity)? What does this say about the amount of hydrogen that actually undergoes fusion during a nova outburst?

12.12 Consider a layer of $10^{-4}\ \mathrm{M}_\odot$ of hydrogen on the surface of a white dwarf. Compare the gravitational binding energy before the nova outburst to the kinetic energy of the ejected layer when it has traveled far from the white dwarf and has a speed of 1000 km s^{-1}.

12.13 In this problem, you will examine the fireball expansion phase of a nova shell. Suppose that mass is ejected by a nova at a constant rate of $\dot{M}_{\rm eject}$ and at a constant speed v.

(a) Show that the density of the expanding shell at a distance r is

$$\rho = \dot{M}_{\rm eject}/4\pi r^2 v.$$

(b) Let the mean opacity, $\bar{\kappa}$, of the expanding gases be a constant. Suppose that at some time $t = 0$, the outer radius of the shell was R, and the radius of the photosphere, where $\tau = 2/3$, was R_0. Show that

$$\frac{1}{R} = \frac{1}{R_0} - \frac{1}{R_\infty},$$

where

$$R_\infty \equiv \frac{3\bar{\kappa}\dot{M}_{\rm eject}}{8\pi v}.$$

(The reason for the "∞" subscript will soon become clear.)

(c) At some later time t, the radius of the shell will be $R + vt$ and the radius of the photosphere will be $R(t)$. Show that

$$\frac{1}{R+vt} = \frac{1}{R(t)} - \frac{1}{R_\infty}.$$

(d) Combine the results from parts (b) and (c) to write

$$R(t) = R_0 + \frac{vt(1 - R_0/R_\infty)^2}{1 + (vt/R_\infty)(1 - R_0/R_\infty)},$$

(e) Argue that terms containing R_0/R_∞ are very small and can be ignored, and so obtain

$$R(t) \simeq \frac{vt}{1 + vt/R_\infty}.$$

(f) Show that the fireball's photosphere initially expands linearly with time and then approaches the limiting value of R_∞, in agreement with Eq. (18.30).

(g) Using the data given in the text following Eq. (18.31), make a graph of $R(t)$ vs. t for the five days after the nova explodes. The "knee" in the graphs marks the end of the linear expansion period; estimate when this occurs. How does this compare with the duration of the optically thick fireball phase of the nova?

12.14 Use Eq. (18.31) to estimate the photospheric temperature of a nova fireball, adopting the Eddington luminosity for the luminosity of the fireball.

12.15 Assuming that the hydrostatic-burning phase of a nova lasts for 100 days, find the (constant) rate at which mass is ejected, $\dot{M}_{\rm eject}$, for a surface layer of 10^{-4} $\mathrm{M}_\odot$.

12.16 For each kilogram of a carbon–oxygen composition (30% $^{12}_{6}C$) that is burned to produce iron, 7.3×10^{13} J of energy is released. Assuming an initial 1.38 $M_\odot$ white dwarf with a radius of 1600 km, how much iron would have to be produced to cause the star to be gravitationally unbound? How much additional iron would have to be manufactured to produce a Type Ia supernova with an average ejecta speed of 5000 km s^{-1}? Take the gravitational potential energy to be -5.1×10^{43} J for a realistic white dwarf model, and express your answers in units of $M_\odot$.

12.17 Use Eqs. (7.4), (18.33), and (18.34) to derive Eq. (18.35), the condition for a supernova to disrupt a binary system.

12.18 **(a)** Show that the Alfvèn radius is given by Eq. (18.39).

(b) Show that $\dot{P}/P$ for the spin-up of an X-ray pulsar is given by Eq. (18.41).

12.19 Find the value of the magnetic field for which the Alfvèn radius is equal to the radius of the white dwarf found in Example 18.2.1. Do the same thing for the neutron star used in that example.

12.20 Estimate the lifetime of a binary X-ray system using the information in Example 18.2.1. Take the lifetime to be the time required to transfer a mass of 1 $M_\odot$.

12.21 The X-ray pulsar 4U0115+63 has a period of 3.61 s and an X-ray luminosity of about $L_x = 3.8 \times 10^{29}$ W. Assuming that it is a 1.4 $M_\odot$ neutron star with a radius of 10 km and a surface magnetic field of 10^8 T, find its mass transfer rate, $\dot{M}$, and the value of $\dot{P}/P$. Repeat these calculations assuming that this object is a 0.85 $M_\odot$ white dwarf with a radius of 6.6×10^6 m and a surface magnetic field of 1000 T. For which of these models do you obtain better agreement with the measured value of $\dot{P}/P = -3.2 \times 10^{-5}\ \mathrm{yr}^{-1}$?

12.22 **(a)** Use Eq. (18.24) to show that the spin-up rate can be written as

$$\log_{10}\left(-\frac{\dot{P}}{P}\right) = \log_{10}\left(PL_{\mathrm{acc}}^{6/7}\right) + \log_{10}\left[\frac{\sqrt{\alpha}}{2\pi I}\left(\frac{2\sqrt{2}\pi B_s^2 R^{12}}{\mu_0 G^3 M^3}\right)^{1/7}\right].$$

The term on the left and the first term on the right consist of quantities that can be measured observationally. The second term on the right depends on the specific model (neutron star or white dwarf) of the X-ray pulsar.

TABLE 18.2 X-ray Pulsar Data for Problem 18.22. (Data from Rappaport and Joss, *Nature*, *266*, 683, 1977, and Joss and Rappaport, *Annu. Rev. Astron. Astrophys.*, *22*, 537, 1984.)

System	P (s)	L_{acc} (10^{30} W)	$-\dot{P}/P$ (yr $^{-1}$)
SMC X-1	0.714	50	7.1×10^{-4}
Her X-1	1.24	1	2.9×10^{-6}
Cen X-3	4.84	5	2.8×10^{-4}
A0535+26	104	6	3.5×10^{-2}
GX301−2	696	0.3	7.0×10^{-3}
4U0352+30	835	0.0004	1.8×10^{-4}

(b) Make a graph of $\log_{10}(-\dot{P}/P)$ (vertical axis) vs. $\log_{10}\left(PL_{acc}^{6/7}\right)$ (horizontal axis). Use the values from Example 18.6.3 to plot two lines, one for a neutron star and one for a white dwarf. Let $\log_{10}\left(PL_{acc}^{6/7}\right)$ run from 25 to 29.

(c) Use the data in Table 18.2 to plot the positions of six binary X-ray pulsars on your graph. (You will have to convert $-\dot{P}/P$ into units of s^{-1}.)

(d) Which model of a binary X-ray pulsar is in better agreement with the data? Comment on the position of Her X-1 on your graph.

12.23 **(a)** Consider an X-ray burster that releases 10^{32} J in 5 seconds. If the shape of its peak spectrum is that of a 2×10^7 K blackbody, estimate the radius of the underlying neutron star.

(b) In Problem 17.9 you showed that using the Stefan–Boltzmann formula to find the radius of a compact blackbody can lead to an overestimate of its radius. Use Eq. (17.33) to find a more accurate value for the radius of the neutron star.

12.24 Make a scale drawing of the SMC X-1 binary pulsar system, including the size of the secondary star. Assuming that the primary is a 1.4 $M_\odot$ neutron star, locate the system's center of mass and its inner Lagrangian point, L_1. (You can omit the accretion disk.)

12.25 The relativistic ($v/c = 0.26$) jets coming from the accretion disk in SS 433 sweep out cones in space as the disk precesses. The central axis of these cones makes an angle of 79° with the line of sight, and the half-angle of each cone is 20°. This means that at some point in the precession cycle, the jets are moving perpendicular to the line of sight. Yet, from Fig. 18.26, the radial velocities obtained from the Doppler-shifted spectral lines do *not* cross at zero radial velocity, but at ~ 10,000 km s^{-1}. Use Eq. (4.32) to explain this discrepancy in terms of a transverse Doppler shift. (You can ignore the speed of the SS 433 binary system itself, which is only about 70 km s^{-1}.)

12.26 The distance to SS 433 is about 5.5 kpc, and the angular separation of SS 433 and the X-ray emitting regions (where the jets interact with the gases of W50) extends as far as 44′. Estimate a lower limit for the amount of time the jets have been active.

12.27 PSR 1953+29 is a millisecond pulsar with a period of 6.133 ms. The measured period derivative for PSR 1953+29 is $\dot{P} = 3 \times 10^{-20}$. Use Problem 16.22 to estimate the age of this millisecond pulsar, assuming that no accretion has occurred to alter the pulsar's spin. Also, use Eq. (16.33) to estimate the value of this pulsar's magnetic field.

12.28 Integrate Eq. (18.41) for the spin-up of an X-ray pulsar to estimate the time for a millisecond pulsar to be spun up to a final period of 1 ms from an initial period of 100 s (longer than the longest known pulsar period of 11.7 s, and within the range of X-ray pulsar periods). Assume a 1.4 $M_\odot$ neutron star with a radius of 10 km. Use $B_s = 10^4$ T for the magnetic field and $\dot{M} = 10^{14}$ kg s^{-1} for the mass transfer rate. How much mass is transferred in that time (in kilograms and in solar masses)?

12.29 The three planets orbiting PSR 1257+12 have orbital periods of 25.34 d, 66.54 d, and 98.22 d. Verify that these objects obey Kepler's third law.

12.30 **(a)** Use Kepler's third law to find the semimajor axis of the orbit of the binary pulsar PSR 1913+16.

(b) What is the change in the semimajor axis after one orbital period of the pulsar?

COMPUTER PROBLEMS

12.31 **(a)** Use the `StatStar` model data on page 283 and Eq. (18.14) to make a graph of $\log_{10} \dot{M}$ (vertical axis) vs. $\log_{10} d$ (horizontal axis). Use the slope of your graph to find how the mass transfer rate, $\dot{M}$, depends on d.

(b) Use Eqs. (L.1) and (L.2) to show that $\dot{M} \propto d^{4.75}$ near the surface, and so verify that the mass transfer rate increases rapidly with the overlap distance d of two stars. Note that your answer to part (a) will be slightly different from this because of the density-dependence of `tog_bf` (the ratio of the guillotine factor to the gaunt factor) calculated in the `Opacity` routine.

12.32 Use Eq. (18.19) and Wien's law to make two log-log graphs: (1) the disk temperature, $T(r)$, and (2) the peak wavelength $[\lambda_{max}(r)]$ of the blackbody spectrum, for the accretion disk around the black hole A0620−00 as a function of the radial position r. For this system, the mass of the black hole is 3.82 $M_\odot$, the mass of the secondary star 0.36 $M_\odot$, and the period of the orbit is 0.3226 day. Assume $\dot{M} = 10^{14}$ kg s^{-1} (about 10^{-9} $M_\odot$ yr^{-1}), and use the Schwarzschild radius, R_S (Eq. 17.27), for the radius of the black hole. (On your graph, plot r/R_S rather than r.) For a nonrotating black hole, the last stable orbit for a massive particle is at $3R_S$, so use this as the inner edge of the disk. Let the outer edge of the disk be determined by Kepler's third law along with Eqs. (18.25) and (18.26). On your log-log graph of λ_{max} vs. r/R_S, identify the regions of the disk that emit X-ray, ultraviolet, visible, and infrared radiation.

부 록

APPENDIX

A Astronomical and Physical Constants

Astronomical Constants			
Solar mass	1 $M_\odot$	=	1.9891×10^{30} kg
Solar irradiance	S	=	$1.365(2) \times 10^{3}$ W m^{-2}
Solar luminosity	1 $L_\odot$	=	$3.839(5) \times 10^{26}$ W
Solar radius	1 $R_\odot$	=	$6.95508(26) \times 10^{8}$ m
Solar effective temperature	$T_{e,\odot}$	$\equiv$	$L_\odot/(4\pi\sigma R_\odot^2)^{1/4}$
		=	5777(2) K
Solar absolute bolometric magnitdue	M_{bol}	=	4.74
Solar apparent bolometric magnitude	m_{bol}	=	−26.83
Solar apparent ultraviolet magnitude	U	=	−25.91
Solar apparent blue magnitude	B	=	−26.10
Solar apparent visual magnitude	V	=	−26.75
Solar bolometric correction	BC	=	−0.08
Earth mass	1 $M_\oplus$	=	5.9736×10^{24} kg
Earth radius (equatorial)	1 $R_\oplus$	=	6.378136×10^{6} m
Astronomical unit	1 AU	=	$1.4959787066 \times 10^{11}$ m
Light (Julian) year	1 ly	=	$9.460730472 \times 10^{15}$ m
Parsec	1 pc	=	206264.806 AU
		=	3.0856776×10^{16} m
		=	3.2615638 ly (Julian)
Sidereal day		=	$23^h56^m04.0905309^s$
Solar day		=	86400 s
Sidereal year		=	3.15581450×10^{7} s
		=	365.256308 d
Tropical year		=	$3.155692519 \times 10^{7}$ s
		=	365.2421897 d
Julian year		$\equiv$	3.1557600×10^{7} s
		$\equiv$	365.25 d
Gregorian year		$\equiv$	3.1556952×10^{7} s
		$\equiv$	365.2425 d

Note: Uncertainties in the last digits are indicated in parentheses. For instance, the solar radius, 1 $R_\odot$, has an uncertainty of $\pm 0.00026 \times 10^{8}$ m.

Physical Constants			
Gravitational constant	G	$=$	$6.673(10) \times 10^{-11}$ N m^2 kg^{-2}
Speed of light (exact)	c	$\equiv$	2.99792458×10^8 m s^{-1}
Permeability of free space	μ_0	$\equiv$	$4\pi \times 10^{-7}$ N A^{-2}
Permittivity of free space	ϵ_0	$\equiv$	$1/\mu_0 c^2$
		$=$	$8.854187817\ldots \times 10^{-12}$ F m^{-1}
Electric charge	e	$=$	$1.602176462(63) \times 10^{-19}$ C
Electron volt	1 eV	$=$	$1.602176462(63) \times 10^{-19}$ J
Planck's constant	h	$=$	$6.62606876(52) \times 10^{-34}$ J s
		$=$	$4.13566727(16) \times 10^{-15}$ eV s
	$\hbar$	$\equiv$	$h/2\pi$
		$=$	$1.054571596(82) \times 10^{-34}$ J s
		$=$	$6.58211889(26) \times 10^{-16}$ eV s
Planck's constant × speed of light	hc	$=$	$1.23984186(16) \times 10^3$ eV nm
		$\simeq$	1240 eV nm
Boltzmann's constant	k	$=$	$1.3806503(24) \times 10^{-23}$ J K^{-1}
		$=$	$8.6173423(153) \times 10^{-5}$ eV K^{-1}
Stefan–Boltzmann constant	σ	$\equiv$	$2\pi^5 k^4/(15c^2h^3)$
		$=$	$5.670400(40) \times 10^{-8}$ W m^{-2} K^{-4}
Radiation constant	a	$=$	$4\sigma/c$
		$=$	$7.565767(54) \times 10^{-16}$ J m^{-3} K^{-4}
Atomic mass unit	1 u	$=$	$1.66053873(13) \times 10^{-27}$ kg
		$=$	$931.494013(37)$ MeV$/c^2$
Electron mass	m_e	$=$	$9.10938188(72) \times 10^{-31}$ kg
		$=$	$5.485799110(12) \times 10^{-4}$ u
Proton mass	m_p	$=$	$1.67262158(13) \times 10^{-27}$ kg
		$=$	$1.00727646688(13)$ u
Neutron mass	m_n	$=$	$1.67492716(13) \times 10^{-27}$ kg
		$=$	$1.00866491578(55)$ u
Hydrogen mass	m_H	$=$	$1.673532499(13) \times 10^{-27}$ kg
		$=$	$1.00782503214(35)$ u
Avogadro's number	N_A	$=$	$6.02214199(47) \times 10^{23}$ mol^{-1}
Gas constant	R	$=$	$8.314472(15)$ J mol^{-1} K^{-1}
Bohr radius	$a_{0,\infty}$	$\equiv$	$4\pi\epsilon_0\hbar^2/m_e e^2$
		$=$	$5.291772083(19) \times 10^{-11}$ m
	$a_{0,H}$	$\equiv$	$(m_e/\mu)a_{0,\infty}$
		$=$	$5.294654075(20) \times 10^{-11}$ m
Rydberg constant	R_∞	$\equiv$	$m_e e^4/64\pi^3\epsilon_0^2\hbar^3 c$
		$=$	$1.0973731568549(83) \times 10^7$ m^{-1}
	R_H	$\equiv$	$(\mu/m_e)R_\infty$
		$=$	$1.09677583(13) \times 10^7$ m^{-1}

Note: Uncertainties in the last digits are indicated in parentheses. For instance, the universal gravitational constant, G, has an uncertainty of $\pm 0.010 \times 10^{-11}$ N m^2 kg^{-2}.

APPENDIX B Unit Conversions

SI to cgs Unit Conversions

Quantity	SI Unit	cgs Unit	Conversion Factor[a]
Distance	meter (m)	centimeter (cm)	10^{-2}
Mass	kilogram (kg)	gram (g)	10^{-3}
Time	second (s)	second (s)	1
Current[b]	ampere (A)	esu s^{-1}	$3.335640952 \times 10^{-10}$
Charge[c]	coulomb (C; A s)	esu	$3.335640952 \times 10^{-10}$
Velocity	m s^{-1}	cm s^{-1}	10^{-2}
Acceleration	m s^{-2}	cm s^{-2}	10^{-2}
Linear momentum	kg m s^{-1}	g cm s^{-1}	10^{-5}
Angular momentum	kg m^2 s^{-1}	g cm^2 s^{-1}	10^{-7}
Force	newton (N; kg m s^{-2})	dyne (g cm s^{-2})	10^{-5}
Energy (work)	joule (J; N m)	erg (dyne cm)	10^{-7}
Power (luminosity)	watt (W; J s^{-1})	erg s^{-1}	10^{-7}
Pressure	pascal (Pa; N m^{-2})	dyne cm^{-2}	10^{-1}
Mass density	kg m^{-3}	g cm^{-3}	10^{3}
Charge density	C m^{-3}	esu cm^{-3}	$3.335640952 \times 10^{-4}$
Current density	A m^{-2}	esu s^{-1} cm^{-2}	$3.335640952 \times 10^{-6}$
Electric potential	volt (V; J C^{-1})	statvolt (erg esu^{-1})	$2.997924580 \times 10^{2}$
Electric field	V m^{-1}	statvolt cm^{-1}	$2.997924580 \times 10^{4}$
Magnetic field	tesla (T; N A^{-1} m^{-1})	gauss (G; dyne esu^{-1})	10^{-4}
Magnetic flux	weber (Wb; T m^2)	G cm^2	10^{-8}

[a] Multiply the SI unit by the conversion factor to obtain the equivalent cgs unit; e.g., 10^{-2} m = 1 cm.

[b] The ampere is the fundamental electromagnetic unit in the SI system.

[c] The esu (*electrostatic unit*) is the fundamental electromagnetic unit in the cgs system.

SI to Miscellaneous Unit Conversions			
Quantity	SI Unit	Misc. Unit	Conversion Factor (SI to Misc.)[d]
Distance	meter (m)	angstrom (Å)	10^{-10}
Distance	nanometer (nm)	angstrom (Å)	10^{-1}
Spectral flux density	W m^{-2} Hz^{-1}	jansky (Jy)	10^{-26}

[d]Multiply the SI unit by the conversion factor to obtain the equivalent micellaneous unit.

SI–cgs Electromagnetic Equation Conversions			
Selected Equations of Electromagnetism	SI Version	cgs Version	Text Equation
Poynting Vector	$\langle S\rangle = \dfrac{1}{2\mu_0}E_0B_0$	$\langle S\rangle = \dfrac{c}{8\pi}E_0B_0$	(3.12)
Coulomb's Law	$F = \dfrac{1}{4\pi\epsilon_0}\dfrac{q_1q_2}{r^2}$	$F = \dfrac{q_1q_2}{r^2}$	(5.9)
Lorentz Equation	$\mathbf{F} = q(\mathbf{E} + \mathbf{v}\times\mathbf{B})$	$\mathbf{F} = q\left(\mathbf{E} + \dfrac{\mathbf{v}}{c}\times\mathbf{B}\right)$	(11.2)
Magnetic pressure	$P = \dfrac{B^2}{2\mu_0}$	$P = \dfrac{B^2}{8\pi}$	(11.10)

APPENDIX C

Solar System Data

Planetary Physical Data

Planet	Mass[a] ($M_\oplus$)	Equatorial Radius[b] ($R_\oplus$)	Average Density (kg m^{-3})	Sidereal Rotation Period (d)	Oblateness $(R_e - R_p)/R_e$	Bond Albedo
Mercury	0.05528	0.3825	5427	58.6462	0.00000	0.119
Venus	0.81500	0.9488	5243	243.018	0.00000	0.750
Earth	1.00000	1.0000	5515	0.997271	0.0033396	0.306
Mars	0.10745	0.5326	3933	1.02596	0.006476	0.250
Jupiter	317.83	11.209	1326	0.4135	0.064874	0.343
Saturn	95.159	9.4492	687	0.4438	0.097962	0.342
Uranus	14.536	4.0073	1270	0.7183	0.022927	0.300
Neptune	17.147	3.8826	1638	0.6713	0.017081	0.290
Pluto	0.0021	0.178	2110	6.3872	0.0000	0.4 – 0.6
2003 UB313	0.002?	0.188	2100?			0.6?

Planetary Orbital and Satellite Data

Planet	Semimajor Axis (AU)	Orbital Eccentricity	Sidereal Orbital Period (yr)	Orbital Inclination to Ecliptic (°)	Equatorial Inclination to Orbit (°)	Number Natural Satellites
Mercury	0.3871	0.2056	0.2408	7.00	0.01	0
Venus	0.7233	0.0067	0.6152	3.39	177.36	0
Earth	1.0000	0.0167	1.0000	0.000	23.45	1
Mars	1.5236	0.0935	1.8808	1.850	25.19	2
Jupiter	5.2044	0.0489	11.8618	1.304	3.13	63
Saturn	9.5826	0.0565	29.4567	2.485	26.73	47
Uranus	19.2012	0.0457	84.0107	0.772	97.77	27
Neptune	30.0476	0.0113	164.79	1.769	28.32	13
Pluto	39.4817	0.2488	247.68	17.16	122.53	3
2003 UB313	67.89	0.4378	559	43.99		1

[a] $M_\oplus = 5.9736 \times 10^{24}$ kg

[b] $R_\oplus = 6.378136 \times 10^{6}$ m

Data of Selected Major Satellites

Satellite	Parent Planet	Mass (10^{22} kg)	Radius (10^3 km)	Density (kg m^{-3})	Orbital Period (d)	Semimajor Axis (10^3 km)
Moon	Earth	7.349	1.7371	3350	27.322	384.4
Io	Jupiter	8.932	1.8216	3530	1.769	421.6
Europa	Jupiter	4.800	1.5608	3010	3.551	670.9
Ganymede	Jupiter	14.819	2.6312	1940	7.155	1070.4
Callisto	Jupiter	10.759	2.4103	1830	16.689	1882.7
Titan	Saturn	13.455	2.575	1881	15.945	1221.8
Triton	Neptune	2.14	1.3534	2050	5.877	354.8

APPENDIX D

The Constellations

Latin Name	Genitive	Abbrev.	Translation	R. A. h	Dec. deg
Andromeda	Andromedae	And	Princess of Ethiopia	1	+40
Antlia	Antliae	Ant	Air Pump	10	−35
Apus	Apodis	Aps	Bird of Paradise	16	−75
Aquarius	Aquarii	Aqr	Water Bearer	23	−15
Aquila	Aquilae	Aql	Eagle	20	+5
Ara	Arae	Ara	Altar	17	−55
Aries	Arietis	Ari	Ram	3	+20
Auriga	Aurigae	Aur	Charioteer	6	+40
Boötes	Boötis	Boo	Herdsman	15	+30
Caelum	Caeli	Cae	Chisel	5	−40
Camelopardalis	Camelopardis	Cam	Giraffe	6	+70
Cancer	Cancri	Cnc	Crab	9	+20
Canes Venatici	Canum Venaticorum	CVn	Hunting Dogs	13	+40
Canis Major	Canis Majoris	CMa	Big Dog	7	−20
Canis Minor	Canis Minoris	CMi	Little Dog	8	+5
Capricornus	Capricorni	Cap	Goat	21	−20
Carina	Carinae	Car	Ship's Keel	9	−60
Cassiopeia	Cassiopeiae	Cas	Queen of Ethiopia	1	+60
Centaurus	Centauri	Cen	Centaur	13	−50
Cepheus	Cephei	Cep	King of Ethiopia	22	+70
Cetus	Ceti	Cet	Sea Monster (whale)	2	−10
Chamaeleon	Chamaeleontis	Cha	Chameleon	11	−80
Circinus	Circini	Cir	Compass	15	−60
Columba	Columbae	Col	Dove	6	−35
Coma Berenices	Comae Berenices	Com	Berenice's Hair	13	+20
Corona Australis	Coronae Australis	CrA	Southern Crown	19	−40
Corona Borealis	Coronae Borealis	CrB	Northern Crown	16	+30
Corvus	Corvi	Crv	Crow	12	−20
Crater	Crateris	Crt	Cup	11	−15
Crux	Crucis	Cru	Southern Cross	12	−60
Cygnus	Cygni	Cyg	Swan	21	+40
Delphinus	Delphini	Del	Dolphin, Porpoise	21	+10
Dorado	Doradus	Dor	Swordfish	5	−65
Draco	Draconis	Dra	Dragon	17	+65
Equuleus	Equulei	Equ	Little Horse	21	+10
Eridanus	Eridani	Eri	River Eridanus	3	−20
Fornax	Fornacis	For	Furnace	3	−30
Gemini	Geminorum	Gem	Twins	7	+20
Grus	Gruis	Gru	Crane	22	−45
Hercules	Herculis	Her	Son of Zeus	17	+30

Latin Name	Genitive	Abbrev.	Translation	R. A. h	Dec. deg
Horologium	Horologii	Hor	Clock	3	−60
Hydra	Hydrae	Hya	Water Snake	10	−20
Hydrus	Hydri	Hyi	Sea Serpent	2	−75
Indus	Indi	Ind	Indian	21	−55
Lacerta	Lacertae	Lac	Lizard	22	+45
Leo	Leonis	Leo	Lion	11	+15
Leo Minor	Leonis Minoris	LMi	Little Lion	10	+35
Lepus	Leporis	Lep	Hare	6	−20
Libra	Librae	Lib	Balance, Scales	15	−15
Lupus	Lupi	Lup	Wolf	15	−45
Lynx	Lyncis	Lyn	Lynx	8	+45
Lyra	Lyrae	Lyr	Lyre, Harp	19	+40
Mensa	Mensae	Men	Table, Mountain	5	−80
Microscopium	Microscopii	Mic	Microscope	21	−35
Monoceros	Monocerotis	Mon	Unicorn	7	−5
Musca	Muscae	Mus	Fly	12	−70
Norma	Normae	Nor	Square, Level	16	−50
Octans	Octantis	Oct	Octant	22	−85
Ophiuchus	Ophiuchi	Oph	Serpent-bearer	17	0
Orion	Orionis	Ori	Hunter	5	+5
Pavo	Pavonis	Pav	Peacock	20	−65
Pegasus	Pegasi	Peg	Winged Horse	22	+20
Perseus	Persei	Per	Rescuer of Andromeda	3	+45
Phoenix	Phoenicis	Phe	Phoenix	1	−50
Pictor	Pictoris	Pic	Painter, Easel	6	−55
Pisces	Piscium	Psc	Fish	1	+15
Piscis Austrinus	Piscis Austrini	PsA	Southern Fish	22	−30
Puppis	Puppis	Pup	Ship's Stern	8	−40
Pyxis	Pyxidis	Pyx	Ship's Compass	9	−30
Reticulum	Reticuli	Ret	Net	4	−60
Sagitta	Sagittae	Sge	Arrow	20	+10
Sagittarius	Sagittarii	Sgr	Archer	19	−25
Scorpius	Scorpii	Sco	Scorpion	17	−40
Sculptor	Sculptoris	Scl	Sculptor	0	−30
Scutum	Scuti	Sct	Shield	19	−10
Serpens	Serpentis	Ser	Serpent	17	0
Sextans	Sextantis	Sex	Sextant	10	0
Taurus	Tauri	Tau	Bull	4	+15
Telescopium	Telescopii	Tel	Telescope	19	−50
Triangulum	Trianguli	Tri	Triangle	2	+30
Triangulum Australe	Trianguli Australis	TrA	Southern Triangle	16	−65
Tucana	Tucanae	Tuc	Toucan	0	−65
Ursa Major	Ursae Majoris	UMa	Big Bear	11	+50
Ursa Minor	Ursae Minoris	UMi	Little Bear	15	+70
Vela	Velorum	Vel	Ship's Sai	9	−50
Virgo	Virginis	Vir	Maiden, Virgin	13	0
Volans	Volantis	Vol	Flying Fish	8	−70
Vulpecula	Vulpeculae	Vul	Little Fox	20	+25

APPENDIX E The Brightest Stars

Name	Star	Spectral Class		V^a		M_V	
		A	B	A	B	A	B
Sirius	α CMa	A1 V	wd[b]	−1.44	+8.7	+1.45	+11.6
Canopus	α Car	F0 Ib		−0.62		−5.53	
Arcturus	α Boo	K2 II Ip		−0.05		−0.31	
Rigel Kentaurus	α Cen	G2 V	K0 V	−0.01	+1.3	+4.34	+5.7
Vega	α Lyr	A0 V		+0.03		+0.58	
Capella[c]	α Aur	M1 III	M1 V	+0.08	+10.2	−0.48	+9.5
Rigel	β Ori	B8 Ia	B9	+0.18	+6.6	−6.69	−0.4
Procyon	α CMi	F5 IV–V	wd[b]	+0.40	+10.7	+2.68	+13.0
Betelgeuse	α Ori	M2Ib		+0.45v		−5.14	
Achernar	α Eri	B3 Vp		+0.45		−2.77	
Hadar	β Cen	B1 III	?	+0.61	+4	−5.42	−0.8
Altair	α Aql	A7 IV–V		+0.76		+2.20	
Acrux	α Cru	B0.5 IV	B3	+0.77	+1.9	−4.19	−3.5
Aldebaran	α Tau	K5 III	M2V	+0.87	+13	−0.63	+12
Spica	α Vir	B1 V		+0.98v		−3.55	
Antares	α Sco	M1 Ib	B4eV	+1.06v	+5.1	−5.58	−0.3
Pollux	β Gem	K0 III		+1.16		+1.09	
Fomalhaut	α PsA	A3 V	K4V	+1.17	+6.5	+1.74	+7.3
Deneb	α Cyg	A2 Ia		+1.25		−8.73	
Mimosa	β Cru	B0.5 III	B2 V	+1.25v		−3.92	

[a] Values labeled v designate variable stars.

[b] wd represents a white dwarf star.

[c] Capella has a third member of spectral class M5 V, $V = +13.7$, and $M_V = +13$.

Name	R. A.[a] (h m s)	Dec.[a] (° ′ ″)	Parallax[b] (″)	Distance[c] (pc)	Proper Motion[d] (″ yr^{-1})	Radial Velocity (km s^{-1})
Sirius	06 45 08.92	−16 41 58.0	0.37921(158)	2.64	1.33942	−7.7
Canopus	06 23 57.11	−52 41 44.4	0.01043(53)	95.88	0.03098	+20.5
Arcturus	14 15 39.67	+19 10 56.7	0.08885(74)	11.26	2.27887	−5.2
Rigel Kentaurus	14 39 36.50	−60 50 02.3	0.74212(140)	1.35	3.70962	−24.6
Vega	18 36 56.34	+38 47 01.3	0.12893(55)	7.76	0.35077	−13.9
Capella	05 16 41.36	+45 59 52.8	0.07729(89)	12.94	0.43375	+30.2
Rigel	05 14 32.27	−08 12 05.9	0.00422(81)	237	0.00195	+20.7
Procyon	07 39 18.12	+05 13 30.0	0.28593(88)	3.50	1.25850	−3.2
Betelgeuse	05 55 10.31	+07 24 25.4	0.00763(164)	131	0.02941	+21.0
Achernar	01 37 42.85	−57 14 12.3	0.02268(57)	44.09	0.09672	+19
Hadar	14 03 49.40	−60 22 22.9	0.00621(56)	161	0.04221	−12
Altair	19 50 47.0	+08 52 06.0	0.19444(94)	5.14	0.66092	−26.3
Acrux	12 26 35.90	−63 05 56.7	0.01017(67)	98.33	0.03831	−11.2
Aldebaran	04 35 55.24	+16 30 33.5	0.05009(95)	19.96	0.19950	+54.1
Spica	13 25 11.58	−11 09 40.8	0.01244(86)	80.39	0.05304	+1.0
Antares	16 29 24.46	−26 25 55.2	0.00540(168)	185	0.02534	−3.2
Pollux	07 45 18.95	+28 01 34.3	0.09674(87)	10.34	0.62737	+3.3
Fomalhaut	22 57 39.05	−29 37 20.1	0.13008(92)	7.69	0.36790	+6.5
Deneb	20 41 25.91	+45 16 49.2	0.00101(57)	990	0.00220	−4.6
Mimosa	12 47 43.26	−59 41 19.5	0.00925(61)	108	0.04991	+10.3

[a] Right ascension and declination are given in epoch J2000.0.

[b] Parallax data are from the Hipparcos Space Astrometry Mission. Uncertainties are in parentheses; for instance, the parallax of Sirius is 0.37921″ ± 0.00158″.

[c] Distance was calculated from the parallax measurement.

[d] Proper motion data are from the Hipparcos Space Astrometry Mission.

APPENDIX F

The Nearest Stars

Name	HIP[a]	Spectral Class	V^b	M_V	$B-V$	Parallax[c] ($''$)	Distance[d] (pc)
Proxima Centauri (α Cen C)	70890	M5 Ve	11.01	15.45	+1.81	0.77233(242)	1.29
α Cen B	71681	K1 V	1.35	5.70	+0.88	0.74212(140)	1.35
α Cen A	71683	G2 V	−0.01	4.34	+0.71	0.74212(140)	1.35
Barnard's Star	87937	M5 V	9.54	13.24	+1.57	0.54901(158)	1.82
Gl 411	54035	M2 Ve	7.49	10.46	+1.50	0.39240(91)	2.55
Sirius A (α CMa)	32349	A1 V	−1.44	1.45	+0.01	0.37921(158)	2.64
Sirius B (α CMa)		wd (DA)	8.44	11.33	−0.03	0.37921(158)[e]	2.64[e]
Gl 729	92403	M4.5 Ve	10.37	13.00	+1.51	0.33648(182)	2.97
ϵ Eri	16537	K2 V	3.72	6.18	+0.88	0.31075(85)	3.22
Gl 887	114046	M2 Ve	7.35	9.76	+1.48	0.30390(87)	3.29
Ross 128 (Gl 447)	57548	M4.5 V	11.12	13.50	+1.75	0.29958(220)	3.34
61 Cyg A (Gl 820)	104214	K5 Ve	5.20	7.49	+1.07	0.28713(151)	3.48
Procyon A (α CMi)	37279	F5 IV–V	0.40	2.68	+0.43	0.28593(88)	3.50
Procyon B (α CMi)		wd	10.7	13.0	+0.00	0.28593(88)[e]	3.50[e]
61 Cyg B (Gl 820B)	104217	K7 Ve	6.05	8.33	+1.31	0.28542(72)	3.50
Gl 725B	91772	M5 V	9.70	11.97	+1.56	0.28448(501)	3.52
Gl 725A	91768	M4 V	8.94	11.18	+1.50	0.28028(257)	3.57
GX And	1475	M2 V	8.09	10.33	+1.56	0.28027(105)	3.57
ϵ Ind	108870	K5 Ve	4.69	6.89	+1.06	0.27576(69)	3.63
τ Cet	8102	G8 Vp	3.49	5.68	+0.73	0.27417(80)	3.65
Gl 54.1	5643	M5.5 Ve	12.10	14.25	+1.85	0.26905(757)	3.72
Luyten's Star (Gl 237)	36208	M3.5	9.84	11.94	+1.57	0.26326(143)	3.80
Kapteyn's Star	24186	M0 V	8.86	10.89	+1.55	0.25526(86)	3.92
AX Mic	105090	M0 Ve	6.69	8.71	+1.40	0.25337(113)	3.95
Kruger 60	110893	M2 V	9.59	11.58	+1.61	0.24952(303)	4.01
Ross 614 (GL 234A)	30920	M4.5 Ve	11.12	13.05	+1.69	0.24289(264)	4.12

[a] HIP designates the Hipparcos catalog number.

[b] Values labeled v designate variable stars.

[c] Parallax data are from the Hipparcos Space Astrometry Mission. Uncertainties are in parentheses; for instance, the parallax of Proxima Centauri is $0.77233'' \pm 0.00242''$.

[d] Distances were calculated from the Hipparcos parallax data.

[e] Parallax and distance taken to be that of bright companion.

Name	R. A.[a] (h m s)	dec.[a] (° ′ ″)	Proper Motion R. A.[b] (″ yr^{-1})	Proper Motion dec.[b] (″ yr^{-1})	Radial. Velocity. (km s^{-1})
Proxima Centauri	14 29 42.95	−62 40 46.1	−3.77564(152)	0.76816(182)	−33.4
α Cen B	14 39 35.08	−60 50 13.8	−3.60035(2610)	0.95211(1975)	−23.4
α Cen A	14 39 36.50	−60 50 02.3	−3.67819(151)	0.48184(124)	−23.4
Barnard's Star	17 57 48.50	+04 41 36.2	−0.79784(161)	10.32693(129)	−112.3
Gl 411	11 03 20.19	+35 58 11.6	−0.58020(77)	−4.76709(77)	−85.
Sirius A	06 45 08.92	−16 41 58.0	−0.54601(133)	−1.22308(124)	−7.7
Gl 729	18 49 49.36	−23 50 10.4	0.63755(222)	−0.19247(145)	−7.0
ϵ Eri	03 32 55.84	−09 27 29.7	−0.97644(98)	0.01797(91)	+13.
Gl 887	23 05 52.04	−35 51 11.1	6.76726(70)	1.32666(74)	−6.4
Ross 128	11 47 44.40	+00 48 16.4	0.60562(214)	−1.21923(186)	−31.
61 Cyg A	21 06 53.94	+38 44 57.9	4.15510(95)	3.25890(119)	−65.
Procyon A	07 39 18.12	+05 13 30.0	−0.71657(88)	−1.03458(38)	−3.2
61 Cyg B	21 06 55.26	+38 44 31.4	4.10740(43)	3.14372(59)	−65.
Gl 725B	18 42 46.90	+59 37 36.6	−1.39320(1150)	1.84573(1202)	+1.
Gl 725A	18 42 46.69	+59 37 49.4	−1.32688(310)	1.80212(358)	−1.
GX And	00 18 22.89	+44 01 22.6	2.88892(75)	0.41058(63)	+13.5
ϵ Ind	22 03 21.66	−56 47 09.5	3.95997(55)	−2.53884(42)	−40.4
τ Cet	01 44 04.08	−15 56 14.9	−1.72182(83)	0.85407(80)	−16.4
Gl 54.1	01 12 30.64	−16 59 56.3	1.21009(521)	0.64695(391)	+37.0
Luyten's Star	07 27 24.50	+05 13 32.8	0.57127(141)	−3.69425(90)	+18.
Kapteyn's Star	05 11 40.58	−45 01 06.3	6.50605(95)	−5.73139(90)	+242.8
AX Mic	21 17 15.27	−38 52 02.5	−3.25900(128)	−1.14699(56)	+23.
Kruger 60	22 27 59.47	+57 41 45.1	−0.87023(300)	−0.47110(297)	−34.
Ross 614	06 29 23.40	−02 48 50.3	0.69473(300)	−0.61862(248)	+23.2

[a] Right ascension and declination are given in epoch J2000.0.

[b] Proper-motion data are from the Hipparcos Space Astrometry Mission. Uncertainties are in parentheses; for instance, the proper motion of Proxima Centauri in right ascension is $-3.77564'' \text{ yr}^{-1} \pm 0.00152'' \text{ yr}^{-1}$.

APPENDIX G

Stellar Data

Main-Sequence Stars (Luminosity Class V)									
Sp. Type	T_e (K)	$L/L_\odot$	$R/R_\odot$	$M/M_\odot$	M_{bol}	BC	M_V	$U-B$	$B-V$
O5	42000	499000	13.4	60	−9.51	−4.40	−5.1	−1.19	−0.33
O6	39500	324000	12.2	37	−9.04	−3.93	−5.1	−1.17	−0.33
O7	37500	216000	11.0	—	−8.60	−3.68	−4.9	−1.15	−0.32
O8	35800	147000	10.0	23	−8.18	−3.54	−4.6	−1.14	−0.32
B0	30000	32500	6.7	17.5	−6.54	−3.16	−3.4	−1.08	−0.30
B1	25400	9950	5.2	—	−5.26	−2.70	−2.6	−0.95	−0.26
B2	20900	2920	4.1	—	−3.92	−2.35	−1.6	−0.84	−0.24
B3	18800	1580	3.8	7.6	−3.26	−1.94	−1.3	−0.71	−0.20
B5	15200	480	3.2	5.9	−1.96	−1.46	−0.5	−0.58	−0.17
B6	13700	272	2.9	—	−1.35	−1.21	−0.1	−0.50	−0.15
B7	12500	160	2.7	—	−0.77	−1.02	+0.3	−0.43	−0.13
B8	11400	96.7	2.5	3.8	−0.22	−0.80	+0.6	−0.34	−0.11
B9	10500	60.7	2.3	—	+0.28	−0.51	+0.8	−0.20	−0.07
A0	9800	39.4	2.2	2.9	+0.75	−0.30	+1.1	−0.02	−0.02
A1	9400	30.3	2.1	—	+1.04	−0.23	+1.3	+0.02	+0.01
A2	9020	23.6	2.0	—	+1.31	−0.20	+1.5	+0.05	+0.05
A5	8190	12.3	1.8	2.0	+2.02	−0.15	+2.2	+0.10	+0.15
A8	7600	7.13	1.5	—	+2.61	−0.10	+2.7	+0.09	+0.25
F0	7300	5.21	1.4	1.6	+2.95	−0.09	+3.0	+0.03	+0.30
F2	7050	3.89	1.3	—	+3.27	−0.11	+3.4	+0.00	+0.35
F5	6650	2.56	1.2	1.4	+3.72	−0.14	+3.9	−0.02	+0.44
F8	6250	1.68	1.1	—	+4.18	−0.16	+4.3	+0.02	+0.52

Main-Sequence Stars (Luminosity Class V)									
Sp. Type	T_e (K)	$L/L_\odot$	$R/R_\odot$	$M/M_\odot$	M_{bol}	BC	M_V	$U-B$	$B-V$
G0	5940	1.25	1.06	1.05	+4.50	−0.18	+4.7	+0.06	+0.58
G2	5790	1.07	1.03	—	+4.66	−0.20	+4.9	+0.12	+0.63
Sun[a]	5777	1.00	1.00	1.00	+4.74	−0.08	+4.82	+0.195	+0.650
G8	5310	0.656	0.96	—	+5.20	−0.40	+5.6	+0.30	+0.74
K0	5150	0.552	0.93	0.79	+5.39	−0.31	+5.7	+0.45	+0.81
K1	4990	0.461	0.91	—	+5.58	−0.37	+6.0	+0.54	+0.86
K3	4690	0.318	0.86	—	+5.98	−0.50	+6.5	+0.80	+0.96
K4	4540	0.263	0.83	—	+6.19	−0.55	+6.7	—	+1.05
K5	4410	0.216	0.80	0.67	+6.40	−0.72	+7.1	+0.98	+1.15
K7	4150	0.145	0.74	—	+6.84	−1.01	+7.8	+1.21	+1.33
M0	3840	0.077	0.63	0.51	+7.52	−1.38	+8.9	+1.22	+1.40
M1	3660	0.050	0.56	—	+7.99	−1.62	+9.6	+1.21	+1.46
M2	3520	0.032	0.48	0.40	+8.47	−1.89	+10.4	+1.18	+1.49
M3	3400	0.020	0.41	—	+8.97	−2.15	+11.1	+1.16	+1.51
M4	3290	0.013	0.35	—	+9.49	−2.38	+11.9	+1.15	+1.54
M5	3170	0.0076	0.29	0.21	+10.1	−2.73	+12.8	+1.24	+1.64
M6	3030	0.0044	0.24	—	+10.6	−3.21	+13.8	+1.32	+1.73
M7	2860	0.0025	0.20	—	+11.3	−3.46	+14.7	+1.40	+1.80

[a] Values adopted in this text.

Giant Stars (Luminosity Class III)

Sp. Type	T_e (K)	$L/L_\odot$	$R/R_\odot$	$M/M_\odot$	M_{bol}	BC	M_V	$U-B$	$B-V$
O5	39400	741000	18.5	—	−9.94	−4.05	−5.9	−1.18	−0.32
O6	37800	519000	16.8	—	−9.55	−3.80	−5.7	−1.17	−0.32
O7	36500	375000	15.4	—	−9.20	−3.58	−5.6	−1.14	−0.32
O8	35000	277000	14.3	—	−8.87	−3.39	−5.5	−1.13	−0.31
B0	29200	84700	11.4	20	−7.58	−2.88	−4.7	−1.08	−0.29
B1	24500	32200	10.0	—	−6.53	−2.43	−4.1	−0.97	−0.26
B2	20200	11100	8.6	—	−5.38	−2.02	−3.4	−0.91	−0.24
B3	18300	6400	8.0	—	−4.78	−1.60	−3.2	−0.74	−0.20
B5	15100	2080	6.7	7	−3.56	−1.30	−2.3	−0.58	−0.17
B6	13800	1200	6.1	—	−2.96	−1.13	−1.8	−0.51	−0.15
B7	12700	710	5.5	—	−2.38	−0.97	−1.4	−0.44	−0.13
B8	11700	425	5.0	—	−1.83	−0.82	−1.0	−0.37	−0.11
B9	10900	263	4.5	—	−1.31	−0.71	−0.6	−0.20	−0.07
A0	10200	169	4.1	4	−0.83	−0.42	−0.4	−0.07	−0.03
A1	9820	129	3.9	—	−0.53	−0.29	−0.2	+0.07	+0.01
A2	9460	100	3.7	—	−0.26	−0.20	−0.1	+0.06	+0.05
A5	8550	52	3.3	—	+0.44	−0.14	+0.6	+0.11	+0.15
A8	7830	33	3.1	—	+0.95	−0.10	+1.0	+0.10	+0.25
F0	7400	27	3.2	—	+1.17	−0.11	+1.3	+0.08	+0.30
F2	7000	24	3.3	—	+1.31	−0.11	+1.4	+0.08	+0.35
F5	6410	22	3.8	—	+1.37	−0.14	+1.5	+0.09	+0.43
G0	5470	29	6.0	1.0	+1.10	−0.20	+1.3	+0.21	+0.65
G2	5300	31	6.7	—	+1.00	−0.27	+1.3	+0.39	+0.77
G8	4800	44	9.6	—	+0.63	−0.42	+1.0	+0.70	+0.94
K0	4660	50	10.9	1.1	+0.48	−0.50	+1.0	+0.84	+1.00
K1	4510	58	12.5	—	+0.32	−0.55	+0.9	+1.01	+1.07
K3	4260	79	16.4	—	−0.01	−0.76	+0.8	+1.39	+1.27
K4	4150	93	18.7	—	−0.18	−0.94	+0.8	—	+1.38
K5	4050	110	21.4	1.2	−0.36	−1.02	+0.7	+1.81	+1.50
K7	3870	154	27.6	—	−0.73	−1.17	+0.4	+1.83	+1.53
M0	3690	256	39.3	1.2	−1.28	−1.25	+0.0	+1.87	+1.56
M1	3600	355	48.6	—	−1.64	−1.44	−0.2	+1.88	+1.58
M2	3540	483	58.5	1.3	−1.97	−1.62	−0.4	+1.89	+1.60
M3	3480	643	69.7	—	−2.28	−1.87	−0.4	+1.88	+1.61
M4	3440	841	82.0	—	−2.57	−2.22	−0.4	+1.73	+1.62
M5	3380	1100	96.7	—	−2.86	−2.48	−0.4	+1.58	+1.63
M6	3330	1470	116	—	−3.18	−2.73	−0.4	+1.16	+1.52

Supergiant Stars (Luminosity Class Approximately Iab)

Sp. Type	T_e (K)	$L/L_\odot$	$R/R_\odot$	$M/M_\odot$	$M_{\rm bol}$	BC	M_V	$U-B$	$B-V$
O5	40900	1140000	21.2	70	−10.40	−3.87	−6.5	−1.17	−0.31
O6	38500	998000	22.4	40	−10.26	−3.74	−6.5	−1.16	−0.31
O7	36200	877000	23.8	—	−10.12	−3.48	−6.6	−1.14	−0.31
O8	34000	769000	25.3	28	−9.98	−3.35	−6.6	−1.13	−0.29
B0	26200	429000	31.7	25	−9.34	−2.49	−6.9	−1.06	−0.23
B1	21400	261000	37.3	—	−8.80	−1.87	−6.9	−1.00	−0.19
B2	17600	157000	42.8	—	−8.25	−1.58	−6.7	−0.94	−0.17
B3	16000	123000	45.8	—	−7.99	−1.26	−6.7	−0.83	−0.13
B5	13600	79100	51.1	20	−7.51	−0.95	−6.6	−0.72	−0.10
B6	12600	65200	53.8	—	−7.30	−0.88	−6.4	−0.69	−0.08
B7	11800	54800	56.4	—	−7.11	−0.78	−6.3	−0.64	−0.05
B8	11100	47200	58.9	—	−6.95	−0.66	−6.3	−0.56	−0.03
B9	10500	41600	61.8	—	−6.81	−0.52	−6.3	−0.50	−0.02
A0	9980	37500	64.9	16	−6.70	−0.41	−6.3	−0.38	−0.01
A1	9660	35400	67.3	—	−6.63	−0.32	−6.3	−0.29	+0.02
A2	9380	33700	69.7	—	−6.58	−0.28	−6.3	−0.25	+0.03
A5	8610	30500	78.6	13	−6.47	−0.13	−6.3	−0.07	+0.09
A8	7910	29100	91.1	—	−6.42	−0.03	−6.4	+0.11	+0.14
F0	7460	28800	102	12	−6.41	−0.01	−6.4	+0.15	+0.17
F2	7030	28700	114	—	−6.41	0.00	−6.4	+0.18	+0.23
F5	6370	29100	140	10	−6.42	−0.03	−6.4	+0.27	+0.32
F8	5750	29700	174	—	−6.44	−0.09	−6.4	+0.41	+0.56
G0	5370	30300	202	10	−6.47	−0.15	−6.3	+0.52	+0.76
G2	5190	30800	218	—	−6.48	−0.21	−6.3	+0.63	+0.87
G8	4700	32400	272	—	−6.54	−0.42	−6.1	+1.07	+1.15
K0	4550	33100	293	13	−6.56	−0.50	−6.1	+1.17	+1.24
K1	4430	34000	314	—	−6.59	−0.56	−6.0	+1.28	+1.30
K3	4190	36100	362	—	−6.66	−0.75	−5.9	+1.60	+1.46
K4	4090	37500	386	—	−6.70	−0.90	−5.8	—	+1.53
K5	3990	39200	415	13	−6.74	−1.01	−5.7	+1.80	+1.60
K7	3830	43200	473	—	−6.85	−1.20	−5.6	+1.84	+1.63
M0	3620	51900	579	13	−7.05	−1.29	−5.8	+1.90	+1.67
M1	3490	60300	672	—	−7.21	−1.38	−5.8	+1.90	+1.69
M2	3370	72100	791	19	−7.41	−1.62	−5.8	+1.95	+1.71
M3	3210	89500	967	—	−7.64	−2.13	−5.5	+1.95	+1.69
M4	3060	117000	1220	—	−7.93	−2.75	−5.2	+2.00	+1.76
M5	2880	165000	1640	24	−8.31	−3.47	−4.8	+1.60	+1.80
M6	2710	264000	2340	—	−8.82	−3.90	−4.9	—	—

APPENDIX
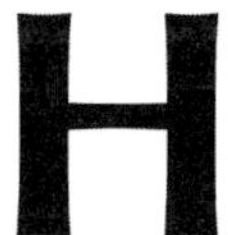

H The Messier Catalog

M	NGC	Name	Const.	m_V[a]	R. A.[b] h	m	Dec.[b] °	′	Type[c]
1	1952	Crab	Tau	8.4:	5	34.5	+22	01	SNR
2	7089		Aqr	6.5	21	33.5	−0	49	GC
3	5272		CVn	6.4	13	42.2	+28	23	GC
4	6121		Sco	5.9	16	23.6	−26	32	GC
5	5904		Ser	5.8	15	18.6	+2	05	GC
6	6405		Sco	4.2	17	40.1	−32	13	OC
7	6475		Sco	3.3	17	53.9	−34	49	OC
8	6523	Lagoon	Sgr	5.8:	18	03.8	−24	23	N
9	6333		Oph	7.9:	17	19.2	−18	31	GC
10	6254		Oph	6.6	16	57.1	−4	06	GC
11	6705		Sct	5.8	18	51.1	−6	16	OC
12	6218		Oph	6.6	16	47.2	−1	57	GC
13	6205		Her	5.9	16	41.7	+36	28	GC
14	6402		Oph	7.6	17	37.6	−3	15	GC
15	7078		Peg	6.4	21	30.0	+12	10	GC
16	6611		Ser	6.0	18	18.8	−13	47	OC
17	6618	Swan[d]	Sgr	7:	18	20.8	−16	11	N
18	6613		Sgr	6.9	18	19.9	−17	08	OC
19	6273		Oph	7.2	17	02.6	−26	16	GC
20	6514	Trifid	Sgr	8.5:	18	02.6	−23	02	N
21	6531		Sgr	5.9	18	04.6	−22	30	OC
22	6656		Sgr	5.1	18	36.4	−23	54	GC
23	6494		Sgr	5.5	17	56.8	−19	01	OC
24	6603		Sgr	4.5:	18	16.9	−18	29	OC
25			Sgr	4.6	18	31.6	−19	15	OC
26	6694		Sct	8.0	18	45.2	−9	24	OC
27	6853	Dumbbell	Vul	8.1:	19	59.6	+22	43	PN
28	6626		Sgr	6.9:	18	24.5	−24	52	GC
29	6913		Cyg	6.6	20	23.9	+38	32	OC
30	7099		Cap	7.5	21	40.4	−23	11	GC
31	224	Andromeda	And	3.4	0	42.7	+41	16	SbI–II
32	221		And	8.2	0	42.7	+40	52	cE2
33	598	Triangulum	Tri	5.7	1	33.9	+30	39	Sc(s)II–III
34	1039		Per	5.2	2	42.0	+42	47	OC
35	2168		Gem	5.1	6	08.9	+24	20	OC
36	1960		Aur	6.0	5	36.1	+34	08	OC
37	2099		Aur	5.6	5	52.4	+32	33	OC
38	1912		Aur	6.4	5	28.7	+35	50	OC
39	7092		Cyg	4.6	21	32.2	+48	26	OC
40			UMa	8:	12	22.4	+58	05	DS

M	NGC	Name	Const.	m_V[a]	R. A.[b] h	m	Dec.[b] °	′	Type[c]
41	2287		CMa	4.5	6	47.0	−20	44	OC
42	1976	Orion[e]	Ori	4:	5	35.3	−5	23	N
43	1982		Ori	9:	5	35.6	−5	16	N
44	2632	Praesepe	Cnc	3.1	8	40.1	+19	59	OC
45		Pleiades	Tau	1.2	3	47.0	+24	07	OC
46	2437		Pup	6.1	7	41.8	−14	49	OC
47	2422		Pup	4.4	7	36.6	−14	30	OC
48	2548		Hya	5.8	8	13.8	−5	48	OC
49	4472		Vir	8.4	12	29.8	+8	00	E2
50	2323		Mon	5.9	7	03.2	−8	20	OC
51	5194	Whirlpool[f]	CVn	8.1	13	29.9	+47	12	Sbc(s)I–II
52	7654		Cas	6.9	23	24.2	+61	35	OC
53	5024		Com	7.7	13	12.9	+18	10	GC
54	6715		Sgr	7.7	18	55.1	−30	29	GC
55	6809		Sgr	7.0	19	40.0	−30	58	GC
56	6779		Lyr	8.2	19	16.6	+30	11	GC
57	6720	Ring	Lyr	9.0:	18	53.6	+33	02	PN
58	4579		Vir	9.8	12	37.7	+11	49	Sab(s)II
59	4621		Vir	9.8	12	42.0	+11	39	E5
60	4649		Vir	8.8	12	43.7	+11	33	E2
61	4303		Vir	9.7	12	21.9	+4	28	Sc(s)I
62	6266		Oph	6.6	17	01.2	−30	07	GC
63	5055	Sunflower	CVn	8.6	13	15.8	+42	02	Sbc(s)II–III
64	4826	Evil Eye	Com	8.5	12	56.7	+21	41	Sab(s)II
65	3623		Leo	9.3	11	18.9	+13	05	Sa(s)I
66	3627		Leo	9.0	11	20.2	+12	59	Sb(s)II
67	2682		Cnc	6.9	8	50.4	+11	49	OC
68	4590		Hya	8.2	12	39.5	−26	45	GC
69	6637		Sgr	7.7	18	31.4	−32	21	GC
70	6681		Sgr	8.1	18	43.2	−32	18	GC
71	6838		Sge	8.3	19	53.8	+18	47	GC
72	6981		Aqr	9.4	20	53.5	−12	32	GC
73	6994		Aqr	9.1	20	58.9	−12	38	OC
74	628		Psc	9.2	1	36.7	+15	47	Sc(s)I
75	6864		Sgr	8.6	20	06.1	−21	55	GC
76	650/651		Per	11.5:	1	42.3	+51	34	PN
77	1068		Cet	8.8	2	42.7	−0	01	Sb(rs)II
78	2068		Ori	8:	5	46.7	+0	03	N
79	1904		Lep	8.0	5	24.5	−24	33	GC
80	6093		Sco	7.2	16	17.0	−22	59	GC
81	3031		UMa	6.8	9	55.6	+69	04	Sb(r)I–II
82	3034		UMa	8.4	9	55.8	+69	41	Amorph
83	5236		Hya	7.6:	13	37.0	−29	52	SBc(s)II
84	4374		Vir	9.3	12	25.1	+12	53	E1
85	4382		Com	9.2	12	25.4	+18	11	S0 pec
86	4406		Vir	9.2	12	26.2	+12	57	S0/E3
87	4486	Virgo A	Vir	8.6	12	30.8	+12	24	E0
88	4501		Com	9.5	12	32.0	+14	25	Sbc(s)II
89	4552		Vir	9.8	12	35.7	+12	33	S0
90	4569		Vir	9.5	12	36.8	+13	10	Sab(s)I–II

M	NGC	Name	Const.	m_V[a]	R. A.[b] h	m	Dec.[b] °	′	Type[c]
91	4548		Com	10.2	12	35.4	+14	30	SBb(rs)I–II
92	6341		Her	6.5	17	17.1	+43	08	GC
93	2447		Pup	6.2:	7	44.6	−23	52	OC
94	4736		CVn	8.1	12	50.9	+41	07	RSab(s)
95	3351		Leo	9.7	10	44.0	+11	42	SBb(r)II
96	3368		Leo	9.2	10	46.8	+11	49	Sab(s)II
97	3587	Owl	UMa	11.2:	11	14.8	+55	01	PN
98	4192		Com	10.1	12	13.8	+14	54	SbII
99	4254		Com	9.8	12	18.8	+14	25	Sc(s)I
100	4321		Com	9.4	12	22.9	+15	49	Sc(s)I
101	5457	Pinwheel	UMa	7.7	14	03.2	+54	21	Sc(s)I
102	5866		UMa	10.5	15	06.5	+55	46	S0
103	581		Cas	7.4:	1	33.2	+60	42	OC
104	4594	Sombrero	Vir	8.3	12	40.0	−11	37	Sa/Sb
105	3379		Leo	9.3	10	47.8	+12	35	E0
106	4258		CVn	8.3	12	19.0	+47	18	Sb(s)II
107	6171		Oph	8.1	16	32.5	−13	03	GC
108	3556		UMa	10.0	11	11.5	+55	40	Sc(s)III
109	3992		UMa	9.8	11	57.6	+53	23	SBb(rs)I
110	205		And	8.0	0	40.4	+41	41	S0/E pec

[a] : indicates approximate apparent visual magnitude.

[b] Right ascension and declination are given in epoch 2000.0.

[c] Type abbreviations correspond to: SNR = supernova remnant, GC = globular cluster, OC = open cluster, N = diffuse nebula, PN = planetary nebula, DS = double star. Galaxies are indicated by their morphological Hubble types.

[d] M17, the Swan nebula, is also known as the Omega nebula.

[e] M42 also corresponds to the Trapezium H II region.

[f] M51 also includes NGC 5195, the satellite to the Whirlpool galaxy.

APPENDIX I

Constants, A Programming Module

Constants is a Fortran 95 module implementation of the astronomical and physical constants data given in Appendix A (a C++ header file version is also available). Constants also includes high-precision values of mathematical constants (π, e) and conversion factors between degrees and radians. In addition, Constants provides various machine constants characteristic of the particular platform that a code is running on. For example, in the Fortran 95 implementation, Constants includes machine-queried KIND designations for single, double, and quadruple precision, the smallest and largest numbers that can be represented by the computer for a specific precision, and the number of significant figures that can be represented for each level of precision.

Constants is employed by the other codes described in the appendices that follow.

The source code is available for download from the companion website at http://www.aw-bc.com/astrophysics.

APPENDIX J `Orbit`, A Planetary Orbit Code

`Orbit` is a computer program designed to calculate the position of a planet orbiting a massive star (or, alternatively, the orbit of the reduced mass about the center of mass of the system). The program is based on Kepler's laws of planetary motion as derived in Chapter 2. References to the relevant equations are given in the comment sections of the code.

The user is asked to enter the mass of the parent star (in solar masses), the semimajor axis of the orbit (in AU), and the eccentricity of the orbit. The user is also asked to enter the number of time steps desired for the calculation (perhaps 1000 to 100,000) and the frequency with which the time steps are to be printed to the output file (`Orbit.txt`). If 1000 time steps are specified with a frequency of 10, then 100 evenly spaced (in time) time steps will be printed.

The output file can be imported directly into a graphics or spreadsheet program in order to generate a graph of the orbit. Note that it may be necessary to delete the header information in `Orbit.txt` prior to importing the data columns into the graphics or spreadsheet program.

The source code is available in both Fortran 95 and C++ versions. Compiled versions of the code are also available.

The code may be downloaded from the companion website at
`http://www.aw-bc.com/astrophysics`.

APPENDIX K

TwoStars, A Binary Star Code

As discussed in Chapter 7, binary star systems play a very important role in determining various stellar properties, including masses and radii. In addition, analyses using sophisticated binary-star modeling codes can provide information about variations in surface flux such as limb darkening (see Section 9.3) and the presence of star spots (e.g., Section 11.3) or reflective heating. Advanced codes can also detail the effects of gravitational tidal interactions and centrifugal forces that result in stars that deviate (sometimes significantly) from spherical symmetry; refer to Chapter 18.

A simple binary star code is developed in this appendix that incorporates a number of the basic features of more sophisticated codes. `TwoStars` is designed to provide position, radial-velocity, and binary light curve information that can be used to determine masses (m_1 and m_2 from determination of the semimajor axes and periods of the orbits), radii (R_1 and R_2 by measuring eclipse times), effective temperature ratios (from the relative depths of the primary and secondary minima), limb darkening, orbital eccentricity (e), orbital inclination (i), and orientation of periastron (ϕ). However, in order to greatly simplify the code, it is assumed that the two stars are strictly spherically symmetric, that they do not collide with one another, and that their surface fluxes vary only with stellar radius (i.e., there are no anomalous star spots or localized heating).

To begin, assume that the orbits of the two stars lie in the x–y plane with the center of mass of the system located at the origin of the coordinate system, as shown in Fig. K.1 (the z-axis is out of the page). In order to generalize the orientation of the orbit, periastron for Star 1 (the point in the orbit closest to the center of mass) is at an angle ϕ measured counterclockwise from the positive x-axis and in the direction of the orbital motion. It is also assumed that the orbital plane is inclined an angle i with respect to the plane of the sky (the y'–z' plane) as shown in Fig. K.2. The line of sight from the observer to the center of mass is along the x'-axis, and the center of mass is located at the origin of the primed coordinate system. Finally, the y'-axis is directed out of the page and is aligned with the y-axis of Fig. K.1.

It is a straightforward process to show that the transformation between the two coordinate systems is given by

$$x' = z\cos i + x\sin i \tag{K.1}$$

$$y' = y \tag{K.2}$$

$$z' = z\sin i - x\cos i, \tag{K.3}$$

which of course simplifies significantly for the case where the centers of mass lie along the x–y plane (i.e., $z = 0$).

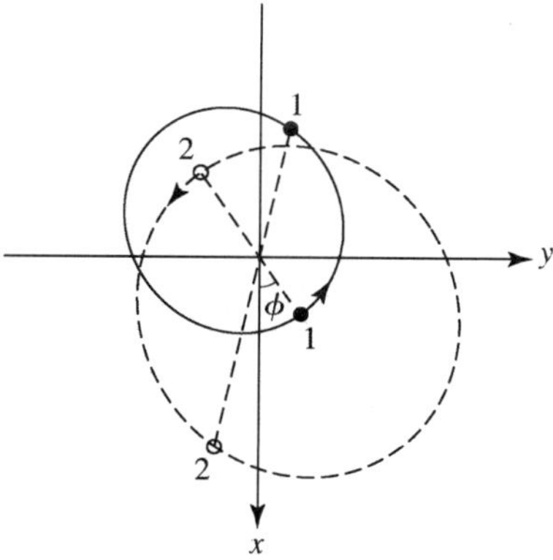

FIGURE K.1 The orbits of the stars in the binary system lie in the x–y plane, with the z-axis directed out of the page. The center of mass of the system is located at the origin of the coordinate system. In this example $m_2/m_1 = 0.68$, $e = 0.4$, and $\phi = 35°$. The two positions of Stars 1 and 2 are separated by $P/4$, where P is the orbital period.

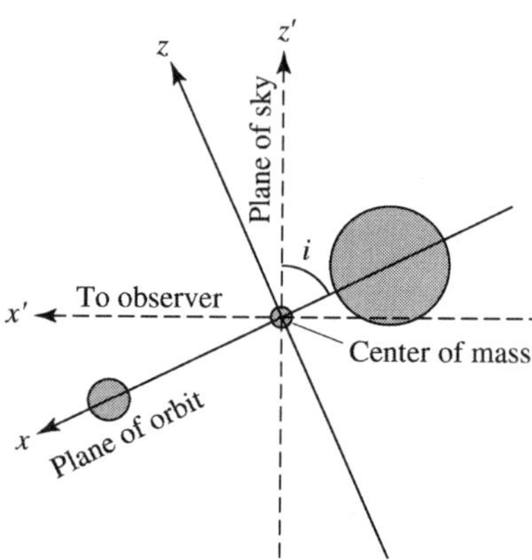

FIGURE K.2 The plane of the orbit is inclined an angle i with respect to the plane of the sky (the y'–z' plane). The line of sight from the observer to the center of mass is along the x'-axis, and the center of mass is located at the origin of the primed coordinate system. The y'-axis is aligned with the y-axis of Fig. K.1, and both are directed out of the page. The foreground star in this illustration is the smaller star.

The motions of the stars in the x–y plane are determined directly by using Kepler's laws and invoking the concept of the reduced mass, as described in Chapter 2. The approach is similar to what was used in `Orbit`, Appendix J, except that no assumption is made about the relative masses of the two objects in the system [in `Orbit` it was assumed that one object (a planet) was much less massive than the other object (the parent star)].

A careful reading of the code available on the companion website will identify several explicit instances of plus and minus signs associated with the variables `vr`, `v1r`, `v2r`, `x1`, `y1`, `x2`, and `y2`. The choice of minus signs corresponds to the choice of the coordinate system and its relationship to the observer. For instance, if the inclination angle is $i = 90°$, then

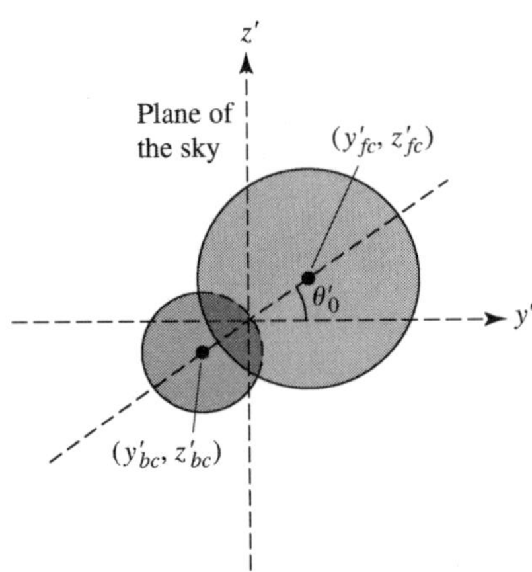

FIGURE K.3 The disks of the two stars projected onto the plane of the sky. The foreground star (assumed in this illustration to be the larger star) has $x'_c > 0$, where x'_c is the x' coordinate of its center of mass. The angle between the y'-axis and the line connecting the centers of the disks of the two stars projected onto the plane of the sky is θ'_0.

the x and x' axes are aligned and motion in the positive x direction corresponds to motion toward the observer (a negative radial velocity).

In order to compute the light curve for the eclipse, it is necessary to integrate the luminous flux over the portion of each star's surface that is visible to the observer. This is done by first determining which star is in front of the other. Given that the plane of the sky corresponds to the y'–z' plane, the center of mass of the star that is closest to the observer has the coordinate value $x' > 0$ (see Fig. K.3).

If the star in front is partially or entirely eclipsing the background star, then the distances between their centers of mass projected onto the y'–z' plane must be less than the sum of their radii; or, for an eclipse to be taking place,

$$\sqrt{\left(y'_{fc} - y'_{bc}\right)^2 + \left(z'_{fc} - z'_{bc}\right)^2} < R_f + R_b, \tag{K.4}$$

where (y'_{fc}, z'_{fc}) and (y'_{bc}, z'_{bc}) are the locations of the centers of mass of the foreground and background stars, respectively, as projected onto the plane of the sky.

To optimize the computation of the integrated luminous flux, it is appropriate to locate the line of symmetry between the centers of mass of the two stars. Again referring to Fig. K.3, we see that the angle between the y'-axis and the line connecting the projected centers of mass is given by

$$\theta'_0 = \tan^{-1}\left(\frac{z'_{fc} - z'_{bc}}{y'_{fc} - y'_{bc}}\right). \tag{K.5}$$

Once the background star has been identified and the line of symmetry determined, the decrease in the amount of light due to the eclipse can be computed by first finding out which parts of the background star are behind the foreground star. If a point on the eclipsed disk is within a distance R_f of the center of the foreground star's disk as projected onto the y'–z'

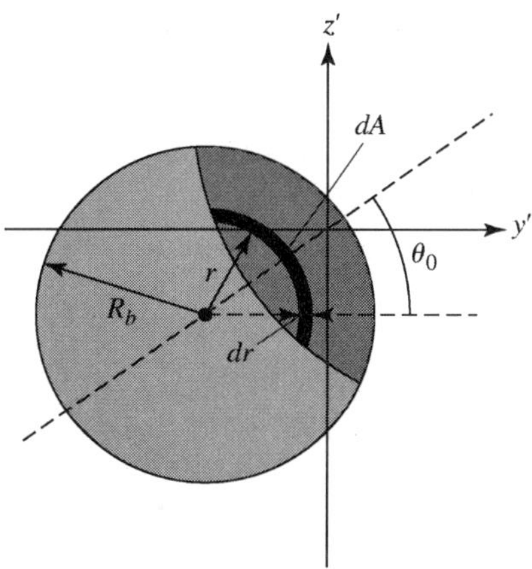

FIGURE K.4 The region of the background star being eclipsed is shown in dark gray. Numerical integration of the flux over arcs of various radii r and thickness dr makes it possible to determine how much light is blocked by the foreground star.

plane, then that point on the star's surface is behind the foreground star. In other words, the condition for a point (y'_b, z'_b) on the disk of the background star to be behind the disk of the foreground star is

$$\sqrt{\left(y'_b - y'_{fc}\right)^2 + \left(z'_b - z'_{fc}\right)^2} < R_f. \tag{K.6}$$

The eclipsed region can then be mapped out by starting along the line of symmetry at some distance r from the center of the disk of the background star and moving at increasing angles of $\Delta\theta'$ from θ'_0 until the inequality of Eq. (K.6) is no longer satisfied or until $\Delta\theta'$ exceeds $180°$. In the later case, this would imply that the entire disk within the radius r of its center is eclipsed. Given the assumption of spherical symmetry, the region of the background star's disk between $\theta'_{\text{min}} = -\Delta\theta' + \theta'_0$ and θ'_0 is identical to the region between θ'_0 and $\theta'_{\text{max}} = \Delta\theta' + \theta'_0$ for a fixed value of r (see Fig. K.4). For an arc-shaped surface of radius r and width dr, the area of the surface is given by

$$dA = r\,dr\,\left(\theta'_{\text{max}} - \theta'_{\text{min}}\right) = 2r\,dr\,\Delta\theta'. \tag{K.7}$$

Now, if the luminous flux at that radius from the center of the background star's disk is $F(r)$, the amount of light in that arc that has been blocked is given by

$$dS = F(r)\,dA = 2F(r)\,r\,dr\,\Delta\theta'. \tag{K.8}$$

By subtracting the loss in light due to each eclipsed arc from the total light of the uneclipsed star, we can determine the total amount of light received from the background star during a partial or total eclipse. (Note that due to the effects of limb darkening, $F(r)$ is not constant across the entire disk.)

Finally, all that remains is to convert the total amount of light received to magnitudes (see Eq. 3.8).

TwoStars implements each of the ideas described. An example of the input required for TwoStars, along with the first ten lines of model output, is shown in Fig. K.5.

The source code for (TwoStars), together with compiled versions of the program, is available for download from the companion website at http://www.aw-bc.com/astrophysics.

```
Specify the name of your output file: c:\YYSgr.txt

Enter the data for Star #1
   Mass (solar masses):              5.9
   Radius (solar radii):             3.2
   Effective Temperature (K):        15200

Enter the data for Star #2
   Mass (solar masses):              5.6
   Radius (solar radii):             2.9
   Effective Temperature (K):        13700

Enter the desired orbital parameters
   Orbital Period (days):            2.6284734
   Orbital Eccentricity:             0.1573
   Orbital Inclination (deg):        88.89
   Orientation of Periastron (deg):  214.6

Enter the x', y', and z' components of the center of mass velocity vector:
Notes:  (1)  The plane of the sky is (y',z')
        (2)  If v_x' < 0, then the center of mass is blueshifted
   v_x' (km/s)                       0
   v_y' (km/s)                       0
   v_z' (km/s)                       0


The semimajor axis of the reduced mass is      0.084318 AU
   a1 =       0.040971 AU
   a2 =       0.043166 AU

         t/P          v1r (km/s)      v2r (km/s)         Mbol          dS (W)
      0.000000       112.824494     -118.868663       -2.457487    0.000000E+00
      0.000999       114.247263     -120.367652       -2.457487    0.000000E+00
      0.001998       115.660265     -121.856351       -2.457487    0.000000E+00
      0.002997       117.063327     -123.334576       -2.457487    0.000000E+00
      0.003996       118.456275     -124.802147       -2.457487    0.000000E+00
      0.004995       119.838940     -126.258884       -2.457487    0.000000E+00
      0.005994       121.211155     -127.704610       -2.457487    0.000000E+00
      0.006993       122.572755     -129.139152       -2.457487    0.000000E+00
      0.007992       123.923575     -130.562338       -2.457487    0.000000E+00
      0.008991       125.263455     -131.973998       -2.457487    0.000000E+00
```

FIGURE K.5 An example of the input required for the Fortran 95 command-line version of TwoStars for the system YY Sgr (Fig. 7.2). The first ten lines of model output to the screen are also shown.

APPENDIX L StatStar, A Stellar Structure Code

StatStar is based on the equations of stellar structure and the constitutive relations developed in Chapters 9 and 10. An example of the output generated by StatStar is available on the companion website.

StatStar is designed to illustrate as clearly as possible many of the most important aspects of numerical stellar astrophysics. To accomplish this goal, StatStar models are restricted to a fixed composition throughout [in other words, they are homogeneous zero-age main-sequence models (ZAMS)].

The four basic stellar structure equations are computed in the functions dPdr (Eq. 10.6), dMdr (Eq. 10.7), dLdr (Eq. 10.36), and dTdr [either Eq. (10.68) or Eq. (10.89), for radiation or adiabatic convection, respectively].

The density [$\rho(r) =$ rho] is calculated directly from the ideal gas law and the radiation pressure equation (Eq. 10.20) in FUNCTION Opacity, given local values for the pressure [$P(r) =$ P], temperature [$T(r) =$ T], and mean molecular weight ($\mu =$ mu, assumed here to be for a completely ionized gas only). Once the density is determined, both the opacity [$\overline{\kappa}(r) =$ kappa] and the nuclear energy generation rate [$\epsilon(r) =$ epsilon] are calculated. The opacity is determined in FUNCTION Opacity using the bound–bound and bound–free opacity formulae [Eqs. (9.22) and (9.23), respectively], together with electron scattering (Eq. 9.27) and H^- ion (Eq. 9.28) contributions. The energy generation rate is calculated in Function Nuclear from the equations for the total pp chain (Eq. 10.46) and the CNO cycle (Eq. 10.58).[1]

The program begins by asking the user to supply the desired stellar mass (Msolar, in solar units), the trial effective temperature (Teff, in kelvins), the trial luminosity (Lsolar, also in solar units), and the mass fractions of hydrogen (X) and metals (Z). Using the stellar structure equations, the program proceeds to integrate from the surface of the star toward the center, stopping when a problem is detected or when a satisfactory solution is obtained. If the inward integration is not successful, a new trial luminosity and/or effective temperature must be chosen. Recall from page 333 that the Vogt–Russell theorem states that a unique stellar structure exists for a given mass and composition. Satisfying the central boundary conditions therefore requires specific surface boundary conditions. It is for this reason that a well-defined main sequence exists.

Since it is nearly impossible to satisfy the central boundary conditions exactly by the crude *shooting method* employed by StatStar, the calculation is terminated when the core is approached. The stopping criteria used here are that the interior mass $M_r < M_{\rm min}$ and the interior luminosity $L_r < L_{\rm min}$, when the radius $r < R_{\rm min}$, where $M_{\rm min}$, $L_{\rm min}$, and

1) State-of-the-art research codes use much more sophisticated prescriptions for the equations of state.

$R_{\min}$ are specified as fractions of the surface mass (M_s), luminosity (L_s), and radius (R_s), respectively. Once the criteria for halting the integration are detected, the conditions at the center of the star are estimated by an extrapolation procedure.

StatStar makes the simplifying assumptions that the pressure, temperature, and density are all zero at the surface of the star. As a result, it is necessary to begin the calculation with approximations to the basic stellar structure equations. This can be seen by noting that the mass, pressure, luminosity, and temperature gradients are all proportional to the density and are therefore exactly zero at the surface. Curiously, it would appear that applying these gradients in their usual form implies that the fundamental physical parameters cannot change from their initial values, since the density would remain zero at each step!

One way to overcome this problem is to assume that the interior mass and luminosity are both constant through a small number of surface zones. In the case of the luminosity, this is clearly a valid assumption since temperatures are not sufficient to produce nuclear reactions near the surfaces of ZAMS stars; and furthermore, since ZAMS stars are static, changes in gravitational potential energy are necessarily zero. For the interior mass, the assumption is not quite as obvious. However, we will see that in realistic stellar models, the density is so low near the surface that the approximation is indeed very reasonable. Of course, it is important to verify that the assumptions are not being violated to within specified limits.

Given the surface values $M_r = M_s$ and $L_r = L_s$, and assuming that the surface zone is radiative, dividing Eq. (10.6) by Eq. (10.68) leads to

$$\frac{dP}{dT} = \frac{16\pi ac}{3}\frac{GM_s}{L_s}\frac{T^3}{\overline{\kappa}}.$$

Since relatively few free electrons exist in the thin outer atmospheres of stars, electron scattering and H^- ion contributions to the opacity will be neglected in the surface zone approximation. In this case $\overline{\kappa}$ may be replaced by the bound–free and free–free Kramers opacity laws [Eqs. (9.22) and (9.23)], expressed in the forms $\overline{\kappa}_{bf} = A_{bf}\rho/T^{3.5}$ and $\overline{\kappa}_{ff} = A_{ff}\rho/T^{3.5}$, respectively. Defining $A \equiv A_{bf} + A_{ff}$ and using Eq. (10.11) to express the density in terms of the pressure and temperature through the ideal gas law (assuming that radiation pressure may be neglected), we get

$$\frac{dP}{dT} = \frac{16\pi}{3}\frac{GM_s}{L_s}\frac{ack}{A\mu m_H}\frac{T^{7.5}}{P}.$$

Integrating with respect to temperature and solving for the pressure, we find that

$$P = \left(\frac{1}{4.25}\frac{16\pi}{3}\frac{GM_s}{L_s}\frac{ack}{A\mu m_H}\right)^{1/2} T^{4.25}. \tag{L.1}$$

It is now possible to write T in terms of the independent variable r through Eq. (10.68), again using the ideal gas law and Kramers opacity laws, along with Eq. (L.1) to eliminate the dependence on pressure. Integrating yields

$$T = GM_s\left(\frac{\mu m_H}{4.25k}\right)\left(\frac{1}{r} - \frac{1}{R_s}\right). \tag{L.2}$$

Equation (L.2) is first used to obtain a value for $T(r)$; then Eq. (L.1) gives $P(r)$. At this point it is possible to calculate ρ, $\overline{\kappa}$, and ϵ from the usual equation-of-state routines.

A very similar procedure is used in the case that the surface is convective. In this situation, Eq. (10.89) may be integrated directly if γ is constant. This gives

$$T = GM_s\left(\frac{\gamma-1}{\gamma}\right)\left(\frac{\mu m_H}{k}\right)\left(\frac{1}{r}-\frac{1}{R_s}\right). \tag{L.3}$$

Now, since convection is assumed to be adiabatic in the interior of our simple model, the pressure may be found from Eq. (10.83). The routine `Surface` computes Eqs. (L.1), (L.2), and (L.3).

The conditions at the center of the star are estimated by extrapolating from the last zone that was calculated by direct numerical integration. Beginning with Eq. (10.6) and identifying $M_r = 4\pi\rho_0 r^3/3$, where ρ_0 is taken to be the average density of the central ball (the region inside the last zone calculated by the usual procedure),[2] we get

$$\frac{dP}{dr} = -G\frac{M_r\rho_0}{r^2} = -\frac{4\pi}{3}G\rho_0^2\, r.$$

Integrating yields

$$\int_{P_0}^{P} dP = -\frac{4\pi}{3}G\rho_0^2\int_0^r r\,dr,$$

and solving for the central pressure results in

$$P_0 = P + \frac{2\pi}{3}G\rho_0^2 r^2.$$

Other central quantities can now be found more directly. Specifically, the central density is estimated to be $\rho_0 = M_r/(4\pi r^3/3)$, where M_r and r are the values of the last zone calculated. T_0 is determined from the ideal gas law and radiation pressure using an iterative procedure (the Newton–Raphson method). Finally, the central value for the nuclear energy generation rate is computed using $\epsilon_0 = L_r/M_r$.

The numerical integration technique employed here is a Runge–Kutta algorithm. The Runge–Kutta algorithm evaluates derivatives at several intermediate points between mass shell boundaries to significantly increase the accuracy of the numerical integration. Details of the algorithm will not be discussed further here; you are encouraged to consult Press, Teukolsky, Vetterling, and Flannery (1996), for details of the implementation.

The source code, together with compiled versions of the program, is available for download from the companion website at `http://www.aw-bc.com/astrophysics`.

---

2) You might notice that dP/dr goes to zero as the center is approached. This behavior is indicative of the smooth nature of the solution. Close inspection of the graphs in Section 11.1 showing the detailed interior structure of the Sun illustrates that the first derivatives of many physical quantities go to zero at the center.

APPENDIX

M Galaxy, A Tidal Interaction Code

`Galaxy` is a program that calculates the gravitational effect of the close passage of two galactic nuclei on a disk of stars. It is adapted from a program written by M. C. Schroeder and Neil F. Comins and published in *Astronomy* magazine. This program is very similar to the one used by Alar and Juri Toomre in 1972 to perform their ground-breaking studies of the effect of violent tides between galaxies.

In the program there are two galactic nuclei of masses M_1 and M_2. They are treated as point masses, and they move under the influence of their mutual gravitational attraction. To speed the calculations, only M_1 is surrounded by a disk of stars, with the stars initially in circular Keplerian orbits. The gravitational influence of the stars is neglected, meaning that they do not affect the motions of the nuclei or one another. There is no dynamical friction, and so the nuclei follow the simple two-body trajectories that were discussed in Chapter 2. One advantage of a non-self-gravitating disk is that results do not depend on the number of stars in the disk. You can experiment, changing the initial conditions by using just a few stars for a faster running time and then increasing the number of stars to see more detail. The stars respond only to the gravitational pull of the two nuclei.

The goal is to calculate the positions of the nuclei and stars through a number of time steps separated by a time interval Δt. Let the positions of the nuclei at time step i be

$$[X_1(i), Y_1(i), Z_1(i)] \quad \text{and} \quad [X_2(i), Y_2(i), Z_2(i)],$$

and let the position of a star be[1]

$$[x(i), y(i), z(i)].$$

Also, let the velocities of the nuclei and the star be

$$[V_{1,x}(i-1/2), V_{1,y}(i-1/2), V_{1,z}(i-1/2)],$$
$$[V_{2,x}(i-1/2), V_{2,y}(i-1/2), V_{2,z}(i-1/2)],$$

and

$$[v_x(i-1/2), v_y(i-1/2), v_z(i-1/2)].$$

1) The results do not change with the number of stars used, so one star is enough to illustrate the procedure.

The velocities are the average velocities between the present (i) and the previous ($i - 1$) time steps, so

$$v_x\left(i - \frac{1}{2}\right) = \frac{x(i) - x(i-1)}{\Delta t} \tag{M.1}$$

is the x component of the star's velocity. In a similar manner, the x component of the star's acceleration is

$$a_x(i) = \frac{v_x(i + 1/2) - v_x(i - 1/2)}{\Delta t}. \tag{M.2}$$

Thus the positions and accelerations, which are determined at each time step, "leapfrog" over the velocities, which are determined between time steps.

Given these values of the positions and velocities, the program calculates the x components of the positions and velocities for the next time step in the following way:

1. Find the star's acceleration at the present time step i, using Newton's law of gravity, Eq. (2.11):

$$a_x(i) = \frac{GM_1}{r_1^3(i)}[X_1(i) - x(i)] + \frac{GM_2}{r_2^3(i)}[X_2(i) - x(i)], \tag{M.3}$$

   where $r_1(i)$ is the distance between the star and M_1 at time step i,

$$r_1(i) = \sqrt{[X_1(i) - x(i)]^2 + [Y_1(i) - y(i)]^2 + [Z_1(i) - z(i)]^2 + s_f^2}, \tag{M.4}$$

   and similarly for $r_2(i)$.

   Note that because the nuclei and stars are treated as points, their separations could become very small, even zero (although the conservation of angular momentum makes this rather unlikely). As a result, arbitrarily large values of $1/r_1^3$ and $1/r_2^3$ could cause a numerical overflow and bring a lengthy calculation to an abrupt halt. To avoid this numerical disaster, a *softening factor*, s_f, has been included in the calculations of all separations. This is the smallest separation permitted by the program. Its value is large enough to prevent an overflow, but small enough to have little effect on the overall results.

2. Find the star's average velocity at $i + 1/2$,

$$v_x\left(i + \frac{1}{2}\right) = v_x\left(i - \frac{1}{2}\right) + a_x(i)\Delta t. \tag{M.5}$$

3. Find the star's position at the next time step $i + 1$, using

$$x(i+1) = x(i) + v_x\left(i + \frac{1}{2}\right)\Delta t. \tag{M.6}$$

4. Find the acceleration of the nuclei at the present time step i, using Newton's law of gravity,

$$A_{1,x}(i) = \frac{GM_2}{s^3(i)}\,[X_2(i) - X_1(i)] \qquad \text{(M.7)}$$

and

$$A_{2,x}(i) = \frac{GM_1}{s^3(i)}\,[X_1(i) - X_2(i)], \qquad \text{(M.8)}$$

where $s(i)$ is the separation of the nuclei at time step i,

$$s(i) = \sqrt{[X_1(i) - X_2(i)]^2 + [Y_1(i) - Y_2(i)]^2 + [Z_1(i) - Z_2(i)]^2 + s_f^2}. \qquad \text{(M.9)}$$

5. Find the velocity of the nuclei at $i + 1/2$,

$$V_{1,x}\left(i + \frac{1}{2}\right) = V_{1,x}\left(i - \frac{1}{2}\right) + A_{1,x}(i)\Delta t, \qquad \text{(M.10)}$$

and similarly for $V_{2,x}(i + 1/2)$.

6. Find the position of the nuclei at the next time step $i + 1$, using

$$X_1(i + 1) = X_1(i) + V_{1,x}\left(i + \frac{1}{2}\right)\Delta t, \qquad \text{(M.11)}$$

and similarly for $X_2(i + 1)$.

The procedure is the same for the y and z components. By repeatedly applying this prescription, it is possible to follow the motions of the nuclei and star(s).

The target galaxy (M_1) is initially placed at rest at the origin. You will be asked to provide the initial position and velocity of the intruder galaxy (M_2), its mass (as a fraction of M_1), and the number of stars around the target galaxy. After each time step, the results are displayed as two graphs showing the positions of the nuclei and stars on the x–y and x–z planes.

You will note in the source code that the program uses a special system of units to speed the calculations. The masses are in units of 2×10^{10} $M_\odot$. When the program assigns the target galaxy a mass of 5 in these units, its mass is 10^{11} $M_\odot$. The unit of time is 1.2 million years. This is also the value used for the time interval, Δt, so (in these units) $\Delta t = 1$. As a result, Δt does not appear explicitly in the program. (It would just multiply the term involved by 1 and waste computer time.) The unit of distance is 500 pc, and so the unit of velocity is (500 pc)/(1.2 million years) $\simeq$ 400 km s^{-1}. By design, in these units the gravitational constant $G = 1$; thus G does not appear explicitly in the program either.

The source code for `Galaxy`, along with executable versions, is available for download from the companion website at `http://www.aw-bc.com/astrophysics`.

APPENDIX N

WMAP Data

"Best" Cosmological Parameters[a]

Description	Text Symbol	Value	+ uncertainty	− uncertainty
Total density	Ω_0	1.02	0.02	0.02
Equation of state of quintessence[b]	w	< -0.78	95% CL	
Dark energy density	$\Omega_{\Lambda,0}$	0.73	0.04	0.04
Baryon density	$\Omega_{b,0}h^2$	0.0224	0.0009	0.0009
Baryon density	$\Omega_{b,0}$	0.044	0.004	0.004
Baryon density (m^{-3})	$n_{b,0}$	0.25	0.01	0.01
Matter density	$\Omega_{m,0}h^2$	0.135	0.008	0.009
Matter density	$\Omega_{m,0}$	0.27	0.04	0.04
Light neutrino density (m^{-3})	$\Omega_{\nu,0}h^2$	< 7600	95% CL	
CMB temperature (K)[c]	T_0	2.725	0.002	0.002
CMB photon density (m^{-3})[d]	$n_{\gamma,0}$	4.104×10^8	0.009×10^8	0.009×10^8
Baryon-to-photon ratio	η_0	6.1×10^{-10}	0.3×10^{-10}	0.2×10^{-10}
Baryon-to-matter ratio	$\Omega_{b,0}\Omega_{m,0}^{-1}$	0.17	0.01	0.01
Redshift at decoupling	z_{dec}	1089	1	1
Thickness of decoupling (FWHM)	Δz_{dec}	195	2	2
Hubble constant	h	0.71	0.04	0.03
Age of universe (Gyr)	t_0	13.7	0.2	0.2
Age at decoupling (kyr)	t_{dec}	379	8	7
Age at reionization (Myr, 95% CL)	t_r	180	220	80
Decoupling time interval (kyr)	Δt_{dec}	118	3	2
Redshift of matter–energy equality	$z_{r,m}$	3233	194	210
Reionization optical depth	τ	0.17	0.04	0.04
Redshift at reionization (95% CL)	z_r	20	10	9
Sound horizon at decoupling (deg)	θ_A	0.598	0.002	0.002
Angular size distance (Gpc)	d_A	14.0	0.2	0.3
Acoustic scale[e]	ℓ_A	301	1	1
Sound horizon at decoupling (Mpc)[f]	r_s	147	2	2

[a] All data from Bennett et al., *Ap. J. S.*, 148, 1, 2003.

[b] CL means "confidence level."

[c] From COBE (Mather et al., *Ap. J.*, *512*, 511, 1999).

[d] Derived from COBE (Mather et al., *Ap. J.*, *512*, 511, 1999).

[e] $\ell_A = \pi\theta_A^{-1}$ for θ_A in radians.

[f] $\theta_A = r_s d_A^{-1}$ for θ_A in radians.

Suggested Reading

SUGGESTED READING FOR APPENDIX A

Technical

Brown, T. M., and Christensen-Dalsgaard, J., "Accurate Determination of the Solar Photospheric Radius," *The Astrophysical Journal*, *550*, L493, 2001.

Cox, Arthur N. (ed.), *Allen's Astrophysical Quantities*, Fourth Edition, Springer-Verlag, New York, 2000.

Lean, Judith, "Solar Irradiance," *Encyclopedia of Astronomy and Astrophysics*, Nature Publishing Group, Houndmills, UK, 2001.

Mohr, Peter J., and Taylor, Barry N., "CODATA Recommended Values of the Fundamental Constants: 1998," *Reviews of Modern Physics*, *72*, 351, 2000.

SUGGESTED READING FOR APPENDIX C

Technical

Arnett, Bill, *The Nine Planets: A Multimedia Tour of the Solar System*, `http://www.nineplanets.org/`.

Beatty, J. Kelly, Petersen, Carolyn Collins, and Chaikin, Andrew, *The New Solar System*, Fourth Edition, Sky Publishing Corporation, Cambridge, 1999.

Cox, Arthur N. (ed.), *Allen's Astrophysical Quantities*, Fourth Edition, Springer-Verlag, New York, 2000.

Lodders, Katharina, and Fegley, Jr., Bruce, *The Planetary Scientist's Companion*, Oxford University Press, New York, 1998.

National Space Science Data Center, `http://nssdc.gsfc.nasa.gov`.

SUGGESTED READING FOR APPENDIX E

Technical

Cox, Arthur N. (ed.), *Allen's Astrophysical Quantities*, Fourth Edition, Springer-Verlag, New York, 2000.

Hipparcos Space Astrometry Mission, European Space Agency, `http://astro.estec.esa.nl/Hipparcos/`.

Hoffleit, Dorrit, and Warren, Wayne H. Jr., *The Bright Star Catalogue*, Fifth Edition, Yale University Observatory, New Haven, 1991.

Lang, Kenneth R., *Astrophysical Data: Planets and Stars*, Springer-Verlag, New York, 1992.

SIMBAD Astronomical Database, `http://simbad.u-strasbg.fr/Simbad/`.

SUGGESTED READING FOR APPENDIX F

Technical

Cox, Arthur N. (ed.), *Allen's Astrophysical Quantities*, Fourth Edition, Springer-Verlag, New York, 2000.

Hipparcos Space Astrometry Mission, European Space Agency, `http://astro.estec.esa.nl/Hipparcos/`.

Lang, Kenneth R., *Astrophysical Data: Planets and Stars*, Springer-Verlag, New York, 1992.

SIMBAD Astronomical Database, `http://simbad.u-strasbg.fr/Simbad/`.

SUGGESTED READING FOR APPENDIX G

Technical

Cox, Arthur N. (ed.), *Allen's Astrophysical Quantities*, Fourth Edition, Springer-Verlag, New York, 2000.

de Jager, C., and Nieuwenhuijzen, H., "A New Determination of the Statistical Relations between Stellar Spectra and Luminosity Classes and Stellar Effective Temperature and Luminosity," *Astronomy and Astrophysics*, *177*, 217, 1987.

Schmidt-Kaler, Th., "Physical Parameters of the Stars," *Landolt-Börnstein Numerical Data and Functional Relationships in Science and Technology*, New Series, Group VI, Volume 2b, Springer-Verlag, Berlin, 1982.

SUGGESTED READING FOR APPENDIX H

Technical

Hirshfeld, Alan, Sinnott, Roger W., and Ochsenbein, Francois, *Sky Catalogue 2000.0*, Second Edition, Cambridge University Press and Sky Publishing Corporation, New York, 1991.

Sandage, Allan, and Bedke, John, *The Carnegie Atlas of Galaxies*, Carnegie Institution of Washington, Washington, D.C., 1994.

SUGGESTED READING FOR APPENDIX K

Technical

Bradstreet, D. H., and Steelman, D. P., "Binary Maker 3.0—An Interactive Graphics-Based Light Curve Synthesis Program Written in Java," *Bulletin of the American Astronomical Society*, January 2003.

Kallrath, Josef, and Milone, Eugene F., *Eclipsing Binary Stars: Modeling and Analysis*, Springer-Verlag, New York, 1999.

Terrell, Dirk, "Eclipsing Binary Stars: Past, Present, and Future," *Journal of the American Association of Variable Star Observers*, *30*, 1, 2001.

Van Hamme, W., "New Limb-Darkening Coefficients for Modeling Binary Star Light Curves," *The Astronomical Journal*, *106*, 2096, 1993.

Wilson, R. E., "Binary-Star Light-Curve Models," *Publications of the Astronomical Society of the Pacific*, *106*, 921, 1994.

SUGGESTED READING FOR APPENDIX L

Technical

Clayton, Donald D., *Principles of Stellar Evolution and Nucleosynthesis*, McGraw-Hill, New York, 1968.

DeVries, Paul L., *A First Course in Computational Physics*, John Wiley and Sons, New York, 1994.

Fowler, William A., Caughlan, Georgeanne R., and Zimmerman, Barbara A., "Thermonuclear Reaction Rates, II," *Annual Review of Astronomy and Astrophysics*, *13*, 69, 1975.

Hansen, C. J., Kawaler, S. D., and Trimble, V., *Stellar Interiors: Physical Principles, Structure, and Evolution*, Second Edition, Springer-Verlag, New York, 2004.

Kippenhahn, Rudolf, and Weigert, Alfred, *Stellar Structure and Evolution*, Springer-Verlag, Berlin, 1990.

Novotny, Eva, *Introduction to Stellar Atmospheres and Interiors*, Oxford University Press, New York, 1973.

Press, William H., Flannery, Brian P., Teukolsky, Saul A., and Vetterling, William T., *Numerical Recipes in FORTRAN 77: The Art of Scientific Computing*, Second Edition, Cambridge University Press, Cambridge, 1996.

SUGGESTED READING FOR APPENDIX M

General

Schroeder, Michael C., and Comins, Neil F., "Galactic Collisions on Your Computer," *Astronomy*, December 1988.

Toomre, Alar, and Toomre, Juri, "Violent Tide between Galaxies," *Scientific American*, December 1973.

Technical

Toomre, Alar, and Toomre, Juri, "Galactic Bridges and Tails," *The Astrophysical Journal*, *178*, 623, 1972.

찾아보기

기타

M

O

P

R

S

T

U

Z

ㄱ

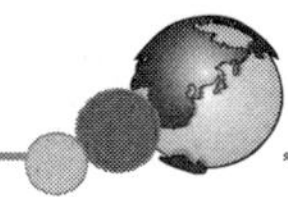

ㄴ

ㄷ

ㄹ

ㅁ

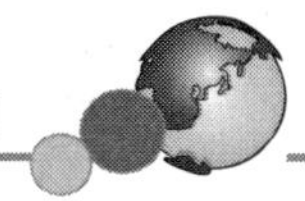

ㅊ

ㅋ

ㅌ

ㅍ

ㅎ

역자약력

강영운 kangyw@sejong.ac.kr
연세대학교 졸업
미국 플로리다 대학 이학박사
세종대학교 천문우주학과 교수

김용기 ykkim153@chungbuk.ac.kr
연세대학교 졸업
독일 베르린 공대 이학박사
충북대학교 천문우주학과 교수

이희원 hwlee@sejong.ac.kr
서울대학교 졸업
미국 캘리포니아 공과대학 이학박사
세종대학교 천문우주학과 교수

Homepage : www.Chungbum.co.kr

현대천체물리학 2권

발 행 일	2009. 4. 15. 제1판 제1쇄 인쇄 2009. 4. 25. 제1판 제1쇄 발행
저 자	Bradley W. Carroll, Dale A. Ostlie
역 자	강영운, 김용기, 이희원
발 행 인	연 규 산
발 행 처	청범출판사
주 소	서울시 노원구 공릉1동 598-7
전 화	02-971-5385 02-971-5376 02-971-5377
팩 스	02-977-8967
등 록	1991년 8월 13일 No. 5-282
I S B N	978-89-88247-47-1 978-89-88247-45-7 (SET)